Repetitorium Elektrotechnik

Springer

Berlin
Heidelberg
New York
Barcelona
Budapest
Hongkong
London
Mailand
Paris
Santa Clara
Singapur
Tokio

Reinhold Paul, Steffen Paul

Repetitorium Elektrotechnik

Elektromagnetische Felder, Netzwerke, Systeme

Mit 299 Abbildungen und 111 Tafeln

Springer

Prof. Dr.-Ing. Reinhold Paul

Technische Universität Hamburg-Harburg
Arbeitsbereich Technische Elektronik
Eißendorfer Straße 38
21073 Hamburg

Dr.-Ing. Steffen Paul

Lehrstuhl für Netzwerktheorie
und Schaltungstechnik
TU München
80290 München

ISBN-13: 978-3-540-57003-5 e-ISBN-13: 978-3-642-78384-5
DOI: 10.1007/978-3-642-78384-5

Die Deutsche Bibliothek - CIP-Einheitsaufnahme
Paul, Reinhold: Repetitorium Elektrotechnik / Reinhold Paul; Steffen Paul.
Berlin; Heidelberg; New York; Barcelona; Budapest; Hongkong; London; Mailand;
Paris; Santa Clara; Singapur; Tokio: Springer, 1996
ISBN 3-540-57003-9
NE: Paul Steffen

Satz: Reproduktionsfertige Vorlagen vom Autor
SPIN: 10079522 68/3020 - 5 4 3 2 1 0 - Gedruckt auf säurefreiem Papier

Vorwort

Grundgebiete der Elektrotechnik, wie Einführung in elektromagnetische Felder, Netzwerke und ihre Anwendungen, zeitkontinuierliche und zeitdiskrete Systeme sowie lineare Transformationsverfahren, stellen den bestimmenden Inhalt der Elektrotechnikerausbildung verteilt über mehrere Semester dar, sie finden sich aber auch in Ansätzen in der Nebenfachausbildung von Technischen Informatikern, Maschinenbauern und Regelungstechnikern. Die Erlernung dieses beträchtlichen Stoffpensums wird zwar durch eine Fülle von Lehrbüchern unterstützt, doch bildet sich von einer gewissen Stufe an der Wunsch nach einem gebietsübergreifenden Repetitorium heraus, das mehr als eine bloße Formelsammlung ist. Stofftiefe, Kommentare, klare Darstellungen und viele Übersichten unterstreichen den Anspruch eines Repetitoriums als vorlesungs- und praxisbegleitendes Nachschlagewerk zur schnellen Orientierung.

Gerade die Grundausbildung Elektrotechnik steht vor der herausfordernden Aufgabe, die knappen, aber in ihrer Anwendung überaus vielgestaltigen Maxwellschen Gleichungen als theoretisches Fundament der gesamten Elektrotechnik in Form des elektromagnetisches Feldes und seiner Anwendung auf Stromkreise mit Netzwerkelementen so zu vermitteln, daß sich die Fülle der Einzelheiten und physikalischen Erscheinungen zu einem "elektrotechnischen Weltbild" verdichtet. Notwendigerweise muß dabei die Darlegung durch begrenzte Mathematikkenntnisse elementar, physikalisch anschaulich und stark phänomenologisch angelegt sein. Deshalb wird das elektromagnetische Feld in der sog. Integraldarstellung eingeführt. Auch dem Feldbegriff selbst muß das Unbehagen genommen werden, weil er bei vielen die Assoziation von "etwas Unvorstellbarem" auslöst. Da die Integraldarstellung von Feldern nur eine bedingt leistungsfähige Beschreibungsform ist, wird später der Übergang zur Differentialbeschreibung unumgänglich (äußeres Kennzeichen: Auftreten der Vorschriften grad, div und rot). Wir haben diese Formen an relevanten Stellen mit eingebunden um einerseits die Kluft zur Feldtheorie zu mildern, andererseits aber, um zu zeigen, daß beiden Beschreibungen der gleiche physikalische Sachverhalt unterliegt und das Verständnis in beiden Beschreibungsformen geübt werden muß. Unmittelbare Anwendung finden elektromagnetische Felder in begrenzten Räumen der Bau- oder besser Netzwerkelemente Widerstand, Kondensator, Spule, Quellen u.a. sowie den Kraftwirkungen, die von Feldern ausgehen.

Netzwerke (Beschreibung, Analyseverfahren) nehmen in der Grundausbildung den größten Umfang ein. Das Repetitorium enthält die Grundlagen einfacher und komplizierter, statischer und dynamischer Netzwerke. Dem Standardvorlesungsangebot folgend werden zunächst die grundlegenden Analyseverfahren resistiver Netzwerke zusammengestellt, später (mit Einbezug der Energiespeicherelemente) auf harmonisch betriebene Netzwerke vertieft und schließlich ausgebaut für allgemeine, auch mehrpolige Netzwerkelemente einschließlich gesteuerter Quellen, der Netzwerkerregungen durch Testsignale sowie deren Antwortfunktionen.

Bilden diese Themenkreise eher die netzwerktechnische Grundlage z.B. auch elektronischer Schaltungen, so ist im Hinblick auf die verallgemeinerte Systembeschreibung das - vor allem in der Regelungstechnik - breit genutzte Verfahren der Zustandsgleichungen (im Zeit- und Bildbereich) nützlich. Es kann leicht auf nichtlineare Netzwerke ausgedehnt werden, wie überhaupt dieses Gebiet aus vielen elektrotechnischen Problemstellungen nicht wegzudenken ist. Deshalb werden nichtlineare Netzwerkelemente und Analyseverfahren auch dynamischer Netzwerke erster und zweiter Ordnung mit betrachtet. Eine Grundvoraussetzung zum Betrieb eines Netzwerkes ist die Stabilität. Sie wird in unterschiedlichen Ausdrucksformen sowohl unter System- wie Schaltungsgesichtspunkten untersucht.

Die Beschreibung der Ursachen-Wirkungsrelation in Netzwerken (und vor allem Systemen) läßt sich durch Übergang vom Zeit- in den Bildbereich mittels charakteristischer Transformationen (Fourier-, Laplace-, Z-) stark vereinfachen. Breiter Raum wird der schrittweisen Anwendung dieser Transformationen auf zeitkontinuierliche und zeitdiskrete Netzwerke gewidmet, vor allem aber ihren wechselseitigen Zuordnungen.

Hinsichtlich der Bezeichnungen halten wir uns an die in der Elektrotechnik üblichen Größen: Kleinbuchstaben für zeitabhängige Größen, unterstrichene Buchstaben für komplexe Größen einschließlich der Zeiger und fette Buchstaben für Vektoren und Matrizen.

Das Repetitorium ist als Nachschlagewerk zum Gebrauch neben Vorlesung und Lehrbüchern gedacht. Es soll Wissenslücken schließen, erworbene Kenntnisse durch Aufzeigen von Querverbindungen festigen und so ein nützlicher Begleiter durch das anspruchsvolle und umfangreiche Stoffgebiet in Studium und Praxis sein. Weil nichts abgeschlossen ist, sind wir für Anregungen, Verbesserungen und kritische Hinweise stets dankbar, um möglichst vielen Nutzern ein praktisches Hilfsmittel an die Hand zu geben.

Dem Verlag, insbesondere Herrn T. Lehnert, danken wir für freundliche Hinweise, rasche Abwicklung des Projektes und die sehr konstruktive Zusammenarbeit.

Hamburg,
München, 1995

Reinhold Paul,
Steffen Paul

Inhaltsverzeichnis

Vorwort V

1. Elektrische Grundgrößen 1
1.1 Ladung Q 1
1.2 Elektrischer Strom, Stromstärke i 5
1.3 Potential, Spannung 9
1.4 Energie und Leistung 12

2. Das elektrische Feld. Feldgrößen. Anwendungen 16
2.1 Feldbegriffe 16
2.1.1 Feldeinteilung 16
2.1.2 Maxwellsche Gleichungen (Übersicht) 21
2.2 Das elektrische Feld 23
2.2.1 Elektrische Feldstärke 23
2.2.2 Feldstärke, Potential und Spannung 28
2.3 Stationäres Strömungsfeld. Elektrisches Feld im Leiter 35
2.3.1 Stromdichte, Stromarten 35
2.3.2 Grenzflächenbedingungen 41
2.3.3 Strom i und Stromdichte S 43
2.3.4 Widerstand R 43
2.3.5 Zusammenfassung 47
2.4 Einfache Netzwerke 51
2.4.1 Elementare Schaltungs- und Netzwerkbegriffe 51
2.4.2 Resistiver Zweipol 54
2.4.3 Unabhängige Quellen 58
2.4.4 Grundstromkreis 65

3. Netzwerkanalyseverfahren 67
3.1 Grundlegende Betrachtungen 67
3.2 Netzwerkanalyseverfahren 68
3.2.1 Unabhängige Gleichungen 68
3.2.2 Netzwerkanalyseverfahren 69
3.2.3 Zweigstromanalyse 69
3.2.4 Maschenstromanalyse 71

3.2.5 Knotenspannungsanalyse 73
3.3 Netzwerktheoreme 75
3.3.1 Zweipoltheorie 76
3.3.2 Überlagerungs-, Superpositionssatz 78
3.3.3 Quellenversetzung und -teilung 79
3.3.4 Ähnlichkeitssatz 79
3.3.5 Tellegenscher Satz 80
3.3.6 Umkehrsatz 80

4. Elektrostatisches Feld. Elektrisches Feld im Nichtleiter 82
4.1 Feldgrößen 82
4.1.1 Elektrostatisches Feld im Vakuum 82
4.1.2 Elektrostatisches Feld im stofferfüllten Raum 86
4.1.3 Grenzflächen zwischen zwei Stoffen 89
4.2 Globale Beschreibung des elektrostatischen Feldes 91
4.2.1 Globalgrößen 91
4.2.2 Analogie zwischen elektrostatischem Feld und Strömungsfeld 95
4.2.3 Zusammenfassung 98
4.3 Kondensator im Stromkreis 99
4.3.1 Kondensator als Netzwerkelement 99
4.3.2 Stromkreise mit Kondensatoren 103
4.3.3 Auf- und Entladen des Kondensators 104

5. Magnetisches Feld 106
5.1 Magnetische Feldgrößen 106
5.1.1 Magnetisches Feld im Vakuum 106
5.1.2 Magnetisches Feld im stofferfüllten Raum 112
5.1.3 Grenzflächen 114
5.2 Globalgrößen des magnetischen Feldes 116
5.2.1 Globalgrößen 116
5.2.2 Magnetischer Kreis 122
5.2.3 Selbst- und Gegeninduktion 126
5.3 Induktion durch zeitveränderliches Magnetfeld 133
5.3.1 Induktionsgesetz 133
5.3.2 Ruhe- und Bewegungsinduktion 136
5.3.3 Netzwerkmodell des Induktionsvorganges 142
5.4 u-i-Beziehungen der Selbst- und Gegeninduktivität 146
5.5 Zusammenfassung 151
5.6 Elektromagnetisches Feld im Rückblick 153
5.6.1 Maxwellsche Gleichungen 153
5.6.2 Einteilung elektromagnetischer Felder 157
5.6.3 Elektromagnetische Wellen 160

6. Energie, Leistung, Kraft im elektromagnetischen Feld 162
6.1 Grundgrößen 162
6.1.1 Energie, Leistung 162
6.1.2 Energieströmung 164
6.2 Energie, Leistung und Kraft im stationären elektrischen Feld . 167
6.2.1 Elektrisches Strömungsfeld 167
6.2.2 Elektrostatisches Feld. Energie 167
6.2.3 Kraftwirkungen im elektrischen Feld 170
6.2.4 Kraft und Energie im elektrischen Feld 172
6.3 Energie und Kraft im stationären magnetischen Feld 174
6.3.1 Energie, Energiedichte 175
6.3.2 Kraftwirkungen im magnetischen Feld 177
6.3.3 Kraft und Energie im magnetischen Feld 183

7. Wechselstromtechnik. Netzwerke bei harmonischer Erregung 184
7.1 Darstellung im Zeitbereich 184
7.1.1 Zeitveränderliche Ströme und Spannungen 188
7.1.2 Kennwerte sinusförmiger Wechselgrößen 189
7.1.3 Mittelwerte periodischer Größen 192
7.2 Wechselstromverhalten linearer Netzwerke im Zeitbereich 194
7.2.1 Netzwerkelemente R, L, C 195
7.2.2 Netzwerk-Differentialgleichung als Berechnungsgrundlage im Zeitbereich 199
7.3 Netzwerkanalyse im Frequenzbereich 201
7.3.1 Komplexe Größen und Zeiger 201
7.3.2 Netzwerkberechnung über den Frequenzbereich 205
7.3.3 Normierung und Skalierung von Netzwerkgrößen 212
7.4 Übertragungseigenschaften von Netzwerken und ihre Darstellung 216
7.4.1 Übertragungsfunktion, Frequenzgang 217
7.4.2 Filterwirkung und Übertragungsfaktor 219
7.4.2.1 Dynamische Netzwerke nullter Ordnung 219
7.4.2.2 Dynamische Netzwerke erster Ordnung 220
7.4.2.3 Dynamische Netzwerke zweiter Ordnung 222
7.4.2.4 Phasenminimum-/Nichtminimum-Anordnungen 227
7.4.3 Darstellung von Netzwerkgrößen und -funktionen 228
7.4.3.1 Zeigerdarstellungen 228
7.4.3.2 Darstellung der Übertragungsfunktion bei variabler Frequenz 230
7.4.4 Spezielle Wechselstromnetzwerke 244
7.5 Energie und Leistung 249

8. Netzwerke und Systeme ... 254
8.1 Netzwerkelemente ... 255
8.1.1 Grundzweipole ... 255
8.1.2 Vierpolelemente ... 262
8.2 Netzwerkerregung ... 269
8.2.1 Testsignale ... 270
8.2.2 Netzwerkreaktion auf Testsignale ... 276
8.3 Netzwerke ... 279
8.3.1 Zweigstromanalyse ... 282
8.3.2 Maschenstromanalyse ... 283
8.3.3 Knotenspannungsanalyse ... 285
8.3.4 Modifizierte Knotenspannungsanalyse ... 287
8.3.5 Vergleich der Analyseverfahren ... 288
8.4 Vierpole, Mehrpole ... 290
8.4.1 Grundeigenschaften ... 290
8.4.1.1 Vierpoldarstellungen ... 290
8.4.1.2 Vierpolbetriebsgrößen ... 300
8.4.1.3 Wellenparameterbeschreibung ... 307
8.4.1.4 Eigenschaften wichtiger Vierpole ... 308
8.4.1.5 Streuparameterbeschreibungen ... 314
8.4.2 Mehrpole, Mehrtore ... 320
8.4.2.1 Darstellungsformen ... 320
8.4.2.2 Operationen mit Mehrpolnetzwerken ... 324
8.4.2.3 Zusammenschalten von Mehrpolen mit unbestimmter Leitwertmatrix ... 326
8.5 Zustandsgleichungen ... 329
8.5.1 Darstellung ... 329
8.5.2 Lineare Eingrößen- und Mehrgrößennetzwerke ... 332
8.5.3 Lösung der Zustandsgleichungen im Zeitbereich ... 335
8.5.4 Die Übergangsmatrix ... 337
8.5.5 Lösung der Zustandsgleichung durch Laplace-Transformation ... 339
8.5.6 Normalformen ... 340
8.5.7 Darstellung in der Phasenebene ... 344
8.5.8 Aufstellung der Zustandsgleichungen ... 346
8.5.9 Phasenebene eines linearen Systems zweiter Ordnung ... 348
8.6 Stabilität ... 353
8.6.1 Offene Netzwerke ... 355
8.6.2 Analytische Stabilitätsverfahren ... 359
8.6.3 Graphische und analytische Stabilitätsverfahren ... 363
8.6.4 Geschlossene Netzwerke ... 364
8.6.5 Maßnahmen zur Stabilitätsverbesserung ... 377
8.7 Nichtlineare Netzwerke ... 379
8.7.1 Nichtlineare Netzwerkelemente ... 380

8.7.1.1 Zweipolelemente ... 381
8.7.1.2 Vierpolelemente ... 387
8.7.1.3 Kennliniennäherungen ... 394
8.7.2 Nichtlineare Netzwerke ... 397
8.7.2.1 Gleichstromlösung. Arbeitspunktberechnung . 399
8.7.2.2 Kleinsignallösung ... 403
8.7.3 Allgemeine Analyseverfahren nichtlinearer Netzwerke . 407
8.7.4 Nichtlineare Netzwerke erster Ordnung ... 408
8.7.4.1 Grundnetzwerke ... 409
8.7.4.2 Zweipole mit stückweise linearer Kennlinie ... 410
8.7.4.3 Sprungverhalten ... 412
8.7.5 Nichtlineare Netzwerke zweiter Ordnung. Nichtlinearer Oszillator ... 413
8.7.6 Zustandsgleichungen ... 418
8.8 Systeme ... 421
8.8.1 Signale ... 422
8.8.2 Systeme ... 429
8.8.2.1 Übersicht der Systemkennwerte ... 430
8.8.2.2 Simulation ... 434
8.8.2.3 Signalflußpläne ... 435
8.8.3 Ideale Systeme ... 441

9. Mehrphasen-, Drehstromsystem ... 447
9.1 Grundkomponenten des Drehstromsystems ... 449
9.1.1 Generator ... 449
9.1.2 Verbraucher ... 451
9.2 Generator-Verbraucherzusammenschaltungen ... 454
9.3 Analyse mit symmetrischen Komponenten ... 457
9.4 Leistung ... 460

10. Fourierreihe, Fourier-Transformation ... 463
10.1 Fouriersynthese ... 463
10.2 Fourier-Transformation ... 474
10.3 Fourier-Transformation periodisierter und abgetasteter Signale ... 484
10.3.1 Periodisierung ... 485
10.3.2 Abtastung im Zeitbereich, Periodisierung im Frequenzbereich ... 491
10.3.3 Diskrete Fourier-Transformation (DFT) ... 503

11. Ausgleichsvorgänge, Laplace-Transformation ... 510
11.1 Ausgleichsvorgänge im Zeitbereich ... 510
11.1.1 Verhalten der Grundelemente ... 511
11.1.2 Klassisches Analyseverfahren. Aufstellen der Netzwerk-Differentialgleichung in linearen Netzwerken ... 513

11.1.3 Netzwerke bei beliebiger Erregung. Impuls- und Sprungerregung. Faltung. . . . 521
11.2 Laplace-Transformation und Anwendung 527
11.2.1 Laplace-Transformation 527
11.2.2 Anwendung der Laplace-Transformation auf Netzwerke und Systeme 533
11.2.2.1 Transformation der Netzwerk-Differentialgleichung 533
11.2.2.2 Transformation der Schaltung. Netzwerkanalyse mit Operatorschaltung 540
11.3 Übertragungsfunktion $G(p)$ 545
11.4 Rückblick. Zeitkontinuierliche Signale, Netzwerke und Systeme 555

12. Z-Transformation, Zeitdiskrete Signale und Systeme 560
12.1 Z-Transformation 561
12.2 Zeitdiskrete Signale und Systeme 574
12.2.1 Zeitdiskrete Signale 575
12.2.2 Zeitdiskrete Systeme 581
12.3 Beschreibung im Bildbereich 590
12.3.1 Übertragungsfunktion 590
12.3.2 Pol-Nullstellenplan 593
12.3.3 Frequenzgang 596
12.3.4 Systemzusammenschaltungen 599
12.4 Stabilität 599
12.5 Zeitdiskrete Systeme 602
12.5.1 Systemstruktur 602
12.5.2 Systemzusammenschaltungen 605
12.5.3 Ersatz zeitkontinuierlicher durch zeitdiskrete Systeme . 612
12.5.3.1 Simulationsverfahren 613
12.5.3.2 Weitere Verfahren 616
12.6 Zustandsraumdarstellung zeitdiskreter Systeme 618
12.7 Rückblick. Zeitkontinuierliche und zeitdiskrete Netzwerke und Systeme 626

Literaturverzeichnis 633

Sachverzeichnis 635

1. Elektrische Grundgrößen

1.1 Ladung Q

Alle elektrischen Erscheinungen beruhen auf der Existenz ruhender oder bewegter elektrischer Ladungen.

Ladung Q.

- *Grundgröße der Elektrotechnik.* Einheit

$$[Q] = 1\,\text{Coulomb} = 1\,\text{C} = 1\,\text{As}$$

Hinweis: 1 C ist eine sehr große Einheit; die Ladung der Erde gegen das Weltall beträgt ca. 700 C.

- Materieeigenschaft, die sich durch Kraftwirkung auf andere Ladungen äußert (Naturgröße).
- Jede elektrische Ladung Q ist ein ganzzahliges Vielfaches der *Elementarladung* e

$$\begin{aligned} \mathrm{e} &= 1,6021892 \cdot 10^{-19}\,\text{As} \\ Q &= \pm N e \quad (N \geq 0,\ \text{ganzzahlig}) \end{aligned} \qquad (1.1/1)$$

(Quantelung der Ladung)

- Träger der Ladungen sind die Elementarteilchen Elektron, Proton, Neutron als Bausteine der Materie:

$$\begin{aligned} &\text{Elektron:} \quad q_- = -e\ (< 0) \\ &\text{Proton:} \quad q_+ = +e \\ &\text{Neutron:} \quad q = 0. \end{aligned} \qquad (1.1/2)$$

- Ein Körper aus N_+ Protonen und N_- Elektronen hat die Gesamtladung

$$Q = (N_+ - N_-)\mathrm{e}. \qquad (1.1/3)$$

- Es gibt positive und negative Ladungen (Vorzeichendefinitionen historisch entstanden): $Q > 0$, $Q < 0$. Deshalb können sich positive und negative Ladungen kompensieren, wenn sie gleich groß sind und ein abgeschlossenes System bilden $\sum Q_\nu = 0$. Für die Elektrotechnik/Elektronik sind maßgebend

- Elektronen (negative Elementarladung) $q_- = -\mathrm{e} = -1,602 \cdot 10^{-19}\,\mathrm{As}$
- Löcher oder Defektelektronen (positive Elementarladung) $q_+ = +\mathrm{e} = 1,602 \cdot 10^{-19}\,\mathrm{As}$
- In makroskopischen Körpern (Leitern) sind extrem viele Ladungen vorhanden ($N \gg 1$), so daß die Quantelung keine Rolle spielt.

Man unterscheidet zwischen freien und gebundenen Ladungen:

- *freie Ladungen:* auf Körper übertragbar
- *gebundene Ladungen:* treten in elektrisch polarisierter Materie (molekulare Dipolwirkung) auf, z.B. an Grenzflächen.

Merkmale der Ladung Q.

- Jede elektrische Ladung Q ist an Masse gebunden:
  Elektron $m_\mathrm{e} = 0,91096 \cdot 10^{-30}\,\mathrm{kg}$
  Proton $m_\mathrm{p} = 1,6726 \cdot 10^{-27}\,\mathrm{kg}$.
- Kraftwirkung:

Gleichnamige Ungleichnamige	geladene Körper	stoßen sich ab ziehen sich an .

- Die Kraftwirkung wird z.B. ausgedrückt durch
  - das Coulombsche Gesetz (I/Gl.(2.2)) → *ruhende* Ladung → *elektrische Feldstärke* $\boldsymbol{E}$
  - die Definition der Induktion[1](I/Gl.(3.1))[2]→ *bewegte* Ladung → *magnetische Induktion* $\boldsymbol{B}$.
- **Erhaltungssatz.** Ladung unterliegt (wie z.B. Masse, Impuls, Energie) einem Erhaltungssatz

$$Q = \text{const.} \qquad \text{Naturgesetz} \qquad (1.1/4)$$

In einem abgeschlossenen Volumen kann Ladung weder erzeugt noch vernichtet werden. Ladungsänderung ist nur durch Zu- oder Abfluß von Ladung möglich (s.u. → Bilanzgleichung, Knotensatz).

- Ladungstrennung und Wiedervereinigung (Generation, Ionisation, Rekombination).

Elektrische Ladungen lassen sich durch Energiezufuhr trennen und können sich unter Energieabgabe wieder vereinigen (Rekombination).

Anwendungen:

- Energieumformung elektrisch ↔ nichtelektrisch (z.B. Batterie, Solarzelle)
- Entstehung positiver/negativer Ionen aus Atomen
- Loch-Elektron-Paarbildung in Halbleitern (optische Generation, Rekombination)
- Umformung elektrische ↔ mechanische Energie durch Kraftwirkung (z.B. Kraft auf die Kondensatorplatten).

---

[1]Man würde hier das sog. Amperesche Gesetz (Durchflutungssatz) erwarten. Die Ursache liegt in der der (historisch) inkonsequenten Zuordnung von $\boldsymbol{B}$ und $\boldsymbol{H}$ (I/Absch. 3.1.1)

[2]s. "Elektrotechnik 1", Gl. (3.1).

Abgeleitete Größen aus der Ladung (Tafel R 1.1/1):

- *Kraftwirkung* in einem *Feldpunkt*:
  - elektrische *Feldstärke* $\boldsymbol{E}$ $\rightarrow$ elektrisches Feld (Abschn. 2.2,4)
  - magnetische *Flußdichte* $\boldsymbol{B}$
- Größen in einem *Gebiet* (z.B. an einem Zweipol, Abschn. 2.4)
  - elektrischer Strom i
  - elektrische Spannung u.

Ladungsverteilung. Ladungen können räumlich verteilt sein (Bild R 1.1/1) in (I/Abschn. 1.3.2):

- einem Punkt $\rightarrow$ *Punktladung:* gedachter geladener Körper (Ladung Q) ohne räumliche Ausdehnung (ideal) oder real: Abmessung $\ll$ Vorgabegröße (z.B. Entfernung zum Bezugspunkt), Bild R 1.1/1a).
  Praktisch: Elektron als Punktladung betrachtet (Punktmasse).
- *Linienladung* (sog. Ladungsbelag der Punktmechanik): stetige Verteilung einer Ladung Q auf einem linienhaften Träger (Länge l) mit Querschnittsabmessung Null. Kennzeichnende Größe: *Linienladungsdichte* λ (Bild R 1.1/1b)

$$\lambda(r) = \lim_{\Delta l \to 0} \frac{\Delta Q}{\Delta l} = \frac{\mathrm{d}Q}{\mathrm{d}l}; \qquad Q = \int_l \lambda(\boldsymbol{r})\,\mathrm{d}l, \quad [\lambda] = \mathrm{Cm}^{-1}. \tag{1.1/5}$$

  Verwendet, wenn Querabmessung $\ll$ Länge, z.B. Ladungsverteilung auf Draht.
- *Flächenladung* (Ladungsbedeckung): stetige Verteilung einer Ladung Q auf einer Fläche A (Dicke $d \rightarrow 0$). Kennzeichnende Größe: *Flächenladungsdichte* σ (Bild R 1.1/1c)

$$\sigma(r) = \lim_{\Delta A \to 0} \frac{\Delta Q}{\Delta A} = \frac{\mathrm{d}Q}{\mathrm{d}A}; \qquad Q = \int_A \sigma(\boldsymbol{r})\,\mathrm{d}A, \quad [\sigma] = \mathrm{Cm}^{-2}. \tag{1.1/6}$$

  Anwendung z.B. zur Beschreibung der Ladungsverteilung an Leiter- und Halbleiteroberflächen, Kondensatorplatten u.a.m.
- *Raumladung:* Stetige Verteilung einer Ladung Q über ein Volumen V. Kennzeichnende Größe: *Raumladungsdichte* ϱ (Bild R 1.1/1d)

$$\varrho(r) = \lim_{\Delta V \to 0} \frac{\Delta Q}{\Delta V} = \frac{\mathrm{d}Q}{\mathrm{d}V}; \qquad Q = \int_V \varrho(\boldsymbol{r})\,\mathrm{d}V, \quad [\varrho] = \mathrm{Cm}^{-3}. \tag{1.1/7}$$

  Hinweis: Das Formelzeichen ϱ wird auch für den spezifischen elektrischen Widerstand verwendet.
  Anwendungen z.B. zur Angabe der Stromdichte bewegter Träger (Elektronenstrahl!), Raumladung in Sperrschichten von Halbleiterbauelementen, Ladungsverteilungen in Isolatoren u.a.m.

Meist hängen λ, σ, ϱ vom Ort und so vom benutzten Koordinatensystem ab. Die Bestimmung der Gesamtladung Q erfordert jeweils die Berechnung eines Linien-, Flächen- oder Volumenintegrals (in symmetrischen Anordnungen auf Einfachintegrale überführbar).

Ist z.B. ϱ im Volumen konstant, so gilt

$$\varrho = \frac{Q}{V}. \tag{1.1/8}$$

Beispiel: Leiter mit Volumen V mit N Elementarladungen $-Nq$ besitzt die Elektronengesamtladung $Q = NqV$. Raumladungsdichte

Tafel R 1.1/1 Ladung und ihre Zusammenhang mit Grundgrößen und -erscheinungen

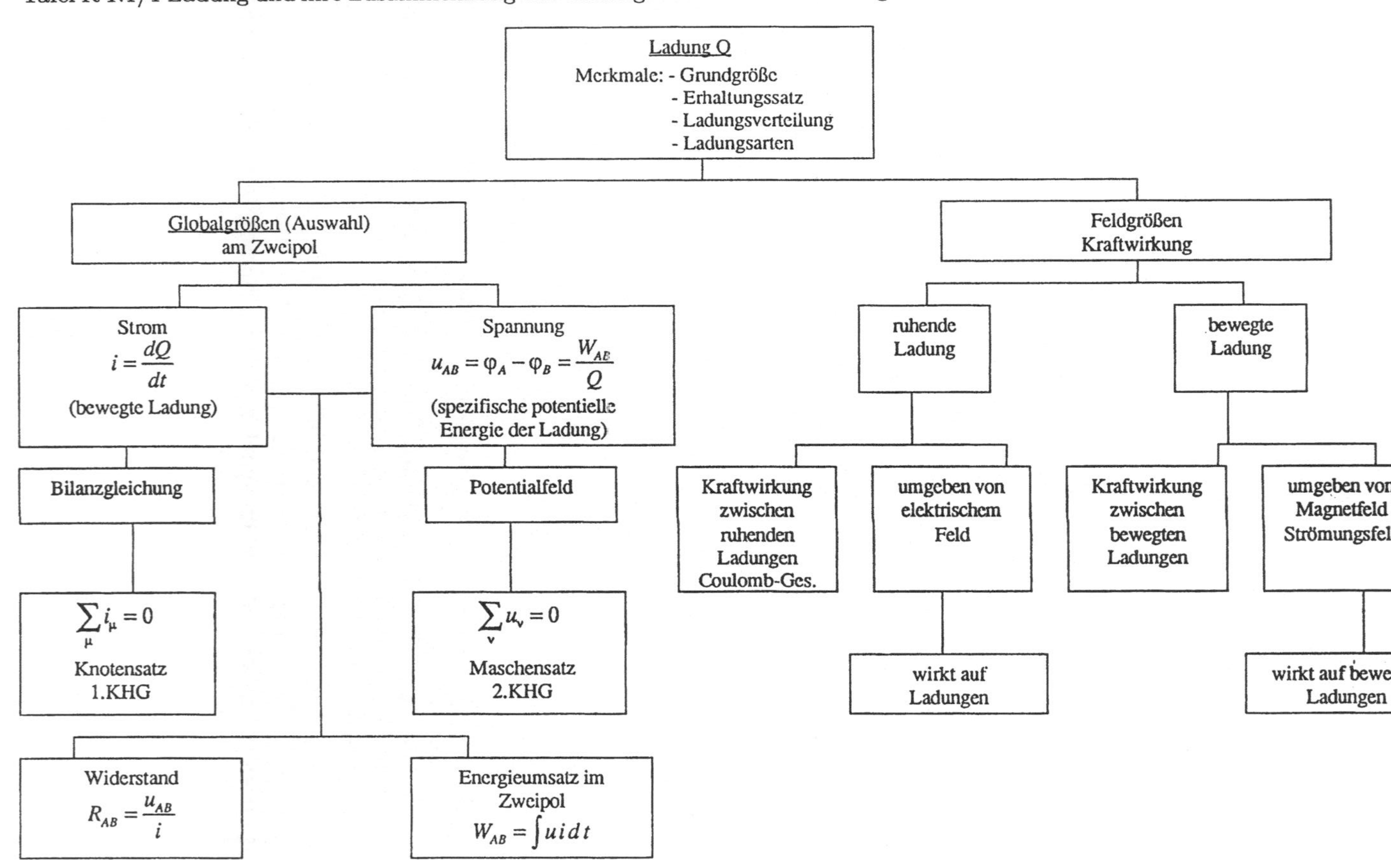

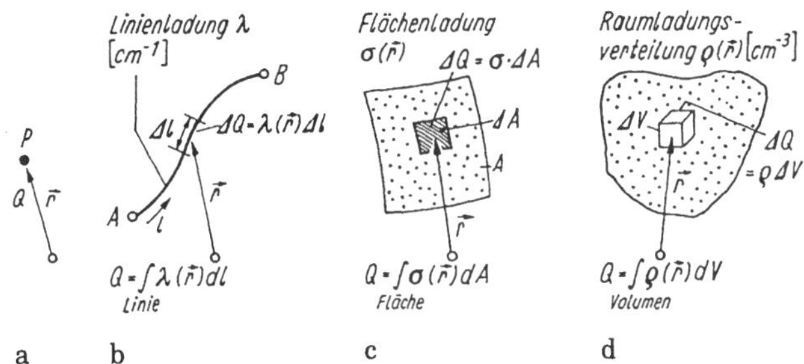

Bild R 1.1/1 Ladungsverteilungen
a) Punktladung, b) Linienladung, c) Flächenladung, d) Raumladung

$$\varrho = \frac{Q}{V} = \frac{qN}{V} = -en. \tag{1.1/9}$$

In Leitern (Halbleitern) ist die Raumladungsdichte ϱ der Ladungsträgerdichte n proportional.

Beachte: Leiter (Halbleiter): elektrisch neutral, $\varrho = 0$ (Kompensation der Elektronenladung durch die Ladung der Atomrümpfe). In Halbleitern können gebietsweise Raumladungsbereiche existieren.

1.2 Elektrischer Strom, Stromstärke i

Elektrischer Strom, elektrische Stromstärke i.

Gerichtete Bewegung von freien Ladungsträgern als Folge einer Antriebskraft: Ladungstransport

$$i(t) = \lim_{\Delta t \to 0} \frac{\Delta Q}{\Delta t} = \frac{\mathrm{d}Q}{\mathrm{d}t}, \quad [i] = 1\,\mathrm{A} \qquad \text{Definitionsgleichung.} \tag{1.2/1}$$

Einheit definiert über die magnetische Kraftwirkung zweier stromdurchflossener Drähte (s. Gl.(6.3/9d)).

Ladungsmenge ΔQ, die pro Zeitspanne Δt durch einen (gedachten) Querschnitt A in einer positiv vorgegebenen Zählrichtung fließt (Bild R 1.2/1a, I/Abschn. 1.4.2).

Stromrichtung (Richtungssinn). Die Stromstärke i ist skalar. Die Orientierung des Trägerflusses durch einen Querschnitt (zu-, wegfließend) wird durch einen *Richtungssinn*, ausgedrückt durch *Zählpfeil* (Bezugspfeil und Vorzeichen) zum Zahlenwert, gegeben. Der Zählpfeil wird entweder in die Stromleiterlinie oder daneben gezeichnet, in Ausnahmefällen ist auch Doppelindex möglich (z.B. i_{AB}, Anfang A, Ende B) (Bild R 1.2/1b). Man unterscheidet zwischen Stromrichtung und Bewegungsrichtung unterschiedlich geladener Teilchen. Die Zuordnung erfolgt über die Stromdichte $\boldsymbol{S}$ und Trägertransportgeschwindigkeit $\boldsymbol{v}$ (s. Abschn. 2.3).

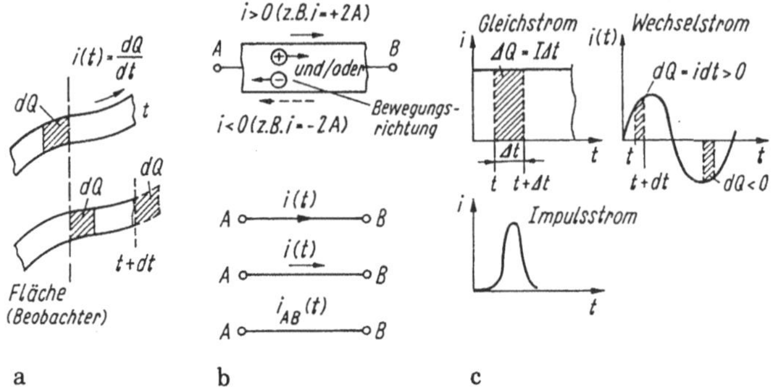

Bild R 1.2/1 Strombegriff
a) Strombegriff, b) Stromrichtung (Zählrichtung) und Trägerbewegung, c) typische Zeitverläufe des Stromes

Vereinbarung:

- Für $i > 0$ stimmt Bewegungsrichtung positiver Träger mit Zählpfeilrichtung überein (für $i < 0$ gilt die Umkehrung).
- *Mathematisch* folgt der Richtungssinn aus dem sog. Fluß eines zugeordneten Vektors $\boldsymbol{S}$ (der Stromdichte) und der Normalenrichtung des durchsetzten Flächenelementes $\mathrm{d}\boldsymbol{A}$ (s. Abschn. 2.3.3).

Stromarten. Man unterscheidet (je nach Antriebsursache):

- *Ladungsträgerstrom* als Ursache eines elektrischen Feldes: *Konvektionsstrom* (s. Abschn. 2.3.1)
- *Ladungsträgerstrom* als Ursache eines Dichtegefälles: *Diffusionsstrom* (s. Abschn. 2.3.1)
- *Verschiebungsstrom* im Dielektrikum (s. Abschn. 4.3.1), nicht an bewegte Ladungsträger gebunden.

Zeitverlauf. Nach dem Zeitverlauf wird unterschieden (Bild R 1.2/1c):

- *Gleichstrom*: zeitlich konstanter Strom
- *zeitveränderlicher* Strom, z.B. Wechselstrom, Impulsstrom u.a.

Stromwirkungen. Typische Kennzeichen (Wirkungen) des Stromes sind:

- *Magnetfeld*, das *stets* jeden Strom umgibt (äußert sich durch Kraftwirkungen auf Ferromagnetika oder andere bewegte Ladungen)
- *thermische Wirkung:* Erwärmung eines Leiters durch Stromfluß (erwünscht und unerwünscht)
- *chemische Wirkung:* Stofftransport durch Ionenleitung in bestimmten Flüssigkeiten (Elektrolyte)
- *optische Wirkung:* Strahlungserzeugung z.B. bei Stromfluß durch bestimmte Gase (Gasentladung, Leuchtstoffe) und Halbleiter (Leuchtdiode).

Haupteigenschaft des Stromes: Kontinuität. Aus dem Erhaltungssatz der Ladung Q = const. (Naturgesetz) folgt in einem (materiellen oder gedachten) Volumen V (I/Abschn. 1.4.1)

$$Q = \text{const.} \rightarrow \frac{\mathrm{d}Q}{\mathrm{d}t} = 0 \text{ oder}$$

$$\frac{\mathrm{d}Q}{\mathrm{d}t} = \frac{\mathrm{d}Q_{\mathrm{zu}}}{\mathrm{d}t} - \frac{\mathrm{d}Q_{\mathrm{ab}}}{\mathrm{d}t} = i_{\mathrm{zu}} - i_{\mathrm{ab}} \qquad (1.2/2)$$

Ladungsänderung je Zeiteinheit = zufließender Konvektionsstrom − abfliessender Konvektionsstrom

Kontinuitätsgleichung des Ladungsflusses

Die zeitliche Änderung der Gesamtladung Q eines Volumens V ist gleich der Ladungsmenge, die je Zeitspanne durch die (vorhandene oder gedachte) Hüllfläche A des Volumens zu- oder abfließt (Bild R 1.2/2a,b).

Bei mehreren Zu- und Abflüssen gilt Gl.(1.2/2) jeweils für die Summe der Ladungsflüsse.

Kontinuität des Stromes. Erstes Kirchhoffsches Gesetz. Bleibt die Ladung Q im Volumen V erhalten (Q = const.), so folgt aus Gl.(1.2/2) als Strombilanz für eine Hüllfläche A (Bild R 1.2/2c):

$$\sum i_{\mathrm{zu}} = \sum i_{\mathrm{ab}} \qquad \text{Stromkontinuität} \quad (1.2/3a)$$

oder verallgemeinert

$$\sum_{\nu} i_{\nu} = 0 \qquad \text{Knotensatz. Erstes Kirchhoffsches Gesetz.} \quad (1.2/3b)$$

Die Summe der durch eine Hüllfläche A zufließenden Konvektionsströme ist gleich der Summe der von ihr wegfließenden oder:

Die algebraische Summe der durch eine Hüllfläche (gedacht, vorhanden) fließenden Ströme verschwindet (zufließende positiv, wegfließende negativ angesetzt, Bild R 1.2/2c).

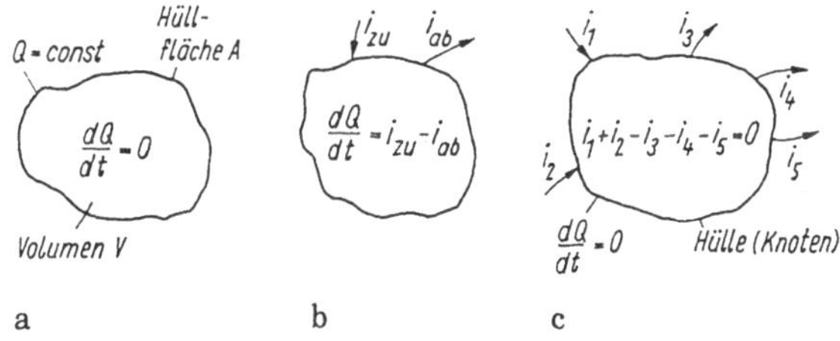

Bild R 1.2/2 Bilanzgleichung der Ladung Q im Volumen
a) Ladungserhaltung im abgeschlossenen Volumen, b) Ladungsänderung durch die Differenz von Zu- und Abstrom, c) Bilanzgleichung (Ladungserhaltung) in Form des Knotensatzes

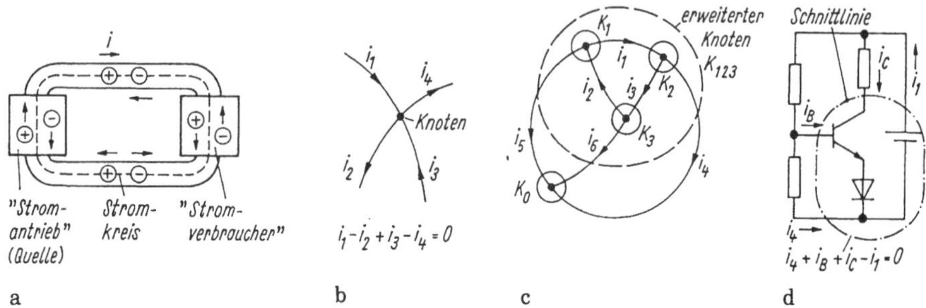

Bild R 1.2/3 Knotensatz
a) Stromkontinuität, Stromkreisbegriff, b), c) Beispiele des Knotensatzes, d) Schaltung mit Schnittlinie (erweiterter Knoten)

Hinweis: Wir schließen in diese Bilanz später Verschiebungsströme ein und verallgemeinern dann Gl.(1.2/3b).

Folgerungen:

- Durch jeden Leiterquerschnitt fließt der gleiche Strom, wenn keine Verzweigung vorliegt: Der Strom ist stets in sich geschlossen, er hat keine Quelle oder Senke (→ Begriff Stromkreis, Bild R 1.2/3a).
- Ladungen fließen *durch* eine "Antriebsquelle" (Batterie) als Ursache des Transportes.

Begriff *Stromknoten*: Schrumpft die Hüllfläche A (Bild R 1.2/2c) immer weiter, so entsteht der Stromknoten (Bild R 1.2/3b) und Gl.(1.2/3b) lautet gleichwertig:

In jedem Knoten verschwindet die algebraische Summe aller Ströme zu jedem Zeitpunkt (Knotensatz).

Dabei gilt: *Knoten* = Verknüpfungsstelle von wenigstens zwei Strömen (Leiterführungen, praktisch drei und mehr).

Hüllfläche, erweiterter Knoten: Umschließt eine Hüllfläche (Schnittlinie in der Ebene) mehrere Knoten (Bild R 1.2/3c), so verschwindet auch hier die algebraische Summe aller über die Hüllfläche fließenden Ströme.

Die Anwendung des Knotensatzes erfordert somit keine Detailkenntnis über das in der Hülle liegende Netzwerk! Dies gilt auch, wenn z.B. Bauelemente eingeschlossen sind (Bild R 1.2/3d).

Beispiel: Bild R 1.2/3c. Es gelten für die einzelnen Knoten

$$\begin{array}{lcccccl}
\mathrm{K}_1: & -i_1 & +i_2 & & -i_5 & & =0 \\
\mathrm{K}_2: & & -i_2 & +i_3 & -i_6 & & =0 \\
\mathrm{K}_3: & i_1 & & -i_3 & -i_4 & & =0 \\
\mathrm{K}_0: & & & +i_4 & +i_5 & +i_6 & =0.
\end{array}$$

Der erweiterte Knoten K_{123} erfüllt ebenso den Knotensatz (K_0, K_{123}), wie sich durch Addition der Knotengleichungen $\mathrm{K}_1 \ldots \mathrm{K}_3$ ergibt.

Strom-Ladung. Die vom Strom i im Zeitintervall $\Delta t = t - t_0$ durch eine Fläche transportierte Ladungsmenge ΔQ beträgt nach Gl.(1.2/1)

$$\mathrm{d}Q = i\,\mathrm{d}t \rightarrow \int_{Q(t_0)}^{Q(t)} \mathrm{d}Q = \int_{t_0}^{t} i\,\mathrm{d}t'$$

$$\underset{\text{Gesamtladung}}{Q(t)} - \underset{\text{Anfangsladung}}{Q(t_0)} = \Delta Q = \int_{t_0}^{t} i\,\mathrm{d}t'. \qquad (1.2/4)$$

Zusammenhang Strom-Ladung

Die vom Strom während der Zeitspanne $\Delta t = t - t_0$ geführte Nettoladung ΔQ ist gleich dem Zeitintegral, also der Strom-Zeitfläche (Bild R 1.2/4).

In Gl.(1.2/4) stellt $Q(t_0)$ die sog. *Anfangsladung* dar (vor Beginn des Stromflusses, I/Abschn. 1.4.3). Wir beachten noch:

Ein Strom kurzer Dauer heißt Stromstoß. Im Grenzfall $\Delta t \rightarrow 0$ wird daraus $\Delta i \rightarrow \infty$ (bei Q endlich), dann heißt der Stromstoß *Impulsfunktion* (*δ-Funktion*, Abschn. 8.2.1).

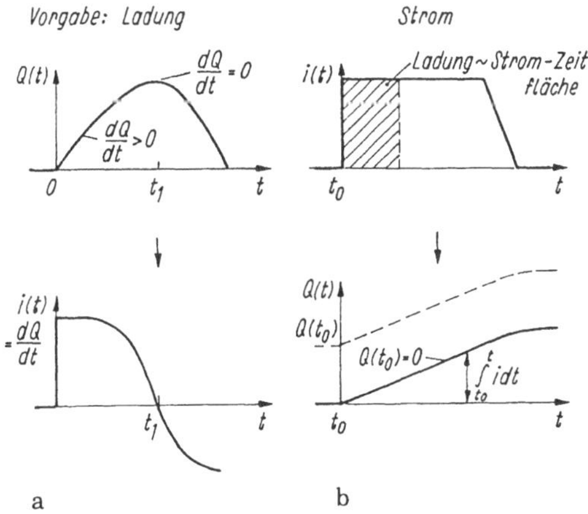

Bild R 1.2/4 Zusammenhang Strom - Ladung
a) Stromkurve zu gegebener Ladungskurve, b) Ladungskurve zu gegebener Stromkurve

1.3 Potential, Spannung

Potential. In einem elektrischen Feld, das von ruhenden Ladungen ausgeht und auf (ruhende) Ladungen eine Kraftwirkung ausübt (= Fähigkeit zur Verrichtung von Arbeit), hat eine Ladung Q im Punkt A eine bestimmte potentielle Energie W_{A}. Sie ist proportional der Ladung. Die Proportionalitätskonstante heißt elektrostatisches Potential oder kurz *Potential* φ_{A} des Punktes A (gegenüber einem wählbaren Bezugspunkt P_0):

$$\varphi_{\mathrm{A}} = \frac{W_{\mathrm{A}}}{Q}; \qquad [\varphi] = \frac{[F]\cdot[s]}{[Q]} = \frac{\mathrm{N}\cdot\mathrm{m}}{\mathrm{A}\cdot\mathrm{s}} = \frac{\mathrm{kgm}^3}{\mathrm{A}\cdot\mathrm{s}^3} = \mathrm{V} \quad (\mathrm{Volt}) \qquad (1.3/1)$$

Potential, Definitionsgleichung

Kurz: Potential = Quotient von potentieller Energie W_{A} einer Punktladung Q im elektrischen Feld und der Ladung.

Ein Kraftfeld $\boldsymbol{F}$ (z.B. elektrisches Feld), in dem eine potentielle Energie W_{pot} existiert, heißt *konservativ* (erhaltend). Es wird gleichwertig beschrieben (s. auch Abschn. 2.2.2)

- durch die *potentielle Energie* (und damit die Fähigkeit, bei Verschiebung der Ladung Arbeit zu leisten)
- durch verschwindende Arbeit längs eines (beliebigen) geschlossenen Weges (Bild R 1.3/1a)

$$W(\mathrm{A}_0, \mathrm{A}_0, c) = \oint_{\text{Bahn c}} \boldsymbol{F}(\boldsymbol{r}) \cdot \mathrm{d}\boldsymbol{r} = \oint_{\text{Bahn b}} \boldsymbol{F}(\boldsymbol{r}) \cdot \mathrm{d}\boldsymbol{r} = 0 \qquad (1.3/2)$$

- durch die *Wegunabhängigkeit* der Arbeit zwischen zwei Punkten
- durch den Begriff *"wirbelfrei"* oder[3]

$$\operatorname{rot} \boldsymbol{F}(\boldsymbol{r}) = 0. \qquad (1.3/3)$$

Hinweis: Gl.(1.3/2), (1.3/3) gehen über den sog. Stokesschen Satz auseinander hervor.

Zur Gruppe der Potentialfelder (wirbelfreie Felder) gehören insbesondere jene, die an *ruhende Ladungen* gebunden sind: das sog. *elektrostatische Feld.*

Hinweis: Elektrische Felder, die an ein zeitveränderliches Magnetfeld gebunden sind, sind *nicht* wirbelfrei und damit keine konservativen Felder!

Zum Transport einer Ladung Q vom Ort A (mit W_{A}) nach Ort B (mit W_{B}) muß Arbeit verrichtet werden

$$W_{\mathrm{AB}} = \int_A^B \boldsymbol{F} \cdot \mathrm{d}\boldsymbol{r} = q(\varphi_{\mathrm{A}} - \varphi_{\mathrm{B}}) = Q u_{\mathrm{AB}}. \qquad (1.3/4)$$

Die bei Verschiebung der Ladung von A nach B zu leistende Arbeit W_{AB} hängt nur von der Potentialdifferenz $\varphi_{\mathrm{A}} - \varphi_{\mathrm{B}}$ beider Punkte ab (Bild R 1.3/1b).

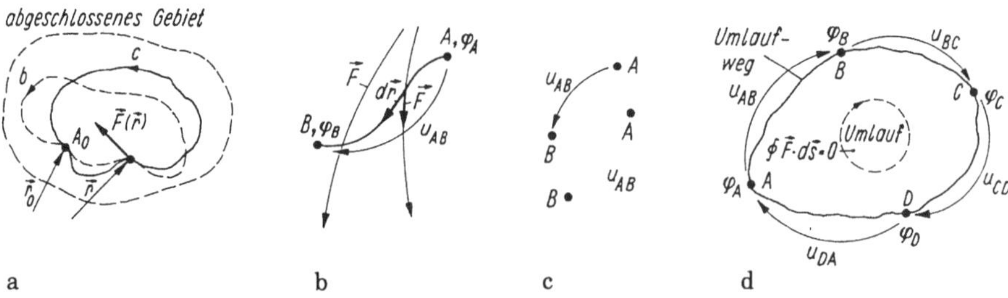

Bild R 1.3/1 Potentielle Energie, Potential- und Spannungsbegriff
a) konservatives Kraftfeld, b) Linienintegral, c) Richtungsangabe der Spannung, d) Maschensatz und Umlaufintegral

---

[3]Zum Begriff "rot " s. Abschn. 5.1.1.

Elektrische Spannung. u_{AB} = Potentialdifferenz zwischen zwei Punkten mit den Potentialen φ_A, φ_B:

$$u_{AB} = \varphi_A - \varphi_B = \frac{W_A - W_B}{Q} = \frac{W_{AB}}{Q}. \qquad (1.3/5)$$

$$[u] = 1\,\text{Volt} = 1\,\frac{\text{Joule}}{\text{Coulomb}} = \frac{1\,\text{Watt}}{1\,\text{Ampere}} = 1\,\frac{\text{W}}{\text{A}}.$$

Spannung zwischen zwei Punkten (Definitionsgleichung).

Die elektrische Spannung u_{AB} zwischen zwei Punkten A, B ist definiert durch die bei Verschiebung einer positiven Ladung Q von A nach B vom Potentialfeld an der Ladung verrichtete Arbeit W_{AB}.

Sie ist - wie das Potential - eine skalare Größe und heißt oft *Integral-* oder *Globalgröße* des elektrischen Feldes (s. Abschn. 2.2.2).

Oft wird als Einheit verwendet: Elektronenvolt, definiert als die Energie, die ein Elektron bei Durchlauf einer Spannung von 1 V aufnimmt:

$$\begin{aligned} 1\,\text{eV} &= 1\,\text{Elektronenvolt} = 1,6022 \cdot 10^{-19}\,\text{C} \cdot 1\,\text{V} \\ &= 1,6022 \cdot 10^{-19}\,\text{Joule} \end{aligned} \qquad (1.3/6)$$

Merke:

- Das *Potential* ist die *einem Raumpunkt* zugeordnete (skalare) Feldgröße (des elektrischen Feldes).
- Die *Spannung* u_{AB} beschreibt als Globalgröße die Potentialdifferenz *zwischen zwei Feldpunkten.*

Physikalischer Richtungssinn. Die Spannung hat (gleichwertig)

- durch Änderung der potentiellen Energie W_{AB} bei Bewegung der Ladung Q (positiv) von A nach B (Gl.(1.3/5))
- oder durch Gl.(1.3/4) Wirkung der Kraft $\boldsymbol{F}$ auf dem Weg A $\rightarrow$ B

einen *physikalischen Richtungssinn.* Er wird gekennzeichnet (Bild R 1.3/1c)

- durch Angabe der Punkte A, B als Index ($u_{AB} = -u_{BA}$)
- oder *Bezugspfeil* (Richtung A nach B eindeutig zugeordnet), zeigt bei positiver Richtung von + nach -. Häufig wird beides miteinander kombiniert (was an sich überflüssig ist).

Technisch verbreitet auftretende Spannungsarten sind Gleich-, Wechselspannung, sinusförmige Wechselspannung (analog zum Strom $i(t)$, s. Bild R 1.2/1).

Umlaufintegral. Maschensatz. Im konservativen Feld (Potentialfeld) war das Umlaufintegral längs eines Weges Null (Gl.(1.3/2)). Greift man längs des Weges verschiedene Punkte A...D mit den Potentialen A...D heraus, so gilt gleichwertig (Bild R 1.3/1d) mit Gl.(1.3/5)

$$u_{AB} + u_{BC} + u_{CD} + u_{DA} = 0$$

oder verallgemeinert

$$\sum_{\nu} u_\nu = 0 \qquad \text{Maschensatz. Zweites Kirchhoffsches Gesetz.} \qquad (1.3/7)$$

Die algebraische Summe der Spannungen in einer Masche (= geschlossener Umlauf längs der Teilspannungen u_ν) verschwindet zu jedem Zeitpunkt (willkürliche, aber einheitliche Umlaufrichtung).

Dabei sind alle Spannungen, deren Bezugssinn mit dem Umlaufsinn übereinstimmt, mit gleichen Vorzeichen, Spannungen entgegen dem Umlaufsinn mit entgegengesetzten Vorzeichen anzusetzen. Zweckmäßig wählt man Spannungen in Umlaufrichtung als positiv, entgegengesetzt gerichtete negativ.

Kirchhoffsche Gesetze. Knoten- (Gl.(1.2/3)) und **Maschensatz** (Gl. (1.3/7)) bilden die beiden Grundgesetze zur Beschreibung und Analyse aller Ströme und Spannungen in elektrischen Netzwerken (s. Abschn. 2.4.4).

1.4 Energie und Leistung

Leistung (Energiestrom). Die in einem Netzwerkelement (NWE), insbesondere einem Zweipol, umgesetzte Leistung p = Energiestrom $\mathrm{d}W/\mathrm{d}t$ lautet

$$p = ui, \qquad [p] = \mathrm{VA} = \mathrm{W} \quad \text{Watt} \qquad \text{elektrische Leistung (Momentanwert).} \qquad (1.4/1)$$

Hängen $u(t)$, $i(t)$ von der Zeit ab, so heißt sie *Augenblicks-* oder *Momentanleistung* $p(t)$. Häufig interessiert jedoch nur der (lineare) *Mittelwert* der umgesetzten Leistung:

$$P = \bar{p}(t) = \frac{1}{T}\int_0^T i(t)u(t)\,\mathrm{d}t \qquad \text{mittlere Leistung.} \qquad (1.4/2\mathrm{a})$$

T ist die Integrationsdauer. Für Gleichgrößen wird daraus

$$P = \overline{p(t)} = UI. \qquad (1.4/2\mathrm{b})$$

Zählpfeilsysteme. Da Strom und Spannung Bezugs- oder Zählpfeile haben, gilt (unter Annahme gleicher Zählpfeilrichtungen für Spannung u und Strom i)

$p > 0$ *in* den Zweipol zufließende elektrische Energie (Umsetzung in Wärme oder gespeicherte Feldenergie)

$p < 0$ *aus* dem Zweipol fließende Energie (Umsetzung nicht elektrischer in elektrische Energie, Abgabe von gespeicherter Feldenergie).

Dabei kann die Rolle von Verbraucher und Erzeuger zeitweilig wechseln (z.B. Motor- und Generatorrolle einer Drehschleife im Magnetfeld). Man spricht nach Gl.(1.4/1) (Bild R 1.4/1) vom

Zählpfeilsystem	Erzeugte Leistung	Verbrauchte Leistung	Kennlinienzuordnung	Beispiele
Erzeuger (EPS)	$p = iu > 0$ (Verbraucher $p < 0$)	$p = -iu$ (Verbraucher $p > 0$)		
Verbraucher (VPS)	$p = -iu$ (Erzeuger $p > 0$)	$p = iu > 0$ (Erzeuger $p < 0$)		

Bild R 1.4/1 Richtungspfeilsysteme am Zweipol

- *Verbraucherzählpfeilsystem (VPS):* gleiche Richtung für u und i
- *Erzeugerpfeilsystem (EPS):* u und i entgegengesetzt gerichtet.

Im Bild R 1.4/1 wurden als Beispiele das u-i-Verhalten eines Widerstandes und einer Batterie dargestellt.

Merkregel:
EPS: Stromfluß *aus* dem − Pol der Zweipolklemmen
VPS: Stromfluß *in* den + Pol der Zweipolklemmen einer Batterie. Dabei weist der Zählpfeil u von Plus nach Minus.

In einem Netzwerk, z.B. mit Spannungs-/Stromquellen und sog. Verbraucherzweipolen treten meist beide Zählpfeilsysteme auf: Erzeuger → EPS, Verbraucher → VPS (Bild R 1.4/2). Dies ist die Folge der Stromkontinuität.

Energie. Nach Definition der Leistung p als Energiestrom, nämlich Energieänderung $\mathrm{d}W$ pro Zeitspanne $\mathrm{d}t$

$$p = \frac{\mathrm{d}W}{\mathrm{d}t} \qquad (1.4/3)$$

folgt durch Integration ($\mathrm{d}W = p\,\mathrm{d}t$):

$$\Delta W = W(t) - W(t_0) = \int_{t_0}^{t} p\,\mathrm{d}t = \int_{t_0}^{t} i(t)u(t)\,\mathrm{d}t; \qquad (1.4/4)$$

$$[W] = 1\,\mathrm{VAs} = 1\,\mathrm{Ws}.$$

Zusammenhang Energie-Leistung

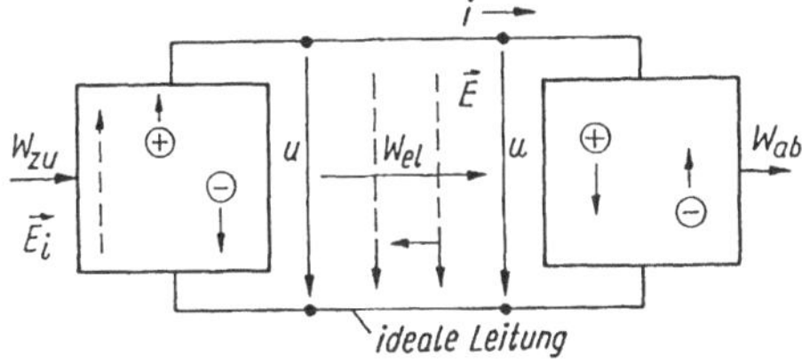

Bild R 1.4/2 Erzeuger- und Verbraucherpfeilsystem im Grundstromkreis

Energie ist eine stetige Größe. (Es gilt ein Erhaltungssatz!) Sie kann durch Leistungszufuhr/-abfuhr während einer Zeit nur gegenüber einem Anfangswert stetig geändert werden.

Für Gleichgrößen wird aus Gl.(1.4/4)

$$\Delta W = Pt = UIt. \tag{1.4/5}$$

Da Energie eine universelle Größe ist (Wandlung von einer in andere Energieform möglich), sind elektrische Energie und Leistung über entsprechende (umrechenbare) SI-Einheiten und die Energieäquivalente mit anderen Energieformen (z.B. thermodynamische, mechanische) verknüpft.

Umsatzorte elektrischer - nichtelektrischer Energie sind

- im Stromkreis die Netzwerkelemente (Bild R 1.4/3):
  - Widerstand, Spannungs-, Stromquellen (Bild R 1.4/3a,b)
  - Kapazität, Induktivität, Gegeninduktion für die zeitweilige Speicherung elektrischer und magnetischer Energie (Bild R 1.4/3c,d)
  - Formänderung des Feldraumes (C, L) → Kraftwirkung, elektrische - mechanische Umsetzung
- im elektromagnetischen Feld das Strömungsfeld, das elektrostatische und magnetische Feld (und ihre Verknüpfungen).

Für die konstruktive Bemessung von Geräten, Anlagen, Netzwerk- oder Bauelementen (z.B. Widerstand R) hat die Leistung die größere Bedeutung, während die Energie Bedeutung für das Vermögen, Energie zu speichern (und damit Arbeit zu verrichten), hat.

Anwendung der Leistungs-/Energiebegriffe auf Zwei- und Mehrpole. Für ein *Zweipolelement* ergibt sich die Leistung p stets durch das Produkt von Klemmenspannung und -strom:

$$p = ui,$$

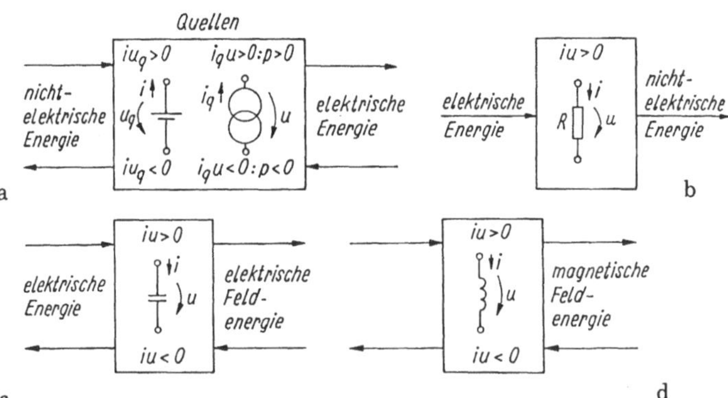

Bild R 1.4/3 Energieumwandlung
a) in Spannungs- und Stromquellen, b) im Widerstand, c) im Kondensator, d) in der Spule

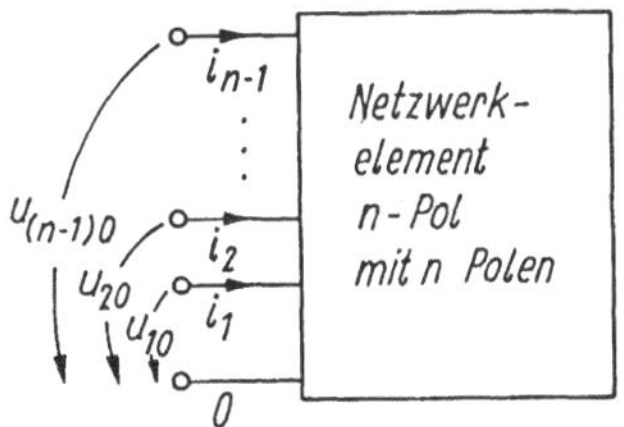

Bild 1.4/4 Leistung im n-Pol Netzwerkelement

für ein *n-poliges* Netzwerkelement (mit dem Verbraucherpfeilsystem (Bild R 1.4/4)) zu

$$p = \sum_{\nu}^{n-1} u_{\nu 0} i_{\nu} \qquad \text{im } n\text{-Pol umgesetzte Leistung} \qquad (1.4/6)$$

(Spannungsbezug auf die Klemme 0). Dabei liegt für $p > 0$ Verbraucher- und $p < 0$ Erzeugerverhalten vor. Die Energie wird immer nach Gl (1.4/4) aus der Leistung bestimmt.

Die umgesetzte (elektrische) Energieform hängt direkt mit dem jeweiligen Feld zusammen:

Quellen (Spannungs-, Stromquellen, unabhängige und gesteuerte Quellen): Die *erzeugte elektrische Leistung* p beträgt

$$p = u i_{\mathrm{q}} \text{ bzw. } u_{\mathrm{q}} i > 0$$

und ist positiv (Erzeugerpfeilsystem): Umwandlung nichtelektrischer Energie in elektrische. (Quellen können aber auch Verbraucher elektrischer Energie sein, vgl. Bild R 1.4/1!)

Die Netzwerkelemente Widerstand R, Kondensator C, Spule L hingegen sind mit $p > 0$ (Verbraucherzählpfeilrichtung) Verbraucher (bzw. zeitweilige Speicher) elektrischer Energie (s. Abschn. 6.2, 6.3), für $p < 0$ geben letztere die gespeicherte Feldenergie in den elektrischen Kreis zurück.

2. Das elektrische Feld. Feldgrößen. Anwendungen

Übersicht. Dieser Abschnitt enthält eine repetive Zusammenstellung der Grundlagen des elektrischen Feldes und seiner Anwendungen: Feldbegriffe (Abschn. 2.1), Feldstärke und Potential als die zentralen Größen des elektrischen Feldes (Abschn. 2.2), das Strömungsfeld (Abschn. 2.3) und als Anwendung den Übergang zu einfachen Netzwerken mit resistiven Schaltelementen (Abschn. 2.4). Das ist zugleich die globale Beschreibung des Strömungsfeldes durch Begriffe wie Widerstand, Strom und Spannung. Wegen der großen technischen Bedeutung der Netzwerke behandeln wir sie im Abschnitt 3 eingehender.

Während das Strömungsfeld mit (zeitlich gleichförmig) bewegten Ladungen verbunden ist, bilden ruhende Ladungen die Grundlage des elektrostatischen Feldes (Abschn. 4).

2.1 Feldbegriffe

2.1.1 Feldeinteilung

Der Begriff *Feld* umfaßt:

- den physikalischen Zustand eines energieerfüllten Raumes, wobei jedem Raumpunkt physikalische Größen - die *Feldgrößen* - gesetzmäßig zugeordnet sind,
- gleichrangig: Gesamtheit aller Werte der Feldgrößen
- Kurzform: Feld = Gesamtheit aller einem Raumpunkt P eines räumlichen Bereiches zugeordneten Feldgrößen. Feldgrößen sind die elektrische Feldstärke $\boldsymbol{E}$, die elektrische Flußdichte $\boldsymbol{D}$, die magnetische Flußdichte $\boldsymbol{B}$ und die magnetische Feldstärke $\boldsymbol{H}$.

Als Ursachen des elektromagnetischen Feldes werden die Raumladungsdichte ϱ (Abschn. 1.1) und Stromdichte $\boldsymbol{S}$ (Abschn. 2.3) angesehen.

Gewöhnlich hängen die Feldgrößen vom Ort und der Zeit ab, deshalb spricht man von einer *Feldfunktion.* Spezialfälle sind

- *homogenes* Feld: Feldgrößen unabhängig vom Ort
- *inhomogenes* Feld: Feldgrößen ortsabhängig

- *stationäres* Feld (Gleichfeld): Feldgrößen unabhängig von der Zeit
- *nichtstationäres* Feld: Feldgrößen zeitabhängig.

Mathematisch kann der Raumzustand "Feld" in jedem Raumpunkt durch eine skalare, vektorielle oder tensorielle Funktion der Feldgrößen beschrieben werden (letztere haben für die Elektrotechnik zweitrangige Bedeutung):

1. *Skalare Feldgröße:* Jedem Raumpunkt ist eine skalare physikalische Größe zugeordnet. Beispiele: Potential-, Temperaturfeld, Höhenlinien (= Linien konstanter potentieller Energie im Schwerefeld), Linien gleicher Temperatur.
2. *Vektorielle Feldgröße:* Jedem Raumpunkt ist eine vektorielle (oder drei skalare) Feldgröße zugeordnet. Beispiele: Kraftfeld, Geschwindigkeitsfeld einer Strömung, Feldstärkefeld, Gravitationsfeld der Erde.

Tensorielle Feldgrößen betrachten wir nicht.

Zur Angabe von Feldgrößen sind stets reelle Zahlen und (physikalische) Einheiten erforderlich.

Feldbeschreibung. Die Angabe des Raumpunktes eines Feldvektors, z.B. der Kraft $\boldsymbol{F}$ kann erfolgen (Bild R 2.1/1)

- *allgemein* durch einen Ortsvektor $\boldsymbol{r}$ (z.B. $\boldsymbol{F}(\boldsymbol{r})$, $\varphi(\boldsymbol{r})$). Vorteil: nicht an ein spezielles Koordinatensystem gebunden
- durch ein *Koordinatensystem* z.B. kartesisch, zylindrisch, sphärisch u.a. (zur Lösung spezieller Problemstellungen erforderlich).

Darstellungsformen. Die Feldbeschreibung wird durch bildhafte Darstellungsmöglichkeiten unterstützt:

1. *Vektorfelder* werden dargestellt durch
   a) Feldlinien. Das sind (ausgesuchte) Raumkurven, die den Vektor der Feldgröße, z.B. Geschwindigkeit $\boldsymbol{v}(\boldsymbol{r})$, Kraft $\boldsymbol{F}(\boldsymbol{r})$ an jeder Stelle tangie-

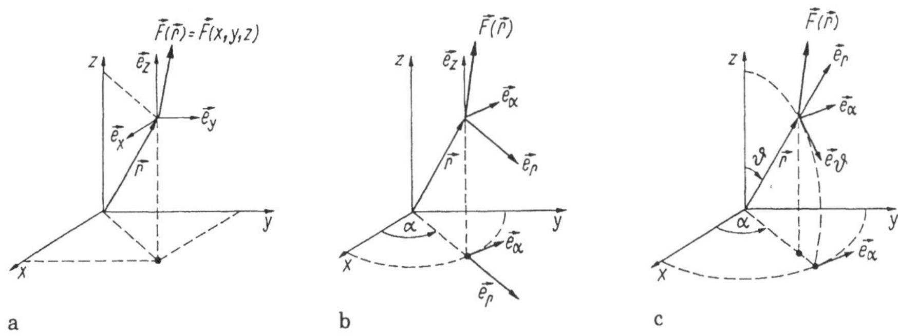

Bild R 2.1/1 Feldvektor $\boldsymbol{F}(r)$ in verschiedenen Koordinatensystemen
a) kartesische, b) zylindrische, c) sphärische Koordinaten

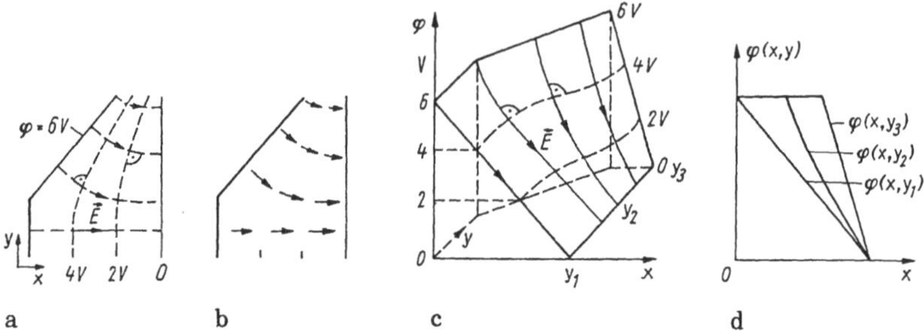

Bild R 2.1/2 Darstellungen eines Feldes
a) Feldlinien und Äquipotentialliniendarstellung (ebenes Feld, $\varphi(x, y)$), b) Darstellung mit Vektorpfeilen, c) Darstellung als Potentialgebirge. Die E-Linien hängen direkt mit dem Potentialgefälle zusammen. d) Ausgewählte Schnitte durch das Potentialgebirge

ren und deren Liniendichte (reziproker Linienabstand) proportional dem Betrag des Vektors ($|\boldsymbol{v}|$, $|\boldsymbol{F}|$) ist (Bild R 2.1/2a).
Im Feldlinienbereich müssen Richtung und Betrag des Vektors erkennbar sein. Die Richtung wird durch einen Pfeil ausgedrückt, der an jedem Ort in die Richtung des Feldvektors $\boldsymbol{F}(\boldsymbol{r})$ weist. Die Gleichung der Feldlinien, die zur Feldfunktion $\boldsymbol{v}(\boldsymbol{r})$ gehört, heißt

$$\boldsymbol{v}(\boldsymbol{r}) \times \mathrm{d}\boldsymbol{r} = 0 \qquad (\boldsymbol{v} \parallel \mathrm{d}\boldsymbol{r}). \tag{2.1/1}$$

Das Längenelement $\mathrm{d}\boldsymbol{r}$ verläuft in jedem Punkt parallel zu $\boldsymbol{r}$.
Müssen dreidimensionale Zusammenhänge dargestellt werden (z.B. bei Magnetfeldern), so benutzt man zur Darstellung in der Ebene das Zeichen ($\odot$) ($\otimes$) Vektor (Zählpfeil) aus (in) der (die) Zeichenebene.

Merke: Feldveranschaulichungen der Potential- und Feldlinien sind ein *Darstellungshilfsmittel* für den felderfüllten Raum, keine physikalische Realität.

b) Vektorbild. Diese weniger verbreitete Form ergibt sich, wenn jedem Punkt $\boldsymbol{r}$ der entsprechende Feldvektor "angeheftet" wird. Da dies nur für endlich viele Punkte möglich ist, wird dem Feld (Kontinuum) eine diskontinuierliche Beschreibung zugeordnet (Bild R 2.1/2b). Der Pfeil weist in die Richtung der Feldgröße, seine Länge bestimmt den Betrag.

2. *Skalarfelder.* Verbreitet sind Niveau-, Schicht- oder Äquipotentialflächen

$$\varphi(x, y, z) = \varphi_k = \text{const.} \tag{2.1/2}$$

Das sind Flächen, auf denen die Skalargröße überall den gleichen Wert hat.

Die Spuren der Äquipotentialflächen auf eine Schnittfläche sind Linien, die Punkte gleicher Skalargröße verbinden: Niveau- oder Potentiallinien. Die Darstellung $\varphi(x, y)$ für konstantes z_0 heißt *Potentialgebirge* (Bild

2.1/2c). Verbreitet sind auch Schnitte durch solche Potentialgebirge: ausgesuchte Verläufe $\varphi(x)$ für konstantes y_0 (Bild 2.1/2d).

Feldlinienbeschreibung. Der Verlauf der Feldlinien, etwa für eine Kraft $\boldsymbol{F}$ ergibt sich bei Beschränkung auf eine zweidimensionale Darstellung, z.B. in der x-y-Ebene durch Lösung der Gleichung

$$\frac{F_y}{F_x} = \frac{\mathrm{d}y}{\mathrm{d}x} \tag{2.1/3}$$

(für $F_z = 0$). Beispiel: $\boldsymbol{E} = \boldsymbol{e}_r c/r$ (Feld einer Linienladung). Die Darstellung

$$\boldsymbol{E} = \frac{x\boldsymbol{e}_x + y\boldsymbol{e}_y}{x^2 + y^2} c$$

in kartesischen Koordinaten liefert

$$\frac{\mathrm{d}y}{\mathrm{d}x} = \frac{E_x}{E_y} = \frac{1}{x} \to \ln y = \ln x + \ln b.$$

Die Gleichung der Feldlinien lautet somit $y = bx$. Das ist ein Büschel von Geraden durch den Ursprung, wie es für eine Punktladung zutrifft (vgl. Bild R 2.1/3b).

Feldarten. Es gibt zwei typische Feldarten:

a) *Quellenfelder:* Das sind Gebiete, in denen Feldlinien beginnen oder enden (Senke: Endpunkt, auch im Unendlichen möglich, Bild R 2.1/3a). Die "Quellenintensität" wird durch die

Quelldichte = Divergenz des Feldvektors	(2.1/4)

gekennzeichnet. Gleichwertig gilt für eine gedachte Hüllfläche um den Quellenbereich:

Zahl der austretenden − Zahl der eintretenden Feldlinien $\neq$ 0 oder gleichwertig beschrieben durch die *Quellenstärke* (Bild R 2.1/3b)

$\oint \boldsymbol{D} \cdot \mathrm{d}\boldsymbol{A} \neq 0.$	Kennzeichen eines Quellenfeldes.	(2.1/5)

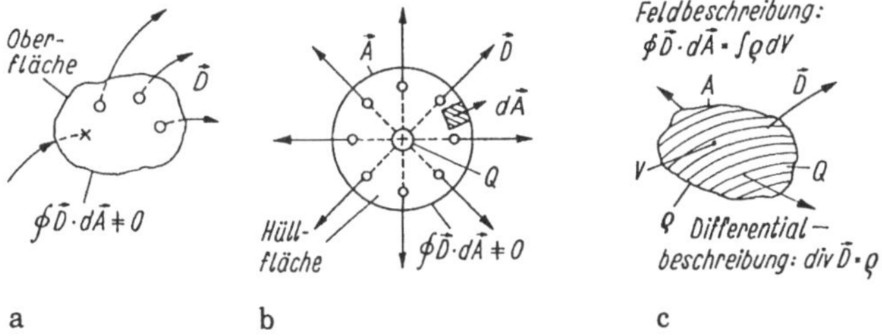

Bild R 2.1/3 Zum Begriff Quellenstärke
a) Quellen (0) und Senken (x) von Feldlinien, b) Quellenfeld, zum Begriff Quellenstärke, c) Raumladungsdichte ϱ als Ursache der Quellendichte div $\boldsymbol{D}$

Ein Feld ist *quellenfrei*, wenn das Hüllintegral verschwindet.
Beispiel: Raumladungsdichte ϱ als Quelle der Verschiebungsflußdichte $\boldsymbol{D}$. Es gilt:

$$\operatorname{div} \boldsymbol{D} = \varrho \quad \text{gleichwertig} \quad \oint \boldsymbol{D} \cdot \mathrm{d}\boldsymbol{A} = \int_A \varrho \, \mathrm{d}V = Q.$$

Die Raumladungsdichte ϱ ist somit Ursache der Quelldichte (Divergenz) der Verschiebungsflußdichte $\boldsymbol{D}$ im Raumpunkt (Bild R 2.1/3c).

Es gibt somit zur Beschreibung eines Quellenfeldes zwei gleichwertige Darstellungen: über die Quellenstärke Gl.(2.1/5) (integrale Form) und über die Quellendichte Gl.(2.1/4) (differentielle Form).

b) *Wirbelfelder.* Vektorfelder mit geschlossenen Feldlinien haben *Wirbel.* Das sind Raumbereiche (linien- oder rohrförmige Gebilde), um die sich die Feldlinien zusammenziehen. Sie bilden eine geschlossene Raumkurve, den *Wirbelfaden* (Bild R 2.1/4).
Ein Maß für die *Wirbelstärke* des Vektorfeldes ist die

$$\text{Wirbeldichte} = \text{Rotation des Vektors in einem Punkt.} \qquad (2.1/6)$$

Deshalb gilt für eine gedachte Linie um den Wirbelbereich gleichwertig das *Umlauf-* oder *Ringintegral* (*Wirbelstärke*)

$$W_\mathrm{s} = \oint \boldsymbol{H} \cdot \mathrm{d}\boldsymbol{s} \neq 0 \qquad (2.1/7)$$

längs einer Kurve $\boldsymbol{s}$. Ein Feld $\boldsymbol{H}$, das der Bedingung Gl.(2.1/7) genügt, ist *nicht* wirbelfrei. (Das Integral $\oint \boldsymbol{v} \cdot \mathrm{d}\boldsymbol{s}$ wird in der Mechanik als Zirkulation bezeichnet).

Beispiel für Wirbelfelder:

- *elektrisches Wirbelfeld* in Umgebung eines zeitveränderlich magnetischen "Feldes" → *Induktionsgesetz* (Abschn. 5.3)

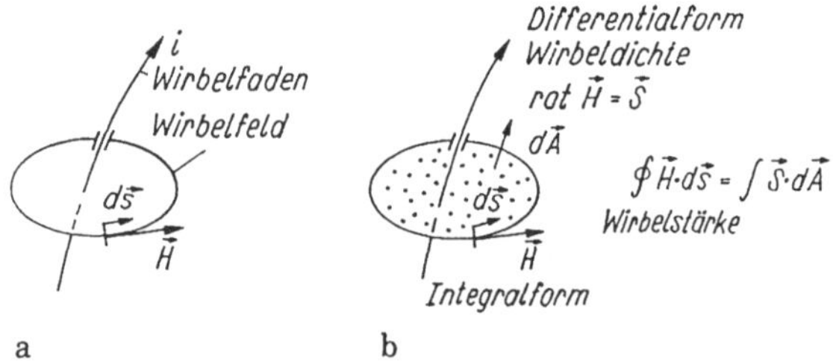

Bild R 2.1/4 Zum Begriff Wirbelfeld
a) Begriffe Wirbelfaden und Zirkulation, b) Beispiel des magnetischen Wirbelfeldes mit Angabe der Wirbeldichte und Wirbelstärke

Typ	Integraldarstellung: $\oint \bar{F} \cdot d\bar{A}$ (Quellenstärke); Differentialdarstellung: div $\bar{F}$ (Quellendichte)	Integraldarstellung: $\oint \bar{F} \cdot d\bar{s}$ (Wirbelstärke); Differentialdarstellung: rot $\bar{F}$ (Wirbeldichte)	Vektorbild	Feldbild
1. Quellenfeld, wirbelfrei (elektrostat. Feld in ladungsfreien Räumen)	0	0		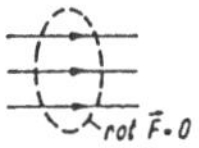 rot $\bar{F} = 0$
2. Quellenfeld, wirbelfrei (statisches Feld einer Ladung)	$\neq 0$	0		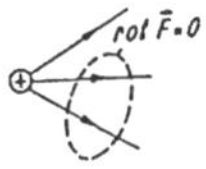 rot $\bar{F} = 0$
3. Wirbelfeld, quellenfrei (statisches Magnetfeld um einen Strom)	$= 0$	$\neq 0$	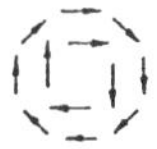	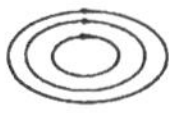
4. Quellen-, Wirbelfeld (elektrostat. Feld im ladungstragenden Medium mit zeitveränderlichem Magnetfeld)	$\neq 0$	$\neq 0$		

Bild R 2.1/5 Beziehungen und Bilder typischer Feldtypen (in Klammern: Feldbeispiele)

- *magnetisches Wirbelfeld* um einen stromdurchflossenen Leiter (Kennzeichen des Stromes, Abschn. 5.1).

Bild R 2.1/5 gibt eine Zusammenstellung typischer Quellen- und Wirbelfelder mit einigen Beispielen, auf die in den Folgeabschnitten noch eingegangen wird.

2.1.2 Maxwellsche Gleichungen (Übersicht)

Die elektromagnetischen Feldgrößen sind miteinander durch die sog. *Maxwellschen Gleichungen* verknüpft. Sie können in zwei gleichberechtigten Formen dargestellt werden (Bild R 2.1/5):

a) Durch die *Integralform* mittels sog. *Feldintegrale* oder *globaler Feldgrößen.* Feldintegrale sind Linien-, Flächen- und Volumenintegrale von Feldgrößen. Sie werden für bestimmte Feldgrößen z.T. mit besonderen Namen versehen: *Durchflutungs-*, *Induktionsgesetz* (Tafel R 2.1/1). Als Integralform treten beispielsweise auf

- skalares *Linienintegral* zwischen zwei Punkten P_1, P_2
$$\int_{P_1}^{P_2} \boldsymbol{E} \cdot \mathrm{d}\boldsymbol{s} = u_{12}$$
für die Spannung
- *Flächenintegral* der Stromdichte $\boldsymbol{S}$
$$\int_A \boldsymbol{S} \cdot \mathrm{d}\boldsymbol{A} = i$$

Tafel R 2.1/1 Feldgleichungen in Integral- und Differentialform

Integralform	Differentialform, Punktform
Durchflutungsgesetz (Amperesches Stromgesetz) $\oint_s \vec{H}\cdot d\vec{s} = \int_A \left(\vec{S} + \frac{\partial \vec{D}}{\partial t}\right)\cdot d\vec{A}$	$rot\,\vec{H} = \vec{S} + \frac{\partial \vec{D}}{\partial t}$
Induktionsgesetz $\oint_s \vec{E}\cdot d\vec{s} = -\int_A \frac{\partial \vec{B}}{\partial t}\cdot d\vec{A}$	$rot\,\vec{E} = -\frac{\partial \vec{B}}{\partial t}$
mit $\oint \vec{B}\cdot d\vec{A} = 0$	$div\,\vec{B} = 0$ (Quellenfreiheit der Flußdichte)
$\oint_A \vec{D}\cdot d\vec{A} = Q = \int_V \rho dV$	$div\,\vec{D} = \rho$ (Poisson-Gleichung)
$d\vec{s}$, $d\vec{A}$: Vektoren, die den (skalaren) Differentialen ds, dA zugeordnet sind.	

Dazu treten in Materie (ruhendes Bezugssystem)

- die Materialbeziehungen (bei linearen Feldverhältnissen)

  $\vec{D} = \varepsilon\cdot\vec{E};\quad \vec{B} = \mu\vec{H}$

  Permittivität $\varepsilon = \varepsilon_r\varepsilon_0$

  Permeabilität $\mu = \mu_r\mu_o$

  mit den Feldkonstanten (im materiefreien Raum)

  - magnetische Feldkonstante

    $\mu_0 = 4\pi\cdot 10^{-7} H/m = 1{,}256 \mu H/m$

  - elektrische Feldkonstante

    $\varepsilon_0 = \frac{1}{\mu_o c^2} = 8{,}854 pF/m$

- die Stromdichte als Summe von Konvektions- und Verschiebungsstromdichte

  $\vec{S} = \vec{S}_K + \vec{S}_V;\quad \vec{S}_K = \int \vec{v} d\rho,\quad \vec{S}_v = \frac{\partial \vec{D}}{\partial t}$

  In (linearen) Leitern wird daraus die Materialbeziehung.

  $\vec{S} = \vec{S}_K = \kappa\cdot\vec{E}$

  (räumliches ohmsches Gesetz)

- *Volumenintegral* der Raumladungsdichte

  $$\int_V \varrho\,\mathrm{d}V = Q$$

  für die Ladung.

Dabei bestehen über sog. Integralsätze Beziehungen zwischen

- Volumen- und Flächenintegral (Satz von Gauß)
- Flächen- und Linienintegral (Satz von Stokes).

b) Durch die *Differentialform* (Tafel R 2.1/1). Werden die Wirbelstärke auf eine Fläche und die Quellenstärke auf ein Volumen bezogen, so ergeben sich (speziell im Fall gegen Null gehender Flächen bzw. Volumen) die *Dichten* der betreffenden Größen. Sie erlauben eine lokale Aussage in einzelnen Feldpunkten. Ergebnis sind die *Maxwellschen Gleichungen* in *Differentialform*. Die zugehörigen Operatoren (Gradient, Divergenz, Rotation) sind sog. *Differentialoperatoren*.

Die Maxwellschen Gleichungen in Differentialform bilden die Grundlage der Theorie elektromagnetischer Felder. Das Grundgebiet der Elektrotechnik beschränkt sich auf die Integralform.

Wir repetieren diese Gesetzmäßigkeiten in den Folgeabschnitten ausführlich und kommen auf die Gesamterscheinungen des elektromagnetischen Feldes im Abschnitt 5.6 zurück.

2.2 Das elektrische Feld

Die Kraftwirkung einer ruhenden elektrischen Ladung auf andere Ladungen wird durch die *elektrische Feldstärke* $\boldsymbol{E}$ als neue Größe gleichwertig beschrieben. Wirkt umgekehrt eine elektrische Feldstärke auf Ladungen (ruhend, beweglich), so spricht man vom

- *elektrostatischen* Feld (ruhende Ladung) und
- *Strömungsfeld* (bewegte Ladung, Tafel R 2.2/1). Die bewegte Ladung ist auch Ursache des magnetischen Feldes (Abschn. 5).

Wichtige Voraussetzung: Es entsteht kein zeitveränderliches Magnetfeld, so daß höchstens *Gleichstrom* fließen kann. Dann liegt ein *wirbelfreies* elektrisches Feld, also ein *reines Quellenfeld* vor mit $\oint \boldsymbol{E} \cdot \mathrm{d}\boldsymbol{s} = 0$ nach Gl.(1.3/2).

2.2.1 Elektrische Feldstärke

Wesen. Die Kraftwirkung zwischen zwei ruhenden Punktladungen Q_1, Q_2 im isolierenden Raum wird durch das *Coulombsche Gesetz* (Naturgesetz) beschrieben (Bild R 2.2/1a)

$$\boldsymbol{F}_2 = Q_2 \underbrace{\frac{Q_1}{4\pi\varepsilon_0 r_{12}^2} \boldsymbol{e}_{\mathrm{r}12}}_{E} = Q_2\boldsymbol{E} \tag{2.2/1a}$$

(Q_1 Ladung am Ort 1, Q_2 Ladung am Ort 2, $\boldsymbol{r}_{12} = \boldsymbol{r}$ Abstandsvektor zwischen Ort 1 nach 2 (von Ursache zur Wirkung), ε_0 elektrische Feldkonstante) und besonders als Zustand eines Raumes interpretiert mit der Fähigkeit, Kraftwirkung auf andere Ladungen auszuüben. Man ordnet der Punktladung Q_1 ein elektrisches Feld zu, das radial von ihr ausgeht und mit dem Quadrat der Entfernung fällt. Durch die elektrische Feldstärke $\boldsymbol{E}$ wird die

Tafel R 2.2/1 Elektrisches Feld, Übersicht

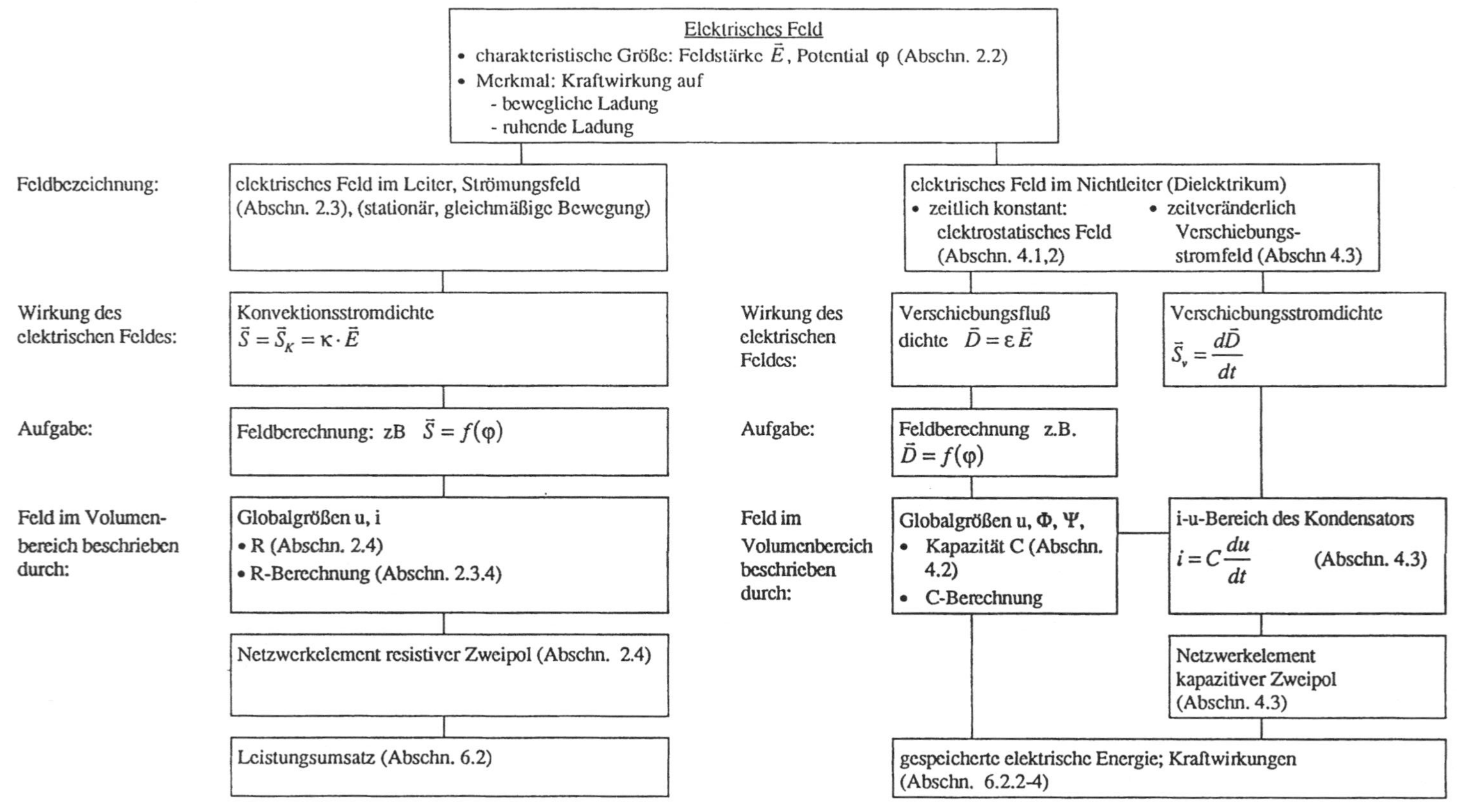

Kraftwirkung auf Q_2 beschrieben, ohne daß man die Quelle von $\boldsymbol{E}$ (Ladung Q_1) kennen muß. Dabei

- wirkt die Kraft längs der Verbindungslinie beider Ladungen (Bild R 2.2/1a)
- ist die Kraft $\boldsymbol{F}_2$, die Ladung Q_1 auf Q_2 ausübt, entgegengesetzt gleich der, die Ladung Q_2 auf Q_1 ausübt:

$$\boldsymbol{F}_1 = Q_1 \underbrace{\frac{Q_2}{4\pi\varepsilon_0 r_{21}^2}\boldsymbol{e}_{r21}}_{E} = -\boldsymbol{F}_2 \tag{2.2/1b}$$

- stoßen sich Ladungen gleicher Polarität ab ($Q_1Q_2 > 0$), solche entgegengesetzter Polarität ziehen sich an ($Q_1Q_2 < 0$) (Bild R 2.2/1c).

Zugeordnete Feldgröße: *elektrische Feldstärke* $\boldsymbol{E}$

$$\boldsymbol{E}(\boldsymbol{r}) = \frac{\boldsymbol{F}(\boldsymbol{r})}{Q} \tag{2.2/2}$$

$$[E] = \frac{[F]}{[Q]} = \frac{1\,\mathrm{V}\cdot\mathrm{A}\cdot\mathrm{s}}{\mathrm{m}\cdot\mathrm{A}\cdot\mathrm{s}} = \frac{1\,\mathrm{V}}{\mathrm{m}}$$

elektrische Feldstärke, Definitionsgleichung.

Wirkt auf eine Ladung Q am Ort $\boldsymbol{r}$ die Kraft $\boldsymbol{F}(\boldsymbol{r})$, so herrscht dort gleichwertig die elektrische Feldstärke $\boldsymbol{E}(\boldsymbol{r}) = \boldsymbol{F}(\boldsymbol{r})/Q$. Die Richtung von $\boldsymbol{E}$ stimmt bei positiver Ladung mit der Kraftrichtung überein (bei negativer wirken $\boldsymbol{E}$ und $\boldsymbol{F}$ gegeneinander, Bild R 2.2/1b).

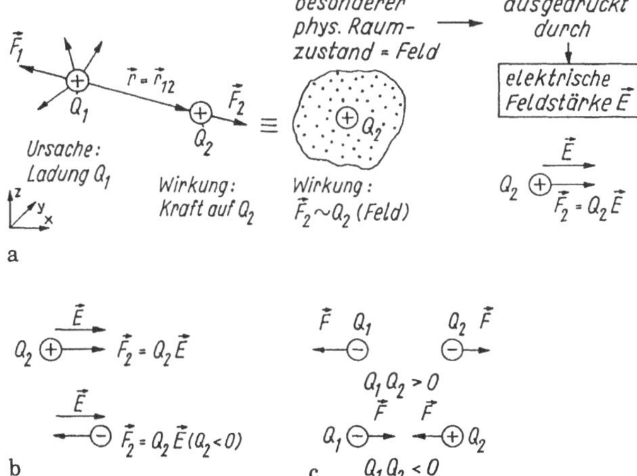

Bild R 2.2/1 Kraftwirkung auf eine ruhende Punktladung, Definition der elektrischen Feldstärke
a) Coulombsches Gesetz, Definition der elektrischen Feldstärke, b) Kraftwirkung, beschrieben durch die elektrische Feldstärke, c) Kraftwirkung, abhängig vom Vorzeichen der Ladungen

Merkmale.

- Die Beziehung Gl.(2.2/2) gilt unabhängig davon, durch welche Ladung die Feldstärke $\boldsymbol{E}$ zustande kommt. Deshalb kann die feldverursachende Ladung eine Punkt-, Linien-, Flächen- oder Raumladung sein (Bild R 1.1/1).
- Die Feldstärke übt eine *Doppelrolle* aus:
  - Sie erzeugt am Ort eine Kraftwirkung auf eine dort vorhandene Ladung Q_2
  - Ladungen (Q_1, Bild R 2.2/1a) erzeugen in ihrer Umgebung ein Kraftfeld = elektrisches Feld mit dem Vermögen, Kraft auf andere Ladungen Q_2 auszuüben.
- Das Feldstärkefeld ist ein *Quellenfeld* (Bild R 2.1/3): Elektrische Feldlinien beginnen auf positiven und enden auf negativen Ladungen (Festlegung der positiven Richtung der Feldlinien).
- Das von ruhenden oder gleichmäßig bewegten Ladungen erzeugte elektrische Feld ist stets ein *Potentialfeld* (Gl.(2.1/7), Gl.(1.3/2)), z.B. gekennzeichnet durch

$$\oint \boldsymbol{E} \cdot \mathrm{d}\boldsymbol{s} = 0. \qquad (2.2/3)$$

Hinweis: Das sog. induzierte elektrische Feld (Induktionsgesetz, Abschn. 5.3) erfüllt Gl.(2.2/3) nicht.

- Wichtige Felder sind die der Punkt-, Linien-, Flächen- und Raumladung (Tafel R 2.2/2).
- Grundlegende Bedeutung hat die *Punktladung* (als Aufbaumodell für andere Ladungsverteilungen). Befindet sich eine Punktladung Q am Ort $\boldsymbol{r}_0$, so beträgt die Feldstärke $\boldsymbol{E}$ an der Stelle $\boldsymbol{r}$ (Bild R 2.2/2)

$$\boldsymbol{E} = \frac{Q}{4\pi\varepsilon_0 |\boldsymbol{r} - \boldsymbol{r}_0|^2} \frac{\boldsymbol{r} - \boldsymbol{r}_0}{|\boldsymbol{r} - \boldsymbol{r}_0|}. \qquad (2.2/4)$$

Elektrische Feldstärke in Umgebung einer Punktladung Q.

- Wird einer einzelnen Ladung Q ein Feld zugeordnet (Definition der Feldstärke), so liegt damit die Gegenladung automatisch an einem zweiten Punkt fest (der auch im Unendlichen liegen kann, wie z.B. in Gl.(2.2/4) der Punktquelle).
- Die von einzelnen Ladungen (Punkt-, Ladungsverteilungen) in einem Punkt wirkenden elektrischen Felder lassen sich zu einer Gesamtfeldstärke überlagern (Bild R 2.2/3 und I/Bild 2.6, vgl. auch Tafel R 2.2/2)

$$\boldsymbol{E} = \sum_{\nu=1}^{n} \boldsymbol{E}_\nu \qquad \text{Feldüberlagerung.} \qquad (2.2/5)$$

Diese Feldbestimmung ist allerdings aufwendiger (Kenntnis aller $\boldsymbol{E}$-Richtungen!) als die Berechnung über das Potential φ (s. Gl. (2.2.9)).

Tafel R 2.2/2 Feldstärke und Potential in typischen elektrischen Feldern - elektrostatisches Feld: Erregergröße $k = \frac{dQ}{4\pi\epsilon_0}$ - Strömungsfeld: Erregergröße $k = \frac{dQ}{4\pi\kappa}$

Ladungsverteilung Feldursache		Feldbeitrag $d\vec{E}$	Gesamtfeldstärke $\vec{E}$	Potentialbeitrag $d\varphi$	Potential φ
Punkt-Ladung	Q, P, $\vec{E}$, $\vec{r}-\vec{r}_0$, $\vec{r}$, $\vec{r}_0$, $\vec{r}\,' = \vec{r}-\vec{r}_0$	$d\vec{E} = \frac{dQ}{4\pi\varepsilon r'^2}\cdot\vec{e}_{r'}$	$\vec{E} = \frac{Q}{4\pi\varepsilon r'^2}\cdot\vec{e}_{r'}$	$d\varphi = \frac{dQ}{4\pi\varepsilon_0 r'}$	$\varphi = \frac{Q}{4\pi\varepsilon_0 r'}$
Linien-Ladung	P, $d\vec{E}$, dl, $\vec{r}\,'$, $\vec{r}$, $dQ = \lambda dl$, $\vec{r}_0$	$dQ = \lambda dl$ $d\vec{E} = \frac{\lambda dl}{4\pi\varepsilon_0 \cdot r'^2}\cdot\vec{e}_{r'}$ unendlich langer Draht	$\vec{E} = \int_l \frac{\lambda dl\, \vec{e}_{r'}}{4\pi\varepsilon_0 r'^2} = \frac{\lambda}{2\pi\varepsilon_0}$ r: Abstand, P-Ladung	$d\varphi = \frac{\lambda dl}{4\pi\varepsilon_0 r'}$	$\varphi = \frac{1}{4\pi\varepsilon_0}\int_l \frac{\lambda dl}{r'}$
Flächen-Ladung	σ, P, $d\vec{E}$, $\vec{r}\,'$, $\sigma d\vec{A}$, $\vec{r}$, $\vec{r}_0$	$dQ = \sigma dA$ $d\vec{E} = \frac{\sigma dA}{4\pi\varepsilon_0 \cdot r'^2}\cdot\vec{e}_{r'}$	$\vec{E} = \int_A \frac{\sigma dA\, \vec{e}_{r'}}{4\pi\varepsilon_0 r'^2}$ unendliche Fläche: $\vec{E} = \frac{\sigma}{2\varepsilon_0}\vec{e}_A$	$d\varphi = \frac{\sigma dA}{4\pi\varepsilon_0 r'}$	$\varphi = \frac{1}{4\pi\varepsilon_0}\int_A \frac{\sigma dA}{r'}$
Raum-Ladung	ρ, P, $d\vec{E}$, $\vec{r}\,'$, dV, $\vec{r}$, $\vec{r}_0$	$dQ = \rho dV$ $d\vec{E} = \frac{\rho dV}{4\pi\varepsilon_0 \cdot r'^2}\cdot\vec{e}_{r'}$	$\vec{E} = \int_V \frac{\rho dV}{4\pi\varepsilon_0 r'^2}\cdot\vec{e}_{r'}$	$d\varphi = \frac{\rho dV}{4\pi\varepsilon_0 r'}$	$\varphi = \frac{1}{4\pi\varepsilon_0}\int_V \frac{\rho dV}{r'}$

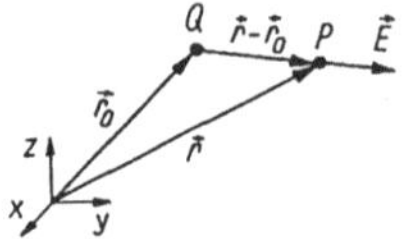

Bild R 2.2/2 Feldstärke $\boldsymbol{E}(r)$ ausgehend von der Ladung Q am Ort r_0

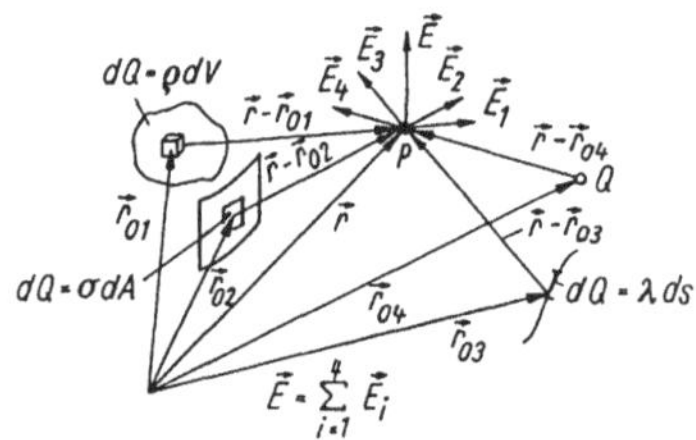

Bild R 2.2/3 Gewinnung der resultierenden Feldstärke $\boldsymbol{E}$ am Ort P, herrührend von unterschiedlichen Ladungsverteilungen

2.2.2 Feldstärke, Potential und Spannung

Wir greifen auf Abschnitt 1.3 zurück und begründen den Zusammenhang zwischen Potential, Spannung und Feldstärke.

Potential. Im Feldstärkefeld $\boldsymbol{E}(\boldsymbol{r})$ (der ruhenden Ladung) hängt die zur Ladungsverschiebung zwischen den Punkten A, B erforderliche Arbeit W_{AB} nur vom Anfangs- und Endwert, nicht dem Weg $\boldsymbol{s}$ ab. Daher gilt (Gln.(1.3/4), 2.2/2)):

$$W_{\mathrm{AB}} = Q(\varphi_{\mathrm{A}} - \varphi_{\mathrm{B}}) = Q \int_A^B \boldsymbol{E} \cdot \mathrm{d}\boldsymbol{s} \qquad \left(\text{mit } \oint \boldsymbol{E} \cdot \mathrm{d}\boldsymbol{s} = 0\right) \qquad (2.2/6)$$

oder bei Wahl des Integrationsweges über einen dritten Bezugspunkt $\boldsymbol{r}_0$:

$$\varphi(\boldsymbol{r}) = -\int \boldsymbol{E}(\boldsymbol{r}) \cdot \mathrm{d}\boldsymbol{r} + \text{const.}$$

$$\varphi(\boldsymbol{r}_{\mathrm{A}}) - \underbrace{\varphi(\boldsymbol{r}_0)}_{\text{Bezugspunkt}} = -\int_{\boldsymbol{r}_0}^{\boldsymbol{r}_{\mathrm{A}}} \boldsymbol{E}(\boldsymbol{r}) \cdot \mathrm{d}\boldsymbol{r} = \frac{W_{\mathrm{A0}}}{Q} \qquad (2.2/7)$$

Zusammenhang Potential-Feldstärke.

Das elektrische Potential $\varphi(\boldsymbol{r})$ eines Punktes $\mathrm{P}(\boldsymbol{r})$ ist das Wegintegral der elektrischen Feldstärke zwischen diesem Raumpunkt und einem beliebigen (aber festzulegenden) Bezugspunkt bei beliebigem Integrationsweg. Der Bezugspunkt $\varphi(\boldsymbol{r}_0)$ kann im Unendlichen liegen ($\varphi(\infty) = 0$).

- Das elektrische Potential $\varphi(\boldsymbol{r})$ ist die dem Feldstärkefeld (Vektorfeld) gesetzmäßig (s.u.) zugeordnete gleichwertige skalare Feldgröße:

Potentialfeld = Skalarfeld des Feldstärkefeldes.

- Aus *mathematischer* Sicht ist das Potential nur eine Hilfsfunktion zur leichteren Bestimmung der Feldstärke $\boldsymbol{E}$ (nach einer Vorschrift, dem sog. Gradienten, s. Gl.(2.2/10)).
- *Physikalisch* stellt das Potential $\varphi(\boldsymbol{r})$ das spezifische (d.h. auf die Ladung Q bezogene) *Arbeitsvermögen* des elektrischen Feldes in einem Punkt $\mathrm{P}(\boldsymbol{r})$ dar.
- Das negative Vorzeichen in Gl.(2.2/7) entstand aus der historischen Entwicklung der Elektrotechnik: Festlegung der positiven Feldstärkerichtung vom höheren zum niedrigeren Potential.

Potentialüberlagerung. Das von mehreren Quellen erzeugte Potential in einem Punkt läßt sich durch (skalare) Addition (Überlagerung) der Einzelpotentiale bestimmen (I/Gl.(2.1.3))

$$\varphi_{\text{ges}}(\boldsymbol{r}) = \sum_{\nu=1}^{n} \varphi_\nu(\boldsymbol{r}) = -\int \sum \boldsymbol{E}_\nu(\boldsymbol{r}) \cdot \mathrm{d}\boldsymbol{r} . \qquad (2.2/8)$$

Potentialüberlagerung

Zum Potential tragen alle Ladungsverteilungen (Punkt-, Linien-, Flächen-, Raumladungen) bei (vgl. Bild R 2.2/3)

$$\varphi(\boldsymbol{r}) = \frac{1}{4\pi\varepsilon_0} \left(\sum_{\nu=1}^{n} \frac{Q_\nu}{|\boldsymbol{r}-\boldsymbol{r}_0|} + \int_l \frac{A(\boldsymbol{r}_0)}{|\boldsymbol{r}-\boldsymbol{r}_0|} \mathrm{d}s + \int_A \frac{\sigma(\boldsymbol{r}_0)}{|\boldsymbol{r}-\boldsymbol{r}_0|} \mathrm{d}A + \int_V \frac{\varrho(\boldsymbol{r}_0)}{|\boldsymbol{r}-\boldsymbol{r}_0|} \mathrm{d}V \right) . \qquad (2.2/9)$$

(Für die Ortsvektoren $\boldsymbol{r}_0$ sind die jeweiligen Abstände der Ladungen zum Nullpunkt einzusetzen.)

Die zu lösenden Flächen- und Volumenintegrale können bei symmetrischen Problemen immer in Einfachintegrale überführt werden. Für typische Ladungsverteilungen enthält Tafel R 2.2/2 die zugehörigen Potentialverläufe.

Feldstärke und Potential. Felddarstellungen. Feldstärke $\boldsymbol{E}$ und Potential φ hängen als Eigenschaft eines konservativen Feldes (Gln.(1.3/2), (1.3/3)) direkt miteinander zusammen. Deshalb

- ergibt Gl.(2.2/7) das Potential bei gegebener Feldstärke $\boldsymbol{E}$ (am gleichen Ort)
- muß umgekehrt die Feldstärke aus dem Potential bestimmbar sein. Dazu dient die sog. *Richtungsableitung*

$$\boldsymbol{E}(\boldsymbol{r}) = -\frac{\mathrm{d}\varphi(\boldsymbol{r})}{\mathrm{d}\boldsymbol{r}} = -\operatorname{grad}\, \varphi(\boldsymbol{r}) = -\nabla\varphi(\boldsymbol{r}) \qquad (2.2/10)$$

Zusammenhang Feldstärke-Potential.

Der Differentialquotient $\mathrm{d}\varphi(\boldsymbol{r})/\mathrm{d}\boldsymbol{r}$ des Potentials $\varphi(\boldsymbol{r})$ heißt "Gradient" des Potentials. Er stellt einen Vektoroperator dar. ($\mathrm{d}/\mathrm{d}\boldsymbol{r}$ ist nicht als Division durch einen Vektor zu verstehen, da diese nicht definiert ist, lediglich im Falle kolinearer Vektoren $\boldsymbol{E}$, $\boldsymbol{r}$, s.u.).

Der Operator ∇ (Nabla-Operator) hat für sich selbst keine physikalische Bedeutung, sondern nur in Verbindung mit der Größe, auf die er anzuwenden ist. Das in Gl.(2.2/10) auftretende negative Vorzeichen entstammt der historischen Entwicklung der Elektrotechnik (s. Bemerkung zu Gl.(2.2/7)).

Anschaulich gilt: Feldstärke = Potentialgefälle in Richtung größter Potentialabnahme, d.h. bei gleichem $\Delta\varphi$ längs der kürzesten Wegstrecke $\Delta l_\perp$ mit $\mathrm{d}\boldsymbol{s}|_{\min} = \mathrm{d}l_\perp \cdot \boldsymbol{e}_l$ (Bild R 2.2/4)

$$\boldsymbol{E} \approx -\left.\frac{\Delta\varphi}{\Delta\boldsymbol{s}}\right|_{\max} = -\frac{\Delta\varphi}{\Delta l}\boldsymbol{e}_l \to -\frac{\mathrm{d}\varphi}{\mathrm{d}l_\perp}\boldsymbol{e}_l \quad \text{mit } |\boldsymbol{E}| = \left|\frac{\mathrm{d}\varphi}{\mathrm{d}l_\perp}\right|. \tag{2.2/11}$$

Hinweis: Die Berechnung von $\boldsymbol{E}$ nach Gl.(2.2/10) ist nur in Verbindung mit dem jeweiligen Koordinatensystem möglich, z.B. im kartesischen System mit

$$\boldsymbol{E} = E_x\boldsymbol{e}_x + E_y\boldsymbol{e}_y + E_z\boldsymbol{e}_z,$$

$$E_x = -\left.\frac{\mathrm{d}\varphi}{\mathrm{d}x}\right|_{y,z=\text{const.}}; \quad E_y = -\left.\frac{\mathrm{d}\varphi}{\mathrm{d}y}\right|_{x,z=\text{const.}}; \quad E_z = -\left.\frac{\mathrm{d}\varphi}{\mathrm{d}z}\right|_{x,y=\text{const.}}$$

oder allgemeiner

$$\begin{aligned}\boldsymbol{E}(x,y,z) &= -\operatorname{grad}\varphi = -\frac{\partial\varphi}{\partial\boldsymbol{r}} = -\frac{\partial\varphi}{\partial x}\boldsymbol{e}_x - \frac{\partial\varphi}{\partial y}\boldsymbol{e}_y - \frac{\partial\varphi}{\partial z}\boldsymbol{e}_z \\ &= \boldsymbol{E}_x + \boldsymbol{E}_y + \boldsymbol{E}_z.\end{aligned} \tag{2.2/12}$$

Der in Gl.(2.2/10) rechts auftretende *Nabla-Operator*

$$\nabla = \boldsymbol{e}_x\frac{\partial}{\partial x} + \boldsymbol{e}_y\frac{\partial}{\partial y} + \boldsymbol{e}_z\frac{\partial}{\partial z} \quad \text{Nabla-Operator} \tag{2.2/13}$$

hängt vom Koordinatensystem ab. Gl.(2.2/13) bezieht sich auf das kartesische Koordinatensystem.

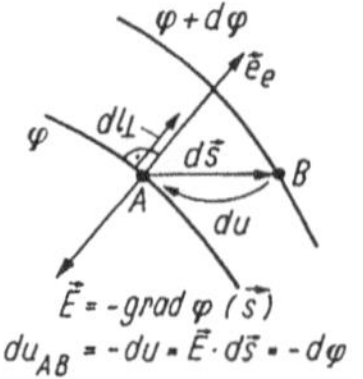

Bild R 2.2/4 Berechnung der Feldstärke aus dem Potential

Darstellung des Feldstärke- und Potentialfeldes.

- Da auf einer Äquipotentialfläche die potentielle Energie konstant ist, wird bei Verschieben einer Ladung Q auf einer solchen Fläche keine Arbeit geleistet:

$$\mathrm{d}W = Q\,\mathrm{d}\varphi = -Q(\boldsymbol{E}\cdot\mathrm{d}\boldsymbol{s}) = 0, \quad \text{d.h. } \boldsymbol{E} \perp \mathrm{d}\boldsymbol{s}. \qquad (2.2/14)$$

- Äquipotentialflächen (-linien) und Feldlinien des $\boldsymbol{E}$-Feldes stehen stets senkrecht aufeinander. Dabei zeigt die Feldstärke immer in Richtung stärkster Potential*abnahme*, also vom hohen zum tiefen Potential (s. Bild R 2.1/2). Umgekehrt ergibt sich der größte Zuwachs von φ in Richtung von grad φ (Name Gradient!).
- Zweckmäßig werden $\boldsymbol{E}$ und φ-Feld einer Anordnung gemeinsam dargestellt (s. Bild R 2.1/2). Dabei sollte die Potentialdifferenz benachbarter Äquipotentialflächen stets gleich sein, d.h. sog. ausgewählte Potentialflächen benutzt werden.
- Man beachte: Metallelektroden sind in stromlosen Feldanordnungen stets Äquipotentialflächen (gilt annähernd auch für stromdurchflossene Anordnungen, wenn Feldraum schlecht leitet).

Hinweis: Äquipotentialflächendarstellungen sind nur für wirbelfreie Felder möglich (s. Gl.(1.3/2)).

Berechnung von Potentialfeldern. Sie kann erfolgen (Tafel R 2.2/3):

1. Bei ruhenden Ladungen (Ladungsverteilungen) über die von der Ladung erzeugte Feldstärke. Dazu muß allerdings der grundsätzliche Feldlinienverlauf bekannt sein, was auf einige Felder (homogenes, zylinder- und kugelsymmetrisches Feld) zutrifft. Deshalb haben die Felder der Punkt-, Flächen- und Linienladungsverteilung besondere Bedeutung (s. Tafel R 2.2/2). Tafel R 2.2/4 gibt die Ablauffolge.
2. Mit den Quellen nach 1. sind auch Fälle lösbar, deren Elektroden mit Äquipotentialflächen zusammenfallen und die nichtleitende Ränder längs sog. *Strömungslinien* der Quellenfelder haben. Beispiel: Ausschnitte aus Feldern nach 1., z.B. Zylinderabschnitte.
3. Durch Überlagerung der Potentiale, die von einzelnen Quellen nach 1. herrühren, lassen sich kompliziertere Feldgebilde bestimmen (s. Gl. (2.2/9)).
4. In *technischen* Feldproblemen sind meist die Elektroden gegeben, nicht die Ladungsverteilung. Dann muß die sog. *Potentialgleichung* für die jeweiligen *Randbedingungen* gelöst werden. Dabei wird unterschieden zwischen (Tafel R 2.2/3)
   - raumladungsfreien Feldgebieten, beschrieben durch die *Laplace-Gleichung*

$$\operatorname{div}\operatorname{grad}\varphi = \Delta\varphi = 0 \qquad \text{Laplace-Gleichung} \qquad (2.2/15)$$

Tafel R 2.2/3 Übersicht zur Berechnung elektrischer Felder im Nichtleiter
1) FEM Finite Elemente Methode, FD Finite Differenzverfahren, MC Monte-Carlo- Methode

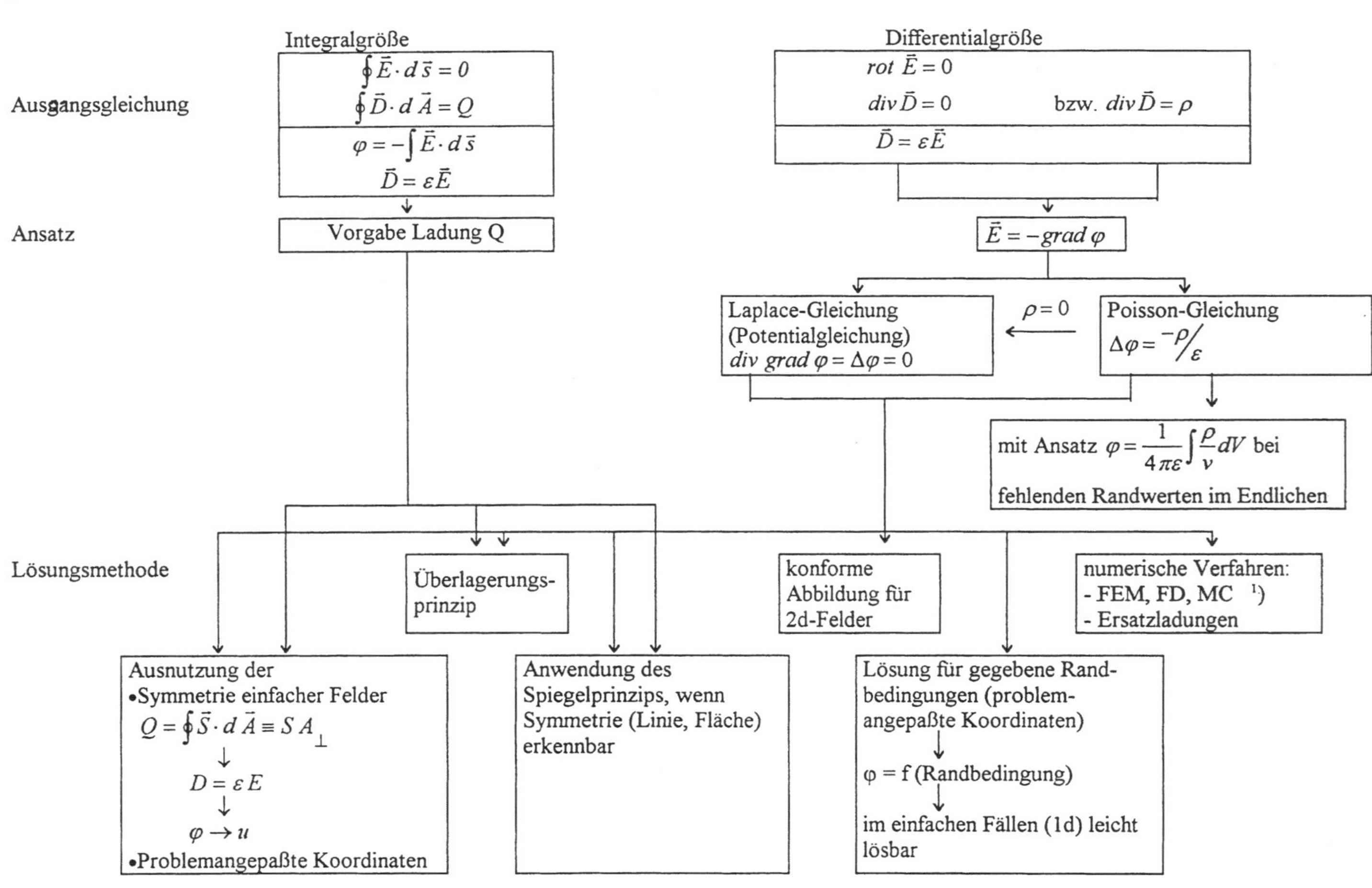

Tafel R 2.2/4 Berechnung einfacher Felder im Nichtleiter (s. auch I/Abschn. 2.5.5.3)

Q	Vorgabe einer Ladung $\pm Q$ auf den Elektroden A, B und damit des Verschiebungsflusses $\underline{\Psi} = Q$ im Nichtleiter
↓	
$D = \frac{d\psi}{dA}$	Bestimmung der Verschiebungsflußdichte D an einem beliebigen Feldpunkt und der zugehörigen elektrischen Feldstärke
↓	
$E = D/\varepsilon$	
↓	
$\varphi_P = \int_P^0 \vec{E} \cdot d\vec{s}$	Berechnung des zugehörigen Potentials
↓	
$u_{AB} = \varphi_A - \varphi_B$	Bestimmung der Spannung zwischen den Elektroden A, B
↓	
$C_{AB} = \frac{Q}{u_{AB}}$	(ggf. Berechnung der Kapazität C_{AB} zwischen den Elektroden)

- und Gebieten mit Raumladungsverteilung ϱ, für die die *Poisson-Gleichung*

$$\text{div grad } \varphi = -\frac{\varrho}{\varepsilon} = \nabla \cdot \nabla\varphi = \Delta\varphi \qquad \text{Poisson-Gleichung} \qquad (2.2/16)$$

  zutrifft.

Poisson-Gleichung. Aus den Maxwellschen Gleichungen in Differentialform gilt für ein Quellenfeld (Tafel R 2.1/1): div $\boldsymbol{D} = \varrho$; $\boldsymbol{D} = \varepsilon\boldsymbol{E}$ und für das wirbelfreie Feld $\boldsymbol{E} = -\text{grad } \varphi$. Daraus folgt (für $\varepsilon = \text{const.}$) Gl.(2.2/16). Der Operator $\nabla \cdot \nabla = \nabla^2 = \Delta$ heißt *Laplace-* oder *Delta-*Operator. Er lautet z.B. in kartesischen Koordinaten

$$\begin{aligned}\Delta\varphi &= \left(\boldsymbol{e}_x\frac{\partial}{\partial x} + \boldsymbol{e}_y\frac{\partial}{\partial y} + \boldsymbol{e}_z\frac{\partial}{\partial z}\right) \cdot \left(\boldsymbol{e}_x\frac{\partial}{\partial x} + \boldsymbol{e}_y\frac{\partial}{\partial y} + \boldsymbol{e}_z\frac{\partial}{\partial z}\right) \\ &= \frac{\partial^2}{\partial x^2} + \frac{\partial^2}{\partial y^2} + \frac{\partial^2}{\partial z^2}. \qquad (2.2/17)\end{aligned}$$

Im raumladungsfreien Fall $\Delta\varphi = 0$ (Laplace-Gleichung (2.2/15)) hängt der Verlauf $\varphi(x, y, z)$ nur von den Randwerten ab. Man unterscheidet dabei

- *Dirichletsche Randwerte* (Randwerte 1. Art): auf den Rändern (Elektroden) ist das Potential vorgegeben
- *Neumannsche Randwerte* (Randwerte 2. Art): auf den Rändern sind die Feldstärken $E_n = -\partial\varphi/\partial n$ (in Normalenrichtung) vorgegeben
- *gemischte Randwerte* durch Kombination beider.

Die *Laplacesche Gleichung* (2.2/15) kann für einfache Fälle (z.B. symmetrische Anordnungen) analytisch gelöst werden. Weitere Verfahren sind (Tafel R 2.2/3)

- Ansatz von Ersatzladungsverteilungen, Benutzung konformer Abbildung für ebene Felder u.a.m.
- graphische Verfahren (für ebene Felder) basierend auf der Methode quadratähnlicher Figuren (I/Abschn. 2.2.2)
- numerische Verfahren (vor allem für 2d-, 3d-Fälle)
- experimentelle Verfahren (z.B. elektrolytischer Trog, I/Abschn. 2.3.3.2).

Beispiel: Ebenes Feld eines Plattenkondensators mit dem Plattenpotential $\varphi(0) = 0$ bei $x = 0$ und $\varphi(d) = U$ bei $x = d$. Man erhält nach Gl.(2.2/15) aus $\Delta\varphi = \mathrm{d}^2\varphi/\mathrm{d}x^2 = 0$ durch zweimalige Integration: $\varphi(x) = c_1 x + c_2$. Die Integrationskonstanten ergeben sich aus den Randwerten $\varphi(0) = 0$; $\varphi(d) = U$. Es folgt $c_2 = 0$, $c_1 = U/d$. Daraus ergibt sich die Feldstärke $\boldsymbol{E} = -\mathrm{grad}\ \varphi = -\mathrm{d}\varphi/\mathrm{d}x = -U/d$, d.h. $\boldsymbol{E} = E_x \boldsymbol{e}_x$ mit $E_x = -U/d$.

Die *Poissonsche Gleichung* (2.2/16) beschreibt den allgemeinen Fall mit gegebener Raumladungsdichte ϱ und Randwerten. Die allgemeine Lösung

$$\varphi(\boldsymbol{r}) = \varphi_{\mathrm{L}}(\boldsymbol{r}) + \varphi_{\mathrm{N}}(\boldsymbol{r}) \tag{2.2/18}$$

kann zusammengesetzt werden aus der Lösung $\varphi_{\mathrm{L}}(\boldsymbol{r})$ der Laplace-Gleichung und der sog. *Newton-Potential-Funktion* $\varphi_{\mathrm{N}}(\boldsymbol{r})$, die die Raumladung enthält.
Beispiel: Sperrschichtkapazität eines pn-Überganges.

Spannung und Feldstärke. Die Spannung u_{AB} (Abschn. 1.3) liegt über die Potentiale φ_{A}, φ_{B} der Punkte A, B gemäß Gl.(1.3/4, 5)

$$u_{\mathrm{AB}} = \varphi_{\mathrm{A}} - \varphi_{\mathrm{B}} = \int_A^0 \boldsymbol{E} \cdot \mathrm{d}\boldsymbol{s} - \int_B^0 \boldsymbol{E} \cdot \mathrm{d}\boldsymbol{s} \tag{2.2/19}$$

durch das Wegintegral der elektrischen Feldstärke fest. Sie ist im Potentialfeld *wegunabhängig*.

> Die Spannung u_{AB} ist eine Integral- oder Globalgröße des elektrischen Feldes (I/Gl.(2.14)).

Die Berechnung der Spannung u_{AB} erfolgt im Regelfall über das Potential bzw. als Linienintegral der Feldstärke, wenn der Feldverlauf $\boldsymbol{E}$ (in einfachen Fällen. s.o.) bekannt ist.

Bild R 2.2/5 enthält zwei Beispiele (homogenes, inhomogenes Feld) mit Potential-, Spannungs- und Feldstärkeverlauf.

Umlaufintegral. Maschensatz. Dem Maschensatz Gl. (1.3/7) liegt verschwindendes Umlaufintegral Gl.(2.2/3) des elektrischen Feldes zugrunde:

$$\oint \boldsymbol{E} \cdot \mathrm{d}\boldsymbol{s} = \int_A^B \boldsymbol{E} \cdot \mathrm{d}\boldsymbol{s} + \int_B^A \boldsymbol{E} \cdot \mathrm{d}\boldsymbol{s} = u_{\mathrm{AB}} + u_{\mathrm{BA}} = 0. \tag{2.2/20}$$

Unterteilt man den Integrationsweg und führt zugehörige Spannungen ein, so folgt Gl.(2.2/3) oder:

> Die algebraische Summe aller Spannungen längs eines geschlossenen Weges (= Masche) verschwindet im Potentialfeld (= wirbelfreies Feld) stets: *feldgemäße Aussage des Maschensatzes* (vgl. Bild R 1.3/1d).

Tafel R 2.2/5 enthält Feldstärke, Potential und Spannung zusammenfassend dargestellt.

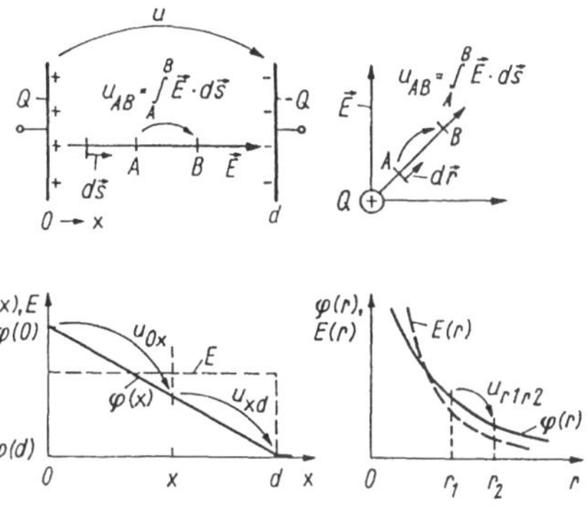

Bild R 2.2/5 Feldstärke, Potential- und Spannungsverlauf
a) homogenes Feld, b) inhomogenes Feld (Punktladung Q)

2.3 Stationäres Strömungsfeld. Elektrisches Feld im Leiter

Das stationäre (zeitunabhängige) *elektrische* Feld wird unterteilt in

- elektrisches Feld im Leiter = stationäres *Strömungsfeld* ($\boldsymbol{S} \neq 0$, Abschn. 2.3)
- elektrisches Feld im Nichtleiter = *elektrostatisches Feld* ($\boldsymbol{S} = 0$, Abschn. 4).

Beide sind über die elektrische Feldstärke $\boldsymbol{E}$ miteinander verknüpft, lassen sich aber unabhängig voneinander betrachten. Außerdem bestehen zwischen beiden Analogien (s. Abschn. 4.2.2).

Strömungsfeld heißt der Zustand eines Raumes, indem sich Ladungsträger (frei, in Leitern, Halbleitern oder dem Vakuum) bewegen.

Stationär heißt dieses Feld, bei zeitlich konstanten Feldgrößen. Dann gilt insbesondere der Maschensatz (zweiter Kirchhoffscher Satz, s. Gl.(1.3/7)).

2.3.1 Stromdichte, Stromarten

Stromdichte $\boldsymbol{S}$. In Leitern (Halbleitern und Nichtleitern, falls dort bewegliche Ladungen vorhanden sind) bewirkt eine elektrische Feldstärke $\boldsymbol{E}$ (Vorgabe) einen *Ladungsträgertransport* = *Konvektionsströmung.*

Charakteristische Größe des Strömungsfeldes ist die Stromdichte $\boldsymbol{S}$ (I/Gl. (2.16))

$$\boldsymbol{S} = \varrho \boldsymbol{v} \qquad \text{Konvektionsstromdichte} \qquad (2.3/1)$$

$$[S] = [\varrho][v] = \frac{\mathrm{A}}{\mathrm{m}^3} \cdot \frac{\mathrm{m}}{\mathrm{s}} = \frac{\mathrm{A}}{\mathrm{m}^2}.$$

Tafel R 2.2/5 Beziehung zwischen Feldstärke, Potential und Spannung

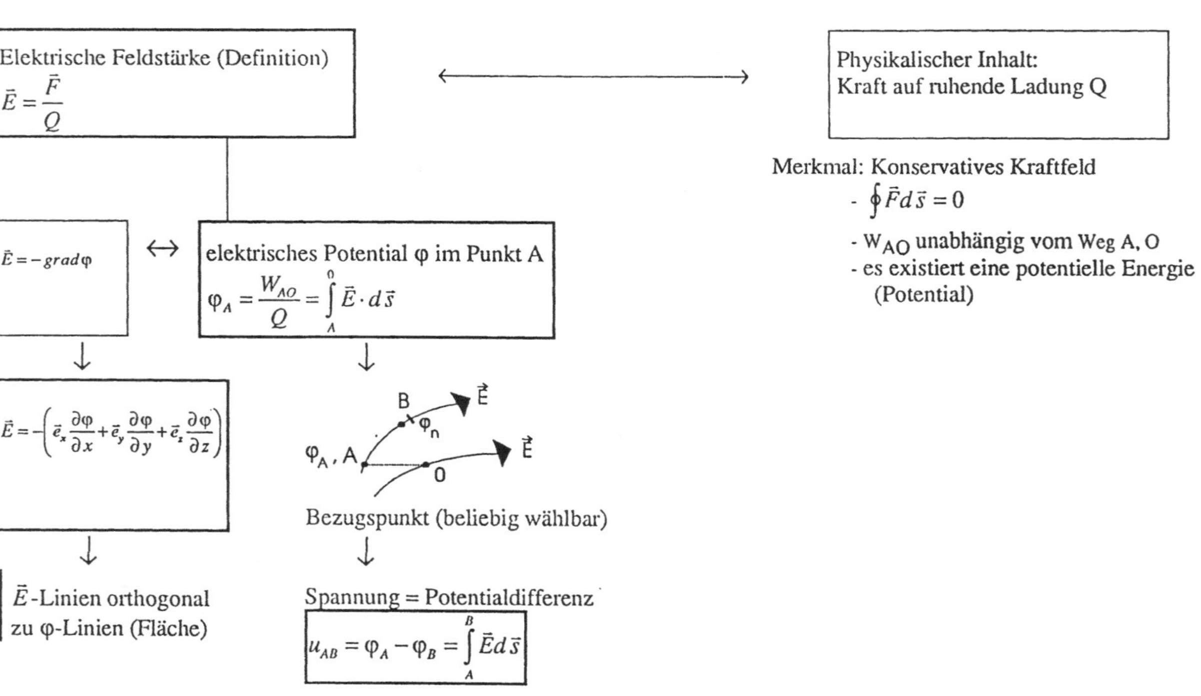

Vorstellung: freie Raumladung ϱ (Gl.(1.1/7ff.)) bewegt sich mit der Geschwindigkeit $\boldsymbol{v}$ der Träger (zufolge Krafteinwirkung, $\boldsymbol{E}$).

In Leitern (und Halbleitern bei niedriger Feldstärke) sind $\boldsymbol{v}$ und $\boldsymbol{E}$ proportional. Dann gilt (I/Gl.(2.19))

$\boldsymbol{S} = \kappa \boldsymbol{E}$	Ohmsches Gesetz des Strömungsfeldes (in Differentialform).	(2.3/2)

Im stationären Strömungsfeld entsteht die Stromdichte $\boldsymbol{S}$ durch die Feldstärke $\boldsymbol{E}$ nach Maßgabe der Leitfähigkeit κ (Materialbeziehung, Leitungsmechanismus des Strömungsfeldes).

Die Leitfähigkeit (Konduktivität) $\kappa = 1/\varrho$ (oder der reziproke spezifische Widerstand ϱ) mit der Einheit

$$[\kappa] = \frac{[S]}{[E]} = \frac{1\,\mathrm{A}}{\mathrm{m}^2}\frac{\mathrm{m}}{\mathrm{V}} = \frac{\mathrm{A}}{\mathrm{Vm}} = \frac{\mathrm{S}}{\mathrm{m}}$$

kennzeichnet den Leitungsmechanismus besonders für Metalle, aber auch Halbleiter bei geringer Feldstärke (Werte Tafel R 2.3/1).

Tafel R 2.3/1 Charakteristische Merkmale von Leitern

Stromflußmechanismen

• in Leitern ($S \sim E$)	Metalle:	κ [S/cm]	$\rho[\Omega mm^2/m]$
	Alu	$37 \cdot 10^4$	0,027
	Cu	$58 \cdot 10^4$	0,017
	Au	$45 \cdot 10^4$	0,022
	Fe	$10 \ldots 3 \cdot 10^4$	0,01 ... 0,33
• Halbleiter	Si	$10^{-5} \ldots 10^3$	
(dotierungsabhängig)	Ge	$10^{-2} \ldots 10^3$	

• Beweglichkeit μ_n, μ_p		cm^2/Vs	
	Metalle	48...70	
	Halbleiter		
	Si	μ_n	1350
		μ_p	480
	Ge	μ_n	4500
		μ_p	3500
	Elektrolyt (hohe Verdünnung)	$\approx 10^{-4}$	

Merkmale des Strömungsfeldes.

1. *Strömungsfeld:* mit Trägerbewegung verknüpftes elektrisches Feld.
2. *Kontinuität:* Es gilt

$$\oint \boldsymbol{S} \cdot \mathrm{d}\boldsymbol{A} = 0, \quad \text{gleichwertig: in Differentialform div } \boldsymbol{S} = 0 \quad (2.3/3)$$

Im Strömungsfeld verschwindet das Hüllintegral über die Stromdichte stets (Bild R 2.3/1a):

- Zahl der austretenden (ausgewählten) Stromdichtelinien = Zahl der eintretenden (Stromkontinuität), gleichwertig
- das *Stromdichtefeld ist quellenfrei.*

Die Aussage Gl.(2.3/3) ist die feldgemäße Darstellung des ersten Kirchhoffschen Satzes (Knotensatz, Gl.(1.2/3)).

3. Es gilt der zweite Kirchhoffsche Satz (Maschensatz Gl.(2.2/19)) in Feldform:

$$\oint \boldsymbol{E} \cdot \mathrm{d}\boldsymbol{s} = 0, \qquad \text{Maschensatz in Feldform}$$

$$\text{rot } \boldsymbol{E} = 0 \qquad \text{gleichwertig in Differentialform}$$

4. Die Feldgrößen $\boldsymbol{S}$ und $\boldsymbol{E}$ Gl.(2.3/1,2) (resp. $\boldsymbol{S}$, $\boldsymbol{v}$) sind über die Eigenschaften des Strömungsfeldes (Stromflußmechanismen) verknüpft. Wenn der Konvektionsstromcharakter besonders hervorgehoben werden soll, wird $\boldsymbol{S} = \boldsymbol{S}_\mathrm{K}$ verwendet.

DIN 1324 wählt als Symbol der Stromdichte $\boldsymbol{J} = \boldsymbol{S}$ (wir verwenden es nicht, um Verwechselungen mit der imaginären Einheit j auszuschließen).

Stromflußmechanismen. Der Strom bewegter Ladungsträger kann - je nach den beteiligten Ladungsträgern (also in Metallen, Halbleitern, Gasen) und der Antriebsursache - in verschiedenen Formen auftreten, z.B.

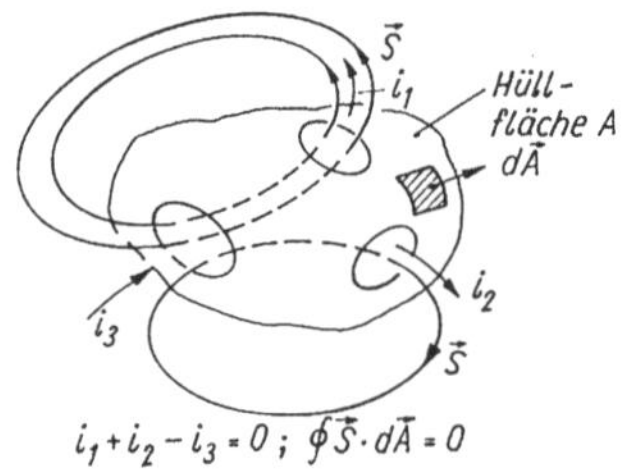

Bild R 2.3/1 Stromkontinuität in Feldform (erster Kirchhoffscher Satz)

- in *Metallen* getragen durch *freie Elektronen*

$$\boldsymbol{S}_\mathrm{K} = qn\boldsymbol{v}_\mathrm{n} = -en\boldsymbol{v}_\mathrm{n} = \underbrace{en\mu_\mathrm{n}}_{\kappa}\boldsymbol{E}, \quad \text{da } \boldsymbol{v}_\mathrm{n} = -\mu_\mathrm{n}\boldsymbol{E}. \tag{2.3/4}$$

  Die *Beweglichkeit* μ_n ist der Quotient der Beträge der Driftgeschwindigkeit und Feldstärke. Das negative Vorzeichen ergibt sich aus der Bewegung der Elektronen gegen die Feldrichtung. In Leitern ist die Leitfähigkeit κ ein feldunabhängiger Materialparameter (Tafel R 2.3/1, Grundlage des Ohmschen Gesetzes). Beweglichkeit μ_n in Metallen relativ klein.
- In *Halbleitern* getragen durch Elektronen und Löcher

$$\boldsymbol{S}_\mathrm{K} = qn\boldsymbol{v}_\mathrm{n} + qp\boldsymbol{v}_\mathrm{p} = \boldsymbol{S}_\mathrm{n} + \boldsymbol{S}_\mathrm{p} = -en\boldsymbol{v}_\mathrm{n} + ep\boldsymbol{v}_\mathrm{p} = \kappa\boldsymbol{E}, \tag{2.3/5a}$$

  da $\boldsymbol{v}_\mathrm{n} = -\mu_\mathrm{n}\boldsymbol{E}$, $\boldsymbol{v}_\mathrm{p} = \mu_\mathrm{p}\boldsymbol{E}$ (Bild R 2.3/2, μ_n, μ_p Beweglichkeiten der Löcher und Elektronen). Damit gilt für die Leitfähigkeit allgemeiner

$$\kappa = e(n\mu_\mathrm{n} + p\mu_\mathrm{p}). \tag{2.3/5b}$$

  In Halbleitern tragen Löcher und Elektronen nach Maßgabe ihrer Konzentrationen zur Leitfähigkeit bei (verbreitet gilt $\mu_\mathrm{n} \approx 2\ldots3\mu_\mathrm{p}$). Die Charakteristik $v(E)$ ist bei höherer Feldstärke (> 1 kV/cm) nichtlinear.
- In Flüssigkeiten (Elektrolyte) gilt Gl.(2.3/5a) sinngemäß, nur müssen bei den einzelnen Ladungsträgern die Wertigkeiten berücksichtigt werden. Die Beweglichkeiten sind extrem niedrig (Tafel 2.3/1).
- In Nichtleitern (Vakuum) gilt Gl.(2.3/1). Dabei wird die Raumladungsdichte durch die jeweils durch den Strom führende Trägerdichte bestimmt.
- Der durch Gl.(2.3/5) beschriebene Trägertransport heißt *Drifttransport* (→ Driftstromdichte). Seine Ursache ist die elektrische Feldstärke. Er ist typisch für Leiter, aber auch Halbleiter und Gasentladungsstrecken.

Diffusionsstrom. Bei örtlichen Trägerdichteunterschieden führt die thermische Wimmelbewegung der Teilchen zur Tendenz des Trägerdichteausgleichs: Phänomen der *Diffusion*. Der damit verbundene Strom (auch bei ungeladenen Teilchen möglich!) heißt *Diffusionsstrom*. Aus der Teilchenstromdichte $S_\mathrm{TD} = -D_\mathrm{n}\partial n/\partial x$ ergeben sich (eindimensional) die Diffusionsstromdichten

$$S_\mathrm{p} = -eD_\mathrm{p}\frac{\partial p}{\partial x}; \qquad S_\mathrm{n} = -q_-D_\mathrm{n}\frac{\partial n}{\partial x} = +eD_\mathrm{n}\frac{\partial n}{\partial n} \tag{2.3/6}$$

dreidimensional: $\boldsymbol{S}_\mathrm{p} = -eD_\mathrm{p}\mathrm{grad}\ p$, $\boldsymbol{S}_\mathrm{n} = +eD_\mathrm{n}\mathrm{grad}\ n$.

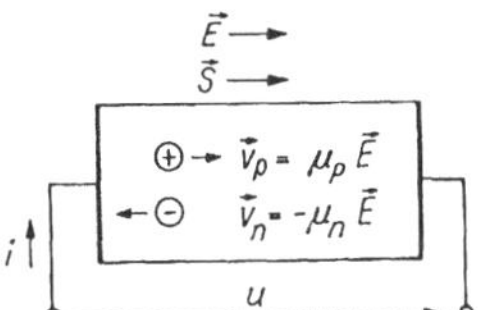

Bild R 2.3/2 Bewegungs- und Stromrichtung von Löchern und Elektronen ($\boldsymbol{S}_\mathrm{p} = q_+\boldsymbol{v}_\mathrm{p}$, $\boldsymbol{S}_\mathrm{n} = q_-\boldsymbol{v}_\mathrm{n}$)

Die Diffusionsstromdichte $\boldsymbol{S}$ (Vektor) zeigt (bei positiven Ladungsträgern) in Richtung des Trägerdichtegefälles: Bewegungsrichtung der positiven Ladungsträger. Bei negativen Ladungen ist die Stromdichte entgegengesetzt zur Trägerbewegung gerichtet.

D_p, D_n sind die Diffusionskoeffizienten der Löcher bzw. Elektronen. Sie hängen über die *Einstein-Beziehung* mit den Beweglichkeiten zusammen:

$$\frac{D_\mathrm{p}}{\mu_\mathrm{p}} = \frac{D_\mathrm{n}}{\mu_\mathrm{n}} = U_\mathrm{T}; \qquad U_\mathrm{T} = \frac{kT}{e} \approx 26\,\mathrm{mV} \quad \text{bei } T = 300\,\mathrm{K} \qquad (2.3/7)$$

Einstein-Beziehung

($k = 1,38 \cdot 10^{-23}\,\mathrm{Ws/K}$, Boltzmann-Konstante). Diffusionsstrom tritt nur in Strömungsfeldern auf, die örtlich verschiedene Trägerdichten erlauben (Halbleiter, Gase, Flüssigkeiten), nicht in Metallen (wegen der sehr hohen Elektronenkonzentration von $n \approx 10^{22}\,\mathrm{cm}^{-3}$).

- Der *Diffusionsstrom* ist nach dem Driftstrom der zweitwichtigste Transportmechanismus.
- *Feld- und Diffusionsstromdichte.* Liegen gleichzeitig Feld- und Diffusionstransport vor, so gilt (eindimensional):

$$S_\mathrm{p} = ep\mu_\mathrm{p}E - eD_\mathrm{p}\tfrac{\partial p}{\partial x}; \qquad S_\mathrm{n} = en\mu_\mathrm{n}E + eD_\mathrm{n}\tfrac{\partial n}{\partial x}. \qquad (2.3/8)$$

Löcher — Elektronen

Konvektionsstromdichte = Feld- + Diffusionsstromdichte.

Die Diffusionsstromdichte der Löcher zeigt in die gleiche Richtung der Teilchenstromdichte, für Elektronen ihr entgegen: vom Ort tiefer zu höherer Konzentration. In Gebieten mit konstanter Trägerkonzentration verschwinden Diffusionsströme.

- Feld- und Diffusionsstrom einer Trägersorte kann sich kompensieren (Bild R 2.3/3). Dabei entsteht zwangsläufig eine Potentialdifferenz (Beispiel: Diffusionsspannung im stromlosen pn-Übergang).

Strömungsfeld mit eingeprägter Feldstärke $\boldsymbol{E}_\mathrm{i}$. Strömungsfelder mit einer eingeprägten Feldstärke $\boldsymbol{E}_\mathrm{i}$ (als Umsatzort nichtelektrische - elektrische Energie), wie sie z.B. in der Batterie ($\boldsymbol{E}_\mathrm{i} \to$ elektromotorische Kraft

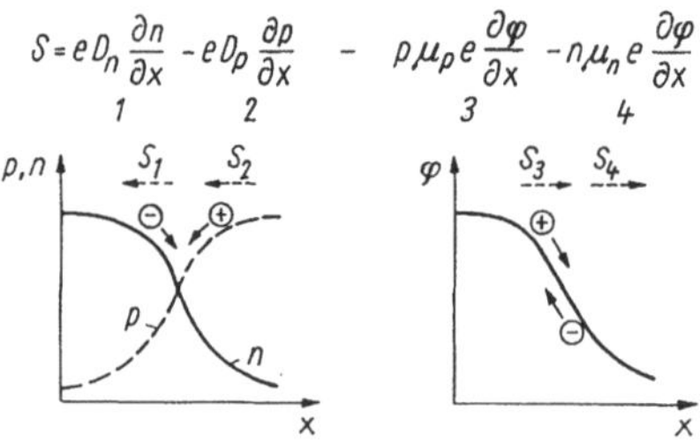

Bild R 2.3/3 Feld- und Diffusionsstromanteile im Halbleiter mit Elektronen- und Löcherleitung

als Ursache der Quellenspannung) oder einem im Magnetfeld $\boldsymbol{B}$ mit der Geschwindigkeit $\boldsymbol{v}$ bewegten Leiter auftreten (Induktionsgesetz, $\boldsymbol{E}_\mathrm{i}$ induzierte Feldstärke), unterliegen nicht der Gl.(2.3/1), sondern der Erweiterung (I/Bild 2.31)

$$\boldsymbol{E} + \boldsymbol{E}_\mathrm{i} = \varrho \boldsymbol{S} \quad \text{Strömungsfeld mit eingeprägter Feldstärke } E_\mathrm{i}. \qquad (2.3/9a)$$

Im Strömungsfeld einer Spannungsquelle ist die Stromdichte $\boldsymbol{S}$ der Summe der eingeprägten Feldstärke $\boldsymbol{E}_\mathrm{i}$ (maßgebend für die Ladungsträgertrennung in der Quelle) und der elektrischen Feldstärke $\boldsymbol{E}$ (beschreibt das Potentialgefälle zwischen den getrennten Ladungen) proportional.

Die Richtungen von $\boldsymbol{E}$, $\boldsymbol{S}$ relativ zu $\boldsymbol{E}_\mathrm{i}$ hängen davon ab, ob das Strömungsfeld von den Außenklemmen her in Erzeuger- oder Verbraucherpfeilrichtung betrachtet wird.

Aus Gl.(2.3/9a) folgt (Bild R 2.3/4)

$$\boldsymbol{E} = \varrho \boldsymbol{S} - \boldsymbol{E}_\mathrm{i} \quad \text{erweitertes Ohmsches Gesetz für aktive Strömungsgebiete in Differentialform} \qquad (2.3/9b)$$

mit:

$\boldsymbol{E}_\mathrm{i} = 0$ passives Strömungsfeld (Widerstand)

$\boldsymbol{E}_\mathrm{i} \neq 0$ aktiver Feldbereich (Spannungsquelle)

$\boldsymbol{E} = -\boldsymbol{E}_\mathrm{i}$ stromlose Quelle ($\boldsymbol{S} = 0$) (stromlose Spannungsquelle).

Stets gilt

$$\oint \boldsymbol{E} \cdot \mathrm{d}\boldsymbol{s} = 0. \qquad (2.3/10)$$

Das Umlaufintegral über aktive wie passive Strömungsbereiche verschwindet, m. a. W. gehört zu $\boldsymbol{E}$ ein Potentialfeld.

Hinweis: Aus Gl.(2.3/9b) läßt sich durch Integration die u-i-Beziehung der realen Spannungsquelle $u_\mathrm{AB} = u_\mathrm{q} - iR_\mathrm{i}$ herleiten ($u_\mathrm{AB} \to \boldsymbol{E}$, $u_\mathrm{q} \to \boldsymbol{E}_\mathrm{i}$, $i \to \boldsymbol{S}$).

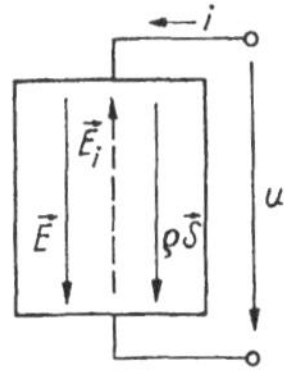

Bild R 2.3/4 Feldgrößenbeziehungen im Strömungsfeld mit eingeprägter Feldstärke $\boldsymbol{E}_i$

2.3.2 Grenzflächenbedingungen

An der Grenzfläche zweier Materialien mit den Leitfähigkeiten κ_1, κ_2 gelten (Bild R 2.3/5) für die Komponenten der Stromdichte $\boldsymbol{S}$ und Feldstärke $\boldsymbol{E}$ (I/Abschn. 2.3.3.4):

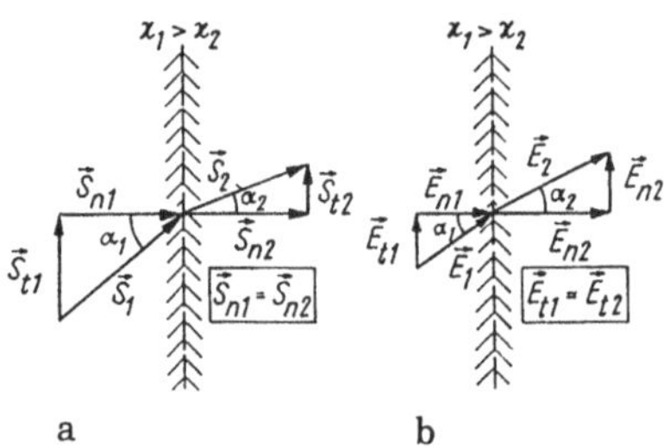

Bild R 2.3/5 Feldgrößen an einer Grenzfläche im Strömungsfeld
a) Stetigkeit der Normalkomponenten der Stromdichte, b) Stetigkeit der Tangentialkomponenten der Feldstärke

- *Normalkomponente der Stromdichte* bleibt erhalten (Bild R 2.3/5a)

$$\boldsymbol{S}_{\mathrm{n1}} = S_{\mathrm{n1}}\boldsymbol{e}_{\mathrm{n}} = \boldsymbol{S}_{\mathrm{n2}} = S_{\mathrm{n2}}\boldsymbol{e}_{\mathrm{n}} \quad \text{bzw. } S_{\mathrm{n1}} = S_{\mathrm{n2}} \tag{2.3/11a}$$

Grundlage: Quellenfreiheit des stationären Strömungsfeldes Gl.(2.3/3). Damit folgt:

- Tangentialkomponente der Stromdichte ändert sich proportional der jeweiligen Leitfähigkeit

$$\boldsymbol{S}_{\mathrm{t2}} = \frac{\kappa_2}{\kappa_1}\boldsymbol{S}_{\mathrm{t1}} \tag{2.3/11b}$$

- *Tangentialkomponente der Feldstärke* $\boldsymbol{E}$ ist stetig (Bild R 2.3/5b)

$$\boldsymbol{E}_{\mathrm{t1}} = E_{\mathrm{t1}}\boldsymbol{e}_{\mathrm{t}} = \boldsymbol{E}_{\mathrm{t2}} = E_{\mathrm{t2}}\boldsymbol{e}_{\mathrm{t}} \quad \text{bzw. } E_{\mathrm{t1}} = E_{\mathrm{t2}}. \tag{2.3/11c}$$

Grundlage: stationäres Strömungsfeld ist wirbelfrei (s. Gl.(1.3.3)). Damit folgt

- Normalkomponente von $\boldsymbol{E}$ ist umgekehrt zum Leitwert proportional

$$\boldsymbol{E}_{\mathrm{n2}} = \frac{\kappa_1}{\kappa_2}\boldsymbol{E}_{\mathrm{n1}}. \tag{2.3/11d}$$

Daraus ergibt sich zusammengefaßt

$$\frac{\tan\alpha_1}{\tan\alpha_2} = \frac{\kappa_1}{\kappa_2} = \frac{S_{\mathrm{t1}}}{S_{\mathrm{t2}}} = \frac{E_{\mathrm{n2}}}{E_{\mathrm{n1}}}. \quad \text{Brechungsgesetz im Strömungsfeld.} \tag{2.3/11e}$$

Beim Übergang vom besser zum schlechter leitenden Medium werden schräg einfallende $\boldsymbol{S}$-Linien zur Senkrechten hin gebrochen (Bild R 2.3/5).

Folgerungen:

- An der Grenze Leiter-Nichtleiter gilt $S_{\mathrm{n}} = 0$, $\sim E_{\mathrm{n}}$: Die Grenze ist stets Potentialfläche, m.a.W. verläuft die Stromdichte $\boldsymbol{S}$ immer tangential zur Grenzfläche im Leiter.
- Bei senkrecht durchströmten Grenzen κ_1, κ_2 gilt: Im schlechter leitenden Medium tritt die höhere Feldstärke auf.

- Strömung parallel zur Grenzfläche κ_1, κ_2: Die Stromdichte im Gebiet mit höherer Leitfähigkeit ist stets größer.

2.3.3 Strom i und Stromdichte S

Die Stromstärke i ist die *Integralgröße* der Stromdichte $\boldsymbol{S}$ über die von ihr durchsetzte Querschnittsfläche, deren Flächenelemente die Vektoren $\mathrm{d}\boldsymbol{A}$ in Richtung der Flächenormalen haben:

$$i = \int \boldsymbol{S} \cdot \mathrm{d}\boldsymbol{A}; \qquad \text{homogenes Feld} \quad i = \boldsymbol{S} \cdot \boldsymbol{A} = SA\cos\alpha. \qquad (2.3/12)$$

Die gewählte Richtung des Vektors $\mathrm{d}\boldsymbol{A}$ in Relation zu $\boldsymbol{S}$ bestimmt dabei den Bezugssinn der Ströme. Strom: Skalare Größe mit Richtungssinn (Bild R 2.3/6a).

Positive Stromrichtung (Richtung der Stromdichte $\boldsymbol{S}$): Physikalisch Transportrichtung positiver Ladungsträger,

Mathematisch: Stromstärke i = Fluß des Vektorfeldes Stromdichte = Integral des Flußdichtevektors $\boldsymbol{S}$ über die durchsetzte Fläche $\boldsymbol{A}$ (vgl. I/Abschn. 0.2.4, Flußbegriff impliziert auch das Vorzeichen in Beziehung zu $\boldsymbol{S} \cdot \mathrm{d}\boldsymbol{A}$). Strom i ist positiv, wenn $\boldsymbol{S}$ und $\mathrm{d}\boldsymbol{A}$ einen spitzen Winkel bilden.

Da der Strom i das Strömungsfeld nicht im Raumpunkt, sondern über ein Gebiet (Fläche) kennzeichnet, ist er die der Stromdichte $\boldsymbol{S}$ zugeordnete *globale* Strömungsgröße.

Hinweis: Aus dem Verlauf $\boldsymbol{S}(\boldsymbol{r})$ kann immer der Strom i bestimmt werden, umgekehrt erlaubt ein gegebener Stromverlauf nur in Sonderfällen (mit Zusatzangabe über den Feldtyp, z.B. Symmetrie, homogenes Feld) die Bestimmung von $\boldsymbol{S}$: Anwendung in einfachen Strömungsfeldern zur Widerstandsbestimmung.

2.3.4 Widerstand R

Im Raumpunkt eines Strömungsfeldes erzeugt die Stromdichte $\boldsymbol{S}$ die Feldstärke $\boldsymbol{E}$ nach Maßgabe der Leitfähigkeit κ (Gl.(2.3/2)) und umgekehrt.

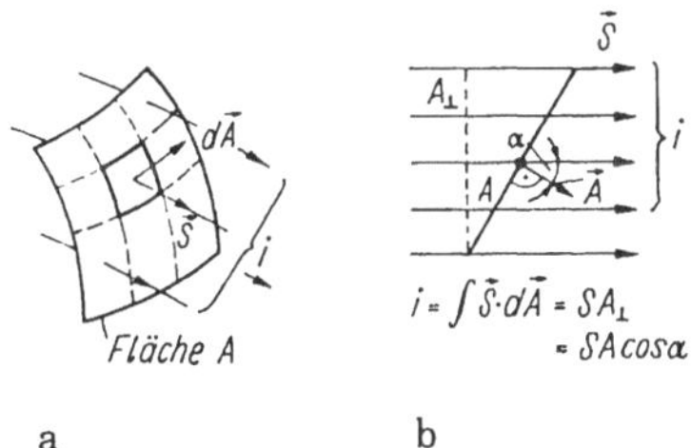

Bild R 2.3/6 Stromdichte $\boldsymbol{S}$ und Stromstärke i
a) Berechnung im inhomogenen Strömungsfeld durch Integration, b) Berechnung im homogenen Strömungsfeld bei ebener Fläche

Für ein Raumgebiet (Volumen V) mit zwei Anschlußflächen A, B (= Potentialflächen, Bild R 2.3/7a), das vom Strom i durchflossen wird und über dem die Spannung u_{AB} abfällt, verknüpft der ohmsche Widerstand R_{AB}:

$$R_{\mathrm{AB}} = \frac{u_{\mathrm{AB}}}{i} = \frac{\int_A^B \boldsymbol{E} \cdot \mathrm{d}\boldsymbol{s}}{\int_A \boldsymbol{S} \cdot \mathrm{d}\boldsymbol{A}} \qquad \text{Widerstand } R. \text{ Definitionsgleichung} \qquad (2.3/13)$$

die Integralgrößen i und u_{AB}.

Der Widerstandsbegriff ersetzt ein volumenhaftes Strömungsfeld durch eine einfache Beziehung zwischen dem Strom durch seinen Querschnitt und der Spannung zwischen zwei begrenzenden Potentialflächen. Damit treten Einzelheiten des Strömungsfeldes nicht mehr auf.

Der Widerstand $R = R_{\mathrm{AB}}$ nach Gl.(2.3/13) (linke Seite) mit der $u \sim i$-Relation ist das *Netzwerkelement* (NWE) "(ohmscher) Widerstand" mit

$$R = \frac{u}{i} = \text{const.} \qquad \text{Ohmsches Gesetz} \qquad (2.3/14)$$

(gültig für Leiter, homogene Halbleiter, Flüssigkeiten im engeren Sinne bei konstanter Temperatur).

Der Widerstand R ist das Zweipolelement (Anschlußklemmen A, B), das die Grundeigenschaft des Strömungsfeldes (Umsatz elektrische Energie Wärmeenergie) in ein Netzwerk überträgt (daher auch als passives Zweipolelement bezeichnet).

Umgesetzte Leistung

$$p = \int \boldsymbol{E} \cdot \boldsymbol{S} \, \mathrm{d}V = ui = i^2 R = \frac{u^2}{R}. \qquad (2.3/15)$$

Nach Gl.(2.3/3) (rechte Seite) gibt es für jeden ohmschen Widerstand eine *Bemessungsgleichung:* $R = f$ (Geometrie, Materialeigenschaften des Strömungsfeldes). Für das homogene Strömungsfeld gilt beim sog. *linienhaften Leiter* (Bild R 2.3/7b)

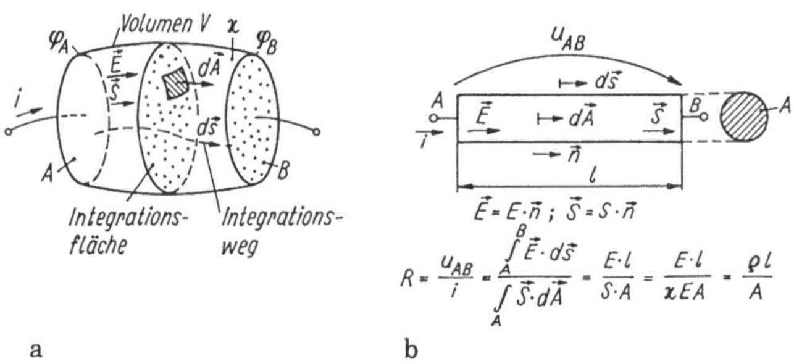

Bild R 2.3/7 Widerstandsdefinition
a) allgemeines Strömungsfeld, b) homogenes Strömungsfeld (linienhafter Leiter)

$R = \varrho \dfrac{l}{A} = \dfrac{l}{\kappa A}$	Bemessungsgleichung des linienhaften Leiters.	(2.3/16a)

Ändert sich z.B. die Querschnittsfläche $A(x)$ und der spezifische Widerstand $\varrho(x)$ abhängig vom Ort zwischen A...B $(0 \ldots l)$, so wird aus Gl.(2.3/13)

$$R = \int_0^l \frac{\varrho(x)\,\mathrm{d}x}{A(x)}. \qquad (2.3/16b)$$

Der Widerstandsbegriff hat so doppelte Bedeutung:

- als *Netzwerkelement* beschrieben durch das u-i-Verhalten
- als *Bauelement* (mit verschiedenen Bauformen und Eigenschaften, z.B. Temperaturabhängigkeit, Toleranz).

Nach dem u-i-Verhalten werden unterschieden:

- *lineare* Widerstände mit der Proportionalität $u \sim i$ (Gl.(2.3/14))
- *nichtlineare* Widerstände mit allgemeiner Beziehung $u(i)$ bzw. $i(u)$.

Der Widerstand R hängt - je nach Stromleitungsmechanismus - mehr oder weniger von der Temperatur ab $\rightarrow R(T)$: Die Beschreibung erfolgt durch den *Temperaturkoeffizienten* (TK) α

$$\alpha(T) = \frac{1}{R} \left.\frac{\mathrm{d}R}{\mathrm{d}T}\right|_T. \qquad (2.3/17)$$

TK: Relative differentielle Widerstandsänderung pro Temperaturänderung bei einer Raumtemperatur T ($\rightarrow$ Heiß-, Kaltleiter).

Berechnung von Strömungsfeldern und zugeordneten Widerständen.

- In den meisten Fällen wird das skalare Potential φ als Funktion der Strömungsgröße (S, I) unter gegebenen Randbedingungen bestimmt (vgl. Berechnung von Potentialfeldern, Abschn. 2.2.2, s. Tafel R 2.3/2).
- Für spezielle Feldtypen gibt man einen Probestrom i vor und bestimmt φ bzw. die Spannung u in der Ablauffolge

  $$i \rightarrow S \rightarrow E \rightarrow \varphi \rightarrow u$$

  (s. Lösungsmethodik I/2.4 und Tafel R 2.3/3).
- Bei bekannten Potentialrandwerten führt auch die Lösung der Laplace-Gleichung (bei $\kappa = \text{const.}$) auf den Widerstand (s. Gl.(2.2/15)). Die Lösung der Poisson-Gleichung liefert gewöhnlich eine nichtlineare u-i-Beziehung (Ursache: nichtlineare Feldänderung durch die Raumladungsdichte).
- In übersichtlichen Fällen berechnet man differentielle Teilwiderstände bzw. Leitwerte von Strömungsfeldelementen, die in guter Näherung als linienhafter Leiter aufgefaßt werden können. Der Gesamtwiderstand wird nach den Regeln der Reihen-, Parallelschaltung von Widerständen bzw. Leitwerten gebildet (I/Bild 2.3.3).

Tafel R 2.3/2 Übersicht zur Berechnung von Strömungsfeldern

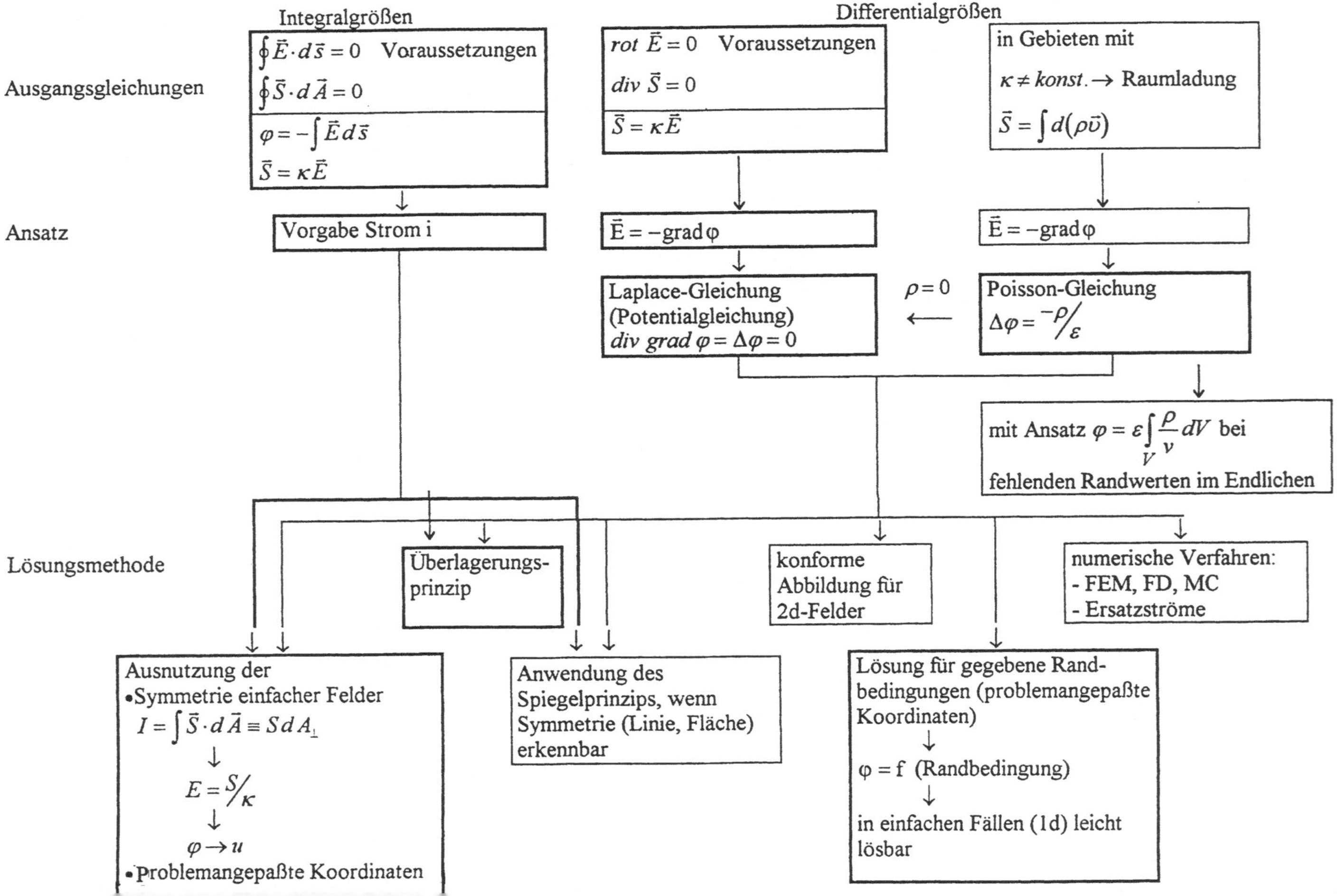

Ausgangsgleichungen

Integralgrößen:

$\oint \vec{E}\cdot d\vec{s} = 0$, $\oint \vec{S}\cdot d\vec{A} = 0$ Voraussetzungen

$\varphi = -\int \vec{E}\, d\vec{s}$

$\vec{S} = \kappa \vec{E}$

Differentialgrößen:

$rot\ \vec{E} = 0$, $div\ \vec{S} = 0$ Voraussetzungen

$\vec{S} = \kappa \vec{E}$

in Gebieten mit $\kappa \neq konst. \rightarrow$ Raumladung

$\vec{S} = \int d(\rho \vec{v})$

Ansatz

Integralgrößen: Vorgabe Strom i

Differentialgrößen: $\vec{E} = -\mathrm{grad}\,\varphi$ → Laplace-Gleichung (Potentialgleichung) $div\ grad\ \varphi = \Delta\varphi = 0$

$\vec{E} = -\mathrm{grad}\,\varphi$ → Poisson-Gleichung $\Delta\varphi = {}^{-\rho}/_{\varepsilon}$ ($\rho = 0$ ← führt zur Laplace-Gleichung)

→ mit Ansatz $\varphi = \varepsilon \int_V \frac{\rho}{v} dV$ bei fehlenden Randwerten im Endlichen

Lösungsmethode

- Überlagerungsprinzip
- konforme Abbildung für 2d-Felder
- numerische Verfahren:
  - FEM, FD, MC
  - Ersatzströme
- Ausnutzung der
  - Symmetrie einfacher Felder $I = \int \vec{S}\cdot d\vec{A} \equiv S\, dA_{\perp}$ ↓ $E = {}^{S}/_{\kappa}$ ↓ $\varphi \rightarrow u$
  - Problemangepaßte Koordinaten
- Anwendung des Spiegelprinzips, wenn Symmetrie (Linie, Fläche) erkennbar
- Lösung für gegebene Randbedingungen (problemangepaßte Koordinaten) ↓ φ = f (Randbedingung) ↓ in einfachen Fällen (1d) leicht lösbar

Tafel R 2.3/3 Berechnung einfacher Strömungsfelder

i	Vorgabe eines Probstromes i über die Elektroden A, B des Strömungsfeldes
$\downarrow$	
$S = \frac{di}{dA_\perp}$	Berechnung der Stromdichte S in einem beliebigen Feldpunkt und der zugehörigen Feldstärke E
$\downarrow$	
E	
$\downarrow$	
$\varphi_P = \int_P \vec{E} \cdot d\vec{s}$	Berechnung des zugehörigen Potentials im Feldpunkt
$\downarrow$	
$u_{AB} = \varphi_A - \varphi_B$	Bestimmung der Spannung zwischen den Elektroden A, B
$\downarrow$	
$R_{AB} = \frac{u_{AB}}{i}$	Berechnung des Widerstandes R_{AB} zwischen den Elektroden

Tafel R 2.3/4 zeigt typische Strömungsfelder mit Widerständen sowie die zugehörigen E-, S-, φ-Verteilungen.

Beispiele.

Kreisabschnittwiderstand, tangentiale Stromeinspeisung (Bild R 2.3/8a). Die Stromdichtelinien laufen tangential zum Mittelpunkt des Viertelkreisbogens: gleiche Verteilung des Stromes über den Leiterquerschnitt. Es beträgt der Teilleitwert $\mathrm{d}G$ (mit $\mathrm{d}i = u\mathrm{d}G$)

$$\mathrm{d}G = \kappa \frac{\mathrm{d}A}{l} = \frac{\kappa b}{\pi/2} \frac{\mathrm{d}r}{r}$$

$$G = \int \mathrm{d}G = \int_{r_\mathrm{i}}^{r_\mathrm{a}} \frac{\kappa b}{\pi/2} \frac{\mathrm{d}r}{r} = \frac{\kappa b}{\pi/2} \ln \frac{r_\mathrm{a}}{r_\mathrm{i}}. \tag{2.3/18a}$$

Parallelschalten von Teilleitwerten $\mathrm{d}G$ (Querschnitt $b\,\mathrm{d}r$, Länge $(\pi/2)r$) ergibt den Gesamtleitwert G.

Radiale Stromeinprägung. Jetzt sinkt die Stromdichte $S(r)$ nach außen ab. Strom durchsetzt Widerstandsscheiben $\mathrm{d}R$ mit Querschnitt $(\pi/2)rb$ und der Länge $\mathrm{d}r$ (Bild R 2.3/8b). Der Gesamtwiderstand R beträgt

$$R = \int \mathrm{d}R = \int_{r_\mathrm{a}}^{r_\mathrm{i}} \frac{\varrho\,\mathrm{d}r}{b\pi/2r} = \frac{\varrho \ln r_\mathrm{a}/r_\mathrm{i}}{b\pi/2r}. \tag{2.3/18b}$$

2.3.5 Zusammenfassung

Im stationären Strömungsfeld sind die Feldgrößen $\boldsymbol{S}$, $\boldsymbol{E}$ (Materialparameter κ) direkt verkoppelt mit den Integral- oder Globalgrößen (Tafel R 2.3/5)

- *Strom* $i \to$ *Stromdichte* $\boldsymbol{S}$ über eine Fläche $\boldsymbol{A}$
- *Spannung* $u \to$ *Feldstärke* $\boldsymbol{E}$ über eine Länge $\mathrm{d}\boldsymbol{s}$
- Widerstand $R \to$ Eigenschaft eines Feldgebietes (Material) über seine Geometrie.

Tafel R 2.3/4 Widerstände und Feldgrö ßen verschiedener Leitergeometrien

	Widerstand	Feldgrößen	Potential φ (x)	Feldstärke $E(r) = -\frac{d\varphi}{dr}$
① linienhafter Leiter (d, A, $\varkappa$)	$R = \frac{d}{\kappa A}$	$E = \frac{u}{d}$; $S = \frac{i}{A}$	$\varphi(x) = u\left(1 - \frac{x}{d}\right)$	$E(x) = \frac{u}{d}$
② Koaxialleiter (l, r_a, r_i, $\varkappa$)	$R = \frac{1}{2\pi\kappa l}\ln\frac{r_a}{r_i}$	$E = \frac{u}{r\ln {r_a}/{r_i}}$ $S = \frac{i}{2\pi r l}$	$\varphi(r) = \frac{i}{2\pi\kappa l}\ln\frac{r}{r_0}$ r_0 Bezugspunkt	$E(r) = \frac{i}{2\pi\kappa l}\cdot\frac{r_0}{r}$
③ Kugel-Kugel-Anordnung (r_a, r_i, $\varkappa$)	$R = \frac{1}{4\pi\kappa l}\left(\frac{1}{r_i} - \frac{1}{r_a}\right)$	$E = \frac{u}{r^2}\cdot\frac{r_i r_a}{r_a - r_i}$ $S = \frac{i}{4\pi r^2}$	$\varphi(r) = \frac{i}{4\pi\kappa}\left(\frac{1}{r} - \frac{1}{r_0}\right)$; r_0 =Bezugspunkt	$E(r) = \frac{i}{4\pi\kappa r^2}\cdot r_0$
④ Parallele Leiter ($\varkappa$, r_i, x, $2a$)	$R = \frac{\ln\frac{a}{r_i} + \sqrt{\left(\frac{a}{r_i}\right)^2 - 1}}{\pi\kappa l}$ $\approx \left.\frac{\ln\frac{2a}{r}}{\kappa\pi l}\right\|_{a>>r}$	$E = u\cdot\frac{\sqrt{a^2 - r_1^2}}{a^2 - r_1^2 - x^2}$: $S = \frac{i\sqrt{a^2 - r_1^2}}{\pi l\left(a^2 - r_1^2 - x^2\right)}$	$\cdot \ln\left[\frac{a}{r_i} + \sqrt{\left(\frac{a}{r_i}\right)^2 - 1}\right]$	
⑤ Kugel im Raum ($\varkappa$, r_i, ∞)	$R = \frac{1}{4\pi\kappa r_i}$	$E = u\cdot\frac{r_i}{r}$ $S = \frac{i}{4\pi r^2}$	T R 2.3/4 Widerstände und Feldgrößen verschiedener Leitergeometrien	

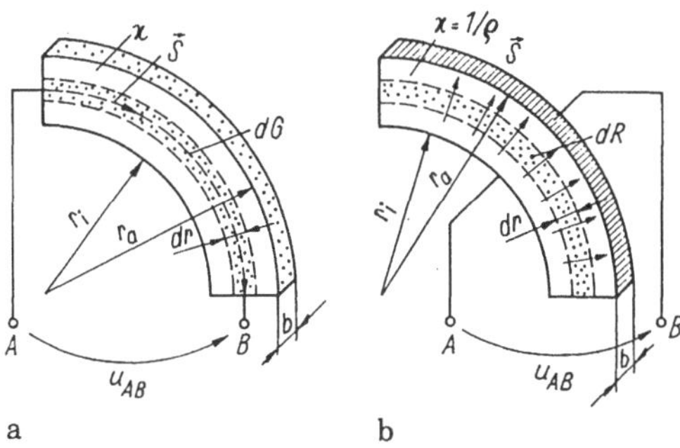

Bild R 2.3/8 Widerstandsbogen
a) Stromeinprägung tangential, b) Stromeinprägung radial

Das stationäre Strömungsfeld hat folgende *Merkmale:*

- Es ist ein *Potentialfeld* (→ konservatives Feld), gekennzeichnet durch ein Potential und die Wegunabhängigkeit des Wegintegrals

  $\int_A^B \boldsymbol{E} \cdot \mathrm{d}\boldsymbol{s} = u_{\mathrm{AB}} = \varphi_{\mathrm{A}} - \varphi_{\mathrm{B}}$; integral dto. $\boldsymbol{E} = -\operatorname{grad} \varphi$ differential

- *Wirbelfreiheit:* Das Wegintegral über einen geschlossenen Umlauf verschwindet stets:

Feldbeschreibung		Netzwerkbeschreibung
$\oint \boldsymbol{E} \cdot \mathrm{d}\boldsymbol{s} = 0$;	$\operatorname{rot} \boldsymbol{E} = 0$;	$\sum u = 0$
integral	differential	2. Kirchhoffscher Satz, Maschensatz.

- *Quellenfreiheit:* Stromkontinuität, Strömungslinien stets in sich geschlossen. Ausgedrückt durch

Feldbeschreibung		Netzwerkbeschreibung
$\oint \boldsymbol{S} \cdot \mathrm{d}\boldsymbol{A} = 0$;	$\operatorname{div} \boldsymbol{S} = 0$	$\sum i = 0$
integral	differential	1. Kirchhoffscher Satz, Knotensatz.

  An einer Grenze zweier leitender Gebiete sind die Normalkomponenten der Stromdichte $\boldsymbol{S}$ und Tangentialkomponenten der elektrischen Feldstärke $\boldsymbol{E}$ stetig. Speziell an der Grenze Leiter-Nichtleiter verschwindet die Normalkomponente der Stromdichte (Stromdichte $\boldsymbol{S}$ stets tangential zur Grenzfläche → Rand immer Äquipotentialfläche).

- Die dem stationären Strömungsfeld zugeführte elektrische Leistung wird vollständig in Wärmeleistung umgesetzt.
- Der Übergang von Feld- zu Integralgrößen i, u, R ist dann vorteilhaft, wenn nur noch das u-i-Verhalten von Gesamtgebieten des Strömungsfeldes interessiert:

  Ersatz des Feldgebietes durch das räumlich konzentrierte Netzwerkelement Widerstand.

Tafel R 2.3/5 Zusammenhang typischer Größen des Strömungsfeldes und zugehörige Netzwerkbeschreibung

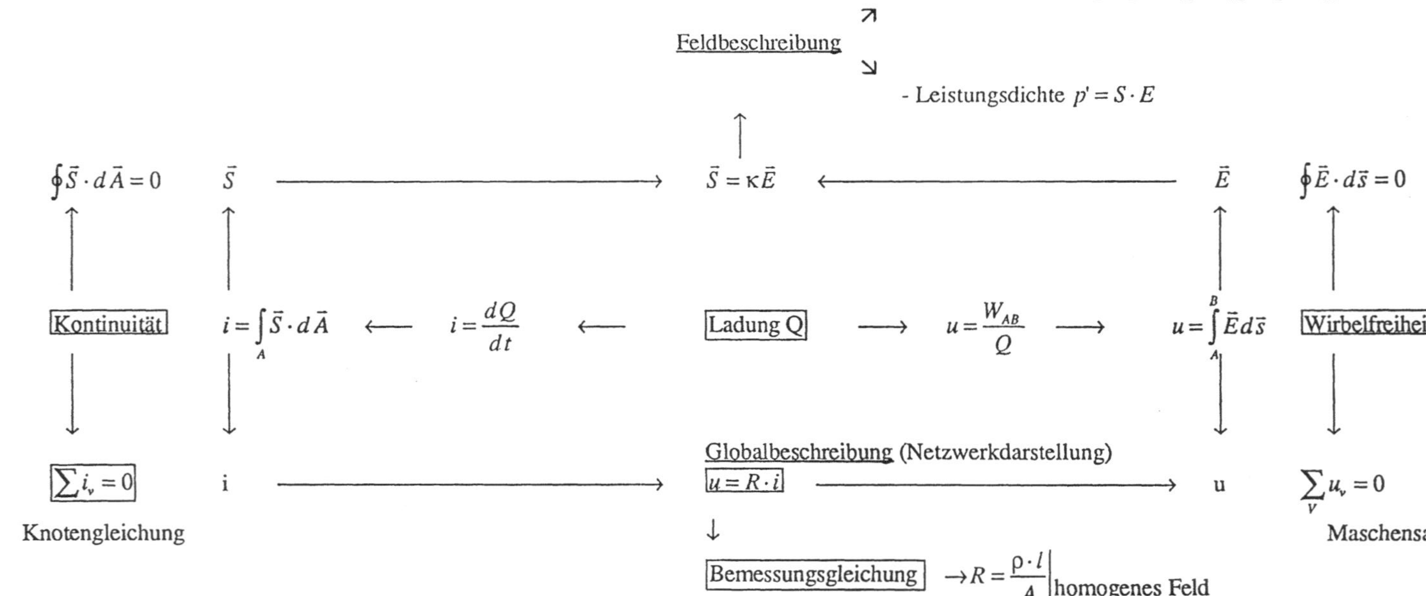

2.4 Einfache Netzwerke

Direkte Anwendung findet das stationäre Strömungsfeld in *Schaltungen*, *Stromkreisen* oder *Netzwerken* mit resistiven Zweipolen (Widerständen).

2.4.1 Elementare Schaltungs- und Netzwerkbegriffe

Eine elektrische Schaltung hat mehrere *Merkmale* (Bild R 2.4/1):

- Sie führt eine (oft primitive) *Systemaufgabe* durch: z.B. Umformung nichtelektrische → elektrische Energie, Energietransport zum "Verbraucher", dort die Umwandlung in nichtelektrische Energie oder Übertragung von Informationen.
- Sie besteht aus einzelnen Bau- oder Schaltelementen, die zu einer Schaltung mit Stromknoten und Maschen zusammengefügt sind (Bild R 2.4/1b, c), so daß Ströme fließen und Spannungsabfälle entstehen.
- Sie läßt sich verkürzt durch einen *Schaltplan* darstellen, wenn man den Bauelementen bestimmte *Schaltzeichen* zuordnet (Bild R 2.4/1c).

Zur Erkennung *typischer* Eigenschaften der Schaltung erfolgt eine *Modellbildung*. Dabei wird jedem Bauelement ein *Modell-* oder *Netzwerkelement* zugeordnet (Bild R 2.4/1d). Es kennzeichnet das charakteristische Verhalten des Bauelementes, frei von technischen Sekundäreffekten. So geht die Schaltung in eine Zusammenschaltung von Netzwerkelementen, kurz ein *elektrisches Netzwerk* über.

Elektrisches Netzwerk. Modellhafte (mathematische) Abbildung einer Schaltung. Die auftretenden Ströme und Spannungen werden bestimmt durch die Strom-Spannungsbeziehungen (Klemmenbezeichnungen) der Netzwerkelemente und die Art ihrer Zusammenschaltung, die sog. *Topologie* oder *Netzwerkstruktur*. Stets gelten dabei die Kirchhoffschen Sätze: Knoten- und Maschensatz.

Kurz: Netzwerk = Verbindung von Netzwerkelementen auf geschlossenen Wegen.

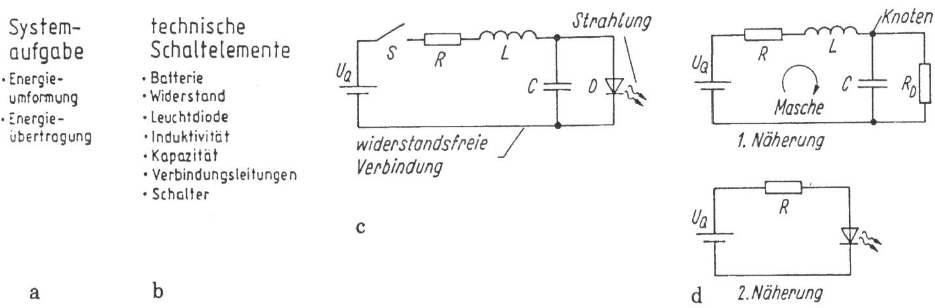

Bild R 2.4/1 Aufgaben und Merkmale einer elektrischen Schaltung
a) Systemaufgabe, b) Schaltelemente als Bestandteile der Schaltung, c) Schaltplan, d) Netzwerkmodell

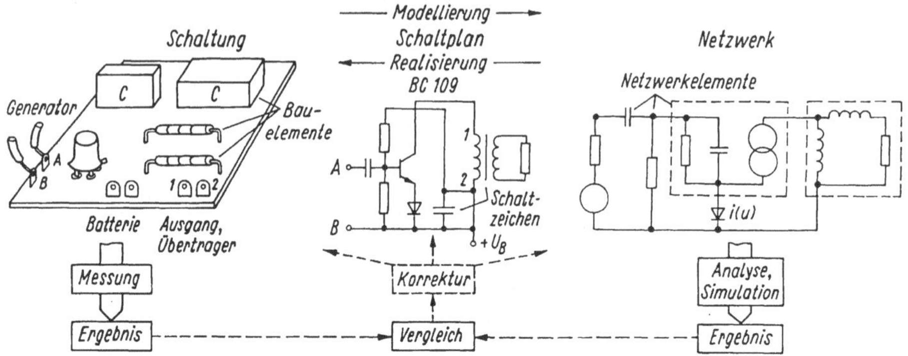

Bild R 2.4/2 Ablauf einer Schaltungsrealisierung

- Netzwerk und Schaltung unterscheiden sich grundsätzlich. In der Schaltung sind Ströme und Spannungen meßbar, im Netzwerk nur berechenbar (Modellcharakter, Bild R 2.4/2). Berechnung entweder "von Hand" oder rechnergestützt (durch sog. Simulation) möglich.
- Ein *Netzwerk* besteht aus einer Reihe von Zweigen, die an Knoten miteinander verbunden sind, so daß *Maschen* entstehen (Bild R 2.4/3a).
- *Zweig:* Verbindungszug zwischen zwei Verbindungspunkten (Pole, Klemmen) besser als *Zweipol* (Eintor) bezeichnet (Bild R 2.4/3b).
- *Knoten*: Verbindungspunkt zwischen zwei oder mehr Zweipolen. Für die praktische Analyse werden meist nur Knoten mit einer Stromverzweigung berücksichtigt (Knoten 1, 2 in Bild R 2.4/3b, c), da bei der Zusammenschaltung von zwei Zweigen der gleiche Strom fließt: Knoten 3, 4 (Bild R 2.4/3c) können entfallen, wenn u_{q1}, R_1 bzw. u_{q2}, R_2 jeweils als ein Zweig aufgefaßt werden.
- *Pfad:* Ablauffolge von Zweigen, wobei kein Knoten öfter als einmal durchlaufen wird.
- *Schleife:* Geschlossener Weg fortschreitend von Knoten zu Knoten und Rückkehr zum Ausgangsknoten, ohne einen Knoten mehr als einmal zu durchlaufen. *Gleichwertig:* geschlossener Pfad.

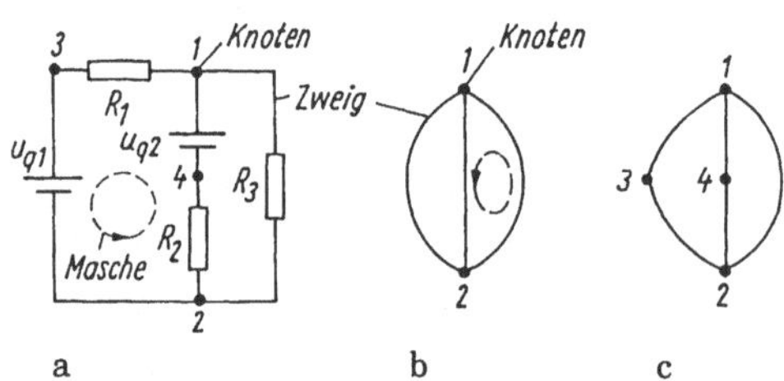

Bild R 2.4/3 Netzwerk
a) Ersatzschaltung, b) Darstellung mit zwei Knoten, c) dto. mit vier Knoten

- *Masche:* Spezielle Schleife, die keine anderen Schleifen einschließt. Die Begriffe Schleife und Masche werden üblicherweise (im deutschen) nicht unterschieden. *Gleichwertig:* Masche = Fenster in einem Netzwerk.
- *Planares Netzwerk:* Es gibt keine überkreuzenden Zweige, bzw. kann ein Netzwerk durch Umzeichnen in ein kreuzungsfreies Netzwerk überführt werden.

Ein Netzwerk enthält wenigstens zwei Zweipole. Üblicherweise wirkt wenigstens einer als Quelle, die restlichen als Verbraucher.

Netzwerkelemente sind[1] *mathematische Modelle*, die charakteristische Effekte von Bauelementen modellieren. Zur Darstellung der Bauelemente dienen *Symbole* oder *Schaltzeichen*, ebenso für die Netzwerkelemente (die oft mit den Bauelementschaltzeichen übereinstimmen).

Im Netzwerkelement verliert der Raum als Sitz des elektromagnetischen Feldes seine Bedeutung (die Feldenergie ist nur noch im jeweiligen NWE konzentriert). Die wichtigsten Netzwerkelemente sind:

- unabhängige Strom-, Spannungsquellen (ideal, real)
- passive Zweipole (resistiv, kapazitiv, induktiv)
- gesteuerte Quellen
- Übertrager u.a.

Reale Bauelemente (Widerstände, Transformator, Verstärker, Transistoren u.a.m.) werden durch mehrere Netzwerkelemente modelliert.

Nach dem *Energieumsatz* in NWE werden unterschieden:

- *Passive Zweipole* (Verbraucherzweipole) nehmen im zeitlichen Mittel nur Energie auf und geben sie als Wärme ab und/oder speichern sie zeitbegrenzt im elektromagnetischen Feld.
- *Aktive Zweipole* (Generatoren, Erzeugerzweipole). Sie geben im zeitlichen Mittel elektrische Energie an passive Zweipole ab: Umformstelle nichtelektrische-elektrische Energie (z.B. Dynamo, Solarzelle, Batterie u.a.).

Netzwerkelemente werden zweckmäßig nach der Zahl der Anschlußpole (Klemmen) eingeteilt: *Zweipole* (R, L, C), *Dreipole* (Transistor), *Mehrpole* (z.B. Schaltkreise, Transformator)[2].

Zweipol (Eintor): Teil eines Netzwerkes (oder Stromkreises), der nur an zwei Klemmen (Polen) elektrisch zugänglich ist. Die Zweipoleigenschaften sind durch das u-i-Verhalten seiner Klemmen definiert. Es gibt

- resistive, induktive und kapazitive Zweipole (mit Verbraucher-Zählpfeilrichtung), sog. passive Zweipole
- *Zweipolquellen* (aktiver Zweipol): Zweipol, der im Mittel über eine Periode elektrische Energie an das Netzwerk abgibt. Es gibt unabhängige und (nichtelektrisch) gesteuerte Strom- und Spannungsquellen.

---

[1]Vertiefung s. Abschn. 8.1.1 und 8.1.2

[2]Vertiefung Abschn. 8.4

Zweitor: Teil eines Netzwerkes (oder Stromkreises), der nur an zwei Klemmenpaaren elektrisch zugänglich ist. Seine Eigenschaften sind durch das u-i-Verhalten der Klemmenpaare definiert (Beispiele: Übertrager, Verstärker, Gyrator, elektrisch gesteuerte Strom- oder Spannungsquellen).

n-Pol: Teil eines Netzwerkes mit n Klemmen (Polen). Er wird stets durch $n-1$ Zweipole mit $n-1$ unabhängigen u-i-Beziehungen beschrieben.
$n=2$: Zweipol, eine u-i-Beziehung
$n=3$: Dreipol, zwei u-i-Beziehungen
$n=4$: Vierpol, drei u-i-Beziehungen.

Nach der *Art der u-i-Beziehungen* werden n-Pole unterteilt in die vier Gruppen

- linear zeitunabhängige, linear zeitabhängige
- nichtlinear zeitunabhängige und nichtlinear zeitabhängige.

Wir beschränken uns hier auf *linear zeitunabhängige* n-Pole und daraus aufgebaute lineare Netzwerke.

Überlagerungssatz. In *linearen* Netzwerken gilt der Überlagerungssatz:
Ströme/Spannungen eines beliebigen Netzwerkzweiges ergeben sich durch Summation aller Teilbeträge, herrührend von jeder einzelnen unabhängigen Quelle (s. Abschn. 3.3.2).

Netzwerkanalyse. Bestimmung aller (oder ausgewählter) Zweigströme und Zweigspannungen eines Netzwerkes bei vorgegebener Netzwerkerregung (Netzwerkquellen) durch Anwendung der Kirchhoffschen Gleichungen und Strom-Spannungsbeziehungen (Zweigbeziehungen) der Netzwerkelemente. Kann das Ergebnis einer Netzwerkanalyse mit Meßergebnissen an der betreffenden Schaltung verglichen werden (Bild R 2.4/2), so ergeben sich z.B. Ansatzpunkte für ggf. nötige Modellierungsverbesserungen. Die Netzwerkanalyse kann symbolisch oder numerisch erfolgen.

2.4.2 Resistiver Zweipol

Resistiver Zweipol. Netzwerkelement, das

- elektrische Energie (eines Strömungsfeldes) in Wärme umsetzt, keine elektrische oder magnetische Feldenergie speichert und
- dessen u-i-Kennlinie durch den Nullpunkt geht. Das u-i-Verhalten hängt vom betreffenden Leitungsmechanismus ab.

Ein resistiver Zweipol mit proportionalem Strom-Spannungsverhalten ($R>0$, VPS) heißt *idealer ohmscher* oder kurz *ohmscher Zweipol* mit der u-i-Beziehung Gl.(2.3/14)

$$u = iR \qquad u-,\ i-\text{ Relation des resistiven Zweipols} \qquad (2.4/1)$$

zu jedem Zeitpunkt (Bild R 2.4/4a) (Kennlinie im 1. bzw. 3. Quadranten). R heißt *Widerstand* (Resistanz), der Kehrwert $1/R = G$ *Leitwert* (Konduktanz) und wird durch ein Schaltzeichen charakterisiert (Bild R 2.4/4b).

Im technischen Sprachgebrauch wird der Begriff Widerstand sowohl für das Netzwerkelement als auch das Bauelement (technischer Widerstand) verwendet (s. Abschn. 2.3.4).

Hinweis: Das u-i-Verhalten kann von weiteren Parametern (z.B. Temperatur (Temperaturkoeffizient, Kaltleiter, Heißleiter, Magnetfeld, Beleuchtung u. a.) abhängen. Dies wird wie - andere Merkmale, z.B. Einstellbarkeit - im Schaltzeichen zusätzlich angedeutet (Bild R 2.4/4c).

Technische Widerstände werden verbreitet in sog. *Widerstandsreihen* (E6, E12, E24) gestuft und weiter durch Nennverlustleistung und Temperaturkoeffizient charakterisiert (I/Abschn. 2.4.2.4).

Widerstandszusammenschaltungen. Mehrere resistive Zweipole lassen sich durch Zusammenschaltung (Reihen-, Parallelschaltung) wieder zu einem Ersatzzweipol = Ersatzwiderstand zusammenfassen. Für *lineare* Widerstände gelten (Bild R 2.4/5a, b):

$$R_{\text{ges}} = \sum_{\mu=1}^{n} R_\mu \qquad \text{Reihenschaltung} \quad (2.4/2)$$

Gesamtwiderstand stets größer als größter Teilwiderstand.

$$G_{\text{ges}} = \frac{1}{R_{\text{ges}}} = \sum_{\mu=1}^{n} G_\mu = \sum_{\mu=1}^{n} \frac{1}{R_\mu}. \qquad \text{Parallelschaltung} \quad (2.4/3)$$

Gesamtleitwert stets größer als größter Teilleitwert.

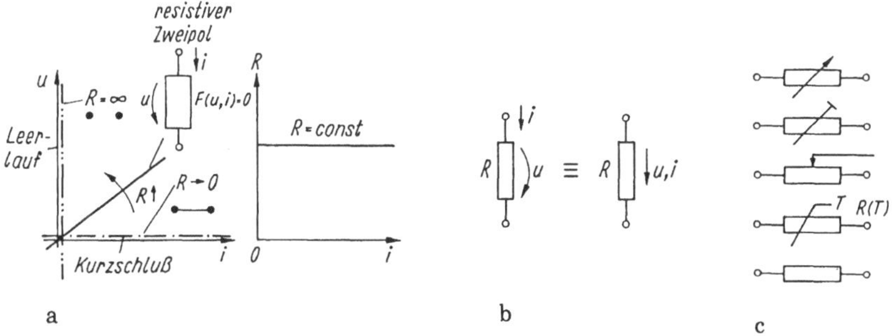

Bild R 2.4/4 Resistiver Zweipol, linearer Widerstand R
a) Resistiver Zweipol (VPS), lineare u-i-Beziehung, b) Schaltsymbol mit u-i-Verhalten, c) Schaltzeichen für veränderbare (z.B. durch Drehknopf), einstellbare (mit Schraubenzieher), verstellbare (Potentiometer) und parameterabhängige (z.B. Temperatur, Magnetfeld) Widerstände

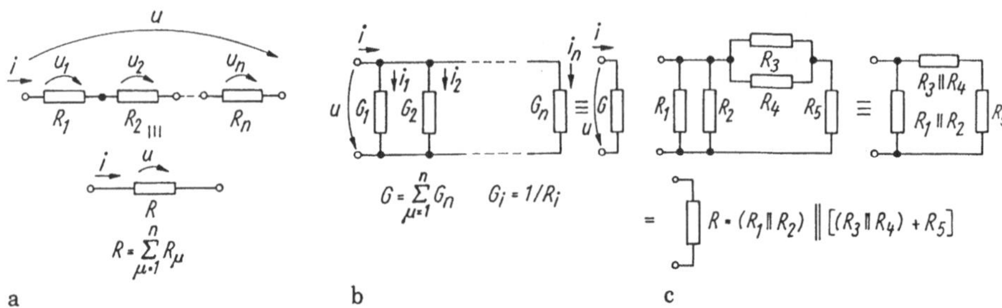

Bild R 2.4/5 Zusammenschaltung von linearen Widerständen
a) Reihenschaltung von n Widerständen, b) Parallelschaltung von n Widerständen, c) Anwendungsbeispiel, schrittweise Bildung von Ersatzwiderständen

Deshalb ist der Ersatzwiderstand zweier parallelgeschalteter Widerstände

$$R = R_1 \parallel R_2 = \frac{R_1 R_2}{R_1 + R_2} \tag{2.4/4}$$

stets kleiner als der kleinste Teilwiderstand. (Das Symbol $R_1 \parallel R_2$ für Parallelschaltung muß vor allem bei größeren Widerstandskomplexen sorgfältig verwendet werden.) Der Ersatzwiderstand *gemischter* Reihen-Parallel-Schaltungen wird durch schrittweise Anwendung der Reihen-Parallel-Beziehungen ermittelt (Bild R 2.4/5c).

Stern ↔ Dreieckumformung. Eine Sternschaltung kann in eine elektrisch gleichwertige (äquivalente) Dreieckschaltung umgewandelt werden und umgekehrt (Bild R 2.4/6). Es gelten:

$$\text{Stern-Widerstand} = \frac{\text{Produkt der Dreieck-Widerstände am Knoten}}{\text{Summe der Dreieck-Widerstände}} \tag{2.4/5a}$$

$$\text{Dreieck-Leitwert} = \frac{\text{Produkt der Stern-Leitwerte am Knoten}}{\text{Summe der Stern-Leitwerte}}. \tag{2.4/5b}$$

Man bemerkt, daß bei dieser Umwandlung ein Netzwerkknoten verschwindet bzw. hinzukommt (s. auch Abschn. 8.4.2.2).

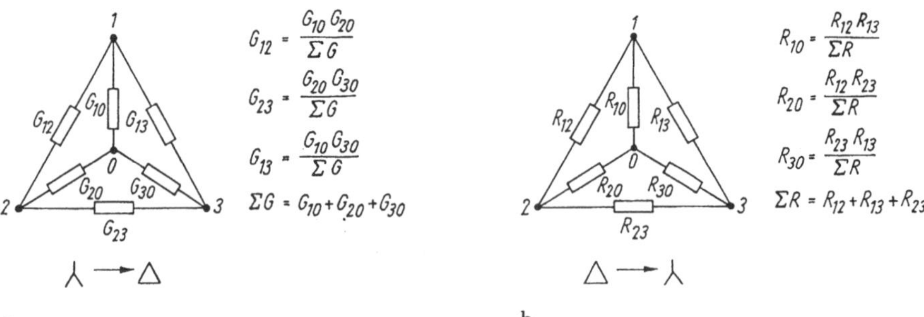

Bild R 2.4/6 Stern-Dreieck-Umrechnung

Spannungs-, Stromteilung. Bei Reihen-/Parallelschaltung von Widerständen treten Spannungs- und Stromteilung der anliegenden Gesamtspannungen und -ströme auf. Daraus folgt (Bild R 2.4/7) die:

Spannungsteilerregel. Im unverzweigten Stromkreis verhalten sich die Spannungen wie die reihengeschalteten Widerstände (Bild 2.4/7a, c)

$$\frac{u_\mu}{u_{\mathrm{ges}}} = \frac{R_\mu}{R_{\mathrm{ges}}}, \quad \text{z.B.} \; \frac{u_1}{u} = \frac{R_1}{R_1 + R_2}. \tag{2.4/6}$$

Voraussetzung: Alle Widerstände von gleichem Strom durchflossen (sog. unbelasteter Teiler). Bei Belastung mit parallelliegendem Widerstand diesen zum Ersatzwiderstand vereinen, dann Gl.(2.4/6) anwenden.

Stromteilerregel. Im verzweigten Stromkreis verhalten sich die Teilströme wie die zugehörigen Leitwerte (Bild R 2.4/7b, c)

$$\frac{i_\mu}{i_{\mathrm{ges}}} = \frac{G_\mu}{G_{\mathrm{ges}}} = \frac{1/R_\mu}{\sum 1/R_\mu}, \quad \text{z.B.} \; \frac{i_1}{i} = \frac{G_1}{G_1 + G_2} = \frac{R_2}{R_1 + R_2}. \tag{2.4/7}$$

(Die Form mit der Schreibweise $\sum 1/R_\mu$ führt in größeren Schaltungen leicht zu fehlerhaften Anwendungen.)

Nichtlineare resistive Zweipole.

Ein resistiver Zweipol ist nichtlinear, wenn $i \sim u$ *nicht* gilt. Beispiele: Halbleiterdioden, Varistoren, NTC-, PTC-Widerstände, Glühlampen u.a.m.

Beschreibung des u-i-Verhaltens[3] möglich durch

- die Kennlinie $i = f(u)$ oder $F(i, u) = 0$
- analytische Beziehungen (Kennliniengleichung, falls möglich)
- Wertemenge (Meßpunkte, Tabellenwerte).

Zusammenschaltung. Nichtlineare resistive Zweipole können reihen- und parallelgeschaltet werden, dabei gelten allerdings:

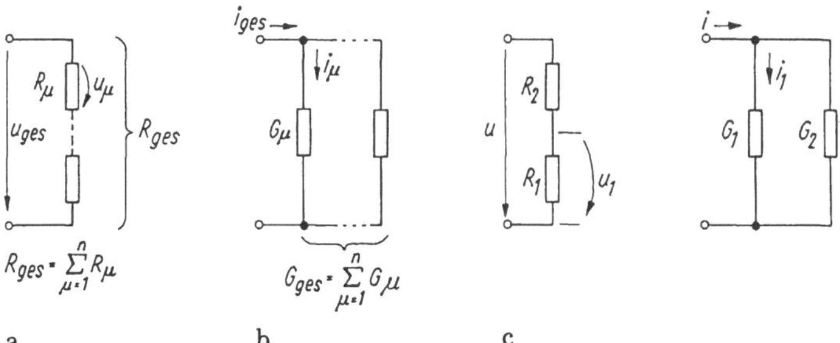

Bild R 2.4/7 Spannungs- und Stromteilerregeln
a) Spannungsteilung, b) Stromteilung, c) Anwendungsbeispiele für zwei Widerstände

[3] Ausführliche Behandlung s. Abschn. 8.7.1

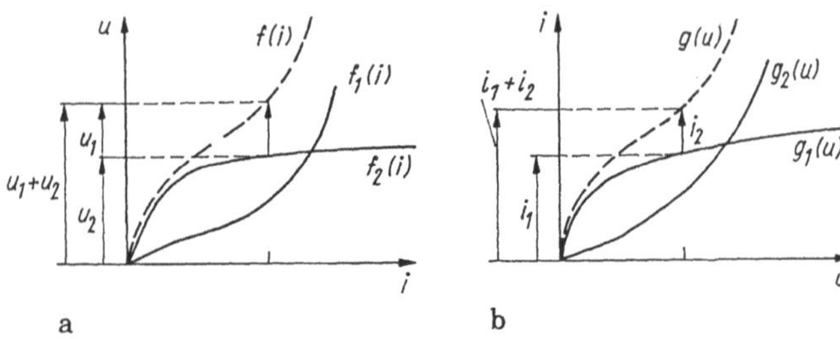

Bild R 2.4/8 Zusammenschaltung nichtlinearer Elemente
a) Reihenschaltung, b) Parallelschaltung

Reihenschaltung. Im unverzweigten Stromkreis addieren sich die *Teilspannungen* (Bild R 2.4/8a)

$$u = u_1 + u_2 = f_1(i) + f_2(i) = f(i), \tag{2.4/8}$$

(zweckmäßiges Verfahren: Eintragen der Teilkennlinien in eine Darstellung $i = f(u)$, Auswahl von Stromwerten, Addition der Teilspannungen (grafisch, rechnerisch, Konstruktion der Gesamtspannung)). Gl.(2.4/2) gilt nicht!

Parallelschaltung. Im verzweigten Stromkreis (mit gleicher Spannung über den Widerständen) addieren sich die Teilströme (Bild R 2.4/8b)

$$i = i_1 + i_2 = g_1(u) + g_2(u) = g(u) \tag{2.4/9}$$

(Verfahren wie bei der Reihenschaltung, aber Addition der Teilströme). Gl.(2.4/3) gilt nicht!

2.4.3 Unabhängige Quellen

Unabhängige Quellen sind Zweipole, die nichtelektrische Energie in elektrische mit einem gewissen Umsatzwirkungsgrad umwandeln. Sie erzeugen Ströme und Spannungen im Netzwerk. Unabhängige Quellen werden als aktive Zweipole dargestellt und nach dem i-u-Verhalten in Spannungs- und Stromquellen unterteilt. Sie heißen unabhängig, weil die Quellengröße von keinem Steuerparameter abhängt.

Unabhängige Spannungsquelle. Ein Zweipol, dessen Klemmenspannung

$$u_{\mathrm{q}}(i) = \mathrm{const.} \tag{2.4/10}$$

unabhängig vom durchfließenden Strom i ist (also lastunabhängig), heißt unabhängige oder *ideale Spannungsquelle*, *Quellenspannung* oder *Konstantspannungsquelle*.

Kennzeichnung: U_{Q}, u_{q}. Bild R 2.4/9a zeigt die u-i-Relation und einige Schaltsymbole.

Übliche Zählpfeilrichtung Bild R 2.4/9a ist *Erzeugerpfeilrichtung* (EPS) (Bild R 1.4/1, Kennlinie im 1. Quadranten, bzw. 3. Quadranten bei Richtungsumkehr von u und i, wie sie z.B. in Wechselspannungsquellen auftritt).

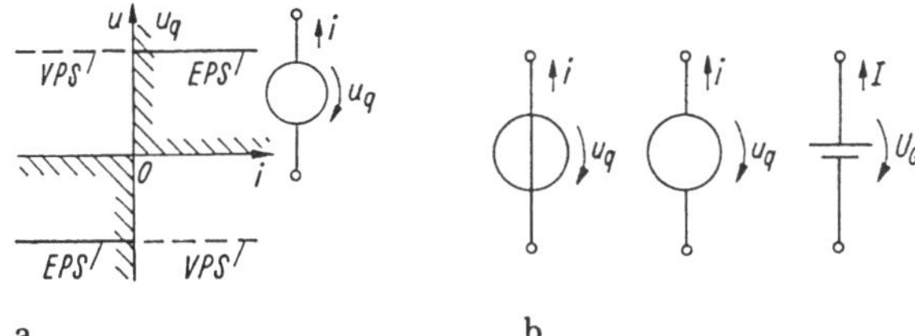

Bild R 2.4/9 Unabhängige ideale Spannungsquelle
a) Kennlinie im Erzeuger- (EPS) und Verbraucher- (VPS) Zählpfeilsystem (1., 2. Quadrant). Bei Richtungsumkehr (z.B. Wechselspannung) kann die Kennlinie auch im 3., 4. Quadrant liegen., b) Verschiedene Schaltzeichen von idealen Spannungsquellen. Die rechte Form (mit oder ohne Polaritätsangabe) wird bei elektrochemischen Spannungsquellen verbreitet verwendet

Dabei liefert die Spannungsquelle elektrische Energie an das Netzwerk. Die Spannungsquelle kann auch als Verbraucher (2. und 4. Quadrant) wirken ($p < 0$), wenn z.B. die Stromrichtung vertauscht wird: sog. Gegenschaltung der Spannungsquelle (z.B. bei Aufladen einer Batterie).

Die Quellenspannung U_Q, z.B. einer Gleichspannung, ist vom Plus- zum Minuspol der Spannungsquelle gerichtet, m.a.W. dem angetriebenen Strom entgegengesetzt.

Die Quellenspannung nach Gl.(2.4/10) kann als Leerlaufspannung an den Klemmen direkt gemessen werden und wirkt so in der Maschengleichung im Sinne eines Spannungsabfalls. Die früher benutzte "elektromotorische Kraft" (EMK) oder *Urspannungsquelle* wird nicht verwendet (I/Abschn. 2.4.1).

Physikalisch bewirkt die über die Spannungsquelle in den Stromkreis eingeprägte nichtelektrische Energie W_{zu}

- eine *Trennung* von Ladungsträgerpaaren (durch Energiezufuhr ausgedrückt durch eine (fiktive) *innere Feldstärke* $\boldsymbol{E}_i$ (s. Gl.(2.3/9), Ursache der EMK)
- bei Stromfluß durch die Quelle eine *Erhöhung* der potentiellen Trägerenergie (positive Träger bewegen sich von - nach +, negative von + nach -, Bild R 2.4/9b):

$$u_q = \frac{W_{zu}}{Q}. \tag{2.4/11}$$

Tafel R 2.4/1 enthält einige Mechanismen zur Erzeugung von Quellenspannungen. Der *Spannungsabfall* längs eines Leiters

$$u = \frac{W_{ab}}{Q} \tag{2.4/12}$$

(s. Gl.(1.3.4)) war hingegen mit der Energie*abgabe* aus dem elektrischen Kreis (z.B. als Wärme, Strömungsfeld) verknüpft (VPS!).

Beachte: Ob eine Konstantspannungsquelle als aktiver Zweipol wirkt, hängt deshalb vom Vorzeichen der Klemmenleistung p in Relation zum gewählten Zählpfeilsystem ab (s. Bild R 1.4/1).

Tafel R 2.4/1 Beispiele für den Energieumsatz zur Erzeugung von Quellenspannungen

Physikalische Ursache	Folge	Beispiel
Elektrochemische Reaktion	Galvanischer Strom	Batterie
Induktionsvorgang	Leiterbewegung im Magnetfeld	induzierte Spannung, elektrischer Generator
	Trägerbewegung im Plasma	magnetohydrodynamischer Generator
Innerer Photoeffekt	Strahlungseinfall in Halbleiter-pn-Übergängen	Solarzelle
Seebeckeffekt	Erwärmung von Kontaktstellen zwischen Metallen/Halbleitern	Thermoelement
Piezoelektrischer Effekt	mechanischer Druck auf piezoelektrische Kristalle	Dicken-, Dehnungsschwinger

Reale oder technische Spannungsquelle. Ideale Spannungsquellen lassen sich wegen des stets vorhandenen Innenwiderstandes technisch nur näherungsweise verwirklichen.

Deshalb ist die Konstantspannungsquelle ein Netzwerkelement (= mathematisches Modell) z.B. zum Aufbau realer Spannungsquellen (mit Innenwiderstand).

Die Klemmenspannung u hängt vom Strom i und dem Innenwiderstand ab. Deshalb wird die reale Spannungsquelle aus idealer Spannungsquelle u_q und reihengeschaltetem Innenwiderstand R_i modelliert (Bild R 2.4/10) mit der u-i-Beziehung

$$u = u_q - iR_i \qquad u-,\ i-\text{ Relation der realen Spannungsquelle} \qquad (2.4/13)$$

(bei linearem Innenwiderstand). Die Klemmenspannung u schwankt zwischen

$$\begin{array}{lll} \text{Leerlauf:} & i = 0 \rightarrow & u_l = u_q \quad \text{und} \\ \text{Kurzschluß:} & u = 0 \rightarrow & i = i_k = u_q/R_i. \end{array}$$

Dabei fließt der Kurzschlußstrom $i_k = u_q/R_i$. Die reale Spannungsquelle entspricht der idealen um so besser, je kleiner ihr Innenwiderstand R_i ist.

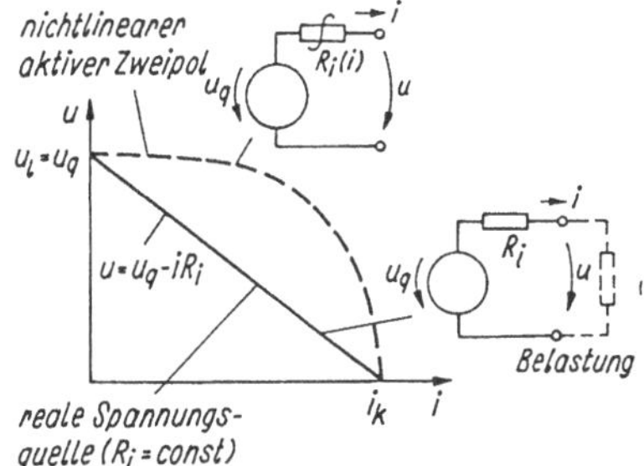

Bild R 2.4/10 Reale unabhängige Spannungsquelle

Eine reale Spannungsquelle mit *nichtlinearem* Innenwiderstand (z.B. Solarzelle) hat wohl Leerlaufspannung $u_l = u_q$ und Kurzschlußstrom i_k, es gilt aber *nicht* $u_l = R_i i_k$ (Bild R 2.4/10).

Zusammenschaltung von Konstantspannungsquellen. Ideale Spannungsquellen dürfen

- *nicht kurzgeschlossen* werden (Verletzung des Maschensatzes, Ausnahme: Anwendung des Überlagerungssatzes, Bestimmung von R_i bei Zweipoltheorie)
- *reihengeschaltet* werden: Gesamtspannung u_{qges} = algebraische Summe der Einzelspannungen (Bild R 2.4/11a)

$$u_q = \sum_i u_{qi} \tag{2.4/14}$$

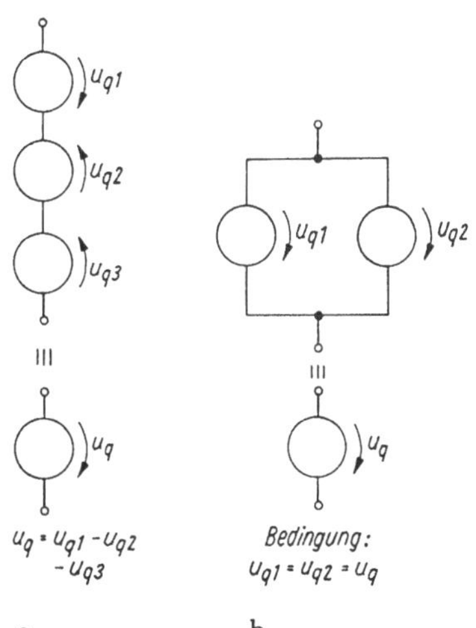

Bild R 2.4/11 Reihen- und Parallelschaltung idealer Spannungsquellen

- *parallelgeschaltet* werden, wenn alle Quellenspannungen übereinstimmen (Bild R 2.4/11b)

$$u_\mathrm{q} = u_1 = u_2. \tag{2.4/15}$$

Die Parallelschaltung unterschiedlicher idealer Spannungsquellen ist verboten (Verletzung des Maschensatzes).

Unabhängige Stromquelle. Ein Zweipol, dessen Klemmenstrom

$$i_\mathrm{q}(u) = \text{const.} \tag{2.4/16}$$

unabhängig von der Klemmenspannung u ist, heißt unabhängige oder *ideale Stromquelle*, *Stromquelle* oder *Konstantstromquelle* i_q.

Bild R 2.4/12 zeigt die u-i-Relation und Schaltsymbole. Für $i_\mathrm{q} = 0$ wirkt die Anordnung wie Leerlauf (Leitungsunterbrechung). Deshalb dürfen Konstantstromquellen mit $i_\mathrm{q} = 0$ *nie* im Leerlauf arbeiten.

Auch hier hängt es vom Vorzeichen der Klemmenleistung p ab, ob die Stromquelle als aktiver oder passiver Zweipol arbeitet (Bild R 1.4/1). Die übliche Zuordnung u, i_q (Bild R 2.4/12a) entspricht dem Erzeugerpfeilsystem. Bei Wechselstromquellen ist z.B. Richtungsumkehr von i_q und u möglich (Betrieb im 3./4. Quadranten).

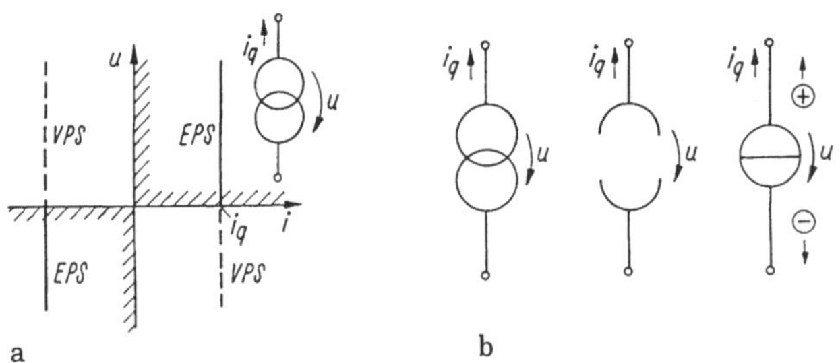

Bild R 2.4/12 Unabhängige ideale Stromquelle
a) Kennlinie im Erzeuger- (EPS) und Verbraucher- (VPS) Zählpfeilsystem (1., 2. Quadrant). Bei Richtungsumkehr 3., 4. Quadrant), b) verschiedene Schaltzeichen von idealen Stromquellen

Reale oder technische Stromquelle. Ideale Stromquellen lassen sich technisch nur näherungsweise realisieren. Deshalb ist auch die Konstantstromquelle nur ein Netzwerkelement zum Aufbau realer Stromquellen.

Der Strom einer technischen Stromquelle hängt von der Klemmenspannung ab: er sinkt um so stärker, je größer ihr Innenleitwert wird. Das Quellenmodell

$i = i_\mathrm{q} - uG_\mathrm{i}$	$u-$, $i-$ Relation der realen Stromquelle	(2.4/17)

besteht deshalb aus einer idealen Stromquelle i_q mit parallelem Innenleitwert G_i (Bild R 2.4/13) bei *linearem* Innenleitwert. Der Klemmenstrom i schwankt zwischen

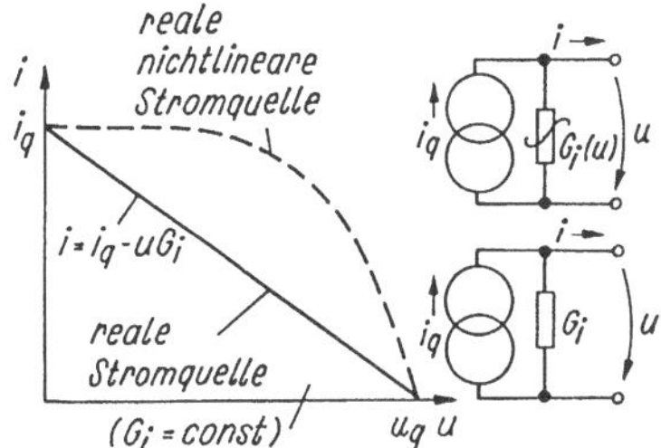

Bild R 2.4/13 Reale unabhängige Stromquelle

Kurzschluß:	$u = 0 \rightarrow$	$i_k = i_q$ und
Leerlauf:	$i = 0 \rightarrow$	$u_l = i_q R_i$.

Dabei entsteht die Leerlaufspannung $u_l = u_q = i_q R_i$.

Die reale Stromquelle entspricht der idealen um so besser, je größer der Innenwiderstand R_i ist.

Die reale Stromquelle mit *nichtlinearem Innenwiderstand* hat wohl Kurzschlußstrom i_q und Leerlaufspannung u_l, doch gilt *nicht* $u_l = u_q = Ri_q$ (Bild R 2.4/13)!

Vom physikalischen Wirkprinzip her gibt es nur sehr wenige Umsetzungsprinzipien (z.B. Solarzelle, Fotodiode), die einer Stromquelle nahekommen. Deshalb werden technische Stromquellen meist durch technische Spannungsquellen mit hohem Innenwiderstand realisiert.

Umwandlung reale Spannungs- $\leftrightarrow$ Stromquelle. Wegen des gleichen u-i-Verhaltens (Bilder R 2.4/10, 13) sind reale lineare Strom-Spannungsquellen ineinander überführbar (Bild R 2.4/14a)

$$u = u_{q1} - R_{i1} i, \qquad i = i_{q2} - G_{i2} u.$$

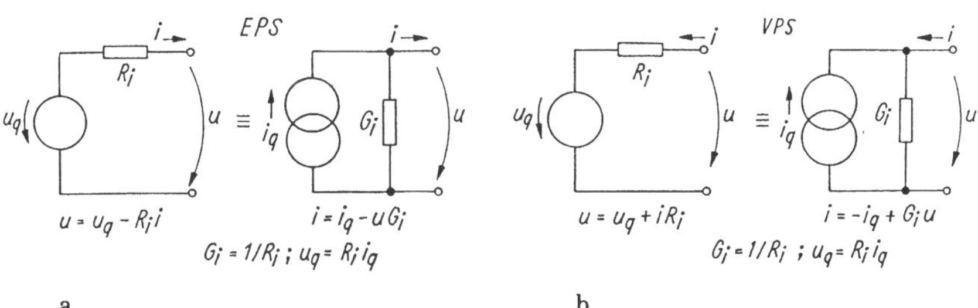

Bild R 2.4/14 Umwandlung realer Strom-Spannungsquellen
a) EPS, b) VPS

Es gilt bei Identität (EPS)

$$i_{q2} = \frac{u_{q1}}{R_{i1}}; \qquad u_{q1} = i_{q2} R_{i2}, \qquad R_{i1} = R_{i2}. \tag{2.4/18}$$

Eine Spannungsquelle mit geringem Innenwiderstand ist überführbar in eine Stromquelle mit hohem Kurzschlußstrom und großem Innenleitwert und umgekehrt.

Um reale Quellen wirklichkeitsnah zu modellieren, werden deshalb niederohmige Quellen besser durch die Ersatzspannungsdarstellung, hochohmige durch die Ersatzstromdarstellung modelliert. Quellenwandlung ist auch bei Darstellung im VPS möglich (Bild R 2.4/14b).

Hinweis: Die Umwandlung idealer Strom- in Spannungsquellen und umgekehrt ist nicht möglich.

Zusammenschaltung von Konstantstromquellen. Ideale Stromquellen dürfen

- nie im Leerlauf arbeiten (Verletzung des Knotensatzes). (Ausnahme: Anwendung des Überlagerungssatzes, Bestimmung von R_i bei der Zweipoltheorie)
- *parallelgeschaltet* werden. Gesamtstrom i_q gleich der algebraischen Summe der Einzelströme (Bild R 2.4/15a)

$$i_q = \sum_i i_{qi} \tag{2.4/19}$$

- *reihengeschaltet* werden (in beliebiger Zahl) nur, wenn alle Quellenströme gleich sind (Bild R 2.4/15b)

$$i_q = i_{q1} = i_{q2}. \tag{2.4/20}$$

Reihenschaltung unterschiedlicher idealer Stromquellen ist verboten (Verletzung des Knotensatzes).

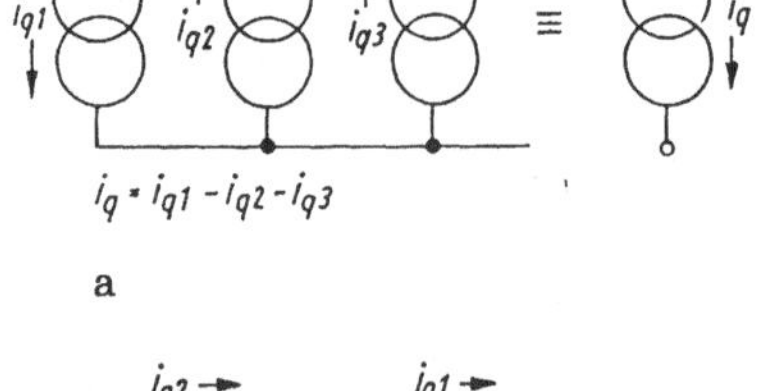

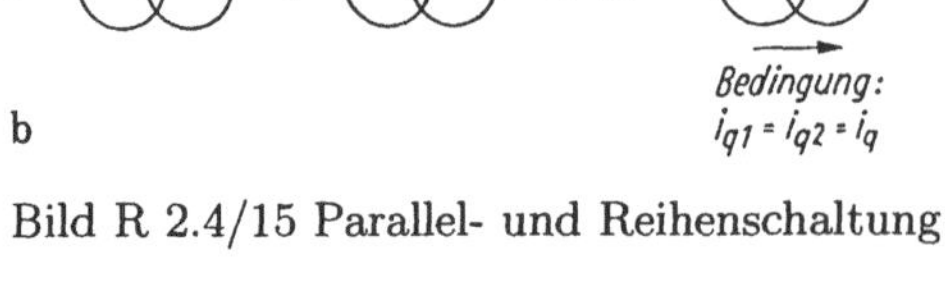

Bild R 2.4/15 Parallel- und Reihenschaltung idealer Stromquellen

2.4.4 Grundstromkreis

Grundstromkreis = Einfachster Stromkreis (Bild R 2.4/16a,b) bestehend aus

- aktivem Zweipol (unabhängige Spannungs- oder Stromquelle mit linearem oder nichtlinearem Innenwiderstand)
- und passivem Zweipol (linear, nichtlinear).
  Aufgabe: Energietransfer von der "Quelle" zum "Verbraucher".

Strom-Spannungsbeziehungen an den Klemmen A, B zwischen aktivem und passivem Zweipol ergeben sich durch Anwendung der Kirchhoffschen Gesetze (Lösung analytisch, grafisch, numerisch) und Zweigbeziehungen des aktiven und passiven Zweipols. Die Lösung heißt *Arbeitspunkt* A. Charakteristische Betriebszustände sind:

- Kurzschluß $u_{\mathrm{AB}} = 0$; $i = i_{\mathrm{k}}$
- Leerlauf $u_{\mathrm{AB}} = u_{\mathrm{l}}$; $i = 0$
- Leistungsanpassung.

Für den *linearen Grundstromkreis* (lineare aktive, passive Zweipole, Bild R 2.4/16b) ergeben sich in der grafischen Darstellung (Kennlinien des aktiven und passiven Zweipols, Bild R 2.4/16b) im Kennlinienschnittpunkt (Arbeitspunkt A):

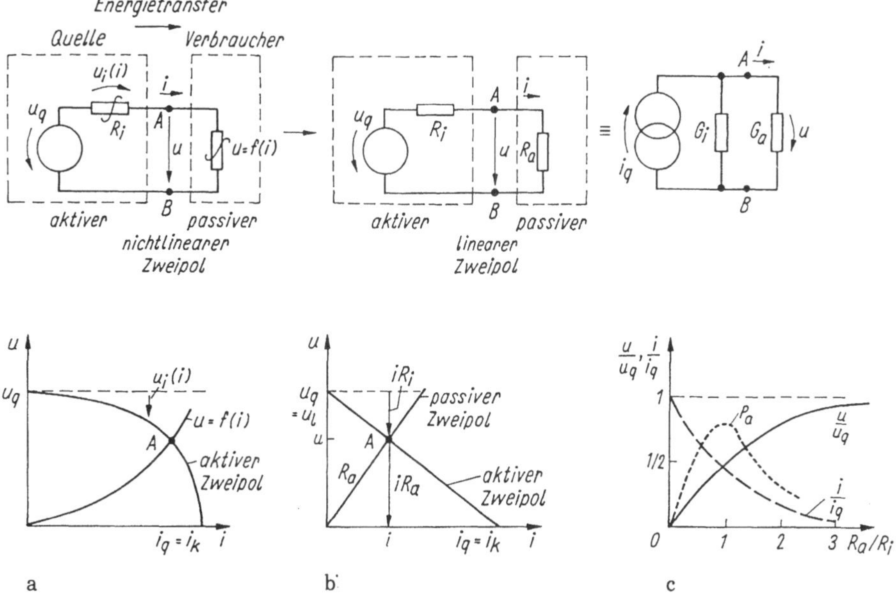

Bild R 2.4/16 Grundstromkreis
a) mit nichtlinearem passiven und aktiven Zweipol, Kennliniendarstellung, b) mit linearem passiven und aktiven Zweipol, Kennliniendarstellung, c) Strom-, Spannungs- und Leistungsverhalten über $R_{\mathrm{a}}/R_{\mathrm{i}}$

$$i = \frac{u_q}{R_i + R_a}; \quad u = u_q \frac{R_a}{R_i + R_a}, \tag{2.4/21}$$

mit $0 \leq R_a \leq \infty$. Drei Einstellungen sind charakteristisch:

- *praktischer* Leerlauf: $R_a \gg R_i \to u \approx u_q = u_l$
- *praktischer* Kurzschluß: $R_a \ll R_i \to i \approx i_q = i_k$
- *Leistungsanpassung* $R_a = R_i \to u = u_q/2;\ i = i_k/2$.

Die Tendenzverläufe ergeben sich nach Bild R 2.4/16c. Die im Stromkreis erzeugte Generatorleistung P_q wird im Innenwiderstand (P_i) und Außenwiderstand (P_a) umgesetzt. Es gelten

$$\begin{aligned} P_q &= P_i + P_a, \\ iu_q &= i^2 R_i + i^2 R_a. \end{aligned}$$

Der *Wirkungsgrad*

$$\eta = \frac{P_a}{P_i + P_a} = \frac{1}{1 + R_i/R_a} \tag{2.4/22}$$

wird *maximal* ($\eta \to 1$) für $R_i \to 0$ oder $R_a \to \infty$, was aus technischen Gründen nur bedingt erreichbar ist (Problemstellung der Leistungselektronik).

Die Informationstechnik zielt dagegen auf möglichst hohe *Absolutleistung* im Verbraucher ab: $P_a \to \max$. Dies wird erreicht bei der sog. *Widerstands-* oder *Leistungsanpassung* $R_a = R_i$ mit

$$P_{\max} = ui|_{\max} = \frac{u_q^2}{4R_i} = \frac{i_q^2}{4} R_i \tag{2.4/23}$$

(Bild R 2.4/16c). Dabei stellt sich der Wirkungsgrad $\eta = P_{\max}/(u_q i_q) = 1/4$ ein.

3. Netzwerkanalyseverfahren

3.1 Grundlegende Betrachtungen

Elektrische Schaltungen bestehen aus Bauelementen, die an Knoten so zusammengeschaltet sind, daß sich Maschen bilden. Ihre Hauptaufgabe ist die Energie- oder Informationsübertragung von einer oder mehreren Quellen zu Verbrauchern. Zum Verständnis des Verhaltens der Schaltungen ist die *Netzwerkanalyse* erforderlich (Grundbegriffe elektrischer Netzwerke, s. Abschn. 2.4.1).

Die *Analyse* einer Schaltung umfaßt (II/Abschn. 5.3.1)[1]:

- die Gewinnung eines mathematischen Modells der Schaltung: *Netzwerkmodellierung* mit *Netzwerkelementen* (Modellierung der Verbindungsleitungen und technischen Bauelemente, Einführung von Netzwerkelementen)
- die *Netzwerkanalyse*: Bestimmung von Strom, Spannung an einer beliebigen Stelle eines Netzwerkes aufgrund der vorgegebenen Netzwerkerregung (durch Netzwerkquellenelemente) mit systematischer Anwendung der KHG und Strom-Spannungs-Beziehungen (Zweigbeziehungen) der Netzwerkelemente.

  Dazu zählen insbesondere die *Wahl des Analyseverfahrens*, das *Aufstellen der Netzwerkgleichungen*, die *Lösung* nach der gesuchten Größe, ggf. *Kontrolle* und *Vergleich* mit Meßergebnissen.

  Bei kleineren Netzwerken erfolgt die Analyse "per Hand", bei größeren (besonders auch mit nichtlinearen Netzwerkelementen) rechnergestützt. Dies wird durch sog. Netzwerkanalyseprogramme oder "Schaltungssimulatoren" (z.B. PSPICE, SPICE u.a.) effizient unterstützt.

Netzwerkvorbereitung. Eine Netzwerkanalyse erfordert stets einige Vorbereitungen (I/Abschn. 2.4.4.):

- Benennung der Netzwerkelemente, Bezeichnung der Knoten und Maschen (bzw. der zugeordneten Ströme und Spannungen), Zählpfeilrichtungen für i, u.
- Auswahl der *unabhängigen Knoten* und *Maschen* (letztere über ein geeignetes Verfahren, z.B. vollständiger Baum, II/Abschn. 5.3.2).

[1] "Elektrotechnik 2", 3. Auflage

- *Vereinfachung* (Zusammenfassen) von Netzwerkteilen (Reihen-, Parallelschaltung, Quellenwandlung), um die Zahl der Unbekannten zu senken.
- Wahl des Lösungsverfahrens abhängig von Schaltungskomplexität, Art der Netzwerkelemente, Aufgabenstellung.

Wir beschränken uns in diesem Abschnitt auf resistive lineare Netzwerke, allgemeinere Verfahren werden in Abschn. 8 betrachtet.

Dann ergeben sich immer algebraische Gleichungssysteme. Sie sind linear bei linearen Netzwerkelementen.

3.2 Netzwerkanalyseverfahren

3.2.1 Unabhängige Gleichungen

Grundlage aller Netzwerkanalyseverfahren sind die *Kirchhoffschen Gleichungen*

- Knotensatz $\sum i_\mu(t) = 0$
- Maschensatz $\sum u_\nu(t) = 0$

und die Zweigbeziehungen $u = f(i)$ der Netzwerkelemente.

Kirchhoffsche Gleichungen. Ein Netzwerk mit z Zweigen, k Knoten wird stets durch

- $k - 1$ unabhängige Knotengleichungen
- $m = z - (k - 1)$ unabhängige Maschengleichungen und
- z u-i-Beziehungen der Zweigelemente,

also $2z$ unabhängige Gleichungen beschrieben für die z Zweigspannungen und z Zweigströme.

Hierbei liegt das *vollständige Kirchhoffsche Gleichungssystem* zugrunde.

Reduziertes Kirchhoffsches Gleichungssystem. Der Lösungsaufwand der vollständigen KHG läßt sich halbieren, wenn

- entweder sämtliche Ströme in den Knotengleichungen (→ Zweigspannungsanalyse) oder
- alle Spannungen in den Maschengleichungen durch die Zweigbeziehungen (→ Zweigstromanalyse) ersetzt werden.

Dann ist nur ein Gleichungssystem mit z Unbekannten zu lösen: *reduziertes Kirchhoffsches Gleichungssystem.*

Netzwerke mit n-Polen. Enthält das Netzwerk außer Zweipolen auch n-Pol-Elemente (mit $n > 3$, z.B. auch als Netzwerkteile innerhalb von Schnittlinien neben natürlichen Netzwerkelementen), so gilt das vollständige Kirchhoffsche Gleichungssystem analog. Hat das Netzwerk insgesamt p n-Pole ($n > 3$), ferner z' unbekannte Zweigströme mit k Knoten, so ergeben sich

$(k+p)-1=k'-1$ unabhängige Knotengleichungen
$m=z'-(k'-1)$ unabhängige Maschengleichungen
die u-i-Beziehungen aller n-Pole ($n \geq 2$).

In Zweifelsfällen führe man die n-Pole ($n > 2$) auf Zweipole zurück (s. Abschn. 2.4.1).

Auswahl der unabhängigen Knoten und Maschen. Von den k Knoten sind stets $k-1$ unabhängig wählbar. Knoten auf gleichem Potential werden immer zusammengefaßt. Der Knoten, an dem die meisten Zweige zusammentreffen (sog. Bezugsknoten), sollte *nicht* unabhängiger Knoten sein.

Unabhängige Maschen ($m = z - (k-1)$). Zweckmäßige Verfahren zur Bestimmung unabhängiger Maschen sind (II/Abschn. 5.3.2):

- Methode des *vollständigen Baumes: maschenlose* Verbindung aller Knoten des Netzwerkes. Davon gibt es $k-1$. Die restlichen Zweige bilden die $m = z-(k-1)$ unabhängigen Zweige. Wird ein unabhängiger Zweig über den jeweiligen vollständigen Baum zu einer Masche verbunden, so entsteht eine unabhängige Masche. Sonderform: *Sternbaum* (alle Zweige enden in einem Knoten). Ein Netzwerk hat i.a. mehrere vollständige Bäume.
- *Auftrennmethode:* Der Reihe nach Bildung von Maschenumläufen mit Auftrennen des Zweiges, der nicht Teil einer neuen Masche sein soll. Wiederholung des Verfahrens solange, bis kein weiterer Umlauf mehr möglich ist.

Hinweis: Vorteilhaft sind Netzwerkanalysemethoden, die die Suche unabhängiger Maschen überflüssig machen (→ Knotenspannungsanalyse).

Da häufig nicht alle Zweiggrößen interessieren, wurden eine Reihe von Verfahren, z.B. Maschenstrom-, Knotenspannungsanalyse, Netzwerktheoreme, entwickelt, die den Analyseaufwand weiter senken.

3.2.2 Netzwerkanalyseverfahren

Die Netzwerkanalyse erfolgt im wesentlichen durch folgende Verfahren

- *Zweigstromanalyse* (Trennmengenanalyse analog) mit einer spezifischen Form, der
- *Knotenspannungsanalyse*
- *Maschenanalyse* (mit der Fenstermaschenanalyse als spezieller Form)
- *Zustandsanalyse*
- ausschließlich rechnerorientiert wurde noch eine Reihe spezieller Methoden entwickelt.

Für größere Netzwerke empfiehlt sich, die Netzwerktopologie durch gerichtete Graphen und die zugeordneten Inzidenzmatrizen zu algebraisieren.

3.2.3 Zweigstromanalyse

Nach Eliminierung der z-Zweigbeziehungen entsteht aus dem vollständigen Kirchhoffschen Gleichungssystem das reduzierte Gleichungssystem mit insgesamt z Unbekannten[2]. Es ergibt sich dann die

Lösungsmethodik Zweigstromanalyse (I/Abschn.2.4.4.1):

1. Netzwerkvorbereitung, Festlegung der $(k-1)$ unabhängigen Knoten, m unabhängigen Maschen, Festlegung der Richtung der Zweigströme.
2. Aufstellung der $(k-1)$ Knoten- und m-Maschengleichungen, Eliminierung der Zweigspannungen durch die Netzwerkelementbeziehungen.
3. Lösung der z-Gleichungen nach den Zweigströmen (Verfahren abhängig von Komplexität und Art des Gleichungssystems).

Voraussetzung: Die Netzwerkelemente müssen in der Form $u = f(i)$ eindeutig darstellbar sein.

Praktischer Hinweis. Zweige, die ideale Stromquellen enthalten, bleiben bei der Zweigzahl m unberücksichtigt. Weil die Spannung über einer idealen Stromquelle unabhängig vom Strom ist (vgl. Bild R 2.4/12), liefert eine Maschengleichung über eine ideale Stromquelle keine zusätzliche Gleichung. Reale Stromquellen tragen dann nur mit ihrem Innenleitwert G_i zur Zweigzahl bei.

Die Aufstellung des Gleichungssystems erfolgt zweckmäßig in Matrixform.

Knoten, Maschen	Zweigströme i_1	i_2	$\ldots$	i_z	Quellengrößen
Knotenzeilen	$+1$	0		1	i_{q1}
$k-1$	0	$+1$		1	$-i_{q3}$
	$\vdots$	$\vdots$	$\vdots$	$\vdots$	$\vdots$
Maschenzeilen	R_1	$-R_2$	$\ldots$	0	$u_{q1} - u_{q3}$
$z-(k-1)$	$\vdots$	$\vdots$	$\vdots$	$\vdots$	$\vdots$

(3.2/1)

Man erhält als Matrixelemente (bei linearen Netzwerkelementen)

- in den *Knotengleichungen* Matrixelemente $+1(-1)$, 0, wenn Strom zum Knoten hin-(weg-)fließt oder nicht vorhanden ist
- in den *Maschengleichungen* Widerstände (mit +, wenn vom Spaltenstrom in Umlaufrichtung durchflossen, sonst − bzw. 0, wenn Spaltenstrom nicht wirkt).

Im Vektor der Quellengrößen (i_q, u_q, rechts), ergeben sich die Vorzeichen gemäß Zuordnung über die Knoten- bzw. Maschengleichung.

Lösung des Gleichungssystems. Bis zu $n = 3$ Unbekannten erfolgt die Lösung direkt, sonst rechnergestützt (mit entsprechenden linearen Gleichungslösern für PC bzw. Taschenrechner numerisch).

[2]Vertiefung Abschn. 8.3.1

3.2.4 Maschenstromanalyse

Die Einführung von m *Maschenströmen* i_m reduziert das System der Kirchhoffschen Gleichungen auf insgesamt m Gleichungen für die m Maschenströme[3].

Maschenstrom:

- Strom, der nur in einer unabhängigen Masche fließt (= Strom im Verbindungszweig der unabhängigen Masche, daher auch als Ringstrom bezeichnet)
- Rechengröße, die i.a. nicht (oder nur bei spezieller Wahl der Verbindungszweige) gemessen werden kann.

Zweigströme sind hingegen Ströme in den Zweigen des vollständigen Baumes (ergeben sich durch die algebraische Summe der Maschenströme).

Voraussetzung:

- Bestimmung der m unabhängigen Maschen
- im Netzwerk wirken zur Spannungsquellen (Bedingung kann bei Erweiterung / Wandlung des Verfahrens entfallen).

Im Beispiel Bild R 3.2/1 sind die Zweigströme i_1, i_2 zugleich Maschenströme (damit meßbar, da in Verbindungszweigen 1, 2 auftretend), Zweigstrom i_3 ergibt sich aus den Maschenströmen.

Lösungsmethodik Maschenstromanalyse, (II/Abschn. 5.3.3)

1. Man führe in jeder unabhängigen Masche einen Maschenstrom i_m ein (Umlaufrichtung beliebig).
2. Aufstellung der m Maschengleichungen, unbekannte Spannungen werden durch Maschenströme mit den Netzwerkelementbeziehungen dargestellt.
3. Lösung des Gleichungssystems nach den gesuchten Maschenströmen.
4. Ggf. Berechnung der Zweigströme und -spannungen aus den Lösungen.

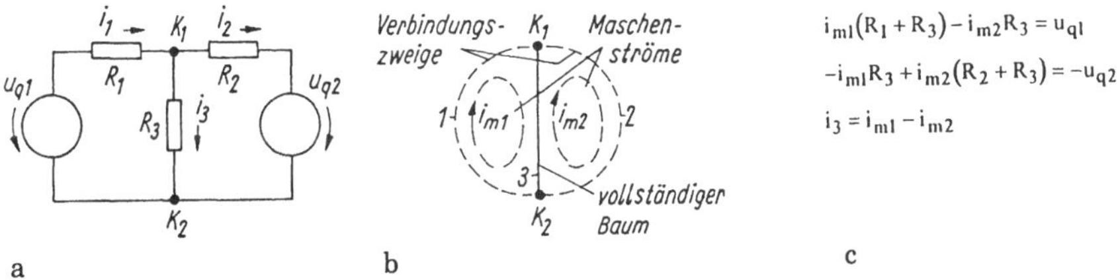

Bild R 3.2/1 Maschenstromverfahren
a) Netzwerk mit Zweigströmen, b) Streckenkomplex mit eingetragenen Maschenströmen, c) Gleichungssystem für die Maschenströme mit Bilanz für Zweigstrom i_3

[3] Vertiefung s. Abschn. 8.3.2

Voraussetzung: Die Netzwerkelemente müssen in der Form $u(i)$ eindeutig darstellbar sein.

Bei linearem Netzwerk wird das System der Maschengleichungen nach Pkt. 2 zweckmäßig in Matrixform aufgestellt (II/Gl.(5.80))

$$\boldsymbol{R} \cdot \boldsymbol{i}_{\mathrm{m}} = \boldsymbol{u}_{\mathrm{q}}. \tag{3.2/2}$$

Maschenwiderstandmatrix · Vektor der Maschenströme = Quellenspannungsvektor, dessen Element j gleich der Summe aller Quellenspannungen in der Masche j ist.

Einzeln ausgeführt ergeben sich:

Masche	Maschenströme				Quellenspannungen
	$i_{\mathrm{m}1}$	$i_{\mathrm{m}2}$	$\dots$	$i_{\mathrm{m}m}$	
1	R_{11}	$\pm R_{12}$	$\dots$	$\pm R_{1m}$	$u_{\mathrm{q}1} - u_{\mathrm{q}3}$
2	$\pm R_{21}$	R_{22}	$\dots$	$\pm R_{2m}$	$-u_{\mathrm{q}2}$
$\vdots$	$\vdots$	$\vdots$	$\vdots$	$\vdots$	$\vdots$
m	$\pm R_{m1}$	$\dots$	$\dots$	R_{mm}	$u_{\mathrm{q}m}$

(3.2/3)

Für die *Maschenwiderstandsmatrix* $\boldsymbol{R}$ gilt:

- Den Spalten der Matrix sind die Maschenströme zugeordnet, den Zeilen (in gleicher Reihenfolge) die umlaufenden Maschen
- Hauptdiagonalelement = Ringwiderstand (Maschen-, Umlaufwiderstand) der betreffenden Masche (= Summe der Widerstände der Masche), stets positiv
- Nebendiagonalelemente $\hat{=}\pm$ Koppelwiderstände zwischen den relevanten Maschen (+: beide Maschenströme gleiche Richtung, sonst −)
- Matrix symmetrisch (dadurch ergeben sich die Elemente unter der Hauptdiagonalen durch Spiegelung), wenn der Umkehrsatz (Abschn. 3.3.6) für das Netzwerk zutrifft.

Rechts stehen die Quellenspannungen in der betreffenden Masche (positiv, wenn entgegen der Umlaufrichtung orientiert). Mit Bild R 3.2/1 lassen sich diese Ergebnisse leicht veranschaulichen.

Hinweis:

- Sind nur einzelne Zweigströme gesucht, so werden diese zweckmäßig als Maschenströme gewählt: zugehörige Zweige als Verbindungszweige des vollständigen Baumes benutzen.
- Unabhängige Maschen werden zweckmäßig mit dem vollständigen Baum ausgewählt (II/Abschn. 5.3.2).
- Stromquellen werden mit den Verfahren nach Tafel R 3.2/1 behandelt (s. II/Abschn. 5.3.2.2).
- Das Maschenstromverfahren ist auf die gleiche Gruppe von Netzwerken anwendbar wie die Kirchhoffschen Gleichungen.

Tafel R 3.2/1 Behandlung von Stromquellen beim Maschenstromverfahren

Fall	Maßnahme
• reale Stromquelle	• Umwandlung in reale Spannungsquelle
• ideale Stromquelle	• Einfügen eines Hilfsleitwertes und Wandlung in reale Spannungsquelle • Quellenversetzung in Widerstandszweig, dann Wandlung in Spannungsquelle
• Quelle, die an Perpherie liegt und nur eine Masche mit Leitwert G bildet	• man lege einen Maschenstrom durch die Quelle ($I_m \equiv I_Q$) in gleicher Richtung zum Quellenstrom und leite Masche über einen geschlossenen Kreis (z.B. G_n)
• Quelle, die zwei Maschen gemeinsam ist	1) Einführung einer Hilfsspannung U_H über der Stromquelle, Aufstellen der Maschensätze für beide anliegenden Maschen und Addition zur Elimierung von U_H 2) Erzeugung einer Supermasche als Peripherie beider Maschen, Aufstellung einer Maschengleichung längs der Peripherie der Supermaschen, zusätzliches Aufschreiben einer Zwangsgleichung für die beiden Maschenströme ausgedrückt durch die Bilanz der Stromquelle. 3) Hat ein Netzwerke zwei oder mehrere Supermaschen, die sich schneiden, so können sie zu einer größeren Supermasche zusammengefaßt werden. 4) Supermasche: größere Masche, gebildet aus zwei Maschen mit gemeinsamer Stromquelle.

3.2.5 Knotenspannungsanalyse

Die Einführung von *Knotenspannungen* u_k reduziert das System der Kirchhoffschen Gleichungen auf insgesamt $k-1$ Gleichungen für die $k-1$ Knotenspannungen (wenn Bezugsknoten = Knoten des Netzwerkes)[4].

[4]Vertiefung s. Abschn. 8.3.3, 4

Knotenspannung = Spannung zwischen einem Netzwerkknoten und dem Bezugsknoten (stets positiv definiert).
Zweigspannung = Spannung zwischen zwei Netzwerkknoten (von denen keiner Bezugsknoten sein darf).

Die Zweigspannungen ergeben sich aus den jeweiligen Knotenspannungen.

Voraussetzung: Im Netzwerk wirken nur Stromquellen (Bedingung kann durch Erweiterung/Wandlung des Verfahrens entfallen).

Vorteil: Wegfall der Suche unabhängiger Maschengleichungen. Im Beispiel Bild R 3.2/2 sind die Einzelheiten des Verfahrens dargestellt.

Lösungsmethodik Knotenspannungsanalyse (II/Abschn. 5.3.4)

1. Wahl eines Bezugsknotens (im Netzwerk), Einführung von $k-1$ Knotenspannungen nach dem Bezugsknoten.
2. Aufstellung der Knotengleichungen aller $k-1$ Knoten, dabei unbekannte Zweigströme durch Knotenspannungen über Netzwerkelementbeziehungen ausdrücken. Rechts tritt die vorzeichenbehaftete Summe der Quellenströme des jeweiligen Knotens auf (+ Zufluß, − Abfluß).
3. Lösung der $k-1$ Knotengleichungen nach den Knotenspannungen, ggf. anschließend Berechnung der gesuchten Zweigströme/-spannungen.

Voraussetzung: Die Netzwerkelemente müssen in der Form $i(u)$ eindeutig darstellbar sein.

Bei linearem Netzwerk wird das System der Knotengleichungen nach Pkt.2 zweckmäßig in Matrixform aufgestellt (II/Gl.(5.89))

$$\boldsymbol{G} \cdot \boldsymbol{u}_{\mathrm{k}} = \boldsymbol{i}_{\mathrm{q}}. \tag{3.2/4}$$

Knotenleitwertmatrix · Vektor der Knotenspannungen = Quellenstromvektor, dessen Element j gleich der Summe der Quellenströme zum Knoten j hin ist.

Knoten	Knotenspannungen ($p = k-1$)				Quellenstrom
	$u_{\mathrm{k}1}$	$u_{\mathrm{k}2}$	...	$u_{\mathrm{k}p}$	
1	G_{11}	$-R_{12}$	...	$-G_{1p}$	$i_{\mathrm{q}1}$
2	$-G_{21}$	G_{22}	...	$-G_{2p}$	$i_{\mathrm{q}2}$
⋮	⋮	⋮	⋮	⋮	⋮
$k-1$	$-G_{p1}$	...	...	G_{pp}	$i_{\mathrm{q}p}$

(3.2/5)

Die *Knotenleitwertmatrix* $\boldsymbol{G}$ ergibt sich direkt aus dem Netzwerk:

- Man ordnet die Spalten in Reihenfolge der Knotenspannungen und die Zeilen in Reihe der Knoten
- Hauptdiagonalelement = Knotenleitwert des betreffenden Knotens (Summe der Leitwerte, die an diesem Knoten angeschlossen sind, stets positiv)
- Nebendiagonalelement = Koppelleitwert $G_{\mu\nu}$, stets mit negativem Vorzeichen versehen zwischen dem betrachteten Knoten (Zeilennummer) und dem jeweiligen Nachbarknoten (Spaltennummer): Spalte ν, Zeile μ

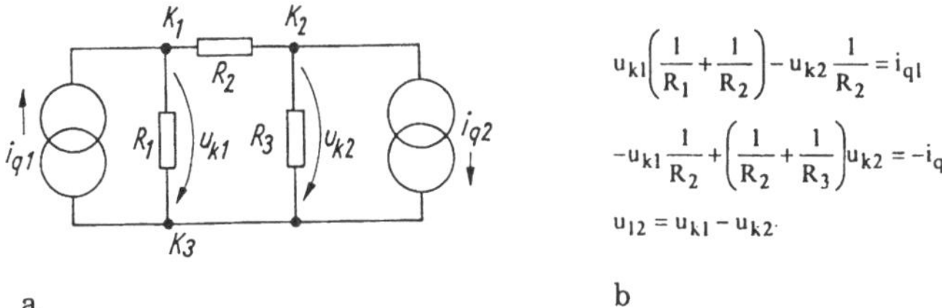

Bild R 3.2/2 Knotenspannungsverfahren
a) Netzwerk mit Knotenspannungen (Bezugsknoten K_3), b) Gleichungssystem für die Knotenspannungen mit Bilanz für u_{12}

- Matrix ist symmetrisch, wenn der Umkehrsatz (Abschn. 3.3.6) für das Netzwerk gilt.

Am Gleichungssystem Bild R 3.2/2 lassen sich diese Merkmale leicht feststellen.

Die Knotenleitwertmatrix läßt sich leicht *kontrollieren*:

- Überprüfung der Symmetrie durch Ablesen aller Matrixelemente aus dem Netzwerk
- Spaltensumme = Leitwert zwischen dem jeweiligen Knoten (Spaltennummer) und Bezugsknoten
- Zeilensumme = Leitwert zwischen betrachteten Knoten (Zeilennummer) und Bezugsknoten. Sie verschwindet, wenn vom Knoten kein Leitwert zum Bezugsknoten weist.

Weitere *Hinweise:*

- Wird nur eine Zweiggröße (Strom, Spannung) gesucht, so ist der Bezugsknoten zweckmäßig ein Knoten dieses Zweiges.
- Spannungsquellen können mit den Verfahren Tafel R 3.2/2 einbezogen werden (II/Abschn. 5.3.4.3).
- Wird als Bezugsknoten ein Knoten außerhalb des Netzwerkes gewählt, so entsteht mit k Knoten ein unbestimmtes Knotengleichungssystem. Das Knotenspannungsverfahren ist sinngemäß anwendbar.
- Das Knotenspannungsverfahren ist auf die gleiche Gruppe von Netzwerken anwendbar wie die Kirchhoffschen Gleichungen.
- Das Knotenspannungsverfahren eignet sich besonders für nichtlineare Netzwerkelemente, weil ihre Kennlinie oft in der Form $i(u)$ natürlicherweise vorliegt.

3.3 Netzwerktheoreme

Die Netzwerkanalyse läßt sich durch verschiedene *Hilfssätze* oder *Netzwerktheoreme* u.U. vereinfachen. Bei Anwendung sind jedoch die Voraussetzungen sorgfältig zu überprüfen (insbesondere, ob lineare oder nichtlineare Netzwerke vorliegen).

Tafel R 3.2/2 Behandlung von Spannungsquellen beim Knotenspannungsverfahren

Fall	Maßnahme
• reale Quelle zwischen Knoten A und B mit positiver Klemme an A	• Umwandlung in reale Stromquelle $I_Q = G_i U_Q$, zwischen A, B, die in Knoten A eintritt.
• ideale Spannungsquelle	• Einfügen eines Hilfswiderstandes und Wandlung in reale Stromquelle. • Quellenverschiebung und Wandlung in Stromquelle. Dadurch sinkt die Knotenzahl um die Zahl der verschobenen Spannungsquellen.
• Spannungsquelle zwischen einem Knoten K_i und dem Bezugsknoten	• Man führe die Quellenspannung des Knotens K_i als bekannt ein und stelle die Knotengleichungen für alle übrigen Knoten auf.
• Spannungsquelle zwischen zwei Knoten A, B von denen keiner Referenzknoten ist	1) Einführung eines Hilfsstromes I_H durch die Spannungsquelle, Aufstellung der Knotensätze für beide anliegenden Knoten und Addition zur Elimierung von I_H 2) Erzeugung eines Superknotens, der A und B einschließt und Aufstellung des Knotensatzes für den Superknoten. Zusätzliche Aufschreiben einer Zwangsbedingung für die beiden Knotenspannungen A, B, ausgedrückt durch die Spannungsquelle (Maschensatz). 3) Hat ein Netzwerke zwei oder mehrere Superknoten, die sich überdecken, so können sie zu einem größeren Superknoten zusammengefaßt werden. 4) Superknoten: größerer Knoten, der zwei Knoten beinhaltet, die durch eine ideale Spannungsquelle verbunden sind. Einer der beiden Knoten wird zu Hauptknoten erklärt.

3.3.1 Zweipoltheorie

Ersatzquellensätze. Jedes Netzwerk aus idealen Quellen und linearen Netzwerkelementen kann bezüglich seines Verhaltens zwischen zwei Netzwerkklemmen durch eine Spannungs- oder Stromquellenersatzschaltung = *aktiver Ersatzzweipol* ersetzt werden (Begründung: Überlagerungssatz, Kirchhoffsche Gleichungen, Sätze von Helmholtz, Thevenin, Norton, Mayer).

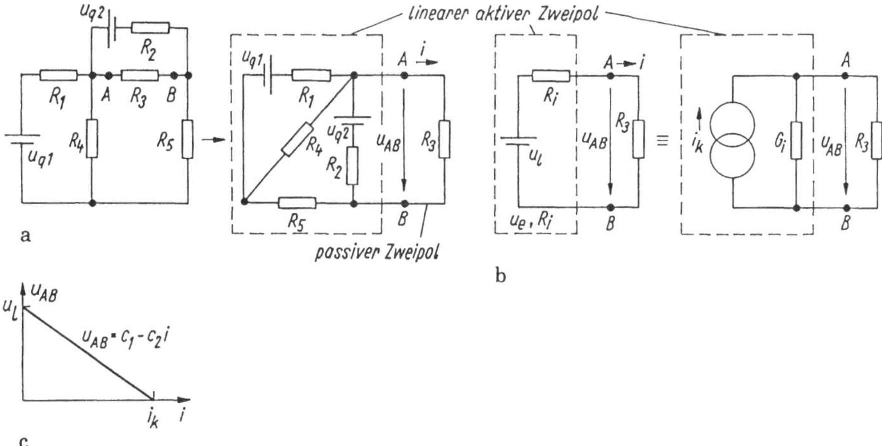

Bild R 3.3/1 Zweipoltheorie als Netzwerkanalyse
a) Netzwerk (linear) aufgeteilt in aktiven und passiven Zweipol, b) Spannungsquellenersatzschaltung des aktiven Zweipols, c) Kennlinie des aktiven Zweipols

Kennwerte des Ersatzzweipols: Leerlaufspannung, Kurzschlußstrom, Innenwiderstand (Bild R 3.3/1).

Ersatzwiderstand. Jedes lineare Netzwerk aus passiven Netzwerkelementen kann bezüglich seines Klemmenverhaltens zwischen zwei Klemmen durch einen *passiven Ersatzzweipol* ersetzt werden (Regeln der Zusammenschaltung von Netzwerkelementen, Kirchhoffsche Gleichungen, s. Abschn. 2.4.2).

Zweipoltheorie = Anwendung der Ersatzquellensätze und des Ersatzwiderstandes auf lineare Netzwerke, Bestimmung der Ersatzparameter (Zweipolkenngrößen) und Zusammenwirken der aktiven und passiven Ersatzzweipole über den Grundstromkreis (I/Abschn. 2.4.4.3, s. auch Bild R 2.4/16 und Abschn. 2.4.4).

Kenngrößen des aktiven Zweipols (Bild R 2.4/14):

- Spannungsquellenersatzschaltung

$$\begin{aligned} u &= u_l - R_i i \\ i &= (u_l - u)/R_i \end{aligned} \qquad (3.3/1a)$$

mit *Leerlaufspannung*
$u_l = u_{AB}|_{i=0} = i_k R_i$

Stromquellenersatzschaltung

$$\begin{aligned} i &= i_k - u/R_i i \\ u &= (i_k - i)R_i \end{aligned} \qquad (3.3/1b)$$

Kurzschlußstrom
$i_k = i|_{u_{AB}=0} = u_l/R_i$

- *Innenwiderstand* R_i. Bestimmung
  – durch direkte Berechnung (Quellen außer Betrieb setzen)

– aus u_l, i_k:

$$R_i = \frac{u_l}{i_k} \tag{3.3/2}$$

– durch die Methode des Probestromes oder der Probespannung (s. auch II/Abschn. 5.1.1.3).

Von den Kenngrößen u_l, i_k, R_i des aktiven Zweipols müssen jeweils zwei bestimmt werden.

Kenngrößen des passiven Zweipols: R_a bestimmt direkt durch Widerstandsberechnung (Reihen-, Parallelschaltung, Stern-Dreieck-Umformung) aus der Schaltung oder gleichwertige andere Verfahren (Abschn. 2.4.2).

Lösungsmethodik Zweipoltheorie (I/Abschn. 2.4.4.3)

1. Auftrennen des Netzwerkes am Ort der gesuchten Größe in einen aktiven und passiven Zweipol.
2. Berechnung der Zweipolkennwerte (R_a, u_l, i_k, R_i).
3. Zusammenschaltung beider Zweipole zum Grundstromkreis (Bild R 2.4/16), Berechnung der gesuchten Größe (u_{AB}, i, s. Abschn. 2.4.4).

Voraussetzung: Aktiver und passiver Zweipol wirken nur über die Klemmengrößen i, u zusammen, m.a.W. gibt es keine Kopplung beider Netzwerke über gesteuerte Quellen oder das Magnetfeld (Gegeninduktivität).

Hinweis:

- Bei größeren Netzwerken werden die Ersatzgrößen vorteilhaft mittels der Knotenspannungsanalyse bestimmt (Abschn. 3.2.5).
- Bei mehreren Quellen im Netzwerk kann die Anwendung des Überlagerungsverfahrens zweckmäßig sein.
- Treten gesteuerte Quellen auf, so eignet sich besonders das Probestrom- /spannungsverfahren zur Ersatzgrößenbestimmung (s. II/Abschn. 5.1.1.3).
- Sind nichtlineare Elemente im Netzwerk enthalten, so sollten lineare Netzwerkteile zu Ersatzzweipolen zusammengefaßt werden. Die Analyse erfolgt dann mit dem Modell des nichtlinearen Grundstromkreises.

3.3.2 Überlagerungs-, Superpositionssatz

In einem physikalischen System mit linearem Zusammenhang zwischen Ursache und Wirkung, auf das mehrere Ursachen einwirken, ergibt sich die Gesamtwirkung stets durch Summation (Überlagerung) der Teilwirkungen als Folge der Teilursachen.

Daraus folgt für Netzwerke (I/Abschn. 2.4.4.2) die
Lösungsmethodik Überlagerungssatz:

1. Man setze alle unabhängigen Quellen (außer der ersten) im Netzwerk außer Betrieb (Spannungsquellen kurzschließen, Stromquellen auftrennen) und berechne die gesuchte Zweiggröße herrührend von der ersten Quelle.
2. Man verfahre so der Reihe nach mit allen anderen Quellen.
3. Man addiere die Teilwirkungen im betreffenden Zweig vorzeichenbehaftet zur Gesamtwirkung.

Der Überlagerungssatz gilt nur für Ströme und Spannungen in linearen Netzwerken (nicht für Leistungen!).

3.3.3 Quellenversetzung und -teilung

Aus den Zusammenschaltungsregeln idealer Quellen (Abschn. 2.4.3) ergeben sich auf Grundlage der Kirchhoffschen Gleichungen die *Versetzungs-* und *Teilungssätze* idealer Quellen.

Versetzung idealer Spannungsquellen (I/Abschn. 2.4.4.2). In einer Masche können unabhängige Spannungsquellen so eingeführt werden, daß der Maschensatz erhalten bleibt. Daraus folgt:

Wird eine ideale Spannungsquelle über einen Knoten verschoben, so ist in allen restlichen Zweigen des Knotens die gleiche Spannungsquelle (in gleicher Richtung) anzubringen (Bild R 3.3/2a).

Das so gewonnene Netzwerk ist u.U. leichter zu analysieren. Auf diese Weise können z.B. ideale Spannungsquellen eliminiert werden.

Teilungssatz idealer Stromquellen (I/Abschn. 2.4.4.2). Eine ideale Stromquelle kann stets als Reihenschaltung mehrerer gleich großer, gleichgerichteter idealer Stromquellen aufgefaßt und so über beliebige Knoten eines Netzwerkes geführt werden (Bild R 3.3/2b).

Dabei bleibt die Summe aller in einem Knoten eingeprägten Ströme erhalten. Auf diese Art lassen sich Stromquellen ohne inneren Leitwert eliminieren.

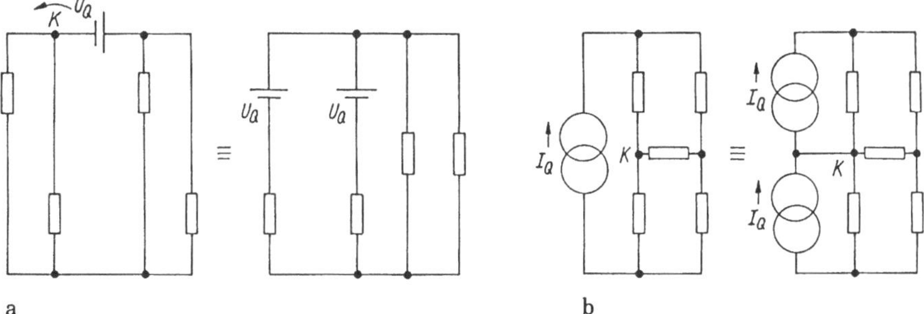

Bild R 3.3/2 Quellenversetzung und -teilung
a) Quellenverschiebung über Knoten K, b) Quellenteilung über Knoten K

3.3.4 Ähnlichkeitssatz

Enthält ein lineares Netzwerk nur eine unabhängige Quelle, so hängen alle Zweigströme/spannungen linear von ihr ab. Deshalb gilt umgekehrt:

Nimmt man in einem linearen Netzwerk eine Zweiggröße (z.B. Zweigstrom, zweckmäßig den gesuchten) als gegeben an (i_a) und berechnet über das Netzwerk die dafür erforderliche Quellengröße (z.B. die Quellenspannung u_{qa}), so verhält sich der zur Quelle u_q gehörende (unbekannte) Zweigstrom i wie

$$\frac{i}{i_a} = \frac{u_q}{u_{qa}} \qquad \text{Ähnlichkeitssatz.} \qquad (3.3/3)$$

Der Ähnlichkeitssatz eignet sich besonders zur Kontrolle numerischer Ergebnisse der Netzwerkanalyse.

3.3.5 Tellegenscher Satz

In einem Netzwerk mit z Zweigen muß nach dem Energieerhaltungssatz die Summe aller erzeugten elektrischen Leistungen gleich der Summe aller verbrauchten sein. Wird für alle Netzwerkelemente das Verbraucherzählpfeilsystem gewählt (verbrauchte Leistung positiv, erzeugte negativ, Bild R 1.4/1), so folgt aus dem Energiesatz:

$$\sum_{\mu=1}^{z} p_\mu(t) = \sum_{\mu=1}^{z} u_\mu(t) i_\mu(t) = 0 \qquad \text{Satz von Tellegen.} \qquad (3.3/4)$$

Die vorzeichenbehaftete Summe aller Leistungen verschwindet in einem Netzwerk zu jedem Zeitpunkt (II/Abschn. 6.4.6).

Anwendung findet dieser Satz vor allem zur Lösungskontrolle bei der Netzwerkanalyse (s. auch Gl. (7.5/10)). Sie setzt allerdings die Kenntnis aller Zweiggrößen voraus.

3.3.6 Umkehrsatz

Reziprozität (Umkehr, Austauschbarkeit) ist eine verbreitete Eigenschaft linearer physikalischer Systeme:

Vertauschen in einem reziproken System Ursache und Wirkung ihren Ort, so zeigt sich bei gleichbleibender Ursache die gleiche Wirkung.

Ein Netzwerk mit (beliebig herausgegriffenen) n Klemmenpaaren (Toren) ist daher *reziprok*, wenn für seine Torspannungen und -ströme gilt:

$$\sum_{k=1}^{n} \left(u_k^{(1)} i_k^{(2)} - u_k^{(2)} i_k^{(1)}\right) = 0 \qquad \text{Reziprozitätsbedingung.} \qquad (3.3/5)$$

Dabei sind $u_k^{(1)}$, $i_k^{(1)}$ und $u_k^{(2)}$, $i_k^{(2)}$ zwei beliebige verschiedene Sätze von Klemmenspannungen und -strömen der Netzwerkklemmen, die die KHG erfüllen.

Gilt Gl. (3.3/5) nicht, so heißt das Netzwerk *nichtreziprok*.

Daraus folgen gleichwertig:

Erzeugt eine Spannungsquelle im Zweig k einen Strom im Zweig j (Zustand (1)), so verursacht die gleiche Spannungsquelle im Zweig j den gleichen Strom im Zweig k (Zustand (2))

$$\frac{i_j}{u_k} = \frac{i_k}{u_j}. \qquad (3.3/6)$$

Das Reziprozitätstheorem gilt sinngemäß auch für Stromquellen, wenn die Spannungen in anderen Zweigen betrachtet werden.

Hinweis:

- Die Reziprozitätsbedingung (3.3/5) gilt nur für lineare Netzwerke mit Grundbauelementen (R, L, C), gekoppelten Spulen und idealen Übertragern, insbesondere *ohne* gesteuerte Quellen und Gyratoren.
- In nichtlinearen Netzwerken gilt Gl. (3.3/5) nicht → nichtreziprokes Verhalten.
- Die Anwendung der Reziprozitätsbedingung (3.3/5) auf Vierpole (s. Abschn. 8.4.1.1) ergibt:
  - entspricht dem Betriebszustand (1) → $i_2 = 0$ (sekundärer Leerlauf) und dem Zustand (2) → $i_1 = 0$ (primärer Leerlauf), so liefert Gl. (3.3/5)
  $$\left.\frac{u_2^{(1)}}{i_1^{(1)}}\right|_{i_2^{(2)}=0} = \left.\frac{u_1^{(2)}}{i_2^{(2)}}\right|_{i_1^{(1)}=0} . \tag{3.3/7}$$
  Dem entspricht die Einprägung unabhängiger Stromquellen oder die Vierpolbedingung $Z_{21} = Z_{12}$ (s. Gl. (8.4/3)).
  - entspricht dem Betriebszustand (1) der sekundäre Kurzschluß ($u_2^{(1)} = 0$) und dem Zustand (2) der primäre Kurzschluß ($u_1^{(2)} = 0$), folgt
  $$\left.\frac{i_2^{(1)}}{u_1^{(1)}}\right|_{u_2^{(1)}=0} = \left.\frac{i_2^{(2)}}{u_2^{(2)}}\right|_{u_1^{(2)}=0} . \tag{3.3/8}$$
  Jetzt werden unabhängige Spannungsquellen eingeprägt, Vierpolbeziehung $Y_{21} = Y_{12}$ (Gl. (8.4/3)).
  - Eine entsprechende Formulierung folgt daraus für die Strom-Spannungs-Übersetzungen
  $$\left.\frac{i_2^{(1)}}{i_1^{(1)}}\right|_{u_2^{(1)}=0} = \left.\frac{u_1^{(2)}}{u_2^{(2)}}\right|_{i_1^{(2)}=0} . \tag{3.3/9}$$
- Reziproke Netzwerke führen bei
  - der *Maschenstromanalyse* zu symmetrischen Matrixelementen $R_{ik} = R_{ki}$ (s. Gl.(3.2/3) u. Abschn. 8.3.2)
  - der *Knotenspannungsanalyse* zu symmetrischen Matrixelementen $G_{ik} = G_{ki}$ (s. Gl.(3.2/5) u. Abschn. 8.3.3).
- Der Umkehrsatz beruht auf dem Tellegenschen Satz.
- Reziprozität ist nicht gleichbedeutend mit Passivität: es gibt lineare (zeitinvariante) Netzwerke, die passiv, aber nicht reziprok sind.

4. Elektrostatisches Feld. Elektrisches Feld im Nichtleiter

Das *elektrostatische Feld* ist gebunden an ruhende Ladungen (als Ursache) in räumlich ausgedehnten Nichtleitern und drückt sich durch Kraftwirkungen auf andere ruhende Ladungen aus. Die Feldgrößen sind zeitlich konstant. Wegen der ruhenden Ladungen gibt es kein Strömungsfeld und so auch kein Magnetfeld.

4.1 Feldgrößen

4.1.1 Elektrostatisches Feld im Vakuum

Das elektrostatische Feld wird - wie das Strömungsfeld - durch Feldgrößen lokal oder global beschrieben: Ausgang sind die lokalen Größen *Feldstärke* $\boldsymbol{E}$, *Potential* φ (Abschn. 2.2):

- Der Zustand des leeren oder stofferfüllten Raumes, der sich durch *Kraftwirkungen* auf andere (ruhende) Ladungen (oder geladene Körper) ausdrückt, wurde als elektrisches Feld bezeichnet und gleichwertig beschrieben durch die *elektrische Feldstärke* $\boldsymbol{E}$ und/oder das zugeordnete skalare *Potential* φ (Abschn. 2.2)
- Ausgangsbeziehungen sind die Definition der Feldstärke (Gl.(2.2/ 2)) und des Potentials (Gl.(2.2/7)), der Zusammenhang $\boldsymbol{E}$ und φ (Gl.(2.2/10)) sowie das Coulombsche Gesetz (Gl.(2.2/1)).

Verschiebungsflußdichte $\boldsymbol{D}$. Die von einer Ladung Q am Ort $\boldsymbol{r}$ auf eine Probeladung q ausgeübte Kraft $\boldsymbol{F} = q\boldsymbol{E}$ hängt nicht nur von der Ursprungsladung Q (und dem Abstand) ab, sondern auch den Materialeigenschaften ($\rightarrow \varepsilon$) des Nichtleiters. Daher liegt es nahe, eine *materialunabhängige* Feldgröße, die *Verschiebungsflußdichte* $\boldsymbol{D}$ oder *elektrische Erregung* (Name!) einzuführen. Sie beträgt z.B. für eine Punktladung im Ursprung ($\boldsymbol{r}_0 = 0$) nach Gl.(2.2/4) (Bild R 4.1/1a) an der Stelle $\boldsymbol{r}$

$$\boldsymbol{D} = \frac{Q}{4\pi}\frac{\boldsymbol{e}_r}{r^2} \qquad [D] = 1\,\frac{\mathrm{C}}{\mathrm{m}^2} = 1\,\frac{\mathrm{As}}{\mathrm{m}^2}. \qquad (4.1/1)$$

Verschiebungsflußichte $\boldsymbol{D}$ in Umgebung einer Punktladung.

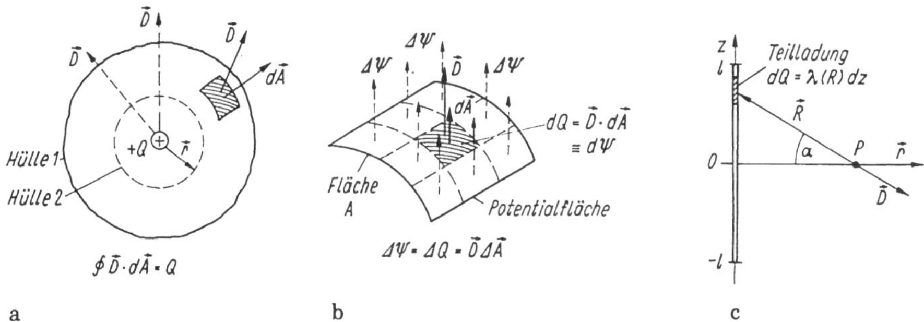

a b c

Bild R 4.1/1 Verschiebungsflußdichte $\boldsymbol{D}$
a) $\boldsymbol{D}$ ausgehend von einer Punktladung. Geschlossene Hüllflächen H_1, H_2 zur Berechnung von $\boldsymbol{D}$ (Gaußsches Gesetz des elektrostatischen Feldes), b) Zusammenhang Verschiebungsfluß Ψ und Verschiebungsflußdichte $\boldsymbol{D}$ (offene Fläche), c) Berechnung der Verschiebungsflußdichte $\boldsymbol{D}$ einer Linienladung. Anwendung des Coulomb-Integrals

Die Verschiebungsflußdichte $\boldsymbol{D}$ beschreibt die dem Raumpunkt zugeordnete Ursache des elektrischen Feldes, feldgemäß unabhängig vom Raumzustand. Ihre Ursache ist die Ladung (Ladungsverteilung).

Damit gilt im Vakuum (auch für andere Ladungsverteilungen)

$$\boldsymbol{D}(\boldsymbol{r}) = \varepsilon_0 \boldsymbol{E}(\boldsymbol{r}) \qquad \boldsymbol{D},\ \boldsymbol{E}\text{-Relation im Vakuum} \qquad (4.1/2)$$

Formal besteht für das Vakuum keine Notwendigkeit zur Einführung von $\boldsymbol{D}$ neben $\boldsymbol{E}$, denn das Vektorfeld $\boldsymbol{D}$ hat die gleiche Form wie $\boldsymbol{E}$ (abgesehen von Maßstabs- und Dimensionsänderung). Erst im materieerfüllten Raum wird der Unterschied deutlich: dann stehen beide Größen in einer "Ursache-Wirkungsbeziehung" zueinander (wie z.B. Stromdichte $\boldsymbol{S}$ und Feldstärke $\boldsymbol{E}$ im Strömungsfeld).

Danach sind die Dimensionen von $\boldsymbol{D}$ und $\boldsymbol{E}$ wesensverschieden: $\boldsymbol{E}$ hat die Dimension der Größenart Kraft/Ladung, $\boldsymbol{D}$ die Dimension Ladung/Fläche!

Anschaulich ist die Verschiebungsflußdichte $\boldsymbol{D}$ ein Maß für die Ladungsmenge, die durch *Influenz* (s.u.) verschoben wird. Nach Gl.(4.1/1) gilt verallgemeinert (mit der Kugeloberfläche $A = 4\pi r^2$, Hülle H_2 in Bild R 4.1/1a)

$$\boldsymbol{D} = \frac{\mathrm{d}Q}{\mathrm{d}A_\perp}\boldsymbol{e}_A = \frac{\mathrm{d}Q}{\mathrm{d}\boldsymbol{A}} \qquad (4.1/3)$$

Dabei sind $\mathrm{d}Q$ die (Teil-)Influenzladung und $\mathrm{d}\boldsymbol{A}$ das Flächenelement einer Potentialfläche, dessen Flächennormalenvektor $\boldsymbol{e}_A$ in Richtung der Verschiebungsflußdichte $\boldsymbol{D} \sim \boldsymbol{E}$ zeigt: Die Verschiebungsflußdichte $\boldsymbol{D}$ steht damit - wie $\boldsymbol{E}$ - senkrecht auf einer Potentialfläche (Bild R 4.1/1b). Für die influenzierte Ladung $\mathrm{d}Q$ wird später der Verschiebungsfluß Ψ eingeführt.

Feldüberlagerung. Sind mehrere Ladungen im Raum verteilt, so konnte die Gesamtfeldstärke im Raumpunkt durch *Überlagerung* bestimmt werden (Gl.(2.2/5)). Dieses Prinzip trifft auch für die Verschiebungsflußdichte zu. So kann eine räumliche Ladungsverteilung als räumlich verteilte Punktladungen $\mathrm{d}Q_i$ aufgefaßt werden. Die Gesamtverschiebungsdichte ergibt sich dann zu

$$\boldsymbol{D} = \int \frac{\mathrm{d}Q_i}{4\pi r^2} \boldsymbol{e}_{r_i} \qquad \text{Coulomb-Integral.} \qquad (4.1/4)$$

Anwendungsbeispiel: Berechnung der Verschiebungsflußdichte $\boldsymbol{D}$, die von einer Linienladung herrührt (Bild R 4.1/1c).

Die räumlich verteilten Ladungen $\mathrm{d}Q = \lambda\,\mathrm{d}z$ sind durch Abschnitte der Linienladung λ auf der z-Achse gegeben. Mit dem Abstand $R = \sqrt{r^2 + z^2}$ zwischen Ladung $\mathrm{d}Q$ und Raumpunkt P wird

$$\mathrm{d}\boldsymbol{D} = -\frac{\lambda\,\mathrm{d}z}{4\pi} \frac{1}{r^2 + z^2} \boldsymbol{e}_R .$$

$\boldsymbol{e}_R$ hat Komponenten in Radial- und z-Richtung, aus Symmetriegründen besitzt $\boldsymbol{D}$ nur eine Radialkomponente. $\mathrm{d}D_r = |\mathrm{d}\boldsymbol{D}| \cos\alpha = |\mathrm{d}\boldsymbol{D}|\,\mathrm{d}z/\sqrt{r^2 + z^2}$ und damit

$$|\boldsymbol{D}| = D_r = \frac{\lambda r}{4\pi} \int_{-l}^{l} \frac{\mathrm{d}z}{(r^2 + z^2)^{3/2}} = \frac{\lambda}{2\pi r \sqrt{1 + (r/l)^2}} \rightarrow \left. \frac{\lambda}{2\pi r} \right|_{l \to \infty} .$$

Die resultierende Verschiebungsdichte zeigt somit radial von der Linienladung weg.

Gaußscher Satz der Elektrostatik. Die Verschiebungsflußdichte $\boldsymbol{D}$ geht unmittelbar auf die Ladung bzw. Ladungsverteilung zurück und wird deshalb dargestellt durch

$$\oint \boldsymbol{D} \cdot \mathrm{d}\boldsymbol{A} = Q = \Psi \qquad \text{Gaußscher Satz der Elektrostatik mit } Q \geq 0. \qquad (4.1/5a)$$

Das Flächenintegral der Verschiebungsflußdichte $\boldsymbol{D}$ über eine beliebige Hüllfläche, der sog. *Hüllenfluß* Ψ, ist gleich der von der Hülle insgesamt umschlossenen Ladung. Dabei zeigt $\mathrm{d}\boldsymbol{A}$ stets nach außen (Bild R 4.1/1a).

Deshalb sind positive (negative) Ladungen Quellen (Senken) der elektrischen Verschiebungsdichte (Bild R 4.1/1a).

Es bedeuten:

$\oint \boldsymbol{D} \cdot \mathrm{d}\boldsymbol{A} \neq 0$ innerhalb der Hülle $\boldsymbol{A}$ ist Ladung (als Quelle des elektrischen Feldes) vorhanden

$\oint \boldsymbol{D} \cdot \mathrm{d}\boldsymbol{A} = 0$ innerhalb der Hülle $\boldsymbol{A}$ ist keine Ladung vorhanden (quellenfrei).

Nach Gl.(4.1/5a) umschließen somit die Hüllflächen H_1 und H_2 (Bild R 4.1/1a) die gleiche Ladung Q. Deshalb wird umgekehrt für die *Berechnung* von $\boldsymbol{D}$ zweckmäßig eine Fläche *symmetrisch* zur Ladung gewählt: Kugel für die Punktladung, Zylinder $\leftrightarrow$ Linienladung, Fläche $\leftrightarrow$ Flächenladung. Dann ist $|\boldsymbol{D}|$ auf der jeweiligen Fläche konstant und $\boldsymbol{D}$ hat die Richtung des Flächenvektors $\mathrm{d}\boldsymbol{A}$:

$$Q = \oint \boldsymbol{D} \cdot \mathrm{d}\boldsymbol{A} = \oint D\,\mathrm{d}A = DA. \qquad (4.1/5b)$$

Weil Ladung auch durch eine räumliche Ladungsverteilung ϱ gegeben sein kann, gilt statt Gl.(4.1/5) allgemeiner

$$Q = \oint \boldsymbol{D} \cdot \mathrm{d}\boldsymbol{A} = \int \varrho\,\mathrm{d}V = \int \mathrm{div}\,\boldsymbol{D}\mathrm{d}\boldsymbol{V} = \Psi \qquad (4.1/5c)$$

Gaußscher Satz (zwischen Q und $\int \varrho\,\mathrm{d}V$) — Maxwell-Gleichungen (zwischen $\oint \boldsymbol{D} \cdot \mathrm{d}\boldsymbol{A}$ und $\int \mathrm{div}\,\boldsymbol{D}\mathrm{d}\boldsymbol{V}$)

Divergenz-Theorem

Ladung am Ort — Fluß im Dielektrikum

Dabei wurden verwendet:

- die *Gleichwertigkeit* zwischen einer Ladung Q und der im Volumen V vorhandenen Raumladung ϱ
- die *Divergenz* oder *spezifische Ergiebigkeit* der Verschiebungsflußdichte $\boldsymbol{D}$.

Die *Divergenz* gibt an, welcher Nettofluß je Volumen durch eine das Volumen umhüllende Oberfläche in jedem Raumpunkt nach außen tritt, wobei das Volumen gegen Null geht. Der Flächenvektor $\mathrm{d}\boldsymbol{A}$ zeigt nach außen

$\mathrm{div}\,\boldsymbol{D}$	$=$ $\nabla\boldsymbol{D}$	$=$ $\lim\limits_{\Delta V \to 0} \frac{\oint \boldsymbol{D}\cdot\mathrm{d}\boldsymbol{A}}{\Delta V}$			
Vereinbarung	Symbol der Vektoranalysis	Definition			
	$= \frac{\partial D_x}{\partial x} + \frac{\partial D_y}{\partial y} + \frac{\partial D_z}{\partial z}$	$=$ ϱ	$\left[\frac{\mathrm{As}}{\mathrm{cm}^3}\right]$	(4.1/6a)	
	Anwendung der Definition auf kartesische Koordinaten	phys. Inhalt	Einheit		

oder zusammengefaßt

$$\mathrm{div}\,\boldsymbol{D} = \varrho \qquad \text{Poissonsche Gleichung.} \qquad (4.1/6b)$$

Entstehen (enden) im Volumenelement ΔV Feldlinien, so ist $\oint D\,\mathrm{d}A (\lesseqgtr) 0$ und gleichwertig $\mathrm{div}\,\boldsymbol{D}(\lesseqgtr)0$. Im Falle $\mathrm{div}\,\boldsymbol{D} = 0$ stimmt die Zahl der ein- und austretenden Feldlinien überein.

Der in Gl.(4.1/5a) rechts stehende *Verschiebungsfluß* Ψ ist die der Verschiebungsflußdichte $\boldsymbol{D}$ zugeordnete globale Größe im Nichtleiter (s.u.).

Einfache Beispiele für die Anwendung des Gaußschen Satzes zur Berechnung der Feldgrößen $\boldsymbol{E}$, φ und $\boldsymbol{D}$ bilden die Feldberechnungen kugel- und zylindersymmetrischer Anordnungen, ebenso des Feldes zwischen unendlich ausgedehnten parallelen Platten. Deshalb hat die zweckmäßige Wahl des Koordinatensystems auf die praktische Durchführbarkeit der Feldberechnung mit dem Gaußschen Satz großen Einfluß.

Tafel R 4.1/1 Verschiebungsflußdichte $\boldsymbol{D}$ herrührend von verschiedenen Ladungsverteilungen innerhalb einer Kugel mit der Gesamtladung Q

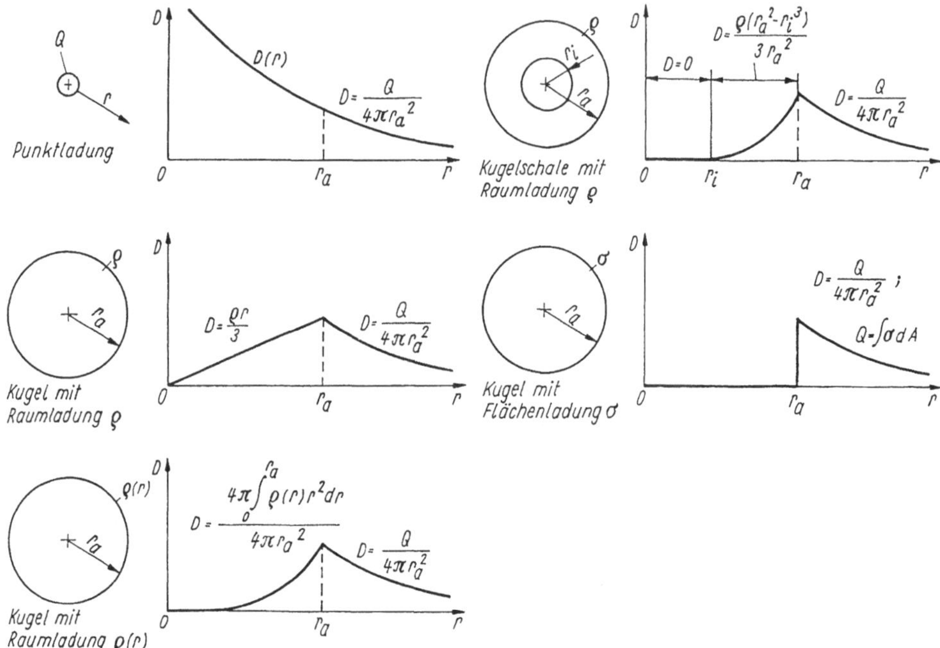

Tafel R 4.1/1 enthält die Verschiebungsflußdichte ausgehend von einer Kugel mit verschiedener (symmetrischer) Ladungsverteilung, aber gleicher Gesamtladung. Durch den Gaußschen Satz erscheint im Außenraum immer die Ladung Q unabhängig davon, wie die Ladungsverteilung der Kugel beschaffen ist.

4.1.2 Elektrostatisches Feld im stofferfüllten Raum

Elektrostatische Felder sind auch im stofferfüllten Raum möglich. Dabei ist zwischen *Leitern* und *Nichtleitern* zu unterscheiden.

Leiter. Im Leiter können sich Ladungsträger (Elektronen, ggf. Löcher im Halbleiter) unter Feldeinfluß bewegen. Weil sich in der Elektrostatik Träger voraussetzungsgemäß in Ruhe befinden, gilt zwangsläufig

$$\boldsymbol{E} = 0 \qquad \text{im Metallinnern}$$

und damit überall $\varphi = \text{const.}$ im Leiter.

Die Oberfläche einer Elektrode ist im elektrostatischen Feld immer eine Äquipotentialfläche.

Leiteroberfläche. Wird zwischen Leitern (Elektroden) ein elektrostatisches Feld erzeugt, so sitzt die elektrische Ladung Q an der Leiteroberfläche A und wird durch die *Oberflächenladungsdichte* σ gekennzeichnet:

$$\sigma = \lim_{\Delta A \to 0} \frac{\Delta Q}{\Delta A} = \frac{\mathrm{d}Q}{\mathrm{d}A}. \qquad (4.1/7a)$$

Dabei gilt (mit dem Normalenvektor $\boldsymbol{n} = \boldsymbol{e}_A$ der Leiterfläche A)

$$\sigma = \boldsymbol{D}(\boldsymbol{r}) \cdot \boldsymbol{n}(\boldsymbol{r}) = D_\perp(\boldsymbol{r}) \qquad (|\boldsymbol{n}| = 1). \qquad (4.1/7b)$$

Die senkrecht auf den Leiter treffende Komponente von $\boldsymbol{D}$ (Normalkomponente) im Nichtleiter ist gleich der Flächenladungsdichte σ auf der angrenzenden Leiteroberfläche (Bild R 4.1/2a). Es gilt

Austritt von $\boldsymbol{D}$-Linien aus dem Leiter (Quelle): $\boldsymbol{D} = +\boldsymbol{n}\sigma$
Eintritt von $\boldsymbol{D}$-Linien in den Leiter (Senke): $\boldsymbol{D} = -\boldsymbol{n}\sigma$.

Leiteroberflächen sind im elektrostatischen Feld immer Quelle oder Senke von $\boldsymbol{D}$-Linien.

Beispiel: Flächenladungen auf den Platten eines Kondensators (Bild R 4.1/2b). Diese Ladungsschicht hat in Metallen wegen der großen Elektronendichte sehr geringe Tiefenausdehnung, so daß der Begriff Flächenladungsdichte gut zutrifft.

Influenz. Die Bildung von *Flächenladungen* an Leiteroberflächen durch Wirkung des elektrostatischen Feldes (→ Verschiebung der frei beweglichen Träger) heißt *Influenz.* (Beispiele: Faradayscher Käfig, elektrostatische Abschirmung, Ladungstrennung an Platten, MOS-Influenzprinzip.)

Durch Influenzwirkung verschwindet die elektrische Feldstärke und damit die Verschiebungsflußdichte im Leiter stets (Bild R 4.1/2c). Ein Maß für die durch Influenz verschobene Ladungsmenge ist die *Verschiebungsflußdichte* $\boldsymbol{D}$ (s. Gl.(4.1.1)) = physikalischer Begriffsinhalt. Sie äußert sich an Leiteroberflächen durch eine Flächenladungsdichte σ_s. Im Leiter selbst bleibt das Potential wegen der verschwindenden Feldstärke konstant.

Nichtleiter. In Nichtleitern fehlen bewegliche Ladungen. Dort gibt es vielmehr feste, paarweise Bindungen positiver und negativer Elementarteilchen (Atome, Moleküle). Ein äußeres elektrisches Feld bewirkt lediglich eine elasti-

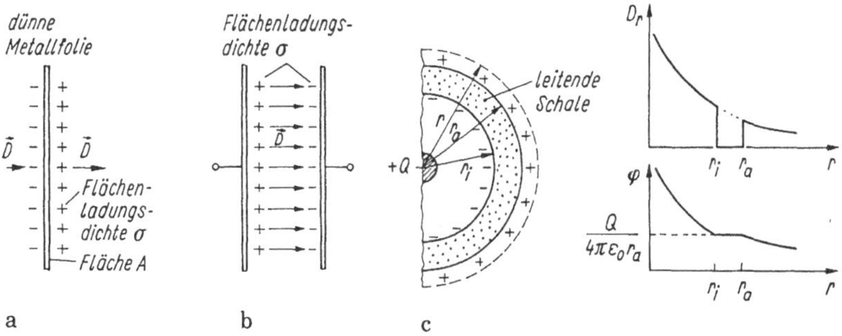

Bild R 4.1/2 Verschiebungsflußdichte $\boldsymbol{D}$, Influenz, Flächenladung σ
a) Flächenladung und Verschiebungsdichte $\boldsymbol{D}$ an einer dünnen Metallfolie, b) dto. an den Platten eines Kondensators, c) Influenzwirkung der Ladung Q an einer metallischen Hüllfläche

sche Verschiebung der gebundenen Ladungen: es entsteht die sog. *Polarisation.* Als Folge treten an der Oberfläche des Nichtleiters elektrische Flächenladungen (in Richtung von $\boldsymbol{E}$) mit entgegengesetztem Vorzeichen auf. Diese atomare Verschiebung beeinflußt die Verschiebungsflußdichte $\boldsymbol{D}$ (Name!). Weil $\boldsymbol{D}$ jetzt außer von der Feldstärke $\boldsymbol{E}$ auch von der Art des Nichtleiters (Atomaufbau!) abhängt, unterscheiden sich hier $\boldsymbol{D}$ und $\boldsymbol{E}$ *materialabhängig* (Bild R 4.1/3a)

$$\underbrace{\boldsymbol{D} = \varepsilon_0 \boldsymbol{E} + \boldsymbol{P}}_{\text{immer}} = \underbrace{\varepsilon_r \varepsilon_0 \boldsymbol{E}.}_{\text{isotropes, lineares Dielektrikum}} \qquad (4.1/8a)$$

Der Vektor $\boldsymbol{P}$ heißt *elektrische Polarisation.* Er ist mit der scheinbaren Flächenladungsdichte σ_s verknüpft.

Polarisation $\boldsymbol{P}$. Abweichung der Verschiebungsflußdichte $\boldsymbol{D}$ eines Dielektrikums von der Verschiebungsflußdichte $\varepsilon_0 \boldsymbol{E}$ des Vakuums. Die Polarisation hängt vom Material ab.

Nach der Abhängigkeit $D(E)$ wird unterschieden:

Lineare D-E-Beziehung, Dielektrika. Es gilt

$$\boldsymbol{D} = \varepsilon_r \varepsilon_0 \boldsymbol{E} = \varepsilon \boldsymbol{E}. \qquad (4.1/8b)$$

$\boldsymbol{E}$ und $\boldsymbol{D}$ zeigen stets in die gleiche Richtung mit der Permittivität ε als Proportionalitätsfaktor. Die Größe $\varepsilon_r = \varepsilon/\varepsilon_0$ heißt *Permittivitätszahl, relative Permittivität* oder verbreitet auch *relative Dielektrizitätszahl.* Sie hängt vom Material ab (stets ≥ 1):

- Vakuum $\varepsilon_r = 1$
- Luft $\varepsilon_r \geq 1$
- Isolatoren $\varepsilon_r \approx 1 \dots 10^4$ (Sonderfälle bis 10^4).

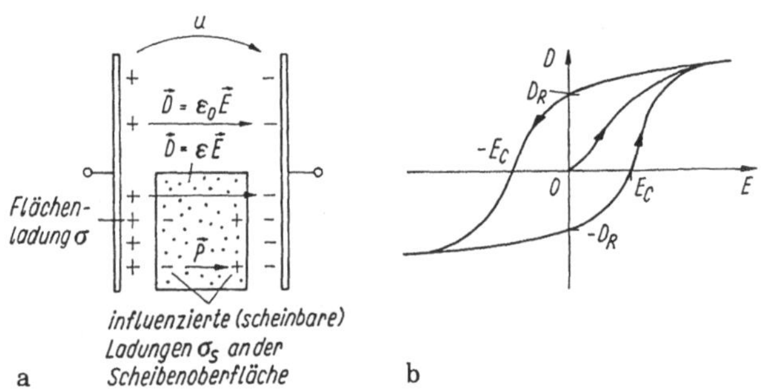

Bild R 4.1/3 Polarisation im Dielektrikum
a) Scheinbare Ladungen (Polarisation) am Dielektrikum (Flächenladungsdichte σ_s, die Luftabstände beiderseits nur aus Darstellungsgründen gewählt), b) nichtlineare D-E-Kennlinie

Stoffe, die Gl.(4.1/8b) erfüllen, heißen *Dielektrika*. Dabei dominieren sog. *isotrope* Dielektrika (ε_r skalar) bei weitem gegenüber den sog. *anisotropen* Dielektrika (ε richtungsabhängig, Tensor).

Nichtlinearer D-E-Zusammenhang. Bei den sog. *Ferroelektrika* gibt es einen nichtlinearen D-E-Zusammenhang in Form einer Hysteresekurve (ähnlich der B-H-Kurve, Bild R 4.1/3b). Die Größen D_R, E_C heißen remanente Verschiebungsflußdichte und Koerzitivfeldstärke. Beispielsweise bleibt für verschwindende Feldstärke dann noch eine Restpolarisation, wie sie z.B. in bestimmten Metall-Isolatoranordnungen (→ Speicher-MOS-Feldeffekttransistoren) zur Informationsspeicherung verwendet wird. Die Hysteresekurve verschwindet oberhalb der sog. *Curie*-Temperatur.

Zusammengefaßt: Im Nichtleiter haben $\boldsymbol{D}$ und $\boldsymbol{E}$ eigenständige Bedeutung (I/Abschn. 2.5.2).
$\boldsymbol{D}$: Die der Feldbeschreibung angepaßte Beschreibung einer Ladung in einem Punkt (Feldursache).
$\boldsymbol{E}$: Kennzeichnet die Stärke des elektrischen Feldes (am gleichen Ort) ausgedrückt durch die Kraftwirkung auf eine dort vorhandene Probeladung.
Zusammenhang $\boldsymbol{D}$, $\boldsymbol{E}$ im Dielektrikum materialabhängig.

4.1.3 Grenzflächen zwischen zwei Stoffen

Für die Beziehungen zwischen $\boldsymbol{D}$ und $\boldsymbol{E}$ an Grenzflächen unterscheiden wir Grenzflächen zwischen Nichtleitern und die Grenzfläche Nichtleiter - Leiter.
1. *Grenzfläche zweier Nichtleiter.* Hier gelten (Bild R 4.1/4a) bei ladungsfreier Grenzfläche:

- Stetigkeit der *Normalenkomponenten* von $\boldsymbol{D}$:

$$\boldsymbol{D}_{\mathrm{n}1} = D_{\mathrm{n}1}\boldsymbol{n} = \boldsymbol{D}_{\mathrm{n}2} = D_{\mathrm{n}2}\boldsymbol{n} \quad \text{bzw. } D_{\mathrm{n}1} = D_{\mathrm{n}2}. \tag{4.1/9a}$$

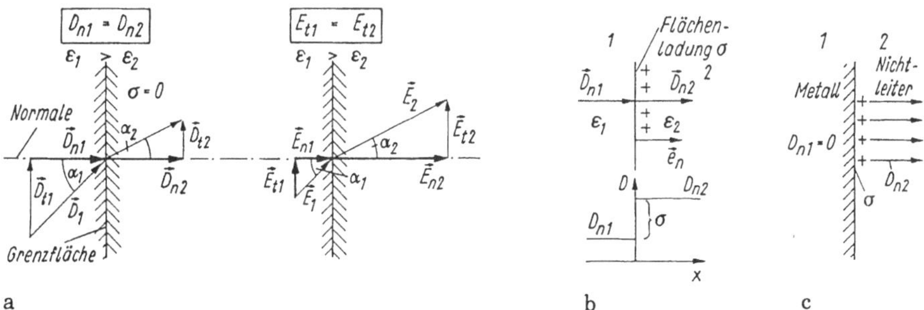

Bild R 4.1/4 Feldgrößen an einer Grenzfläche zwischen zwei Nichtleitern
a) Stetigkeit der Normalkomponente der Verschiebungsflußdichte und Tangentialkomponenten der Feldstärke. Grenzfläche frei von Flächenladungen, b) Grenzfläche zweier Nichtleiter mit Flächenladungsdichte σ, c) Metall mit positiver Flächenladungsdichte σ angrenzend an einen Nichtleiter

Grundlage: Quellenfreiheit des elektrostatischen Feldes ($\oint \boldsymbol{D} \cdot \mathrm{d}\boldsymbol{A} = 0$). Damit folgt:

- Tangentialkomponente der Verschiebungsflußdichte ändert sich proportional dem jeweiligen ε-Wert

$$\boldsymbol{D}_{t2} = \frac{\varepsilon_2}{\varepsilon_1}\boldsymbol{D}_{t1} \qquad (4.1/9b)$$

- Stetigkeit der *Tangentialkomponenten* von $\boldsymbol{E}$: (Bild R 4.1/4a)

$$\boldsymbol{E}_{t1} = E_{t1}\boldsymbol{t} = \boldsymbol{E}_{t2} = E_{t2}\boldsymbol{t} \quad \text{bzw. } E_{t1} = E_{t2}. \qquad (4.1/9c)$$

Grundlage: elektrostatisches Feld ist wirbelfrei (s. Gl.(1.3/ 3)). Daraus folgt: Normalkomponente von $\boldsymbol{E}$ ist umgekehrt proportional zu ε:

$$\boldsymbol{E}_{n2} = \frac{\varepsilon_1}{\varepsilon_2}\boldsymbol{E}_{n1} \qquad (4.1/9d)$$

oder zusammengefaßt im sog. *Brechungsgesetz*

$\frac{\tan\alpha_1}{\tan\alpha_2} = \frac{\varepsilon_1}{\varepsilon_2} = \frac{D_{t1}}{D_{t2}} = \frac{E_{n2}}{E_{n1}}.$	Brechungsgesetz im elektrostatischen Feld	(4.1/9e)

Beim Übergang vom Material mit höherer Permittivität in solches mit geringerer werden schräg einfallende $\boldsymbol{D}$-Linien zur Senkrechten hin gebrochen. Sitzt jedoch an der Grenzfläche eine Flächenladungsdichte σ, so gilt (Bild R 4.1/4b)

$D_{n2} - D_{n1} = \sigma$ resp. $\boldsymbol{e}_n \cdot (\boldsymbol{D}_2 - \boldsymbol{D}_1) = \sigma.$	Flächenladungsdichte an Grenzfläche	(4.1/9f)

An einer Grenzfläche mit einer Flächenladungsdichte σ unterscheiden sich beide Normalkomponenten von $\boldsymbol{D}$ um die Flächenladungsdichte ($\rightarrow$ Sprung der D_n-Komponenten).

2. *Grenzfläche Nichtleiter - Leiter.* Ist Medium 1 ein Leiter und Medium 2 der Nichtleiter, so ergeben sich aus Gl.(4.1/9) mit $E_{t1} = 0$ und $D_{n1} = 0$:

$$E_{t2} = 0 \qquad (4.1/10a)$$

$$D_{n2} = \sigma = \varepsilon_2 E_{n2} \rightarrow E_{n2} = \sigma/\varepsilon. \qquad (4.1/10b)$$

Die Normalkomponente von $\boldsymbol{D}$ im Nichtleiter ist gleich der Flächenladungsdichte auf dem Leiter (s. Gl.(4.1/9f), Bild R 4.1/4c).

Die Tangentialkomponente von $\boldsymbol{E}$ verschwindet stets. Deshalb ist die Oberfläche eines Leiters immer Äquipotentialfläche im elektrostatischen Feld.

Zusammengefaßt ergeben sich dann die in Tafel R 4.1/2 zusammengestellten Randbedingungen.

Tafel R 4.1/2 Randbedingungen des elektrostatischen Feldes

Komponente	Randwerte	Bedingung
Tangential	$E_{t1} = E_{t2}$	beliebiger Nichtleiter
"	$E_{t2} = 0$	Nichtleiter 2, Leiter 1
Normal	$D_{n1} = D_{n2}$	beliebiger Nichtleiter ohne Flächenladung
"	$D_{n2} - D_{n1} = \sigma$	beliebiger Nichtleiter mit Flächenladung
"	$D_{n2} = \sigma$	Nichtleiter 2, Leiter 1 mit Flächenladung σ

4.2 Globale Beschreibung des elektrostatischen Feldes

4.2.1 Globalgrößen

Verschiebungsfluß, Spannung. Globalgrößen des elektrostatischen Feldes sind:

- die *Spannung* u (zwischen zwei Punkten) als die der Feldstärke bzw. dem Potential zugeordnete Größe (Abschn. 2.2.2)
- der *Verschiebungsfluß* Ψ (Ladungsfluß, Gl.(4.1/5)) durch eine Fläche bzw. Hüllfläche (Bild R 4.1/1b)

$$\Psi = \int_A \boldsymbol{D} \cdot \mathrm{d}\boldsymbol{A}. \qquad (4.2/1)$$

Der Verschiebungsfluß Ψ ist die der Verschiebungflußdichte $\boldsymbol{D}$ zugeordnete Flußgröße im Dielektrikum. Er geht von Ladungen aus und endet auf solchen entgegengesetzten Vorzeichens.

Umgibt man eine Ladung Q vollständig mit einer Metallhülle (Bild R 4.1/2c), so wird auf ihr die gleiche Ladung influenziert (innen negativ, außen positiv). Diese Influenzwirkung wird dem Verschiebungsfluß zugeschrieben, der von der Ladung Q ausgeht: er entspringt auf positiven und endet auf negativen Ladungen. Daher gilt (Gl.(4.1/5))

Q	$=$	$\oint \boldsymbol{D} \cdot \mathrm{d}\boldsymbol{A}$	$=$	Ψ	(4.2/2)
Ort		umhüllte Ladung		Verschiebungsfluß im Feldraum.	

Deshalb ist der auf eine Fläche $\boldsymbol{A}$ treffende (oder von ihr ausgehende) Fluß gleich der Flußdichte $\boldsymbol{D}$ integriert über diese Fläche (Gl.(4.2/1)). Der Verschiebungsfluß Ψ stellt somit eine *physikalische* Größe dar, die der Ladung im umgebenden Raum gleichwertig zugeordnet ist.

Mathematisch entspricht der Verschiebungsfluß Ψ dem Fluß des Vektorfeldes Verschiebungsdichte $\boldsymbol{D} \rightarrow$ Integral des Flußdichtevektors $\boldsymbol{D}$ über die durchsetzte Fläche (vgl. I/Abschn. 0.2.4). Damit impliziert der Flußbegriff auch das Vorzeichen in Beziehung zu $\boldsymbol{D}\cdot\mathrm{d}\boldsymbol{A}$. Ψ ist positiv, wenn $\boldsymbol{D}$ und $\mathrm{d}\boldsymbol{A}$ einen spitzen Winkel bilden.

Hingewiesen sei auf eine Analogie zwischen elektrostatischem Feld im Nichtleiter und Strömungsfeld im Leiter: Dort waren Strom (Flußgröße!) und Spannung die maßgebenden Größen, der Widerstandsbegriff beschrieb ihr Verhältnis. Hier sind Verschiebungsfluß und Spannung die maßgebenden Größen und die Kapazität beschreibt ihr Verhältnis.

Kapazität C. Die Kapazität zwischen zwei Elektroden, die durch ein Dielektrikum getrennt sind, ist definiert als Verhältnis der Ladung auf einer Elektrode und der Spannung zwischen beiden:

$$C = \frac{Q}{u} = \frac{\Psi}{u} = \frac{\oint_A \boldsymbol{D} \cdot \mathrm{d}\boldsymbol{A}}{\int_s \boldsymbol{E} \cdot \mathrm{d}\boldsymbol{s}} = \frac{\varepsilon \oint_A \boldsymbol{E} \cdot \mathrm{d}\boldsymbol{A}}{\int_s \boldsymbol{E} \cdot \mathrm{d}\boldsymbol{s}} \qquad [C] = \frac{\mathrm{As}}{\mathrm{V}} = \mathrm{F}. \qquad (4.2/3)$$

Kapazität C. Definitionsgleichung ($\varepsilon = \text{const.}$)

Kapazität: Verhältnis der Elektrodenladung Q und der Spannung zwischen beiden Elektroden.

Gleichwertig: Quotient von Verschiebungsfluß zwischen den Elektroden und Spannung zwischen ihnen.

Bild R 4.2/1a, b zeigt die Kapazitätsanordnung für Gl.(4.2/3) mit $Q = Q_\mathrm{A}$, $u = u_\mathrm{AB}$ und ihre Anwendung auf einen Plattenkondensator. In Gl.(4.2/3) umschließt das Hüllintegral z.B. die Elektrode A, das Linienintegral ist von Elektrode A nach B zu bilden.

Die Kapazität einer Elektrodenanordnung im Nichtleiter kennzeichnet die Fähigkeit, Ladung auf ihren Elektroden zu speichern. Dabei entsteht im Nichtleiter ein elektrostatisches Feld.

Die Kapazität ist die Eigenschaft des Bauelementes *Kondensator*. Er steht (als Bauelement) in verschiedenen Bau- und Ausführungsformen zur Verfügung (I/Abschn. 2.5.5.2).

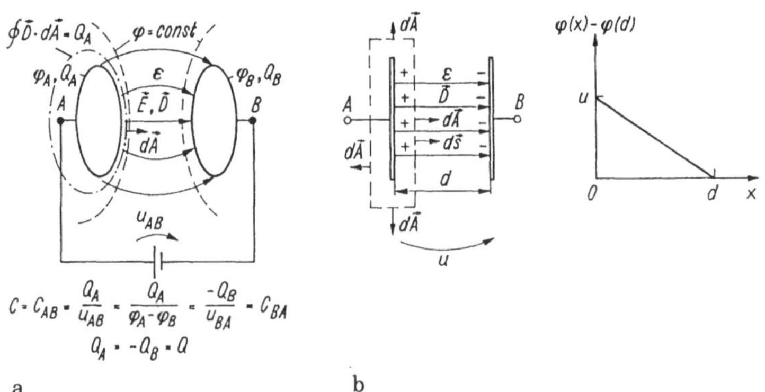

Bild R 4.2/1 Kapazitätsdefinition
a) Allgemeines Kondensatormodell, b) Plattenkondensator mit Größen zur Kapazitätsberechnung und dem Potentialverlauf zwischen den Platten

Kapazitätsberechnung. Für Felder mit Symmetrieeigenschaften bietet sich folgende Lösungsmethodik an (I/Abschn. 2.5.5.2)

$$Q \to D \to E \to \varphi \to u \to C = Q/u$$

(s. Tafel R 4.2/4). Dazu muß der Feldverlauf bekannt sein, z.B. durch Vorgabe einer Probeladung, mit der bei symmetrischen Feldern das jeweilige Feld über den Gaußschen Satz Gl.(4.2.2) leicht angegeben werden kann. Tafel R 4.2/1 enthält eine Zusammenstellung einiger Kapazitätsbeziehungen.

In allgemeinen Fällen ist die Kapazität durch direkte Feldberechnung (analytisch, numerisch, konforme Abbildung u.a.) zu bestimmen nach den in Tafel R 2.2/3 zusammengestellten Verfahren.

Häufig verwendete Methoden sind dabei

- die Lösung der Laplace- und Poisson-Gleichung bei bekannten Potentialrandwerten (Abschn. 2.2.2, Bestimmung $Q(u)$).
- Berechnung aus differentiellen Teilkapazitäten kleiner Volumina, die reihen- und parallelgeschaltet werden
- spezielle Verfahren der Feldtheorie
- Bestimmung über die gespeicherte Energie (Abschn. 6.2.2).

Zusammenschaltungen. Kapazitäten lassen sich zusammenschalten, es gilt (Bild R 4.2/2, lineare Kapazitäten):

$$\frac{1}{C_{\text{ges}}} = \sum_{\nu=1}^{n} \frac{1}{C_\nu}, \quad \text{z.B. } \frac{1}{C} = \frac{1}{C_1} + \frac{1}{C_2} \to C = \frac{C_1 C_2}{C_1 + C_2}. \qquad (4.2/4)$$

Reihenschaltung

Merkmal: Auf allen Kondensatoren befindet sich die gleiche Ladung → Addition der Spannungen.

$$C_{\text{ges}} = \sum_{\nu=1}^{n} C_\nu, \quad \text{z.B. } C = C_1 + C_2. \qquad (4.2/5)$$

Parallelschaltung

Merkmal: An allen Kondensatoren liegt die gleiche Spannung → Addition der Ladungen.

Bei sog. *gemischten* Zusammenschaltungen werden die Regeln der Reihen- und Parallelschaltung von Kapazitäten auf kleine Kondensatorgruppen abwechselnd unter Hinzunahme der nächstliegenden Kapazitäten solange fortgesetzt, bis nur noch einfache Reihen- oder Parallelschaltungen vorliegen.

Aus den Regeln für die Zusammenschaltungen (Bild R 4.2/2) lassen sich sofort angeben:

Tafel R 4.2/1 Kapazitäten und Feldgrößen typischer Geometrieanordnungen

		$\varphi = \frac{u}{d}x; \quad \lvert\vec{E}\rvert = \frac{u}{d}$
Plattenkondensator	$C = \varepsilon \frac{A}{d}$	$\lvert\vec{E}\rvert = \frac{Q}{2\pi\varepsilon l r} = \frac{u}{r \ln {}^{r_a}\!/_{r_i}}$
Zylinderkondensator	$C = \frac{2\pi\varepsilon l}{\ln {}^{r_a}\!/_{r_i}} \qquad l >> r_a, r_i$	$\lvert\vec{E}\rvert = \frac{u}{r \ln \frac{r_a}{r_i}} = \frac{Q}{2\pi\varepsilon l r}$ $\varphi = \frac{Q}{2\pi\varepsilon l} \ln \frac{r_a}{r} = \frac{u \ln {}^{r_a}\!/_{r}}{\ln {}^{r_a}\!/_{r_i}}$
Paralleldrahtleitung Leiter über Fläche	$C_{00} = \frac{\pi\varepsilon l}{\ln\left(\frac{a}{r_0} + \sqrt{\left(\frac{a}{r_0}\right)^2 - 1}\right)}$ $\approx \frac{\pi\varepsilon l}{\ln\left(\frac{2a}{r_0}\right)} \qquad l >> a, \quad a >> r_0$ $C = 2C_{00}$	$\varphi = \frac{Q}{2\pi\varepsilon l} \ln \frac{\sqrt{a^2 - r_0^2} - x}{\sqrt{\div} + x} = \frac{u}{N} \ln \frac{\sqrt{\div} - x}{\sqrt{\div} - x}$ $\lvert\vec{E}\rvert = \frac{Q}{\pi\varepsilon l} \cdot \frac{\sqrt{\div}}{\sqrt{\div}^2 - x^2};$ $N = 2 \ln \frac{\sqrt{\div} + (a - r_0)}{\sqrt{\div} - (a - r_0)}$
Konzentrische Kugeln	$C = 4\pi\varepsilon \frac{r_a r_i}{r_a - r_i}$	$\varphi = \frac{Q}{4\pi\varepsilon}\left(\frac{1}{r} - \frac{1}{r_a}\right) = \frac{u\, r_i (r_a - r)}{r (r_a - r_i)}$ $\lvert\vec{E}\rvert = \frac{Q}{4\pi\varepsilon r^2} = \frac{u\, r_a r_i}{r^2 (r_a - r_i)}$
Zwei Kugeln in großem Abstand	$C \approx \frac{2\pi\varepsilon}{{}^{1}\!/_{r_1} - {}^{1}\!/_{2a}}$	$\varphi \approx \frac{Q}{4\pi\varepsilon}\left(\frac{1}{x} - \frac{1}{2a - x}\right)$ $\lvert\vec{E}\rvert \approx \frac{Q}{4\pi\varepsilon}\left(\frac{1}{x^2} + \frac{1}{(2a - x)^2}\right)$

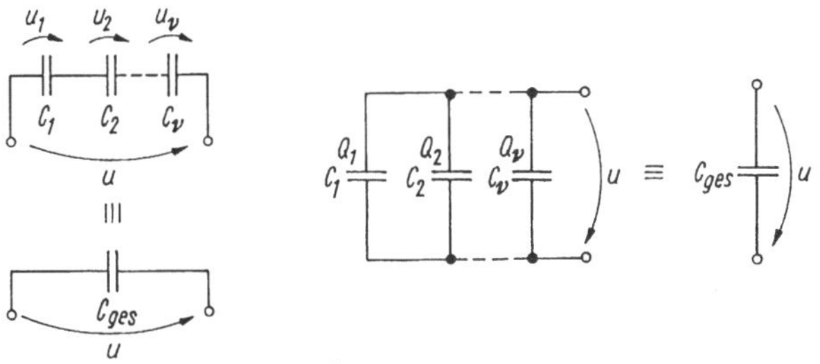

a b

Bild R 4.2/2 Reihen- und Parallelschaltung von Kondensatoren
a) Reihenschaltung, b) Parallelschaltung

Spannungsteilerregel (Reihenschaltung von Kapazitäten)

$$\frac{u_2}{u_1} = \frac{C_1}{C_2}; \qquad \frac{u_2}{u} = \frac{C_1}{C_1 + C_2}. \tag{4.2/6a}$$

Bei Reihenschaltung fällt am größeren Kondensator die kleinere Spannung ab.

Stromteilerregel (Parallelschaltung von Kapazitäten)

$$\frac{i_2}{i_1} = \frac{C_2}{C_1}; \qquad \frac{i_2}{i} = \frac{C_2}{C_1 + C_2}. \tag{4.2/6b}$$

Bei Parallelschaltung fließt durch den kleineren Kondensator der kleinere Strom.

(Voraussetzung ist zeitliche Änderung der anliegenden Spannung.)

Diese Regeln gelten aber *nicht* bei parallelliegenden Leitwerten, wie sie in technischen Kondensatoren (Verlustfaktor!) oft vorhanden sind.

In Tafel R 4.2/2 wurden die Grundbeziehungen des elektrostatischen Feldes zusammengefaßt.

4.2.2 Analogie zwischen elektrostatischem Feld und Strömungsfeld

Zwischen Strömungsfeld und elektrostatischem Feld gibt es weitgehend analoge Abläufe und Zusammenhänge zwischen

- den Feldgrößen im Raumpunkt (Ursache, Wirkung, Materialeinfluß)
- den zugeordneten Globalgrößen (Flußgrößen i, Ψ, Linien- oder Differenzgröße: Spannung)

Tafel R 4.2/2 Zusammenhang typischer Größen im Feld des Nichtleiters und zugehörige Netzwerkbeschreibung

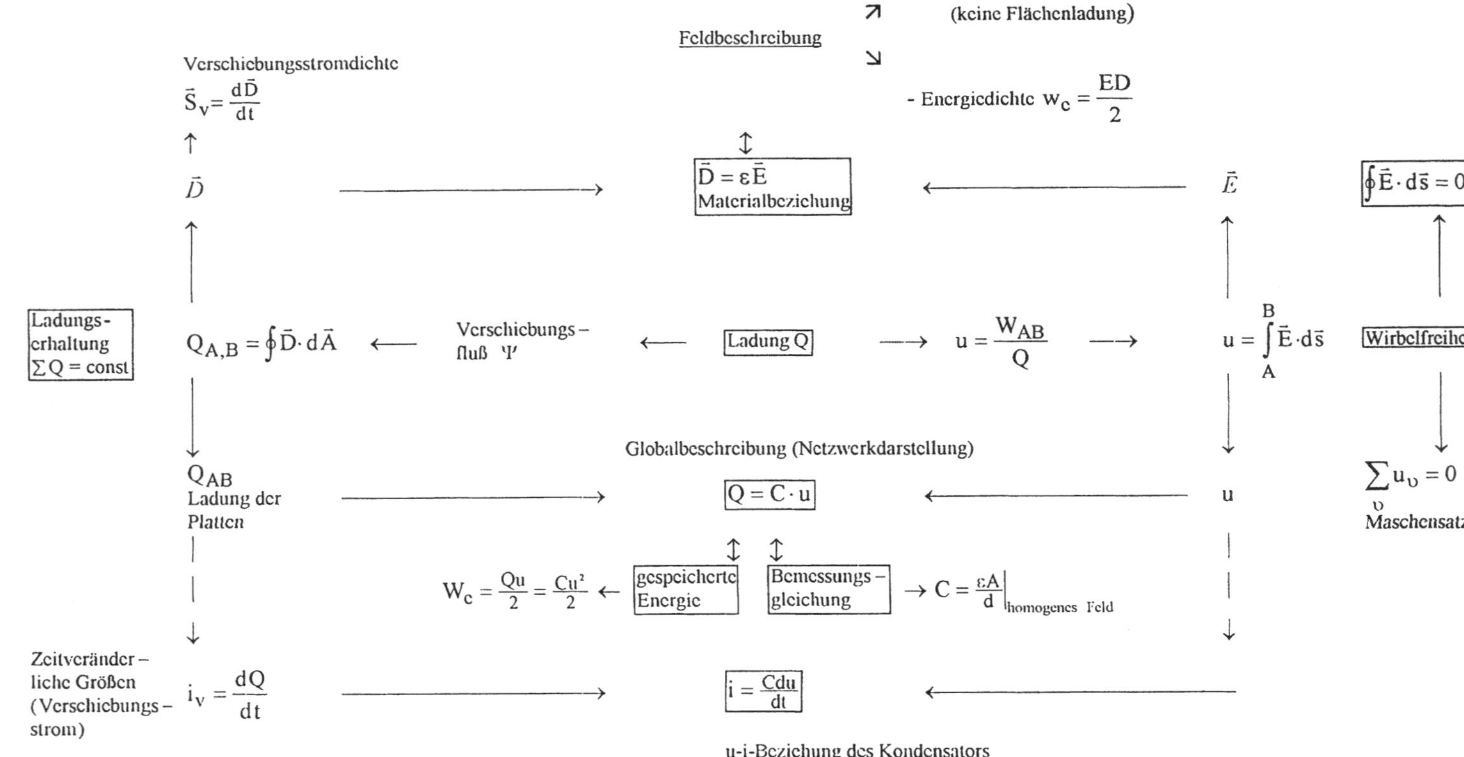

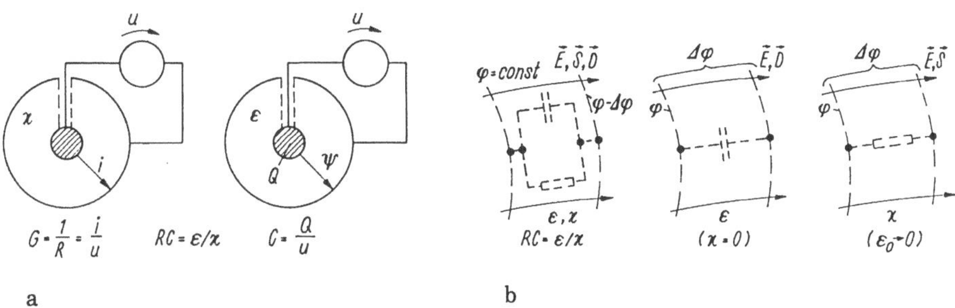

Bild R 4.2/3 Analogie zwischen Strömungs- und elektrostatischem Feld
a) Zylinderanordnungen, gleiche Geometrie (Leiter, Nichtleiter), b) ausgewählte Feldabschnitte zur Darstellung kongruenter Feldverhältnisse

- den Bildungsgesetzmäßigkeiten für Widerstand (Gl.(2.3/13)) und Kapazität (Gl.(4.2/3)).

Dabei gilt (I/Abschn. 2.5.5.3)

$$RC = \frac{\varepsilon}{\kappa} = \tau \qquad \text{dielektrische Relaxationszeitkonstante.} \qquad (4.2/7)$$

Strömungs- und elektrostatisches Feld eines Gebietes unterscheiden sich bei gleicher Leitergeometrie (Kontaktgebiete, Elektroden) und Leiterform im Verlauf der Feldgrößen nicht. Bild R 4.2/3a zeigt dies am Beispiel zweier Zylinderanordnungen. Diese Analogie basiert auf dem analogen Verhalten der Teilwiderstände und -kapazitäten eines Feldausschnittes (sog. Flußröhrenausschnitt, Bild R 4.2/3b), m.a.W. gilt Gl.(4.2/7) auch für diese Teilausschnitte des Feldgebietes (vgl. I/Bild 2.33). Deshalb stimmen die Berechnungsverfahren für Strömungs- und elektrostatische Felder in der Methodik überein (Tafeln R 2.2/1, 2.2/3).

Tafel R 4.2/3 enthält die entsprechenden Beziehungen gegenübergestellt.

4.2.3 Zusammenfassung

Im elektrostatischen Feld sind die Feldgrößen $\boldsymbol{D}$, $\boldsymbol{E}$ (Materialparameter ε) direkt verkoppelt mit den Integral- oder Globalgrößen (Tafel R 4.2/2):

- *Verschiebungsfluß* Ψ → *Verschiebungsflußdichte* $\boldsymbol{D}$ über eine Fläche d$\boldsymbol{A}$
- *Spannung* U → *Feldstärke* $\boldsymbol{E}$ über einen Weg d$\boldsymbol{s}$
- *Kapazität* C → Eigenschaften eines Feldgebietes (Material, Geometrie).

Das elektrostatische Feld hat folgende *Merkmale*:

- Es ist ein *Potentialfeld* (→ konservatives Feld) beschrieben durch ein Potential und die Wegunabhängigkeit des Wegintegrals

$$\int_A^B \boldsymbol{E} \cdot \mathrm{d}\boldsymbol{s} = \varphi_A - \varphi_B = u_{\mathrm{AB}} \qquad \text{dto. } \boldsymbol{E} = -\operatorname{grad} \varphi \qquad (4.2/8)$$

Tafel R 4.2/3 Analogbeziehungen zwischen Feldgrößen im Strömungsfeld und Nichtleiterfeld

Strömungsfeld	Elektrostatisches Feld
$\vec{S}$ $\vec{E}, \varphi$ $\vec{S} = \kappa\vec{E}$	$\vec{D}$ $\vec{E}, \varphi$ $\vec{D} = \varepsilon\vec{E}$ ($\varepsilon = 0$ nicht möglich)
div $\vec{S} = 0$ $\Delta\varphi = 0$	div $\vec{D} = 0$ (außerhalb von Quellen) div $\vec{D} = \rho$ (Quellengebiet) $\Delta\varphi = 0$ (außerhalb von Quelle)
$u = \int \vec{E} \cdot d\vec{s}$ $i = \int \vec{S} \cdot d\vec{A}$ (Fluß von $\vec{S}$) $0 = \oint \vec{S} \cdot d\vec{A}$ $R = \frac{u}{i} = \frac{\int \vec{E} \cdot d\vec{s}}{\int_A \vec{S} \cdot d\vec{A}}$	$u = \int \vec{E} \cdot d\vec{s}$ $\Psi = \int \vec{D} \cdot d\vec{A}$ (Fluß von $\vec{D}$) $Q = \oint \vec{D} \cdot d\vec{A}$ (Quellenfeld) (0 außerhalb von Quelle) $C = \frac{\oint \vec{D} \cdot d\vec{A}}{\int \vec{E} \cdot d\vec{s}}$

$$\boxed{RC = \frac{\varepsilon}{\kappa} = \tau_R}$$

- *Wirbelfreiheit*: Das Wegintegral über einen geschlossenen Umlauf verschwindet stets:

Feldbeschreibung		Netzwerkbeschreibung
$\oint \boldsymbol{E} \cdot \mathrm{d}\boldsymbol{s} = 0;$	rot $\boldsymbol{E} = 0$	$\sum_\nu u_\nu = 0$
integral	differential	2. Kirchhoffscher Satz

(4.2/9)

- *Quellenfeld:* Das elektrostatische Feld ist seinem Ursprung nach ein Quellenfeld:
  Feldbeschreibung, integral

$$\oint \boldsymbol{D} \cdot \mathrm{d}\boldsymbol{A} = Q = \Psi = \int \varrho \, \mathrm{d}V. \tag{4.2/10}$$

Elektrische Feldlinien beginnen und enden immer auf Ladungen (von positiven Ladungen ausgehend). Das Hüllintegral der Verschiebungsflußdichte $\boldsymbol{D}$ ist stets die eingeschlossene Ladung (die auch eine Raumladungsdichte ϱ sein kann, Gl.(4.2/10) rechts) oder gleichwertig (Poissonsche Gleichung, Feldbeschreibung differentiell)

$$\text{div}\, \boldsymbol{D} = \varrho. \tag{4.2/11}$$

- *Quellenfreiheit* in Gebieten, in denen keine Ladungen vorhanden sind

Feldbeschreibung		Netzwerkbeschreibung	
$\oint \boldsymbol{D} \cdot \mathrm{d}\boldsymbol{A} = 0$; integral	$\operatorname{div} \boldsymbol{D} = 0$ differential	$\sum_\nu Q_{\text{netto}} = 0$	(4.2/12)

In einem quellenfreien Feldgebiet befindet sich innerhalb einer Hüllfläche keine Nettoladung oder die Divergenz verschwindet.

- An einer Grenze zwischen zwei Nichtleitern sind die Normalkomponenten der Verschiebungsflußdichte $\boldsymbol{D}$ (bei ladungsfreier Grenzfläche) und die Tangentialkomponenten der elektrischen Feldstärke $\boldsymbol{E}$ stetig. Speziell an der Grenze Nichtleiter - Metall verschwindet die Normalkomponente von $\boldsymbol{D}$ im Metall $\rightarrow$ Ersatz durch eine Flächenladung σ; Rand stets Äquipotentialfeld.

  Die dem elektrostatischen Feld zugeführte elektrische Energie wird als Feldenergie gespeichert und kann aus dem Feld zurückgewonnen werden (Energiespeicherfähigkeit des Feldes).
- Der Übergang von Feld- zu Integralgrößen $Q(\Psi)$ u, C ist dann vorteilhaft, wenn nur noch das u-, Q-Verhalten von Gesamtgebieten des elektrostatischen Feldes interessiert:

Ersatz des Feldgebietes durch das räumlich konzentrierte Netzwerkelement Kondensator.

4.3 Kondensator im Stromkreis

4.3.1 Kondensator als Netzwerkelement

Zeitveränderliche Spannung u (Ladung Q) am Kondensator (Bild R 4.3/1a) bewirkt gemäß

$$i_\mathrm{L} = \left.\frac{\mathrm{d}Q}{\mathrm{d}t}\right|_{\text{Elektrode}} = \left.\frac{\mathrm{d}\Psi}{\mathrm{d}t}\right|_{\text{Dielektr.}} = i_\mathrm{V}. \qquad \text{Stromkontinuität.} \qquad (4.3/1)$$

- einen *Konvektionsstrom* i_L in den *Zuleitungen* zur Aufrechterhaltung der Ladungsänderung
- einen *Verschiebungsstrom* i_V im *Dielektrikum* (als Fortsetzung des Leitungsstromes kennzeichnet durch sein Magnetfeld!). Seine Ursache ist die zeitliche Änderung des Verschiebungsflusses Ψ hervorgerufen durch die Ladung $Q = \Psi$.

Dem Verschiebungsstrom i_V entspricht gemäß $i_\mathrm{V} = \int \boldsymbol{S}_\mathrm{V} \cdot \mathrm{d}\boldsymbol{A}$ im Raumpunkt eine *Verschiebungsstromdichte*

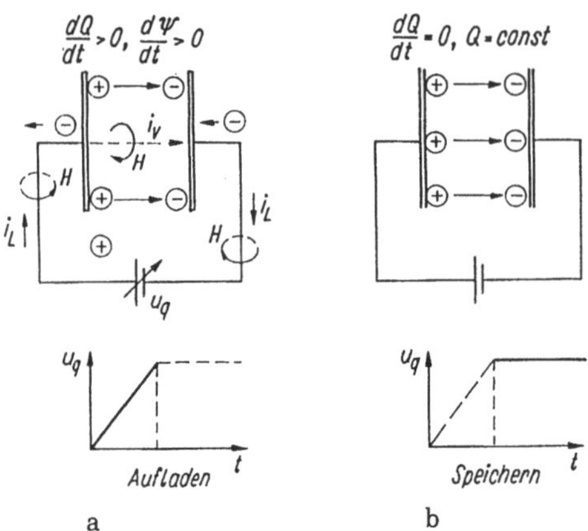

Bild R 4.3/1 Verschiebungsstrom. Stromkontinuität am Kondensator
a) Aufladevorgang, es fließt Leitungs- und Verschiebungsstrom, b) Speicherzustand (u_q = const.): kein Stromfluß im Kreis

$$\boldsymbol{S}_\mathrm{V} = \frac{\mathrm{d}\boldsymbol{D}}{\mathrm{d}t} = \varepsilon\frac{\mathrm{d}\boldsymbol{E}}{\mathrm{d}t} \qquad [S_\mathrm{V}] = A \qquad \text{Verschiebungsstromdichte.} \qquad (4.3/2)$$

Verschiebungsstrom im Nichtleiter fließt nur bei zeitlichen Feldänderungen. Da im Nichtleiter kein Ladungstranport möglich ist, geschieht die Änderung der Kondensatorladung durch Ladungszufuhr bzw. -abtransport in den Zuleitungen (Bild R 4.3/ 1a). Bei zeitkonstantem Feld erfolgt *Ladungsspeicherung* auf den Kondensatorplatten (Bild R 4.3/1b). Die gespeicherte Ladung beträgt dabei (s. Gl.(1.2/4))

$$Q(t) = Q(t_0) + \int_{t_0}^{t} i(t')\,\mathrm{d}t'.$$

Die *Strom-Spannungsbeziehung* des Kondensators ergibt sich mit der Kondensatorladung $Q(t) = C(t)u(t)$ daraus (I/Abschn. 2.5/6) zu

$$i = C|_{C=\mathrm{const.}}\frac{\mathrm{d}u}{\mathrm{d}t} + u|_{u=\mathrm{const.}}\frac{\mathrm{d}C}{\mathrm{d}t} \to i = C\frac{\mathrm{d}u}{\mathrm{d}t}; \quad C = \mathrm{const.} \qquad (4.3/3)$$

Kondensator, u-i-Relation

Dabei ist links zugelassen, daß sich $C(t)$ zeitabhängig ändern kann (z.B. durch Auseinanderziehen der Platten). Für C = const. folgt die rechte Beziehung. Für Gl.(4.3/3) gilt das VPS.

Umgekehrt beträgt die Kondensatorspannung (Bild R 4.3/2a)

$$u(t) = \frac{1}{C}\int_{t_0}^{t} i(t')\,\mathrm{d}t' + u(t_0) = \frac{1}{C}(Q(t) - Q(t_0)) + u(t_0) \qquad (4.3/4)$$

Speichereigenschaft des Kondensators

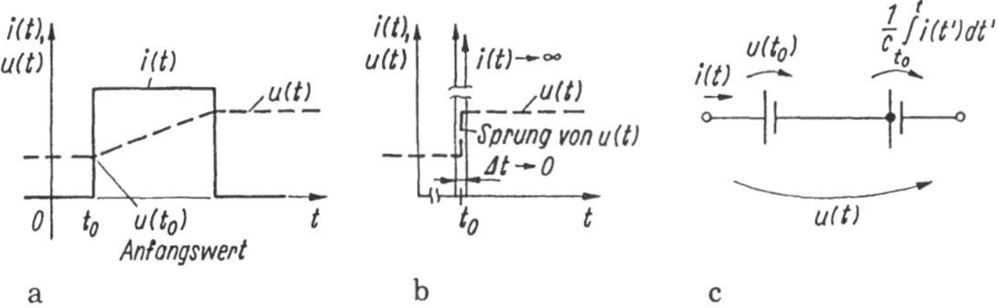

Bild R 4.3/2 Strom-Spannungsbeziehung des Kondensators
a) Zusammenhang Strom, Spannung mit Anfangsspannung, b) Verhalten bei angenommenem Spannungssprung (physikalisch nicht möglich), c) Kondensatorersatzschaltung mit Berücksichtigung der Anfangsspannung

Der Kondensator wirkt immer als Integrator des Stromes bzw. Differenzierglied für die Spannung. Aus energetischen Gründen (Stetigkeit der Energie) kann sich die Kondensatorspannung u bei C = const. nie sprunghaft ändern: *Stetigkeit* der Kondensatorspannung u oder allgemein der Kondensatorladung Q. Diese Eigenschaft spielt bei Umschaltvorgängen eine Rolle. Im anderen Fall wäre ein unendlich hoher Strom für die Zeitspanne $\Delta t \to 0$ erforderlich (Bild R 4.3/2b).

Umgekehrt ändert sich die Spannung $u(t)$ durch Stromzufuhr/-abfuhr stets nur gegenüber einem *Anfangswert* $u(t_0)$ (→ Speichereigenschaft des Kondensators). Damit besteht die Ersatzschaltung eines geladenen Kondensators nach Gl.(4.3/4) aus einer Spannungsquelle $u(t_0)$ (Anfangsspannung) und einem ladungslosen Kondensator mit dem Spannungsabfall $1/C \int i dt$ (Bild R 4.3/2c). Diese Form ist bei Schaltvorgängen zweckmäßig.

Für einen *nichtlinearen* $Q(u)$-Zusammenhang, wie er in manchen physikalischen Anordnungen auftritt, läßt sich eine *nichtlineare* Kapazität definieren[1].

Diskussion:

- Durch den idealen Kondensator fließt Strom nur bei *zeitveränderlicher* Spannung. Deshalb kann er in der Analyse von Gleichspannungsnetzwerken durch Leitungsunterbrechung ersetzt werden.
- Bei zeitlinearem Spannungsverlauf $u(t)$ fließt ein zeitlich konstanter Strom, bei Sinusspannung ein cosinusförmiger Strom.
- Eine sprunghafte Spannungsänderung ($du/dt \to \infty$) würde $i \to \infty$ (für extrem kurze Zeit) erfordern (Bild R 4.3/2b) und damit in letzter Konsequenz eine sprunghafte Energieänderung, was physikalisch unmöglich ist.

Der Kondensator speichert zugeführte elektrische *Energie*:

$$\begin{aligned} W &= \int_0^t u(t')\underbrace{i(t')\,\mathrm{d}t'}_{\mathrm{d}Q} = \int_0^{Q_1} u(t')\underbrace{\mathrm{d}Q}_{C\,\mathrm{d}u} = C\int_0^{u_C} u\,\mathrm{d}u \\ &= \frac{C}{2}u_C^2 = \frac{Qu_C}{2}. \end{aligned} \tag{4.3/5}$$

[1]Vertiefung s. Abschn. 8.1.1 und 8.7.1.1

Sie ist proportional dem Produkt von Ladung und Spannung.

Die Energie wird während des "Aufladens" als elektrische Energie zugeführt, anschließend als Feldenergie im elektrostatischen Feld gespeichert und beim "Entladen" wieder als elektrische abgegeben (vgl. Bild R 1.4/3).

Ladungsbilanzgleichung. Knotensatz. Wahre Stromdichte. Die Ladungsbilanz einer Hüllfläche (→ Stromknoten, Bild R 4.3/3a) mit zu- und abfließendem Konvektionsstrom i_{zu}, i_{ab} und einer Kapazität (nach Masse, Verschiebungsstrom i_{V}) ergibt für die Hüllfläche (durch das Dielektrikum der Kapazität gelegt):

$$i_{\mathrm{V}} = i_{\mathrm{zu}} - i_{\mathrm{ab}} = \frac{\mathrm{d}Q}{\mathrm{d}t} \quad \text{resp. } i_{\mathrm{ab}} - i_{\mathrm{zu}} = -\frac{\mathrm{d}Q}{\mathrm{d}t}. \tag{4.3/6}$$

Rechts steht die Ladungszunahme $i_{\mathrm{V}} = \mathrm{d}Q/\mathrm{d}t$ in der Hülle, m.a.W. erfolgt die Ladungsänderung im Volumen durch einen Strom über die Hülle, eben den Verschiebungsstrom:

Der Knotensatz $\sum i_\nu = 0$ gilt somit für alle Ströme durch die Hülle, auch Verschiebungsströme.

Gesamtstromdichte. Durch viele Medien (z.B. Halbleiter, schlechte Isolatoren) kann *gleichzeitig Leitungs-* (Konvektions- i_{K}) und *Verschiebungsstrom* i_{V} fließen, letzterer bei zeitveränderlichem Feld. Daher besteht auch die *Gesamtstromdichte* $\boldsymbol{S}$ aus *Konvektionsstrom-* ($\boldsymbol{S}_{\mathrm{K}}$) und *Verschiebungsstromdichte* ($\boldsymbol{S}_{\mathrm{V}}$)

$$\boldsymbol{S} = \boldsymbol{S}_{\mathrm{K}} + \boldsymbol{S}_{\mathrm{V}} = \kappa \boldsymbol{E} + \varepsilon \frac{\mathrm{d}\boldsymbol{E}}{\mathrm{d}t} = \kappa \boldsymbol{E} + \frac{\mathrm{d}\boldsymbol{D}}{\mathrm{d}t} \tag{4.3/7}$$

$\boldsymbol{S}$ heißt auch "wahre Stromdichte". Bisher wurde im Strömungsfeld unter $\boldsymbol{S}$ stets die Konvektionsstromdichte $\boldsymbol{S}_{\mathrm{K}}$ verstanden (s. Abschn. 2.3.1, Gl.(2.3/3), (2.3/4)).

Das Verhältnis von $\boldsymbol{S}_{\mathrm{K}}$ zu $\boldsymbol{S}_{\mathrm{V}}$ hängt vom Material und der Änderungsgeschwindigkeit des elektrischen Feldes ab, grob gelten:

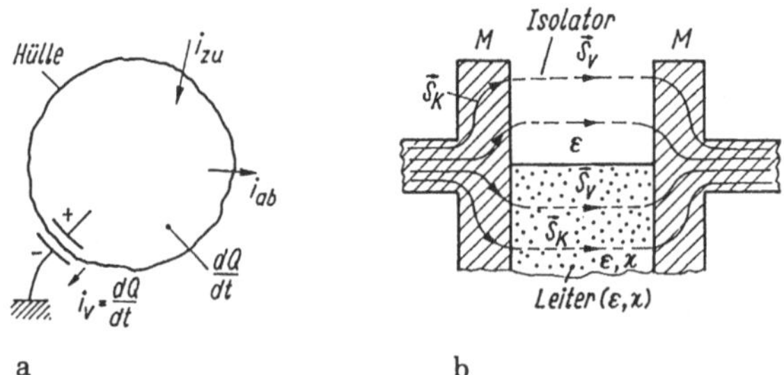

Bild R 4.3/3 Verschiebungsstrom, wahre Stromdichte
a) Einbezug des Verschiebungsstromes in den Knotensatz ($\boldsymbol{S}_{\mathrm{K}}$ Konvektions-, $\boldsymbol{S}_{\mathrm{V}}$ Verschiebungsstromdichte), b) Konvektions-, Verschiebungsstrom im Leiter bzw. Nichtleiter

Leiter	$\lvert \boldsymbol{S}_\mathrm{K} \rvert \gg \lvert \boldsymbol{S}_\mathrm{V} \rvert = \lvert \mathrm{d}\boldsymbol{D}/\mathrm{d}t \rvert$
Halbleiter	$\lvert \boldsymbol{S}_\mathrm{K} \rvert \approx \lvert \boldsymbol{S}_\mathrm{V} \rvert$
Isolatoren	$\lvert \boldsymbol{S}_\mathrm{K} \rvert \ll \lvert \boldsymbol{S}_\mathrm{V} \rvert$
Vakuum	$\boldsymbol{S}_\mathrm{K} = 0.$

Ändert sich das elektrische Feld sinusförmig (Kreisfrequenz ω), so gilt

$\kappa \gg \omega\varepsilon$ Konvektionsstrom dominiert (Leiter, *tiefe* Frequenzen)

$\kappa \ll \omega\varepsilon$ Verschiebungsstrom dominiert (Halbleiter, Isolatoren, *hohe* Frequenzen).

Im Bild R.4.3/3b wurden die in Stromkreisen unterschiedlich auftretenden Anteile der Stromdichte dargestellt.

Bilanzgleichung (Kontinuität). Nach Gl.(2.3/3) galt $\oint \boldsymbol{S}_\mathrm{K} \cdot \mathrm{d}\boldsymbol{A} = 0$. Wir erweitern die Kontinuitätsbedingung auf die *Gesamtstromdichte*:

$$\begin{aligned} \oint_A \boldsymbol{S} \cdot \mathrm{d}\boldsymbol{A} &= \oint_A (\boldsymbol{S}_\mathrm{K} + \boldsymbol{S}_\mathrm{V}) \cdot \mathrm{d}\boldsymbol{A} = 0 \quad \text{resp.} \\ \oint_A \boldsymbol{S}_\mathrm{K} \cdot \mathrm{d}\boldsymbol{A} &= -\oint_A \boldsymbol{S}_\mathrm{V} \cdot \mathrm{d}\boldsymbol{A} = -\frac{\mathrm{d}}{\mathrm{d}t} \oint \boldsymbol{D} \cdot \boldsymbol{A} = -\frac{\mathrm{d}Q}{\mathrm{d}t}. \end{aligned} \tag{4.3/8}$$

Dies ist der Satz von der Ladungserhaltung in Integralform (vgl. Gl.(4.3/6)).

Eine Ladungsänderung in der Hülle ist nur zufolge Ladungstransport i durch die Hülle möglich.

Bei *Ladungserhaltung* (Q = const.) folgt daraus die erste Kirchhoffsche Gleichung (Knotensatz, Gl.(1.2/3), streng genommen für Gleichstrom!). Die vollständige Form basierend auf $\oint \boldsymbol{S} \cdot \mathrm{d}\boldsymbol{A} = 0$ bezieht auch den Verschiebungsstrom mit ein und lautet:

$$\sum i_\mathrm{ges} = \sum (i_\mathrm{K} + i_\mathrm{V}) = 0.$$

Der Verschiebungsstrom kann z.B. als Kapazität des Knotens gegen einen Bezugspunkt modelliert werden (Bild R 4.3/3a).

4.3.2 Stromkreise mit Kondensatoren

In Stromkreisen mit Widerständen und Kondensatoren (Bild R 4.3/4a) bestimmt man die (stationären) Spannungsverteilungen (z.B. für die Ermittelung der Anfangsspannungen bei Schaltvorgängen) folgendermaßen:

- im ersten Schritt berechnet man die Knotenspannungen derjenigen Knoten, die resistiv mit Quellen oder Massepunkten (direkt, indirekt) verknüpft sind (zweckmäßig: Knotenspannungsverfahren). Dabei haben Kondensatoren keinen Einfluß, können also fortgelassen werden (Bild R 4.3/4b).
- Im nächsten Schritt (Bild R 4.3/4c) werden die Knotenspannungen der "rein kapazitiven Knoten" (keine resistive Verbindung zu anderen Knoten) bestimmt. Dazu sind
  - die berechneten Spannungen der resistiven Knoten Vorgabewerte (Quellen, deren Knotengleichungen nicht aufgestellt werden müssen)

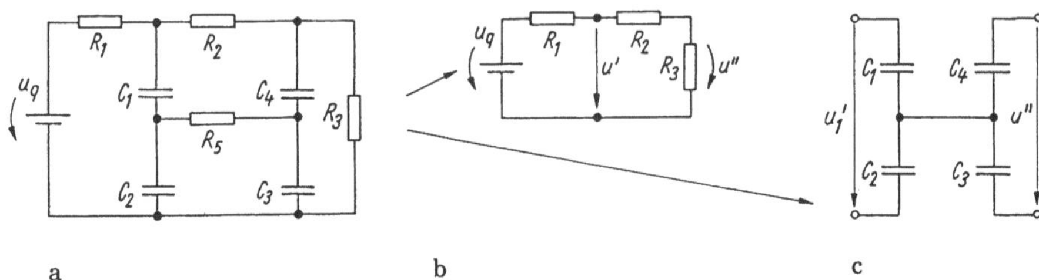

Bild R 4.3/4 Spannungsverteilung in einem RC-Netzwerk (im eingeschwungenen Zustand)
a) Ausgangsschaltung, b), c) Aufteilung in resistives und rein kapazitives Netzwerk

- für die rein kapazitiven Knoten jeweils die Ladungsbilanz $\sum Q = 0$ aufzustellen ($Q = CU$). So entstehen ausreichend viele Gleichungen für die gesuchten Knotenspannungen.

4.3.3 Auf- und Entladen des Kondensators

Wird ein ladungsfreier Kondensator C über einen Widerstand R an eine Gleichspannungsquelle u_q gelegt, so wächst seine Spannung *allmählich* auf u_q an: *Aufladevorgang.* Ganz analog sinkt seine Spannung u stetig, wenn ein geladener Kondensator über einen Widerstand R entladen wird: *Entladevorgang.*

Tafel R 4.3/1 enthält einige typischen Schaltungen:

- *Ein/Ausschalten* einer Spannungsquelle u_q an die *Reihenschaltung* von R und C (C ungeladen). Wird der Schalter zur Zeit $t = 0$ geschlossen, so liefert der Maschensatz

$$u_\mathrm{q} = iR + \frac{1}{C}\int i\,\mathrm{d}t$$

mit der Lösung Tafel R 4.3/1a. Dabei steigt u_C und sinkt u_R und damit der Strom i. Nach der Zeit

$$t = \tau \ln 2 \approx 0,7\tau \tag{4.3/9}$$

ist u_C auf $u_\mathrm{q}/2$ angestiegen. Im Einschaltmoment fließt der größte Strom. Beim *Entladen* fällt die Kondensatorspannung u_C von u_q auf Null ab.

- *Ein/Ausschalten* einer *Stromquelle* i_q zur Zeit $t = 0$ an die *Parallelschaltung* von R und C ergibt nach Einschalten des Schalters die Knotengleichung (Tafel R 4.3/1b)

$$i_\mathrm{q} = \frac{u}{R} + C\frac{\mathrm{d}u}{\mathrm{d}t}. \tag{4.3/10}$$

Die Spannung $u = u_\mathrm{C}$ steigt allmählich an, ebenso der Strom i_R. Der Entladeverlauf $u(t)$ stimmt mit dem Verlauf a überein, wobei der Abfall von $i_\mathrm{q}R$ aus erfolgt.

Tafel R 4.3/1 Typische Ausgleichsvorgänge im Kondensatorstromkreis

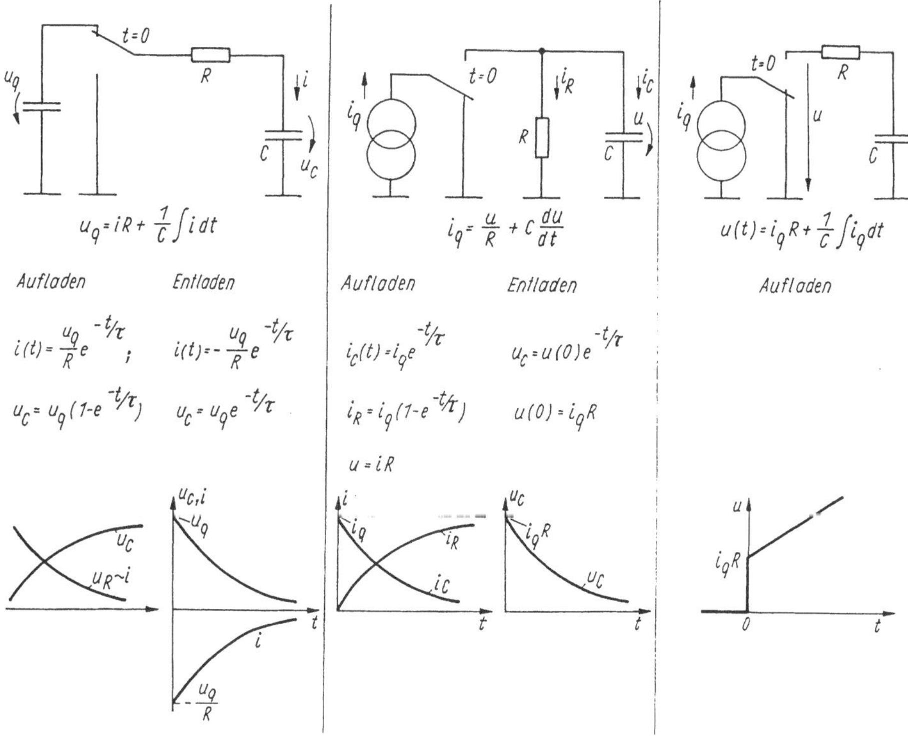

- *Ein/Ausschalten* einer Stromquelle an die Reihenschaltung von R und C zur Zeit $t = 0$ ergibt den Maschensatz für die Gesamtspannung

$$u = i_{\mathrm{q}} R + \frac{1}{C} \int i_{\mathrm{q}}(t)\,\mathrm{d}t \tag{4.3/11}$$

mit einem zeitlinearen Anstieg bei $i_{\mathrm{q}} = \text{const.}$

Schaltvorgänge - auch mit anderen Erregerquellen - werden eingehend im Abschnitt 11 behandelt.

5. Magnetisches Feld

Der Zustand des Raumes, in dem Kräfte auf gleichförmig *bewegte* Ladungsträger (zeitlich konstante Ströme) *senkrecht* zur Bewegungsrichtung ausgeübt werden, heißt (stationäres) *magnetisches Feld* (elektrisches Feld: Kräfte nur auf ruhende Ladungsträger).

Weitere Merkmale des Magnetfeldes sind:

- *Kraftwirkung* auf die Pole magnetisierter Körper (Magneten)
- *Wechselwirkung* mit dem elektrischen Feld bei zeitveränderlichem Magnetfeld (z.B. zeitveränderlicher Strom) durch das *Induktionsgesetz.*

Weil es im Unterschied zum elektrischen Feld keine magnetischen Ladungen gibt (nur magnetische Dipole, die jedoch auf elektrische Kreisströme zurückgeführt werden können), sind magnetische Phänomene eng an elektrische Erscheinungen gebunden. Das äußert sich u.a. in den Einheiten magnetischer Größen, die alle auf elektrischen und mechanischen Einheiten basieren.

5.1 Magnetische Feldgrößen

5.1.1 Magnetisches Feld im Vakuum

Kraft und bewegte Ladung. Bewegen sich zwei Punktladungen Q_1, Q_2 mit den Geschwindigkeiten $\boldsymbol{v}_1$, $\boldsymbol{v}_2$ gleichförmig parallel zueinander, so wirkt zwischen beiden (im Punkt gleicher Höhe) die Kraft (Bild R 5.1/1)

$F = \frac{\mu_0}{4\pi}\frac{(Q_1v_1)(Q_2v_2)}{r^2}$	Kraftwirkung bewegter elektrischer Ladungen aufeinander	(5.1/1)
$\mu_0 = 4\pi \cdot 10^{-7}\,\frac{\text{Vs}}{\text{Am}} = 1,257 \cdot 10^{-6}\,\frac{\text{Vs}}{\text{Am}}$	magnetische Feldkonstante, Permeabilität des Vakuums (Naturkonstante).	

- Gleiche (entgegengesetzte) Vorzeichen der Produkte (Q_1v_1), (Q_2v_2): die Ladungen ziehen sich an (stoßen sich ab)
- Die Kraftwirkung zwischen ruhenden Ladungen beschrieb das Coulombsche Gesetz (s. Gl.(2.2/1)).

Bild R 5.1/1 Kraftwirkung zwischen zwei parallel zueinander bewegten Ladungen

Magnetische Induktion $\boldsymbol{B}$. Feldgrößen des magnetischen Feldes sind die magnetische *Induktion* $\boldsymbol{B}$ und die *magnetische Feldstärke* $\boldsymbol{H}$. (Historisch unzweckmäßig eingeführt, denn $\boldsymbol{B}$ beschreibt eigentlich die magnetische Feldstärke und $\boldsymbol{H}$ ist mit dem Strom verknüpft, I/Abschn. 3.1.1.)

Konventionell wird die magnetische Induktion $\boldsymbol{B}$ (= magnetische Flußdichte) über die Kraft auf bewegte Ladungen definiert ($\rightarrow$ Intensität der Kraftwirkung, (Gl.(5.1/1))

$$F = Q_1 v_1 \underbrace{\frac{\mu_0}{4\pi} \frac{Q_2 v_2}{r^2}}_{B} = Q_1 v_1 B. \qquad (5.1/2a)$$

Richtung von $\boldsymbol{B}$. Die Induktion $\boldsymbol{B}$ ist ein Vektor: Auf eine Punktladung Q, die sich mit der Geschwindigkeit $\boldsymbol{v}$ im magnetischen Feld mit der Flußdichte $\boldsymbol{B}$ bewegt, wirkt die Kraft (auch Lorentz-Kraft genannt)

$\boldsymbol{F} = Q(\boldsymbol{v} \times \boldsymbol{B})$	Induktion $\boldsymbol{B}$. Definitionsgleichung, $Q > 0$.	(5.1/2b)

$\boldsymbol{F}$ steht senkrecht auf $\boldsymbol{v}$ und $\boldsymbol{B}$ (Dreifinger- bzw. uvw-Regel, Ursache, Vermittlung, Wirkung, Bild R 5.1/2). Deswegen nimmt die Ladung im zeitlich konstanten Magnetfeld *keine* Energie auf (Gegensatz: elektrisches Feld, dort $\boldsymbol{F} \sim \boldsymbol{E} \sim \boldsymbol{v}$!).

Hinweis: Da die Gesamtheit bewegter Ladungen einem Strom entspricht, gilt auch (Bild R 5.1/2c) $\Delta \boldsymbol{F} = i(\Delta \boldsymbol{s} \times \boldsymbol{B})$ resp.

$$\boldsymbol{F} = i \int_l (\mathrm{d}\boldsymbol{s} \times \boldsymbol{B}). \qquad (5.1/3)$$

Ein Magnetfeld $\boldsymbol{B}$ übt auf einen beliebig geformten Leiter der Länge l eine Kraft nach Gl.(5.1/3) aus, wobei d$\boldsymbol{s}$ in Richtung von i angenommen wurde.

Erzeugung von $\boldsymbol{B}$.

- durch bewegte Ladungen (Strom, Konvektionsstrom im Leiter, Verschiebungsstrom im Dielektrikum)
- durch Dauermagnet (atomare Dipole oder Kreisströme im Medium).

Nachweis von $\boldsymbol{B}$.

- Eisenfeilspäne, Magnetnadel
- Kraft auf stromdurchflossenen Leiter
- Richtung (anschaulich): positive Richtung von $\boldsymbol{B}$ ist Richtung des Nordpols der Magnetnadel.

Darstellung von $\boldsymbol{B}$. Durch magnetische Feldlinien (vgl. Feldlinien $\boldsymbol{E}$). Merkmale:

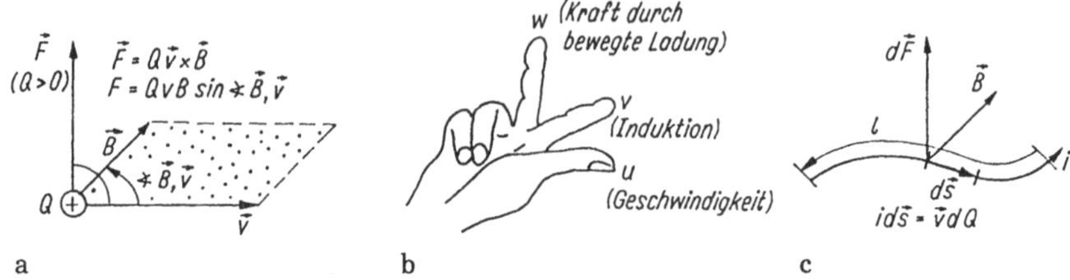

Bild R 5.1/2 Kraft auf bewegte (positive) Ladung im Magnetfeld
a) Kraftrichtung, b) Dreifingerregel, c) Kraft auf Leiterelement d$\boldsymbol{s}$

- $\boldsymbol{B}$-Linien sind in sich geschlossen (ohne Anfang und Ende) im Gegensatz zu $\boldsymbol{E}$-Linien des Ladungsfeldes
- $\boldsymbol{B}$-Linien verlaufen tangential im Uhrzeigersinn um die bewegte Ladung (Rechtehandregel).

Die Konstruktion der Feldlinien erfolgt wie die der $\boldsymbol{E}$-Linien.

Haupteigenschaft des $\boldsymbol{B}$-Feldes: Quellenfreiheit. Da bisher keine magnetische Einzelladung bestätigt wurde, sind die $\boldsymbol{B}$-Linien in sich geschlossen: $\boldsymbol{B}$ *ist quellenfrei.* Formulierung (Bild R 5.1/3):

$\oint \boldsymbol{B}\cdot \mathrm{d}\boldsymbol{A} = 0$	gleichwertig:	div $\boldsymbol{B} = 0$	
Gaußscher Satz		Quellenfreiheit der magnetischen Induktion.	(5.1/4)

Die $\boldsymbol{B}$-Linien verhalten sich (im homogenen Medium) wie die Strömungslinien einer inkompressiblen Flüssigkeit, sie haben insbesondere weder Anfang noch Ende.

Magnetische Feldstärke $\boldsymbol{H}$. Die Induktion $\boldsymbol{B}$ beschreibt die *Kraft* auf bewegte Ladungsträger, also die *Wirkung* des magnetischen Feldes. Sie hängt u.a. von den magnetischen Eigenschaften des Raumes ab (Gl.(5.1/1)):

$$F = Q_1 v_1 \underbrace{\mu_0 \frac{Q_2 v_2}{4\pi r^2}}_{B} = Q_1 v_1 \mu_0 \underbrace{\frac{Q_2 v_2}{4\pi r^2}}_{H}$$

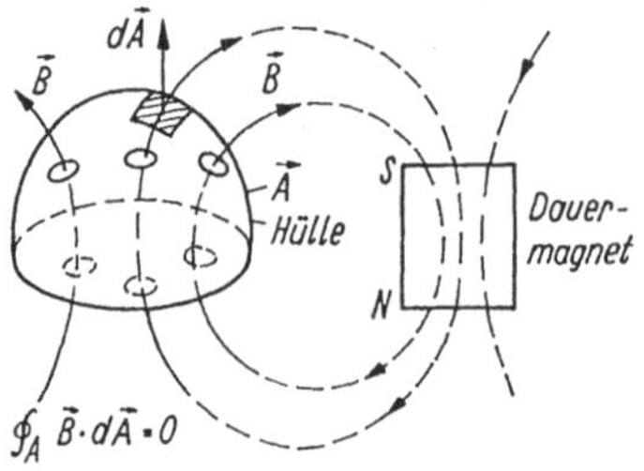

Bild R 5.1/3 Quellenfreiheit der magnetischen Induktion $\boldsymbol{B}$

oder kurzgefaßt

$\boldsymbol{B}(\boldsymbol{r}) = \mu_0 \boldsymbol{H}(\boldsymbol{r})$	Zusammenhang $\boldsymbol{B}$, $\boldsymbol{H}$ im Vakuum	(5.1/5)

mit der magnetische *Feldstärke* $\boldsymbol{H}$. Genauer gilt (I/Gl.(3.6))

$\boldsymbol{H}(\boldsymbol{r}) = \frac{Q}{4\pi r^2}\left(\boldsymbol{v} \times \frac{\boldsymbol{r}}{r}\right)$	$[H] = 1\,\frac{\mathrm{A}}{\mathrm{m}}$	magnetische Feldstärke, Definitionsgleichung.	(5.1/6)

Ursache der magnetische Feldstärke $\boldsymbol{H}$ ist die mit der Geschwindigkeit $\boldsymbol{v}$ bewegte Ladung (bzw. der Strom i, vgl. $\boldsymbol{B}$: Wirkung).

Hinweis: Im Vakuum sind magnetische Feldstärke $\boldsymbol{H}$ und Induktion $\boldsymbol{B}$ gleichwertig, denn es gibt keine atomaren Dipole. Nach Gl.(5.1/5) unterscheiden sich $\boldsymbol{B}$ und $\boldsymbol{H}$ nur um einen Skalar, die magnetische Feldkonstante μ_0. Erst in Materie erhalten die Feldgrößen $\boldsymbol{B}$, $\boldsymbol{H}$ qualitativ unterschiedliche Bedeutung.

Durchflutungssatz (Amperesches Gesetz). Da die bewegte Ladung Stromfluß darstellt, ist Ursache der magnetischen Feldstärke $\boldsymbol{H}$ letztlich der elektrische Strom. Es gilt

$$\oint_s \boldsymbol{H} \cdot \mathrm{d}\boldsymbol{s} = \sum i = \Theta = \int_A \boldsymbol{S} \cdot \mathrm{d}\boldsymbol{A} \quad \text{mit } \boldsymbol{S} = \int_\varrho \boldsymbol{v} \cdot \mathrm{d}\varrho + \frac{\partial \boldsymbol{D}}{\partial t} \qquad (5.1/7)$$

Durchflutungssatz (Amperesches Gesetz).

Jeder elektrische Strom i (Konvektions- Verschiebungsstrom) wird untrennbar von einem Magnetfeld umwirbelt. Dabei ist i der von einem (beliebigen) Integrationsweg $\boldsymbol{s}$ umschlossene Strom: Das Umlaufintegral über $\boldsymbol{H}$ längs $\boldsymbol{s}$ heißt *Durchflutung* Θ (magnetische Umlaufspannung). Wird der Strom i w-mal umlaufen, so gilt in Gl.(5.1/7) rechts $\sum i = wi = \Theta$.

Die Durchflutung $iw = \Theta$ (Ampere-Windungszahl) wird auch als *MMK* (magneto-motorische Kraft) bezeichnet. Θ ist die gesamte elektrische (Netto-) Stromstärke, die von der vom Weg $\boldsymbol{s}$ berandeten Fläche umfaßt wird.

Stromdichte $\boldsymbol{S}$ und Feldstärke $\boldsymbol{H}$ (d.h. i bzw. $\mathrm{d}\boldsymbol{A}$ und $\boldsymbol{H}$ bzw. $\mathrm{d}\boldsymbol{s}$) sind durch die Rechtsschraubenregel zugeordnet (Bild R 5.1/4a).

Aus Gl.(5.1/7) folgt: In Bereichen, die keinen Strom umfassen, verschwindet $\oint \boldsymbol{H} \cdot \mathrm{d}\boldsymbol{s} = 0$ oder die magnetische Feldstärke $\boldsymbol{H}$ ist dort *wirbelfrei* (s.u.).

Differentialform des Durchflutungssatzes. Die zu Gl.(5.1/7) gleichwertige differentielle Formulierung lautet (mit dem Satz von Stokes)

$\operatorname{rot} \boldsymbol{H}(\boldsymbol{r}) = \boldsymbol{S}(\boldsymbol{r}) = \boldsymbol{S} + \frac{\partial \boldsymbol{D}}{\partial t}$	Durchflutungssatz in Differentialform.	(5.1/8a)

Anschaulich: Wegen $\operatorname{rot} \boldsymbol{H} \cdot \Delta \boldsymbol{A} = \oint \boldsymbol{H} \cdot \mathrm{d}\boldsymbol{s}$ für $\Delta \boldsymbol{A} \to 0$ folgt

$$\operatorname{rot} \boldsymbol{H} \cdot \boldsymbol{n} = \lim_{\Delta A \to 0} \frac{1}{\Delta A} \oint \boldsymbol{H} \cdot \mathrm{d}\boldsymbol{s}.$$

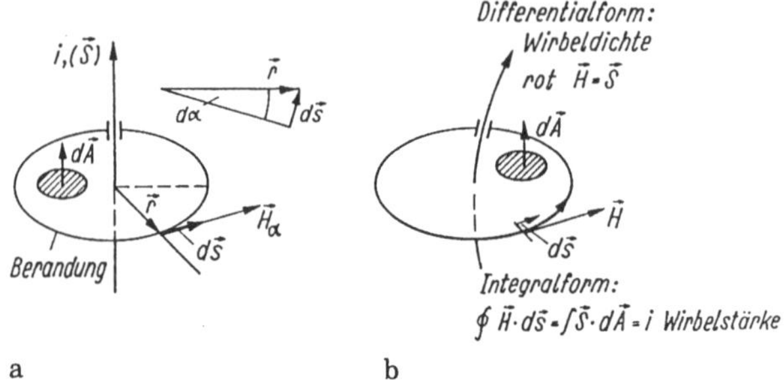

Bild R 5.1/4 Durchflutungssatz
a) in Integralform, $\boldsymbol{H}$ umwirbelt i bzw. $\boldsymbol{S}$. Zuordnung von d$\boldsymbol{A}$ und d$\boldsymbol{s}$ nach Rechtsschraubenregel, b) in Differentialform

Das Umlaufintegral von $\boldsymbol{H}$ dividiert durch das vom Weg $\boldsymbol{s}$ eingeschlossene Flächenelement $\Delta\boldsymbol{A}$ (mit $\Delta A \to 0$) ist gleich der Komponente des Vektors rot $\boldsymbol{H}$ in Richtung der Flächennormalen $\boldsymbol{n}$ (s. auch Bild R 2.1/4).

Als Gl.(5.1/8) wird der Durchflutungssatz (Bild R 5.1/4b) auch als *1. Maxwellsche Gleichung* in Differentialform benannt, die Darstellung Gl. (5.1/7) ist die zugehörige Integralform.

Die Differentialoperation rot $\boldsymbol{H}$ heißt *Rotation* oder *Wirbeldichte* (dagegen $\oint \boldsymbol{H}\cdot\mathrm{d}\boldsymbol{s}$ die *Wirbelstärke*, *Zirkulation*, magnetische Umlaufspannung oder Erregung). Sie lautet (z.B. angewandt auf ein kartesisches Koordinatensystem)

$$\text{rot}\,\boldsymbol{H} = \nabla\times\boldsymbol{H} = \sum_{k=x,y,z} \boldsymbol{e}_k \lim_{\Delta s_k\to 0}\frac{\oint \boldsymbol{H}\cdot\mathrm{d}\boldsymbol{s}}{\Delta s_k}$$

Differential-operation — symbolische Darstellung. Vektoranalysis — Definitionsgleichung (Vektorform)

$$= \boldsymbol{S} = \begin{pmatrix} \boldsymbol{e}_x & \boldsymbol{e}_y & \boldsymbol{e}_z \\ \frac{\partial}{\partial x} & \frac{\partial}{\partial y} & \frac{\partial}{\partial z} \\ H_x & H_y & H_z \end{pmatrix} \qquad (5.1/8b)$$

physikalische Eigenschaft im Raumpunkt — spez. Koordinatensystem

Die Wirbeldichte rot $\boldsymbol{H}$ des magnetischen Feldes $\boldsymbol{H}$ ist in jedem Raumpunkt gleich der Stromdichte (Bild R 5.1/4b). Stromfreie Gebiete mit rot $\boldsymbol{H} = 0$ sind dann wirbelfrei.

Feldcharakter. Das magnetische Feld (mit den Komponenten $\boldsymbol{H}$, $\boldsymbol{B}$) ist ein quellenfreies Wirbelfeld (elektrisches Feld: wirbelfreies Quellenfeld!, Bild R 5.1/4, vgl. auch R 2.1/5).

Berechnung. Die Berechnung von $\boldsymbol{H}$ über den Durchflutungssatz Gl.(5.1/7) gelingt nur bei einfachen Anordnungen. Das Durchflutungsintegral läßt sich nur dann einfach ausführen, wenn auf dem Integrationsweg $\boldsymbol{H}$ (wenigstens) stückweise konstant ist.

Beispiel: (Bild R 5.1/4a). Magnetische Feldstärke um einen unendlich langen geraden Draht. Aus Gl.(5.1/7) wird

$$\oint \boldsymbol{H} \cdot \mathrm{d}\boldsymbol{s} = \int_0^{2\pi} H_\alpha \boldsymbol{e}_\alpha r \,\mathrm{d}\alpha \cdot \boldsymbol{e}_\alpha = H_\alpha r \int_0^{2\pi} \mathrm{d}\alpha = H_\alpha 2\pi r = i, \; \boldsymbol{H} = \frac{i}{2\pi r}\boldsymbol{e}_\alpha.$$

Faßt man den Strom i als bewegte ($\boldsymbol{v}$) differentielle Ladung $\mathrm{d}Q$ (bzw. Punktladung Q) auf, so entsteht am Ort $\boldsymbol{r}$ der Feldstärkebeitrag nach Gl.(5.1/6)(Bild R 5.1/5)

$$\mathrm{d}\boldsymbol{H} = \frac{\mathrm{d}Q}{4\pi r^2}\left(\boldsymbol{v} \times \frac{\boldsymbol{r}}{r}\right) = \frac{i}{4\pi r^2}\left(\mathrm{d}\boldsymbol{s} \times \frac{\boldsymbol{r}}{r}\right). \tag{5.1/9}$$

Weil eine mit $\boldsymbol{v}$ bewegte Ladung $\mathrm{d}Q$ als sog. *differentielles Stromelement* i $\mathrm{d}\boldsymbol{s} = \mathrm{d}Q\boldsymbol{v}$ aufgefaßt werden kann, gilt Gl. (5.1/9) auch in der rechten Form. Durch Überlagerung folgt daraus

$$\boldsymbol{H} = \oint \frac{i}{4\pi r^3}(\mathrm{d}\boldsymbol{s} \times \boldsymbol{r}) = \oint \frac{\mathrm{d}Q}{4\pi}(\boldsymbol{v} \times \boldsymbol{r}) \tag{5.1/10}$$

Biot-Savartsches Gesetz für den Stromfaden.

Das Biot-Savartsche Gesetz ist eine Sonderform des Durchflutungssatzes. Es eignet sich zur Berechnung von $\boldsymbol{H}$ in Punkten außerhalb (dünner) stromführender Leiter.

Anschaulich ist die magnetische Feldstärke $\boldsymbol{H}$ das Linienintegral der Teilfeldstärken $\mathrm{d}\boldsymbol{H}$ aller vom gleichen Strom i durchflossenen Teilwege $\mathrm{d}\boldsymbol{s}$ längs des Leiters der Länge l. Dabei muß l ein geschlossener Weg (Stromkreis) sein. Zur praktischen Berechnung können u.U. bestimmte Teilbeiträge vernachlässigt werden, z.B. bei großem Abstand, Kompensation durch Leiterverdrillung u.a.

Anwendungsbeispiele des Biot-Savart-Gesetzes: Feld eines geraden stromdurchflossenen Leiters, Feld einer Ringspule u.a.

Bei *räumlicher Stromverteilung* geht das Biot-Savartsche Gesetz (5.1/10) mit $\mathrm{d}Q = \varrho\,\mathrm{d}V$ (ϱ Raumladungsdichte, $\mathrm{d}V$ differentielles Volumenelement) bzw. $i = \boldsymbol{S} \cdot \mathrm{d}\boldsymbol{A}$ ($\boldsymbol{S}$ Stromdichte, $\mathrm{d}\boldsymbol{A}$ Vektor des differentiellen Flächenelementes, $\mathrm{d}V = \mathrm{d}\boldsymbol{A} \cdot \mathrm{d}\boldsymbol{s}$) über in

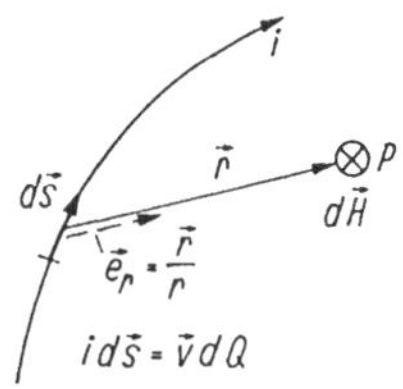

Bild R 5.1/5 Gesetz von Biot-Savart angewendet auf ein Stromelement $i\mathrm{d}\boldsymbol{s}$

$$\boldsymbol{H} = \int \frac{\boldsymbol{S} \times \boldsymbol{r}}{4\pi r^3} \mathrm{d}V = \int \frac{\varrho(\boldsymbol{v} \times \boldsymbol{r})}{4\pi r^3} \mathrm{d}V \tag{5.1/11}$$

Biot-Savartsches Gesetz für räumliche Stromverteilung.

Hinweis: Abhängig von der Leitergeometrie ist entweder Gl.(5.1/7) oder (5.1/10) besser geeignet, z.B.

- gerader Leiter: Anwendung von Gl.(5.1/7) einfacher
- Stromschleife: Gl.(5.1/10) geeigneter.

5.1.2 Magnetisches Feld im stofferfüllten Raum

Wird Materie in ein magnetisches Feld gebracht, so bilden sich magnetische Dipolzustände und es kommt zur *magnetischen Polarisation* resp. *Magnetisierung* $\boldsymbol{J}$ (analog zur elektrischen Polarisation $\boldsymbol{P}$) mit

$$\boldsymbol{B} = \underbrace{\mu_0 \boldsymbol{H} + \boldsymbol{J}}_{\text{immer}} = \mu_0(\boldsymbol{H} + \boldsymbol{M}) = \underbrace{\mu_r \mu_0 \boldsymbol{H}.}_{\text{isotropes, lineares Magnetikum}} \tag{5.1/12}$$

Die magnetische Polarisation $\boldsymbol{J}$ beschreibt den Materialeinfluß auf die Ausbildung des Magnetfeldes. Dadurch erhalten $\boldsymbol{B}$ *und* $\boldsymbol{H}$ eigenständige Bedeutung.

Phänomenologisch wird die magnetische Polarisation in magnetisch isotropen Stoffen (s.u.) durch eine Permeabilitätszahl μ_r erfaßt.

Statt der Polarisation $\boldsymbol{J}$ kann auch die *Magnetisierung* $\boldsymbol{M} = \boldsymbol{J}/\mu_0$ zur Feldstärke $\boldsymbol{H}$ addiert werden. Weil $\boldsymbol{M}$ von der magnetischen Feldstärke abhängt, schreibt man häufig (bei Dia- und Paramagnetismus)

$$\boldsymbol{M} = \chi_m \boldsymbol{H}$$

mit der magnetischen *Suszeptibilität* χ_m

$$\chi_m = \mu_r - 1. \tag{5.1/13}$$

Die Abhängigkeit $B(H)$ heißt *Magnetisierungskurve* (vgl. Bild R 4.1/3, $D(E)$).

Nach Art und Temperaturabhängigkeit der Funktion $B(H)$ wird die Materie magnetisch unterteilt in

- *isotrope Stoffe:* $\boldsymbol{B}$ und $\boldsymbol{H}$ haben stets gleiche Richtung
- *anisotrope Stoffe:* $\boldsymbol{B}$ und $\boldsymbol{H}$ unterscheiden sich (z.B. Kristalle)
- nach der *Intensität* von $\boldsymbol{J}$ in dia-, para- und ferromagnetische Stoffe. Letztere haben größte technische Bedeutung.

Bei Dia- und Paramagnetika sind $\boldsymbol{B}$ und $\boldsymbol{H}$ stets einander proportional:

- *Diamagnetisch* heißt ein Stoff, wenn durch ein äußeres Magnetfeld ein zusätzliches magnetisches Moment in den Elektronenhüllen des Atoms auftritt. Dadurch wird das äußere Feld geschwächt. Das bedeutet

$$\chi_m < 0 \qquad \text{resp.} \quad \mu_r = 1 + \chi_m \lesssim 1.$$

Beispiele: Wasser, Cu, Si, aber auch Edelgase u.a.

- *Paramagnetisch* heißt ein Stoff, wenn seine Atome (auch Atomrümpfe) ohne äußeres Magnetfeld ein magnetisches Moment haben. Ein äußeres Magnetfeld richtet diese magnetischen Dipole aus und überkompensiert die diamagnetische Wirkung. Daher gilt

$$\mu_r \geq 1 \qquad \chi_m = \mu_r - 1 > 0 \quad \chi_m \ll 1 \qquad \text{(Feldverstärkung)}.$$

Beispiele: Luft ($\mu_r = 1 + 0{,}4 \cdot 10^{-6}$), Aluminium, aber auch Stoffe wie Eisen, Kobalt oberhalb der sog. Curie-Temperatur (s.u.).

Ferromagnetisch heißen Stoffe mit permanenten magnetischen Momenten, die unterhalb der sog. *Curie-Temperatur* in eine spontane Magnetisierung (= parallele Ausrichtung) ohne äußeres Feld übergehen. (Ursache: Wechselwirkung zwischen den magnetischen Momenten der Atome bzw. der damit verbundenen Elektronenspins.) Dadurch entstehen die sog. *Weißschen Bezirke.* Merkmale der Ferromagnetika sind

$$\mu_r \gg 1, \quad \chi_m \gg 1; \qquad \text{praktisch } \mu_r = 10^3 \ldots 10^5.$$

Die *Magnetisierungskurve* $B(H)$ (Bild R 5.1/6a) umfaßt

- die *Neukurve* bei erstmaliger Magnetisierung
- die *Hysteresekurve* mit den ausgezeichneten Werten:
  - *Sättigungsinduktion* B_S: alle Weißschen Bezirke sind ausgerichtet, Erhöhung von H steigert B nur noch gering $B = \mu_0 H$ für $B > B_S$. Praktische Werte:
    Eisen: $B_S \approx 1 \ldots 2\,\text{T}$, Ferrite: $B_S \approx 0{,}3 \ldots 0{,}5\,\text{T}$
  - *Remanenzinduktion* B_R: Restinduktion für $H = 0$ nach Aufmagnetisieren
  - *Koerzitivfeldstärke* H_C. Feldstärke, die nach Aufmagnetisieren (bis B_S) in umgekehrter Richtung anliegen muß, damit die Induktion verschwindet.

Der geschlossene Durchlauf einer Hysteresekurve (= Inhalt der B-H-Kurve) ist ein Maß für die bei der Ummagnetisierung zu leistende (in Wärme umge-

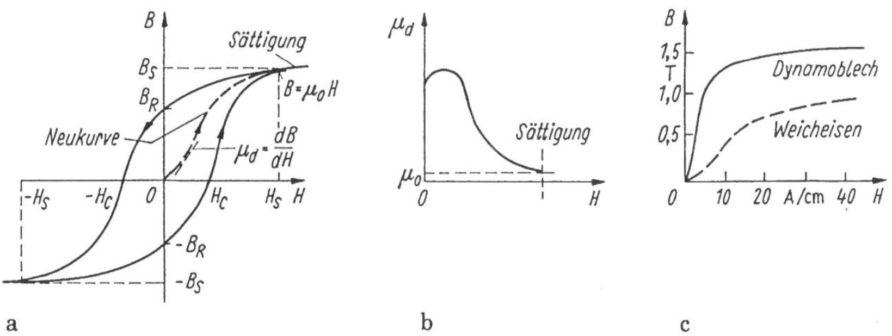

Bild R 5.1/6 Magnetisierungskurve eines Ferromagnetikums
a) Hysteresekurve und Neukurve, b) differentielle Permeabilität, c) Neukurve typischer Eisenmaterialien

setzte) Arbeit

$$W = \frac{dW}{dV}V; \qquad \text{Verlustleistung } P = \frac{dW}{dV}Vf. \tag{5.1/14}$$

Nach der Form der Hysteresekurve (Größen H_C, B_R) gibt es:

- *Weichmagnetische Stoffe* mit kleinem H_C ($\approx 0,01\ldots 5\,\mathrm{A/m}$) und kleinem B_R. Einsatz: Motoren, Generatoren, Transformator, geringe Verluste. Materialien: Eisenkohlenstoff, Kobalt, Wolfram.
- *Hartmagnetische Stoffe:* Großes H_C ($1000\ldots 3000\,\mathrm{A/m}$), großes B_R. Einsatz: Dauermagnete, Materialien: Eisen-, Alu-, Ni-, Co-Legierungen.

Entmagnetisieren eines Kernes ist möglich:

- durch Überschreiten der *Curie-Temperatur* T_C. Dabei verschwindet die spontane Magnetisierung und das Material bleibt jenseits davon paramagnetisch. Werte ($T_C - T_0$/K): Fe 765, Ni 360, Co 1075.
- durch langsame Rücknahme der Magnetisierung bei Aussteuerung durch ein Wechselfeld (Kurve läuft allmählich in den Nullpunkt),
- durch mechanische Erschütterung (vor allem bei hochpermeablen Stoffen).

Darstellung des *B*-*H*-Verlaufes. Der nichtlineare $B(H)$-Verlauf wird üblicherweise angegeben:

- grafisch $B(H)$ (Bild R 5.1/6a)
- in Form einer feldabhängigen Permeabilität $\mu_r(H)$ (Bild R 5.1/6b)
- durch die differentielle Permeabilität $\mu_r = dB/dH$, wenn nur in einem Arbeitspunkt ausgesteuert wird
- als sog. Fröhlich-Kurve

$$B(H) = \frac{\alpha H}{1 + \beta H} \tag{5.1/15}$$

- als Tabelle. Bild R 5.1/6c enthält Richtwertverläufe typischer Eisensorten.

5.1.3 Grenzflächen

Die Beziehungen zwischen Flußdichte $\boldsymbol{B}$ und magnetischer Feldstärke $\boldsymbol{H}$ an Grenzflächen magnetischer Materialien sind bestimmt durch die Quellenfreiheit der Flußdichte $\oint \boldsymbol{B} \cdot d\boldsymbol{A} = 0$ (Gl.(5.1/4)) sowie die Wirbelfreiheit $\oint \boldsymbol{H} \cdot d\boldsymbol{s} = 0$ in stromfreien Bereichen (Gl.(5.1/7)). Daraus folgen für die 1. *Grenzfläche zweier magnetischer Materialien:* Aus den genannten Bedingungen ergeben sich

- Stetigkeit der *Normalkomponenten von* $\boldsymbol{B}$:

$$\boldsymbol{B}_{n1} = B_{n1}\boldsymbol{e}_n = \boldsymbol{B}_{n2} = B_{n2}\boldsymbol{e}_n \quad \text{bzw. } B_{n1} = B_{n2} \tag{5.1/16a}$$

(Grundlage: Quellenfreiheit der Flußdichte) und

$$B_{t2}\mu_1 = \mu_2 B_{t1}. \tag{5.1/16b}$$

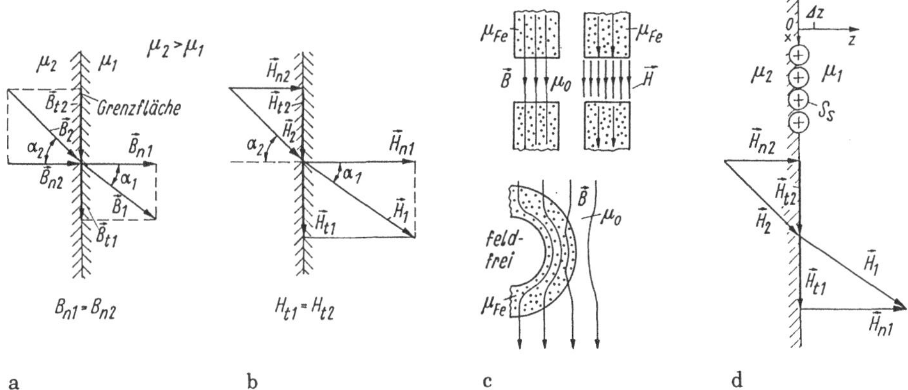

Bild R 5.1/7 Feldgrößen an einer Grenzfläche zwischen zwei magnetisch verschiedenen Materialien
a) Stetigkeit der Normalkomponente der Induktion, b) Stetigkeit der Tangentialkomponente der magnetischen Feldstärke, c) Verhalten der Feldgrößen senkrecht zur Grenzfläche Ferromagnetikum Luft. Magnetfeldabschirmende Wirkung ferromagnetischer Materialien, d) Grenzfläche mit flächenhaftem Strombelag

Die Tangentialkomponenten der magnetische Induktion ist proportional der Permeabilität (Bild R 5.1/7a).

- Stetigkeit der *Tangentialkomponenten* der magnetischen Feldstärke $\boldsymbol{H}$

$$\boldsymbol{H}_{\mathrm{t1}} = H_{\mathrm{t1}}\boldsymbol{e}_{\mathrm{t}} = \boldsymbol{H}_{\mathrm{t2}} = H_{\mathrm{t2}}\boldsymbol{e}_{\mathrm{t}} \quad \text{bzw. } H_{\mathrm{t1}} = H_{\mathrm{t2}} \tag{5.1/17a}$$

(Grundlage: Wirbelfreiheit in stromfreien Gebieten) und

$$H_{\mathrm{n2}} = \frac{\mu_1}{\mu_2} H_{\mathrm{n1}}. \tag{5.1/17b}$$

Die Normalkomponenten der magnetischen Feldstärke verhalten sich umgekehrt zu den Permeabilitäten.

Wegen $B_{\mathrm{n1}} = B_{\mathrm{n2}}$ Gl.(5.1/16a) ist zwar $\boldsymbol{B}$ an der Grenzfläche quellenfrei, aber nicht $\boldsymbol{H}$: Grenzflächen können Quelle oder Senke von $\boldsymbol{H}$-Linien sein.

Daraus folgt als (magnetisches) *Brechungsgesetz* an der Grenzfläche zweier Materialien:

$$\frac{\tan\alpha_1}{\tan\alpha_2} = \frac{\mu_1}{\mu_2} = \frac{H_{\mathrm{n1}}}{H_{\mathrm{n2}}} = \frac{B_{\mathrm{t1}}}{B_{\mathrm{t2}}}. \quad \text{Brechungsgesetz im Magnetfeld} \tag{5.1/18}$$

Bei Übergang in ein Medium kleinerer Permeabilität werden die Feldlinien zur Normalen hin gebrochen (Bild R 5.1/7a, vgl. Verhalten der Größen $\boldsymbol{D}$, $\boldsymbol{E}$ an einer dielektrischen Grenzfläche, Abschn. 4.1.3).

2. *Grenzfläche Nichtferromagnetikum - Ferromagnetikum* (z.B. Luft - Eisen). Für diesen praktisch wichtigen Fall folgen aus Gl.(5.1/16), (5.1/17)

a) Aus der *Stetigkeit* $B_{n1} = B_{n2}$. Die B-Feldlinien treten senkrecht aus der Grenzfläche aus, sie sind in Eisen und Luft gleich, doch stellt die *Grenzfläche eine Quelle (Senke) für H-Feldlinien* dar.

   Die magnetische Feldstärke ist in Luft stets größer als in Eisen (Bild R 5.1/7b): $H_{nL} = \mu_{rFe} H_{nFe}$ (Gl.(5.1/17)).

b) *Stetigkeitsbedingung* $H_{t1} = H_{t2}$. Verlaufen Feldlinien im Ferromagnetikum parallel zur Grenzfläche, so ist $\boldsymbol{B}$ im Ferromagnetikum wegen $B_{t1} = \mu_1 B_{t2}$ viel größer als in Luft (Bild R 5.1/7c).

   Ferromagnetische Materialien "konzentrieren" B-Linien (Flußbündelung, z.B. zur Abschirmung genutzt).

c) Ein Sonderfall von Gl.(5.1/17a) liegt vor, wenn die Grenzfläche mit einer näherungsweise *flächenhaften Stromverteilung* (sog. *Flächenstrom*, z.B. w stromdurchflossene Windungen) längs Δx belegt ist,

$$H_x(0) = H_x(\Delta z) + \frac{iw}{\Delta x}$$

(Bild R 5.1/8d). Dann gilt (Flächenstrom S_S [S] = A/m)

$$H_{t1} - H_{t2} = S_S$$

oder mit dem Normalenvektor $\boldsymbol{n}_{21}$:

$$\boldsymbol{n}_{21} \times (\boldsymbol{H}_1 - \boldsymbol{H}_2) = \boldsymbol{S}_S. \tag{5.1/19}$$

   An einer Grenzfläche mit einem Flächenstrom $\boldsymbol{S}_S$ springt die Tangentialkomponente von $\boldsymbol{H}$ (vgl. andersartiges Verhalten der Verschiebungsflußdichte mit Flächenladungen, Abschn. 4.1.3).

Tafel R 5.1/1 gibt eine zusammenfassende Übersicht der charakteristischen Größen des magnetischen Feldes.

5.2 Globalgrößen des magnetischen Feldes

5.2.1 Globalgrößen

Globalgrößen des magnetischen Feldes sind der *magnetische Fluß* Φ, der *magnetische Spannungsabfall* V und der magnetische Widerstand R_m. Sie stehen zu den Feldgrößen $\boldsymbol{B}$, $\boldsymbol{H}$ und der Verknüpfungsbeziehung $\boldsymbol{B} = \mu\boldsymbol{H}$ resp. $B(H)$ in ähnlichem Zusammenhang wie z.B. i, u, R im Strömungsfeld zu $\boldsymbol{S}$, $\boldsymbol{E}$ und $S(E)$ resp. $\boldsymbol{S} = \kappa\boldsymbol{E}$.

Magnetischer Fluß Φ. Wie der Strom i der Stromdichte $\boldsymbol{S}$ im Strömungsfeld zugeordnet ist, gehört im magnetischen Feld der magnetische Fluß

Tafel R 5.1/1 Zusammenhang typischer Größen des magnetischen Feldes und zugehörige Beschreibung durch den magnetischen Kreis

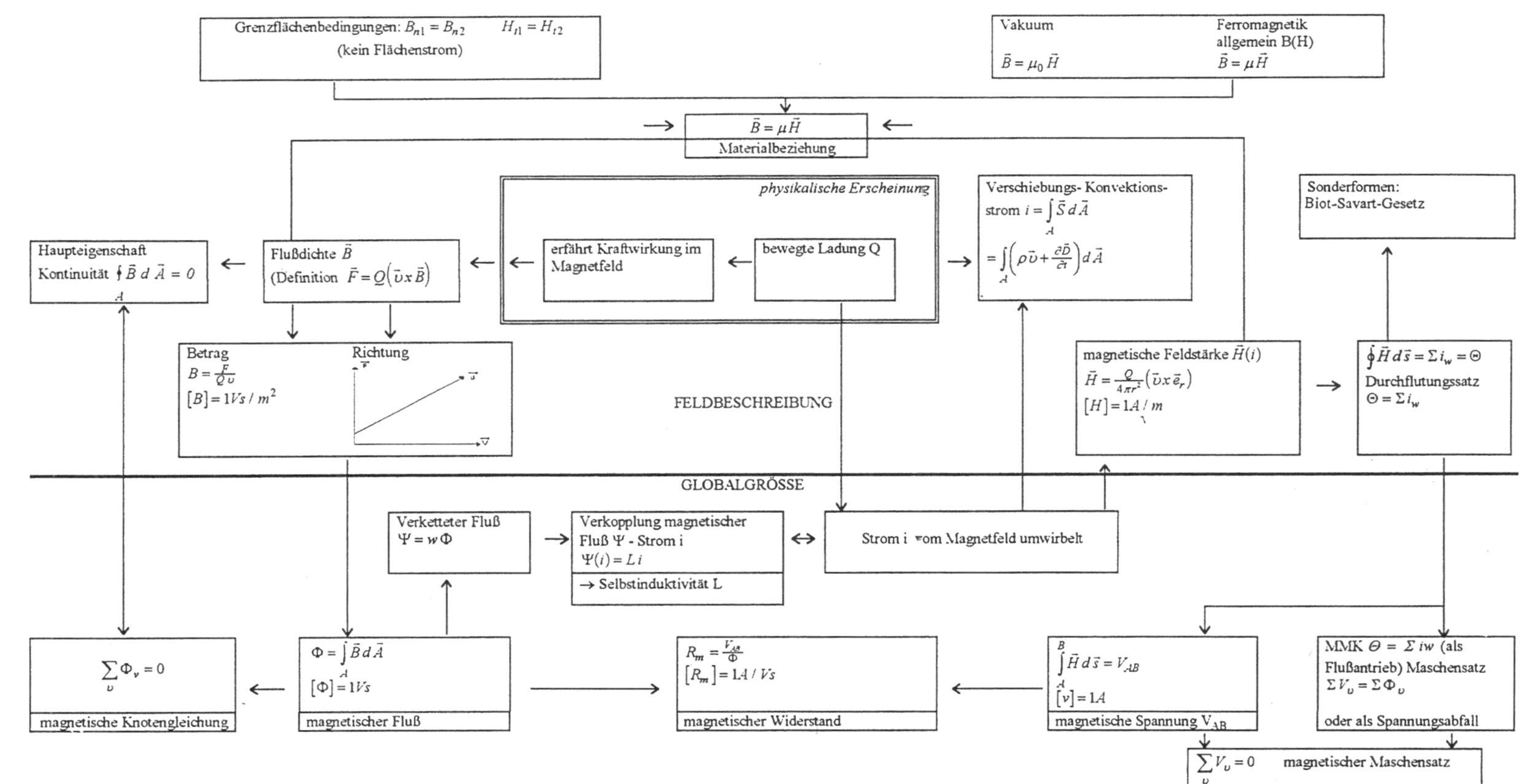

$$\Phi = \int \boldsymbol{B} \cdot \mathrm{d}\boldsymbol{A} \qquad [\Phi] = 1\,\mathrm{Vs} = 1\,\mathrm{Weber} \qquad \text{magnetischer Fluß} \qquad (5.2/1)$$

als Globalgröße (mit Strömungscharakter) zur Flußdichte $\boldsymbol{B}$ (Bild R 5.2/1a).

Der magnetische Fluß Φ charakterisiert die Wirkung des Magnetfeldes in einer Fläche gemäß Gl.(5.2/1). Er ist ein Skalar, hat aber eine Orientierungsrichtung: Φ positiv, wenn die Richtung von $\boldsymbol{B}$ und der Flächennormalen $\mathrm{d}\boldsymbol{A}$ in gleiche Richtung weisen (vgl. Begriff Fluß des Vektors $\boldsymbol{B}$, Flußintegral).

Anschaulich: Induktion $\boldsymbol{B}$ (Flußdichte!) = magnetischer Fluß Φ pro Fläche A (vgl. Bild R 5.2/1b).

Stets gilt (analog zu $\oint \boldsymbol{S} \cdot \mathrm{d}\boldsymbol{A}$ als Grundlage des Knotensatzes $\sum i = 0$): Die Quellenfreiheit $\oint \boldsymbol{B} \cdot \mathrm{d}\boldsymbol{A} = 0$ Gl.(5.1/5) führt auf

$$\sum_{\nu} \Phi_{\nu} = 0 \qquad \text{magnetischer Knotensatz.} \qquad (5.2/2)$$

Die algebraische Summe der magnetischen Flüsse durch eine Hüllfläche verschwindet stets, weil der magnetisch Fluß immer einen geschlossenen Kreis bildet (Bild R 5.2/1c).

Durchsetzt ein Flußteil $\Delta\Phi$ nur eine Teilfläche ΔA, so spricht man von einer *Flußröhre*. Dabei gilt $\Delta\Phi = \boldsymbol{B} \cdot \Delta\boldsymbol{A}$ (Bild R 5.2/1a).

Verketteter Fluß Φ. Umschließt ein Leiter in w Windungen eine magnetische Flußröhre mit dem (Teil-)Fluß Φ insgesamt w mal, so entsteht der Gesamtfluß

$$\Psi = w\Phi \qquad [\psi] = 1\,\mathrm{Vs}.$$

Er heißt *verketteter* Fluß Ψ (nicht zu verwechseln mit dem Verschiebungsfluß Ψ des elektrostatischen Feldes!). Der verkettete Fluß wird zur Berechnung von Induktivitäten, in magnetischen Kreisen und beim Induktionsgesetz benötigt.

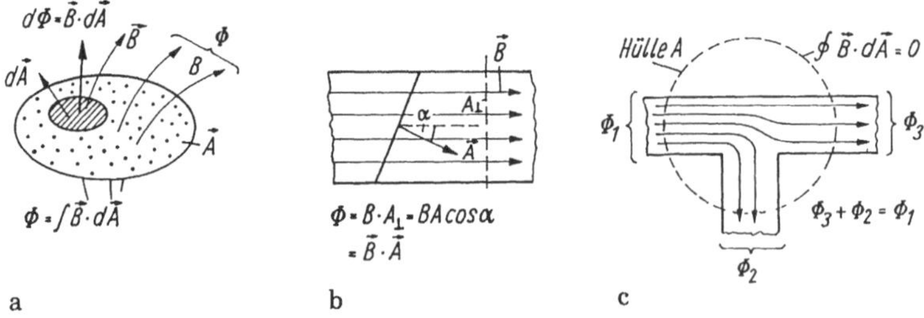

Bild R 5.2/1 Magnetischer Fluß
a) magnetischer Fluß und Flußdichte, b) Fluß bei homogenem $\boldsymbol{B}$-Feld, c) Quellenfreiheit des magnetischen Flusses

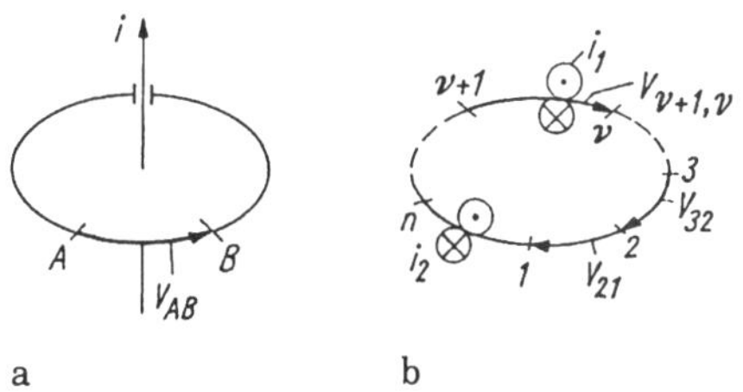

Bild R 5.2/2 Magnetische Spannung
a) Richtungsfestlegung, b) Spannungsabfälle und Linienintegral (magnetischer Maschensatz)

Magnetische Spannung $\boldsymbol{V}$**.** Die magnetische Spannung V (besser magnetischer Spannungsabfall) ist das Linienintegral über die magnetische Flußstärke $\boldsymbol{H}$ zwischen zwei Punkten A, B (Bild R 5.2/2a)

$V_{\mathrm{AB}} = \int_A^B \boldsymbol{H} \cdot \mathrm{d}\boldsymbol{s}$	[V] = 1 A	magnetischer Spannungsabfall (Definitionsgleichung)	(5.2/3)

Diese Festlegung gilt analog zur Spannung ($U_{\mathrm{AB}} = \int_A^B \boldsymbol{E} \cdot \mathrm{d}\boldsymbol{s}$) im elektrischen Feld, *unterscheidet* sich aber in einem wichtigen Punkt:

V hängt allgemein vom Weg ab (nämlich davon, ob und wie oft ein Strom i umschlossen wird).

Die magnetische Spannung V ist ein Skalar, die zweckmäßig durch einen Zählpfeil (in Integrationsrichtung $\mathrm{d}\boldsymbol{s}$ weisend) gekennzeichnet wird.

Hinweis: Im Gegensatz zur Spannung u (physikalische Bedeutung Energie pro Ladung) hat die magnetische Spannung keine physikalische Begründung.

Magnetischer Maschensatz. Aus dem Durchflutungssatz Gl.(5.1/7) $i = \oint \boldsymbol{H} \cdot \mathrm{d}\boldsymbol{s}$ folgt durch Integration über Teilabschnitte und Einführung des magnetischen Spannungsabfalls Gl.(5.2/3):

$\sum_{\nu=1}^{n} V_\nu = i = \sum \Theta_\nu = \oint \boldsymbol{H} \cdot \mathrm{d}\boldsymbol{s}$	magnetischer Maschensatz.	(5.2/4)

Die algebraische Summe der magnetischen Spannungsabfälle ist gleich der algebraischen Summe der Durchflutungen. (Dabei sind die Werte wie bei der Spannung vorzeichenbehaftet in Beziehung zum Umlauf einzusetzen, vgl. Bild R 5.2/2b).

Magnetisches Potential. So, wie im wirbelfreien elektrischen Feld neben der Spannung u das elektrische Potential φ vereinbart wurde, läßt sich für das magnetische Feld ein (skalares) *magnetisches Potential* ψ definieren:

$$V_{\mathrm{AB}} = \psi_{\mathrm{A}} - \psi_{\mathrm{B}} \quad \text{mit } \psi_{\mathrm{A}} = \psi_{\mathrm{B}} + \int_A^B \boldsymbol{H} \cdot \mathrm{d}\boldsymbol{s}, \qquad [\psi] = \mathrm{A} \qquad (5.2/5)$$

magnetisches Potential.

Daraus folgen (analog zu $\boldsymbol{E} = -\mathrm{grad}\,\varphi$) durch Auflösung

$$\boldsymbol{H} = -\mathrm{grad}\,\psi$$
$$\boldsymbol{H} = -\boldsymbol{n}\frac{\mathrm{d}\psi}{\mathrm{d}n} = -\boldsymbol{n}\frac{\mathrm{d}V}{\mathrm{d}n}. \qquad (5.2/6)$$

Stets steht $\boldsymbol{H}$ senkrecht auf den Äquipotentialflächen von ψ (Bild R 5.2/3, z.B. magnetisches Potential eines geraden stromdurchflossenen Leiters = radiale Fläche).

Für das magnetische Potential ψ gelten einige *Vorsichtsregeln*:

- Es ist nur in wirbelfreien Bereichen ($i = 0, \rightarrow \oint \boldsymbol{H} \cdot \mathrm{d}\boldsymbol{s} = 0$, z.B. Permanentmagnet) wegunabhängig
- In stromumfaßten Gebieten sind Mehrdeutigkeiten möglich.
- Die Festlegung von ψ erlaubt in manchen Fällen eine einfache Berechnung der Feldstärke $\boldsymbol{H}$ (vgl. $\boldsymbol{E}$-Berechnung über φ) über Gl.(5.2/6) (Wegfall der vektoriellen Überlagerung von $\boldsymbol{H}$).
- Während das elektrische Potential φ (Energie pro Ladung) physikalischen Bezug hat, fehlt dieser für ψ.

Magnetischer Widerstand R_m. Nach Festlegung des magnetischen Flusses Φ (analog zu i) und der magnetischen Spannung V (analog zu u) liegt die Einführung des magnetischen Widerstands

$$R_{\mathrm{m}} = \frac{V}{\Phi} \qquad [R_{\mathrm{m}}] = 1\frac{\mathrm{A}}{\mathrm{Vs}} \qquad (5.2/7)$$

magnetischer Widerstand (Reluktanz), Definitionsgleichung

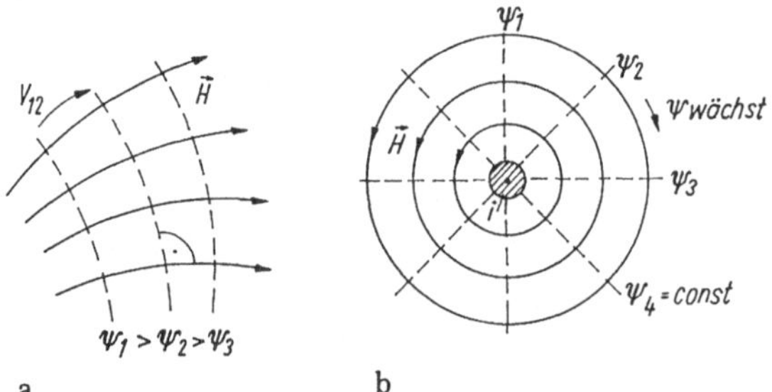

Bild R 5.2/3 Magnetisches skalares Potential
a) Feldstärke- und Potentiallinienverlauf, b) Feldstärke und Potential außerhalb eines geraden stromführenden Leiters

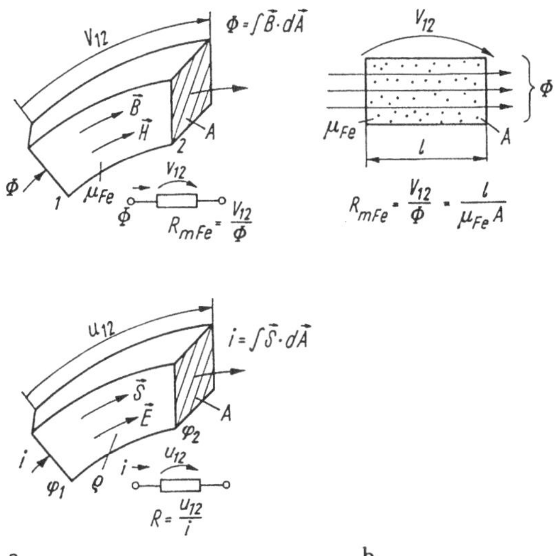

Bild 5.2/4 Magnetischer Widerstand eines magnetischen Leiters
a) allgemeine Festlegung (vgl. Analogie zum Strömungsfeld), b) magnetischer Widerstand eines homogenen Feldgebietes

eines Volumenbereiches nahe (analog zum elektrischen Widerstand). Werden V und Φ durch Feldgrößen $\boldsymbol{H}$, $\boldsymbol{B}$ (Gl.(5.2/1),(5.2/3)) ausgedrückt, so folgt (Bild R 5.2/4a)

$$R_{\mathrm{m}} = \frac{V}{\Phi} = \frac{\int_s \boldsymbol{H} \cdot \mathrm{d}\boldsymbol{s}}{\int_A \boldsymbol{B} \cdot \mathrm{d}\boldsymbol{A}} \qquad \text{magnetischer Widerstand, Definitionsgleichung.} \qquad (5.2/8a)$$

(Dabei muß das Wegelement d$\boldsymbol{s}$ senkrecht auf der Fläche d$\boldsymbol{A}$ stehen.) Die Auswertung von Gl.(5.2/8a) erfordert die Kenntnis des Feldverlaufes (leicht nur für symmetrische Felder ausführbar). Die Berechnung erfolgt in der Reihenfolge $B \to \Phi$, $H \to V$, $R_{\mathrm{m}} = V/\Phi$.

Bei homogenem magnetischen Feld gilt (Bild R 5.2/4b)

$$R_{\mathrm{m}} = \frac{l}{\mu A} = \frac{1}{G_{\mathrm{m}}}. \qquad \text{Bemessungsgleichung eines linienhaften magnetischen Leiters} \qquad (5.2/8b)$$

Der magnetische Widerstand ist proportional der magnetischen Weglänge und umgekehrt proportional zum Querschnitt A. Er sinkt mit wachsendem μ_{r}. Dabei ist *linearer* B-H-Zusammenhang vorausgesetzt.

Im *nichtlinearen* magnetischen Kreis wird $V(\Phi)$ nichtlinear und statt R_{m} muß die nichtlineare $V(\Phi)$-Kennlinie zur Analyse magnetischer Kreise verwendet werden. In Tafel R 5.1/1 wurden die relevanten Zusammenhänge berücksichtigt.

Tafel R 5.2/1 Analogie zwischen elektrischem und magnetischem Kreis

	elektrischer Kreis	magnetischer Kreis
	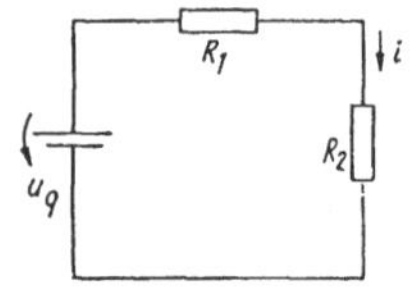	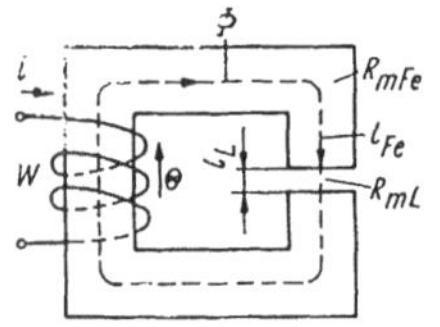
Ursache	elektrische Spannung u_q	magnetomotorische Spannung $\theta = \sum iw = \oint \vec{H} d\vec{s}$
Wirkung	elektrischer Strom i $i = \frac{u_q}{R_1 + R_2}$	magnetischer Fluß $\phi = \frac{iw}{R_{mFe} + R_{mL}} = \frac{\theta}{R_{mges}}$
Ohmsches Gesetz Bemessungsgleichung	$R = \frac{u}{i}$; $R = \frac{l}{\kappa A}$	$R_m = \frac{\theta}{\phi}$ $R_m = \frac{l}{\mu A}$
allgemeine Gesetze Maschensatz	$\sum u_\nu = 0$	$\sum V_\nu = 0$ (θ als Spannungsabfall eingeführt)
Knotensatz	$\sum i_\mu = 0$	$\sum \phi_\mu = 0$

5.2.2 Magnetischer Kreis

Die Analogie zwischen den magnetischen Größen V, Φ, R_m und den elektrischen Größen u, i, R (Tafel R 5.2/1) erlaubt, Anordnungen magnetischer Gebilde durch eine *magnetische Ersatzschaltung* - den sog. *magnetischen Kreis* - darzustellen (= mathematisches Modell!) genau so wie für Stromkreise im elektrischen Feld. Dabei wird einem Luftspalt ein entsprechender magneti-

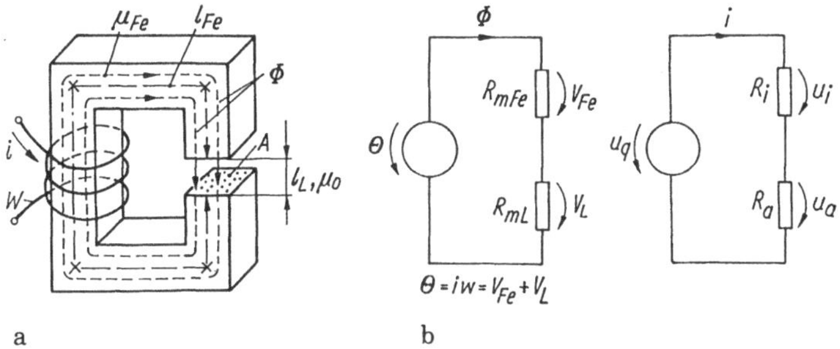

Bild R 5.2/5 Magnetischer Kreis
a) Aufbau, Eisenkreis mit Luftspalt, b) magnetische Ersatzschaltung und gleichwertige elektrische Ersatzschaltung

scher Widerstand zugeschrieben (Bild R 5.2/5). Es gelten (analog Kirchhoffsche Gleichungen):

- aus der Quellenfreiheit des magnetischen Flusses der Knotensatz Gl.(5.2/2)

$$\sum_{\nu} \Phi_{\nu} = 0$$

- der Maschensatz Gl.(5.2/4)

$$\sum_{\mu} V_{\mu} = \sum_{i} \Theta_i = \sum wi$$

- für magnetische Widerstände Gl.(5.2/7)

$$V_{\nu} = R_{\mathrm{m}\nu} \Phi_{\nu}.$$

Diese Zuordnungen erlauben die Übertragung der Analysemethoden des Gleichstromkreises, z.B.

- Reihen- und Parallelschaltung von Widerständen
- Aufteilung in aktive und passive Zweipole
- Netzwerkanalyseverfahren
- Überlagerungssatz für lineare Kreise.

Für ferromagnetische Materialien muß oft die *Nichtlinearität* berücksichtigt werden (s.u.).

Beispiel: Im magnetischen Grundkreis (Bild R 5.2/5) gelten:

$$\Theta = iw = V_{\mathrm{Fe}} + V_{\mathrm{L}}, \quad V_{\mathrm{Fe}} = \Phi R_{\mathrm{mFe}}, \quad V_{\mathrm{L}} = \Phi R_{\mathrm{mL}}$$

und damit

$$\Phi = \frac{iwA}{l_{\mathrm{L}}/\mu_0 + l_{\mathrm{Fe}}/\mu_{\mathrm{Fe}}} = \frac{iw}{R_{\mathrm{mges}}}; \quad R_{\mathrm{mFe}} = \frac{l_{\mathrm{Fe}}}{\mu_{\mathrm{Fe}} A}; \quad R_{\mathrm{mL}} = \frac{l_{\mathrm{L}}}{\mu_0 A} \tag{5.2/9}$$

mit $R_{\mathrm{mges}} = R_{\mathrm{mL}} + R_{\mathrm{mFe}}$. Der Fluß steigt bei gegebenem iw mit sinkendem Luftspalt l_{L}.

Man beachte:

- Wird die Feldaufweitung im Luftspalt vernachlässigt, so gilt $B_{\mathrm{Fe}} = B_{\mathrm{L}}$, und an allen Stellen im Kreis herrscht gleiche Induktion.
- Die magnetische Feldstärke H ist im Luftspalt um den Faktor μ_{Fe} größer als in Eisen (s. Gl.(5.1/16))

$$B_{\mathrm{Fe}} = B_{\mathrm{L}} \rightarrow \mu_{\mathrm{r}} H_{\mathrm{Fe}} = \mu_0 H_{\mathrm{L}}.$$

Die Analyse des magnetischen Kreises kann erfolgen:

- mit der *allgemeineren Feldbeschreibung* ausgehend von (Gl.(5.1/4), (5.1/7), (5.1/12))

$$\oint \boldsymbol{B} \cdot \mathrm{d}\boldsymbol{A} = 0; \quad \oint \boldsymbol{H} \cdot \mathrm{d}\boldsymbol{s} = \sum iw = \Theta, \quad \boldsymbol{B} = \mu \boldsymbol{H},$$

meist benutzt in der Form:

$$B_{\mathrm{Fe}} = B_{\mathrm{L}}:$$

$$\oint \boldsymbol{H} \cdot \mathrm{d}\boldsymbol{s} = V_{\mathrm{Fe}} + V_{\mathrm{L}} = \int_{l_{\mathrm{Fe}}} \boldsymbol{H}_{\mathrm{Fe}} \cdot \mathrm{d}\boldsymbol{s} + \int_{l_{\mathrm{L}}} \boldsymbol{H}_{\mathrm{L}} \cdot \mathrm{d}\boldsymbol{s}. \quad (5.2/10)$$

$$B = \mu_{\mathrm{Fe}} H_{\mathrm{Fe}} = \mu_0 H_{\mathrm{L}}.$$

Daraus erfolgen V, Φ, R_{m}.

- durch die (einfachere) *Netzwerkmethode*, wenn magnetische Widerstände angegeben werden können

$$\sum_{\nu} \Phi_{\nu} = 0, \quad \sum_{\mu} V_{\mu} = \sum_{i} \Theta_i, \quad V_{\nu} = R_{\mathrm{m}\nu} \Phi_{\nu}. \quad (5.2/11)$$

Netzwerkmodell, linearer magnetischer Kreis

Mischformen zwischen beiden Methoden sind möglich.

Nichtlinearer magnetischer Kreis. Beim nichtlinearen $B(H)$-Verlauf des ferromagnetischen Anteils erfolgt die Analyse:

- im *Netzwerkmodell* mit
  - den magnetischen Knotengleichungen $\sum_{\nu} \Phi_{\nu} = 0$
  - den magnetischen Maschengleichungen $\sum_{\mu} V_{\mu} = \sum_i \Theta_i = \sum iw$
  - der Φ-V-Kennlinie. Ferromagnetische Zweige sind nichtlinear in der Form $V(\Phi)$ resp. $\Phi(V)$ anzusetzen
- über *Feldgrößen* in der Form:

$$\oint \boldsymbol{B} \cdot \mathrm{d}\boldsymbol{A} = 0 \rightarrow B_{\mathrm{Fe}} = B_{\mathrm{L}}$$

$$\oint \boldsymbol{H} \cdot \mathrm{d}\boldsymbol{s} = i \rightarrow H_{\mathrm{Fe}} l_{\mathrm{Fe}} + H_{\mathrm{L}} l_{\mathrm{L}} = iw \quad (5.2/12)$$

$B(H)$ als Magnetisierungskennlinie.

Die Analyse erfolgt:

- *quasilinear*: (bei überwiegendem Luftspalt) oder durch stückweise *Geradennäherung*, auch Kleinsignalbetrachtung in einem Arbeitspunkt (vgl. quasilinearer elektrischer Kreis)
- *nichtlinear*: grafisch, numerisch oder analytisch unter Verwendung von Näherungsverläufen $B(H)$, z.B. die Fröhlich-Kurve Gl.(5.1/15).

Zur Analyse werden lineare und nichtlineare Netzwerkteile jeweils zusammengefaßt. In einfachen Fällen (Grundstromkreis) betrachtet man:

- Erregung und Luftspaltwiderstand als aktiven magnetischen Zweipol (mit Kurzschlußfluß und magnetischer Leerlaufspannung (Bild R 5.2/6a))
- Eisenkreis als nichtlinearen passiven Zweipol mit der Kennlinie $\Phi(V)$. Daraus läßt sich der Arbeitspunkt A direkt finden (grafisch, analytisch).

Ist dagegen die Erregung $\Theta = iw$ gesucht, so sind R_{mL} und R_{mFe} reihengeschaltet, also $\Phi(V_{\mathrm{L}})$ und $\Phi(V_{\mathrm{Fe}})$ für gleichen Fluß Φ zu addieren ($\Theta = V_{\mathrm{Fe}} + V_{\mathrm{L}}$). Dazu werden aus der $B(H)$-Kennlinie zunächst $\Phi = BA_{\mathrm{Fe}}$ und $V_{\mathrm{Fe}} = H_{\mathrm{Fe}}l_{\mathrm{Fe}}$ ermittelt (Neubezeichnung der Achsen), die Luftgerade $\Phi = V_{\mathrm{L}}/R_{\mathrm{mL}}$ durch den Nullpunkt eingetragen (Bild R 5.2/6b), V_{Fe} und V_{L} beim jeweiligen Fluß addiert (Scherung der Kennlinie) und Θ bestimmt. Man kann schließlich auch die Luftspaltkennlinie an der Φ-Achse spiegeln (Bild R 5.2/6c) und den Abstand $\Theta = iw$ aufsuchen.

Dauermagnetkreis. Hier verschwindet der Strom i im Durchflutungssatz Gl. (5.1/7). Die Analyse des magnetischen Kreises nach Gl.(5.2/12) geht über in (Bild R 5.2/7a)

$$\Phi_{\mathrm{Fe}} = \Phi_{\mathrm{L}} \to B_{\mathrm{Fe}}A_{\mathrm{Fe}} = B_{\mathrm{L}}A_{\mathrm{L}} \qquad \text{Dauermagnetkreis,}$$
$$H_{\mathrm{Fe}}l_{\mathrm{Fe}} + H_{\mathrm{L}}l_{\mathrm{L}} = 0 \to B_{\mathrm{Fe}} = -\frac{\mu_0 l_{\mathrm{Fe}}A_{\mathrm{L}}}{l_{\mathrm{L}}A_{\mathrm{Fe}}}H_{\mathrm{Fe}}. \qquad \text{Grundbeziehungen (5.2/13)}$$

Man bringt die Gerade $B_{\mathrm{Fe}} \sim -H_{\mathrm{Fe}}$ mit der $B(H)$-Kurve des Dauermagneten zum Schnitt: Arbeitspunkt A (Bild R 5.2/7b).

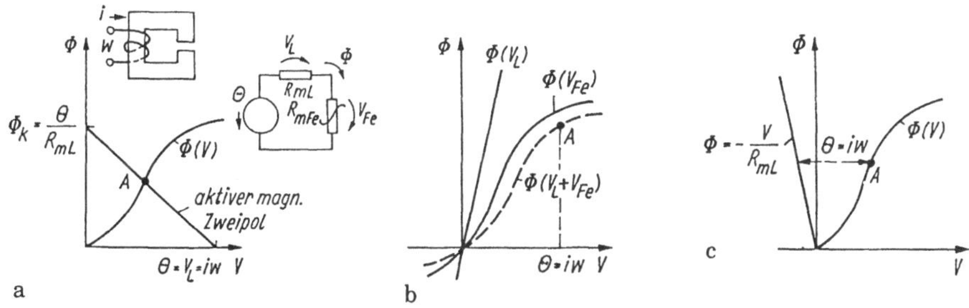

Bild R 5.2/6 Magnetischer nichtlinearer Eisenkreis
a) Zusammenschaltung aus aktivem magnetischen Zweipol und nichtlinearem passiven Zweipol (Eisenkreis), b) Φ-V-Kurve von Eisenkreis und Luftspalt, c) dto., in anderer Darstellung

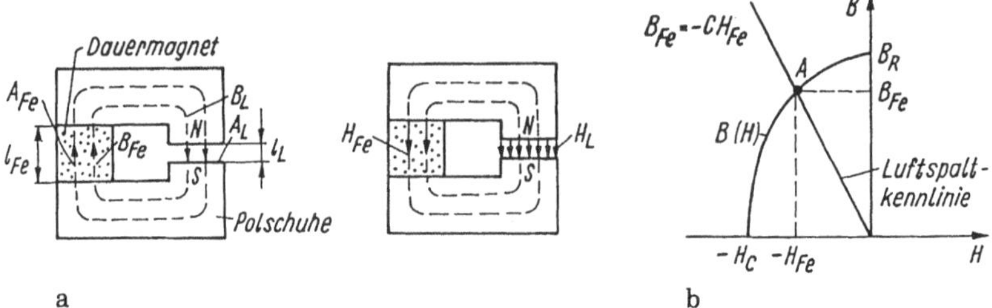

Bild R 5.2/7 Dauermagnetkreis
a) Aufbau des magnetischen Kreises, b) Arbeitspunktbestimmung A

Die Kennlinie (Zusammenschaltung nichtlinearer aktiver, linearer passiver Zweipol) liefert den Arbeitspunkt mit folgenden Aussagen:

- bei kleinem Luftwiderstand ($l_L \to 0$) liegt der Arbeitspunkt in Nähe der Remanenzinduktion B_R
- der Luftspalt R_{mL} stellt die Belastung des Dauermagneten dar.

Für die Dauermagnetbemessung bei vorgegebenem Luftspalt (l_L, A_L und Luftspaltenergie W_L) gilt:

Maximale Energie herrscht im Luftspalt, wenn das Produkt $BH|_{AP}$ im Arbeitspunkt maximal wird.

5.2.3 Selbst- und Gegeninduktion

Selbst- und Gegeninduktion beschreiben die Verkopplung zwischen magnetischem Fluß Φ und elektrischem Strom: "Koppelelement" zwischen magnetischer und elektrischer Energie im Stromkreis.

1. Selbstinduktivität *L*. Um jeden beliebig geformten, stromdurchflossenen Leiter, z.B. die Spule mit w Windungen, entsteht in der vom Strom umschlossenen Fläche ein magnetischer verketteter Fluß: $\Psi = w\Phi = f(i)$.

Das Verhältnis dieses verketteten Flusses Ψ zum Strom durch die Berandung der Fläche heißt äußere *Induktivität*, genauer *Selbstinduktivität*

$$L = \frac{\Psi(i)}{i} \quad [L] = 1\,\frac{\text{Vs}}{\text{A}} = 1\,\text{H} = 1\,\text{Henry} \quad \begin{array}{l}\text{Selbstinduktivität}\\ \text{(Definitionsgleichung)}\end{array} \quad (5.2/14)$$

Die Selbstinduktivität L ist die typische Eigenschaft des Bauelementes *Spule*, oft selbst als Induktivität bezeichnet (Bild R 5.2/8a, b, I/Abschn. 3.2.4):

- Die Selbstinduktivität drückt die Verkopplung zwischen magnetischem Fluß und elektrischem Strom aus. Sie ist Speicherort magnetischer Feldenergie.
- Hängen Ψ und i linear zusammen, so wird L nur vom Spulenaufbau (Geometrie) und ggf. magnetischen Eigenschaften des vom Fluß durchsetzten Volumens bestimmt.

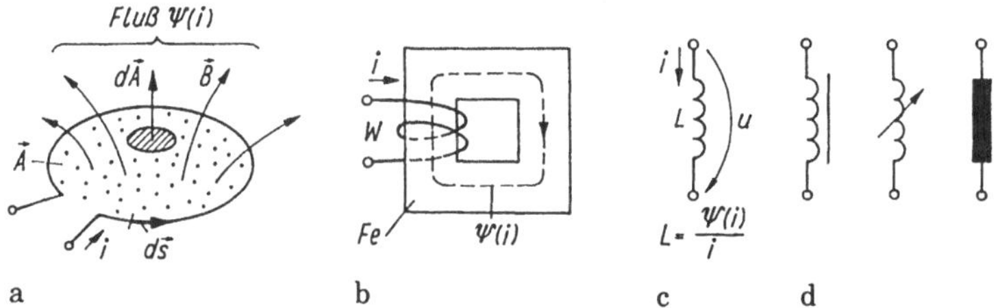

Bild R 5.2/8 Selbstinduktivität
a) Anordnung, b) Spule mit Eisenkreis, c) Definition der Selbstinduktivität, d) Schaltzeichen: Spule mit Eisenkern, Luftspule (veränderbar), verbreitete Darstellung mit Eisenkreis für tiefe Frequenzen

- Bei nichtlinearem $\Psi(i)$-Zusammenhang (typisch für Spulen mit Eisenkern), wird die Induktivität nichtlinear: $L(i)$.

Bemessungsgleichung. Für die Induktivität läßt sich als Ergebnis der Induktivitätsberechnung eine Bemessungsgleichung angeben. Die *Berechnung* erfolgt:

1. in Fällen mit erkennbarem magnetischen Kreis (über Feld- oder Flußberechnung, Ersatzschaltung) mittels des magnetischen Widerstandes R_m (Gl.(5.2/8)):

$$L = \frac{\Psi(i)}{i} = \frac{w\Phi}{i} = \frac{w^2 i}{iR_\mathrm{m}} = \frac{w^2}{R_\mathrm{m}} = w^2 A_\mathrm{L}. \quad \text{Bemessungsgleichung Selbstinduktivität} \tag{5.2/15}$$

Der zu R_m reziproke Wert A_L heißt *Induktivitätsfaktor*.

Die Induktivität L hängt vom A_L-Wert und dem Quadrat der Windungszahl ab. Größenordnung von A_L: nH ... μH/Windung. Tafel R 5.2/2 enthält einige Beispiele.

2. Für *einfache Leiteranordnungen* (Luftspulen) mit dem Gesetz von *Biot-Savart* Gl.(5.1/10) (z.B. Kreisspule mit wenigen Windungen, I/S. 253).
3. Über die gespeicherte magnetische Energie: $W_\mathrm{m} = Li^2/2$

$$L = 2\frac{W_\mathrm{m}}{i^2}. \tag{5.2/16}$$

Diese Methode dient oft zur Bestimmung der sog. *inneren* Induktivität. Sie setzt allerdings eine Kenntnis magnetischer Größen (Fluß, Ersatzschaltung, Feld) voraus.

4. Über die Strom-Spannungsbeziehung der Spule durch Messung.

***u*-*i*-Beziehung.** Die Strom-Spannungs-Beziehung der Spule ergibt sich über das Induktionsgesetz (Abschn. 5.3). Man erhält allgemein mit $\Psi(i)$:

$$u = \frac{\mathrm{d}\Psi}{\mathrm{d}t} = \frac{\mathrm{d}(Li)}{\mathrm{d}t} = L\frac{\mathrm{d}i}{\mathrm{d}t} + i\frac{\mathrm{d}L}{\mathrm{d}t} = \left(L + i\frac{\mathrm{d}L}{\mathrm{d}i}\right)\frac{\mathrm{d}i}{\mathrm{d}t} \tag{5.2/17a}$$

Selbstinduktivität, u-, i-Relation

Tafel R 5.2/2 Induktivitäten einiger geometrischer Anordnungen

Anordnung	Induktivität
Spule mit Ringkern, 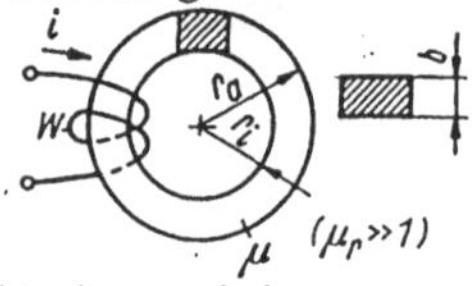 Rechteckquerschnitt	$L = \mu w^2 \dfrac{b}{2\pi} \ln \dfrac{r_a}{r_i}$
dto Kreisquerschnitt 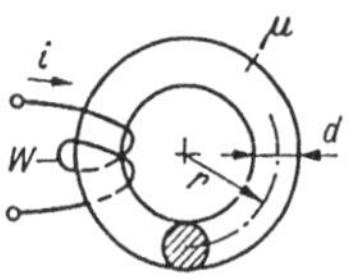	$L = \mu w^2 \left(r - \sqrt{r^2 - \left(\frac{d}{2}\right)^2} \right)$
Lange Zylinderspule 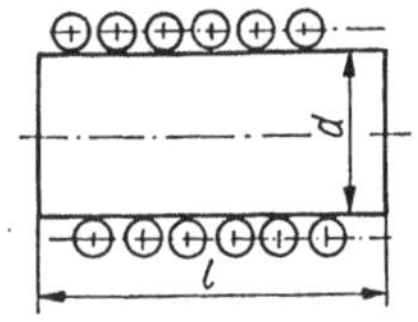	$L = \mu w^2 \pi \dfrac{d^2}{4L} \qquad (l >> d)$
Ring 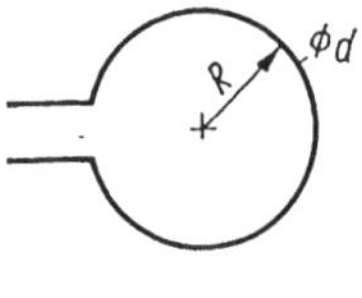	$L = \mu_0 R \left(\ln \dfrac{R}{d/2} + 1/4 \right)$
Koaxleiter 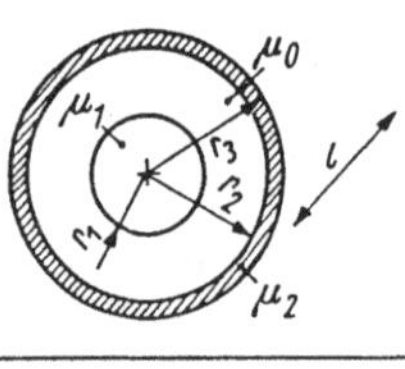	$L = \dfrac{\mu_1}{8\pi} + \dfrac{\mu_0}{2\pi} \ln \dfrac{r_1}{r_2} + \dfrac{\mu_2 r_3^4}{2\pi \left(r_3^2 - r_2^2\right)^2} \ln \left[\dfrac{r_3}{r_2} - \dfrac{\left(3r_3^2 - r_2^2\right)\left(r_3^2 - r_2^2\right)}{4r_3^4} \right]$
Paralleldrahtleitung 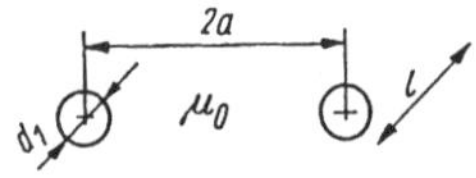	$L = \dfrac{\mu_0 l}{\pi} \left[\ln \dfrac{2a}{d_{1/2}} + \dfrac{1}{4} \right]$

und speziell bei *linearem Ψ-i-Verlauf*:

$u = L\dfrac{\mathrm{d}i}{\mathrm{d}t}$ mit $L = \text{const.}$	Selbstinduktivität, u-, i-Relation	(5.2/17b)

Bild R 5.2/8c zeigt Schaltzeichen und u-i-Zuordnung (im VPS). (Für nichtlineare u-i-Beziehungen s.Abschn. 8.)

Für die lineare Induktivität ergibt Gl.(5.2/17b) umgekehrt

$i(t) = \dfrac{1}{L}\displaystyle\int_{t_0}^{t} u(t')\,\mathrm{d}t' + i(t_0).$	Speichereigenschaft der Selbstinduktivität	(5.2/17c)

Der Strom ist proportional dem Zeitintegral der Spannung mit dem Anfangswert $i(t_0)$. Der Strom durch eine Induktivität ist immer stetig, er kann nie springen (vgl. Verhalten der Spannung am Kondensator). Ursache: Stetigkeit der Energie.

Aus der u-i-Beziehung folgen weiter:

- Über der Induktivität fällt nur bei zeitveränderlichem Strom $i(t)$ eine Spannung ab, nie bei Gleichstrom (Spule widerstandslos vorausgesetzt): Ersatz der idealen Spule im Gleichstromkreis durch Kurzschluß (z.B. in der Schaltungsanalyse).
- Für $i \sim t$ bleibt die Spulenspannung konstant. Dies ist jedoch nur endliche Zeit durchführbar, da $i \to \infty$ für $t \to \infty$.
- Bei Wechselstrom ($i(t) \sim \sin\omega t$, $u(t) \sim \cos\omega t$) entsteht zwischen i und u eine Phasenverschiebung von $\pi/2$ (i um $\pi/2$ voreilend).

Zusammenschaltung von Spulen. Für m lineare Induktivitäten gelten folgende Zusammenschaltungen:

- *Reihenschaltung*

$$L_{\text{ers}} = \sum_{n=1}^{m} L_n \tag{5.2/18a}$$

- *Parallelschaltung*

$$\frac{1}{L_{\text{ers}}} = \sum_{n=1}^{m} \frac{1}{L_n}. \tag{5.2/18b}$$

Beide Beziehungen setzen voraus, daß die Spulen nicht magnetisch miteinander verkoppelt sind.

Aus diesen Zusammenschaltungen lassen sich - wie bei Kondensatoren - Strom- und Spannungsteilerregel herleiten. Wir gehen darauf im Zusammenhang mit der Gegeninduktivität ein.

Spule als Bauelement. Als Bauelement wird die Spule in unterschiedlichen Bau- und Konstruktionsformen ausgeführt, denen typische Schaltzeichen zugeordnet sind (Bild R 5.2/8d). Man unterscheidet z.B.

- Spulen mit oder ohne Eisenkreis
- feste und einstellbare Spulen
- offene oder geschlossene ferromagnetische Kreise (letztere u.U. mit kleinem Luftspalt) u.a.m.

Für ferromagnetische Kreise haben sich typische Formen, die sog. "Kerne" herausgebildet: z.B. M-, EI-, EK-, U-I, UU-, Ring-, Stab-, Schraubkerne u.a.m.

Ersatzschaltbild von technischen Spulen. Das induktive Zweipolelement "Spule" (Induktivität) beschreibt das Bauelement "Spule" nur in erster Näherung; stets kommen noch hinzu (Bild R 5.2/9):

- der ohmsche *Wicklungswiderstand* R, die sog. *Wicklungsverluste*
- Verluste durch *Ummagnetisierung* des Eisenkernes. Sie werden durch den sog. *"Eisenwiderstand"* R_{Fe} nachgebildet.

Für nicht zu hohe Frequenzen ω beträgt der

$$\text{Verlustfaktor } d = \tan\delta = \frac{R}{\omega L}. \qquad (5.2/19)$$

Er erfaßt so Wicklungsverluste. Praktische Werte: $d \approx 10^{-1} \dots 10^{-3}$.

2. Gegeninduktivität *M*. Befindet sich in Umgebung einer von Strom i_1 erregten Spule (Fluß Ψ_1) noch eine zweite Spule (Fläche A_2), so wird sie vom Teil Ψ_{21} des Flusses Ψ_1 durchsetzt: $\Psi_{21}(i_1, i_2)$. Dabei hängt Ψ_{21} nicht nur von i_1, sondern ggf. auch einem Strom i_2 durch Spule 2 ab. Diese Beeinflussung der beiden Stromkreise 1, 2 über das magnetische Feld heißt *magnetische Kopplung* und wird durch die *Gegeninduktivität* erfaßt (Bild R 5.2/10a).

Man definiert als Gegeninduktivität M_{21} der Spule 2 zur Spule 1 den von Spule 2 erfaßten verketteten Fluß $\Psi_2(i_1)$ als Folge des durch Spule 1 fließenden Stromes (bei $i_2 = 0$)

$$M_{21} = \left.\frac{\Psi_2(i_1)}{i_1}\right|_{i_2=0} \quad \text{Gegeninduktivität, Definitionsgleichung.} \qquad (5.2/20a)$$

Bei Vertauschung der Rollen von Spule 1 und 2 gibt es die Gegeninduktivität

$$M_{12} = \left.\frac{\Psi_1(i_2)}{i_2}\right|_{i_1=0} \qquad (5.2/20b)$$

(bei $i_1 = 0$) mit $M_{12} = M_{21} = M$ im *linearen* magnetischen Kreis (nur dort!).

Werden beide Spulen von den Strömen i_1, i_2 durchflossen, so gilt bei linearer Ψ-i-Zuordnung durch *Flußüberlagerung*

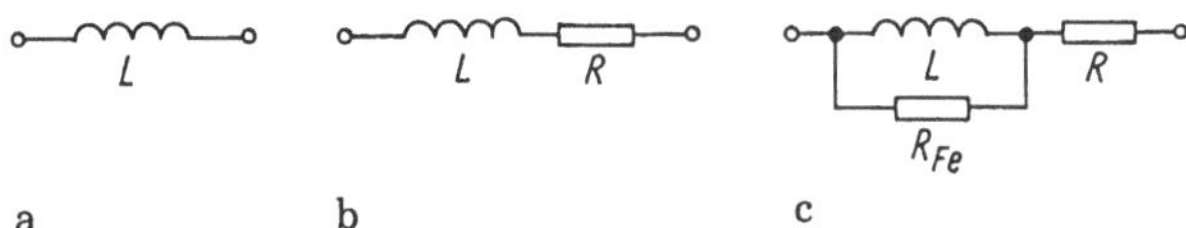

Bild R 5.2/9 Ersatzschaltung einer Spule mit Wicklungsverlusten und ferromagnetischem Kreis
a) ideale Spule, b) Berücksichtigung der Wicklungsverluste durch R, c) Berücksichtigung der Ummagnetisierungsverluste durch R_{Fe}

$$\begin{aligned} \Psi_1(i_1, i_2) &= L_1 i_1 + M_{12} i_2 \\ \Psi_2(i_1, i_2) &= M_{21} i_1 + L_2 i_2 \end{aligned} \quad \text{Flußkennlinien gekoppelter linearer Spulen.} \tag{5.2/21}$$

Es treten auf: die (primären bzw. sekundären) *Selbstinduktivitäten*

$$L_1 = \left.\frac{\Psi_1}{i_1}\right|_{i_2=0}, \qquad L_2 = \left.\frac{\Psi_2}{i_2}\right|_{i_1=0} \tag{5.2/22a}$$

und die *Gegeninduktivitäten*

$$M_{12} = \left.\frac{\Psi_1}{i_2}\right|_{i_1=0} = \left.\frac{\Psi_2}{i_1}\right|_{i_2=0} = M_{21} = M. \tag{5.2/22b}$$

In Gl.(5.2/21) liegt die Rechtsschraubenregel für die Beziehung zwischen Fluß und Strom zugrunde. Dann ist die Gegeninduktivität M positiv: die Flußanteile durch jede Spule addieren sich (bei Subtraktion M negativ, Bild R 5.2/10b).

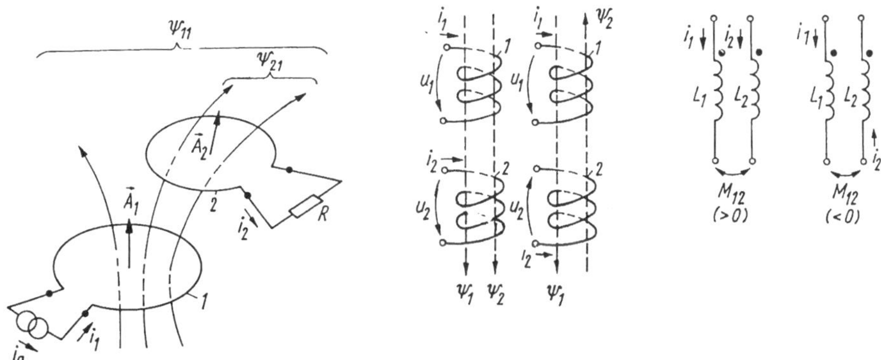

Bild R 5.2/10 Gegeninduktivität M
a) Magnetische Verkopplung zweier Spulen, b) gleichsinnige (b1) und gegensinnige (b2) Kopplung, c) Kennzeichnung von gleichsinniger ($M_{12} > 0$) und gegensinniger ($M_{12} < 0$) Kopplung durch Wicklungspunkte, Schaltzeichen der Gegeninduktivität M (L_1, L_2 stets > 0)

Kopplungsfaktor. Weil die Koppelflüsse Ψ_{21}, Ψ_{12} stets Teil der erzeugenden Flüsse (Ψ_1, Ψ_2) sind, lassen sich Flußkoppelfaktoren k_1, k_2

$$\Psi_{21} = k_2\Psi_1, \qquad \Psi_{12} = k_1\Psi_2 \tag{5.2/23}$$

einführen. Deshalb ist die Gegeninduktivität (im linearen Fall) stets durch die Selbstinduktivitäten L_1, L_2 darstellbar:

$$M = k\sqrt{L_1L_2}; \quad k = \sqrt{k_1k_2}, \quad 0 \leq k \leq 1. \quad \text{Kopplungsfaktor} \tag{5.2/24}$$

***u-i*-Beziehung. Ersatzschaltung.** Das Induktionsgesetz führt - wie bei der Selbstinduktivität - auf die u-i-Beziehungen:

$$\begin{aligned} u_1 &= L_1\frac{\mathrm{d}i_1}{\mathrm{d}t} + M\frac{\mathrm{d}i_2}{\mathrm{d}t} \\ u_2 &= M\frac{\mathrm{d}i_1}{\mathrm{d}t} + L_2\frac{\mathrm{d}i_2}{\mathrm{d}t}. \end{aligned} \tag{5.2/25}$$

Strom-Spannungsrelation zweier magnetisch gekoppelter Spulen (beiderseits VPS).

Tafel R 5.2/3 Gegeninduktivitäten typischer Anordnungen

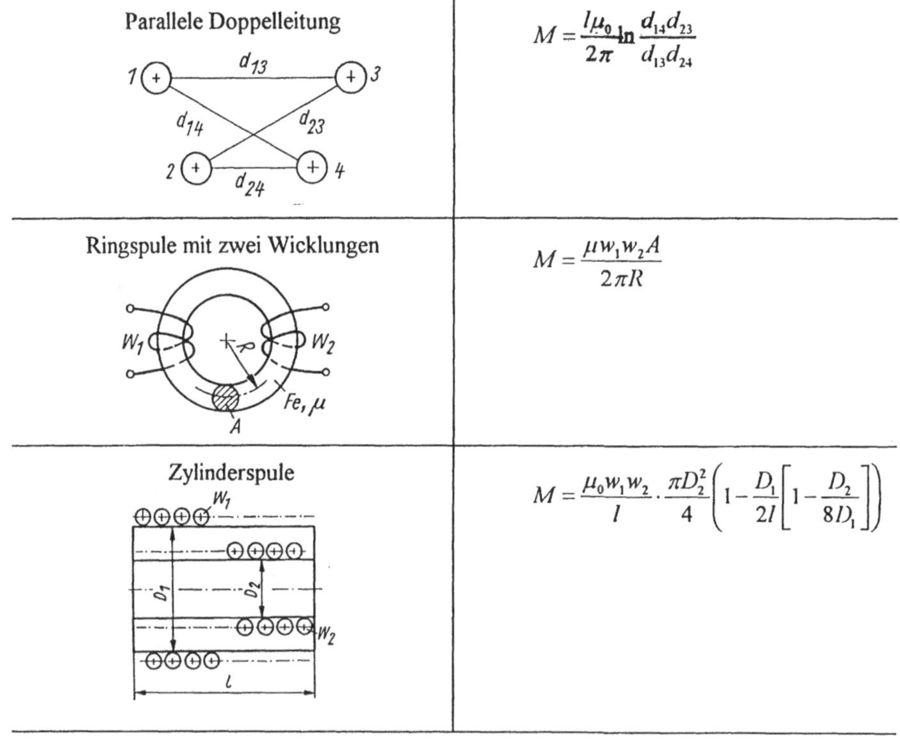

Die zugehörige Ersatzschaltung Bild R 5.2/10b gilt für Flußaddition in beiden Spulen (Rechtsschraubenregel für jeweils i_1, Ψ_1 bzw. i_2, Ψ_2 bei positiver Zählrichtung von i, Ψ). Dies wird durch einen Punkt am Spulenanfang (Stromeintritt) jeder Spule ausgedrückt (mit der Rechtehandregel leicht nachprüfbar).

Bei gleichem Windungssinn ergeben Punkte an den Spulenanfängen bzw. -enden bei Stromzufuhr/-abfuhr jeweils zum Punkt *Flußaddition.* Bei *Flußsubtraktion* kehrt sich das Vorzeichen von M um (Bild R 5.2/10c).

Bei *Richtungsänderung* eines Stromes (z.B. i_2) sind die Vorzeichen von L_2, M, d.h. aller mit i_2 verbundenen Größen in Gl.(5.2/25) zu vertauschen.

Berechnung der Gegeninduktivität. Die Gegeninduktivität läßt sich grundsätzlich nach der gleichen Methoden wie die Selbstinduktivität berechnen, lediglich anstelle des Biot-Savartschen Gesetzes tritt die sog. *Neumannsche Gleichung.* Tafel R 5.2/3 enthält einige Beispiele.

5.3 Induktion durch zeitveränderliches Magnetfeld

5.3.1 Induktionsgesetz

Erscheinung. Wird z.B. in einer Leiterschleife (Bild R 5.3/1a) ein zeitveränderlicher Fluß $\Phi(t)$ erzeugt, d.h. $\mathrm{d}\Phi/\mathrm{d}t > 0$, so entsteht in einer geschlossenen Leiterschleife (Stromfaden) ein induzierter Strom i, den man sich als Folge einer "*induzierten Feldstärke* $\boldsymbol{E}$" oder gleichwertig einer *induzierten Ringspannung* u_i denken kann:

$$u_\mathrm{i} = \oint_{c(A)} \boldsymbol{E} \cdot \mathrm{d}\boldsymbol{s} = -\frac{\mathrm{d}\Phi}{\mathrm{d}t} = -\frac{\mathrm{d}}{\mathrm{d}t} \int \boldsymbol{B} \cdot \mathrm{d}\boldsymbol{A} \quad \text{Induktionsgesetz.} \qquad (5.3/1\mathrm{a})$$

Analog gilt zu Gl.(5.3/1a) bei Einführung der Umlaufrichtung $\mathrm{d}\boldsymbol{l} = -\mathrm{d}\boldsymbol{s}$ (Bild R 5.3/1b):

$$-u_\mathrm{i} = -\oint \boldsymbol{E} \cdot \mathrm{d}\boldsymbol{s} = \oint \boldsymbol{E} \cdot \mathrm{d}\boldsymbol{l} = u_\mathrm{L} = \int_A \frac{\partial \boldsymbol{B}}{\partial t} \cdot \mathrm{d}\boldsymbol{A} = \frac{\mathrm{d}\Phi}{\mathrm{d}t}. \qquad (5.3/1\mathrm{b})$$

Für $\mathrm{d}\Phi/\mathrm{d}t > 0$ (zeitlich anwachsender Induktionsfluß, Bild R 5.3/1b) gilt $\boldsymbol{E} \cdot \mathrm{d}\boldsymbol{s} < 0$, m.a.W. fließt ein Strom i in Richtung von - $\mathrm{d}\boldsymbol{s}$ als Folge der Feldstärke $\boldsymbol{E}$, die mit dem Fluß positiver Ladungsträger in Richtung $\mathrm{d}\boldsymbol{l} = -\mathrm{d}\boldsymbol{s}$ verbunden ist.

Wir erkennen weiter:

- Bei offener Leiterschleife (Bild R 5.3/1a, Stelle 1, 2) entsteht durch Ladungsverschiebung ein Ladungsfeld $\boldsymbol{E}_\mathrm{Q} = \boldsymbol{D}/\varepsilon = \boldsymbol{E}$ zwischen 1, 2. Dabei lädt sich Schnittfläche 1 positiv, Fläche 2 negativ auf, es entsteht eine Spannung $u_{12} = \int_1^2 \boldsymbol{E} \cdot \mathrm{d}\boldsymbol{l} > 0$ (Spannungsabfall meßbar).
- Die induzierte Feldstärke hat *geschlossene* Feldlinien im Gegensatz zu der von Ladungen erzeugten Feldstärke $\boldsymbol{E}$ (mit Anfang und Ende!). Sie bildet daher ein sog. *Wirbelfeld*, dagegen $\boldsymbol{E}_\mathrm{Q}$ ein Potentialfeld (wirbelfrei!).

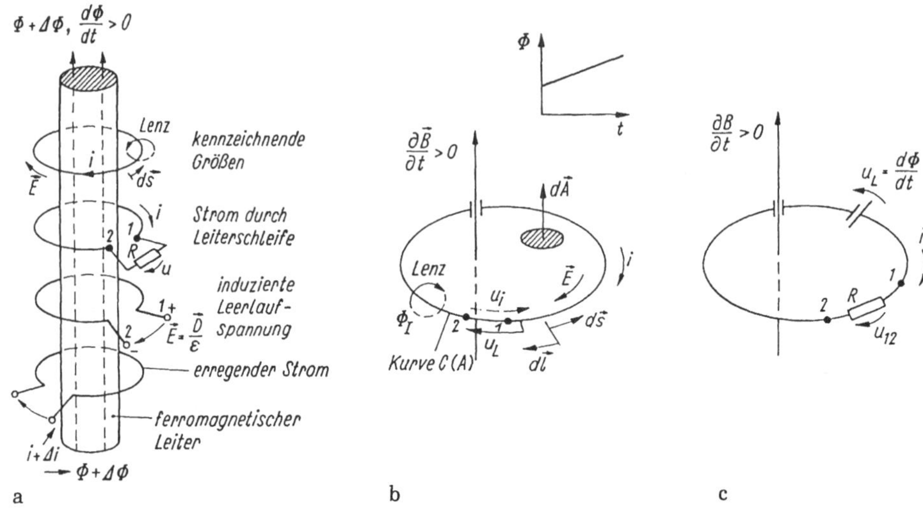

Bild R 5.3/1 Ruheinduktion
a) verschiedene Wirkungen, b) Zuordnung charakteristischer Größen, c) Modellierung der Leerlaufspannung u_L als Spannungsquelle im Stromkreis

Deshalb ist die Spannung u_i (bei geschlossener Schleife, Stromfluß) *nicht* lokalisierbar (im Gegensatz zum Spannungsbegriff aus dem Potentialfeld). Dies begründet den Begriff *induzierte Ringspannung.*

- Der Strom $i(t)$ verursacht einen Fluß Φ_I (eigenes Magnetfeld), der dem ursprünglichen Fluß Φ entgegenwirkt. Dies ist Inhalt der sog. *Lenzschen Regel* (s.u.).

In Gl.(5.3/1a) sind $\boldsymbol{E}$ und $\boldsymbol{B}$ im gleichen Bezugssystem (ruhend oder bewegt) zu bestimmen.

Folgerungen. 1. Ein Umlauf *in* Richtung von $\boldsymbol{E}$:

$$u_\mathrm{L} = \oint_l \boldsymbol{E} \cdot \mathrm{d}\boldsymbol{l} = -\oint \boldsymbol{E} \cdot \mathrm{d}\boldsymbol{s} = -\left(-\frac{\mathrm{d}\Phi}{\mathrm{d}t}\right) = \frac{\mathrm{d}\Phi}{\mathrm{d}t} > 0$$

ergibt eine *"Umlaufspannung"* u_L (bei offenen Klemmen 1, 2) *in* Richtung von i. Hat die Leiterschleife den homogenen Gesamtwiderstand R, so gilt

$$u_\mathrm{L} = u_\mathrm{qL} = iR = \oint_l \boldsymbol{E} \cdot \mathrm{d}\boldsymbol{l} = \frac{\mathrm{d}\Phi}{\mathrm{d}t} > 0. \qquad \text{Umlaufspannung} \quad (5.3/2)$$

Die Umlaufspannung ist nicht lokalisierbar, sondern "der Induktionsschleife zugeordnet". Sie kann als Ursache des Stromflusses durch eine Spannungsquelle u_L interpretiert und an beliebiger Stelle in der Stromschleife angebracht werden (Bild R 5.3/1c).

2. Die zwischen 1, 2 meßbare Spannung u_{12} (> 0 Spannungsabfall!) ist gleich der Umlaufspannung u_L, sie würde den Strom i durch einen angeschlossenen Widerstand R (Schleife dann stromlos) antreiben (Bild R 5.3/1c).

| In Gl.(5.3/2) ist u_{12} (wie i) *linkswendig* zu $\mathrm{d}\Phi/\mathrm{d}t(>0)$ orientiert.

3. Bei offener Schleife gilt auch (Gl.(5.3/1a))

$$u_\mathrm{i} = \oint_s \boldsymbol{E} \cdot \mathrm{d}\boldsymbol{s} = -\oint \boldsymbol{E} \cdot \mathrm{d}\boldsymbol{l} = -\frac{\mathrm{d}\Phi}{\mathrm{d}t} = -u_{12} = u_{21}, \qquad (5.3/3)$$

m.a.W. kann die *induzierte Umlaufspannung* u_i an denselben Klemmen 21 gemessen werden, sie ist negativ. Dies ist der Ansatz für die Einführung der sog. EMK-Darstellung (s. Bild R 5.3/8).

| In Gl.(5.3/3) ist u_i *rechtswendig* zu $\mathrm{d}\Phi/\mathrm{d}t$ orientiert.

4. Induktion entsteht auch in einem bewegten Leiterrahmen (Bild R 5.3/2a) z.B. mit drei festen und einem beweglichen Leiter bei *zeitlich konstantem* Magnetfeld $\boldsymbol{B}$ = const. Der Leiter zwischen Punkt 4, 3 habe den Widerstand R_1. Bewegt sich der rechte Leiter (mit dem Rahmen leitend verbunden), mit der Geschwindigkeit $\boldsymbol{v}$ nach rechts, so

- entsteht im beweglichen Leiter eine Lorentz-Kraft $\boldsymbol{F} = Q\boldsymbol{E}_\mathrm{i}$ mit $\boldsymbol{E}_\mathrm{i} = \boldsymbol{v} \times \boldsymbol{B}$, die positive Ladungsträger zur Stelle a treibt (negative zu b) und deshalb
- ein Ladungsfeld $\boldsymbol{E}$ von a nach b gerichtet, falls die Schleife bei 3, 4 offen ist ($R \to \infty$).

Bei geschlossener Schleife (Widerstand R zwischen 3, 4) treibt $\boldsymbol{E}_\mathrm{i}$ einen Ladungsträgerstrom i in der eingetragenen Richtung an. Dann stellt u_{43} den Spannungsabfall über R dar.

Das Induktionsgesetz Gl.(5.3.1a) lautet jetzt mit der Feldbeziehung $\boldsymbol{E} = \varrho\boldsymbol{S} - \boldsymbol{E}_\mathrm{i}$ des bewegten Leiters (Gl.(2.3/9b), eingeprägte Feldstärke $\boldsymbol{E}_\mathrm{i} = \boldsymbol{v} \times \boldsymbol{B}$ durch die Lorentz-Kraft)

$$\oint \boldsymbol{E} \cdot \mathrm{d}\boldsymbol{s} = \int_1^2 \left(\frac{\boldsymbol{S}}{\kappa_2} - (\boldsymbol{v} \times \boldsymbol{B}) \right) \cdot \mathrm{d}\boldsymbol{s} + \int_3^4 \boldsymbol{E} \cdot \mathrm{d}\boldsymbol{s} = 0.$$

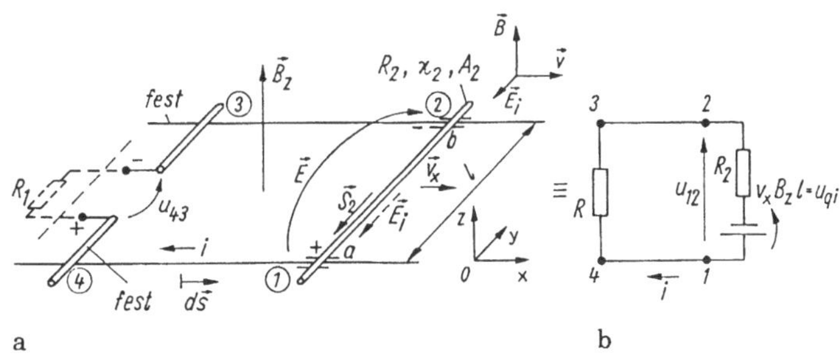

Bild R 5.3/2 Bewegungsinduktion
a) Anordnung mit beweglicher Leiterseite, b) Ersatzstromkreis

Die rechte Seite folgt aus dem zeitlich konstanten Magnetfeld. Mit $u_{43} = \int_4^3 \boldsymbol{E} \cdot \mathrm{d}\boldsymbol{s}$ wird (bei widerstandslosen Seitenleitern)

$$\begin{aligned} u_{43} &= \int_1^2 \boldsymbol{E} \cdot \mathrm{d}\boldsymbol{s} = u_{12} = \int_1^2 \left(-\frac{i}{A_2}\boldsymbol{e}_y - (v_x \boldsymbol{e}_x \times B_z \boldsymbol{e}_z) \right) \cdot \boldsymbol{e}_y \, \mathrm{d}y \\ &= -iR_2 + v_x B_z l. \end{aligned} \tag{5.3/4a}$$

Dabei werden in einem x-y-z-System verwendet (Bild R 5.3/2a)

- die Stromdichte $\boldsymbol{S}_2 = -\boldsymbol{e}_y(i/A_2) = -(R_2\kappa/l)i\boldsymbol{e}_y$
- der Widerstand $R_2 = l/(\kappa A_2)$ des bewegten Leiters
- die Komponenten $\boldsymbol{v}_x = v_x \boldsymbol{e}_x$, $\boldsymbol{B} = B_z \boldsymbol{e}_z$

sowie $\mathrm{d}\boldsymbol{s} = \boldsymbol{e}_y \, \mathrm{d}y$ (x-Anteile liefern keine Beiträge) und $\boldsymbol{e}_x \times \boldsymbol{e}_z = -\boldsymbol{e}_y$. Zusammengefaßt folgt:

$$u_{12} = -iR_2 - \int_1^2 \boldsymbol{E}_\mathrm{i} \cdot \mathrm{d}\boldsymbol{s} = -iR_2 + \int_2^1 \boldsymbol{E}_\mathrm{i} \cdot \mathrm{d}\boldsymbol{s} = -iR_2 + u_\mathrm{qi}. \tag{5.3/4b}$$

Der in der bewegten Leiteranordnung induzierte Strom i läßt sich somit ebenfalls auf eine im Stromkreis wirkende Quellenspannung (Spannungsabfall!)

$$u_\mathrm{qi} = \int_2^1 \boldsymbol{E}_\mathrm{i} \cdot \mathrm{d}\boldsymbol{s} \tag{5.3/4c}$$

zurückführen (Bild R 5.3/2b). Sie ist hier positiv und kann auch als Folge einer Flußänderung interpretiert werden, denn der von der Leiterschleife umfaßte magnetische Fluß wächst mit der Zeit ($\mathrm{d}\Phi/\mathrm{d}t > 0$, s.u.).

Zusammengefaßt: Wirkt ein Induktionsvorgang im geschlossenen Stromkreis (zeitveränderliches Magnetfeld, bewegter Leiter), so treten folgende Feldkomponenten auf:

- die einem Potentialgefälle zugeordnete Feldstärke $\boldsymbol{E}$
- die induzierte elektrische Feldstärke $\boldsymbol{E}_\mathrm{i}$ (bewegter Leiterteil, ladungstrennende Feldstärke einer Spannungsquelle, I/Bild 2.31)
- die dem Spannungsabfall zugeordnete Feldstärke ($\varrho \boldsymbol{S}$) im Strömungsfeld.

Diesen Feldern lassen sich Spannungen zuordnen:

- die Spannung $u = \int \boldsymbol{E} \cdot \mathrm{d}\boldsymbol{s}$ über die Potentialdifferenz, meßbar an der offenen Schleife ($\boldsymbol{S} = 0 \rightarrow \boldsymbol{E} = -\boldsymbol{E}_\mathrm{i}$, also als Gegenfeldstärke $\boldsymbol{E}$ zur induzierten Feldstärke $\boldsymbol{E}_\mathrm{i}$) oder im geschlossenen Stromkreis über $\boldsymbol{E} = \varrho \boldsymbol{S}$ in passiven Leiterteilen
- die induzierte Spannung $u_\mathrm{i} = \int \boldsymbol{E} \cdot \mathrm{d}\boldsymbol{s}$ (EMK), meßbar in bewegten Leitern über die Leerlaufspannung
- der Spannungsabfall $iR = \int \varrho \boldsymbol{S} \cdot \mathrm{d}\boldsymbol{s}$ im äußeren Stromkreis und/oder bewegten Leiter.

5.3.2 Ruhe- und Bewegungsinduktion

Flußänderungen $\mathrm{d}\Phi/\mathrm{d}t$ sind möglich bei zeitveränderlichem Fluß durch eine ruhende Berandung sowie Formänderung der vom Magnetfeld durchsetzten

Fläche $\boldsymbol{A}(t)$: *Ruhe-* und *Bewegungsinduktion*. Deshalb lautet die vollständige Form des Induktionsgesetzes Gl.(5.3/1)

$$\oint \boldsymbol{E} \cdot \mathrm{d}\boldsymbol{s} = -\int \frac{\partial \boldsymbol{B}}{\partial t} \cdot \mathrm{d}\boldsymbol{A} = -\frac{\mathrm{d}\Phi}{\mathrm{d}t} \quad \text{Induktionsgesetz, vollständige Form} \tag{5.3/5a}$$

mit

$$\boldsymbol{E} = \varrho \boldsymbol{S} - \boldsymbol{E}_\mathrm{i}; \qquad \boldsymbol{E}_\mathrm{i} = \boldsymbol{v} \times \boldsymbol{B} \tag{5.3/5b}$$

(Zuordnung $\boldsymbol{s}$, $\mathrm{d}\boldsymbol{A}$, vgl. Bild R 5.3/1).

Das Wegintegral der elektrischen Feldstärke $\boldsymbol{E}$ längs eines Umlaufs ist gleich der negativen zeitlichen Ableitung des Flusses innerhalb des Umlaufs (Gl.(5.3/5a)).

Die elektrische Feldstärke $\boldsymbol{E}$ hängt dabei vom Umlaufweg und den Materieeigenschaften dieses Weges im Sinne einer Feldstärke, die mit $\boldsymbol{S}$ verkoppelt ist (oder wäre), ab. Speziell gilt:

- in ruhenden Leitern: ($\boldsymbol{E}_\mathrm{i} = 0$); $\boldsymbol{E} \sim \boldsymbol{S}$
- in bewegten Leitern: $\boldsymbol{E}_\mathrm{i} \neq 0$.

Die Größe $\boldsymbol{E}_\mathrm{i} = \boldsymbol{v} \times \boldsymbol{B}$ heißt oft *bewegungsbedingte induzierte Feldstärke*, sie kann auch als Lorentz-Kraft $\boldsymbol{F} = Q(\boldsymbol{v} \times \boldsymbol{B}) = Q\boldsymbol{E}_\mathrm{i}$ auf die Träger interpretiert werden (s.o.).

Üblicherweise wird Gl.(5.3/5) in der Form

$$\begin{aligned}\oint \boldsymbol{E} \cdot \mathrm{d}\boldsymbol{s} &= -\underbrace{\int \frac{\partial \boldsymbol{B}}{\partial t} \cdot \mathrm{d}\boldsymbol{A}}_{\text{Ruheinduktion}} + \underbrace{\oint (\boldsymbol{v} \times \boldsymbol{B}) \cdot \mathrm{d}\boldsymbol{s}}_{\text{Bewegungsinduktion}} \\ &= -\frac{\mathrm{d}\Phi}{\mathrm{d}t} = u_\mathrm{i} = u_\mathrm{qi} = -u_\mathrm{L}\end{aligned} \tag{5.3/6}$$

verwendet mit $\boldsymbol{S} = \kappa \boldsymbol{E}$ für bewegte Leiter im zeitveränderlichen Magnetfeld. Dabei ist u_i die induzierte Ringspannung nach Gl.(5.3/1).

Im allgemeinen Induktionsgesetz (5.3/5a) wird dann eine bewegte Leiterschleife erfaßt

- als *aktives Leitergebiet* (mit Gl.(5.3/5b) und Gl. (2.3/9)). In diesem Fall darf sie nicht mehr über $\mathrm{d}\boldsymbol{A}/\mathrm{d}t$ (Leiterschleifenfläche A) als Ursache einer Komponente von $\mathrm{d}\Phi/\mathrm{d}t$ (rechts) berücksichtigt werden
- als *passives Leitergebiet* ($\boldsymbol{v} \times \boldsymbol{B} = 0$), dann muß die Flußänderung durch Bewegung rechts in Gl.(5.3/5a) berücksichtigt werden.

Zusammengefaßt: Der Induktionsvorgang läßt sich gleichwertig beschreiben:

- durch die feldgemäße Form Gl.(5.3/5)
- formal durch die *induzierte Ringspannung*

$$u_\mathrm{i} = -\frac{\mathrm{d}\Phi}{\mathrm{d}t}$$

(u_i-Pfeil rechtswendig zu Φ, dies entspricht der sog. EMK-Auffassung)

- oder gleichwertig durch eine zugeordnete *Quellenspannung*

$$u_\mathrm{qi} = -\frac{\mathrm{d}\Phi}{\mathrm{d}t}$$

(u_qi-Pfeil linkswendig zu Φ)

- durch den sog. *induktiven Spannungsabfall*

$$u_\mathrm{L} = \frac{\mathrm{d}\Phi}{\mathrm{d}t} = u_{12} = -u_\mathrm{i}.$$

Dabei ist u_L (u_{12}) in Richtung des Induktionsstromes i (Spannungsabfall) orientiert.

Erwähnt sei, daß für das zeitverändliche Magnetfeld ($\mathrm{d}\Phi/\mathrm{d}t \neq 0$) beim ruhenden Leiter die induzierte Feldstärke $\boldsymbol{E}_\mathrm{i}$ Gl.(5.3/5b) *nicht* vorhanden ist. Dennoch kann es zweckmäßig sein, sie durch eine zugeordnete induzierte Ringspannung $u_\mathrm{i} = -\mathrm{d}\Phi/\mathrm{d}t$ formal zu ersetzen. Das ist der Inhalt der rechten Seite von Gl.(5.3/6).

Differentialform. Gl.(5.3/5a) läßt sich mit dem Stokesschen Satz schreiben:

$$\oint \boldsymbol{E}\cdot\mathrm{d}\boldsymbol{s} = \int_A \mathrm{rot}\,\boldsymbol{E}\cdot\mathrm{d}\boldsymbol{A} = -\frac{\partial}{\partial t}\int \boldsymbol{B}\cdot\mathrm{d}\boldsymbol{A} = -\int\frac{\partial \boldsymbol{B}}{\partial t}\cdot\mathrm{d}\boldsymbol{A}$$

oder gleichwertig als

$\mathrm{rot}\,\boldsymbol{E} = -\frac{\partial \boldsymbol{B}}{\partial t}$	Induktionsgesetz in Differentialform	(5.3/7)

zusammen mit Gl.(5.3/5b). Dabei wurde die Wirbelstärke $\oint \boldsymbol{E}\cdot\mathrm{d}\boldsymbol{s}$ in die Wirbeldichte rot $\boldsymbol{E}$ überführt (s. Gl.(5.1/8)):

Die Wirbeldichte rot $\boldsymbol{E}$ des elektrischen Feldes $\boldsymbol{E}$ ist in jedem Raumpunkt gleich der dort herrschenden negativen zeitlichen Änderung der magnetischen Flußdichte.

Ruheinduktion. Eine ruhende Leiterschleife im zeitveränderlichen Magnetfeld möge zwei (elektrochemische) Spannungsquellen einschließen (dargestellt als *aktive Feldgebiete*, s. Gl.(2.3/9)) sowie einen Kreiswiderstand (Bild R 5.3/3a). Die Masche wird dann gleichwertig beschrieben:

1. Durch den *Maschensatz* unter Verwendung des induktiven Spannungsabfalls $u_\mathrm{L} = \mathrm{d}\Phi/\mathrm{d}t$ an beliebiger Stelle in der Masche mit $\sum u = 0$. Es gilt (Bild R 5.3/3b)

$$u_{\mathrm{q}2} + iR_2 - \frac{\mathrm{d}\Phi}{\mathrm{d}t} + iR_1 - u_{\mathrm{q}1} + iR = 0$$

$$i = \frac{u_{\mathrm{q}1} - u_{\mathrm{q}2} + u_\mathrm{L}}{R + R_1 + R_2} = \frac{u_{\mathrm{q}1} - u_{\mathrm{q}2} + \mathrm{d}\Phi/\mathrm{d}t}{R + R_1 + R_2}. \qquad (5.3/8a)$$

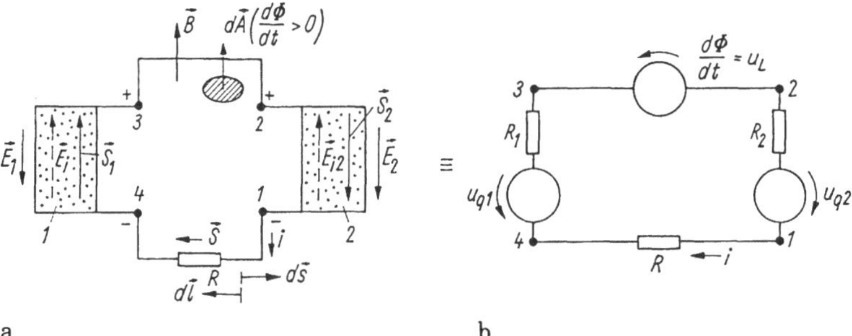

Bild R 5.3/3 Ruheinduktion mit aktiven Feldgebieten
a) Anordnung, b) Netzwerkmodell mit induktivem Spannungsabfall u_{L}

Bei $u_{\mathrm{q1}} = u_{\mathrm{q2}} = 0$ verursacht dann $\mathrm{d}\Phi/\mathrm{d}t > 0$ einen Strom i in der eingeführten Richtung, also einen Spannungsabfall $u_{43} > 0$ über R_1 bzw. $u_{43} = u_{12} > 0$ bei $R = 0$ (vgl. Bild R 5.3/1c).
2. Durch das Umlaufintegral der elektrischen Feldstärke $\boldsymbol{E}$ mit $\mathrm{d}\boldsymbol{s} = -\mathrm{d}\boldsymbol{l}$, wobei der Weg durch das Quelleninnere geführt wird ($\int(\varrho\boldsymbol{S} - \boldsymbol{E}_{\mathrm{i}})\cdot\mathrm{d}\boldsymbol{s}$):

$$\begin{aligned}\frac{\mathrm{d}\Phi}{\mathrm{d}t} &= -\oint \boldsymbol{E}\cdot\mathrm{d}\boldsymbol{s} = \oint \boldsymbol{E}\cdot\mathrm{d}\boldsymbol{l}\\ &= \underbrace{\int \varrho\boldsymbol{S}\cdot\mathrm{d}\boldsymbol{l}}_{iR} + \underbrace{\int_2^1 (\varrho\boldsymbol{S}_2 - \boldsymbol{E}_{\mathrm{i2}})\cdot\mathrm{d}\boldsymbol{l}}_{iR_2+u_{\mathrm{q2}}} + \underbrace{\int_4^3 (\varrho\boldsymbol{S}_1 - \boldsymbol{E}_{\mathrm{i1}})\cdot\mathrm{d}\boldsymbol{l}}_{iR_1-u_{\mathrm{q1}}}\,.\end{aligned} \tag{5.3/8b}$$

Dabei wurde entsprechend der allgemeinen Festlegung

$$u_{\mathrm{q}} = \int_{A(-)}^{B(+)} \boldsymbol{E}_{\mathrm{i}}\cdot\mathrm{d}\boldsymbol{l} = \int_{(+)}^{(-)} (-\boldsymbol{E}_{\mathrm{i}})\cdot\mathrm{d}\boldsymbol{l}$$

für die Spannungsquelle beachtet.
3. Durch das Umlaufintegral der elektrischen Feldstärke $\boldsymbol{E}$ geführt über jeweils das zwischen den Klemmen der Quellen herrschende Feld:

$$\begin{aligned}\frac{\mathrm{d}\Phi}{\mathrm{d}t} &= -\oint \boldsymbol{E}\cdot\mathrm{d}\boldsymbol{s} = \oint \boldsymbol{E}\cdot\mathrm{d}\boldsymbol{l}\\ &= \underbrace{\int_2^1 \boldsymbol{E}_2\cdot\mathrm{d}\boldsymbol{l}}_{u_{21}} + \underbrace{\int_4^3 \boldsymbol{E}_1\cdot\mathrm{d}\boldsymbol{l}}_{-u_{34}} + \underbrace{\int \varrho\boldsymbol{S}\cdot\mathrm{d}\boldsymbol{l}}_{iR}\,.\end{aligned} \tag{5.3/8c}$$

Einsetzen der Spannungsabfälle führt auf Gl.(5.3/8b) bzw. (5.3/8a). Damit stellt Bild R 5.3/3 eine Leiterkreisanordnung dar, die das Phänomen der Ruheinduktion in den allgemeinen Grundstromkreis (mit Spannungsquelle u_{q1}, u_{q2}, Widerstand R) einbezieht.

Bewegungsinduktion. Wir erweitern Bild R 5.3/2 um einen zweiten beweglichen Leiter (Widerstände R_1, R_2) mit den Geschwindigkeiten $\boldsymbol{v}_2 = v_{x2}\boldsymbol{e}_x$, $\boldsymbol{v}_1 = v_{x1}\boldsymbol{e}_x$ auf ideal leitenden Metallschienen im zeitkonstanten Magnetfeld $\boldsymbol{B} = B_z\boldsymbol{e}_z$ (Bild R 5.3/4), Dadurch wird im Leiterkreis ein Strom induziert. Ausgang sind die Beziehungen $\oint \boldsymbol{E}\cdot\mathrm{d}\boldsymbol{s} = 0$ (Gl.(5.3/4)) und $\boldsymbol{S} = \kappa(\boldsymbol{E} + \boldsymbol{v}\times\boldsymbol{B})$ Gl.(5.3/5b). Spannungsabfälle entstehen nur über den Leiterstäben ($\rightarrow \kappa$), nicht den Schienen ($\kappa \rightarrow \infty$).

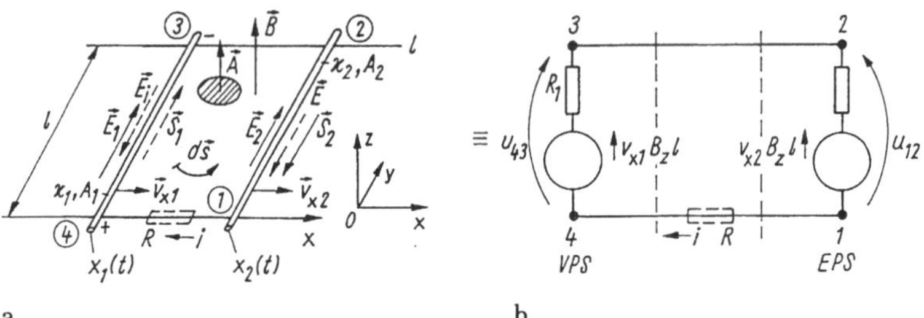

Bild R 5.3/4 Bewegungsinduktion
a) Anordnung mit beweglichen Seitenleitern, b) Netzwerkmodell

Daher gilt mit $R_1 = l/(\kappa_1 A_1)$, $R_2 = l/(\kappa_2 A_2)$ und $\mathrm{d}\boldsymbol{s} = -\mathrm{d}\boldsymbol{l}$ mit

- *Feldstärke* $\boldsymbol{E}_2$ für Leiterstab 2

$$\boldsymbol{E}_2 = \frac{\boldsymbol{S}_2}{\kappa_2} - (v_{x2}\boldsymbol{e}_x \times B_z\boldsymbol{e}_z) = -\frac{i\boldsymbol{e}_y}{\kappa_2 A_2} + v_{x2}B_z\boldsymbol{e}_y. \qquad (5.3/9a)$$

- Analog ergibt sich für Leiterstab 1 (Feldstärke $\boldsymbol{E}_1$) mit

$$\boldsymbol{S}_1 = \frac{i\boldsymbol{e}_y}{A_1},$$

$$\boldsymbol{E}_1 = \frac{\boldsymbol{S}_1}{\kappa_1} - (v_{x1}\boldsymbol{e}_x \times B_z\boldsymbol{e}_z) = \frac{iR_1\boldsymbol{e}_y}{l} + v_{x1}B_z\boldsymbol{e}_y. \qquad (5.3/9b)$$

Für den geschlossenen Umlauf gilt $\oint \boldsymbol{E}\cdot\mathrm{d}\boldsymbol{s} = 0$, also mit $\mathrm{d}\boldsymbol{l} = \boldsymbol{e}_x\,\mathrm{d}x$ resp. $-\boldsymbol{e}_y\,\mathrm{d}y$, $\mathrm{d}\boldsymbol{s} = \boldsymbol{e}_x\,\mathrm{d}x$ bzw. $\boldsymbol{e}_y\,\mathrm{d}y$:

$$\int_2^1 \boldsymbol{E}_2\cdot\boldsymbol{e}_y\,\mathrm{d}y + \int_{x_2}^{x_1} 0\cdot\boldsymbol{e}_x\,\mathrm{d}x + \int_4^3 \boldsymbol{E}_1\cdot\mathrm{d}\boldsymbol{l} + \int_{x_1}^{x_2} 0\cdot\boldsymbol{e}_x\,\mathrm{d}x = 0.$$

Mit $\boldsymbol{E}_1$, $\boldsymbol{E}_2$ nach Gl.(5.3/9) und $\mathrm{d}\boldsymbol{l} = -\boldsymbol{e}_y\,\mathrm{d}y$ folgt

$$\left(-\frac{iR_2}{l} + v_{x2}B_z\right)l + \left(-\frac{iR_1}{l} - v_{x1}B_z\right)l = 0$$

aufgelöst nach i

$$i = \frac{(v_{x2} - v_{x1})B_z l}{R_1 + R_2 + R}. \qquad (5.3/10)$$

Bild R 5.3/4b zeigt die Ersatzschaltung. Die Klemmenspannungen u_{12} resp. u_{43} zwischen den Leiterschienen ergeben sich zu

$$\begin{aligned} u_{12} &= \int_1^2 \boldsymbol{E}_2\cdot\mathrm{d}\boldsymbol{s} = \frac{-i}{\kappa_2 A_2}\int_1^2 \boldsymbol{e}_y\cdot\boldsymbol{e}_y\,\mathrm{d}y + v_{x2}B_z\int_1^2 \boldsymbol{e}_y\cdot\boldsymbol{e}_y\,\mathrm{d}y \\ &= -iR_2 + v_{x2}B_z l = \frac{R_1 v_{x2} + R_2 v_{x1}}{R_1 + R_2}B_z l \end{aligned} \qquad (5.3/11a)$$

und analog

$$\begin{aligned} u_{43} &= \int_4^3 \boldsymbol{E}_1\cdot\mathrm{d}\boldsymbol{s} = \frac{i}{\kappa_1 A_1}\int_4^3 \boldsymbol{e}_y\cdot\boldsymbol{e}_y\,\mathrm{d}y + v_{x1}B_z\int_4^3 \boldsymbol{e}_y\cdot\boldsymbol{e}_y\,\mathrm{d}y \\ &= iR_1 + v_{x1}B_z l. \end{aligned} \qquad (5.3/11b)$$

Damit ist die im Bild R 5.3/4b dargestellte Ersatzschaltung plausibel. Wir vergleichen das Ergebnis mit dem nach Bild R 5.3/3 (und setzen dort für die Spannungen u_{q1}, $u_{q2} = 0$, da sie z.B. von Batterien herrühren mögen).

Eine Flußzunahme ($\mathrm{d}\Phi/\mathrm{d}t > 0$)

- wird im Bild R 5.3/3 als Ruheinduktion erklärt und erzeugt einen Strom $i(>0)$ in der dort eingetragenen Stromrichtung:

$$i = \frac{\mathrm{d}\Phi/\mathrm{d}t}{R + R_1 + R_2}. \tag{5.3/12}$$

Seine Richtung läßt sich sofort mit der Lenzschen Regel überprüfen.

- wird im Bild R 5.3/4 erzeugt, wenn Leiter 1 in Ruhe bleibt ($v_{x1} = 0$) und sich nur Leiter 2 nach rechts bewegt (→ Flächenzunahme, = Flußzunahme):

$$i = \frac{v_{x2} B_z l}{R_1 + R_2} \quad \text{(Stromschienenwiderstand } R \doteq 0).$$

Dies ist das gleiche Ergebnis, d.h. der Flußzunahme $\mathrm{d}\Phi/\mathrm{d}t = v_{x2} B_z l$ entspricht die flächenproportionale Leiterverschiebung. Sind beide Geschwindigkeiten positiv, so arbeitet Stab 2 als aktiver Zweipol im EPS, Stab 1 als aktiver Zweipol im VPS.

Anwendungsbeispiele, Sonderfälle. Typische Anwendungsbeispiele des Induktionsgesetzes sind:

Ruheinduktion, zeitveränderliches Magnetfeld. In einer Spule mit w Windungen erzeugt der zeitveränderliche Fluß $\Phi(t)$ die Quellenspannung (Bild R 5.3/5a)

$$u_{\mathrm{qL}} = w \frac{\mathrm{d}\Phi}{\mathrm{d}t} \tag{5.3/13}$$

Zuordnung	$\mathrm{d}\Phi/\mathrm{d}t > 0$	$\mathrm{d}\Phi/\mathrm{d}t < 0$
Quellenspannung u_{qL} mag. Fluß Φ	Rechtsschraube	Linksschraube
Induktionsstrom mag. Fluß.	Linksschraube	Rechtsschraube

Bei Flußabnahme kehren sich die Vorzeichen um.

Bewegter gerader Leiter im ruhenden Magnetfeld (Bild 5.3/5b). Ein Leiterstück der Länge l, bewegt mit $\boldsymbol{v}$, erzeugt im Feld $\boldsymbol{B}$ die Leerlaufspannung:

$$u_{\mathrm{qL}} = -(\boldsymbol{v} \times \boldsymbol{B}) \cdot \boldsymbol{l}. \tag{5.3/14}$$

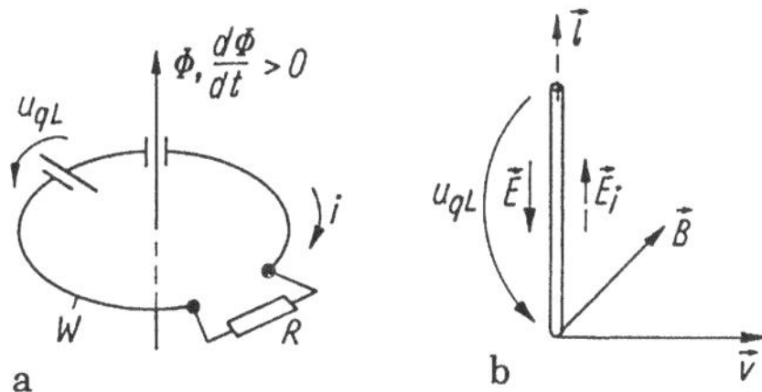

Bild R 5.3/5 Anwendungsbeispiele der Induktion
a) Ruheinduktion, b) Bewegungsinduktion, gerader Leiter

Richtung: $\boldsymbol{v}$, $\boldsymbol{B}$, $\boldsymbol{l}$: Rechtssystem, Ersatzschaltung Bild R 5.3/2b. Gl.(5.3/14) folgt aus Bild R 5.3/2 und Gl.(5.3/4a), Gl.(5.3/5b) mit $\boldsymbol{S} = 0$ (Leerlauf)

$$\begin{aligned} u_{12} &= u_{\mathrm{qL}} = \int_1^2 \boldsymbol{E} \cdot \mathrm{d}\boldsymbol{s} = -\int_1^2 \boldsymbol{E}_{\mathrm{i}} \cdot \mathrm{d}\boldsymbol{s} = -\int_1^2 (\boldsymbol{v} \times \boldsymbol{B}) \cdot \mathrm{d}\boldsymbol{s} \\ &= -(\boldsymbol{v} \times \boldsymbol{B}) \cdot \boldsymbol{l}. \end{aligned}$$

Lenzsche Regel. Jede induzierte Größe wirkt ihrer erzeugenden Ursache entgegen:

Der im Leiter induzierte Strom i erzeugt einen induzierten Fluß Φ_{i}, der der Flußänderung $\mathrm{d}\Phi/\mathrm{d}t$ immer entgegenwirkt (Φ, i jeweils Rechtsschraube).

Beispiel: (Bild R 5.3/6): Eingeprägter zeitveränderlicher Fluß $\Phi \rightarrow$ durch Φ induzierter Strom $i \rightarrow$ durch i induzierter Fluß Φ_{i}.

Deshalb wirken Φ und Φ_{i} bei $\mathrm{d}\Phi/\mathrm{d}t > 0$ in der Leiterschleife gegeneinander (Φ_{i}: Gegenfluß), bei $\mathrm{d}\Phi/\mathrm{d}t < 0$ in gleicher Richtung (Φ_{i}: Mitfluß).
Anwendung: Überprüfung der (tatsächlichen) Stromrichtung bei Induktionsvorgängen. Mitwirkung in allen Formen des Induktionsgesetzes.

Weitere Anwendungen des Induktionsgesetzes sind (Bild R 5.3/7): Drehspule zur Erzeugung elektrischer Spannungen, Generator (Wechselwirkung mechanisch-elektrische Energie), Transformatorprinzip, Selbst- und Gegeninduktion, Wirbelstrom, Wellenausbreitung u.v.a.m.

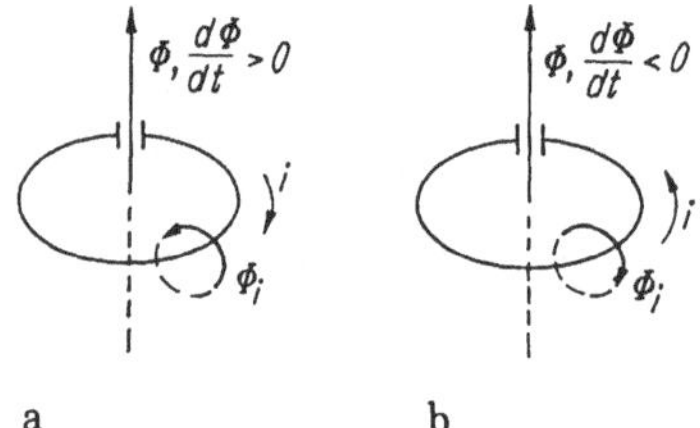

Bild R 5.3/6 Lenzsche Regel
a) bei Flußzunahme, b) bei Flußabnahme

5.3.3 Netzwerkmodell des Induktionsvorganges

Da Wirbelfreiheit als Grundlage des Maschensatzes $\sum u = 0 = \oint \boldsymbol{E} \cdot \mathrm{d}\boldsymbol{s} = 0$ im zeitveränderlichen Magnetfeld nach Gl.(5.3/1) *nicht* gilt, ist zum Einbezug des Induktionsvorganges in das Netzwerkmodell "Grundstromkreis" eine Erweiterung des Maschensatzes erforderlich. Zwei Formen sind üblich (Bild R 5.3/8):

a) *Form I:* Rückführung der Induktionswirkung auf eine Quellenspannung u_{qL} (Bild R 5.3/8a). Wir denken uns den *Spannungsabfall* $u_{12} = \mathrm{d}\Phi/\mathrm{d}t = iR$ (Bild R 5.3/1c, Bild R 5.3/2) erzeugt durch eine *Quellenspannung*

$$u_{\mathrm{qL}} = \frac{\mathrm{d}\Phi}{\mathrm{d}t} \tag{5.3/15}$$

definiert als *Spannungsabfall*, d.h. meßbar an den Klemmen 1, 2 (üblicher Einbezug von Spannungsquellen). Dann lautet der Maschensatz in bisheriger

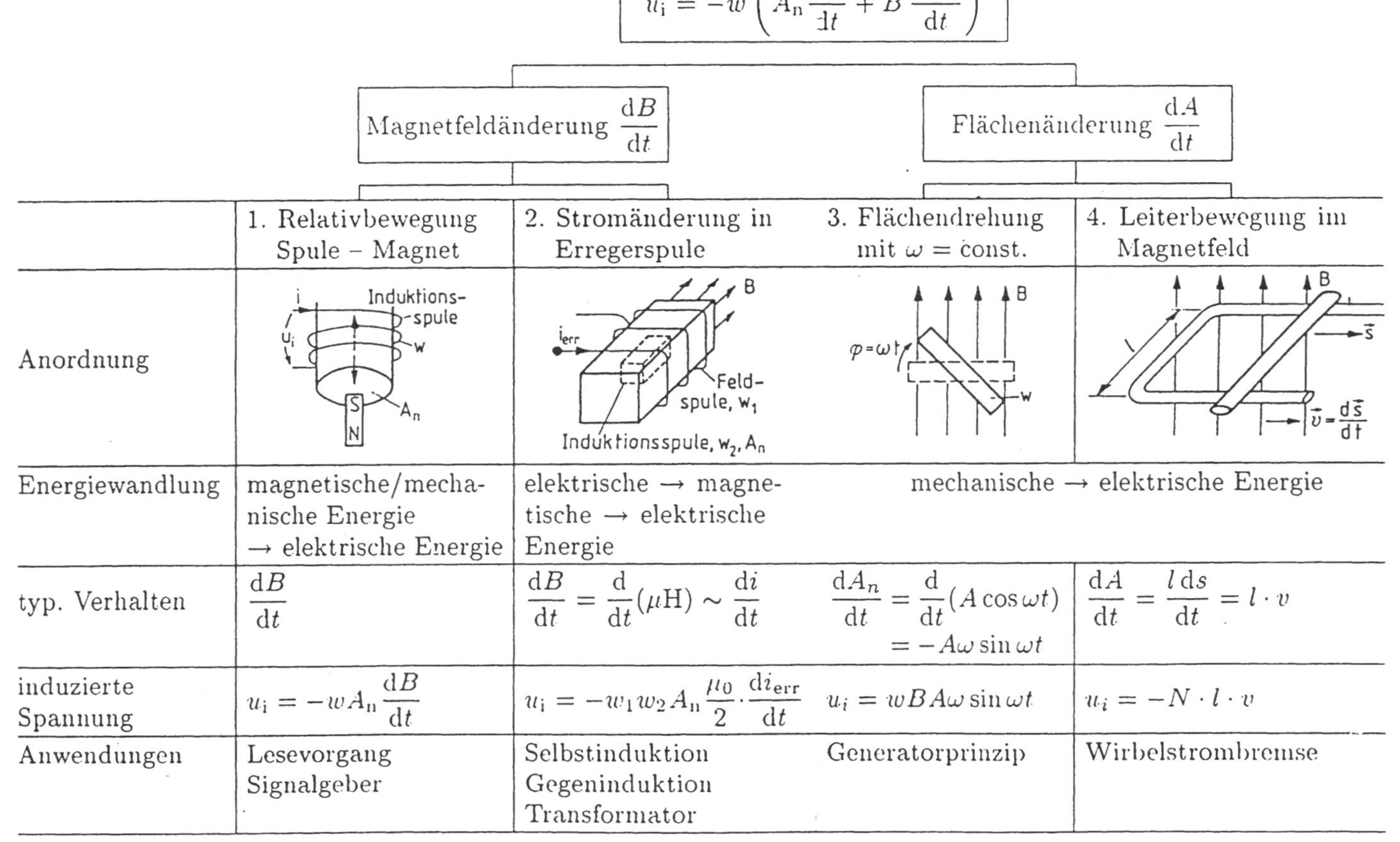

Induktionsgesetz

$$u_\mathrm{i} = -w\left(A_\mathrm{n}\frac{\mathrm{d}B}{\mathrm{d}t} + B\,\frac{\mathrm{d}A_n}{\mathrm{d}t}\right)$$

Magnetfeldänderung $\frac{\mathrm{d}B}{\mathrm{d}t}$ | Flächenänderung $\frac{\mathrm{d}A}{\mathrm{d}t}$

	1. Relativbewegung Spule – Magnet	2. Stromänderung in Erregerspule	3. Flächendrehung mit ω = const.	4. Leiterbewegung im Magnetfeld
Anordnung				
Energiewandlung	magnetische/mechanische Energie → elektrische Energie	elektrische → magnetische → elektrische Energie	mechanische → elektrische Energie	
typ. Verhalten	$\frac{\mathrm{d}B}{\mathrm{d}t}$	$\frac{\mathrm{d}B}{\mathrm{d}t} = \frac{\mathrm{d}}{\mathrm{d}t}(\mu H) \sim \frac{\mathrm{d}i}{\mathrm{d}t}$	$\frac{\mathrm{d}A_n}{\mathrm{d}t} = \frac{\mathrm{d}}{\mathrm{d}t}(A\cos\omega t) = -A\omega\sin\omega t$	$\frac{\mathrm{d}A}{\mathrm{d}t} = \frac{l\,\mathrm{d}s}{\mathrm{d}t} = l \cdot v$
induzierte Spannung	$u_\mathrm{i} = -wA_\mathrm{n}\frac{\mathrm{d}B}{\mathrm{d}t}$	$u_\mathrm{i} = -w_1 w_2 A_\mathrm{n}\frac{\mu_0}{2}\cdot\frac{\mathrm{d}i_\mathrm{err}}{\mathrm{d}t}$	$u_i = wBA\omega\sin\omega t$	$u_i = -N \cdot l \cdot v$
Anwendungen	Lesevorgang Signalgeber	Selbstinduktion Gegeninduktion Transformator	Generatorprinzip	Wirbelstrombremse

Bild R 5.3/7 Typische Anwendungsfälle des Induktionsgesetzes

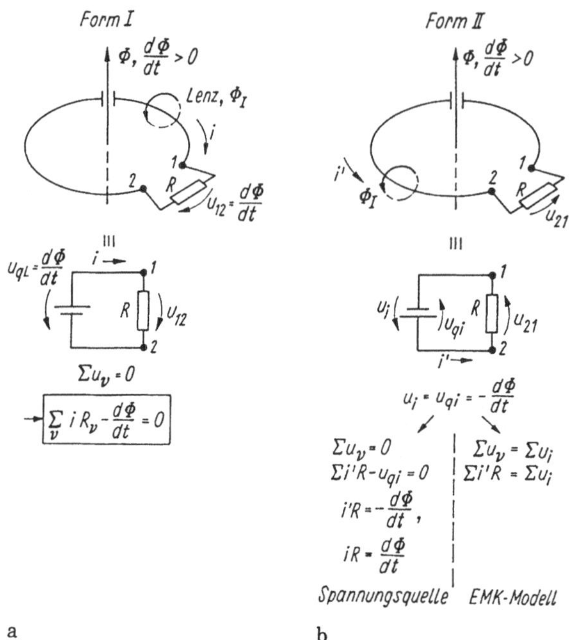

Bild R 5.3/8 Netzwerkmodell des Induktionsvorganges
a) mit Spannungsquelle definiert durch den Spannungsabfall, b) mit induzierter Spannung u_i interpretiert als Spannungsquelle (Spannungsabfall) oder EMK

Form $\sum u_\nu = 0$, hier also $u_{12} - u_{\mathrm{qL}} = 0$ resp.

$$u_{12} = iR = u_{\mathrm{qL}} = \frac{\mathrm{d}\Phi}{\mathrm{d}t}(> 0). \tag{5.3/16}$$

Ist z.B. noch eine weitere, etwa elektrochemische Quelle u_{q1} im Kreis, so würde gelten $u_{12} = u_{\mathrm{qL}} + u_{\mathrm{q1}}$.

Bei Nutzung der Form I sind Φ ($\mathrm{d}\Phi/\mathrm{d}t$) und i durch eine *Linksschraube* verknüpft, m.a.W. herrscht das *Erzeugerpfeilsystem* zwischen u_{qL} und i. Dann sind $\mathrm{d}\Phi/\mathrm{d}t$ und u_{qL} über eine Rechtsschraube zugeordnet (s. auch Bild 5.3/3b) (Kontrolle Φ, i, Lenzsche Regel, i, u_q EPS).

Die Form Gl.(5.3/16) wird auch als *induktiver Spannungsabfall* $u_\mathrm{L} = u_{\mathrm{qL}} = \mathrm{d}\Phi/\mathrm{d}t$ (s. Gl.(5.3/2a)) bezeichnet (DIN 1323 alt), sie kommt bei Bestimmung des induktiven Spannungsabfalls zur Anwendung (s.u.). Formal läßt sich in u_{qL} auch Bewegungsinduktion einbeziehen (über Gl.(5.3/6), s. auch Bild R 5.3/4)

b) *Form II:* Rückführung auf die induzierte Spannung $u_\mathrm{i} = -\mathrm{d}\Phi/\mathrm{d}t$ (induzierte Ringspannung nach Gl.(5.3/1a)). Die Spannung u_i treibt einen Kreisstrom i' an (Bild R 5.3/8b) und erzeugt an R den Spannungsabfall u_{21}

$$u_{21} = i'R = u_\mathrm{i} = u_{\mathrm{qi}} = -\frac{\mathrm{d}\Phi}{\mathrm{d}t}. \tag{5.3/17}$$

Die Interpretation erfolgt sowohl über u_i (als EMK) wie auch u_{qi} (Quellenspannung). Wir denken uns den Strom i' angetrieben entweder

- durch eine *Spannungsquelle* $u_{\mathrm{qi}} = -\mathrm{d}\Phi/\mathrm{d}t$ (nach üblicher Spannungsdarstellung als *Spannungsabfall* meßbar). Dann gilt $\sum u_\nu = 0$ und somit $(i' = -i)$

$$\underbrace{\sum i'R}_{u_{21}} - u_{\mathrm{qi}} = 0 \qquad (5.3/18)$$

$$i'R = u_{\mathrm{qi}} = -\frac{\mathrm{d}\Phi}{\mathrm{d}t} = -iR.$$

  Diese Form entspricht somit Form I nur mit umgekehrter Stromrichtung wegen $-\mathrm{d}\Phi/\mathrm{d}t$ (Bild R 5.3/8a).
- oder eine *EMK* $u_{\mathrm{i}} = -\mathrm{d}\Phi/\mathrm{d}t$ (nach dem früher verbreiteten EMK- oder Urspannungsmodell, I/Gl.(2.29)). Hier gilt der Maschensatz in der Form

$$\underbrace{\sum u_\nu}_{\text{Spannungsabfälle}} = \underbrace{u_{\mathrm{i}}}_{\text{EMK}} \qquad (5.3/19)$$

$$i'R = u_{\mathrm{i}} = -\frac{\mathrm{d}\Phi}{\mathrm{d}t} = -iR.$$

In allen drei Beschreibungsarten fließt im Kreis der gleiche Strom $i = -i'$.

Bei der Form II sind Φ, $\mathrm{d}\Phi/\mathrm{d}t$, i' durch eine Rechtsschraube verknüpft, wobei der tatsächliche Strom i nach der Lenzschen Regel entgegengesetzt zu i' fließt. Das bedeutet für i und u_{qi} Verbraucherpfeilrichtung!

Die Form II wird verbreitet bei Darstellung der Induktionswirkung (Transformator, Induktivität) verwendet (oft auch in Verbindung mit $\mathrm{d}\Phi/\mathrm{d}t < 0$, dann vertauschen sich die Rollen von Form I und II).

Weniger Richtungsüberlegungen erfordert jedoch Form I: Man überlegt sich aus der Anordnung ($\mathrm{d}\Phi/\mathrm{d}t$, oder Bewegung) die Richtung von $\boldsymbol{E}_{\mathrm{i}}$, hat damit die Stromrichtung i und denkt sich diesen Strom von einer Quelle nach Gl.(5.3/15) im Grundstromkreis erzeugt: Induktionsanordnung als aktiver Zweipol (→ EPS).

Eigenmagnetfeld des Leiterstromes. Bisher wurde das vom induzierten Strom selbst erzeugte Magnetfeld vernachlässigt. Allgemein besteht aber der verkettete Fluß $\Psi = w\Phi$ (w Windungszahl)

$$\Psi = \Psi_{\mathrm{ext}} + \Psi_{\mathrm{I}}(i) \qquad (5.3/20)$$

aus einem extremen Anteil Ψ_{ext} und den vom Leiterstrom abhängigen Teil Ψ_{I}. Wir erfassen den Einfluß von $\Psi_{\mathrm{I}}(i)$ über die Ersatzschaltung (Bild R 5.3/9).

Form I. Hier gilt nach Bild R 5.3/8a $\Psi = \Psi_{\mathrm{ext}} - \Psi_{\mathrm{I}}$ mit $\Psi_{\mathrm{I}} = Li$, da Ψ_{I} und i gemäß Rechtsschraube verknüpft sind. Dann gilt mit Gl.(5.3/2a)

$$u_{12} = \frac{\mathrm{d}\Psi}{\mathrm{d}t} = \left.\frac{\mathrm{d}\Psi}{\mathrm{d}t}\right|_{\mathrm{ext}} - \frac{\mathrm{d}(Li)}{\mathrm{d}t} = \left.\frac{\mathrm{d}\Psi}{\mathrm{d}t}\right|_{\mathrm{ext}} - L\frac{\mathrm{d}i}{\mathrm{d}t}. \qquad (5.3/21)$$

Bild R 5.3/9a zeigt die Ersatzschaltung.

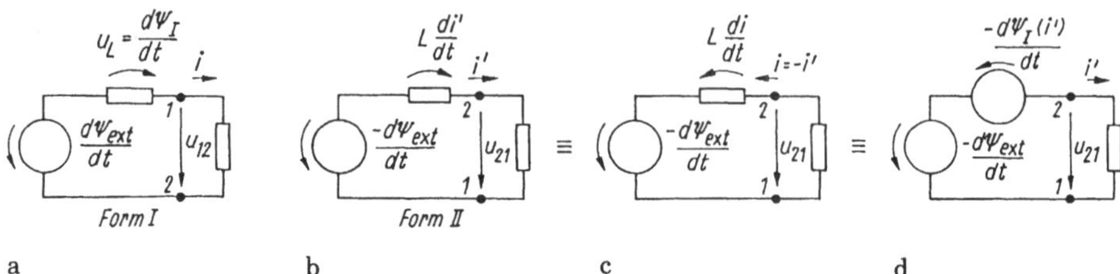

Bild R 5.3/9 Einbezug des Eigenmagnetfeldes der Stromschleife in das Netzwerkmodell
a) mit induktivem Spannungsabfall, b) mit induzierter Spannung (EPS), c) dto. in VPS, d) mit induzierter Spannung (als Spannungsquelle)

Das Eigenfeld des Stromes i erzeugt den sog. induktiven Spannungsabfall $u_{\mathrm{L}} = L\mathrm{d}i/\mathrm{d}t$, hervorgerufen von der Induktivität L der Leiterschleife.

Form II. Mit $\Psi_{\mathrm{I}} = Li'$ wird jetzt $\Psi = \Psi_{\mathrm{ext}} + Li'$ (beide Flüsse unterstützen sich!, Bild 5.3/8b). Dann lautet die Klemmenspannung u_{21} nach Gl.(5.3/17):

$$u_{21} = -\frac{\mathrm{d}\Psi}{\mathrm{d}t} = -\left(\frac{\mathrm{d}\psi_{\mathrm{ext}}}{\mathrm{d}t} + L\frac{\mathrm{d}i'}{\mathrm{d}t}\right) = u_{\mathrm{qi}} - L\frac{\mathrm{d}i'}{\mathrm{d}t}. \qquad (5.3/22)$$

Das ist formal die gleiche Ersatzschaltung (Bild R 5.3/9b), die gleichwertig auch in der Verbraucherzählpfeilrichtung darstellbar ist (Bild R 5.3/9c). Schließlich kann der induktive Spannungsabfall in Gl.(5.3/2a) ebenso durch die zugehörige induzierte Spannung $\mathrm{d}\Psi_{\mathrm{I}}/\mathrm{d}t$ (als Spannungsquelle) dargestellt werden (Bild R 5.3/9d).

Zusammengefaßt:

- Das Modell der selbstinduzierten Quellenspannung u_{qi} (Gl.(5.3/17)) bzw. u_{qL} (Gl.(5.3/2a)) ist zweckmäßig für die von außen in einem Kreis eingekoppelte Induktion (wobei u_{qi} häufiger verwendet wird).
- Das Modell des induktiven Spannungsabfalls drückt vorteilhaft die Rückkopplung des Leiterstromes auf den umfaßten Fluß aus: *Selbstinduktionseffekt* (zweckmäßig erfaßt durch die Selbstinduktivität L, s. Abschn. 5.4).

5.4 u-i-Beziehungen der Selbst- und Gegeninduktivität

Die u-i-Beziehungen der Spule und Gegeninduktivität beruhen auf dem Induktionsgesetz.

Selbstinduktion. Wird in eine Spule (Induktivität L, $R = 0$) ein zeitveränderlicher Strom $i(t)$ eingeprägt (Bild R 5.4/1a), so entsteht nach dem Induktionsgesetz ein verketteter Fluß $\Psi(t)$ und damit eine induzierte Klemmenspannung (Gl.(5.3/3))

$$u_{\mathrm{i}} = -\frac{\mathrm{d}\Psi}{\mathrm{d}t} = -\frac{\mathrm{d}(Li)}{\mathrm{d}t} = -L\left.\frac{\mathrm{d}i}{\mathrm{d}t}\right|_{L=\mathrm{const.}} . \qquad (5.4/1)$$

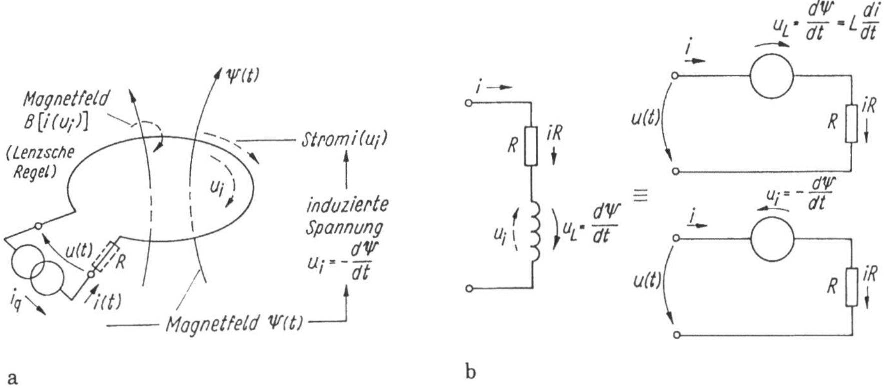

Bild R 5.4/1 Selbstinduktion
a) funktionelles Zusammenwirken der Größen, b) Netzwerkmodell der Spule

Sie muß in der Maschengleichung als zusätzliche Spannung berücksichtigt werden (I/Abschn. 3.4.1) und verursacht einen "Gegenstrom", der nach der Lenzschen Regel der Stromänderung $\mathrm{d}i$ entgegenwirkt.

Liegt ein ohmscher Widerstand R (z.B. Spulenwiderstand) im Kreis, so lautet die Maschengleichung (s. auch Gl.(5.2/17))

$$u = iR - u_{\mathrm{i}} = iR + \frac{\mathrm{d}\Psi}{\mathrm{d}t} = iR + \frac{\mathrm{d}(Li)}{\mathrm{d}t} = iR + L\frac{\mathrm{d}i}{\mathrm{d}t} = u_{\mathrm{R}} + u_{\mathrm{L}}. \quad (5.4/2)$$

Dabei tritt der *induktive Spannungsabfall* $L\mathrm{d}i/\mathrm{d}t$ auf. Gleichwertig kann der Vorgang auch mit der Umlaufspannung $u_{\mathrm{L}} = \mathrm{d}\Psi/\mathrm{d}t$ Gl.(5.3/2) als *Spannungsabfall* an den offenen Klemmen der Induktionsschleife interpretiert werden (Bild R 5.4/1b)

$$u = iR + u_{\mathrm{L}} = iR + \frac{\mathrm{d}\Psi}{\mathrm{d}t} = iR + L\frac{\mathrm{d}i}{\mathrm{d}t} = u_{\mathrm{R}} + u_{\mathrm{L}}. \quad (5.4/3)$$

Die Umlaufspannung (= induktiver Spannungsabfall)

$$u_{\mathrm{L}} = \frac{\mathrm{d}\Psi}{\mathrm{d}t} = L\frac{\mathrm{d}i}{\mathrm{d}t} = -u_{\mathrm{i}}$$

ist somit für die u-i-Beziehung der Spule von grundlegender Bedeutung. Dabei gilt nach Bild R 5.4/1b das VPS.

Netzwerkmodell zweier verkoppelter Spulen. Sind zwei Spulen über das Magnetfeld verkoppelt (Bild R 5.2/10), so hängen die verketteten Flüsse $\Psi_1(i_1, i_2)$, $\Psi_2(i_1, i_2)$ jeder Spule ab von der Wirkung des Induktionsgesetzes durch den betreffenden Spulenstrom in der betrachteten Spule (→ Selbstinduktivität) und dem eingekoppelten Fluß der Nachbarspule (→ Gegeninduktivität). Die Flußänderungen $\mathrm{d}\Psi_1/\mathrm{d}t$, $\mathrm{d}\Psi_2/\mathrm{d}t$ werden nach Bild R 5.3/8 als induktive Spannungsabfälle (→ Quellenspannungen u_{q1}, u_{q2}) modelliert.

Dann gelten (im VPS, Bild 5.4/2a):

$$\begin{aligned} u_1 &= i_1 R_1 + u_{q1} \quad \text{mit} \quad u_{q1} = \frac{d\Psi_1}{dt} \\ u_2 &= i_2 R_2 + u_{q2} \qquad\quad\;\; u_{q2} = \frac{d\Psi_2}{dt}. \end{aligned} \tag{5.4/4}$$

R_1, R_2: ohmsche Widerstände der Spulen.

Für den *linearen* magnetischen Kreis hängen die verketteten Flüsse Ψ_1, Ψ_2 nach Gl.(5.2/21) ab von

$$\begin{aligned} \Psi_1 &= L_1 i_1 + M_{12} i_2 = L_1 i_1 + \Psi_1|_{\text{ext}} \\ \Psi_2 &= L_2 i_2 + M_{21} i_1 = L_2 i_2 + \Psi_2|_{\text{ext}}. \end{aligned} \tag{5.4/5}$$

Man erkennt:

- die Flußüberlagerung (Addition) des extern (über M) eingekoppelten Stromes mit dem Eigenmagnetfeld des Stromes ($\rightarrow L$, d.h. für Ψ und i gilt die Rechtsschraubenregel, Bild R 5.4/2b)
- L_1, L_2, M sind positiv.

Daraus folgen die u-i-Beziehungen von zwei verkoppelten Spulen (mit $M_{12} = M_{21} = M$, linearer magnetischer Kreis):

$$\begin{aligned} u_1 &= i_1 R_1 + L_1 \frac{di_1}{dt} + M \frac{di_2}{dt} = i_1 R_1 + L_1 \frac{di_1}{dt} + u_{q1}|_{\text{ext}} \\ u_2 &= i_2 R_2 + M \frac{di_1}{dt} + L_2 \frac{di_2}{dt} = i_2 R_2 + L_2 \frac{di_2}{dt} + u_{q2}|_{\text{ext}} \end{aligned} \tag{5.4/6}$$

u-,i-Relationen gekoppelter Spulen mit Koppelspannungen (VPS).

Im Bild R 5.4/2b wurden die externen Koppelspannungen durch ihre Flußänderungen berücksichtigt.

Die u-i-Beziehungen (Maschengleichungen) zwei gekoppelter Spulen (mit linearem magnetischen Kreis) können damit interpretiert werden:

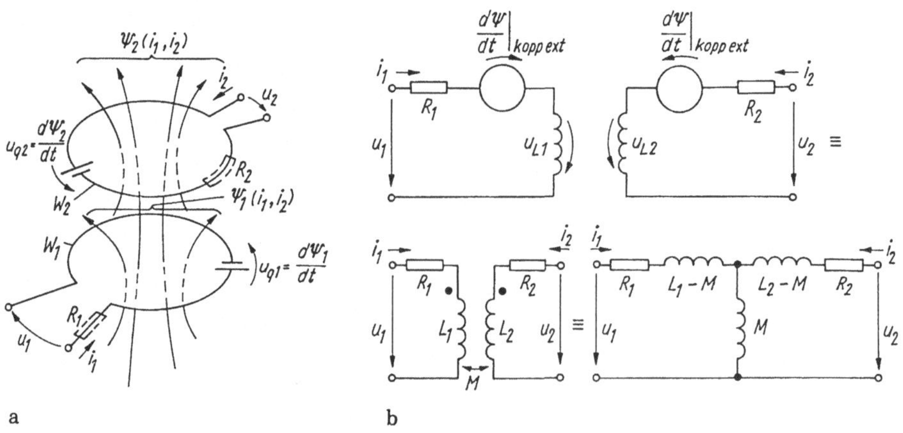

Bild R 5.4/2 Zwei magnetisch gekoppelte Spulen, Gegeninduktivität
a) Anordnung, b) Netzwerkmodell, Ersatzschaltungen

- durch eine Ersatzschaltung bestehend aus den Elementen R_1, R_2, L_1, L_2, M (Bild R 5.4/2b)
- durch eine Ersatzschaltung bestehend aus R_1, R_2, L_1, L_2 und stromgesteuerten Spannungsquellen für die magnetische Kopplung (die sie allgemeiner als Fremdeinkopplung erkennen lassen, Bild R 5.4/3a).
- gleichwertig können statt der Induktivitäten L_1, L_2 ihre induktiven Spannungsabfälle u_{L1}, u_{L2} und die selbstinduzierten Quellenspannungen (vgl. Modell der Spule, Bild R 5.3/9) verwendet werden.

Das Modell vom induktiven Spannungsabfall und der von "außen" eingekoppelten Spannung (Bild R 5.4/3c) wird verbreitet in der Netzwerkanalyse verwendet. Das Modell mit Ersatz der Selbstinduktion durch ihre Selbstinduktionsspannung (Bild R 5.4/3d) eignet sich besonders zur Erklärung der Vorgänge in elektrischen Maschinen.

Transformatorgleichungen. [1] Im Transformatorbetrieb (Belastung der Seite 2 durch den Widerstand $R_L = u_2/i_2'$) liegen die Richtungen von i_2' und u_2 durch R_L fest, dann empfiehlt sich das Erzeugerpfeilsystem $i_2' = -i_2$ für die Sekundärseite (Bild R 5.4/3b):

$$\begin{aligned} u_1 &= i_1 R_1 + L_1 \frac{\mathrm{d}i_1}{\mathrm{d}t} - M \frac{\mathrm{d}i_2'}{\mathrm{d}t} \\ u_2 &= M \frac{\mathrm{d}i_1}{\mathrm{d}t} - L_2 \frac{\mathrm{d}i_2'}{\mathrm{d}t} - i_2' R_2, \end{aligned} \qquad \text{Transformatorgleichungen} \qquad (5.4/7)$$

zusätzlich gilt: $R_L = u_2/i_2'$.

Man erkennt:

- Übereinstimmende Vorzeichen der Zweipolelemente im gleichen Stromkreis (R_1, L_1, R_2, L_2)
- gleiche (verschiedene) Vorzeichen für L, M bei Addition (Subtraktion) der Teilflüsse.

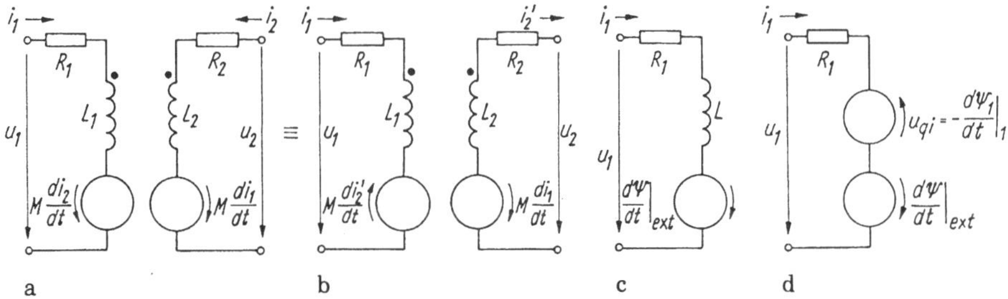

Bild R 5.4/3 Ersatzschaltungen zweier magnetisch gekoppelter Spulen
a) mit stromgesteuerten Spannungsquellen (VPS), b) dto. wie a), jedoch ausgangsseitig EPS, c) mit externer eingekoppelter Spannung (nur Primärseite), d) mit Selbstinduktionsspannung u_{qi}

[1] Vertiefung Abschn. 8.1.2

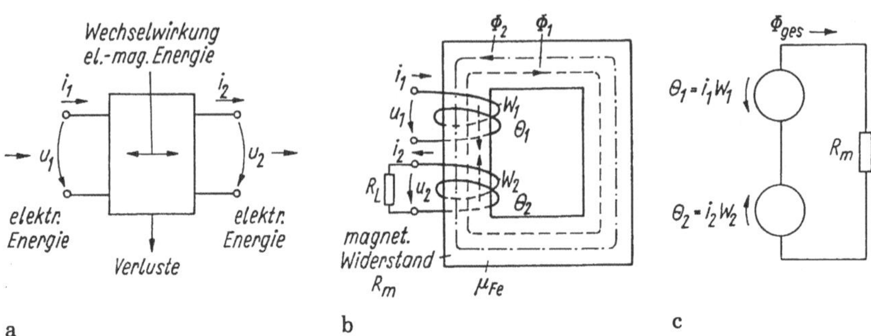

Bild R 5.4/4 Transformator
a) Energiefluß, b) Aufbau, c) magnetischer Kreis Bild R 5.6/1 Verknüpfung elektromagnetischer Feldgrößen

Transformator. Der Transformator besteht aus wenigstens zwei über einen Eisenkern magnetisch fest verkoppelten Spulen (Windungen w_1, w_2) mit einem Kopplungsfaktor $k \lesssim 1$ (Bild R 5.4/4a,b). Seine Grundbeziehungen sind durch Gl.(5.4/7) resp. gleichwertig Gl.(5.4/6) gegeben. i_2, u_2 liegen durch den Lastwiderstand fest.

Der *ideale* Transformator hat

- ideale magnetische Kopplung ($k = 1$, keine Streuung)
- vernachlässigbare Wicklungswiderstände
- vernachlässigbaren magnetischen Widerstand des magnetischen Kreises (und somit unendlich große Selbstinduktivitäten bei konstanten Verhältnissen).

Seine *Grundeigenschaften* sind:

- *Spannungsübersetzung* wie das Windungszahlverhältnis w_2/w_1

$$\frac{u_2}{u_1} = \frac{w_2}{w_1} = \frac{1}{\ddot{u}} \tag{5.4/8a}$$

- *Stromübersetzung* umgekehrt zum Windungszahlverhältnis:

$$\frac{i_2}{i_1} = \frac{w_1}{w_2} = \ddot{u} \tag{5.4/8b}$$

- *kein Leistungsverlust*: die primärseitig aufgenommene Leistung p_1 wird voll auf die Sekundärseite abgegeben:

$$p_1 = p_2 \tag{5.4/8c}$$

- *Widerstandstransformation*: Der Ausgangswiderstand R_L wird mit dem Quadrat des Widerstandsverhältnisses auf die Primärseite übersetzt:

$$R_1 = R_\mathrm{L} \left(\frac{w_1}{w_2}\right)^2 = R_L \ddot{u}^2. \tag{5.4/8d}$$

Der reale Transformator besteht ersatzschaltmäßig aus dem idealen Transformator mit dem Windungszahlverhältnis w_2/w_1 und einem in Kette geschalteten Vierpol mit weiteren Elementen: *Streuinduktivitäten*, *Wicklungswiderständen*, *Gegeninduktivität* und dem sog. *Magnetisierungs-Verlustwiderstand*.

Durch Benutzung dieser sog. reduzierten Größen kann der ideale Übertrager entfallen. Der magnetische Kreis (Bild R 5.4/4c) wird nach den Regeln des Abschnittes 5.2.2 aufgestellt.

Anwendung findet der Transformator

- in der *Leistungstechnik* (Energieübertragung, Ziel: geringe Verluste)
- in der *Nachrichtentechnik* (Ziel: große Bandbreite, gute Anpassung des Verbrauchers)
- *Meßtechnik*: Strom- und Spannungswandler u.a.m.

Besondere Formen des Transformators sind

- der *Spartransformator* mit nur einer Wicklung mit Anzapfung zum Abgriff der Primär- und Sekundärspannung (Vorteil: Wicklungseinsparung)
- der *Differentialtransformator*, dessen Sekundärwicklung eine Mittelanzapfung enthält.

5.5 Zusammenfassung

Im stationären magnetischen Feld sind die Feldgrößen $\boldsymbol{B}$, $\boldsymbol{H}$ (Materialparameter μ_r) direkt verkoppelt mit den Integral- oder Globalgrößen (s. Tafel R 5.1/1)

- magnetischer Fluß $\Psi \leftrightarrow$ Induktion $\boldsymbol{B}$ über eine Fläche $\boldsymbol{A}$
- magnetische Spannung $V \leftrightarrow$ magnetische Feldstärke $\boldsymbol{H}$ über eine Länge $\mathrm{d}\boldsymbol{s}$ (Spannungsabfall)
- magnetischer Widerstand $R_\mathrm{m} \rightarrow$ Eigenschaft eines Feldgebietes (Material, Geometrie).

Das stationäre Magnetfeld hat folgende *Merkmale*:

- Es ist ein *Wirbelfeld* gekennzeichnet durch eine nicht verschwindende Rotation von $\boldsymbol{H}$ bzw. $\oint \boldsymbol{H} \cdot \mathrm{d}\boldsymbol{s} \neq 0$ (Durchflutungssatz, 1. Maxwellsche Gleichung)

$$\oint \boldsymbol{H} \cdot \mathrm{d}\boldsymbol{s} = \int_A \left(\boldsymbol{S} + \frac{\mathrm{d}\boldsymbol{D}}{\mathrm{d}t} \right) \cdot \mathrm{d}\boldsymbol{A} \qquad \text{resp. rot } \boldsymbol{H} = \boldsymbol{S} + \frac{\mathrm{d}\boldsymbol{D}}{\mathrm{d}t}.$$

Gleichwertig: Magnetische Feldstärke immer mit dem umschlossenen Strom i verknüpft (Durchflutungssatz)

$$\oint \boldsymbol{H} \cdot \mathrm{d}\boldsymbol{s} = \Theta = iw.$$

Der Strom kann dabei Ladungsträger- oder Verschiebungsstrom sein.

- Es ist *quellenfrei* (es gibt keine magnetischen Ladungen): Das Hüllintegral der magnetischen Induktion $\boldsymbol{B}$ über eine geschlossene Hülle verschwindet stets

$$\oint \boldsymbol{B} \cdot \mathrm{d}\boldsymbol{A} = 0 \quad \text{resp. div } \boldsymbol{B} = 0.$$

- Magnetische Flußlinien sind stets in sich geschlossen.
- Magnetische Induktion $\boldsymbol{B}$ und magnetische Feldstärke $\boldsymbol{H}$ hängen über die Permeabilität zusammen

$$\boldsymbol{B} = \mu \boldsymbol{H};$$

  in ferromagnetischen Materialien ist der Zusammenhang meist nichtlinear.
- An Grenzflächen verschiedener Permeabilität μ sind stetig
  - die *Normalkomponenten* der Induktion $\boldsymbol{B}$
  - die *Tangentialkomponenten* der magnetischen Feldstärke $\boldsymbol{H}$.
- Die dem stationären Magnetfeld zugeführte elektrische Energie (→ Feldaufbau) wird als magnetische Energie im Feld gespeichert und kann als elektrische rückgewonnen werden.
- Der Übergang von Feld- zu Integralgrößen Ψ, $V(\Theta)$, R_m ist dann vorteilhaft, wenn nur das Gesamtverhalten eines magnetischen Feldgebietes interessiert. Diese Anordnung heißt *magnetischer Kreis* (Analogie: elektrischer Grundstromkreis).
- Strom i und magnetischer Fluß Ψ hängen über die Induktivität L zusammen: $\Psi = Li$ (Koppelstelle zwischen Stromkreis und Magnetfeld).

Bei *zeitveränderlichem* magnetischen Feld entsteht eine Verkopplung mit dem elektrischen Feld durch das *Induktionsgesetz* (2. Maxwellsche Gleichung)

$$\oint \boldsymbol{E} \cdot \mathrm{d}\boldsymbol{s} = -\frac{\mathrm{d}}{\mathrm{d}t} \int \boldsymbol{B} \cdot \mathrm{d}\boldsymbol{A} \quad \text{bzw. rot } \boldsymbol{E} = -\frac{\partial \boldsymbol{B}}{\partial t}.$$

Eine zeitveränderliche Induktion verursacht eine elektrische Feldstärke so, daß das Umlaufintegral der elektrischen Feldstärke gleich der negativen Änderung des umfaßten magnetischen Flusses ist.

Gleichwertig: In jedem Raumpunkt ist der Wirbel der elektrischen Feldstärke $\boldsymbol{E}$ gleich der (negativen) zeitlichen Änderung der Induktion $\boldsymbol{B}$.

Zweckmäßige Trennung in *Ruhe-* und *Bewegungsinduktion* durch

$$\oint \boldsymbol{E} \cdot \mathrm{d}\boldsymbol{s} = -\int \frac{\partial \boldsymbol{B}}{\partial t} \cdot \mathrm{d}\boldsymbol{A}$$

und die $\boldsymbol{E}$-, $\boldsymbol{S}$-Beziehung des *bewegten Leiters* (s. Gl.(2.3/9)).

Im *Stromkreis* (Übergang zu Globalgrößen) wird das Induktionsgesetz zweckmäßig in der Form $u_\mathrm{i} = -\mathrm{d}(w\Phi)/\mathrm{d}t$ eingesetzt, bei Interpretation durch eine Ersatzschaltung kann dabei u_i sowohl als Spannungsabfall (Quellenspannung) wie auch als elektromotorische Kraft (EMK) interpretiert werden.

5.6 Elektromagnetisches Feld im Rückblick

5.6.1 Maxwellsche Gleichungen

Die Gesetze des elektrostatischen, des Strömungs- und des magnetischen Feldes existieren nicht nebeneinander, sondern bilden (mit den Materialgleichungen) das System der sog. *Maxwellschen Gleichungen* (Erfahrungssätze).

Die Maxwellschen Gleichungen sind die allgemeinsten Formulierungen des elektromagnetischen Feldes und seiner Wechselwirkung mit der Materie. Sie existieren gleichwertig als Integral- und Differentialform. Feldursache sind Kraftwirkungen zwischen ruhenden und/oder bewegten (gleichmäßig, beschleunigt) Ladungsträgern (Bild R 5.6/1).

Diese Gleichungen bilden die Grundlage zahlreicher Spezialfälle (z.B. statische Felder, langsam veränderliche Felder, Wellenausbreitung, Kirchhoffsche Gleichungen, Beziehungen der Netzwerkelemente u.a.). Die Darstellung Bild R 5.6/2 ist koordinatenunabhängig (Vektorgrößen!) und bedarf für die konkrete Anwendung eines speziellen Koordinatensystems.

Die Maxwellschen Gleichungen umfassen:

1. Das *Durchflutungsgesetz* (die sog. erste Maxwellsche Gleichung (5.1/8)): Jeder Strom [Ladungsträgerstrom (Konvektionsstrom), Verschiebungsstrom ($\rightarrow \partial \boldsymbol{D}/\partial t$, zeitveränderliches elektrisches Feld)] wird von einem Magnetfeld umwirbelt (Magnetfeld als *das* Kennzeichen eines Stromes). Kurzform: $\boldsymbol{H}$ umwirbelt $\boldsymbol{S}$. Zuordnung: Rechtssystem: Umlaufintegral der magnetischen Feldstärke $\boldsymbol{H}$ längs einer Berandung $\boldsymbol{s}$ ist gleich dem vom Umlauf umfaßten Strom.

2. Das *Induktionsgesetz* (die sog. zweite Maxwellsche Gleichung (5.3/1), (5.3/5)). Jedes zeitveränderliche Magnetfeld ($-\mathrm{d}\boldsymbol{B}/\mathrm{d}t$) wird von einem elektrischen Feld $\boldsymbol{E}$ umwirbelt (unabhängig davon, ob ein Leiter vorhanden ist oder nicht!): Elektrisches Wirbelfeld als das Kennzeichen von zeitlichen Magnetfeldänderungen. Kurzform: $\boldsymbol{E}$ umwirbelt $-\partial \boldsymbol{B}/\partial t$. Dabei gilt für $\boldsymbol{E}$ und $-\partial \boldsymbol{B}/\partial t$ ein Rechtssystem. Das ist die Verallgemeinerung des Induktionsgesetzes $u_\mathrm{i} = -\mathrm{d}\Phi/\mathrm{d}t$.

Der Integrationsweg kann längs eines Leiters (Drahtring), eines offenen Leiterringes erfolgen oder auch nur ein gedachter, geschlossener Weg im Vakuum sein: stets gilt das Induktionsgesetz. Zufolge der Maxwellschen Gleichungen sind magnetisches und elektrisches Feld *wechselseitig* verkettet. So hat beispielsweise eine zeitabhängige Magnetfeldänderung $\partial \boldsymbol{B}/\partial t$ nach dem Induktionsgesetz ein zeitveränderliches elektrisches Feld zur Folge. Es erzeugt nach dem Durchflutungssatz ein Magnetfeld, das sich dem ursprünglichen Feld überlagert (s. Bild R 5.6/3, Ursache der Wellenausbreitung). Trotz Ähnlichkeit der beiden Maxwellschen Gleichungen besteht zwischen elektrischem und magnetischem Feld ein deutlicher Unterschied: er bezieht sich auf Eigenschaften (Ursachen) der erzeugenden Feldgröße und wird durch sog. Nebenbedingungen ausgedrückt (oft als *dritte* und *vierte* Maxwellsche Gleichung bezeichnet):

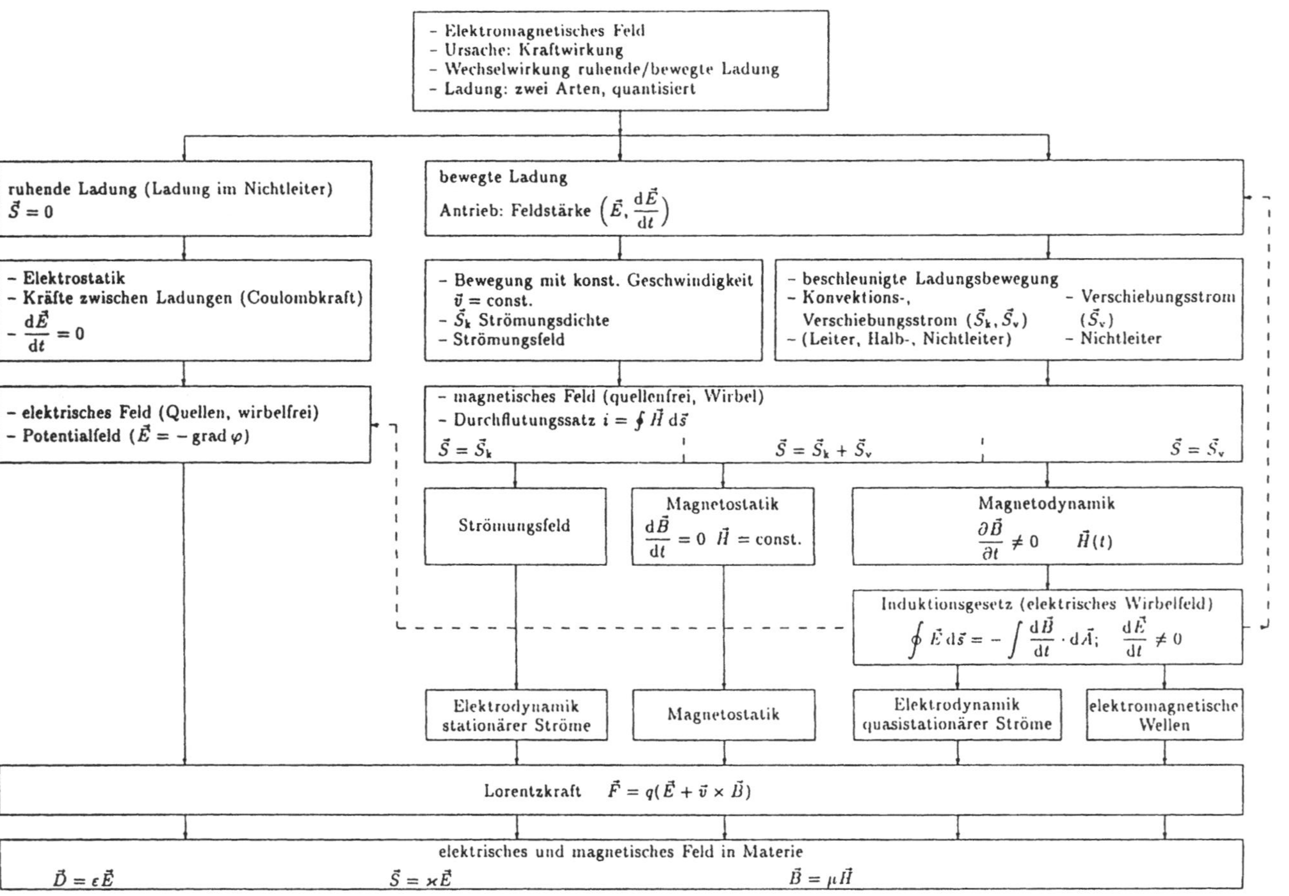
- Elektromagnetisches Feld
- Ursache: Kraftwirkung
- Wechselwirkung ruhende/bewegte Ladung
- Ladung: zwei Arten, quantisiert
ruhende Ladung (Ladung im Nichtleiter)
$\vec{S} = 0$
bewegte Ladung
Antrieb: Feldstärke $\left(\vec{E}, \frac{d\vec{E}}{dt}\right)$
- Elektrostatik
- Kräfte zwischen Ladungen (Coulombkraft)
- $\frac{d\vec{E}}{dt} = 0$
- Bewegung mit konst. Geschwindigkeit
$\vec{v} = \text{const.}$
- $\vec{S}_k$ Strömungsdichte
- Strömungsfeld
- beschleunigte Ladungsbewegung
- Konvektions-, Verschiebungsstrom $(\vec{S}_k, \vec{S}_v)$
- (Leiter, Halb-, Nichtleiter)
- Verschiebungsstrom $(\vec{S}_v)$
- Nichtleiter
- elektrisches Feld (Quellen, wirbelfrei)
- Potentialfeld $(\vec{E} = -\text{grad}\,\varphi)$
- magnetisches Feld (quellenfrei, Wirbel)
- Durchflutungssatz $i = \oint \vec{H}\,d\vec{s}$
$\vec{S} = \vec{S}_k$
$\vec{S} = \vec{S}_k + \vec{S}_v$
$\vec{S} = \vec{S}_v$
Strömungsfeld
Magnetostatik
$\frac{d\vec{B}}{dt} = 0 \quad \vec{H} = \text{const.}$
Magnetodynamik
$\frac{\partial \vec{B}}{\partial t} \neq 0 \quad \vec{H}(t)$
Induktionsgesetz (elektrisches Wirbelfeld)
$\oint \vec{E}\,d\vec{s} = -\int \frac{d\vec{B}}{dt} \cdot d\vec{A}; \quad \frac{d\vec{E}}{dt} \neq 0$
Elektrodynamik stationärer Ströme
Magnetostatik
Elektrodynamik quasistationärer Ströme
elektromagnetische Wellen
Lorentzkraft $\vec{F} = q(\vec{E} + \vec{v} \times \vec{B})$
elektrisches und magnetisches Feld in Materie
$\vec{D} = \varepsilon\vec{E}$
$\vec{S} = \varkappa\vec{E}$
$\vec{B} = \mu\vec{H}$

	Elektromagnetisches Feld	
	Durchflutungssatz (1. Maxwell-Gl.)	*Induktionsgesetz* (2. Maxwell-Gl.)
	$\oint \vec{H}\,\mathrm{d}\vec{s} = \int_A (\vec{S}_\mathrm{k} + \frac{\partial \vec{D}}{\partial t})\,\mathrm{d}\vec{A}$	$\oint \vec{E}\,\mathrm{d}\vec{s} = -\int_A \frac{\partial \vec{B}}{\partial t}\,\mathrm{d}\vec{A}$
	Veranschaulichung	
	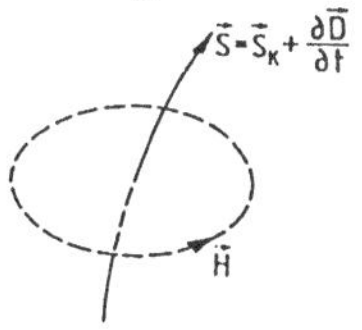 $\vec{H}$ umwirbelt $\vec{S}$ (Vakuum: Zeitveränderliches elektrisches Feld erzeugt magnetisches Wirbelfeld)	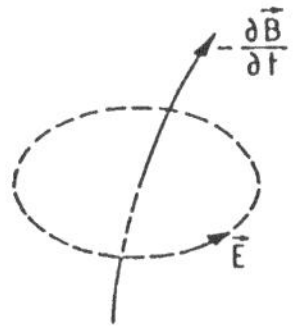 $\vec{E}$ umwirbelt $-\partial\vec{B}/\partial t$ (Zeitveränderliches Magnetfeld erzeugt elektrisches Wirbelfeld)
	Auswertung	
Quellen	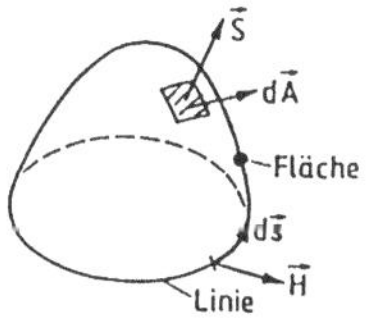 *Ladungen als Quellen von $\vec{D}$* (3. Maxwell-Gl.) $\oint \vec{D}\,\mathrm{d}\vec{A} = Q = \int \varrho\,\mathrm{d}V$	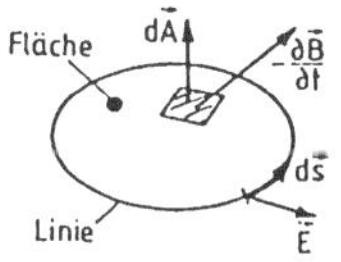 *Quellenfreiheit von $\vec{B}$* (4. Maxwell-Gl.) $\oint \vec{B}\,\mathrm{d}\vec{A} = 0$
Material-gleichung	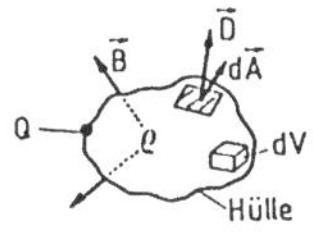 $\vec{D} = \varepsilon_\mathrm{r}\varepsilon_0\vec{E}$	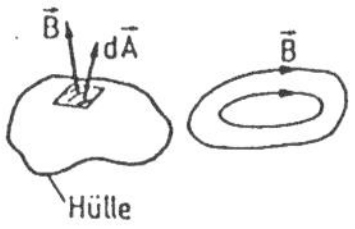 $\vec{B} = \mu_\mathrm{r}\mu_0\vec{H}$
	$\vec{S}_\mathrm{k} = \int \varrho\,\mathrm{d}\vec{v}$, $\longrightarrow$ lineare Leiter $\vec{S} = \kappa \cdot \vec{E}$	
Kraft-beziehung	$\vec{F} = q(\vec{E} + \vec{v} \times \vec{B})$	

Bild R 5.6/2 Maxwellsche Gleichungen (Integralform)

- Ladungen Q (oder Ladungsverteilungen) sind Ursache (Quelle) der Verschiebungsdichtelinien $\boldsymbol{D}$: elektrische Feldlinien ($\boldsymbol{E} \sim \boldsymbol{D}$) beginnen und enden an Ladungen (Einzelladungen, Ladungsverteilung).
- Die Induktion $\boldsymbol{B}$ ist stets *quellenfrei.* Deshalb gibt es keinen Anfang und Ende solcher Linien (es gibt keine magnetische "Ladungen", sondern nur Dipole).

Zu diesen vier Gleichungen treten noch die sog. *Materialgleichungen*

Strömungsfeld	elektrostatisches Feld	magnetisches Feld	
$\boldsymbol{S} = \kappa\boldsymbol{E}$	$\boldsymbol{D} = \varepsilon_\mathrm{r}\varepsilon_0\boldsymbol{E}$	$\boldsymbol{B} = \mu_\mathrm{r}\mu_0\boldsymbol{H}$.	(5.6/1)

Dabei wird die Konvektionsstromdichte in Metallen, Halbleitern und z.T. Elektrolyten

$$\boldsymbol{S} = \int \mathrm{d}(\varrho \boldsymbol{v}) = \kappa \boldsymbol{E} \tag{5.6/2}$$

häufig durch die Leitfähigkeit κ ausgedrückt.

Integral- und Differentialform der Maxwellschen Gleichungen. Die Maxwellschen Gleichungen enthalten zwei typische Integraltypen eines (allgemeinen) Vektors $\boldsymbol{X}$, nämlich

- das *Linienintegral*

$$\int_C \boldsymbol{X} \cdot \mathrm{d}\boldsymbol{s} \tag{5.6/3}$$

- und das *Flächenintegral* (der sog. Fluß des Vektors $\boldsymbol{X}$)

$$\int_A \boldsymbol{X} \cdot \mathrm{d}\boldsymbol{A}. \tag{5.6/4}$$

Über einen geschlossenen Weg (oder Fläche) heißen sie

$$\begin{array}{lcll} \int_C \boldsymbol{X} \cdot \mathrm{d}\boldsymbol{s} & = & \int_A \mathrm{rot}\, \boldsymbol{X} \cdot \mathrm{d}\boldsymbol{A} & \text{Wirbelstärke (Umlaufspannung)} \\ \int_A \boldsymbol{X} \cdot \mathrm{d}\boldsymbol{A} & = & \int_V \mathrm{div}\, \boldsymbol{X} \cdot \mathrm{d}V & \text{Quellenstärke, Hüllenfluß, Ergiebigkeit.} \end{array} \tag{5.6/5}$$

Diese zunächst mathematischen Definitionen lassen sich am Beispiel der Maxwellschen Gleichungen zugleich auch physikalisch erklären:

- Das elektrische Feld kann ein Quellen- und/oder Wirbelfeld sein (Beispiel: elektrisches Feld der ruhenden Ladung Quellenfeld, Feld um einen zeitveränderlichen Magnetfluß Wirbelfeld).
- Das Magnetfeld existiert nur als Wirbelfeld.

Die Quellen- und Wirbelstärke hängt vom Integrationsweg ab, weil er ein ganzes Gebiet (Umlauf, Umhüllung) erfaßt. Eine Aussage im einzelnen Feldpunkt ergibt sich, wenn die Wirbelstärke auf eine Fläche und die Quellenstärke auf ein Volumen bezogen werden. Dabei geht die Fläche bzw. das Volumen im Grenzfall gegen Null. Dieser Vorgang ist Inhalt der sog. *Integralsätze* (Stokes, Gauß, Gl.(5.6/5), rechte Seite). Dabei wird die Fläche A von der Randkurve C umschlossen und das Volumen V hat die Oberfläche A. Die rechts stehenden Ausdrücke rot $\boldsymbol{X}$, div $\boldsymbol{X}$ sind die

Differentialoperatoren: *Rotation* (rot, engl. curl) und *Divergenz* (div). Vorteile dieser Differentialdarstellung der Maxwellschen Gleichungen (s. Tafel R 2.1/1 sowie I/Tafel 3.7) sind

- Formulierung für den Raumpunkt erlaubt flexiblere Anwendung
- für spezielle Probleme gelingt stets eine numerische und/oder analytische Lösung mit problemangepaßten Koordinaten.

Zur Überführung der Vektoroperationen rot, div, grad in ein spezielles Kordiantensystem dient der sog. "Nabla-Operator" ∇. Er lautet z.B. im kartesischen Koordinatensystem $\boldsymbol{e}_x$, $\boldsymbol{e}_y$, $\boldsymbol{e}_z$ symbolisch

$$\nabla = \boldsymbol{e}_x \frac{\partial}{\partial x} + \boldsymbol{e}_y \frac{\partial}{\partial y} + \boldsymbol{e}_z \frac{\partial}{\partial z}. \qquad (5.6/6)$$

Angewendet auf einen Vektor $\boldsymbol{X}$ ergibt sich dann

- die Divergenz

$$\operatorname{div} \boldsymbol{X} = \nabla \cdot \boldsymbol{X} \qquad (5.6/7)$$

- die Rotation

$$\operatorname{rot} \boldsymbol{X} = \nabla \times \boldsymbol{X}. \qquad (5.6/8)$$

In einem Fall muß das Skalarprodukt, im anderen das Vektorprodukt gebildet werden. Schließlich stellt auch die Gradientenbildung $\nabla\varphi = \operatorname{grad}\varphi$ (Gl.(2.2/10)ff.) eine solche Differentialoperation dar.

Nach den *Feldarten* unterschieden treten *Quellen-* und *Wirbelfelder* auf (vgl. Abschn. 2.1.1, auch I/Abschn. 3.5).

Die Nutzung der *Integral-* oder *Globaldarstellung* (mit solchen Größen wie Strom, Spannung, magn. Fluß Φ, Verschiebungsfluß Ψ u.a.) hat vor allem *technische Bedeutung* durch

- die Einführung des Stromkreiskonzeptes und damit
- die Einführung der "Netzwerkelemente" R, C, L als bequeme "integrale" Beschreibung für räumlich abgegrenzte Feldgebiete, die einfach durch das Verhalten von außen (an Flächen oder Punkten) mit globalen Größen i, u beschrieben werden können! Die Berechnung der Feldverhältnisse im Innern entfällt somit. Das ist der eigentliche Nutzen der Netzwerkbetrachtung (vgl. I/Tafel 3.9).
- die Formulierung der Kirchhoffschen Gesetze. (Grundlage: Konservatives elektrisches Feld $\rightarrow$ Maschensatz, Ladungserhaltung $\rightarrow$ Knotensatz)
- die anschauliche Interpretationsmöglichkeit der Maxwellschen Gleichungen, einfache Feldberechnungen für Felder mit Symmetrieeigenschaften.

5.6.2 Einteilung elektromagnetischer Felder

Die Maxwellschen Gleichungen beschreiben die elektromagnetische Wechselwirkung in Gänze. Für typische Fälle lassen sich die Gleichungen erheblich vereinfachen, dabei wird zweckmäßig in ruhende und zeitveränderliche Felder unterteilt (Tafel R 5.6/1).

1. Statische Felder. Elektro- und Magnetostatik. Das sind die Felder ruhender Ladungen und ruhender Magneten. Alle zeitlichen Änderungen $\mathrm{d}/\mathrm{d}t = 0$ verschwinden, außerdem fließt kein Strom ($S = 0$):

$$\begin{aligned} &\oint \boldsymbol{E}\cdot \mathrm{d}\boldsymbol{s} = 0; \quad \oint \boldsymbol{D}\cdot \mathrm{d}\boldsymbol{A} = 0, \quad \boldsymbol{D} = \varepsilon \boldsymbol{E} \\ &\oint \boldsymbol{H}\cdot \mathrm{d}\boldsymbol{s} = 0; \quad \oint \boldsymbol{B}\cdot \mathrm{d}\boldsymbol{A} = 0, \quad \boldsymbol{B} = \mu \boldsymbol{H}. \end{aligned} \qquad (5.6/9)$$

Tafel R. 5.6/1 Einteilung elektromagnetischer Felder

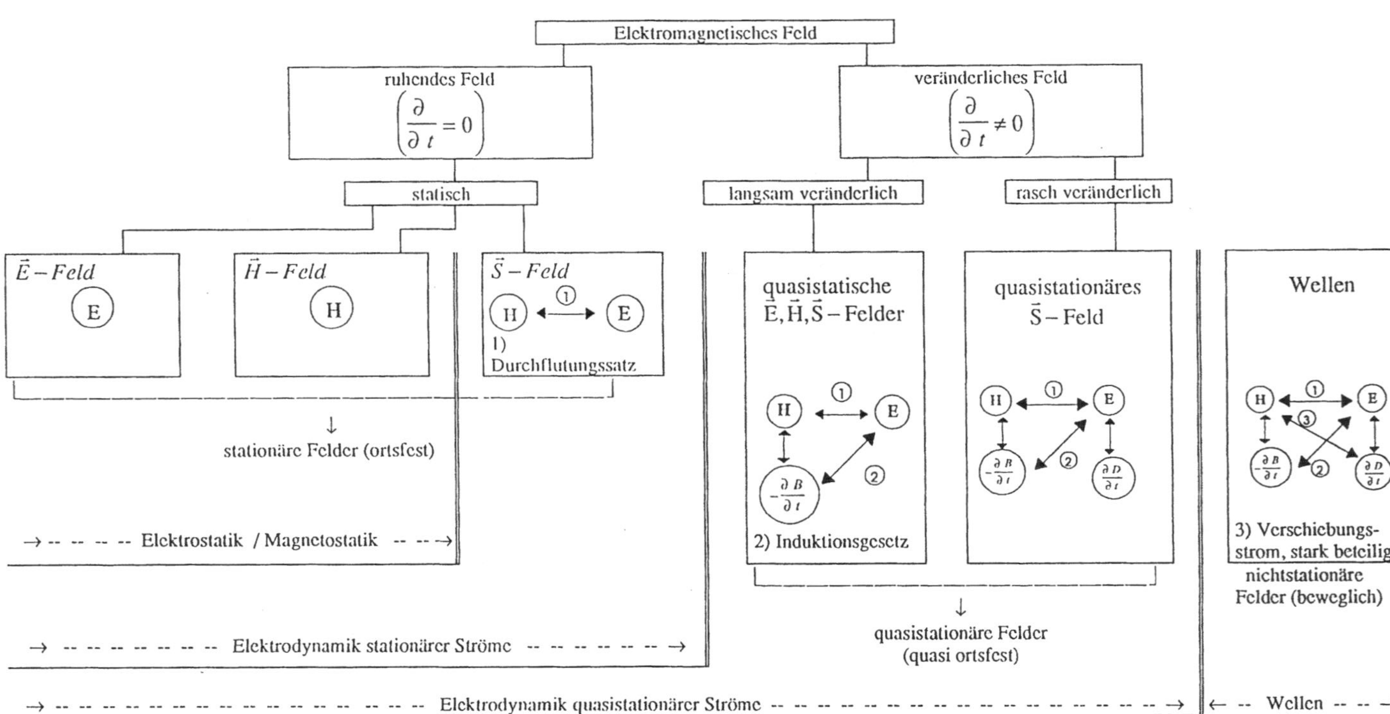

Ursache: ruhende Ladungen, ruhende Magnete (Dauermagnet). Insbesondere

- sind elektrostatisches und magnetostatisches Feld völlig entkoppelt. Beispiele: Feld einer ruhenden Ladung, Dauermagnetkreis
- erfolgt kein Energietransport, somit wird zur Felderhaltung keine Energie benötigt.

2. Stationäre Felder. Jetzt verschwinden zeitliche Ableitungen ($\mathrm{d}/\mathrm{d}t = 0$), jedoch fließt Gleichstrom (Konvektionsstrom, $\mathrm{d}Q/\mathrm{d}t = \text{const.} = I \to v \neq 0$). Es gilt

$$\oint \boldsymbol{H} \cdot \mathrm{d}\boldsymbol{s} = \int \boldsymbol{S} \cdot \mathrm{d}\boldsymbol{A}, \quad \boldsymbol{S} = \varrho \boldsymbol{v} \quad \text{resp. } \boldsymbol{S} = \kappa \boldsymbol{E}. \tag{5.6/10}$$

Elektrisches Strömungsfeld und magnetisches Feld treten gleichzeitig auf (Magnetfeld des Gleichstromes), nicht aber Induktionsvorgänge. Magnetisches und elektrisches Feld sind über das Durchflutungsgesetz verkoppelt, jedoch nur in der Richtung elektrisches → Magnetfeld. Merkmal: Energiezufuhr zur Felderhaltung erforderlich (wird über Leiterwiderstände als Wärme abgeführt)

3. Quasistationäre Felder. Es fließt zeitveränderlicher Strom, doch ist die Wellenausbreitung vernachlässigbar. Das bedeutet: Einfluß von $\partial \boldsymbol{D}/\partial t$ auf $\boldsymbol{H}$ und rückwirkend auf $\boldsymbol{E}$ vernachlässigbar, Einfluß des Verschiebungsstromes gegen Leitungsstrom vernachlässigbar. Es gelten Durchflutungs- und Induktionsgesetz. Mitunter wird noch unterteilt in quasistatisches $\boldsymbol{S}$-Feld (keine Stromverdrängung) und quasistationäres Feld (mit Stromverdrängung):

$$\begin{aligned} \oint \boldsymbol{E} \cdot \mathrm{d}\boldsymbol{s} &= -\int \frac{\partial \boldsymbol{B}}{\partial t} \cdot \mathrm{d}\boldsymbol{A}; \quad \oint \boldsymbol{H} \cdot \mathrm{d}\boldsymbol{s} = \int \boldsymbol{S} \cdot \mathrm{d}\boldsymbol{A} \\ \oint \boldsymbol{B} \cdot \mathrm{d}\boldsymbol{A} &= 0, \quad \oint \boldsymbol{D} \cdot \mathrm{d}\boldsymbol{A} = Q. \end{aligned} \tag{5.6/11}$$

Elektrisches und magnetisches Feld sind durch Induktions- und Durchflutungsgesetz verkettet.

4. Nichtstationäre oder schnell veränderliche Felder. *Wellenausbreitung.* Alle Größen sind vorhanden und verkoppelt und zeitliche Änderungen so groß, daß sich Felder von den Anordnungen ablösen und im Raum als Wellen ausbreiten. Typischerweise kann der Leitungsstrom gegenüber dem Verschiebungsstrom vernachlässigt werden (verlustfreier Raum, $\kappa = 0$).

Der Übergang von 3. und 4. hängt dabei nicht so sehr von der Frequenz, sondern der Wellenlänge

$$\lambda = \frac{c}{f} = \frac{2\pi c}{\omega}$$

im Vergleich zu den vorhandenen Bauelementeabmessungen d und Geometrien der feldprägenden Anordnungen im Stromkreis ab. Die quasistationäre Betrachtung gilt für $d \ll \lambda$ (z.B. $f = 50\,\mathrm{Hz}$, $\lambda = 6 \cdot 10^3\,\mathrm{km}$, bei $f = 500\,\mathrm{kHz}$ $\lambda = 600\,\mathrm{m}$, $f = 100\,\mathrm{MHz}$ $\lambda = 3\,\mathrm{m}$, $f = 10\,\mathrm{GHz}$ $\lambda = 3\,\mathrm{cm}$).

5.6.3 Elektromagnetische Wellen

Die vollständigen Maxwellschen Gleichungen haben elektromagnetische Wellen als Lösung, die sich im Vakuum mit Lichtgeschwindigkeit ausbreiten. Deshalb müssen sich Felder z.B. von einem Leiter als Welle in den Raum ablösen. Ein schnell veränderlicher Strom durch einen Leiter im Raum verursacht nach dem Durchflutungsgesetz ein Magentfeld. Es ist nach dem Induktionsgesetz von einem $\boldsymbol{E}$- und Verschiebungsstromfeld umgeben, der Verschiebungsstrom wieder von einem Magnetfeld usw. (Folge 1...5, Bild R 5.6/3). Zur Ausbreitung kommt es, weil jedes nachfolgende Feld wegen des Wirbelcharakters zwangsläufig eine etwas größere Ausdehnung besitzen muß als das vorherige. Wesentlich ist die Mitwirkung des Verschiebungstromes, deshalb läuft der Vorgang überhaupt im Nichtleiter (!) ab.

Eine elektromagnetische Welle ist ein wechselseitiger Auf- und Abbau elektrischer und magnetischer Felder, wobei sich der Vorgang mit endlicher Geschwindigkeit $v \leq c$ in den Raum ausbreitet.

Die Ausbreitung wird durch die *Phasengeschwindigket* v, d.h. die Ausbreitung eines bestimmten Momentanwertes der Welle, bestimmt:

$$v = \frac{1}{\sqrt{\varepsilon\mu}} = \frac{1}{\sqrt{\varepsilon_r\mu_r}}\frac{1}{\sqrt{\varepsilon_0\mu_0}} = \frac{c}{\sqrt{\varepsilon_r\mu_r}}; \quad c = \frac{1}{\sqrt{\varepsilon_0\mu_0}}. \tag{5.6/12}$$

Bei sinusförmiger Zeitabhängigkeit hängen Frequenz, Wellenlänge und Phasengeschwindigkeit zusammen

$$\lambda f = v. \tag{5.6/13}$$

Elektromagnetische Wellen umfassen den Bereich zwischen tiefsten Wechselstromfrequenzen bis in das sog. Millimetergebiet, aber ebenso infrarotes, sichtbares Licht sowie Röntgen-, Gamma- und kosmische Strahlung. Deshalb geht die Bedeutung elektromagnetischer Wellen weit über die Elektrotechnik hinaus. So liegt das sichtbare Spektrum im Wellenlängenbereich $\lambda = 380\,\text{nm}$ bis $\lambda = 780\,\text{nm}$. Dazu gehören Frequenzen von $f = 3{,}84\cdot10^{14}\ldots7{,}89\cdot10^{14}\,\text{Hz}$, also etwa eine Oktave. Im optischen Bereich wird statt $\varepsilon_r\mu_r$ meist der Brechungsindex $n = \sqrt{\varepsilon_r\mu_r}$ verwendet. Wellenlänge und Ausbreitungszeit stehen durch den räumlich-zeitlichen Ausbreitungsvorgang in charakteristischer Beziehung zur geometrischen Abmessung von Bauelementen, etwa der Länge l einer Leitung:

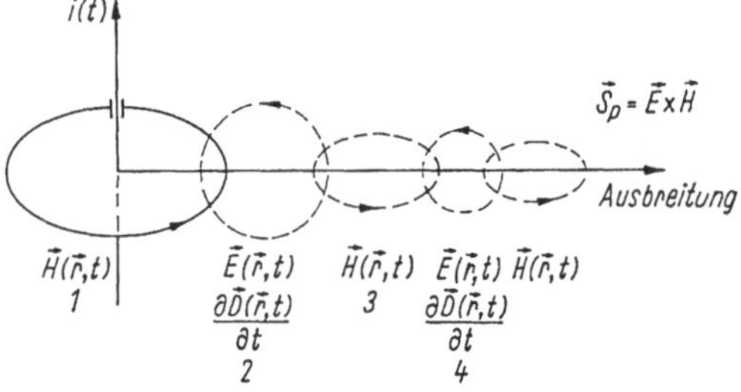

Bild R 5.6/3 Ausbreitung des zeitveränderlichen elektromagnetischen Feldes

Wellenausbreitung kann vernachlässigt werden, wenn die Ausdehnung l der Anordnung klein gegen die Wellenlänge λ ist

$$l \ll \lambda = \frac{v}{f} \quad \text{oder } f = \frac{v}{\lambda} \ll \frac{v}{l}. \qquad (5.6/14)$$

Deshalb dürfen sich z.B. Strom-Spannungswerte in einem Zeitraum

$$t = \frac{l}{v} = \frac{l}{c}\sqrt{\varepsilon_r \mu_r} = 3{,}3\sqrt{\varepsilon_r \mu_r}\,\text{ps}\,\frac{l}{\text{mm}} \qquad (5.6/15)$$

nur unmerklich ändern, m.a.W. muß das Zeitintervall einer Änderung Δt (z.B. die Anstiegszeit eines Spannungsimpulses) groß gegen T sein! Wird die Bedingung Gl.(5.6/14) für ein Bauelement eingehalten, so bezeichnet man es als konzentriertes Element (gleichwertig: elektrisch kurzes Gebilde), im anderen Fall als verteiltes Element.

Die gesamte Netzwerkanalyse basiert auf Annahme konzentrierter Elemente.

Elektromagnetische Wellenerscheinungen sind somit nur bei Bauelementen mit großen Abmessungen und/oder sehr schnellen zeitlichen Änderungen zu berücksichtigen.

Wellenausbreitung. Energietransport. Die Ausbreitung einer bestimmten Phase eines Wellenzustandes, z.B. einer maximalen Amplitude, liegt durch die Phasengeschwindigkeit v fest. Für die Energieübertragung durch eine Welle ist aber die Gruppengeschwindigkeit

$$v_{\text{gr}} = \frac{\mathrm{d}\omega}{\mathrm{d}k} \quad \text{mit } k = \frac{2\pi}{\lambda} \quad \text{Wellenzahl} \qquad (5.6/16)$$

maßgebend. In dispersionsfreien Medien, in denen v nicht von λ abhängt, stimmt sie mit der Phasengeschwindigkeit überein. Dispersionsfrei ist nur das Vakuum.

Der Energietransport - ausgedrückt durch die Energieströmung des elektromagnetischen Feldes pro Zeit- und Flächeneinheit - wird durch die sog. *Strahlungsdichte* oder den *Poyntingschen Vektor* (Gl.(6.1/7))

$$\boldsymbol{S}_{\text{W}} = \boldsymbol{E} \times \boldsymbol{H}$$

beschrieben. Er steht senkrecht auf $\boldsymbol{E}$ und $\boldsymbol{H}$ und weist in die Energieausbreitungsrichtung. Da auch eine nur gleichstromdurchflossene Doppelleitung $\boldsymbol{E}$- und $\boldsymbol{H}$-Komponenten hat, erfolgt der Energietransport durch das Feld, nicht etwa die Drähte! Die Leitung "beliebiger " Form hat nur die Aufgabe, dieses Feld zu führen. Trotzdem ist es richtig, Energie und Leistung weiter durch i und u auszudrücken, weil sie integral mit dem Feld verknüpfte Größen sind.

6. Energie, Leistung, Kraft im elektromagnetischen Feld

6.1 Grundgrößen

6.1.1 Energie, Leistung

Energie. In einem abgeschlossenen System bleibt die Energie W erhalten (Energiesatz): $W = \text{const}$. Deshalb gilt für ein nicht abgeschlossenes System die *Bilanzgleichung*

$$\frac{\mathrm{d}W}{\mathrm{d}t} = \left.\frac{\mathrm{d}W}{\mathrm{d}t}\right|_{\mathrm{zu}} - \left.\frac{\mathrm{d}W}{\mathrm{d}t}\right|_{\mathrm{ab}} = p|_{\mathrm{zu}} - p|_{\mathrm{ab}}. \tag{6.1/1}$$

Die Änderung $\mathrm{d}W/\mathrm{d}t$ der Energie (pro Zeitspanne) ist gleich der Differenz von zu- und abgeführter Leistung p_{zu}, p_{ab} mit der Leistung $p = \mathrm{d}W/\mathrm{d}t$ nach Gl.(1.4/3) (Bild R 6.1/1a, vgl. Bilanzgleichung 1.2/2 für die Ladung und andere Erhaltungsgrößen).

Umgekehrt ändert sich die Energie $W(t)$ eines Systems durch Leistungszufuhr oder -abfuhr gegenüber einer Anfangsenergie $W(t_0)$ (s. Gl.(1.4/4)).

Energiedichte. Zur Beschreibung der Energieverteilung, z.B. in einem Feld, ist es zweckmäßiger, die Energie ΔW eines Volumens ΔV zu betrachten und die *Energiedichte* $w \approx \Delta W/\Delta V$ zu wählen mit (I/Gl.(4.2))

$$w = \lim_{\Delta V \to 0} \frac{\Delta W}{\Delta V} = \frac{\mathrm{d}W}{\mathrm{d}V} \to W = \int_V w \,\mathrm{d}V \quad [w] = \frac{[W]}{[V]} = 1\frac{\mathrm{Ws}}{\mathrm{m}^3} \tag{6.1/2}$$

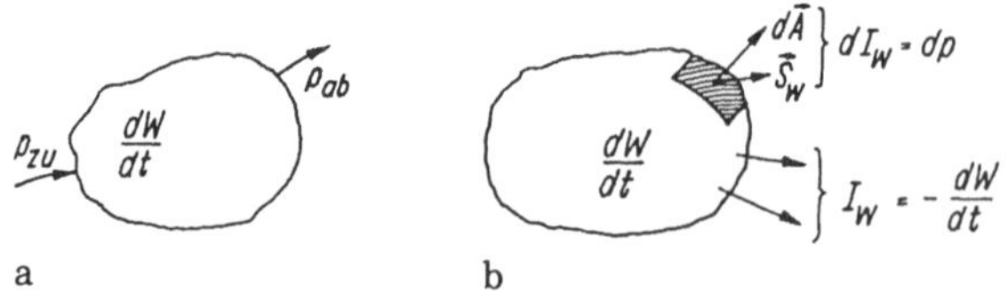

Bild R 6.1/1 Energieerhaltung in einem abgeschlossenen System
a) Energieänderung durch Leistungszufluß bzw. -abfluß, b) zum Begriff Energiefluß I_{W}

und die Energie W eines ausgedehnten Gebietes durch Integration über die Energiedichte zu bestimmen.

Energiedichte w = Energie ΔW, die pro Volumen ΔV umgesetzt oder gespeichert wird.

Die Energiedichte w des elektromagnetischen Feldes

$$w = \int_0^D \boldsymbol{E} \cdot \mathrm{d}\boldsymbol{D} + \int_0^B \boldsymbol{H} \cdot \mathrm{d}\boldsymbol{B} = w_\mathrm{e} + w_\mathrm{m} \qquad (6.1/3a)$$

elektromagnetische Energiedichte

setzt sich aus elektrischer Energiedichte w_e und magnetischer Energiedichte w_m zusammen. Wir finden bestätigt:

Das Feldgebiet ist in jedem Zeitpunkt Träger elektrischer und magnetischer Energie: Energie als *Zustandsgröße.*

Für ideale dielektrische und magnetische Materialien beträgt die Energiedichte (Gl.(6.1/3a))

$$w = \frac{1}{2}(\boldsymbol{E} \cdot \boldsymbol{D} + \boldsymbol{H} \cdot \boldsymbol{B}). \qquad (6.1/3b)$$

Zur elektromagnetischen Energiedichte im idealen dielektrisch und magnetischen Material tragen die Skalarprodukte der jeweiligen Feldgrößen gleichberechtigt bei.

Verlustleistungsdichte. Zweckmäßigerweise definiert man neben der Energiedichte w auch eine *Leistungsdichte* p' als Leistung Δp, die im Volumen ΔV umgesetzt wird (I/Gl.(4.6))

$$p' = \lim_{\Delta V \to 0} \frac{\Delta p}{\Delta V} = \frac{\mathrm{d}p}{\mathrm{d}V} \quad \text{mit } P = \int p' \,\mathrm{d}V \qquad (6.1/4)$$

$$[p'] = \frac{[P]}{[V]} = 1\,\frac{\mathrm{W}}{\mathrm{m}^3}.$$

Leistungsdichte, Definitionsgleichung.

Dann gilt:

$$p' = \frac{\mathrm{d}w}{\mathrm{d}t}.$$

Die Verlustleistungsdichte dient vor allem zur Charakterisierung der im Strömungsfeld umgesetzten Leistung.

Hinweis: Der Begriff Leistungsdichte wird auch in Verbindung mit der Energieflußdichte verwendet (s. Abschn. 6.1.2).

Die einzelnen Energie- und Leistungsanteile werden für das elektrische und magnetische Feld getrennt betrachtet.

6.1.2 Energieströmung

Die Übertragung elektrischer Energie von einer Quelle zum Verbraucher ist stets ein *gerichteter Transport elektromagnetischer* Energie, m.a.W. ein "Energiefluß". Wie bei allen Flußgrößen (Verschiebungsfluß, magnetischer Fluß, Ladungsträgerfluß = Strom) tritt dieser Fluß durch eine gedachte oder vorhandene Bezugsfläche.

Nach dem Energiesatz (I/Gl.(4.19)) muß im geschlossenen System die Energieabnahme pro Zeit gleich dem Nettoenergiefluß aus dem System über eine Hüllfläche nach außen sein (Bild R 6.1/1b):

$$-\frac{\mathrm{d}W}{\mathrm{d}t} = I_\mathrm{W} = \oint_A \boldsymbol{S}_\mathrm{W} \cdot \mathrm{d}\boldsymbol{A} \quad \text{mit } [I_\mathrm{W}] = [P] = W \text{ Energiefluß.} \qquad (6.1/5)$$

Dabei wurde dem *Energiefluß* I_w rechts eine *Energieflußdichte* $\boldsymbol{S}_\mathrm{w}$ zugeordnet (vgl. Charakter einer Flußgröße, Verständnisprobleme bringt möglicherweise die Tatsache, daß diese Flußgröße die Dimension einer Leistung hat).

Da an der gesamten Energiebilanz elektromagnetische Feldenergie, der Energiezufluß oder -abfluß und die an Ladungsträgern verrichtete Arbeit beteiligt ist, läßt sich aus Gl.(6.1/5) herleiten (I/Gl.(4.20))

$$\underbrace{\oint_A \boldsymbol{S}_\mathrm{W} \cdot \mathrm{d}\boldsymbol{A}}_{(2)} + \underbrace{\frac{\partial}{\partial t}(W_\mathrm{e} + W_\mathrm{m})}_{(1)} + \underbrace{P_\mathrm{Teil}}_{(3)} = 0 \qquad (6.1/6a)$$

Energieerhaltungssatz. Poyntingscher Satz.

oder in *Differentialform*

$$\underbrace{\operatorname{div} \boldsymbol{S}_\mathrm{W}}_{(2)} + \underbrace{\frac{\partial}{\partial t}(w_\mathrm{e} + w_\mathrm{m})}_{(1)} + \underbrace{\boldsymbol{S} \cdot \boldsymbol{E}}_{(3)} = 0. \qquad (6.1/6b)$$

Die Zunahme der im Volumen (Hüllfläche A) gespeicherten elektromagnetischen Energie (Teil 1) ist gleich der durch die Hüllfläche pro Zeitspanne zuströmenden Energie (Teil 2) (positiv: nach außen strömend) abzüglich der in der Hülle in eine andere Energieform (z.B. Wärme) umgewandelten Energie pro Zeiteinheit (= Leistung) (Teil 3).

Dies ist der Energieerhaltungssatz des elektromagnetischen Feldes für ein abgeschlossenes Volumen. Er gilt auch in Differentialform Gl.(6.1/6b) für den Raumpunkt. (Die Stromdichte $\boldsymbol{S}$ ist dabei die Konvektionsstromdichte $\boldsymbol{S} = \boldsymbol{S}_\mathrm{K}$).

Kurz: Die Energieströmung des elektromagnetischen Feldes durch die Hüllfläche eines Volumens ist gleich der zeitlichen Änderung der Feldenergie (Blindleistung) und der in Wärme umgewandelten Leistung (Wirkleistung). Die Wärme wird nach außen abgestrahlt und muß als Feldenergie nachgeliefert werden!

Poynting-Vektor. Die Größe (I/Gl.(4.21))

$$\boldsymbol{S}_\mathrm{W} = \boldsymbol{E} \times \boldsymbol{H}, \quad [S_\mathrm{W}] = [E][H] = \frac{\mathrm{V}}{\mathrm{m}}\frac{\mathrm{A}}{\mathrm{m}} = \frac{\mathrm{W}}{\mathrm{m}^2} \qquad (6.1/7)$$

Energiestromdichte

heißt *Energiestromdichte*, *Poynting-Vektor*, Strahlungsvektor oder auch *Leistungsdichte* (Leistung/Fläche) = Energieströmung je Flächen- und Zeiteinheit.

Der Poynting-Vektor erlaubt eine anschauliche Erklärung der Energieströmung im elektromagnetischen Feld.

Die Energiestromdichte $\boldsymbol{S}_\mathrm{W}$ ist in jedem Raumpunkt gleich dem Kreuzprodukt der dort herrschenden elektrischen und magnetischen Feldstärke. $\boldsymbol{E}$, $\boldsymbol{H}$ und $\boldsymbol{S}_\mathrm{W}$ bilden ein Rechtssystem.

Der Energiestrom I_W (= Leistung!, s. Gl.(6.1/5)) ist die Integralgröße zu $\boldsymbol{S}_\mathrm{W}$.

Erweiterung. Da in einem Volumen verschiedene Energiewandlungen z.B. auch Wandlung elektrisch - mechanisch auftreten kann, folgt aus Gl.(6.1/6a) gleichwertig als *Leistungsbilanz eines allgemeinen Zweipols*:

$$\begin{aligned} ui = & \underbrace{\frac{\partial}{\partial t}(W_\mathrm{e} + W_\mathrm{m})}_{(1)} + \underbrace{\int \boldsymbol{S}\cdot\boldsymbol{E}\,\mathrm{d}V}_{(2)} \\ & + \underbrace{\int (\varrho\boldsymbol{E} + \boldsymbol{S} \times \boldsymbol{B})\,\mathrm{d}V}_{(3)} + \underbrace{\oint (\boldsymbol{E} \times \boldsymbol{H})\cdot\mathrm{d}\boldsymbol{A}}_{(4)} \end{aligned} \qquad (6.1/8a)$$

Leistungsbilanz.

Die einem Zweipol zugeführte Leistung ui dient zur Änderung seiner elektromagnetischen Energie (pro Zeit)(1), zur Erzeugung von Wärmeenergie/pro Zeit (2), zur Erzeugung mechanischer Arbeit pro Zeit an sich bewegenden Leitern (3) und als abgestrahlte Leistung (4).

Zusammengefaßt:

$$ui = I_\mathrm{W} + \frac{\mathrm{d}W}{\mathrm{d}t} \qquad (6.1/8b)$$

mit

$$W = W_\mathrm{e} + W_\mathrm{m} + W_\mathrm{S} + W_\mathrm{mech}.$$

Die zugeführte elektrische Leistung unterhält den Energiefluß I_W durch die Hüllfläche und verursacht eine Änderung der Energie W in der Hülle (bestehend aus der Energie des elektrischen und magnetischen Feldes W_e, W_m, der Wärmeenergie des Strömungsfeldes W_S und der Wandlung in mechanische Energie W_mech (→ Auftreten von Kraftwirkungen)).

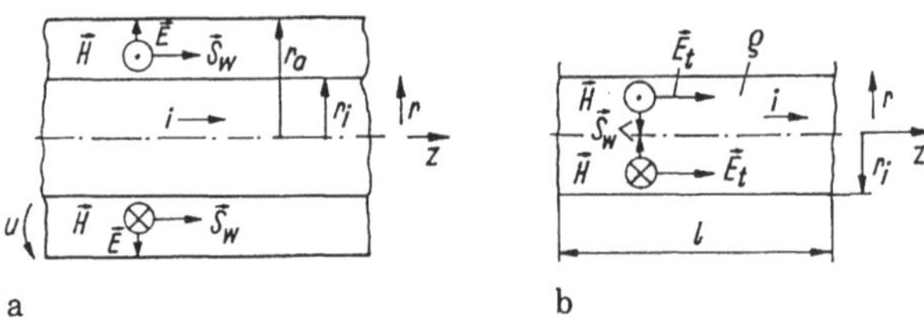

Bild R 6.1/2 Energieströmung längs eines Koaxialleiters
a) Poynting-Vektor $\boldsymbol{S}_\mathrm{W}$ in einem idealen Koaxialleiter (unendlich gut leitender Innen- und Außenleiter, b) Poynting-Vektor $\boldsymbol{S}_\mathrm{W}$ im verlustbehafteten Innenleiter

Beispiel: Wir betrachten zunächst einen idealen Koaxialleiter (Bild R 6.1/2a) mit den Feldkomponenten $\boldsymbol{E}_r = u/r \ln r_\mathrm{a}/r_\mathrm{i}\boldsymbol{e}_\mathrm{r}$; $\boldsymbol{H}_\alpha = i/2\pi r\boldsymbol{e}_\alpha$ und dem Flächenelement $\mathrm{d}\boldsymbol{A} = 2\pi r\,\mathrm{d}r\boldsymbol{e}_z$ (Querschnittsfläche des Koaxialleiters) und erhalten (Gl.(6.1/7))

$$\boldsymbol{S}_\mathrm{W} = \boldsymbol{E} \times \boldsymbol{H} = \frac{u}{r}\ln\frac{r_\mathrm{a}}{r_\mathrm{i}}\frac{i}{2\pi r}(\boldsymbol{e}_r \times \boldsymbol{e}_\alpha) = \frac{ui}{2\pi r^2}\ln\frac{r_\mathrm{a}}{r_\mathrm{i}}\boldsymbol{e}_z.$$

Der Poynting-Vektor weist in z-Richtung, er führt die Leistung

$$p = \int \boldsymbol{S}_\mathrm{W}\cdot\mathrm{d}\boldsymbol{A} = ui\ln\frac{r_\mathrm{a}}{r_\mathrm{i}}\int_{r_\mathrm{i}}^{r_\mathrm{a}}\frac{2\pi r\,\mathrm{d}r}{2\pi r^2}\boldsymbol{e}_z\cdot\boldsymbol{e}_z = ui.$$

Der Energietransport erfolgt durch das elektromagnetische Feld, wobei E durch die Spannung und H durch i, d.h. die Ladungsträgerbewegung zustandekommt.

Bei *verlustbehafteter Leitung* (Bild R 6.1/2b) entsteht längs des Innenleiters (durch die Leitfähigkeit) eine *Tangentialfeldstärke* $\boldsymbol{E}_\mathrm{t} = \boldsymbol{e}_z i\varrho/A_\mathrm{L}$ (A_L Leiterquerschnitt), die magnetische Feldstärke an der Stelle r_i wird: $\boldsymbol{H}_\alpha = \boldsymbol{e}_\alpha i/(2\pi r_\mathrm{i})$ und damit ein Poynting-Vektor

$$\boldsymbol{S}_\mathrm{W} = \boldsymbol{E} \times \boldsymbol{H} = \frac{i\varrho}{A_\mathrm{L}}\frac{i}{2\pi r_\mathrm{i}}(\boldsymbol{e}_z \times \boldsymbol{e}_\alpha) = -\frac{i^2\varrho}{2\pi^2 r_\mathrm{i}^3}\boldsymbol{e}_r$$

da $A_\mathrm{L} = \pi r_\mathrm{i}^2$. Der Poynting-Vektor weist jetzt *in* den Leiter. Das Hüllintegral

$$-\oint \boldsymbol{S}_\mathrm{W}\cdot\mathrm{d}\boldsymbol{A} = -\oint \varrho\frac{-i^2}{2\pi^2 r_\mathrm{i}^3}\boldsymbol{e}_\mathrm{r}\cdot 2\pi r_\mathrm{i} l\,\mathrm{d}r\boldsymbol{e}_r = \frac{i^2 l\varrho}{\pi r_\mathrm{i}^2} = i^2 R$$

gibt den Leistungsverlust als ohmsche Verlustleistung im Innenleiter an.

Jeder (reale) elektrische Leiter bildet eine Senke für die Energieströmung!

Die Energieströmung zum Verbraucher wird durch die tangentiale Komponente von $\boldsymbol{S}_\mathrm{W}$ besorgt: $S_{\mathrm{Wt}}\boldsymbol{e}_\mathrm{t} = \boldsymbol{E}_\mathrm{n} \times \boldsymbol{H}$, dabei zeigt $\boldsymbol{E}_\mathrm{n}$ ins umgebende Dielektrikum.

Wir erkennen:

Der Energietransport erfolgt stets über das elektromagnetische Feld im Dielektrikum. Es ist Sitz und Transportraum der Energie. Der Leiter hat nur die Aufgabe, das Feld zu "führen". Dabei wird ein Teil der Energie dem Feld entzogen, im Leiter in Wärme umgewandelt und abgestrahlt (vgl. auch Bild I/4.11, 4.12).

6.2 Energie, Leistung und Kraft im stationären elektrischen Feld

Wir vertiefen die Energie-, Leistungs- und Kraftbegriffe im elektrischen (stationären) Feld (Abschn. 2.3.4).

6.2.1 Elektrisches Strömungsfeld

Das stationäre Strömungsfeld, d.h. der Ladungstransport, kann nur durch ständige Energiezufuhr aufrecht erhalten werden. Dabei wird die zugeführte elektrische Energie vollständig in Wärme umgesetzt (s. Abschn. 2.3). Daher beträgt die *Leistungsdichte*

$p' = \frac{\mathrm{d}P}{\mathrm{d}V} = \boldsymbol{S} \cdot \boldsymbol{E} = \kappa E^2 = \varrho S^2$	Leistungsdichte im Strömungsfeld.	(6.2/1a)

Dazu gehört die Leistung

$$P = \int p' \,\mathrm{d}V = \int \boldsymbol{S} \cdot \boldsymbol{E} \,\mathrm{d}V. \tag{6.2/1b}$$

Wird das Strömungsfeld des Volumens V durch das zugeordnete Zweipolelement "Widerstand R" gekennzeichnet, so gilt statt Gl.(6.2/1b) (in Verbraucherzählpfeilrichtung)

$P = ui = i^2 R = \frac{u^2}{R}$	im resistiven Zweipol umgesetzte Leistung.	(6.2/2)

Dabei gelten für das Volumenelement $\mathrm{d}V$

$$\mathrm{d}P = \underbrace{\frac{\mathrm{d}U}{\mathrm{d}s_\perp}}_{E} \mathrm{d}s_\perp \underbrace{\frac{\mathrm{d}I}{\mathrm{d}A_\perp}}_{S} \mathrm{d}A_\perp = ES\,\mathrm{d}V.$$

($A_\perp$, $\mathrm{d}s_\perp$ stehen senkrecht auf den Äquipotentialflächen).

Die am Strömungsfeld verrichtete Arbeit (Energie) beträgt allgemein

$$W = \int_0^t p(t')\,\mathrm{d}t'.$$

Hierbei ist entgegen der Voraussetzung (stationär!) eine (langsame) Zeitabhängigkeit von $p(t)$ zugelassen, wobei Energiespeichereffekte noch vernachlässigt werden können.

6.2.2 Elektrostatisches Feld. Energie

Energie. Energiedichte. Das elektrostatische Feld (im Dielektrikum) ist Träger der dielektrischen Energie. Sie wird überall im Feld gespeichert, d.h. dort wo eine elektrische Feldstärke $\boldsymbol{E}$ herrscht.

Die elektrische Feldenergie wird beschrieben durch

- Feldgrößen im Raum

- den kapazitiven Zweipol (Netzwerkelement Kondensator), wenn das Speichervermögen eines begrenzten Volumens gekennzeichnet werden soll.

Zum Feldaufbau (Ladungstrennung) muß elektrische Energie zugeführt werden (z.B. Ladestrom bei Kondensatoraufladung). Während der Speicherphase erfolgt kein Energieaustausch zwischen Feldenergie und z.B. dem elektrischen Kreis (Kondensator im Stromkreis).

Die *Energiedichte* w_e des elektrischen Feldes beträgt bei nichtlinearer $D(E)$-Beziehung (Bild R 6.2/1, s. auch R 4.1/3)

$$w_e = \frac{dW}{dV} = \int_0^D \boldsymbol{E} \cdot d\boldsymbol{D} \to w_e = \left.\frac{\boldsymbol{E} \cdot \boldsymbol{D}}{2}\right|_{\varepsilon=\text{const.}} = \frac{\varepsilon E^2}{2}. \tag{6.2/3}$$

elektrostatisches Feld, Energiedichte

Das rechte Ergebnis gilt für $\varepsilon = \text{const.}$ (lineares Dielektrikum). Beispielsweise beträgt w_e für Luft als Dielektrikum bei der Durchbruchsfeldstärke $E = 30\,\text{kV/cm} \to w_e = 4 \cdot 10^{-5}\,\text{Ws/cm}^3$.

Beispiel: Energiedichte im Kugelkondensator (Radien r_a, r_i)

$$w_e = \frac{\varepsilon E^2}{2} = \frac{Q^2}{2\varepsilon(4\pi r^2)^2} \to W_e = \int_{r_i}^{r_a} w_e\, dV = \frac{Q^2}{8\pi\varepsilon}\left(\frac{1}{r_i} - \frac{1}{r_a}\right),$$

da $dV = 4\pi r^2\, dr$. Damit wird die *Gesamtenergie* im Volumen V:

$$W_e = \int w_e\, dV = \int \left.\frac{\boldsymbol{E} \cdot \boldsymbol{D}}{2}\, dV\right|_{\varepsilon=\text{const.}} = \frac{ED}{2}V. \tag{6.2/4}$$

Energie und Kapazität. Wird das vom Feld erfaßte Volumen V durch den Kondensator C gleichwertig dargestellt, so gilt für die gespeicherte Energie

$$\begin{aligned} W_e &= \int_{t_0}^{t} u(t')\underbrace{i(t')\,dt'}_{dQ} = \int_{Q(0)}^{Q} u(t)\underbrace{dQ}_{C\,du} = \int_{u(0)}^{u} Cu\,du \\ &= \frac{C}{2}(u^2(t) - u^2(0)) \qquad (C = \text{const.}) \end{aligned} \tag{6.2/5a}$$

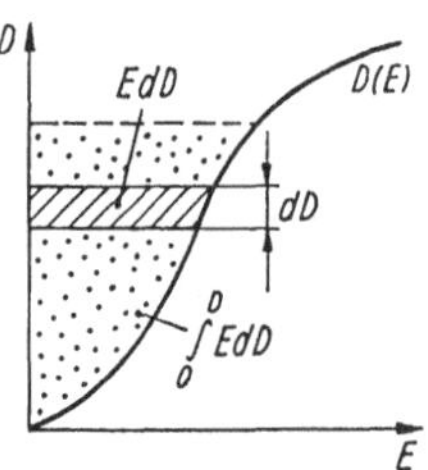

Bild R 6.2/1 Anschauliche Herleitung der Energiedichte w_e

oder mit der Anfangsspannung $u(0) = 0$:

$$W_e = \frac{Cu^2}{2} = \frac{Qu}{2} = \frac{Q^2}{2C}. \quad \text{Kondensatorenergie} \quad (6.2/5b)$$

Der Kondensator ist Speicherelement für dielektrische Energie. Sie wächst quadratisch mit der Spannung (lineare Kapazität).

Beispiel: $C = 10\,\mu\text{F}$, $u = 1\,\text{kV} \rightarrow W_e = 5\,\text{Ws}$.
Kann die Energie des elektrostatischen Feldes einer gegebenen Anordnung leicht bestimmt werden, so läßt sich über Gl.(6.2/5b) umgekehrt die zugehörige Kapazität C bestimmen. Dies gilt vor allem für räumlich ausgedehnte Leitergebiete.

Verallgemeinerung. In einem Feld, das von n geladenen Körpern (Leitern) mit den Ladungen Q_j und Potentialen φ_j bestimmt wird, beträgt die Gesamtenergie

$$W_e = \frac{1}{2}\sum_{j=1}^{n} Q_j \varphi_j. \quad (6.2/6a)$$

Daraus folgt für das *Zweielektrodensystem* ($Q_1 = -Q_2 = Q$) (vgl. Gl.(6.2/5b))

$$W_e = \frac{1}{2}(Q_1\varphi_1 + Q_2\varphi_2) = \frac{Q}{2}(\varphi_1 - \varphi_2) = \frac{Qu}{2}. \quad (6.2/6b)$$

Wird das elektrostatische Feld von einer *Raum-* und *Flächenladungsdichte* erzeugt, so beträgt die Energie

$$W_e = \frac{1}{2}\int \varphi(r)\varrho(r)\,\mathrm{d}V + \frac{1}{2}\int \varphi(r)\sigma(r)\,\mathrm{d}A. \quad (6.2/6c)$$

Da die Gesamtladung Q_j auf dem Leiter j über Teilkapazitäten mit den jeweiligen Potentialen verknüpft ist ($Q_j = \sum_{k=1}^{n} C_{jk}\varphi_k$), ergibt sich die Gesamtenergie zu

$$W_e = \frac{1}{2}\sum_{j=1}^{n}\sum_{k=1}^{n} \varphi_j\varphi_k C_{jk} = \frac{1}{2}\sum_{j=1}^{n}\sum_{k=j}^{n} C_{jk}u_{jk}^2. \quad (6.2/6d)$$

Daraus folgen durch zweimalige Differentiation die sog. *Potentialkoeffizienten* C_{jk}

$$C_{jk} = \frac{\partial^2 W}{\partial\varphi_j\partial\varphi_k} \quad j \neq k, \quad C_{jj} = \frac{\partial^2 W}{\partial\varphi_j^2}. \quad (6.2/6e)$$

Diese Beziehungen können zur Kapazitätsberechnung aus der Energie in verteilten Leitersystemen herangezogen werden.

Im n-Elektrodensystem läßt sich die gespeicherte Feldenergie stets durch die Teil- und Eigenkapazitäten und Potentiale bzw. Spannungen zwischen den Elektroden ausdrücken.

Umgekehrt sind die Teil- und Eigenkapazitäten stets aus der Feldenergie durch Differentiation zu gewinnen.

Hinweis: Bei zeitabhängiger Kapazität (deren Ursache z.B. mechanische Bewegung ist) tritt neben der Energiewandlung elektrisch $\leftrightarrow$ dielektrisch durch die wirkende Kraft auch eine Vernichtung bzw. Erzeugung mechanischer Energie auf (s.u.).

6.2.3 Kraftwirkungen im elektrischen Feld

Kraftwirkung. Zwischen dem elektrischen Feld und freien oder gebundenen Ladungen treten *Kräfte* auf. Sie übertragen sich auf Körper, auf denen sich die Ladungen befinden und versuchen, sie zu bewegen (oder deformieren). Typische Erscheinungen sind:

- Kraft auf *ruhende Ladung* (auch Ladungsverteilungen, z.B. Gl.(2.2/2))
- Kraft auf räumlich und flächenhaft *verteilte* Ladungen, oder aufgrund der räumlichen *Änderung* der Dielektrizitätszahl ε (z.B. an einer Grenzfläche)
- Kräfte auf *elektrische Dipole* und solche, die auf *Änderung von* ε zufolge Änderung der Stoffdichte beruhen.

Eine wichtige Größe für die Beschreibung der Kraft $\boldsymbol{F}$ ist die *Kraftdichte* $\boldsymbol{f}_\mathrm{V}$ (Kraft je Volumen, s.u.). Sie beträgt

$$\boldsymbol{f}_\mathrm{V} = \frac{\mathrm{d}\boldsymbol{F}}{\mathrm{d}V} = \varrho \boldsymbol{E} - \frac{1}{2}E^2 \mathrm{grad}\,\varepsilon + \frac{1}{2}\mathrm{grad}\left(E^2 \delta \frac{\partial \varepsilon}{\partial \delta}\right). \tag{6.2/7}$$

Kraftdichte im elektrischen Feld

Dabei beschreibt der erste Term die Kraftwirkung auf die elektrischen Ladungen, der zweite die Kraftwirkung durch ε-Änderung und der dritte die Änderung von ε bei Änderung der Stoffdichte (Elektrostriktion, hier vernachlässigt).

An einer Grenzfläche wird die Kraft durch die *Flächenkraftdichte* $\boldsymbol{f}_\mathrm{A}$ beschrieben (s.u.).

Kraft auf Punktladung. Auf eine Punktladung Q, die sich im Feld $\boldsymbol{E}$ (erzeugt von anderen Ladungen) befindet, wirkt die Kraft (s. Gl.(2.2/2))

$$\boldsymbol{F} = Q\boldsymbol{E}.$$

Anwendungsbeispiel: Coulombsches Gesetz.

Kraft auf Ladungsverteilungen. Für eine *volumenhaft verteilte* Ladung $\mathrm{d}Q = \varrho\,\mathrm{d}V$ (ϱ Raumladungsdichte) ergibt sich in einem von anderen Ladungen verursachten Feld $\boldsymbol{E}$ die differentielle Kraftwirkung $\mathrm{d}\boldsymbol{F} = \mathrm{d}Q\boldsymbol{E} = \varrho\boldsymbol{E}\,\mathrm{d}V$ mit der *Kraftdichte* (Gl.(6.2/7))

$$\boldsymbol{f}_\mathrm{V} = \frac{\mathrm{d}\boldsymbol{F}}{\mathrm{d}V} = \varrho\boldsymbol{E}; \qquad \boldsymbol{F} = \int \boldsymbol{f}_\mathrm{V}\,\mathrm{d}V = \int \varrho\boldsymbol{E}\,\mathrm{d}V. \tag{6.2/8a}$$

Auf eine *flächenhaft* verteilte Ladung (Flächenladungsdichte σ) wirkt im Feld $\boldsymbol{E}$ (von anderen Ladungen erzeugt) die differentielle Kraft $\mathrm{d}\boldsymbol{F} = \mathrm{d}Q\boldsymbol{E} = \sigma\boldsymbol{E}\,\mathrm{d}A$. Sie wird ausgedrückt durch die *flächenbezogene Kraft*

$$\boldsymbol{f}_{\mathrm{A}} = \frac{\mathrm{d}\boldsymbol{F}}{\mathrm{d}A} = \sigma \boldsymbol{E}; \qquad \boldsymbol{F} = \int \sigma \boldsymbol{E} \, \mathrm{d}A. \tag{6.2/8b}$$

Hinweis: $\boldsymbol{E}$ ist die von anderen Ladungen herrührende Feldstärke, nicht die Gesamtfeldstärke (zu der auch das Element $\mathrm{d}Q = \sigma \, \mathrm{d}A$ einen Beitrag liefert).

Kraftwirkung an Grenzflächen. An der Grenzfläche zweier Stoffe mit den Dielektrizitätszahlen ε_1, ε_2 treten durch den Term $\sim$ grad ε in Gl.(6.2/7) Kräfte auf, die sich durch eine *flächenbezogene Kraft* beschreiben lassen. Das trifft sowohl zwischen Metall und Dielektrikum als auch für zwei Dielektrika zu.

Aus Gl.(6.2/7) (Term grad ε) ergibt sich eine Beziehung für den Fall, daß zwei Gebiete mit $\varepsilon_1 \neq \varepsilon_2$ an einer Grenzfläche aneinanderstoßen. Dort entsteht die Kraftdichte

$$\boldsymbol{f}_{\mathrm{A}} = \frac{\mathrm{d}\boldsymbol{F}_{12}}{\mathrm{d}A} = \frac{1}{2}(\varepsilon_1 - \varepsilon_2) E_1 E_2 \boldsymbol{n}_{12} = \frac{\varepsilon_1 - \varepsilon_2}{2} \left(\frac{D_{\mathrm{n}}^2}{\varepsilon_1 \varepsilon_2} + E_{\mathrm{t}}^2 \right) \boldsymbol{n}_{12} \tag{6.2/9}$$

Flächenkraftdichte, elektrostatisches Feld

mit $\boldsymbol{F} = \int \boldsymbol{f}_{\mathrm{A}} \, \mathrm{d}A \qquad \varepsilon = \text{const.}, \quad \varepsilon_1 > \varepsilon_2.$

Der Kraftdichtevektor weist dabei in die Richtung des Stoffes mit kleinerem ε (Bild R 6.2/2a).

Wir betrachten zwei Grenzflächensysteme (Bild R 6.2/2b,c)

a) *Dielektrikum* ε_1, *Dielektrikum* ε_2 ($\varepsilon_1 > \varepsilon_2$). An der Grenzfläche wirkt stets eine Kraft (senkrecht zur Grenzfläche) vom Medium mit hohem ε (Zugbeanspruchung) zum Medium mit kleinem ε (Druckbeanspruchung) unabhängig von der Feldstärkerichtung! So wird z.B. ein Isolator im Vakuum zum Vakuum hingezogen.

Sonderfälle: 1. Feldstärke steht *senkrecht* auf der Grenzfläche ($D_{\mathrm{n}} = D_1 = D_2$, $E_{\mathrm{t}} = 0$)

$$\boldsymbol{f}_{\mathrm{A}} = \frac{\mathrm{d}\boldsymbol{F}}{\mathrm{d}A} = \left(\frac{E_2 D_2}{2} - \frac{E_1 D_1}{2} \right) \boldsymbol{n}_{12} \tag{6.2/10a}$$

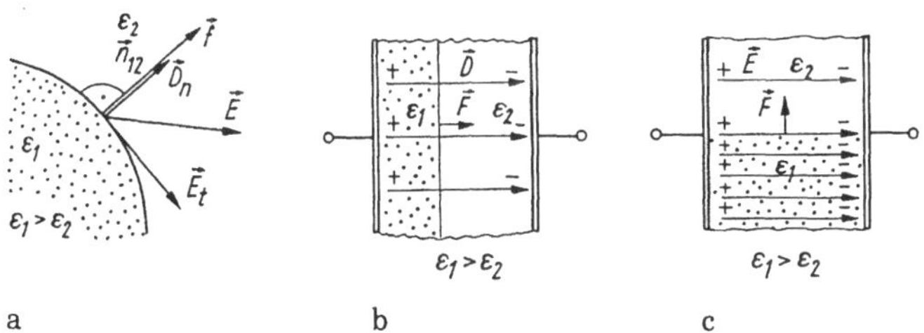

Bild R 6.2/2 Kraftwirkung an Grenzflächen
a) beliebig verlaufende Grenzfläche, b) quer verlaufende Grenzfläche, c) längs verlaufende Grenzfläche

oder für $\varepsilon_1 \gg \varepsilon_2$

$$\boldsymbol{f}_{\mathrm{A}} = \frac{\mathrm{d}\boldsymbol{F}}{\mathrm{d}A} = \frac{E_2 D_2}{2}\boldsymbol{n}_{12}. \tag{6.2/10b}$$

Das ist die gleiche Kraft pro Fläche wie beim System Leiter Isolator 2.

Anwendungsbeispiele: Kondensator mit zwei Dielektrika, Lagegeber (Tendenz zur C-Vergrößerung).

2. Feldstärke läuft *parallel* zur Grenzfläche. Jetzt gilt $D_{\mathrm{n}} = 0$ und so (Bild R 6.2/2c)

$$f_{\mathrm{A}} = \frac{\mathrm{d}F}{\mathrm{d}A} = \frac{E_{\mathrm{t}}^2}{2}(\varepsilon_1 - \varepsilon_2) = \frac{E_1 D_1}{2} - \frac{E_2 D_2}{2}. \tag{6.2/10c}$$

Kraftwirkung z.B. in einem Kondensator mit längsgeschichtetem Dielektrikum mit der Tendenz, den Volumenbereich mit höherem ε zu vergrößern.

Anwendung finden diese Kräfte z.B. zur Bewegung geladener Teilchen (mit Ladung besprühte Teilchen, Staub im Feld: Staubfilter, elektrostatische Drucker u.a.m.).

b) *Dielektrikum* ε_2*, Leiter* $(\varepsilon_1 \to \infty)$. Die Grenzfläche Leiter (Gebiet 1) - Nichtleiter (ε_2) folgt als Sonderfall aus Gl.(6.2/9) für $\varepsilon_1 \to \infty$ (im Leiterinnern tritt kein Feld auf). Dann ergibt sich mit $E_{\mathrm{t}}^2 = D_{1\mathrm{t}}^2/\varepsilon_1^2$

$$\boldsymbol{f}_{\mathrm{A}} = \frac{ED}{2}\boldsymbol{n}_{12} = \frac{E_{\mathrm{n}} D_{\mathrm{n}}}{2}\boldsymbol{n}_{12}. \tag{6.2/11}$$

$\boldsymbol{E}$, $\boldsymbol{D}$ sind die Feldgrößen auf der Leiteroberfläche im Nichtleiter.

Wieder steht die Kraft pro Fläche $\boldsymbol{f}_{\mathrm{A}}$ senkrecht auf der Grenzfläche und weist vom Leiter (Zugbeanspruchung) zum Nichtleiter (Druckbeanspruchung).

Im *homogenen Feld* wird daraus

$$F = \int \frac{ED}{2}\,\mathrm{d}A = \frac{ED}{2}A. \tag{6.2/12}$$

Anwendung: Sensor- und Meßtechnik, elektrostatischer Spannungsmesser, elektrostatische Papieraufspannung, Erzeugung mechanischer Spannungen in Isolatoren. Die durch Gl.(6.2/11) gegebene Kraft ist recht klein, z.B. in Luft bei $E = 20\,\mathrm{kV/cm} \to F/A = 17{,}6\,\mathrm{N/cm^2}$.

6.2.4 Kraft und Energie im elektrischen Feld

Die Beziehung zwischen Kraft und Energie des elektrostatischen Feldes ergibt sich am einfachsten über das Prinzip der *virtuellen Verrückung*: aus einer kleinen Verschiebung der Grenzfläche wird die Energieänderung berechnet. Wir führen die Betrachtung zunächst am Plattenkondensator an der Spannung u durch. Der Energiesatz lautet (Bild R 6.2/3)

$ui\,\mathrm{d}t = \mathrm{d}W$	$=$	$\mathrm{d}W_{\mathrm{e}}$	$+$	$\boldsymbol{F}\cdot\mathrm{d}\boldsymbol{s}$	
zugeführte elektrische Energie		Erhöhung der Feldenergie		mechanische Arbeit verrichtet vom System.	(6.2/13a)

Dabei ist $\boldsymbol{F}$ die von der Anordnung gegen die Umgebung ausgeübte Kraft. Mit $i = \mathrm{d}Q/\mathrm{d}t$ wird daraus

$$u\,\mathrm{d}Q = \mathrm{d}W_{\mathrm{e}} + \boldsymbol{F}\cdot\mathrm{d}\boldsymbol{s}. \tag{6.2/13b}$$

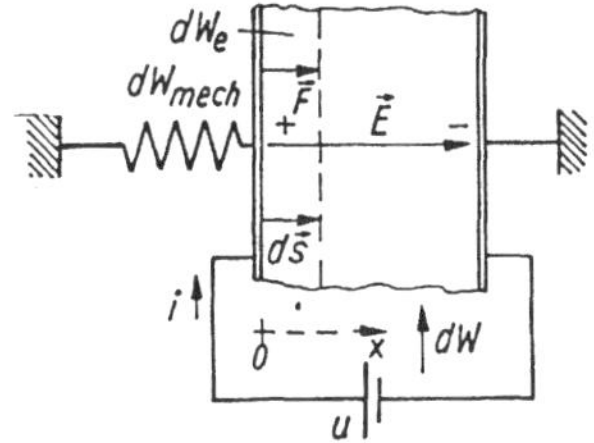

Bild R 6.2/3 Energieänderung und Kraftwirkung im Kondensator mit einer beweglichen Elektrode $\mathrm{d}\boldsymbol{s} = \mathrm{d}x\boldsymbol{e}_x$, $\boldsymbol{F} = F\boldsymbol{e}_x$

Die Ladung $Q(x,u)$ hängt von den beiden unabhängigen Variablen x, u (Ort, Spannung) ab. Mit $\boldsymbol{F}\cdot\mathrm{d}\boldsymbol{s} = F\,\mathrm{d}x\boldsymbol{e}_x\cdot\boldsymbol{e}_x = F\,\mathrm{d}x$ beträgt die Feldenergieänderung

$$\mathrm{d}W_\mathrm{e} = -F\,\mathrm{d}x + u\left(\frac{\partial Q}{\partial x}\,\mathrm{d}x + \frac{\partial Q}{\partial u}\,\mathrm{d}u\right). \qquad (6.2/13c)$$

Wir betrachten zwei Sonderfälle:

a) Kondensator liegt ständig an konstanter Spannung: $\mathrm{d}u = 0$. Dann folgt aus Gl.(6.2/13c)

$$F = -\frac{\partial W_\mathrm{e}}{\partial x} + u\frac{\partial Q}{\partial x}.$$

Für den Plattenkondensator mit $C(x) = \varepsilon A/x$ wird $(C(x) = Q(x)/u)$

$$u\frac{\partial Q}{\partial x} = u^2\frac{\partial C}{\partial x}$$

$$\frac{\partial W_\mathrm{e}}{\partial x} = \frac{\partial}{\partial x}\frac{Cu^2}{2} = \frac{u^2}{2}\frac{\partial C}{\partial x} \qquad \text{d.h.}\ \frac{\mathrm{d}W}{2} = \mathrm{d}W_\mathrm{e}$$

und schließlich aus Gl.(6.2/13c):

$$F = -\frac{u^2}{2}\frac{\mathrm{d}C}{\mathrm{d}x} + u^2\frac{\mathrm{d}C}{\mathrm{d}x} = \frac{u^2}{2}\frac{\mathrm{d}C}{\mathrm{d}x} = -\frac{u^2\varepsilon A}{2x^2}. \qquad (6.2/14a)$$

- Die Kraft auf die Kondensatorplatte ist proportional der Kapazitätszunahme $(\mathrm{d}C/\mathrm{d}x > 0)$.
- Sie ist stets so gerichtet, daß sie die Kapazität zu vergrößern sucht. (Die Kraft auf die rechte Platte weise in negativer x-Richtung: Anziehen der Platte.)

b) Kondensator wird mit fester Ladung $Q = \text{const.}$ betrieben ($\rightarrow$ Abtrennen von der Spannung, dann virtuelle Verschiebung).
Jetzt gilt $\mathrm{d}Q = 0$ und damit aus Gl.(6.2/13c)

$$F = -\frac{\mathrm{d}W_\mathrm{e}}{\mathrm{d}x} = -\frac{\mathrm{d}}{\mathrm{d}x}\frac{Q^2}{2C} = -\frac{Q^2}{2}\frac{\mathrm{d}}{\mathrm{d}x}\frac{1}{C} = \frac{Q^2}{2C^2}\frac{\mathrm{d}C}{\mathrm{d}x} = \frac{u^2}{2}\frac{\mathrm{d}C}{\mathrm{d}x}. \qquad (6.2/14b)$$

- Bei Kapazitätszunahme wird die Feldenergie bei $Q = \text{const.}$ reduziert, bei $u = \text{const.}$ erhöht!
- Die vom Feld geleistete mechanische Arbeit $\mathrm{d}W_{\text{mech}} = F\,\mathrm{d}x$ geht auf Kosten der Feldenergie! Für positive $\mathrm{d}C/\mathrm{d}x$ ist F positiv (hier $\mathrm{d}C/\mathrm{d}x < 0$). Die Kraftwirkung auf die Platte hat auch hier die Tendenz zur Kapazitätserhöhung.

Hinweis: Beide Ansätze Gl.(6.2/14a, b) führen bei der Kraftberechnung zu gleichem Ergebnis, doch ist im letzten Fall F unabhängig vom Plattenabstand, im ersten nicht. (Das spielt eine Rolle bei der Berechnung des Gleichgewichtszustandes.)

Verallgemeinerung. Das Ergebnis Gl.(6.2/14b) ($Q = \text{const.}$) läßt sich verallgemeinern, wenn die vom Feld geleistete Arbeit $\mathrm{d}W_e = \text{grad}\, W_e \cdot \mathrm{d}\boldsymbol{s}$ (längs $\mathrm{d}\boldsymbol{s}$) durch den Gradient von W_e (potentielle Energie!) ausgedrückt wird. Man erhält

$$\boldsymbol{F}|_{Q=\text{const.}} = -\text{grad}\, W_e \quad \text{Kraftwirkung und Energieänderung} \qquad (6.2/15a)$$

(also z.B. in kartesischen Koordinaten)

$$\boldsymbol{F}_x|_{Q=\text{const.}} = -\frac{\partial W_e}{\partial x}, \quad \boldsymbol{F}_y|_{Q=\text{const.}} = -\frac{\partial W_e}{\partial y} \quad \text{usw.}$$

Entsprechend führt $u = \text{const.}$ (über Gl.(6.2/13a)) auf

$$\boldsymbol{F}|_{u=\text{const.}} = \text{grad}\, W_e \qquad (6.2/15b)$$

Die auf die Grenzfläche (Kondensatorplatte) wirkende Kraft ergibt sich stets als Gradient der Feldenergie W_e (Vorzeichen abhängig von der Betriebsbedingung).

Ganz analog gilt für das *Drehmoment* $\boldsymbol{M}$ bei einer Verdrehung $\mathrm{d}\alpha$ der Elektrode (Rotation um z-Achse)

$$\boldsymbol{M}_z|_{Q=\text{const.}} = -\frac{\partial W_e}{\partial \alpha}, \quad \boldsymbol{M}_z|_{u=\text{const.}} = \frac{\partial W_e}{\partial \alpha} \qquad (6.2/16)$$

Ist nicht die Feldenergie W_e gegeben, sondern die *Energiedichte* w_e, so beträgt die Kraft $\boldsymbol{F}$ (bei $Q = \text{const.}$)

$$\boldsymbol{F} = -\int \text{grad}\, w_e\, \mathrm{d}V = \int \left(\varrho \boldsymbol{E} - \frac{1}{2}E^2 \text{grad}\, \varepsilon\right) \mathrm{d}V. \qquad (6.2/17)$$

6.3 Energie und Kraft im stationären magnetischen Feld

Wir vertiefen die Energie-, Leistungs- und Kraftbegriffe für das stationäre Magnetfeld. Es tritt als Folge bewegter Ladungsträger (mit konstanter Geschwindigkeit, d.h. Gleichstrom) innerhalb und außerhalb von Leitern auf (I/Abschn. 4.1.4).

6.3.1 Energie, Energiedichte

Das magnetische Feld ist Träger der magnetischen Energie. Sie wird überall im Feld gespeichert, d.h. in Umgebung bewegter Ladungen und beschrieben

- durch Feldgrößen im Raum
- durch den induktiven Zweipol (Netzwerkelement Spule), wenn das Speichervermögen eines begrenzten Volumens angegeben werden soll.

Zum Feldaufbau wird elektrische Energie zugeführt (z.B. u, i an der Spule), bei Feldabbau fließt die Energie in den elektrischen Kreis zurück. Während der Energiespeicherung erfolgt kein Austausch zwischen magnetischer Feldenergie und elektrischer Energie des Stromkreises.

Hinweis: Daß der zur Aufrechterhaltung des Magnetfeldes fließende Strom permanente Leistungszufuhr erfordert, liegt allein am Leiterwiderstand. Sie verschwindet bei Supraleitern.

Die *Energiedichte* w_m des magnetischen Feldes beträgt (Bild R 6.3/1)

$$w_\mathrm{m} = \frac{\mathrm{d}W_\mathrm{m}}{\mathrm{d}V} = \int_0^B \boldsymbol{H}(B)\cdot \mathrm{d}\boldsymbol{B} \rightarrow w_\mathrm{m} = \left.\frac{\boldsymbol{H}\cdot\boldsymbol{B}}{2}\right|_{\mu=\mathrm{const.}} = \frac{\mu H^2}{2} = \frac{B^2}{2\mu}. \quad (6.3/1)$$

magnetisches Feld, Energiedichte

Das rechte Ergebnis gilt für $\mu = \mathrm{const.}$ (lineares Ferromagnetikum). Beispielsweise beträgt w_m im Luftspalt eines Magneten mit $B = 1\,\mathrm{T}$ in Luft ($\mu = \mu_0$): $w_\mathrm{m} = 0,71\,\mathrm{Ws/cm^3}$. Das ist eine um einen Faktor rd. 10^4 größere Energiedichte als im elektrischen Feld bei der Durchbruchsfeldstärke.

Die Energiedichte im Innern eines vom Strom i durchflossenen Leiters (Radius r_a) beträgt mit $H(r) = ir/(2\pi r_\mathrm{a}^2) \rightarrow w_\mathrm{m} = (\mu_0/2)H^2 = \mu_0 i^2 r^2/(8\pi^2 r_\mathrm{a}^4)$. Die im Volumen V gespeicherte *magnetische Energie* W_m beträgt mit $\mathrm{d}W_\mathrm{m} = w_\mathrm{m}\,\mathrm{d}V$:

$$W_\mathrm{m} = \int w_\mathrm{m}\,\mathrm{d}V = \frac{HB}{2}V = \frac{\mu H^2}{2}V = \left.\frac{B^2}{2\mu}V\right|_{\mu=\mathrm{const.}}. \quad (6.3/2)$$

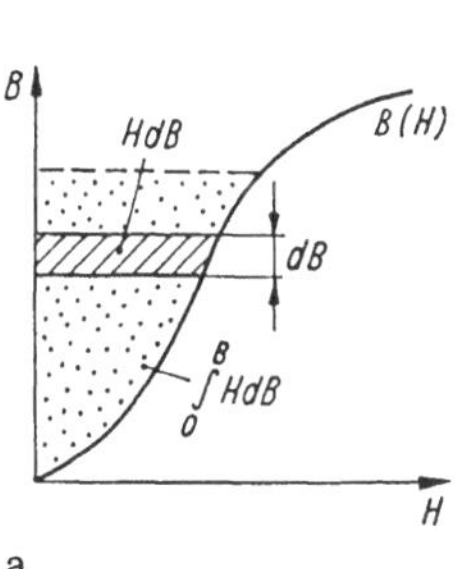

a

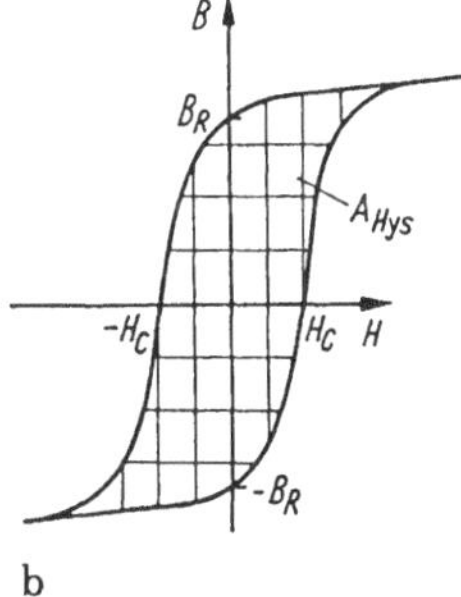

b

Bild R 6.3/1 Anschauliche Herleitung der Energiedichte w_m
a) nichtlinearer B-H-Verlauf, b) Hysteresekurve und Verlustenergie

Die rechte Form gilt für $\mu = \text{const.}$ Im Luftspalt eines magnetischen Kreises lassen sich so deutlich höhere Energiedichten erzeugen als im elektrischen Feld (s.u.).

Energiedichte im ferromagnetischen Material. Bei Ummagnetisierung ferromagnetischer Materialien (Durchfahren der $B(H)$-Kurve innerhalb einer Periode, Bild R 6.3/1b) muß Arbeit aufgewendet werden. Die umschlossene Fläche ist ein Maß dafür (I/Gl.(4.13))

$$W_{\text{Hys}} = \frac{\mathrm{d}W}{\mathrm{d}V} V = V \int H \,\mathrm{d}B = V A_{\text{Hys}}; \quad [A_{\text{Hys}}] = \frac{\text{Ws}}{\text{cm}^3}. \tag{6.3/3}$$

Dabei entsteht die *mittlere Verlustleistung*

$$P_{\text{Hys}} = \frac{W_{\text{Hys}}}{T} = f W_{\text{Hys}}. \tag{6.3/4}$$

Die Ummagnetisierungsverluste wachsen frequenzproportional.

Energie und Induktivität. Wird das vom Feld erfaßte Volumen V gleichwertig durch die Spule (Induktivität L) dargestellt ($\mu = \text{const.}$), so gilt für die in ihr gespeicherte Energie (I/Gl.(4.14))

$$W_{\text{m}} = \int_{t_0}^{t} i(t') \underbrace{u(t') \,\mathrm{d}t'}_{\mathrm{d}\Psi} = \int_{\Psi(0)}^{\Psi} i(t) \underbrace{\mathrm{d}\Psi}_{L\,\mathrm{d}i} = \int_{i(0)}^{i} L i \,\mathrm{d}i \tag{6.3/5a}$$

$$W_{\text{m}} = \left.\frac{Li^2}{2}\right|_{L=\text{const.}} = \frac{L}{2}\left(i^2(t) - i^2(0)\right) \qquad (L = \text{const.})$$

oder mit dem Anfangsstrom $i(0) = 0$ (Anfangsenergie Null)

$$W_{\text{m}} = \frac{Li^2}{2} = \frac{\Psi i}{2} = \frac{\Psi^2}{2L} = \frac{(wi)^2}{2R_{\text{m}}}. \qquad \text{Spulenenergie} \tag{6.3/5b}$$

Die Spule ist Speicherelement für die magnetische Energie. Diese wächst quadratisch mit dem Strom (lineare Spule).

Hinweis: Spulen haben meist einen magnetischen Kreis mit Luftspalt. Dann setzt sich W_{m} aus den Anteilen im Eisenkreis und Luftspalt (W_{Fe}, W_{L}) zusammen:

$$\begin{aligned} W_{\text{m}} &= \frac{Li^2}{2} = W_{\text{Fe}} + W_{\text{L}} = \frac{1}{2}(B_{\text{Fe}} H_{\text{Fe}} V_{\text{Fe}} + B_{\text{L}} H_{\text{L}} V_{\text{L}}) \\ &\approx \frac{B}{2}(H_{\text{Fe}} V_{\text{Fe}} + H_{\text{L}} V_{\text{L}}) = \frac{\Phi^2}{2\mu_0 A}\left(\frac{l_{\text{Fe}}}{\mu_{\text{Fe}}} + l_{\text{L}}\right). \end{aligned} \tag{6.3/6}$$

Wegen $B_{\text{Fe}} = B_{\text{L}}$, $\mu_{\text{Fe}} \gg 1$ und $l_{\text{L}} \ll l_{\text{Fe}}$ gilt $W_{\text{m}} \approx W_{\text{L}}$: Konzentration der magnetischen Energie hauptsächlich im Luftspalt. Der Eisenkreis konzentriert nur den magnetischen Fluß, damit eine hohe magnetische Feldstärke im Luftspalt entsteht.

Energie verkoppelter Spulen. In zwei magnetisch verkoppelten Kreisen (lineare Koeffizienten L_1, L_2, M) ist die magnetische Energie (I/Gl.(4.16))

$W_m = \frac{L_1 i_1^2}{2} + \frac{L_2 i_2^2}{2} \pm M i_1 i_2$	magnetische Energie in gekoppelten Spulen	(6.3/7a)

(−: bei gegensinnigem Fluß) gespeichert.

Die im magnetischen Feld zweier gekoppelter Spulen gespeicherte Energie hängt von der Relativrichtung der von i_1, i_2 erzeugten magnetischen Flüsse ab (→ Windungssinn, Richtungen i_1, i_2, Herleitung von Gl.(6.3/7) aus den Transformatorgleichungen).

Verallgemeinerung. Für ein Leitersystem mit n Leiterschleifen, die die Ströme $i_1 \ldots i_n$ führen, folgt als Gesamtenergie (lineares Ferromagnetikum)

$$W_m = \frac{1}{2} \sum_{j=1}^{n} \sum_{k=1}^{n} L_{jk} i_k i_j. \qquad (6.3/7b)$$

Daraus ergeben sich durch Differentiation die sog. *Induktivitätskoeffizienten* L_{jk}

$$L_{jk} = \frac{\partial^2 W_m}{\partial i_j \partial i_k} \quad (j \neq k); \qquad L_{jj} = L_j = \frac{\partial^2 W_m}{\partial i_j^2}.$$

Die magnetische Energie eines n-Leitersystems wird durch die Selbst- und Gegeninduktivitäten (geometrieabhängig) und die Leiterströme bestimmt.

Umgekehrt lassen sich die Selbst-, Gegeninduktivitäten aus der Feldenergie durch Differentiation bestimmen.
Beispiel: Für $j = k = 1 \rightarrow L = \partial^2 W_m / \partial i^2$; für $j, k = 1 \ldots 2$ folgt Gl.(6.3/7a).

6.3.2 Kraftwirkungen im magnetischen Feld

Kräfte treten (definitionsgemäß!) zwischen dem magnetischen Feld und bewegten (freien) Ladungsträgern oder auch ferromagnetischen Materialien mit sog. atomaren Kreisströmen um Atomkerne auf. Sie übertragen sich auf stromdurchflossene Körper und versuchen, sie zu bewegen oder zu deformieren. Typisch sind (I/Abschn. 4.3.2 und Tafel R 6.3/1)

- Kräfte auf *bewegte Ladungen*
- Kräfte auf *stromdurchflossene Leiter* oder Konvektionsströme
- Kräfte an *Inhomogenitäten* magnetischer Materialien (Änderung von μ an Grenzflächen oder lokal)
- Kräfte auf *magnetische Dipole.*

Die Kraft wird - wie im elektrostatischen Feld - durch die auf das Volumen bezogene *Kraftdichte* $\boldsymbol{f}_V$

Tafel R 6.3/1 Kraftwirkung im Magnetfeld
a) Vorzeichen abhängig von Betriebsbedingungen

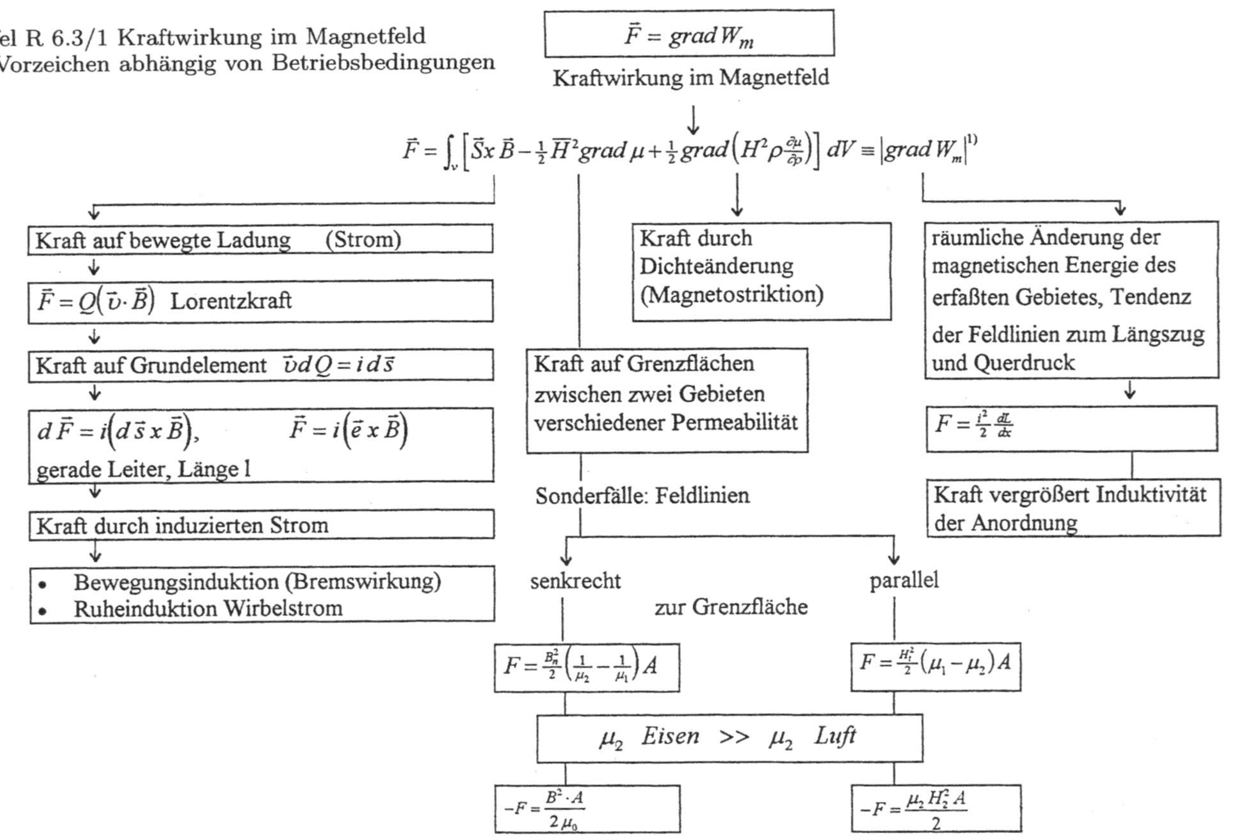

$$\begin{aligned} \boldsymbol{f}_\mathrm{V} &= \frac{\mathrm{d}\boldsymbol{F}}{\mathrm{d}V} = \boldsymbol{S} \times \boldsymbol{B} - \frac{1}{2}H^2 \operatorname{grad} \mu \\ &= \varrho(\boldsymbol{v} \times \boldsymbol{B}) - \frac{1}{2}H^2 \operatorname{grad} \mu + \frac{1}{2}\operatorname{grad}\left(H^2 \varrho \frac{\partial \mu}{\partial \varrho}\right) \end{aligned} \quad (6.3/8)$$

$$\boldsymbol{F} = \int_V \boldsymbol{f}_V \, \mathrm{d}V$$

Kraftdichte im magnetischen Feld

beschrieben bzw. durch eine *Flächenkraftdichte* $\boldsymbol{f}_\mathrm{A}$ an Grenzflächen (s. Gl. (6.3/13)).

Der erste Teil in Gl.(6.3/8) beschreibt die Kraft auf ein stromdurchflossenes Volumenelement, der zweite die Kraft an Stellen von μ-Inhomogenitäten und der dritte die sog. *Magnetostriktion* (Änderung von μ mit der Stoffdichte, hier vernachlässigt).

Kraft auf bewegte Ladung. Auf eine im Magnetfeld (Flußdichte $\boldsymbol{B}$) mit der Geschwindigkeit $\boldsymbol{v}$ bewegte (Punkt)Ladung Q wirkt die Lorentzkraft (I/Gl.(4.38))

$$\boldsymbol{F} = Q(\boldsymbol{v} \times \boldsymbol{B}) \qquad \text{Lorentz-Kraft auf bewegte Ladung}$$

senkrecht zum Wegelement $\mathrm{d}\boldsymbol{s}$, d.h. der Bahn: Zwischen Magnetfeld und Ladungsträger ist kein Energieaustausch möglich: weder Energieaufnahme noch -abgabe an das Feld (Gegensatz: Ladungsbewegung im elektrischen Feld).

Hinweis: $\boldsymbol{F}$ wurde zur Definition von $\boldsymbol{B}$ verwendet (s. Gl.(5.1/2)).

Anwendungsbeispiele: Ablenkung von Ladungsträgern im homogenen Magnetfeld, magnetische Linsen, Halleffekt, MHD-Generator, Zyklotron, Elektromaschinen, Generatoren u.a.m.

Kraftwirkung durch Stromfluß. Elektrodynamisches Kraftgesetz. Bewegen sich Ladungsträger als Konvektionsstrom i im Magnetfeld $\boldsymbol{B}$ (homogen), so wirkt auf den Stromfaden die Kraft (s.Bild R 5.1/3c, I/Gl.(4.40))

$$\boldsymbol{F} = i \int_s \mathrm{d}\boldsymbol{s} \times \boldsymbol{B} \qquad \text{Elektrodynamisches Kraftgesetz.} \quad (6.3/9a)$$

Die Kraft $\boldsymbol{F}$ steht senkrecht auf der von $\mathrm{d}\boldsymbol{s}$ und $\boldsymbol{B}$ aufgespannten Ebene ($\mathrm{d}\boldsymbol{s}$ in Richtung von i angenommen).

Sonderfälle: gerader Leiter, Länge l: ($\int_s \mathrm{d}\boldsymbol{s} = \boldsymbol{l}$). Aus Gl.(6.3/9a) wird im homogenen Magnetfeld

$$\boldsymbol{F} = i(\boldsymbol{l} \times \boldsymbol{B}). \qquad \text{Kraft auf geraden Leiter (homogenes Magnetfeld)} \quad (6.3/9b)$$

Richtung von $\boldsymbol{F}$: Rechtehandregel, Vektor $\boldsymbol{l}$ zeigt in Stromrichtung (Bild R 6.3/2a).

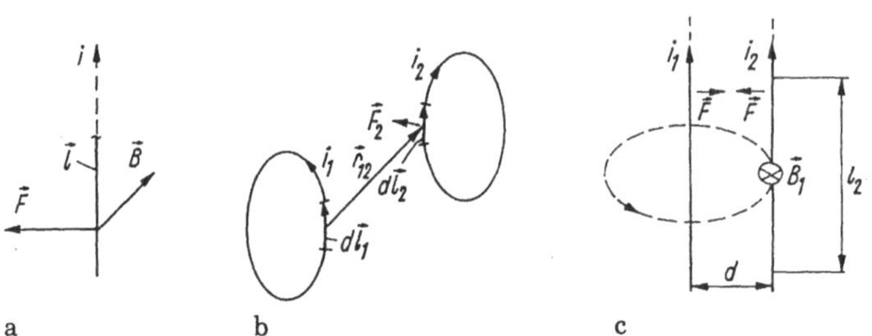

Bild R 6.3/2 Kraftwirkung auf stromdurchflossenen Leiter
a) Kraft auf einen geraden Leiter im homogenen Magnetfeld, b) Kraft zwischen zwei Leiterschleifen, c) Kraft zwischen zwei parallelen Leitern

Geschlossene Leiterschleife im *homogenen* Magnetfeld. Es folgt aus Gl. (6.3/9a):

$$\boldsymbol{F} = i\oint \mathrm{d}\boldsymbol{s} \times \boldsymbol{B} = -i\boldsymbol{B} \times \oint \mathrm{d}\boldsymbol{s} = 0,$$

da $\oint \mathrm{d}\boldsymbol{s} = 0$.

Im homogenen Magnetfeld ($\boldsymbol{B}$ = const.) verschwindet die auf eine Stromschleife wirkende Kraft $\boldsymbol{F}$ (jedoch nicht das Drehmoment!).

Hinweis: Das gilt nicht für inhomogenes Feld, weil dann $\boldsymbol{B}$ nicht vor das Integral gezogen werden kann.

Kraft zwischen zwei Leiterelementen. Die Kraft zwischen zwei von den Strömen i_1, i_2 durchflossenen Stromfäden lautet (Bild R 6.3/2b):

$$\boldsymbol{F}_2 = \mu_0 \frac{i_1 i_2}{4\pi} \oint \left(\oint \frac{\boldsymbol{e}_{12} \times \mathrm{d}\boldsymbol{l}_1}{r_{12}^2} \right) \times \mathrm{d}\boldsymbol{l}_2. \quad \text{Amperesches Gesetz.} \quad (6.3/9c)$$

Daraus folgt als Kraft zwischen zwei geraden, parallelen Leitern (i_1, i_2)

$$\boldsymbol{F} = -\boldsymbol{e}_r \frac{\mu_0 i_1 i_2}{2\pi d} l \quad (6.3/9d)$$

(Bild R 6.3/2c; $\boldsymbol{l}$, $\boldsymbol{B}$, $\boldsymbol{F}$ bilden dabei ein Rechtsdreibein).

Gleichgerichtete parallele Ströme ziehen sich an, entgegengesetzt gerichtete stoßen sich ab.

Beispiel: Zusammendrücken der Spulenwindungen, "Sprengung" einer Leiterschleife bei hohem Strom. Größenvorstellung: $i_1 = i_2 = 1\,\mathrm{A}$, $d = 1\,\mathrm{m}$, $l = 1\,\mathrm{m}$, $F = 2 \cdot 10^{-7}\,\mathrm{N}$ (Definition des Ampere).

Drehmoment. Ein gerader Leiter (Länge $\boldsymbol{l}$), auf den die Kraft $\boldsymbol{F}$ mit dem Hebelarm $\boldsymbol{r}$ wirkt, erfährt das Drehmoment $\boldsymbol{M}$ (I/Gl.(4.43)ff., Bild R 6.3/3a)

$$\boldsymbol{M} = \boldsymbol{r} \times \boldsymbol{F} = i\boldsymbol{r} \times (\boldsymbol{l} \times \boldsymbol{B}). \quad \text{Drehmoment } \boldsymbol{M} \quad (6.3/10a)$$

Daraus folgt für eine *Rechteckschleife*

$$\boldsymbol{M} = iw(\boldsymbol{A} \times \boldsymbol{B}), \quad (6.3/10b)$$

mit dem Flächenvektor $\boldsymbol{A} = 2\boldsymbol{r} \times \boldsymbol{l}$ der Spulenfläche (Bild R 6.3/3b) und dem Betrag $M = iwAB \sin\alpha$.

Abhängig vom Winkel α (Spulenstellung) schwankt das Drehmoment zwischen 0 und einem Maximalwert. Dabei versucht sich die Flächennormale in Feldrichtung auszurichten. Die Richtung von $\boldsymbol{A}$ folgt aus der Stromflußrichtung nach der Rechtsschraube.

Mechanische Leistung. Ein Drehmoment $\boldsymbol{M}$ erzeugt bei einer Winkelgeschwindigkeit $\boldsymbol{\omega}$ (Vektor, Richtung in die Drehachse weisend) die mechanische Leistung (Bild R 6.3/3a)

$$P = (\boldsymbol{\omega} \times \boldsymbol{r}) \cdot \boldsymbol{F} = \boldsymbol{\omega} \cdot (\boldsymbol{r} \times \boldsymbol{F}) = \boldsymbol{\omega} \cdot \boldsymbol{M}. \quad \text{mechanische Leistung} \quad (6.3/11a)$$

Mit der Drehzahl n (pro Minute, $2\pi n = \omega$) folgt als zugeschnittene Größengleichung

$$\frac{P}{\mathrm{W}} = 0,103 \frac{M}{\mathrm{Nm}} \frac{n}{\mathrm{min}^{-1}} \quad (6.3/11b)$$

(z.B. $n = 3000\,\mathrm{U/min}$; $M = 1\,\mathrm{Nm}$, $P = 310\,\mathrm{W}$).

Anwendungen: Drehrahmen im Magnetfeld: Generatorprinzip, Motor, Drehspuleninstrument.

Kraftwirkung bei räumlich und flächenhaft verteilten Konvektionsströmen. Räumlich verteilte (bewegte) Ladungen (Raumladungsdichte ϱ) erzeugen mit der Teilladung $\mathrm{d}Q = \varrho\,\mathrm{d}V$ die Teilkraft $\mathrm{d}\boldsymbol{F} = \varrho\,\mathrm{d}V\boldsymbol{v} \times \boldsymbol{B} = \boldsymbol{S} \times \boldsymbol{B}\,\mathrm{d}V$ oder die Kraftdichte (Gl.(6.3/8))

$$\boldsymbol{f}_{\mathrm{V}} = \boldsymbol{S} \times \boldsymbol{B}. \quad (6.3/12)$$

Ganz analog bedingt ein Strom mit der *flächenbezogenen Stromdichte* $\boldsymbol{S}_{\mathrm{A}}$ die Kraft pro Fläche

$$\boldsymbol{f}_{\mathrm{A}} = \frac{\mathrm{d}\boldsymbol{F}}{\mathrm{d}A} = \boldsymbol{S}_{\mathrm{A}} \times \boldsymbol{B}; \quad \boldsymbol{F} = \int_A \boldsymbol{f}_{\mathrm{A}} \cdot \mathrm{d}\boldsymbol{A}. \quad (6.3/13)$$

Mit Gl.(6.3/12, 13) lassen sich die Kraftwirkungen verteilter Strömungen bestimmen.

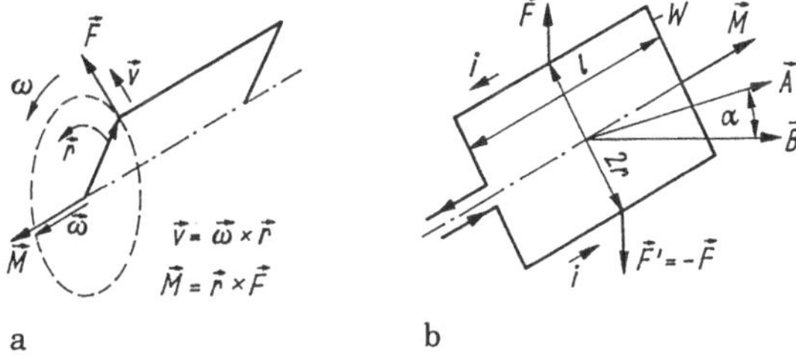

Bild R 6.3/3 Drehmoment
a) Kraft-, Drehmoment Zusammenhang, b) Entstehung des Drehmomentes auf eine stromdurchflossene Drehschleife

Kraft auf Grenzflächen zwischen Stoffen verschiedener Permeabilität. Inhomogenitäten der Permeabilität μ sind ebenfalls Ursache von Kraftwirkungen (Gl.(6.3/8) zweiter Anteil). Folglich ist eine sprunghafte Unstetigkeit von μ an einer Grenzfläche (μ_1, μ_2, Bild R 6.3/4, I/Abschn. 4.3.2.3) Ursache einer *Flächenkraftdichte* $\boldsymbol{f}_\mathrm{A}$:

$$\boldsymbol{f}_\mathrm{A} = \frac{\mathrm{d}\boldsymbol{F}_{12}}{\mathrm{d}A} = \frac{1}{2}(\mu_1 - \mu_2)H_1 H_2 \boldsymbol{n}_{12} \quad \text{Flächenkraftdichte,}$$

$$= \frac{(\mu_1 - \mu_2)}{2}\left(\frac{B_\mathrm{n}^2}{\mu_1\mu_2} + H_\mathrm{t}^2\right)\boldsymbol{n}_{12} \quad \text{magnetisches Feld} \quad (6.3/14)$$

(Herleitung aus Gl.(6.3/8) möglich).

Die flächenbezogene Kraft wirkt stets senkrecht zur Grenzfläche vom Material mit größerem μ (Zugbeanspruchung) zum Material mit kleinerem μ (Druckbeanspruchung) unabhängig von der Feldrichtung.

Sonderfall: Feldlinien senkrecht zur Grenzfläche gültig für $\mu_2 \gg \mu_1$: $B_\mathrm{n} = B_1 = B_2 = B$, $H_\mathrm{t} = 0$. Dann gilt (für die Beträge)

$$\frac{\mathrm{d}F}{\mathrm{d}A} = \frac{H_1 B_1}{2} = \frac{B_1^2}{2\mu_1}, \qquad (6.3/15\mathrm{a})$$

also an der Grenze Ferromagnetikum (μ_2)-Luft ($\mu_1 = \mu_0$):

$$F = \frac{B^2}{2\mu_0}A = \frac{\Phi^2}{2\mu_0 A}. \quad \text{Kraft an Grenzfläche Ferromagnetikum-Luft} \quad (6.3/15\mathrm{b})$$

Daraus folgt die zugeschnittene Größengleichung

$$\frac{F}{\mathrm{N}} \approx 40\left(\frac{B}{\mathrm{T}}\right)^2 \frac{A}{\mathrm{cm}^2}.$$

An der Grenzfläche zu hochpermeablem Material tritt eine Kraft F (bzw. Kraft pro Fläche) auf, die ferromagnetische Materialien stets anzieht (Prinzip des Haftmagneten).

Ursache der magnetischen Induktion kann dabei ein Dauermagnet oder eine stromdurchflossene Spule sein.

Anwendungen von Kraftwirkungen sind vielfältig: Elektromagnet (Spannplatte, Hubmagnet), Magnetkupplung, Dreheiseninstrument, gepoltes Relais (mit Vormagnetisierung), Ablenkung von Ladungsträgern (Bildröhre, Halleffekt, Magnetowiderstand) (I/Abschn. 4.3.2.2, 4.3.2.3).

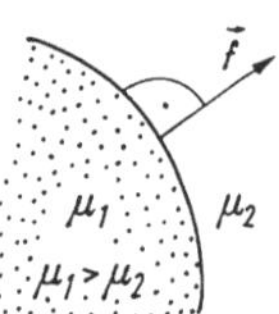

Bild R 6.3/4 Kraftwirkung an der Grenzfläche zweier magnetischer Materialien

6.3.3 Kraft und Energie im magnetischen Feld

Die Beziehung zwischen Kraft und Energie im magnetischen Feld wird - wie im elektrostatischen Feld - durch das Prinzip der *virtuellen Verrückung* eines Leiters (oder einer Grenzfläche) gewonnen. Wir betrachten dazu eine stromdurchflossene Spule mit magnetischem Kreis (Bild R 6.3/5). Der Energiesatz liefert (verlustfreie Spule angesetzt, $R = 0$)

$ui\,\mathrm{d}t = \mathrm{d}W$	$=$	$\mathrm{d}W_\mathrm{m}$	$+$	$\boldsymbol{F}\cdot\mathrm{d}\boldsymbol{s}$	
zugeführte elektr. Energie		Erhöhung der magn. Feldenergie		mechanische Arbeit verrichtet vom System.	(6.3/16a)

Dabei ist $\boldsymbol{F}$ die von der Anordnung gegen die Umgebung ausgeübte Kraft. Mit $u\,\mathrm{d}t = \mathrm{d}\Psi$ wird daraus

$$i\,\mathrm{d}\Psi = \mathrm{d}W_\mathrm{m} + \boldsymbol{F}\cdot\mathrm{d}\boldsymbol{s}. \qquad (6.3/16b)$$

Der Fluß $\Psi(x,i)$ hängt von beiden unabhängigen Variablen, der Verschiebung x und dem Strom i ab. Mit $\boldsymbol{F}\cdot\mathrm{d}\boldsymbol{s} = F\,\mathrm{d}x$ lautet die magnetische Energieänderung (lineare Spule):

$$\mathrm{d}W_\mathrm{m} = -F\,\mathrm{d}x + i\,\mathrm{d}\Psi = -F\,\mathrm{d}x + i\left(\frac{\partial\Psi}{\partial x}\mathrm{d}x + \frac{\partial\Psi}{\partial i}\mathrm{d}i\right). \qquad (6.3/16c)$$

Wir betrachten zwei *Sonderfälle*: $i = \text{const.}$ und $\Psi = \text{const.}$

a) Spule von *konstantem Strom* i durchflossen ($\mathrm{d}i = 0$). Dann wird aus Gl.(6.3/16c)

$$F = -\frac{\partial W_\mathrm{m}}{\partial x} + i\frac{\partial\Psi}{\partial x}$$

und mit $\Psi = Li$ und $W_\mathrm{m} = Li^2/2$:

$$\frac{\partial W_\mathrm{m}}{\partial x} = \frac{i^2}{2}\frac{\partial L}{\partial x}; \qquad \frac{\partial\Psi}{\partial x} = i\frac{\partial L}{\partial x}$$

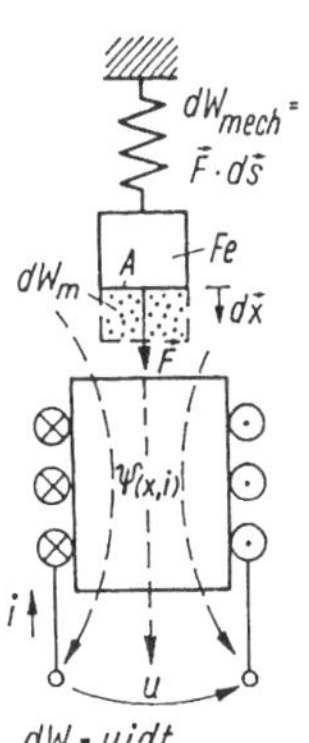

Bild R 6.3/5 Energieänderung und Kraftwirkung in der Spule mit beweglichem Kern

schließlich

$$F = -\frac{i^2}{2}\frac{\mathrm{d}L}{\mathrm{d}x} + i^2\frac{\mathrm{d}L}{\mathrm{d}x} = \frac{i^2}{2}\frac{\mathrm{d}L}{\mathrm{d}x}. \qquad (6.3/17a)$$

Die von der Anordnung auf die Umgebung ausgeübte Kraft ist proportional der Induktivitätsänderung. Sie wirkt stets so, daß sie die Induktivität zu vergrößern sucht.

Die dabei vom elektrischen Kreis aufgebrachte Arbeit wird zur Hälfte in mechanische Arbeit und die andere Hälfte in magnetische Feldenergie gewandelt.

b) Spule von *konstantem Fluß* Ψ durchsetzt (Ψ unabhängige Variable). Jetzt gilt $\mathrm{d}\Psi = 0$ und mit Gl.(6.3/16b) und $W_\mathrm{m} = Li^2/2 = \Psi^2/2L$:

$$F = -\frac{\partial W_\mathrm{m}}{\partial x} = -\frac{\Psi^2}{2}\frac{\mathrm{d}}{\mathrm{d}x}\frac{1}{L} = \frac{\Psi^2}{2L^2}\frac{\mathrm{d}L}{\mathrm{d}x} = \frac{i^2}{2}\frac{\mathrm{d}L}{\mathrm{d}x}. \qquad (6.3/17b)$$

- Bei Induktivitätszunahme wird die magnetische Feldenergie für $\Psi = \mathrm{const.}$ verkleinert, für $i = \mathrm{const.}$ erhöht!
- Jetzt entstammt die geleistete mechanische Arbeit $\mathrm{d}W_\mathrm{mech} = F\,\mathrm{d}x$ der magnetischen Feldenergie.

Hinweis: Beide Ansätze Gl.(6.3/17) führen zur gleichen Kraft (erwartet!). Im letzten Fall ist $\boldsymbol{F}$ unabhängig vom Luftspalt, im ersten nicht ($\rightarrow$ Auswirkung auf den Gleichgewichtszustand).

Verallgemeinerung. Beide Ergebnisse Gl.(6.3/17) lassen sich verallgemeinern, wenn die vom Magnetfeld bei der Verschiebung geleistete Arbeit $\mathrm{d}W_\mathrm{m} = \mathrm{grad}\, W_\mathrm{m} \cdot \mathrm{d}\boldsymbol{s}$ (längs $\mathrm{d}\boldsymbol{s}$) durch den Gradient von W_m ausgedrückt wird:

$$\boldsymbol{F}|_{\Psi=\mathrm{const.}} = -\mathrm{grad}\, W_\mathrm{m} \qquad (6.3/18a)$$

$$\boldsymbol{F}|_{i=\mathrm{const.}} = \mathrm{grad}\, W_\mathrm{m} \qquad (6.3/18b)$$

(vgl. elektrostatisches Feld, Gl.(6.2/15a, b)).

Die von der Anordnung gegen die Umgebung wirkende Kraft ist stets durch den Gradient der magnetischen Feldenergie gegeben (Vorzeichen abhängig von Betriebsbedingung).

Beispiel: Für $\Psi = \mathrm{const.}$ wird $\mathrm{d}W_\mathrm{m} = (\Phi^2/\mu_0 A)\,\mathrm{d}x = \mathrm{d}W_\mathrm{m}|_\mathrm{Luft}$, damit $\boldsymbol{F}|_\Phi = \boldsymbol{e}_x F_x|_\Phi = -\boldsymbol{e}_x(\Phi^2/\mu_0 A)$. Das negative Vorzeichen zeigt an, daß die Kraft den Luftspalt zu verringern sucht (Attraktionskraft). Für $i = \mathrm{const.}$ wird mit

$$\Phi = \frac{iw}{R_\mathrm{mFe} + 2x/\mu_0 A} \rightarrow L = \frac{w\Phi}{i} \quad \text{und}$$

$$\boldsymbol{F}|_{i=\mathrm{const.}} = \boldsymbol{e}_x\frac{i^2}{2}\frac{\mathrm{d}L}{\mathrm{d}x} = -\boldsymbol{e}_x\frac{1}{\mu_0 A}\left(\frac{iw}{R_\mathrm{mFe} + 2x/\mu_0 A}\right)^2 = -\boldsymbol{e}_x\frac{\Phi^2}{\mu_0 A}.$$

Grundsätzlich kann die Kraft $\boldsymbol{F}$ auch durch die Energiedichte w_{m} ausgedrückt werden (s. Gl.(6.2/17)).

Kraftwirkung und Gegeninduktion. Die Methode der virtuellen Verschiebung läßt sich auch auf stromführende Leitergebilde übertragen, z.B. zwei gekoppelte Spulen L_1, L_2 (M, Ströme i_1, i_2). Wird eine der Spulen gegen die andere verschoben (bei i_1, i_2 = const., L_1 fest, L_2 verschoben), so wirkt die Kraft

$$\boldsymbol{F}|_{i=\text{const.}} = i_1 i_2 \,\text{grad}\, L_{12} \rightarrow i_1 i_2 \frac{\partial M}{\partial x}. \tag{6.3/19}$$

Beispiel: Eine (lange) Doppelleitung (Länge l, Leiterabstand $d \ll l$) hat die Gegeninduktivität

$$M = \pm \frac{\mu_0 L}{2\pi}\left(\ln \frac{2l}{d} - 1\right).$$

Daraus ergibt sich als Kraft ($i_1 = i_2$) zwischen beiden Leitern

$$F = i^2 \frac{\partial M}{\partial d} = \mp \frac{\mu_0}{2\pi d} i^2 l$$

(vgl. Gl.(6.3/9d)).

7. Wechselstromtechnik. Netzwerke bei harmonischer Erregung

Die Wechselstromtechnik (auch als Theorie der Wechselströme, harmonische Netzwerktechnik, Netzwerke bei harmonischer Erregung, oder komplexe Methode bezeichnet) umfaßt

- die Modellbildung einer technischen Schaltung als Netzwerk bei harmonischer Anregung (beschränkt auf lineare, zeitinvariante Netzwerke)
- die zugehörigen mathematischen Grundlagen: lineare Differentialgleichungen, Beschreibung von Wechselgrößen durch trigonometrische Funktionen, komplexe Zahlen und komplexwertige Funktionen sowie die graphische Darstellung durch Zeiger, Ortskurven und Diagramme (Bode, Nyquist, u.a.) und ihre Verwendung in speziellen Netzwerkanalyseverfahren
- die Funktion typischer Wechselstromschaltungen.

Grundlage der Wechselstromtechnik sind die Kirchhoffschen Gleichungen (und entsprechende, darauf aufbauende Verfahren) sowie die $u-i$-Relationen der Netzwerkelemente.

Die technische Bedeutung der Wechselstromtechnik liegt in der elektrischen Energietechnik (Transformierbarkeit der Ströme und Spannungen, verlustarme Weitstreckenübertragung, leichte Erzeugung sinusförmiger Spannungen, (dynamoelektrisches Prinzip)), aber auch in der Elektronik/Informationstechnik (Schwingungserzeugung beliebiger Frequenz möglich, Modulation, Filterwirkung mit dem Resonanzprinzip, Kommunikation, Darstellbarkeit allgemeiner periodischer Funktionen durch Sinusgrößen u.a.).

Wechselstromproblemstellungen können grundsätzlich betrachtet werden

- im *Zeitbereich* mit der *Zeit* als charakteristischer Größe (Vorgänge physikalisch existent und jederzeit meßbar) oder
- im *Frequenzbereich* mit der *Frequenz* als maßgebender Größe unter Nutzung komplexer Zahlen (sog. symbolische oder komplexe Methode, Größen nicht meßbar).

7.1 Darstellung im Zeitbereich

Die Analyse eines Netzwerkes im Zeitbereich (gleichwertig Originalbereich) umfaßt die Lösung der Netzwerk-Differentialgleichung für stationäre harmonische Anregung (Ströme, Spannungen) als Untergruppe allgemeiner zeitveränderlicher Anregungen (Tafel R 7.1, II/Abschn. 5.2).

Tafel R 7/1 Einteilung der Netzwerkerregung (sog. determinierte Signale im Gegensatz zu stochastischen (nichtdeterminierten) Signalen)

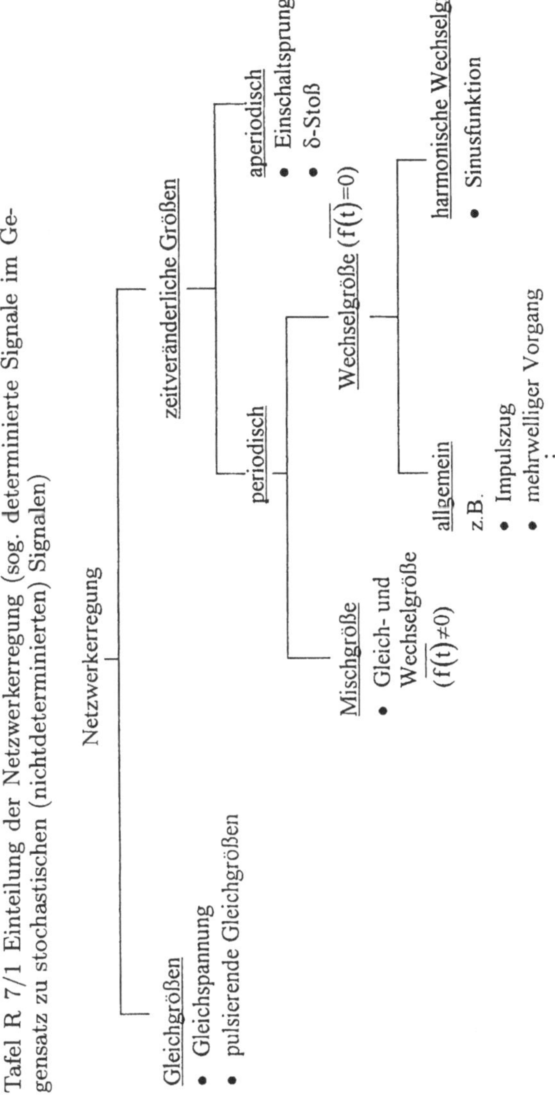

7.1.1 Zeitveränderliche Ströme und Spannungen

Bei einer zeitveränderlichen Größe f ändert sich der *Augenblicks-* oder *Momentanwert* $f(t)$ (Amplitude, Vorzeichen) ständig.

Zeitveränderliche Ströme und Spannungen umfassen (Bild R 7.1/1):

- *Gleichgrößen:* Größen mit zeitlich konstantem Augenblickswert (Amplitude A im Zeitbereich $-\infty < t < +\infty$, Bild R 7.1/1a).

  Sonderfall: "pulsierende" Gleichgröße: Größe mit veränderlichem Momentanwert, aber gleichbleibendem Vorzeichen (bestehend aus Überlagerung einer Gleich- und Wechselgröße, Bild R 7.1/1b).
- *Nichtperiodische Vorgänge:* nichtandauernde bzw. geschaltete Vorgänge, z. B. Einzelimpuls, Sprung; Bedeutung für das Schaltverhalten von Netzwerken (Bild R 7.1/1e).

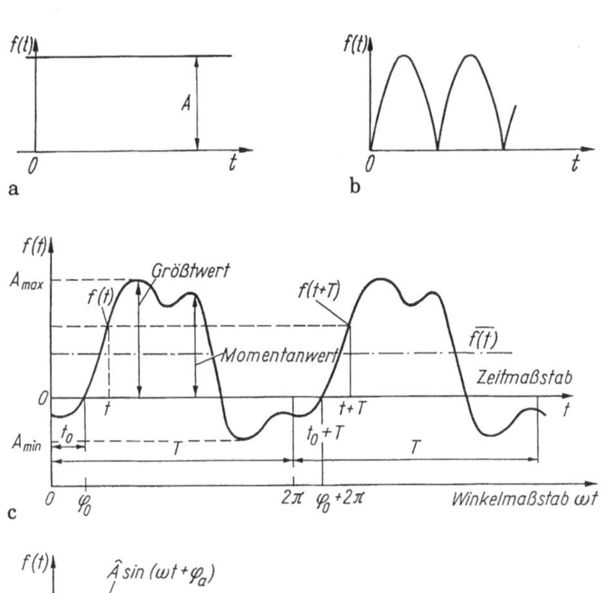

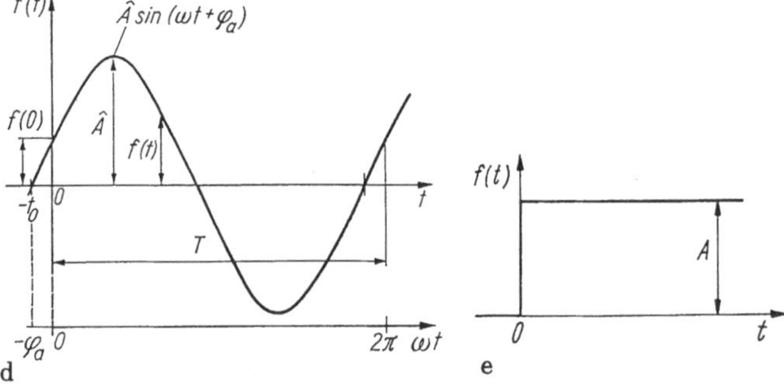

Bild R 7.1/1 Zeitveränderliche Größen
a) Gleichgröße, b) pulsierende Gleichgröße, c) periodische Größe (Mischgröße), d) harmonische Wechselgröße (Sinusgröße), e) nichtperiodische Größe

- *Periodische Vorgänge:* wiederholen sich nach einer bestimmten Zeit, der *Periodendauer* T von $f(t) = f(t + nT)$ (n ganz) (Bild R 7.1/1c).

  Periodendauer T: kürzester Zeitabstand, nach der sich der Vorgang periodisch wiederholt.

  Charakteristische Größen sind: *Frequenz* $f = 1/T$ (Zahl der Perioden pro Zeiteinheit, Dimension 1/s), *Kreis-* oder *Winkelfrequenz* $\omega = 2\pi f$ (Dimension rad/s): Zahl der Perioden pro Zeiteinheit multipliziert mit 2π.

Jeder periodische Vorgang läßt sich darstellen als Summe eines Gleichvorganges und eines Wechselvorganges.

Mehr aus *technischer* Sicht unterscheidet man:

Wechselgröße: zeitveränderliche Größe mit zeitveränderlichem Betrag und Vorzeichen.

Ist eine Wechselgröße einer *Gleichgröße* (Mittelwert $\overline{f(t)} \neq 0$) überlagert, so spricht man von einer *Mischgröße* (Bild R 7.1/1c mit $\overline{f(t)} \neq 0$).

Periodische Wechselgröße: Wechselgröße, die der Periodizitätsbedingung unterliegt und deren arithmetischer Mittelwert $\overline{f(t)}$ verschwindet:

$$\overline{f(t)} = \int_t^{t+T} f(t')\,\mathrm{d}t' = 0. \tag{7.1/1}$$

Harmonische Wechselgröße: Wechselvorgang $f(t)$, dessen Momentanwert über der Zeit sinusförmig verläuft (Bild R 7.1/1d).

Ein *mehrphasiger* Sinusvorgang liegt vor, wenn mehrere gleichartige Sinusvorgänge (gleicher Frequenz) mit beliebigen Amplituden und Nullphasenwinkeln in einem Netzwerk zusammenwirken (Beispiel: Drehstrom).

Die Bedeutung der harmonischen Funktion liegt neben der leichten Erzeugung auch darin, daß sich jede periodische Funktion der Periodendauer T als Summe von Sinusfunktionen der Frequenzen n/T ($n = 1, 2 \ldots$) darstellen läßt (→ Fourierreihe mit Erweiterung auch für nichtperiodische Vorgänge (→ Fourierintegral s. Abschnitt 10.2)).

Formelzeichen: Zeitveränderliche Größen erhalten meist kleine Buchstaben (sonst mit Angabe der Zeitabhängigkeit in Klammern); Maximal-, Minimalwerte (Amplitude), kleine (mit Zusatzangabe) oder große und Mittelwerte (z.B. Effektivwerte) große Buchstaben (DIN 5483, DIN 40110).

7.1.2 Kennwerte sinusförmiger Wechselgrößen

Sinusvorgang. Ein Sinusvorgang liegt vor, wenn der Augenblickswert $a(t)$ gemäß

$$a(t) = \hat{A}\sin(\omega t + \varphi_{\mathrm{a}}) \qquad \text{Harmonische Wechselgröße} \tag{7.1/2a}$$

sinusförmig mit der Zeit verläuft. Dabei sind (II/Abschn. 5.2.2)) $\hat{A}$ (oder $\hat{a}$) die Amplitude (Scheitelwert, max. Augenblickswert, größter Wert der Wechselgröße innerhalb einer Periode), f die (Perioden-) Frequenz (bzw. ω Kreisfrequenz) und $\varphi_a = \omega t_0$ der Nullphasenwinkel (Anfangsphase).

Die drei Bestimmungsstücke Scheitelwert, Frequenz und Nullphasenwinkel beschreiben eine Sinusgröße eindeutig.

Sie müssen als Ergebnis einer Netzwerkanalyse bekannt sein.

Positiver (negativer) Phasenwinkel (Voreilung/Nacheilung) bedeutet *Verschiebung* der Sinusfunktion in negativer (positiver) Richtung der Zeitachse (Bild R 7.1/2a).

Hinweis:

1. Zwei Sinusgrößen gleicher Frequenz unterscheiden sich u.a. durch den *Relativphasenwinkel* $\varphi = \varphi_1 - \varphi_2$. Meist werden die Phasenwinkel φ_1, φ_2 auf Spannung und Strom bezogen, ebenso die Phase des komplexen Widerstandes.
2. Da Sinus- und Cosinusfunktion wegen $\cos\varphi = \sin(\varphi + \pi/2)$ durch die Phasenverschiebung $\pi/2$ ineinander überführbar sind, wird in "sinusförmig" auch die cos-Funktion eingeschlossen.

Liniendiagramm. Die Darstellung von $a(t)$ über der dimensionslosen Größe $\psi(t) = \omega t + \varphi_a = \omega t + \omega t_0$ heißt *Liniendiagramm*. Dabei kann die harmoni-

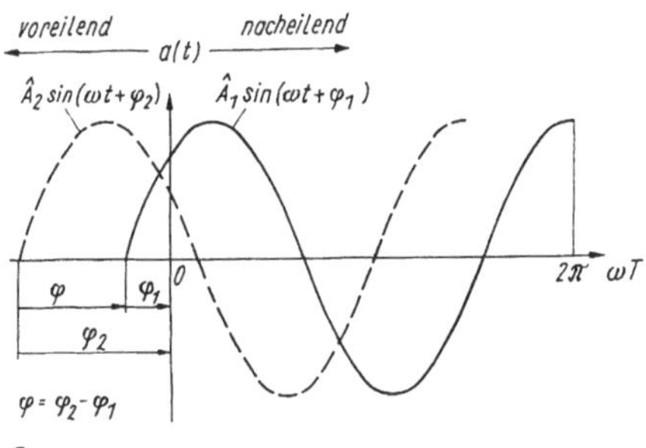

a

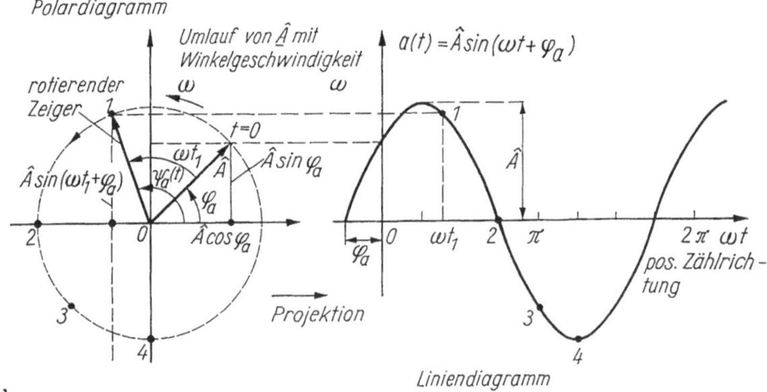

b

Bild R 7.1/2 Harmonische Zeitfunktion

a) Zwei Sinusfunktionen mit verschiedenen Amplituden und Phasenwinkeln, b) Liniendiagramm. Sinusfunktion dargestellt als als Projektion eines umlaufenden Zeigers $\underline{\hat{A}}$

sche Schwingung als Projektion eines mit konstanter Winkelgeschwindigkeit ω umlaufenden Zeigers auf die x-Achse (cos-Schwingung) bzw. die y-Achse (sin-Schwingung) dargestellt werden (Bild R 7.1/2b).

$$\begin{aligned} x(t) &= \hat{A}\cos\psi(t) = \hat{A}\cos(\omega t + \varphi_{\mathrm{a}}) \\ y(t) &= \hat{A}\sin\psi(t) = \hat{A}\sin(\omega t + \varphi_{\mathrm{a}}). \end{aligned} \tag{7.1/2b}$$

Eigenschaften der Sinusfunktion. Die Wechselstromtechnik nutzt, bedingt durch die Energiespeicherelemente und den Überlagerungssatz, *vier grundlegende Eigenschaften* der Sinusfunktion $a(t) = \hat{A}\sin(\omega t + \varphi)$ aus:
Differentiation:

$$\frac{\mathrm{d}a(t)}{\mathrm{d}t} = \omega\hat{A}\cos(\omega t + \varphi) = \omega\hat{A}\sin\left(\omega t + \varphi + \frac{\pi}{2}\right). \tag{7.1/3}$$

Bei Differentiation der Sinusfunktion entsteht eine solche gleicher Frequenz, der Amplitude $\omega\hat{A}$ und einer um $\pi/2$ größeren Nullphase (differenzierte Funktion eilt um 90^0 vor).

Integration:

$$\int a(t)\,\mathrm{d}t = -\frac{\hat{A}}{\omega}\cos(\omega t + \varphi) = \frac{\hat{A}}{\omega}\sin\left(\omega t + \varphi - \frac{\pi}{2}\right). \tag{7.1/4}$$

Bei Integration der Sinusfunktion entsteht eine solche gleicher Frequenz, der Amplitude $\hat{A}/\omega$ und einer um $\pi/2$ kleineren Nullphase (integrierte Funktion eilt um 90^0 nach).

Aufspaltung (Additionstheorem): Mit

$$a_1(t) = \left\{\begin{array}{c} \hat{A}\sin(\omega t \pm \varphi) \\ \hat{A}\cos(\omega t \pm \varphi) \end{array}\right\} = \left\{\begin{array}{c} \hat{A}\cos\varphi\sin\omega t \pm \hat{A}\sin\varphi\cos\omega t \\ \underbrace{\hat{A}\cos\varphi}_{\hat{A}_1}\cos\omega t \mp \underbrace{\hat{A}\sin\varphi}_{\hat{A}_2}\sin\omega t \end{array}\right\} \tag{7.1/5}$$

gilt:

Eine harmonische Funktion mit Nullphasenwinkel kann stets in eine Summe zweier harmonischer Funktionen ohne Nullphasenwinkel gleicher Frequenz aufgespalten werden.

Addition/Subtraktion: Zwei Funktionen $a_1(t)$, $a_2(t)$ gleicher Frequenz, aber verschiedener Amplituden und Nullphasenwinkel ergeben mit

$$a(t) = a_1(t) \overset{+}{\underset{(-)}{}} a_2(t) = \hat{A}_{\mathrm{ges}}\sin(\omega t + \varphi_{\mathrm{ges}})$$

eine Sinusfunktion der Amplitude $\hat{A}_{\mathrm{ges}}$ und Phase φ_{ges}

$$\begin{aligned} \hat{A}_{\mathrm{ges}} &= \sqrt{\hat{A}_1^2 + \hat{A}_2^2 \overset{+}{\underset{(-)}{}} 2\hat{A}_1\hat{A}_2\cos(\varphi_2 - \varphi_1)}; \\ \varphi_{\mathrm{ges}} &= \arctan\frac{\hat{A}_1\sin\varphi_1 \overset{+}{\underset{(-)}{}} \hat{A}_2\sin\varphi_2}{\hat{A}_1\cos\varphi_1 \overset{+}{\underset{(-)}{}} \hat{A}_2\cos\varphi_2} \\ &= \varphi_1 + \arctan\frac{\hat{A}_2\sin(\varphi_2 - \varphi_1)}{\hat{A}_1 + \hat{A}_2\cos(\varphi_2 - \varphi_1)}. \end{aligned} \tag{7.1/6}$$

Hinweis:

- Für das Minuszeichen gelten die in Klammern stehenden Vorzeichen
- Ergebnis für die cos-Funktionen ebenso gültig
- für $\varphi_2 = \varphi_1 \pm \pi/2$ gelten

$$\hat{A}_{\text{ges}} = \sqrt{\hat{A}_{1}^{2} \overset{+}{(-)} \hat{A}_{2}^{2}}; \quad \varphi_{\text{ges}} = \varphi_1 \pm \arctan \frac{\hat{A}_2}{\hat{A}_1}$$

- für mehr als zwei Sinusfunktionen ist in Gl.(7.1/6) jeweils die Summe anzusetzen.

Gl.(7.1/5) bildet die Grundlage dafür, daß in einem linearen Netzwerk mit mehreren Sinusgrößen (Erregungen) die Gesamtlösung stets wieder eine Sinusgröße ist.

Bei Überlagerung zweier Sinusgrößen *verschiedener* Frequenzen entsteht eine *nichtsinusförmige* periodische Schwingung, bei geringen Frequenzunterschieden f_1, f_2 entsteht die *Schwebung.*

7.1.3 Mittelwerte periodischer Größen

Für Energie- und Leistungsbetrachtungen beispielsweise sind Mittelwerte periodischer Größen interessant (Bild R 7.1/3, II/Abschn. 5.2.3).

Arithmetischer Mittelwert (linearer Mittelwert). Der arithmetische Mittelwert einer periodischen Größe lautet (Bild R 7.1/3a)

$$\overline{a(t)} = A = \frac{1}{T}\int_0^T a(t)\,\mathrm{d}t. \qquad \text{arithmetischer Mittelwert} \quad (7.1/7)$$

Gleichwertige Bezeichnungen: Gleichwert, Gleichanteil, Gleichspannung (analog Ströme).

Die Integration über die Periodendauer kann geschlossen oder abschnittsweise (bei Unstetigkeiten im Verlauf von $a(t)$) erfolgen.

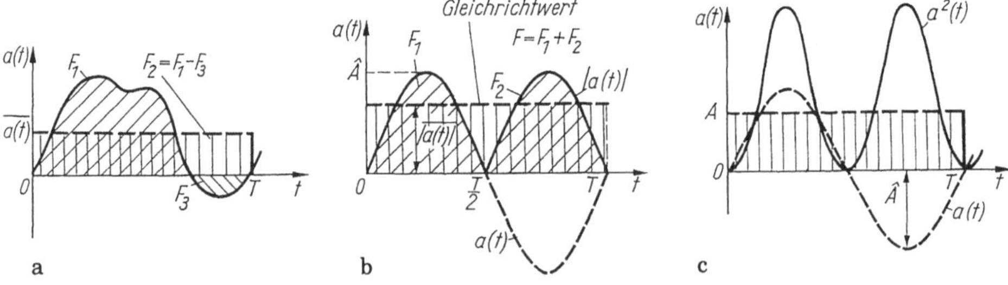

Bild R 7.1/3 Mittelwerte periodischer Größen
a) arithmetischer Mittelwert, b) Gleichrichtwert, c) Effektivwert: quadratischer Mittelwert $\overline{a^2(t)} = A$. Hinweis. Der arithmetische Mittelwert einer Wechselgröße verschwindet stets.

Anschauliche Erklärung: Der arithmetische Mittelwert ersetzt die Gesamtfläche unter der Kurve $a(t)$ über eine Periode durch eine Rechteckfläche der Höhe $\overline{a(t)}$ und Breite T.

Periodische Größen mit verschwindendem arithmetischen Mittelwert heißen Wechselgrößen (Definition der Wechselgröße). Deshalb besteht jeder periodische Vorgang aus der Überlagerung eines Wechselvorganges und eines Gleichvorganges (s. Bild R 7.1/1c).

Periodische Zeitfunktionen mit $\overline{a(t)} \neq 0$ heißen *Mischfunktionen.*

Gleichrichtwert. Das ist der lineare Mittelwert des Betrages des Momentanwertes $a(t)$ über eine Periodendauer (Bild R 7.1/3b)

$$|\overline{a(t)}| = \frac{1}{T}\int_0^T |a(t)|\,\mathrm{d}t. \qquad \text{Gleichrichtwert} \quad (7.1/8)$$

Anschaulich: Graphische Betragsbildung durch Umklappen der negativen Funktionsanteile (z.B. durch Zweiweggleichrichtung).

Der Gleichrichtwert einer Wechselgröße verschwindet im Gegensatz zum linearen Mittelwert *nicht.*

Effektivwert (quadratischer Mittelwert). Der Effektivwert A ist die Wurzel des quadratischen Mittelwertes des Momentanwertes einer periodischen Größe $a(t)$ über eine Periodendauer (Bild R 7.1/3c)

$$A = \sqrt{\frac{1}{T}\int_0^T a(t)^2\,\mathrm{d}t}. \qquad \text{Effektivwert} \quad (7.1/9)$$

Effektivwerte von Größen werden mit großen lateinischen Buchstaben bezeichnet (bisweilen auch $A = \tilde{a}$ oder A_{eff} zur Hervorhebung).
Anschaulich: Die Rechteckfläche A^2T einer Periode ist gleich der Fläche, die die quadrierte Funktion $a(t)$ mit der Zeitachse innerhalb von T einschließt.

Physikalische Bedeutung: Der Effektivwert $I_{\text{eff}} = I$ (eines Stromes) ist der Mittelwert, der im Widerstand R die gleiche (mittlere) Leistung erzeugt wie ein gleich großer Gleichstrom I.

$$\overline{p(t)} = \frac{1}{T}\int_0^T p(t)\,\mathrm{d}t = \frac{R}{T}\int_0^T i^2(t)\,\mathrm{d}t = RI_{\text{eff}}^2 = RI^2. \qquad (7.1/10)$$

Effektivwerte typischer Zeitfunktionen enthält Tafel R 7.1/1.

Der Effektivwert von Spannungen/Strömen mit nichtorthogonalen Anteilen (z.B. $u = u_1(t) + u_2(t)$, Amplituden $\hat{U}_1$, $\hat{U}_2$, Phasen φ_1, φ_2) wird gemäß Gl.(7.1/6) gebildet:

$$U_{\text{eff}} = \sqrt{U_{1\text{eff}}^2 + U_{2\text{eff}}^2 + 2U_{1\text{eff}}U_{2\text{eff}}\cos(\varphi_2 - \varphi_1)} \qquad (7.1/11)$$

(geometrische Addition, für $\varphi_2 - \varphi_1 = \pm\pi/2 \rightarrow$ quadratische Addition).

Tafel R 7.1/1 Form- und Scheitelfaktoren typischer Kurvenformen

Kurvenform →	Sinus	Dreieck, Sägezahn	Rechteck 1:1, gleich-spannungsfrei	Einweg-/ (Zweiweg-) gleichrichtung
Formfaktor F	1,111	1,155	1,0	1,571 (1,111)
Scheitelfaktor S	1,414	1,732	1,0	2,000 (1,414)
Effektivwert (Amplitude Â)	$\frac{\hat{A}}{\sqrt{2}}$	$\frac{1}{\sqrt{3}}\hat{A}$	$\hat{A}$	$\frac{\hat{A}}{\sqrt{2}}\left(\frac{1}{2}\hat{A}\right)$

Messung: Effektivwerte können bestimmt werden:

- direkt durch Messung der Widerstandserwärmung
- durch eine multiplizierende und integrierende Anordnung
- mit einem Drehspulinstrument, das in Effektivwerten geeicht ist (kurvenformabhängig)
- durch Berechnung (Bestimmung von Kurvenstützwerten, Berechnung).

Kurvenform von Wechselgrößen. Neben Mittelwerten zur Kennzeichnung der *Wirkungen* von Wechselgrößen werden zur Beschreibung der *Kurvenform* (Unterschiede zum reinen Sinusvorgang) herangezogen:

- *Formfaktor* als Quotient von Effektiv- und Gleichrichtwert einer Wechselgröße

$$F = \frac{A_{\text{eff}}}{\overline{|a(t)|}}, \tag{7.1/12}$$

z.B. für die Sinusgröße $F = 1,11$. Insbesondere bei "spitzem" Kurvenverlauf steigt der Formfaktor rasch an. Der Wert eines Formfaktors ist immer größer/gleich eins (Tafel R 7.1/1).

- *Scheitelfaktor* als Quotient aus Scheitel- und Effektivwert

$$S = \frac{\hat{A}}{A_{\text{eff}}}. \tag{7.1/13}$$

7.2 Wechselstromverhalten linearer Netzwerke im Zeitbereich

Die Analyse von Wechselstromnetzwerken im Zeitbereich basiert auf den

- $u-i$-Relationen der Netzwerkelemente, insbesondere R, L, C und gekoppelter Spulen
- Kirchhoffschen Gleichungen und abgeleiteter Verfahren (Maschenstrom-, Knotenspannungsanalyse-, u.a.).

7.2.1 Netzwerkelemente R, L, C

Ausgang sind die u-, i-Relationen der linear zeitunabhängigen Netzwerkelemente (Tafel R 7.2/1), die als Sonderfälle einfacher Netzwerk-Differentialgleichungen aufgefaßt werden können (II/Abschn. 6.1.1).

Liegt die Spannung $u(t) = \hat{U}\sin(\omega t + \varphi_\mathrm{u})$ als Ursache am jeweiligen Netzwerkelement, so stellen sich ein:

Widerstand R. Der Strom $i(t) = \hat{I}\sin(\omega t + \varphi_\mathrm{i})$ beträgt mit Amplituden- und Phasenvergleich

$$i = \frac{u}{R} = \frac{\hat{U}}{R}\sin(\omega t + \varphi_\mathrm{u}) = \hat{I}\sin(\omega t + \varphi_\mathrm{i}). \tag{7.2/1}$$

Am ohmschen Widerstand sind Strom und Spannung stets in Phase (Definitionsgleichung des ohmschen Widerstandes im Wechselstromkreis). Elemente, die diese Bedingung erfüllen, heißen *Wirkwiderstände* oder allgemeiner *Wirkelemente* (Reziprokwert *Wirkleitwert*).

Kondensator C. Der Momentanwert des Stromes folgt durch Differentiation der Spannung

$$i = C\frac{\mathrm{d}u}{\mathrm{d}t} = \omega C\hat{U}\cos(\omega t + \varphi_\mathrm{u}) = \omega C\hat{U}\sin(\omega t + \underbrace{\varphi_\mathrm{u} + \frac{\pi}{2}}_{\varphi_\mathrm{i}}). \tag{7.2/2}$$

Der Quotient $\hat{U}/\hat{I}$ ist gleich dem Reziprokwert von ωC. Die Größe $X_\mathrm{C} = -1/(\omega C)$ heißt *kapazitiver Blindwiderstand* (der Reziprokwert $B_\mathrm{C} = \omega C$ kapazitiver Blindleitwert).

Die Kondensatorspannung eilt dem Kondensatorstrom um 90^0 nach. Zwischen den Effektivwerten herrscht Proportionalität, zwischen den Momentanwerten nicht!

Spule, Induktivität L. Der Momentanwert des Stromes ergibt sich durch Integration der Spannung

$$i = \frac{1}{L}\int u(t)\,\mathrm{d}t = -\frac{\hat{U}}{\omega L}\cos(\omega t + \varphi_\mathrm{u}) = \frac{\hat{U}}{\omega L}\sin\left(\omega t + \varphi_\mathrm{u} - \frac{\pi}{2}\right). \tag{7.2/3}$$

Die Größe $X_\mathrm{L} = \omega L (= \hat{U}/\hat{I})$ heißt *induktiver Blindwiderstand* (der Reziprokwert $B_\mathrm{L} = -1/(\omega L)$ induktiver Blindleitwert).

Die Spulenspannung eilt dem Spulenstrom um 90^0 voraus. Zwischen den Effektivwerten besteht Proportionalität, zwischen den Momentanwerten nicht.

Dynamische Kennlinie. Werden für ein Energiespeicherelement (L, C oder allgemeiner Zweipol mit R, L, C) die zu jedem Zeitpunkt geltenden u-, i-Werte in ein Diagramm mit der Zeit als Parameter eingetragen, so entsteht innerhalb einer Periodendauer eine geschlossene Kurve, die *dynamische Kennlinie* (Bild R 7.2/1, Umlaufsinn C: mathematisch positiv, L: mathematisch negativ). Der Flächeninhalt der Kurve ist ein Maß für die sog. *Blindleistung* (s. Abschn. 7.5 und II/Abschn. 6.4.3).

Tafel R 7.2/1 Wechselstromverhalten der Netzwerkelemente R, C, L im Zeitbereich (oberer Tafelteil) und Frequenzbereich (unterer Tafelteil)

Netzwerkelement (rechts: Operatorform)	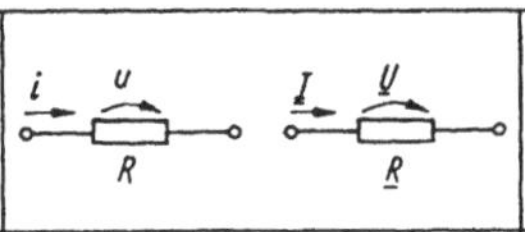 i, u, R — $\underline{I}$, $\underline{U}$, $\underline{R}$	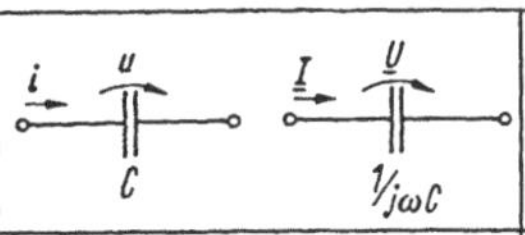 i, u, C — $\underline{I}$, $\underline{U}$, $1/j\omega C$	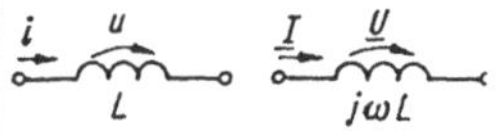 i, u, L — $\underline{I}$, $\underline{U}$, $j\omega L$
u-i-Relation	$i = \frac{u}{R}$	$i = C\frac{du}{dt}$	$i = \frac{1}{L}\int u\,dt$
Ursache: Erregergröße x(t)	$u(t) = \hat{U}\sin(\omega t + \varphi_u)$ anliegende Spannung		
Wirkung: Ansatz	$i(t) = \hat{I}\sin(\omega t + \varphi_i)$ Strom durch Netzwerkelement		
Vergleich: Amplitude	$i = \hat{U}/R$	$i = \omega C\hat{U}$	$i = \hat{U}/\omega L$
Phase	$\varphi_i = \varphi_u$	$\varphi_i = \varphi_u + \frac{\pi}{2}$	$\varphi_i = \varphi_u - \frac{\pi}{2}$
Zeitverlauf (Liniendiagramm)	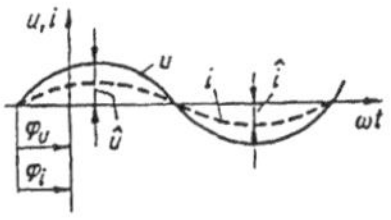	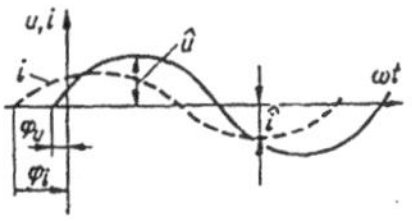	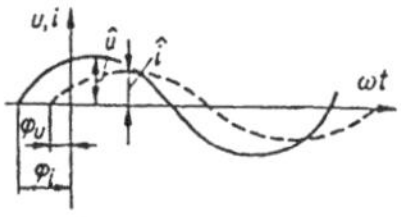
Scheinwiderstand Z	$Z = \frac{\hat{U}}{\hat{I}} = R$	$Z = \frac{\hat{U}}{\hat{I}} = \frac{1}{\omega C}$	$Z = \frac{\hat{U}}{\hat{I}} = \omega L$
Phase $\varphi_Z = \varphi_u - \varphi_i$	$\varphi_Z = 0$	$\varphi_Z = -\frac{\pi}{2}$	$\varphi_Z = +\frac{\pi}{2}$
Wirkwiderstand R	R	$R = 0$	$R = 0$
Blindwiderstand X	0	$X = -\frac{1}{\omega C}$	$X = \omega L$
$\underline{U}$-, $\underline{I}$-Relation	$\underline{U} = R \cdot \underline{I}$	$\underline{U} = \underline{I}/(j\omega C)$	$\underline{U} = j\omega L\underline{I}$
Widerstandsoperator $\underline{Z} = \underline{U}/\underline{I}$	$\underline{Z} = R$	$\underline{Z} = \frac{1}{j\omega C}$	$\underline{Z} = j\omega L$
$\underline{I}$, $\underline{U}$-Zeigerbild (für $\varphi_i > 0$)	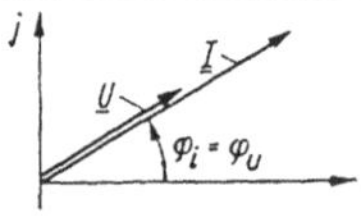 $\varphi_i = \varphi_u$	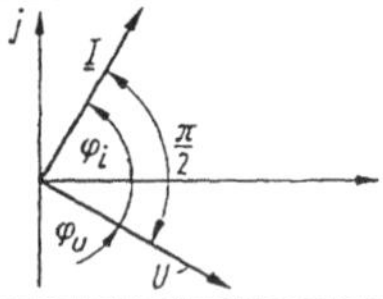 φ_i, φ_u, $\frac{\pi}{2}$	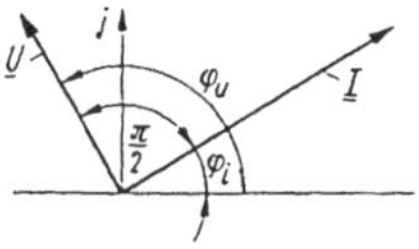 φ_u, φ_i, $\frac{\pi}{2}$
Zeigerbild in $\underline{Z}$-Ebene	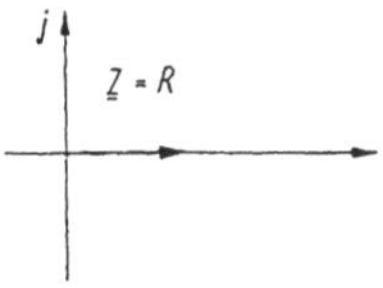 $\underline{Z} = R$	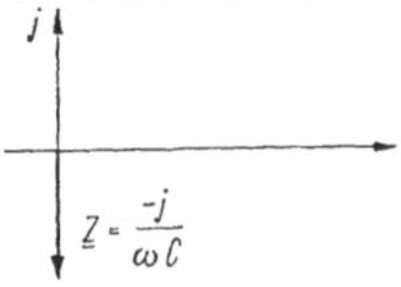 $\underline{Z} = \frac{-j}{\omega C}$	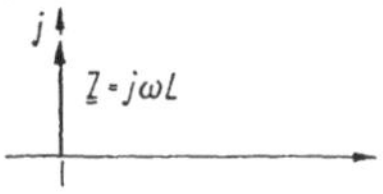 $\underline{Z} = j\omega L$

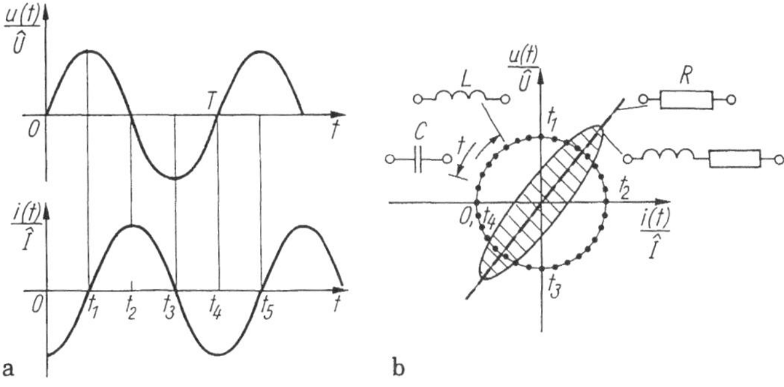

Bild R 7.2/1 Dynamische Kennlinie
a) Spannungs- und Stromverlauf an einer Induktivität, b) dynamische Kennlinie mit der Zeit als Parameter

Hinweis:

- Beim resistiven Widerstand entartet die Kennlinie zu einer Geraden.
- Bei Sinusgrößen entsteht ein Kreis (C, L, bzw. eine Ellipse C, L, R).
- Die Form der dynamischen Kennlinie hängt von den Zeitfunktionen u, i ab (II/Bild 5.18).

Scheinwiderstand, Scheinleitwert. Als zweckmäßig erweist sich die Festlegung (nur für die Wechselstromtechnik!) des Begriffes *Scheinwiderstand* (Tafel R 7.2/2):

$$Z = \frac{\hat{U}}{\hat{I}} = \frac{U}{I} = \frac{\text{Spannungsamplitude}}{\text{Stromamplitude}} \neq \frac{u(t_0)}{i(t_0)} \quad [Z] = \frac{1\,\text{V}}{1\,\text{A}} = 1\,\Omega. \quad (7.2/4)$$

Phasenverschiebung zwischen Strom und Spannung:

$$\varphi_{\text{z}} = \varphi_{\text{u}} - \varphi_{\text{i}}.$$

Gleichwertige Bezeichnungen sind *Impedanz*, *Wechselstromwiderstand* (reziproke Größe: Scheinleitwert, Admittanz), (II/Tafel 6.3).

Bemerkung:

- Der Scheinwiderstand hat zwar die Dimension des Widerstandes, aber keine physikalische Bedeutung (Rechengröße des Zweipols)!
- Der Scheinwiderstand berücksichtigt die Phasenlage zwischen Strom und Spannung *nicht* (wohl aber der Widerstandsoperator $\underline{Z}$ Gl. (7.3/11).

Eine zweckmäßige Einführung des Scheinwiderstandsbegriffes erfolgt über den Widerstandsoperator Gl. (7.3/11)).

Wirk-, Blindschaltelement. Frequenzgang. Verbreitet sind noch folgende Begriffe:

Wirkwiderstand: Scheinwiderstand mit Phasenwinkel 0, auch als *ohmscher Widerstand* des *Wechselstromfalles* bezeichnet. Hier hat der Scheinwiderstandsbegriff physikalischen Inhalt.

Blindwiderstand: Scheinwiderstand mit Phasenwinkel $\pm 90^0$: *kapazitiver* Blindwiderstand $X_C = -1/(\omega C)$ ($\varphi_C = \varphi_u - \varphi_i = -90^0$), *induktiver* Blindwiderstand $X_L = \omega L$ ($\varphi_L = \varphi_u - \varphi_i = +90^0$).

Ganz analog sind die Begriffe *Scheinleitwert*, *Wirk-* und *Blindleitwert* definiert (Tafel R 7.2/2).

Tafel R 7.2/2 Widerstands- und Leitwertoperator, Scheinwiderstand/Scheinleitwert

1. Definition — Widerstands-/Leitwertoperator eines Zweipols

$\frac{\underline{u}(t)}{\underline{i}(t)} = \frac{\hat{U}e^{j\omega t}}{\hat{I}e^{j\omega t}} = \frac{\hat{U}}{\hat{I}} e^{j(\varphi_u - \varphi_i)} = \underline{Z} = Ze^{j\varphi_z}$ $= Z(\cos\varphi_z + j\sin\varphi_z)$ $= \mathrm{Re}(\underline{Z}) + j\,\mathrm{Im}(\underline{Z}) = R_r + jX_r$ Widerstandsoperator $\underline{Z}$ (Definitionsgleichung) (komplexer Widerstand $\underline{Z}$, Impedanz)	$\frac{\underline{i}(t)}{\underline{u}(t)} = \frac{\hat{I}e^{j\omega t}}{\hat{U}e^{j\omega t}} = \frac{\hat{I}e^{j(\varphi_i - \varphi_u)}}{\hat{U}} = \underline{Y} = Ye^{j\varphi_y} = \frac{1}{\underline{Z}}$ $= Y(\cos\varphi_y + j\sin\varphi_y)$ $= \mathrm{Re}(\underline{Y}) + j\,\mathrm{Im}(\underline{Y}) = G_p + jB_p$ Leitwertoperator $\underline{Y}$ (Definitionsgleichung) (komplexer Widerstand $\underline{Y}$, Admittanz)
2. Scheinwiderstand/-leitwert Scheinwiderstand Z $Z = \frac{\hat{U}}{\hat{I}} = \frac{\text{Spannungsamplitude}}{\text{Stromamplitude}}$ $= \frac{U_{eff}}{I_{eff}} = \frac{\text{Spannungseffektivwert}}{\text{Stromeffektivwert}}$ Winkel $\varphi_z = \varphi_u - \varphi_i$	Scheinleitwert Y $Y = \frac{\hat{I}}{\hat{U}} = \frac{\text{Stromamplitude}}{\text{Spannungsamplitude}}$ $= \frac{I_{eff}}{U_{eff}} = \frac{\text{Stromeffektivwert}}{\text{Spannungseffektivwert}}$ Winkel $\varphi_y = \varphi_i - \varphi_u$
3. Bestimmungsstücke $Z = \sqrt{R_r^2 + X_r^2}$ Scheinwiderstand, $R_r = \mathrm{Re}(\underline{Z})$ ohmscher Widerstand, Wirkwiderstand (Resistanz), $X_r = \mathrm{Im}(\underline{Z})$ Blindwiderstand (Reaktanz), $\tan\varphi_z = \frac{\mathrm{Im}(\underline{Z}),\text{(vorzeichenbehaftet)}}{\mathrm{Re}(\underline{Z}),\text{(vorzeichenbehaftet)}} = \frac{X_r}{R_r}$, $\varphi_z = \varphi_u - \varphi_i = \arctan\frac{X_r}{R_r}$.	$Y = \sqrt{G_p^2 + B_p^2}$ Scheinleitwert, $G_p = \mathrm{Re}(\underline{Y})$ Wirkleitwert (Konduktanz), $B_p = \mathrm{Im}(\underline{Y})$ Blindleitwert (Suszeptanz), $\tan\varphi_y = \frac{\mathrm{Im}(\underline{Y}),\text{(vorzeichenbehaftet)}}{\mathrm{Re}(\underline{Y}),\text{(vorzeichenbehaftet)}} = \frac{B_p}{G_p}$, $\varphi_y = \varphi_i - \varphi_u = \arctan\frac{B_p}{G_p} = -\varphi_z$.
Sonderfälle $\varphi_z = 0$: Wirkwiderstand R (ohmscher Widerstand) $\varphi_z = +\pi/2$: induktiver Blindwiderstand (z.B. $\underline{Z} = j\omega L; X_L = \omega L$) $\varphi_z = -\pi/2$: kapazitiver Blindwiderstand $\left(\text{z.B. } \underline{Z} = \frac{1}{j\omega C}; X_C = -\frac{1}{\omega C}\right)$ $(\underline{Z} = jX_C)$	$\varphi_y = 0$: Wirkleitwert G (ohmscher Leitwert) $\varphi_y = +\pi/2$: kapazitiver Blindleitwert (z.B. $\underline{Y} = j\omega C; B_C = \omega C$) $\varphi_y = -\pi/2$: induktiver Blindleitwert $\left(\text{z.B. } \underline{Y} = \frac{1}{j\omega L}; B_L = -\frac{1}{\omega L}\right)$ $(\underline{Y} = jB_L)$

Man beachte:

$$\boxed{Z = \frac{1}{Y}; \quad \varphi_z = -\varphi_y}$$

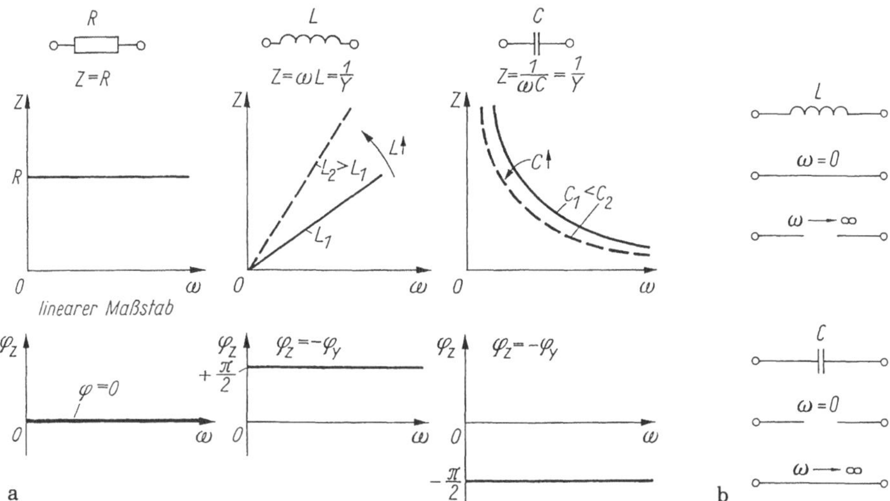

Bild R 7.2/2 Frequenzabhängigkeit des Scheinwiderstandes Z der Netzwerkelemente R, L, C
a) Frequenzabhängigkeiten, b) Ersatzschaltungen von Spule und Kondensator für $\omega \to 0$, $\omega \to \infty$

Blindwiderstände hängen stets von der Frequenz ab (Bild R 7.2/2).

Kondensator: $Z_\mathrm{C} \sim 1/\omega$, $\to \infty$ für Gleichspannung ($\omega \to 0$, Leitungsunterbrechung), $Z_\mathrm{C} \to 0$ für hohe Frequenzen ($\omega \to \infty$, kapazitiver Kurzschluß).
Spule: $Z_\mathrm{L} \sim \omega$, $\to 0$ für Gleichspannung ($\omega \to 0$ Kurzschluß), $Z_\mathrm{L} \to \infty$ für hohe Frequenzen ($\omega \to \infty$, Leitungsunterbrechung).

Die gegensätzlichen Frequenzgänge von Z_C und Z_L sowie das unterschiedliche Vorzeichen des Phasenwinkels $\varphi_\mathrm{u} - \varphi_\mathrm{i}$ sind die tiefere Ursache der sog. Resonanzerscheinung und überhaupt der Filterwirkung bestimmter Wechselstromnetzwerke.

7.2.2 Netzwerk-Differentialgleichung als Berechnungsgrundlage im Zeitbereich

Die Anwendung der Kirchhoffschen Gleichungen auf ein beliebiges lineares zeitinvariantes Netzwerk führt stets auf ein System linearer Algebro-Differentialgleichungen (ggf. durch Differenzieren). Daraus ist stets eine Differentialgleichung n-ter Ordnung herleitbar (n: Zahl der unabhängigen Energiespeicher). Die Netzwerk-Differentialgleichung lautet

$$\begin{aligned} a_n \frac{\mathrm{d}^n y(t)}{\mathrm{d}t^n} + a_{n-1} \frac{\mathrm{d}^{n-1} y(t)}{\mathrm{d}t^{n-1}} &+ \ldots + a_1 \frac{\mathrm{d}y(t)}{\mathrm{d}t} + a_0 y(t) \\ &= b_m \frac{\mathrm{d}^m x(t)}{\mathrm{d}t^m} + \ldots + b_1 \frac{\mathrm{d}x(t)}{\mathrm{d}t} + b_0 x(t). \end{aligned} \tag{7.2/5}$$

Es bedeuten $y(t)$ die gesuchte Wirkung und $x(t)$ die Netzwerkerregung. Die Konstanten a_i, b_i enthalten die Netzwerkelemente. Zur Netzwerkgleichung (7.2/5) gehören die Anfangsbedingungen (s. II/Abschn. 5.3.8).

Die **Lösungsmethodik** lautet:

1. Anwendung der Kirchhoffschen Gleichungen auf die $k-1$ Knoten und $m = z - k + 1$ unabhängigen Maschen (nach Festlegung der Zweigstrom- und Umlaufrichtungen, Berücksichtigung der Netzwerkelementbeziehungen).
2. Zusammenfassung zur Netzwerk-Differentialgleichung für die gesuchte Größe (falls nur eine Größe gesucht).
3. Ermittlung der (stationären) Wechselstromlösung durch Lösungsansatz (mit unbekannter Amplitude und Phase) für die gesuchte Größe. Vergleich (Amplitude, Phase) zwischen Erregergröße und den Größen der Unbekannten. Die Anfangswerte spielen für die stationäre Lösung keine Rolle.

Charakteristische Beispiele sind das Zusammenschalten von Wirk- und Blindschaltelement; etwa einer Reihenschaltung R und C. Wird in die Schaltung der Strom $i(t) = \hat{I} \sin \omega t$ eingeprägt und die Gesamtspannung u gesucht, so ergibt sich

1. über den Maschensatz die Netzwerk-Differentialgleichung

$$u = iR + u_C = iR + \frac{1}{C} \int i \, dt.$$

2. Der Lösungsansatz $u(t) = \hat{U} \sin(\omega t + \varphi_u)$ (mit unbekannten Größen $\hat{U}$ und φ_u) führt auf

$$\hat{U} = \hat{I} Z; \qquad Z = \sqrt{R^2 + \left(\frac{1}{\omega C}\right)^2}; \qquad \varphi_u = \arctan \frac{-1}{\omega RC}.$$

Tafel R 7.2/3 Scheinwiderstand von reihen- und parallelgeschalteten Netzwerkelementen (* Parallelschaltung)

Kombination	Z	$\tan \varphi_Z = \frac{X}{R}$
RL	$\sqrt{R^2 + (\omega L)^2}$	$\frac{\omega L}{R}$
RL *)	$\frac{\omega RL}{\sqrt{R^2 + (\omega L)^2}}$	$-\frac{\omega L}{R}$
RC	$\sqrt{R^2 + \left(1/\omega C\right)^2}$	$-\frac{1}{\omega RC}$
RC *)	$\frac{R}{\sqrt{1 + (\omega CR)^2}}$	$\frac{1}{\omega RC}$
RLC	$\sqrt{R^2 + \left(\omega L - 1/\omega C\right)^2}$	$\frac{\omega^2 LC - 1}{\omega RC}$

3. Der Koeffizientenvergleich ergibt den Scheinwiderstand Z und Phasenwinkel $\varphi_z = \varphi_u$.

Bei der Reihenschaltung von Wirk- und Blindwiderstand addieren sich beide Komponenten nicht arithmetisch, sondern geometrisch!

Tafel R 7.2/3 enthält Beispiele einfacher Zusammenschaltungen von Netzwerkelementen.

Hinweis: Die Lösung der Netzwerk-Differentialgleichung bei sinusförmiger stationärer Erregung wird im Zeitbereich besonders für größere Netzwerke rasch unhandlich und besser durch die sog. *Transformation des Netzwerkes in den Frequenzbereich* ersetzt.

7.3 Netzwerkanalyse im Frequenzbereich

Die bei der Analyse im Zeitbereich stets *wiederkehrenden Schritte* (Lösungsansatz, Einsetzen, Integration, Differentiation, Koeffizientenvergleich) zur Lösung der Netzwerk-Differentialgleichung lassen sich durch Nutzung komplexer zeitveränderlicher Größen - sog. *Zeiger* - und darauf aufbauend der *Transformation der Gleichungen vom Zeit- in den Frequenzbereich* (und zurück) umgehen.

Das Verfahren heißt gleichwertig auch *symbolische Wechselstromrechnung* und stellt die *Grundlage der gesamten Analyse linearer Netzwerke mit Energiespeichern* dar. Dabei ist zu beachten:

- *Zeitbereich* (Zeit als wesentliche Größe): alle zeitveränderlichen Größen sind *physikalische Realität* (meßbar!)
- *Frequenzbereich* (Frequenz als wesentliche Größe): alle Größen haben nur *mathematisch-formale* Bedeutung. Deshalb muß ein dort gewonnenes Ergebnis *stets* in den Zeitbereich rücktransformiert werden!

Als *Vorzüge* der symbolischen Wechselstromrechnung werden wir erkennen:

- Durch Überführung der zeitlichen Differentiation/Integration in eine Multiplikation/Division mit $j\omega$ geht die Netzwerk-Differentialgleichung in eine *algebraische Gleichung* über (leicht lösbar).
- Durch Einführung des *komplexen Widerstandes* $\underline{Z}$ können formal die Analysemethoden resistiver Netzwerke in die Wechselstrombetrachtung übernommen werden.
- Die symbolische Wechselstromrechnung stellt die Grundlage zur späteren Erfassung nichtperiodischer Signale und damit zusammenhängender Transformationen (Fourier-, Laplace-, Z-Transformation) dar.

7.3.1 Komplexe Größen und Zeiger

Grundlage der komplexen Wechselstromanalyse ist die Verwendung komplexer Zahlen und darauf aufbauend komplexer Größen (II/Abschn. 6.2.1).

Komplexe Zahlen. Eine komplexe Größe (unterstrichenes Symbol) besteht aus einer komplexen Zahl und einer Einheit. Komplexe Größen lassen sich in der *Gaußschen Ebene* (rechteckiges Koordinatensystem mit der Abszisse als reelle Achse, Ordinate als imaginäre Achse) darstellen. Die *Einheit* der imaginären Zahlen ist j

$$\mathrm{j} = \sqrt{-1}, \qquad \mathrm{j}^2 = -1$$

(in der Mathematik wird statt j → i verwendet).

Grundlage komplexer Größen sind *komplexe Zahlen* als Erweiterung der reellen Zahlen (Bild R 7.3/1)

$$\underline{z} = x + \mathrm{j}y = \mathrm{Re}\,(\underline{z}) + \mathrm{j}\,\mathrm{Im}\,(\underline{z}) \tag{7.3/1a}$$

x: Realteil (reelle Komponente) von $\underline{z}$

y: Imaginärteil (imaginäre Komponente) von $\underline{z}$ (stets eine reelle Zahl).

Sie schließen für $y = 0$ die reellen und $x = 0$ die rein imaginären Zahlen ein, falls folgende Voraussetzungen zutreffen:

- zwei komplexe Zahlen stimmen überein, wenn je Real- und Imaginärteile gleich sind,
- für komplexe Zahlen gelten formal die Rechenregeln der Addition, Subtraktion, Multiplikation und Division mit der Zusatzbedingung $\mathrm{j}^2 = -1$.

Jede komplexe Größe hat drei gleichwertige Darstellungsformen (Tafel R 7.3/1)

1. *Kartesische Form* (Rechteckform, algebraische oder R-Form).
   Diese Form ist besonders günstig für Addition/Subtraktion komplexer Größen. Das vor dem Imaginärteil stehende j bedeutet geometrisch eine Drehung um $+90^0$. Deshalb dürfen Glieder ohne und mit j nie skalar addiert werden!
   In der komplexen Ebene ($\underline{z}$-Ebene) wird $\underline{z}$ durch einen Punkt (oder Verbindungsgerade) vom Ursprung zu diesem Punkt dargestellt (Bild R 7.3/1a).

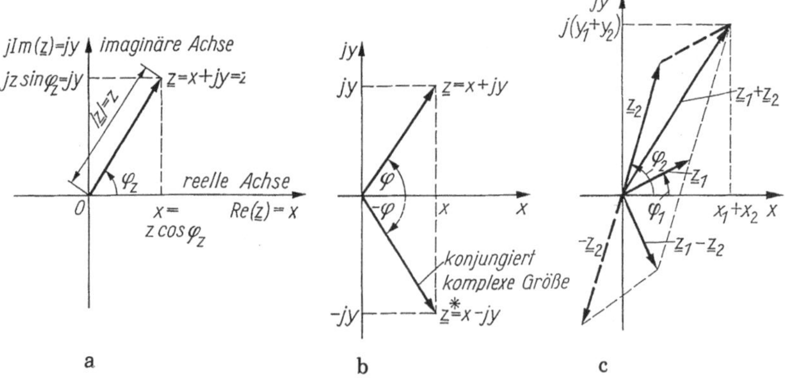

Bild R 7.3/1 Komplexe Zahl $\underline{z}$ in der Gaußschen Zahlenebene
a) Darstellung von z durch Real- und Imaginärteil sowie Betrag und Phase, b) konjugiert komplexe Zahl $\underline{z}^*$, c) Addition bzw. Subtraktion zweier komplexer Zahlen $\underline{z}_1$, $\underline{z}_2$

Tafel R 7.3/1 Darstellungsformen komplexer Größen und wechselseitige Beziehungen

	kartesisch	trigonometrisch	exponentiell
$\underline{z}$	$\underline{z} = x + jy$	$\underline{z} = \lvert\underline{z}\rvert \cdot (\cos\varphi_z + j\sin\varphi_z)$	$\underline{z} = \lvert\underline{z}\rvert \cdot e^{j\varphi_z}$
$\mathrm{Re}(\underline{z})$	x	$\lvert\underline{z}\rvert \cdot \cos\varphi_z$	$\lvert\underline{z}\rvert \cdot \cos\varphi_z$
$\mathrm{Im}(\underline{z})$	y	$\lvert\underline{z}\rvert \cdot \sin\varphi_z$	$\lvert\underline{z}\rvert \cdot \sin\varphi_z$
$\underline{z}^*$	$\underline{z} = x - jy$	$\underline{z} = \lvert\underline{z}\rvert \cdot (\cos\varphi_z - j\sin\varphi_z)$	$\underline{z} = \lvert\underline{z}\rvert \cdot e^{-j\varphi_z}$
$\underline{z}_1 \underset{(-)}{+} \underline{z}_2$	$(x_1 \underset{(-)}{+} x_2) + j(y_1 \underset{(-)}{+} y_2)$	Umwandeln in kartesische Form	
$\lvert\underline{z}_1 + \underline{z}_2\rvert$	$\sqrt{(x_1+x_2)^2 + (y_1+y_2)^2}$	$\sqrt{z_1^2 + z_2^2 + 2z_1z_2\cos(\varphi_1 - \varphi_2)}$	
$\underline{z}_1 \cdot \underline{z}_2$	$(x_1x_2 - y_1y_2) + j(x_1y_2 + x_2y_1)$	$\lvert\underline{z}_1\rvert\lvert\underline{z}_2\rvert(\cos(\varphi_1+\varphi_2) + j\sin(\varphi_1+\varphi_2))$	$\lvert\underline{z}_1\rvert\lvert\underline{z}_2\rvert e^{j(\varphi_1+\varphi_2)}$
$\dfrac{\underline{z}_1}{\underline{z}_2}$	$\dfrac{\underline{z}_1\underline{z}_2^*}{\lvert\underline{z}_2\rvert^2}$	$\dfrac{\lvert\underline{z}_1\rvert}{\lvert\underline{z}_2\rvert}(\cos(\varphi_1-\varphi_2) + j\sin(\varphi_1-\varphi_2))$	$\dfrac{\lvert\underline{z}_1\rvert}{\lvert\underline{z}_2\rvert} e^{j(\varphi_1-\varphi_2)}$
$1/\underline{z}$	$\dfrac{\underline{z}^*}{\lvert\underline{z}\rvert^2}$	$\dfrac{1}{\lvert\underline{z}\rvert}(\cos\varphi_z - j\sin\varphi_z)$	$\dfrac{1}{\lvert\underline{z}\rvert} e^{-j\varphi_z}$
$\underline{z}^n$	Umwandeln in Exponential-Form	$\lvert\underline{z}\rvert^n(\cos n\varphi_z + j\sin n\varphi_z)$	$\lvert\underline{z}\rvert^n e^{jn\varphi_z}$
$\sqrt[n]{\underline{z}}$	Umwandeln in Exponential-Form	$\sqrt[n]{\lvert\underline{z}\rvert}\left\{\cos\left(\dfrac{\varphi_z}{n}\right) + j\sin\left(\dfrac{\varphi_z}{n}\right)\right\}$	$\sqrt[n]{\lvert\underline{z}\rvert} e^{j\frac{\varphi_z}{n}}$

2. *Exponentialform* (P- oder Polarform). Sie lautet

$$\underline{z} = |\underline{z}| \exp j\varphi_z \quad \text{oder} \quad \underline{z} = |\underline{z}|\angle\varphi_z \tag{7.3/1b}$$

mit den Bestimmungsstücken *Betrag* (Modul) oder Amplitude $z = |\underline{z}|$

$$z = \sqrt{x^2 + y^2} = \sqrt{(\mathrm{Re}\,\underline{z})^2 + (\mathrm{Im}\,\underline{z})^2}, \; \tan\varphi_z = \frac{y}{x} = \frac{\mathrm{Im}\,(\underline{z})}{\mathrm{Re}\,(\underline{z})} \tag{7.3/1c}$$

und φ_z, dem *Winkel* (Phase oder Argument) von $\underline{z}$. Die Umkehrfunktion heißt $\varphi_z = \arctan y/x$ mit $\angle\varphi_z$, dem "Versor φ".

Die Exponentialform eignet sich besonders zur Multiplikation/Division komplexer Größen.

3. *Trigonometrische Form.* Sie lautet

$$\underline{z} = |\underline{z}|(\cos\varphi_z + j\sin\varphi_z) = x + jy = |\underline{z}|\angle\varphi_z \tag{7.3/1d}$$

mit

$$\cos\varphi_z = \frac{\mathrm{Re}\,(\underline{z})}{|\underline{z}|} = \mathrm{Re}\,(\exp j\varphi_z), \quad \sin\varphi_z = \frac{\mathrm{Im}\,(\underline{z})}{|\underline{z}|} = \mathrm{Im}\,(\exp j\varphi_z).$$

Konjugiert komplexe Größe. Die zu $\underline{z} = x + jy$ konjugiert komplexe Größe $\underline{z}^*$ (Symbol mit $*$) lautet $\underline{z}^* = x - jy$. Sie folgt aus $\underline{z}$ durch Vorzeichenumkehr des Imaginärteils. (Spiegelung an der reellen Achse, Bild R 7.3/1b).

Das Produkt $\underline{z}^*\underline{z}$ ergibt stets das (reelle) Betragsquadrat der Größe.

Rechenoperationen mit komplexen Größen:

Gleichheit $\underline{z}_1 = \underline{z}_2, \rightarrow x_1 = x_2,\ y_1 = y_2$ schließt stets *zwei* reelle Gleichungen (Real-, Imaginärteile, Beträge und Winkel) ein.

Addition/Subtraktion.

$$\underline{z}_1 \pm \underline{z}_2 = (x_1 \pm x_2) + \mathrm{j}(y_1 \pm y_2). \tag{7.3/2}$$

Komplexe Größen werden addiert (subtrahiert), indem man je die Real- und Imaginärteile der Einzelgrößen addiert (subtrahiert) (Bild R 7.3/1c).

Daraus folgen bei geometrischer Deutung die vektorielle Addition (Subtraktion) der Zeiger.

Multiplikation/Division. Bei der Multiplikation (Division) werden die Beträge multipliziert (dividiert) und die Phasenwinkel addiert (subtrahiert):

$$\underline{z} = \underline{z}_1\underline{z}_2 = |\underline{z}_1||\underline{z}_2| \exp \mathrm{j}(\varphi_1 + \varphi_2). \tag{7.3/3}$$

Speziell bei Darstellung in der komplexen Ebene bedeutet Multiplikation, daß am Zeiger $\underline{z}_1$ der Winkel φ_2 angetragen (Drehung) und der Fahrstrahl auf die Länge $z_1 z_2$ festgelegt wird (Streckung, insgesamt eine Drehstreckung, Division sinngemäß).

Mathematische Darstellung von Zeigern. Eine harmonische Zeitfunktion $a(t)$, etwa der Momentanwert einer Spannung $u(t)$, läßt sich stets durch den Real- oder Imaginärteil einer komplexen zeitabhängigen Größe $\underline{a}(t)$ darstellen (s. Bild R 7.1/2b)

$$\begin{aligned} a(t) &= \hat{A}\cos(\omega t + \varphi_\mathrm{a}) = \mathrm{Re}\,(\underline{a}(t)) = \mathrm{Re}\left(\hat{A}\mathrm{e}^{\mathrm{j}\psi_\mathrm{a}(t)}\right) \\ a(t) &= \hat{A}\sin(\omega t + \varphi_\mathrm{a}) = \mathrm{Im}\,(\underline{a}(t)) = \mathrm{Im}\left(\hat{A}\mathrm{e}^{\mathrm{j}\psi_\mathrm{a}(t)}\right) \end{aligned} \tag{7.3/4}$$

(dem entspricht die Projektion eines mit der Winkelgeschwindigkeit ω im mathematisch positiven Sinn rotierenden Zeigers $\underline{a}$ auf die reelle bzw. imaginäre Achse. Die Größe $\underline{a}(t)$ heißt *rotierender Zeiger* (Rechengröße), der Zeiger zum Zeitpunkt $t = 0$ *ruhender Zeiger* oder *komplexe Amplitude* (komplexer Scheitelwert). Es gelten dann zusammengefaßt (s. auch Tafel R 7.3/2):

$\underline{a}(t)$ komplexer Momentanwert	=	$\hat{A}\mathrm{e}^{\mathrm{j}\psi_\mathrm{a}(t)}$ rotierender Zeiger, zeitabhängig	=	$\hat{A}$ Amplitude (reell)		$\mathrm{e}^{\mathrm{j}\psi_\mathrm{a}(t)}$ rotierender Einheitszeiger	
		$\hat{A}\mathrm{e}^{\mathrm{j}\psi_\mathrm{a}(t)}$	=	$\hat{A}\mathrm{e}^{\mathrm{j}\varphi_\mathrm{a}}\mathrm{e}^{\mathrm{j}\omega t}$	=	$\underline{\hat{A}}$ ruhender Zeiger (komplexe Amplitude)	$\cdot\mathrm{e}^{\mathrm{j}\omega t}$ rotierender Einheitszeiger (7.3/5)

Tafel R 7.3/2 Sinusgröße, Bezeichnungen

Symbol	Beispiel	Bezeichnung
$u(t) =$	$\hat{U} \cdot \sin(\omega t + \varphi_u)$	Momentanwert (zeitabhängige Spannung)
	$\hat{U}$	Amplitude
$\underline{u}(t) =$	$\hat{U} \cdot e^{j(\omega t + \varphi_u)}$	komplexer Momentanwert (komplexe zeitabhängige Spannung)
$\underline{\hat{U}} =$	$\hat{U} \cdot e^{j\varphi_u}$	komplexe Amplitude, ruhender Zeiger
$U =$	$\frac{\hat{U}}{\sqrt{2}}$	Effektivwert
$\underline{U} =$	$\frac{\underline{\hat{U}}}{\sqrt{2}}$	komplexer Effektivwert

Eigenschaften rotierender Zeiger. Rotierende Zeiger haben folgende wichtige Eigenschaften:

Differentiation. Das Differential des rotierenden Zeigers $\underline{a}(t) = \underline{\hat{A}} \exp j\omega t$ nach der Zeit

$$\frac{d\underline{a}(t)}{dt} = \frac{d}{dt}|\underline{\hat{A}}|e^{j(\omega t + \varphi_a)} = j\omega|\underline{\hat{A}}|e^{j(\omega t + \varphi_a)} = j\omega\underline{a}(t) \qquad (7.3/6)$$

geht über in eine Multiplikation des gleichen rotierenden Zeigers $\underline{a}(t)$ mit $j\omega$ (Vorwärtsdrehung um $\pi/2$ und Änderung des Betrages um den Faktor $\omega \rightarrow$ Drehstreckung). Sinngemäß gilt

$$\frac{d^n\underline{a}(t)}{dt^n} = (j\omega)^n\underline{a}(t). \qquad (7.3/7)$$

Integration. Die Integration des rotierenden Zeigers $\underline{a}(t)$ über die Zeit

$$\int \underline{a}(t)\,dt = \int |\underline{\hat{A}}|e^{j(\omega t + \varphi_a)}\,dt = \frac{1}{j\omega}|\underline{\hat{A}}|e^{j(\omega t + \varphi_a)} = \frac{\underline{a}(t)}{j\omega} \qquad (7.3/8)$$

geht über in eine Division des gleichen rotierenden Zeigers durch $j\omega$, d.h. eine Rückdrehung um $\pi/2$ und Multiplikation des Betrages mit $1/\omega$.

Zusammengefaßt wird die Differentiation (Integration) von $\underline{a}(t)$ durch Multiplikation mit $j\omega$ (mit $1/j\omega$) ersetzt. Darin liegt der Vorteil des Überganges von der reellen Funktion $a(t)$ zur komplexen Funktion $\underline{a}(t)$. Er stellt eine Funktionaltransformation dar, deren Anwendung auf Netzwerke die Analyse stark vereinfacht.

7.3.2 Netzwerkberechnung über den Frequenzbereich

Funktionaltransformation. Der Schritt, der reellen *Zeit-* oder *Originalfunktion* $a(t) = \hat{A}\cos(\omega t + \varphi_a)$ einen rotierenden Zeiger oder die sog. *Bildfunktion* $\underline{a}(t)$ mit Gl.(7.3/4)

$$\begin{aligned} a(t) &= \hat{A}\cos(\omega t + \varphi_a) \quad \rightarrow \\ \underline{a}(t) &= \hat{A}\cos(\omega t + \varphi_a) + j\hat{A}\sin(\omega t + \varphi_a) = \underline{\hat{A}}e^{j\omega t} \end{aligned} \qquad (7.3/9)$$

Hintransformation

zuzuschreiben, heißt *Transformation vom Zeit- in den Frequenz- oder Bildbereich.* Dabei wird der Term $\mathrm{j}\hat{A}\sin(\omega t+\varphi_\mathrm{a})$ ergänzt. Der umgekehrte Schritt, die Realteilbildung des rotierenden Zeigers

$$\underline{a}(t) = \hat{A}\mathrm{e}^{\mathrm{j}(\omega t+\varphi_\mathrm{a})} \rightarrow a(t) = \mathrm{Re}\,(\underline{a}(t)) = \hat{A}\cos(\omega t + \varphi_\mathrm{a}) \qquad (7.3/10)$$

Rücktransformation

heißt *Rücktransformation.* (Die Transformation kann auch ausgehend von der Sinusfunktion ausgeführt werden.)

Angewandt auf die Lösung der Netzwerk-Differentialgleichung ergeben sich dann folgende *Hauptschritte* (Bild R 7.3/2, II/Abschn. 6.2.2.1):

- Transformation der Netzwerk-Differentialgleichung aus dem Zeit- in den Bildbereich (*Original-* in ein *Bildproblem*)
- Lösung der Netzwerk-Differentialgleichung im Bild- oder Frequenzbereich (Ergebnis: *Frequenz-* oder *Bildlösung*)

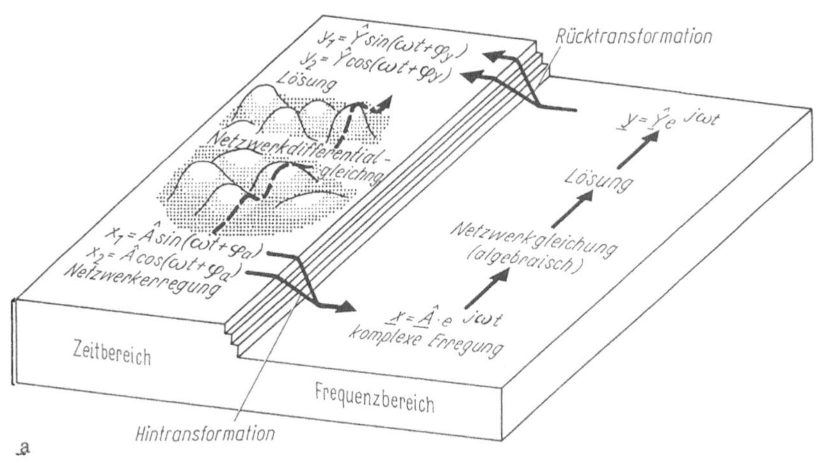

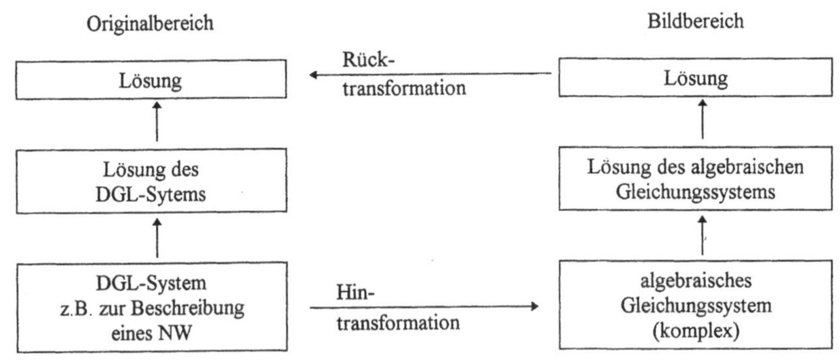

Bild R 7.3/2 Zeit- und Frequenzbereich
a) Ablauffolge, b) Lösungsstrategie der Netzwerk-Differentialgleichung im Zeit- und Frequenzbereich

- Rücktransformation der Bildlösung in den Originalbereich zur Darstellung der Originallösung.

Durch Anwendung der Differentiations-/Integrationsregeln geht die Netzwerk-Differentialgleichung in eine algebraische Gleichung über → drastische Vereinfachung der Analyse. Damit ergibt sich folgende **Lösungsmethodik** (II/Tafel 6.8, Tafel R 7.3/3):

1. Hintransformation der Netzwerk-Differentialgleichung. Ersatz der Momentanwerte $u(t)$, $i(t)$ durch die rotierenden Zeiger $\underline{u}(t)$, $\underline{i}(t)$. Anwendung der Differentiations-, Integrationsregeln.
2. Berechnung der gesuchten Lösung(en). Dabei fällt der sog. *Frequenzgang* $\underline{F}$ (s. Abschn. 7.4.1) an.
3. Rücktransformation des Ergebnisses 2. in den Zeitbereich (Überführung des komplexen Momentanwertes in den reellen), z.B. des Stromes

$$\begin{aligned} i(t) &= \operatorname{Re}(\underline{i}(t)) \quad \text{bei cos-förmiger Erregung} \\ &= \operatorname{Im}(\underline{i}(t)) \quad \text{bei sin-förmiger Erregung} \end{aligned}$$

   (im Ergebnis darf die imaginäre Einheit nicht mehr enthalten sein!)
4. u.U. Berechnung numerischer Werte, Diskussion (Grenzwerte $\omega \to 0$, $\omega \to \infty$, Kontrolle).

Tafel R 7.3/3 Analyse einer Wechselstromschaltung über den Frequenzbereich (Transformation der Netzwerk-Differentialgleichung)

Zeitbereich	Bemerkungen
Erregergröße gegeben als a) $x(t) = \hat{X}\cos(\omega t + \varphi_x)$ b) $x(t) = \hat{X}\sin(\omega t + \varphi_x)$	
Frequenzbereich 1. Hintransformation: Ersetze x(t) durch $\underline{x}(t) = \hat{X}e^{j(\omega t + \varphi_x)}$ a) Einsetzen rotierender Zeiger in Netzwerk-Differentialgleichung b) Überführung in algebraische Gleichung [Differentiale, (Integrale) → Multiplikation (Division) mit $j\omega$] 2. Berechnung der Lösung $\underline{y}(t)$ als rotierender Zeiger a) Auflösung der Netzwerkgleichung b) Überführung des Ergebnisses in Polarform Lösung: $\underline{y}(t) = \underline{F}\underline{x}(t)$ mit $\underline{F} = F \exp j\varphi_f$ ↓	Gewinnung der Netzwerkgleichung im Frequenzbereich bei Divison durch $e^{j\omega t}$ → Übergang zu ruhenden Zeigern
3. Rücktransformation (Zeitbereich)	nur für rotierenden Zeiger möglich (!)
a) $y(t) = \operatorname{Re}(\underline{y}) = F\hat{X}\cos(\omega t + \varphi_x + \varphi_f)$ oder b) $y(t) = \operatorname{Im}(\underline{y}) = F\hat{X}\sin(\omega t + \varphi_x + \varphi_f)$	

Die Transformation Zeit- → Frequenzbereich läßt sich weiter vereinfachen durch Einführung des *Widerstands-*, bzw. *Leitwertoperators*, ferner veranschaulichen durch graphische Interpretation der Größen mit *Zeigerdiagrammen* und *Ortskurven*.

Widerstands-, Leitwertoperator. Wird ein beliebiger Zweig eines linearen Netzwerkes von einem Strom $i(t) = \hat{I}\sin(\omega t + \varphi_i)$ durchflossen, so entsteht über ihm die Spannung $u(t) = \hat{U}\sin(\omega t + \varphi_u)$. Beim Übergang in den Frequenzbereich gehören dazu die Zeiger $\underline{u}(t)$ und $\underline{i}(t)$. Sie sind einander proportional. Daher gilt (s. Tafel R 7.2/2) und Bild R 7.3/3a

$$\begin{aligned}\frac{\underline{u}(t)}{\underline{i}(t)} &= \frac{\underline{U}e^{j\omega t}}{\underline{I}e^{j\omega t}} = \frac{\hat{U}}{\hat{I}}e^{j(\varphi_u-\varphi_i)} = \underline{Z} = Ze^{j\varphi_z} \\ &= \mathrm{Re}\,(\underline{Z}) + j\mathrm{Im}\,(\underline{Z}) = R_r + jX_r \end{aligned} \qquad (7.3/11)$$

Widerstandsoperator, komplexer Widerstand, Impedanz (Definitionsgleichung).

$$\text{Einheit } [Z] = \frac{[U]}{[I]} = \frac{1\,\mathrm{V}}{1\,\mathrm{A}} = 1\,\Omega.$$

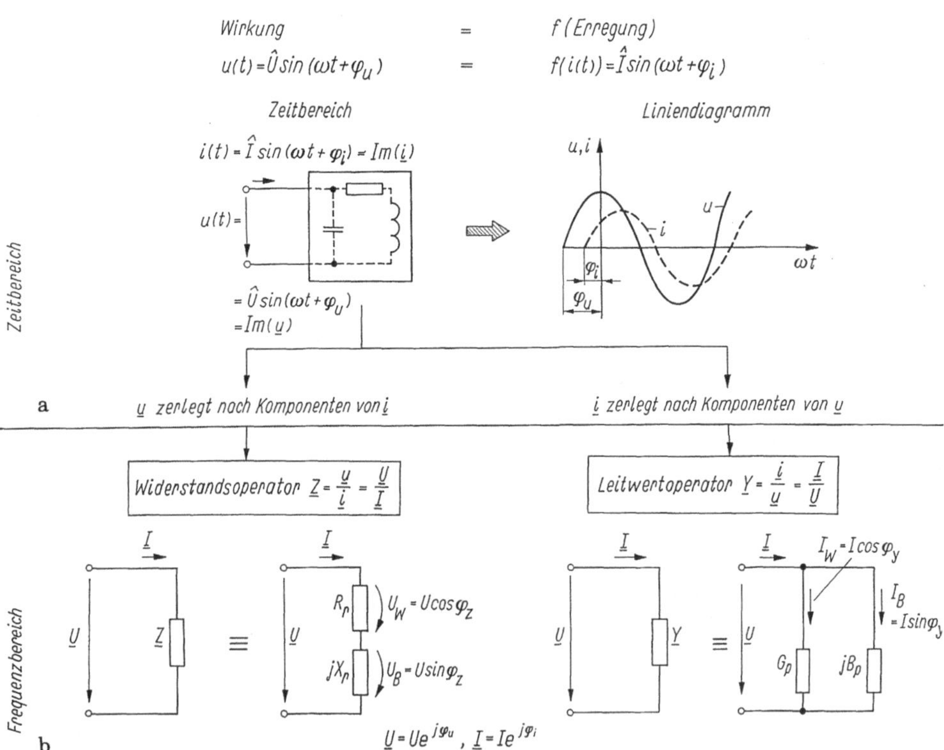

Bild R 7.3/3 Widerstands- und Leitwertoperator eines passiven Zweipols
a) Darstellung von $u(t)$ und $i(t)$ im Zeitbereich, b) Operatoren im Frequenzbereich

Es bedeuten:

$Z = \sqrt{R_r^2 + X_r^2}$ Scheinwiderstand

$R_r = \mathrm{Re}\,(\underline{Z}) = Z\cos\varphi_z$ ohmscher Widerstand, Wirkwiderstand (Resistanz)

$X_r = \mathrm{Im}\,(\underline{Z}) = Z\sin\varphi_z$ Blindwiderstand (Reaktanz), $\begin{cases} X > 0: & \text{induktiv} \\ X < 0: & \text{kapazitiv} \end{cases}$

$$\tan\varphi_z = \frac{\mathrm{Im}\,(\underline{Z}),\ \text{vorzeichenbehaftet}}{\mathrm{Re}\,(\underline{Z}),\ \text{vorzeichenbehaftet}} = \frac{X_r}{R_r},\ \varphi_z = \varphi_u - \varphi_i = \arctan\frac{X_r}{R_r}$$

Die komplexe Größe $\underline{Z}$ heißt *Widerstandsoperator* oder *komplexer Widerstand* bestehend gleichwertig aus zwei Bestimmungsstücken, dem

- *Scheinwiderstand* Z (Betrag, Quotient der Effektivwerte oder Maximalwerte von Spannung und Strom) und dem *Phasenwinkel* φ_z oder
- Real- und Imaginärteil: *Wirk*- und *Blindwiderstand* (letzterer ist stets *vorzeichenbehaftet*, der erstere nur für negative Wirkwiderstände).

Die Bestimmungsstücke Z, φ_z sind im Zeitbereich meßbar (physikalische Größen).

Der Widerstandsoperator läßt sich durch eine Ersatzschaltung und ein Zeigerdiagramm von $\underline{U}$ und $\underline{I}$ interpretieren (Bild R 7.3/3b). Bei eingeprägtem Strom $\underline{I}$ kann die über $\underline{Z}$ abfallende Spannung in Wirk- und Blind-Spannungsabfall aufgeteilt werden ($\underline{U}_W$, $\underline{U}_B$).

Vertauschen der Rolle von Strom und Spannung führt analog zum *Leitwertoperator* $\underline{Y}$ (komplexer Leitwert, Admittanz)

$$\begin{aligned} \frac{\underline{i}(t)}{\underline{u}(t)} &= \frac{\underline{I}e^{j\omega t}}{\underline{U}e^{j\omega t}} = \frac{\hat{I}e^{j(\varphi_i - \varphi_u)}}{\hat{U}} = \underline{Y} = Ye^{j\varphi_y} \\ &= \mathrm{Re}\,(\underline{Y}) + j\mathrm{Im}\,(\underline{Y}) = G_p + jB_p \end{aligned} \quad (7.3/12)$$

Leitwertoperator, komplexer Leitwert, Admittanz (Definitionsgleichung).

Es bedeuten:

$Y = \sqrt{G_p^2 + B_p^2}$ Scheinleitwert

$G_p = \mathrm{Re}\,(\underline{Y}) = Y\cos\varphi_y$ Wirkleitwert (Konduktanz)

$B_p = \mathrm{Im}\,(\underline{Y}) = Y\sin\varphi_y$ Blindleitwert (Suszeptanz), $\begin{cases} B > 0: & \text{kapazitiv} \\ B < 0: & \text{induktiv} \end{cases}$

$$\tan\varphi_y = \frac{\mathrm{Im}\,(\underline{Y}),\ \text{vorzeichenbehaftet}}{\mathrm{Re}\,(\underline{Y}),\ \text{vorzeichenbehaftet}} = \frac{B_p}{G_p},\ \varphi_y = \varphi_i - \varphi_u = \arctan\frac{B_p}{G_p}.$$

Auch der Leitwertoperator kann durch eine Ersatzschaltung sowie das Zeigerdiagramm von $\underline{U}$ und $\underline{I}$ veranschaulicht werden (Bild R 7.3/3b).

In Tafel R 7.2/2 (unterer Teil) wurden die Widerstandsoperatoren der Grundelemente R, L, C angegeben

Gleichwertigkeit des Widerstands- und Leitwertoperators. Wegen $\underline{Z} = 1/\underline{Y}$, d.h. $Z = 1/Y$, $\varphi_z = -\varphi_y$ läßt sich jede Reihenschaltung von Wirk- und Blindwiderstand in eine gleichwertige Parallelschaltung überführen (II/Tafel 6.10, Bild R 7.3/4) und umgekehrt.

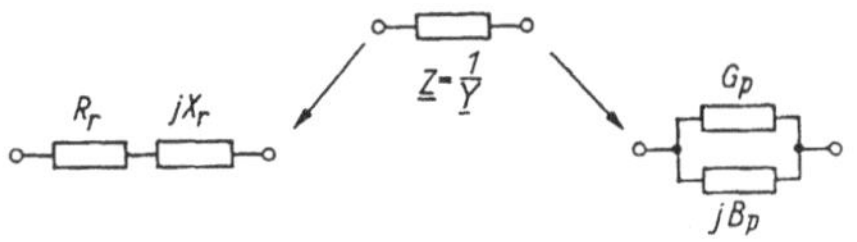

R_r jX_r $\underline{Z} = \frac{1}{\underline{Y}}$ G_p jB_p

$\underline{Z} = R_r + jX_r$ $\underline{Y} = G_p + jB_p$

$$\underline{Z} = \frac{1}{\underline{Y}} = R_r + jX_r = \frac{1}{G_p + jB_p} = \frac{G_p - jB_p}{G_p^2 + B_p^2}, \quad \underline{Y} = \frac{1}{\underline{Z}} = G_p + jB_p = \frac{1}{R_r + jX_r} = \frac{R_r - jX_r}{R_r^2 + X_r^2}$$

$$\boxed{R_r = \frac{G_p}{|\underline{Y}|^2}, \quad X_r = -\frac{B_p}{|\underline{Y}|^2}} \qquad \boxed{G_p = \frac{R_r}{|\underline{Z}|^2}, \quad B_p = -\frac{X_r}{|\underline{Z}|^2}}$$

Bild R 7.3/4 Reihen- und Parallelschaltung der Komponenten des komplexen Widerstandes $\underline{Z}$ (Index: r Reihe, p parallel)

Bemerkung:

- Aus $Z = 1/Y$ folgt nicht $R = 1/G$ oder $X = 1/B$!
- die Phasenwinkel resp. Blindanteile unterscheiden sich immer im Vorzeichen.

Das Konzept des Widerstands-/Leitwertoperators findet Anwendung, z.B.

- zur Reihen-/Parallelschaltung mehrerer Widerstandsoperatoren, dabei bildet sich der Gesamtwiderstand aus der Summe aller Wirk- und Blindwiderstände (→ Zusammenfassen komplizierter Netzwerkteile zu einfacheren Zweipolen)
- in der Strom-/Spannungsteilerregel
- zur (einfachen) Übertragung der Zweipoltheorie in die Wechselstromtechnik.

Mit dem Konzept des Widerstandsoperators können die Analyseverfahren linearer resistiver Gleichstromnetzwerke auf Wechselstromschaltungen übertragen werden. Tafel R 7.3/4 enthält eine Zusammenstellung.

Der Widerstandsoperator ist die Grundlage für die sog. *Transformation des Netzwerkes* in den Frequenzbereich (s. auch Tafel R 7.3/3).

Transformation des Netzwerkes. Die Einführung komplexer Ströme $\underline{i}$ und Spannungen $\underline{u}$ im Netzwerk und der Ersatz der Netzwerkelemente durch die entsprechenden Widerstands-/Leitwertoperatoren (auch auf Mehrpolelemente erweiterbar) und die Anwendung linearer Netzwerkanalyseverfahren (Kirchhoffsche Gleichungen) statt der Netzwerk-Differentialgleichung heißt **Transformation der Schaltung** (in den Frequenzbereich). Sie umfaßt typischerweise (II/Abschn. 6.2.2.2.3 und Bild R 7.3/5)

1. die Transformation der Größen

Zeitbereich	durch	Frequenzbereich
Momentanwerte von Strom und Spannung $i(t)$, $u(t)$		rotierender Zeiger $\underline{i}$, $\underline{u}$ (bzw. abgekürzt ruhende Zeiger $\underline{I}$, $\underline{U}$)
$i_q = \hat{I}_Q \cos(\omega t + \varphi_i)$		$\underline{I}_Q = I_Q e^{j\varphi_i}$
$u_q = \hat{U}_Q \cos(\omega t + \varphi_u)$,		$\underline{U}_Q = U_Q e^{j\varphi_u}$,
Strom-Spannungs-		Strom-Spannungsbeziehung ($\underline{i}$, $\underline{u}$

Tafel R 7.3/4 Netzwerkanalyseverfahren im Zeit- und Frequenzbereich, Bezug zu linearen Gleichstromnetzwerken (Die Abschnittsangaben beziehen sich auf Lehrbuchbände I und II)

Zeitbereich	Frequenzbereich (Wechselstromnetzwerk)	Gleichstromnetzwerk (Abschnitte)
Kirchhoffsche Gleichungen		
Maschensatz $\sum_{\nu} u_{\nu}(t)=0$	$\sum_{\nu} \underline{u}_{\nu}(t)=0$ bzw. $\sum_{\nu} \underline{U}_{\nu}=0$	$\sum_{\nu} U_{\nu}=0$
Knotensatz $\sum_{\mu} i_{\mu}(t)=0$	$\sum_{\mu} \underline{i}_{\mu}(t)=0$ bzw. $\sum_{\mu} \underline{I}_{\mu}=0$	$\sum_{\mu} I_{\mu}=0$
Netzwerkelementbeziehungen		
$u=iR,\quad i=C\frac{du}{dt},\quad u=L\frac{di}{dt}$	$\underline{u}=\underline{i}R,\quad \underline{i}=j\omega C\underline{u}=\frac{\underline{u}}{\underline{Z}_C}$ $\underline{u}=j\omega L\underline{i}=\underline{Z}_L\underline{i}$	$U=IR$
	Anwendungen: „Gleichstromverfahren“ für Netzwerke unter Nutzung der Widerstands-(Leitwert-)operatoren und komplexer Amplituden	*Anwendungen:* „Gleichstromanalyseverfahren“ unter Nutzung des Widerstandsbegriffes
nur über Lösung einer Netzwerk-Differentialgleichung möglich	Reihenschaltung $\underline{Z}=\sum \underline{Z}_{\nu}$	$R=\sum R_{\nu}$, I/2.4.2.2
	Parallelschaltung $\underline{Y}=\sum \underline{Y}_{\mu}$	$G=\sum G_{\mu}$
	Spannungsteilerregel $\frac{\underline{u}_1}{\underline{u}_2}=\frac{\underline{Z}_1}{\underline{Z}_2}$	$\frac{U_1}{U_2}=\frac{R_1}{R_2}$, I/2.4.2.2
	Stromteilerregel $\frac{\underline{i}_1}{\underline{i}_2}=\frac{\underline{Y}_1}{\underline{Y}_2}=\frac{\underline{Z}_1}{\underline{Z}_2}$	$\frac{I_1}{I_2}=\frac{G_1}{G_2}$, I/2.4.2.2
	• Überlagerungssatz	I/2.4.4.2
	• Maschenstromanalyse	II/5.3.3
	• Knotenspannungsanalyse	II/5.3.4
	• Zweipoltheorie	I/2.4.3, I/2.4.4.3
	• Vierpoltheorie	II/7.2
	• Stern-Dreieckwandlung	I/2.4.4.2
	• Millertheorem	II/5.3.7
	• Kleinsignalanalyse	II/5.3.5

Beziehung der Grundelemente R, L, C, M bzw. $\underline{I}$, $\underline{U}$) des zugehörigen Widerstands- (Leitwert-) operators $\underline{Z}$, $\underline{Y}$: $R \to R$, $L \to j\omega L$, $C \to 1/j\omega C$

also

- Ersatz aller Ströme/Spannungen durch rotierende oder ruhende Zeiger
- Ersatz der Netzwerkelemente durch Widerstandsoperatoren.

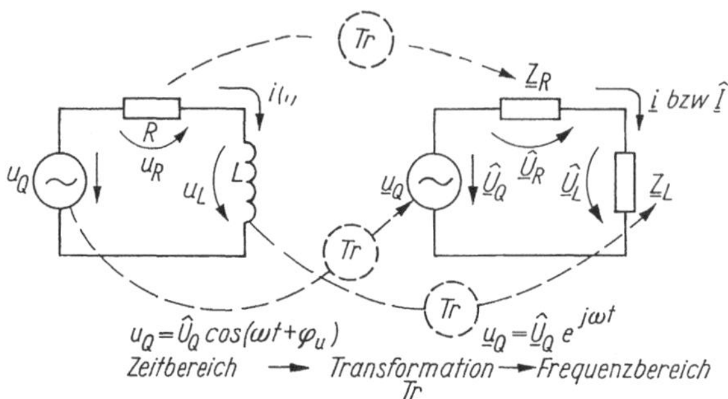

Bild R 7.3/5 Transformation des Netzwerkes aus dem Zeit- in den Frequenzbereich

2. Lösung der Netzwerkgleichung im Frequenzbereich durch
   - Anwendung der Kirchhoffschen Gleichungen
     $$\sum_{\nu} \underline{U}_{\nu} = 0, \quad \sum_{\mu} \underline{I}_{\mu} = 0$$
   - $\underline{I}$-$\underline{U}$-Beziehungen der Widerstandsoperatoren (analog für Mehrpole)
   - Anwendung abgekürzter Verfahren (für stationäre Erregung): Zweipol-, Vierpoltheorie, Zusammenfassung von Widerständen, Strom – Spannungsteiler u.a.
   - Auflösung nach der gesuchten Größe.
3. Rücktransformation der gesuchten Größe in den Zeitbereich, z.B in der Form
   $$u(t) = \sqrt{2}U \sin(\omega t + \varphi_{\mathrm{u}}), \quad i(t) = \sqrt{2}I \sin(\omega t + \varphi_{\mathrm{i}}). \tag{7.3/13}$$

Oft wird die Aufgabe mit Punkt 2 beendet.

Diese Hin- und Rücktransformation der Schaltung in den Frequenzbereich ist das Kernstück der Wechselstromanalyse.

7.3.3 Normierung und Skalierung von Netzwerkgrößen

In elektrischen Netzwerken (und Systemen) treten stets physikalische Größen (Ströme, Spannungen, Widerstände, Frequenz, Zeit u.a.) auf. Dabei kann es für die Analyse zweckmäßig sein, *normierte Größen* zu verwenden:

Eine normierte Größe ergibt sich durch Bezug der zu normierenden (wirklichen) physikalischen Größe auf eine geeignete (konstante) Größe gleicher Einheit, die *Bezugsgröße.*

Bezeichnungen:

- dimensionsbehaftete Größen ohne Index (hier w, wirklich)
- Bezugsgröße, Index b
- normierte Größe Index n (häufig wird der Hinweis auf die Normierung unterdrückt).

Man unterscheidet bei der Darstellung (Bild R 7.3/6):

- *Tatsächliche* (physikalische) *Größen*, z.B. u, i, R.
  Vorteil: Wegfall der Normierungen, Dimensionskontrolle möglich(!), praktische Näherungen leicht einzuarbeiten, Vermittlung realistischer Vorstellungen der umgebenden Welt.
  Nachteil: u.U. aufwendige Zahlenrechnung, nicht für Rechnereinsatz geeignet, keine allgemeingültigen Lösungen.
- *Modellgrößen:* Das sind Grundgrößen vom Zahlenwert 1 und der jeweiligen Grundeinheit (z.B. $u = 1\,\text{V}$, $\omega = 1\,\text{rad/s}$, $R = 1\,\Omega$, $C = 1\,\text{F}$, $L = 1\,\text{H}$). Modellgrößen Index m.
  Vorteil: Anwendung physikalischer Größen, Dimensionskontrolle möglich, einfache Zahlenrechnung. (In der praktischen Durchführung werden die Grundeinheiten meist nicht mitgeschrieben.)
  Nachteil: Nicht wirklichkeitsgetreue Modellbildung, praktische Näherungen gehen unter. Daher vorwiegend für grundsätzliche Betrachtungen geeignet. Modellgrößen werden durch *Skalierung* gewonnen.
- *Normierte Größen* (dimensionslos): Die normierte Größe ergibt sich durch Bezug der zu normierenden (physikalischen) Größe auf eine geeignete konstante Bezugsgröße. Als Bezugsgrößen haben sich die jeweiligen Einheiten eingebürgert (wobei oft selbstkonsistente Einheiten verwendet werden, z.B. u/V, i/mA, $R/\text{k}\Omega$, $t/\mu\text{s}$, f/MHz, oft auch als *Normierungsfaktoren* bezeichnet).

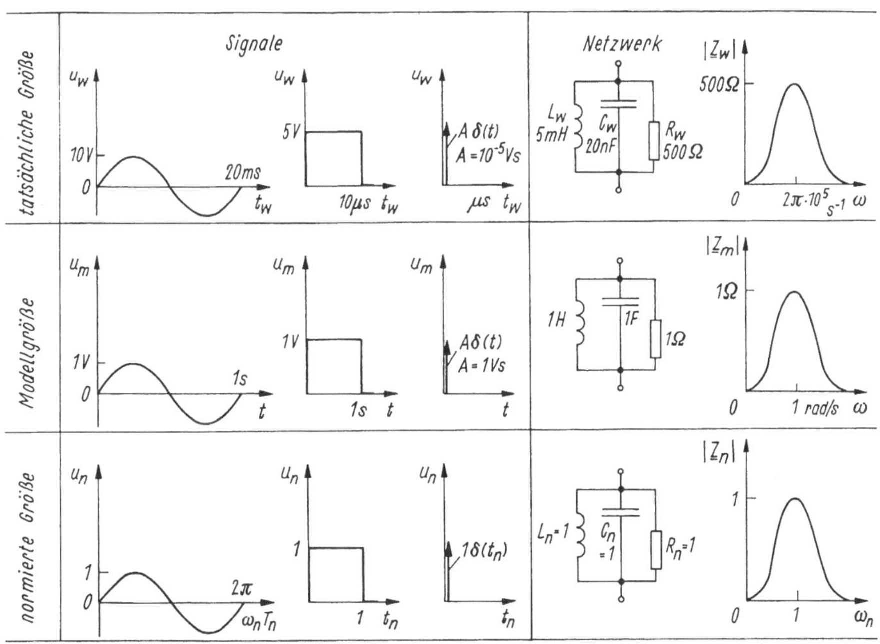

Bild R 7.3/6 Normierte Signale und Netzwerkelemente

Grundsätzlich genügen in der Netzwerk- und Systemtheorie die Einführung normierter Größen für

- u, i und die Zeit oder gleichwertig
- u (oder i), den Widerstand und statt der Zeit die Kreisfrequenz ω. Alle restlichen Größen sind daraus herleitbar (Tafel R 7.3/5).

Widerstandsnormierung: Der (wirkliche) Widerstand R_w wird durch Division mit dem Bezugswiderstand R_b (wählbar) zum (dimensionslosen) normierten Widerstand

$$R_n = R_w / R_b.$$

Als Normierungswiderstand kann eine ausgezeichnete Größe (Wellenwiderstand, Innenwiderstand einer Quelle u.a.) oder ein sonst vereinbarter Wert gewählt werden.
Bei der *Skalierung* werden alle Schaltungsparameter mit der Einheit "Widerstand" (→ Modellwiderstand R_m) um den Zahlenfaktor k_r geändert

$$\begin{aligned} k_r &= \frac{R_w}{R_m} = \frac{R_w}{R_b} \\ &= \frac{\text{"Impedanzniveau" des wirklichen Widerstandes}}{\text{"Impedanzniveau" des Modellwiderstandes}}. \end{aligned} \tag{7.3/14}$$

Man normiert also auf $R_m = R_b = 1\,\Omega$, mit $R_n R_b = k_r R_m = R_w$.

Die restlichen Größen ergeben sich analog: $L_w = k_r L_m = k_r L_r$, $C_w = C_m / k_r = C_r / k_r$ (Tafel R 7.3/6).

Tafel R 7.3/5 Zusammensetzung normierter Größen (Bezugsgrößen üblicherweise R_b , ω_b und U_b oder I_b)

Größe	normierte Größe	Entnormierung	Bezugsgröße
$R = R_w$	$R_n = \frac{R_w}{R_b}$	$R_w = R_n R_b$	$R_b > 0$, reell, Bezugswiderstand
$C = C_w$	$C_n = C_w \cdot \omega_b R_b$	$C_w = \frac{C_n}{\omega_b R_b}$	$C_b = \frac{1}{\omega_b R_b}$ Bezugskapazität
$L = L_w$	$L_n = L_w \cdot \frac{\omega_b}{R_b}$	$L_w = L_n \cdot \frac{R_b}{\omega_b}$	$L_b = \frac{R_b}{\omega_b}$ Bezugsinduktivität
$\omega = \omega_w$	$\omega_n = \frac{\omega_w}{\omega_b}$	$\omega_w = \omega_n \omega_b$	ω_b Bezugskreisfrequenz
$t = t_w$	$t_n = t_w \cdot \omega_b$	$t_w = t_n / \omega_b$	$t_b = \frac{1}{\omega_b}$ Bezugszeit
$U = U_w$	$U_n = \frac{U_w}{U_b}$	$U_w = U_n U_b$	$U_b > 0$ reell, Bezugsspannung
$I = I_w$	$I_n = \frac{I_w}{I_b}$	$I_w = I_n I_b$	$I_b = \frac{U_b}{R_b}$ Bezugsstrom

Tafel R 7.3/6 Betrags- und Frequenzskalierung der Grundelemente

Größe	Skalierte Größe (Größe r, Frequenz f)	unskaliert ($R \equiv R_w$ usw.)
Widerstand	$R_{r,f} = \frac{R}{k_r}$	$R = k_r \cdot R_{r,f}$
Kapazität	$C_{r,f} = k_r k_f \cdot C$	$C = \frac{1}{k_r k_f} \cdot C_{r,f}$
Induktivität	$L_{r,f} = \frac{k_f \cdot L}{k_r}$	$L = \frac{k_r}{k_f} \cdot L_{r,f}$
Frequenz	$\omega_f = \frac{\omega}{k_f}$	$\omega = k_f \cdot \omega_f$
Widerstandsoperator	$\underline{Z}_r(\omega_f) = \frac{\underline{Z}}{k_r}$	$\underline{Z} = k_r \cdot \underline{Z}_r\left(\frac{\omega}{k_f}\right)$
Spannungsübersetzung	$\underline{A}_r(\omega_f)$	$\underline{A} = \underline{A}_r\left(\frac{\omega}{k_f}\right)$

Frequenznormierung: Alle Kreisfrequenzen ω_w werden auf eine Bezugsfrequenz ω_b normiert (oft eine Grenzfrequenz des Netzwerkes)

$$\omega_n = \omega_w / \omega_b.$$

Bei der *Frequenzskalierung* wird die wirkliche Kreisfrequenz ω_w auf die Modellfrequenz $\omega_m = \omega_b = 1\,\text{rad/s}$ mittels des Frequenzskalierungsfaktors k_f bezogen:

$$k_f = \frac{\omega_w}{\omega_m} = \frac{\omega_w}{\omega_b} = \frac{\text{wirkliche Frequenz}}{\text{Modellfrequenz}}. \qquad (7.3/15)$$

Damit folgt $\omega_n \omega_b = k_f \omega_m = \omega_w$.

Da die Variable ω in Netzwerkfunktionen stets in Verbindung mit einer Größe der Dimension Zeit auftritt (z.B. $\omega_w \tau_w = \omega_w R_w C_w = \omega_n \omega_b R_n R_b C_n C_b$, $\omega L_w / R_w$ analog), heben sich die Normierungsgrößen stets heraus, wenn gewählt werden

$$\omega_b R_b C_b = 1, \quad \omega_b L_b = R_b. \qquad (7.3/16)$$

Von den Normierungsgrößen R_b, L_b, C_b lassen sich zwei wählen, die übrigen sind dann über Gl.(7.3/16) bestimmt.

Beide Skalierungen können gleichzeitig durchgeführt erfolgen (Tafel R 7.3/6). Deshalb ist eine Doppelindizierung (z.B. $C_{r,f}$) zweckmäßig.

Vorteil der Skalierung: Das wirkliche Netzwerk wird in ein solches mit Modellgrößen überführt (s.o.), ferner ist das Modellnetzwerk durch unterschiedlich wählbare Skalierungsfaktoren auf breite Anwendungen anpaßbar.

Die *Normierung* einer Netzwerkfunktion erfolgt üblicherweise in zwei Schritten:

- Ersatz der Frequenz ω_w (bzw. p) durch $\omega_n\, \omega_b$ und der Netzwerkelemente R_w, L_w, C_w durch $R_n R_b$, $L_n R_b/\omega_b$ und $C_n/R_b\omega_b$
- anschließend z.B. Bezug der Netzwerkfunktion auf eine Normierungsgröße. Das ist bei Impedanzfunktionen der Normierungswiderstand.

Um ein normiertes Netzwerk in ein reales zu überführen, erfolgt

1. *Frequenzskalierung:* (Division aller Kapazitäten und Induktivitäten durch k_f)
2. Wahl der Impedanzskalierungskonstanten: Multiplikation aller R-Werte (und Impedanzen) mit k_r.

Oft werden in Netzwerkbetrachtungen alle Größen normiert angenommen und der Index n weggelassen.

Beispiel:

- Gegeben ist ein Modell-Reihenschwingkreis mit $R_m = 1\,\Omega$, $C_m = 1\,$F, $L_m = 1\,$H ($\omega_m = 1$rad/s). Er soll in einen Schwingkreis mit $\omega_w = 2\pi \cdot 100$kHz und $C_w = 20\,$nF überführt werden. Es folgt $k_f = \omega_w/\omega_m = 10^5$ und aus $C_w = C_m/k_r k_f \to k_r = C_m/C_w k_f = 1\,\text{F}/(20\,\text{nF} \cdot 10^5) = 500$, also $R_w = k_r R_m = 500$ und $L_w = L_m k_r/k_f = 5\,$mH.
- Ein Tiefpaß mit $\omega_b = 1\,$rad/s ($R_m = 1\,\Omega$, $C_m = 1\,$F) soll für eine Grenzfrequenz $f_g = 1\,$kHz und $C_w = 1\,$nF entworfen werden. Frequenzskalierung ergibt $k_f = \omega_w/\omega_b = 6283 \to C_w = C_m/k_f = 159{,}2\,\mu$F. R_m zunächst unverändert. Im nächsten Schritt wird das Impedanzniveau festgelegt: $C_w = 1\,\text{nF} \to k_r = 159\,\mu\text{F}/1\,\text{nF} = 159{,}2 \cdot 10^3 \to R_w = k_r R_m = 159\,\text{k}\Omega$.
- Ein Parallelschwingkreis ($L_w = 16\,\mu$H, $C_w = 16\,$nF) mit Vorwiderstand $R_w = 100\,\Omega$ soll auf die Modellgrößen $R_m = 1\,\Omega$, $C_m = 1\,$F, $L_m = 1\,$H skaliert werden. Es ergeben sich $k_r = 10^2$, $k_f = 10^7/1{,}6$.

7.4 Übertragungseigenschaften von Netzwerken und ihre Darstellung

Die in linearen Netzwerken gesuchten Zweiggrößen sind stets die Wirkung (Reaktion) auf Ursachen: die erregenden i-, u-Quellen.

Der Zusammenhang Wirkung = f(Ursache) heißt *Übertragungseigenschaft* des Netzwerkes.

Das kann eine Zweipoleigenschaft ($\underline{Z}$, $\underline{Y}$) oder eine Transfergröße (Spannungsübersetzung, Stromübersetzung, Transferwiderstand, -leitwert) sein. Diese Übertragungseigenschaft wird allgemein durch den *Übertragungsfaktor* $\underline{G}(\text{j}\omega) = \underline{F}(\text{j}\omega)$ als *reine Netzwerkfunktion* beschrieben und verschiedenartig dargestellt:

- durch *Zeigerdiagramme*, meist für alle Netzwerkgrößen bei *fester* Frequenz
- für *variable* Frequenz durch *Ortskurven* (Nyquist-Diagramm), oder den *Frequenzgang* (Bode-Diagramm)

- bei Übergang zu komplexen Frequenzen p als Folge der Exponentialanregung (s. Abschn. 8.2.2) durch die *Übertragungsfunktion* $\underline{G}(p)$ und das darauf aufbauende *Pol-Nullstellen-Diagramm*.

Da das Übertragungsverhalten oft aus dem Verhalten von Teilnetzwerken erklärt werden kann, hat sich weiter die sog. *Blockschaltbildmethode* (s. Abschn. 8.8 als Übergang zur Systemtheorie) eingebürgert.

Die Bedeutung des Übertragungsfaktors für die gesamte Elektrotechnik, aber auch Meß-, Steuer- und Regelungstechnik, Informations- und Energietechnik liegt vor allem darin, daß

- er eine *Filter-* oder *Siebwirkung* haben kann. In Sonderfällen verschwindet die Ausgangsgröße unter bestimmten Bedingungen (Brückenprinzip),
- er eine *Verstärkerfunktion* einschließen kann
- die Übertragung unter *Leistungsgesichtspunkten* zu bewerten ist (Anpassung)
- seine Koeffizienten nur von den *Netzwerkelementen* abhängen
- er auf *unterschiedliche Weise* (Rechnung, Messung) erhalten werden kann
- er generell zur Beschreibung des *dynamischen Netzwerkverhaltens* z.B. auch bei *nichtperiodischer* Anregung (Impuls-, Sprungfunktion) dient.

7.4.1 Übertragungsfunktion, Frequenzgang

Liegt an einem linearen, zeitinvarianten Netzwerk eine sinusförmige Erregung, z.B. die Spannungsquelle $x(t) = \hat{X}\cos(\omega t + \varphi_x)$, so entsteht im eingeschwungenen Zustand das Ausgangssignal $y(t)$ (Strom, Spannung) mit gleicher Frequenz, aber anderer Amplitude und Phase (Bild R 7.4/1). Der Quotient zwischen beiden Größen (im Frequenzbereich) heißt *Frequenzgang*

$$\underline{F}(\mathrm{j}\omega) = \frac{\hat{Y}\mathrm{e}^{\mathrm{j}(\omega t+\varphi_y)}}{\hat{X}\mathrm{e}^{\mathrm{j}(\omega t+\varphi_x)}} = \frac{\hat{Y}}{\hat{X}}\mathrm{e}^{\mathrm{j}(\varphi_y-\varphi_x)} = |\underline{F}(\mathrm{j}\omega)|\mathrm{e}^{\mathrm{j}\varphi_f}. \tag{7.4/1a}$$

Frequenzgang

Der Frequenzgang $\underline{F}(\mathrm{j}\omega)$ charakterisiert das Netzwerkverhalten eindeutig. Er ist eine von ω abhängige komplexe (u. U. dimensionsbehaftete) Größe und besitzt den Betrag oder *Amplitudengang*

$$|\underline{F}(\mathrm{j}\omega)| = \frac{\hat{Y}}{\hat{X}} \quad \text{und} \quad \varphi_f(\omega) = \arctan\frac{\mathrm{Im}\,(\underline{F}(\mathrm{j}\omega))}{\mathrm{Re}\,(\underline{F}(\mathrm{j}\omega))} \tag{7.4/1b}$$

und *Phasengang* $\varphi_f(\omega)$.

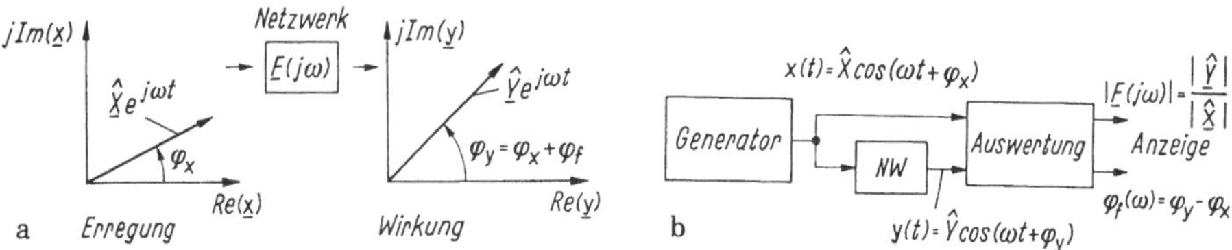

Bild R 7.4/1 Frequenzgang $\underline{F}(\mathrm{j}\omega)$
a) Zustandekommen im Frequenzbereich, b) Messung der Komponenten von $\underline{F}$

Der Frequenzgang kann gewonnen werden

- aus dem Übertragungsfaktor $\underline{F}(p)$ durch Ersatz der komplexen Frequenz p durch $\mathrm{j}\omega$ (s. Abschn. 10.2)
- durch *Berechnung* über Netzwerkanalyseverfahren im Frequenzbereich oder
- über die Netzwerk-Differentialgleichung (Gl.(7.2/5)) nach Transformation in den Frequenzbereich (bei verschwindenden Anfangswerten) zu

$$\begin{aligned}\underline{F}(\mathrm{j}\omega) &= \frac{b_m(\mathrm{j}\omega)^m + b_{m-1}(\mathrm{j}\omega)^{m-1} + \ldots + b_1\mathrm{j}\omega + b_o}{a_n(\mathrm{j}\omega)^n + a_{n-1}(\mathrm{j}\omega)^{n-1} + \ldots + a_1\mathrm{j}\omega + a_o} \\ &= k\frac{\overline{b}_m(\mathrm{j}\omega)^m + \ldots + \overline{b}_1(\mathrm{j}\omega) + 1}{\overline{a}_n(\mathrm{j}\omega)^n + \ldots + \overline{a}_1(\mathrm{j}\omega) + 1} \qquad m \leq n \end{aligned} \qquad (7.4/2)$$

(auch die Form mit herausgezogenem $k = b_0/a_0$ ist verbreitet).

Der Frequenzgang ist eine in $\mathrm{j}\omega$ gebrochen rationale Funktion mit reellen Koeffizienten. In sog. *stabilen Netzwerken* (s. Abschn. 8.6) ist das Nennerpolynom stets Hurwitzpolynom: alle Nullstellen haben negative Realteile.

Je nach der Dimension der Erregung $\underline{X}(\mathrm{j}\omega)$ und Ausgangsgröße $\underline{Y}(\mathrm{j}\omega)$ wird $\underline{F}$ eine Impedanz-, Admittanz- oder dimensionslose Funktion. Doch gilt generell:

- Wurzeln des Nenner- resp. Zählerpolynomes der Impedanz- bzw. Admittanzfunktion sind Eigenfrequenzen des Netzwerkes (bestimmen homogene Lösung der DGL)
- Betrag und Phase der Impedanz-(Admittanz-) Funktion bestimmen die partikuläre Lösung der inhomogenen DGL.

Im Gegensatz zur Übertragungsfunktion $\underline{F}(p)$ (der komplexen Frequenz p) ist $\underline{F}(\mathrm{j}\omega)$ in physikalischen Systemen stets meßbar (Betrags-, Phasendarstellung).

In Sonderfällen genügen nur Teilstücke von $\underline{F}$ (z.B. Realteil oder Betrag) zur vollständigen Beschreibung.

Generell bestehen zwischen $\underline{F}(\mathrm{j}\omega)$ und der sog. *Übergangsfunktion* $h(t)$ (im Zeitbereich) über die Anfangs- und Endwertsätze der Laplace-Transformation wichtige Zusammenhänge (s. Abschn. 11.2.1):

$$\lim_{t\to 0} h(t) = \lim_{p\to\infty} p\underline{H}(p) = \lim_{p\to\infty} \underline{F}(p) = \lim_{\omega\to\infty} \underline{F}(\mathrm{j}\omega)$$

$$\lim_{t\to\infty} h(t) = \lim_{p\to 0} p\underline{H}(p) = \lim_{p\to 0} \underline{F}(p) = \lim_{\omega\to 0} \underline{F}(\mathrm{j}\omega),$$

da $\underline{H}(p) = \frac{1}{p}\underline{F}(p)$ gilt. Dabei müssen die entsprechenden Grenzwerte im Zeitbereich existieren.

Nach dem *globalen Übertragungsverhalten* von dynamischen Netzwerken (und Systemen) unterteilt man die Übertragungsfunktion grundsätzlich in

- proportionales Verhalten (Verstärkung, Dämpfung) → P Verhalten
- Hochpaßverhalten → D (differenzierendes) Verhalten
- Tiefpaßverhalten → I (integrierendes) Verhalten.

In der vorderen Gruppe wird nach dem Frequenzgang bewertet (Informationstechnik), in der hinteren (Regelungstechnik) nach dem Zeitverhalten. Mischungen zwischen den Gruppen (sowie unterschiedlicher Grad der DGL) sind möglich und üblich.

7.4.2 Filterwirkung und Übertragungsfaktor

Ein Netzwerk (Zwei-, Vierpol), das bestimmte Frequenzbereiche überträgt (mit geringen Verlusten im Durchlaßbereich) und andere sperrt (hohe Dämpfung im Sperrbereich), heißt *Filter-* oder *Siebschaltung*. Nach den Übertragungseigenschaften beurteilt gibt es

- Tiefpaß (TP) (Hochpaß (HP)): Durchlaßbereich bei tiefen (hohen) Frequenzen
- Bandpaß (BP) (Bandsperre (BS)): Durchlaßbereich (Sperrbereich) bei mittleren Frequenzen
- Allpaß: Betrag frequenzunabhängig, Phase frequenzabhängig.

Während das *ideale Filter* (s. Abschn. 8.8.3) sprungartige Übergänge zwischen Durchlaß- und Sperrbereich hat, treten aus physikalischen Gründen in Filtern mit (auch idealen!) Netzwerkelementen immer *stetige* Übergänge auf. Ihre Steilheit hängt von der Ordnung (Zahl der unabhängigen Speicherelemente C, L, M) ab. Je höher die Ordnung, desto steiler die Übergänge (II/Abschn. 7.1.2).

Der Übergang von einem Sperr- zum Durchlaßbereich erfolgt bei einer *Grenzfrequenz*, meist definiert durch den Abfall der (Wirk-)Leistung auf den halben Maximalwert.

Grundlage der Filterwirkung sind die Frequenzgänge der Netzwerkelemente L, C, M und insbesondere das Resonanzphänomen.

Herausragende technische Bedeutung haben Filteranordnungen mit einem und zwei Energiespeicherelementen als Grundlage von Filtern höherer Ordnung.

7.4.2.1 Dynamische Netzwerke nullter Ordnung

Lineare Netzwerke nullter Ordnung sind rein resistive Schaltungen, die entweder nur Widerstände (Trivialfall) enthalten oder Energiespeicherelemente in einer solchen Anordnung und Bemessung, daß die Netzwerk-Differentialgleichung in eine algebraische Gleichung übergeht.

Zu diesen Netzwerken gehören zunächst die resistiven *Dämpfungs-* und *Anpaßschaltungen* (Bild. R 7.4/2). Soll eine bestimmte Dämpfung a_0 (in dB) zutreffen (oft bei einem bestimmten Bezugswiderstand), so sind die Elemente in vorgeschriebener Weise zu bemessen.

Hinweis: Werden beispielsweise einem ohmschen Spannungsteiler zwei Kondensatoren zugeschaltet und gleiche Zeitkonstanten gewählt, dann verhält sich das Netzwerk wie ein resistiver Spannungsteiler (sog. kapazitiv kompensierter Spannungsteiler), obwohl es zwei Energiesspeicher aufweist. Dabei gilt Gleichheit der Zeitkonstanten als Zwangsbedingung.

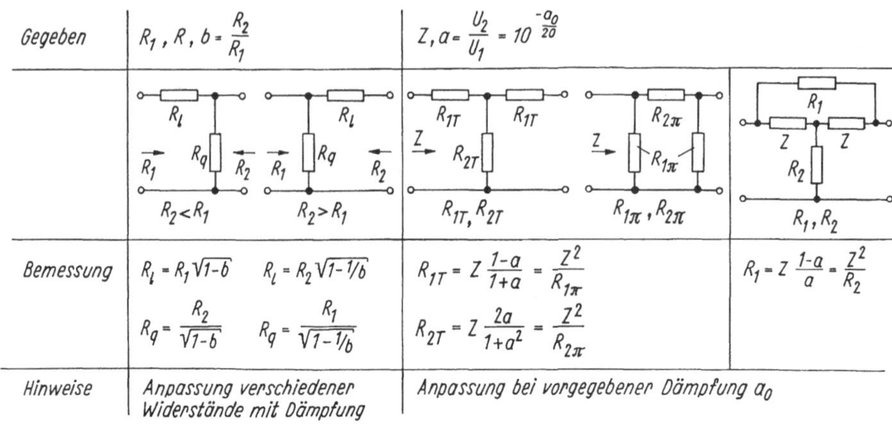

Bild R 7.4/2 Resistive Anpassungsvierpole (mit Dämpfung)

7.4.2.2 Dynamische Netzwerke erster Ordnung

Lineare Netzwerke erster Ordnung sind *RC*- und *RL*- Schaltungen mit einem (unabhängigen) Energiespeicherelement.

Sie werden gleichwertig beschrieben im

- *Zeitbereich* durch eine Differentialgleichung erster Ordnung mit konstanten Koeffizienten
- im *Frequenzbereich* durch eine Übertragungsfunktion der Form (s. Gl. (7.4/2))

$$\underline{F}(\mathrm{j}\omega) = \frac{b_0 + b_1\mathrm{j}\omega}{a_0 + a_1\mathrm{j}\omega} = \frac{b_1}{a_1} + \frac{b_0 - b_1 a_0/a_1}{a_0 + a_1\mathrm{j}\omega} \qquad (7.4/3)$$

(a_i, b_i reell, dazu noch $b_0 > 0$ für stabile Netzwerke).

Typische Beispiele sind die Tief- und Hochpaßanwendungen erster Ordnung (Bild R 7.4/3) mit den dargestellten Spannungsverhältnissen (Übertragungsfaktor, Spannungsteilerregel):

Tiefpaß | Hochpaß

$$\underline{F} = \frac{\underline{U}_\mathrm{a}}{\underline{U}_\mathrm{e}} = \frac{1}{1 + \mathrm{j}\omega RC} \qquad \underline{F} = \frac{\underline{U}_\mathrm{a}}{\underline{U}_\mathrm{e}} = \frac{\mathrm{j}\omega RC}{1 + \mathrm{j}\omega RC} \qquad (7.4/4)$$

Die *Amplituden-* und *Phasenfrequenzgänge* lauten

$$F(\omega) = \frac{1}{\sqrt{1 + (\omega RC)^2}} \qquad F(\omega) = \frac{\omega RC}{\sqrt{1 + (\omega RC)^2}}$$

$$\varphi = -\arctan \omega RC \qquad \varphi = \arctan 1/\omega RC.$$

Für die *Grenzfrequenz*

$$\omega_\mathrm{g} = 1/RC \qquad (7.4/5)$$

folgt

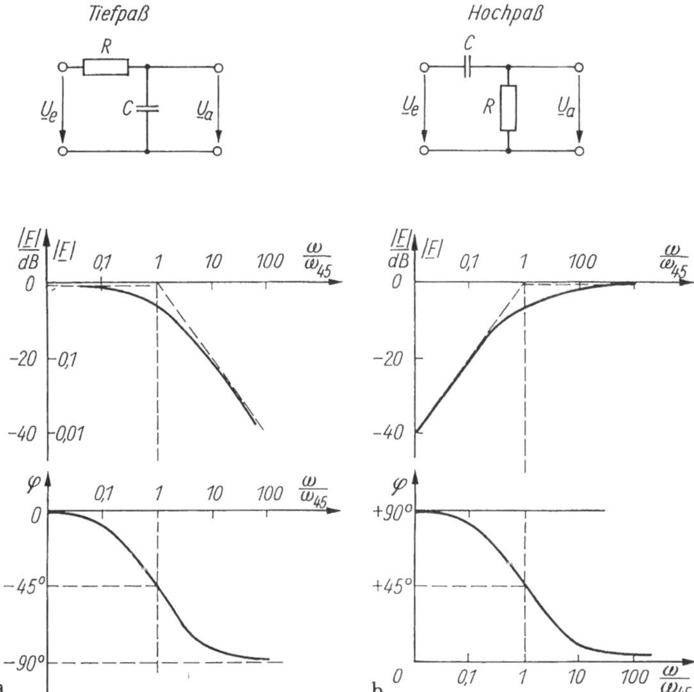

Bild R 7.4/3 RC-Tief- und Hochpässe mit Bode-Diagramm
a) Tiefpaß, b) Hochpaß

$F(\omega) = 1/\sqrt{2} = 0.7 = -3\,\text{dB}$ in beiden Fällen mit einem Phasenwinkel von $\varphi = \arctan(-1) = -\pi/4$ resp. $\varphi = +\pi/4$.

Bei der Grenzfrequenz ω_g ist der Übertragungsfaktor des Tiefpasses um 3 dB gegen seinen Bezugswert ($\omega \to 0$) gefallen, die Phase zwischen Eingangs- und Ausgangssignal beträgt $-\pi/4$. Analog ist beim Hochpaß der Übertragungsfaktor bei der Grenzfrequenz um 3 dB unter den Wert 1 bei hohen Frequenzen gefallen und der Phasenwinkel zwischen Eingangs- und Ausgangsgröße beträgt $+\pi/4$.

Filterfunktionen lassen sich für alle vier Übertragungsgrößen (Spannungs-/ Stromübersetzung, Strom-/Spannungsverhältnis) ausführen (z.B. durch duale Netzwerke, auch mit Operationsverstärkern als sog. aktive RC-Schaltungen).

Hinweis: Wird ein Tiefpaß erster Ordnung im Zeitbereich mit einem Rechteckimpuls beaufschlagt, so steigt die Ausgangsgröße mit der Anstiegszeit

$$t_a = 1/3f_g \approx 2\pi/(3\omega_g) \approx 2/\omega_g$$

zwischen 10 und 90 % des stationären Wertes an. Zwischen Anstiegszeit und Grenzfrequenz besteht eine feste Beziehung!

Zusammengefaßt reicht der Durchlaßbereich beim

Tiefpaß	*Hochpaß*
von der Gleichgröße bis zur Grenzfrequenz	von der Grenzfrequenz bis zu Frequenzen $\omega \to \infty$.

Der Bereich außerhalb heißt *Sperrbereich.*

Normierung. Durch Normierung der Frequenz ω auf die Grenzfrequenz ω_g

$$\Omega = \omega/\omega_g$$

ergibt sich die Darstellung der Übertragungsfunktion (vgl. Bild R 7.4/3)

Tiefpaß Hochpaß

$$\underline{F} = \frac{1}{1+j\Omega} \qquad \underline{F} = \frac{j\Omega}{1+j\Omega}. \qquad (7.4/6)$$

Anwendung finden Tiefpaß-, Hochpaß-Anordnungen

- als *Integrator.* Dabei ist die Ausgangsgröße das Integral der Eingangsgröße
- als *Differenzierglied*
- als *Koppel-RC-Glied* zur Trennung von Gleich- und Wechselstromkreis
- zur Modellierung der Frequenzgänge eines Verstärkers mit idealen Quellen u.a.m.

7.4.2.3 Dynamische Netzwerke zweiter Ordnung

Lineare Netzwerke zweiter Ordnung sind *RLC*-Schaltungen mit zwei gleich- oder verschiedenartigen (unabhängigen) Energiespeicherelementen.

Sie werden beschrieben im

- *Zeitbereich* durch eine DGL zweiter Ordnung mit konstanten Koeffizienten
- im *Frequenzbereich* durch die Übertragungsfunktion Gl.(7.4/2)

$$\underline{F}(j\omega) = \frac{b_0 + b_1(j\omega) + b_2(j\omega)^2}{a_0 + a_1(j\omega) + a_2(j\omega)^2} = k\frac{1 + \overline{b_1}(j\omega) + \overline{b_2}(j\omega)^2}{1 + \overline{a_1}(j\omega) + \overline{a_2}(j\omega)^2}. \qquad (7.4/7)$$

Typische Beispiele sind TP/HP zweiter Ordnung, Schwingkreise und generell BP-, BS-Schaltungen. Dabei kann die Netzwerk-Differentialgleichung zweiter Ordnung auch unter Verwendung gesteuerter Quellen (sog. aktive *RC*-Schaltungen) entstehen.

Tiefpaß zweiter Ordnung. Durch Kettenschaltung zweier Tiefpässe erster Ordnung (nach Bild R 7.4/3a), wobei jeder den Übertragungsfaktor $\underline{F}_1$, $\underline{F}_2$ haben möge und angenommen werde, daß das zweite Filter die Übertragungseigenschaften des ersten nicht beeinflußt) ergibt sich

$$\underline{F} = \frac{\underline{U}_a}{\underline{U}_e} = \underline{F}_2 \cdot \underline{F}_1 = \frac{\underline{U}_a}{\underline{U}_{a1}}\frac{\underline{U}_{a1}}{\underline{U}_e} \qquad (7.4/8)$$

oder verallgemeinert bei n derartigen Kettengliedern

$$\underline{F} = \prod_{\nu=1}^{n} \underline{F}_\nu \quad \text{oder mit } \underline{F} = F e^{j\varphi_f} \qquad (7.4/9a)$$

und

$$\log \underline{F} = \sum_{\nu=1}^{n} \log F_\nu + j \log e \sum_{\nu=1}^{n} \varphi_{f_\nu}. \qquad (7.4/9b)$$

Bei der Kettenschaltung multiplizieren sich die Übertragungsfaktoren, also ergibt sich der Gesamt-Übertragungsfaktor (in logarithmischer Darstellung) im Bode-Diagramm (s. Abschn. 7.4.3.2) durch Addition der einzelnen dB-Werte.

Dann gelten (bei Stufenentkopplung von n gleichen TP/HP)

- Absinken/Erhöhen der Grenzfrequenz auf $\omega_{gn} = \omega_g/\sqrt{n}$ bzw. $\omega_g\sqrt{n}$
- Amplitudenabfall auf n dB bei der Grenzfrequenz (bezogen auf den Maximalwert), Steigung der F-Asymptote von $-n{\cdot}6$ dB/Oktave bzw. $n \cdot 6$ dB/Oktave
- Grenzwert der Phasenverschiebung gegen $-n\pi/2$ resp. $n\pi/2$.

Die Entkopplung der Einzelstufen erfolgt zweckmäßig durch sog. *Trennverstärker* (II/Bild 7.10).

Für zwei kettengeschaltete, *entkoppelte* gleiche Tiefpaß-RC-Glieder gilt

$$\underline{F} = \frac{1}{(1+\mathrm{j}\Omega)^2} = \frac{1}{1-\Omega^2+2\mathrm{j}\Omega}, \tag{7.4/10}$$

d.h. der erwartete steilere Übergang vom DB zum SB, eine Grenzfrequenz $\omega_{g2} = \omega_g/\sqrt{2}$ und die größere Phasenverschiebung von $-\pi$.

TP-/HP-Netzwerke zweiter Ordnung lassen sich ebenso realisieren mit LC- sowie mit RC-Netzwerken und zugefügten Verstärkern.

***LC*-Netzwerke. Resonanzerscheinungen.** Gehorcht eine Netzwerkgröße $y(t)$ (Strom, Spannung) der DGL (II/Abschn. 7.1.4)

$$\frac{\mathrm{d}^2y}{\mathrm{d}t^2} + \omega_0\frac{1}{Q}\frac{\mathrm{d}y}{\mathrm{d}t} + \omega_0^2 y = x(t), \tag{7.4/11}$$

so kann sie - abhängig von den Koeffizienten und der Netzwerkerregung $x(t)$ - u.U ausführen

- eine *freie, gedämpfte* oder *ungedämpfte* Schwingung (abhängig von der Schwingkreisdämpfung)
- eine *erzwungene* Schwingung.

Physikalisch entsteht die Schwingung durch periodischen Energieaustausch zwischen elektrischer Feldenergie im Kondensator und magnetischer Feldenergie in der Spule:

- die freie Schwingung bildet sich *nach* einem *Anstoß* des Systems (Energiezufuhr zu einem bestimmten Zeitpunkt, z.B. durch einen Impuls)
- die erzwungene Schwingung entsteht durch eine *aufgeprägte Erregung* $x(t)$ mit der Erregerfrequenz.

Resonanz heißt der Zustand, bei dem die Amplitude des erzwungen erregten Netzwerkes für die Resonanzfrequenz ω_r ein Extremum erreicht (oder im ungedämpften Fall über alle Grenzen wächst).

Amplitudenresonanz. Resonanz läßt sich gleichwertig durch eine Reihe scheinbar unterschiedlicher Bedingungen formulieren:

- zeitliche Konstanz der gesamten, in C und L gespeicherten Energie
- im Zeitbereich verschwindende Gesamtspannung an der Reihenschaltung von C und L bzw. verschwindender Gesamtstrom bei der Parallelschaltung von C und L
- Verschwinden des Imaginärteiles der Impedanz $\underline{Z}$ (Reihenresonanz, Reihenkreis) oder des Leitwertes $\underline{Y}$ (Parallelresonanz, Parallelkreis).

Resonanz äußert sich durch Extrema (Maxima, Minima) von Scheinwiderständen, Strömen und Spannungen abhängig vom jeweiligen Quellenanschluß (Bild R 7.4/4).

Verlustbehafteter Reihenschwingkreis. Ein Reihenschwingkreis mit der Reihenschaltung der Elemente R, L, auf den z.B. ein Kondensator mit der Anfangsspannung $U(0)$ entladen wird, führt als Lösung seiner DGL

$$L\frac{\mathrm{d}i}{\mathrm{d}t} + iR + \frac{1}{C}\int i\,\mathrm{d}t = u(0) \rightarrow \frac{\mathrm{d}^2 i}{\mathrm{d}t^2} + \frac{R}{L}\frac{\mathrm{d}i}{\mathrm{d}t} + \frac{1}{LC}i = 0 \qquad (7.4/12a)$$

während des Ausgleichsvorganges den Strom

$$i(t) = \underbrace{I_0 e^{-d\omega_0 t}}_{\text{Dämpfung}} \cdot \underbrace{\sin\left(\sqrt{1-d^2}\,\omega_0 t\right)}_{\text{harmonische Schwingung}} \quad . \qquad (7.4/12b)$$

Der Verlauf wird bestimmt von der

- *Dämpfung* der Amplitude

$$d = \frac{R}{2\omega_0 L} = \frac{1}{2Q} \qquad (7.4/13a)$$

- und der *Eigenfrequenz*

$$\omega_0\sqrt{1-d^2}; \quad \omega_0 = \frac{1}{\sqrt{LC}} \text{ (Resonanzfrequenz).} \qquad (7.4/13b)$$

Am verlustbehafteten Schwingkreis klingt die Amplitude der Eigenschwingung bei schwacher Dämpfung exponentiell ab, Eigenfrequenz und Resonanzfrequenz unterscheiden sich geringfügig (vgl. II/Abschn. 10.1.4).

Das charakteristische Verhalten des Schwingkreises wird vom *Gütemaß* $Q = \varrho$ (Kreisgüte, Resonanzschärfe)

$$Q = \left.\frac{2\pi \cdot \text{gesamte Speicherenergie}}{\text{Verlustenergie je Periode}}\right|_{\omega_0} = \frac{\omega_0 L}{R} = \frac{1}{R}\sqrt{\frac{L}{C}} \qquad (7.4/14)$$

Reihenkreis

$$Q = \frac{\omega_0 C}{G} = \frac{1}{G}\sqrt{\frac{C}{L}}$$

Parallelkreis

bestimmt. Es ist proportional dem Verhältnis von gespeicherter Feldenergie zur Verlustenergie pro Periode.

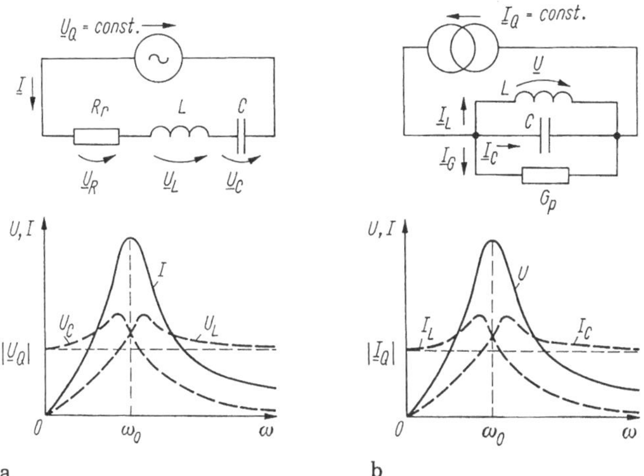

Bild R 7.4/4 Resonanzverhalten
a) Reihenresonanzkreis, b) Parallelresonanzkreis

Charakteristische Dämpfungen sind

- $2Q \to \infty$ keine
- $2Q = 1$ kritische Dämpfung
- $2Q > 1$ unterkritische Dämpfung
- $2Q < 1$ überkritische Dämpfung

Typische Schwingkreiseigenschaften. Schwingkreise haben folgende typischen Merkmale:

Reihenkreis, Impedanz — Parallelkreis, Admittanz

$$\underline{Z} = R_r + j\left(\omega L_r - \frac{1}{\omega C_r}\right) \qquad \underline{Y} = G_p + j\left(\omega C_p - \frac{1}{\omega L_p}\right) \tag{7.4/15}$$

$$= R_r + jX(\omega); \qquad = G_p + jB(\omega) \tag{7.4/16}$$

$$Z = \sqrt{R_r^2 + X^2(\omega)} \qquad Y = \sqrt{G_p^2 + B^2(\omega)}$$

$$\varphi_z = \arctan\frac{\omega L_r - 1/\omega C_r}{R_r} \qquad \varphi_y = \arctan\frac{\omega C_p - 1/\omega L_p}{G_p}$$

Resonanzfrequenz:

$$\omega_r = \omega_0 = \frac{1}{\sqrt{L_r C_r}} \qquad \omega_r = \frac{1}{\sqrt{L_p C_p}}$$

Kreisgüte:

$$\varrho = \frac{1}{R_r}\sqrt{\frac{L_r}{C_r}} \qquad \varrho = \frac{1}{G_p}\sqrt{\frac{C_p}{L_p}} \tag{7.4/17}$$

Verstimmung: (relative Frequenzabweichung von der Resonanzfrequenz)

$$v = \frac{\omega}{\omega_0} - \frac{\omega_0}{\omega}. \tag{7.4/18}$$

45^0*-Frequenzen:* 3 dB-Frequenzen als Frequenzen, bei denen der Phasenwinkel $\pm\pi/4$ beträgt; Betrag der Blindkomponente gleich der Wirkkomponente

$$\omega_{\pm 45} = \omega_o \left(\sqrt{1 + \left(\frac{1}{2\varrho}\right)^2} \pm \frac{1}{2\varrho}\right) \approx \omega_0 \left(1 \pm \frac{1}{2\varrho}\right). \qquad (7.4/19)$$

Bandbreite (sog. 3 dB-Bandbreite): Differenz zwischen beiden 45^0-Frequenzen:

$$b_\omega = \omega_{+45} - \omega_{-45} \approx \omega_0/\varrho.$$

Bandbreite b_ω, Verstimmung v und die 3 dB-Grenzfrequenzen kennzeichnen grundsätzlich die Qualitätsmerkmale eines LC-Schwingkreises. Je höher die Kreisgüte, desto kleiner die Bandbreite.

Zusammenwirken Schwingkreis-Erregerquelle. Liegt ein Reihenkreis an einer Spannungsquelle (Parallelkreis an einer Stromquelle), so herrscht im *Resonanzfall* (Bild R 7.4/4)

Stromresonanz	Spannungsresonanz
$I(\omega) = \dfrac{U_Q}{R_r\sqrt{1+(\varrho\nu)^2}}$	$U(\omega) = \dfrac{I_Q}{G_p\sqrt{1+(\varrho\nu)^2}}$
und eine *Maximalspannung* über den Blindschaltelementen	und ein *Maximalstrom* durch die Blindschaltelemente
$U_C(\omega) = \dfrac{\omega_0\varrho U_Q}{\omega\sqrt{1+(\varrho\nu)^2}} \to \varrho U_Q$	$I_C(\omega) = \dfrac{\omega\varrho I_Q}{\omega_0\sqrt{1+(\varrho\nu)^2}} \to \varrho I_Q$. (7.4/20)
Maximalstrom durch den Reihenschwingkreis, Maximalspannung an jedem Energiespeicherelement	Maximalspannung über dem Parallelschwingkreis, Maximalstrom an jedem Energiespeicherelement.

Tief-, Hoch-Bandpaßverhalten. Übertragungsfunktion. Die Zweiggrößenverläufe in den Schwingkreiselementen lassen sich zur TP-, HP- und BP-Funktion heranziehen, hier am Beispiel des Reihenkreises gezeigt.

Bandpaßverhalten: Frequenzgang der Teilspannung U_R.
Übertragungsfaktor $\underline{F}$ mit Dämpfung $d = 1/(2\varrho)$ und normierter Frequenz $\Omega = \omega/\omega_0$

$$\underline{F} = \frac{\underline{U}_R}{\underline{U}_Q} = \frac{j\omega RC}{1 - \omega^2 LC + j\omega RC} = \frac{2jd\Omega}{1 - \Omega^2 LC + 2jd\Omega}. \qquad (7.4/21)$$

Es ergeben sich bei *Resonanz:* $F(\Omega = 1) = 1$, die $\pm 45^0$-Frequenzen zu (s. Gl.(7.4/19))

$$\frac{\omega_{\pm 45}}{\omega_0} = \sqrt{1+d^2} \pm d \quad \text{mit } \omega_0 = \sqrt{\omega_{+45}\omega_{-45}}$$

und der Phasenfrequenzgang

$$\varphi(\Omega) = \arctan\frac{1-\Omega^2}{2d\Omega}.$$

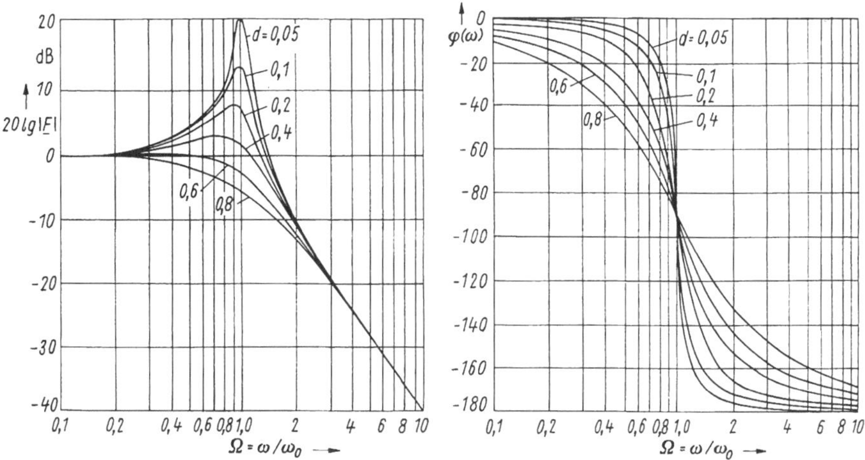

Bild R 7.4/5 Bode-Diagramm der Spannungsübersetzung $\underline{F} = \underline{U}_\mathrm{l}/\underline{U}_\mathrm{Q}$ nach Betrag und Phase am Reihenschwingkreis

Tiefpaßverhalten wird durch den Frequenzgang der Kondensatorspannung U_C bestimmt:

$$\underline{F} = \frac{\underline{U}_\mathrm{C}}{\underline{U}_\mathrm{Q}} = \frac{1}{1 + \mathrm{j}\omega C(R + \mathrm{j}\omega L)} = \frac{1}{1 + 2\mathrm{j}d\Omega - \Omega^2}. \tag{7.4/22}$$

Im Bode-Diagramm (Bild R 7.4/5) zeigt sich bei niedriger Dämpfung ausgeprägtes Resonanzverhalten. Der Abfall oberhalb der Resonanzfrequenz von -12 dB/Okt. (bzw. - 40 dB/Dek.) bestätigt das TP-Verhalten zweiter Ordnung.

Hochpaßverhalten wird durch den Frequenzgang der Spulenspannung $\underline{U}_\mathrm{L}$ gewährleistet (II/Bild 7.17).

Die *Anwendung* von Schwingkreisen ist breit gefächert:

- Blindleistungskompensation (Energietechnik, bei der Leistungsanpassung)
- Ausnutzung frequenzselektiver Eigenschaften in der Informationstechnik
- Transformationseigenschaften (Widerstände, Spannungen) in Resonanznähe (sog. Resonanzübertrager zur Anpassung)
- frequenzbestimmendes Element zur Erzeugung von Sinusschwingungen in weitem Frequenzbereich durch Entdämpfung (Oszillatorprinzip, Erzeugung negativer Wirkwiderstände durch Rückkopplung).

7.4.2.4 Phasenminimum-/Nichtminimum-Anordnungen

Ein Netzwerk heißt *Phasenminimum-Anordnung*, wenn sein Frequenzgang $\underline{F}(\mathrm{j}\omega)$ bei gegebener Kreisfrequenz ω und gegebenem Amplitudengang (Betrag von $\underline{F}(\mathrm{j}\omega)$) die kleinstmögliche Phase $\varphi(\omega)$ besitzt. Im anderen Fall liegt ein *Nichtminimumphasen-Netzwerk* vor.

Eine notwendige Voraussetzung eines Phasenminimum-Netzwerkes ist (neben Stabilität), daß es

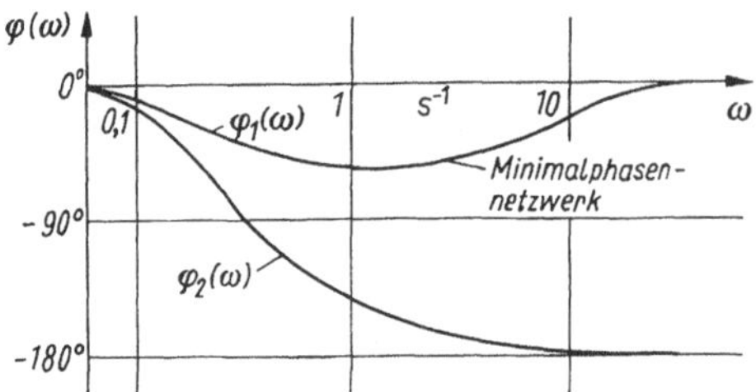

Bild R 7.4/6 Phasengang zweier Übertragungsfunktionen $\underline{F}_1$, $\underline{F}_2$ mit gleichem Amplitudengang $\underline{F}_1 = \underline{F}_2$, $\underline{F}_1$ minimalphasiges, $\underline{F}_2$ nichtminimalphasiges Netzwerk

- keine Nullstellen in der rechten p-Halbebene hat (also rückkopplungsfrei ist)
- keine sog. Totzeit (Laufzeit) besitzt.

Für eine Phasenminimum-Anordnung genügt die Kenntnis des Amplitudenverlaufs $F(\omega)$ des Bode-Diagrammes zur Gewinnung der Übertragungsfunktion $\underline{F}(\mathrm{j}\omega)$.

Stets läßt sich der Übertragungsfaktor eines Nichtminimalphasennetzwerkes auf eine Hintereinanderschaltung eines Minimalphasen-Netzwerkes und eines rein phasendrehenden Gliedes, eines sog. *Allpasses* zurückführen.

Ob ein Nichtminimum-System vorliegt oder nicht, geht aus dem Phasengang für $\omega \to \infty$ hervor: Betrug dieser beim Phasenminimum-Netzwerk $\varphi(\infty) = -\pi/2\,(n-m)$ (m Zähler-, n-Nenner-Grad), so ist dieser Grenzwinkel beim Nichtminimum-System stets größer.

Bild R 7.4/6 zeigt das Phasenverhalten zweier Frequenzgänge $\underline{F}_1 = (1 + \mathrm{j}\omega T_1)/(1 + \mathrm{j}\omega T_2)$ und $\underline{F}_2 = (1 - \mathrm{j}\omega T_1)/(1 + \mathrm{j}\omega T_2)$ mit $T_1 < T_2$. Obwohl beide Beträge gleich sind, liegt unterschiedliches Phasenverhalten vor.

7.4.3 Darstellung von Netzwerkgrößen und -funktionen

Netzwerkgrößen können durch Zeiger, Ortskurven (und später das Pol-Nullstellendiagramm, Abschn. 11) im Frequenzbereich graphisch dargestellt werden.

7.4.3.1 Zeigerdarstellungen

Als *Zeiger* lassen sich alle Netzwerkgrößen (Ströme, Spannungen, Impedanzen) in der komplexen Ebene darstellen. Dabei werden die $\underline{u}$- und $\underline{i}$-Ebenen meist überlagert und das Achsenkreuz weggelassen (II/Abschn. 6.3.1).

Zeigerdiagramm: Systematische Zusammensetzung aller Zeiger (Zweiggrößen) entsprechend der Netzwerkstruktur. Es ist die graphische Lösung der Netzwerkgleichungen.

Zeigerdiagramme können *quantitativ* (maßstabsgerecht unter Festlegung von Maßstabsfaktoren je für Strom und Spannung) oder *qualitativ* (nicht maßstäblich) entworfen werden, die letztere Form reicht zur Veranschaulichung meist aus.

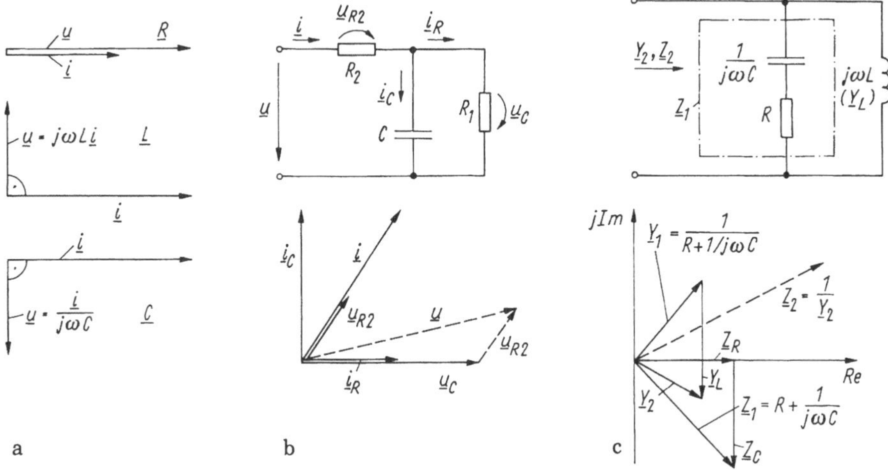

Bild R 7.4/7 Zeigerbild (Zeiger zur Zeit $t = 0$ dargestellt)
a) Zeigerbild der Ströme und Spannungen an den Grundelementen, b) Zeigerbild einer Schaltung, c) Zeigerbild der Widerstands-/Leitwertoperatoren einer Schaltung

Zeigerdiagramme werden durchweg für *ruhende* Zeiger (oder rotierende zum Zeitpunkt $t = 0$) konstruiert (Bild R 7.4/7).

Zur *Konstruktion* sind erforderlich:

- die Zeigerdiagramme der Netzwerkelemente R, L, C (Bild R 7.4/7a)
- die für komplexe Größen gültigen Regeln der Addition, Subtraktion, Multiplikation und Division
- eine allgemeine Lösungsmethodik.

Lösungsmethodik. Die Konstruktion des Zeigerdiagrammes eines in den Frequenzbereich transformierten Netzwerkes erfordert:

1. Bei maßstabsgerechter Darstellung: Festlegung der Darstellungsmaßstäbe für Strom und Spannung (A/cm,V/cm)
   - numerische Bestimmung der Größen R, ωL und $1/(\omega C)$
   - Annahme eines willkürlichen Betrages für die Bezugsgröße.
2. Festlegung von Bezugsgrößen. Zweckmäßig wird die mehreren NWE gemeinsame Bezugsgröße (bei Reihenschaltung der Strom, bei Parallelschaltung die Spannung) in die reelle Achse gelegt (Aufbau des Zeigerdiagramms von der gesuchten Größe her in Richtung auf die Erregung zu!)
3. Schrittweise Zusammensetzung der einzelnen Netzwerkgrößen entsprechend der Netzwerkstruktur (graph. Aufbau der KHG) unter Beachtung der $\underline{U}$-$\underline{I}$-Relationen der NW-Grundelemente (z.B. Bild R 7.4/7b).
4. Bei maßstabsgerechter Anwendung: Umrechnung der so gewonnenen Netzwerklösung als Funktion der angenommenen Bezugsgröße mittels des Ähnlichkeitssatzes (II/Gl.(6.33)) $U_{\text{tat}}/I_{\text{tat}} = U_{\text{dia}}/I_{\text{dia}}$ (I angenommene Wirkungsgröße) auf die tatsächliche Größe.

Zeigerdiagramme zusammengeschalteter Widerstands - Leitwertoperatoren. Beim Zeigerdiagramm für zusammengeschaltete Widerstands-Leitwertoperatoren ist zu beachten (Darstellung der Zeiger in einer $\underline{Z}$- bzw. $\underline{Y}$-Ebene, Bild R 7.4/7c):

- Reihenschaltung von $\underline{Z}$ $\rightarrow$ Addition der Einzelzeiger $\underline{Z}_i$
- Parallelschaltung von $\underline{Z}$ $\rightarrow$ Addition der Einzelzeiger $\underline{Y}_i$
- bei gemischten Reihen-Parallelschaltungen ist zwischen Leitwert- und Widerstandsebene durch Anwendung der Inversion zu wechseln.

Inversion von Zeigern. Die graphische Bildung des Reziprokwertes einer komplexen Größe, z.B. von $\underline{Z}$ als komplexer Leitwert $\underline{Y} = 1/\underline{Z}$ heißt *Inversion*

$$\underline{Y} = \frac{1}{\underline{Z}} = \frac{1}{|\underline{Z}|e^{j\varphi_z}} = |\underline{Y}|e^{j\varphi_y} \qquad \text{Inversion.} \qquad (7.4/23)$$

Die graphische Inversion eines Zeigers (Spiegelung am Einheitskreis) ergibt eine Größe, die spiegelbildlich zur reellen Achse liegt (Vorzeichentausch des Phasenwinkels) und deren Betrag gleich dem Kehrwert des Betrages der Ausgangsgröße ist.

Analytisch wird dabei einem Punkt der komplexen Funktion $\underline{z} = x + jy$ der $\underline{z}$-Ebene ein Punkt $\underline{w} = u + jv$ in der $\underline{w}$-Ebene durch die Abbildungsfunktion $\underline{w} = 1/\underline{z}$ (spezielle konforme Abbildung) zugeordnet (II/Abschn. 6.3.3.2).

Der gespiegelte Zeiger $\underline{w}$ kann durch *Berechnung* über Gl.(7.4/23) oder *graphisch* durch Spiegelung am sog. *Inversionskreis* gewonnen werden. Dazu

1. Inversionskreis mit Radius r_0 um den Nullpunkt zeichnen
2. Spiegelung von $\underline{Z}$ an der reellen Achse ($\rightarrow \underline{Z}^*$)
3. Durchführung der Betragsbildung z.B. bei $\underline{Z}^*$ außerhalb des Kreises: Tangenten von $\underline{Z}^*$ aus an den Kreis konstruieren, Verbindung der beiden Berührungspunkte schneidet $\underline{Y}$ auf $\underline{Z}^*$ ab ($\underline{Z}^*$ innerhalb des Kreises sinngemäße Konstruktion).

Grundregel: Bei der Inversion wird der kürzere Zeiger zum längeren und umgekehrt.

Anwendung der Inversion: Zeigerdiagramm, Ortskurvendarstellung.

7.4.3.2 Darstellung der Übertragungsfunktion bei variabler Frequenz

Häufig interessiert der Verlauf des Übertragungsfaktors, eines komplexen Widerstandes oder Leitwertes bei *variabler* Frequenz. Die Darstellung kann erfolgen

- als *Nyquist-Ortskurve* oder allgemeiner *Ortskurve*
- als *Bode-Diagramm* (Frequenzkennlinie)
- als *Nichols-Diagramm* (seltener, vor allem in der Regelungstechnik üblich).

Ortskurve (Nyquist-Ortskurve).

Die Ortskurve (genauer Frequenzgang-Ortskurve) ist die Bestimmungslinie (geometrischer Ort) der Zeiger $\underline{F}(j\omega) = Fe^{j\varphi_f(\omega)} = \mathrm{Re}\,(\underline{F}(j\omega)) + j\,\mathrm{Im}\,(\underline{F}(j\omega))$ in der komplexen $\underline{F}$-Ebene im Bereich $0 \leq \omega \leq \infty$[1] als Zeiger der Länge F und Phase φ_f mit der Frequenz als Parameter (gleiche Maßstäbe der reellen und imaginären Achsen, Bild R 7.4/8).

Die zur Ortskurve gehörenden Werte der Frequenz werden als Skalierung angeschrieben und ein Durchlaufsinn in Richtung wachsender ω-Werte zugeordnet. Oft genügen wenige Punkte (Messung, Rechnung), um den Verlauf vollständig zu konstruieren (besonders die Werte $\omega \to 0$, $\omega \to \infty$, II/Abschn. 6.3.3.1).

Vorteilhaft an der Ortskurvendarstellung ist die einfache Konstruktion bei

- Parallelschaltung zweier Übertragungsglieder ($\to$ Addition der $\underline{F}$-Zeiger bei der jeweiligen Frequenz, Parallelogrammkonstruktion)
- Kettenschaltung zweier Übertragungsglieder (Zeigermultiplikation).

Charakteristische Ortskurven sind

- die *Gerade* durch oder nicht durch den Nullpunkt (Bild R 7.4/8a,b)
- der *Kreis* durch oder nicht durch den Nullpunkt. Letzterer ergibt sich aus der Geraden nicht durch den Nullpunkt durch *Inversion* (Bild R 7.4/8c).

Inversion. Die Bildung der inversen Ortskurve $1/\underline{F}$ des Frequenzganges kann erfolgen

- durch direkte Konstruktion von $1/\underline{F}$ (punktweise für verschiedene Frequenzen, Berechnung, graphisch)
- durch *Inversion* unter Anwendung der *Inversionsregeln* für Geraden und Kreise als Ortskurven.

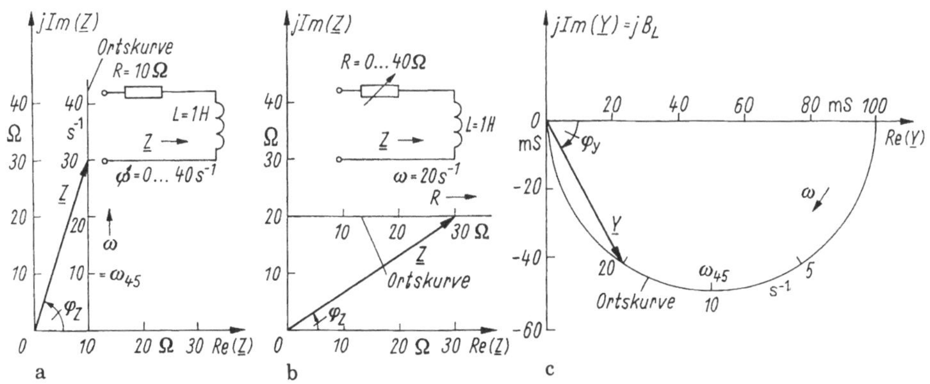

Bild R 7.4/8 Ortskurve
a) des komplexen Widerstandes $\underline{Z}$ bei variabler Kreisfrequenz, b) des komplexen Widerstandes $\underline{Z}$ bei variablem R, c) des komplexen Leitwertes $\underline{Y} = 1/\underline{Z}$ zu a)

Inversionsregeln für Geraden und Kreise als Ortskurven:

- eine Gerade durch den Nullpunkt ergibt eine Gerade durch den Nullpunkt
- eine Gerade nicht durch den Nullpunkt ergibt einen Kreis durch den Nullpunkt (und umgekehrt)
- ein Kreis durch den Nullpunkt ergibt wieder einen Kreis durch den Nullpunkt.

Generell verfährt man nach folgender **Lösungsmethodik Ortskurveninversion:** (II/Abschn. 6.3.3.3):

1. Man spiegele die Ortskurve $\underline{F}(\omega)$ an der reellen Achse. So entsteht $\underline{F}^*$ und die Fahrstrahlen aller Zeiger der invertierten Ortskurve $1/\underline{F}(\omega)$ sind Fahrstrahlen der jeweiligen Punkte.
2. Man lege einen *Inversionsradius* fest, spiegele ausgewählte Zeiger der Ortskurve $\underline{F}$ am Inversionskreis und verbinde die Endpunkte der so erhaltenen invertierten Zeiger. Parameter der Ortskurve ist gewöhnlich die Frequenz, doch kann auch ein veränderliches Netzwerkelement als Variable wirken (Vorteil der Ortskurvendarstellung).

Abbildung der komplexen Ebene. Die Inversion ist ein Sonderfall der Abbildung einer komplexen Variablen $\underline{z} = x + \mathrm{j}y$ mit $x = \mathrm{Re}(\underline{z})$ und $y = \mathrm{Im}(\underline{z})$ in eine neue komplexe Ebene der Funktion $\underline{w} = u + \mathrm{j}v$ mittels der konformen Abbildung $\underline{w}(\underline{z})$ oder der *Abbildungsfunktion.* Zu jedem Punkt der $\underline{z}$-Ebene gehört ein entsprechender Punkt der $\underline{w}$-Ebene. Folglich gehen Ortskurvenscharen der x-y-Ebene in solche der u-v-Ebene über. Für die Elektrotechnik haben *analytische Abbildungsfunktionen*, d.h. solche,

- die überall *stetig* und *differenzierbar* sind (außer in singulären Punkten)
- die kleine Bereiche ähnlich abbilden (Winkeltreue)

besondere Bedeutung. Dazu zählt die gebrochen rationale Abbildung

$$\underline{w} = \frac{a\underline{z} + b}{c\underline{z} + d} \qquad (a...d \text{ Konstanten, } ad - bc \neq 0) \qquad (7.4/24)$$

mit der besonderen Eigenschaft der *Kreisverwandtschaft*: ein allgemeiner Kreis in der $\underline{z}$-Ebene geht durch Gl.(7.4/24) in einen Kreis (mit endlichem oder unendlichem Radius) der $\underline{w}$-Ebene über. Andere Abbildungen sind das sog. *Smith-Diagramm* $\underline{w} = (\underline{z}-1)/(\underline{z}+1)$ und die *Inversionsfunktion* $\underline{w} = 1/\underline{z}$.

Geraden parallel zu den reellen oder imaginären Achsen gehen bei der Inversion $\underline{w} = 1/\underline{z}$ in Kreise durch den Nullpunkt über, deren Mittelpunkte auf den reellen oder imaginären Achsen liegen oder: Eine Schar orthogonaler Geraden wird in eine Schar orthogonaler Kreise abgebildet und umgekehrt (Bild R 7.4/9).

Eine praktische Anwendung ist das Widerstands-Leitwertdiagramm (II/Bild 6.34) zur Widerstands-Leitwertumrechnung, Widerstandstransformation, Gewinnung von Schaltungsstrukturen bei gegebenen Impedanzwerten und Anpaßnetzwerken.

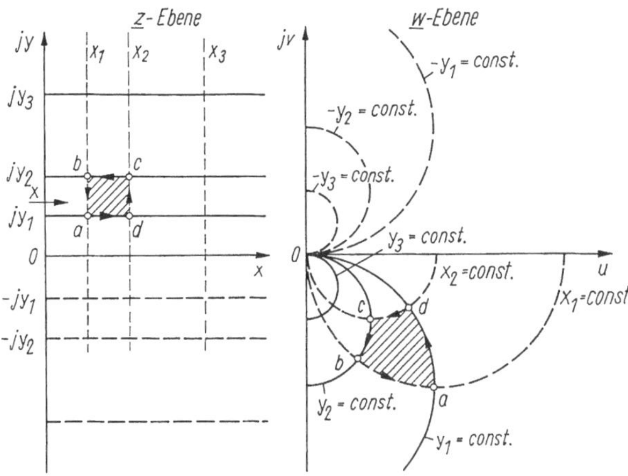

Bild R 7.4/9 Lokalkonforme Abbildung der Geraden $x = \text{const.}$ und $y = \text{const.}$ der $\underline{z}$-Ebene in Kreisbüschel der $\underline{w}$-Ebene durch $\underline{w} = 1/\underline{z}$

Ortskurven typischer Zweipolschaltungen. In Tafel R 7.4/1 wurden die Ortskurven typischer Zweipolschaltungen zusammengestellt. Zugrunde liegt der Verlauf von $\underline{F}$ nach Gl.(7.4/2).

Generell gilt

- Für $a_0 \neq 0$, $b_0 \neq 0$ beginnt die Ortskurve auf der reellen Achse bei b_0/a_0 und läuft im rechten Winkel aus ihr (Bild R 7.4/10a).
- Für $a_0 \neq 0$, $b_0 = 0$ beginnt die Ortskurve im Koordinatenursprung, für $a_0 = 0$, $b_0 \neq 0$ ist $F(0) = -\mathrm{j}\omega$ (Verlauf parallel zur imaginären Achse).
- Für $n > m$ und $\omega \to \infty$ gilt generell $|\underline{F}(\mathrm{j}\omega)| = 0$ (Bild R 7.4/10b).
- Der Phasenwinkel von $\underline{F}(\mathrm{j}\omega)$ erfährt im Bereich $0 < \omega < \infty$ einen Zuwachs $\varphi(\infty) - \varphi(0) = -(n-m)\pi/2$ (n Pole, m Nullstellen) falls $\underline{F}$ nur Pole/Nullstellen in der linken Hälfte der p-Ebene hat. Dann verläuft die Ortskurve durch $n - m$ Quadranten im Uhrzeigersinn um den Ursprung.

Grenzfrequenz: Grenzfrequenz ω_g ist diejenige Frequenz, für die gilt (Bild R 7.4/10c)

$$|\underline{F}(\mathrm{j}\omega_\mathrm{g})| < c \quad \text{für } \omega > \omega_\mathrm{g}.$$

Die Größe c kann vereinbart werden. Verbreitet ist z.B.

$$|\underline{F}(\mathrm{j}\omega_\mathrm{g})| < 1/\sqrt{2}F(0) \quad \text{für } \omega > \omega_\mathrm{g}.$$

Bei der Grenzfrequenz schneidet die Ortskurve einen Kreis mit dem Radius c.

Resonanzfrequenz: Die Resonanzfrequenz ω_r ist die Frequenz, für die

$$|\underline{F}(\mathrm{j}\omega_\mathrm{r})| > |\underline{F}(\mathrm{j}\omega)| \qquad \text{für } \omega \neq \omega_\mathrm{r}$$

gilt, also ein Maximum der Zeigerlänge auftritt (Amplitudenresonanz). Das gilt z.B. für die Ortskurve vom Typ (s. Gl. (7.4/22))

$$\underline{F}(\mathrm{j}\omega) = \frac{K}{1 - (\omega\tau)^2 + 2\mathrm{j}d\tau\omega}. \tag{7.4/25a}$$

Tafel R 7.4/1 Ortskurven typischer Zweipolschaltungen

Schaltung		Ortskurve $\underline{Z}$	Ortskurve $\underline{Y}$
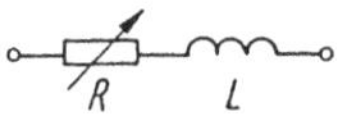 R (variabel) – L in Reihe	$\frac{\underline{Z}}{\omega L} = \frac{R}{\omega L} + j$	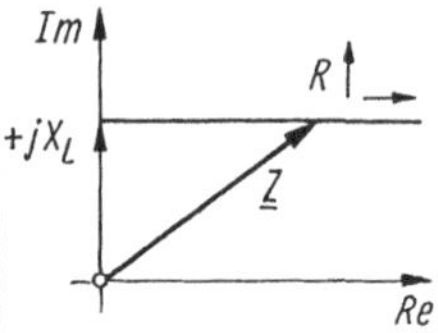	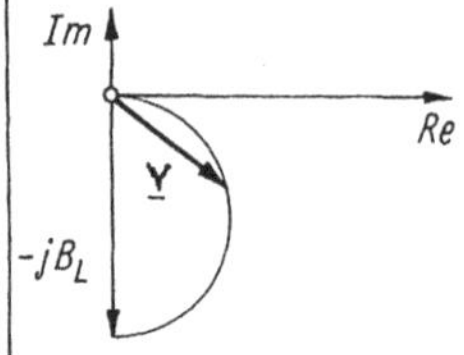
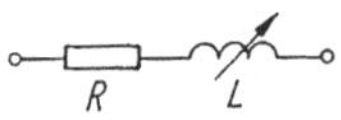 R – L (variabel) in Reihe	$\frac{\underline{Z}}{R} = 1 + j\omega \frac{L}{R}$	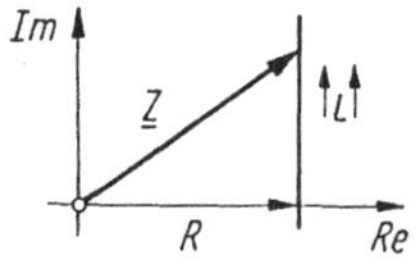	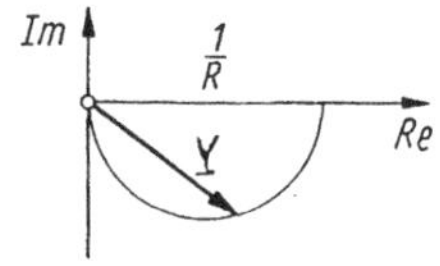
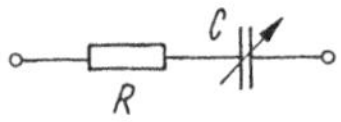 R – C (variabel) in Reihe	$\frac{\underline{Z}}{R} = 1 - \frac{j}{\omega RC}$	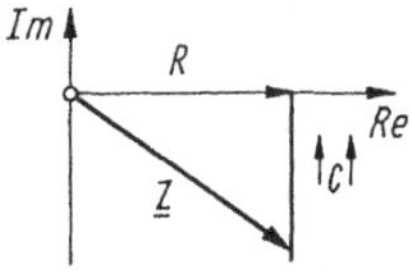	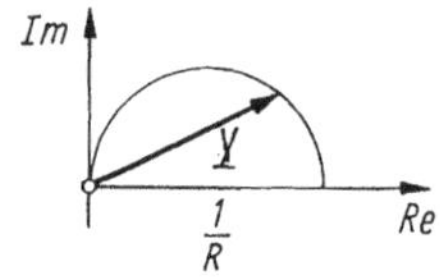
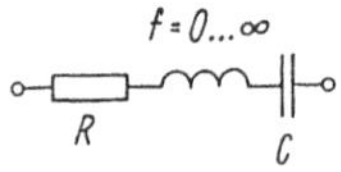 R – L – C in Reihe, $f = 0 \ldots \infty$	$\frac{\underline{Z}}{R} = 1 + j\left(\frac{\omega}{\omega_0} - \frac{\omega_0}{\omega}\right)$	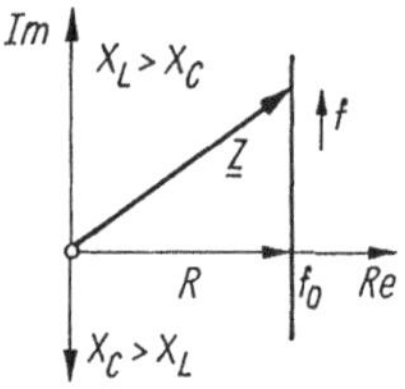	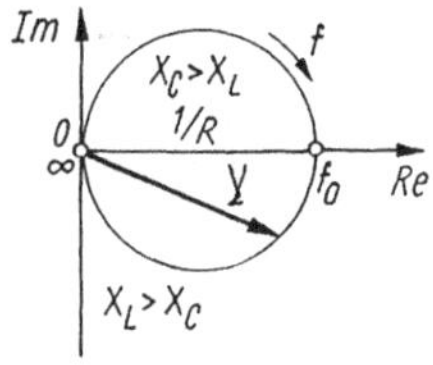
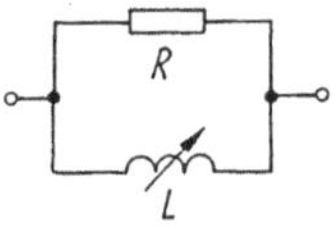 R parallel L (variabel)	$\underline{Z} = \frac{j\omega L}{1 + j\omega \frac{L}{R}}$	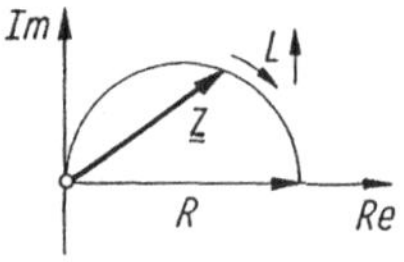	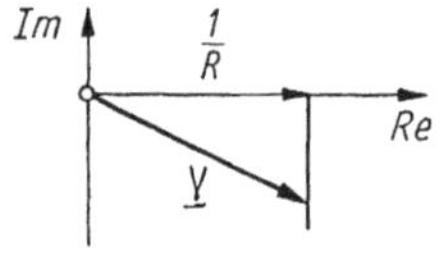
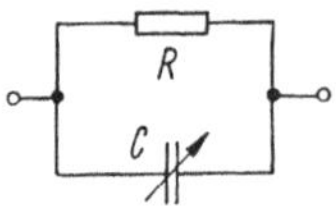 R parallel C (variabel)	$\frac{\underline{Z}}{R} = \frac{1}{1 + j\omega CR}$	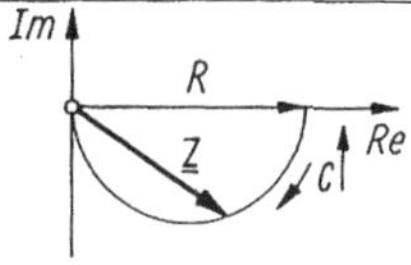	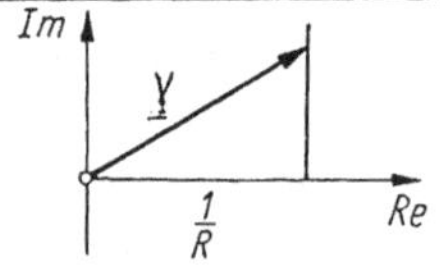
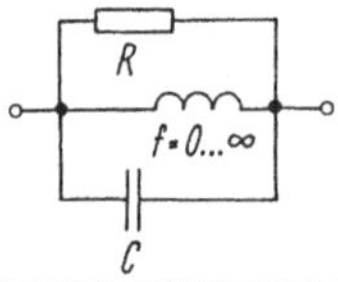 R parallel L parallel C, $f = 0 \ldots \infty$	$\frac{\underline{Z}}{R} = \frac{1}{1 + j\left(\frac{\omega}{\omega_0} - \frac{\omega_0}{\omega}\right)}$	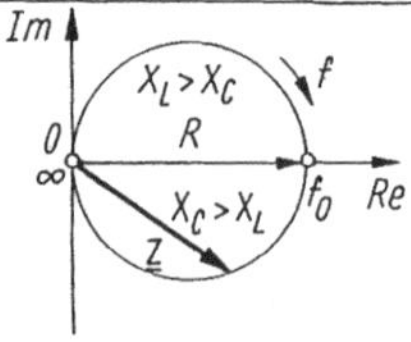	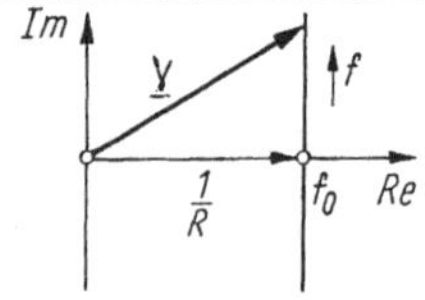

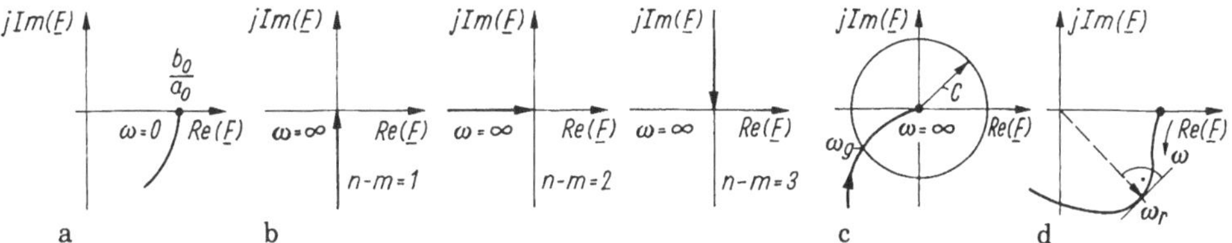

Bild R 7.4/10 Ortskurvenabschnitte eines minimalphasigen Netzwerkes
a) für Frequenz $\omega \to 0$, b) für Frequenz $\omega \to \infty$, c) zum Begriff Grenzfrequenz ω_g, d) zur Resonanzfrequenz ω_r

Man erhält $\omega_r = 1/\tau\sqrt{1-2d^2}$ (falls $0 \le d \le 1/\sqrt{2}$) mit

$$|\underline{F}(j\omega)| = \frac{K}{2d\sqrt{1-2d^2}}. \tag{7.4/25b}$$

Hinweis: Resonanz kann bei Übertragungsgliedern mit konjugiert komplexen Polstellen auftreten. Ein Übertragungsnetzwerk mit Polen bei $p = \delta_1 \pm j\omega_1$ ($\delta < 0$) hat im Falle $\omega_1 > \delta_1$ Resonanz.

Globales Übertragungsverhalten: In Netzwerken vor allem höherer Ordnung kommt es zur Gesamtbewertung nur auf das globale Verhalten an. Man unterscheidet (Bild R 7.4/10) (s. Abschn. 7.4.1)

- *globales P-Verhalten*, wenn im Frequenzgang Gl. (7.4/2) $b_0 \neq 0$ und $a_0 \neq 0$ vorliegen. Die Ortskurve beginnt bei $\omega = 0$ stets im Abstand $K = b_0/a_0$ auf der reellen Achse. Sie endet für $n = m$ unter der Phase $\varphi = 0$ auf der reellen Achse und für $n - m > 0$ mit $\varphi(\infty) = -(n-m)\pi/2$ im Ursprung.
- *globales Hochpaß-* oder *D-Verhalten* trifft zu, wenn $b_0 = 0$, $b_1 \neq 0$ und $a_0 \neq 0$. Die Ortskurve beginnt für $\omega = 0$ mit dem Phasenwinkel $\varphi(0) = \pi/2$ im Ursprung, endet für $n = m$ auf der reellen Ache und $n > m$ unter dem Winkel $-(n-m)\pi/2$ im Ursprung.
- *globales Tiefpaß-* oder *I-Verhalten.* Es gelten $a_0 = 0$ und $b_0 \neq 0$, $a_1 \neq 0$. Die Ortskurve beginnt für $\omega = 0$ mit $F(0) = \infty$ und einem Winkel $\varphi(0) = -\pi/2$. Sie endet für $n = m$ auf der reellen Achse, sonst mit dem Winkel $-(n-m)\pi/2$ im Ursprung.

Bild R 7.4/11 zeigt als Beispiel das Globalverhalten von Tiefpässen der Ordnung $n = 1 \ldots 3$.

Ortskurven wichtiger Übertragungsglieder (Tafel R 7.4/2). Für wichtige Übertragungsglieder ergeben sich folgende Ortskurven:

Grundglieder erster Ordnung

- *Proportionalnetzwerk* (Dämpfung, Verstärkung a). Ortskurve ist Punkt auf der reellen Achse im Abstand K (Phase Null). K kann positiv oder negativ sein
- *Ideales Integrierglied* (d): Die Ortskurve fällt mit der negativen imaginären Achse zusammen, z.B. Ortskurve der Impedanz eines Kondensators

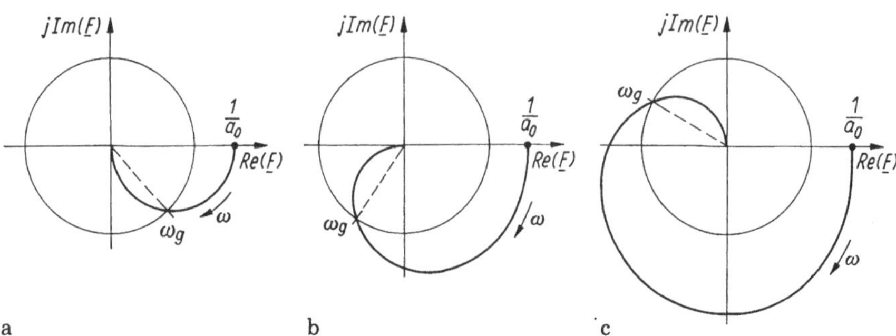

Bild R 7.4/11 Globalverhalten eines Tiefpasses der Ordnung $n = 1$ (a), $n = 2$ (b) und $n = 3$ (c)

- *Ideales Differenzierglied* (g). Die Ortskurve fällt mit der positiven imaginären Achse zusammen, Phase konstant $+\pi/2$ (Impedanz einer Spule)
- *Tiefpaß 1. Ordnung* (b, sog. PT1-Glied). Ortskurve ist Halbkreis im 4. Quadranten mit $F(0) = K$, $F(\infty) = 0$ und der Grenzfrequenz ω_g. Proportionalwert beträgt $K = b_0/a_0$. Beispiel: RC-Spannungsteiler
- *Hochpaß 1. Ordnung* (i, sog. PD-Glied). Ortskurve ist Halbgerade beginnend mit K auf der reellen Achse bei $\omega \to 0$ parallel zur imaginären Achse. Beispiel: Reihenschaltung RL-Spannungsteiler, Spannung über L bei eingeprägtem Strom
- *Hochpaß 1. Ordnung* (h, sog. DT1-Glied). Ortskurve ist Halbkreis im 1. Quadranten (RC-Hochpaß)
- *Tiefpaß 1. Ordnung* (f, sog. PI-Glied, Prop.-Integrator). Ortskurve ist eine Gerade im 4. Quadranten parallel zur imaginären Achse
- *Bilineares Glied* (m), wird zweckmäßig nach $T_v > T_1$ (sog. PDT1-Glied) und $T_v < T_1$ (PIT1-Glied) unterschieden. Im ersten Fall überwiegt der frequenzproportionale Einfluß (Ortskurve Halbkreis im 1. Quadranten), im zweiten Fall der integrierende (Ortskurve im 4. Quadranten). Wegen der phasenanhebenden (lead-) oder -absenkenden (lag-)Wirkung wird die Anordnung auch als phasenänderndes Netzwerk bezeichnet
- *Allpaß* (1. Ordnung) (l). Ortskurve im 4. und 3. Quadranten (Halbkreis um den Ursprung, daher keine Betragsänderung)

Grundglieder zweiter Ordnung

- verzögernd integrierendes Übertragungsglied (IT1-Glied) für $a_0 = b_1 = b_2 = 0$ (e) mit einer Ortskurve im 3. Quadranten
- proportional verzögerndes Übertragungsglied (PT2) für $b_1 = b_2 = 0$ (c). Je nach der Koeffizientenbemessung ($\to$ zwei reelle, verschiedene/gleiche oder konjugiert komplexe Pole) ergibt sich eine Ortskurve im 3./4. Quadranten
- *PID-Glied* (j) mit allen drei Grundelementen (P, I, D) und einer Ortskurve parallel zur imaginären Achse im 1. und 4. Quadranten. Beispiel: Impedanz Reihenschwingkreis.

Tafel R 7.4/2 Ortskurven, Bodediagramm und Pol-Nullstellenverteilung wichtiger Übertragungsglieder

	Element	Übertragungsfunktion G (p)	Ortskurve G (jω)	Bode-Diagramm A(ω)dB u. φ(ω)	Pole x u. Nullstellen o in p-Ebene	Schaltungsbeispiele
a)	Proportional (P)	K (Dämpfung K < 1, Verstärkung K > 1)	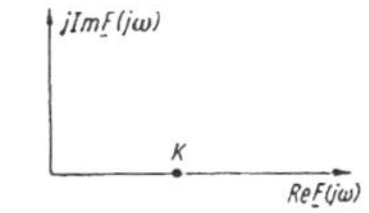	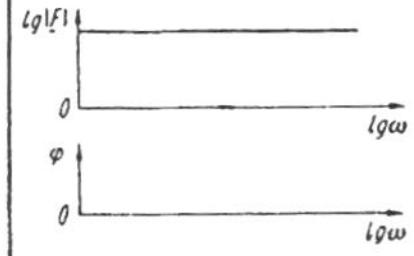	Keine Pol- und Nullstellen	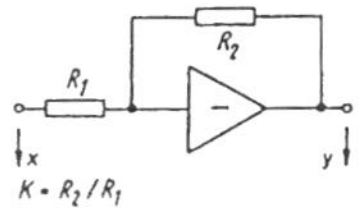 $K = R_2/R_1$
b)	TP 1.Ordnung (PT_1)	$\frac{K}{1+Tp}$	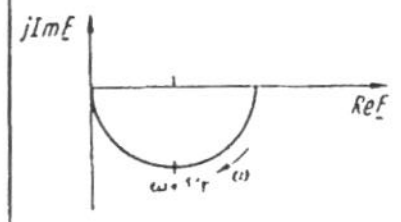 $\omega = 1/T$	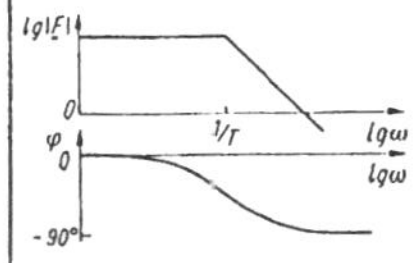 $1/T$; $-90°$	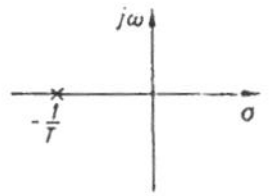 $-\frac{1}{T}$	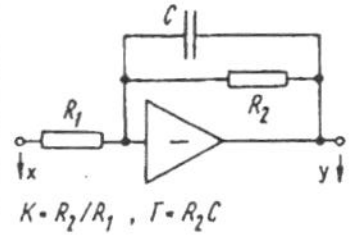 $K = R_2/R_1$, $T = R_2C$
c)	TP 2.Ordnung (PT_2)	$\frac{K}{1+2dTp+T^2p^2}$ $= \frac{K}{(1+pT_1)(1+pT_2)}$ $(d > 1)$	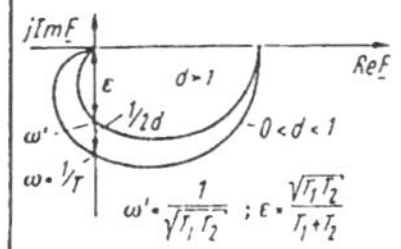 $d > 1$; $0 < d < 1$; $\omega' = \frac{1}{\sqrt{T_1 T_2}}$; $\varepsilon = \frac{\sqrt{T_1 T_2}}{T_1 + T_2}$	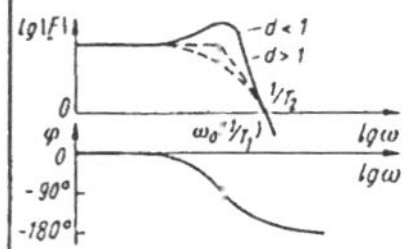 $d < 1$; $d > 1$; $-90°$; $-180°$	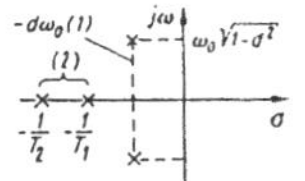 $-d\omega_0$ (1); $\omega_0\sqrt{1-d^2}$; $-\frac{1}{T_2}$; $-\frac{1}{T_1}$	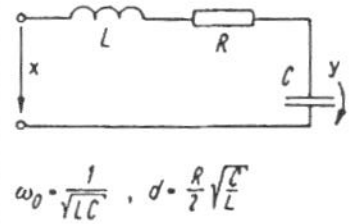 $\omega_0 = \frac{1}{\sqrt{LC}}$, $d = \frac{R}{2}\sqrt{\frac{C}{L}}$
d)	I idealer Integrator	$\frac{K}{p} = \frac{1}{pT}$	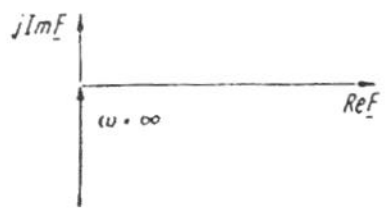 $\omega = \infty$	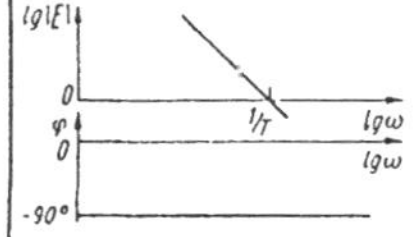 $1/T$; $-90°$	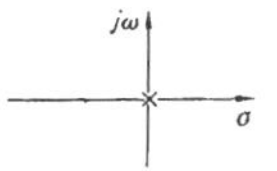	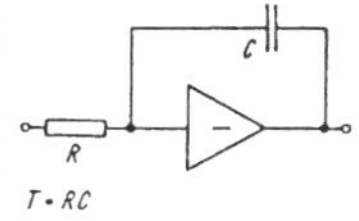 $T = RC$

e)	IT_1 Integrator mit Verzögerung	$\frac{K}{p + Tp^2} = \frac{K}{p(1 + Tp)}$	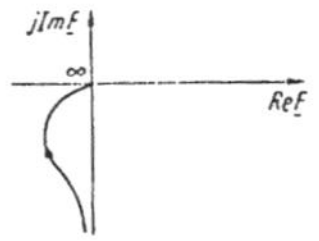	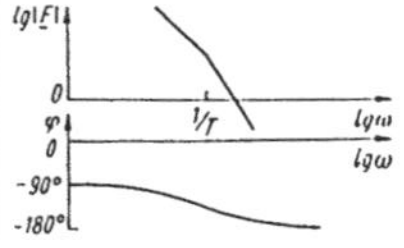	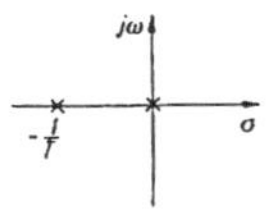	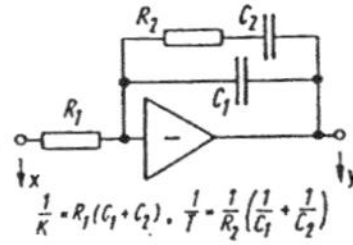 $\frac{1}{K} = R_1(C_1 + C_2)$, $\frac{1}{T} = \frac{1}{R_2}\left(\frac{1}{C_1} + \frac{1}{C_2}\right)$
f)	PI Integrator mit Proportionalanteil	$\frac{K(1 + pT)}{pT}$	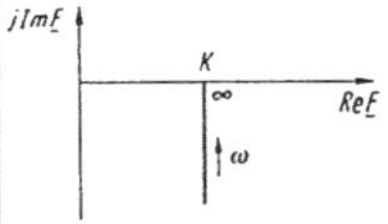	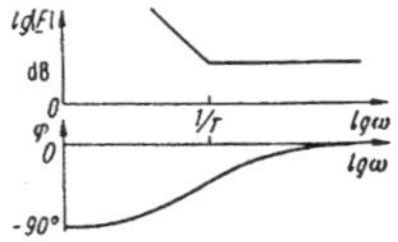	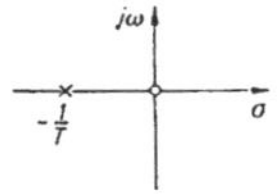	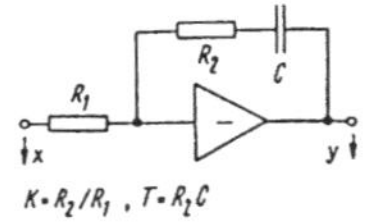 $K = R_2/R_1$, $T = R_2C$
g)	Differenzierglied (D)	Kp	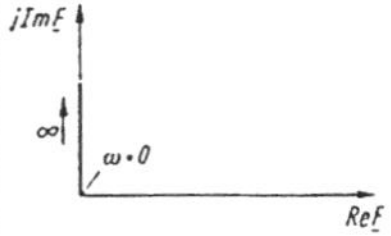	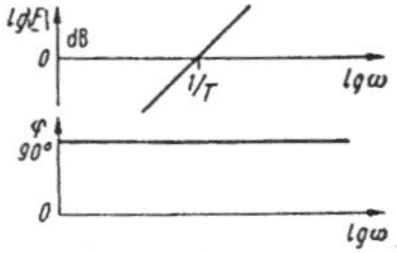	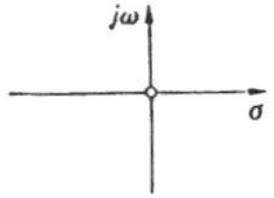	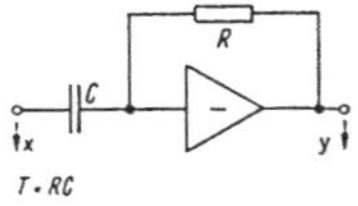 $T = RC$
h)	HP 1.Ordnung (DT_1) Differenzierer mit Verzögerung 1. Ordnung	$\frac{Kp}{1 + Tp}$	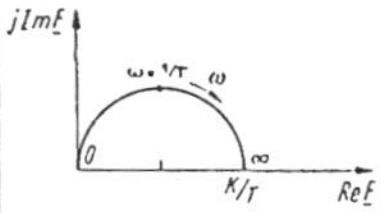	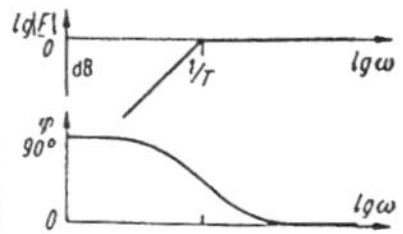	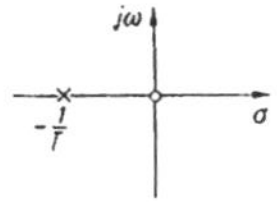	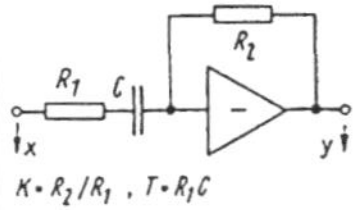 $K = R_2/R_1$, $T = R_1C$
i)	Hochpass PD Proportional- Differenzierglied	$K(1 + pT)$	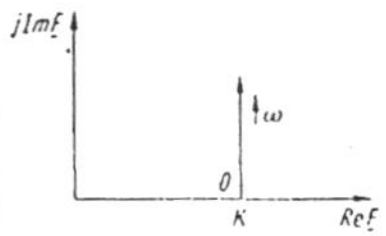	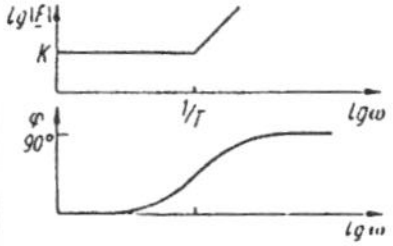	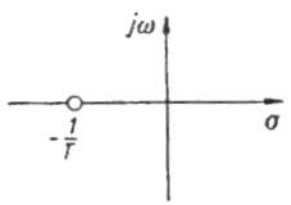	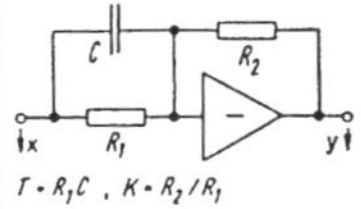 $T = R_1C$, $K = R_2/R_1$

j)	PID	$\dfrac{K\left(1+pT+p^2TT_D\right)}{pT}$	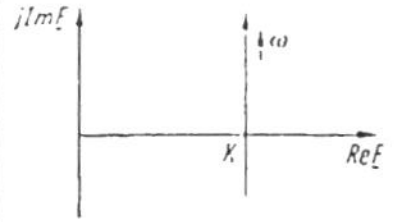	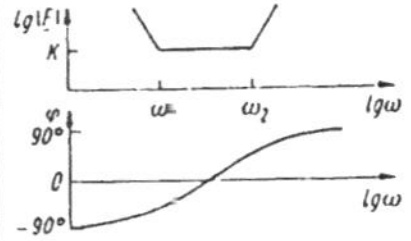	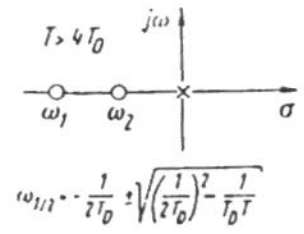	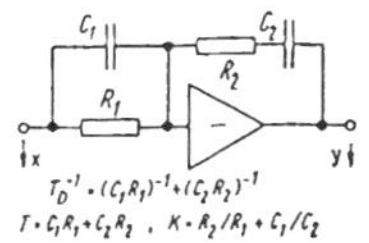
k)	Laufzeitglied	e^{-pT_L}	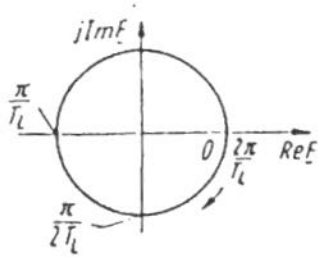	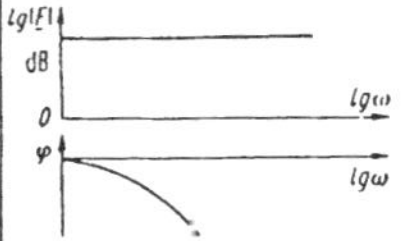	Keine Pol- und Nullstellen im Endlichen.	Laufzeit in elektronischen Bauelementen
l)	Allpaß 1. Ordnung	$\dfrac{1-pT}{1+pT}$	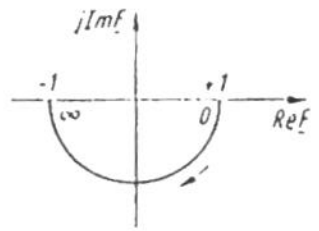	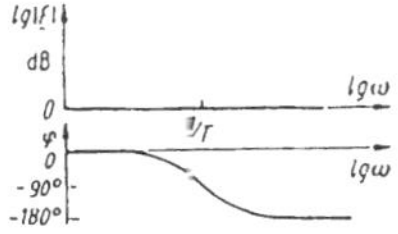	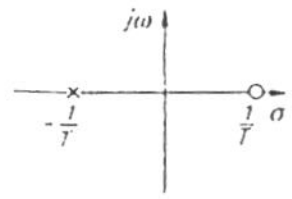	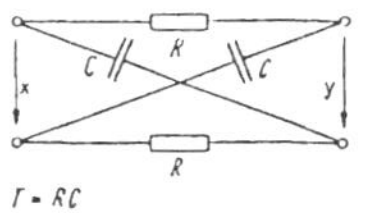
m)	Phasenkorrektur (anhebend, lead (PDT_l))	$\dfrac{1+\frac{p}{\omega_z}}{1+\frac{p}{\omega_N}} = \dfrac{1+pT_v}{1+pT_l}$ $\omega_N > \omega_Z, \quad (T_v > T_l)$	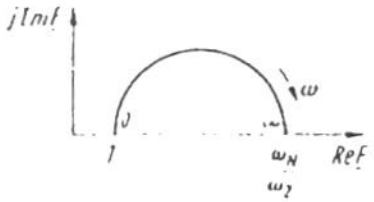	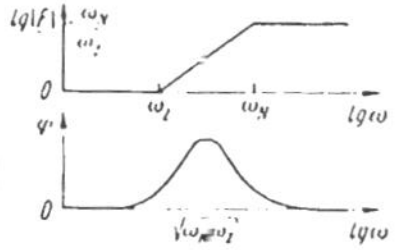	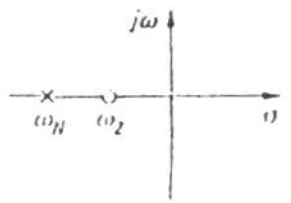	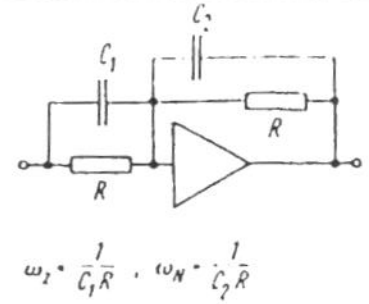
n)	Phasenkorrektur (senkend, lag (PPT_l))	$\dfrac{1+\frac{p}{\omega_z}}{1+\frac{p}{\omega_n}}$ $\omega_N < \omega_Z, \quad (T_v < T_l)$	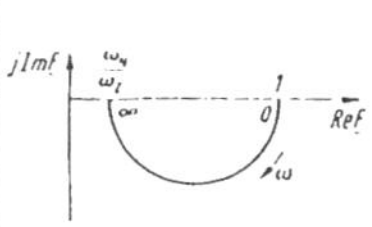	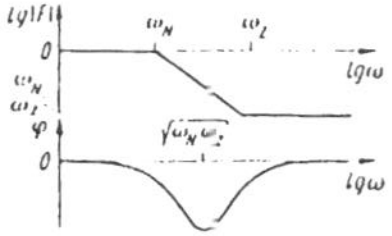	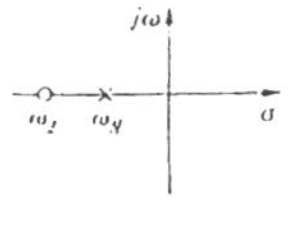	

Auf das in Tafel R 7.4/2 mit enthaltene Bode-Diagramm und den PN-Plan wird später zurückgegriffen.

Bode-Diagramm.

Die Darstellung des Frequenzganges $\underline{F} = F(\mathrm{j}\omega)\exp \mathrm{j}\varphi_{\mathrm{f}}$ getrennt nach Amplitude $|\underline{F}(\mathrm{j}\omega)|$ (Amplituden-, Betragskennlinie) und Phasengang $\varphi(\omega)$ (Phasenkennlinie) über ω in linearem oder logarithmischem Maßstab heißt *Frequenzkennlinie*, die spezielle Form mit der Darstellung $\log F(\omega)$ über $\log\omega$ und $\varphi(\omega)$ linear über $\log\omega$ *Bode-Diagramm* (II/Abschn. 6.3.3.4).

Damit auch $F(\omega)$ linear darstellbar ist, wird die dB-Skala

$$F(\omega)[\mathrm{dB}] = 20\log F(\omega)$$

eingeführt. Dann sind $F(\omega)$ und ω nach vorher festgelegter Einheit als Maßzahlen anzusetzen (Bild R 7.4/12). Die ω-Achse ist so ausgelegt, daß sie die Ordinate bei $F(\omega) = 1$ resp. $20\log F(\omega) = 0$ schneidet. Deshalb fehlen die Werte $F = 0$ und $F \to \infty$ im Bode-Diagramm.

Vorteile des Bode-Diagramms:

- großer Frequenzbereich, gleiche relative Genauigkeit der Kurve bei allen ω-Werten
- einfache Konstruktion des Frequenzganges durch Geraden mit den Näherungen Geradenabschnitte für $F(\omega)$ und Treppenkurven für $\varphi(\omega)$
- Hintereinanderschaltung von Übertragungsfaktoren leicht möglich; so gilt mit $\underline{F}_i = F_i(\omega)\exp \mathrm{j}\varphi_{\mathrm{f}i}$ und $i = 1\ldots n$

$$\underline{F}(\mathrm{j}\omega) = F(\omega)\exp \mathrm{j}\varphi_{\mathrm{f}}(\omega) = \underline{F}_1(\mathrm{j}\omega)\ldots\underline{F}_n(\mathrm{j}\omega) \tag{7.4/26a}$$

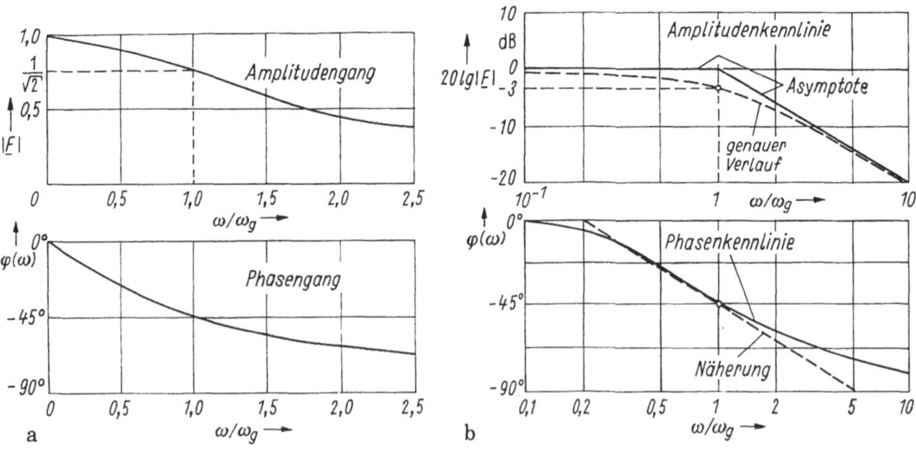

Bild R 7.4/12 Darstellung des Frequenzganges $\underline{F}(\mathrm{j}\omega) = \frac{1}{1+\mathrm{j}\omega/\omega_{\mathrm{g}}}$
a) durch Frequenzkennlinien (linearer Maßstab), b) durch Bode-Diagramm (logarithmischer Maßstab)

mit dem Amplitudengang

$$F(\omega)|_{\mathrm{dB}} = 20\log\left(F_1(\omega)\ldots F_n(\omega)\right) = F_1(\omega)|_{\mathrm{dB}} + \ldots F_n(\omega)|_{\mathrm{dB}} \quad (7.4/26b)$$

und dem Phasengang

$$\varphi_{\mathrm{f}}(\omega) = \varphi_{\mathrm{f1}}(\omega) + \ldots + \varphi_{\mathrm{f}n}(\omega). \quad (7.4/26c)$$

Der Gesamtfrequenzgang einer Kettenschaltung mehrerer Übertragungsglieder ergibt sich durch Addition der einzelnen Frequenzkennlinien.

- Einfache Inversion des Frequenzganges. So folgt aus $1/\underline{F}(\mathrm{j}\omega) = \underline{F}^{-1}(\mathrm{j}\omega)$ mit

$$\begin{aligned} &20\log|\underline{F}(\mathrm{j}\omega)|^{-1} = -20\log|F(\mathrm{j}\omega)| = -20\log F(\omega) \\ &\arg\left(\underline{F}^{-1}(\mathrm{j}\omega)\right) = -\arg\left(\underline{F}(\mathrm{j}\omega)\right). \end{aligned} \quad (7.4/27)$$

Zur Inversion von $\underline{F}(\mathrm{j}\omega)$ sind die Kurvenverläufe $F(\omega)$ und $\varphi_{\mathrm{f}}(\omega)$ nur an den Achsen $20\log F(\omega) = 0$ (0 - dB-Linie) und $\varphi_{\mathrm{f}} = 0$ zu spiegeln.

Durch diese Vorzüge hat sich das Bode-Diagramm breit durchgesetzt.

Eigenschaften des Bodediagramms. Der Frequenzgang eines Netzwerkes läßt sich grundsätzlich durch

$$\underline{F}(\mathrm{j}\omega) = \frac{K(\mathrm{j}\omega)^n \prod_{j=1}^{\alpha}(1+\mathrm{j}\omega T_j) \prod_{k=1}^{\beta}\left(1 + 2d_k T_k(\mathrm{j}\omega) + T_k^2(\mathrm{j}\omega)^2\right)}{\prod_{l=1}^{\gamma}(1+\mathrm{j}\omega T_l) \prod_{q=1}^{\delta}\left(1 + 2d_q T_q(\mathrm{j}\omega) + T_q(\mathrm{j}\omega)^2\right)} \quad (7.4/28)$$

darstellen mit vier Arten von Faktoren (s. auch Tafel R 7.4/2):

- die konstante Verstärkung/Dämpfung K
- Pole (oder Nullstellen) im Ursprung $(\mathrm{j}\omega)^n$
- Pole oder Nullstellen auf der reellen Achse $(1 + \mathrm{j}\omega T)$
- konjugiert komplexe Pole oder Nullstellen $(1 + 2dT(\mathrm{j}\omega) + T^2(\mathrm{j}\omega)^2)$ (s. Gl. (7.4/21)). Dabei sind Mehrfachpole/-nullstellen möglich.

Deshalb können Betrags- und Phasenverlauf eines jeden Faktors bestimmt und das Ergebnis (graphisch) zur Gesamtfunktion zusammengesetzt werden.

Durch Verwendung asymptotischer Näherungen (und der genauen Werte nur für spezielle Frequenzen) wird die Kurvenbestimmung stark vereinfacht:

1. *Konstante Verstärkung* K. Mit

   $$20\log K = \mathrm{const.}|_{\mathrm{dB}} \qquad \text{und } \varphi = 0$$

   folgt eine Gerade parallel zu ω-Achse im Diagramm.
2. *Pole (oder Nullstellen) im Ursprung* $(\mathrm{j}\omega)^n$. Ein einfacher Pol im Ursprung hat die Amplitude

   $$20\log\left|\frac{1}{\mathrm{j}\omega}\right| = -20\log\omega\mathrm{dB} \quad (7.4/29)$$

   und die Phase $\varphi(\omega) = -\pi/2$. Kurvensteigung - 20 dB/Dekade (- 6 dB/Oktave). Bei Mehrfachpolen $(n > 1)$ gilt - 20 n dB/Dekade und $\varphi(\omega) = -n\pi/2$. Nullstellen haben positive Steigungen und Phasenwinkel $\varphi(\omega) = +n\pi/2$.

3. *Pole oder Nullstellen auf der reellen Achse.* Der Polfaktor $(1 + j\omega T)^{-1}$ ergibt

$$20 \log \left| \frac{1}{1 + j\omega T} \right| = -10 \log \left(1 + (\omega T)^2\right)$$

mit dem asymptotischen Verhalten von $20 \log 1 = 0$ für $\omega T \ll 1$ und von $-20 \log \omega T$ für $\omega T \gg 1$ (Steigung - 20 dB/Dekade). Beide Asymptoten schneiden sich bei

$$20 \log 1 = 0\,\mathrm{dB} = -20 \log \omega T,$$

d.h. für $\omega_g T = 1$ (Grenzfrequenz ω_g) (Bild R 7.4/12b). Der genaue Wert des Amplitudenfaktors beträgt - 3 dB, die Phase $\varphi(\omega) = -\arctan \omega T$ läßt sich zwischen den Grenzen 0, $1\omega T$ und $10\omega T$ durch eine Gerade zwischen den Werten $\varphi(0,1\omega T) = 0$ und $\varphi(10\omega T) = -\pi/2$ annähern mit $\varphi(1\omega T) = -\pi/4$. Der exakte Verlauf von $F(\omega)$ und $\varphi(\omega)$ kann durch "Kurvenlineale" leicht konstruiert werden. (Hinweis: Auch die Punkte $0,2\omega T$ und $5\omega T$ werden zur Geradennäherung verwendet (II/Bild 6.39)).
Der Nullstellenverlauf $(1 + j\omega T)$ unterscheidet sich nur im positiven Vorzeichen des asymptotischen Steigungs- und Phasenverlaufs.
Der genaue Verlauf des Frequenzganges weicht von der Asymptotennäherung mehr oder weniger ab; Korrekturwerte enthält Tafel R 7.4/3.
4. *Konjugiert komplexe Pole oder Nullstellen.* Der quadratische Faktor eines konjugiert komplexen Polpaares kann geschrieben werden zu $\left(1 + j2d\omega T - (\omega T)^2\right)$ mit der logarithmierten Amplitude

$$20 \log |\underline{F}(j\omega)| = -10 \log \left(\left(1 - (\omega T)^2\right)^2 + 4d^2 (\omega T)^2 \right) \quad (7.4/30a)$$

und Phase

$$\varphi(\omega) = -\arctan \frac{2d\omega T}{1 - (\omega T)^2}. \quad (7.4/30b)$$

Es gelten die Asymptotenwerte (Bild R 7.4/5):

$\omega T \ll 1$:	Amplitude	$-10 \log 1 = 0\mathrm{dB}$
	Phase	$\varphi(0) = 0$
$\omega T \gg 1$:	Amplitude	$-10 \log(\omega T)^4 = -40 \log(\omega T)$
	Phase	$\varphi(\omega) = -\pi,$

also eine Kurvensteigung von - 40 dB/Dekade. Die Asymptoten schneiden die 0-dB-Linie bei $\omega T = 1$.

Tafel R 7.4/3 Korrekturwerte der Asymptotenkurve für Übertragungsfunktionen erster und zweiter Ordnung

Erste Ordnung			**Zweite Ordnung**	
System ωT	+ Amplituden korrektur (dB)	+ Phasen- korrektur (°)	Betragskorrektur bei ωT=1 Dämpfung d	dB
1	3	0	1	-6
0,76 resp. 1,31	2	2,4	0,5	0
0,5 resp. 2	1	4,7	0,25	6
0,1 resp. 10	0,04	5,7	0,1	14
			0,05	20

Die Differenz zwischen tatsächlicher Amplitudenkennlinie und Näherung hängt stark von der Dämpfung d ab, für $d < 1/\sqrt{2}$ muß sie berechnet werden (Bild R 7.4/5). Das Maximum tritt bei der Resonanzfrequenz $\omega_r = \omega_0\sqrt{1-2d^2}$, $d < 1/\sqrt{2}$ auf mit $|\underline{F}(j\omega_r)| = \left(2d\sqrt{1-d^2}\right)^{-1}$. Korrekturwerte für die Stelle $\omega T = 1$ enthält Tafel R 7.4/3; beispielsweise liegt das Maximum von $|\underline{F}|$ für $d = 0,1$ um 4 dB über dem Asymptotenverlauf.
Das Verhalten der konjugiert komplexen Nullstelle ergibt sich durch Spiegelung der Kurven an der 0-dB-Linie (Amplitude) bzw. $\varphi = 0$-Linie (Phase).

Zusammengefaßt:

- Der Gesamtfrequenzgang eines Netzwerkes ergibt sich aus einer Kettenschaltung von Grundformen; Bode-Diagramm durch Überlagerung der Einzelverläufe darstellbar. Dabei treten als Asymptoten der Amplitudenkennlinie Steigungen von 0, ±20, ±40 dB/Dekade auf. Die Phase erreicht asymptotisch den Wert $(m-n)\pi/2$ (m (n) Zähler- (Nenner-)grad).
- Die Zeitkonstanten der Grundformen ergeben sich aus den jeweiligen Eckfrequenzen ($\omega_g = 1/T$).
- Der inverse Frequenzgang $1/\underline{F}(j\omega)$ folgt aus der Spiegelung an der 0-dB-Linie (Amplitudengang) bzw. 0^0-Linie (Phasengang).
- Die Konstante K bestimmt den Bezugswert der Amplitudenkennlinie über bzw. unter 0-dB.
- Für ein sog. Phasenminimumnetzwerk (s.u.) enthält die Amplitudenkennlinie alle Bestimmungsstücke der Übertragungsfunktion.

Konstruktion des Bode-Diagramms. Es sind durchzuführen:

1. Schreibe F in faktorisierter Form im Zähler und Nenner (Gl.(7.4/28)).
2. Schreibe die Faktoren erster Ordnung in der Standardform. Markiere die Eckfrequenzen auf der ω-Achse. Zeichne die Asymptoten erster Ordnung: Horizontale 0 dB bis zur Eckfrequenz, Gerade mit ± 6 dB/Oktave jenseits davon (+ Nullfrequenz, - Polfrequenz).
3. Bringe alle Faktoren zweiter Ordnung in die Standardform. Bestimme die Knickfrequenzen sowie für jeden Faktor das Dämpfungsglied. Zeichne einzelne Geraden 0 dB bis zur Knickfrequenz, dann mit Steigung ± 12 dB/Oktave.
4. Addiere alle Asymptoten zur Gesamtasymptote.
5. Zeichne die erforderlichen Korrekturwerte nach Tafel R 7.4/3 bei Faktoren erster bzw. zweiter Ordnung.
6. Zeichne eine Anpaßkurve zwischen den überlagerten Geraden.

Nichols-Diagramm. Das Nichols-Diagramm faßt die Amplituden- und Phasendarstellung mit der Frequenz als Parameter in einem Diagramm in der Form $|\underline{F}(j\omega)|$ über $\varphi(\omega)$ zusammen (Amplitude logarithmiert, Phase linear, Bild R 7.4/13.).

Es eignet sich besonders zur Darstellung des Frequenzganges rückgekoppelter Systeme (sog. geschlossener Regelkreis) mit dem Frequenzgang

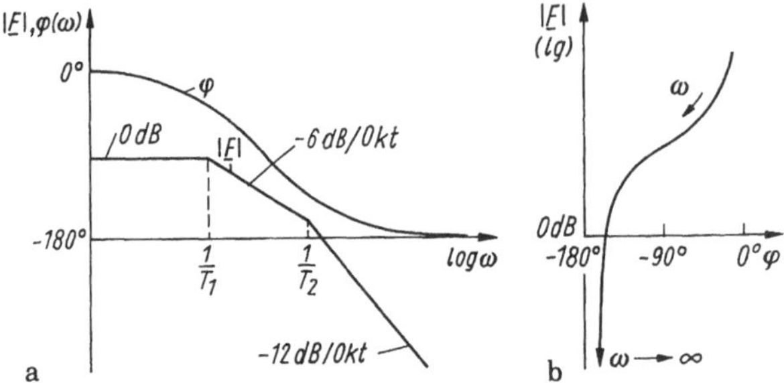

Bild R 7.4/13 Bode-Diagramm
(a) und Nichols-Diagramm (b) des Frequenzganges $\underline{F}(\mathrm{j}\omega) = \frac{1}{(1+\mathrm{j}\omega T_1)(1+\mathrm{j}\omega T_2)}$

$$\underline{F}(\omega) = \frac{\underline{F}_0(\omega)}{1 + k\underline{F}_0(\omega)},$$

wenn vom Frequenzgang $\underline{F}_0(\omega)$ des offenen Systems ausgegangen wird. Es ist vorteilhaft zur Stabilitätsprüfung von Netzwerken und Systemen (vor allem mit gesteuerten Quellenn) und wird bevorzugt in der Regelungstechnik verwendet (weitere Beispiele s. Tafel R 8.6/2).

7.4.4 Spezielle Wechselstromnetzwerke

Aus technischer Sicht haben neben Filtern noch weitere spezielle Wechselstromschaltungen Bedeutung.

Wechselstrombrücke. Wird die Wheatstone-Brücke mit komplexen Widerständen $\underline{Z}_1 \ldots \underline{Z}_4$ ausgeführt und mit Wechselspannung betrieben (Bild R 7.4/14a), so gelten im Abgleichzustand zwei Bedingungen für Betrag und Phase:

$$Z_1 Z_\mathrm{X} = Z_2 Z_\mathrm{N}, \quad \varphi_1 + \varphi_\mathrm{X} = \varphi_2 + \varphi_\mathrm{N}. \tag{7.4/31}$$

Die Brücke ist abgeglichen, wenn das Produkt der gegenüberliegenden komplexen Widerstände nach Betrag und Phase übereinstimmt (eine Bedingung allein reicht nicht!).

Zu Gl.(7.4/31) gleichwertig ist (mit Aufteilung in Real- und Imaginärteil)

$$\frac{R_1}{R_2} = \frac{R_\mathrm{N}}{R_\mathrm{X}} \quad \text{und} \quad \frac{X_1}{X_2} = \frac{X_\mathrm{X}}{X_\mathrm{N}}. \tag{7.4/32}$$

Oft hängt die Abgleichbedingung von der Frequenz ab.

Diese Eigenschaften werden in verschiedenen Meßbrücken (s. Tafel R 7.4/4) zur Messung von Grundelementen (R, L, C, M, Verlustfaktor, Frequenz, Klirrfaktor), aber auch in Verbindung mit Sensoren zur Signalgewinnung ausgenutzt.

Hinweis:

- Auf der Frequenzabhängigkeit der Abgleichbedingung beruht ein Prinzip der Klirrfaktormessung: Brücke mit verzerrter Spannung gespeist und auf die Grundwelle abgeglichen erlaubt Klirrfaktorbestimmung.

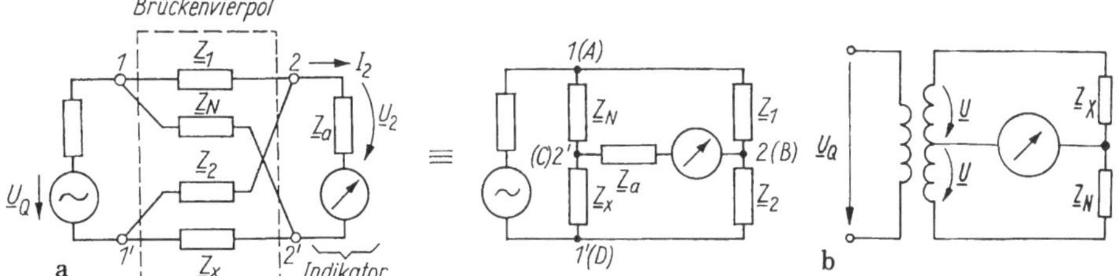

Bild R 7.4/14 Brückenschaltungen
a) Darstellung als Brückenvierpol und Standardform, b) Anordnung mit Differentialübertrager

Tafel R 7.4/4 Typische Wechselstrombrücken und Abgleichbedingungen

Typ	Schaltung	Abgleichbedingung	Bemerkungen
Wien-Brücke		$\frac{R_1}{R_2}=\frac{R_3}{R_4}$ $\frac{C_1}{C_2}=\frac{R_4}{R_3}$	Verlustfaktorbestimmung von Kondensatoren $\frac{\tan\delta_1}{\tan\delta_2}=\frac{\omega R_2 C_2}{\omega C_1 R_1}=1$ Variante auch mit $R_3 \to C_3, R_4 \to C_4$ $R_2, C_2 \to$ Reihenschaltung üblich
RLC-Brücke		$\frac{L_1}{C_4}=R_2 R_3$ $\frac{C_2}{C_4}=\frac{R_3}{R_1}$	Induktivitätsbestimmung Variante: $C_2 \to \infty, C_4 \to C_4 \Vert R_4$ Maxwellbrücke
Brücke mit Gegeninduktivität		$R_1 R_4 = M/C_2$ $(L_1 - M)R_4 = R_2 M$	Schwingkreis L, C_1, R_1 $C_2 \to \infty, C_4 \to R_4$ Klirrfaktormessung, M-Messung

- Die Brückendifferenzspannung wird zweckmäßig mit einem Differenzverstärker ausgewertet (weniger Erdungsprobleme).
- In Verbindung mit Verstärkern (gesteuerte Quellen) kann es vorteilhafter sein, das *Kompensationsprinzip* zur Elementbestimmung zu verwenden.

Differentialbrücke. Werden durch einen Übertrager zwei Spannungen $\underline{U}$ und $-\underline{U}$ bezüglich eines Massepunktes geschaffen (→ Trafo mit Mittelanzapfung), so gilt im Abgleichfall (Bild R 7.4/14b)

$$\underline{Z}_{\mathrm{X}} = \underline{Z}_{\mathrm{N}}. \tag{7.4/33}$$

Vorteil: Meßobjekt einseitig an Masse, gute Abschirmung, bis zu hohen Frequenzen einsetzbar. Massesymmetrische Spannungen (mit Vorzeichenumkehr) lassen sich auch mit Verstärkerelementen realisieren (sog. Phasenteilerstufe).

Parallelgeschaltete Vierpole. Parallelgeschaltete Vierpole (Typ Doppel-T oder T-überbrückt, Bild R 7.4/15) eignen sich bei richtiger Bemessung ebenfalls zur Widerstandsbestimmung. Sind Y_{21} die Vorwärtstransferleitwerte der Vierpole, so folgt für Abgleich (ausgangsseitiger Kurzschluß, Spannung Null, Kompensation)

$$\left.\frac{1}{\underline{Y}_{21}}\right|_1 + \left.\frac{1}{\underline{Y}_{21}}\right|_2 = 0 \quad \text{mit } \underline{Y}_{21} = \left.\frac{\underline{I}_2}{\underline{U}_1}\right|_{\underline{U}_2=0}. \tag{7.4/34}$$

Für die Schaltungen a), b) ergeben sich

$$\underline{Z}_1 + \underline{Z}_2 + \underline{Z}_1\underline{Z}_2\underline{Y}_3 + \underline{Z}_4 = 0$$
$$\underline{Z}_1 + \underline{Z}_2 + \underline{Z}_1\underline{Z}_2\underline{Y}_3 + \underline{Z}_4 + \underline{Z}_5 + \underline{Z}_4\underline{Z}_5\underline{Y}_6 = 0.$$

Anwendungsbeispiele: Doppel-T-RC-Schaltung, Anordnung zur Messung von L, R, Messung der Transfergröße $\underline{Y}_{21}$ eines Verstärkers u.a.m.

Allpaßnetzwerke. Allpässe sind Netzwerke mit frequenzunabhängigem Betrag $F(\omega) = 1$ des Übertragungsfaktors und nur frequenzabhängiger Phase (vgl. Bild 7.4/6).

Von den Allpaßgliedern n-ter Ordnung haben besondere Bedeutung:

Allpaß erster Ordnung

$$\underline{F}(\mathrm{j}\omega) = \frac{1 - \mathrm{j}\omega T}{1 + \mathrm{j}\omega T}, \tag{7.4/35a}$$

mit $F(\omega) = 1$ und $\varphi(\omega) = 2\arctan \omega T$.

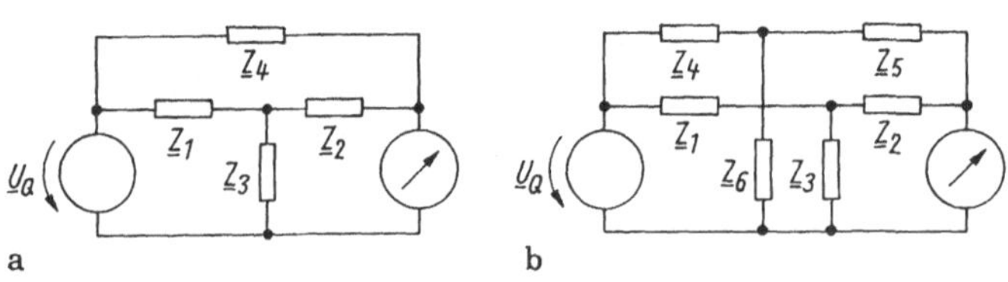

Bild R 7.4/15 Parallelgeschaltete Vierpole als Kompensationsschaltungen
a) überbrückter T-Vierpol, b) Doppel-T-Vierpol

Allpaß zweiter Ordnung

$$\underline{F}(\mathrm{j}\omega) = \frac{1 - \mathrm{j}\omega T_1 + (\mathrm{j}\omega)^2 T_2^2}{1 + \mathrm{j}\omega T_1 + (\mathrm{j}\omega)^2 T_2^2}, \tag{7.4/35b}$$

mit $F(\omega) = 1$ und $\varphi(\omega) = -2\arctan((\omega T_1)/(1 - \omega T_2))$.

Das Netzwerk Bild R 7.4/16a (oft nur mit einem RC-Element und Mittenanzapfung der Eingangsspannung ausgeführt) stellt einen verbreiteten Allpaß erster Ordnung dar. Durch Kettenschaltung zweier derartiger Schaltungen (mit Trennverstärker) entsteht ein Allpaß zweiter Ordnung. Man erhält ihn auch, wenn die Kondensatoren Bild R 7.4/16a durch Reihenschwingkreise ersetzt werden.

Allpaßanordnungen haben eine Nullstellenverteilung der Übertragungsfunktion $\underline{F}(p)$ in der (komplexen) p-Ebene spiegelbildlich zur Polverteilung hinsichtlich der jω-Achse (Bild R 7.4/16b).

Anwendungen: Zur Signalverzögerung, zur Erzeugung von Phasenverschiebung.

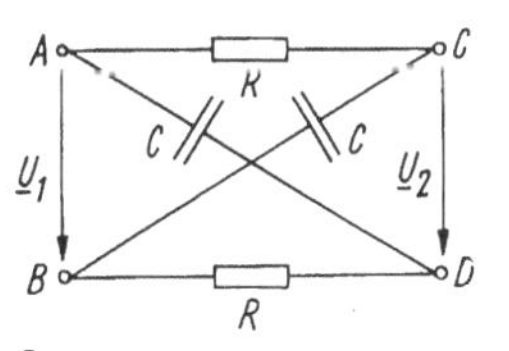

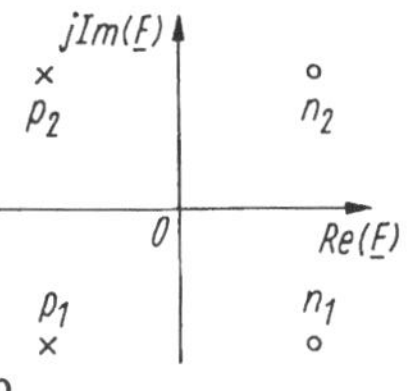

Bild R 7.4/16 Allpaßschaltung erster Ordnung (a, $T = RC$) und zweiter Ordnung, wenn die Kondensatoren je durch Reihenschwingkreise ersetzt werden, b) PN-Diagramm

Phasenverschiebung. Phasenschiebenetzwerke sind Anordnungen mit definierter Phasenverschiebung zwischen Eingangs- und Ausgangsgröße.

Bei sog. Minimumphasenschaltungen stellt sich dabei zwangsläufig auch eine Änderung des Amplitudenverhältnisses ein, bei Allpaßschaltungen nicht.

Verbreitet werden benutzt (Bild R 7.4/17a,b):

- RC-Abzweigschaltungen mit einem ($\varphi < \pi/2$), zwei ($\varphi < \pi$) oder drei RC-Gliedern ($\varphi < 3/2\pi$). Aus praktischen Gründen benutzt man für $\varphi = \pi/2$ zwei und $\varphi = \pi$ drei RC-Glieder (Anwendung z.B. in der Meßtechnik und Elektrotechnik, als Steuerkreis für Thyristoren u.a.m).
- Spezielle Schaltungen, die mit technischen Netzwerkelementen (verlustbehaftetes L) genau eine Phasenverschiebung von $\pm\pi/2$ zwischen $\underline{U}$ und $\underline{I}$ erzeugen.
- Wechselstromparadoxon. In bestimmten Schaltungen verschiebt sich bei konstantem Betrag der Ausgangsgröße nur die Phase, wenn sich das Netzwerk ändert: sog. *Wechselstromparadoxon.* Wird in der Schaltung Bild R 7.4/17c $2R_1R_2 = (\omega L)^2$ gewählt, so bleibt der Effektivwert I unabhängig von der Schalterstellung S erhalten, obwohl sich die Phase ändert (Bedingung: Betragsgleichheit des Scheinwiderstandes).

Schwingkreis als Widerstandstransformator. Ein auf Resonanz abgestimmter Schwingkreis (mit Anzapfung der Spule oder Unterteilung des Kon-

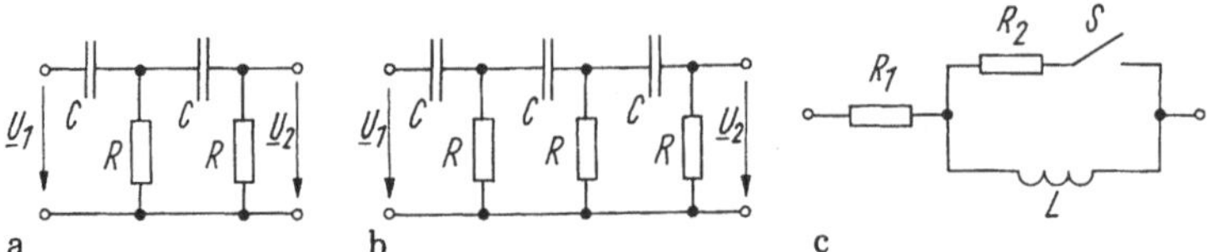

Bild R 7.4/17 Phasenschieberschaltungen
a), b) RC-Abzweigschaltungen, c) zum Wechselstromparadoxon

densators) wirkt als Transformator und kann zur Widerstandsübersetzung dienen, z.B. kapazitiv (Bild R 7.4/18a)

$$R_1 \approx R_2 \left(1 + \frac{C_2}{C_1}\right)^2$$

Voraussetzung: hochohmige Belastung ($R_2 > 10X_{C2}$).

Verlustbehafteter Parallelschwingkreis. Der Schwingkreis mit Verlusten (Bild R 7.4/18b) hat die Resonanzbedingung

$$\omega_0 = \frac{1}{\sqrt{LC}} \sqrt{\frac{R_1^2 - L/C}{R_2^2 - L/C}} \tag{7.4/36}$$

mit den Sonderfällen:

- $R_1 = R_2 \neq L/C$, Resonanz $\omega_0 = 1/\sqrt{LC}$
- für $R_1 \neq R_2$ tritt nur dann Resonanz ein, wenn gleichzeitig $R_1^2 > L/C$ und $R_2^2 > L/C$ oder gleichzeitig in beiden Fällen $R_1^2 < L/C$, $R_2^2 < L/C$ gilt. Für $R_1^2 > L/C$, $R_2^2 < L/C$ (und umgekehrt) wird ω_0 rein imaginär: keine Resonanz möglich
- für $R_1 = R_2 = \sqrt{L/C}$ folgt $\omega_0 ='' 0''/''0''$, d.h. es herrscht immer Resonanz (sog. *ewige Resonanz*).

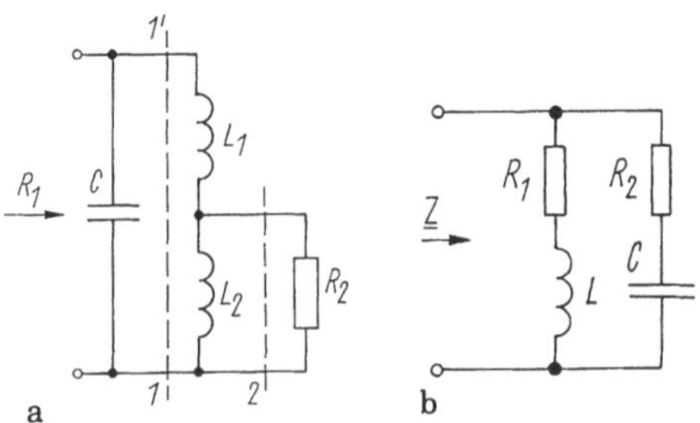

Bild R 7.4/18 Anwendungen des Resonanzkreises
a) zur Widerstandstransformation, b) verlustbehafteter Schwingkreis

7.5 Energie und Leistung

Momentanleistung. Die in einem beliebigen Zweipol mit den Klemmengrößen $u(t)$, $i(t)$ umgesetzte Leistung $p(t)$ heißt *Momentanleistung* (II/ Abschn. 6.4.1)

$$p(t) = i(t)u(t) \qquad [P] = \mathrm{W}. \qquad \text{Momentanleistung} \quad (7.5/1)$$

Sie ändert sich für zeitveränderliche Größen ständig. Gilt für u, i das Verbraucherpfeilsystem, so nimmt der Zweipol für $p > 0$ elektrische Leistung auf (und gibt solche für $p < 0$ ab). Speziell mit sinusförmigen Größen $u(t) = \hat{U}\sin(\omega t + \varphi_\mathrm{u})$ und $i(t) = \hat{I}\sin(\omega t + \varphi_\mathrm{i})$ gilt (Bild R 7.5/1)

$$\begin{aligned} p(t) &= \frac{\hat{U}\hat{I}}{2}(\cos(\varphi_\mathrm{u} - \varphi_\mathrm{i}) && - \cos(2\omega t + \varphi_\mathrm{u} + \varphi_\mathrm{i}) \\ &= \underset{\text{Wirkleistung}}{P} \quad \underbrace{\underset{\text{schwingende L.}}{-P\cos 2(\omega t + \varphi_\mathrm{u})}}_{\text{Wirkleistungsschwingung}} && \underbrace{\underset{\text{momentane Blindl.}}{-Q\sin 2(\omega t + \varphi_\mathrm{u})}}_{\text{Blindschwingung}} \end{aligned} \qquad (7.5/2)$$

Mittlere Leistung $\overline{p(t)}$, Wirkleistung P. Der zeitliche Mittelwert von $p(t)$ über eine Periode T

$$\overline{p(t)} = P = \frac{W}{T} = \frac{1}{T}\int_t^{t+T} p(t)\,\mathrm{d}t \qquad \text{Wirkleistung} \quad (7.5/3)$$

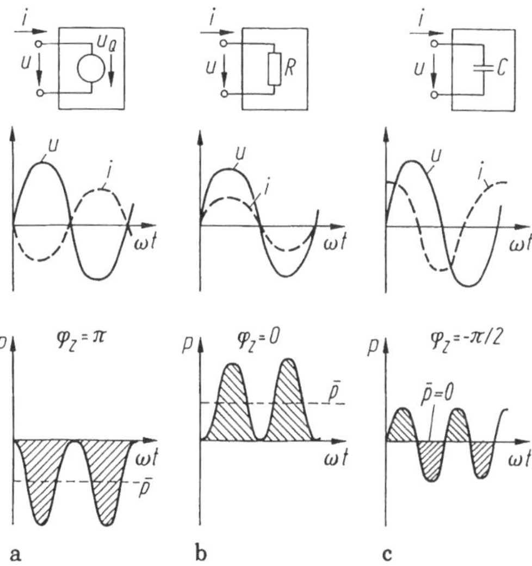

Bild R 7.5/1 Leistungsverhältnisse am allgemeinen Zweipol für verschiedene Phasenverschiebungen
a) aktiver Zweipol, $\overline{p(t)} < 0$, b) ohmscher Widerstand $\overline{p(t)} > 0$, c) Kondensator $\overline{p(t)} = 0$

heißt *Wirkleistung.* Sie kennzeichnet die in einem Netzwerkelement umgesetzte mittlere Energie W je Periodendauer T und lautet für beliebig zeitveränderliche, aber periodische Ströme und Spannungen

$$P = UI\cos(\varphi_u - \varphi_i). \qquad (7.5/4)$$

Dabei wurden die Effektivwerte U, I verwendet.

Die in einem Zweipol pro Periode (meist in Wärme) umgesetzte Energie - die Wirkleistung - ist gleich dem Produkt der Effektivwerte von Strom und Spannung und dem Leistungsfaktor $\cos\varphi$. Speziell für *Sinusgrößen* beträgt $U = \hat{U}/\sqrt{2}$ usw.

Abhängig vom Phasenwinkel φ_z gelten dabei

passiver Zweipol	$P \geq 0$:	$(-\pi/2 < \varphi < \pi/2)$	Zweipol als Verbraucher
aktiver Zweipol	$P < 0$:	$(-\pi < \varphi < -\pi/2)$	Zweipol als Generator.

Am Energiespeicherelement wird innerhalb einer Periodendauer weder *Nettoenergie* zu- noch abgeführt (keine Wirkleistung umgesetzt, dennoch zeitweise Energie zugeführt (Feldaufbau) oder abgeführt (Feldabbau)) (Bild R 7.5/1). Das führt zum Energiependeln im Wechselstrombetrieb (Bild R 7.5/2).

Ein Grundstromkreis mit ohmschen Widerständen und Energiespeichern hat deshalb zwei Energieströme

- den zeitunabhängigen (mittleren) von der Quelle zum Verbraucher (Umsatz in Wärme oder andere Energieform)
- den zeitabhängigen, der zwischen Quelle und Verbraucher ständig hin und her pendelt.

Blindleistung. Die Blindleistung (letzte Leistungskomponente Gl.(7.5/2)) heißt *momentane Blindleistung* oder *Blindleistungsschwingung.* Sie schwankt mit doppelter Frequenz um die Nullinie $\pi/2$. Ihr physikalischer Inhalt ist

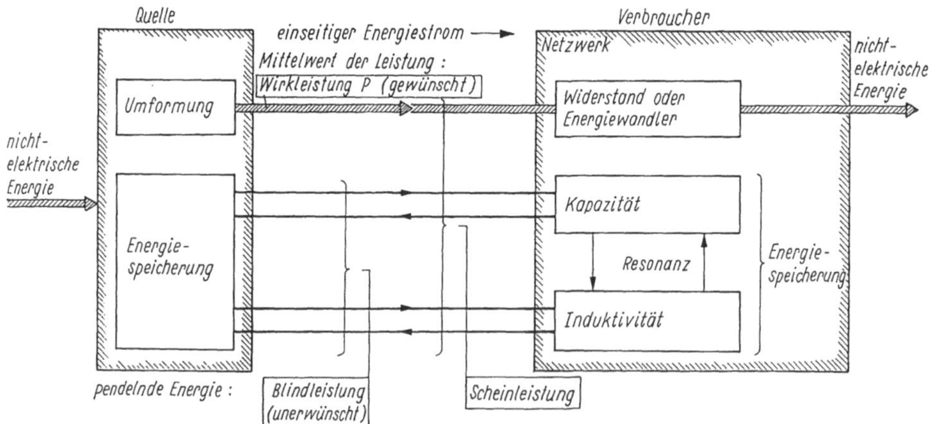

Bild R 7.5/2 Energieströmung zwischen Quelle und Verbraucher

die zwischen aktivem und passivem Zweipol hin und her pendelnde Energie, wobei der zeitliche Mittelwert verschwindet (Bild R 7.5/1c). Vereinbart wurde die Amplitude der momentanen Blindleistung als *Blindleistung* (II/Abschn. 6.4.2)

$$Q = P_\mathrm{B} = \frac{\hat{U}\hat{I}}{2}\sin\varphi_\mathrm{z} = UI\sin\varphi_\mathrm{z} \quad [Q] = \mathrm{Var} \quad \text{Blindleistung.} \qquad (7.5/5)$$

(Voltampererecative)

Für das Vorzeichen gilt folgende Konvention:
induktive Blindleistung $\varphi_\mathrm{z} > 0$, kapazitive Blindleistung $\varphi_\mathrm{z} < 0$.

Scheinleistung. Die Scheinleistung S

$$S = UI = \sqrt{P^2 + Q^2}, \; \varphi_\mathrm{z} = \arctan\frac{Q}{P}, \; [S] = \mathrm{VA} \qquad (7.5/6)$$

Scheinleistung. (Voltampere)

ist das Produkt der Effektivwerte von Strom und Spannung am Scheinwiderstand Z und deshalb eine *Rechengröße* (ohne physikalische Bedeutung). Sie läßt sich durch die geometrische Summe von Wirk- und Blindleistung ausdrücken.

Hinweis: Haben Verbraucherzweipole unterschiedliche Leistungsfaktoren, so können ihre Scheinleistungen nicht einfach addiert werden (erforderlich getrennte Addition der Wirk- und Blindleistungen!).

Leistungsbegriffe am Zweipol. Für die Grundzweipole R, L, C treffen folgende Leistungen zu

	R	L	C
$P = UI\cos\varphi$	UI	0	0
$Q = UI\sin\varphi$	0	UI	$-UI$
$S = UI$	U^2/R	$U^2/(\omega L)$	$\omega C U^2$.

Ist am Zweipol z.B. der Strom eingeprägt, so kann die Spannung in *Wirk-* und *Blindspannung* (U_W, U_B) bzw.

$U_\mathrm{W} = U\cos\varphi_\mathrm{z}$ Wirkspannung, $\qquad U_\mathrm{B} = U\sin\varphi_\mathrm{z}$ Blindspannung

aufgeteilt und der Zweipol damit durch die Reihenschaltung eines *Wirk-* und *Blindschaltelementes* interpretiert werden (s. Bild R 7.3/3):

Wirkspannung: Projektion des Spannungszeigers auf die Richtung des Stromzeigers.

Blindspannung: Komponente des Spannungszeigers, die senkrecht zur Richtung des Stromzeigers steht (pos. Drehrichtung).

Eine entsprechende Zerlegung ist bei gegebener Spannung für den Strom (Wirk-, Blindstrom) möglich (II/Tafel 6.15):

$I_\mathrm{W} = I\cos\varphi_\mathrm{z}$ Wirkstrom, $\qquad I_\mathrm{B} = I\sin\varphi_\mathrm{z}$ Blindstrom.

Leistung und dynamische Kennlinie. Die Begriffe Wirk- und Blindleistung lassen sich für den allgemeinen Zweipol auch über die Flächeninhalte der von der dynamischen Kennlinie eingeschlossenen Flächen veranschaulichen und zwar in der i-, u-Darstellung die *Blindleistung* (prop. dem Flächeninhalt) und in der Darstellung z.B. i über $\mathrm{d}u/\mathrm{d}t$ die Wirkleistung (II/Abschn. 6.4.3).

Komplexe Leistung. Definiert durch

$$\underline{S} = P + \mathrm{j}Q = \underline{U}\underline{I}^* = UI\mathrm{e}^{\mathrm{j}\varphi_z}, \quad \varphi_z = \varphi_u - \varphi_i \tag{7.5/7a}$$

ist die komplexe Leistung das Produkt aus Spannung und konjugiert komplexem Strom. Ihr Betrag ergibt die Scheinleistung S, ihr Realteil die Wirkleistung

$$S = |\underline{S}|; \quad P = \mathrm{Re}\,(\underline{S}), \quad Q = \mathrm{Im}\,(\underline{S}) \tag{7.5/7b}$$

und ihr Imaginärteil die Blindleistung

$$\begin{aligned} P &= I^2\mathrm{Re}\,(\underline{Z}) = U^2\mathrm{Re}\,(\underline{Y}^*) = U^2G_\mathrm{p} \\ Q &= I^2\mathrm{Im}\,(\underline{Z}) = U^2\mathrm{Im}\,(\underline{Y}^*) = -U^2B_\mathrm{p}. \end{aligned} \tag{7.5/7c}$$

Der Vorteil von $\underline{S}$ besteht darin, daß sie dem Widerstandsoperator $\underline{Z}$ proportional ist:

$$\underline{S} = \underline{Z}|\underline{I}|^2 = \underline{Y}^*|\underline{U}|^2.$$

Die komplexe Leistung $\underline{S}$ ist eine Rechengröße vereinbart mit dem Ziel, Leistungsbetrachtungen auch im Frequenzbereich führen zu können.

Anwendungen der Leistungsbegriffe. Leistungsbegriffe finden bei der *Energieübertragung* durch Stromkreise breite Anwendung (II/Abschn. 6.4.5): **Anpassung.** Das Ziel, im Grundstromkreis möglichst große Leistung vom aktiven zum passiven Zweipol zu übertragen, ist unter verschiedenen Bedingungen möglich.

a) Große *Wirkleistung* am Verbraucher: *Wirkleistungsanpassung.* Sind $\underline{Z}_\mathrm{i}$ und $\underline{Z}_\mathrm{a}$ die komplexen Impedanzen des aktiven und passiven Zweipols, so erfordert *maximale Wirkleistung* am Verbraucher die Bedingungen

$$\begin{aligned} &X_\mathrm{i} = X_\mathrm{a} = 0; \quad R_\mathrm{a} = R_\mathrm{i} \quad \text{Gleichstromkreis} \\ &X_\mathrm{i} = -X_\mathrm{a}; \quad R_\mathrm{a} = R_\mathrm{i} \quad \text{Bedingung für Wirkleistungsanpassung.} \end{aligned} \tag{7.5/8a}$$

Die Bedingung $X_\mathrm{i} = -X_\mathrm{a}$ heißt *Resonanzabstimmung* oder *Anpassung des Zweipols nach maximaler Wirkleistung*

$$\underline{Z}_\mathrm{i} = \underline{Z}_\mathrm{a}^*. \tag{7.5/8b}$$

Maximale Wirkleistungsanpassung liegt *nicht* vor, wenn nur eine der beiden Bedingungen erfüllt wird.

b) Möglichst *kleiner Reflexionsfaktor* durch den Verbraucherzweipol: *Scheinleistungsanpassung.* Die dem passiven Zweipol zugeführte Scheinleistung

$$S = \frac{U_Q^2|\underline{Z}_\mathrm{a}|}{|\underline{Z}_\mathrm{i} + \underline{Z}_\mathrm{a}|^2}$$

wird maximal für

$$\underline{Z}_a = \underline{Z}_i^* \qquad (7.5/9)$$

und beträgt

$$S = \frac{U_Q^2}{4Z_i}; \quad \text{mit der Wirkleistung } P = \frac{U_Q^2 R_a}{4|\underline{Z}_a^2|}.$$

(Bei Vierpolen ist die Scheinleistungsanpassung mit der nach dem Wellenwiderstand identisch.)

Während Wirkleistungsanpassung i.a. *frequenzselektiv* erfolgt (Resonanzfall), zielt Scheinleistungsanpassung auf *breitbandige* Anpassung ab.

Blindleistungskompensation, Verbesserung des Leistungsfaktors. Blindstrom zwischen Generator und Verbraucher trägt zum Gesamtstrom bei und erhöht z.B. die Leitungsverluste. Ziel ist deshalb, die am Verbraucher "entstehende" Blindleistung möglichst am Entstehungsort durch Zuschalten eines Energiepeichers zu kompensieren: *Blindleistungskompensation*. Physikalisches Prinzip: Ausnutzung des Resonanzeffektes.

Beispiel: Hat der Verbraucher die induktive Blindleistung Q (vor Kompensation) und soll sie nach Kompensation Q' betragen, so ist ein Kondensator der Größe

$$C_P = \frac{Q - Q'}{\omega U^2} = \frac{P(\tan\varphi - \tan\varphi')}{\omega U^2}$$

parallel zu schalten.

Leistungsbilanz in Netzwerken. Für ein Netzwerk aus z Zweigen (mit Zweipolelementen, Verbraucherzählpfeilrichtung) verschwindet die Summe der Momentanleistungen ($p_\mu = u_\mu i_\mu$) stets

$$\sum_{\mu=1}^{m} p_\mu = 0 \quad \rightarrow \sum_{\mu=1}^{m} \underline{S}_\mu = 0, \quad \sum_{\mu=1}^{m} P_\mu = 0, \quad \sum_{\mu=1}^{m} Q_\mu = 0. \qquad (7.5/10)$$

Die von den Netzwerkquellen gelieferte Leistung ist in jedem Zeitpunkt gleich der von den Netzwerkelementen in Wärme umgesetzten und/oder der zur Änderung der Speicherenergien (C, L) aufzuwendenden Leistungen (Satz von Tellegen, s. Abschn. 3.3.5).

Der Tellegensche Satz wird z.B. zur Kontrolle einer Netzwerkanalyse verwendet (Prüfung, ob die Gesamtleistungsbilanz aus allen Zweigströmen und -spannungen verschwindet, II/Abschn. 6.4.6).

8. Netzwerke und Systeme

Eine Fülle elektrotechnisch-elektronischer Aufgaben wird durch Schaltungen mit unterschiedlichsten Bauelementen gelöst. Zur Analyse ordnet man jedem Bauelement ein *Modell-* oder *Netzwerkelement* zu. Die Zusammenschaltung von Netzwerkelementen heißt *elektrisches Netzwerk.*

Elektrisches Netzwerk: Modellhafte Abbildung einer Schaltung gebildet aus Netzwerkelementen, die auf geschlossenen Wegen miteinander verbunden sind.

Eine grundsätzliche *Einteilung* der Netzwerkelemente erfolgte bereits in Abschnitt 2.4. Dort wurde erläutert, daß jede beliebige Netzwerkaufgabe gelöst werden kann

- wenn die Beschreibungsgleichungen der Netzwerkelemente, also die Beziehungen zwischen Klemmenspannung u, Klemmenstrom i, Ladung Q und Fluß Ψ bekannt sind
- sowie die Verknüpfungsbeziehungen zwischen Strom und Ladung, Spannung und Fluß

$$i = \frac{\mathrm{d}Q}{\mathrm{d}t}, \quad Q = \int_{-\infty}^{t} i \,\mathrm{d}\tau = \int_{0}^{t} i \,\mathrm{d}\tau + Q(0),$$

$$u = \frac{\mathrm{d}\Psi}{\mathrm{d}t}, \quad \Psi = \int_{-\infty}^{t} u \,\mathrm{d}\tau = \int_{0}^{t} u \,\mathrm{d}\tau + \Psi(0)$$

  beachtet werden
- und die *Netzwerktopologie* (Art zur Zusammenschaltung der Netzwerkelemente) bekannt ist.

Netzwerkelemente lassen sich einteilen nach

- der *Klemmenanzahl* (Zwei-, Drei-, Vier- und Mehrpole)
- dem *Abstraktionsgrad* (natürliche, idealisierte, künstliche Netzwerkelemente)
- der *Art* der u-, i-*Beziehungen:* linear, nichtlinear, zeitinvariant, zeitvariant.

Durch eine Fülle elektrophysikalischer Effekte und Vorgänge sind die meisten Bauelemente nichtlinear, z.T. zeitabhängig und der linear zeitunabhängige Fall stellt eher eine Ausnahme dar, der allerdings für das Erlernen der Grundgesetze fundamentale Bedeutung hat.

8.1 Netzwerkelemente

8.1.1 Grundzweipole

Grundzweipole (Widerstand R, Kondensator C, Spule L sowie die ideale Spannungs- und Stromquelle) lassen sich *nicht* durch Zusammenschalten anderer Zweipole darstellen.

Quellen. Strom- und Spannungsquellen sind als Netzwerkerregung Ursache der Netzwerkströme und -spannungen (Zweiggrößen). Sie können *unabhängig* oder *abhängig* (von einer Steuergröße) wirken.

Ideale Spannungsquelle (Konstantspannungsquelle). Die ideale Spannungsquelle (reale Spannungsquelle mit Innenwiderstand $R_\text{i} = 0$) hat *unabhängig vom durchfließenden Strom* (→ Belastung) stets die eingeprägte oder starre *Quellen-* oder *Leerlaufspannung* (Tafel R 8.1/1)

$$u_\text{q}(t) = f(t)|_{-\infty<i<\infty}.$$

$f(t)$ heißt *Erregerfunktion* (Gleich-, Wechselspannung,..) der Spannungsquelle.

Nach der *Richtungszuordnung* von u, i wirkt die Quelle als

- *Leistungsquelle* (sgn u = −sgn i, Erzeugerpfeilsystem, erster Kennlinienquadrant)
- *Leistungsverbraucher* (sgn u = sgn i, Verbraucherpfeilsystem).

Ideale Stromquelle (Konstantstromquelle). Die ideale Stromquelle (reale Stromquelle mit Innenleitwert $G_\text{i} = 0$) hat unabhängig von der abfallenden Spannung (→ Belastung) stets einen eingeprägten Strom, den *Kurzschluß-* oder *Quellenstrom*

$$i_\text{q}(t) = f(t)|_{-\infty<u<\infty}.$$

Bezüglich Richtungszuordnung und Leistungsumsatz gelten die Ausführungen wie bei der Spannungsquelle.

Unabhängig (oder ideal) heißen beide Quellen, weil Quellenspannung bzw. Quellenstrom nicht von der Klemmenbelastung abhängen.

Ideale Quellen haben folgende Eigenschaften:

- unendlich große Leistungsergiebigkeit (im Gegensatz zur realen Quelle)
- beide sind *nicht* ineinander überführbar (nur mit einem Hilfsinnenwiderstand → reale Quelle).

  Hinweis: Mit den Versetzungs- und Teilungssätzen (s. Abschn. 3.3.3) lassen sich ideale Spannungsquellen über Knoten verschieben und Stromquellen über weitere Knoten führen.
- Netzwerkelemente parallel zur idealen Spannungsquelle (in Reihe zur idealen Stromquelle) können durch Leerlauf (Kurzschluß) ersetzt werden.
- Gesteuerte Quellen s. Abschn. 8.1.2.

Reale Spannungs-(Strom-)quellen haben *lastabhängige* Klemmeneigenschaften verursacht durch den endlichen Innenwiderstand bzw. Innenleit-

Tafel R 8.1/1 Ersatzschaltungen und Beschreibungen realer Strom- bzw. Spannungsquellen (Erzeugerpfeilrichtung)
Hinweis: 1) Je nach Quadrant wirkt die Quelle (bei Erzeugerpfeilrichtung) entweder als Erzeuger (E) oder Verbraucher (V). Für reale Quellen wurde die Erzeugerzählpfeilrichtung gewählt.

Reale Quellen [1])

	nichtlinear		linear		
	Ersatzschaltung	Beschreibung	Ersatzschaltung	Beschreibung	
reale Stromquelle	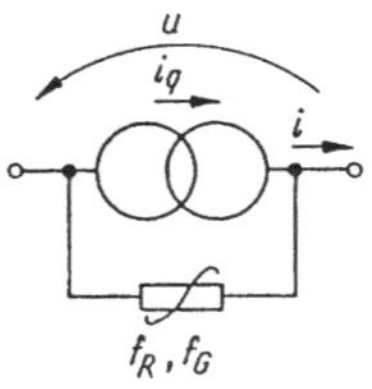 f_R, f_G	stromgesteuert $u = f_R(i - i_q)$ spannungsgesteuert $i = i_q - f_G(u)$ umkehrbar eindeutig $f_R = f_G^{-1}$	$G(t), G$	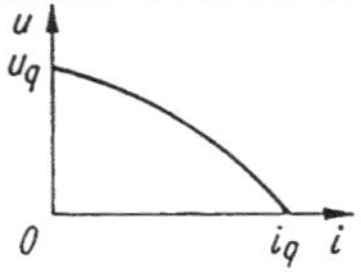 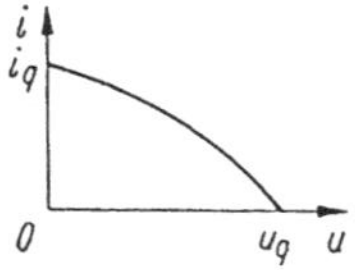 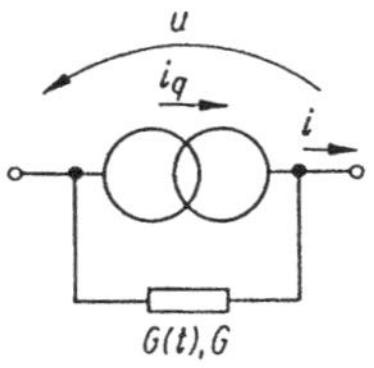 zeitvariant $i = i_q - G(t)u$ $u = R(t)(i_q - i)$	zeitinvariant $i = i_q - Gu$ $u = R(i_q - i)$
reale Spannungsquelle	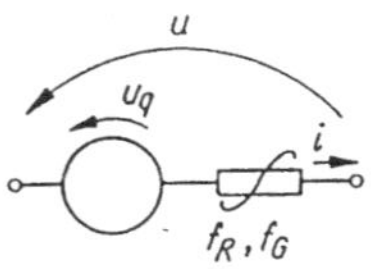 f_R, f_G	stromgesteuert $u = u_q - f_R(i)$ spannungsgesteuert $i = f_G(u_q - u)$ umkehrbar eindeutig s.o.	$R(t), R$	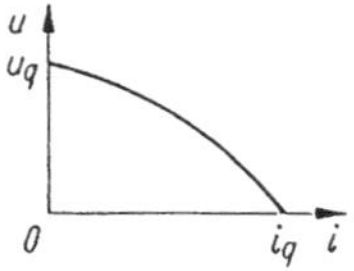 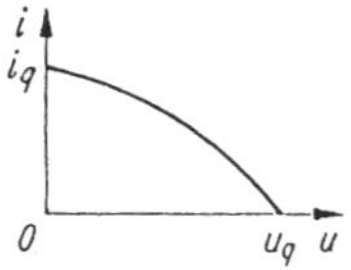 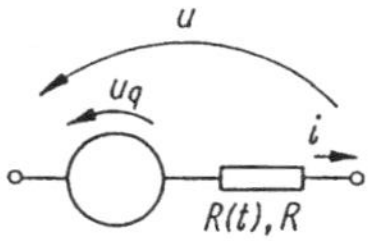 $u = u_q - R(t)i$ $i = G(t)(u_q - u)$	$u = u_q - Ri$ $i = G(u_q - u)$

wert in Reihe (parallel) zur Quelle (Tafel R 8.1/1). Sie sind stets ineinander überführbar. Bei nichtlinearem Innenwiderstand wird die Kennlinie graphisch gewonnen, sonst analytisch. Je nach Art der Nichtlinearität kann sie strom- oder spannungsgesteuert sein.

Bei *linearem* Innenwiderstand gelten die Beziehungen

$$u_{\mathrm{q}} = i_{\mathrm{q}} R_{\mathrm{i}}, \tag{8.1/1}$$

d.h. aus zwei gegebenen Größen ergibt sich die dritte (gilt sinngemäß auf für zeitvariante Innenwiderstände).

Resistiver Zweipol, Widerstand. Das Netzwerkmodell für den *Stromleitungsvorgang* im *Strömungsfeld* und damit den Energieumsatz elektrische → Wärmeenergie ist der Widerstand R oder besser der *resistive Zweipol*.

Der resistive Zweipol hat eine u-, i-Relation durch den Nullpunkt. Sie hängt nicht von der Speicherung elektrischer oder magnetischer Feldenergie ab und ist stets durch irreversiblen Energieumsatz elektrische → nichtelektrische Energie (Wärme) gekennzeichnet.

Man unterscheidet (Tafel R 8.1/2, s. auch II/Abschn. 5.1.2):

- *lineare* zeitunabhängige resistive Zweipole mit der u-, i-Relation (Gerade durch den Nullpunkt)

$$u(t) = Ri(t) \quad \text{bzw.} \quad i(t) = Gu(t)$$

- nichtlineare zeitunabhängige resistive Zweipole der Form

$$\underset{\text{stromgesteuert}}{u = R(i)i = f_{\mathrm{R}}(i)} \quad \text{bzw.} \quad \underset{\text{spannungsgesteuert.}}{i = G(u)u = g_{\mathrm{R}}(u)}$$

Sind insbesondere Strom oder Spannung unabhängig vorgegeben, so spricht man vom *strom-* oder *spannungsgesteuerten* Widerstand. Deshalb gibt es

- nichtlineare resistive Zweipole mit *eindeutiger* u-(i-) bzw. i-(u-)Beziehung oder
- *stromgesteuerte* resistive Zweipole mit eindeutiger u-(i-), aber *mehrdeutiger* i-(u-) Beziehung (z.B. sog. S-Typ-Kennlinie, i-, u-Kennlinie von Glimmlampe, Thyristor) oder
- *spannungsgesteuerte* resistive Zweipole mit eindeutiger i-(u-), aber *mehrdeutiger* u-(i-) Beziehung (sog. N-Typ-Kennlinie, Tunneldiode, Diode).

Die nichtlineare resistive Zweipolkennlinie kann beschrieben werden als[1]

- *Gleichstrom-* oder *Sekantenwiderstand*

$$R = \left.\frac{U}{I}\right|_I = \left.\frac{f(I)}{I}\right|_I \tag{8.1/2a}$$

[1]Eingehendere Behandlung nichtlinearer Netzwerkelemente s. Abschn. 8.7.1.

Tafel R 8.1/2 Zweipol-Grundelemente

Netzwerk-element	nichtlinear Beschreibung: Symbol	allg.	explizit zeitinvariant	Kennlinie	linear Beschreibung: Symbol	zeitvariant	zeitinvariant
Widerstand R Leitwert G	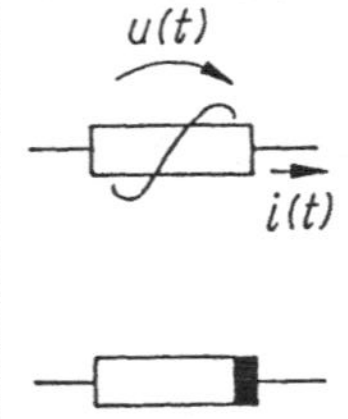 $u(t)$, $i(t)$	$F_{R,G}(u,i,t) = 0$	stromgesteuert $u = f_R(i) = R(i)\,i$ spannungsgesteuert $i = g_R(u) = G(u)\,u$ umkehrbar eindeutig $f_R = g_R^{-1}$	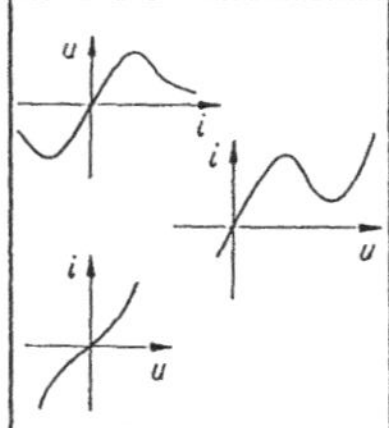 u, i	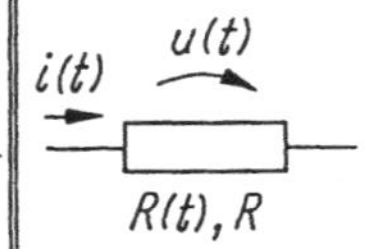 $i(t)$, $u(t)$ $R(t), R$	$u(t) = R(t)i$ $i(t) = G(t)u$ $R(t) = \frac{1}{G(t)}$	$u(t) = R\,i(t)$ $i(t) = G\,u(t)$
Induktivität L	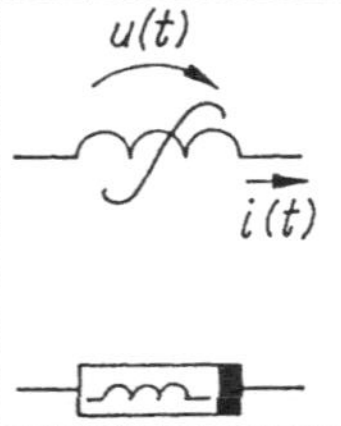 $u(t)$, $i(t)$	$F_L(\Psi, i, t) = 0$	stromgesteuert $\Psi = f_L(i) = L(i)i$ flußgesteuert $i = g_L(\Psi) = \frac{\Psi}{L(\Psi)}$ umkehrbar eindeutig $f_L = g_L^{-1}$	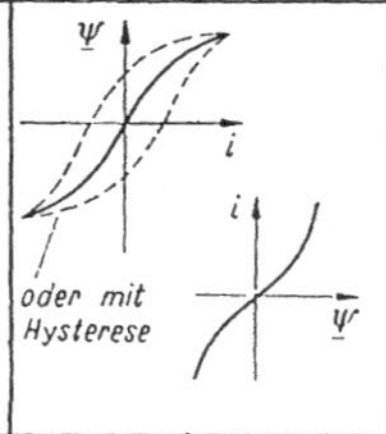 Ψ, i oder mit Hysterese	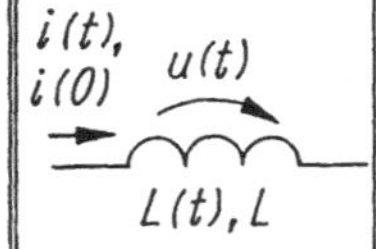 $i(t)$, $i(0)$, $u(t)$ $L(t), L$	$\Psi(t) = L(t)i(t)$ $u_L = \frac{d}{dt}[L(t)i(t)]$ $i = \frac{1}{L(t)}\int_0^t u(\tau)d\tau + i(0)$	$\Psi(t) = Li(t)$ $u_L = L\frac{di}{dt}$ $i = \frac{1}{L}\int_0^t u(\tau)d\tau + i(0)$
Kapazität C	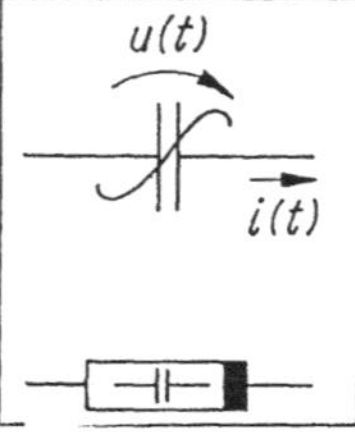 $u(t)$, $i(t)$	$F_C\,(Q, u, t) = 0$	spannungsgesteuert $Q = f_C(u) = C(u)u$ ladungsgesteuert $u = g_C(Q) = \frac{Q}{C(Q)}$ umkehrbar eindeutig $f_C = g_C^{-1}$	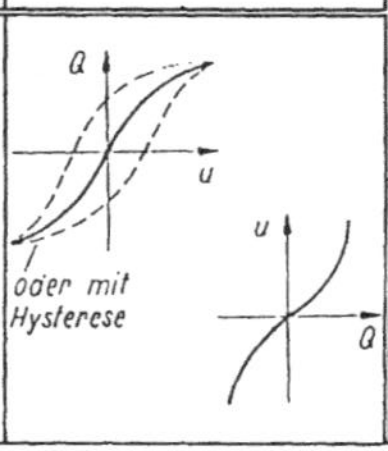 Q, u oder mit Hysterese	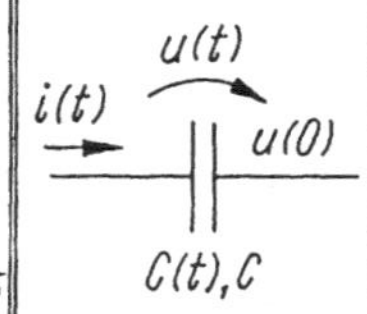 $i(t)$, $u(t)$, $u(0)$ $C(t), C$	$Q(t) = C(t)u(t)$ $i = \frac{d}{dt}[C(t)u(t)]$ $u(t) = \frac{1}{C(t)}\int_0^t i(\tau)d\tau + u(0)$	$Q(t) = C\,u(t)$ $i(t) = C\frac{du}{dt}$ $u(t) = \frac{1}{C}\int_0^t (\tau)d\tau + u(0)$

(Verbindungsgerade zwischen Nullpunkt und Arbeitspunkt) oder

- *differentieller Widerstand* in einem *Arbeitspunkt* A

$$r = \left.\frac{dU}{dI}\right|_{U_A, I_A = \text{const.}} \tag{8.1/2b}$$

nämlich dann, wenn im Stromkreis Gleichgrößen anliegen (Arbeitspunkteinstellung) und z.B. ein Wechselsignal kleine Änderungen ΔU, ΔI um den Arbeitspunkt A verursacht.

Für kleine Strom-Spannungsänderungen (Kleinsignalaussteuerung) kann jeder nichtlineare resistive Zweipol im Arbeitspunkt durch einen differentiellen Widerstand r (bzw. Leitwert g) ersetzt werden (i.a. arbeitspunktabhängig).

Hinweis: In *fallenden* Kennlinienbereichen ist der differentielle Widerstand negativ (bei Verbraucherpfeilrichtung), der Sekantenwiderstand im zugehörigen Arbeitspunkt stets positiv! (Resistiver Zweipol nimmt Gleichleistung auf, gibt einen Teil davon als Wechselleistung an den angeschlossenen Stromkreis zurück.)

Bei *zeitvarianten* resistiven linearen oder nichtlinearen Zweipolen hängt die u-, i-Beziehung $F_R(u, i, t) = 0$ zusätzlich von der Zeit ab. Beispiele: gesteuerter Schalter, modulierter Widerstand.

Kapazitiver Zweipol. Der kapazitive Zweipol wird durch sein Ladungs-Spannungs-Klemmenverhalten gekennzeichnet und durch das Netzwerkelement *Kondensator* erfaßt. Er stellt die Verbindung von Stromkreis und elektrischem Feld im Nichtleiter dar und charakterisiert die Speicherung elektrischer Feldenergie im Dielektrikum.

Je nach dem Q-, u-Zusammenhang gibt es linear/nichtlinear zeitabhängige und zeitunabhängige kapazitive Zweipole (Tafel R 8.1/2).

Grundsätzlich erfordert die vollständige Kennzeichnung des Energiespeicherelementes Kondensator noch die Angabe der *Anfangsbedingung* der Ladung (bzw. Spannung bei C = const.)

$$Q = \int_0^t i_C \, \mathrm{d}\tau + Q(0) \qquad \text{(bei allgemeinem } C\text{) resp.} \tag{8.1/3}$$

$$u_C = \frac{1}{C}\int_0^t i_C \, \mathrm{d}\tau + u_C(0) \qquad \text{(bei } C(u,t) = \text{const.).}$$

Der geladene Kondensator läßt sich netzwerktechnisch als Reihenschaltung einer Kapazität mit der Anfangsspannung Null und einer Quellenspannung $u_C(0)$ darstellen. (Zur Ermittlung der Anfangswerte im Netzwerk s. Abschn. 11.1.2.)

Zeitunabhängige Kapazität. Die lineare Kapazität basiert auf einem linearen Q-, u-Zusammenhang (Tafel R 8.1/2)

$$Q(t) = Cu(t) \quad \text{mit } i(t) = \frac{\mathrm{d}Q}{\mathrm{d}t} = C\frac{\mathrm{d}u}{\mathrm{d}t}.$$

Die Kapazität C ist spannungs- und zeitunabhängig. Sie hat eine *Bemessungsgleichung* (s. Gl.(4.2/3)).

Bei *nichtlinearer* Funktionsbeziehung $u = f^{-1}(Q)$ mit der Klemmenbeziehung

$$i(t) = \frac{\mathrm{d}Q}{\mathrm{d}t} = \frac{\mathrm{d}f(u)}{\mathrm{d}t} = \frac{\partial f}{\partial u} \cdot \frac{\mathrm{d}u}{\mathrm{d}t} = \left(C + u\frac{\mathrm{d}C}{\mathrm{d}u}\right)\frac{\mathrm{d}u}{\mathrm{d}t} \qquad (8.1/4)$$

kann eine *nichtlineare Kapazität* $C(u)$ vereinbart werden (spannungsabhängig). Für *Kleinsignalaussteuerung* um einen Arbeitspunkt tritt die *Kleinsignalkapazität c*

$$c = \left.\frac{\mathrm{d}Q}{\mathrm{d}t}\right|_{U_A}$$

als Tangente an die Q-,u-Kennlinie im Arbeitspunkt auf. Sie hängt vom Arbeitspunkt ab und ist bezüglich der Änderung ΔU eine lineare, zeitunabhängige Größe für Kleinsignalsteuerung.

Beispielsweise besitzen Halbleiterbauelemente typischerweise nichtlineare Kapazitäten (s. auch II/Abschn. 5.1.3).

Zeitabhängige lineare/nichtlineare kapazitive Zweipole. Hängt die Kapazität von der Zeit ab, so spricht man von einer *zeitgesteuerten Kapazität.* Im Linearfall gilt

$$i(t) = C(t)\frac{\mathrm{d}u}{\mathrm{d}t} + u(t)\frac{\mathrm{d}C}{\mathrm{d}t}. \qquad (8.1/5)$$

Durch eine zeitgesteuerte Kapazität fließt auch bei anliegender Gleichspannung ein Strom (Energieumsatz $\rightarrow$ direkte Umwandlung mechanischer in elektrische Energie)

Induktiver Zweipol. Der induktive Zweipol wird durch eine Fluß-Strom-Relation charakterisiert, basierend auf der Speicherung magnetischer Feldenergie und durch das Netzwerkelement Spule ausgedrückt. Er ist das Netzwerkmodell für die Kopplung von Stromkreis und Magnetfeld und charakterisiert die Speicherung magnetischer Feldenergie im umgebenden Raum.

Zur vollständigen Kennzeichnung ist der Anfangsfluß bzw. Strom erforderlich (Tafel R 8.1/2)

$$\Psi = \int_0^t u\,\mathrm{d}\tau + \Psi(0) \text{ bzw. } i_\mathrm{L} = \frac{\Psi}{L} = \frac{1}{L}\int_0^t u\,\mathrm{d}\tau + i_\mathrm{L}(0),\ L = \text{const.} \qquad (8.1/6)$$

Es gibt zeitunabängige und zeitabhängige, lineare und nichtlineare induktive Zweipole. Bei hysteresefreiem B-H-Zusammenhang entsprechen die Verhältnisse denen des kapazitiven Zweipols mit folgender Zuordnung

$$\Psi \widehat{=} Q, \quad u_\mathrm{C} \widehat{=} i_\mathrm{L}, \quad L \widehat{=} C.$$

Damit lassen sich sinngemäß die gleichen Elemente wie bei der Kapazität definieren.

Dynamische Kennlinie, Energie und Leistungsbeziehungen. Im Gegensatz zur Kennliniendarstellung resistiver Elemente, bei denen Strom und Spannung zeitlich stets auf "gleicher Stufe" stehen, sind in Energiespeicherelementen u und i *immer* durch eine Integral-/ Differentialbeziehung verknüpft. Deshalb entsteht bei periodischer Erregung eine geschlossene Kurve, die *dynamische Kennlinie* (s. Bild R 7.2/1).

Die dynamische Kennlinie ist das u-, i-Verhalten eines Zweipolelementes mit der Zeit als Parameter. Sie hängt insbesondere vom Energiespeicherverhalten des Zweipols und der eingeprägten Erregung ab. Bei periodischer Erregung ist die Fläche innerhalb der Kurve ein Maß für die Speicherenergie.

Für Sinussteuerung und einen Energiespeicherzweipol geht die dynamische Kennlinie in einen Kreis über.

Anwendungen:

- graphische Darstellung des Übergangsverhaltens von Zweipolen
- Schaltvorgänge mit nichtlinearen Netzwerkelementen und Energiespeichern
- Veranschaulichung von Leistungs- und Energiebegriffen bei Übergangsvorgängen.

Entartete Zweipole. Das sind Zweipole, für die kein funktioneller u-, i-Zusammenhang existiert: *Kurzschluß* und *Leerlauf*, *Nullator*, *Norator*. Letztere werden auch als *singuläre Elemente* bezeichnet.

Nullator heißt ein Zweig, der durch die Bedingungen $i = 0$ und $u = 0$ *gleichzeitig* beschrieben wird (→ Ursprung in der u-, i-Darstellung). Der Nullator ist gleichzeitig ein leerlaufender ($i = 0$) und kurzgeschlossener Zweig ($u = 0$) (Symbol und Definitionspunkt Bild R 8.1/1a).

Norator heißt ein Zweig, für den Strom *und* Spannung *beliebige* Werte annehmen (ausschließlich bestimmt durch das umgebende Netzwerk). (Symbol und Definitionsgleichung Bild R 8.1/1b.) Der Norator überdeckt so die gesamte u-, i-Ebene.

Hinweis:

- Damit in einem Netzwerk neben den KHG auch hinreichend viele Zweigbeziehungen vorliegen, müssen Nullatoren und Noratoren immer paarweise auftreten. Als Zweitor betrachtet heißt dieses Paar *Nullor* Bild R 8.1/1c.
- In einfachen Netzwerkanalysen können Nulloren "per Hand" berücksichtigt werden, in größeren ist systematischer Einbezug erforderlich (→ Knotenspannungsanalyse, Abschn. 8.4.1.4 und 8.4.2.3)
- Nulloren dienen zur Modellierung idealer Verstärker (→ Operationsverstärker)
- Beim *Zusammenschalten* von Nullatoren und Noratoren
  - hat die Parallel- und Reihenschaltung eines Widerstandes zum Nullator oder Norator keinen Einfluß (Bild R 8.1/1f)
  - führt die Reihenschaltung von Nullator und Norator auf den Strom $i = 0$: → Leerlauf (Bild R 8.1/1e)
  - führt die Parallelschaltung von Nullator und Norator auf die Spannung $u = 0$ → Kurzschluß (Bild R 8.1/1d)
  - zur Beschreibung des Nullors durch Matrizen siehe Abschn. 8.4.2.3

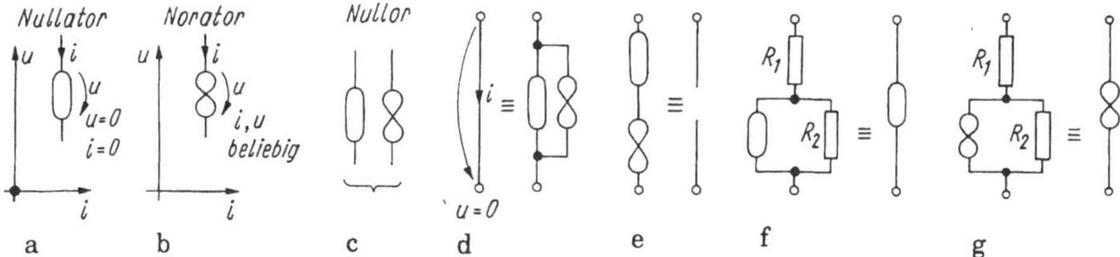

Bild R 8.1/1 Nullator und Norator als entartete Netzwerkelemente

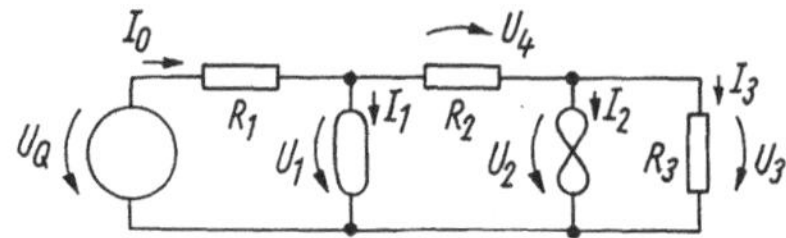

Bild R 8.1/2 Beispiel mit Nullator/Norator

Beispiel: In der Schaltung Bild R 8.1/2 mit einem Nullor ergibt sich das Verhältnis U_3/U_Q wie folgt: Der Strom $I_0 = U_Q/R_1$ ergibt sich wegen $U_1 = 0$ (Nullator). Mit $I_1 = 0$ (Nullator) ist $I_0 = U_4/R_2$ oder $U_4 = R_2 U_Q/R_1$. Mit $U_1 = 0$ (Nullator) folgt $U_3 = U_1 - U_4 = -R_2 U_Q/R_1$. → Noratorspannung und -strom werden durch das Netzwerk bestimmt: $I_2 = U_4/R_2 - I_3 = U_Q(R_2 + R_3)/(R_1 R_3)$, $U_3 = -R_2 U_Q/R_1$.

8.1.2 Vierpolelemente

Vierpol: Netzwerk mit vier Klemmen gekennzeichnet durch ein hinreichendes System von u-, i-Relationen, die *Vierpolgleichungen.*

- Vierpole bilden eine wichtige Untergruppe der *Mehrpolelemente*
- Zur Darstellung von Vierpoleigenschaften dient die *Vierpoltheorie* als Untergruppe der Mehrpoltheorie (Abschn. 8.4.2)
- Vierpole können i.a. aus *zusammengeschalteten Zweipolen* aufgebaut werden, einige sind nicht auf (nichtentartete) Zweipole rückführbar: *gesteuerte Quellen,* idealer *Operationsverstärker,* gekoppelte Spulen (Transformator) mit dem Sonderfall des idealen *Übertragers* und *Gyrators.* Tafel R 8.1/3 gibt eine Übersicht gängiger Vierpolelemente einschließlich einiger Anordnungen (Mutator, Scalar, Rotator, Invertor), die hauptsächlich in der Netzwerksynthese Anwendung finden.

Gesteuerte Quellen. Während bei idealen unabängigen Quellen (Strom, Spannung) die Quellengröße *nicht* von einer Netzwerkgröße abhängt, werden Quellenstrom bzw. -spannung einer *gesteuerten Quelle* durch eine elektrische Steuergröße (Strom, Spannung) bestimmt.

Deshalb stellt eine gesteuerte Quelle grundsätzlich einen Vierpol dar.

Nach dem Linearitäts- und Zeitverhalten gibt es linear-zeitabhängige (zeitunabhängige) und nichtlinear-zeitabhängige (zeitunabhängige) gesteuerte ideale Quellen und insgesamt vier Grundtypen (Tafel R 8.1/4). Für den *linear-zeitunabhängigen* Fall lauten die Beziehungen mit $u_{St} = u_1$, $i_{St} = i_1$

- *spannungsgesteuerte Spannungsquelle*

$$u_q = A_u u_{St} \tag{8.1/7a}$$

mit dem dimensionslosen Steuerfaktor *Leerlaufspannungsverstärkung* A_u

- *stromgesteuerte Spannungsquelle*

$$u_q = R_m i_{St} \tag{8.1/7b}$$

Tafel R 8.1/3 Wichtige Vierpol-Grundelemente

Netzwerk-element	Symbol	Beschreibung	Bemerkungen
gekoppelte Spulen	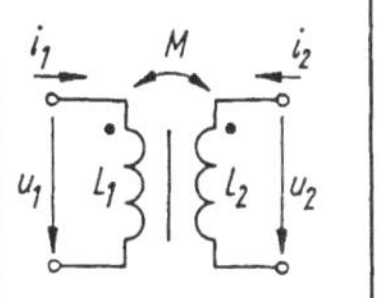 i_1, M, i_2, u_1, L_1, L_2, u_2	$u_1 = L_{\sigma 1}\frac{di_1}{dt} + \frac{d\Psi_h(i_1+i_2)}{dt}$ $u_2 = L_{\sigma 2}\frac{di_2}{dt} + \frac{d\Psi_h(i_1+i_2)}{dt}$ $L_{\sigma 1}, L_{\sigma 2}$ Streuinduktivität $\Psi_h(i)$ nichtlin. Hauptfluß	• Hysterese- und Wicklungsverluste vernachlässigt • im linearen Fall $u_1 = L_1\frac{di_1}{dt} + M\frac{di_2}{dt}$ $u_2 = L_2\frac{di_2}{dt} + M\frac{di_1}{dt}$
idealer Übertrager	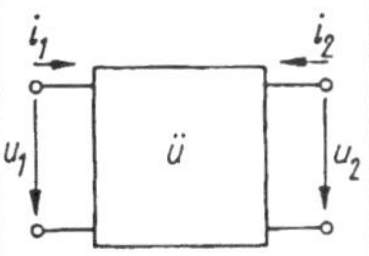 i_1, i_2, u_1, ü, u_2	$u_1 = ü u_2$ $i_2 = -ü i_1$	• Vernachlässigung des elektrischen und magnetischen Widerstandes • keine Eisen- und Streuverluste
idealer Verstärker	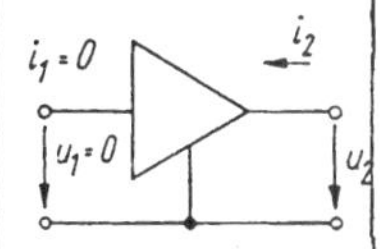 $i_1 = 0$, i_2, $u_1 = 0$, u_2	$u_1 = i_1 = 0$ u_2, i_2 beliebig	• darstellbar durch Nullor • oft als idealer OP bezeichnet
Gyrator	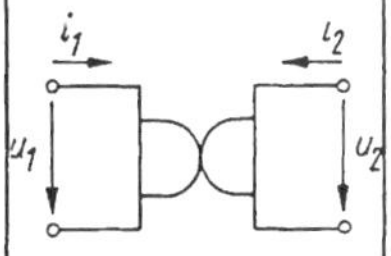 i_1, i_2, u_1, u_2	$u_1 = k_1 i_2$ $i_1 = k_2 u_2$	
Negativ-Impedanz-konverter	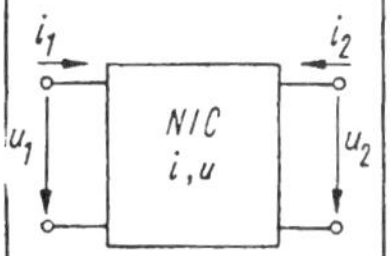 i_1, i_2, u_1, NIC i, u, u_2	$u_1 = u_2$ $u_1 = -u_2$ $i_1 = i_2$ $i_1 = -i_2$	Wirkt als Scalor (Kennlinentransformation). Dabei werden Abszissenwerte (i) oder Ordinatenwerte (u) mit k = -1 multipliziert
Mutator	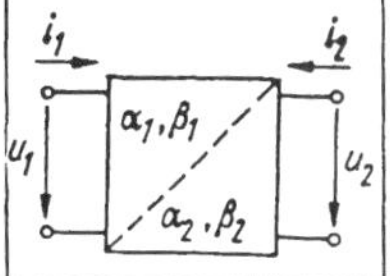 i_1, i_2, u_1, α_1, β_1, α_2, β_2, u_2	$u_1 = p^{\beta_2-\beta_1} u_2$ $i_1 = -p^{\alpha_2-\alpha_1} i_2$	Vierpol, der die α_2, β_2-Werte eines ausgangsseitigen Zweipols in die die α_1, β_1-Werte der u_1, i_1-Relation wandelt
Scalor	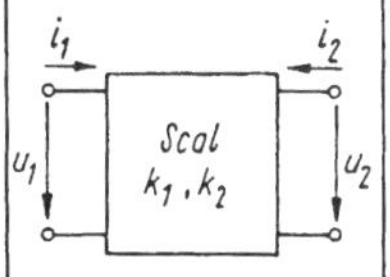 i_1, i_2, u_1, Scal k_1, k_2, u_2	$i_1 = -k_1 i_2$ $u_1 = k_2 u_2$	Maßstabsänderung der Koordinatenachsen
Rotator	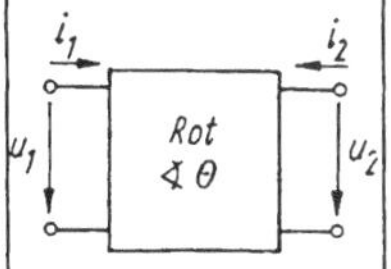 i_1, i_2, u_1, Rot $\sphericalangle\theta$, u_2	$p^\beta u_1 = p^\beta u_2 \cos\theta + p^\alpha i_2 \sin\theta$ $p^\alpha i_1 = p^\beta u_2 \sin\theta - p^\alpha i_2 \cos\theta$	Drehung des Koordinatensystem um θ (math. positiv)
Inverter	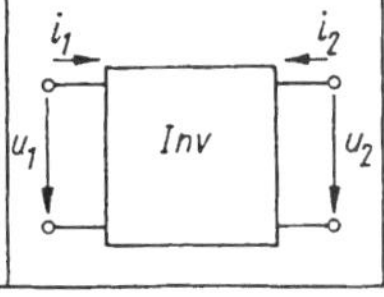 i_1, i_2, u_1, Inv, u_2	$p^\beta u_1 = -p^\alpha i_2$ $p^\alpha i_1 = p^\beta u_2$	Vertauschung der Koordinatenbeziehungen

Tafel R 8.1.4 Gesteuerte Quellen (nichtlinear und linear)
1) Ob Steuerung über alle vier Kennlinienquadranten möglich ist, hängt vom Modell des betreffenden Bauelements ab. Aus praktischen
Gründen wird die Darstellung meist auf den ersten Quadranten beschränkt.
2) Da der Steuerfaktor (A_u, Z_m, S, A_i) i.a. vorzeichenbehaftet ist, entscheidet über Leistungsabgabe/aufnahme der gesteuerten Quelle die gewählte Stromrichtung i_2.

	nichtlinear		linear
Netzwerkelement	Symbol	Beschreibung	Steuerkennlinie[1]), Steuerfaktor
spannungs-gesteuerte Spannungsquelle	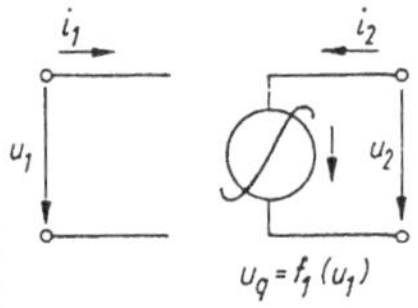 $u_q = f_1(u_1)$	$u_2 = u_q = f_1(u_1)$ i_2 beliebig $i_1 = 0$ u_1 beliebig	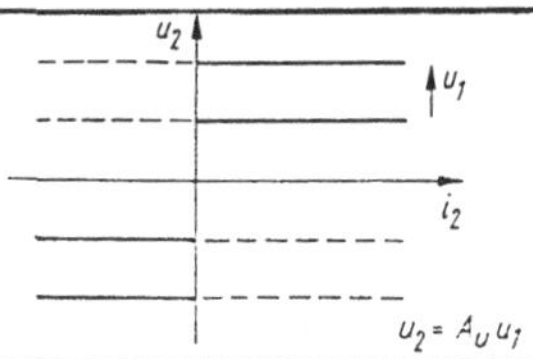 $u_2 = A_u u_1$
stromgesteuerte Spannungsquelle	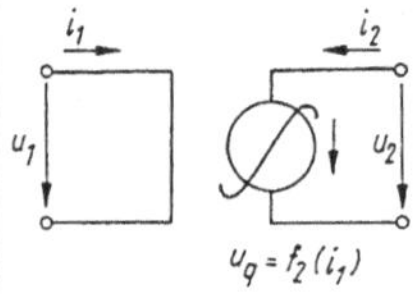 $u_q = f_2(i_1)$	$u_2 = u_q = f_2(i_1)$ i_2 beliebig $u_1 = 0$ i_1 beliebig	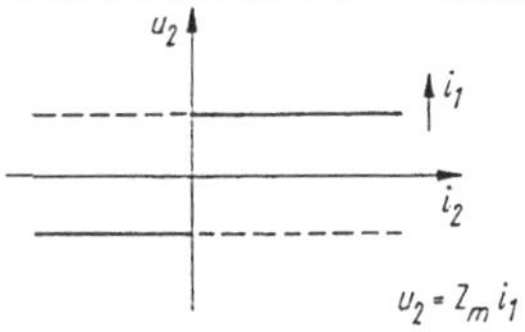 $u_2 = Z_m i_1$
spannungs-gesteuerte Stromquelle	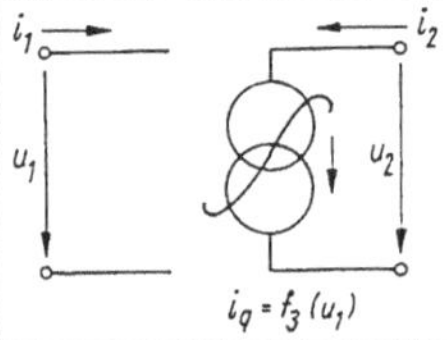 $i_q = f_3(u_1)$	$i_2 = i_q = f_3(u_1)$ u_2 beliebig $i_1 = 0$ u_1 beliebig	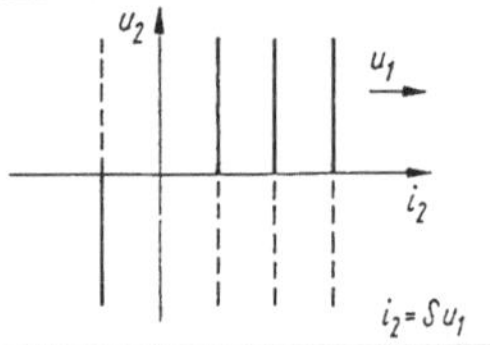 $i_2 = S u_1$
stromgesteuerte Stromquelle	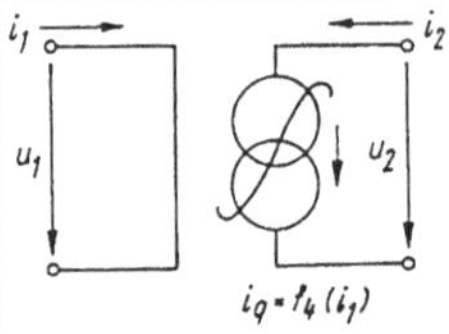 $i_q = f_4(i_1)$	$i_2 = i_q = f_4(i_1)$ u_2 beliebig i_1 beliebig $u_1 = 0$	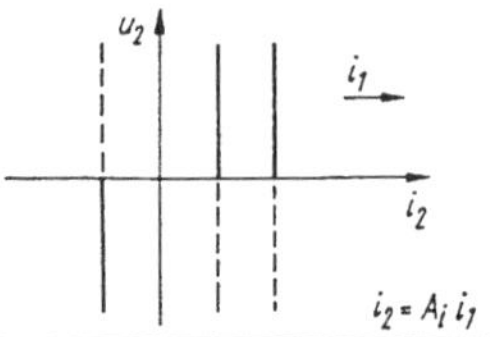 $i_2 = A_i i_1$

mit dem Steuerfaktor *Transferwiderstand* R_m

- *spannungsgesteuerte Stromquelle*

$$i_q = G_m u_{St} \tag{8.1/7c}$$

mit dem Steuerfaktor *Transferleitwert* G_m

- *stromgesteuerte Stromquelle*

$$i_q = A_i i_{St} \tag{8.1/7d}$$

mit dem Steuerfaktor *Kurzschlußstromverstärkung* A_i.

- Die *Steuerung* der Quelle erfolgt *leistungslos*:
Spannungssteuerung: u_{St} beliebig, $i_{St} = 0$ (Leerlauf des Steuertores),
Stromsteuerung: i_{St} beliebig, $u_{St} = 0$ (Kurzschluß des Steuertores)

- Die graphische u-, i-Darstellung der gesteuerten Größe mit der Steuergröße als Parameter heißt *Kennlinienfeld.* Man unterscheidet - abhängig von der Variablenzuordnung - *Ausgangs-*, *Eingangs-* und *Transferkennlinienfelder.*

Allgemeine *Merkmale* gesteuerter Quellen:

- Gesteuerte Quellen wirken *nicht umkehrbar:* die Steuergröße bestimmt die Ausgangsgröße, umgekehrt hat diese keinen Einfluß auf die Steuergröße
- In Netzwerken dürfen gesteuerte Quellen bei Anwendung bestimmter Analyseverfahren (Zweipoltheorie, Ersatzgrößenbestimmung, Überlagerungssatz) *nie zeitweilig entfernt werden* (wie unabhängige Quellen)
- Gesteuerte Quellen sind die netzwerktechnische Grundlage der Modellierung einer *unidirektionalen nichtgalvanischen Verknüpfung zweier Stromkreise* und damit die Grundlage praktisch der meisten Verstärkermodelle sowie von Bauelementen mit Verstärkereffekt (Transistor).

Reale gesteuerte Quellen. Durch Hinzufügen

- eines *Innenwiderstandes* R_i in Reihe zur gesteuerten Spannungsquelle bzw. eines Innenleitwertes G_i parallel zur gesteuerten Stromquelle sowie ggf.
- eines Eingangswiderstandes R_st am Steuertor entsteht aus der idealen Quelle die reale gesteuerte Quelle (Bild R 8.1/3). Dabei gilt:
  - über den Innenwiderstand kann eine gesteuerte Spannungsquelle in eine Stromquelle umgewandelt werden (und umgekehrt), vgl. unabhängige Quelle (Abschn. 2.4.3)
  - über den Eingangswiderstand R_st läßt sich Strom- in Spannungssteuerung wandeln (und umgekehrt).

Die lineare, zeitunabhängige reale gesteuerte Quelle (z.B. spannungsgesteuerte Spannungsquelle) wird beschrieben durch

$$\begin{aligned} &\text{Steuergleichung} && u_\mathrm{St} = R_\mathrm{st} i_\mathrm{St} \\ &\text{Ausgangsgleichung} && u_\mathrm{A} = A_u u_\mathrm{St} - i_\mathrm{A} R_\mathrm{i}, \end{aligned} \qquad (8.1/8)$$

u-i-Beziehung der realen spannungsgesteuerten Spannungsquelle, Parameter A_u, R_i, R_st.

Die Umwandlung in eine stromgesteuerte Stromquelle ist möglich mit

$$i_\mathrm{St} = G_\mathrm{st} u_\mathrm{st}, \quad i_\mathrm{A} = A_i i_\mathrm{St} - u_\mathrm{A} G_i \qquad (8.1/9)$$

und $G_\mathrm{st} = 1/R_\mathrm{st}$, $A_i = A_u R_\mathrm{st}/R_i$, $R_i = 1/G_i$.

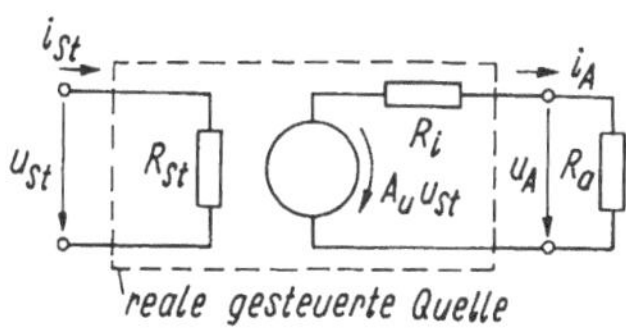

Bild R 8.1/3 Reale (linear zeitunabhängig) gesteuerte Quelle (Beispiel spannungsgesteuerte Spannungsquelle) mit ausgangsseitigem Lastwiderstand R_a

Die *Kennlinienfelder* einer realen gesteuerten Quelle umfassen:

- *Ausgangskennlinienfeld* $u_A = f(i_A)$, Parameter Steuergröße
- *Eingangskennlinienfeld* $i_{St} = g(u_{St})$, Parameter Ausgangsgröße
- Transferkennlinienfeld, z.B. $u_A = f(i_{St})$, Parameter Ausgangsgröße.

Im Stromkreis treten zu den Bestimmungsgleichungen (8.1/8) der gesteuerten Quelle noch

- die u-, i-Beziehungen des Eingangsnetzwerkes
- die u-, i-Beziehungen des Ausgangsnetzwerkes (Angabe auch graphisch in den Kennlinienfeldern möglich, s. Abschn. 8.7.2.1).

Vierpolbeschreibung gesteuerter Quellen s. Abschnitt 8.4.1.

Idealer Operationsverstärker. Der ideale Operationsverstärker ist ein Verstärker mit unendlich hoher Spannungsverstärkung (so daß bei einer gegen Null gehenden Eingangsspannung eine endliche Ausgangsspannung entsteht), verschwindendem Ausgangsinnenwiderstand und unendlich hohem Eingangswiderstand. Häufig wird auch der Operationsverstärker mit endlicher, aber sehr hoher Verstärkung als ideal bezeichnet.

Der Operationsverstärker läßt sich beschreiben (s. Bild 8.4/5)

1. mit *endlicher* Spannungsverstärkung A_u durch

$$u_A = A_u(u_P - u_N), \qquad i_N = i_P = 0 \tag{8.1/10}$$

(u_P, u_N Spannungen des nichtinvertierenden/invertierenden Eingangs)

2. mit *unendlicher* Spannungsverstärkung ($A_u \to \infty$), $u_P - u_N \to 0$ (virtueller Kurzschluß, $i_P = i_N = 0$) durch einen *Nullor* (Nullator-Norator-Paar, s. Abschn. 8.1.1 und 8.4.1.4).

Der Nullor ist der Grenzfall, in den jede der vier gesteuerten Quellen für unendlich großen Steuerparameter (Spannungsverstärkung A_u, Steilheit G_m, Transimpedanz R_m, Stromverstärkung A_i) übergeht (Bild R 8.1/4). Sein Eingangsklemmenpaar heißt Nullator, das Ausgangsklemmenpaar Norator. Beide zusammengezogen bilden den Nullor (s. Gl. (8.4/40)).

- Während der ideale Operationsverstärker (auch mit endlich großer Verstärkung A_u) dem Nullor *sehr gut* entspricht, trifft dies auf andere Verstärkerelemente (Transistoren) weniger zu.
- Beim Nullor verschwinden stets beide Eingangsgrößen, die beiden Ausgangsgrößen sind beliebig und daher *nur durch das äußere Netzwerk bestimmt.* Bei der gesteuerten Quelle ist jeweils nur eine der Größen eingangsseitig Null, ausgangsseitig liegt eine Größe durch den Steuerparameter fest, die andere ist beliebig und daher durch das angeschlossene Netzwerk bestimmt.

Reale Operationsverstärker unterscheiden sich mehr oder weniger vom Modell des idealen Operationsverstärkers (s. Abschn. 8.4.1).

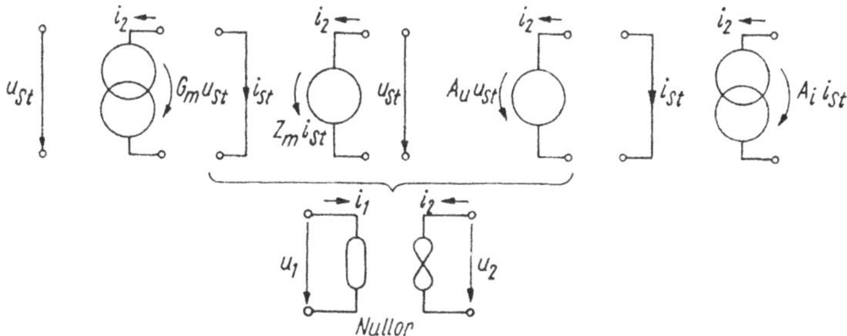

Bild R 8.1/4 Grundtypen gesteuerter Quellen (linear, zeitunabhängig) mit Übergang zum Nullor als Grenzfall

Gekoppelte Spulen. Sind zwei Spulen (Selbstinduktivitäten L_1, L_2) magnetisch durch einen Koppelfluß verknüpft ($\rightarrow$ Gegeninduktivität M), so gilt aufbauend auf den Fluß-Strombeziehungen der verketteten Flüsse $\Psi_1 = \Psi_1(i_1(t), i_2(t), t)$ und $\Psi_2 = \Psi_2(i_1(t), i_2(t), t)$ (wobei auch eine explizite Zeitabhängigkeit z.B. durch Geometrieänderungen der Spule berücksichtigt ist) mit dem Induktionsgesetz (s. Abschn. 5.4)

$$\begin{aligned} u_1 &= \frac{\mathrm{d}\Psi_1}{\mathrm{d}t} = \frac{\partial \Psi_1}{\partial i_1}\frac{\mathrm{d}i_1}{\mathrm{d}t} + \frac{\partial \Psi_1}{\partial i_2}\frac{\mathrm{d}i_2}{\mathrm{d}t} + \frac{\partial \Psi_1}{\partial t} \\ u_2 &= \frac{\mathrm{d}\Psi_2}{\mathrm{d}t} = \frac{\partial \Psi_2}{\partial i_1}\frac{\mathrm{d}i_1}{\mathrm{d}t} + \frac{\partial \Psi_2}{\partial i_2}\frac{\mathrm{d}i_2}{\mathrm{d}t} + \frac{\partial \Psi_2}{\partial t}. \end{aligned} \tag{8.1/11}$$

Der letzte Term erfaßt den Einfluß von Geometrieänderungen; er verschwindet für feste Geometrie.

Die Koeffizienten $\partial\Psi_i/\partial i_j$ lassen sich als *differentielle Induktivitätskoeffizienten* interpretieren. Für *lineare* magnetische Materialien (μ = const.) sind Strom und Fluß linear verkettet

$$\Psi_1 = L_1 i_1 + M_{12} i_2, \quad \Psi_2 = M_{21} i_1 + L_2 i_2. \tag{8.1/12}$$

Mit den Selbstinduktivitäten L_1, L_2 und Gegeninduktivitäten $M_{12} = M_{21} = M$ (die letztere Beziehung gilt nur für lineare Anordnungen) stellen

$$u_1 = L_1 \frac{\mathrm{d}i_1}{\mathrm{d}t} \overset{+}{(-)} M \frac{\mathrm{d}i_2}{\mathrm{d}t}, \quad u_2 = \overset{+}{(-)} M \frac{\mathrm{d}i_1}{\mathrm{d}t} + L_2 \frac{\mathrm{d}i_2}{\mathrm{d}t} \tag{8.1/13}$$

die u-, i-Beziehungen zweier magnetisch verkoppelter Spulen (μ = const.) dar. Die Gegeninduktivität

$$M = k\sqrt{L_1 L_2} \qquad (0 \le k \le 1) \tag{8.1/14}$$

hängt vom Koppelfaktor k ab.

Hinweis:

- Für die Vorzeichen in Gl.(8.1/13) gilt: gleiches Vorzeichen bei L_1 und M (bzw. L_2 und M) bei Fluß*addition* (Strom i_2 fließt auf Punkt zu), ungleiches bei Fluß*subtraktion* (Richtungsumkehr i_2)
- die Punkte liegen beide an den Spulenanfängen (-enden)
- die u_2-, i_2-Beziehung wird durch das Lastelement erzwungen.

Sonderfälle:

- Fest gekoppelte Spulen: $k = 1 \to M = \sqrt{L_1 L_2}$ (sog. *Übertrager ohne Streuung*)
- *Idealer Übertrager:* hier gelten $L_1 \to \infty$, $L_2 \to \infty$ ($M \to \infty$), m.a.W. verschwindet der magnetische Widerstand des Magnetkreises ($L \sim 1/R_m$). Der ideale Übertrager hat ideale Strom-Spannungsübersetzungsfunktion gekennzeichnet durch das Übersetzungsverhältnis (s. Gl.(5.4/8)).

Transformatorgleichungen. Durch Richtungsumkehr von i_2 folgen aus den u-, i-Beziehungen gekoppelter Spulen (i_2 fließt vom Punkt weg) die sog. *Transformatorgleichungen* (5.4/7). Sie werden am *realen* Transformator ergänzt durch:

- Längswiderstände R_1, R_2 (die sog. *Wicklungswiderstände*)
- ggf. durch Ummagnetisierungsverluste des Eisenkernes (Widerstand R_{Fe}).

Ersatzschaltungen. Die u-, i-Relationen zweier gekoppelter Spulen lassen sich ersatzschaltbildmäßig interpretieren

- durch eine Ersatzschaltung aus den Selbstinduktivitäten L_1, L_2 und stromgesteuerten Spannungsquellen (Bild R 5.4/3a) (auch eine Form mit gesteuerten Stromquellen ist möglich)
- durch einen Vierpol mit drei entkoppelten Induktivitäten in T- oder π-Form (Bild R 8.1/5b, c)
- durch eine Ersatzschaltung mit gesteuerten Strom- und Spannungsquellen (Bild R 8.1/5d, e).

Durch Aufteilung der beiden Induktivitäten L_1, L_2

$$\begin{aligned} L_1 &= L_{l1} + L_{\mathrm{M1}} = (1-k_1)L_1 + k_1 L_1 \\ L_2 &= L_{l2} + L_{\mathrm{M2}} = (1-k_2)L_2 + k_2 L_2 \end{aligned} \qquad (8.1/15)$$

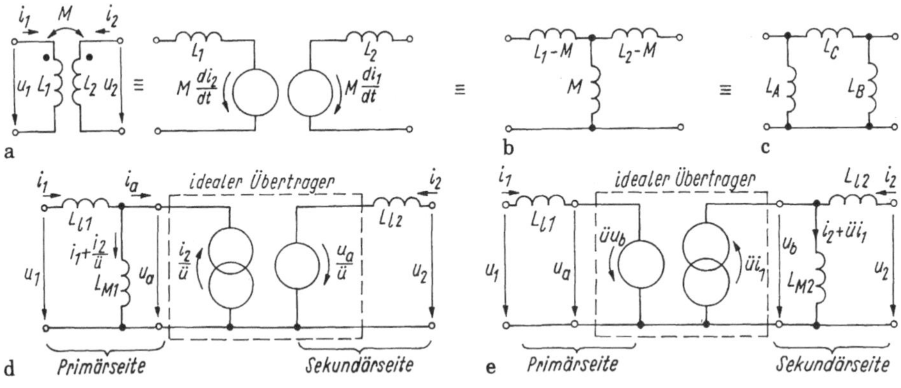

Bild R 8.1/5 Ersatzschaltungen zweier gekoppelter Spulen (linear, zeitunabhängig) a) Ausgangsersatzschaltung, symmetrische Stromrichtungen, b, c) Ersatzschaltungen durch entkoppelte Induktivitäten $L_{\mathrm{A/B}} = \frac{L_1 L_2 - M^2}{L_{2/1} - M}$, $L_{\mathrm{C}} = \frac{L_1 L_2 - M^2}{M}$, d) Modell mit Verwendung der primären Hauptinduktivität L_{M1}, e) dto., jedoch mit sekundärer Hauptinduktivität L_{M2}

in sog. *Streu-* und *magnetisierende Induktivitäten* (L_l, L_M) (mit $k = \sqrt{k_1 k_2}$) und Definition eines *effektiven Windungsverhältnisses*

$$\ddot{u} = \sqrt{\frac{L_{M1}}{L_{M2}}} \left(\approx \frac{w_1}{w_2}\right) \tag{8.1/16}$$

folgt durch Umschreiben der Gl.(8.1/11)

$$\begin{aligned} u_1 &= L_{l1}\frac{di_1}{dt} + L_{M1}\frac{d}{dt}\left(i_1 + \frac{i_2}{\ddot{u}}\right) \\ u_2 &= \frac{L_{M1}}{\ddot{u}}\frac{d}{dt}\left(i_1 + \frac{i_2}{\ddot{u}}\right) + L_{l2}\frac{di_2}{dt}. \end{aligned} \tag{8.1/17}$$

Bild R 8.1/5d zeigt die zugehörige Ersatzschaltung. Auf gleiche Weise läßt sich die Ausgangsgleichung auf die Induktivität L_{M2} als Hauptinduktivität umformen. So ergibt sich die Ersatzschaltung Bild R 8.1/5e. Bei dieser Form fällt der ideale Übertrager, repräsentiert durch je eine spannungsgesteuerte Spannungsquelle und stromgesteuerte Stromquelle, zwanglos an.

8.2 Netzwerkerregung

Netzwerkerregungen durch unabhängige Strom-/Spannungsquellen sind die Ursache der Ströme und Spannungen (Wirkungen) in den Netzwerkzweigen. Besondere Bedeutung hat dabei die *Erregerzeitfunktion* $f(t)$, da von ihr nicht nur das Zeitverhalten der Wirkung, sondern auch die *zweckmäßigste Analysemethode* und vor allem die *Netzwerkfunktion* zwischen Ursache und Wirkung abhängt.

Eine typische Eigenschaft (realer) Netzwerke ist, daß die Wirkung nie vor der Ursache eintritt: *kausales Netzwerk*. Dann hängen die Wirkungsgrößen nur von den momentanen (und vergangenen) Werten der Eingangsgrößen ab.

Die eindeutige Zuordnung der Ausgangsgrößen zu den Eingangsgrößen heißt *Übertragungsverhalten* des Netzwerkes oder *Netzwerkfunktion*. Die Form der Zuordnung kann sehr verschieden sein: *graphische Darstellung* (Zeigerbilder), skalare oder vektorielle *Netzwerk-Differentialgleichung*, *algebraische Beziehungen* (Frequenzbereich, Bildbereich).

Erzeugen am Netzwerk mehrere Erregungen $x_1(t) \dots x_n(t)$ die Ausgangsgrößen $y_1(t) \dots y_m(t)$, so wird es durch das Gleichungssystem

$$\begin{aligned} y_1(t) &= f_1\{x_1(t) \dots x_n(t)\} \\ &\vdots \\ y_m(t) &= f_m\{x_1(t) \dots x_n(t)\} \end{aligned} \tag{8.2/1}$$

beschrieben oder nach Zusammenfassen der *Eingangs-* und *Ausgangsgrößen* als *Vektoren* (Erregungs- bzw. Ausgangsvektor)

$$\boldsymbol{x}(t) = \begin{pmatrix} x_1(t) \\ \vdots \\ x_n(t) \end{pmatrix}; \quad \boldsymbol{y}(t) = \begin{pmatrix} y_1(t) \\ \vdots \\ y_m(t) \end{pmatrix}$$

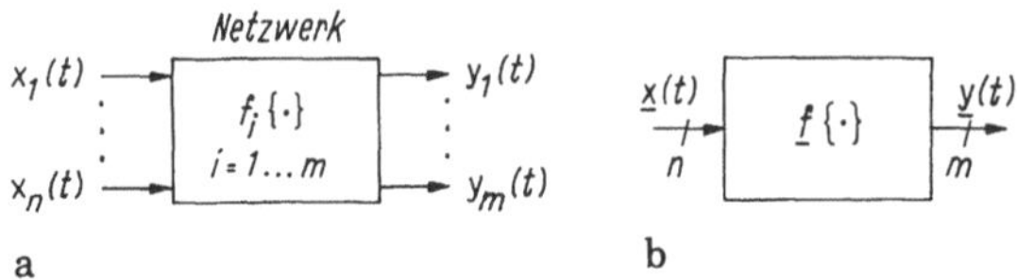

Bild R 8.2/1 Netzwerk als Vermittler zwischen Eingangs- und Ausgangsgröße a) skalares Modell, b) vektorielles Modell

durch

$$\boldsymbol{y}(t) = \boldsymbol{f}\{\boldsymbol{x}(t)\}. \tag{8.2/2}$$

Dabei ist $\boldsymbol{f}(t) = \begin{pmatrix} f_1(t) \\ \vdots \\ f_m(t) \end{pmatrix}$ ein *Funktionsvektor* (Bild R 8.2/1).

Netzwerke mit mehreren Eingangs- und Ausgangssignalen heißen *Mehrfachnetzwerke* oder *Mehrfachsysteme*. Sie werden zur Analyse zerlegt in

- *Einfachnetzwerke* oder -systeme (auch als Übertragungsblöcke bezeichnet) mit je einer Eingangs- und Ausgangsgröße
- *verknüpfende Elemente*, mit denen sich mehrere Größen zusammenfassen lassen (s. Abschn. 8.8).

Die prinzipiellen Netzwerkeigenschaften können am Einfachsystem erläutert werden. Die Ausgangsgröße eines "Einfachnetzwerkes" ist die Folge einer Netzwerkerregung. Aus der Vielzahl von Netzwerkerregungen haben aus technischer Sicht die sog. *Testsignale* besondere Bedeutung.

8.2.1 Testsignale

Die wichtigsten Testsignale umfassen sowohl *periodische* wie *nichtperiodische*. Beide setzen zu gegebenem Zeitpunkt t_0 (oft zu Null gesetzt) von Null aus ein. Wichtiges Merkmal eines Testsignals ist, daß seine Eigenschaften nicht mehr in der Ausgangsgröße des Netzwerkes auftreten, sondern diese nur vom Netzwerk (und seinen Parametern) selbst abhängt. Testsignale erlauben deshalb einen Vergleich verschiedener Netzwerke.

Impulserregung. Ein Impuls ist ein einmaliger, kurzzeitiger (beliebiger) Verlauf einer physikalischen Größe.

Im engeren Sinne versteht man unter einem *Rechteckimpuls* einen kurzen Impuls (Impulsdauer τ) der *Impulshöhe* X_Q

$$x(t) = \begin{cases} 0 & t > 0 \\ X_Q & 0 \leq t \leq \tau \\ 0 & t > \tau \end{cases} \tag{8.2/3a}$$

mit der *Impuls-Zeitfläche* oder *Impulsstärke* (Bild R 8.2/2a)

$$A = \int_{-\infty}^{\infty} x(t)\,\mathrm{d}t = X_Q\tau, \tag{8.2/3b}$$

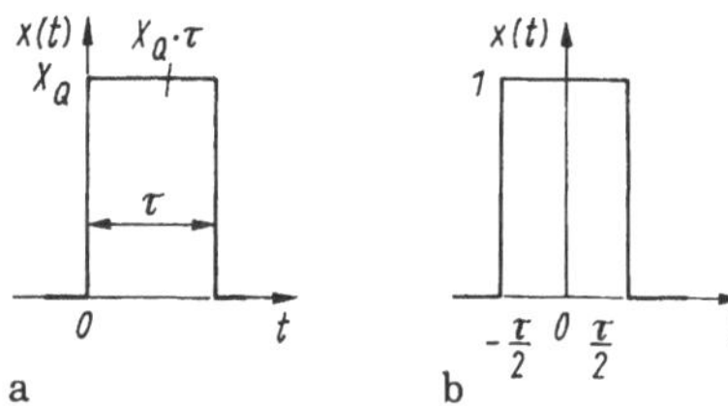

Bild R 8.2/2 Rechteckimpuls (
a) und Rechteckfunktion (b)

gewonnen durch *Integration* des Impulssignals. Oft wird die Zeitfläche auf den Wert $A = 1$ normiert; dann beträgt die Impulshöhe $X_Q = 1/\tau$. Deshalb vereinbart man als *Rechteckfunktion* (Bild R 8.2/2b)

$$x(t) = \frac{1}{\tau}\text{rect}\left(\frac{t}{\tau}\right) \qquad \text{Rechteckimpuls}$$

mit

$$\text{rect}(t) = \begin{cases} 1 & |t| < \tau/2 \\ 0 & \text{sonst.} \end{cases} \tag{8.2/4}$$

Merkmale:

- Die Rechteckfunktion ist ein sog. Energiesignal (s. Abschn. 8.8.1).
- Der Impuls mit der Impulsstärke 1 heißt *Einheitsimpuls*.
- Auf einen Einheitsimpuls gibt das (anfangs energielos angenommene) Netzwerk eine *Impulsantwort*.

Ein Netzwerk mit einer typischen Zeitkonstante reagiert ganz verschieden auf Eingangsimpulse gleicher Impulsfläche, aber verschiedener Dauer und Impulshöhe (Bild R 8.2/3):

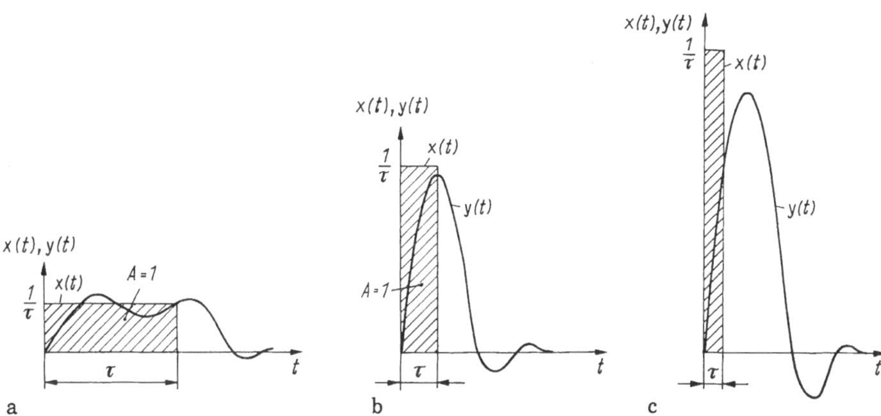

Bild R 8.2/3 Netzwerkreaktion $y(t)$ auf eine Rechteckerregung $x(t)$ verschiedener Dauer
a) große, b) mittlere, c) kleine Impulsdauer τ, A Impulszeitfläche

- Bei großer Impulsdauer schwingt das Netzwerk voll ein, m.a.W. erreicht die Ausgangsgröße den sog. *stationären Wert*
- Bei mittlerer Impulsdauer erreicht die Ausgangsgröße am Ende des Impulses noch nicht den stationären Wert
- Bei sehr kurzer Impulsdauer reagiert das Netzwerk während der Impulsdauer kaum, die eingeprägte Energie führt aber *nach* Abschalten des Impulses zu *weiterem* Anstieg der Ausgangsgröße, bis schließlich wieder der Nullwert erreicht wird. In diesem Fall ist das Ausgangssignal $y(t)$ eine reine Netzwerkeigenschaft, erfüllt also $x(t)$ die Forderung eines Testsignals.

Im Grenzfall $\tau \to 0$ entsteht ein sehr kurzer, sehr hoher *Nadelimpuls* mit endlicher Impulsfläche A, die *Stoßfunktion* $d(t)$ (Bild R 8.2/4a, b)

$$d(t) = \begin{cases} 0 & t \neq 0 \\ \infty & t = 0 \end{cases} \tag{8.2/5a}$$

oder der Einheitsimpuls bezogen auf die *Impulsfläche* A (Gl.(8.2/3b))

$$\delta(t) = x_{\uparrow}(t) = \frac{d(t)}{A} = \begin{cases} 0 & t \neq 0 \\ \infty & t = 0 \end{cases} \quad \text{mit} \int_{-\infty}^{\infty} \delta(t)\,\mathrm{d}t = 1. \tag{8.2/5b}$$

Diracimpuls

Der Dirac-Stoß einer *physikalischen Größe* der Impulsfläche A lautet:

$$x_{\uparrow}(t) = A\delta(t). \tag{8.2/5c}$$

Der Einheitsimpuls, auch als Dirac-Stoß, Dirac-Funktion oder Delta-Funktion bezeichnet, zeigt folgende *Merkmale*:

- Die Impulsfläche der Einheits-Dirac-Funktion hat den Zahlenwert 1, A selbst ist dimensionsbehaftet: Amplitude · Zeit (!).
- Der Wert für $t = 0$ ist nicht definiert (deswegen ist $\delta(t)$ keine Funktion im üblichen Sinn, sondern eine Distribution).
- Die Dirac-Funktion hat wegen ihrer unendlich großen Amplitude die symbolische Darstellung nach Bild R 8.2/4c bzw. R 8.2/4d.

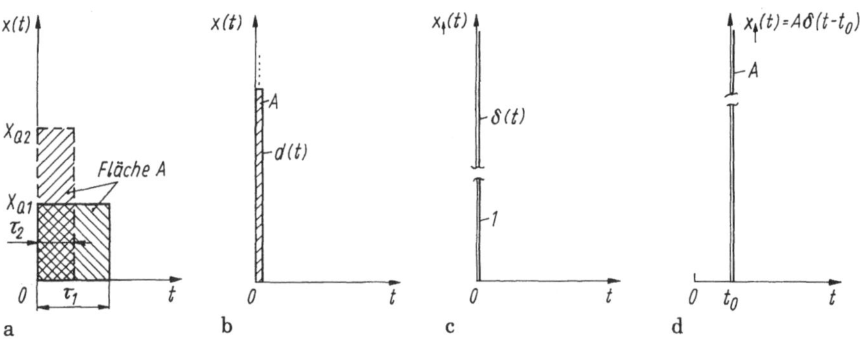

Bild R 8.2/4 Impulserregung
a) Rechteckfunktionen gleicher Impulsfläche A, b) Stoßfunktion $d(t)$, c) Diracstoß $\delta(t)$, d) Diracstoß mit Impulsfläche A, um t verschoben

- Die Funktion $\delta(t)$ kann längs der Zeitachse (um t_0) *verschoben* werden. Es gilt:

$$\delta(t-t_0) = \begin{cases} 0 & t \neq t_0 \\ \infty & t = t_0 \end{cases} \qquad \text{mit} \int_{-\infty}^{\infty} \delta(t-t_0)\,\mathrm{d}t = 1. \qquad (8.2/6)$$

- Die Diracfunktion ist die Ableitung (im verallgemeinerten Sinn) der *Sprungfunktion* $s(t)$ (Gl.(8.2/9))

$$\delta(t) = \frac{\mathrm{d}s(t)}{\mathrm{d}t}. \qquad (8.2/7)$$

- Die Dirac-Funktion blendet aus einer Funktion unter dem Integral den Funktionswert aus, für den das Argument der Dirac-Funktion verschwindet: *Abtast-* oder *Ausblendeigenschaft*

$$\int_{-\infty}^{\infty} f(t)\delta(t-t_0)\,\mathrm{d}t = f(t_0). \qquad (8.2/8)$$

Darin liegt ihre Bedeutung für die *Signalabtastung.* (Die Form des Integrals wird auch als *Faltung* bezeichnet.)
- Die Dirac-Funktion ist eine *gerade* Funktion: $\delta(-t) = \delta(t)$.
- Die Dirac-Funktion läßt sich physikalisch *nicht* erzeugen, doch stellt sie ein sehr praktisches *Modellsignal* dar. Es kann durch folgende reguläre Funktionen angenähert werden
Rechteckfunktion $\delta_\varepsilon(t) = 1/(2\varepsilon)\mathrm{rect}(t/2\varepsilon)$,
Spaltfunktionsquadrat $\delta_\varepsilon(t) = \frac{1}{\varepsilon}\left[\sin(\pi t/\varepsilon)/(\pi t\varepsilon)\right]^2$ u.a.
- Anwendung findet die Dirac-Funktion z.B. zur Modellierung der Kondensatoraufladung durch eine ideale Spannungsquelle, der Ladungsbelegung von Kondensatorplatten, zur Modellierung von Oberflächenströmen, vor allem aber bei der Analyse zeitdiskreter Netzwerke und Systeme (Abschn. 12).

Sprungfunktion. Die Sprungfunktion beschreibt den Sprung der Eingangsgröße $x(t)$ zum Zeitpunkt $t = 0$ von 0 auf einen konstanten Wert (Bild R 8.2/5), für den Wert 1 ergibt sich die *Einheitssprungfunktion* $s(t)$

$$s(t) = \begin{cases} 0 & t < 0 \\ 1 & t \geq 0 \end{cases} \qquad \text{Sprungfunktion.} \qquad (8.2/9)$$

Die Sprungerregung einer allgemeinen *physikalischen Größe* (Amplitude X_Q) lautet

$$x_\mathrm{S}(t) = X_\mathrm{Q}s(t) = \begin{cases} 0 & t < 0 \\ 1 \cdot X_\mathrm{Q} & t \geq 0 \end{cases} \qquad (8.2/10)$$

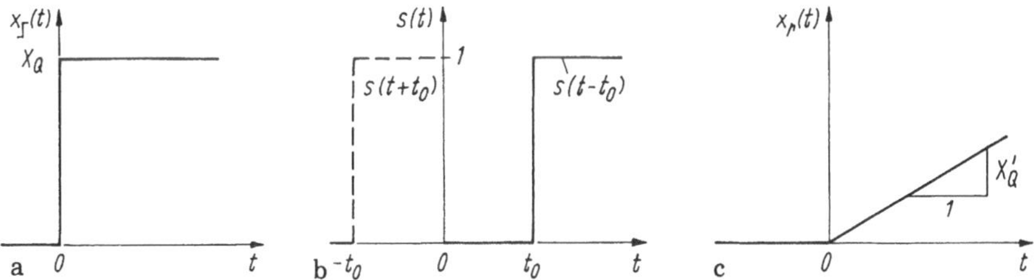

Bild R 8.2/5 Sprungfunktion, Anstiegserregung
a) einer physikalischen Größe (Amplitude X_Q), b) Einheitssprungfunktion, um t_0 verschoben, c) Anstiegsfunktion $x_\mathrm{r}(t)$

mit folgenden *Eigenschaften:*

- Die Sprungfunktion ist ein *Leistungssignal* (s. Abschn. 8.8.1)
- Die Funktion $f(t) = s(t - t_0)$ stellt eine *zeitverschobene* Sprungfunktion dar (Sprung tritt um t_0 verzögert ein, Bild R 8.2/5b).
- Durch Kombination zweier zeitverschobener Sprungfunktionen (Ein-, Ausschalten) kann ein Rechteckimpuls der Breite τ gebildet werden: $x_\mathrm{R}(t) = s(t) - s(t-\tau)$.
- Zwischen Einheitssprungsfunktion $s(t)$ und Einheitsimpulsfunktion $\delta(t)$ besteht der Zusammenhang

$$s(t) = \int_{-\infty}^{t} \delta(\tau)\,\mathrm{d}\tau. \qquad (8.2/11)$$

Die Sprungfunktion ist das Zeitintegral der Impulsfunktion und umgekehrt die Impulsfunktion die zeitliche Ableitung der Sprungfunktion.

- Anwendung findet die Sprungfunktion generell als "Einschaltfunktion" einer Netzwerkerregung zu bestimmtem Zeitpunkt, also allgemein zur Modellierung eines Schalters. Sie ist eine wichtige Testfunktion.

Anstiegs-, Rampenerregung. Bei der Rampenfunktion $x_\mathrm{r}(t)$ steigt die Eingangsgröße vom Zeitpunkt 0 ausgehend (Wert 0) zeitproportional an (Bild R 8.2/5c)

$$x_\mathrm{r}(t) = \begin{cases} 0 & t < 0 \\ t \cdot X'_\mathrm{Q} & t \geq 0 \end{cases} \qquad \text{Rampenerregung} \quad (8.2/12)$$

Für $X'_\mathrm{Q} = 1$ entsteht daraus die *Einheitsanstiegsfunktion:* $r(t) = ts(t)$.
Eigenschaften:

- Die Rampenfunktion ist das Zeitintegral der Sprungfunktion.
- Die Rampenfunktion wird oft zur Modellierung technischer Sprungfunktionen (mit endlicher Anstiegszeit) verwendet.

Sinuserregung. Exponentialerregung. Eine zum Zeitpunkt $t = 0$ einsetzende (geschaltete) Sinusschwingung (Amplitude X_Q, Periode T, Phase φ) heißt *geschaltete Sinusschwingung*[2] :

$$x(t) = X_\mathrm{Q}\sin(\omega t + \varphi) \cdot s(t) \text{ mit } x(t) = \begin{cases} 0 & t < 0 \\ X_Q \sin(\omega t + \varphi) & t \geq 0. \end{cases} \qquad (8.2/13)$$

Sie stellt die wichtigste *periodische* Testfunktion dar. Nach hinreichend langer Zeit (streng genommen unendlich) spricht man von einer *stationären* Sinusschwingung oder *stationären Sinuserregung.*

---

[2]Die Darstellung einer Funktion $f(t)$, die für $t < 0$ verschwindet, ist möglich entweder durch bereichsweise Definition (Gl.(8.2/13) rechts) oder Hinzunahme der Sprungfunktion $s(t)$ links.

Die Sinuserregung ist ein Sonderfall der *Exponentialerregung*

$$x(t) = 2X\mathrm{e}^{\sigma t}\cos(\omega t + \varphi) \cdot s(t), \qquad \text{Exponentialerregung} \qquad (8.2/14)$$

deren Amplitude durch das *Dämpfungsmaß* σ vom Zeitpunkt $t = 0$ an steigt ($\sigma > 0$) oder fällt ($\sigma < 0$, sog. *gedämpfte Sinusschwingung*).

Unter Nutzung der *komplexen Frequenz* $p = \sigma + \mathrm{j}\omega$ mit den Sonderfällen
$p = 0$ Gleichgröße $p = \sigma$ ($\sigma \gtrless 0$), an-/abklingende Zeitfunktion
$p = \mathrm{j}\omega$ Wechselgröße $p = \sigma + \mathrm{j}\omega$ an-/abklingende Sinusgröße
enthalten dann *alle* in linearen Netzwerken auftretenden Ströme und Spannungen einheitlich die Form $\exp pt$ (vgl. II/Abschn. 10.2.1 und Bild R 8.2/6).

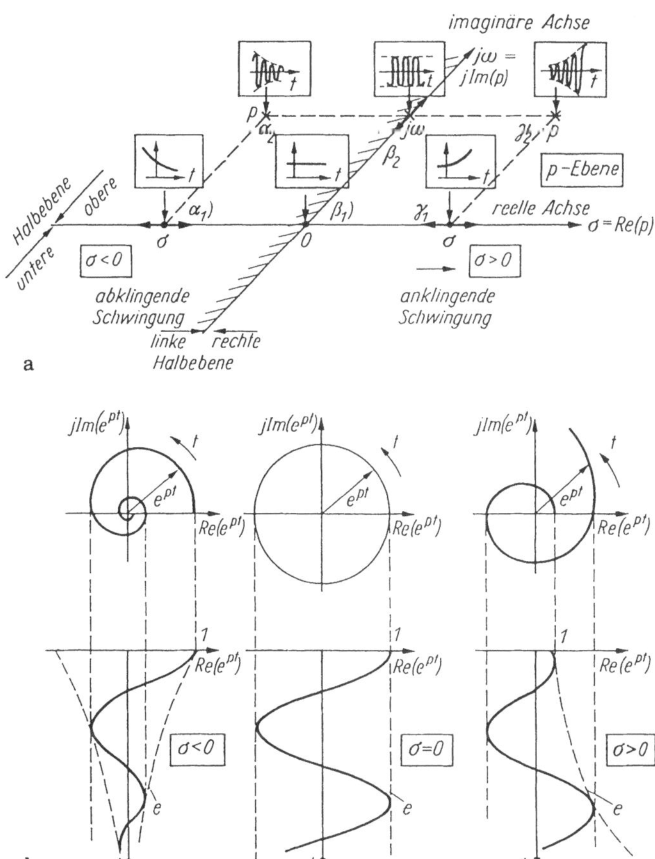

Bild R 8.2/6 Exponentialerregung. Physikalische Bedeutung der komplexen Frequenz
a) Darstellung der p-Ebene mit jeweiligem Schwingungstyp, b) Verlauf von $\mathrm{Re}(\mathrm{e}^{pt})$ für verschiedene Dämpfungen σ

Die Einführung der komplexen Frequenz p erlaubt die Darstellung von Netzwerkfunktionen und -größen in der *komplexen p-Ebene*. Ihre imaginäre Achse ist der geometrische Ort der (reellen) technischen Frequenz ω.

Die so erhaltenen Netzwerkfunktionen sind reelle, rationale Funktionen von p und werden durch die Lage ihrer *Pole* und *Nullstellen* in der komplexen p-Ebene eindeutig gekennzeichnet. Deshalb erfolgen Netzwerkberechnungen oft mit der komplexen Frequenz p und erst in der Auswertung wird für die technische Frequenz $p = \mathrm{j}\omega$ spezialisiert.

Die Exponentialerregung ermöglicht die Berechnung des Zeitverhaltens von Netzwerkgrößen mit der Laplace-Transformation (s. Abschn. 11.2).

Weitere periodische Testsignale sind z.B. die *Sägezahn-* und *Rechteckschwingungen*, *Halbwellensignale* u.a.m. Sie lassen sich in ihrer Wirkung auf Netzwerke durch entsprechende Verfahren auf die Wirkung von *Grunderregungen* zurückführen.

Eigenfunktion. *Eigenfunktion* oder *Mode* heißt die Erregung eines Netzwerkes, das als Lösung wieder die Erregerfunktion (bis auf einen Proportionalfaktor) ergibt.

Die komplexe Exponentialanregung Gl.(8.2/14) ist eine solche Eigenfunktion von linearen, zeitunabhängigen Netzwerken.

Die Eigenfunktion ergibt sich z.B. als Lösung der zugehörigen homogenen Netzwerk-Differentialgleichung oder gleichwertig aus den Polstellen der Übertragungsfunktion.

8.2.2 Netzwerkreaktion auf Testsignale

Lineare, zeitunabhängige und energiefreie (Energiespeicher entladen) Netzwerke reagieren auf Testerregungen in charakteristischer Weise mit sog. *Antwortfunktionen.*

Für die Testerregungen nach Abschnitt 8.2.1 werden angegeben:

Impulsantwort, Stoßantwort, Gewichtsfunktion. Die Impulsantwort eines linearen, zeitunabhängigen (energiefreien) Netzwerkes ist der zeitliche Verlauf einer Wirkungsgröße auf einen Erregerimpuls $x_\uparrow = A\delta(t)$ nach Gl.(8.2/5b) am Netzwerkeingang.

Bezieht man die Wirkungsfunktion auf die Zeitfläche, so ergibt sich die *bezogene Impulsantwort* oder besser *Gewichtsfunktion* (Bild R 8.2/7)

$$g(t) = \left.\frac{y_\uparrow(t)}{A}\right|_{x_\uparrow(t)} = f\{\delta(t)\} \qquad \text{Definition Gewichtsfunktion.} \qquad (8.2/15)$$

Die Gewichtsfunktion $g(t)$ ist eine reine Netzwerkeigenschaft. $f\{\delta(t)\}$ bedeutet Anwendung des Übertragungsoperators $f\{\cdot\}$ auf den Diracstoß.

Hinweis:

- Technisch wird als Erregung meist ein schmaler Rechteckimpuls statt des Dirac-Impulses gewählt.

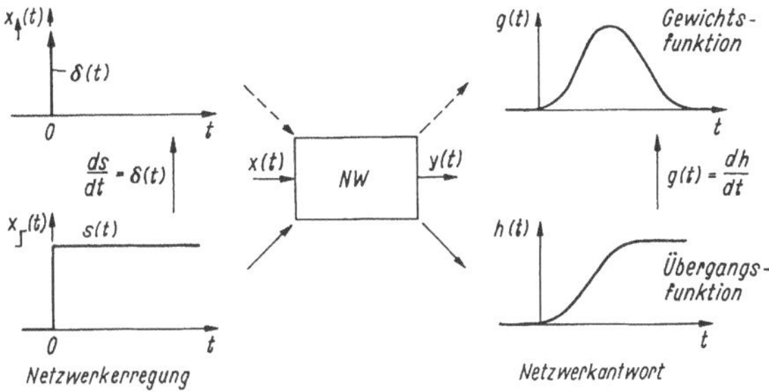

Bild R 8.2/7 Zusammenhang zwischen Übergangs- und Gewichtsfunktion $g(t)$ im Zeitbereich

- Die Impulsantwort $g(t)$ läßt sich häufig einfacher durch Berechnung der Sprungantwort $h(t)$ und anschließende Differentiation bestimmen.

Sprungantwort. Die Sprungantwort eines (linearen, zeitunabhängigen, energiefreien) Netzwerkes ist der zeitliche Verlauf der Wirkung (Ausgangsgröße) auf ein sprungförmiges Erregersignal am Eingang $y_S(t) = f(s(t))$ oder bezogen auf die Sprunghöhe X_Q als *bezogene Sprungantwort* oder *Übergangsfunktion* (Bild R 8.2/7)

$$h(t) = f_s(t) = \left.\frac{y_s(t)}{X_Q}\right|_{x_s(t)} = f\{s(t)\} \qquad \text{Definition Sprungantwort.} \qquad (8.2/16a)$$

Ferner gilt mit Gl.(8.2/11)

$$h(t) = \int_{-\infty}^{t} g(\tau)\,d\tau = h(+0)s(t) + h_0(t) \qquad (8.2/16b)$$

($h(+0)$ Wert der Sprungfunktion bei $t = +0$, $h_0(t)$ sprungfreier Anteil für ($\tau > 0$), Bild R 8.2/8) oder umgekehrt:

$$g(t) = \frac{dh(t)}{dt} = \frac{dh_0(t)}{dt} + h(+0)\delta(t). \qquad (8.2/16c)$$

Die Sprungantwort ist das Integral der Impulsantwort und ebenso wie diese eine reine Netzwerkeigenschaft.

Beim Differenzieren der Sprungantwort ist die Ausblendeigenschaft der Dirac-Funktion u.U. zu beachten.

Anstiegsantwort. Das ist der Zeitverlauf der Ausgangsgröße auf eine Anstiegsfunktion als Erregersignal. Sie hat gegenüber Impuls- und Sprungantwort geringere Bedeutung.

Sinusantwort. Die Sinusantwort ist der Zeitverlauf der Wirkungsgröße auf eine sinusförmige Erregerfunktion, wenn alle Übergangsvorgänge abgeklungen sind, also im stationären Fall, oder als bezogene Funktion

$$\frac{y_S(t)}{X_Q} = f\{\sin\omega t\}. \qquad (8.2/17)$$

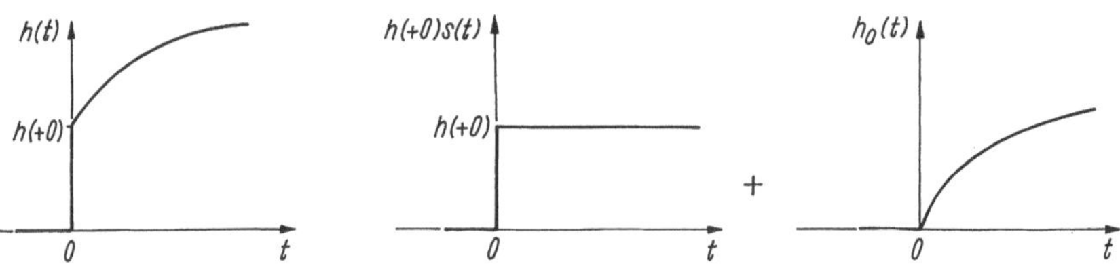

Bild R 8.2/8 Aufteilung der Funktion $h(t)$ in Sprungfunktion und sprungfreien Anteil

Insbesondere für $x(t) = X_{\mathrm{Q}}\mathrm{e}^{\mathrm{j}\omega t}$ ergibt sich dann über das *Faltungsintegral* das Ausgangssignal

$$\begin{aligned} y(t) &= \int_{-\infty}^{\infty} X_{\mathrm{Q}}\mathrm{e}^{\mathrm{j}\omega(t-\tau)}g(\tau)\,\mathrm{d}\tau = X_{\mathrm{Q}}\mathrm{e}^{\mathrm{j}\omega t}\int_{-\infty}^{\infty} g(\tau)\mathrm{e}^{-\mathrm{j}\omega\tau}\,\mathrm{d}\tau \\ &= G(\omega)x(t). \end{aligned} \tag{8.2/18}$$

Bei harmonischem Eingangssignal erscheint am Ausgang eines Netzwerkes mit der Impulsantwort $g(t)$ das Eingangssignal *gewichtet mit der Übertragungsfunktion* $G(\omega)$

$$G(\omega) = \int_{-\infty}^{\infty} g(t)\mathrm{e}^{-\mathrm{j}\omega t}\,\mathrm{d}t. \tag{8.2/19}$$

Hinweis: Die Übertragungsfunktion $G(\omega)$ (Gl.(8.2/18)) ist die sog. *Fourier-Transformierte* der Impulsantwort $g(t)$.

Da sich die Übertragungsfunktion $G(\omega)$ (leicht) durch die komplexe Rechnung bestimmen läßt, besteht damit (durch *inverse Fourier-Transformation*, s. Abschn. 10.3) eine weitere Möglichkeit zur Bestimmung der Gewichtsfunktion.

- Bei periodischer Testerregung wird der Übergangsvorgang üblicherweise nicht in die Netzwerkreaktion einbezogen.
- In diesem Fall spielt die Energiefreiheit des Netzwerkes eine untergeordnete Rolle (da es sich um Gleichgrößen handelt, die im stationären Zustand abgeklungen sind).
- Bei nichtperiodischer Erregerfunktion ist das Einschwingverhalten dagegen Merkmal der Systemreaktion.
- Die Sinusantwort wird zweckmäßig über den Frequenzbereich bestimmt.

Netzwerkreaktion bei allgemeinem Eingangssignal. Faltung. Wird ein Netzwerk (linear, zeitunabhängig, energiefrei) mit der Impulsantwort $g(t)$ durch ein allgemeines Erregersignal $x(t)$ erregt, so ergibt sich seine Ausgangsgröße $y(t)$ zu

$$y(t) = g(t) * x(t) = \int_{-\infty}^{t} x(\tau)g(t-\tau)\,\mathrm{d}\tau = \int_{-\infty}^{t} x(t-\tau)g(\tau)\,\mathrm{d}\tau \tag{8.2/20}$$

Die Verknüpfung der Funktionen $g(t)$ und $x(t)$ nach Gl.(8.2/18) heißt *Faltung*, das Integral *Faltungs-* oder *Duhamelsches* Integral. Die linke symbolische Schreibweise (x gefaltet g) wird häufig verwendet.

Hinweis:

- Für die Diracimpulserregung $x(t) = A\delta(t)$ ergibt sich als Netzwerkwirkung direkt die Impulsantwort $g(t)$.
- Die Faltung Gl.(8.2/20) stellt neben der Netzwerk-Differentialgleichung die *zweite Art* der Netzwerkbeschreibung im Zeitbereich dar.

Für die Faltung gelten eine Reihe von *Regeln:*

Faltungsprodukt:

$$f(t) * \delta(t) = f(t), \qquad f(t) * 0 = 0. \tag{8.2/21}$$

Die Dirac-Funktion hat für die Faltung einer Funktion die gleiche Bedeutung wie die Eins für die Zahlenmultiplikation.

Kommutativgesetz:

$$g(t) * f(t) = f(t) * g(t). \tag{8.2/22a}$$

Eingangssignal und Impulsantwort sind vertauschbar.

Assoziativgesetz:

$$g_1(t) * (g_2(t) * f(t)) = (g_1(t) * g_2(t)) * f(t). \tag{8.2/22b}$$

Zwei rückwirkungsfrei (!) in Kette geschaltete Netzwerke lassen sich zu einem Netzwerk zusammenfassen, dessen Impulsantwort die Faltung der Impulsantworten beider Netzwerke ist (Bild R 8.2/9).

Distributivgesetz (Überlagerungssatz). Wirken am Netzwerkeingang zwei Erregerfunktionen $f_1(t)$ und $f_2(t)$, so kann die Wirkungsgröße für jede Erregung getrennt ermittelt und anschließend zur Gesamtwirkung addiert werden:

$$g(t) * (f_1(t) + f_2(t)) = f_1(t) * g(t) + f_2(t) * g(t). \tag{8.2/22c}$$

8.3 Netzwerke

Gegenstand der Netzwerkanalyse sind systematische Verfahren, mit denen die Netzwerkströme und -spannungen symbolisch oder numerisch in Abhängigkeit von der Netzwerktopologie und den Netzwerkelementen auf Grundlage der Kirchhoffschen Gleichungen (oder abgekürzter Methoden) bestimmt werden.

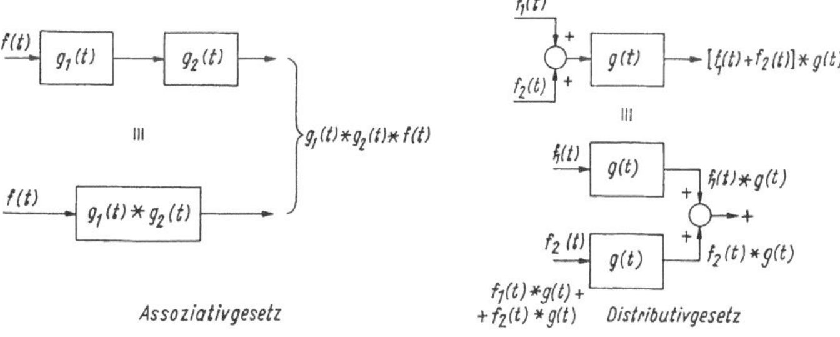

Bild R 8.2/9 Faltungsgesetze

Für das Netzwerk mit z Zweigen, k Knoten und $m = z - k + 1$ unabhängigen Maschen gibt es nach dem ersten Kirchhoffschen Satz $k - 1$ *unabhängige Knotengleichungen* und nach dem zweiten Kirchhoffschen Satz m *unabängige Maschengleichungen.* Zusammen mit den z Zweigelementen (und ihren u-, i-Relationen) existieren dann z Gleichungen z.B. für die z Zweigströme (Zweigstromanalyse).

- Gegenüber Netzwerken mit nur resistiven Netzwerkelementen (Abschn. 3.2) führen die Energiespeicherelemente grundsätzlich auf *Integro-Differentialgleichungen*, bei n unabhängigen Elementen auf n Differentialgleichungen erster Ordnung innerhalb des Systems von z Variablen. Sie können - abhängig von den Elementen - zu einer Integro-Differentialgleichung n-ter Ordnung zusammengefaßt werden.
- Abhängig vom Charakter der Netzwerkelemente (linear, nichtlinear, zeitvariant, zeitinvariant) und der Netzwerkerregung lassen sich die Netzwerke näher unterteilen (Tafel R 8.3/1) und spezifische Lösungsverfahren wählen. Methodisch haben sich - problemabhängig - folgende Lösungsstrategien der Kirchhoffschen Gleichungen dominant herausgebildet: *Zweigstromanalyse*, *Maschenstrom-* und *Knotenspannungsanalyse* sowie die computerorientierte modifizierte Knotenspannungsanalyse.

Für lineare, zeitinvariante Netzwerke besitzen *Transformationsverfahren* (Fourier-, Laplace-, Z-Transformation) herausragende Bedeutung. Dabei ist der stationäre Wechselstrombetrieb mit der *komplexen Wechselstromrechnung* unter Nutzung des komplexen Wechselstromwiderstandes/-leitwertes ein wichtiger Sonderfall: das System der Integro-Differentialgleichungen geht in ein algebraisches Gleichungssystem über und kann z.B. in Matrixform dargestellt und gelöst werden.

Allgemeine Netzwerkeigenschaften. Zur Kennzeichnung von Netzwerken dienen folgende *Merkmale*:

Linearität. Ein Netzwerk ist linear, wenn in den Beziehungen $y(t) = f\{x(t)\}$ zwischen Eingangs- $x(t)$ und Ausgangsgrößen $y(t)$ das *Überlagerungsprinzip* gilt. Dann

- sind Eingangs- und Ausgangsgrößen durch *lineare* Netzwerkdifferentialgleichungen verknüpft,
- gibt es eine *Übergangsfunktion* (Antwort auf sprungartige Eingangsgröße)
- und einen *Frequenzgang* oder eine *Übertragungsfunktion.*

Ferner gilt:

- nichtlineare Netzwerke können durch *Linearisierung* (sog. *Kleinsignalaussteuerung*) in einem Arbeitspunkt als linear betrachtet werden (s. Abschn. 8.7.2.2).

Kausalität. Ein Netzwerk heißt *kausal*, wenn die Wirkung im Netzwerk nie vor der Ursache auftrittt (sonst nicht kausal). Physikalisch realisierbare Netzwerk sind stets kausal.

Tafel R 8.3/1 Zusammenhang zwischen Netzwerkelementen, Netzwerkerregung und Lösungsmethoden

Netzwerkelement	Erregung, mathematische Beschreibung	technische Bezeichnung, Merkmale
linear-zeitunabhängig	• zeitkonstante Quellen • lineares algebraisches Gleichungssystem	• Gleichstromnetzwerke, DC-Analyse • stationärer Zustand erst nach Abklingen des Übergangsvorganges erreicht
	• sinusförmige Erregung • lineares inhomogenes DGL-System mit konstanten Koeffizienten und harmonischer Störfunktion • Lösung direkt oder durch Transformation in den Frequenzbereich (→ komplexe Rechnung, algebraische Gleichung) möglich	• Wechselstromnetzwerke, AC-Analyse • stationärer Zustand erst nach Abklingen des Übergangsvorganges erreicht • Übernahme der Lösungsmethoden von Gleichstromnetzwerken im Frequenzbereich möglich
	• mehrwellige Erregung • lineares inhomogenes DGL-System mit periodischer Störfunktion • Lösung durch Transformation in den Frequenzbereich für jede Frequenzkomponente möglich (→ Folge von linearen algebraischen Gleichungssystemen mit komplexen Koeffizienten, Fourierzerlegung der Erregung)	• mehrwellige Netzwerke, AC-Analyse • Überlagerung der Lösungen einzelner Wechselstromnetzwerke mit verschiedener Erregerfrequenz
	• beliebige Erregung • lineares inhomogenes DGL-System, direkte Lösung • Lösung über Transformation (Fourier, Laplace abhängig von Erregung) algebraisch möglich	• Schaltvorgänge in Netzwerken, transiente Analyse • Netzwerke mit beliebigem Zeitverlauf der Ströme und Spannungen
linear zeitabhängig	• zeitkonstante und/oder beliebig zeitveränderliche Erregung • lineare inhomogene DGL-Systeme mit zeitveränderlichen Koeffizienten • Lösung durch Funktionsreihenansätze; ggf. auch höhere tranzendente Funktion • Lösung über Transformationsverfahren i.a. nicht möglich	• parametische Netzwerke • Lösungen neigen unter bestimmten Bedingungen zur Instabilität
nichtlinear (zeitinvariant und zeitvariant)	• i.a. nichtlineare Differentialgleichungssysteme. Lösung nur in seltenen Fällen analytisch möglich. Numerische Lösungsverfahren oder Simulation üblich • bei zeitkonstanten Quellen und zeitunabhängigen NWE entstehen nichtlineare algebraische Gleichungssysteme	• nichtlineare Netzwerke

Zeitinvarianz. Ein Netzwerk, dessen Elementparameter sich zeitlich *nicht* ändern, heißt zeitinvariant. Es reagiert auf eine Erregung immer gleich, unabhängig vom Zeitpunkt der Erregung. Umgekehrt haben Netzwerke mit zeitveränderlichen Elementen ($R(t)$, $C(t)$, z.B. auch durch Temperatur) durchaus technische Bedeutung.

Stabilität. Ein Netzwerk ist stabil, (eingangs-, ausgangsstabil), wenn ein Erregersignal beschränkter Amplitude ein Ausgangssignal erzeugt, das nicht über alle Grenzen wächst:

- Netzwerke mit linearen, zeitunabhängigen Netzwerkelementen (ohne gesteuerte Quellen) sind stets stabil
- Netzwerke, die die Stabilitätsforderung nicht erfüllen, müssen ggf. einer *Stabilitätsuntersuchung* unterzogen werden (s. Abschn. 8.6).

LTI-Netzwerke. Lineare, zeitinvariante Netzwerke werden anknüpfend an *linear-time-invariant* auch als *LTI-Netzwerke* bezeichnet. Sie stellen die technisch wichtigste Gruppe dar:

- auf solche Netzwerke sind (lineare) Transformationen (Fourier-, Laplace-, Z-) anwendbar
- Netzwerke aus linearen zeitunabhängigen Elementen sind stets LTI-Netzwerke.

8.3.1 Zweigstromanalyse

Das Zweigstromverfahren nutzt die Kirchhoffschen Gleichungen mit allen Zweigströmen als Variablen. Dabei werden die Zweigspannungen über die u-, i-Beziehungen der Netzwerkelemente eliminiert (Lösungsmethodik R 3.2.3).

Methoden zur Lösung der Integro-Differentialgleichungen (bei vorgegebenen Anfangswerten) werden später erläutert. Bei Kenntnis der Zweigströme ergeben sich die Zweigspannungen über die Netzwerk-Differentialgleichungen.

Für linear-zeitinvariante Netzwerkelemente und harmonische Erregung läßt sich die *Wechselstromrechnung* unter Nutzung des Widerstandsbegriffes heranziehen. Dann erfolgt die Aufstellung des Gleichungssystem zweckmäßig in *Matrixform* mit Zweigstrom- und Erregungsvektor.

Berücksichtigung von gesteuerten Quellen, Vierpolelementen, Übertragern.

- *Gesteuerte Quellen* werden beim Aufstellen der Gleichungen zunächst als *unabhängig* betrachtet und erst danach auf die linke Seite als entsprechende Zweigstromeinträge (bei Stromsteuerung) gebracht. Bei Spannungssteuerung sind die Steuerspannungen über die Zweignetzwerkelemente auf die Zweigströme zurückzuführen.
- *Gekoppelte Spulen:* Hier sollten die Zweigströme und -spannungen an den Spulen so festgelegt werden, daß die u-, i-Relation bezüglich der Wicklungsrichtungen (Punkt an der Spule) zu positiven Einträgen der Koppelindukti-

vitäten führt (gleichwertig ist auch die Verwendung des Ersatzschaltbildes mit stromgesteuerten Spannungsquellen anstelle der Kopplung).

Allgemeine Vierpolelemente. Liegen Vierpole in der Widerstandsform vor (s. Abschn. 8.4.1), so können sämtliche Spannungsabfälle in den Zweigen durch die jeweiligen Zweigströme ausgedrückt werden und ergeben direkte Matrixeinträge mit Z-Parametern. Andere Vierpoldarstellungen sind auf Z-Parameter umzurechnen. (Lösungsmethodik:Abschn. 3.2.3 bzw. I/Abschn. 2.4.4.1).

8.3.2 Maschenstromanalyse

Das Maschenstromverfahren basiert auf

- der Bestimmung der m unabhängigen Maschen eines Netzwerkes und
- der Einführung von m *unabhängigen Maschenströmen* (die mit den Zweigströmen i gemäß Netzwerktopologie in Beziehung stehen). Die *Knotengleichungen werden automatisch erfüllt.* Die Anwendung der Maschengleichungen auf die m unabhängigen Maschen ergibt ein System von m Integro-Differentialgleichungen (erster Ordnung) für die Maschenströme.

Voraussetzungen:

- Im Netzwerk wirken nur unabhängige Spannungsquellen.
- Das Netzwerk ist planar. Ein planares Netzwerk hat ein Schaltungsdiagramm nur in einer Ebene ohne Überkreuzung von Zweigen (kreuzungsfrei in einer Ebene ausbreitbar, trifft auf sehr viele Netzwerke zu)
- Netzwerkelemente sind in der Form $u(i)$ eindeutig darstellbar.

Lösungsmethodik (Abschn.3.2.4, II/ Abschn. 5.3.3). Zweckmäßig wird die Matrixschreibweise zur systematischen Aufstellung der Integro-Differentialgleichung mit

$$\boldsymbol{Z} \cdot \boldsymbol{i}_{\mathrm{m}} = \boldsymbol{u}_{\mathrm{m}} \qquad (8.3/1a)$$

verwendet. Dabei gilt für LTI-Netzwerke (mit $p = k - m + 1$)

$$\boldsymbol{i}_{\mathrm{m}} = \begin{pmatrix} i_{\mathrm{m}1} \\ \vdots \\ i_{\mathrm{m}p} \end{pmatrix}, \quad \boldsymbol{u}_{\mathrm{m}} = \begin{pmatrix} u_{\mathrm{m}1} \\ \vdots \\ u_{\mathrm{m}p} \end{pmatrix}, \quad \boldsymbol{Z} = \begin{pmatrix} Z_{11} & \cdot & Z_{1p} \\ \vdots & . & \vdots \\ Z_{p1} & \cdot & Z_{pp} \end{pmatrix} \qquad (8.3/1b)$$

Vektor der Maschenströme — Vektor der Quellenspannungen — Maschenimpedanzmatrix

Die Elemente der Maschenimpedanzmatrix lauten in der *Hauptdiagonale*

$$Z_{\nu\nu} = R_{\nu\nu} \ldots + L_{\nu\nu} \frac{\mathrm{d}}{\mathrm{d}t} \ldots + \frac{1}{C_{\nu\nu}} \int_0^t \ldots \mathrm{d}\tau \qquad (8.3/2)$$

der Masche ν und

$$Z_{\mu\nu} = Z_{\nu\mu} = \pm \left(R_{\nu\mu} \ldots + L_{\nu\mu} \frac{\mathrm{d}}{\mathrm{d}t} \ldots + \frac{1}{C_{\nu\mu}} \int_0^t \ldots \mathrm{d}\tau \right) \quad \nu \neq \mu \qquad (8.3/3)$$

mit den Elementen, die der Masche ν und μ gemeinsam sind (Pluszeichen, wenn beide Maschenströme im Koppelelement gleiche Richtung haben, sonst Minuszeichen). Die Matrix ist symmetrisch.

Das in Gl.(8.3/1a) stehende Symbol $\cdot$ bedeutet eine *formale Multiplikation*: der zweite Faktor ist in den Elementen $Z_{\nu\nu}$, $Z_{\mu\nu}$ dort zu schreiben, wo Punkte stehen.

Für *unabhängige Spannungsquellen* gilt: Spannungsquellen erhalten *positiven* Eintrag, wenn der durch sie fließende Maschenstrom die *Erzeugerpfeilrichtung* erfüllt.

Bei *sinusförmiger Erregung* ($\rightarrow$ Wechselstromrechnung) gehen die Elemente der Maschenimpedanzmatrix in die komplexen *Ringwiderstände* bzw. *Koppelwiderstände* (s. Gl.(3.2/3)) über.

Hinweis:

- Die rechte Seite in Gl.(8.3/1a) wird besonders einfach, wenn Spannungsquellen nur in Verbindungszweigen auftreten (Maschen so wählen, dann jede Spannungsquelle nur einmal vorhanden)
- einen vollständigen Baum möglichst so wählen, daß die gesuchten Zweigströme mit den Maschenströmen übereinstimmen
- die gebildeten Maschen sollen möglichst wenig Zweige enthalten.

Berücksichtigung von unabhängigen Stromquellen, gesteuerten Quellen, Übertragern: *Unabhängige Stromquellen* werden eingeschlossen (II/Abschn. 5.3.3.2)

- durch Wandlung in eine unabhängige Spannungsquelle mittels eines Widerstandes (zweckmäßig ein Element des Netzwerkes, ev. vorherige Anwendung des Quellenteilungssatzes Abschn. 3.3.3)
- mit *Hilfsleitwert* bei idealer Stromquelle (der im Ergebnis wieder gegen Null geht)
- durch direkte Einführung des Quellenstromes als *Maschenstrom* (Quellenzweig = Verbindungszweig). So ist der betreffende Maschenstrom bekannt und das Gleichungssystem erniedrigt sich um einen Grad. Verfahren setzt voraus, daß der Quellenstrom nur Element einer Masche ist.
- durch das *Supermaschenkonzept*, wenn der Stromquelle zwei Maschen gemeinsam sind (Supermasche als Peripherie zweier Maschen, Maschengleichung schreiben und Zwangsbedingung der Ströme durch die Stromquelle ansetzen).

Gesteuerte Quellen werden einbezogen:

- als maschenstromgesteuerte Spannungsquellen (ggf. auf Maschenstromsteuerung umstellen). Sie sind bei Aufstellen der Gleichungen wie unabängige Spannungsquellen zu betrachten und anschließend auf der linken Seite beim jeweiligen Maschenstrom einzutragen.
- Gesteuerte Stromquellen werden sinngemäß zunächst wie unabhängige Stromquellen behandelt und dann auf die linke Seite gebracht.
- durch gesteuerte Quellen wird die Koeffizientenmatrix i.a unsymmetrisch!
- *Übertrager* werden einbezogen, indem man ihre Klemmenströme zweckmäßig als Maschenströme wählt (Baum entsprechend anlegen) und für die u-, i-Relation die Transformatorgleichungen benutzt (Punktkonvention, Vorzeichen von M beachten).
  Gleichwertig kann das Modell mit stromgesteuerten Spannungsquellen verwendet werden.
- *Idealer Übertrager* (feste Kopplung $M = \sqrt{L_1 L_2}$ oder $L \rightarrow \infty$). Hier empfiehlt sich die Einführung von Spannungsabfällen für jede Wicklung als Unbekannte.

Zusätzliche Beziehungen ergeben sich mit den Strom- und Spannungsübersetzungsverhältnissen.

- Vierpole in der Z-Beschreibungsform werden direkt in der Matrix berücksichtigt.
- *Nichtlineare Netzwerkelemente.* Trifft zu, daß ihre u-, i-Relation eindeutig in der Form $u(i)$ darstellbar ist, so sollten die unabängigen Maschen so gelegt werden, daß durch jedes nichtlineare Element nur ein Maschenstrom fließt. Bei Aufstellen der Gleichungen wird jedes nichtlineare Element zunächst als unabhängige Spannungsquelle betrachtet und anschließend nach links in die entsprechende Spalte des Maschenstromes gebracht. In jedem Fall entsteht ein nichtlineares Gleichungssystem (s. Abschn. 8.7.3).
  Lösungsmethodik: Abschn. 3.2.4, II/Abschn. 5.3.3.

8.3.3 Knotenspannungsanalyse

Bei der Knotenspannungsanalyse werden durch Einführung von *Knotenspannungen* (Spannung zwischen einem Netzwerkknoten und einem für alle Knotenspannungen gemeinsamen Bezugsknoten, zweckmäßig Knoten des Netzwerkes, doch nicht zwingend) in den Kirchhoffschen Gleichungen der *Maschensatz* in jeder Netzwerkmasche *automatisch erfüllt*. Ist der Bezugsknoten ein Netzwerkknoten, so hat das Netzwerk $k-1$ unabhängige Knotenspannungen.

Hinweis: *Zweigspannung*: Spannung zwischen zwei Netzwerkknoten, von denen keiner Bezugsknoten sein darf. Zweigspannungen ergeben sich stets aus den zugehörigen Knotenspannungen.

Vorteil: Wegfall der Suche des vollständigen Baumes. *Annahme:* Das Netzwerk hat nur unabhängige Stromquellen (vorerst).

Die **Lösungsmethodik** umfaßt drei prinzipielle Schritte (s. Abschn. 3.2.5, II/Abschn. 5.3.4):

1. Wahl des Bezugsknotens (zweckmäßig der Netzwerkknoten, von dem die meisten Zweige ausgehen, meist Massepunkt eines Netzwerkes).
2. Aufstellung der Knotengleichungen aller $k-1$ Knoten, unbekannte Zweigströme durch Knotenspannungen über die betreffenden Netzwerkelementbeziehungen ausdrücken.
3. Lösung der $k-1$ Knotengleichungen.

Zweckmäßig wird die *Matrixschreibweise* zur systematischen Aufstellung der Integro-Differentialgleichung benutzt mit

$$\boldsymbol{Y} \cdot \boldsymbol{u} = \boldsymbol{i}_{\mathrm{q}}. \qquad (8.3/4)$$

Dabei sind

$$\boldsymbol{u} = \begin{pmatrix} u_1 \\ \vdots \\ u_{k-1} \end{pmatrix} \quad \boldsymbol{i}_{\mathrm{q}} = \begin{pmatrix} i_{\mathrm{q}1} \\ \vdots \\ i_{\mathrm{q}k-1} \end{pmatrix} \quad \boldsymbol{Y} = \begin{pmatrix} Y_{11} & \dots & Y_{1,k-1} \\ \vdots & . & \vdots \\ Y_{k-1,1} & \dots & Y_{k-1,k-1} \end{pmatrix}$$

Vektor der Knotenspannungen — Vektor der Stromquellen — Leitwertmatrix

Die Elemente der Leitwertmatrix lauten (für LTI-Netzwerke)

- *Hauptdiagonale*

$$Y_{\nu\nu} = G_{\nu\nu} \ldots + C_{\nu\nu} \frac{\mathrm{d} \ldots}{\mathrm{d}t} + \frac{1}{L_{\nu\nu}} \int_0^t \ldots \mathrm{d}\tau. \tag{8.3/5}$$

Die Elemente $\nu\nu$ sind die am Knoten angeschlossenen jeweiligen Gesamtelemente (Parallelschaltung → Knotenleitwert des betreffenden Knotens, *stets positiv*).

- *Nebendiagonale*

$$Y_{\nu\mu} = Y_{\mu\nu} = -\left(G_{\nu\mu} \ldots + C_{\nu\mu} \frac{\mathrm{d} \ldots}{\mathrm{d}t} + \frac{1}{L_{\nu\mu}} \int_0^t \ldots \mathrm{d}\tau \right). \tag{8.3/6}$$

Die Elemente $\nu\mu$ zwischen Knoten $\nu\mu$ heißen Koppelleitwerte, *stets negatives* Vorzeichen.

Die Leitwertmatrix ist symmetrisch. Das in Gl.(8.3/4) stehende Symbol · bedeutet eine formale Multiplikation, der zweite Faktor ist in den Elementen $Y_{\nu\nu}$, $Y_{\mu\nu}$ dort zu schreiben, wo Punkte stehen. Die Einströmung rechts erhält positives Vorzeichen, wenn der betreffende Strom zum Knoten hinfließt.

Bei sinusförmiger Erregung (→ Wechselstromrechnung) gehen die Elemente der Leitwertmatrix in die jeweiligen komplexen Leitwerte über.

Hinweis: Die Knotenleitwertmatrix läßt sich leicht aus der Schaltung ablesen und kontrollieren (Abschn. 3.2.5).

Einbezug unabhängiger Spannungsquellen, gesteuerter Quellen, Übertrager, Operationsverstärker, nichtlinearer Netzwerkelemente.

Unabhängige Spannungsquellen werden einbezogen (s. II/Abschn. 5.3.4)

- durch vorherige Wandlung in eine Stromquelle über ein Netzwerkelement (ev. vorherige Anwendung des Quellenverschiebungssatzes)
- durch Einführung eines Hilfswiderstandes bei idealer Spannungsquelle (der im Ergebnis gegen Null geht)
- direkt als *Spannungsquelle.*

Dabei ist zu unterscheiden:

- Quelle liegt *einseitig am Netzwerkbezugsknoten*, dann gilt für den anderen Knoten Quellenspannung = Knotenspannung (Wegfall des Aufstellens der Knotengleichung für diesen Knoten, das Gleichungssystem erniedrigt sich um einen Grad).
- Quelle liegt *zwischen zwei Knoten.* Hier empfiehlt sich das *Superknotenkonzept*: Erzeugung eines Superknotens um beide Knoten, Knotengleichung schreiben und Zwangsbedingung der Knotenspannungen durch die Spannungsquelle beachten.

Gesteuerte Quellen werden einbezogen:

- Zunächst als knotenspannungsgesteuerte *Stromquellen*: bei Aufstellen der Knotengleichungen wie unabhängige Stromquellen behandeln, anschließend auf die linke Seite bringen und bei der zugehörigen Knotenspannung (spannungsgesteuert) eintragen.
- Bei Stromsteuerung wird der Steuerstrom über die jeweilige Zweigbeziehung durch Knotenspannungen ausgedrückt.
- *Gesteuerte Spannungsquellen* werden zunächst wie unabängige Spannungsquellen berücksichtigt und erst nach Einbindung in die Knotengleichungen (s.o.) in der

Steuergröße ev. umgeformt. Durch gesteuerte Quellen wird die Leitwertmatrix i.a. unsymmetrisch!

Übertrager lassen sich als direkte Einträge in der Knotenspannungsmatrix berücksichtigen, wenn ihre Gleichungen in der Form $i = f(u_1, u_2)$ gegeben sind (entweder als inverse Transformatorgleichungen oder Modell mit spannungsgesteuerten Stromquellen).

Ideale Übertrager: (feste Kopplung, $M = \sqrt{L_1 L_2}$, $L \to \infty$). Zweckmäßig ist die Einführung der Ströme durch die Wicklungen als *Stromquelle* (unbekannt) und Spannungsabfälle, die durch die Strom- und Spannungsübersetzungen als weitere Bestimmungsgleichung ermittelt werden.

Vierpolelemente in der $\boldsymbol{Y}$-Form werden direkt als Matrixeinträge berücksichtigt (andere Vierpolformen auf diese zurückführen).

Operationsverstärker (mit linearem Verhalten) lassen sich beim Knotenspannungsverfahren einfach einbeziehen:

- der *reale* Operationsverstärker (mit spannungsgesteuerter Spannungsquelle und Innenwiderstand ausgangsseitig) nach dem Modell der gesteuerten Spannungsquelle
- beim *idealen* Operationsverstärker (jedoch endliche Verstärkung, ausgangsseitig am Referenzknoten liegend) *entfällt die Knotengleichung für den Ausgangsknoten* (Ausgangsspannung über Verstärkerbeziehung mit Eingangsspannung verknüpft)
- bei *idealem* Operationsverstärker (unendliche Verstärkung) entfällt die Knotengleichung des Ausgangsknotens, zusätzlich herrscht am Eingang virtueller Kurzschluß (weitere Einzelheiten s. Abschn. 8.4.1.4).
  Lösungsmethodik: Abschn. 3.2.5, II/Abschn. 5.3.4.

Nichtlineare Netzwerkelemente. Nichtlineare Netzwerkelemente insbesondere mit der u-, i-Relation $i = f(u)$, wie sie für viele elektronische Bauelemente zutrifft, werden zunächst als unabängige Stromquellen betrachtet, eingetragen (rechts) und dann auf die linke Seite zur entsprechenden Knotenspannung gebracht. Dabei sollte der Bezugsknoten so liegen, daß in der nichtlinearen u-, i-Beziehung nur eine Knotenspannung auftritt (sonst Gleichungen schwieriger behandelbar, s. Abschn. 8.7.1 und 8.7.3).

Wie beim Maschenstromverfahren wird das Gleichungssystem *nichtlinear.*

Das Knotenspannungsverfahren bietet gegenüber den Maschen- und Zweigstromverfahren mehrere *Vorzüge*:

- Wegfall der Baumsuche
- direkte Aufstellung der Knotenleitwertmatrix aus der Schaltung möglich, einfache Kontrollmöglichkeit
- geringere Zahl zu lösender Gleichungen falls $k < z/2 + 1$
- bequemer Einbezug nichtlinearer Netzwerkelemente.

8.3.4 Modifizierte Knotenspannungsanalyse

Für ein Netzwerk mit idealen (unabhängigen) Strom- und Spannungsquellen und k Knoten führt die Anwendung der Knotenspannungsanalyse zur *modifizierten Form* (z.B. für ein Netzwerk im Frequenzbereich)

$$\begin{matrix} 1) \\ 2) \end{matrix} \begin{pmatrix} \underline{Y}_{11} & \cdot & \underline{Y}_{12} & \cdot & \underline{Y}_{1,k-1} \\ \vdots & & & & \vdots \\ \underline{T}_{m1} & \cdot & \underline{T}_{m2} & \cdot & \underline{T}_{m,k-1} \\ \cdot & \cdot & \cdot & \cdot & \cdot \\ \underline{T}_{k-1,1} & \cdot & \underline{T}_{k-1,2} & \cdot & \underline{T}_{k-1,k-1} \end{pmatrix} \cdot \begin{pmatrix} \underline{U}_1 \\ \vdots \\ \underline{U}_m \\ \vdots \\ \underline{U}_{k-1} \end{pmatrix} = \begin{pmatrix} \underline{I}_{q1} \\ \vdots \\ \underline{U}_{qm} \\ \vdots \\ \underline{U}_{q,k-1} \end{pmatrix} \quad (8.3/7)$$

1) Knotengleichungen durch Stromquellen, 2) Maschengleichungen durch Spannungsquellen

Die *Knotentransformationsmatrix* enthält neben den Leitwertelementen $Y_{11} \ldots Y_{m,k-1}$ die Spannungsübersetzungskoeffizienten $T_{m1} \ldots T_{k-1,k-1}$ der Strom- und Spannungsquellen. Das Netzwerk hat $m - 1$ Stromquellen und $k - m$ Spannungsquellen.

Gleichung (8.3/7) ist das Ergebnis folgender *Lösungsmethodik:*

1. Bezugsknoten wählen, Knotennummerierung
2. Aufstellung der Knotenspannungsgleichungen
   - Markierung der Knoten, die über eine Spannungsquelle mit dem Referenzknoten verbunden sind. Aufstellen der Maschengleichungen
   - Auswahl der Knoten, die Superknoten bilden. Auswahl eines Hauptknotens in jedem Superknoten. Aufstellen der Maschengleichungen für die Superknoten
   - Aufstellen der Knotengleichungen für die restlichen Knoten (außer Bezugsknoten und Superknoten).
3. Lösung der Knotengleichungen nach den Spannungen und daraus Bestimmung der restlichen Spannungen. Die Lösung von Gl.(8.3/7) lautet:

$$\begin{aligned} \underline{U}_n &= \frac{\Delta_{1n}}{\Delta}\underline{I}_{q1} + \frac{\Delta_{2n}}{\Delta}\underline{I}_{q2} + \ldots \frac{\Delta_{(m-1)n}}{\Delta}\underline{I}_{q(m-1)} + \\ &+ \frac{\Delta_{mn}}{\Delta}\underline{U}_{qm} + \frac{\Delta_{k-1,n}}{\Delta}\underline{U}_{qk-1} \end{aligned} \quad (8.3/8)$$

mit $n = 1, 2 \ldots k-1$. Δ ist die Determinante der Knotentransformationsmatrix und Δ_{ij} der Kofaktor der Zeile i und Spalte j.
Im Ergebnis Gl.(8.3/8) bedeuten die Faktoren Δ_{in}/Δ *Transfergrößen* vom Knoten i zur Spannung am Knoten n, dabei ist der Faktor

- eine Eingangsimpedanz für $n = i = 1, 2 \ldots m - 1$
- eine Transferimpedanz für $n \neq i = 1, 2 \ldots m - 1$
- eine Spannungstransferfunktion für $i = m, m + 1 \ldots k - 1$.

Der Koeffizient $\Delta_{in}/\Delta = \underline{U}_n/\underline{I}_{qi}$ wird *experimentell* wie folgt bestimmt:

- man präge die Stromquelle $\underline{I}_{qi}$ am Knoten i ein, trenne alle restlichen Stromquellen auf und schließe Spannungsquellen kurz
- man bestimme die Leerlaufspannung $\underline{U}_n$
- und berechne $\Delta_{in}/\Delta = \underline{U}_n/\underline{I}_{qi}$. So ergeben sich die von den Quellenströmen bestimmten Faktoren.

Ähnlich wird mit den spannungsbestimmten Faktoren verfahren $(n = i)$:

- Anlegen der Spannung $\underline{U}_{qi}$ (alle restlichen kurzgeschlossen)
- Messung der Spannung $\underline{U}_n$
- Berechnung von $\Delta_{in}/\Delta = \underline{U}_n/\underline{U}_{qi}$.

8.3.5 Vergleich der Analyseverfahren

In Tafel R 8.3/2 wurden die Vor- und Nachteile der einzelnen Analyseverfahren grob verglichen.

Tafel R 8.3/2 Vergleich der Netzwerkanalyseverfahren

Methode	Vorteil	Nachteil
Zweipolersatzschaltung für Schaltungsteile	• anschaulich bei einfachen Schaltungen, wenn Widerstandsbegriff anwendbar • Einbezug gesteuerter Quellen möglich, falls Steuergröße aus der Zweipolersatzschaltung stammt	• bei größeren Schaltungen unübersichtlich • allgemein im Zeitbereich nicht anwendbar
Ähnlichkeitssatz	• einfache, direkte Anwendung der KHG und Netzwerkelement-Beziehungen	• zweckmäßig nur bei Ein- und Ausgangsbeziehungen • ungeeignet für nichtlineare Netzwerke
Überlagerung	• Wirkung der Einzelquellen gut sichtbar	• nur gültig für lineare Netzwerke • wiederholte Analyse erforderlich
Zweipoltheorie	• übersichtliche Darstellung, einfache Bewertung des Schaltverhaltens • gute graphische Interpretation, auch bei nichtlinearen Elementen • gesteuerte Quellen berücksichtigbar	• erfordert Bestimmung der Ersatzelemente R_i, U_l, I_k • bei größeren Netzwerken im Zeitbereich nicht anwendbar
Kirchhoffsche Gleichungen	• Gleichungen leicht aufzustellen • Grundlagen des Schaltungsverständnisses • keine Einschränkung der Gültigkeitsbereiche	• Bildung vieler Gleichungen mit vielen Unbekannten • Lösung für mehr als drei Unbekannte nur rechnergestützt zweckmäßig
Maschenstromanalyse	• Gleichungen leicht aufstellbar • keine prinzipielle Einschränkung der Gültigkeitsgrenze	• nur gültig für planare Schaltungen, Baumsuche erforderlich • Stromquellen und OP's erfordern zusätzliche Maßnahmen • nichtlin. Elemente sollten in der u(i)-Relation vorliegen
Knotenspannungsanalyse	• Gleichungen leicht aufzustellen • keine prinzipielle Einschränkung der Gültigkeitsgrenzen • Wegfall der Baumsuche • elektronische Bauelemente leicht einbeziehbar	• Spannungsquellen erfordern zusätzlich Maßnahmen • Transformatoren umständlich einzubeziehen • nichtlin. Elemente sollten in der i(u)-Relation vorliegen
Zustandsanalyse	• übersichtliche, kompakte Beschreibung durch Matrizen- bzw. Vektormatrizendarstellung • einheitliche Beschreibungsform für alle Systeme unabhängig von der Ordnung, auch für Mehrgrößensysteme • guter Einblick in Systemdynamik, auch nichtlinear • guter Zugang für rechnergestützte Lösungen	• Auffinden der Zustandsgrößen aufwendiger • kaum Vorteile bei kleinen Systemen
Rechnergestützte Analyse (Simulation)	• leicht durchführbar, auch bei großen Netzwerken • Parametervariationen leicht möglich	• erfordert numerische Werte aller Netzwerkelemente • Programm erforderlich

8.4 Vierpole, Mehrpole

Mehrpole sind Netzwerke mit mehreren (zugänglichen) *Klemmen* oder *Polen.* Durch ihre Anordnung zwischen Generator und Verbraucher werden durchweg *Klemmenpaare* (Tore) zusammengefaßt. Jedes Tor hat eine *Zweipol-* u-, i-Relation (mit entsprechender Richtungswahl). Fallen Pole unterschiedlicher Klemmenpaare zusammen, so heißt das Mehrtor *erdgebunden* (meist Massepol).

Überragende Bedeutung haben Zweitore oder Vierpole.

Vierpol: Netzwerk mit vier Klemmen (unabhängig davon, ob zwei verbunden sind oder nicht, damit auch Dreipol eingeschlossen). Zweitore mit vier "getrennten" Klemmen werden oft als *echte* Vierpole bezeichnet.

Gegenstand der *Vierpoltheorie* ist die Vierpolbeschreibung. Ihre *Voraussetzungen* sind:

- der Vierpol enthält nur lineare, zeitinvariante Netzwerkelemente
- das Netzwerk ist stabil
- der Vierpol enthält keine unabhängigen Quellen
- Betrachtung des stationären Zustandes.

Zweckmäßig wird unterschieden zwischen

- Vierpolen mit *Strom-Spannungsgrößen* und
- Zweitoren mit *Leistungswellen* als typischer Beschreibungsform (Abschn. 8.4.1.5).

8.4.1 Grundeigenschaften

8.4.1.1 Vierpoldarstellungen

Vierpolbeschreibungen. Der Vierpol ist ein Netzwerk mit einem Eingangsklemmenpaar (1,1') (Eingangstor) und einem Ausgangsklemmenpaar (2, 2') (Ausgangstor, Betriebsrichtung kann auch vertauscht sein, Bild R 8.4/1a). Jeder Vierpol wird durch ein Kennwertequartett - die *Vierpolparameter* - gekennzeichnet. Sie ergeben sich als Koeffizienten der (linearen) Verknüpfungsbeziehungen zwischen den (meßbaren) Größen u_1, i_1, u_2, i_2 oder gleichwertig aus einer Parameterdarstellung der Wellenkomponenten.

Bezüglich der Strom-Spannungsrichtungen auf der Ausgangsseite unterscheidet man zwischen *symmetrischer* und sog. *Kettenbezugsrichtung* (oder eingangsseitig Verbraucher-, ausgangsseitig Erzeugerpfeilrichtung). Im letzteren Fall ändert sich das Vorzeichen von i_2. Die erste Form eignet sich mehr für systematische Darstellungen, die letztere ist für die *Kettenschaltung* zweier Vierpole notwendig.

Häufig arbeiten Vierpole im Wechselstrombetrieb. Deshalb werden im folgenden entsprechende Strom-Spannungsbezeichnungen gewählt und die Vierpolparameter allgemein als komplexe Größen angenommen (Bild R 8.4/1b).

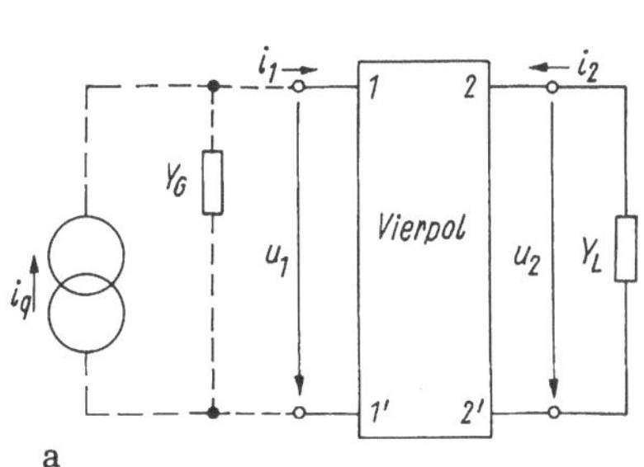

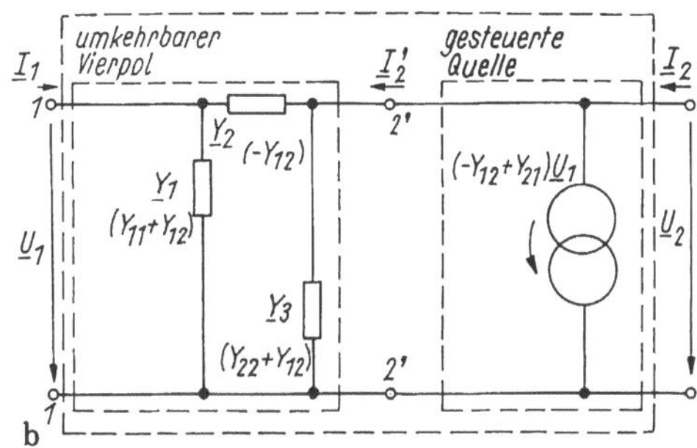

Bild R 8.4/1 Vierpol
a) allgemeine Darstellung (symmetrische Stromrichtung, Verbraucherpfeilrichtung). Bei Umkehr der Ausgangsstromrichtung entsteht die Kettenpfeilrichtung (Erzeugerpfeilrichtung), b) Vierpolersatzschaltung (Leitwertform) mit einer gesteuerten Quelle

Nach der Art der Zuordnung zwischen unabhängigen und abhängigen Klemmenvariablen unterscheidet man:

- *Widerstandsform* mit den Koeffizienten Z_{ik}
- *Leitwertform* mit den Koeffizienten Y_{ik}
- *Hybridform* mit den Koeffizienten H_{ik}
- *inverse Hybridform* mit den Koeffizienten C_{ik}.

Zu diesen Formen treten noch die

- *Kettenform* mit den Koeffizienten A_{ik}
- *inverse Kettenform* mit den Koeffizienten B_{ik}.

In den Tafeln R 8.4/1 und R 8.4/2 wurden die Parameter, ihre *Definitionsgleichungen* und typische Anwendungen zusammengestellt.

Zusammengefaßt gibt es sechs Formen der Vierpolgleichungen. Obwohl gleichwertig, werden einige Formen für bestimmte Anwendungen und Zusammenschaltungen bevorzugt.

Die Vierpolparameter lassen sich stets als Quotienten von *Klemmengrößen unter Nebenbedingungen* angeben. Dabei treten zwei Gruppen auf:

- *Impedanzen* bestimmt auf einer Vierpolseite unter Nebenbedingungen (Kurzschluß, Leerlauf) der anderen
- *Transfergrößen* (Übertragungsgrößen) von einer nach der anderen Seite (können dimensionsbehaftet sein).

Die Umrechnungsbeziehungen zwischen den Vierpolbeschreibungsformen enthält Tafel R 8.4/3.

Hinweis: Bei den Umrechnungsbeziehungen achte man sorgfältig auf die vereinbarte Stromrichtung der Ausgangsseite (bei Rechnung zweckmäßig vermerken): ein Teil der Umrechnungsbeziehungen ist unabhängig von der Wahl i_2 (eingerahmt). Der Übergang zu Kettenparametern schließt (tafelabhängig) entweder den Rich-

Tafel R 8.4/1 Zusammenstellung der Vierpoldarstellungen
Hinweis:

- Definition unabhängig für symmetrische und Kettenpfeilrichtung gültig
- Vorzeichenwechsel treten bei $\underline{I}_2$ (Kettenmatrix vorwärts) resp $\underline{I}_1$ (Kettenmatrix rückwärts) auf, wenn durchgängig für symmetrische Pfeilrichtung definiert und der (physikalische erforderlich) Vorzeichenwechsel der Kettenformat automatisch berücksichtigt werden soll

Vierpolgleichungen	Vierpolmatrizen	Bemerkungen
Widerstandsform $\underline{U}_1 = Z_{11}\underline{I}_1 + Z_{12}\underline{I}_2$ $\underline{U}_2 = Z_{21}\underline{I}_1 + Z_{22}\underline{I}_2$	$\begin{pmatrix}\underline{U}_1\\\underline{U}_2\end{pmatrix}=\begin{pmatrix}Z_{11}Z_{12}\\Z_{21}Z_{22}\end{pmatrix}\begin{pmatrix}\underline{I}_1\\\underline{I}_2\end{pmatrix}$ Kurzform $\underline{\mathbf{U}} = \mathbf{Z}\underline{\mathbf{I}}$	• zweckmäßig bei Generator in Spannungsquellenersatz-schaltung • für Vierpolreihenschaltungen
Leitwertform (inverse Widerstandsform) $\underline{I}_1 = Y_{11}\underline{U}_1 + Y_{12}\underline{U}_2$ $\underline{I}_2 = Y_{21}\underline{U}_1 + Y_{22}\underline{U}_2$	$\begin{pmatrix}\underline{I}_1\\\underline{I}_2\end{pmatrix}=\begin{pmatrix}Y_{11}Y_{12}\\Y_{21}Y_{22}\end{pmatrix}\begin{pmatrix}\underline{U}_1\\\underline{U}_2\end{pmatrix}$ Kurzform $\underline{\mathbf{I}} = \mathbf{Y}\underline{\mathbf{U}}$	• zweckmäßig bei Generator in Stromquellenersatzschaltung • für Vierpolparallelschaltung • Verbreitung zur Modellierung elektronischer Schaltungen benutzt
Hybridform $\underline{U}_1 = H_{11}\underline{I}_1 + H_{12}\underline{U}_2$ $\underline{I}_2 = H_{21}\underline{I}_1 + H_{22}\underline{U}_2$	$\begin{pmatrix}\underline{U}_1\\\underline{I}_2\end{pmatrix}=\begin{pmatrix}H_{11}H_{12}\\H_{21}H_{22}\end{pmatrix}\begin{pmatrix}\underline{I}_1\\\underline{U}_2\end{pmatrix}$ **H**-Matrix	• zweckmäßig bei Generator in Spannungsquellenersatzschal-tung • für Vierpolreihen-Parallelschal-tungen • in Sonderflächen als Tran-sistorbeschreibung verwendet
Inverse Hybridform $\underline{I}_1 = C_{11}\underline{U}_1 + C_{12}\underline{I}_2$ $\underline{U}_2 = C_{21}\underline{U}_1 + C_{22}\underline{I}_2$	$\begin{pmatrix}\underline{I}_1\\\underline{U}_2\end{pmatrix}=\begin{pmatrix}C_{11}C_{12}\\C_{21}C_{22}\end{pmatrix}\begin{pmatrix}\underline{U}_1\\\underline{I}_2\end{pmatrix}$ **C**-Matrix	• wenig verwendet • Anwendung bei Vierpolparallel-Reihenschaltung
Kettenform $\underline{U}_1 = A_{11}\underline{U}_2 + A_{12}\underline{I}_2$ $\underline{I}_1 = A_{21}\underline{U}_2 + A_{22}\underline{I}_2$	$\begin{pmatrix}\underline{U}_1\\\underline{I}_1\end{pmatrix}=\begin{pmatrix}A_{11}A_{12}\\A_{21}A_{22}\end{pmatrix}\begin{pmatrix}\underline{U}_1\\\underline{I}_2\end{pmatrix}$ **A**-Matrix	• Kettenschaltung von Vierpolen • nur bei ausgangsseitiger Ketten-zählpfeilrichtung zweckmäßig (→ Vorzeichenwechsel für $\underline{I}_2$)
Inverse Kettenform $\underline{U}_2 = B_{11}\underline{U}_1 + B_{12}\underline{I}_1$ $\underline{I}_2 = B_{21}\underline{U}_1 + B_{22}\underline{I}_1$	$\begin{pmatrix}\underline{U}_2\\\underline{I}_2\end{pmatrix}=\begin{pmatrix}B_{11}B_{12}\\B_{21}B_{22}\end{pmatrix}\begin{pmatrix}\underline{U}_1\\\underline{I}_1\end{pmatrix}$ **B**-Matrix	• Vierpolkettenschaltung im Rückwärtsbetrieb • selten verwendet • setzt Vorzeichenumkehr von $\underline{I}_1$ voraus (Kettenzählpfeilrichtung im Rückwärtsbetrieb)

Tafel R 8.4/2 Definition der wichtigsten Vierpolparameter (sym. Zählpfeilrichtung) Hinweis: Durch Messung, die der jeweiligen Definition entspricht, können die einzelnen Koeffizienten experimentell bestimmt werden.

$Z_{11} = \left.\frac{\underline{U}_1}{\underline{I}_1}\right\|_{\underline{I}_2=0}$ =	Eingangs-Leerlaufwiderstand	$Z_{12} = \left.\frac{\underline{U}_1}{\underline{I}_2}\right\|_{\underline{I}_1=0}$ =	Leerlauf-Übertragungswiderstand rückwärts
$Z_{21} = \left.\frac{\underline{U}_2}{\underline{I}_1}\right\|_{\underline{I}_2=0}$ =	Leerlauf-Übertragungswiderstand vorwärts	$Z_{22} = \left.\frac{\underline{U}_2}{\underline{I}_2}\right\|_{\underline{I}_1=0}$ =	Ausgangs-Leerlaufwiderstand
$Y_{11} = \left.\frac{\underline{I}_1}{\underline{U}_1}\right\|_{\underline{U}_2=0}$ =	Eingangs-Kurzschlußleitwert	$Y_{12} = \left.\frac{\underline{I}_1}{\underline{U}_2}\right\|_{\underline{U}_1=0}$ =	Kurzschluß-Übertragungsleitwert rückwärts
$Y_{21} = \left.\frac{\underline{I}_2}{\underline{U}_1}\right\|_{\underline{U}_2=0}$ =	Kurzschluß-Übertragungsleitwert vorwärts	$Y_{22} = \left.\frac{\underline{I}_2}{\underline{U}_2}\right\|_{\underline{U}_1=0}$ =	Ausgangs-Kurzschlußleitwert
$H_{11} = \left.\frac{\underline{U}_1}{\underline{I}_1}\right\|_{\underline{U}_2=0}$ =	Eingangs-Kurzschlußwiderstand	$H_{12} = \left.\frac{\underline{U}_1}{\underline{U}_2}\right\|_{\underline{I}_1=0}$ =	reziproker Leerlauf-Spannungsübertragungsfaktor rückwärts
$H_{21} = \left.\frac{\underline{I}_2}{\underline{I}_1}\right\|_{\underline{U}_2=0}$ =	Kurzschluß-Stromübertragungsfaktor vorwärts	$H_{22} = \left.\frac{\underline{I}_2}{\underline{U}_2}\right\|_{\underline{I}_1=0}$ =	Ausgangs-Leerlaufleitwert
$C_{11} = \left.\frac{\underline{I}_1}{\underline{U}_1}\right\|_{\underline{I}_2=0}$ =	Eingangs-Leerlaufleitwert	$C_{12} = \left.\frac{\underline{I}_1}{\underline{I}_2}\right\|_{\underline{U}_1=0}$ =	Kurzschluß-Stromübertragungsfaktor rückwärts
$C_{21} = \left.\frac{\underline{U}_2}{\underline{U}_1}\right\|_{\underline{I}_2=0}$ =	Leerlauf-Spannungsübertragungsfaktor vorwärts	$C_{22} = \left.\frac{\underline{U}_2}{\underline{I}_2}\right\|_{\underline{U}_1=0}$ =	Ausgangs-Kurzschlußwiderstand
$A_{11} = \left.\frac{\underline{U}_1}{\underline{U}_2}\right\|_{\underline{I}_2=0}$ =	reziproker Leerlauf-Spannungsübertragungsfaktor vorwärts	$A_{12} = \left.\frac{\underline{U}_1}{\underline{I}_2}\right\|_{\underline{U}_2=0}$ =	reziproker Kurzschluß-Übertragungsleitwert vorwärts
$A_{21} = \left.\frac{\underline{I}_1}{\underline{U}_2}\right\|_{\underline{I}_2=0}$ =	reziproker Leerlauf-Übertragungswiderstand vorwärts	$A_{22} = \left.\frac{\underline{I}_1}{\underline{I}_2}\right\|_{\underline{U}_2=0}$ =	reziproker Kurzschluß-Stromübertragungsfaktor vorwärts

tungswechsel i_2 ein oder nicht. Im letzteren Fall muß bei Kettenschaltung zweier Vierpole eine Kettenmatrix $\begin{pmatrix} 1 & 0 \\ 0 & -1 \end{pmatrix}$ zwischengeschaltet werden.

Matrixdarstellung. Alle Vierpolgleichungen können gleichwertig in *Matrixform* formuliert werden (→ Vorteile bei der Erweiterung auf Mehrtore).

In Tafel R 8.4/1 sind die entsprechenden Matrixdarstellungen mit vermerkt. So heißt $\boldsymbol{Y}$ die *Admittanzmatrix* des Zweitores, $\boldsymbol{I}$ und $\boldsymbol{U}$ der *Strom-* bzw. *Spannungsvektor*.

Die *Bestimmung der Matrixelemente* einer Form kann erfolgen durch:

- Anwendung der *Kirchhoffschen Gleichungen* (resp. verkürzter Verfahren), Auf-

Tafel R 8.4/3 Umrechnungen der Vierpolparameter (symmetrische Betriebsrichtung, bei Übergang zur Ketten-Zählpfeilrichtung gelten die unteren Vorzeichen). Parameterbeziehungen innerhalb der Markierung sind richtungsunabhängig. Zwischen symmetrischer und Kettenzählpfeilrichtung (Symbol mit Strich ') bestehen folgende Parameterzuordnungen:
$Z_{12} = -Z'_{12}$, $A_{12} = -A'_{12}$, $C_{12} = -C'_{12}$, $Y_{21} = -Y'_{21}$, $H_{21} = -H'_{21}$, $Z_{22} = -Z'_{22}$, $Y_{22} = -Y'_{22}$, $H_{22} = -H'_{22}$, $A_{22} = -A'_{22}$, $C_{22} = -C'_{22}$

	Gegeben:	[Z]	[H]	[C]	[A]
[Y]	$\begin{matrix} Y_{11} & Y_{12} \\ Y_{21} & Y_{22} \end{matrix}$	$\begin{matrix} \frac{Z_{22}}{\det Z} & \frac{-Z_{12}}{\det Z} \\ \frac{-Z_{21}}{\det Z} & \frac{Z_{11}}{\det Z} \end{matrix}$	$\begin{matrix} \frac{1}{H_{11}} & \frac{-H_{12}}{H_{11}} \\ \frac{H_{21}}{H_{11}} & \frac{\det H}{H_{11}} \end{matrix}$	$\begin{matrix} \frac{\det C}{C_{22}} & \frac{C_{12}}{C_{22}} \\ -\frac{C_{21}}{C_{22}} & \frac{1}{C_{22}} \end{matrix}$	$\begin{matrix} \frac{A_{22}}{A_{12}} & \frac{-\det A}{A_{12}} \\ \mp\frac{1}{A_{12}} & \pm\frac{A_{11}}{A_{12}} \end{matrix}$
[Z]	$\begin{matrix} \frac{Y_{22}}{\det Y} & -\frac{Y_{12}}{\det Y} \\ -\frac{Y_{21}}{\det Y} & \frac{Y_{11}}{\det Y} \end{matrix}$	$\begin{matrix} Z_{11} & Z_{12} \\ Z_{21} & Z_{22} \end{matrix}$	$\begin{matrix} \frac{\det H}{H_{22}} & \frac{H_{12}}{H_{22}} \\ -\frac{H_{21}}{H_{22}} & \frac{1}{H_{22}} \end{matrix}$	$\begin{matrix} \frac{1}{C_{11}} & -\frac{C_{12}}{C_{11}} \\ \frac{C_{21}}{C_{11}} & \frac{\det C}{C_{11}} \end{matrix}$	$\begin{matrix} \frac{A_{22}}{A_{21}} & \pm\frac{\det A}{A_{21}} \\ \frac{1}{A_{21}} & \pm\frac{A_{22}}{A_{21}} \end{matrix}$
[H]	$\begin{matrix} \frac{1}{Y_{11}} & -\frac{Y_{12}}{Y_{11}} \\ \frac{Y_{21}}{Y_{11}} & \frac{\det Y}{Y_{11}} \end{matrix}$	$\begin{matrix} \frac{\det Z}{Z_{22}} & \frac{Z_{12}}{Z_{22}} \\ -\frac{Z_{21}}{Z_{22}} & \frac{1}{Z_{22}} \end{matrix}$	$\begin{matrix} H_{11} & H_{12} \\ H_{21} & H_{22} \end{matrix}$	$\begin{matrix} \frac{C_{22}}{\det C} & -\frac{C_{12}}{\det C} \\ -\frac{C_{21}}{\det C} & \frac{C_{11}}{\det C} \end{matrix}$	$\begin{matrix} \frac{A_{12}}{A_{22}} & \frac{\det A}{A_{22}} \\ \mp\frac{1}{A_{22}} & \pm\frac{A_{21}}{A_{22}} \end{matrix}$
[C]	$\begin{matrix} \frac{\det Y}{Y_{22}} & \frac{Y_{12}}{Y_{22}} \\ -\frac{Y_{21}}{Y_{22}} & \frac{1}{Y_{22}} \end{matrix}$	$\begin{matrix} \frac{1}{Z_{11}} & -\frac{Z_{12}}{Z_{11}} \\ \frac{Z_{21}}{Z_{11}} & \frac{\det Z}{Z_{11}} \end{matrix}$	$\begin{matrix} \frac{H_{22}}{\det H} & -\frac{H_{12}}{\det H} \\ -\frac{H_{21}}{\det H} & \frac{H_{11}}{\det H} \end{matrix}$	$\begin{matrix} C_{11} & C_{12} \\ C_{21} & C_{22} \end{matrix}$	$\begin{matrix} \frac{A_{21}}{A_{11}} & -\frac{\det A}{A_{11}} \\ \frac{1}{A_{11}} & \pm\frac{A_{12}}{A_{11}} \end{matrix}$
[A]	$\begin{matrix} -\frac{Y_{22}}{Y_{21}} & \mp\frac{1}{Y_{21}} \\ -\frac{\det Y}{Y_{21}} & \mp\frac{Y_{11}}{Y_{21}} \end{matrix}$	$\begin{matrix} \frac{Z_{11}}{Z_{21}} & \pm\frac{\det Z}{Z_{21}} \\ \frac{1}{Z_{21}} & \pm\frac{Z_{22}}{Z_{21}} \end{matrix}$	$\begin{matrix} -\frac{\det H}{H_{21}} & \mp\frac{H_{11}}{H_{21}} \\ -\frac{H_{22}}{H_{21}} & \mp\frac{1}{H_{21}} \end{matrix}$	$\begin{matrix} \frac{1}{C_{21}} & \pm\frac{C_{22}}{C_{21}} \\ \frac{C_{11}}{C_{21}} & \pm\frac{\det C}{C_{21}} \end{matrix}$	$\begin{matrix} A_{11} & A_{12} \\ A_{21} & A_{22} \end{matrix}$

lösung nach den abhängigen Variablen der gewünschten Matrix und schließlich Koeffizientenvergleich mit den Vierpolgleichungen, die zur Matrix gehören.

- Anwendung der *Definitionsgleichungen* für die einzelnen Matrixelemente (Nullsetzen der übrigen Variablen, Kurzschluß bzw. Leerlauf am Eingang oder Ausgang) und Bestimmung der Größen aus dem Netzwerk. Dieser Weg ist meist einfacher als der erste.
- Experimentelle Bestimmung durch *Messung unter definierten Abschlußbedingungen* (s. Tafel R 8.4/2).

In Tafel R 8.4/4 wurden die Matrizen wichtiger Grundschaltungen zusammengestellt. Dabei müssen für eine bestimmte Schaltung nicht alle Matrixformen existieren:

- existiert eine der möglichen Matrizen $\boldsymbol{Y}$, $\boldsymbol{Z}$, $\boldsymbol{H}$ oder $\boldsymbol{C}$ nicht, so liegt ein *einfach entartetes* Zweitor vor. Beispiele: Längsleitwert Y ($\boldsymbol{Z}$-Matrix existiert nicht), Querwiderstand Z zwischen zwei durchgehenden Leitungen ($\boldsymbol{Y}$-Matrix existiert nicht).
- Von *zweifacher Entartung* spricht man, wenn zwei Formen nicht existieren (Beispiel: idealer Übertrager mit $ü \neq 0$), von dreifacher, wenn drei nicht

Tafel R 8.4/4 Vierpolkoeffizienten wichtiger umkehrbarer Vierpole (symmetrische Zählpfeilrichtung)
Hinweis: Durch Nullsetzen/Auftrennen entsprechender Widerstände lassen sich Elementarvierpole ableiten. Dabei müssen nicht alle Matrizen existieren.

	[Z]	[Y]
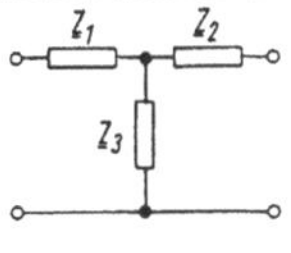 Z_1, Z_2, Z_3 T-Schaltung	$\begin{pmatrix} \underline{Z}_1+\underline{Z}_3 & \underline{Z}_3 \\ \underline{Z}_3 & \underline{Z}_2+\underline{Z}_3 \end{pmatrix}$	$\frac{1}{\underline{N}}\begin{pmatrix} \underline{Z}_2+\underline{Z}_3 & -\underline{Z}_3 \\ -\underline{Z}_3 & \underline{Z}_1+\underline{Z}_3 \end{pmatrix}$ $\underline{N}=\underline{Z}_1\underline{Z}_2+\underline{Z}_1\underline{Z}_3+\underline{Z}_2\underline{Z}_3$
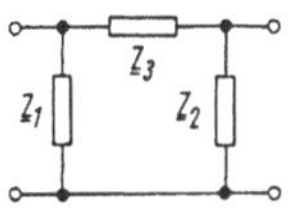 Z_3, Z_1, Z_2 Π-Schaltung	$\frac{1}{\underline{N}}\begin{pmatrix} \underline{Y}_2+\underline{Y}_3 & \underline{Y}_3 \\ \underline{Y}_3 & \underline{Y}_1+\underline{Y}_3 \end{pmatrix}$ $\underline{N}=\underline{Y}_1\underline{Y}_2+\underline{Y}_1\underline{Y}_3+\underline{Y}_2\underline{Y}_3$	$\begin{pmatrix} \underline{Y}_1+\underline{Y}_3 & -\underline{Y}_3 \\ -\underline{Y}_3 & \underline{Y}_2+\underline{Y}_3 \end{pmatrix}$
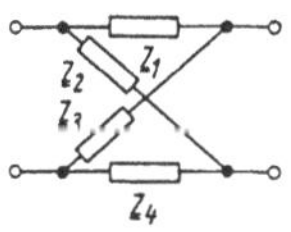 Z_2, Z_1, Z_3, Z_4 X-Schaltung	$\frac{1}{\underline{N}}\begin{pmatrix} \underline{Z}'_{13}\underline{Z}'_{24} & \underline{Z}_2\underline{Z}_3-\underline{Z}_1\underline{Z}_4 \\ \underline{Z}_2\underline{Z}_3-\underline{Z}_1\underline{Z}_4 & \underline{Z}'_{12}\underline{Z}'_{34} \end{pmatrix}$ $\underline{N}=\underline{Z}_1+\underline{Z}_2+\underline{Z}_3+\underline{Z}_4$ $\underline{Z}'_{12}=\underline{Z}_1+\underline{Z}_2$ usw.	$\frac{1}{\underline{N}_1}\begin{pmatrix} \underline{Y}'_{12}\underline{Y}'_{34} & \underline{Y}_2\underline{Y}_3-\underline{Y}_1\underline{Y}_4 \\ \underline{Y}_2\underline{Y}_3-\underline{Y}_1\underline{Y}_4 & \underline{Y}'_{13}\underline{Y}'_{24} \end{pmatrix}$ $\underline{N}_1=\underline{Y}_1+\underline{Y}_2+\underline{Y}_3+\underline{Y}_4$ $\underline{Y}'_{12}=\underline{Y}_1+\underline{Y}_2$ usw.

existieren (Übertrager mit $ü = 0$, Übersetzungsverhältnis $ü$). Ein Beispiel für *vierfache* Entartung ist als technischer Grenzfall $u_1 = 0$, $i_1 = 0$ (u_2, i_2 beliebig), wie er beim *Nullor* vorliegt und im idealen Operationsverstärker Anwendung findet (Abschn. 8.4.1.4).

Verallgemeinerte Darstellung. Allgemein gelten die Vierpolgleichungen in der Form

$$\underline{Y}_1 = K_{11}\underline{X}_1 + K_{12}\underline{X}_2 \qquad \underline{Y}_2 = K_{21}\underline{X}_1 + K_{22}\underline{X}_2 \tag{8.4/1}$$

mit den allgemeinen Vierpolkoeffizienten K_{ij} (den Darstellungen $\boldsymbol{Z}$, $\boldsymbol{Y}$, $\boldsymbol{H}$, und $\boldsymbol{C}$ zuordenbar) und $Y_{1,2}$, $X_{1,2}$ als abhängigen bzw. unabhängigen Variablen (Tafel R 8.4/5). Werden Generator und Lastelement ebenfalls allgemeine Größen (→ M, N) zugeschrieben, so lassen sich einheitliche Betriebsgrößen darstellen.

Durch die vereinheitlichte Vierpoldarstellung genügt die Angabe typischer Vierpolmerkmale nur in einer Parameterform (andere Formen durch Umrechnung mit Tafel R 8.4/3 herleitbar).

Vierpoleigenschaften. Nach einigen typischen Vierpolmerkmalen unterscheidet man weiter:

- *Aktive Vierpole* mit unabhängigen oder u.U. auch *gesteuerten* Quellen (deren Wirkungen sich nicht innerhalb des Vierpols kompensieren).
- *Passive Vierpole*: geben im Vorwärts- wie Rückwärtsbetrieb bei beliebigem

Tafel R 8.4/5 Zur Definition allgemeiner Vierpolparameter (sym. Zählpfeilrichtung)

Matrix-parameter	Z	Y	H	C
K_{11}	Z_{11}	Y_{11}	H_{11}	C_{11}
K_{12}	Z_{12}	Y_{12}	H_{12}	C_{12}
K_{21}	Z_{21}	Y_{21}	H_{21}	C_{21}
K_{22}	Z_{22}	Y_{22}	H_{22}	C_{22}
$\underline{Y}_1$	$\underline{U}_1$	$\underline{I}_1$	$\underline{U}_1$	$\underline{I}_1$
$\underline{Y}_2$	$\underline{U}_2$	$\underline{I}_2$	$\underline{I}_2$	$\underline{U}_2$
$\underline{X}_1$	$\underline{I}_1$	$\underline{U}_1$	$\underline{I}_1$	$\underline{U}_1$
$\underline{X}_2$	$\underline{I}_2$	$\underline{U}_2$	$\underline{U}_2$	$\underline{I}_2$
$\underline{X}_Q$	$\underline{U}_Q$	$\underline{I}_Q$	$\underline{U}_Q$	$\underline{I}_Q$
M_1	Z_Q	Y_Q	Z_Q	Y_Q
M_2	Z_L	Y_L	Z_L	Y_L
N_1	Z_1	Y_1	Z_1	Y_1
N_2	Z_2	Y_2	Y_2	Z_2

Abschluß Wirkleistung an das Lastelement ab, die kleiner oder höchstens gleich der vom Sender aufgenommenen Wirkleistung ist. Merkmal:

$$\begin{aligned}&\mathrm{Re}\,(Y_{11}) \geq 0,\ \mathrm{Re}\,(Y_{22}) \geq 0,\ 4\mathrm{Re}\,(Y_{11})\mathrm{Re}\,(Y_{22}) \geq |Y_{21}+Y_{12}|^2 \\ &\text{bzw. } 4\mathrm{Re}\,(Y_{11})\mathrm{Re}\,(Y_{22}) - 2\mathrm{Re}\,(Y_{12}Y_{21}) - (|Y_{12}|^2 + |Y_{21}|^2) \geq 0\end{aligned} \tag{8.4/2}$$

Passivitätsbedingung.

Hinweis: Passive Vierpole sind unbedingt stabil (s.u.).

Umkehrbar oder *reziprok* heißt der Vierpol, wenn das Verhältnis von Eingangsspannung zum Ausgangsstrom unabhängig von der Vertauschung der Eingangs- und Ausgangsanschlußpaare bleibt. *Passive Vierpole sind im Regelfall umkehrbar.* (Ausnahme: Gyrator, Abschn. 8.4.1.4). Merkmal umkehrbarer Vierpole:

$$Z_{12} = Z_{21}, \quad Y_{12} = Y_{21}, \quad H_{12} = H_{21}, \quad \Delta\boldsymbol{A} = 1. \tag{8.4/3}$$

Umkehrbarkeitsbedingung

Rückwirkungsfrei heißt ein Vierpol, wenn die Ausgangsgrößen keine Auswirkungen auf die Eingangsgrößen haben. Merkmale:

$$Y_{12} = 0, \quad (Z_{12} = 0,\ H_{12} = 0) \text{ bzw. } \Delta\boldsymbol{A} = 0,\ \Delta\boldsymbol{B} = \infty. \tag{8.4/4}$$

Mit $\mathrm{Re}(Y_{11}) \geq 0$, $\mathrm{Re}(Y_{22}) \geq 0$ sind rückwirkungsfreie Vierpole stets unbedingt stabil, doch passiv nur für $4\mathrm{Re}(Y_{11})\mathrm{Re}(Y_{22}) \geq |Y_{21}|^2$.

Symmetrisch heißt ein Vierpol, wenn das Vertauschen der Eingangs- und Ausgangsklemmen keine Änderung der Ströme und Spannungen in den angeschlossenen Zweipolnetzwerken bedingt

$$Y_{11} = Y_{22} \quad \text{oder } Z_{11} = Z_{22} \quad \text{oder } \Delta \boldsymbol{H} = 1 \quad \text{oder } A_{11} = -A_{22}. \qquad (8.4/5)$$

Unbedingte Stabilität. Ein Vierpol ist absolut stabil, wenn er bei beiderseitigem Abschluß mit einem (positiven) Wirkleitwert keine Selbsterregung zeigt. Merkmale dafür sind (s. Gl.(8.4/33))

$$\mathrm{Re}(Y_{11}) \geq 0, \quad \mathrm{Re}(Y_{22}) \geq 0, \quad \mathrm{Re}(\Delta \boldsymbol{Y}) + \mathrm{Re}(Y_{11}Y_{22}) \geq |Y_{12}Y_{21}|. (8.4/6)$$

Folgerungen:

- rückwirkungsfreie Vierpole sind mit $\mathrm{Re}(Y_{11}) \geq 0$, $\mathrm{Re}(Y_{22}) \geq 0$ stets stabil
- unbedingt stabile Vierpole mit $|Y_{12}| = |Y_{21}|$ sind stets passiv
- übertragungssymmetrische aktive Vierpole ($Y_{12} = Y_{21}$) sind nur bedingt stabil
- aktive Vierpole können trotz Übertragungsunsymmetrie unbedingt stabil sein.

Vierpolersatzschaltungen. Ersatzschaltungen bilden den Vierpol bezüglich seines Klemmenverhaltens durch möglichst wenige Ersatzschaltungselemente nach.

Dabei besteht

- der *allgemeine Vierpol* aus *vier* Ersatzschaltelementen, mit wenigstens einer gesteuerten Quelle (Bild R 8.4/1b)
- der *umkehrbare Vierpol* aus drei Elementen (ohne gesteuerte Quellen). Charakteristische Formen sind die T- und π-Ersatzschaltungen für die $\boldsymbol{Z}$- und $\boldsymbol{Y}$-Parameter sowie die Hybridform. Tafel R 8.4/6 enthält typische Ersatzschaltungen. Während Ersatzschaltungen mit zwei gesteuerten Quellen direkt aus den Vierpolgleichungen folgen, erhält man die Form mit einer Quelle z.B. für die $\boldsymbol{Y}$-Matrix durch Parallelschaltung einer übertragungssymmetrischen (passiven) π-Schaltung mit spannungsgesteuerter Stromquelle (restliche Formen analog).

Vierpolzusammenschaltungen. Werden zwei Vierpole an den Ein- und Ausgängen so zusammengeschaltet, daß Reihen- bzw. Parallelschaltungen der Ein- oder Ausgänge entstehen, so folgen die in Bild R 8.4/2 zusammengestellten Anordnungen. Dabei ist vorausgesetzt, daß

- die Vierpole entweder alle eine durchgehende widerstandslose Verbindung haben oder einer der Vierpole ausgangsseitig einen idealen Übertrager besitzt, so daß keine galvanische Verbindung zu den Eingangsklemmen besteht und
- die Zusammenschaltung dem Bild entsprechend erfolgt.

Dann gelten für die entsprechenden Matrixdarstellungen:

Die Matrix des Gesamtvierpols ergibt sich stets durch Addition der betreffenden Teilmatrizen (Subtraktion mit Übertrager) für beide Richtungsfestle-

Tafel R 8.4/6 Vierpolersatzschaltungen

Form	Ersatzschaltungen mit	
	zwei gesteuerten Quellen	einer gesteuerten Quelle
$\underline{U}_1 = Z_{11}\underline{I}_1 + Z_{12}\underline{I}_2$ $\underline{U}_2 = Z_{21}\underline{I}_1 + Z_{22}\underline{I}_2$	I_1, I_2, Z_{11}, Z_{22}, U_1, U_2, $Z_{12}I_2$, $Z_{21}I_1$	I_1, I_2, $Z_{11}-Z_{12}$, $Z_{22}-Z_{12}$, $(Z_{21}-Z_{12})I_1$, Z_{12}, U_1
$\underline{I}_1 = Y_{11}\underline{U}_1 + Y_{12}\underline{U}_2$ $\underline{I}_2 = Y_{21}\underline{U}_1 + Y_{22}\underline{U}_2$	I_1, I_2, $Y_{12}U_2$, $Y_{21}U_1$, Y_{11}, Y_{22}, U_1, U_2	I_2, $-Y_{12}$, $(Y_{21}-Y_{12})U_1$, $Y_{12}+Y_{22}$, $Y_{11}+Y_{12}$, U_1
$\underline{U}_1 = H_{11}\underline{I}_1 + H_{12}\underline{U}_2$ $\underline{I}_2 = H_{21}\underline{I}_1 + H_{22}\underline{U}_2$	I_1, I_2, H_{11}, $H_{12}U_2$, $H_{21}I_1$, H_{22}, U_1, U_2	I_1, I_2, $\frac{H_{11}-H_{12}(1-H_{12})}{H_{22}}$, $\frac{(1-H_{12})}{H_{22}}$, $\frac{H_{12}}{H_{22}}$, $(H_{21}+H_{12})I_1$, U_1
$\underline{I}_1 = C_{11}\underline{U}_1 + C_{12}\underline{I}_2$ $\underline{U}_2 = C_{21}\underline{U}_1 + C_{22}\underline{I}_2$	I_1, I_2, $C_{12}I_2$, C_{22}, C_{11}, $C_{21}U_1$, U_1, U_2	I_2, $\frac{(1+C_{12})}{C_{22}}$, $(C_{21}+C_{12})U_1$, $C_{11}+\frac{C_{12}}{C_{22}}(1+C_{12})$, $-\frac{C_{12}}{C_{22}}$, U_1

gungen von $\underline{I}_2$ (II/Abschn. 7.2.2). Für die Hintereinanderschaltung (*Ketten-* oder *Kaskadenschaltung*) folgt als Kettenmatrix des Gesamtvierpols

$$\boldsymbol{A} = \boldsymbol{A}_1\boldsymbol{A}_2 \tag{8.4/7a}$$

und verallgemeinert auf n Vierpole

$$\boldsymbol{A} = \boldsymbol{A}_1\boldsymbol{A}_2 \ldots \boldsymbol{A}_n \tag{8.4/7b}$$

(Form setzt Kettenpfeilrichtung voraus).

Hinweis: Vierpolzusammenschaltungen können zur Gewinnung formaler Ersatzvierpole aus komplizierteren Netzwerken dienen.

Vierpolzusammenschaltungen eignen sich gut zur Analyse rückgekoppelter Schaltungen (s. Abschn. 8.6.4 und II/Abschn. 7.2.2.2).

Vierpoltransformation. Ein Vierpol arbeitet umgekehrt, wenn er um eine gedachte Achse quer zur Übertragungsrichtung gedreht wird: wechselseitige Vertauschung der Ein- und Ausgänge. Hat er die Kettenmatrix $\boldsymbol{A}$, so gehört zum umgekehrten die Kettenmatrix (symmetrische Betriebsrichtung)

$$\boldsymbol{A}' = \frac{1}{\Delta \boldsymbol{A}} \begin{pmatrix} A_{22} & A_{12} \\ A_{21} & A_{11} \end{pmatrix}. \tag{8.4/8}$$

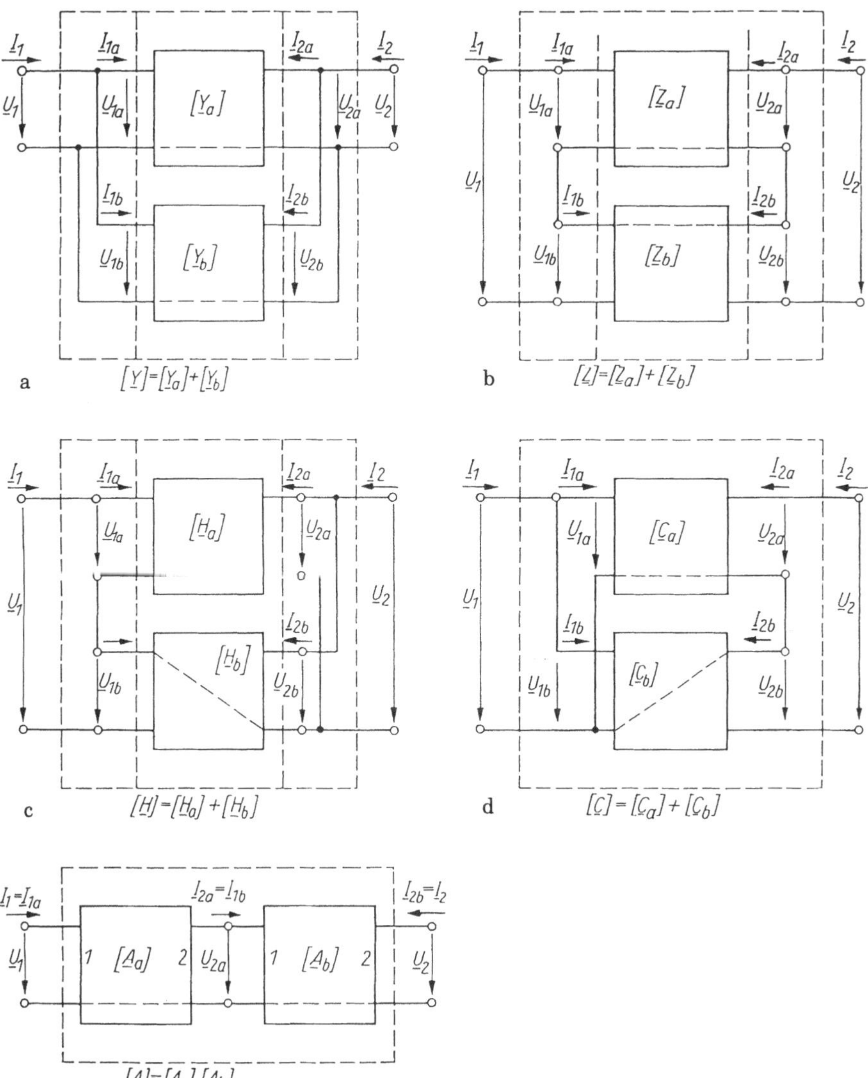

Bild R 8.4/2 Vierpolzusammenschaltungen (bei durchgehender Masseleitung)
a) Parallelschaltung, b) Reihenschaltung, c) Reihen-Parallelschaltung, d) Parallel-Reihenschaltung, e) Kettenschaltung

Für reziproke Vierpole ($\Delta \boldsymbol{A} = 1$) ergibt die Umkehr lediglich Vertauschung der Hauptdiagonalglieder.

Vierpoldrehung. Dreipole können mit je drei gemeinsamen Bezugselektroden für Ein- und Ausgang betrieben werden (zusätzlich noch in beiden Richtungen). Sind die Vierpolparameter einer Grundschaltung gegeben, so folgen die eines gedrehten Vierpoles (ggf. Wendung) durch

- *Umrechnung* (Aufzeichnen der neuen Grundschaltung, Darstellung ihrer u-, i-Beziehungen in der gesuchten Vierpolform ausgedrückt durch die ursprünglich vorgegebenen)
- durch Darstellung des Vierpols mit *unbestimmter Knotenspannungsmatrix* und Spezialisierung für die jeweilige Bezugselektrode (Nullsetzen der Spalte und Zeile, Abschn. 8.4.2.1).

Tafel R 8.4/7 enthält als Beispiel die Leitwertparameter der typischen Transistorgrundschaltungen.

Tafel R 8.4/7 Vierpolgrundschaltungen (dargestellt am Beispiel des Bipolartransistors) $\sum Y = Y_{11} + Y_{12} + Y_{21} + Y_{22}$, $\Delta Y = Y_b = Y_e = Y_c$

Allgemeiner Vierpol (Bipolartransistor)	Basisschaltung	Emitterschaltung	Kollektorschaltung
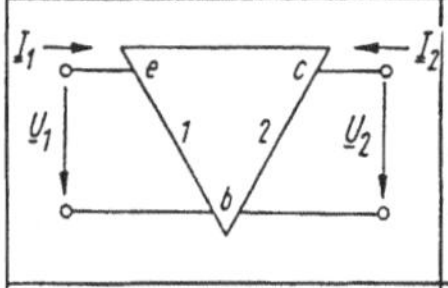	Y_{11b} Y_{12b} Y_{21b} Y_{22b}	ΣY_e $-(Y_{12e} + Y_{22e})$ $-(Y_{21e} + Y_{22e})$ Y_{22e}	Y_{22c} $-(Y_{21c} + Y_{22c})$ $-(Y_{12c} + Y_{22c})$ ΣY_c
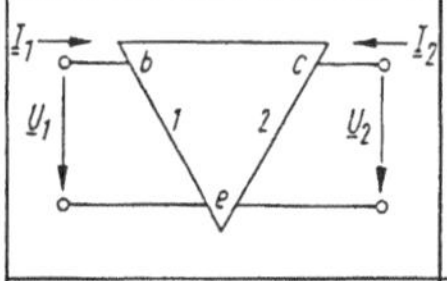	ΣY_b $-(Y_{12b} + Y_{22b})$ $-(Y_{21b} + Y_{22b})$ Y_{22b}	Y_{11e} Y_{12e} Y_{21e} Y_{22e}	Y_{11c} $-(Y_{11c} + Y_{12c})$ $-(Y_{11c} + Y_{21c})$ ΣY_c
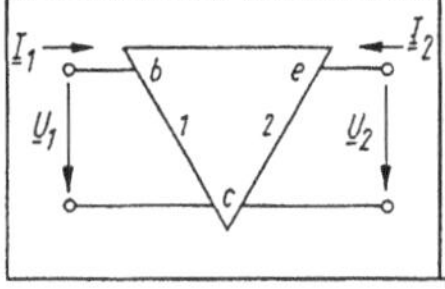	ΣY_b $-(Y_{11b} + Y_{21b})$ $-(Y_{11b} + Y_{12b})$ Y_{11b}	Y_{11e} $-(Y_{11e} + Y_{12e})$ $-(Y_{11e} + Y_{21e})$ ΣY_e	Y_{11c} Y_{12c} Y_{21c} Y_{22c}

8.4.1.2 Vierpolbetriebsgrößen

Die Übertragungseigenschaften eines Vierpols zwischen Quelle und Lastelement werden durch *Vierpolbetriebsgrößen* (Betriebsimmittanzen bzw. Übertragungsfaktoren (Spannungs-, Stromübersetzung, Transimpedanz, Transresistanz, Leistungsverstärkung)) bestimmt. Sie können durch jede Vierpolbeschreibung ausgedrückt werden.

Wir beschränken uns auf die Leitwertangaben (Grundschaltung vgl. Bild R 8.4/1a).

Eingangs-, Ausgangsleitwert (bei Belastung mit Quellen- oder Lastelement). Mit den allgemeinen Parametern (Tafel R 8.4/5) folgt

$$N_{1,2} = \frac{\Delta \boldsymbol{K} + K_{11,12} M_{2,1}}{K_{22,11} + M_{2,1}}; \quad \Delta \boldsymbol{K} = K_{11}K_{22} - K_{12}K_{21} \tag{8.4/9}$$

(es gehören die jeweils an erster bzw. zweiter Stelle geschriebenen Parameter zueinander).[3] Es lauten in symmetrischer Zählpfeilrichtung

Eingangsleitwert / Ausgangsleitwert

$$Y_1 = Y_{11} - \frac{Y_{12}Y_{21}}{Y_{22}+Y_L} \qquad Y_2 = Y_{22} - \frac{Y_{12}Y_{21}}{Y_{11}+Y_G} \tag{8.4/10}$$
$$Y_1 = \frac{A_{21}Z_L + A_{22}}{A_{11}Z_L + A_{12}} \qquad Y_2 = \frac{A_{21}Z_G + A_{11}}{A_{22}Z_G + A_{12}}.$$

Bei rückwirkungsbehaftetem Vierpol ($Y_{12} \neq 0$) hängt die Eingangs-, Ausgangsadmittanz stets von der Belastung ab.

- Gl.(8.4/10) ist eine *Abbildungsfunktion*, die bei komplexen Parametern die $\underline{Z}_L$-($\underline{Z}_G$-)Ebene in die $\underline{Y}_1$-($\underline{Y}_2$-) Ebene abbildet (Kreisverwandtschaft gegeben)
- *Belastungsfälle* sind

Leerlauf ($Y \to 0$) $\quad Y_{1l} = \frac{1}{Z_{11}} = \frac{\Delta Y}{Y_{22}}; \quad Y_{2l} = \frac{1}{Z_{22}} = \frac{\Delta Y}{Y_{11}}$ (8.4/11a)

Kurzschluß ($Y \to \infty$) $\quad Y_{1k} = Y_{11}; \quad Y_{2k} = Y_{22}.$ (8.4/11b)

Daraus folgt

$$\frac{1}{Z_{11}Y_{11}} = \frac{1}{Z_{22}Y_{22}} = \frac{Z_{1k}}{Z_{1l}} = \frac{Z_{2k}}{Z_{2l}}. \quad \text{Impedanzbeziehungen am Vierpol} \tag{8.4/12}$$

Eingangs–Ausgangsleerlauf und Kurzschlußwiderstände sind voneinander nicht unabhängig :

- Denkt man sich die Lastelemente Y_L bzw Y_G mit zum Vierpol gerechnet ($Y_{22} \to Y_{22} + Y_G$), so kann der Eingangs- und Ausgangsleitwert nach Gl.(8.4/11) "als Leerlaufleitwert" interpretiert werden.
- Der Eingangsleitwert Y_1 Gl.(8.4/10) läßt sich interpretieren als Leitwert Y_{11}, der durch Rückwirkung Y_{12} eine Zusatzkomponente $Y_{12}v_u$ nach Maßgabe der (tatsächlichen) Spannungsverstärkung v_u enthält (Interpretation für rückgekoppelte Verstärker vorteilhaft).
- Die Wellenwiderstände $Z_w = \sqrt{Z_k Z_l}$

$$Z_{w1} = \sqrt{\frac{Y_{22}}{Y_{11}\Delta Y}} = \sqrt{\frac{Z_{11}}{Y_{11}}}; \quad Z_{w2} = \sqrt{\frac{Y_{11}}{Y_{22}\Delta Y}} = \sqrt{\frac{Z_{22}}{Y_{22}}} \tag{8.4/13}$$

hängen - wie Leerlauf- und Kurzschlußleitwert - nur von Vierpolkenngrößen ab.

Übertragungsgrößen (Übertragungsfaktoren, -funktionen) sind Verhältnisgrößen zwischen Ausgangs- und Eingangsgrößen mit zwischengeschaltetem Vierpol: Spannungs-, Stromverstärkung, Transadmittanz und -resistanz, Leistungsverstärkung. Bei Verstärkern heißen sie *Verstärkungsgrößen* (Definition auch für Rückwärtsbetrieb möglich, doch geringe praktische Bedeutung).

[3] Für Kettenparameterdarstellung gilt Kettenpfeilrichtung, sonst symmetrische.

Alle Strom-Spannungsverhältnisse lassen sich in die Form

$$\frac{K_{21,12}M_{2,1}}{\Delta \boldsymbol{K}_{\mathrm{M}}}; \quad \Delta \boldsymbol{K}_{\mathrm{M}} = (K_{11} + M_1)(K_{22} + M_2) - K_{21}K_{12} \tag{8.4/14}$$

bringen mit

$$\begin{array}{cccc} \boldsymbol{Z} & \boldsymbol{Y} & \boldsymbol{H} & \boldsymbol{C} \\ \underline{U}_2/\underline{U}_{\mathrm{Q}} & \underline{I}_2/\underline{I}_{\mathrm{Q}} & \underline{I}_2/\underline{U}_{\mathrm{Q}} & \underline{U}_2/\underline{I}_{\mathrm{Q}}. \end{array}$$

Als Eingangsgröße dient entweder die Quellengröße oder die des Vierpoleinganges (s. II/Abschn. 7.2.4).

Wichtige Übertragungsgrößen sind:

1. *Spannungsübersetzung* $\underline{U}_2/\underline{U}_{\mathrm{Q}}$

$$\begin{aligned} v_u &= \frac{\underline{U}_2}{\underline{U}_{\mathrm{Q}}} = \frac{-Y_{21}}{(Y_{22} + Y_{\mathrm{L}}) + Z_{\mathrm{G}}(\Delta \boldsymbol{Y} + Y_{11}Y_{\mathrm{L}})} \\ &= \frac{1}{A_{11} + A_{12}Y_{\mathrm{L}} + A_{21}Z_{\mathrm{G}} + A_{22}Z_{\mathrm{G}}Y_{\mathrm{L}}} \end{aligned} \tag{8.4/15a}$$

mit den Sonderfällen

$$Z_{\mathrm{G}} = 0: \quad v_u = \left.\frac{\underline{U}_2}{\underline{U}_{\mathrm{Q}}}\right|_{\underline{U}_{\mathrm{Q}} = \underline{U}_1} = \frac{-Y_{21}}{Y_{22} + Y_{\mathrm{L}}} = \frac{1}{A_{11} + A_{12}Y_{\mathrm{L}}} \tag{8.4/15b}$$

und

$$Z_{\mathrm{G}} = 0,\ Y_{\mathrm{L}} = 0 \quad v_{u\mathrm{l}} = \frac{\underline{U}_2}{\underline{U}_{\mathrm{Q}}} = -\frac{Y_{21}}{Y_{22}} = \frac{1}{A_{11}}. \tag{8.4/15c}$$

Die Leerlaufspannungsübersetzung $v_{u\mathrm{l}}$ ist der Höchstwert der Spannungsübersetzung.

2. *Stromübersetzung* $\underline{I}_2/\underline{I}_{\mathrm{Q}}$

$$v_i = \frac{\underline{I}_2}{\underline{I}_{\mathrm{Q}}} = \frac{Y_{21}}{Y_{11} + Y_{\mathrm{G}} + Z_{\mathrm{L}}(\Delta \boldsymbol{Y} + Y_{\mathrm{G}}Y_{22})} \tag{8.4/16a}$$

mit den Sonderfällen

$$Y_{\mathrm{G}} = 0: \qquad v_i = \left.\frac{\underline{I}_2}{\underline{I}_{\mathrm{Q}}}\right|_{\underline{I}_{\mathrm{Q}} = \underline{I}_1} = \frac{Y_{21}}{Z_{\mathrm{L}}(\Delta \boldsymbol{Y} + Y_{11})} \tag{8.4/16b}$$

und

$$Z_{\mathrm{L}} = 0,\ Y_{\mathrm{G}} = 0: \quad v_{i\mathrm{k}} = \frac{Y_{21}}{Y_{11}} = H_{21}. \tag{8.4/16c}$$

Die Kurzschlußstromübersetzung $v_{i\mathrm{k}}$ ist der Höchstwert der Stromübersetzung.

3. *Transimpedanz* (bezogen auf $\underline{I}_1$, also mit Gl.(8.4/15a) für $Z_{\mathrm{G}} = 0$)

$$Z_m = \frac{\underline{U}_2}{\underline{I}_1} = \frac{\underline{U}_2}{\underline{U}_1}\frac{\underline{U}_1}{\underline{I}_1} = v_u Z_1. \tag{8.4/17}$$

4. *Transadmittanz* (bezogen auf $\underline{U}_1$)

$$Y_m = \frac{\underline{I}_2}{\underline{U}_1} = \frac{\underline{I}_2}{\underline{I}_1}\frac{\underline{I}_1}{\underline{U}_1} = v_i Y_1 = \frac{v_u}{Z_L}. \tag{8.4/18}$$

Zur *Kontrolle* gilt noch:

$$\frac{v_i}{v_u} = \frac{Z_1}{Z_L}; \quad Z_1 = Z_{11} + v_i Z_{12}; \quad Y_1 = Y_{11} + v_u Y_{12} \tag{8.4/19}$$

Leistungsübertragung, Stabilitätskriterium. Beim Betrieb eines aktiven Vierpols (z.B. Verstärker) treten zwei typische Fragestellungen auf:

- welche *maximale Verstärkung* (Spannung, Strom, Leistung) ist unter gegebenen Schaltungsbedingungen möglich
- unter welchen Bedingungen arbeitet der Vierpol *stabil* (keine Selbsterregung → Oszillatorprinzip)?

Leistungsübertragungsfaktor. Leistungsverstärkung. Das Verhältnis der an das Lastelement abgegebenen (Wirk)leistung zu einer Bezugswirkleistung auf der Eingangsseite heißt *Leistungsübertragungsfaktor* (für Werte < 1 spricht man von *Dämpfung*). Abhängig von

- der Bezugsleistung (Vierpoleingangsleistung oder verfügbare Generatorleistung)
- der Leistungsart (Wirk- oder Scheinleistung)
- den Abschlußbedingungen (Anpassung nach maximaler Wirk- oder Scheinleistung (Wellenwiderstandsanpassung))

gibt es mehrere Leistungsübertragungsfaktoren (Schaltung Bild R 8.4/1a, Generator entweder in Spannungs- oder Stromquellenersatzschaltung). Wir beschränken uns auf die üblichsten.

1. *Leistungsverstärkung* (Betriebsleistungsverstärkung, Klemmenleistungsgewinn [power gain])

$$\begin{aligned} G &= \frac{P_2}{P_1} = \frac{\text{Wirkleistung am Lastelement}}{\text{Wirkleistung am Vierpoleingang}} = \frac{|\underline{I}_2|^2 \mathrm{Re}\,(Z_L)}{|\underline{I}_1|^2 \mathrm{Re}\,(Z_{11})} \\ &= \frac{|Y_{21}|^2 \mathrm{Re}\,(Y_L)}{|Y_{22} + Y_L|^2 \mathrm{Re}\left(Y_{11} - \frac{Y_{12}Y_{21}}{Y_L + Y_{22}}\right)} = f(Y_L). \end{aligned} \tag{8.4/20}$$

Sie setzt die *tatsächlichen* Ausgangs- und Eingangsleistungen in Beziehung, hängt vom Lastleitwert ab (nicht vom Quellenleitwert) und hat beim verlustlosen Vierpol den Wert 1.

2. *Übertragungsgewinn* (tansducer power gain) G_T

$$\begin{aligned} G_T &= \frac{P_2}{P_{1\,\max}} = \frac{\text{Wirkleistung am Lastelement}}{\text{verfügbare Wirkleistung der Quelle}} = 4\frac{|\underline{I}_2|^2 \mathrm{Re}\,(Z_L)}{|\underline{I}_Q|^2 \mathrm{Re}\,(Z_Q)} \\ &= \frac{4|Y_{21}|^2 \mathrm{Re}\,(Y_Q) \mathrm{Re}\,(Y_L)}{|(Y_{11} + Y_Q)(Y_{22} + Y_L) - Y_{12}Y_{21}|^2} = f(Y_Q, Y_L). \end{aligned} \tag{8.4/21}$$

Sie hängt vom Generator und Lastleitwert ab. Herrscht *Wirkleistungsanpassung* am Vierpoleingang, so ist $G = G_T$, sonst gilt allgemein $G_T < G$.

Der Übertragungsgewinn G_T drückt den Leistungsgewinn aus, den der aktive Vierpol gegenüber einem passiven Netzwerk (bei verlustloser Anpassung) erzeugt.

Ein Sonderfall von Gl.(8.4/21) ist der *unilaterale Übertragsgewinn* G_Tu für verschwindende Rückwirkung ($Y_{12} = 0$)

$$G_\mathrm{Tu} = \frac{4|Y_{21}|^2 \mathrm{Re}\,(Y_\mathrm{Q}) \mathrm{Re}\,(Y_\mathrm{L})}{|Y_{11} + Y_\mathrm{Q}|^2 |Y_{22} + Y_\mathrm{L}|^2} = f(Y_\mathrm{Q}, Y_\mathrm{L}). \tag{8.4/22}$$

Der Unterschied zu G_T wird durch

$$\frac{1}{(1+U)^2} < \frac{G_\mathrm{T}}{G_\mathrm{Tu}} < \frac{1}{(1-U)^2} \tag{8.4/23}$$

mit dem sog. *unilateralen Gütefaktor* U (≤ 1)

$$U = \frac{|Y_{21} - Y_{12}|^2}{4(\mathrm{Re}\,(Y_{11})\mathrm{Re}\,(Y_{22}) - \mathrm{Re}\,(Y_{12})\mathrm{Re}\,(Y_{21}))}$$

ausgedrückt.

3. *Verfügbare Leistungsverstärkung* (available power gain, G_A)

$$\begin{aligned} G_\mathrm{A} &= \frac{P_{2\,\max}}{P_{1\,\max}} = \frac{\text{vom Vierpol verfügbare Wirkleistung}}{\text{von der Quelle verfügbare Wirkleistung}} \\ &= \frac{|Y_{21}|^2 \mathrm{Re}\,(Y_Q)}{|Y_{11} + Y_\mathrm{Q}|^2 \mathrm{Re}\left(Y_{22} - \frac{Y_{12}Y_{21}}{Y_{11}+Y_\mathrm{Q}}\right)} = f(Y_\mathrm{Q}). \end{aligned} \tag{8.4/24}$$

Sie hängt nur von den Vierpolparametern und dem Quellenleitwert ab. Bei Wirkleistungsanpassung am Ausgang gilt $G_\mathrm{A} = G_\mathrm{T}$, sonst $G_\mathrm{A} > G_\mathrm{T}$.

4. *Einfügungsleistungsverstärkung* (Leistungsgewinn vorwärts, insertion gain) G_I:

$$\begin{aligned} G_\mathrm{I} &= \frac{P_2}{P_Q} = \frac{\text{vom Vierpol abgegebene Leistung}}{\text{von der Quelle abgegebene Leistung}} \\ &= \frac{|Y_{21}|^2 \mathrm{Re}\,(Y_Q)\mathrm{Re}\,(Y_L)}{|(Y_{11} + Y_\mathrm{Q})(Y_{22} + Y_\mathrm{L}) - Y_{12}Y_{21}|^2} \cdot \frac{|Y_\mathrm{L} + Y_\mathrm{Q}|^2}{|Y_\mathrm{L}||Y_\mathrm{Q}|} \\ &= f(Y_\mathrm{Q}, Y_\mathrm{L}). \end{aligned} \tag{8.4/25}$$

Sie hängt von beiden Lastelementen ab. Der Gewinn G_I drückt den Vorteil aus, der durch Einfügen des Verstärkers zwischen Quelle und Verbraucher entsteht. Bei beiderseitiger Anpassung ist $G_\mathrm{I} = G_\mathrm{T}$.

Für *reelle Parameter* lassen sich die Größen weiter zusammenfassen.

Ist der Vierpol *unbedingt stabil* (s.u.) und gelingt beiderseits Wirkleistungsanpassung, so stellt sich eine einheitliche maximale Verstärkung, der *maximale Gewinn* (maximal available gain, MAG) ein

$$\mathrm{MAG} = \left|\frac{Y_{21}}{Y_{12}}\right| (k - \sqrt{k^2 - 1});\; k = \frac{2\mathrm{Re}\,(Y_{11})\mathrm{Re}\,(Y_{22}) - \mathrm{Re}\,(Y_{21}Y_{12})}{|Y_{21}Y_{12}|} > 1. \tag{8.4/26}$$

Der maximale Leistungsgewinn hängt vom Stabilitätsgrad des Vierpoles und den Lastleitwerten bei Anpassung ab

$$\begin{aligned} Y_\mathrm{Qm} &= \frac{|Y_{12}Y_{21}|\sqrt{k^2-1}}{2\mathrm{Re}\,(Y_{22})} + \mathrm{j}\left(\frac{\mathrm{Im}\,(Y_{12}Y_{21})}{2\mathrm{Re}\,(Y_{22})} - \mathrm{Im}\,(Y_{11})\right) \\ Y_\mathrm{Lm} &= \frac{|Y_{12}Y_{21}|\sqrt{k^2-1}}{2\mathrm{Re}\,(Y_{11})} + \mathrm{j}\left(\frac{\mathrm{Im}\,(Y_{12}Y_{21})}{2\mathrm{Re}\,(Y_{11})} - \mathrm{Im}\,(Y_{22})\right), \end{aligned} \tag{8.4/27}$$

also letztlich nur von Vierpolparametern. *Absolute Stabilität* erfordert $k > 1$. Bei beiderseitiger Anpassung des Vierpoles gilt zudem

$$\text{MAG} = G(Y_{\text{Lm}}) = G_{\text{T}}(Y_{\text{Qm}}, Y_{\text{Lm}}) = G_{\text{A}}(Y_{\text{Qm}}) = G_{\text{I}}(Y_{\text{Qm}}, Y_{\text{Lm}}). \quad (8.4/28)$$

MAG wird zur Vierpolcharakterisierung unter den Nebenbedingungen der absoluten Stabilität benutzt, weil sie die maximal mögliche Verstärkung (z.B. eines Transistors) kennzeichnet.

Leistungsanpassung ist nur bei absolut stabilem Vierpol möglich, für den Gl.(8.4/26) gilt.

Der Faktor $\left|\frac{Y_{21}}{Y_{12}}\right|$ in Gl.(8.4/26) heißt auch *maximaler stabiler Gewinn* (maximal stable gain, MSG).

5. *Unilaterale Verstärkung.* Durch verlustlose (reaktive) Vierpolbeschaltung gelingt immer eine Kompensation der (inneren) Vierpolrückwirkung Y_{12}. Dann stellt sich die sog. *maximale unilaterale Verstärkung* (unilateral power gain)

$$G_{\text{u}} = \frac{|Y_{21} - Y_{12}|^2}{4(\text{Re}\,(Y_{11})\text{Re}\,(Y_{22}) - \text{Re}\,(Y_{12}Y_{21}))} \quad (8.4/29)$$

mit *Invarianzeigenschaft* ein:

Die unilaterale Leistungsverstärkung Gl.(8.4/29) bleibt bei verlustfreier (reziproker) Beschaltung des Vierpoles erhalten (unabhängig von der Grundschaltung). G_{u} ist der höchste Gewinn, den ein Vierpol bei stets absoluter Stabilität erreicht.

Hinweis: Die praktische Bedeutung von Gl.(8.4/29) liegt darin, daß bei der experimentellen Leitwertparameterbestimmung u.U. Schaltkapazitäten mit gemessen werden. Stets ergibt sich aber die gleiche unilaterale Verstärkung. Sie kennzeichnet deshalb die eigentliche Vierpolverstärkung.

6. Für *reelle Vierpolparameter* geht Gl.(8.4/21) über in

$$G_{\text{T}} = \frac{Y_{21}^2}{\left(\sqrt{\Delta \boldsymbol{Y}} + \sqrt{Y_{11}Y_{22}}\right)^2} = \frac{H_{21}^2}{\left(\sqrt{\Delta \boldsymbol{H}} + \sqrt{H_{11}H_{22}}\right)^2} \quad (8.4/30a)$$

mit dem Sonderfall

$$G_{\text{T}} = \frac{Y_{21}^2}{4Y_{11}Y_{22}} = \frac{H_{21}^2}{4H_{11}H_{22}} \quad (8.4/30b)$$

bei rückwirkungsfreiem Vierpol.

Stabilitätskriterium. Obwohl für Netzwerke und Systeme mehrere gleichwertige Stabilitätskriterien existieren (s.Abschn. 8.6), erweist sich für Vierpole die sog. *Llewellyn-Form* als besonders zweckmäßig.

Instabilität eines Vierpoles tritt auf, wenn der eingangs- und ausgangsseitig mit den Leitwerten $Y_{\text{Q}} = G_{\text{Q}} + \text{j}B_{\text{Q}}$ und $Y_{\text{L}} = G_{\text{L}} + \text{j}B_{\text{L}}$ abgeschlossene Vierpol mit den Eingangs-Ausgangsleitwerten Y_{e}, Y_{a} die Bedingungen

$$\begin{aligned} &B_{\text{e}} + B_{\text{Q}} = 0,\ B_{\text{a}} + B_{\text{L}} = 0, \text{ sowie} \\ &G_{\text{e}} + G_{\text{Q}} \leq 0 \,\text{und/oder}\, G_{\text{a}} + G_{\text{L}} \leq 0 \end{aligned} \quad (8.4/31)$$

gleichzeitig erfüllt, d.h. G_{e} resp. G_{a} kleiner Null wird (physikalische Begründung: Entstehung eines negativen Wirkleitwertes).

Umgekehrt herrscht Stabilität für

$$G_e = \mathrm{Re}\left(Y_{11} - \frac{Y_{12}Y_{21}}{Y_{22}+Y_L}\right) \geq 0 \tag{8.4/32}$$

(G_a analog).

Der Vierpol ist *absolut stabil*, wenn $G_e > 0$ (resp. $G_a > 0$) für beliebige Y_Q, Y_L erfüllt ist.

Die Bedingung Gl.(8.4/32) führt (durch Auswerten von G_e) auf die Forderungen

$$\mathrm{Re}\,(Y_{11}) \geq 0, \quad \mathrm{Re}\,(Y_{22}) \geq 0 \tag{8.4/33a}$$

$$\mathrm{Re}\,(\Delta \boldsymbol{Y}) + \mathrm{Re}\,(Y_{12}Y_{21}) \geq |Y_{12}Y_{21}| \tag{8.4/33b}$$

bzw. in der zweiten Zeile umgeschrieben

$$k = \frac{2\mathrm{Re}\,(Y_{11})\mathrm{Re}\,(Y_{22}) - \mathrm{Re}\,(Y_{12}Y_{21})}{|Y_{21}Y_{12}|} > 1. \quad \text{Stabilitätsfaktor} \tag{8.4/34}$$

Mit Gl.(8.4/33) wird die linke Y_e-Halbebene ins Innere eines Kreises in der Y_L-Ebene abgebildet (Bild R 8.4/3).

Ein Vierpol ist absolut stabil bei einer Frequenz ω, wenn die Bedingungen Gl.(8.4/33) gelten. Die Größe k ist sein *Stabilitätsparameter*. Physikalisch heißt Stabilität, daß bei allen (passiven) ausgangsseitigen Vierpolbelastungen eingangsseitig nie negativer Wirkleitwert auftritt (analog für Ausgangsseite formulierbar).

Wird Stabilität als *Nebenbedingung* gefordert, so tritt bei Anpassung der maximale Gewinn nach Gl.(8.4/26) auf.

Hinweis:

- Nach Gl.(8.4/32) ist ein rückwirkungsfreier Vierpol ($Y_{12} = 0$), der Gl.(8.4/33a) erfüllt, stets stabil.
- Passive Vierpole sind stets stabil
- Durch zusätzliche Rückkopplung (Erzeugung von Y_{12} durch externe Beschaltung) kann ein stabiler Vierpol zur Instabilität gebracht werden (→ Oszillatorprinzip).

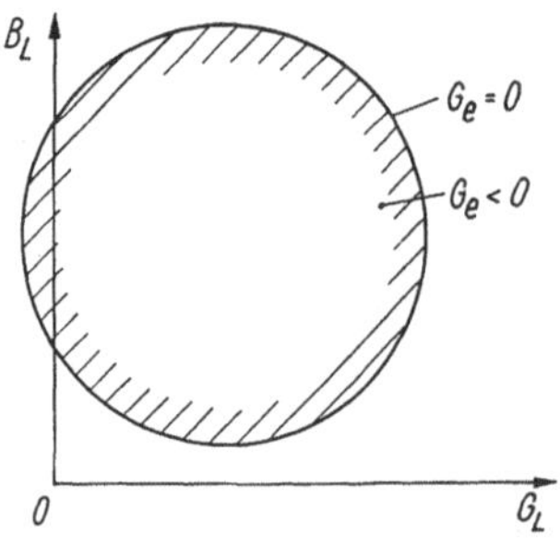

Bild R 8.4/3 Stabilitätskreis Abbildung des Lastleitwertes Y_L in den Eingangswirkleitwert G_e. Arbeitspunkte innerhalb des Stabilitätskreises sind instabil

- Da Vierpolparameter i.a. frequenzabhängig sind, kann es Frequenzbereiche *potentieller Instabilität* geben.

Weitere Diskussion zur Stabilität siehe Abschnitt 8.6.

Bedingte Stabilität. Während Gl.(8.4/34) mit $k > 1$ absolute Stabilität (bei beliebigen passiven Vierpolabschlüssen) garantiert, spricht man von *bedingter Stabilität*, wenn der Vierpol für bestimmte Abschlüsse stabil, für andere instabil ist und damit

$$k < 1 \qquad \text{bedingte Stabilität} \qquad (8.4/35)$$

gilt.

Bei Transistoren steigt der Stabilitätsfaktor k über der Frequenz stets an, so daß es bei tiefen Frequenzen i.a. bedingt stabile Bereiche gibt. Verursacht wird Instabilität durch den Beitrag von $|Y_{12}Y_{21}|$ ($\rightarrow$ Steilheit Y_{21}, kapazitive Rückwirkung Y_{12}). Die Grenze zwischen bedingter und absoluter Stabilität ist durch $k = 1$ gegeben.

8.4.1.3 Wellenparameterbeschreibung

Wellenwiderstände. Aus der Wellenübertragung auf *Leitungen* stammt die Vierpolbeschreibung durch sog. *Wellenparameter.* Da passive Vierpole vorliegen, genügen *drei Parameter* zur Kennzeichnung, für symmetrische Vierpole nur zwei, z.B. Y_{11} und Y_{12} oder gleichwertig *Wellenwiderstand* Z_w und *Wellenübertragungsfaktor* $\underline{g}_\mathrm{w}$.

Der Wellenwiderstand eines umkehrbaren symmetrischen Vierpols ist derjenige Widerstand, mit dem man den Ausgang abschließen muß, um am Eingang den gleichen Wert zu messen (Bild R 8.4/4):

$$Z_\mathrm{w} = Z_1|_{Z_\mathrm{a}=Z_\mathrm{w}} = \sqrt{Z_{1\mathrm{k}}Z_{1\mathrm{l}}}. \qquad (8.4/36)$$

Er ist stets gleich dem geometrischen Mittel zwischen Kurzschluß- und Leerlaufwiderstand.

Die zweite charakteristische Vierpolgröße ist z.B. der *Spannungsübertragungsfaktor* $\left.\frac{\underline{U}_1}{\underline{U}_2}\right|_{Z_\mathrm{a}=Z_\mathrm{w}}$ oder der *Stromübertragungsfaktor* $\left.\frac{\underline{I}_1}{\underline{I}_2}\right|_{Z_\mathrm{a}=Z_\mathrm{w}}$.

Anstelle der Quotienten wird auch der logarithmische *Übertragungsfaktor* $\underline{g}_\mathrm{w}$ verwendet

$$\exp \underline{g}_\mathrm{w} = \left.\frac{\underline{U}_1}{\underline{U}_2}\right|_{Z_\mathrm{a}=Z_\mathrm{w}} \quad \text{mit } \underline{g}_\mathrm{w} = a_\mathrm{w} + \mathrm{j}b_\mathrm{w} = \underbrace{\ln\frac{U_1}{U_2}}_{\mathrm{Np}} + \mathrm{j}(\varphi_{u1} - \varphi_{u2}). \qquad (8.4/37)$$

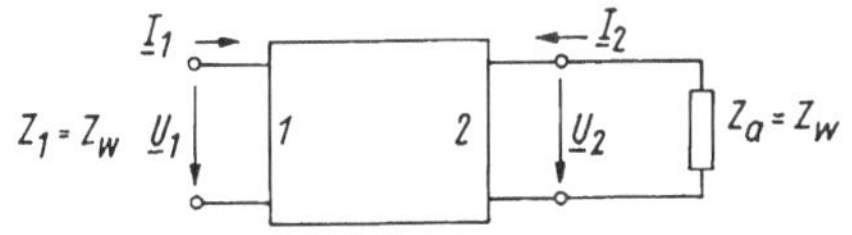

Bild R 8.4/4 Eingangswellenwiderstand eines Vierpols

Die Vorteile der Wellenparameterbeschreibung treten bei der Kettenschaltung von n umkehrbaren symmetrischen Vierpolen mit gleichem Wellenwiderstand am Abschluß der Kette zutage:

- die Eingangsimpedanz ist stets gleich dem Wellenwiderstand (näherungsweise bei großer Vierpolzahl auch dann noch, wenn der letzte Vierpol nicht genau mit dem Wellenwiderstand abgeschlossen ist)
- das logarithmische Übertragungsmaß setzt sich aus der Summe der einzelnen logarithmischen Übertragungsmaße zusammen.

$$\underline{g}_{\mathrm{w}} = \sum_{i=1}^{n} \underline{g}_{\mathrm{w}i}.$$

Umkehrbare symmetrische Vierpole lassen sich damit beschreiben

- durch die *Vierpolparametersysteme* (wie bisher, hierbei sind jeweils nur zwei Parameter erforderlich)
- durch *Wellenwiderstand* Z_{w} und dem *Spannungs-* oder *Stromübertragungsfaktor* ($\underline{U}_2/\underline{U}_1$, $\underline{I}_2/\underline{I}_1$)
- durch *Wellenwiderstand* Z_{w} und *logarithmischen Übertragungsfaktor* $\underline{g}_{\mathrm{w}}$.

Grundsätzlich können Wellenparameter auch für unsymmetrische Vierpole definiert werden, doch haben sie dort nur noch geringe Bedeutung.

8.4.1.4 Eigenschaften wichtiger Vierpole

Wir stellen die Eigenschaften einiger wichtiger Vierpole, insbesondere Übertrager, Verstärker und Übersetzervierpole zusammen.

Elementarvierpole. Elementar- oder Grundvierpole sind die T−, Π− und X−Vierpole (Brückenschaltung Tafel R 8.4/4). Durch Spezialisierung ($R \to 0, \infty$) gehen daraus einfachere Formen hervor, durch Vierpolzusammenschaltung kompliziertere. Dabei kann Schaltungsumwandlung (Reihen-, Parallelschaltung u.a.) erforderlich sein.

Übertrager, Transformator. Tafel R 8.4/8 enthält die wichtigsten Matrizen des linearen Übertragers (kein Eisenkreis, Wicklungswiderstand Null), des festgekoppelten ($k = 1$) und idealen Übertragers ($L \to \infty$) mit dem Übersetzungsverhältnis $\ddot{u}$. Das Vorzeichen von k ist positiv, wenn die Ströme i_1, i_2 gleichsinnig gerichtete Flüsse bewirken. Bei symmetrischer Stromrichtung wird das Übersetzungsverhältnis der Ströme negativ: $\underline{I}_2/\underline{I}_1 = -\ddot{u}$.

Der *reale* Übertrager (mit Eisenkreis, Wicklungswiderständen, Magnetisierungsverlusten) ist durch Längswiderstände in Reihe zu L und einem Querwiderstand parallel zu M zu ergänzen. Für die Transformatorersatzschaltungen siehe Bild R 8.1/5 und II/Abschn. 7.4.4.2.

Verstärkervierpole. Ihre Grundlage sind die vier Arten gesteuerter Quellen (Tafel R 8.1/4). In den zugehörigen Kettenmatrizen ist jeweils nur ein Element von Null verschieden. Für die Steuerparameter werden jeweils *angepaßte* Vierpolparameter benutzt (Größen können komplex sein):

Tafel R 8.4/8 Ausgewählte Vierpolmatrizen des Zweiwicklungsübertragers
Hinweise:

- X Darstellung existiert nicht
- für die Kettenparameter gilt die Kettenzählpfeilrichtung, sonst die symmetrische

Übertrager	[Z]	[Y]	[A]
nichtidealer verlustfreier Übertrager $\ddot{u} = \sqrt{\frac{L_1}{L_2}}$; $k = M / \sqrt{L_1 L_2}$ $\sigma = 1\text{-}k^2$	$j\omega\begin{pmatrix} L_1 & M \\ M & L_2 \end{pmatrix}$	$\frac{1}{j\omega}\begin{pmatrix} \frac{1}{L_1} & \frac{-k^2}{M} \\ \frac{-k^2}{M} & \frac{1}{L_2} \end{pmatrix}$	$\begin{pmatrix} \frac{L_1}{M} & \frac{j\omega\sigma M}{k^2} \\ \frac{1}{j\omega M} & \frac{L_2}{M} \end{pmatrix} = \frac{1}{k}\begin{pmatrix} \ddot{u} & j\omega\sigma\sqrt{L_1 L_2} \\ \frac{1}{j\omega\sqrt{L_1 L_2}} & \frac{1}{\ddot{u}} \end{pmatrix}$
idealer streuungsfreier Übertrager $\sigma = 0$	$j\omega\begin{pmatrix} L_1 & \sqrt{L_1 L_2} \\ \sqrt{L_1 L_2} & L_2 \end{pmatrix}$	$\frac{1}{j\omega}\begin{pmatrix} \frac{1}{L_1} & \frac{1}{\sqrt{L_1 L_2}} \\ \frac{1}{\sqrt{L_1 L_2}} & \frac{1}{L_2} \end{pmatrix}$	$\begin{pmatrix} \frac{L_1}{M} & 0 \\ \frac{1}{j\omega\sqrt{L_1 L_2}} & \frac{L_2}{M} \end{pmatrix}$
idealer Übertrager ü endlich ($L_1 \to \infty$, $L_2 \to \infty$, $M \to \infty$) ($\sigma = 0$, $k = 1$)	X	X	$\begin{pmatrix} \ddot{u} & 0 \\ 0 & 1/\ddot{u} \end{pmatrix}$

- Y_{21} (Vorwärts-)Steilheit
- Z_{21} (Vorwärts-)Transimpedanz
- A_i (Kurzschluß-)Stromverstärkung
- A_u (Leerlauf-)Spannungsverstärkung.

Der (reale) Verstärker umfaßt stets eine gesteuerte Quelle, endliche Eingangs- und Ausgangsleitwerte (y_{1k}, y_{2k}), ggf. Rückwirkung (meist vernächlässigt oder dem äußeren Netzwerk zugeschlagen, Tafel R 8.4/9).

In der *Admittanzform*

$$\boldsymbol{Y} = \begin{pmatrix} Y_{11} & 0 \\ Y_{21} & Y_{22} \end{pmatrix} = \begin{pmatrix} y_{1k} & 0 \\ S & y_{2k} \end{pmatrix} \tag{8.4/38}$$

liegt die grundsätzliche Ersatzschaltung vor, aus der die restlichen Steuerparameter (Leerlaufverstärkung A_u, Kurzschlußstromverstärkung A_i u.a.)

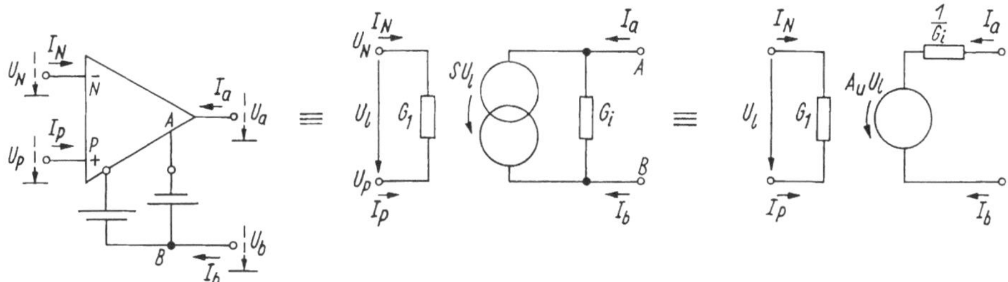

Bild R 8.4/5 Operationsverstärker Schaltbild und (vereinfachte) Ersatzschaltungen ($U_l = U_n - U_p$)

Tafel R 8.4/9 Vierpolersatzschaltungen rückwirkungsfreier Verstärker
Hinweise:

- Die Formen sind durch Quellenwandlung ineinander überführbar.
- Für den praktischen Betrieb ist ausgangsseitig die Erzeugerpfeilrichtung zu bevorzugen.
- Die Koeffizienten der Ersatzschaltung können komplex sein.
- Die Beziehungen gelten für symmetrische Zählpfeilrichtungen.

Verstärkertyp	Ersatzschaltung	Typ. Verstärkergröße
Transconductanz-V. $[Y]=\begin{pmatrix} y_{1k} & 0 \\ S & y_{2k}\end{pmatrix}$	$\underline{U}_1$, y_{1k}, $S\underline{U}_1$, y_{2k}, $\underline{U}_2$, $\underline{I}_2$	Steilheit $S = Y_{21}$; $\left.\frac{\underline{I}_2}{\underline{U}_1}\right\|_{\underline{U}_2=0} = S = Y_{21}$
Transimpedanz-V. $[Z]=\begin{pmatrix} \frac{1}{y_{1k}} & 0 \\ \frac{-S}{y_{1k}y_{2k}} & \frac{1}{y_{2k}}\end{pmatrix}$	$\underline{I}_1$, $\frac{1}{y_{1k}}$, $\frac{-S\underline{I}_1}{y_{1k}y_{2k}}$, $\frac{1}{y_{2k}}$, $\underline{I}_2$	Transimpedanz $\left.\frac{\underline{U}_2}{\underline{I}_1}\right\|_{\underline{I}_2=0} = Z_m = Z_{21} = -\frac{Y_{21}}{Y_{11}Y_{22}} = \frac{-S}{y_{1k}y_{2k}}$
Strom-V. $[H]=\begin{pmatrix} \frac{1}{y_{1k}} & 0 \\ \frac{S}{y_{1k}} & y_{2k}\end{pmatrix}$	$\underline{I}_1$, $\frac{1}{y_{1k}}$, $\frac{\underline{I}_1 S}{y_{1k}}$, y_{2k}, $\underline{I}_2$	Kurzschluß-Stromverstärkung $\left.\frac{\underline{I}_2}{\underline{I}_1}\right\|_{\underline{U}_2=0} = A_i = H_{21} = \frac{Y_{21}}{Y_{11}} = \frac{S}{y_{1k}}$
Spannungs-V. $[C]=\begin{pmatrix} y_{1k} & 0 \\ \frac{-S}{y_{2k}} & \frac{1}{y_{2k}}\end{pmatrix}$	$\underline{U}_1$, y_{1k}, $\frac{-S\underline{U}_1}{y_{2k}}$, $\frac{1}{y_{2k}}$, $\underline{I}_2$	Leerlaufspannungsverstärkung $\left.\frac{\underline{U}_2}{\underline{U}_1}\right\|_{\underline{I}_2=0} = A_u = C_{21} = -\frac{Y_{21}}{Y_{22}} = \frac{-S}{y_{2k}}$

hervorgehen. Damit ergibt sich die *Kettenmatrix* (bei Rückwirkungsfreiheit zusätzlich det $\boldsymbol{A} = 0$)

$$\boldsymbol{A} = \begin{pmatrix} 1/A_u & 1/S \\ 1/Z_m & 1/A_i \end{pmatrix}. \tag{8.4/39}$$

Zwischen den Steuerparametern der Kettenmatrix und den Eingangs- und Ausgangsleitwerten gelten

$$S = y_{2k}A_u, \quad S = y_{1k}A_i.$$

Beim Verstärkervierpol ist das Produkt von Steilheit und Ausgangskurzschlußwiderstand (Eingangswiderstand) gleich der Leerlaufverstärkung (Kurzschlußstromverstärkung) unabhängig von der Grundschaltung.

Hinweis:

- Das Verstärkermodell gilt grundsätzlich für Verstärkerbauelemente (wird aber bauelementespezifisch meist noch erweitert, z.B. bessere Modellierung des Gleichstromverhaltens, Frequenzverhalten u.a.).

- Verstärker (Zusammenschaltungen von Transistoren, R-, C-Elementen, integrierte Schaltung) lassen sich durch ein *Makromodell* vom Typ Bild R 8.4/5 modellieren.
- Tafel R 8.4/9 zeigt übliche Ersatzschaltungen des rückwirkungsfreien Verstärkers.

Idealer Verstärker. Wählt man in der Leitwertmatrix y_{1k}, $y_{2k} \to 0$ (Gl.(8.4/38)) und wächst die Steilheit S über alle Grenzen, so liegt der *ideale Verstärker* vor.

Der Sonderfall eines unendlich hohen Steuerfaktors einer Quelle (wobei zwangsläufig auch die restlichen Parameter über alle Grenzen wachsen) stellt den idealen Verstärker dar mit verschwindender Kettenmatrix

$$\begin{pmatrix} \underline{U}_1 \\ \underline{I}_1 \end{pmatrix} = \begin{pmatrix} 0 & 0 \\ 0 & 0 \end{pmatrix} \cdot \begin{pmatrix} \underline{U}_2 \\ \underline{I}_2 \end{pmatrix}. \qquad (8.4/40)$$

Dann sind die Ausgangsgrößen unabhängig von den Eingangsgrößen: bei verschwindender Eingangsspannung entsteht eine endliche Ausgangsspannung.

Gl.(8.4/40) wird durch einen *Nullor* (Nullator-Norator-Paar) modelliert (s. Bild R 8.1/4, Abschn. 8.4.2.3 und II/Abschn. 7.5.1).

Operationsverstärker. Neben Verstärkerdreipolen gibt es echte Vierpolverstärker mit galvanisch getrennten Eingangs- und Ausgangsklemmen (Bild R 8.4/5) mit dem *Operationsverstärker* als typischem Beispiel. Er hat die (Signal-)Eingangsklemmen N negativ, (invertierend) und P positiv (nicht invertierend) sowie die Ausgangsklemmen A, B. Die zusätzlich erforderliche Gleichspannungsversorgung ist meist nicht getrennt dargestellt.

Der (lineare) Operationsverstärker wird beschrieben durch die Knotengleichungen

$$\begin{aligned} I_\mathrm{N} &= G_1(U_\mathrm{N} - U_\mathrm{P}) = -I_\mathrm{P} \\ I_\mathrm{a} &= S(U_\mathrm{N} - U_\mathrm{P}) + G_\mathrm{i}(U_\mathrm{a} - U_\mathrm{b}) = -I_\mathrm{b}. \end{aligned} \qquad (8.4/41)$$

Die Knotenspannungen sind gegen einen frei wählbaren Bezugspunkt definiert. Gl.(8.4/41) ist eine spezielle Form der *verallgemeinerten Mehrpolgleichung* des Verstärkervierpols mit der Spannungsverstärkung $A_u = SR_i$ und

$$\begin{pmatrix} I_\mathrm{N} \\ I_\mathrm{P} \\ I_\mathrm{a} \\ I_\mathrm{b} \end{pmatrix} = \begin{pmatrix} G_1 & -G_1 & 0 & 0 \\ -G_1 & G_1 & 0 & 0 \\ S & -S & G_\mathrm{i} & -G_\mathrm{i} \\ -S & S & -G_\mathrm{i} & G_\mathrm{i} \end{pmatrix} \cdot \begin{pmatrix} U_\mathrm{N} \\ U_\mathrm{P} \\ U_\mathrm{a} \\ U_\mathrm{b} \end{pmatrix} \qquad (8.4/42)$$

und der Ersatzschaltung Bild R 8.4/5.

Bei Kurzschluß der Klemmen P und B folgt die übliche Dreipolanordnung (siehe Tafel R 8.4/9).

Wird z.B. Klemme B als Bezug gewählt (meist üblich), so ist die vierte Zeile und Spalte zu streichen und die Knotenspannungen sind auf B zu beziehen.

Die Leitwertmatrix Gl.(8.4/42) läßt sich direkt in die Knotenspannungsanalyse einbinden. Dabei dürfen bei idealem Operationsverstärker ($A_u \to \infty$) die Grenzübergänge erst nach der Berechnung erfolgen.

Hinweis: Netzwerke mit idealem Operationsverstärker werden auch mit dem Nullor-Konzept analysiert (s. Absch. 8.4.2.3).

Übersetzervierpole - auch als *Impedanzkonverter* oder *-inverter* bezeichnet - wandeln eine ausgangsseitige Impedanz in eine Eingangsimpedanz in *vorgeschriebener* Weise.

Man unterteilt in (Tafel R 8.4/10)[4]

Tafel R 8.4/10 Übersetzervierpole

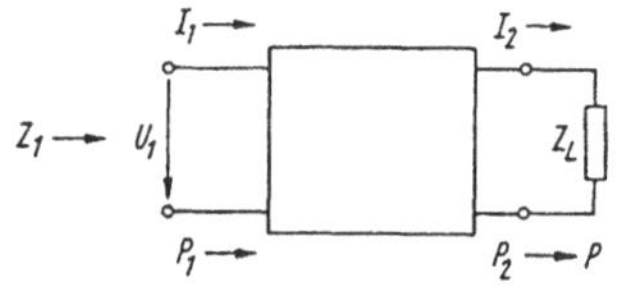

Konverter, Proportionalübersetzer	Inverter, Dualübersetzer
$Z_1 = \frac{A_{11}}{A_{22}} Z_L = K \cdot Z_L$ $A_{12} = A_{21} = 0; \quad \Delta A = A_{11}A_{22}$ $P_2 = \frac{P_1}{A_{11}A_{22}} = \frac{P_1}{\Delta A}$	$Z_1 = \frac{A_{12}}{A_{21}} \cdot \frac{1}{Z_L} = \frac{K}{Z_L} = -\frac{A_{12}^2}{\Delta A} \cdot \frac{1}{Z_L}$ $A_{11} = A_{22} = 0; \quad \Delta A = -A_{12}A_{21}$ $P_2 = \frac{P_1}{A_{12}A_{21}} = -\frac{P_1}{\Delta A}$
• Positivimpedanzkonverter (PIK); $K > 0$ Vierpol, der Z_L in positive Impedanz übersetzt - $\Delta A > 0$ PIK - $\Delta A = 1$ $Z_e = A_{11}^2 Z_L$ $(P_1 = P_2)$ idealer Übersetzer verlustloses Anpaßnetzwerk - $\Delta A = 0$ mit Fällen • $A_{11} \neq 0, \quad A_{22} = 0$ spannungsgesteuerte Spannungsquelle • $A_{11} = 0, \quad A_{22} \neq 0$ stromgesteuerte Stromquelle • $A_{11} = A_{22} = 0$ Nullor	• Positivimpedanzinverter/Gyrator $K > 0$ - $\Delta A < 0$: Vierpol, der Z_L in positiv dualen Wert übersetzt $Z_1 = \frac{A_{12}^2}{\lvert\Delta A\rvert} \cdot \frac{1}{Z_L}$ Sonderfall Gyrator: $\Delta A = -1$; verlustloser Vierpol, der Z_L in dualen Wert übersetzt
• Negativimpedanzkonverter (NIK); $K < 0$ $Z_1 = -\frac{A_{11}^2}{\lvert\Delta A\rvert} \cdot Z_L$ Vierpol, der Z_L in negative Impedanz übersetzt. Vierpol zur Erzeugung negativer Widerstände - $A_{11} > 0, \quad A_{22} < 0$: Phasenumkehr Strom (INIC) - $A_{11} < 0, \quad A_{22} > 0$ Phasenumkehr Spannung (UNIC)	• Negativimpedanzinverter $(K < 0, \Delta A > 0)$ $Z_1 = -\frac{A_{12}^2}{\lvert\Delta A\rvert} \cdot \frac{1}{Z_L}$ Vierpol, der Z_L in negativ dualen Wert übersetzt - Sonderfälle: - $\Delta A = 1$ Negativgyrator - $\Delta A = 0$ • $A_{12} \neq 0, \quad A_{21} = 0$ spannungsgesteuerte Stromquelle • $A_{12} = 0, \quad A_{21} \neq 0$ stromgesteuerte Spannungsquelle • $A_{12} = A_{21} = 0$ Nullor

[4]Es gilt hier die Kettenzählpfeilrichtung.

- *Proportionalübersetzer* oder *Impedanzkonverter* mit $A_{12} = A_{21} = 0$ und

$$Z_1 = \frac{A_{11}}{A_{22}} Z_L = \frac{A_{11}^2}{\Delta \boldsymbol{A}} Z_L = K Z_L \quad \text{mit } P_1 = -P_2 A_{11} A_{22}. \tag{8.4/43}$$

Der Proportionalübersetzer wandelt eine Ausgangsimpedanz in eine positive oder negative Eingangsimpedanz um.

Dazu gehören nach dem Vorzeichen von $A_{11}A_{22}$.

- der *Positivübersetzer* ($\Delta \boldsymbol{A} = A_{11}A_{22} > 0$) mit dem Sonderfall $\Delta \boldsymbol{A} = 1$ (A_{11}, A_{22}) reell: *idealer Übertrager* bzw. *verlustloses Anpaßnetzwerk.*

  Der Positivübersetzer übersetzt eine Impedanz innerhalb des gleichen Quadranten.

- der *Negativübersetzer* ($\Delta \boldsymbol{A} = A_{11}A_{22} < 0$) mit

$$Z_1 = \frac{-A_{11}^2}{|\Delta \boldsymbol{A}|} Z_L = -K Z_L \tag{8.4/44}$$

  als Vierpol zur Erzeugung negativer Widerstände (→ einseitige Abgabe von Wirkleistung). Nach den Einzelvorzeichen der A_{11}, A_{22} unterscheidet man *Phasenumkehr* der Spannung (UNIC, $A_{11} < 0$, $A_{22} > 0$) oder des Stromes (INIC, $A_{11} > 0$, $A_{22} < 0$).

  Der Grenzfall $\Delta \boldsymbol{A} = 0$ enthält mit $A_{11} \neq 0$, $A_{22} = 0$ die *spannungsgesteuerte Spannungsquelle*, mit $A_{11} = 0$, $A_{22} \neq 0$ die *stromgesteuerte Stromquelle* und mit $A_{11} = A_{22} = 0$ den *Nullor.*

- *Dualübersetzer oder Impedanzinverter* mit $A_{11} = A_{22} = 0$, d.h.

$$Z_1 = \frac{A_{12}}{A_{21}} \frac{1}{Z_L} = -\frac{A_{12}^2}{\Delta \boldsymbol{A}} \frac{1}{Z_L} = \frac{K}{Z_L} = \frac{R^2}{Z_L} \quad \text{mit } P_1 = -P_2 \Delta \boldsymbol{A}. \tag{8.4/45}$$

Der Dualübersetzer übersetzt eine Ausgangsimpedanz in eine duale positive oder negative Eingangsimpedanz.

Dazu gehören nach dem Vorzeichen von $\Delta \boldsymbol{A} = -A_{12}A_{21}$:

- der *Positivdualübersetzer* (Positivimpedanzinverter, Gyrator) mit $\Delta \boldsymbol{A} = -A_{12}A_{21} < 0$. Das ist ein Vierpol, der die Last Z_L in den dualen Wert Z_1 nach Maßgabe des *Gyrationsfaktors* K umsetzt. Der Sonderfall $\Delta \boldsymbol{A} = -1$ (A_{12} positiv reell) heißt *Gyrator* mit der Eigenschaft $P_1 = P_2$ (Anwendung: Wandlung $C \to L$, aktive Filtertechnik)
- der *Negativdualübersetzer* (Negativimpedanzkonverter) mit $\Delta \boldsymbol{A} = -A_{12}A_{21} > 0$ mit dem Sonderfall $\Delta \boldsymbol{A} = 1$, A_{12} positiv (Negativgyrator)
- der *Negativgyrator* übersetzt Z_L in einen negativen dualen Wert. Mit $P_1 = -P_2$ strömen über beide Klemmenpaare entweder gleich große Wirkleistungen zu oder ab
- im Sonderfall $\Delta \boldsymbol{A} = -A_{12}A_{21} = 0$ sind eingeschlossen mit $A_{12} \neq 0$, $A_{21} = 0$ die *spannungsgesteuerte Stromquelle*, mit $A_{12} = 0$, $A_{21} \neq 0$ die *stromgesteuerte Spannungsquelle* und $A_{12} = A_{21} = 0$ der *Nullor.*

In Tafel R 8.4/11 wurden einige Ersatzschaltungen von Vierpolen mit den Eigenschaften nach Tafel R 8.4/10 angegeben.

Tafel R 8.4/11 Übersetzervierpole
1) i.a. sind mehrere Ersatzschaltungen möglich
2) Angaben beziehen sich auf Kettenzählpfeilrichtung

Typ	[A]	Bedingung [2]	Ersatzschaltung [1]	Übersetzereigenschaft
PÜ; PIK Positivimpedanzkonverter	$\begin{pmatrix} \pm\frac{1}{k_1} & 0 \\ 0 & \pm k_2 \end{pmatrix}$	$A_{12} = A_{21} = 0$ $\Delta A = A_{11}A_{22} > 0$	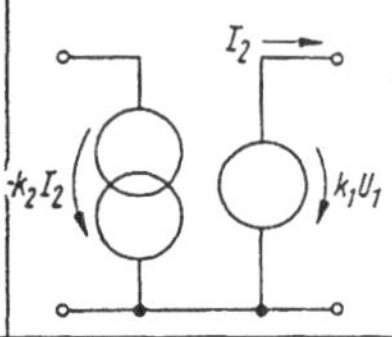 I_2; $-k_2 I_2$; $k_1 U_1$	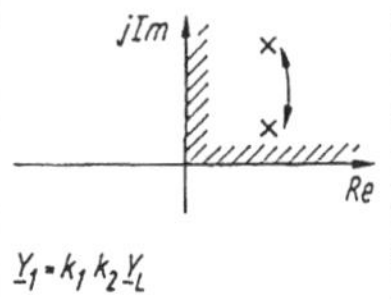 jIm; Re $\underline{Y}_1 = k_1 k_2 \underline{Y}_L$
DÜ; PII Positivimpedanzinverter, Gyrator	$\begin{pmatrix} 0 & \pm\frac{1}{g_1} \\ \pm g_2 & 0 \end{pmatrix}$	$A_{11} = A_{22} = 0$ $\Delta A < 0$	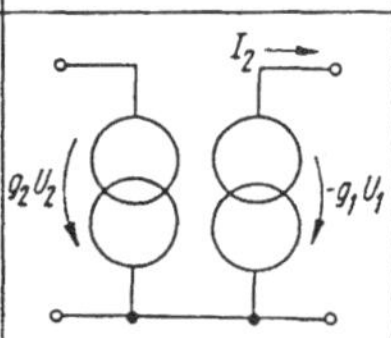 I_2; $g_2 U_2$; $-g_1 U_1$	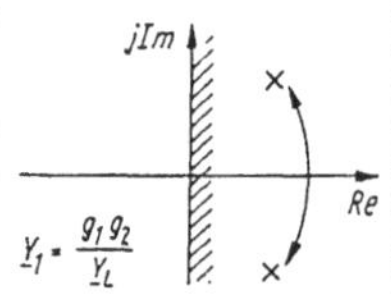 jIm; Re $\underline{Y}_1 = \frac{g_1 g_2}{\underline{Y}_L}$
PÜ; NIK Negativimpedanzkonverter	$\begin{pmatrix} \pm\frac{1}{k_1} & 0 \\ 0 & \mp k_2 \end{pmatrix}$ INIC (UNIC)	$A_{12} = A_{21} = 0$ $\Delta A < 0$ INIC: $A_{11} > 0,\ A_{22} < 0$ UNIC: $A_{11} < 0,\ A_{22} > 0$	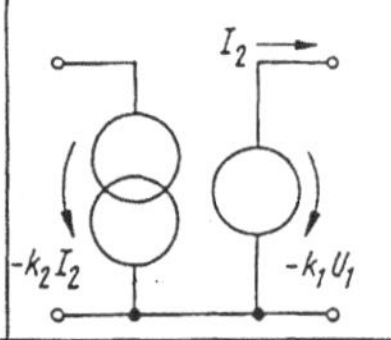 I_2; $-k_2 I_2$; $-k_1 U_1$	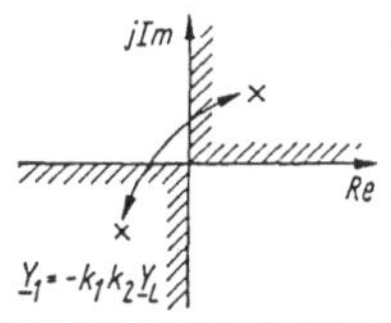 jIm; Re $\underline{Y}_1 = -k_1 k_2 \underline{Y}_L$
DÜ; NII Negativimpedanzinverter, Negativgyrator	$\begin{pmatrix} 0 & \pm\frac{1}{g_1} \\ \mp g_2 & 0 \end{pmatrix}$ INII (UNII)	$A_{11} = A_{22} = 0$ $\Delta A > 0$	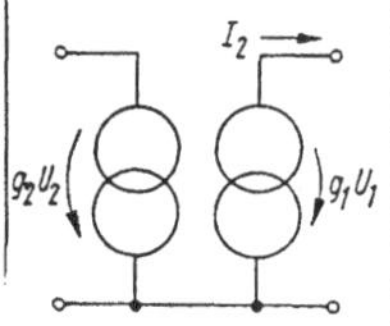 I_2; $g_2 U_2$; $g_1 U_1$	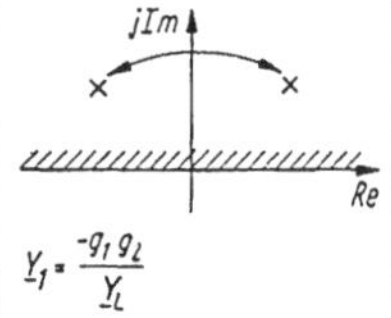 jIm; Re $\underline{Y}_1 = \frac{-g_1 g_2}{\underline{Y}_L}$

Hinweis: Anwendungen finden Übersetzervierpole in der Filtertechnik, zur Dualwandlung von Netzwerkelementen, zur Impedanztransformation, Erzeugung negativer Wirkwiderstände u.a.

- Kettenschaltungen von Übersetzervierpolen gibt wieder einen Übersetzungsvierpol, z.B. zwei Gyratoren → einen idealen Übertrager, Gyrator und Negativgyrator → Negativimpedanzkonverter.
- Kettenschaltung zweier dualgesteuerter Quellen gibt eine proportional gesteuerte Quelle (z.B: spannungsgesteuerte Strom- und stromgesteuerte Spannungsquelle → spannungsgesteuerte Spannungsquelle, dabei muß ein Längs- oder Querwiderstand zwischen beide Quellen geschaltet werden).

8.4.1.5 Streuparameterbeschreibungen

Eintorform. Die Anwendung der Zweipol- und Vierpolparameter setzt voraus, daß an den Zuleitungsklemmen Ströme und Spannungen definiert werden können. Liegen dagegen Wellenleiter vor, so ist eine Beschreibung durch Feldgrößen oder allgemeiner *Wellen-* oder *Streugrößen* $\underline{A}$, $\underline{B}$ (scattering parameter) erforderlich:

Wellengröße der einfallenden Welle	$\underline{A} = \underline{U}_a/\sqrt{R_1}$	
Wellengröße der reflektierten Welle	$\underline{B} = \underline{U}_b/\sqrt{R_1}$	(8.4/46)

Die Wellengrößen $\underline{A}$, $\underline{B}$ sind komplex mit der Dimension $\sqrt{\mathrm{W}}$. Sie entsprechen hin- und rücklaufenden Spannungsanteilen auf einer Leitung und können als Linearkombination zwischen Strömen und Spannungen eines Tores (Torwiderstand R_1, üblich $50\,\Omega$) angegeben werden (Bild R 8.4/6a):

$$\underline{A} = \frac{\underline{U} + R_1\underline{I}}{2\sqrt{R_1}}; \quad \underline{B} = \frac{\underline{U} - R_1\underline{I}}{2\sqrt{R_1}}. \tag{8.4/47}$$

Umgekehrt gilt

$$\underline{U} = \underline{U}_a + \underline{U}_b = (\underline{A} + \underline{B})\sqrt{R_1}, \quad \underline{I} = \underline{I}_a - \underline{I}_b = (\underline{A} - \underline{B})/\sqrt{R_1}. \tag{8.4/48}$$

Gln.(8.4/47, 48) stellen eine *lineare Variablentransformation* zwischen Wellen- und Klemmengrößen dar (II/Abschn. 7.2.4.5).

Hinweis:

- Die am Tor auftretende Wirkleistung
  $$P = \mathrm{Re}(\underline{I}^*\underline{U}) = \mathrm{Re}\,((\underline{A} + \underline{B})(\underline{A}^* - \underline{B}^*)) = |\underline{A}|^2 - |\underline{B}|^2 \tag{8.4/49}$$
  ist die Differenz der zugeführten verfügbaren Wirkleistungen $|\underline{A}|^2$ und der reflektierten Wirkleistung $|\underline{B}|^2$ unabhängig vom Torwiderstand.
- Alle Größen zur Berechnung des Torverhaltens sind Quotienten aus hin- und rücklaufenden Wellenparametern und daher dimensionslos.
- Streuparameter lassen sich mit Netzwerkanalysatoren bequem messen.

Die von der Quelle zugeführte verfügbare Wirkleistung beträgt
$P_{\max} = |\underline{A}|^2 = |\underline{U}_q|^2/(4R_1)$.

Das Verhältnis von reflektierter zu einfallender Welle lautet

$$\begin{aligned} \underline{r} &= \frac{\underline{B}}{\underline{A}} = \frac{\underline{U} - R_1\underline{I}}{\underline{U} + R_1\underline{I}} = \frac{\underline{Z} - R_1}{\underline{Z} + R_1}, \\ |\underline{B}|^2 &= |\underline{r}|^2|\underline{A}|^2 = |\underline{r}|^2 P_{\max} = P_r. \end{aligned} \tag{8.4/50}$$

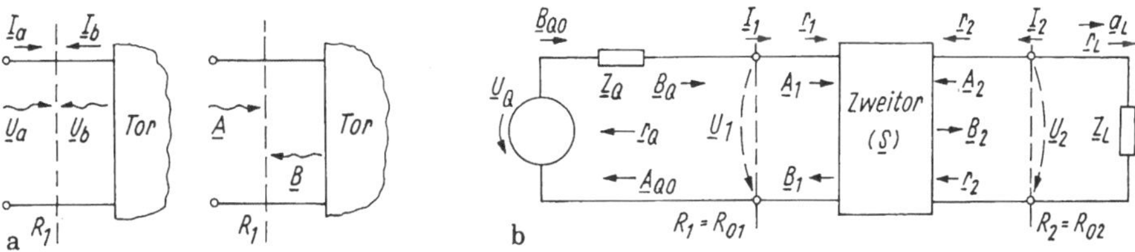

Bild R 8.4/6 Streuparameter
a) einfallende und reflektierte Welle, b) Zweitor beschaltet mit $\underline{Z}_Q$, $\underline{Z}_L$, Wellenbeschreibung

Zweitorform. Die Anwendung der Wellengrößen auf das Zweitor (Bild R 8.4/6b) ergibt

$$\underline{A}_1 = \frac{\underline{U}_1 + R_1\underline{I}_1}{2\sqrt{R_1}}, \quad \underline{B}_1 = \frac{\underline{U}_1 - R_1\underline{I}_1}{2\sqrt{R_1}} \tag{8.4/51}$$

$$\underline{A}_2 = \frac{\underline{U}_2 + R_2\underline{I}_2}{2\sqrt{R_2}}, \quad \underline{B}_2 = \frac{\underline{U}_2 - R_2\underline{I}_2}{2\sqrt{R_2}}.$$

Jedes lineare, zeitinvariante Zweitor wird durch einen Kennwertsatz (Parameterdarstellung) der (meßbaren) Wellengrößen $\underline{A}_1 \ldots \underline{B}_2$ vollständig beschrieben.

Der auftretende Bezugswiderstand kann an sich beliebig gewählt werden, zweckmäßig ist aber die Wahl des Abschlußwiderstandes R_1, R_2 (wie hier). Umgekehrt gilt auch

$$\begin{aligned} \underline{U}_1 &= (\underline{A}_1 + \underline{B}_1)\sqrt{R_1} \qquad \underline{I}_1 = (\underline{A}_1 - \underline{B}_1)/\sqrt{R_1} \\ \underline{U}_2 &= (\underline{A}_2 + \underline{B}_2)\sqrt{R_2} \qquad \underline{I}_2 = (\underline{A}_2 - \underline{B}_2)/\sqrt{R_2}. \end{aligned} \tag{8.4/52}$$

Ein- und auslaufende Wellen ($\underline{A}_\nu$, $\underline{B}_\nu$) sind Linearkombinationen der zugehörigen Ströme und Spannungen ($\underline{U}_\nu$, $\underline{I}_\nu$). Deshalb lassen sich alle Vierpolgleichungen in entsprechende Zweitorwellendarstellungen umrechnen.

So wie es für das Zweitor sechs mögliche U-, I-Zuordnungen gibt, existiert eine gleich große Zahl von Wellendarstellungen. Praktische Bedeutung haben davon nur

Streumatrix	Transmissionsmatrix
$\underline{B}_1 = \underline{S}_{11}\underline{A}_1 + \underline{S}_{12}\underline{A}_2$	$\underline{B}_1 = \underline{T}_{11}\underline{A}_2 + \underline{T}_{12}\underline{B}_2$
$\underline{B}_2 = \underline{S}_{21}\underline{A}_1 + \underline{S}_{22}\underline{A}_2$	$\underline{A}_1 = \underline{T}_{21}\underline{A}_2 + \underline{T}_{22}\underline{B}_2$

(8.4/53)

mit den Parametern Tafel R 8.4/12. Es ist $\underline{S}_{11}$ der *Reflexionsfaktor* am Tor 1 bei reflexionsfreiem Abschluß von Tor 2 ($\underline{S}_{22}$ umgekehrt), $\underline{S}_{12}$ stellt die am Tor 1 austretende Welle dar, wenn nur am Tor 2 eingespeist wird ($\underline{S}_{21}$ sinngemäß umgekehrt, man vergleiche die entsprechende Vierpoldefinition).

Die *Umrechnungsbeziehungen* lauten

$$\underline{\boldsymbol{S}} = \frac{1}{\underline{T}_{22}}\begin{pmatrix} \underline{T}_{12} & \det\underline{\boldsymbol{T}} \\ 1 & -\underline{T}_{21} \end{pmatrix}, \quad \underline{\boldsymbol{T}} = \frac{1}{\underline{S}_{21}}\begin{pmatrix} -\det\underline{\boldsymbol{S}} & \underline{S}_{11} \\ -\underline{S}_{22} & 1 \end{pmatrix} \tag{8.4/54}$$

Hinweis:

- Für reelle Tor- und Abschlußwiderstände sind die Betragsquadrate $|\underline{S}_{\mu\nu}|^2$ *Wirkleistungsverteilungen*

$$\begin{aligned} |\underline{S}_{11}|^2 &= 1 - P_1/P_{1\,\max} \qquad |\underline{S}_{12}|^2 = P_1/P_{2\,\max} \\ |\underline{S}_{21}|^2 &= P_2/P_{1\,\max} \qquad |\underline{S}_{22}|^2 = 1 - P_2/P_{2\,\max}. \end{aligned} \tag{8.4/55}$$

- Die Größen $|\underline{S}_{21}|^2$ bzw. $|\underline{S}_{12}|^2$ entsprechen dem (Leistungs-)gewinn in Vorwärts- bzw. Rückwärtsrichtung.
- Für Mehrtore läßt sich die Streumatrix und das entsprechende Gleichungssystem sinngemäß erweitern (vgl. Erweiterung der Leitwertmatrix, Abschn. 8.4.2).
- Die Transmissionsmatrix wird bei der Kettenschaltung von Vierpolen eingesetzt (s.u.).

Tafel R 8.4/12 Definition der Streuparameter $\underline{S}_{ik}$ nach Gl. (8.4/53)

Schaltung	Definition	Bemerkungen
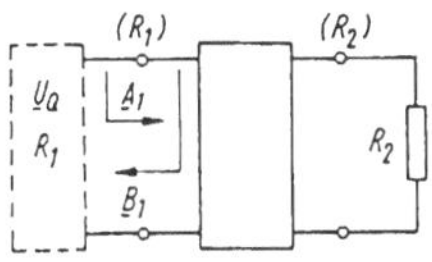	$\underline{S}_{11} = \left.\frac{\underline{B}_1}{\underline{A}_1}\right\|_{\underline{A}_2=0} = \left.\frac{\underline{Z}_1 - R_1}{\underline{Z}_1 + R_1}\right\|_{R_2=R_{02}}$ Rückflußfaktor vorwärts	Reflexionsfaktor am Tor 1 bei Anpassung des Ausganges
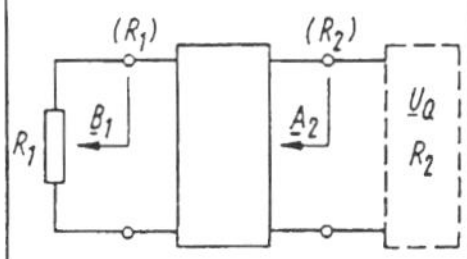	$\underline{S}_{12} = \left.\frac{\underline{B}_1}{\underline{A}_2}\right\|_{\underline{A}_1=0} = \left.\frac{\underline{U}_1/\sqrt{R_1}}{\underline{U}_Q/2\sqrt{R_2}}\right\|_{R_1=R_{01},\ R_2=R_{02}}$ Betriebsübertragungsfaktor rückwärts	• Übertragungsfaktor vom Ausgang nach dem Eingang bei Eingangsanpassung • Bei Verstärkern ein Maß für Rückwirkung
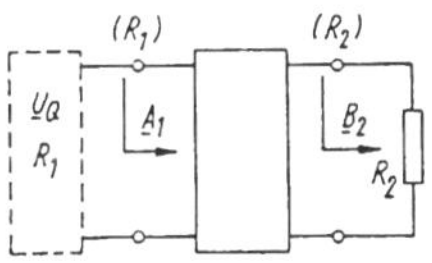	$\underline{S}_{21} = \left.\frac{\underline{B}_2}{\underline{A}_1}\right\|_{\underline{A}_2=0} = \left.\frac{\underline{U}_2/\sqrt{R_2}}{\underline{U}_Q/2\sqrt{R_1}}\right\|_{R_1=R_{01},\ R_2=R_{02}}$ Betriebsübertragungsfaktor vorwärts	• Übertragungsfaktor vom Eingang nach dem Ausgang bei Ausgangsanpassung • Bei Verstärkern ein Maß für Vorwärtsverstärkung
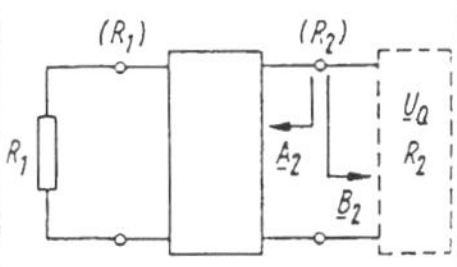	$\underline{S}_{22} = \left.\frac{\underline{B}_2}{\underline{A}_2}\right\|_{\underline{A}_1=0} = \left.\frac{\underline{Z}_2 - R_2}{\underline{Z}_2 + R_2}\right\|_{R_1=R_{01}}$ Rückflußfaktor rückwärts	Reflexionsfaktor am Tor 2 bei Anpassung des Einganges
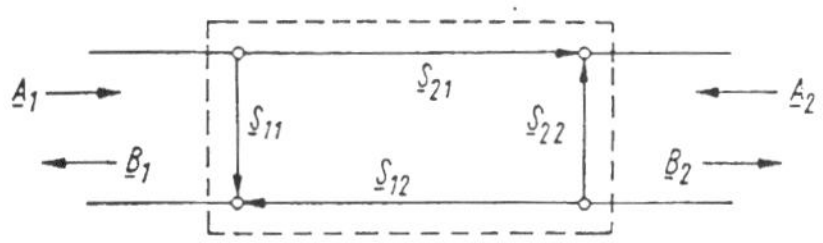	graphische Darstellung der Wellenverknüpfung	

Darstellung. Die Parameter $\underline{S}_{11}$, $\underline{S}_{22}$ werden als Reflexionsfaktoren zweckmäßig im *Smith-Diagramm* dargestellt, die Vorwärts- und Rückwärtsübertragung $\underline{S}_{21}$, $\underline{S}_{12}$ hingegen im Betrags-Phasendiagramm (Polardiagramm).

Bezug zu Vierpolparametern. Tafel R 8.4/13 enthält die Beziehungen zwischen Streu- und Kettenparametern, mit denen auch der Übergang zu anderen Vierpolformen möglich ist. Generell gelten für

- reziproke Zweitore $\underline{S}_{ik} = \underline{S}_{ki}$ (für $i \neq k$)
- symmetrische reziproke Zweitore zudem $\underline{S}_{11} = \underline{S}_{22}$
- verlustlose Zweitore $|\underline{S}_{11}|^2 + |\underline{S}_{21}|^2 = 1$, $|\underline{S}_{12}|^2 + |\underline{S}_{22}|^2 = 1$ und $\underline{S}_{11}^*\underline{S}_{12} + \underline{S}_{21}^*\underline{S}_{22} = 0$.

Tafel R 8.4/13 Beziehungen zwischen Streu-, Widerstands- und Leitwertparametern
Hinweis:

- Größen $Z = \frac{Z}{R_0}$, $Y = YR_0$ auf Wellenwiderstand R_0 bezogen
- Es bedeuten

$$\begin{aligned}
\Delta_1 &= (1+Z'_{11})(1+Z'_{22}) - Z'_{12}Z'_{21} \\
\Delta_3 &= (1-\underline{S}_{11})(1-\underline{S}_{22}) - \underline{S}_{12}\underline{S}_{21} \\
\Delta_2 &= (1+Y'_{11})(1+Y'_{22}) - Y'_{12}Y'_{21} \\
\Delta_4 &= (1+\underline{S}_{11})(1+\underline{S}_{22}) - \underline{S}_{12}\underline{S}_{21}
\end{aligned}$$

Parameter	[Z]	[Y]
$\begin{matrix}\underline{S}_{11} & \underline{S}_{12} \\ \underline{S}_{21} & \underline{S}_{22}\end{matrix} \rightarrow$	$\frac{1}{\Delta_1}\begin{bmatrix}(Z'_{11}-1)(Z'_{22}+1)-Z'_{12}Z'_{21} & 2Z'_{12} \\ 2Z'_{21} & (Z'_{11}+1)(Z'_{22}-1)-Z'_{12}Z'_{21}\end{bmatrix}$	$\frac{1}{\Delta_2}\begin{bmatrix}(1-Y'_{11})(1+Y'_{22}) & -2Y'_{12} \\ -2Y'_{21} & (1+Y'_{11})(1-Y'_{22})+Y'_{12}Y'_{21}\end{bmatrix}$
Z, Y $\rightarrow$	$\frac{1}{\Delta_3}\begin{bmatrix}(1+\underline{S}_{11})(1-\underline{S}_{22})+\underline{S}_{12}\underline{S}_{21} & 2\underline{S}_{12} \\ 2\underline{S}_{21} & (1-\underline{S}_{11})(1+\underline{S}_{22})+\underline{S}_{12}\underline{S}_{21}\end{bmatrix}$	$\frac{1}{\Delta_4}\begin{bmatrix}(1-\underline{S}_{11})(1+\underline{S}_{22})+\underline{S}_{12}\underline{S}_{21} & -2\underline{S}_{12} \\ -2\underline{S}_{21} & (1+\underline{S}_{11})(1-\underline{S}_{22})+\underline{S}_{12}\underline{S}_{21}\end{bmatrix}$

Betriebsgrößen. Die Betriebsgrößen eines zwischen Quelle und Last geschalteten Vierpoles lassen sich gleichwertig auch durch Streuparameter ausdrücken; dabei werden statt der Eingangs- und Ausgangswiderstände oft die entsprechenden Reflexionsfaktoren (aus Bild R 8.4/6b) angegeben:

$$\begin{aligned}
&\underline{B}_{QO} = \underline{B}_Q + \underline{r}_Q\underline{A}_{QO} \qquad && \underline{A}_L = \underline{B}_2 \\
&\underline{A}_1 = \underline{B}_{QO} && \underline{A}_2 = \underline{B}_L \\
&\underline{A}_Q = \underline{B}_1 && \underline{B}_L = \underline{r}_L\underline{A}_L \\
&\underline{B}_1 = \underline{r}_1\underline{A}_1 && \underline{B}_2 = \underline{r}_2\underline{A}_2 .
\end{aligned} \tag{8.4/56}$$

Eingangsreflexion $\underline{r}_1$ bei $\underline{Z}_L$ am Ausgang $\rightarrow \underline{r}_L = \frac{\underline{Z}_L - \underline{Z}}{\underline{Z}_L + \underline{Z}} = \frac{\underline{A}_2}{\underline{B}_2}$

$$\underline{r}_1 = \frac{\underline{Z}_E - \underline{Z}}{\underline{Z}_E + \underline{Z}} = \frac{\underline{B}_1}{\underline{A}_1} = \underline{S}_{11} + \frac{\underline{S}_{12}\underline{S}_{21}\underline{r}_L}{1 - \underline{S}_{22}\underline{r}_L} \tag{8.4/57}$$

Eingangswiderstand

$$\underline{Z}_E = R_1 \frac{1 + \underline{S}_{11}}{1 - \underline{S}_{11}}$$

Ausgangsreflexion $\underline{r}_2$ bei $\underline{Z}_Q$ am Eingang $\rightarrow \underline{r}_Q = \frac{\underline{Z}_Q - \underline{Z}}{\underline{Z}_Q + \underline{Z}} = \frac{\underline{A}_1}{\underline{B}_1}$

$$\underline{r}_2 = \frac{\underline{Z}_A - \underline{Z}}{\underline{Z}_A + \underline{Z}} = \frac{\underline{B}_2}{\underline{A}_2} = \underline{S}_{22} + \frac{\underline{S}_{12}\underline{S}_{21}\underline{r}_Q}{1 - \underline{S}_{11}\underline{r}_Q} . \tag{8.4/58}$$

Ausgangswiderstand

$$\underline{Z}_A = Z_L \frac{1 + \underline{S}_{22}}{1 - \underline{S}_{22}} .$$

Spannungs- und Stromübersetzung sind meist von geringem Interesse, mehr dagegen die *Leistungsverstärkung.*

Leistungsverstärkung. Wie beim Vierpol gibt es unterschiedliche Definitionen der Leistungsverstärkungen (s. Abschn. 8.4.1.2), die wichtigste ist der *Übertragungsgewinn* G_T als Verhältnis der am Tor 2 an die Last abgegebenen Wirkleistung P_2 zu der am Tor 1 verfügbaren Generatorleistung $P_{1\,\max}$

$$P_2 = \frac{1}{2}|\underline{U}_L\underline{I}_L^*| = \frac{1}{2}|\underline{A}_L|^2 - \frac{1}{2}|\underline{B}_L|^2 = \frac{1}{2}(1 - |\underline{r}_L|^2)|\underline{A}_L|^2 \tag{8.4/59}$$

$$P_{1\,\max} = \frac{1}{2}|\underline{B}_Q|^2 \frac{1}{1 - |\underline{r}_Q|^2}$$

und so

$$G_{\mathrm{T}} = (1-|\underline{r}_{\mathrm{Q}}|^2)\left|\frac{\underline{A}_{\mathrm{L}}}{\underline{B}_{\mathrm{Q}}}\right|^2(1-|\underline{r}_{\mathrm{L}}|^2)$$

$$= \frac{1-|\underline{r}_{\mathrm{Q}}|^2}{|1-\underline{r}_{\mathrm{Q}}\underline{S}_{11}|^2}|\underline{S}_{21}|^2\frac{1-|\underline{r}_{\mathrm{L}}|^2}{|1-\underline{r}_{\mathrm{L}}\underline{r}_2^2|^2} \quad (8.4/60)$$

(dabei wurde rechts $\underline{A}_{\mathrm{L}}$ und $\underline{B}_{\mathrm{Q}}$ durch die Streuparameter ersetzt).

Der Übertragungsgewinn G_{T} hängt nur von den Streuparametern und den Reflexionsfaktoren der Quelle und Last ab. Er wird maximal für gleichzeitige Wirkleistungsanpassung an den Toren 1 und 2:

$$\underline{r}_{\mathrm{Q}} = \underline{r}_1^*, \quad \underline{r}_{\mathrm{L}} = \underline{r}_2^*. \quad (8.4/61)$$

Man erhält schließlich mit dem *Stabilitätsfaktor* k (s. Gl.(8.4/34))

$$k = \frac{1+|\underline{S}_{11}\underline{S}_{22}-\underline{S}_{12}\underline{S}_{21}|^2-|\underline{S}_{11}|^2-|\underline{S}_{22}|^2}{2|\underline{S}_{21}\underline{S}_{12}|} \quad (8.4/62)$$

bei eingangs- und ausgangsseitiger Wirkleistungsanpassung (s. Gl.(8.4/26)):

$$\mathrm{MAG} = G_{\mathrm{m}} = \left|\frac{\underline{S}_{21}}{\underline{S}_{12}}\right|\left(k-\sqrt{k^2-1}\right), \quad (8.4/63)$$

dazu gehören die optimalen Quellen- und Lastreflexionen ($\underline{r}_{\mathrm{Q/Lopt}}$ Index 2)

$$\underline{r}_{\mathrm{Q/Lopt}} = c_{1/2}^*\left(\frac{b_{1,2}\pm\sqrt{b_{1,2}^2-4|c_{1,2}|^2}}{2|c_{1,2}|^2}\right) \quad (8.4/64)$$

mit

$$b_1 = 2(1-|\underline{S}_{22}|^2-k|\underline{S}_{12}\underline{S}_{21}|)$$

$$c_1 = \underline{S}_{11}-(\Delta \boldsymbol{S})\underline{S}_{22}^* \quad \text{(für } b_2,\ c_2 \text{ Indices 1 und 2 vertauschen).}$$

Die maximale unilaterale Verstärkung (MAG) hängt nur von den Streuparametern, nicht der äußeren Beschaltung ab.

Hinweis: Grundsätzlich lassen sich auch die in Abschnitt 8.4.1.2 weiteren definierten Leistungsverstärkungen durch Streuparameter ausdrücken, wir verzichten darauf.

Verallgemeinerung. Gl.(8.4/60) kann zerlegt werden in den Einfluß des Lastreflexionsfaktors $\underline{r}_{\mathrm{L}}$, des Quellenreflexionsfaktors $\underline{r}_{\mathrm{Q}}$ und einen Teil, der nur von den Streuparametern abhängt:

$$G_{\mathrm{T}} = G_{\mathrm{Q}}G_{\mathrm{L}}|\underline{S}_{21}|^2 \quad (8.4/65)$$

mit

$$G_{\mathrm{L}} = \frac{1-|\underline{r}_{\mathrm{L}}|^2}{|1-\underline{r}_{\mathrm{L}}\underline{S}_{22}|^2(1-|\underline{r}_1|^2)}, \quad G_{\mathrm{Q}} = \frac{(1-|\underline{r}_Q|^2)(1-|\underline{r}_1|^2)}{|1-\underline{r}_Q\underline{r}_1|^2}.$$

Maximaler Gewinn erfordert ausgangs- und eingangsseitige Wirkleistungsanpassung durch (verlustlose) Anpaßnetzwerke, dann gilt Gl.(8.4/63).

Bei *Rückwirkungsfreiheit* $\underline{S}_{12} = 0$ geht der Gewinn Gl.(8.4/65) über in

$$G_{\mathrm{T}}' = \frac{1-|\underline{r}_Q|^2}{|1-\underline{S}_{11}\underline{r}_Q|^2}|\underline{S}_{21}|^2\frac{1-|\underline{r}_{\mathrm{L}}|^2}{|1-\underline{S}_{22}\underline{r}_{\mathrm{L}}|^2}; \quad \underline{r}_{\mathrm{L}} = \frac{\underline{A}_2}{\underline{B}_2} \quad (8.4/66)$$

und bei eingangs- und ausgangsseitiger Wirkleistungsanpassung ($\underline{r}_Q^* = \underline{S}_{11}$, $\underline{r}_L^* = \underline{S}_{22}$) in

$$\text{MAG'} = G'_{\text{Tmax}} = \frac{1}{1 - |\underline{S}_{11}|^2} |\underline{S}_{21}|^2 \frac{1}{1 - |\underline{S}_{22}|^2}. \tag{8.4/67}$$

Stabilität. Das Stabilitätskriterium Gl.(8.4/33) läßt sich auf Streuparameter umschreiben; absolute Stabilität erfordert $k > 1$ sowie

$$|\underline{S}_{12}\underline{S}_{21}| < 1 - |\underline{S}_{11}|^2 \quad \text{und} \quad |\underline{S}_{12}\underline{S}_{21}| < 1 - |\underline{S}_{22}|^2.$$

Beiderseitige Wirkleistungsanpassung ist bei absoluter Stabilität nach Gl. (8.4/64) möglich.

Bei *bedingter Stabilität* gilt $k < 1$. An der Grenze zwischen stabilem und instabilem Bereich hat einer der beiden Reflexionsfaktoren $\underline{r}_1$ oder $\underline{r}_2$ des beschalteten Zweitores den Betrag ≥ 1 (→ negativer Eingangs- oder Ausgangswiderstand des Zweitores). Dies läßt sich im Smith-Diagramm graphisch (sog. *Stabilitätskreise*) darstellen.

Selbsterregung kann bei bedingter Stabilität vermieden werden durch

- *Fehlanpassung* des Zweitores an Quelle bzw. Verbraucher
- Zuschalten von *Wirkwiderständen* ausgangs- oder eingangsseitig (so daß $k > 1$ wird)
- Neutralisation der Rückwirkung (→ $\underline{S}_{12\text{ges}} = 0$, meist nur für schmalen Frequenzbereich möglich). Dann stellt sich der unilaterale Gewinn G'_T (Gl.(8.4/66)) ein.

Hinweis: Im Frequenzgang der Verstärkung neigen Transistoren bei tiefen Frequenzen zu $k < 1$, bei hohen zu $k > 1$, weil die Verstärkung absinkt. Daher besteht prinzipiell ein Stabilitätsproblem.

8.4.2 Mehrpole, Mehrtore

Hinweis: In diesem Abschnitt sind Ströme und Spannungen sowie Netzwerkparameter grundsätzlich als komplexe Größen aufzufassen, deshalb wurden Unterstreichungen fortgelassen.

8.4.2.1 Darstellungsformen

Unbestimmte Leitwertmatrix. Einem (linearen, zeitunabhängigen) Netzwerk mit n Klemmen lassen sich n Ströme $I_1 \ldots I_n$ zuordnen und ebenso be-

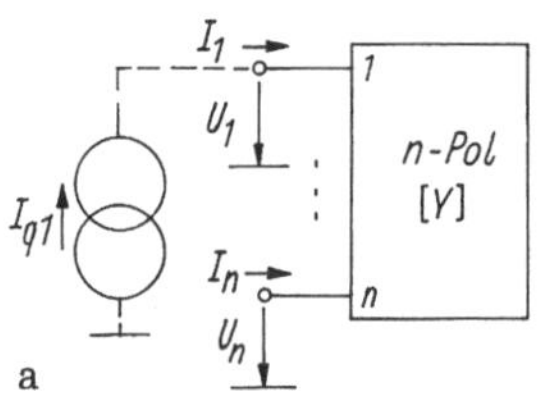

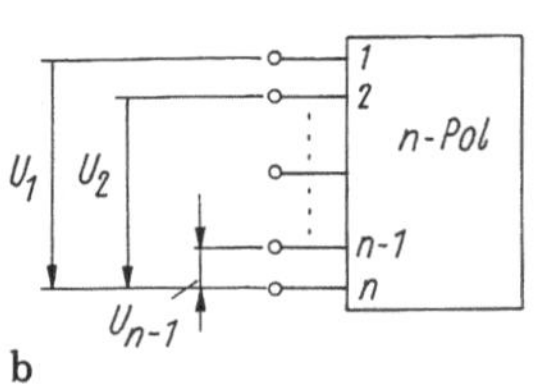

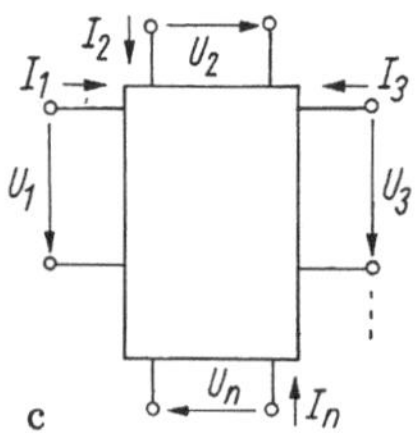

Bild R 8.4/7 Mehrpolnetzwerk
a) Bezugsknoten außerhalb des Netzwerkes, b) Bezugsknoten = Netzwerkknoten
c) Mehrtore

zogen auf einen Punkt außerhalb des Netzwerkes n Spannungen U_1, U_n (Bild R 8.4/7a)

$$\begin{array}{llllll} Y_{11}U_1 & + & Y_{12}U_2 & + & \dots & Y_{1n}U_n = I_1 \\ Y_{21}U_1 & + & \dots & & & Y_{2n}U_n = I_2 \\ . & & & & & . \\ Y_{n1}U_1 & + & \dots & & & Y_{nn}U_n = I_n \end{array} \quad (8.4/68)$$

oder

$$\begin{pmatrix} Y_{11} & . & Y_{12} & . & Y_{1n} \\ . & . & . & . & . \\ . & . & . & . & . \\ . & . & . & . & . \\ Y_{n1} & . & . & . & Y_{nn} \end{pmatrix} \begin{pmatrix} U_1 \\ . \\ . \\ . \\ U_n \end{pmatrix} = \begin{pmatrix} I_1 \\ . \\ . \\ . \\ I_n \end{pmatrix} + \underline{\begin{pmatrix} I_{q1} \\ . \\ . \\ . \\ I_{qn} \end{pmatrix}}.$$

Dabei ist angenommen, daß das Netzwerk keine unabhängigen Quellen besitzt.

Die Matrixschreibweise enthält die unbestimmte Leitwertmatrix $\boldsymbol{Y}$ und die Vektoren $\boldsymbol{I}$, $\boldsymbol{U}$ der Ströme und Spannungen. Unabhängige Quellen (des Netzwerkes!) können bei Bedarf durch den rechts stehenden unterstrichenen Quellenvektor berücksichtigt werden.

Die Elemente Y_{ij} der Matrix sind für

- $i = j$: Y_{ii} *Knotenleitwerte* (Summe aller am Knoten i angeschlossenen Leitwerte)
- $i \neq j$: Y_{ij} *Übertragungs-* oder *Koppelleitwerte* von Klemme i nach j, stets negativ. Bei Übertragungssymmetrie gilt $Y_{ij} = Y_{ji}$.

Gewinnung der Matrixelemente. Die Elemente werden nach der Knotenspannungsmethode gewonnen: Knotenbezeichnungen $1 \dots n$ einführen, Knotenspannungen (nach Bezugspunkt *außerhalb* des Netzwerkes) einführen, Koeffizientenbestimmung durch "Inspektion" (s. Abschn. 8.3.3).

Das Netzwerk Bild R 8.4/7a mit unbestimmter Leitwertmatrix hat folgende Eigenschaften:

- Nach dem Knotensatz verschwindet $\sum_{i=1}^{n} I_i = 0$, d.h. es existieren nur $n-1$ unabhängige Knotengleichungen.
- Die Leitwertmatrix ist unbestimmt. Deshalb verschwindet die Summe der Elemente jeder Spalte (Knotensatz)

$$Y_{1i} + Y_{2i} + \dots Y_{ni} = 0 \quad (i = 1, 2 \dots n) \qquad (8.4/69a)$$

und die Summe der Elemente jeder Zeile

$$Y_{i1} + Y_{i2} + \dots Y_{in} = 0 \quad (i = 1, 2 \dots n) \qquad (8.4/69b)$$

(Knotenströme abhängig von Potentialdifferenzen statt vom Absolutwert des Knotenpotentials).

- Eine Matrix mit diesen Eigenschaften heißt *Nullsummenmatrix* mit verschwindender Determinante.
- Die sog. ersten Kofaktoren der Matrix sind gleich.

Von den n^2 Elementen der Matrix sind allgemein nur $n(n-1)/2$ voneinander unabhängig (Zweipol 1, Dreipol 3, Vierpol 6). Werden dagegen Klemmenpaare zu *Toren* zusammengefaßt, so hat ein $2n$-Pol bei Betrieb als n-Tor insgesamt $n(n+1)/2$ unabhängige Parameter.

Bestimmte Leitwertform. Ist eine Netzwerkklemme (z.B. n) Bezugspunkt der Knotenspannungen, so entfallen in Gl.(8.4/68) die Zeile und Spalte n (durch Erfüllung des Knoten- und Maschensatzes) und die Leitwertmatrix hat nur noch $(n-1)^2$ Elemente.

Durch Wahl eines der $1 \ldots n$ Knoten als Bezug entsteht eine *definierte Leitwertmatrix*. Dabei sind Zeile und Spalte des Bezugsknotens zu streichen (Bild R 8.4/7b).

(Umgekehrt ergibt sich aus einer definierten Matrix eine unbestimmte Form durch Ergänzung einer Zeile und Spalte des Bezugsknoten so, daß jede Zeile und Spalte verschwindet.)

Weitere Darstellungsformen. Grundsätzlich kann das Mehrpolnetzwerk nach Bild R 8.4/7a auch in der Form $U_i = f(I_i)$, also mit einer unbestimmten Widerstandsmatrix formuliert werden oder - wenn die Spannungen auf einen Netzwerkknoten bezogen sind - durch eine bestimmte Form. (Größen sinngemäß definiert). Dabei gilt für die Matrizen

$$\boldsymbol{Z}^{-1} = \boldsymbol{Y}. \tag{8.4/70}$$

Mehrtorformen. Oft werden Klemmenpaare zu Toren zusammengefaßt. Dann sind die pro Klemmenpaar einfließenden Ströme *paarweise* gleich, es liegt ein *n-Tor* mit n Klemmenpaaren vor, an dem die Klemmenströme $I_1 \ldots I_n$ und Klemmenspannungen $U_1 \ldots U_n$ wirken (symmetrische Bezugspfeile, Bild R 8.4/7c). Dabei können mehrere Tore eine gemeinsame Bezugsklemme haben, z.B. Erde.

Für die *Leitwertmatrix* gilt bei Vorhandensein von n Toren:

$$\boldsymbol{Y} \cdot \boldsymbol{U} = \boldsymbol{I}$$

mit

$$\boldsymbol{Y} = \begin{pmatrix} Y_{11} & \ldots & Y_{1n} \\ \vdots & & \vdots \\ Y_{n1} & \ldots & Y_{nn} \end{pmatrix}, \quad \boldsymbol{I} = \begin{pmatrix} I_1 \\ \vdots \\ I_n \end{pmatrix}, \quad \boldsymbol{U} = \begin{pmatrix} U_1 \\ \vdots \\ U_n \end{pmatrix} \tag{8.4/71}$$

und analog für die Widerstandsform.

Allgemein: Beim n-Tor sind $2n$ Klemmengrößen (Strom, Spannung) durch n unabhängige lineare Gleichungen verknüpft, und es lassen sich $\binom{2n}{n}$ verschiedene Gleichungs- oder Matrixsysteme entwickeln.

Die Elemente der Leitwertmatrix heißen *Leitwertparameter*, insbesondere bilden

- die $Y_{\mu\nu}$ für $\nu = \mu$ den *Kurzschlußleitwert* des Tores μ (bei Kurzschluß aller restlichen Tore)

- die $Y_{\mu\nu}$ für $\mu \neq \nu$ die *Übertragungs-* oder *Koppelleitwerte* von Tor ν nach Tor μ.

Beispiel: Zweitor (→ Vierpol) $n = 2 \rightarrow \begin{pmatrix} 4 \\ 2 \end{pmatrix} = 6$ verschiedene Gleichungen). Für $n > 2$ haben die *Widerstands-* und *Leitwertform* Bedeutung erlangt. Bei Torzahlensymmetrie sind *Reihen-Parallel-*, *Parallel-Reihen-* und *Kettengleichungen* möglich.

Mehrtorgleichungen bei zwei Torgruppen. Bilden bei einem n-Tor k Gruppen die Eingangs- und $n-k$ Gruppen die Ausgangstore (Spannungen/Ströme $U_1 \dots U_k$, $I_1 \dots I_k$ resp. $U_{k+1} \dots U_n$, $I_{k+1} \dots I_n$, symmetrische Bezugspfeile), so lauten die *Reihen-Parallel-Gleichungen*

$$\begin{aligned} U_1 &= H_{11}I_1 + \dots H_{1k}I_k + H_{1(k+1)}U_{k+1} + \dots H_{1n}U_n \\ &\vdots \\ U_k &= H_{k1}I_1 + \dots H_{kk}I_k + H_{k(k+1)}U_{k+1} + \dots H_{kn}U_n \\ I_{k+1} &= H_{(k+1)1}I_1 + \dots H_{(k+1)k}I_k + H_{(k+1)(k+1)}U_{k+1} + \dots H_{(k+1)n}U_n \\ &\vdots \\ I_n &= H_{n1}I_1 + \dots H_{nk}I_k + H_{n(k+1)}U_{k+1} + \dots H_{nn}U_n . \end{aligned} \qquad (8.4/72)$$

Faßt man die Eingangs- und Ausgangsspannungen und -ströme durch Vektoren zusammen

$$\boldsymbol{U}_I = \begin{pmatrix} U_1 \\ \vdots \\ U_k \end{pmatrix} \quad \boldsymbol{I}_I = \begin{pmatrix} I_1 \\ \vdots \\ I_k \end{pmatrix} \quad \boldsymbol{U}_{II} = \begin{pmatrix} U_{k+1} \\ \vdots \\ U_n \end{pmatrix} \quad \boldsymbol{I}_{II} = \begin{pmatrix} I_{k+1} \\ \vdots \\ I_n \end{pmatrix} \qquad (8.4/73)$$

so lautet die Matrixform der Reihen-Parallel-Gleichungen

$$\begin{pmatrix} \boldsymbol{U}_I \\ \boldsymbol{I}_{II} \end{pmatrix} = \begin{pmatrix} \boldsymbol{H}_{I,I} & \boldsymbol{H}_{I,II} \\ \boldsymbol{H}_{II,I} & \boldsymbol{H}_{II,II} \end{pmatrix} \cdot \begin{pmatrix} \boldsymbol{I}_I \\ \boldsymbol{U}_{II} \end{pmatrix} = \boldsymbol{H} \cdot \begin{pmatrix} \boldsymbol{I}_I \\ \boldsymbol{U}_{II} \end{pmatrix} . \qquad (8.4/74)$$

$\boldsymbol{H}$ ist die (wie $\boldsymbol{H}_{I,I}$, $\boldsymbol{H}_{II,II}$) immer quadratische Reihenparallelmatrix, die Teilmatrizen $\boldsymbol{H}_{II,I}$, $\boldsymbol{H}_{I,II}$ sind i.a. nicht quadratisch.

Für die *Parallel-Reihen-Gleichungen* läßt sich die zu Gl.(8.4/74) sinngemäße Form angeben. Für die Matrix $\boldsymbol{C}$ gelten die gleichen Aussagen wir für $\boldsymbol{H}$. Außerdem sind beide Matrizen zueinander invers: $\boldsymbol{H} = \boldsymbol{C}^{-1}$.

Kettengleichungen. Kettengleichungen lassen sich für ein torzahlsymmetrisches Mehrtor (Zahl k der Eingangs- und Ausgangstore gleich, $k = n/2$) benutzen. Die Kettengleichung verknüpft die $n/2$ Eingangs- mit den $n/2$ Ausgangsspannungen. In Matrixschreibweise lauten die Beziehungen:

$$\begin{pmatrix} U_1 \\ \vdots \\ U_k \\ I_1 \\ \vdots \\ I_k \end{pmatrix} = \begin{pmatrix} A_{11} & . & A_{1k} & A_{1(k+1)} & . & A_{1n} \\ \vdots & . & \vdots & \vdots & . & \vdots \\ A_{k1} & . & A_{kk} & A_{k(k+1)} & . & A_{kn} \\ A_{(k+1)1} & . & A_{(k+1)k} & A_{(k+1)(k+1)} & . & A_{(k+1)n} \\ \vdots & . & \vdots & \vdots & . & \vdots \\ A_{n1} & . & A_{nk} & A_{n(k+1)} & . & A_{nn} \end{pmatrix} \cdot \begin{pmatrix} U_{k+1} \\ \vdots \\ U_n \\ -I_{k+1} \\ \vdots \\ -I_n \end{pmatrix} \qquad (8.4/75)$$

oder abgekürzt

$$\begin{pmatrix} \boldsymbol{U}_I \\ \boldsymbol{I}_I \end{pmatrix} = \begin{pmatrix} \boldsymbol{A}_{I,I} & \boldsymbol{A}_{I,II} \\ \boldsymbol{A}_{II,I} & \boldsymbol{A}_{II,II} \end{pmatrix} \cdot \begin{pmatrix} \boldsymbol{U}_{II} \\ -\boldsymbol{I}_{II} \end{pmatrix} = \boldsymbol{A} \cdot \begin{pmatrix} \boldsymbol{U}_{II} \\ -\boldsymbol{I}_{II} \end{pmatrix} \qquad (8.4/76)$$

(bei Kettenbezugspfeilen entfallen die Minuszeichen der Ausgangsströme.)

Die Kettenmatrix $\boldsymbol{A}$ ist - wie alle Teilmatrizen - quadratisch, bei Übertragungssymmetrie gilt zudem

$$\det \boldsymbol{A} = 1. \qquad (8.4/77)$$

8.4.2.2 Operationen mit Mehrpolnetzwerken

Ein Mehrpol mit m Klemmen kann i.a. durch ein Netzwerk mit weniger als m Klemmen mittels *Knotenverbindung* und *Knotenunterdrückung* ersetzt werden.

Knotenverbindung (Kontraktion). Werden die Klemmen i und k eines Netzwerkes (mit unbestimmter Leitwertmatrix) verbunden, so bedeutet dies

- Addition der Ströme I_i und I_k zum Strom I_i', d.h. Addition der Zeilen i und k und
- Gleichheit der Spannungen U_i und U_k $(= U_i')$, d.h. Addition der Spalten i und k zu i' (Bild R 8.4/8a).

Im Ergebnis entsteht ein Mehrpol mit einer um 1 reduzierten Polzahl. Das Verfahren kann auf mehr als zwei Klemmen erweitert werden, ebenso auf Mehrtore.

Beispiel: Werden an einem Vierpol (Leitwertparameter Y_{ik}, $i,k = 1,2$) die Eingangs- und Ausgangsklemmen 1, 2 miteinander verbunden, so hat der verbleibende Zweipol den Ersatzleitwert $Y_{\text{ers}} = Y_{11} + Y_{12} + Y_{21} + Y_{22}$.

Knotenunterdrückung. Soll die Klemme i eines Mehrpolnetzwerkes in den U-I-Relationen nicht mehr auftreten (und so zu einem sog. *inneren Knoten* werden), so verschwindet der Klemmenstrom I_i $(=0)$ und die Klemmenspannung U_i läßt sich als Funktion der restlichen Klemmenspannungen eliminieren (Bild R 8.4/8b). (Das Verfahren ist auch auf mehrere Klemmen erweiterbar.)

Die Behandlung kann erfolgen entweder durch Aufteilung der Leitwertmatrix, Bildung von Determinanten der Leitwertmatrix oder durch schrittweise Reduktion der Gleichungen Knoten für Knoten.

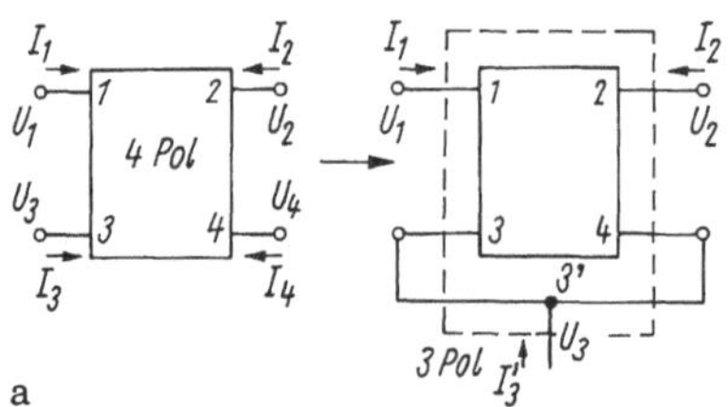

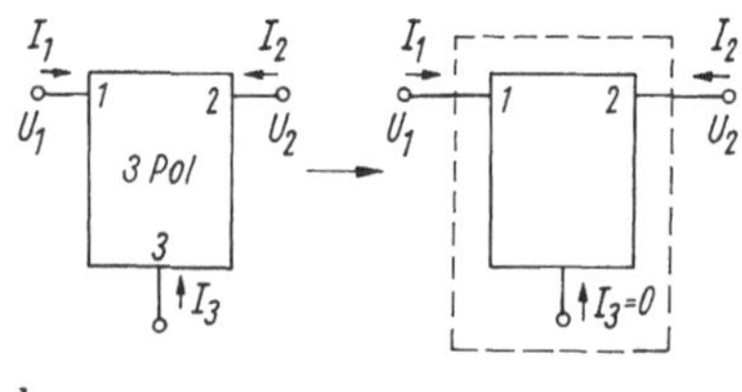

Bild R 8.4/8 Netzwerkreduktion
a) Knotenverbindung, b) Knotenunterdrückung

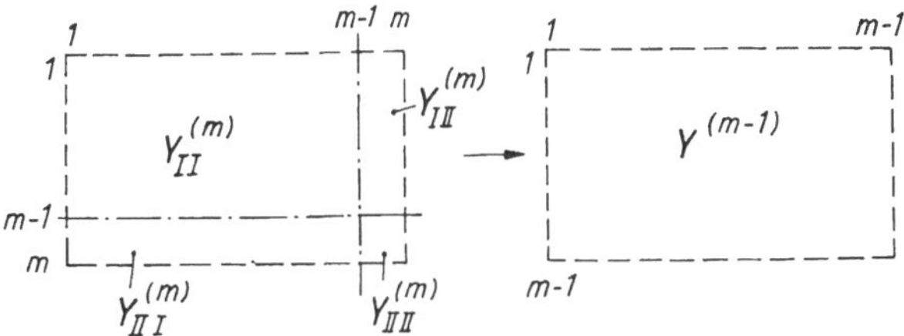

Bild R 8.4/9 Knotenunterdrückung durch Aufteilung der Leitwertmatrix

Aufteilung der Leitwertmatrix. An einem Mehrpol mit m Klemmen (Bild R 8.4/9)

$$\left(\begin{array}{c} I_1 \\ I_2 \\ \vdots \\ I_i \\ \hline I_j \\ \vdots \\ I_m \end{array}\right) = \left(\begin{array}{cccc|ccc} Y_{11} & Y_{12} & . & Y_{1i} & Y_{1j} & . & Y_{1m} \\ Y_{21} & Y_{22} & . & Y_{21} & Y_{2j} & . & Y_{2m} \\ . & . & . & . & . & . & . \\ . & . & . & . & . & . & . \\ Y_{i1} & Y_{i2} & . & Y_{ii} & Y_{ij} & . & Y_{im} \\ \hline Y_{j1} & Y_{j2} & . & Y_{ji} & Y_{jj} & . & Y_{jm} \\ . & . & . & . & . & . & . \\ . & . & . & . & . & . & . \\ Y_{m1} & Y_{m2} & . & Y_{mi} & Y_{mj} & . & Y_{mm} \end{array}\right) \left(\begin{array}{c} U_1 \\ U_2 \\ \vdots \\ U_i \\ \hline U_j \\ \vdots \\ U_m \end{array}\right) \qquad (8.4/78)$$

sollen die Klemmen $j = i + 1 \ldots m$ unterdrückt werden. Dazu ist die Leitwertmatrix entsprechend zu unterteilen (Gl.(8.4/78)). Die Ströme der zu unterdrückenden Klemmen verschwinden: $I_j \ldots I_m = 0$. Mit diesen Bedingungen ergibt sich Gl.(8.4/78) in Matrixschreibweise

$$\boldsymbol{I} = \begin{pmatrix} \boldsymbol{I}_I \\ \boldsymbol{I}_{II} \end{pmatrix} = \begin{pmatrix} \boldsymbol{Y}_{I,I} & \boldsymbol{Y}_{I,II} \\ \boldsymbol{Y}_{II,I} & \boldsymbol{Y}_{II,II} \end{pmatrix} \cdot \begin{pmatrix} \boldsymbol{U}_I \\ \boldsymbol{U}_{II} \end{pmatrix} = \boldsymbol{Y} \cdot \boldsymbol{U} \qquad (8.4/79)$$

und mit $\boldsymbol{I}_{II} = 0$ als Lösung:

$$\boldsymbol{I}_I = (\boldsymbol{Y}_{I,I} - \boldsymbol{Y}_{I,II} \boldsymbol{Y}_{II,II}^{-1} \boldsymbol{Y}_{II,I}) \boldsymbol{U}_I . \qquad (8.4/80)$$

Die Teilmatrizen lauten

$$\boldsymbol{Y}_{I,I} = \begin{pmatrix} Y_{11} & . & Y_{1i} \\ . & . & . \\ Y_{i1} & . & Y_{ii} \end{pmatrix}, \quad \boldsymbol{Y}_{I,II} = \begin{pmatrix} Y_{1j} & . & Y_{1m} \\ . & . & . \\ Y_{ij} & . & Y_{im} \end{pmatrix} \quad \text{usw.} \qquad (8.4/81)$$

Beispiel:

1. Unterdrückung der Ausgangsklemme 2 eines Vierpoles ergibt mit der Leitwertmatrix für $I_2 = 0$:

   $$I_1 = (Y_{11} - Y_{12} Y_{21} / Y_{22}) U_1 .$$

2. Soll am Dreipol ($m = 3$) die Klemme 3 unterdrückt werden (Bild R 8.4/8b), so sind aus der Leitwertmatrix $\boldsymbol{Y}$ gemäß Matrixunterteilung die Teilmatrizen

   $$\boldsymbol{Y}_{I,I} = \begin{pmatrix} Y_{11} & Y_{12} \\ Y_{21} & Y_{22} \end{pmatrix}, \boldsymbol{Y}_{I,II} = \begin{pmatrix} Y_{13} \\ Y_{23} \end{pmatrix},$$

   $$\boldsymbol{Y}_{II,I} = (Y_{31} \, Y_{32}), \ \boldsymbol{Y}_{II,II} = Y_{33}$$

zu bilden. Die Lösungsgleichung (8.4/80) erfordert die Bestimmung von

$$\boldsymbol{Y}_{I,II} \cdot \boldsymbol{Y}_{II,I} = \begin{pmatrix} Y_{13} \\ Y_{23} \end{pmatrix} \cdot (Y_{31}\, Y_{32}) = \begin{pmatrix} Y_{13}Y_{31} & Y_{13}Y_{32} \\ Y_{23}Y_{31} & Y_{23}Y_{32} \end{pmatrix};$$

$$\boldsymbol{Y}^{-1}_{II,II} = 1/Y_{33}$$

und ergibt die neue Matrix nach Gl.(8.4/80)

$$\boldsymbol{Y} = \begin{pmatrix} Y_{11} - \dfrac{Y_{13}Y_{31}}{Y_{33}} & Y_{12} - \dfrac{Y_{13}Y_{32}}{Y_{33}} \\ Y_{21} - \dfrac{Y_{23}Y_{31}}{Y_{33}} & Y_{22} - \dfrac{Y_{23}Y_{32}}{Y_{33}} \end{pmatrix}. \tag{8.4/82}$$

Schrittweise Reduktion. Das erläuterte Verfahren unterdrückt die gewünschten Knoten in einem Schritt, erfordert aber Matrixinversion. Letztere entfällt, wenn die Unterdrückung jeweils nur für einen Knoten (und so schrittweise) erfolgt. Ausgang ist die Matrix

$$\boldsymbol{Y} = \boldsymbol{Y}_{I,I} - \boldsymbol{Y}_{I,II}\boldsymbol{Y}^{-1}_{II,II}\boldsymbol{Y}_{II,I} \tag{8.4/83}$$

nach Gl.(8.4/80). Im Sonderfall von m auf $m-1$ wird $\boldsymbol{Y}_{II,II} \to Y^{(m)}_{22}$ und die Matrizen $\boldsymbol{Y}^{(m)}_{I,II}$, $\boldsymbol{Y}^{(m)}_{II,I}$ gehen in die Vektoren $\boldsymbol{Y}^{(m)}_{I,II}$, $\boldsymbol{Y}^{(m)}_{II,I}$ über

$$\boldsymbol{Y}^{(m-1)} = \boldsymbol{Y}^{(m)}_{I,I} - \frac{\boldsymbol{Y}^{(m)}_{I,II}\boldsymbol{Y}^{(m)}_{II,I}}{Y^{(m)}_{22}}. \tag{8.4/84}$$

Dann lauten die Elemente der neuen Matrix

$$Y^{(m-1)}_{ik} = Y^{(m)}_{ik} - \frac{Y^{(m)}_{im}Y^{(m)}_{mk}}{Y^{(m)}_{mm}} \quad 1 \le i,k \le m-1. \tag{8.4/85}$$

Durch Knotenunterdrückung kann z.B. der Betrieb eines Mehrtores zwischen Quelle und Last auf ein Vierpolproblem reduziert werden.

8.4.2.3 Zusammenschalten von Mehrpolen mit unbestimmter Leitwertmatrix

Durch Verbindung entsprechender Knoten lassen sich unbestimmte Leitwertmatrizen parallelschalten unter der *Voraussetzung*, daß alle Matrizen gleiche Ordnung haben (ev. Nullzeilen, -spalten ergänzen). Umgekehrt folgt daraus, daß jedes größere Netzwerk aufgebaut werden kann durch Parallelschalten entsprechender Mehrpolnetzwerke, von denen jedes

- nur ein Zweipolelement zwischen Knoten i und j und
- nur eine spannungsgesteuerte Stromquelle zwischen Knoten c, d (Steuerstrecke Knoten a, b) besitzt (andere gesteuerte Quellen s.u.).

Das Einfügen der Zweipolelemente zwischen dem Knoten i und j erfolgt (wie beim Knotenspannungsverfahren)

- durch Addition von Y_{ii} und Y_{jj} in die betreffenden Hauptdiagonalelemente und
- Einfügen von $-Y_{ij}$ und $-Y_{ji}$ in den korrespondierenden Nebendiagonalelementen.

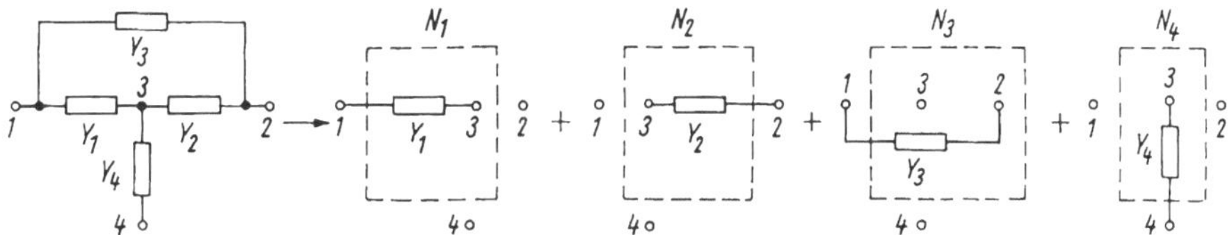

Bild R 8.4/10 Zerlegung eines Vierpols in Teilnetzwerke

Für Bild R 8.4/10 ergibt sich so die unbestimmte Leitwertmatrix

$$\boldsymbol{Y} = \begin{pmatrix} Y_1 + Y_3 & -Y_3 & -Y_1 & 0 \\ -Y_3 & Y_2 + Y_3 & -Y_2 & 0 \\ -Y_1 & -Y_2 & Y_1 + Y_2 + Y_4 & -Y_4 \\ 0 & 0 & -Y_4 & Y_4 \end{pmatrix}. \qquad (8.4/86)$$

Durch Parallelschalten von unbestimmten Leitwertmatrizen aus jeweils einem Grundzweipol läßt sich so die Leitwertmatrix eines größeren Netzwerkes leicht gewinnen (→ vgl. Aufstellung der Matrix beim Knotenspannungsverfahren).

Die Matrix bleibt bei Einschluß nur passiver Zweipolelemente symmetrisch.

Vierpolelemente. Das Verfahren gestattet auch z.B. das Einfügen von *Vierpolen*, wenn sie nicht in Zweipole zerlegt werden. Dazu werden die Vierpolgleichungen des betreffenden Elementes zunächst auf die unbestimmte Leitwertform (mit neun Koeffizienten) erweitert, ggf. durch weitere Nullelemente ergänzt und dann mit anderen Elementen zusammengeschaltet. Dieses Verfahren empfiehlt sich, wenn andere als spannungsgesteuerte Stromquellen vorliegen.

Spannungsgesteuerte Spannungsquelle. Operationsverstärker. Oft ist in einem Mehrpolnetzwerk ein Operationsverstärker mit endlicher Spannungsverstärkung A_u enthalten. Wir separieren ihn aus dem Netzwerk (Bild R 8.4/11a), z.B. zwischen den Klemmen $a \ldots d$ mit

$$U_{cd} = U_c - U_d = A_u U_{ab} = A_u(U_a - U_b) \qquad (8.4/87)$$

(mit der unbestimmten Leitwertmatrix des Netzwerkes) und Klemme d als Referenzpunkt. Im relevanten Gleichungssystem des Netzwerk ohne Operationsverstärker

$$\begin{matrix} \cdot \\ \cdot \\ a \\ b \\ c \\ d \\ \cdot \\ \cdot \end{matrix} \begin{pmatrix} \cdot & Y_{1a} & \cdot & \cdot & Y_{1d} & \cdot \\ \cdot & \cdot & \cdot & \cdot & \cdot & \cdot \\ \cdot & Y_{aa} & \cdot & \cdot & Y_{ad} & \cdot \\ \cdot & Y_{ba} & \cdot & \cdot & \cdot & \cdot \\ \cdot & Y_{ca} & \cdot & \cdot & \cdot & \cdot \\ \cdot & Y_{da} & \cdot & \cdot & Y_{dd} & \cdot \\ \cdot & \cdot & \cdot & \cdot & \cdot & \cdot \\ \cdot & Y_{na} & \cdot & \cdot & \cdot & \cdot \end{pmatrix} \cdot \begin{pmatrix} U_1 \\ \cdot \\ U_a \\ U_b \\ U_c \\ U_d \\ \cdot \\ U_n \end{pmatrix} = \begin{pmatrix} I_1 \\ \cdot \\ I_a \\ I_b \\ I_c \\ I_d \\ \cdot \\ I_n \end{pmatrix} \qquad (8.4/88)$$

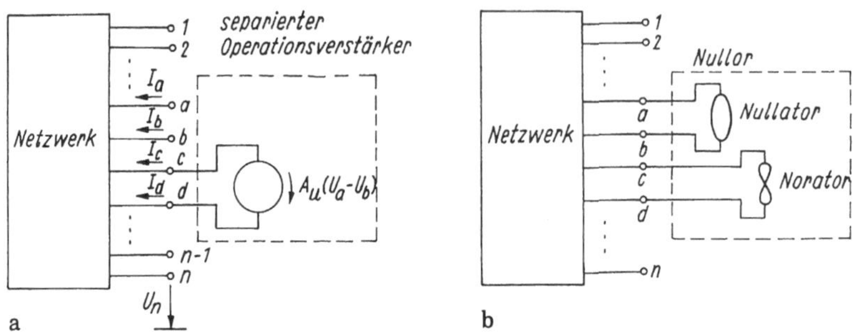

Bild R 8.4/11 Netzwerk mit Operationsverstärker
a) mit separierter OP-Ersatzschaltung, b) mit separiertem Nullor

wird dann die Spannung U_c durch

$$U_c = A_u(U_a - U_b) + U_d \tag{8.4/89}$$

eliminiert, d.h. Spalte c mit A_u multipliziert und zu Spalte a addiert, ebenso Spalte c mit $-A_u$ multipliziert und zu Spalte b addiert sowie Spalte c zu Spalte d addiert. Anschließend sind die Reihen/Spalten c und U_c zu streichen. Ferner gilt $U_d = 0$ (Referenzpunkt, Streichen von Spalte d und U_d). Mit $I_d = -I_c$ wird schließlich auch die Gleichung, die zu I_c gehört, gestrichen. Damit verbleiben nur noch $n-2$ Gleichungen für ebensoviele Unbekannte U_x $(x = 1, 2 \dots n,\ x \neq c, d)$:

$$\begin{matrix} \\ \\ a \\ b \\ \\ \\ \end{matrix} \begin{pmatrix} \cdot & Y_{1a} + A_u Y_{1c} & Y_{1b} - A_u Y_{1c} \dots \\ \cdot & \cdot & \cdot \\ \cdot & Y_{aa} + A_u Y_{ac} & Y_{ab} - A_u Y_{ac} \dots \\ \cdot & Y_{ba} + A_u Y_{bc} & Y_{bb} - A_u Y_{bc} \dots \\ \cdot & \cdot & \cdot \\ \cdot & Y_{na} + A_u Y_{nc} & Y_{nb} - A_u Y_{nc} \dots \end{pmatrix} \cdot \begin{pmatrix} U_1 \\ \cdot \\ U_a \\ U_b \\ \cdot \\ U_n \end{pmatrix} = \begin{pmatrix} I_1 \\ \cdot \\ I_a \\ I_b \\ \cdot \\ I_n \end{pmatrix} . \tag{8.4/90}$$

Zusammengefaßt: Wird in eine Leitwertmatrix ein Operationsverstärker mit der Spannungsverstärkung A_u nach Bild R 8.4/11a eingebettet, so ist Spalte c multipliziert mit A_u zu Spalte a und Spalte c multipliziert mit $-A_u$ zu Spalte b zu addieren und Zeile und Spalte von c, d zu streichen.

Hinweis: Gesteuerte Quellen führen i.a. zu unsymmetrischer Leitwertmatrix.

Idealer Operationsverstärker. In diesem Fall gelten unendlich hohe Spannungsverstärkung ($A_u \to \infty$) und virtueller Kurzschluß ($U_a = U_b$) am Eingang. Deshalb wird im Bild R 8.4/11a U_b eliminiert (Spalte b zu Spalte a addieren und Spalte b und U_b streichen). So ist wie oben eine Gleichung redundant und kann gestrichen werden, z.B. die Gl. für I_c (nicht bekannt). Da d als Referenzpunkt dient ($U_d = 0$), wird Spalte d und U_d gestrichen sowie $I_d = -I_c$ beachtet.

Lösungsmethodik "Knotenspannungsmatrix mit idealem Operationsverstärker"

1. Entfernung des idealen Operationsverstärkers aus dem Netzwerk, Aufstellen der unbestimmten Knotenspannungsmatrix (Bild R 8.4/11a).
2. Liegt die Steuerstrecke (Nullator, s.u.) zwischen den Knoten a und b, so wird Spalte b der Matrix zu Spalte a addiert und Spalte b gestrichen. Ist b Referenzknoten, so wird Spalte b gestrichen und ebenso der b-te Eintrag im Spannungsvektor.
3. Liegt die gesteuerte Strecke (Norator, s.u.) zwischen den Knoten c und d der Matrix, so werden die Zeilen c und d addiert und Zeile c gestrichen. Ist d Referenzknoten, so wird Zeile c und der c-te Eintrag im Stromvektor rechts gestrichen.
4. Die verbleibende Matrix ist die mit einbezogenem idealen Operationsverstärker.

Erwähnt sei, daß die Knotenleitwertmatrix mit idealen gesteuerten Spannungsquellen (nach Masse resp. zwischen Knoten) auch nach dem *Superknotenverfahren* aufgestellt werden kann (s. Abschn. 8.3.3).

Nullator, Norator-Einfügung. Das Zuschalten eines idealen Operationsverstärkers zur unbestimmten Leitwertmatrix kann ebenso mittels der Nullorbeschreibung (Nullator-/ Noratorpaar) erfolgen. Es erzwingt - als äußere Beschaltung aufgefaßt (Bild R 8.4/11b) -

- daß die Knotenspannungen U_a und U_b gleich sind (ohne zusätzliche Einströmung in die Knoten)
- einen nur vom Netzwerk abhängigen Strom $I_c = -I_d$.

Die erste Bedingung bedeutet Zusammenfassen der Spalten a und b in der Leitwertmatrix (und Weglassen von Spalte b durch den Nullator), die zweite Bedingung Addition der Zeilen d zu c und Weglassen von Zeile d (durch Norator). Das Gleichungssystem ist deshalb nur bei Einbau von Nullator-Noratorpaaren = Nullor eindeutig lösbar!

8.5 Zustandsgleichungen

8.5.1 Darstellung

Die zeitlichen Verläufe der Ströme und Spannungen eines Netzwerkes hängen für den Zeitbereich $t \geq t_0$ nur von den sog. Zustandsvariablen als "inneren" Netzwerkgrößen und ggf. der Netzwerkerregung (direkt) ab.

Die Zustandsvariablen eines dynamischen Netzwerkes sind die kleinstmögliche Zahl von Variablen mit folgenden Merkmalen:

- ihre Zeitverläufe werden nur durch die Anfangswerte zur Zeit t_0 und den Zeitverlauf der Erregergrößen für $t \geq t_0$ bestimmt
- die Zeitverläufe der übrigen Netzwerkgrößen sind eindeutig mit den Zeitverläufen der Zustandsvariablen und Erregergrößen verknüpft.

Im engeren Sinn sind Zustandsvariable die *Flüsse in Spulen* und *Ladungen auf Kondensatoren* oder - bei zeitkonstanten Energiespeicherelementen - *Spulenströme* und *Kondensatorspannungen.*

Die Zahl der Zustandsvariablen ($\rightarrow$ Zahl der unabhängigen Anfangswerte) ist gegeben durch

$$n = n_\mathrm{L} + n_\mathrm{C} - n_\mathrm{L}^* - n_\mathrm{C}^*. \tag{8.5/1}$$

n_L Zahl der Induktivitäten, n_C Zahl der Kondensatoren, n_L^* Zahl der nur von Induktivitäten (und Stromquellen) gebildeten selbständigen Schnitte, n_C^* Zahl der nur von Kondensatoren (und Spannungsquellen) gebildeten selbständigen Maschen.

Im Bild R 8.5/1 betragen $n_\mathrm{L} = 3$, $n_\mathrm{C} = 4$ (rein kapazitive Schleifen C_1, C_3, C_4 $\rightarrow u_\mathrm{q}$, $u_\mathrm{q} \rightarrow C_2$, C_4, C_1, C_2, C_3 davon nur 2 unabhängig ($n_\mathrm{C}^* = 2$)), drei induktive Schnittlinien L_1, L_3, L_1, $L_2 \rightarrow i_\mathrm{q}$, L_3, $L_2 \rightarrow i_\mathrm{q}$ nur zwei unabhängig $n_\mathrm{L}^* = 2 \rightarrow n = 3$).

Bestimmt wird n_C^* durch Aufschneiden aller Widerstands-, Induktivitäts- und Stromquellenzweige. Das Restnetzwerk enthält alle kapazitiven Schleifen $\rightarrow n_\mathrm{C}$. Analog sind für n_L^* alle Widerstände, Kondensatoren und Spannungsquellen kurzzuschließen, um alle induktiven Schnitte zu erhalten.

Das Verfahren der Zustandsbeschreibung basiert auf der Einführung der Zustandsvariablen als innere Netzwerkgrößen. Es arbeitet vorwiegend im Zeitbereich und ist anwendbar für Netzwerke (auch nichtlineare und zeitvariante) mit mehreren Eingangs- und Ausgangsvariablen. Als typisches Merkmal tritt statt der Netzwerk-Differentialgleichung höherer Ordnung ein System von Differentialgleichungen erster Ordnung auf.

In einem Netzwerk mit n Energiespeichern gibt es allgemein (Bild R 8.5/2)

- $m \geq 1$ *Eingangs-* oder *Erregergrößen* (Ursache) $x_i(t)$ $(i = 1 \ldots m)$
- $r \geq 1$ *Ausgangs-* oder *Wirkungsgrößen* $y_j(t)$ $(j = 1 \ldots r)$,

und r Differentialgleichungen vom Grade n für jede Ausgangsgröße (wobei Eingangs- und Ausgangsvariable und ihre Ableitungen auftreten).

Bei der Zustandsbeschreibung werden n Zustandsvariable $z_k(t)$ $(k = 1 \ldots n)$ eingeführt und die Differentialgleichung der Ordnung n in ein System von DGL erster Ordnung - die n Zustandsdifferentialgleichungen -

$$\begin{aligned} \frac{\mathrm{d}z_1}{\mathrm{d}t} &= f_1(z_1, z_2 \ldots z_n, x_1, x_2 \ldots x_m) \\ &\vdots \\ \frac{\mathrm{d}z_n}{\mathrm{d}t} &= f_n(z_1, z_2 \ldots z_n, x_1, x_2 \ldots x_m) \end{aligned} \tag{8.5/2a}$$

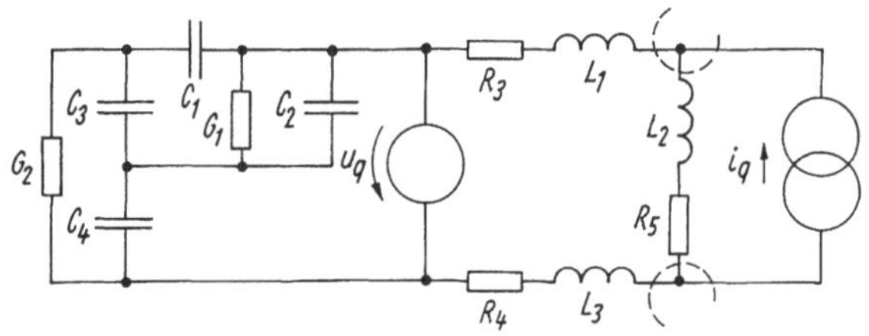

Bild R 8.5/1 Beispielschaltung

a

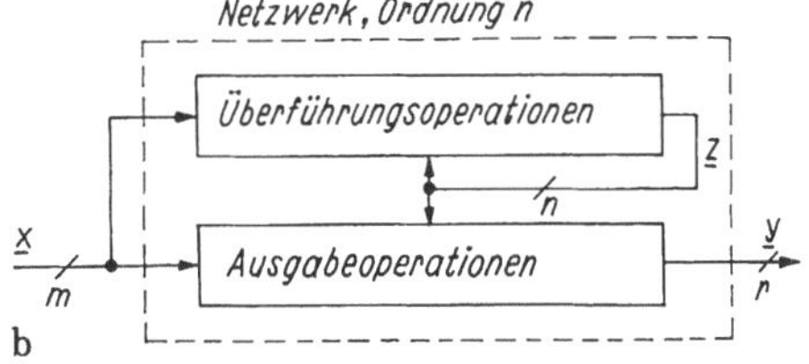

b

Bild R 8.5/2 Netzwerk, Ordnung n mit m Eingangs- und r Ausgangsgrößen
a) schematische Darstellung, b) Angabe der charakteristischen Operationen

überführt. Sie beschreiben den Zusammenhang zwischen m Eingangsvariablen $x_1 \ldots x_m$ und den n Zustandsvariablen $z_1 \ldots z_n$ bei gegebenen Anfangswerten $z_1(t_0) \ldots z_n(t_0)$ (→ Überführungsoperation). Ableitungen der Eingangsgrößen fehlen. Zusätzlich werden r (algebraische!) *Ausgangs-* oder *Ausgabegleichungen* für die Abhängigkeiten der Ausgangsvariablen $y_1 \ldots y_r$ von den Eingangs- und Zustandsvariablen benötigt:

$$\begin{aligned} y_1 &= g_1(z_1, z_2 ... z_n, x_1, x_2 ... x_m) \\ &\vdots \\ y_r &= g_r(z_1, z_2 ... z_n, x_1, x_2 ... x_m) \end{aligned} \qquad (8.5/2b)$$

(Ableitungen fehlen).

Zustandsdifferential- und Ausgabegleichungen bilden das System der Zustandsgleichungen.

Für die weitere Betrachtung sind zweckmäßig

- die Einführung von *Eingangs-*, *Zustands-* und *Ausgangsvektoren*

$$\boldsymbol{x} = \underbrace{\begin{pmatrix} x_1 \\ \vdots \\ x_m \end{pmatrix}}_{(m \times 1)}, \quad \boldsymbol{z} = \underbrace{\begin{pmatrix} z_1 \\ \vdots \\ z_n \end{pmatrix}}_{(n \times 1)}, \quad \boldsymbol{y} = \underbrace{\begin{pmatrix} y_1 \\ \vdots \\ y_r \end{pmatrix}}_{(r \times 1)}$$

  mit dem System der Zustandsgleichungen

$$\dot{\boldsymbol{z}} = \boldsymbol{f}(\boldsymbol{z}, \boldsymbol{x}), \ \boldsymbol{y} = \boldsymbol{g}(\boldsymbol{z}, \boldsymbol{x}) \quad \text{mit } \boldsymbol{z}(t_0) = \boldsymbol{z}_0 \qquad (8.5/3)$$

Zustandsgleichungen (Cauchy-Form)

- die Unterteilung der funktionellen Abhängigkeit f, g in linear/nichtlinear, zeitabhängig/zeitunabhängig (wie bei Netzwerkelementen, s. Abschn. 8.7.1)
- die Unterteilung in
  - *Eingrößensysteme* mit je einer Eingangs- und Ausgangsvariablen
  - *Mehrgrößensysteme* ($m > 1$, $r > 1$).

Bild R 8.5/3 zeigt die Wechselwirkung von Zustands- und Ausgangsgleichung in einem *Blockschalt-* oder *Strukturbild.*

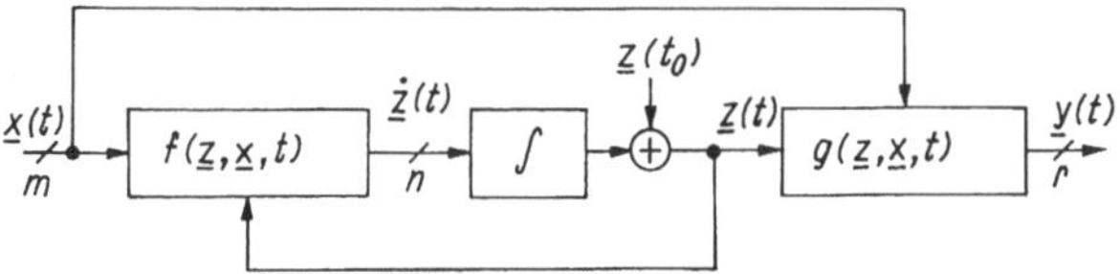

Bild R 8.5/3 Veranschaulichung der nichtlinearen Zustandsgleichungen (Mehrgrößensystem) im Blockschaltbild

Hinweis:

- Die Zustandsbeschreibung ist eine moderne, methodisch klare, sehr leistungsfähige (und computergerechte) Beschreibungsform für Netzwerke und Systeme und ist in der Informations- und Regelungstechnik weit verbreitet.
- Es lassen sich bequem Systemmerkmale wie Steuer- und Beobachtbarkeit einbeziehen.
- Anfangswerte der Zustandsgrößen können leicht berücksichtigt werden.
- Es tritt eine Minimalzahl von Variablen auf.
- Matrizenschreibweise bei linearen Netzwerken erlaubt eine formal gleiche Behandlung von Eingrößen- und Mehrgrößensystemen.
- Die Gewinnung der Zustandsgrößen aus einem gegebenen Netzwerk ist u.U aufwendig.
- Das Verfahren ist direkt auf zeitdiskrete Systeme übertragbar (s. Abschn. 12).

8.5.2 Lineare Eingrößen- und Mehrgrößennetzwerke

Für lineare (zeitunabhängige) Netzwerke entstehen aus Gl.(8.5/3) die linearen Zustandsdifferentialgleichungen. Dann sind $\boldsymbol{f}(\boldsymbol{z},\boldsymbol{x},t)$, $\boldsymbol{g}(\boldsymbol{z},\boldsymbol{x},t)$ bezüglich $\boldsymbol{z}$ und $\boldsymbol{x}$ linear. Drei charakteristische Fälle treten auf: nur eine Zustandsgröße, Mehrgrößen- und Eingrößennetzwerke.

Einzustandsgrößennetzwerke. Ein lineares, zeitunabhängiges Netzwerk mit *einer Zustandsgröße* $z(t)$, einer *Erregergröße* $x(t)$ und einer *Ausgangsgröße* $y(t)$ wird nach Gl.(8.5/3) grundsätzlich beschrieben durch

Zustandsgleichung Ausgabegleichung

$$\frac{\mathrm{d}z}{\mathrm{d}t} = az(t) + bx(t) \quad y(t) = cz(t) + dx(t). \tag{8.5/4}$$

Die Zustandsvariable $z(t)$ hängt nur über die Zustandsgleichung (DGL erster Ordnung) von der Erregergröße, die Ausgangsvariable von der Zustandsvariablen und der Erregergröße über die Ausgabegleichung ab.

Die Lösung lautet (im Falle konstanter Koeffizienten) mit dem Anfangswert $z(0)$

$$z(t) = \exp a(t-t_0)z(t_0) + \int_{t_0}^{t} \exp(t-\tau)bz(\tau)\,\mathrm{d}\tau = z_{\mathrm{fr}}(t) + z_{\mathrm{erz}}(t). \tag{8.5/5}$$

Zustandsgleichung erster Ordnung, Lösung

Sie enthält in $z_{\mathrm{fr}}(t)$ die freie Lösung (nur anfangswertabhängig) und in $z_{\mathrm{erz}}(t)$ die nur von der Erregung abhängige erzwungene Lösung.

Beispiel: In Bild R 8.5/4 sind u_{c} die Zustandsvariable (mit $u_{\mathrm{c}}(0)$), u_{q} die Erregung und u_{a} die gesuchte Ausgangsgröße. Man erhält die

- Zustandsgleichung

$$\frac{\mathrm{d}u_{\mathrm{c}}}{\mathrm{d}t} = au_{\mathrm{c}}(t) + bu_{\mathrm{q}}(t), \quad a = -\frac{1}{T},\ b = \frac{1}{T},\ T = C(R_1 + R_2)$$

- Ausgabegleichung

$$u_{\mathrm{a}}(t) = \frac{R_1}{R_1 + R_2} u_{\mathrm{c}}(t) + \frac{R_2}{R_1 + R_2} u_{\mathrm{q}}(t).$$

Mit der Einschaltsprungerregung $u_{\mathrm{q}}(t) = U_{\mathrm{Q}}s(t)$ und dem Anfangswert $u_{\mathrm{c}}(0) = U_{\mathrm{Q}}/2$ und $R_1 = R_2$ folgt als

- freie Lösung

$$u_{\mathrm{cfr}} = U_{\mathrm{Q}}/2 \exp -t/T, \quad u_{\mathrm{afr}} = U_{\mathrm{Q}}/4 \exp -t/T \qquad t \geq t_0$$

- erzwungene Lösung

$$u_{\mathrm{cerz}} = U_{\mathrm{Q}}(1 - \exp -t/T), \quad u_{\mathrm{aerz}} = U_{\mathrm{Q}}(1 - 1/2 \exp -t/T).$$

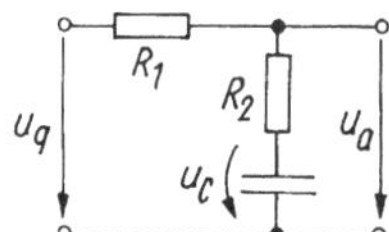

Bild R 8.5/4 Beispielschaltung

Mehrgrößennetzwerk *n*-ter Ordnung. Das Verfahren der Zustandsgleichung läßt sich formal aus Gl.(8.5/4) auf ein Netzwerk mit $m \geq 2$ *Eingangs-*, *n Zustands-* und $r \geq 2$ *Ausgangsgrößen* erweitern, wenn statt der Koeffizienten $a \dots d$ die Matrizen $\boldsymbol{A} \dots \boldsymbol{D}$ angesetzt werden:

$$\begin{aligned} \frac{\mathrm{d}\boldsymbol{z}(t)}{\mathrm{d}t} &= \boldsymbol{A}\boldsymbol{z}(t) + \boldsymbol{B}\boldsymbol{x}(t), \quad \boldsymbol{z}(0) = \boldsymbol{z}_0 && \text{Zustandsgleichung, Vektordifferentialgleichung} \\ \boldsymbol{y}(t) &= \boldsymbol{C}\boldsymbol{z}(t) + \boldsymbol{D}\boldsymbol{x}(t) && \text{Ausgabegleichung.} \quad (8.5/6a) \end{aligned}$$

Dabei bedeuten:

Eingangs- oder Einkoppelvektor der Erregung, auch Steuervektor	$\boldsymbol{x}(t) = [x_1 \dots x_m]$	$(m \times 1)$ Vektor, Spaltenvektor
Ausgangs- oder Auskoppelvektor	$\boldsymbol{y}(t) = [y_1 \dots y_r]$	$(r \times 1)$ Vektor, Spaltenvektor
Zustandsvektor	$\boldsymbol{z}(t) = [z_1 \dots z_n]$	$(n \times 1)$ Vektor, Spaltenvektor
Systemmatrix	$\boldsymbol{A} = [a_{ij}]$	$(n \times n)$ Matrix, bestimmt das Netzwerkverhalten bei $\boldsymbol{x}(t) = 0$ allein
Eingangs-(Steuer-)matrix	$\boldsymbol{B} = [b_{ij}]$	$(n \times m)$ Matrix, beschreibt die Einwirkung der Erregung auf den Zustandsvektor

Ausgangs-(Beobachtungs-) matrix	$\boldsymbol{C} = [c_{ij}]$	$(r \times n)$ Matrix "beobachtet" den inneren Zustand durch den Ausgangsvektor
Durchgangsmatrix	$\boldsymbol{D} = [d_{ij}]$	$(m \times r)$ Matrix, bestimmt die unverzögerte Wirkung des Eingangs- auf den Ausgangsvektor.

Bild R 8.5/5 zeigt den zugehörigen Wirkungsablauf. (Vergleich zu Bild R 8.5/3!).

Ein Netzwerk nach Gl.(8.5/6) wird durch n Differentialgleichungen erster Ordnung für die n Zustandsvariablen und r algebraische Gleichungen für die r Ausgangsgrößen beschrieben.

Der Zustandsvektor $\boldsymbol{z}(t)$ wird von seinen Komponenten $z_i(t)$ - den Zustandsvariablen - gebildet, deren Werte zur Zeit $t = 0$ zusammen mit dem Erregervektor $\boldsymbol{x}(t)$ den Ausgangsvektor $\boldsymbol{y}(t)$ für $t \geq 0$ bestimmen.

Geometrisch läßt sich der Zustandsvektor $\boldsymbol{z}(t)$ mit seinen n Komponenten im n-dimensionalen *Zustandsraum* darstellen. Der Endpunkt von $\boldsymbol{z}$ in diesem Raum ändert sich mit der Zeit, die Bahnkurve heißt *Zustandskurve* oder *Trajektorie* des Systems.

Als Zustandsvariable können physikalische Größen der Speicherelemente in Netzwerken verwendet werden, aber auch solche, die nicht physikalisch interpretierbar sind.

Eingrößennetzwerk. Das Eingrößennetzwerk enthält nur *eine* Erregung und *eine* Ausgangsgröße; dann sind $x(t)$ und $y(t)$ Skalare und Zustands- und Ausgabegleichungen lauten

$$\dot{\boldsymbol{z}} = \boldsymbol{A}\boldsymbol{z} + \boldsymbol{b}x; \quad \boldsymbol{z}(t_0) = \boldsymbol{z}_0 \quad \text{mit } y = \boldsymbol{c}^{\mathrm{T}}\boldsymbol{z} + dx. \tag{8.5/7}$$

Dabei reduzieren sich $\boldsymbol{B}$ zum Spaltenvektor $\boldsymbol{b}$, die Matrix $\boldsymbol{C}$ zum Zeilenvektor $\boldsymbol{c}^{\mathrm{T}}$ und $\boldsymbol{D}$ zu einem skalaren Faktor d (Bild R 8.5/5):
$\boldsymbol{b}$ $(n \times 1)$ Eingangsvektor, d (1×1) Durchgangsfaktor
$\boldsymbol{c}^{\mathrm{T}}$ $(1 \times n)$ Ausgangsvektor.

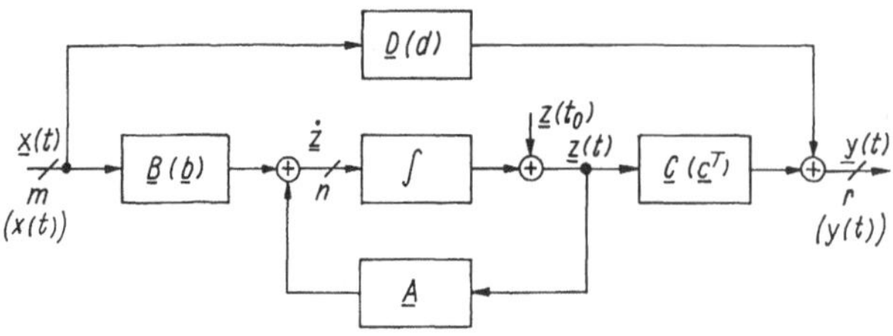

Bild R 8.5/5 Strukturschaltbild eines linearen zeitinvarianten Mehrgrößensystems (Elemente des Eingrößensystems in Klammern)

Besondere Bedeutung hat das Netzwerk *zweiter Ordnung* (mit zwei Energiespeichern), denn es enthält die wesentlichen Verhaltenselemente eines Mehrgrößensystems.

$$\begin{aligned}\frac{\mathrm{d}}{\mathrm{d}t}\begin{pmatrix} z_1 \\ z_2 \end{pmatrix} &= \begin{pmatrix} a_{11} & a_{12} \\ a_{21} & a_{22} \end{pmatrix} \cdot \begin{pmatrix} z_1 \\ z_2 \end{pmatrix} + \begin{pmatrix} b_1 \\ b_2 \end{pmatrix} x(t), \\ y(t) &= (c_1, c_2) \cdot \begin{pmatrix} z_1 \\ z_2 \end{pmatrix} + dx(t). \end{aligned} \qquad (8.5/8)$$

Das Eingrößenproblem hat für die Netzwerkberechnung große praktische Bedeutung, weil meist nur eine Erregung vorliegt und eine Ausgangsgröße gesucht ist.

8.5.3 Lösung der Zustandsgleichungen im Zeitbereich

Die Lösung der Zustandsgleichungen (8.5/4 resp. 8.5/6) kann entweder direkt im *Zeitbereich* oder bei LTI-Netzwerken auch über die *Laplace-Transformation* erfolgen (s. Abschn. 8.5.5).

Für das *Eingrößennetzwerk* erster Ordnung ($n = 1$) hat die skalare Zustandsgleichung (8.5/7) mit dem Anfangswert $z(t_0)$ und der Erregerfunktion $x(t)$ die Lösung Gl.(8.5/5). Sie besteht aus *Nulleingangsanteil* z_{fr} (Lösung der homogenen DGL, nur Anfangswerte wirkend) und dem *Nullzustandsanteil* z_{erz} (nur Erregung wirkend, keine Anfangswerte).

Die Ausgabegleichung $y(t)$ ist eine Linearkombination von $z(t)$ und der Erregung $x(t)$ und bedarf daher keiner weiteren Aufmerksamkeit.

Mehrgrößennetzwerk. Die Lösung des Mehrgrößennetzwerkes ergibt sich aus der des Eingrößennetzwerkes (Gl.(8.5/5)) durch formalen Übergang von der skalaren zur vektoriellen Schreibweise

$$\begin{aligned} \boldsymbol{z}(t) &= \boldsymbol{\Phi}(t-t_0)\boldsymbol{z}(t_0) + \int_{t_0}^{t} \boldsymbol{\Phi}(t-\tau)\boldsymbol{B}\boldsymbol{x}(\tau)\,\mathrm{d}\tau = \boldsymbol{z}_{\text{fr}} + \boldsymbol{z}_{\text{erz}} \\ \boldsymbol{y}(t) &= \boldsymbol{C}\boldsymbol{\Phi}(t-t_0)\boldsymbol{z}(t_0) + \int_{t_0}^{t} \boldsymbol{C}\boldsymbol{\Phi}(t-\tau)\boldsymbol{B}\boldsymbol{x}(\tau)\,\mathrm{d}\tau + \boldsymbol{D}\boldsymbol{x}(t). \end{aligned} \qquad (8.5/9a)$$

Mehrgrößennetzwerk

mit

$$\boldsymbol{\Phi}(t) = \exp \boldsymbol{A}t = [\Phi_{ij}(t)], \qquad \text{Zustandsmatrix} \qquad (8.5/9b)$$

der *Zustands-*, *Transitions-*, *Übergangs-* oder *Fundamentalmatrix* ($n \times n$).

Gl.(8.5/9) stellt die Lösung der Zustandsgleichungen eines LTI-Netzwerkes mit n Zustandsvariablen, m Eingangs- und r Ausgangsgrößen bei gegebenen Anfangswerten und allgemeinem Erregungsvektor $\boldsymbol{x}(t)$ dar. Die Matrizen $\boldsymbol{A}$ und $\boldsymbol{B}$ liegen durch das Netzwerk fest, die Übergangsmatrix muß noch berechnet werden.

Für das Netzwerk mit $n = 2$ Zustandsvariablen und einer Eingangsgröße ($m = 1$) lautet die Lösung (in der Regelungstechnik auch als Bewegungsgleichung bezeichnet) nach Gl.(8.5/9)

$$\begin{aligned} z_1(t) &= \Phi_{11}(t)\,z_1(0) + \Phi_{12}(t)\,z_2(0) + \\ &\quad \textstyle\int_0^t (\Phi_{11}(t-\tau)\,b_1 + \Phi_{12}(t-\tau)b_2)\,x(\tau)\,\mathrm{d}\tau = z_{1\mathrm{fr}} + z_{1\mathrm{erz}} \\ z_2(t) &= \Phi_{21}(t)\,z_1(0) + \Phi_{22}(t)\,z_2(0) + \\ &\quad \textstyle\int_0^t (\Phi_{21}(t-\tau)\,b_1 + \Phi_{22}(t-\tau)b_2)\,x(\tau)\,\mathrm{d}\tau = z_{2\mathrm{fr}} + z_{2\mathrm{erz}}, \end{aligned} \tag{8.5/10}$$

wenn vom Anfangszustand $t_0 = 0$ ausgegangen wird.

Die Übergangsmatrix $\boldsymbol{\Phi}(t)$ hat für die Angabe des Zustandsraumes grundlegende Bedeutung, denn sie erlaubt die Berechnung des Netzwerkzustandes für alle t aus der Kenntnis der Erregung und den Anfangswerten.

Liegen nur *erzwungene Vorgänge* vor ($\boldsymbol{z}(t_0) = 0$), so wird aus der Lösung 8.5/9a im Zeitbereich

$$\begin{aligned} \boldsymbol{z}(t) &= \int_0^t \boldsymbol{\Phi}(t-\tau)\boldsymbol{B}\boldsymbol{x}(\tau)\,\mathrm{d}\tau \\ \boldsymbol{y}(t) &= \int_0^t \underbrace{\boldsymbol{C}\boldsymbol{\Phi}(t-\tau)\boldsymbol{B}}_{g(t-\tau)}\,\boldsymbol{x}(\tau)\,\mathrm{d}\tau \end{aligned} \tag{8.5/11}$$

mit der *Gewichtsmatrix*

$\boldsymbol{g}(t) = \mathrm{LT}^{-1}\{G(p)\} = \boldsymbol{C}\boldsymbol{\Phi}(t)\boldsymbol{B} + \boldsymbol{D}\delta(t)$	Gewichtsmatrix. (Mehrgrößensystem)	(8.5/12)

Ihre Elemente sind die *Impulsantworten* $g_{ik}(t)$ (vom Eingang i nach Ausgang k). Für das Eingrößennetzwerk ergibt sich daraus die skalare Gewichtsfunktion oder Impulsantwort

$$g(t) = \boldsymbol{c}^{\mathrm{T}}\boldsymbol{\Phi}(t)\boldsymbol{b} \tag{8.5/13}$$

mit dem Zusammenhang

$$y(t) = \int_0^t g(t-\tau)x(\tau)\,\mathrm{d}\tau$$

zwischen Erreger- und Ausgangsgröße.

Ohne Erregung laufen im Netzwerk durch Anfangswerte nur *freie Vorgänge* ab:

$$\boldsymbol{z}_{\mathrm{fr}}(t) = \phi(t)\boldsymbol{z}(0), \quad \boldsymbol{y}_{\mathrm{fr}}(t) = \boldsymbol{C}\boldsymbol{\Phi}(t)\boldsymbol{z}(0).$$

Die freien Vorgänge werden durch die Fundamentalmatrix, die erzwungenen durch die Gewichtsmatrix $\boldsymbol{g}(t)$ bestimmt.

Dabei bleibt das durch $\boldsymbol{A}$ bzw. $\boldsymbol{\Phi}$ beschriebene Netzwerk *stabil*, wenn $\boldsymbol{\Phi}(t) \to 0$ für $t \to \infty$ gilt. Das trifft zu, falls die $g_i(t) = \exp \lambda_i t$ für alle Eigenwerte λ_i von $\boldsymbol{A}$ für $t \to \infty$ verschwinden (resp. die λ_i negativen Realteil haben).

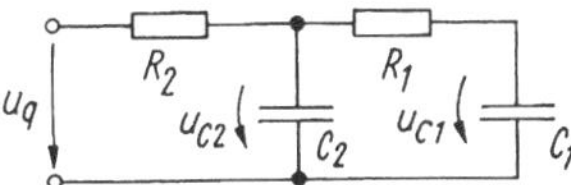

Bild R 8.5/6 Beispielschaltung

Für das Netzwerk Bild R 8.5/6 mit ladungslosen Kondensatoren lauten die Zustandsgleichungen

$$\dot{\boldsymbol{u}}_{\mathrm{c}} = \frac{1}{T_1}\begin{pmatrix} -1 & 1 \\ \frac{C_1}{C_2} & \frac{-C_1(R_1+R_2)}{C_2 R_2} \end{pmatrix}\boldsymbol{u}_{\mathrm{c}} + \begin{pmatrix} 0 \\ 1 \end{pmatrix} u_{\mathrm{q}}, \quad y = u_{\mathrm{c}1} = (1\,0)\boldsymbol{u}_{\mathrm{c}}.$$

Man erhält als Gewichtsfunktion

$$g(t) = \boldsymbol{c}^{\mathrm{T}}\boldsymbol{\Phi}(t)\boldsymbol{b} = (1\,0)\cdot\begin{pmatrix} \phi_{11} & \phi_{12} \\ \phi_{21} & \phi_{22} \end{pmatrix}\cdot\begin{pmatrix} 0 \\ 1 \end{pmatrix}.$$

Dieser Koeffizient muß berechnet werden (s. Abschn. 8.4.5).

In vielen physikalischen Systemen verschwindet der Impulsanteil ($\rightarrow d$, resp. $\boldsymbol{D}$ in Gl.(8.5/12) $\rightarrow 0$).

8.5.4 Die Übergangsmatrix

Eigenschaften. Zur Berechnung von $\boldsymbol{z}(t)$ können einige grundlegende Eigenschaften der Übergangsmatrix (ÜM) $\boldsymbol{\Phi}(t)$ verwendet werden:

- *Anfangswerteigenschaft* $\boldsymbol{\Phi}(t, t_0) = \boldsymbol{E}$: die ÜM mit identischen Argumenten ist gleich der Einheitsmatrix $\boldsymbol{E}$ ($(n \times n)$ Matrix)
- *Produkteigenschaft:* Mit

  $$\boldsymbol{\Phi}(t, t_0) = \boldsymbol{\Phi}(t, t_1)\boldsymbol{\Phi}(t_1, t_0)$$

  hat ein Zwischenwert t_1 das Produkt zweier ÜM mit einer Zwischenzeit zur Folge
- *Inversionseigenschaft:* $\boldsymbol{\Phi}(t_1, t_0) = \boldsymbol{\Phi}^{-1}(t_0, t_1)$. Die Vertauschung der Argumente ist identisch mit Inversion der ÜM. Die Inverse existiert immer (ÜM ist nichtsingulär).
- *Differentiationseigenschaft:* Aus der Definition Gl.(8.5/9b) folgt

  $$\frac{\mathrm{d}}{\mathrm{d}t}\boldsymbol{\Phi}(t, t_0) = \boldsymbol{A}\cdot\boldsymbol{\Phi}(t, t_0).$$

  Dieser Matrix-DGL entsprechen n^2 homogene DGL erster Ordnung. Ihre Lösungen sind Elemente der ÜM mit den Anfangswerten $\boldsymbol{\Phi}(t_0, t_0) = \boldsymbol{E}$.
- *Reihenentwicklung*

  $$\exp \boldsymbol{A}t = \boldsymbol{E} + \boldsymbol{A}t + \boldsymbol{A}^2\frac{t^2}{2} + \ldots = \sum_{k=0}^{\infty}\frac{\boldsymbol{A}^k t^k}{k!}. \qquad (8.5/14)$$

Berechnung. Die Berechnung der Übergangsmatrix $\boldsymbol{\Phi}(t)$ Gl.(8.5/9b) kann nach verschiedenen Methoden sowohl analytisch wie numerisch erfolgen: *Analytisch* (praktisch beschränkt auf Netzwerke mit $n < 3$)

1. *Integration* der homogenen DGL (Integrationskonstanten durch Anfangswerte ersetzen, auf vektorielle Darstellungsform bringen und Koeffizienten ablesen). Man erhält mit der Differentialausführung die Komponentendarstellung

$$\frac{\mathrm{d}}{\mathrm{d}t}\Phi_{ik}(t,t_0) = \sum_{j=1}^{n} a_{ij}\Phi_{jk}(t,t_0) \tag{8.5/15}$$

mit den Anfangswerten

$$\Phi_{ik}(t_0,t_0) = \begin{cases} 0 & i \neq k \\ 1 & i = k. \end{cases}$$

Gleichwertig ist die Anwendung der *Laplace-Transformation*. Sie liefert

$$p\Phi_{ik}(p) = \sum_{j=1}^{n} a_{ij}\Phi_{jk}(t,t_0) + \Phi_{ik}(t_0,t_0).$$

Beispielsweise folgen für $n = 2$

$$\begin{aligned} p\Phi_{11} &= a_{11}\Phi_{11} + a_{12}\Phi_{21} + 1 \quad & p\Phi_{21} &= a_{21}\Phi_{11} + a_{22}\Phi_{21} \\ p\Phi_{12} &= a_{11}\Phi_{12} + a_{12}\Phi_{22} & p\Phi_{22} &= a_{21}\Phi_{12} + a_{22}\Phi_{22} + 1. \end{aligned}$$

Daraus lassen sich die $\Phi_{11} \ldots \Phi_{22}$ eliminieren, z.B.

$$\Phi_{11}\left(1 - \frac{a_{12}a_{21}}{(p-a_{11})(p-a_{22})}\right) = \frac{1}{p-a_{11}}$$

usw. Durch Rücktransformation in den Zeitbereich ergibt sich die gesuchte ÜM.

2. *Anwendung der Laplace-Transformation* auf die Zustandsgleichung mit $\boldsymbol{x}(t) = 0$. Das Verfahren führt auf

$$\boldsymbol{\Phi}(p) = \mathrm{LT}\{\boldsymbol{\Phi}(t)\} = (p\boldsymbol{E}-\boldsymbol{A})^{-1} = \mathrm{adj}(p\boldsymbol{E}-\boldsymbol{A})/\det(p\boldsymbol{E}-\boldsymbol{A}). \tag{8.5/16}$$

Dabei ist $\mathrm{adj}(p\boldsymbol{E} - \boldsymbol{A})$ die Adjungierte der Matrix $(p\boldsymbol{E} - \boldsymbol{A})$.

Hinweis: Das Element b_{ik} einer Inversen $\boldsymbol{F}^{-1}$ lautet $b_{ik} = \mathrm{adj} f_{ik}/\det \boldsymbol{F}$: Aufsuchen des zu b_{ki} gespiegelten Elementes a_{ik} in der Matrix $\boldsymbol{F}$, Berechnung der zugehörigen Unterdeterminante, Bestimmung des Stellungsvorzeichens $(-1)^{i+k}$ z.B. für das Element b_{31} von $\boldsymbol{F}^{-1}$:

$$\begin{pmatrix} \cdot & \cdot \\ b_{31} & \cdot \end{pmatrix} \to \begin{pmatrix} \cdot & a_{13} \\ \cdot & \cdot \end{pmatrix} \to \begin{pmatrix} \cdot & \cdot & x \\ \cdot & \cdot & \cdot \\ \begin{vmatrix} a_{21}a_{22} \\ a_{31}a_{32} \end{vmatrix} & \cdot & \cdot \end{pmatrix}$$

$$\to b_{31} = \frac{(-1)^{3+1}}{\det F}\begin{vmatrix} a_{21}a_{22} \\ a_{31}a_{32} \end{vmatrix}.$$

Die erforderliche Inversion der $n \times n$ Matrix in Gl.(8.5/16) wird ab $n > 3$ aufwendig.

Beispiel: Zu $\boldsymbol{A} = \begin{pmatrix} -1 & 6 \\ -1 & -6 \end{pmatrix}$ gehört $(p\boldsymbol{E} - \boldsymbol{A}) = \begin{pmatrix} p+1 & -6 \\ 1 & p+6 \end{pmatrix}$ sowie
$(p\boldsymbol{E} - \boldsymbol{A})^{-1} = \dfrac{1}{(p+3)(p+4)} \begin{pmatrix} p+6 & 6 \\ -1 & p+1 \end{pmatrix} = \begin{pmatrix} \frac{3}{N_1} - \frac{2}{N_2}; & \frac{6}{N_1} - \frac{6}{N_2} \\ \frac{-1}{N_1} + \frac{1}{N_2}; & \frac{-2}{N_1} + \frac{3}{N_2} \end{pmatrix}$
$(N_1 = p+3,\ N_2 = p+4)$ und nach gliedweiser Rücktransformation

$$\boldsymbol{\Phi}(t) = \exp \boldsymbol{A}t = \begin{pmatrix} 3a_1 - 2a_2 & 6a_1 - 6a_2 \\ -a_1 + a_2 & -2a_1 + 3a_2 \end{pmatrix}$$

$a_1 = \exp -3t,\ a_2 = \exp -4t.$

Numerische Verfahren basieren auf der Reihenentwicklung Gl.(8.5/14) mit Abbruch bei endlichem k. Dafür wurden verschiedene Algorithmen entwickelt.

Daneben ist auch eine direkte *numerische Lösung* der Zustandsgleichung möglich. Ausgehend von Gl.(8.5/3) erfolgt eine Lösung für diskrete Zeitpunkte $t_{i+1} = t_i + h$

$$x_{i+1} = x_i + \int_{t_i}^{t_{i+1}} f(z(\tau), x(\tau))\,\mathrm{d}\tau.$$

In dieser durch Diskretisierung entstandenen *Differenzengleichung* bedeutet h die Schrittweite. Abhängig vom Algorithmus zur Integration gibt es implizite und explizite Integrations- sowie Einschritt- und Mehrschrittverfahren. Der Rechenaufwand hängt von der Schrittweite, dem Integrationsverfahren und zugelassenen Fehler zwischen genauem Wert $x(t_i)$ und berechnetem x_i ab.

8.5.5 Lösung der Zustandsgleichung durch Laplace-Transformation

Für Netzwerke höherer Ordnung wird die Berechnung der Transitionsmatrix Gl.(8.5/9b) rasch aufwendig. Bei linear zeitunabhängigem Netzwerk bietet sich deshalb die Lösung der Zustandsgleichung (8.5/6) mit Laplace-Transformation an (Abschn. 11). Führt man ein $\mathrm{LT}\{\boldsymbol{z}(t)\} \to \boldsymbol{Z}(p)$, $\mathrm{LT}\{\boldsymbol{x}(t)\} \to \boldsymbol{X}(p)$ usw., so ergibt sich

- die *Zustandsgleichung im Bildbereich*

$$\boldsymbol{Z}(p) = (p\boldsymbol{E} - \boldsymbol{A})^{-1}\boldsymbol{B}\boldsymbol{X}(p) + (p\boldsymbol{E} - \boldsymbol{A})^{-1}\boldsymbol{z}(0) \qquad (8.5/17a)$$

- die *Ausgabegleichung* im Bildbereich

$$\boldsymbol{Y}(p) = \boldsymbol{C}\boldsymbol{Z}(p) + \boldsymbol{D}\boldsymbol{X}(p). \qquad (8.5/17b)$$

Nach Rücktransformation in den Zeitbereich ergibt sich die Lösung Gl. (8.5/9). Bei der Transformation tritt die *transformierte Übergangsmatrix*

$$\boldsymbol{\Phi}(p) = \mathrm{LT}\{\boldsymbol{\Phi}(t)\} = (p\boldsymbol{E} - \boldsymbol{A})^{-1} \qquad (8.5/18)$$

auf. Ihre Elemente sind die laplacetransformierten Elemente von $\boldsymbol{\Phi}(t)$.

Übertragungsmatrix. Wird in Gl.(8.5/17) $\boldsymbol{Z}(p)$ eliminiert (bei Anfangswert Null), so folgt

$$\boldsymbol{G}(p) = \boldsymbol{C}(p\boldsymbol{E} - \boldsymbol{A})^{-1}\boldsymbol{B} + \boldsymbol{D} \qquad (8.5/19)$$

als Eingangs-, Ausgangsbeziehung des Mehrgrößensystems. $\boldsymbol{G}(p)$ heißt *Übertragungsmatrix.*

Beim Mehrgrößensystem entsteht statt der bisherigen *Übertragungsfunktion* $G(p)$ eine *Matrix* von $m \times r$ Übertragungsfunktionen. Dabei stellt die Übertragungsfunktion G_{ij} die Beziehung zwischen der i-ten Ausgangsgröße $Y(p)$ und dem j-ten Eingang $X(p)$ dar.

Bezüglich der Pole p_i der Übertragungsfunktion läßt sich mit Gl.(8.5/19) zeigen: Pole p_i der Übertragungsfunktion und Eigenwerte λ_i der Systemmatrix $\boldsymbol{A}$ des gleichen Netzwerkes sind identisch.

Im Falle $m = 1$, $r = 1$ (je eine Ein- und Ausgangsgröße) folgt aus $\boldsymbol{G}(p)$ die bisherige Übertragungsfunktion, für $m = 2$, $r = 2$ (je zwei Eingangs- und Ausgangsgrößen) umfaßt $\boldsymbol{G}(p)$ je einen Satz von *Vierpolparametern* in den unterschiedlichen Darstellungsformen (je nach Variablenzuordnung, Bild R 8.5/7).

Aus der Übertragungsmatrix Gl.(8.5/19) folgt nach Rücktransformation

$$\boldsymbol{g}(t) = \mathrm{LT}^{-1}\{\boldsymbol{G}(p)\} = \boldsymbol{C\Phi}(t)\boldsymbol{B} + \boldsymbol{D}\delta(t) \qquad (8.5/20)$$

die *Gewichtsmatrix* $\boldsymbol{g}(t)$ des LTI-Netzwerkes (Gl.(8.5/12). Ihre Elemente $g_{ik}(t)$ sind die Impulsantworten zwischen den Netzwerkeingängen/-ausgängen i und k.

Für das Eingrößennetzwerk (je eine Eingangs- und Ausgangsgröße) wird anstelle von Gl.(8.5/19)

$$\boldsymbol{G}(p) = \boldsymbol{c}^{\mathrm{T}}(p\boldsymbol{E} - \boldsymbol{A})^{-1}\boldsymbol{b} + d. \qquad (8.5/21)$$

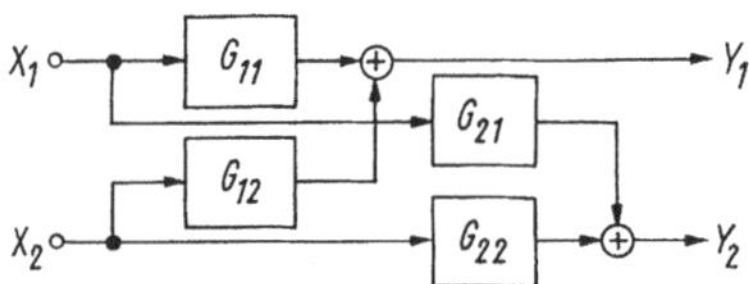

Bild R 8.5/7 Übertragungsmodell eines Mehrgrößensystems mit je zwei Eingangs- und Ausgangsgrößen

8.5.6 Normalformen

Zustandsgrößen können für ein gegebenes Netzwerk vielfältig definiert werden (obwohl sich die Wahl physikalischer Zustandsgrößen anbietet). Deshalb gibt es für ein Netzwerk gleichwertige Zustandsgleichungen mit unterschiedlichen Matrizen $\boldsymbol{A}$, $\boldsymbol{B}$, $\boldsymbol{C}$.

Besonders bevorzugt sind *Normalformen* oder *kanonische* Formen von Zustandsgleichungen

- mit möglichst einfacher Systemmatrix (viele Nullelemente, → Entkopplung der Zustandsgrößen)
- deren Nichtnullelemente in direktem Zusammenhang mit Netzwerkeigenschaften stehen (Eigenwerte, charakteristische Polynome u.a.).

In Normalformen können Zustandsvariable ihren direkten physikalischen Bezug verlieren. Normalformen vereinfachen systematische Netzwerkuntersuchungen (und vor allem die Synthese) beträchtlich. Ihre Grundlage ist eine Ähnlichkeitstransformation der Systemmatrix $\boldsymbol{A}$ (s. u.).

Größere Bedeutung haben die *Regelungs-*, *Beobachtungs-* und *Jordan-Normalform.*

Regelungsnormalform (Frobenius- Steuerungsnormal-, I-Standardform). In diesem Fall wird die lineare DGL der Ordnung n beschrieben durch

$$\frac{\mathrm{d}}{\mathrm{d}t}\boldsymbol{z}_{\mathrm{R}} = \boldsymbol{A}_{\mathrm{R}}\boldsymbol{z}_{\mathrm{R}} + \boldsymbol{b}_{\mathrm{R}}\boldsymbol{x}, \quad \boldsymbol{y} = \boldsymbol{c}_{\mathrm{R}}\boldsymbol{z}_{\mathrm{R}} + \boldsymbol{d}_{\mathrm{R}}\boldsymbol{x} \tag{8.5/22}$$

Regelungsnormalform

mit

$$\boldsymbol{A}_{\mathrm{R}} = \begin{pmatrix} 0 & 1 & 0 & . & 0 \\ . & 0 & 1 & . & . \\ . & . & . & . & 0 \\ 0 & . & . & 0 & 1 \\ -\frac{a_0}{a_n} & -\frac{a_1}{a_n} & -\frac{a_2}{a_n} & . & -\frac{a_{n-1}}{a_n} \end{pmatrix}, \quad \boldsymbol{b}_{\mathrm{R}} = \begin{pmatrix} 0 \\ . \\ . \\ . \\ \frac{1}{a_n} \end{pmatrix},$$

$$\boldsymbol{c}_{\mathrm{R}}^{\mathrm{T}} = \left(\left(b_0 - \frac{b_n a_0}{a_n}\right), \left(b_1 - \frac{b_n a_1}{a_n}\right) \cdots \left(b_{n-1} - \frac{b_n a_{n-1}}{a_n}\right)\right), \quad d = \frac{b_n}{a_n}.$$

Im Blockschaltbild R 8.5/8a wirkt die Erregergröße direkt nur auf die Zustandsvariable $x_{n\mathrm{R}}$. Der Durchgangsfaktor tritt nur bei $b_n \neq 0$ auf, d.h. wenn Zähler und Nenner gleiche Ordnung haben ($\rightarrow$ Merkmal eines sprungfähigen Netzwerkes).

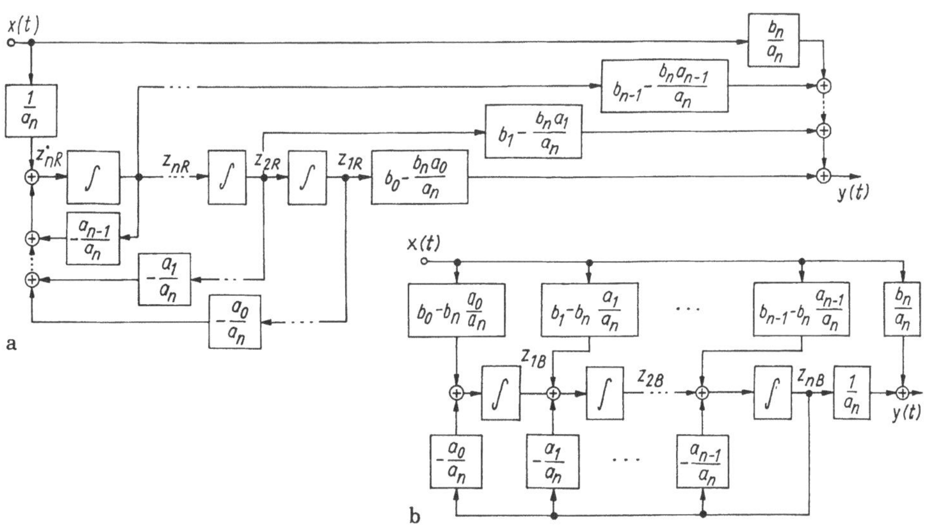

Bild R 8.5/8 Blockschaltbild eines Übertragungssystems
a) Regelungsnormalform, b) Beobachtungsnormalform

Beobachtungsnormalform (auch II-Standardform) mit

$$\frac{\mathrm{d}}{\mathrm{d}t}\boldsymbol{z}_\mathrm{B} = \boldsymbol{A}_\mathrm{B}\boldsymbol{z}_\mathrm{B} + \boldsymbol{b}_\mathrm{B}\boldsymbol{x}, \quad \boldsymbol{y} = \boldsymbol{c}_\mathrm{B}^\mathrm{T}\boldsymbol{z}_\mathrm{B} + \boldsymbol{d}\boldsymbol{x} \tag{8.5/23}$$

Beobachtungsnormalform

und

$$\boldsymbol{A}_\mathrm{B} = \begin{pmatrix} 0 & 0 & . & 0 & -\frac{a_0}{a_n} \\ 1 & 0 & . & 0 & -\frac{a_1}{a_n} \\ 0 & 1 & . & 0 & -\frac{a_2}{a_n} \\ . & . & . & . & . \\ 0 & 0 & . & 1 & -\frac{a_{n-1}}{a_n} \end{pmatrix}, \quad \boldsymbol{b}_\mathrm{B} = \begin{pmatrix} b_0 - b_n\frac{a_0}{a_n} \\ b_1 - b_n\frac{a_1}{a_n} \\ . \\ . \\ b_{n-1} - b_n\frac{a_{n-1}}{a_n} \end{pmatrix},$$

$$\boldsymbol{c}_\mathrm{B}^\mathrm{T} = \begin{pmatrix} 0 & 0 & \dots & 0 & \frac{1}{a_n} \end{pmatrix}, \quad d = \frac{b_n}{a_n}.$$

In Bild R 8.5/8b hängt die Ausgangsvariable für $d = 0$ nur von den Zustandsgrößen ab. Diese Form ist durch Vergleich der Strukturbilder dual zur Regelungsnormalform (Vektoren $\boldsymbol{b}$ und $\boldsymbol{c}$ vertauscht, Matrix $\boldsymbol{A}$ hat transponierte Frobenius-Form mit Koeffizienten in den Spalten, in Gl.(8.5/22) in den Zeilen).

Kanonische Diagonalform. In der Zustandsgleichung (8.5/6) treten stets physikalische Netzwerkgrößen auf. Angesichts der nicht einfachen Auswertung der Übergangsmatrix und der Tatsache, daß sich die skalare homogene DGL mit dem Ansatz $\exp \lambda t$ lösen läßt, liegt statt des Lösungsansatzes $\boldsymbol{z} = \boldsymbol{\Phi}\boldsymbol{k}$ ein *veränderter* Ansatz $\boldsymbol{z} = \boldsymbol{k} \exp \lambda t$ nahe, der direkt zu den Eigenwerten λ_i führt. Damit ergibt sich durch Einsetzen in die homogene DGL (8.5/7) mit $x = 0$ als Bedingung die charakteristische Gleichung

$$\det(\boldsymbol{A} - \lambda \boldsymbol{E}) = 0. \tag{8.5/24a}$$

Die Wurzeln λ_i der charakteristischen Gleichung sind die Eigenwerte der Systemmatrix $\boldsymbol{A}$.

Wir nehmen zur Vereinfachung alle Eigenwerte voneinander verschieden an. Dann hat eine $(n \times n)$-Matrix genau n verschiedene Eigenwerte λ_i.

Mit Kenntnis der Eigenwerte λ_i folgt zur Lösung der homogenen DGL $\dot{\boldsymbol{z}} = \boldsymbol{A}\boldsymbol{z}$ der Ansatz

$$\boldsymbol{z}(t) = \boldsymbol{k}_1 \exp \lambda_1 t + \ldots + \boldsymbol{k}_n \exp \lambda_n t.$$

Die Lösungsvektoren $\boldsymbol{k}_i$ ergeben sich durch Einsetzen des Ansatzes $\boldsymbol{z}(t)$ in Gl.(8.5/7). Das erfordert Gleichheit der Koeffizienten gleicher Exponentialfunktionen oder

$$\lambda_i \boldsymbol{k}_i = \boldsymbol{A}\boldsymbol{k}_i \quad i = 1, 2 \ldots n, \tag{8.5/24b}$$

d.h. $\boldsymbol{k}_i = (k_{i1}, k_{i2} \ldots k_{in})^\mathrm{T}$.

Es gilt

$$(\boldsymbol{A} - \lambda_i \boldsymbol{E})\boldsymbol{k}_i = 0. \tag{8.5/25}$$

Jeder Vektor $\boldsymbol{k}_i$, der Gl.(8.5/25) erfüllt, heißt *Eigenvektor* der quadratischen Matrix $\boldsymbol{A}$. Er gehört zum Eigenwert λ_i.

Dann kann die Lösung in der Form (auch mit $\alpha_i \neq 0$)

$$z(t) = \alpha_1 \boldsymbol{k}_1 \exp \lambda_1 t + \alpha_2 \boldsymbol{k}_2 \exp \lambda_2 t + \ldots + \alpha_n \boldsymbol{k}_n \exp \lambda_n t \qquad (8.5/26)$$

geschrieben werden bei (einfachen Eigenwerten):

- Jede Zustandsvariable $\boldsymbol{z}$ setzt sich so i.a. aus allen Eigenvorgängen $\exp \lambda_i t$ des Netzwerkes linear nach Maßgabe der Eigenvektoren $\boldsymbol{k}_i$ zusammen.
- Die in Gl.(8.5/26) auftretenden Beiwerte α_i sind durch die Anfangswerte zu bestimmen.
- Die für die freien Lösungen maßgebenden Teilvorgänge $\boldsymbol{k}_i \exp \lambda_i t$ heißen *Eigenvorgänge* oder *Modi* des Systems. Sie werden vom Anfangszustand angeregt.

Transformation der Systemmatrix. Für systematische Untersuchungen ist eine *Ähnlichkeitstransformation* der Systemmatrix $\boldsymbol{A}$ zweckmäßig, um den Übergang zu *Normalformen* der Zustandsgleichung zu ermöglichen.

Wir wählen als neue Zustandsvariable $\hat{\boldsymbol{z}}$ und suchen eine kanonische[5] Form der Zustandsgleichungen aus. Sie wird erreicht, wenn die Systemmatrix $\boldsymbol{A}$ in eine Diagonalmatrix überführt werden kann. Dazu dient die *Ähnlichkeitstransformation*

$$\boldsymbol{z} = \boldsymbol{T}\hat{\boldsymbol{z}} \quad \text{bzw.} \quad \hat{\boldsymbol{z}} = \boldsymbol{T}^{-1}\boldsymbol{z} \qquad (8.5/27a)$$

mit der $(n \times n)$ nichtsingulären Transformationsmatrix $\boldsymbol{T}$. Die Matrix $\boldsymbol{T}$ wird aus den n Eigenvektoren $\boldsymbol{k}_i$ gebildet ($\rightarrow$ Eigenvektormatrix)

$$\boldsymbol{T} \hat{=} (\boldsymbol{k}_1\, \boldsymbol{k}_2 \ldots \boldsymbol{k}_n).$$

Die Anwendung auf Gl.(8.5/6) führt schließlich auf die *Normalform*

$$\begin{aligned} \frac{\mathrm{d}}{\mathrm{d}t}\hat{\boldsymbol{z}} &= \hat{\boldsymbol{A}}\hat{\boldsymbol{z}} + \hat{\boldsymbol{B}}\boldsymbol{x} \qquad \hat{\boldsymbol{z}}(t_0) = \hat{\boldsymbol{z}}_0 \\ \boldsymbol{y} &= \hat{\boldsymbol{C}}\hat{\boldsymbol{z}} + \hat{\boldsymbol{D}}\boldsymbol{x} \end{aligned} \qquad \text{Normalform der Zustandsgleichung} \qquad (8.5/27b)$$

mit

$$\boldsymbol{\lambda} = \hat{\boldsymbol{A}} = \boldsymbol{T}^{-1}\boldsymbol{A}\boldsymbol{T}, \quad \hat{\boldsymbol{B}} = \boldsymbol{T}^{-1}\boldsymbol{B}, \quad \hat{\boldsymbol{C}} = \boldsymbol{C}\boldsymbol{T}, \quad \hat{\boldsymbol{D}} = \boldsymbol{D}. \qquad (8.5/27c)$$

Wir bemerken:

- Durch Ähnlichkeitstransformation geht die Systemmatrix $\boldsymbol{A}$ in eine Diagonalmatrix $\hat{\boldsymbol{A}} = \boldsymbol{\lambda} = \mathrm{diag}(\lambda_i)$ über.
- Bei der Transformation bleiben die Eigenwerte unverändert. ($\det(\lambda \boldsymbol{E} - \boldsymbol{A}) = \det(\lambda \boldsymbol{E} - \boldsymbol{T}^{-1}\boldsymbol{A}\boldsymbol{T})$)
- Die Transformation erlaubt eine entkoppelte Systemdarstellung.
- Die Determinante der Matrix $\boldsymbol{A}$ ist gegenüber der Transformation invariant.
- Die vorgenannte Diagonalform gilt für einfache Eigenwerte, bei mehrfachen ist meist nicht die Diagonalform, sondern nur die sog. Jordan-Matrix möglich.

Die Lösung $\hat{\boldsymbol{z}}$ der transformierten Zustandsgleichung lautet schließlich mit Einschluß des erzwungenen Anteils (analog zu Gl. (8.5/9))

[5] Mit minimaler Zahl von Zustandsgrößen.

$$\hat{\boldsymbol{z}}(t) = \exp \boldsymbol{\lambda} t \hat{\boldsymbol{z}}(0) + \int_0^t \exp \boldsymbol{\lambda}(t-\tau)\hat{\boldsymbol{B}}\boldsymbol{x}(\tau)\,\mathrm{d}\tau = \hat{\boldsymbol{z}}_{\mathrm{fr}} + \hat{\boldsymbol{z}}_{\mathrm{erz}} \qquad (8.5/28\mathrm{a})$$

$$\hat{\boldsymbol{z}}(0) = \boldsymbol{T}^{-1}\boldsymbol{z}(0) \qquad \text{Zustandsgleichung, Lösung in Normalform}$$

mit

$$\exp \boldsymbol{\lambda} t = \begin{pmatrix} \exp \lambda_1 & 0 & . & . \\ 0 & \exp \lambda_2 t & & . \\ . & & \ddots & . \\ 0 & . & . & \exp \lambda_n t \end{pmatrix}. \qquad (8.5/28\mathrm{b})$$

Beispielsweise führt ein Eingangssprung ($\boldsymbol{x}(t) = \boldsymbol{X}_0 s(t)$) zum erzwungenen zweiten Anteil

$$\begin{aligned} \hat{\boldsymbol{z}}_{\mathrm{erz}}(t) &= \exp \boldsymbol{\lambda} t \int_0^t \exp -\boldsymbol{\lambda}\tau\hat{\boldsymbol{B}}\boldsymbol{X}_0\,\mathrm{d}\tau = (\exp \boldsymbol{\lambda} t - \boldsymbol{E})\boldsymbol{\lambda}^{-1}\boldsymbol{B}\boldsymbol{X}_0 \\ &= \begin{pmatrix} \ddots & & 0 \\ & \frac{\exp \lambda_i t - 1}{\lambda_i} & \\ 0 & & \ddots \end{pmatrix} \hat{\boldsymbol{B}}\hat{\boldsymbol{X}}_0. \end{aligned} \qquad (8.5/29)$$

Die Gl.(8.5/28a) heißt *Bewegungsgleichung in kanonischer Normalform* (mit kanonischen Zustandsvariablen $\hat{z}_i$). Diese Zustandsvariablen sind i.a. nicht physikalisch interpretierbar.

Die Lösung Gl.(8.5/28a) enthält den freien und erzwungenen Anteil. Die Komponenten sind jeweils unabhängig voneinander berechenbar.

Rückblick. An dieser Stelle sind einige rückblickende Bemerkungen angebracht:

- Das *Zustandsraumverfahren* verknüpft alle Netzwerkgrößen (u, i) in Matrixform, es bestimmt die Dynamik des Netzwerkes nach Maßgabe der Zustandsgrößen. Anfangszustände können individuell vorgegeben werden.
- Die Berechnung des homogenen Systems ist unter Verwendung der Anfangswerte einfach.
- Das Verfahren eignet sich gut für theoretische Betrachtungen (Systemdynamik) sowie die analytische, graphische und numerische Behandlung.
- Das Verfahren ist bequem auf nichtlineare Systeme mit konzentrierten Elementen erweiterbar (s. Abschn. 8.7.6).
- Eingrößen- und Mehrgrößensysteme können formal gleich behandelt werden.
- Bei der sog. *Eigenschwingungsmethode* wird ausschließlich die homogene Zustandsgleichung betrachtet und so nur die freie Schwingung analysiert. Dabei entsteht die Lösung in zwei Schritten: Bestimmung der Eigenwerte und anschließende Bildung der freien Schwingung durch Überlagerung von Eigenschwingungen, deren Funktionstyp von vornherein festliegt. Das wird besonders deutlich bei der Transformation auf eine Normalform.

8.5.7 Darstellung in der Phasenebene

Der Zustandsvektor $\boldsymbol{z}(t)$ stellt zur Zeit t einen Punkt im n-dimensionalen Raum - dem *Zustandsraum* - dar. Mit fortschreitender Zeit beschreibt der

Endpunkt die *Zustandskurve* oder *Trajektorie*. Sie erlaubt wichtige Aussagen über das Systemverhalten:

Von besonderer Bedeutung sind Netzwerke vom Grade $n = 2$. Dann ist der Zustandsraum eine *Zustandsebene* mit $z_1 = y$ als Abszisse und $z_2 = \dot{y}$ als Ordinate (Bild R 8.5/9a).

Zur DGL $\ddot{y}(t) = f(y, \dot{y}, x)$ mit $y(t_0) = y_0$, $\dot{y}(t_0) = \dot{y}_0$ als Anfangsgrößen folgt mit den Zustandsgrößen z_1, z_2 das Gleichungssystem

$$\begin{aligned} \dot{z}_1 &= z_2 & z_1(t_0) &= z_{10} = y_0 \\ \dot{z}_2 &= f(z_1, z_2, x) & z_2(t_0) &= z_{20} = \dot{y}_0. \end{aligned} \qquad (8.5/30)$$

Ist die Erregung x *nicht* explizit zeitabhängig, so kann die Zeit in Gl.(8.5/30) eliminiert werden und es gilt

$$\frac{\mathrm{d}z_2}{\mathrm{d}z_1} = \frac{f(z_1, z_2, x)}{z_2} \qquad \text{Trajektorien-DGL} \quad (8.5/31a)$$

als *Trajektorien-DGL* (Anfangswerte z_{10}, z_{20}).

Die Trajektorie (Zustandskurve, Phasenbahn) ist die Kurve, die der Zustandsvektor zwischen einem Anfangs- und Endwert (falls er existiert) mit der Zeit als Parameter durchläuft.

Sie läßt sich bestimmen

- durch Integration der Trajektoriengleichung Gl.(8.5/31), falls Variablentrennung möglich. Kennt man $z_2(z_1)$ bzw. $z_1(z_2)$, so folgt aus

$$\dot{z}_2 = f(z_1, z_2, x) \to \mathrm{d}t = \mathrm{d}z_2/f(\ldots) \to \Delta t = \int_{P_0}^{P} \frac{\mathrm{d}z_2}{f(..)}.$$

- durch das *Isoklinenverfahren*. Auf einer Isokline hat die Steigung der Trajektorie einen festen Wert

$$\frac{\mathrm{d}z_2}{\mathrm{d}z_1} = \frac{f(z_1, z_2, x)}{z_2} = m. \qquad (8.5/31b)$$

Für jede Isokline ist damit die Kurvensteigung im Punkt z_1, z_2 vorgegeben.

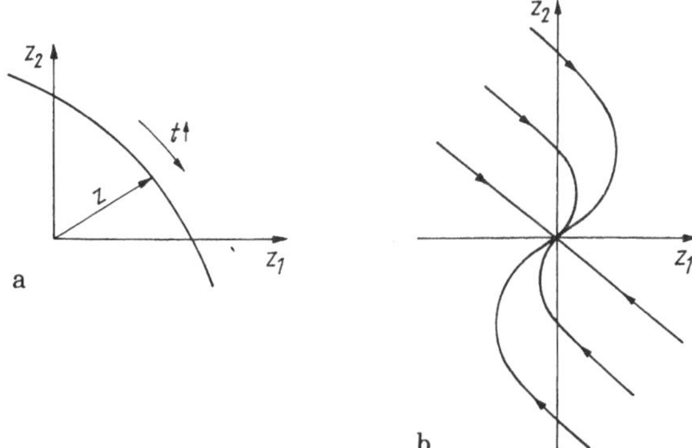

Bild R 8.5/9 Phasenebene
a) Trajektorie mit Zeitparameter, b) Phasenporträt

Zustandskurven mit verschiedenen Anfangsbedingungen bilden das sog. *Phasenporträt* (Bild R 8.5/9b). Zustandskurven haben mehrere *charakteristische Eigenschaften*:

- Sie verlaufen in der oberen Hälfte ($z_2 > 0$) der Zustandsebene von links nach rechts, in der unteren ($z_2 < 0$) von rechts nach links.
- Sie schneiden die z_1-Achse senkrecht außer in sog. singulären Punkten.
- Singuläre Punkte liegen auf der z_1-Achse und sind stets Gleichgewichtslagen. Es gibt verschiedene singuläre Punkte: Strudel, Wirbel, Knoten und Sattelpunkte.
- Geschlossene Kurven bedeuten *Dauerschwingungen*, auch Grenzzyklen genannt. Grenzzyklen sind Orte, zu denen alle benachbarten Zustandskurven konvergieren (oder von denen Zustandskurven divergieren). Es gibt folgende Grenzzyklen (Bild R 8.5/10)
  - *stabile*: Trajektorien, die in Umgebung des Grenzzyklus beginnen, streben für $t \to \infty$ wieder gegen diesen
  - *semistabile*: Trajektorien streben für $t \to \infty$ auf der einen Seite zum Grenzzyklus, auf der anderen von ihm weg
  - *instabile*: alle in Umgebung eines Grenzzyklus beginnenden Trajektorien streben von ihm weg.

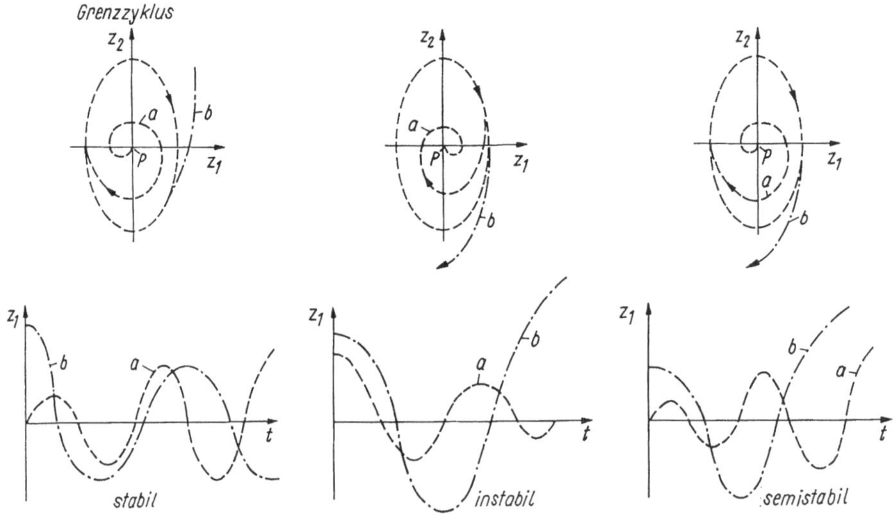

Bild R 8.5/10 Grenzzyklen in der Phasenebene mit Zeitverlauf benachbarter Zustandskurven (P: instabiler Brennpunkt)

8.5.8 Aufstellung der Zustandsgleichungen

Kernpunkt der Zustandsbeschreibung ist die rationelle Aufstellung der Gleichungen. Mehrere Wege sind möglich:

1. Anwendung der gängigen *Netzwerkverfahren*, Festlegung der Zustandsvariablen, Eliminierung der nicht gesuchten Variablen, Umordnung auf die Zustandsgleichungsform. Dazu werden
   a) als Zustandsvariable die Kondensatorspannungen und Spulenströme eingeführt,
   b) mit den Kirchhoffschen Gleichungen ein System linear unabhängiger Gleichungen für jeden Kondensator und jede Spule gewonnen,
   c) die Gleichungen so umgeformt, daß nur noch die Zustandsvariablen (und ihre erste Ableitung) auftreten und alle übrigen Variablen mit Ausnahme der gesuchten Ausgangsgrößen entfernt sind,
   d) Anordnung der Gleichungen nach c) in der Standardform Gl.(8.5/6).
2. Verfahren, das direkt auf die *Standardform* führt:
   a) Man wähle einen Normalbaum des Netzwerkes, der alle Spannungsquellen, möglichst viele Kondensatoren und möglichst wenig Induktivitäten enthält,
   b) unabhängige Zustandsvariable sind die Kondensatorspannungen in den Baumzweigen und die Spulenströme in den Kobaumzweigen,
   c) man schreibe zu jedem Kondensatorzweig die zum Fundamentalschnitt gehörende Knotengleichung,
   d) man schreibe für jede Spule im Kobaumzweig die Maschengleichung für die zugehörige Fundamentalmasche,
   e) treten durch Widerstände neue Spannungs- oder Stromvariable auf, so schreibe man für den Widerstandszweig die Kirchhoffschen Gleichungen und drücke die Widerstandszweiggrößen durch die Zustandsvariablen aus,
   f) man führe alle Gleichungen der Schritte c)...e) zur Standardgleichungsform zusammen.
3. Ein *drittes*, nur auf LTI-Netzwerke anwendbares Verfahren besteht darin, aus dem Netzwerk die Energiespeicher herauszuziehen. Der Rest ist ein rein resistives Netzwerk (mit unabhängigen Quellen). Dann werden eingeführt:
   - die Zustandsgrößen (u_{C}, i_{L}) als unabhängige Variable
   - ein Gleichungssystem des resistiven Netzwerkes für die unbekannten Klemmengrößen (als Funktion der als gegeben angenommenen Zustandsgrößen)
   - die u-, i-Relationen der Energiespeicherelemente, mit denen sich die Zustandsgleichungen ergeben.

Zur Berechnung der Spalte j in den Matrizen $\boldsymbol{A}$, $\boldsymbol{C}$ Gl.(8.5/6) werden alle Quellen und die Zustandsgrößen $z_i(0)$ für $i \neq j$ gleich Null gesetzt und anstelle des Energiespeichers j mit $z_i(0) \neq 0$ eine Anordnung des energiefreien Energiespeichers und einer geschalteten Quelle (bei $t = 0$) eingeführt. Dann müssen zur Bestimmung der a_{ij} die Ströme $i_{\mathrm{C}i}(0)$ in den Kondensatoren und die Spannungen $u_{\mathrm{L}i}(0)$ an den Induktivitäten über das ohmsche Netzwerk berechnet werden

$$a_{ij} = \frac{1}{C_i}\frac{i_{Ci}(0)}{x_j(0)} \quad \text{bzw. } a_{ij} = \frac{1}{L_i}\frac{u_{Li}(0)}{x_j(0)},$$

gleichermaßen werden die $y_i(0)$, $i = 1 \ldots m$ bestimmt, die zu den Elementen c_{ij} führen. (Analog wird mit $\boldsymbol{B}$, $\boldsymbol{D}$ verfahren.)

Beispiel: Für das Netzwerk mit C und L (Bild R 8.5/11a) ist wie folgt vorzugehen:

- Ersatz von C und L durch die Spannungsquelle u_1 und die Stromquelle i_2 (Bild R 8.5/11b)
- Formulierung der Gleichungen des resistiven Netzwerkes N mit inneren Quellen i_{q1}, u_{q2} (s. Abschn. 8.4.1):

$$\begin{aligned} i_1 &= C_{11}u_1 + C_{12}i_2 + i_{q1} \\ u_2 &= C_{21}u_1 + C_{22}i_2 + u_{q2} \end{aligned}$$

  für die unbekannten Klemmenströme oder Spannungen, hier also i_1 und u_2
- Formulierung der Zustandsgleichungen mit

$$\dot{u}_C = -i_1/C; \quad \dot{i}_L = -u_2/L.$$

  Die Zusammenfassung führt auf

$$\begin{pmatrix} \dot{u}_C \\ \dot{i}_L \end{pmatrix} = -\begin{pmatrix} \frac{C_{11}}{C} & \frac{C_{12}}{C} \\ \frac{C_{21}}{L} & \frac{C_{22}}{L} \end{pmatrix} \cdot \begin{pmatrix} u_C \\ i_L \end{pmatrix} - \begin{pmatrix} \frac{i_{q1}}{C} \\ \frac{u_{q2}}{L} \end{pmatrix}.$$

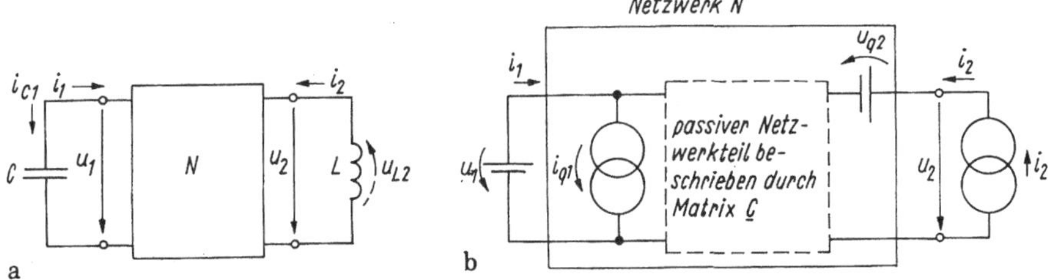

Bild R 8.5/11 Netzwerk analysiert mit Zustandsgrößen
a) Netzwerk mit herausgezeichneten Energiespeichern, b) Ersatz der Energiespeicher durch unabhängige Quellen

8.5.9 Phasenebene eines linearen Systems zweiter Ordnung

Wir betrachten das Phasenporträt des technisch wichtigen LTI-Netzwerkes zweiter Ordnung mit der Netzwerk- bzw. Zustandsdifferentialgleichung (Gl. (8.5/8)) in skalarer Form

$$\ddot{z} + 2\alpha\dot{z} + \omega_0^2 z = x(t). \tag{8.5/32}$$

Dieses Modell bietet guten Einblick in prinzipielle Eigenschaften der Phasenebene. Der skalaren Netzwerk-Differentialgleichung entspricht die Zustandsform für die beiden Zustandsvariablen z_1, z_2

$$\begin{pmatrix} \dot{z}_1 \\ \dot{z}_2 \end{pmatrix} = \begin{pmatrix} a_{11} & a_{12} \\ a_{21} & a_{22} \end{pmatrix} \cdot \begin{pmatrix} z_1 \\ z_2 \end{pmatrix} = \begin{pmatrix} b_1 & 0 \\ 0 & b_2 \end{pmatrix} \begin{pmatrix} x_1(t) \\ x_2(t) \end{pmatrix} \tag{8.5/33a}$$

oder in Vektorform

$$\dot{\boldsymbol{z}} = \boldsymbol{A}\boldsymbol{z} + \boldsymbol{B}\boldsymbol{x} \tag{8.5/33b}$$

(ggf. noch ergänzt um eine Ausgabegleichung $y(x, z)$).

Die Überführung der Gleichungen ineinander ist durch Differenzieren einer Gleichung und Einsetzen der anderen leicht möglich, z.B. für z_1:

$$\ddot{z}_1 - T\dot{z}_1 + \Delta z_1 = x_\mathrm{a}(t) \quad (a_{12} \neq 0) \tag{8.5/33c}$$

mit

$$T = a_{11} + a_{22}, \quad \Delta = a_{11}a_{22} - a_{12}a_{21}$$

$$x_\mathrm{a}(t) = -a_{22}b_1x_1(t) + a_{12}b_2x_2(t) + \dot{x}_1(t).$$

(Für $a_{12} = a_{21} = 0$ entstehen zwei entkoppelte DGL erster Ordnung, die hier nicht weiter verfolgt werden.)

Das grundsätzliche Verhalten der skalaren Netzwerkgleichung (8.5/32) resp. (8.5/33c) wird durch die homogene DGL bestimmt, also das *Nulleingangsverhalten* ($x(t) = 0$). Mit

$$2\alpha = -T = -(a_{11} + a_{22}) \quad (\geq 0)$$

$$\omega_0^2 = \Delta \quad (> 0)$$

folgen für Gl.(8.5/32) die *natürlichen Frequenzen* aus den Nullstellen des charakteristischen Polynoms:

$$p_{1,2} = -\alpha \pm \sqrt{\alpha^2 - \omega_0^2} = \begin{cases} -\alpha \pm \alpha_\mathrm{d} & \alpha > \omega_0 > 0 \\ -\alpha \pm \mathrm{j}\omega_\mathrm{d} & 0 < \alpha < \omega_0 \\ -\alpha & \alpha = \omega_0 > 0 \end{cases} \tag{8.5/34}$$

mit $\alpha_\mathrm{d} = \sqrt{\alpha^2 - \omega_0^2}$, $\omega_\mathrm{d} = \sqrt{\omega_0^2 - \alpha^2}$.

Abhängig von den Eigenwerten p_1, p_2 entsteht dabei *überdämpftes*, *kritisch gedämpftes*, *unterdämpftes* oder *verlustfreies* Verhalten.

Aus der Gleichung (8.5/33b) des Nullzustandsverhaltens $x(t) = 0$ folgt als Ansatz zur Lösung der Eigenwerte λ_1, λ_2 der Matrix $\boldsymbol{A}$ (s. Gl.(8.5/24)) die *Eigenwertgleichung*

$$\det\begin{pmatrix} a_{11} - \lambda & a_{12} \\ a_{21} & a_{22} - \lambda \end{pmatrix} = \lambda^2 - T\lambda + \Delta = 0.$$

Das sind die *natürlichen Frequenzen* p_1, p_2 (Gl.(8.5/34))

$$\lambda_{1,2} = \frac{T}{2} \pm \sqrt{\frac{T^2}{4} - \Delta} = -\alpha \pm \sqrt{\alpha^2 - \omega_0^2} = p_{1,2} \tag{8.5/35}$$

(für $T^2/4 > \Delta$ reell, für $T^2/4 < \Delta$ konjugiert komplex).

Für jeden so berechneten Eigenwert kann die Gleichung

$$(\lambda\boldsymbol{E} - \boldsymbol{A})\boldsymbol{z} = 0$$

nach $\boldsymbol{z}$ gelöst werden, die zugehörigen $\boldsymbol{z}$-Richtungen heißen *Eigenvektoren* $\boldsymbol{k}_i$ (Gl.(8.5/25)). Das sind die Richtungen im Zustandsraum, längs derer der Zustandsvektor in einem quellenfreien Netzwerk seine Amplitude ändert, aber die Richtung beibehält (Bild R 8.5/12). Es seien

$$\boldsymbol{k}_1 = \begin{pmatrix} k_{11} \\ k_{12} \end{pmatrix}, \quad \boldsymbol{k}_2 = \begin{pmatrix} k_{21} \\ k_{22} \end{pmatrix}$$

die Eigenvektoren der Gl.(8.5/33b) mit $\boldsymbol{x} = 0$. Sie erfüllen definitionsgemäß Gl.(8.5/24b) und damit auch jeder skalierte Eigenvektor $\gamma\boldsymbol{k}_i$. Dann gilt

$$\boldsymbol{z}_1(t) = (\exp p_1t)\boldsymbol{k}_1, \quad \boldsymbol{z}_2(t) = (\exp p_2t)\boldsymbol{k}_2.$$

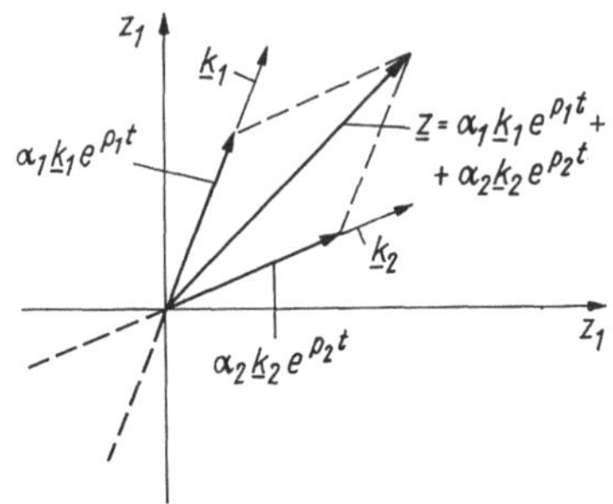

Bild R 8.5/12 Lösungskomponenten $z(t)$ längs der beiden linear unabhängigen Eigenvektoren $\boldsymbol{k}_1$, $\boldsymbol{k}_2$

Spezielle Lösungen der homogenen Zustandsgleichung (8.5/33) sind folglich auch jede Linearkombination und damit

$$\boldsymbol{z}(t) = \alpha_1(\exp p_1 t)\boldsymbol{k}_1 + \alpha_2(\exp p_2 t)\boldsymbol{k}_2. \quad (8.5/36)$$

Das Nulleingangsverhalten der Zustandsgleichung hängt nur von den Eigenwerten p_1, p_2 und den Eigenvektoren $\boldsymbol{k}_1$, $\boldsymbol{k}_2$ sowie über α_1, α_2 von den Anfangswerten ab (beide Eigenwerte verschieden angenommen).

Qualitatives Verhalten. Phasenporträt. Die Darstellung der Lösungen $z_1(t)$, $z_2(t)$ in der z_1-, z_2-Phasenebene ergibt insgesamt sechs qualitativ unterschiedliche Verläufe. Ausgang sei dabei ein Gleichgewichtszustand $\boldsymbol{z} = \boldsymbol{z}_0$ für alle $t \geq 0$ (mit $\dot{\boldsymbol{z}} = 0$). Dann folgt aus $\boldsymbol{A}\boldsymbol{z} = 0$ die *Gleichgewichtsbedingung*

$$\Delta = a_{11}a_{22} - a_{12}a_{21} \neq 0$$

des linearen Netzwerkes zweiter Ordnung. Abhängig von Δ und T sind folgende Fälle möglich:

1. *Zwei reelle Eigenwerte*, $4\Delta < T^2$, $\Delta \neq 0$ ($\alpha^2 > \omega_0^2$, $\omega_0^2 \neq 0$).
   Die Bedingung ergibt zwei reelle Eigenwerte p_1, p_2 und damit zwei linear unabhängige Eigenvektoren $\boldsymbol{k}_1$, $\boldsymbol{k}_2$ (Bild R 8.5/13). Der Verlauf $\boldsymbol{z}(t)$ im Bereich $t = 0 \ldots \infty$ liefert Trajektorien:
   a) für $p_2 < p_1 < 0$ (d.h. $\alpha > \omega_0 > 0$) gehen beide Eigenvektoren $(\alpha_1 \exp p_1 t)\boldsymbol{k}_1$, $(\alpha_2 \exp p_2 t)\boldsymbol{k}_2$ gegen Null für $t \to \infty$, die zweite Komponente wegen $p_2 < p_1$ schneller als die erste. Deshalb heißt $\boldsymbol{k}_2$ ($\boldsymbol{k}_1$) der schnellere (langsamere) Eigenvektor. Das asymptotische Verhalten wird durch das langsamere Verhalten bestimmt. Der Gleichgewichtszustand $\boldsymbol{z} = 0$ lautet *asymptotisch stabiler Knoten* (Bild 8.5/13a). Er entspricht dem überdämpften Fall.
   b) Für $0 < p_2 < p_1$ (d.h. $\alpha < -\omega_0 < 0$) wachsen beide Eigenvektoren exponentiell mit t an, dabei gibt $\boldsymbol{k}_1$ die Richtung für $t \to \infty$ und $\boldsymbol{k}_2$ die für $t \to -\infty$ an. Der Gleichgewichtszustand $\boldsymbol{z} = 0$ heißt *instabiler Knoten* (Bild R 8.5/13b). Wegen $0 < p_2 < p_1$ wächst die erste Komponente in Gl.(8.5/36) schneller, daher ist $\boldsymbol{k}_1$ der schnelle Eigenvektor.

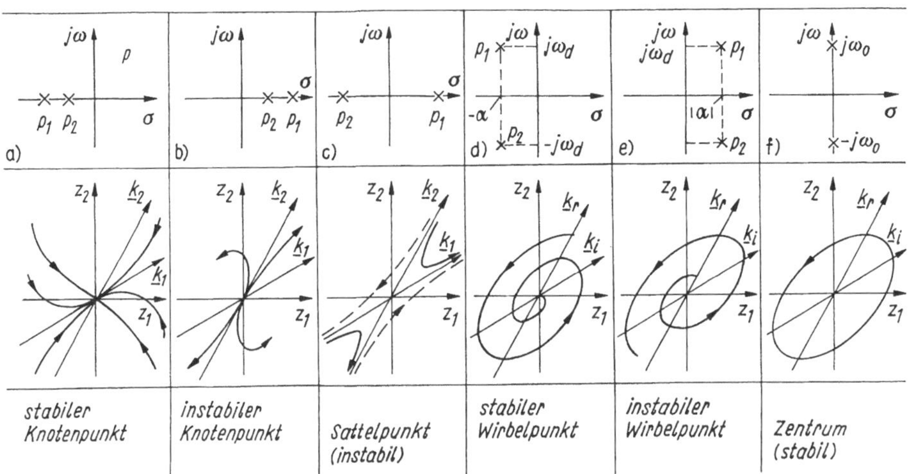

Bild R 8.5/13 Phasenporträt eines linearen Netzwerkes zweiter Ordnung bei verschiedenen Gleichgewichtszuständen

c) Für $p_2 < 0 < p_1$ (d.h. $\omega_0^2 < 0$) mit einem positiven und einem negativen Eigenwert wird das Verhalten für $t \to \infty$ durch $(\alpha_1 \exp p_1 t)\boldsymbol{k}_1$ bestimmt, für $t \to -\infty$ durch $(\alpha_2 \exp p_2 t)\boldsymbol{k}_2$ (Bild R 8.5/13c) Der Gleichgewichtspunkt heißt *Sattelpunkt* (Bild R 8.5/13c) (instabiler Gleichgewichtszustand).

2. *Zwei konjugiert komplexe Eigenwerte*, $4\Delta > T^2$ $(\alpha^2 < \omega_0^2)$.
Jetzt entstehen konjugiert komplexe Eigenwerte $p_{1,2} = -\alpha \pm \mathrm{j}\omega_\mathrm{d}$ und damit - wegen der reellen Matrix $\boldsymbol{A}$ - auch konjugiert komplexe Eigenvektoren:

$$\boldsymbol{k}_{1,2} = \boldsymbol{k}_\mathrm{r} \pm \mathrm{j}\boldsymbol{k}_\mathrm{i}$$

(r Real-, i Imaginärteil). Damit läßt sich die Lösung $\boldsymbol{z}$ Gl.(8.5/36) auf die Form

$$\boldsymbol{z}(t) = 2\exp -\alpha t(\boldsymbol{k}_\mathrm{r} \cos \omega_\mathrm{d} t - \boldsymbol{k}_\mathrm{i} \sin \omega_\mathrm{d} t) \tag{8.5/37}$$

bringen, und wir erhalten der Reihe nach:

d) *Zwei konjugiert komplexe* Eigenwerte mit negativem Realteil (d. h. $\alpha > 0$, $\alpha^2 < \omega_0^2$). Das ist eine mit $t \to \infty$ exponentiell abklingende harmonische Schwingung (log. Spirale) mit einem sog. asymptotisch stabilen Fokus als Gleichgewichtspunkt (*stabiler Wirbelpunkt*, entspricht unterdämpftem Verhalten, Bild R 8.5/13d).

e) Für *zwei konjugiert komplexe* Eigenwerte mit positivem Realteil (d.h. $\alpha < 0$, $\alpha^2 < \omega_0^2$) führt das Phasenporträt von Gl.(8.5/37) auf einen zeitlich exponentiell wachsenden Verlauf (log. Spirale) und damit einen instabilen *Fokus* oder *Wirbel* (Bild R 8.5/13e)

f) Für *zwei imaginäre* Eigenwerte ($\alpha = 0$, $\omega_\mathrm{d} = \omega_0$) entsteht eine harmonische Schwingung, und die Trajektorie ist eine Ellipse. Ihre Halbachsen hängen von den Anfangszuständen ab. Der zugehörige singuläre Punkt heißt *Zentrum*. Es ist stabil, aber nicht asymptotisch stabil. Den Fall gleicher Eigenwerte wollen wir ausschließen (Bild R 8.5/13f).

Im Bild R 8.5/14 wurden die Gleichgewichtszustände in einem Δ-, T-Diagramm eingetragen. Bei Überschreiten der Parabel $T^2 = 4\Delta$ resp. der Achsen T, Δ ändert sich der Typ des Gleichgewichtspunktes (Bifurkation).

Außer singulären Punkten können in der Phasenebene geschlossene Kurven, die sog. *Grenzzyklen* auftreten. Sie entsprechen ungedämpften periodischen Schwingungen im Zeitbereich und können stabil oder instabil sein. Die Form der Grenzkurve erlaubt Aussagen über die Kurvenform, bei Kreis- oder Ellipsenform entsteht eine sinusförmige Schwingung.

Das *Phasenporträt* wird durch die *Trajektorien* charakterisiert. Wir erhalten für das lineare Netzwerk zweiten Grades nach Gl.(8.5/33):

$$\frac{\frac{dz_2}{dt}}{\frac{dz_1}{dt}} = \frac{dz_2}{dz_1} = \frac{a_{21}z_1 + a_{22}z_2 + u_{20}}{a_{11}z_1 + a_{12}z_2 + u_{10}} = m. \qquad (8.5/38a)$$

Dabei wurde die Netzwerk(gleich)erregung in u_{10}, u_{20} zusammengefaßt.

Zur Darstellung der Trajektorien tragen wir in die z_1-, z_2-Ebene einige Isoklinen ein - das sind beim linearen Netzwerk zweiter Ordnung Geraden mit der Steigung m - mit den Grenzfällen

$$m = 0 : z_2 = z_1(-a_{21}/a_{22}), \quad m \to \infty : z_1 = -(a_{11}/a_{12})z_1 \qquad (8.5/38b)$$

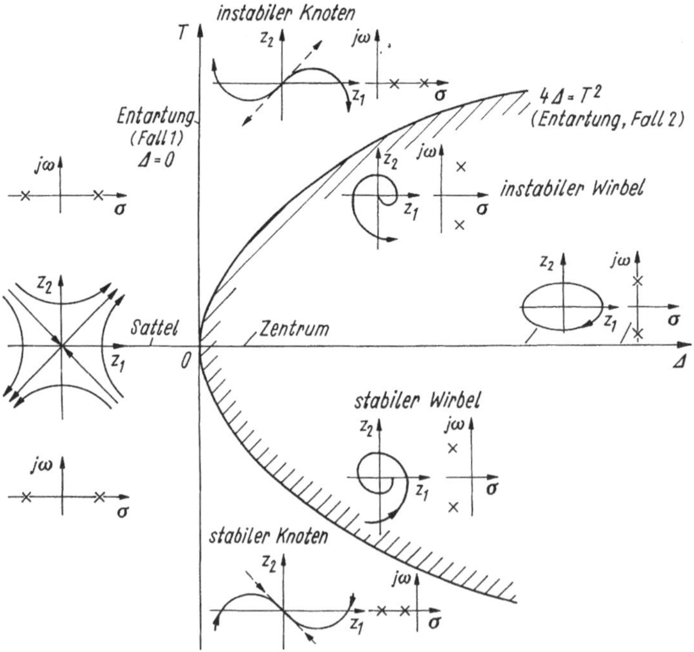

Bild R 8.5/14 Phasenporträt mit Falleinteilung (Δ-, T-Diagramm) eines linearen Netzwerkes zweiter Ordnung

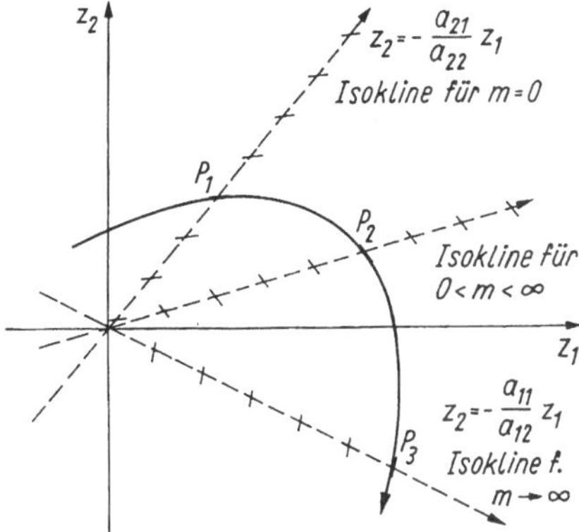

Bild R 8.5/15 Isoklinenverfahren zur Konstruktion einer Phasentrajektorie

(Bild R 8.5/15). Im so bestimmten Isoklinenfeld lassen sich die Trajektorien näherungsweise eintragen.

Weitere markante Stellen sind die Gleichgewichtspunkte (zur Konstruktion des Phasenporträts s. Abschn. 8.7.6).

8.6 Stabilität

Begriff. Stabilität eines Netzwerkes (Systems) ist eine Grundforderung für seinen Betrieb (wenn nicht Instabilität, wie sie beim Oszillator grundlegend ausgenutzt wird).

Ein (Übertragungs)netzwerk mit linearen, zeitunabhängigen Parametern (LTI-Netzwerk) ist (übertragungs)stabil, wenn eine wertbeschränkte Eingangsgröße $x(t)$ eine beschränkte Ausgangsgröße $y(t)$ zur Folge hat.

Die wertbeschränkte Größe kann dabei sein

- eine Auslenkung aus einem *Anfangszustand* (→ Rückkehr in den Gleichgewichtszustand) oder
- eine *Erregergröße* → betragsbegrenzte Ausgangsgröße bei Stabilität.

Zustandsstabilität herrscht, wenn der Zustandsvektor nach jeder Auslenkung $\boldsymbol{z}(0)$ beschränkt bleibt

$$\| \boldsymbol{z}(t) \| \leq \boldsymbol{z}_{\max} \quad \text{für alle } T \tag{8.6/1a}$$

(dabei stellt $\| \boldsymbol{z}(t) \|$ die Vektornorm, z.B. Euklidische, dar). Der Zustand heißt *asymptotisch stabil*, wenn zusätzlich

$$\lim_{t\to\infty} \boldsymbol{z}(t) = 0 \tag{8.6/1b}$$

gilt (*Stabilitätsdefinition nach Ljapunow*). Asymptotisch stabile Systeme sind immer auch zustandsstabil.

Eine direkte Folge von Gl.(8.6/1a) ist, daß für alle Eigenwerte λ_i der Systemmatrix $\boldsymbol{A}$ Gl.(8.5/6) gilt

$$\mathrm{Re}\,(\lambda_i) \leq 0 \quad \text{für } i = 1 \ldots n. \tag{8.6/1c}$$

Darauf bauen z.B. Hurwitz- und Routh-Kriterium auf (s.u.).

Eingangs-Ausgangsstabilität (BIBO-Stabilität, bounded input bounded output, Grundlage Gl.(8.5/6)).

Ein System heißt eingangs-ausgangsstabil, wenn ein beschränktes Eingangssignal $|x(t)| < x_0$ (bei Anfangswert $z(0) = 0$) zu endlichem Ausgangssignal $|y(t)| < y_0$ führt oder gleichwertig für die *Gewichtsfunktion* $g(t)$ gilt:

$$\int_{-\infty}^{\infty} |g(t)|\,\mathrm{d}t < \infty. \qquad \text{Stabilitätsbedingung (BIBO-Stabilität).} \tag{8.6/2}$$

Wegen der Fülle möglicher Eingangssignale wird $x(t)$ auf ein Standardsignal eingeschränkt und anstelle von Gl.(8.6/2) gleichwertig benutzt

$$\lim_{t \to \infty} g(t) \to 0. \tag{8.6/3}$$

Das Netzwerk ist (asymptotisch) stabil, wenn das Ausgangssignal $y(t)$ nach einer Impulsanregung $x(t) = \delta(t)$ asymptotisch gegen Null geht. Es ist *instabil*, wenn Gl.(8.6/3) nicht erfüllt ist und *grenzstabil*, falls der Grenzwert Gl.(8.6/3) einem endlichen Wert zustrebt (Bild R 8.6/1).

Hinweis:

- Physikalisch unterliegt dem Stabilitätskriterium, daß die dem Netzwerk durch den Impuls zugeführte elektrische Energie irreversibel in Wärme resp. Strahlungsenergie gewandelt wird. Instabilität erfordert umgekehrt ständige Energiezufuhr.
- Asymptotische Stabilität bezieht sich zunächst auf das freie, nur von den Anfangswerten abhängige Netzwerk ohne äußere (Amplituden-)Anregung, BIBO-Stabilität auf das fremderregte Netzwerk. Beide Begriffe sind miteinander verträglich, beschreiben aber für nichtlineare Systeme unterschiedliche Eigenschaften.
- Stabilitätsprobleme können i.a. auftreten in Netzwerken mit gesteuerten Quellen, negativen Wirkwiderständen (fallende Kennlinienbereiche), zeitgesteuerten Netzwerkelementen, wie sie z.B. in Verstärkern, Rückkopplungsschaltungen breit angewendet werden.

Zur Bewertung der Stabilität wurde eine Reihe (gleichwertiger) problemangepaßter *Stabilitätskriterien* für sog. *offene* und *geschlossene Netzwerke* auf analytischer und graphischer Grundlage entwickelt.

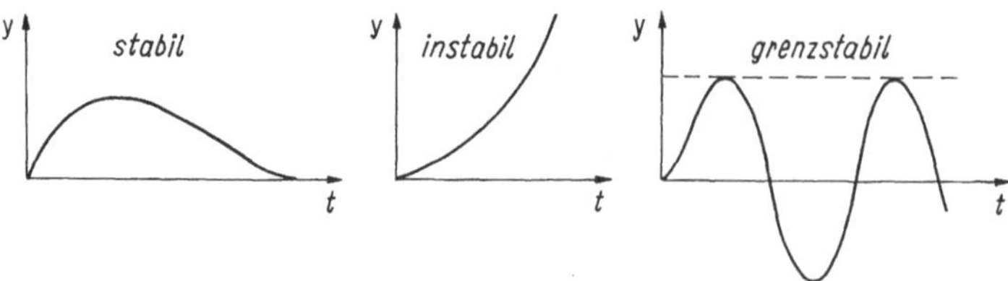

Bild R 8.6/1 Stabilitätsverhalten eines Netzwerkes

8.6.1 Offene Netzwerke

Ein Netzwerk heißt *offen*, wenn es ein Eingangs- und Ausgangstor miteinander verbindet und keine äußeren Rückwirkungspfade besitzt.

Zur Stabilitätsprüfung werden herangezogen:

1. *Konvergenztest.* Liegt die Impulsantwort $g(t)$ des Netzwerkes vor, so können die Konvergenzbedingungen Gl.(8.6/3) oder beim allgemeinen LTI-System je nach Anregung das betreffende Integral in Tafel R 8.6/1 berechnet werden. Das Verfahren ist auf Modellsysteme beschränkt, da die Bestimmung von $g(t)$ für praktische Netzwerke mit verschiedenen Unsicherheiten verbunden ist.
2. *Übertragungsfunktion.* Liegt die (rationale) Übertragungsfunktion

$$G(p) = \frac{Y(p)}{X(p)} = \frac{Z(p)}{N(p)} = \frac{\sum_{i=0}^{m} b_i p^i}{\sum_{i=0}^{n} a_i p^i} = \frac{b_m p^m + \ldots b_1 p + b_0}{a_n p^n + \ldots a_1 p + a_0} \qquad (8.6/4)$$

$(m \leq n)$ des Netzwerkes vor, so kann die Stabilitätsbedingung (8.6/3) gleichwertig auf $G(p)$ übertragen werden.

Tafel R 8.6/1 Stabilitätsdefinitionen zeitkontinuierlicher LTI-Systeme
Hinweise:

1) $g_0(t)$ ist die Impulsantwort ohne evtl. vorhandene δ-Anteile
2) Die Stabilitätsforderung wächst nach unten hin.
3) lokal, global bezieht sich auf kleine und große Störung, stets gibt es einen stabilen stationären Zustand
4) bei Grenzstabilität sind innere (unzugängliche) Instabilitäten zulässig, bei Leistungsstabilität nicht

Fall	LTI-System allgemein	LTI-System rational
instabil	nicht grenzstabil	wenigstens ein Pol in rechter Halbebene
stabil 2)		keine Pole in rechter Halbebene
bedingt stabil – grenzstabil	$\int_{-\infty}^{\infty} \lvert g(t)\rvert e^{-\lvert t/t_1\rvert} dt < \infty$	kein Mehrfachpol auf imaginärer Achse, doch Einfachpol/komplexes Polpaar möglich
bedingt stabil – leistungs-4) stabil	$\lim_{T\to\infty} \frac{1}{T} \int_T \lvert g_0(t)\rvert^2 dt < \infty$	Einfachpole auf imaginärer Achse
stabil – energie-stabil	$\int_{-\infty}^{\infty} \lvert g_0(t)\rvert^2 dt < \infty$ 1)	keine Pole auf imaginärer Achse
stabil – asymptotisch stabil 3) (lokal und global) (BIBO-stabil)	$\int_{-\infty}^{\infty} \lvert g(t)\rvert dt < \infty$	

Für die Stabilität sind die Pole von $G(p)$, also die Nullstellen des Nennerpolynoms $N(p) = 0$ in Gl.(8.6/4) maßgebend:

- Das Netzwerk ist *asymptotisch stabil*, wenn alle Pole der Übertragungsfunktion in der linken p-Halbebene liegen, d.h.

  $$\mathrm{Re}\,(p_\nu) \leq 0 \quad \nu = 1, 2 \ldots n \tag{8.6/5}$$

  gilt. Man spricht von *strikt stabil* für $\mathrm{Re}\,(p_\nu) < 0$ und *bedingt stabil* für $\mathrm{Re}\,(p_\nu) \leq 0$.
- Es ist *instabil*, wenn wenigstens ein Pol in der rechten Halbebene oder mindestens ein α-facher Pol ($\alpha \geq 2$) auf der imaginären Achse der p-Ebene liegt.
- Es ist *grenzstabil*, wenn Pole in der rechten Halbebene ausgeschlossen sind, auf der imaginären Achse keine Mehrfachpole liegen, jedoch auf ihr wenigstens ein einfacher Pol oder ein einfaches komplexes Polpaar liegen.

Hinweis:

- Bei Zugrundelegung des Nennerpolynoms $N(p)$ als charakteristischem Polynom für die Stabilitätsuntersuchung wird vorausgesetzt, daß keine Pol-Nullstellen-Kürzungen erfolgten. Im Falle von Kürzungen (die auch Pole in der rechten Halbebene umfassen können), sind falsche Stabilitätsaussagen möglich (Probleme sog. innerer Instabilität). Deshalb muß $N(p)$ in nichtreduzierter Form vorliegen.
- Gl.(8.6/5) erlaubt eine weitere Spezifizierung je nachdem, ob Pole auf der imaginären Achse vorhanden sind oder nicht (Tafel R 8.6/1).
- Die Stabilitätsaussagen anhand der Pollage setzt ein Netzwerk mit endlich vielen konzentrierten Parametern voraus, für allgemeine LTI-Systeme (z.B. Leitungen) muß die Definition über die Gewichtsfunktion herangezogen werden. Dabei ist zwischen Energie- und Leistungssignalen zu unterscheiden. Für die asymptotische Stabilität bildet Gl.(8.6/2) die allgemeinere Beziehung.
- Die Koeffizienten a_i in Gl.(8.6/4) erlauben selbst eine Stabilitätsaussage: ist auch nur ein Koeffizient negativ $a_i < 0$, so liegt *strukturelle Instabilität* vor und weitere Stabilitätsuntersuchungen sind überflüssig (s. Abschn. 8.6.2).

Anwendung der Übertragungsfunktion $G(p)$ auf spezielle Netzwerke. Je nach der Dimension der Erregungs- und Antwortfunktion ist $G(p)$ eine Impedanz-, Admittanz- oder Transferfunktion.

Im *Zweipolfall* (Betrachtung eines Klemmenpaares an einem Netzwerk) stellt sich

- bei Anlegen einer *Stromimpulsquelle* ($\rightarrow I(p)$) die Eingangsspannung

  $$U(p) = Z(p)I(p) \tag{8.6/6}$$

  ein und es gilt:

Ein Zweipol ist *leerlaufstabil*, wenn die *Impedanz* $Z(p)$ nur Polstellen in der linken Halbebene und höchstens eine einfache Polstelle auf der Imaginärachse hat (physikalisch klingt dann die Spannung $u(t)$ nach Impulsstromanregung asymptotisch für $t \rightarrow \infty$ gegen Null ab).

Beispiel: Ein Parallelschwingkreis mit positivem Wirkleitwert ist leerlaufstabil, durch Parallelschalten eines negativen Wirkwiderstandes wird Instabilität möglich.

- Bei Anlegen eines *Spannungsimpulses* ($\to U(p)$) stellt sich der *Eingangsstrom*

$$I(p) = Y(p)U(p) \tag{8.6/7}$$

ein, und es gilt:

Ein Zweipol ist *kurzschlußstabil*, wenn seine *Admittanz* nur Pole in der linken p-Halbebene und höchstens einen einfachen Pol auf der imaginären Achse hat (physikalisch klingt der Strom $i(t)$ nach einem Spannungsimpuls asymptotisch für $t \to \infty$ gegen Null ab).

Beispiel: Ein Spannungssprung am obigen Parallelkreis erzeugt - auch bei negativem Wirkleitwert - keine Instabilität.
Da die Impedanz $Z(p)$ i. a. als Quotient zweier Polynome in p darstellbar ist, ist ein leerlaufstabiler Zweipol nicht kurzschlußstabil und umgekehrt.

Deshalb gilt zusammengefaßt:

Ein Zweipol mit der Impedanz $Z(p)$ ist potentiell instabil, wenn für wenigstens einen Punkt der p-Ebene $\mathrm{Re}\,(Z(p)) \leq 0$ gilt. Er ist absolut stabil für $\mathrm{Re}\,(Z(p)) > 0$ (positiver Wirkwiderstand) für alle p.

Verallgemeinerung. Wird der Zweipolfall auf den Eingangswiderstand eines Mehrpolnetzwerkes z.B. mit $k-1$ zugänglichen Knoten übertragen (Bezugsknoten k), das durch die Knotenleitwertmatrix $\boldsymbol{Y}(p)$ beschrieben wird

$$\boldsymbol{Y}(p)\boldsymbol{U} = \boldsymbol{I}_\mathrm{q}$$

und beschränkt sich die Impulsanwendung z.B. auf die Klemme 1 ($I_{\mathrm{q}1} \neq 0$, $I_{\mathrm{q}2} \ldots I_{\mathrm{q}n-1} = 0$), so entsteht die Knotenspannung U_1 und damit die Eingangsimpedanz

$$Z_1(p) = \frac{U_1}{I_1} = \frac{\Delta_{11}}{\Delta} = Z_{1\mathrm{e}} \quad \text{mit } \Delta = \det \boldsymbol{Y}. \tag{8.6/8}$$

Deshalb bestimmen die Nullstellen von $\det \boldsymbol{Y}(p)$ den Charakter der Lösung und damit die Stabilität/Instabilität.

Im Falle eines *Vierpols* (mit $I_2 = 0$, Ausgang leerlaufend) wird aus Gl.(8.6/8)

$$Z_1(p) = \frac{U_1}{I_1} = \frac{Y_{22}}{\Delta \boldsymbol{Y}} = Z_{11}. \tag{8.6/9a}$$

Die Übertragungsimpedanz zwischen Klemme 1 und m lautet

$$\frac{U_m}{I_1} = (-1)^{m-1}\frac{\Delta_{1m}}{\Delta} = Z_{1m}. \tag{8.6/9b}$$

Stets wird die Stabilität/Instabilität von der Pollage der Impedanz $Z(p)$, also den Nullstellen von $\det \boldsymbol{Y} = 0$ bestimmt. Deshalb ist es gleichgültig, welche Netzwerkimpedanz zur Bewertung herangezogen wird.

Galten die Überlegungen hier für die Leerlaufstabilität einer Impedanz, so lassen sich gleiche Überlegungen für die Kurzschlußstabilität einer Admittanz auf Grundlage der Maschenstromanalyse anstellen.

In allen Fällen muß die Impedanz-/Admittanzfunktion des jeweiligen Netzwerkes ermittelt und der Stabilitätbetrachtung unterworfen werden.

Selbsterregung. Soll ein Netzwerk (Verstärker mit Rückführungsnetzwerk, dargestellt durch einen Ersatzvierpol mit Leitwertparametern mit $\mathrm{Re}\,(Y_{11}) > 0$, $\mathrm{Re}\,(Y_{22}) > 0$ (kurzschlußstabile Admittanzen)) die Selbsterregungsbedingung erfüllen (Betrieb als Oszillator), so muß nach Gl.(8.6/9a) gelten

$$\frac{1}{Z_1(p)} = 0 = Y_{11}(1 - kA_u) \to 1 \leq kA_u \quad \text{nach Betrag und Phase} \qquad (8.6/10)$$

Barkhausensche Schwingungsbedingung

mit Kopplungsfaktor $k = \left.\frac{U_1}{U_2}\right|_{I_1=0} = -\frac{Y_{12}}{Y_{11}}$, Leerlaufspannungsverstärkung $A_u = \left.\frac{U_2}{U_1}\right|_{I_2=0} = -\frac{Y_{21}}{Y_{22}}$. Die Bedingung Gl.(8.6/10) läßt sich auch für andere Vierpolbeschreibungen formulieren; sie korrespondiert direkt mit der Impedanzformulierung (s. auch Gl.(8.6/18)).

Absolute Stabilität von Vierpolnetzwerken. Unter absoluter Stabilität eines Netzwerkes versteht man seine Stabilität bei allen möglichen passiven Torbelastungen.

Für Vierpole (mit den Belastungsleitwerten Y_G, Y_L) wird daraus in Leitwertbeschreibung die Forderung, daß

$$\begin{pmatrix} Y_{11} + Y_G & Y_{12} \\ Y_{21} & Y_{22} + Y_L \end{pmatrix} \cdot \begin{pmatrix} U_1 \\ U_2 \end{pmatrix} = \begin{pmatrix} I_1 \\ I_2 \end{pmatrix} = \begin{pmatrix} 0 \\ 0 \end{pmatrix} \qquad (8.6/11)$$

bei Stabilität (verschwindende Klemmenströme) eine nichttriviale Lösung hat, also $\det \boldsymbol{Y} = 0$ gilt oder gleichwertig

$$Y_G(p) + Y_1(p) > 0, \quad Y_L(p) + Y_2(p) > 0 \qquad (8.6/12)$$

mit $Y_1 = Y_{11} - (Y_{12}Y_{21}/(Y_{22} + Y_L))$ als Eingangsleitwert (bei Abschluß mit Y_L), Y_2 analog.

Damit folgt:

Ein Vierpol (LTI)-Netzwerk ist bei Frequenzen $p = j\omega$ absolut stabil, wenn der Eingangsleitwert jeder Seite positiven Realteil bei allen passiven Lastfällen auf der anderen Vierpolseite hat.

Diese Bedingungen sind nur erfüllbar, falls $\mathrm{Re}\,(Y_{11}) > 0$, $\mathrm{Re}\,(Y_{22}) > 0$ sowie als *Stabilitätsfaktor* k (s. Gl.(8.4/34))

$$k = \frac{2\mathrm{Re}\,(Y_{11})\mathrm{Re}\,(Y_{22}) - \mathrm{Re}\,(Y_{12}Y_{21})}{|Y_{21}Y_{12}|} > 1 \qquad (8.6/13a)$$

gelten (auf Beweis wird verzichtet). Gleichwertig kann auch ein *Stabilitätsmaß* S formuliert werden (Bild R 8.6/2):

$$S = |Y_{12}Y_{21}|(k - 1). \qquad (8.6/13b)$$

Bedingung für

Passivität: $P = 2\,\mathrm{Re}\,Y_{11}\,\mathrm{Re}\,Y_{22} - \mathrm{Re}(Y_{12}Y_{21}) - \frac{1}{2}\left(|Y_{21}|^2 + |Y_{12}|^2\right) \geq 0$

abs. Stabilität: $S = 2\,\mathrm{Re}\,Y_{11}\,\mathrm{Re}\,Y_{22} - \mathrm{Re}(Y_{12}Y_{21}) - |Y_{12}Y_{21}| \geq 0$

$\mathrm{Re}\,Y_{11} \geq 0, \quad \mathrm{Re}\,Y_{22} \geq 0$

Vierpoleinteilung:

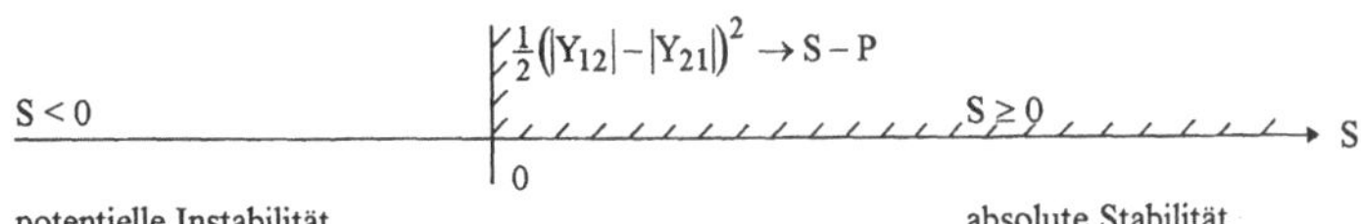

Bild R 8.6/2 Passivität und absolute Stabilität eines Vierpoles (symmetrische Zählpfeilrichtungen) im Frequenzbereich $0 \leq \omega \leq \infty$

Für $\mathrm{Re}\,(Y_{11}) > 0$, $\mathrm{Re}\,(Y_{22}) > 0$ liegt k zwischen -1 und ∞ mit folgenden Einteilungen: $k > 1$ absolute Stabilität, $1 \geq k \geq -1$ potentielle Instabilität (es gibt immer Belastungen, für die Instabilität auftritt).

Potentielle Instabilität liegt vor, wenn es Belastungen Y_{L}, Y_{G} gibt, für die eine der folgenden Bedingungen gelten:

$$\mathrm{Re}\,(Y_1 + Y_{\mathrm{G}}) \leq 0; \quad \mathrm{Re}\,(Y_2 + Y_{\mathrm{L}}) \leq 0,$$

also Pole dieser Terme in der rechten p-Halbebene oder mehrfache Pole auf der imaginären Achse auftreten. Dem entspricht physikalisch negativer Gesamtwirkleitwert an den Ein- bzw. Ausgangsklemmen.

Gibt es keine Belastungen, die diese Bedingungen erfüllen, so liegt *absolute Stabilität* mit $S \geq 0$ vor.

Im Vergleich zur *Passivitätsbedingung* eines Vierpols (s. Gl.(8.4/2)) erkennt man (Bild R 8.6/2), daß

- absolut stabile aktive Vierpole nicht zwangsläufig umkehrbar sein müssen (daher ist beiderseitige Leistungsanpassung nur bei absoluter Stabilität möglich)
- bei umkehrbaren Vierpolen Passivität und absolute Stabilität zusammenfallen.

Das Kriterium Gl.(8.6/13) eignet sich besonders zur Bewertung der Stabilität von Hochfrequenzverstärkern, zumal es leicht auf andere Vierpolformen übertragbar ist.

8.6.2 Analytische Stabilitätsverfahren

In praktischen Aufgabenstellungen interessiert meist nur, ob Stabilität vorliegt oder nicht, also die Wurzeln von $N(p)$ in der linken Halbebene liegen oder nicht. Die Überprüfung der Bedingung $N(p) = 0$ nach Gl.(8.6/4) ist bequem durchführbar, wenn $N(p)$ in faktorisierter Form vorliegt. Sie wird aufwendig (→ Nullstellensuche), falls die Polynomform gegeben ist. Dafür bietet sich die einfachere Ja/Nein Aussage mittels der *Hurwitz-* und *Routh-Kriterien* an.

Hurwitz-Kriterium. Dieses breit eingesetzte algebraische Stabilitätskriterium überprüft, ob ein Netzwerk mit der Übertragungsfunktion Gl.(8.6/4) asymptotisch stabil ist oder nicht.

Asymptotische Stabilität herrscht, wenn im Nennerpolynom $N(p) = 0$

- alle Koeffizienten a_i $(i = 0, 1 \dots n)$ der charakteristische Gleichung positiv und von Null verschieden sind (notwendige Bedingung)
- alle n Koeffizientendeterminanten D_k $(k = 1, 2 \dots n$, sog. Hurwitz-Determinanten) positiv sind (notwendig und hinreichend):

$$\boldsymbol{D}_1 = a_{n-1}; \quad \boldsymbol{D}_2 = \det\begin{pmatrix} a_{n-1} & a_{n-3} \\ a_n & a_{n-2} \end{pmatrix} \dots$$

$$\boldsymbol{D}_n = \begin{pmatrix} a_{n-1} & a_{n-3} & a_{n-5} & . & 0 \\ a_n & a_{n-2} & a_{n-4} & . & 0 \\ 0 & a_{n-1} & a_{n-3} & . & 0 \\ 0 & a_n & a_{n-2} & . & 0 \\ 0 & 0 & a_{n-1} & . & 0 \\ 0 & 0 & 0 & . & a_0 \end{pmatrix}. \tag{8.6/14a}$$

Daraus ergeben sich als notwendige und hinreichende Bedingungen für Polynomgrade $n \leq 3$:

$$\begin{aligned} n = 1: &\quad a_0, a_1 > 0, \\ n = 2: &\quad a_0, a_1, a_2 > 0, \\ n = 3: &\quad a_0, (a_1), a_2, a_3 > 0, \ a_1 a_2 - a_0 a_3 > 0. \end{aligned} \tag{8.6/14b}$$

Beispielsweise ist ein Netzwerk zweiter Ordnung mit dem charakteristischen Polynom

$$p^2 + 2D\omega_0 p + \omega_0^2$$

für positive Dämpfung D stabil, für negative Dämpfung instabil (→ entdämpfter Schwingkreis).

Da die Koeffizienten a_i von Netzwerkparametern abhängen, läßt sich aus den Ungleichungen (8.6/14b) eine Parameterbegrenzung zwischen stabilem und instabilem Verhalten (→ Stabilitätskarte) angeben.

Hinweis:

- Das Hurwitz-Kriterium ist auf lineare Netzwerke beschränkt; es gilt *nicht* für Netzwerke mit innerer Laufzeit (sog. *Nichtminimal-Phasensysteme* oder Systeme mit Totzeit)
- Für große n wird das Hurwitz-Verfahren rasch aufwendig und erfordert rechnergestützte Behandlung.

Routh-Kriterium. Sind die a_i der charakteristischen Gleichung $N(p) = 0$ zahlenmäßig bekannt, so bietet sich statt des Hurwitz-Kriteriums das *Routh-Kriterium* an:

Man bildet aus der charakteristischen Gleichung oder $N(p)$ Gl.(8.6/4) die folgende Koeffizienten-Tabelle:

$$\begin{array}{cccccccc} n & a_n & a_{n-2} & a_{n-4} & a_{n-6} & \dots & 0 \\ n-1 & a_{n-1} & a_{n-3} & a_{n-5} & a_{n-7} & \dots & 0 \\ n-2 & b_{n-1} & b_{n-2} & b_{n-3} & b_{n-4} & \dots & 0 \\ n-3 & c_{n-1} & c_{n-2} & c_{n-3} & c_{n-4} & \dots & 0 \\ . & . & . & . & . & . & \\ 3 & d_{n-1} & d_{n-2} & 0 & . & . & \\ 2 & e_{n-1} & e_{n-2} & 0 & . & . & \\ 1 & f_{n-1} & 0 & & & & \\ 0 & g_{n-1} & & & & & \end{array} \qquad (8.6/15)$$

$$b_{n-1} = \frac{a_{n-1}a_{n-2} - a_n a_{n-3}}{a_{n-1}}$$
$$b_{n-2} = \frac{a_{n-1}a_{n-4} - a_n a_{n-5}}{a_{n-1}} \quad .$$
$$b_{n-3} = \frac{a_{n-1}a_{n-6} - a_n a_{n-7}}{a_{n-1}}$$

Die Koeffizienten b_{n-1} der dritten Zeile folgen als Kreuzprodukte aus den beiden vorhergehenden Zeilen, dabei wird von den Elementen der ersten Spalte ausgegangen und die b-Werte solange berechnet, bis alle restlichen Werte verschwinden. Analog werden die c-Glieder aus den beiden vorherigen Zeilen bestimmt:

$$c_{n-1} = \frac{b_{n-1}a_{n-3} - a_{n-1}b_{n-2}}{b_{n-1}},$$
$$c_{n-2} = \frac{b_{n-1}a_{n-5} - a_{n-1}b_{n-3}}{b_{n-1}},$$
$$c_{n-3} = \frac{b_{n-1}a_{n-7} - a_{n-1}b_{n-4}}{b_{n-1}}$$

usw. Zeile für Zeile solange, bis gilt

$$f_{n-1} = \frac{e_{n-1}d_{n-2} - d_{n-1}e_{n-2}}{e_{n-1}}, \quad g_{n-1} = e_{n-2}.$$

Asymptotische Stabilität herrscht, wenn alle Koeffizienten der ersten Spalte der Routh-Tabelle (und die a_i ($i = 0, 1 \dots n$, sog. Routh-Koeffizienten)) positiv sind:

$$b_{n-1} > 0,\ c_{n-1} > 0,\ \dots d_{n-1} > 0,\ e_{n-1} > 0,\ f_{n-1} > 0,\ g_{n-1} > 0.$$

Die Zahl der Vorzeichenwechsel der linken Spalte ist gleich der Zahl der Nullstellen von $N(p)$ mit positivem Realteil (instabil).

Für Systeme von Grade $n \geq 3$ folgen dann als Bedingungen:

$a_3 > 0$, $a_2 > 0$, $a_1 > a_0/a_2$, $a_0 > 0$.

Die Vorteile des Routh-Kriteriums sind:

- Einfache Ja/Nein-Aussage über Stabilität ohne Kenntnisse der Nullstellen möglich. Tritt ein erster Vorzeichenwechsel in der ersten Spalte auf, so herrscht Instabilität (→ Abbruch des Verfahrens).
- Für Netzwerke von Graden $n \geq 3$ können Wertebereiche der Koeffizienten angegeben werden, für die Stabilität herrscht.
- Das Verfahren läßt sich maschinell mit dem Routh-Schur-Algorithmus auswerten.
- Aus den Routh-Koeffizienten lassen sich die Hurwitz-Determinanten direkt bestimmen, weshalb das Hurwitz-Verfahren eigentlich überflüssig ist.
- Das Verfahren ist auf lineare Netzwerke ohne Laufzeit (bzw. Totzeit) beschränkt.

Stabilitätsreserven. Liegt das charakteristische Polynom $N(p)$ in Produktform vor und kennt man so seine Wurzeln p_i, dann ergeben sie - in einem PN-Plan dargestellt (Bild R 8.6/3) - Auskunft über die *Stabilitätsreserve* des stabilen Netzwerkes (p_i in linker Halbebene):

- *Absolute Stabilitätsreserve:* Der Grenzabstand des kleinsten Poles in der linken Halbebene mit dem betragskleinsten Wert s_{abs}:

  $$|\exp p_i t| \leq \exp s_{\text{abs}} t,$$

  bestimmt den *langsamsten* Einschwingvorgang
- *Relative Stabilitätsreserve* als Grenzwinkel aller Pole in der linken Halbebene:

  $$0 < D_{\text{grenz}} < D_i < 1 \quad \text{mit } \varphi_{\text{grenz}} = \arccos D_{\text{grenz}}.$$

  Aus φ_{grenz} folgt der betragskleinste Eigendämpfungsgrad $D = \cos \varphi_{\text{grenz}}$ und aus s_{abs} die größte Abklingzeit einer Eigenschwingungskomponente $\tau_{\max} = 1/s_{\text{abs}}$.

Die Stabilitätsreserven charakterisieren die Schnelligkeit des Einschwingens, das Überschwingen und ev. auftretende periodische Einschwinganteile.

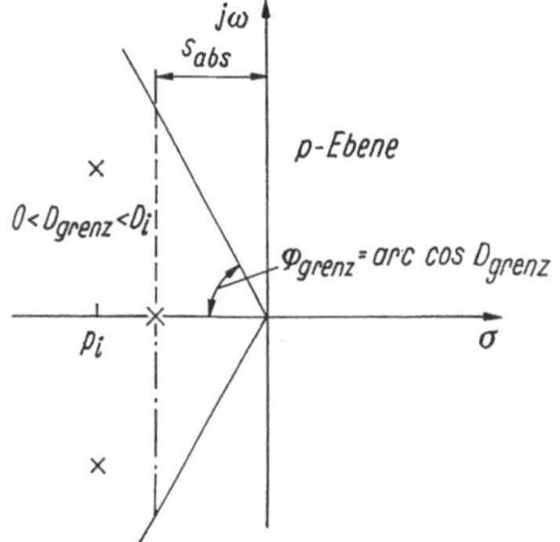

Bild R 8.6/3 Definition der absoluten und relativen Stabilitätsreserve des stabilen LTI-Systems

8.6.3 Graphische und analytische Stabilitätsverfahren

Die bisherigen Stabilitätskriterien sind zweckmäßig, wenn die Netzwerkdeterminante analytisch als Funktion der Frequenz gegeben ist. Oft liegt nur der Frequenzgang charakteristischer Netzwerkgrößen (unter Einschluß parasitärer Effekte) vor bzw. läßt sich meßtechnisch ermitteln. Dann sind folgende Verfahren vorteilhafter:

Frequenzgangprüfung (Leonhard-Verfahren). Kann der Frequenzgang $N(\mathrm{j}\omega)$ für $p = \mathrm{j}\omega$ des charakteristischen Polynoms $N(p)$ in der komplexen Ebene $N(\mathrm{j}\omega) = \mathrm{Re}\,(N)+\mathrm{j}\,\mathrm{Im}\,(N)$ leicht ermittelt werden (Überlegung, Skizze, Handrechnung), so gilt:

Ein (lineares) Netzwerk mit dem charakteristischen Polynom $N(p)$ vom Grade n ist dann asymptotisch stabil, wenn die Ortskurve $N(\mathrm{j}\omega)$ im Bereich $0 \leq \omega < \infty$ von $\omega = 0$ an auf der positiven reellen Achse beginnend insgesamt n Quadranten im Gegenuhrzeigersinn der Reihe nach durchläuft (ohne einen zu übergehen, Bild R 8.6/4a).

Daraus lassen sich gleichwertige Folgerungen für die Lage der Nullstellen von $\mathrm{Re}\,(N)$ und $\mathrm{Im}\,(N)$ ableiten, auf die aber nicht weiter eingegangen werden soll.

Hinweis: Das Verfahren geht auf Leonhard zurück und eignet sich gut zur qualitativen Bewertung einer gegebenen Ortskurve $N(\mathrm{j}\omega)$. Es ist Grundlage weiterer Stabilitätskriterien:

- das *Lückenkriterium*: bei asymptotischer Stabilität liegen die Schnittfrequenzen mit den Koordinatenachsen durch die Ungleichung $\omega_1 < \omega_2 < \omega_3 < \omega_4 \ldots$ fest (Bild R 8.6/4b)
- das *Lagekriterium*: bei asymptotischer Stabilität haben die Schnittpunkte S mit den Achsen alternierende Vorzeichen, z.B. $S_1 > 0$, $S_3 < 0$, $S_5 > 0$ usw.(Bild R 8.6/4b).

Ortskurven-Umlaufkriterium (Nyquist-Kriterium). Mit dem Satz von Cauchy über die Abbildung geschlossener Kurvenzüge der p-Ebene durch eine

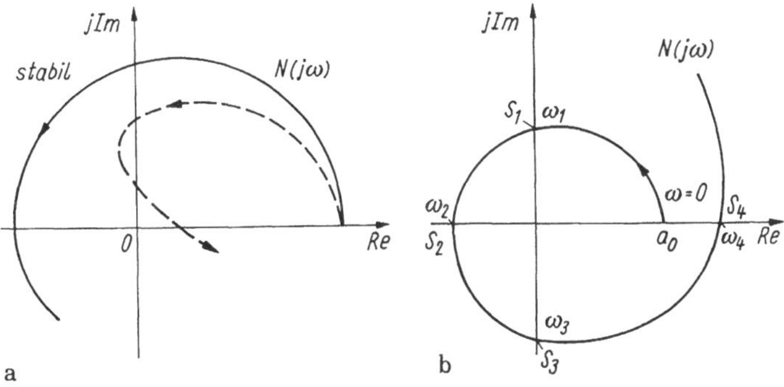

Bild R 8.6/4 Ortskurvendarstellung $N(\mathrm{j}\omega)$
a) stabiler, instabiler Verlauf, b) Markierung der Schnittfrequenzen und Schnittgrößen (Beispiel: Polynom 5. Grades)

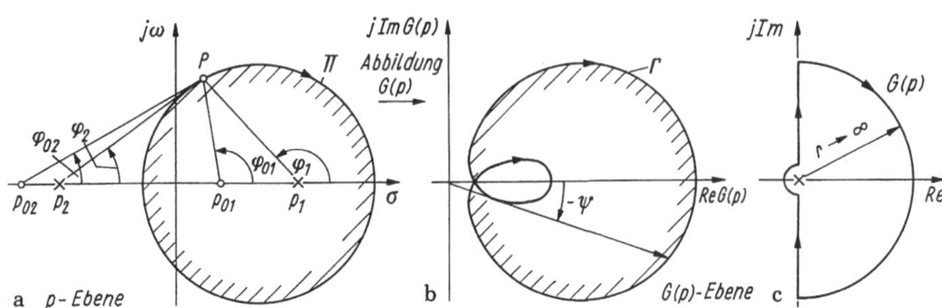

Bild R 8.6/5 Abbildung einer Kurve Π der p-Ebene in die Γ der $G(p)$-Ebene
a) geschlossene Kurve Π in der p-Ebene, b) Abbildung von
a) in die $G(p)$-Ebene, c) Kontur über die gesamte rechte $G(p)$-Ebene zur Stabilitätsprüfung

gebrochen-rationale Abbildungsfunktion $G(p)$ in die $G(p)$-Ebene läßt sich formulieren (Bild R 8.6/5a):

Umschließt ein Kurvenzug Π in der p-Ebene insgesamt N Nullstellen und P Pole der Funktion $G(p)$ (durchläuft aber keine Pole und Nullstellen), so entsteht durch die Abbildung $G(p)$ ein Kurvenzug Γ in der $G(p)$-Ebene, der den Ursprung insgesamt $(N - P)$-mal im Uhrzeigersinn umschließt (Bild R 8.6/5b).

Dieser Satz ist die Grundlage eines Stabilitätskriteriums sowohl für das offene wie auch geschlossene Netzwerk. Stabilität erfordert, daß $G(p)$ keine Pole in der rechten p-Halbebene hat.

Es gilt in Bild R 8.6/5a, b) mit

$$G(p) = \mathrm{Re}\,(\exp \mathrm{j}\psi); \quad \psi = \sum_{j=1}^{N} \varphi_{0j} - \sum_{i=1}^{P} \varphi_i$$

$$p - p_i = r_i \exp \mathrm{j}\varphi_i, \; p - p_{0j} = r_{0j} \exp \mathrm{j}\varphi_{0j}$$

mit den Winkeländerungen

$$\begin{array}{lllll} \Delta\psi & = & \Delta\varphi_{01} & = & -2\pi \quad \text{(Nullstelle in Π)} \\ \Delta\psi & = & \Delta\varphi_{1} & = & 2\pi \quad \text{(Pole in Π)} \\ \Delta\psi & = & \Delta\varphi_{02} & = & 0 \quad \text{(Nullstellen außerhalb Π)} \\ \Delta\psi & = & \Delta\varphi_{2} & = & 0 \quad \text{(Pol außerhalb Π).} \end{array}$$

Zur Stabilitätsprüfung wird daher eine Kurve über die gesamte rechte Hälfte der $G(p)$-Ebene gelegt (längs der imaginären Achse und mit dem Radius $r \to \infty$ rückkehrend). Pole auf der imagniären Achse werden durch kleine Halbkreise mit zur rechten Halbebene geschlagen (Bild R 8.6/5c).

8.6.4 Geschlossene Netzwerke

Sehr verbreitet ist der Fall, daß ein Netzwerk mit der Übertragungsfunktion $G(p)$ aufgeteilt werden kann in einen rückkopplungsfreien Teil mit der bekannten (stabilen) Übertragungsfunktion $G_\mathrm{v}(p)$ und einen Rückkopplungszweig mit der Übertragungsfunktion $G_r(p)$, wobei $G_r(p)$ ebenfalls stabil sei. Dann interessiert das Stabilitätsverhalten des geschlossenen Kreises (sog. *Kreis mit einfacher Rückkopplung*). Es folgt aus $Y(p) = G_v(p)(X(p) - Y(p)G_p(p))$ die Übertragungsfunktion

$$G(p) = \frac{Y(p)}{X(p)} = \frac{G_v(p)}{1 + G_r(p)G_v(p)} = \frac{G_v(p)}{F(p)}. \tag{8.6/16}$$

Rückkopplungsstruktur, Übertragungsfunktion

Zur Stabilitätsuntersuchung reicht die Bewertung von $F(p) = 1+G_r(p)G_v(p)$. Sie läßt sich durch Umlegen des Schalters S (Öffnen des Kreises, Bild R 8.6/6a) direkt messen:

$$F_m(p) = \frac{Y_m(p)}{X(p)} = G_v(p)G_r(p), \quad F(p) = 1 + F_m(p). \tag{8.6/17}$$

Das rückgekoppelte Netzwerk ist stabil, wenn

- die Nullstellen von $F(p)$ (also die Pole von $G(p)$) in der linken p-Halbebene liegen oder gleichwertig
- die Übertragungsfunktion $F_m(p)$ des offenen Kreises - auch als *Schleifenverstärkung* bezeichnet - für $\mathrm{Re}(p) \geq 0$ nicht gleich - 1 wird. Bei der Messung/Berechnung von F_m ist jeweils beiderseits der Schnittstelle mit der ursprünglichen Impedanz abzuschließen! Die Stabilität eines geschlossenen Netzwerkes hängt ausschließlich von der Schleifenverstärkung $F_m(p) = G_v(p)G_r(p)$ ab.

Hinweis: Die Form Gl.(8.6/17) setzt sog. *rückwirkungsfreie* Funktionsblöcke $G_v(p)$, $G_r(p)$ voraus, die in Netzwerken i.a. nicht gegeben sind. So ergibt die Zusammenschaltung (Parallelschaltung) eines rückwirkungsfreien Verstärkers (Parameter y_{11a}, y_{22a}, y_{21a}) mit einem Rückwirkungsnetzwerk (Parameter y_{ikf}) sowie Last- und Generatorleitwert (Y_L, Y_G) bei eingeprägter Stromquelle I_q eine Ausgangsspannung $U_2(p)$ (Bild R 8.6/6b):

$$\begin{aligned}\frac{\underline{U}_2(p)}{\underline{I}_q(p)} &= \frac{-(y_{21a} + y_{12f})}{(Y_G + y_{11a} + y_{11f})(Y_L + y_{22a} + y_{22f}) - (y_{21a} + y_{12f})y_{12f}} \\ &= \frac{G_v}{1 + G_v G_r}\end{aligned} \tag{8.6/18}$$

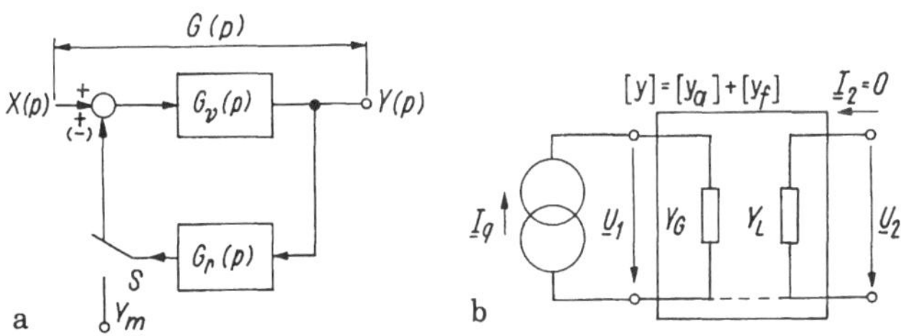

Bild R 8.6/6 Rückgekoppeltes System
a) Blockschaltbildmodell, b) spezielle Schaltungsform mit Rückkopplung über einen zweiten Vierpol mit einbezogenen Generator- und Lastelementen

mit

$$G_{\mathrm{v}} = \frac{-(y_{21\mathrm{a}} + y_{12\mathrm{f}})}{(Y_{\mathrm{G}} + y_{11\mathrm{a}} + y_{11\mathrm{f}})(Y_{\mathrm{L}} + y_{22\mathrm{a}} + y_{22\mathrm{f}})}; \quad G_{\mathrm{r}} = y_{12\mathrm{f}}.$$

Eine strikte Trennung in Verstärker- und Rückkopplungsnetzwerk ist nur für $y_{21\mathrm{a}} \gg y_{12\mathrm{f}}$ und $y_{11\mathrm{f}}, y_{22\mathrm{f}} \gg Y_{\mathrm{G}} + y_{11\mathrm{a}}, Y_{\mathrm{L}} + y_{22\mathrm{a}}$ möglich.

- Für die Stabilität der Verstärkung $G(p)$ sind die Nullstellen von $\det \boldsymbol{Y}_{\mathrm{ges}}$ maßgebend.
- Zur Stabilitätsprüfung kann gleichwertig der Eingangsleerlaufwiderstand $Z_1(p) = y_{22\mathrm{ges}}/\det \boldsymbol{Y}$ herangezogen werden (s. Gl.(8.6/10)).

Die Stabilität eines Netzwerkes nach Bild R 8.6/6a kann beurteilt werden

- durch Untersuchung von $G(p)$ (Betrachtung als offenes Netzwerk)
- aufgefaßt als geschlossenes Netzwerk (Gl.(8.6/17) rechts) auf Grundlage der gemessenen/berechneten Schleifenverstärkung $F_{\mathrm{m}}(p) = G_{\mathrm{v}}(p)G_{\mathrm{r}}(p)$ des ursprünglich offenen Kreises mit dem (erweiterten oder einfachen) Nyquist-Kriterium, dem Stabilitätsrand (mittels des Bode-Diagramms) oder dem Wurzelortverfahren.

Erweiterter Nyquist-Test. In Gl.(8.6/17) läßt sich nicht der Frequenzgang $F(p)$, wohl aber $F_{\mathrm{m}}(p)$ experimentell/rechnerisch leicht bestimmen. Deshalb wird das *Nyquist-Umlaufkriterium* mit dem Prüfpunkt im Ursprung für den Prüfpunkt $-1 \pm \mathrm{j}0$ umformuliert. Dann ist in der F_{m}-Ebene nicht die Zahl der Nullpunktumkreisungen festzustellen, sondern der Winkeländerung $\Delta\varphi$, die der Ortskurvenzeiger vom kritischen Punkt $-1 \pm \mathrm{j}0$ aus zum Ortskurvenpunkt $F_{\mathrm{m}}(\mathrm{j}\omega)$ im Frequenzbereich $0 \le \omega < \infty$ erfährt:

Das geschlossene Netzwerk (Übertragungsfunktion $F_{\mathrm{m}}(p) = G_{\mathrm{v}}(p)G_{\mathrm{r}}(p)$ des offenen Kreises) ist stabil, wenn der kritische Punkt $(-1 \pm \mathrm{j}0)$ im Frequenzbereich $0 < \omega < \infty$ genau P mal (P Zahl der Nullstellen von $F_{\mathrm{m}}(p)$ mit positivem Realteil) im Gegenuhrzeigersinn umfahren wird. Ist speziell $F_{\mathrm{m}}(p)$ stabil ($P = 0$), dann darf die Ortskurve den kritischen Punkt $-1 \pm \mathrm{j}0$ nicht umschlingen (Bild R 8.6/7a).

Hat F_{m} zusätzlich P_a Nullstellen auf der imaginären Achse, so gilt für die Winkelzunahme des Fahrstrahles bei Stabilität:

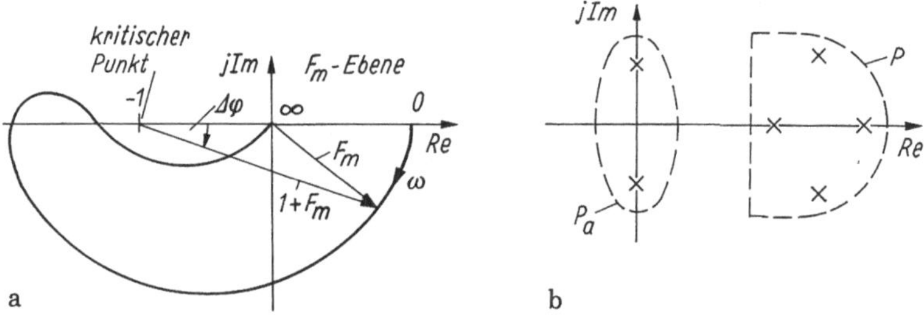

Bild R 8.6/7 Nyquist-Verfahren
a) erweitertes Nyquist-Verfahren. Im Beispiel gilt $\Delta\varphi = 0$, b) Einteilung der Nullstellen des offenen Netzwerkes

$\Delta\varphi = \pi(P + P_a/2)$	Erweitertes Nyquist-Kriterium	(8.6/19)

im Bereich $0 \le \omega < \infty$ (Bild R 8.6/7b).

Hinweis: Das erweiterte Nyquist-Kriterium bietet eine Reihe von weitgefaßten Bedingungen:

- der offene Kreis ($\to F_\mathrm{m}$) kann prinzipiell instabil sein
- der offene Kreis kann im Gegensatz zu algebraischen Verfahren einen Laufzeitfaktor $\exp -\mathrm{j}\omega t$ einschließen (sog. Totzeit in der Regelungstechnik).

Vereinfachtes Nyquist-Kriterium. Für viele technische Fälle gelten folgende Annahmen:

- $F_\mathrm{m}(\mathrm{j}\omega)$ hat nur Nullstellen in der linken Halbebene (mit Ausnahme einer oder höchstens zwei Nullstellen im Ursprung, einfach- oder maximal doppeltintegrierendes Verhalten) und ist damit strukturstabil.
- Die Ortskurve von $F_\mathrm{m}(p)$ endet für $\omega \to \infty$ immer im Ursprung der $F_\mathrm{m}(\mathrm{j}\omega)$-Ebene (deshalb ist die Ordnung des Nennerpolynoms in F_m höher als die des Zählerpolynoms).
- Die Symmetrieeigenschaft der Ortskurve ist ausnutzbar. Dann geht aus dem erweiterten das *vereinfachte* Nyquist-Kriterium hervor:

> Liegt der Punkt $(-1 \pm \mathrm{j}0)$ bei Durchlauf der Ortskurve $F_\mathrm{m}(\mathrm{j}\omega)$ im Bereich $0 \le \omega < \infty$ mit steigendem ω immer *links*, so ist der geschlossene Kreis stets stabil (sog. Linke-Hand-Regel).

Es herrscht Grenzstabilität, wenn die Ortskurve $F_\mathrm{m}(\mathrm{j}\omega)$ *durch* den Punkt $(-1 \pm \mathrm{j}0)$ verläuft und Instabilität, wenn der Punkt rechts der Ortskurve (bei steigendem ω) liegt (Bild R 8.6/8a,b).

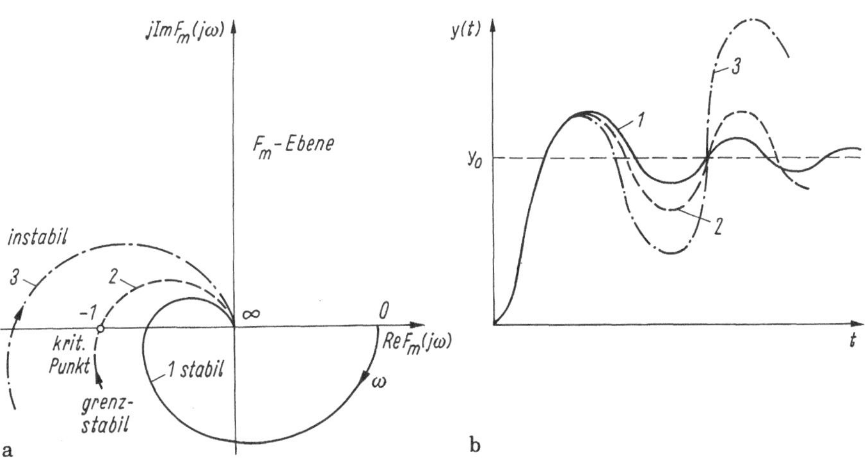

Bild R 8.6/8 Vereinfachtes Nyquist-Verfahren
a) Linkehandregel, unterschiedliche Ortskurven, b) Verlauf der Ausgangsgröße $y(t)$ bei Sprungerregung eines Systems mit Ortskurven nach Bild a)

Hinweis:

- Ist der Frequenzgang $F(\mathrm{j}\omega)$ des geschlossenen Kreises Gl.(8.6/16) von der Form $1/k + F_\mathrm{m}(\mathrm{j}\omega)$ statt $1 + F_\mathrm{m}(\mathrm{j}\omega)$ (k reell), so lautet der kritische Punkt $-1/k \pm \mathrm{j}0$. (Eine solche Form gilt oft in Verstärkerschaltungen.)
- Das Verfahren ist auch mit dem gemessenen Frequenzgang $F(\mathrm{j}\omega)$ durchführbar.
- Das Kriterium gilt ebenso für Netzwerke mit Laufzeitelementen (bzw. Systeme mit Totzeit).
- Wird an den Eingang des offenen Kreises (Bild R 8.6/6a) ein Sinussignal $X_0 \exp \mathrm{j}\omega t$ gelegt und Frequenz und Kreisbemessung so gewählt, daß $F_\mathrm{m}(\mathrm{j}\omega) = -1$, so entsteht das Ausgangssignal

  $$Y_0 \exp \mathrm{j}\omega t = -F_\mathrm{m}(\mathrm{j}\omega) X_0 \exp \mathrm{j}\omega t = X_0 \exp \mathrm{j}\omega t,$$

  m.a.W. sind die Signale an beiden Schnittstellen gleich. Der Kreis kann geschlossen und der Generator entfernt werden, die Schwingung bleibt erhalten. Daher stellt

  $$F_\mathrm{m}(\mathrm{j}\omega) = -1$$

  die *Selbsterregungsbedingung* der Schaltung dar (→ Barkhausen-Beziehung Gl. (8.6/10), Oszillationsfall): instabiles Verhalten des geschlossenen Kreises.

Das Nyquist-Kriterium wird bei Netzwerken höherer Ordnung unhandlich, vor allem wenn Parametervariationen erfolgen sollen. Dann dient besser das Bode-Diagramm zur Stabilitätsbewertung.

Stabilitätsränder. Amplituden- und Phasenrand. Das vereinfachte Nyquist-Kriterium erlaubt eine Aussage über die *Stabilitätsgüte* insbesondere dann, wenn die Bode-Darstellung des Frequenzganges $F_\mathrm{m}(\mathrm{j}\omega)$ leichter als die Ortskurve zu ermitteln ist.

Das vereinfachte Nyquist-Verfahren mit der Stabilitätsgrenze $F_\mathrm{m}(\mathrm{j}\omega) = -1 \pm \mathrm{j}0$ hat im Bode-Diagramm von $F_\mathrm{m}(\mathrm{j}\omega)$ gleichwertig die Bedingungen

$$\begin{aligned} &\text{Betrag:} \quad \log|F_\mathrm{m}(\mathrm{j}\omega_k)| = 0, \quad 20\log|F_\mathrm{m}(\mathrm{j}\omega_k)| = 0\mathrm{dB} \\ &\text{Phase:} \quad \varphi_\mathrm{m}(\omega_k) = -\pi \end{aligned} \qquad (8.6/20)$$

Stabilitätsgrenze im Bode-Diagramm

(Bild R 8.6/9a). Man bezeichnet als *Schnittfrequenz* (Durchtrittsfrequenz) ω_d jene Frequenz, bei der der Frequenzgang $F_\mathrm{m}(\mathrm{j}\omega)$ den Betrag 1 annimmt bzw. die Amplitudenkennlinie die 0 dB-Achse schneidet:

$$\omega = \omega_\mathrm{d} \rightarrow |F_\mathrm{m}(\omega_\mathrm{d})| = 1.$$

Dazu gehört der *Durchtrittsphasenwinkel* φ_d (Bild R 8.6/9b) und das Stabilitätskriterium für die Bode-Darstellung lautet:

Das (geschlossene) Netzwerk ist stabil, wenn der Phasengang φ_m des offenen Netzwerkes bei der *Durchtrittskreisfrequenz* ω_d oberhalb von $-\pi$ verläuft. Gleichwertig mit der *kritischen Kreisfrequenz* ω_π (Schnittpunkt der Ortskurve des offenen Kreises mit der negativ reellen Achse) lautet die Aussage: Das (geschlossene) Netzwerk ist stabil, wenn

$$\omega_\mathrm{d} < \omega_\pi$$

gilt (Bild R 8.6/9b).

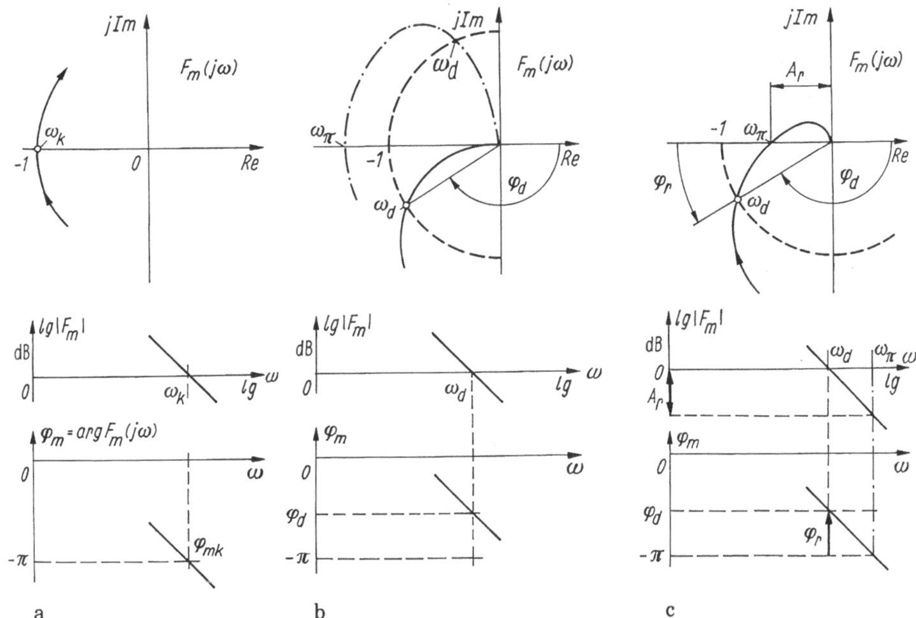

Bild R 8.6/9 Amplituden- und Phasenreserve (A_r, φ_r)
a) Definition der Stabilitätsgrenze am offenen System mit der Übertragungsfunktion $F_m(j\omega)$ (Schleifenverstärkung) in Ortskurven- und Bode-Darstellung, b) Definition der Durchtrittskreisfrequenz ω_d und Phasendurchtrittskreisfrequenz, c) Definition der Amplituden- und Phasenreserve

Daraus folgt, daß das geschlossene Netzwerk um so stabiler ist, je weiter die Ortskurve des offenen Netzwerkes vom kritischen Punkt $-1 + j0$ entfernt liegt.

Stabilitätsgüte. Die Stabilitätsgüte oder der Stabilitätsrand wird bestimmt vom Abstand des Ortskurvendurchtrittes durch die reelle Achse zum Punkt $-1 + j0$. Dazu dienen die *Phasenreserve* φ_r bzw. die *Amplitudenreserve* A_r (Bild R 8.6/9c).

Phasenrand. Der Phasenrand (Phasenreserve) φ_r des geschlossenen Netzwerkes ist der Phasenabstand zum Winkel $-\pi$ beim Durchgang der Amplitudenkurve durch die Nullinie

$$\varphi_r = \pi + \varphi_m(j\omega_d) \quad \text{bei } F_m(\omega_d) = 1. \qquad \text{Phasenrand} \quad (8.6/21)$$

Der Phasenrand ist positiv, wenn der Schnittpunkt von Ortskurve und Einheitskreis im 3. oder 4. Quadranten der $F_m(j\omega)$-Ebene liegt.

Stabilität: Ein offen stabiles Netzwerk bleibt bei positivem Phasenrand φ_r im geschlossenen Zustand asymptotisch stabil.

Hinweis:

- Für günstiges Einschwingen wird $\varphi_r \approx 40^0 \dots 65^0$ gewählt.
- Anschaulich: Phasenrand = Phasenwinkel, um den der Ortskurvendurchtrittspunkt $|F_m(j\omega_d)| = 1$ gedreht werden muß, damit er in den Punkt - 1, 0 der F_m-Ebene fällt.
- Die Phasenreserve kann direkt dem Bode-Diagramm entnommen werden.

Amplitudenreserve. Alternativ zur Phasenreserve bezeichnet die Amplitudenreserve A_r den Reziprokwert von $F_m(j\omega_\pi)$ beim Phasenwinkel $\varphi_m(j\omega_\pi) = -\pi$ (Ortskurvendurchtritt durch die negativ reelle Achse)

$$A_r = 1/|F_m(j\omega_\pi)|. \qquad \text{Amplitudenreserve} \quad (8.6/22)$$

Die Amplitudenreserve A_r ist diejenige Verstärkung, mit der $F_m(j\omega)$ vergrößert werden muß, um das Netzwerk an die Stabilitätsgrenze zu bringen. Die zugehörige Frequenz ω_π heißt *Phasendurchtrittskreisfrequenz.*

Das geschlossene Netzwerk ist bei einem Amplitudenrand $A_r > 1$ asymptotisch stabil. Gut gedämpftes Einschwingverhalten ist für $A_r \approx 2 \dots 3$ erzielbar.

In Tafel R 8.6/2 wurden Amplituden- und Phasenränder einiger typischer Systeme in den entsprechenden Bode-Darstellungen angegeben.

Darstellung im Bode-Diagramm (Vereinfachtes Nyquist-Kriterium). Amplituden- und Phasenreserve lassen sich bequem auf die Bode-Darstellung des Amplituden- und Phasenganges von $F_m(j\omega)$ übertragen. Dem Punkt $-1 \pm j0$ entspricht in der Bode-Darstellung die 0 dB-Linie für den Betrag und $-\pi$ für die Phase. Dann gilt:

Das geschlossene Netzwerk mit der Übertragungsfunktion $F_m(j\omega)$ des offenen Netzwerkes (asymptotisch stabil, höchstens 2 Pole im Ursprung) ist asymptotisch stabil, wenn die Betragskennlinie $|F_m(j\omega)|$ bei ω_π (Schnitt der Phasenkennlinie mit der $-\pi$-Linie) unterhalb der 0 dB-Linie liegt (Bild R 8.6/9c).

Dem Bode-Diagramm entnimmt man weiter:

- *Amplitudenreserve* A_r aus $A_r = 1/|F_m(j\omega_\pi)| \rightarrow$

$$A_r|_{dB} = 20 \log \frac{1}{|F_m(j\omega_\pi)|} = -20 \log |F_m(j\omega_\pi)| = -|F_m(j\omega_\pi)|_{dB}. \quad (8.6/23)$$

  Der nach oben gerichtete Abstand zwischen der $|F_m(j\omega_\pi)|$-Kennlinie und der 0 dB-Achse kennzeichnet A_r.
- *Phasenreserve.* Nach der Definition wird bei der Durchtrittsfrequenz ω_d ein Zeiger von der $-\pi$ Linie zur Phasenkennlinie eingetragen. Nach oben gerichtet gibt er positive Phasenreserve.

Für Minimalphasensysteme besagt das Bode-Diagramm, daß

- der Abfall des Amplitudenganges von $n \cdot 20\,\text{dB/Dekade}$ mit einer Phasendrehung von $-n \cdot \pi/2$ verbunden ist

- bei einer Grenzfrequenz die Phase um $m \cdot \pi/2$ springt (grobe Näherung), m Pol- bzw. Nullstellenordnung).

Dann folgt (vereinfacht) als *Stabilitätsaussage*:

Ein geschlossenes Netzwerk ist stabil, wenn der 0 dB-Durchgang der Schleifenverstärkung $F_m = G_v G_r$ bei der Durchtrittsfrequenz f_d mit einer Neigung < 40 dB/Dekade erfolgt (→ Netzwerk zweiter Ordnung). Aus Sicherheitsgründen wird meist nur die Neigung von 20 dB/Dek. bei f_d zugelassen (→ Netzwerk erster Ordnung, strukturstabil) (s. Tafel R 8.6/2).

Wurzelortsverfahren. Oft interessiert, wie sich die Lage der Pole des geschlossenen Netzwerkes in Abhängigkeit von Parametern, z.B. der Verstärkung einer gesteuerten Quelle, verändern. Dabei bewegt sich jeder Pol innerhalb des Variationsbereiches der Verstärkung auf einer Spur, dem *Wurzelort*. Ausgehend vom stabilen offenen Kreis lassen sich eine Reihe von *Regeln* zur Konstruktion der Wurzelortskurve entwickeln.

Das Verfahren ist in der Regelungstechnik sehr verbreitet, wegen z.T. sehr einschränkender Annahmen wird es nur selten auf Netzwerkprobleme angewendet. Dort ist oft einfacher, die Polvariation rechnergestützt auszuwerten.

Die Wurzelortskurve ist der geometrische Ort der Wurzeln der charakteristischen Gleichung (8.6/17)

$$F(p) = 1 + F_m(p) = 0$$

in der p-Ebene in Abhängigkeit des Parameters k (proportional der reellen Leerlaufverstärkung bei $\omega \to 0$): $F_m(p) = kG_0(p)$.

Die *Schleifenverstärkung* hat die allgemeine Form

$$F_m(p) = G_r(p)G_v(p) = k\frac{Z(p)}{N(p)} = K\frac{(p-p_{01})...(p-p_{0m})}{(p-p_{x1})...(p-p_{xn})}. \qquad (8.6/24)$$

Da die Pole des geschlossenen Kreises aus

$$F(p) = 1 + F_m(p) = a_n p^n + a_{n-1}p^{n-1} \dots a_1 p + a_0 = 0 \qquad (8.6/25)$$

hervorgehen, ändert sich ihre Lage in der p-Ebene abhängig von K beginnend bei $K = 0$ - den Polen des offenen Regelkreises - bis zu $K \to \infty$: dann spielt $N(p)$ keine Rolle und die Pole des geschlossenen Kreises gehen in Nullstellen des offenen Kreises über. Deshalb gilt gleichwertig:

Die Wurzelortskurve ist die geometrische Ortslinie der Pole des geschlossenen Kreises mit dem "Verstärkungsfaktor K" (des offenen Kreises) als Parameter.

Ohne Gl.(8.6/25) lösen zu müssen, kann die Wurzelortskurve (WOK) durch Anwendung folgender Regeln bestimmt werden (Bild R 8.6/10):

1. Die WOK hat n Zweige (für jeden Pol des geschlossenen Kreises einen) auf der reellen Achse der p-Ebene oder symmetrisch zu ihr. Aus einem r-fachen Pol treten r Äste aus, in eine r-fache Nullstelle münden r Äste.
2. Die WOK beginnen für $K = 0$ in den Polen des offenen Regelkreises ($F_m(p)$). Sie enden für $K \to \infty$ in den Nullstellen von $F_m(p)$. Hat $F_m(p)$ n Pole und m endliche Nullstellen, so enden $n - m$ Äste im Unendlichen.

Tafel R 8.6/2 Übertragungsfunktion, Ortskurve, Bode-, Nichols-Diagramm und Wurzelortskurve typischer Übertragungsglieder Kurvensteigungen:
1:-20dB/Dek; 2: -40dB/Dek; 3: -60dB/Dek; $W_1 \dots W_3$: Wurzeln

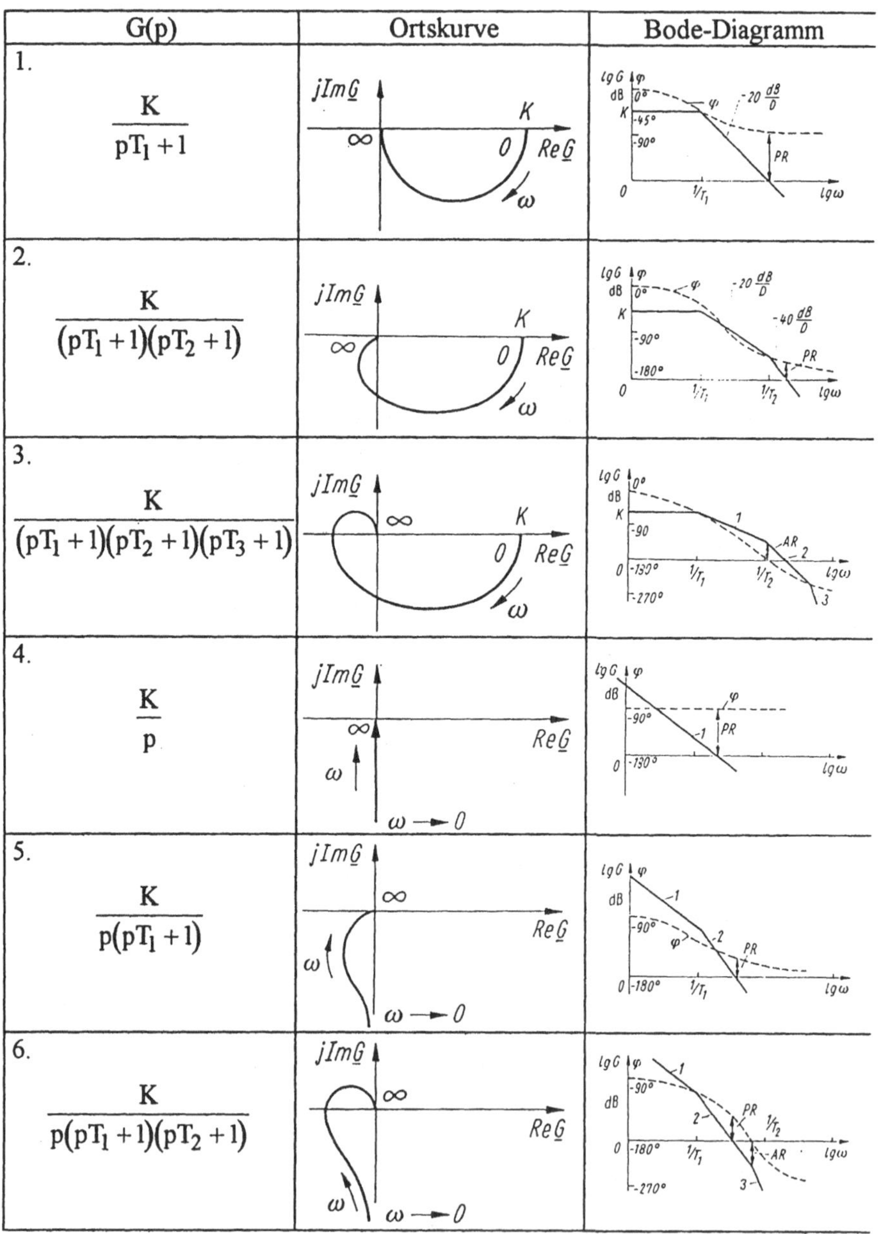

	G(p)	Ortskurve	Bode-Diagramm
1.	$\frac{K}{pT_1+1}$		
2.	$\frac{K}{(pT_1+1)(pT_2+1)}$		
3.	$\frac{K}{(pT_1+1)(pT_2+1)(pT_3+1)}$		
4.	$\frac{K}{p}$		
5.	$\frac{K}{p(pT_1+1)}$		
6.	$\frac{K}{p(pT_1+1)(pT_2+1)}$		

Nichols-Diagramm	Wurzelortskurve	Bemerkungen
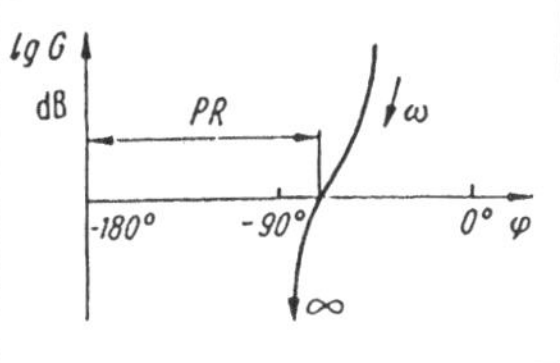	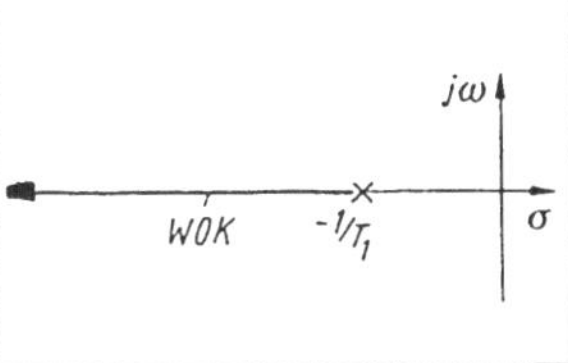	stabil, AR = ∞, typischer Verstärker mit Grenzfrequenz
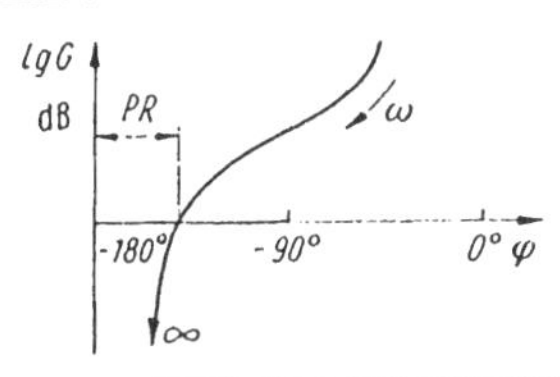	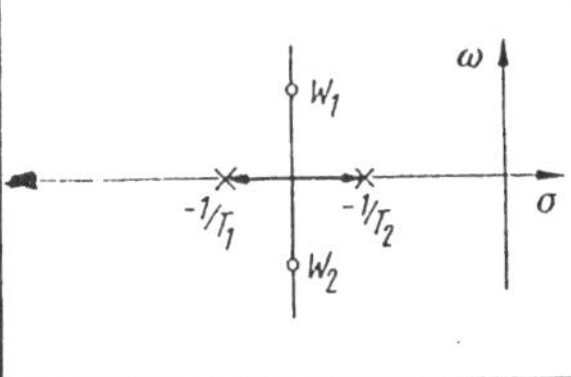	stabil, AR = ∞, typisches Verstärkermodell
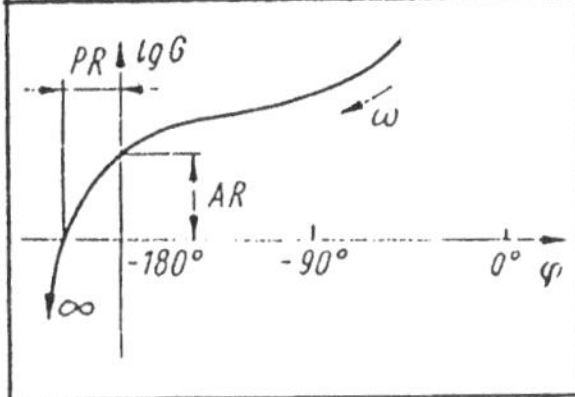	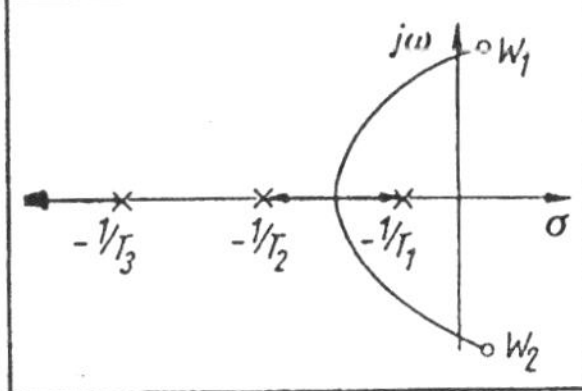	instabil, durch Senkung der Verstärkung A stabilisierbar
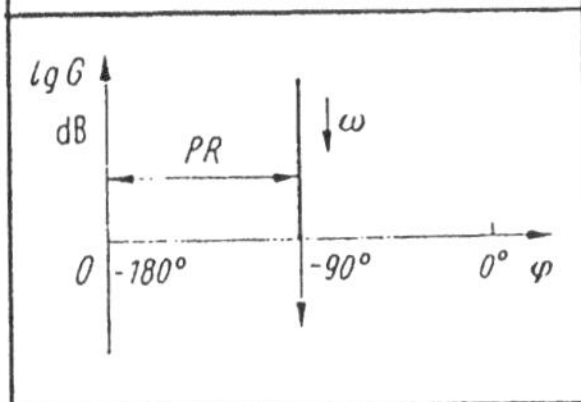	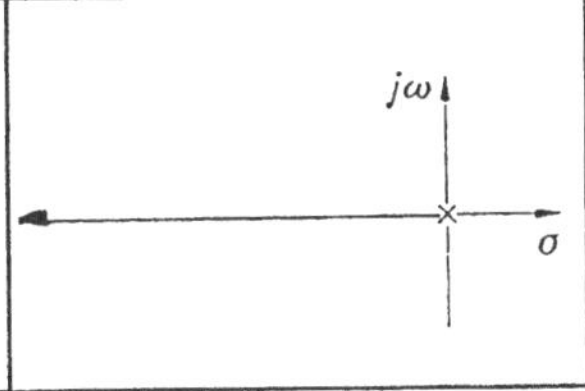	idealer Integrator, stabil
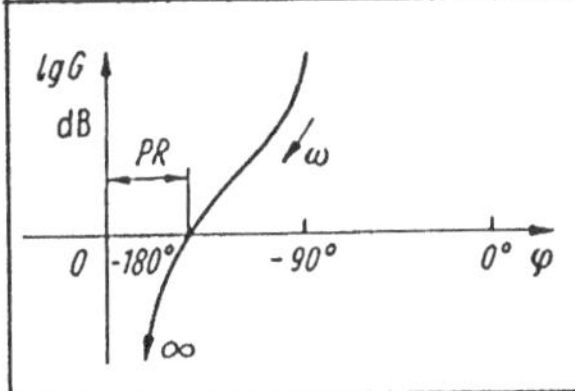	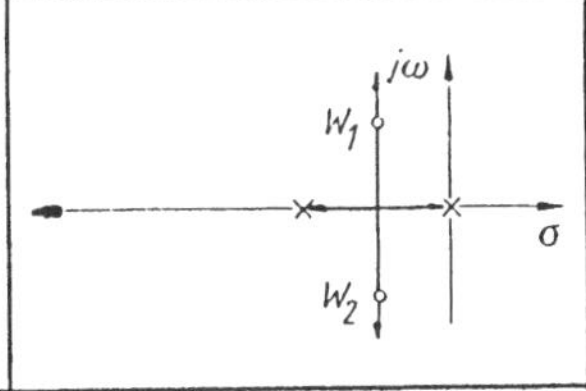	Integrator mit realem Verstärker, stabil, AR = ∞
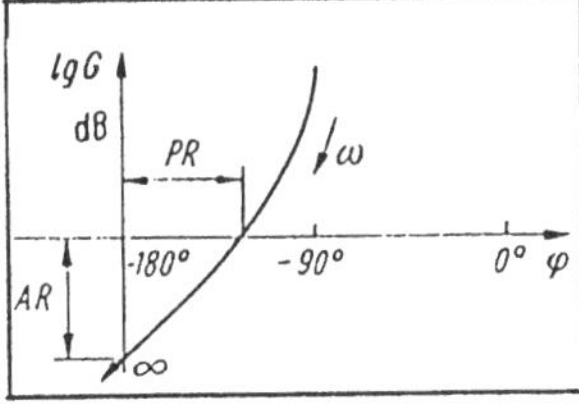	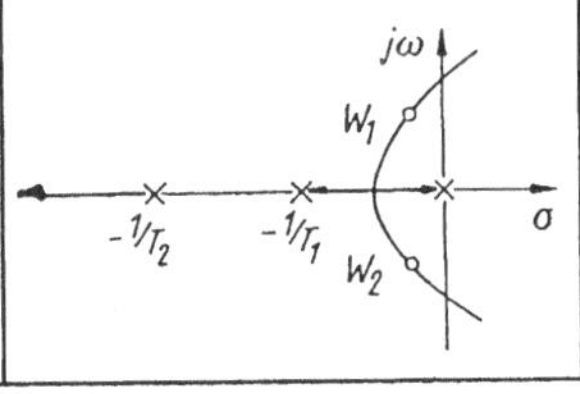	Integrator mit verbessertem Verstärkermodell, wird bei großer Verstärkung instabil

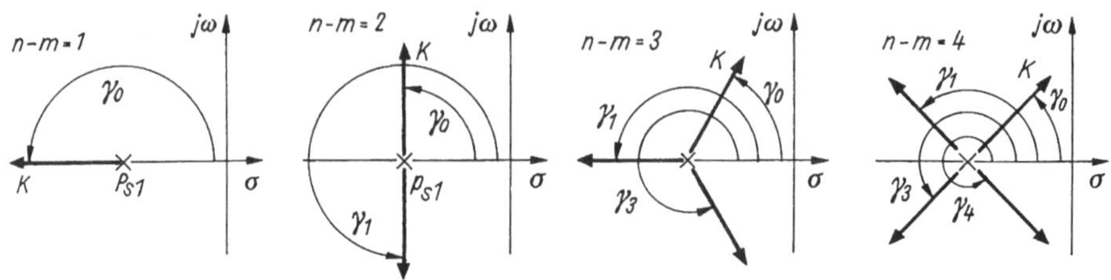

Bild R 8.6/10 Lage der Asymptoten für Zweige der Wurzelortskurve ($K > 0$)

3. Die Asymptoten der $n - m$ ins Unendliche strebenden Wurzelortsäste sind Geraden mit dem Schnittpunkt p_1 auf der reellen Achse und den Winkeln γ_k
$$p_1 = \frac{\sum_{i=1}^{n} p_{xi} - \sum_{\mu=1}^{m} p_{0\mu}}{n-m}, \quad \gamma_k = \frac{\pi + k\,2\pi}{n-m}; \; k = 0 \ldots n-m-1 \quad (8.6/26)$$
4. Treffen sich zwei Zweige der WOK auf der reelle Achse, so heben sie sich rechtwinklig von ihr ab. Es existiert wenigstens ein Verzweigungs- bzw. Vereinigungspunkt, wenn ein Ast der WOK auf der reellen Achse zwischen zwei Polen bzw. Nullstellen verläuft. Der Punkt genügt der Bedingung
$$\sum_{i=1}^{n} \frac{1}{p - p_{xi}} = \sum_{\mu=1}^{m} \frac{1}{p - p_{0\mu}} \quad (8.6/27)$$
für $p = p_r$ als Verzweigungspunkt.
5. Die WOK verläuft symmetrisch zur reellen Achse. Jeder Punkt der reellen Achse der p-Ebene ist Punkt der WOK, falls die Zahl der rechts von ihr liegenden Pole und Nullstellen ungerade ist ($k > 0$). Für $k < 0$ liegt die WOK auf dem Teil der reellen Achse, für den die Gesamtzahl der reellen Pole und Nullstellen rechts davon eine gerade Zahl (einschließlich Null) wird.
6. Der Schnittpunkt der WOK mit der imaginären Achse der p-Ebene bestimmt den kritischen Wert K, für den die Anordnung instabil wird:
$$F(\mathrm{j}\omega) = N(\mathrm{j}\omega) + KZ(\mathrm{j}\omega) = 0$$
(auflösen nach K und ω_{krit}).
7. Für den zu einem Punkt der WOK gehörenden Faktor K gilt
$$K = \frac{\text{Produkt der Abstände von den Polen von } F_{\mathrm{m}}(p)}{\text{Produkt d. Abstände von den endlichen Nullstellen von } F_{\mathrm{m}}(p)}. \quad (8.6/28)$$

Im Bild R 8.6/11 und Tafel R 8.6/2 wurden einige Wurzelortskurven für typische Pol-Nullstellenverteilungen zusammengestellt, ebenso die zugehörigen Bode-Diagramme. Letztere sind zur sog. Kompensation von Netzwerkfrequenzgängen bei fester Verstärkung nützlich (s. Abschn. 8.6.5). Die WOK zeigt die Polvariation des geschlossenen Netzwerkes bei veränderlicher Schleifenverstärkung. Bei Netzwerken mit drei und mehr Polen kann Instabilität auftreten, die sich z.B. durch Einfügen von Nullstellen oder Kompensationsmethoden vermeiden läßt.

Das Wurzelortskurven-Verfahrens wird nach der *Lösungsmethodik WOK* angewendet:

1. Formuliere die charakteristische Gleichung des geschlossenen Kreises in der Pol-Nullstellenform so, daß der Parameter K explizit in Gl.(8.6/17)

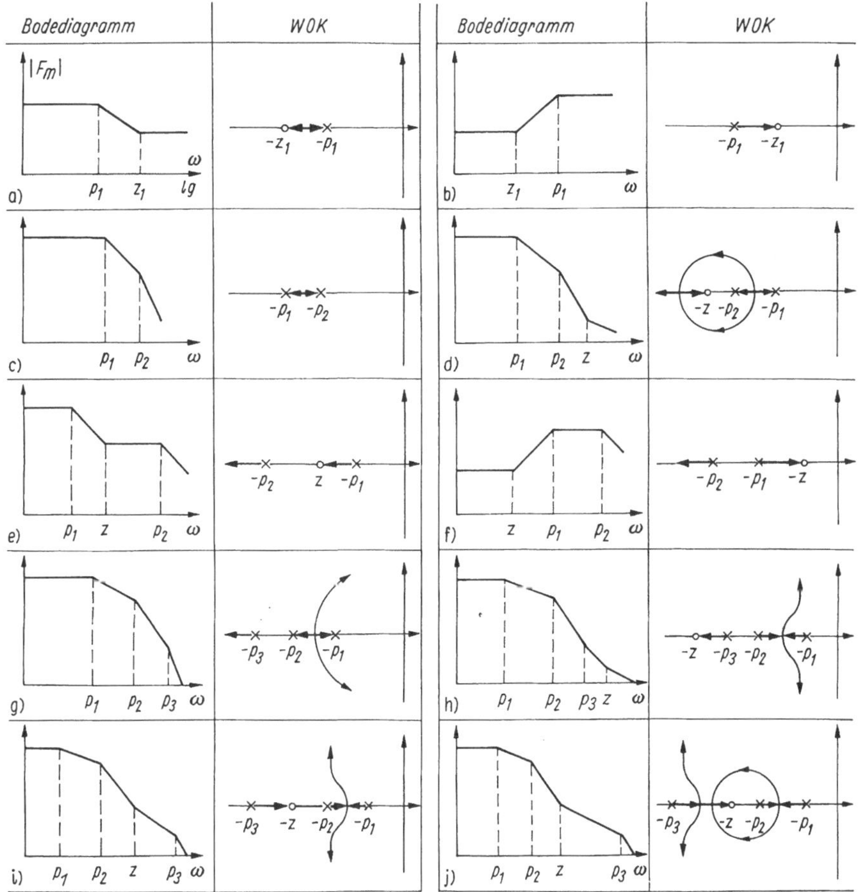

Bild R 8.6/11 Bode-Diagramm und Wurzelortskurven typischer Pol-Nullstellen-Konfigurationen

auftritt

$$F(p) = 1 + KG_0(p) = 0.$$

2. Bestimme die Pole und Nullstellen der Schleifenverstärkung $F_m(p)$ und stelle sie in der p-Ebene dar.
3. Bestimme die Abschnitt der reellen Achse, die Bestandteile der WOK sind sowie die Zahl separater WOK-Abschnitte.
4. Bestimme die Winkel der Asymptoten und die Asymptotenzentren, von denen alle Asymptoten ausgehen (s. Gl.(8.6/26)).
5. Bestimme Verzweigungspunkte auf der reellen Achse.
6. Bestimme Schnittpunkte der WOK mit der imaginären Achse (z.B. mit Routh-Kriterium $\rightarrow$ Instabilitätsgrenze).
7. Schätze die Winkel, unter denen die WOK in komplexe Pole ein- oder austritt.

Dieses Vorgehen ermittelt ein qualitatives Bild vom Verlauf der WOK, für eine genauere Lösung ist Rechnerunterstützung zweckmäßig, weil dann auch die Stabilität leicht durch weitere Pole und Nullstellen beurteilt werden kann.

Zur globalen Bewertung der WOK sind noch folgende Analogievorstellungen nützlich:

- Pole können als Quellen, Nullstellen als Senken eines Strömungsfeldes betrachtet werden. Die WOK-Äste sind ausgewählte Strömungslinien
- Werden die Pole durch negative und Nullstellen durch gleichgroße positive Punktladungen ersetzt, so bewegt sich ein Elektron auf den WOK-Ästen als Bahnkurve (→ abstoßende, anziehende Wirkung von Polen).

Tafel R 8.6/3 gibt einen zusammenfassenden Überblick über die Anwendung der verschiedenen Stabilitätskriterien bei den einzelnen Netzwerk- und Systemtypen je nach gegebenen Systemgrößen.

Tafel R 8.6/3 Zweckmäßige Zuordnung verschiedener Stabilitätskriterien zu Netzwerken und Systemen

Netzwerktyp	Gegeben	Stabilitätskriterien
1) offen 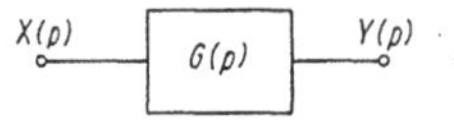 $X(p)$ → $G(p)$ → $Y(p)$	G(p) – algebraisch – gemessen – Polynomform – Produktform	– g(t)-Konvergenztest – g(t), Abklingtest – Hurwitz-, Routh-Kriterium – Ortskurve, Nyquistkriterium – Stabilitätsreserve – Bodediagramm, Asymptotenverlauf
2) Zweipol-, Vierpolnetzwerk (offen) 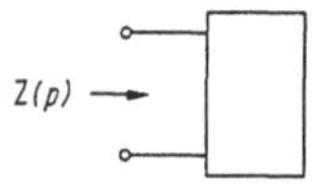 $Z(p)$	– G(p) → Z(p), Y(p) (Zweipolimpedanz, -admittanz) – Zweipol-, Vierpolparameter	– wie 1), zweckmäßig aber Prüfung der Zweipolimpedanz auf negativen Wirkanteil – Verfahren auch auf Vierpole-/Mehrpole anwendbar – spezielles Vierpolstabilitätskriterium aus Leistungsbedingung (potentielle Stabilität)
3) Kreisstruktur 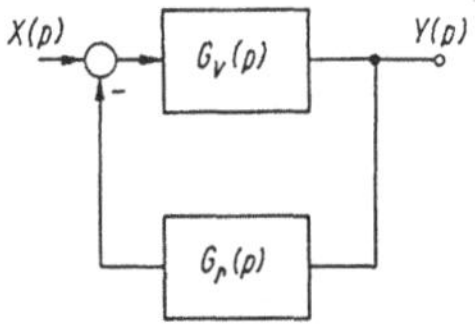 $X(p)$, $G_v(p)$, $Y(p)$, $G_r(p)$, -	– Schleifenverstärkung G_vG_r gemessen – Schleifenverstärkung G_vG_r in Produktform	– Amplituden-/Phasenrand – Nyquistkriterium (linke Hand-Regel, Barkhausen-kriterium) – Asymptotensteigung im Bode-Diagramm – erweitertes Nyquistkriterium – Wurzelortskurvenverfahren
4) Betrachtung als rückgekoppelter Vierpol	– Betrachtung des Gesamtsystems als offen (wie Zwei- und Vierpolnetzwerk s. 2))	Kriterien nach 2)

8.6.5 Maßnahmen zur Stabilitätsverbesserung

Netzwerke mit Verstärkern (gesteuerten Quellen) neigen oft zur Instabilität. Abhilfe schafft eine sog. *Frequenzgangkompensation* durch Beeinflussung der Schleifenverstärkung $G_v(j\omega)G_r(j\omega) = F_m(j\omega)$ so, daß $|G_vG_r| < 1$ vor der kritischen Frequenz ω_π erreicht wird. Dazu werden entweder der Verstärker (G_v, innere Frequenzgangkompensation) oder das Rückführungsnetzwerk (G_r, äußere Kompensation) oder beide beeinflußt.

Kompensationsziel ist die Verflachung des Schleifenverstärkungsverlaufes $|G_vG_r|$ in Umgebung der Durchtrittsfrequenz f_d.

Maßnahmen sind (Bild R 8.6/12)

- Änderung der Verstärkung (und ihres Frequenzganges im Verstärker)
- Zuschaltung eines Korrekturnetzwerkes (vor oder nach Verstärker), das Phasenanhebung, -absenkung oder beides bewirkt.

1. *Phasenanhebung* (Lead-Kompensation, Bild R 8.6/12a). Bei dieser Kompensation wird zur Übertragungsfunktion $F_m = G_vG_r$ eine Nullstelle hinzugefügt und die Phasennacheilung in Umgebung der Schnittfrequenz gesenkt.

   Ein Zusatznetzwerk hat dazu die Übertragungsfunktion

   $$F_z(j\omega) = \frac{1 + j\omega T_N}{1 + j\omega T_P}, \quad T_P < T_N.$$

   Im Frequenzbereich $1/T_N < 1/T_P$ steigt die Verstärkung, oberhalb von $\omega = 5/T_P$ wächst sie auf $20 \log T_N/T_P$ dB. Maximale Phasenanhebung erfolgt bei $\omega = 1/\sqrt{T_N T_P}$. Die Bandbreite steigt, die Verstärkung sinkt bei tiefen Frequenzen.

2. *Phasenabsenkung* (Lag-Kompensation, Bild R 8.6/12b). Bei dieser Kompensation wird zur Übertragungsfunktion $F_m = G_vG_r$ ein zusätzlicher Pol bei tiefen Frequenzen hinzugefügt.

   Das Zusatznetzwerk lautet

   $$F_z(j\omega) = \frac{1}{1 + j\omega T_P}. \tag{8.6/29}$$

   Die Polfrequenz wird dabei so niedrig gewählt, daß sie über alle ggf. weiteren Polfrequenzen dominiert (→ starke Verringerung der Bandbreite).

3. *Phasenabsenkung und Phasenanhebung* (Lag-Lead-Kompensation, Bild R 8.6/12c). Zur Übertragungsfunktion wird durch ein Kompensationsnetzwerk sowohl ein Pol als auch eine Nullstelle hinzugefügt:

   $$F_z = \frac{1 + j\omega T_N}{1 + j\omega T_P}, \quad T_P > T_N. \tag{8.6/30}$$

   (Polfrequenz niedriger als die der Nullstelle). Die Verstärkung sinkt zwischen $\omega = 1/T_N$ und $\omega = 1/T_P$, oberhalb von $\omega = 5/T_P$ stellt sich die konstante

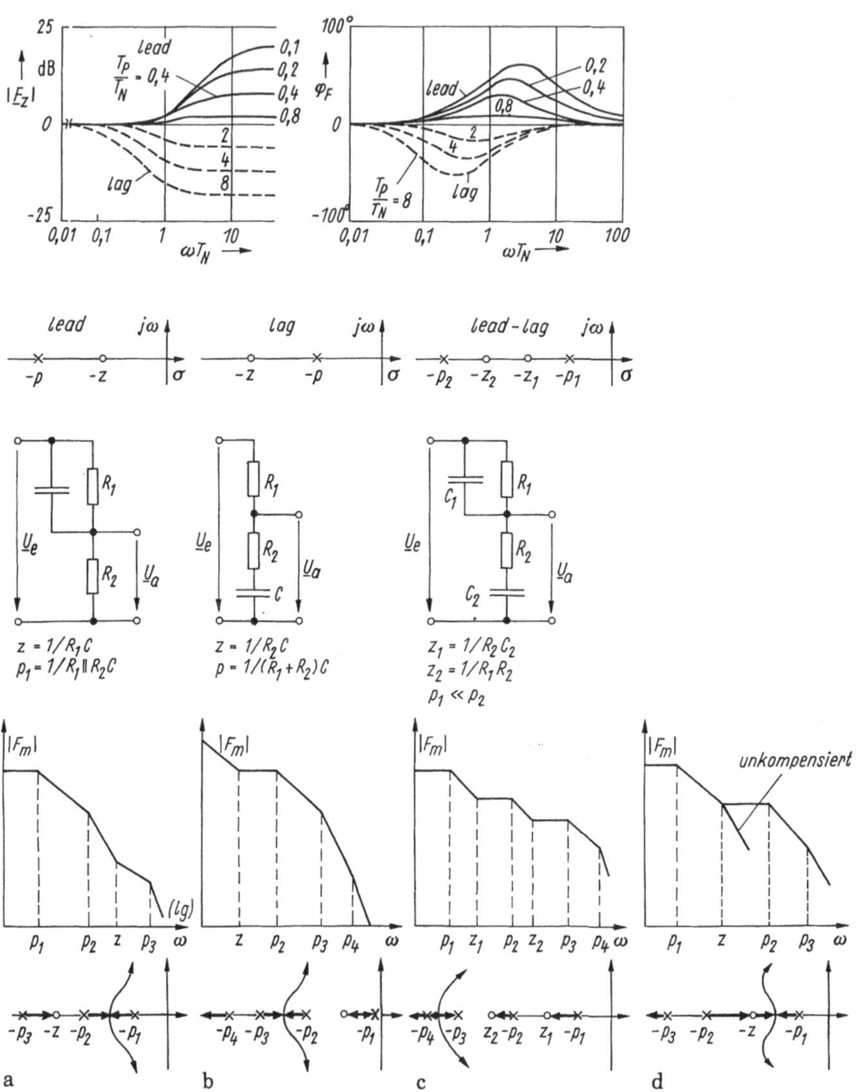

a b c d

Bild R 8.6/12 Kompensationsverfahren
a) Phasenanhebung (Phase-lead-Verfahren), b) Phasenabsenkung (Phase-lag-Verfahren), c) Phasenabsenkung/anhebung (Phase-lead-lag-Verfahren), d) Pol-Nullstellenkompensation

Verstärkung $20 \log T_N/T_P$ dB ein, das negative Phasenmaximum liegt bei $\omega = 1/\sqrt{T_N T_P}$. Die Bandbreite sinkt. Deshalb werden solche Netzwerke bei tiefen Frequenzen in großem Abstand von der Durchtrittsfrequenz eingesetzt, um die Stabilität nicht zu verschlechtern.

4. *Pol-Nullstellenkompensation* (Bild R 8.6/12d). Hierbei wird eine Nullstelle auf einen Pol plaziert und damit der Frequenzgang insgesamt verbessert.

8.7 Nichtlineare Netzwerke

Viele Netzwerke haben nichtlineare Eigenschaften durch nichtlineare Übertragungs- oder Netzwerkelemente (Bild R 8.7/1):

- Sättigungskennlinie, Knickkennlinie (ein-, zweiseitig), unstetiges Übertragungsverhalten (sog. Zwei- oder Dreipunktverhalten), beliebige Kennliniennichtlinearität
- Hystereseverhalten
- Signalverarbeitungsfunktionen wie Betragsbildung, Multiplikation, Division, Quantisierung u.a.m.

Oft kann die Nichtlinearität dominant in einem Netzwerkelement zusammengefaßt werden, während alle übrigen Elemente als linear gelten.

Nichtlineare Netzwerke enthalten wenigstens ein nichtlineares Netzwerkelement. Sie lassen sich einteilen entweder methodisch nach der Form der beschreibenden Netzwerk-Differentialgleichung oder typischen nichtlinearen (stetigen oder unstetigen) Kennlinientypen.

Zwei Problemstellungen interessieren:

- das Verhalten der Ausgangsgröße als Funktion einer speziellen Erregung

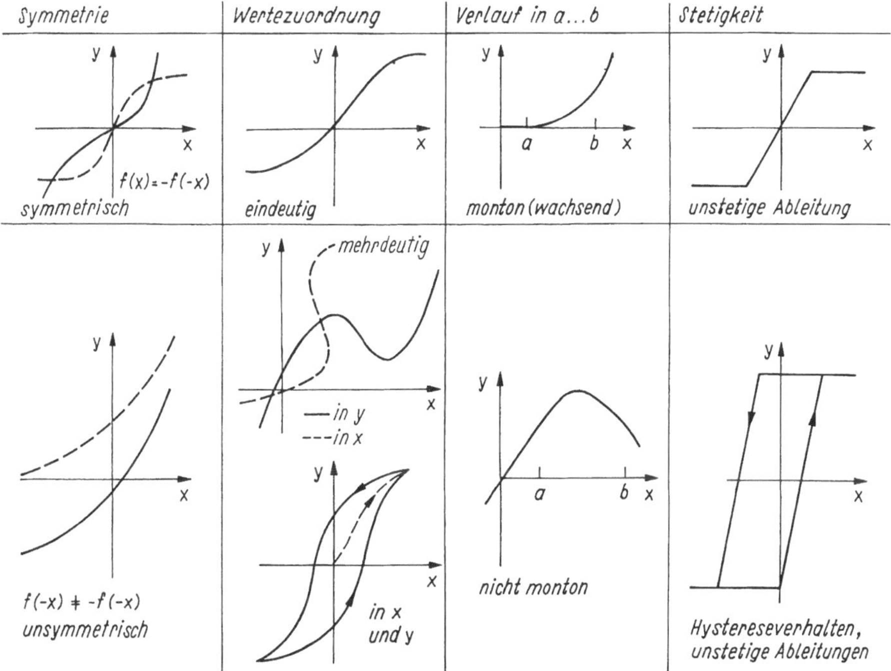

Bild R 8.7/1 Einteilung von Kennlinien

(*Netzwerkanalyse*). Dabei spielt rechnergestützte Simulation eine wichtige Rolle
- die *Systemstabilität* (Abschn. 8.6).

Viele typische Eigenschaften nichtlinearer Netzwerke treten bereits am Netzwerk zweiter Ordnung auf.

8.7.1 Nichtlineare Netzwerkelemente

Kennlinien. Nach dem energetischen Verhalten gibt es nichtlineare *energieverbrauchende* (Widerstände) und *energiespeichernde* (Kondensatoren, Spulen) Zwei- und Mehrpolelemente. Generell wird ein derartiges Zweipolelement durch eine implizite Gleichung

$$F(x, y, t) = 0, \tag{8.7/1}$$

die *Charakteristik* oder *Kennlinie* beschrieben. x, y sind elektrisch / magnetische Variable (i, u, Q, ...). Kommt die Zeit nicht vor, so heißt es *zeitinvariant*, sonst *zeitvariant* (s. Tafel R 8.1/2).

Üblicherweise ist x die Steuergröße und y die gesteuerte Größe des Netzwerkelementes (z.B. $x = u$ angelegte Spannung, $i = y$ sich einstellender Strom).

Kennlinien können unterteilt werden nach (Bild R 8.7/1):

- der Form in *symmetrische* (bilaterale) und *unsymmetrische* (unilaterale)

$$F(-x, -y, t) = F(x, y, t) \qquad \text{Symmetriebedingung} \tag{8.7/2}$$

- der *Wertezuordnung* in *ein-* und *mehrdeutige*, z.B. in x oder y oder beide. Bei Mehrdeutigkeit in einer Variablen wird oft der Begriff "bereichsweise fallend" verwendet.
- dem *Verlauf* in *monotone* (wachsend, fallend) und *nichtmonotone.*

Typische Anwendungen nichtlinearer Netzwerkelemente verwenden als Kennlinienarten: *fallend* → Schwingungserzeugung, *unsymmetrisch* → Gleichrichtung, Demodulation, *mehrdeutig* → Speicherung, *symmetrisch* (nichtlinear) → Erzeugung neuer Frequenzen u.a.

Aus *physikalischen* Gründen (Erwärmung, Elektronenrelaxation in Leitern) erfordert die Arbeitspunkteinstellung auf der Kennlinie eine bestimmte Zeit T_i. Deshalb unterteilt man bei periodischer Aussteuerung (Periode T) in

- *trägheitsloses* Netzwerkelement mit $T \gg T_i$, y folgt der Steuergröße x praktisch sofort
- *träges* Netzwerkelement mit $T \ll T_i$, y folgt der Steuergröße nur langsam
- *relaxierendes* Netzwerkelement mit $T \approx T_i$, y folgt der Steuergröße, dabei ändern sich die Parameter des Netzwerkelementes und es tritt *Hysterese* auf.

Eine *statische* Kennlinie (Gleichstromkennlinie) liegt bei trägheitslosem Netzwerkelement vor, in allen anderen Fällen spricht man von *dynamischen* Kennlinien (bei periodischer Aussteuerung geschlossener Kurvenzug).

8.7.1.1 Zweipolelemente

Nichtlineare Zweipole sind Zweipolnetzwerkelemente mit nichtlinearem Zusammenhang der Klemmenvariablen.

Resistiver Zweipol. Den Größen x, y entsprechen Strom $i(t)$ und Spannung $u(t)$ (Zuordnung beliebig), und es gilt bei *zeitinvariantem* Verhalten in impliziter Form

$$F_\mathrm{R}(u,i) = 0 \qquad (8.7/3a)$$

und explizit

$$u = f_\mathrm{R}(i) \quad \textit{stromgesteuerte}\text{ Widerstandsdarstellung} \qquad (8.7/3b)$$

$$i = g_\mathrm{R}(u) \quad \textit{spannungsgesteuerte}\text{ Leitwertdarstellung.} \qquad (8.7/3c)$$

Bei der expliziten Darstellung heißt die unabhängige Variable x *Steuergröße.*

Beispielsweise ist eine Tunneldiode mit der Kennlinie $i = g_\mathrm{R}(u)$ spannungsgesteuert und *eindeutig* in i (zu jedem u gehört ein definierter i-Wert), dagegen hat die Umkehrfunktion $u = f_\mathrm{R}(i)$ *Mehrdeutigkeiten*: zu jedem i gibt es u. U. mehrere u-Werte. Allgemein:

- u eindeutige Funktion von $i \rightarrow$ stromgesteuert
- i eindeutige Funktion von $u \rightarrow$ spannungsgesteuert.

Beim *zeitvarianten* resistiven Zweipol tritt in Gl.(8.7/3) noch die Zeit explizit auf (s. II/Tafel 5.6 und II/Bild 5.16).

Beim *linearen* Widerstand lautet die Gl.(8.7/3) mit $R = 1/G$

$$F_\mathrm{R1}(u,i) = u - Ri = 0, \quad \text{resp. } F_\mathrm{R2}(u,i) = i - Gu = 0. \qquad (8.7/4)$$

Er kann eindeutig strom- oder spannungsgesteuert beschrieben werden.

Merkmale resistiver Zweipole. Resistive Zweipole lassen sich unterteilen bezüglich

- *Quellenwirkung, Leistungsumsatz.* Ein quellenfreier resistiver Zweipol hat stets eine Kennlinie *durch den Ursprung* der u-, i-Ebene ($\rightarrow$ passiver Zweipol), sonst heißt er aktiver Zweipol (Strom-, Spannungsquelle). Nach der umgesetzten Klemmenleistung p gilt (VPZ!)

  $$\text{passiv für } p = ui \geq 0, \quad \text{sonst aktiv.} \qquad (8.7/5)$$

- *Linearität.* Gültigkeit des Überlagerungssatzes. Beispiele: ohmscher Widerstand (R = const.) mit den Sonderfällen Leerlauf und Kurzschluß, zeitveränderlicher ohmscher Widerstand (einschließlich Schalter), Nullator, Norator.
- *Polungsabhängigkeit.* Ein resistiver Zweipol heißt polungsunabhängig oder *bilateral*, wenn seine Kennlinie zum Ursprung punktsymmetrisch ist, also

die Symmetriebedingung Gl.(8.7/2) gilt. Im umgekehrten Fall ist er gepolt oder *unilateral.*

Beispiele nichtlinearer resistiver Zweipole.
Zeitinvariant:

- unilateral, passiv: Halbleiterdiode, Tunneldiode, Z-Diode, Thyristordiode, λ-Diode
  unilateral, aktiv: Solarzelle, Fotodiode
- bilateral passiv: stark temperaturabhängiger Widerstand, Heiß-/Kaltleiter, bidirektionale Thyristordiode

Zeitvariant:

- unilateral aktiv: aktiver Zweipol (linear, nichtlinear), dessen Quellengröße zeitabhängig ist.

Kapazitiver Zweipol. Die Größen x, y (Gl.(8.7/1)) bedeuten hier Spannung u und Ladung Q, die allgemeine Charakteristik lautet (s. Tafel R 8.1/2)

$$F_C(Q,u,t) = 0 \qquad (8.7/6a)$$

mit den Fällen

$$\begin{aligned} Q &= f_C(u,t) && \text{spannungsgesteuerte Kapazität,} \\ u &= g_C(Q,t) && \text{ladungsgesteuerte Kapazität,} \end{aligned} \qquad (8.7/6b)$$

je nachdem, ob der Spannung u eine Ladung zugeordnet werden kann oder umgekehrt (ladungsgesteuert). Fehlt in Gl.(8.7/6) die Zeit explizit, so liegt eine zeitinvariante Kapazität vor.

Der allgemeine (zeitinvariante) kapazitive Zweipol (oder die nichtlineare Kapazität) wird durch einen Zusammenhang zwischen Ladung $Q(t)$ und Spannung $u(t)$ zu jedem Zeitpunkt beschrieben (abgeleitet: nichtlineare, zeitunabhängige Kapazität, differentielle Kapazität, s. Gl.(8.1/4)).

Die lineare, zeitunabhängige Kapazität mit der Q-, u-Relation $Q(t) = Cu(t)$ hat die implizite Charakteristik

$$F_C(Q,u,t) = Q - Cu = 0. \qquad (8.7/7)$$

(Ursprungsgerade im Q-, u-Koordinatensystem).

Eigenschaften. Charakteristische Merkmale der Kapazität sind:

Speicherwirkung. Die Kondensatorladung zum Zeitpunkt t beträgt

$$Q(t) = Q(t_0) + \int_{t_0}^{t} i(\tau)\,\mathrm{d}\tau. \qquad (8.7/8)$$

Die Ladung zur Zeit t hängt ab von der Anfangsladung $Q(t_0)$ zur Zeit t_0 und dem von diesem Zeitpunkt an zu- oder abfließenden Strom: Gedächtniswirkung des Kondensators, Einfluß der Vorgeschichte.

Die Gl.(8.7/8) läßt sich beim linearen (zeitunabhängigen) Kondensator ($Q = Cu$) in eine gleichwertige Bedingung der Spannung u_C überführen.

Stetigkeit der Kondensatorladung. Da Ladung als Zustandsgröße aus physikalischen Gründen immer stetig ist (bei betragsmäßiger Begrenzung des Stromes), folgt daraus

- die Stetigkeit von $u = C^{-1}(Q)$ im nichtlinearen zeitinvarianten Fall und
- die Stetigkeit von $u = C^{-1}(Q,t)$ im zeitvarianten Fall (stetig in Q und t).

Polungsabhängigkeit. Ein kapazitiver Zweipol heißt *polungsunabhängig* oder *bilateral*, wenn seine Q-, u-Kennlinie (ohne Anfangsladung) punktsymmetrisch zum Ursprung verläuft:

$$F_{\rm C}(-Q,-u,t) = F_{\rm C}(Q,u,t). \qquad (8.7/9)$$

Sonst liegt ein polungsabhängiger oder unilateraler Zweipol vor (Beispiel: Sperrschichtkapazität der Halbleiterdiode).

Energieverhalten. Die nichtlineare (zeitunabhängige) Kapazität ändert ihre Energie beim Übergang vom Arbeitspunkt P_1 nach P_2 (Bild R 8.7/2a) um

$$W_{\rm C} = \int_{t_1}^{t_2} u(\tau)i(\tau)\,\mathrm{d}\tau = \int_{Q_1}^{Q_2} u(Q)\,\mathrm{d}Q = W_{\rm C}(Q_1,Q_2). \qquad (8.7/10)$$

Speicherenergie des Kondensators

Die Energie hängt nur von den Anfangs-/Endpunkten ab (nicht der Bewegungsgeschwindigkeit zwischen Q_1 und Q_2) und wird physikalisch als Feldenergie im Dielektrikum gespeichert.

Die sog. *Coenergie* (Fläche oberhalb der $u(Q)$-Kennlinie) lautet (Bild R 8.7/2a)

$$W'_{\rm C} = \int_{u_1}^{u_2} Q\,\mathrm{d}u. \qquad (8.7/11)$$

Das ist die Energie, die während der Kondensatorumladung von P_1 nach P_2 durch eine Spannungsquelle in ihrem Widerstand R in Wärme umgesetzt wird.

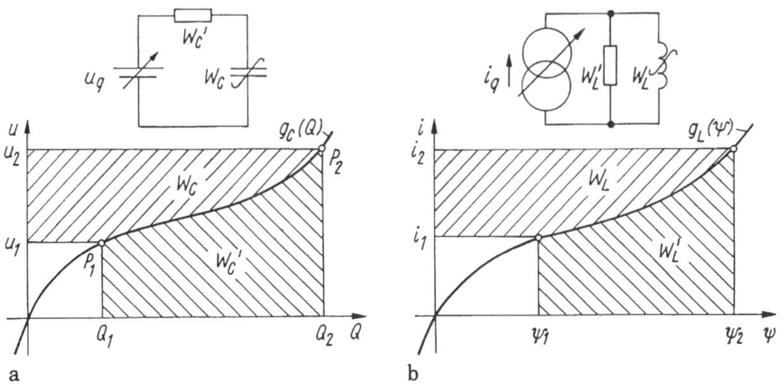

Bild R 8.7/2 Energiebeziehungen an nichtlinearen Energiespeicherelementen
a) Kondensator, b) Spule (ohne Hysterese)

Bei linearer Kapazität wird beim Aufladen die gleiche Energie in Wärme umgesetzt wie im Feld gespeichert, bei nichtlinearer Kapazität hängt das Verhältnis beider von der Kennlinie ab.

Aus Gl.(8.7/10) folgt zwangsläufig:

Einer nichtlinearen zeitinvarianten Kapazität wird bei periodischem Zeitverlauf der Größen u, Q innerhalb einer Periodendauer keine *Netto*energie zugeführt: die ladungsgesteuerte (zeitinvariante!) nichtlineare Kapazität ist stets Energiespeicher, vorübergehend gespeicherte Energie wird voll zurückgewonnen.

Um die maximal gespeichert Energie einer nichtlinearen Kapazität (entsprechend $W_C = Cu^2/2$ im linearen Fall) angeben zu können, muß auf der Q-, u-Kennlinie ein sog. *Relaxationspunkt* $Q = Q_0$, $u = 0$ definiert werden mit

$$W_C = \int_{Q_0}^{Q} g_C(\gamma)\,d\gamma \geq 0, \quad u = g_C(Q). \tag{8.7/12}$$

Gibt es einen solchen Punkt, dann stellt Gl.(8.7/12) die gespeicherte Energie dar. Durchläuft z.B. die $u = g_C(Q)$-Kennlinie den Nullpunkt, so bildet die gespeicherte Energie die schraffierte Fläche unter der Kurve.

Man beachte:

Bei einer zeitvarianten Kapazität wird durch die Zeitsteuerung stets zusätzliche Energie zu- oder abgeführt (II/Tafel 5.9).

Beispiele *nichtlinearer* Kapazitäten:

- *zeitunabhängig*: Sperrschichtkapazität (unilateral), MOS-Kapazität, Kondensator mit ferroelektrischem Dielektrikum
- *zeitabhängig*: kapazitive Sensoren, Kondensator mit abstandsgesteuerten Platten (Mikrofon).

Induktiver Zweipol. Die Größen x, y in Gl.(8.7/1) bedeuten hier Strom und magnetischer Fluß Ψ; die allgemeine Charakteristik lautet:

$$F_L(\Psi, i, t) = 0 \tag{8.7/13a}$$

mit den Fällen

$$\begin{array}{lcll} \Psi & = & f_L(i,t) & \text{stromgesteuerte Induktivität} \\ i & = & g_L(\Psi,t) & \text{flußgesteuerte Induktivität,} \end{array} \tag{8.7/13b}$$

je nachdem, ob dem Strom i ein magnetischer Fluß zugeordnet werden kann oder umgekehrt, flußgesteuert. Fehlt in Gl.(8.7/13) die Zeit, so liegt eine zeitinvariante Induktivität vor.

Der allgemeine (zeitinvariante) induktive Zweipol (oder die nichtlineare Induktivität) wird durch den Zusammenhang zwischen magnetischem Fluß $\Psi(t)$ und Strom $i(t)$ zu jedem Zeitpunkt beschrieben. (Abgeleitet: nichtlineare zeitunabhängige Induktivität, differentielle Induktivität).

Eigenschaften. Charakteristische Merkmale der Induktivität sind:

Speicherwirkung. Der magnetische Fluß in der Induktivität beträgt

$$\Psi(t) = \Psi(t_0) + \int_{t_0}^{t} u(\tau)\,\mathrm{d}\tau. \qquad (8.7/14)$$

Der magnetische Fluß zur Zeit t hängt ab vom Anfangsfluß $\Psi(t_0)$ zur Zeit t_0 und der von diesem Zeitpunkt an- oder abnehmenden Spannung: Gedächtniswirkung der Induktivität, Einfluß der Vorgeschichte.

Die Gl.(8.7/14) läßt sich bei der linearen (zeitunabhängigen) Induktivität ($\Psi = Li$) in eine gleichwertige Bedingung des Stromes i überführen. Deshalb kann die allgemeine Charakteristik $\Psi(i)$ durch einen Anfangsfluß ($\rightarrow$ Stromquelle) und eine flußfreie Induktivität ersetzt werden.

Polungsabhängigkeit. Ein induktiver Zweipol heißt polungsunabhängig oder *bilateral*, wenn seine Ψ-, i-Kennlinie (ohne Anfangsfluß) punktsymmetrisch zur Ursprung verläuft

$$F_\mathrm{L}(-\Psi, -i, t) = F_\mathrm{L}(\Psi, i, t). \qquad (8.7/15)$$

Sonst liegt eine polungsabhängiger oder *unilateraler* induktiver Zweipol vor.

Energieverhalten. Die nichtlineare (zeitunabhängige) Induktivität ändert ihre Energie beim Übergang vom Arbeitspunkt P_1 nach P_2 um (s. Bild R 8.7/2b)

$$W_\mathrm{L}(t_1, t_2) = \int_{t_1}^{t_2} i(\tau)u(\tau)\,\mathrm{d}\tau = \int_{\Psi_1}^{\Psi_2} i(\Psi)\,\mathrm{d}\Psi = W_\mathrm{L}(\Psi_1, \Psi_2). \qquad (8.7/16)$$

Speicherenergie der Spule

Sie hängt nur von den Anfangs-/Endpunkten ab (nicht der Bewegungsgeschwindigkeit zwischen Ψ_1, Ψ_2) und wird physikalisch als Feldenergie im magnetischen Feld gespeichert.

Die sog. *Coenergie* (Fläche oberhalb der $i(\Psi)$-Kennlinie) lautet:

$$W_\mathrm{L} = \int_{i_1}^{i_2} \Psi\,\mathrm{d}i \qquad (8.7/17)$$

als Energie, die während der "Induktivitätsumladung" von P_1 nach P_2 durch die Stromquelle mit dem Leitwert G in Wärme umgesetzt wird.

Aus Gl.(8.7/16) folgt zwangsläufig:

Einer nichtlinearen (zeitunabhängigen) Induktivität wird bei periodischem Zeitverlauf der Größen i, Ψ innerhalb einer Periodendauer keine Nettoenergie zu- oder abgeführt: die flußgesteuerte (zeitinvariante) nichtlineare Induktivität ist stets ein reiner Energiespeicher, vorübergehend gespeicherte Energie wird voll zurückgewonnen.

Die Angabe der maximal gespeicherten Energie erfordert - wie bei der Kapazität - einen Relaxationspunkt (s. Gl.(8.7/12)).

Wie dort, gilt auch hier, daß die *zeitvariante* Induktivität durch Zeitsteuerung stets zusätzliche Energie aufnimmt oder abgibt.

Beispiele nichtlinearer Induktivitäten:

- *zeitunabhängig*: Spule mit Eisenkern (bilateral), Josephson-Barriere
- *zeitabhängig*: Spule mit geometrisch verändertem Eisenkern, Relais, Sensoren.

Rückblick. Bild R 8.7/3 faßt die vier elektromagnetischen Variablen u, i, Ψ, Q und die damit definierten Grundelemente Widerstand, Kapazität, Induktivität mit ihren impliziten Charakteristiken $F_{\mathrm{R}}(u,i,t,) = 0$, $F_{\mathrm{C}}(u,Q,t) = 0$, $F_{\mathrm{L}}(i,\Psi,t) = 0$ zusammen. Jeweils zwei Größen (i und Q, u und Ψ) sind über die Strombeziehung und das Induktionsgesetz (resp. dem zugeordneten Spannungsabfall) miteinander verbunden.

Außer der impliziten Form lassen sich die Grundelemente durch *Parameterdarstellungen* und vor allem in der praktikablen *expliziten Form* beschreiben: Nach der Steuerart gibt es bei (zeitinvarianten Elementen)

- resistive Zweipole strom- oder spannungsgesteuert

$$i = g_{\mathrm{R}}(u), \quad u = f_{\mathrm{R}}(i)$$

- kapazitive Zweipole ladungs- oder spannungsgesteuert

$$u = g_{\mathrm{C}}(Q), \quad Q = f_{\mathrm{C}}(u)$$

- induktive Zweipole fluß- oder stromgesteuert

$$i = g_{\mathrm{L}}(\psi), \quad \psi = f_{\mathrm{L}}(i).$$

Die Steuergröße legt dabei den Arbeitspunkt eindeutig fest. Bei zeitvarianten Elementen tritt die Zeit explizit hinzu (s. II/Tafel 5.6 und 5.7).

Durch einseitige Verstärkung des Schaltbildes wird üblicherweise unilaterales Verhalten angedeutet, bei bilateralem gehen sie in die üblichen linearen oder nichtlinearen Schaltsymbole über (s. Tafel R 8.1/2).

Neben diesen natürlichen, an das elektromagnetische Feld gebundenen Zweipolelementen sind noch sog. *künstliche Zweipolelemente* unter Verwendung gesteuerte Quellen möglich, dazu zählt z.B. der Memristor, der Ladung und magnetischen Fluß miteinander verknüpft.

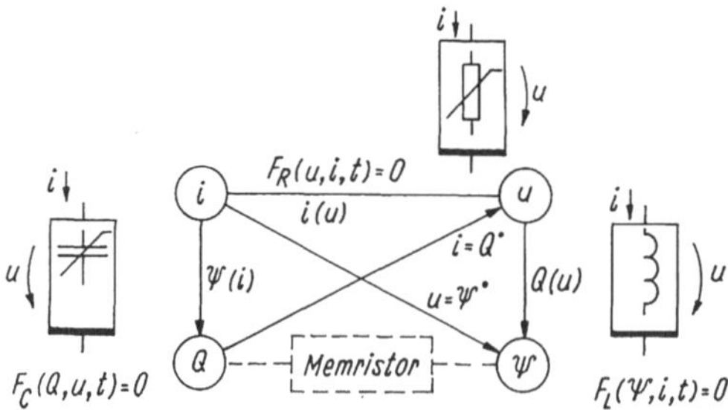

Bild R 8.7/3 Wechselseitige Größenbeziehungen bei nichtlinearen Grundzweipolen

Erwähnenswert ist, daß es Netzwerkelemente mit mehr als einer der genannten Grundeigenschaften gibt:

- So sind die "entarteten" Zweipole Kurzschluß und Leerlauf, Nullator und Norator gleichzeitig resistiv, kapazitiv, induktiv (und memristiv)
- die unabhängigen Spannungsquellen resistiv und kapazitiv
- die unabhängigen Stromquellen resistiv und induktiv.

8.7.1.2 Vierpolelemente

Neben Zweipolelementen haben einige Vier- und Mehrpolelemente Bedeutung auch als nichtlineare *Netzwerkgrundelemente*:

- resistive, kapazitive und induktive Mehrpole (Übertrager, Gyrator, Zirkulator)
- gesteuerte Quellen (Verstärker, Operationsverstärker, Multiplizierer).

Wir beschränken uns auf Vierpole.

Nichtlinearer resistiver Dreipol/Vierpol. Generell wird ein m-Pol ($m \geq 2$) durch $m-1$ Klemmenströme und ebensoviele (auf einen Referenzpol bezogene) Klemmenspannungen beschrieben. Deshalb existieren

$(m-1)$ unabhängige u-, i-Relationen,

z.B. beim *Dreipol* (m= 3) $\rightarrow$ 2 Gleichungen der *impliziten* Form

$$\begin{aligned} F_{\mathrm{R1}}(u_1, i_1, u_2, i_2, t) &= 0 \\ F_{\mathrm{R2}}(u_1, i_1, u_2, i_2, t) &= 0 \end{aligned} \quad \text{nichtlinearer zeitvarianter Dreipol} \tag{8.7/18}$$

(Stromrichtungen zweckmäßig symmetrisch).

Ein resistiver, zeitvarianter Dreipol wird durch die Klemmengrößen $u_1(t)$, $i_1(t)$, $u_2(t)$, $i_2(t)$ zur Zeit t eindeutig beschrieben. Im zeitinvarianten Fall entfällt die Zeit explizit.

Werden Klemmenströme und Spannungen (im wichtigen zeitinvarianten Fall) je zu Spaltenvektoren

$$\boldsymbol{u} = \begin{pmatrix} u_1 \\ u_2 \end{pmatrix} \quad \boldsymbol{i} = \begin{pmatrix} i_1 \\ i_2 \end{pmatrix},$$

zusammengefaßt, so gilt

$$\boldsymbol{F}(\boldsymbol{u}, \boldsymbol{i}) = 0 \quad \text{mit } \boldsymbol{F} = \begin{pmatrix} F_{R1} \\ F_{R2} \end{pmatrix}. \tag{8.7/19}$$

Die implizite Darstellungsform ist nicht immer eindeutig (und wird selten angewendet). Gelingt eine eindeutige explizite Auflösung von Gl.(8.7/18) nach zwei Klemmengrößen, z.B. der Spannungen als Funktion der Ströme, so gilt

stromgesteuerte Form		*spannungsgesteuerte Form*	
$\boldsymbol{u} = \boldsymbol{r}(\boldsymbol{i})$		$\boldsymbol{i} = \boldsymbol{g}(\boldsymbol{u})$	
$u_1 = f_{\mathrm{R1}}(i_1, i_2)$	(8.7/20a)	$i_1 = g_{\mathrm{R1}}(u_1, u_2)$	(8.7/20b)
$u_2 = f_{\mathrm{R2}}(i_1, i_2)$		$i_2 = g_{\mathrm{R2}}(u_1, u_2)$.	

Analog gibt es eine spannungsgesteuerte Darstellungsform. Außer in Fällen mit rückläufiger Kennlinie lassen sich Dreipole sowohl spannungs- als auch stromgesteuert beschreiben und damit auch in den beiden Hybridformen $u_1 = h_{R1}(i_1, u_2)$, $i_2 = h_{R2}(i_1, u_2)$ resp. $i_1 = c_{R1}(u_1, i_2)$, $u_2 = c_{R2}(u_1, i_2)$ und den Kettenformen vorwärts und invers. Auf diese Formen treffen die folgenden Betrachtungen sinngemäß zu (s. II/Tafel 7.8).

Für den nichtlinearen resistiven Dreipol gibt es 6 explizite Darstellungsformen.

Dreipol - Vierpol. Wir setzen in diesem Abschnitt (wenn nicht anders erwähnt) Vierpole mit durchgehender Leitungsverbindung (Referenzpunkt) voraus (II/Bild 7.20c).

Kennlinie. Darstellung. Jede Vierpoldarstellungsform läßt sich u.a. durch zwei *Kennlinienfelder* darstellen, beispielsweise für die (zeitinvariante) spannungsgesteuerte Form das Kennlinienfeld im i_1-, u_1-Diagramm mit u_2 als unabhängigem Parameter oder einem i_1-, u_2-Diagramm mit u_1 als Parameter, ebenso wird das zweite Kennlinienfeld im i_2-, u_2-Diagramm mit u_1 als Parameter bzw. i_2-, u_1-Diagramm mit u_2 als Parameter dargestellt (Bild R 8.7/4). Sie heißen

- *Eingangskennlinien* $i_1 = f(u_1)|_{u_2}$
- *Transferkennlinienfeld (rückwärts)* $i_1 = f(u_2)|_{u_1}$
- *Ausgangskennlinienfeld* $i_2 = g(u_2)|_{u_1}$
- *Transferkennlinienfeld (vorwärts)* $i_2 = g(u_1)|_{u_2}$.

Das Kennlinienfeld kann dabei zu einer einzigen Kurve entarten, wenn es nicht vom betreffenden Parameter abhängt.

Verallgemeinert können die $(m-1)$ Gleichungen eines m Poles (Zweipol $m = 2$, Dreipol $m = 3$) als Fläche im $2(m-1)$ dimensionalen Raum dargestellt werden, mit den Klemmenströmen und -spannungen als Koordinaten. Das sind

- beim Zweipol eine Kurve in der u-, i-Ebene (Entartung der Fläche)
- beim Dreipol eine Fläche im 4-dimensionalen Raum oder 2 Flächen im 3-dimensionalen Raum (z.B. i_1 als Gebirge über der u_1-, u_2-Ebene).

Für den praktischen Umgang werden Kennlinienfelder als graphische Darstellungen relevanter u-, i-Beziehungen mit Einschluß eines (oder mehrerer) Parameter vorgezogen. Sie sind meist bequem meßbar und erlauben eine anschauliche Wechselwirkung mit angeschlossenen Zweipolelementen (sog. Arbeitskennlinien). Nicht alle möglichen Kennlinienformen sind gleich zweckmäßig.

Typische Beispiele nichtlinearer resistiver Vierpole sind Bipolar- und Feldeffekttransistor, Verstärker (Operationsverstärker), Optokoppler, Hallelement, Gyrator u.a. (jeweils betrieben bei so tiefen Frequenzen, daß reaktive Elemente keine Rolle spielen).

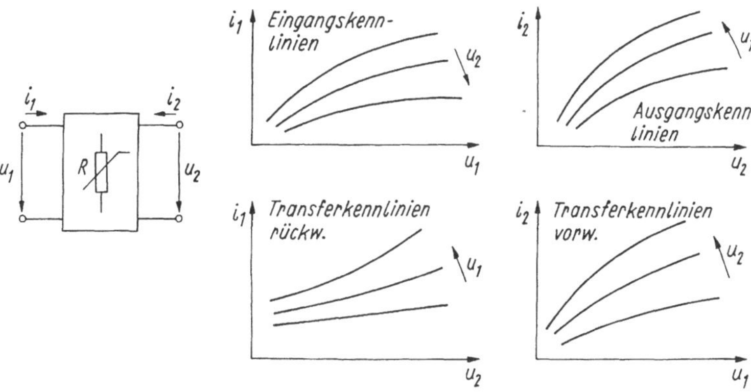

Bild R 8.7/4 Kennlinienfelder eines nichtlinearen resistiven Dreipols

Lineare Vierpole. Ein Vierpol wird linear genannt, wenn das Beschreibungssystem Gl.(8.7/20) (oder entsprechend) linear wird und damit der Überlagerungssatz gilt. Dann geht die explizite Form Gl.(8.7/20) in die Leitwert- bzw. Widerstandsdarstellung über (s. Abschn. 8.4.1 und dort weitere Kennzeichnung der Vierpole).

Eigenschaften nichtlinearer resistiver Vierpole. Es gelten folgende Merkmale:

Leistungsumsatz. Ein Vierpol heißt *passiv*, wenn die Augenblicksleistung $p(t)$ für alle Betriebspunkte nicht negativ wird:

$$p(t) = p_1(t) + p_2(t) = i_1(t)u_1(t) + i_2(t)u_2(t) \geq 0. \qquad (8.7/21a)$$

Läßt man $p(t) = 0$ nur im Kennlinienursprung zu, so spricht man von *strenger Passivität.* In allen anderen Fällen ist der Vierpol *aktiv.*

Werden den Strömen und Spannungen Spalten- und Zeilenvektoren zugeordnet

$$\boldsymbol{i} = \begin{pmatrix} i_1 \\ i_2 \end{pmatrix}, \quad \boldsymbol{u}^{\mathrm{T}} = (u_1, u_2),$$

so folgt gleichwertig

$$p = \boldsymbol{u}^{\mathrm{T}} \cdot \boldsymbol{i} \geq 0 \qquad \text{Passivität} \quad (8.7/21b)$$

(auch auf allgemeine Mehrpole erweiterbar).

Umkehrbarkeit. Ein Vierpol ist (allgemein) *umkehrbar*, wenn sich bei Vertauschen beider Klemmenpaare der Betriebsraum - also das Wertequartett u_1, u_2, i_1, i_2 - nicht ändert.

I.a. sind nichtlineare resistive Vierpole *nicht* umkehrbar. Trotzdem kann *lokale Umkehrbarkeit* in Umgebung eines Arbeitspunktes vorliegen. Sie wird gekennzeichnet

- durch die Umkehrbarkeitsbedingung (Gl.(8.4./3)) angewandt auf die entsprechenden Kleinsignalparameter oder gleichwertig
- die entsprechenden Koeffizienten der Jacobi-Matrix (s. Abschn. 8.7.2.2).

Vierpole mit unabhängigen Quellen. Ein nichtlinearer Vierpol mit unabhängigen Quellen kann - wie im linearen Fall (II/Bild 7.24) - durch einen quellenfreien (nichtlinearen) Teil und zwei zusätzliche unabhängige Quellen (jeweils bestimmt durch Leerlauf- resp. Kurzschlußversuch) ersetzt werden (Bild R 8.7/5).

I. a. praktisch nicht möglich ist aber die Umwandlung von einer in eine andere Ersatzschaltung im Gegensatz zum linearen Fall.

Vierpolzusammenschaltungen. Zusammenschaltungen von nichtlinearen Vierpolen sind grundsätzlich wie bei linearen Vierpolen möglich (s. Bild R 8.4/4), nur müssen jeweils die nichtlinearen u-, i-Relationen beachtet werden. Beispielsweise ergibt die Parallelschaltung zweier Vierpole mit den Funktionen $g_{iR}(u_1, u_2)$, $i = 1, 2$ (Bild R 8.7/6), Gl.(8.7/20)

$$\begin{aligned} i_1 &= i_1|_1 + i_1|_2 = g_{1R1}(u_1, u_2) + g_{2R1}(u_1, u_2) \\ i_2 &= i_2|_1 + i_2|_2 = g_{1R2}(u_1, u_2) + g_{2R2}(u_1, u_2). \end{aligned} \tag{8.7/22}$$

Liegen die u-i-Relationen in stromgesteuerter Form vor, so sind sie vorher in eine spannungsgesteuerte Form zu überführen.

Sinngemäß ist auch bei anderen Arten der Zusammenschaltung zu verfahren. Auf die Besonderheiten bezüglich durchgehender Verbindungen ist ggf. zu achten.

Nichtlinearer induktiver Vierpol. Sind zwei von den Strömen i_1, i_2 durchflossene Spulen über die magnetischen Flüsse $\Psi_1 = \Psi_1(i_1(t), i_2(t), t)$ und $\Psi_2 = \Psi_2(i_1(t), i_2(t), t)$ oder in Vektorform

$$\boldsymbol{\Psi} = (\Psi_1\, \Psi_2)^{\mathrm{T}} \quad \boldsymbol{i} = (i_1\, i_2)^{\mathrm{T}}$$

nichtlinear miteinander verkettet, so ergibt sich (durch Erweiterung der Induktivitätsbeschreibung Gl.(8.7/13)) die implizite Gleichung

$$\boldsymbol{F}_{\mathrm{L}}(\boldsymbol{\Psi}, \boldsymbol{i}, t) = 0 \tag{8.7/23}$$

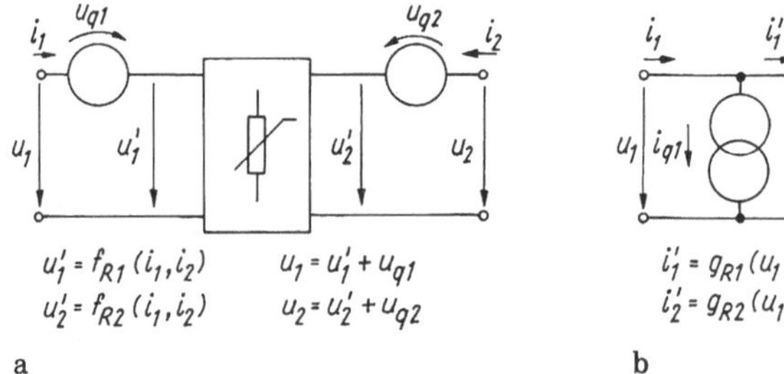

Bild R 8.7/5 Nichtlinearer Vierpol mit unabhängigen Quellen
a) Spannungsquellenersatzschaltung, b) Stromquellenersatzschaltung

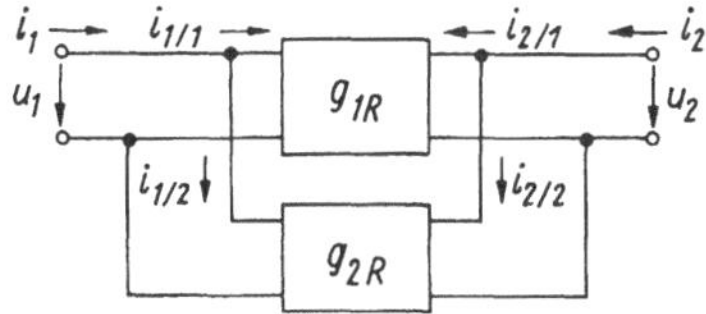

Bild R 8.7/6 Parallelschaltung zweier nichtlinearer resistiver Vierpole

des induktiven Vierpols. Die Flüsse Ψ_1, Ψ_2 hängen über das Induktionsgesetz mit den Klemmenspannungen zusammen

$$u_1 = \frac{\mathrm{d}\Psi_1}{\mathrm{d}t}; \quad u_2 = \frac{\mathrm{d}\Psi_2}{\mathrm{d}t}$$

oder zusammengefaßt als Spannungsvektor $\boldsymbol{u} = (u_1\, u_2)^{\mathrm{T}}$

$$\boldsymbol{u} = \frac{\mathrm{d}\boldsymbol{\Psi}}{\mathrm{d}t} = \left.\frac{\partial \boldsymbol{f}_{\mathrm{L}}(\boldsymbol{i},t)}{\partial \boldsymbol{i}}\right|_t \cdot \frac{\mathrm{d}\boldsymbol{i}}{\mathrm{d}t} + \left.\frac{\partial \boldsymbol{f}_{\mathrm{L}}(\boldsymbol{i},t)}{\partial t}\right|_i . \quad \text{nichtlineare induktive Vierpolbeziehung} \quad (8.7/24)$$

Je nach Steuerart sind die gekoppelten Spulen

stromgesteuert	oder	*flußgesteuert*	
$\boldsymbol{\Psi} = \boldsymbol{f}_{\mathrm{L}}(\boldsymbol{i},t)$		$\boldsymbol{i} = \boldsymbol{f}_{\mathrm{L}}^{-1}(\boldsymbol{\Psi},t)$	(8.7/25)

mit $\boldsymbol{f}_{\mathrm{L}} = (f_{\mathrm{L1}}\, f_{\mathrm{L2}})^{\mathrm{T}}$. Im ersten Fall folgt dann die rechte Schreibweise in Gl.(8.7/24). Der Term

$$\frac{\partial \boldsymbol{f}_{\mathrm{L}}(\boldsymbol{i},t)}{\partial \boldsymbol{i}} = \begin{pmatrix} \dfrac{\partial f_{\mathrm{L1}}}{\partial i_1} & \dfrac{\partial f_{\mathrm{L1}}}{\partial i_2} \\ \dfrac{\partial f_{\mathrm{L2}}}{\partial i_1} & \dfrac{\partial f_{\mathrm{L2}}}{\partial i_2} \end{pmatrix}_t = \begin{pmatrix} L_{\mathrm{d11}} & L_{\mathrm{d12}} \\ L_{\mathrm{d21}} & L_{\mathrm{d22}} \end{pmatrix} = \boldsymbol{L}(\boldsymbol{i},t) \quad (8.7/26)$$

ist die *Jacobi-Matrix* mit den *differentiellen Induktivitätskoeffizienten* $L_{\mathrm{d}jk} = \partial\Psi_j/\partial i_k$ (L_{d11}, L_{d22} Selbstinduktivitäten, L_{d12}, L_{d21} Gegeninduktivitäten). Der zweite Term in Gl.(8.7/24) ist ein Vektor

$$\boldsymbol{u}|_t(\boldsymbol{i},t) = \frac{\partial \boldsymbol{f}_{\mathrm{L}}(\boldsymbol{i},t)}{\partial t}$$

induzierter Spannungen, die z.B. bei *Geometrieänderung* der Spulen bei konstant gehaltenen Strömen ($i_1, i_2 = \text{const.}$) entstehen. Explizit lauten die Gleichungen dann:

$$\begin{aligned} u_1 &= L_{\mathrm{d11}}\frac{\mathrm{d}i_1}{\mathrm{d}t} + L_{\mathrm{d12}}\frac{\mathrm{d}i_2}{\mathrm{d}t} + \left.\frac{\partial\Psi_1}{\partial t}\right|_{i_1,i_2} \\ u_2 &= L_{\mathrm{d21}}\frac{\mathrm{d}i_1}{\mathrm{d}t} + L_{\mathrm{d22}}\frac{\mathrm{d}i_2}{\mathrm{d}t} + \left.\frac{\partial\Psi_2}{\partial t}\right|_{i_1,i_2} . \end{aligned} \quad \text{linearisierte induktive Vierpolbeziehung} \quad (8.7/27)$$

Der nichtlineare zeitvariante induktive Vierpol wirkt bezüglich der u-, i-Relationen lokal im Arbeitspunkt als linearer Vierpol mit zusätzlich eingeprägten Spannungen durch z.B. Lageverschiebung der Koppelflüsse (die immer mit den Spulen 1, 2 verbunden sind).

Sonderfälle:

- *zeitinvarianter* Fall (Wegfall der unterstrichenen Terme), dabei muß der Vierpol *nicht* notwendigerweise umkehrbar sein (also $L_{d12} = L_{d21}$ gelten)
- zeitvarianter, *linearer* Fall mit

$$\left.\begin{aligned}\Psi_1 &= L_{11}(t)i_1(t) + L_{12}(t)i_2(t)\\ \Psi_2 &= L_{21}(t)i_1(t) + L_{22}(t)i_2(t)\end{aligned}\right\}\quad \boldsymbol{\Psi}(\boldsymbol{i},t) = \boldsymbol{L}(t)\boldsymbol{i}(t)$$

und

$$\boldsymbol{u}(t) = \frac{\mathrm{d}\boldsymbol{\Psi}}{\mathrm{d}t} = \boldsymbol{L}(t)\frac{\mathrm{d}\boldsymbol{i}}{\mathrm{d}t} + \frac{\mathrm{d}\boldsymbol{L}}{\mathrm{d}t}\boldsymbol{i}(t) \qquad (8.7/28a)$$

- zeitinvarianter, linearer Fall ($\mathrm{d}\boldsymbol{L}/\mathrm{d}t = 0$)

$$\begin{aligned} u_1 &= L_{11}\frac{\mathrm{d}i_1}{\mathrm{d}t} + L_{12}\frac{\mathrm{d}i_2}{\mathrm{d}t}\\ u_2 &= L_{21}\frac{\mathrm{d}i_1}{\mathrm{d}t} + L_{22}\frac{\mathrm{d}i_2}{\mathrm{d}t}. \end{aligned} \qquad (8.7/28b)$$

Hier gilt zwangsläufig $L_{21} = L_{12} = M_{12} = M_{21} = M$, weil die Gegeninduktivität M für $\mu =$ const. reziprok ist. Üblicherweise wird beim Übertrager auch im nichtlinearen Fall (Eisenkern) $L_{21} = L_{12}$ gesetzt.

Hinweis: Das vorstehende Modell ist problemlos auf Anordnungen mit mehr als zwei gekoppelten Spulen übertragbar.

Anwendungen induktiver Vierpole:

- *zeitinvariant nichtlinear:* technischer Transformator mit Eisensättigung, Transduktoren
- *zeitinvariant linear:* fest gekoppelte Luftspulen
- *zeitvariant nichtlinear:* elektrische Maschinen, Relais
- *zeitvariant linear:* magnetische Sensoren (Wege-, Lagegeber).

Nichtlinearer kapazitiver Vierpol. Enthält ein Vierpol nur Kondensatoren (linear, nichtlinear) und ggf. unabhängige Spannungsquellen, so sind die Ladungen $Q_1 = Q_1(u_1(t), u_2(t), t)$ und $Q_2 = Q_2(u_1(t), u_2(t), t)$ an seinen Klemmen - oder in Vektorform

$$\boldsymbol{Q} = (Q_1\, Q_2)^{\mathrm{T}} \quad \boldsymbol{u} = (u_1\, u_2)^{\mathrm{T}}$$

miteinander verknüpft, und es gilt (durch Erweiterung der Kondensatorbeschreibung Gl.(8.7/9)) die implizite Gleichung

$$\boldsymbol{F}_{\mathrm{C}}(\boldsymbol{Q}, \boldsymbol{u}, t) = 0 \qquad (8.7/29)$$

des nichtlinearen, kapazitiven Vierpols. Zeitliche Ladungsänderungen haben Klemmenströme

$$i_1 = \frac{\mathrm{d}Q_1}{\mathrm{d}t}, \quad i_2 = \frac{\mathrm{d}Q_2}{\mathrm{d}t}$$

zur Folge oder als Stromvektor $\boldsymbol{i} = (i_1\, i_2)^{\mathrm{T}}$ zusammengefaßt

$$\boldsymbol{i} = \frac{\mathrm{d}\boldsymbol{Q}}{\mathrm{d}t} = \left.\frac{\partial \boldsymbol{f}_{\mathrm{C}}(\boldsymbol{u},t)}{\partial \boldsymbol{u}}\right|_t \cdot \frac{\mathrm{d}\boldsymbol{u}}{\mathrm{d}t} + \left.\frac{\partial \boldsymbol{f}_{\mathrm{C}}(\boldsymbol{u},t)}{\partial t}\right|_u . \qquad (8.7/30)$$

nichtlineare kapazitive Vierpolbeziehung

Die verkoppelte Ladung kann nach der Steuerart sein:

$$\begin{array}{ll} \textit{spannungsgesteuert} & \text{oder} \quad \textit{ladungsgesteuert} \\ \boldsymbol{Q} = \boldsymbol{f}_{\mathrm{C}}(\boldsymbol{u}, t) & \boldsymbol{u} = \boldsymbol{f}_{\mathrm{C}}^{-1}(\boldsymbol{Q}, t) \end{array} \tag{8.7/31}$$

mit $\boldsymbol{f}_{\mathrm{C}} = (f_{\mathrm{C1}}\, f_{\mathrm{C2}})^{\mathrm{T}}$. Im ersten Fall ergibt sich in Gl.(8.7/30) die rechte Schreibweise. Der Term

$$\frac{\partial \boldsymbol{f}_{\mathrm{C}}(\boldsymbol{u},t)}{\partial \boldsymbol{u}} = \begin{pmatrix} \dfrac{\partial f_{\mathrm{C1}}}{\partial u_1} & \dfrac{\partial f_{\mathrm{C1}}}{\partial u_2} \\ \dfrac{\partial f_{\mathrm{C2}}}{\partial u_1} & \dfrac{\partial f_{\mathrm{C2}}}{\partial u_2} \end{pmatrix}_t = \begin{pmatrix} C_{\mathrm{d11}} & C_{\mathrm{d12}} \\ C_{\mathrm{d21}} & C_{\mathrm{d22}} \end{pmatrix} = \boldsymbol{C}(\boldsymbol{u},t) \tag{8.7/32}$$

heißt *Jacobi-Matrix* mit den *differentiellen Kapazitätskoeffizienten* $C_{\mathrm{d}jk} = \partial Q_j / \partial u_k$ (C_{d11}, C_{d22} Eingangs-, Ausgangskapazitäten bei Kurzschluß ($u =$ const.) der anderen Seite, C_{d12}, C_{d21} Kopplungs- oder Transkapazitäten).

Der zweite Term in Gl.(8.7/30) stellt den Vektor

$$\boldsymbol{i}|_t(\boldsymbol{u},t) = \frac{\partial \boldsymbol{f}_{\mathrm{C}}(\boldsymbol{u},t)}{\partial t}$$

des influenzierten Stromes dar, der z.B. bei *Geometrieänderung* des Ladungsraumes bei konstant gehaltenen Klemmenspannungen ($u_1, u_2 =$ const.) entsteht. Explizit lautet das Ergebnis:

$$\begin{aligned} i_1 &= C_{\mathrm{d11}}\frac{\mathrm{d}u_1}{\mathrm{d}t} + C_{\mathrm{d12}}\frac{\mathrm{d}u_2}{\mathrm{d}t} + \underline{\left.\frac{\partial Q_1}{\partial t}\right|_{u_1,u_2}} \\ i_2 &= C_{\mathrm{d21}}\frac{\mathrm{d}u_1}{\mathrm{d}t} + C_{\mathrm{d22}}\frac{\mathrm{d}u_2}{\mathrm{d}t} + \underline{\left.\frac{\partial Q_2}{\partial t}\right|_{u_1,u_2}}. \end{aligned} \quad \text{linearisierte kapazitive Vierpolbeziehung} \tag{8.7/33}$$

Der nichtlineare zeitvariante kapazitive Vierpol wirkt bezüglich der u-, i-Relation lokal im Arbeitspunkt als linearer Vierpol mit zusätzlich eingeprägten Strömen z.B. durch Geometrieänderung des Ladungsraumes.

Sonderfälle sind:

- *Zeitinvarianz* (Wegfall der unterstrichenen Terme), dabei muß der Vierpol *nicht* notwendigerweise umkehrbar sein (also $C_{\mathrm{d12}} = C_{\mathrm{d21}}$ gelten). Enthält der Vierpol nur lineare Kapazitäten, so gilt stets $C_{\mathrm{d12}} = C_{\mathrm{d21}}$
- zeitvarianter, *linearer* Vierpol mit

$$\left.\begin{aligned} Q_1 &= C_{11}(t)u_1(t) + C_{12}(t)u_2(t) \\ Q_2 &= C_{21}(t)u_1(t) + C_{22}(t)u_2(t) \end{aligned}\right\} \quad \boldsymbol{Q}(\boldsymbol{u},t) = \boldsymbol{C}(t)\boldsymbol{u}(t)$$

und

$$\boldsymbol{i}(t) = \frac{\mathrm{d}\boldsymbol{Q}}{\mathrm{d}t} = \boldsymbol{C}(t)\frac{\mathrm{d}\boldsymbol{u}}{\mathrm{d}t} + \frac{\mathrm{d}\boldsymbol{C}}{\mathrm{d}t}\boldsymbol{u}(t) \tag{8.7/34}$$

- bei Zeitinvarianz Wegfall des letzten Termes mit zwangsläufig $C_{12} = C_{21}$.

Hinweis: Der Fall $C_{12} \neq C_{21}$ tritt u. a. bei der Modellierung von Transistoren auf (nichtreziprokes Ladungsverhalten bei Bipolar- und MOS-Transistoren).

Anwendungen:

- *zeitinvariant nichtlinear*: Modellierung bestimmter elektronischer Bauelemente, Netzwerke aus nichtlinearen Kondensatoren, piezoresistive Bauelemente

- *zeitinvariant linear*: lineare Kondensatornetzwerke
- *zeitvariant linear*: kapazitive Sensoren, Wegegeber, Kondensatormikrofon.

8.7.1.3 Kennliniennäherungen

Die Charakteristik eines Zweipolnetzwerkelementes (Variable x, y, t) erlaubt drei typische Darstellungen: implizit $F(x, y, t)$ (Gl.(8.7/1)), explizit z.B. $y = f(x, t)$ und schließlich (seltener) in Parameterform $x = f(a, t)$, $y = g(a, t)$ mit einem Parameter a. Daraus kann $y = f(x, t)$ konstruiert werden (Beispiel: temperaturabhängiger Widerstand $i = f(T)$, $u = g(T) \rightarrow u = f(i)$).

Zur analytischen Lösung einer nichtlinearen Netzwerkaufgabe muß die Kennlinie des Netzwerkelementes (im betrachteten Bereich) geschlossen mathematisch vorliegen. Soweit dies nicht aus seinem Wirkprinzip möglich ist (Beispiel Diode) oder experimentelle Werte existieren, wird eine *Kennlinienapproximation* erforderlich. Geeignete Näherungsfunktionen können sein:

- Potenzpolynome $y = \sum_i^n a_i x^i$
- Exponentialpolynome $y = \sum_{i=0}^n a_i \exp b_i$
- Trigonometrische Polynome (Fourierreihe)
- Spezielle Funktion für besondere Kennlinientypen (Tafel R 8.7/1).

Mitunter kann es zweckmäßig sein, nicht die Kennlinie, sondern ihre erste (oder zweite) Ableitung analytisch zu nähern (Kleinsignalparameter, z.B. zur besseren Kleinsignalmodellierung von Bauelementen).

Die Koeffizientenbestimmung (Kennlinienanpassung) erfolgt nach den üblichen Interpolationsverfahren der Mathematik.

Stückweise lineare Kennliniennäherung. Ist eine Nichtlinearität nur schwierig zu formulieren, so hilft u.U. eine Annäherung durch stückweise lineare Abschnitte mit idealen Dioden (Knickkennlinien) und Vorspannung.

Im Bild R 8.7/7a lautet der Strom durch eine konkave Knickkennlinie

$$i = G(u - u_1) \quad \text{für } u - U_1 \geq 0 \qquad \text{und } i = 0 \quad \text{für } u - U_1 < 0 \quad (8.7/35a)$$

Knickkennliniendarstellung, spannungsgesteuert

oder zusammengefaßt als stückweise linear *spannungsgesteuerter* Widerstand

$$i = \frac{1}{2} G(|u - U_1| + (u - U_1)). \qquad (8.7/35b)$$

Die Umpolung der Diode (Bild R 8.7/7b) ergibt einen konvexen Geradenzug.

Zusammengefaßt: Ein konkaver Widerstand mit einer Kennlinie bestehend aus der Halbgeraden $(-\infty, U_1)$ auf der u-Achse und der Halbgeraden mit der Steigung G wird durch das Geradenpaar (G, U_1) beschrieben und durch eine (ideale) Diode mit Hilfsspannungsquelle U_1 nachgebildet.

Ein konvexer Widerstand mit einer Kennlinie bestehend aus der Halbgeraden $(-\infty, I_1)$ auf der i-Achse und der Halbgeraden mit der Steigung R wird durch das Geradenpaar (R, I_1) beschrieben und durch eine (ideale) Diode mit Hilfsstromquelle I_1 nachgebildet.

Tafel R 8.7/1 Kennlinienapproximation

Kennlinie	Approximation	Bemerkungen
	$y = b\tanh \alpha x$ $y = b\,\mathrm{arctan}\,\alpha x$ $y = b\,\mathrm{arcsinh}\,\alpha x$	$\alpha > 0$ $b > 0$
	$y = b\,\mathrm{arctanh}\,\alpha x$ $y = b\tan \alpha x$ $y = b\sinh \alpha x$ $y = b\,x^{2n+1}$	$\alpha x < 1, \quad \alpha > 0$ $\alpha x < \pi/2, \quad b > 0$ $n > 0$
	$y = -x + ax^3 \quad (a > 0)$	fallende Kennlinie (N-Form, auch für S-Form möglich)
	$y = bx^n$	Sonderfälle: $n \geq 1$ ①,② $0 < n < 1$ ③ $n < 0$ ④
	$y = ax^b \exp \alpha x$	$a > 0, \quad b > 1, \quad \alpha > 0$

Im Bild R 8.7/7c liegt ein stückweise *stromgesteuerter* Widerstand vor mit

$$u = \frac{1}{2}R(|i - I_1| + (i - I_1)), \tag{8.7/35c}$$

d.h.

$$u = R(i - I_1) \quad \text{für } i \geq I_1 \qquad \text{und } u = 0 \quad \text{für } i < I_1. \tag{8.7/35d}$$

Knickkennliniendarstellung, stromgesteuert

Das ist genau die zu Bild R 8.7/7a duale Kennlinie.

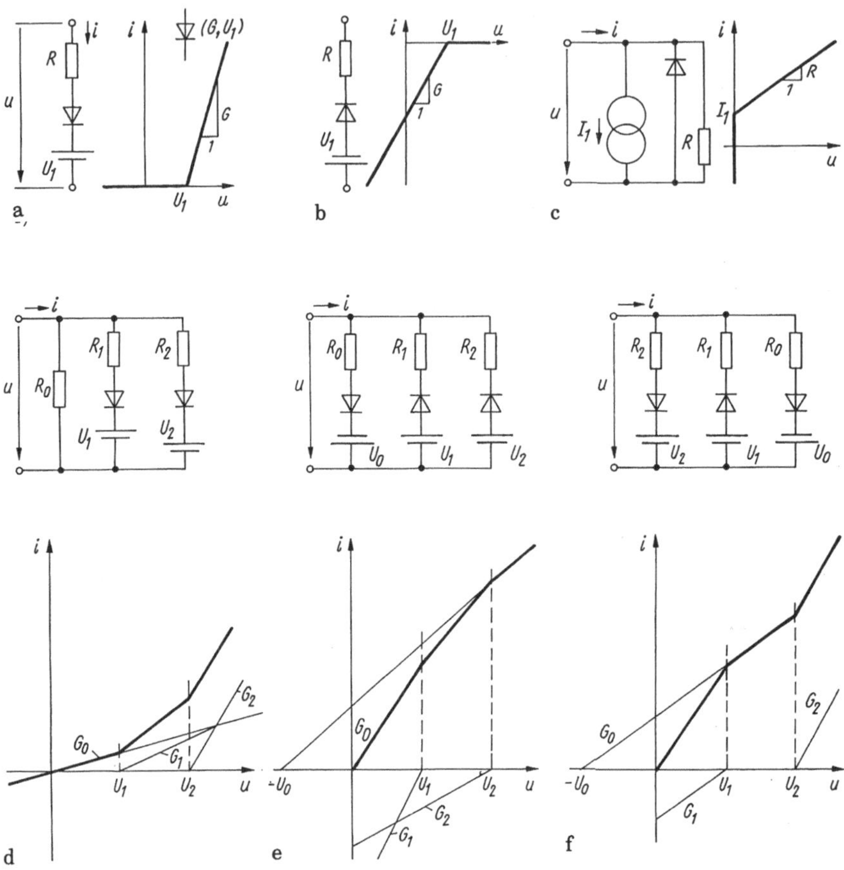

Bild R 8.7/7 Realisierung von Geradenzügen (Knickkennlinie) durch vorgespannte Dioden
a) konkav, b) konvex, c) konvex, d) monoton wachsende Funktion, e) monoton wachsende Funktion, monoton fallende Ableitung, f) monoton wachsend, nichtmonotone Ableitung

Durch Mehrfachanwendung (Überlagerung) derartiger Grundschaltungen lassen sich entwickeln

- monoton wachsende Kennlinien mit monoton wachsender Ableitung durch Parallelschaltung von Schaltungen nach Bild R 8.7/7a (Bild R 8.7/7d): Strom im n-ten Bereich

$$i_n = u \sum_{i=0}^{n-1} G_i - \sum_{i=1}^{n-1} U_i G_i, \quad \text{Steigung } m_i = \textstyle\sum_{i=0}^{n-1} G_i, \tag{8.7/36}$$

- dto. mit monoton fallender Ableitung durch Parallelschaltung des Kennlinientyps b (Bild R 8.7/7e)
- monoton steigende Kennlinie mit nichtmonotoner Ableitung (Bild R 8.7/7f). u.a.m.

Zusammengefaßt kann jede spannungsgesteuerte nichtlineare Kennlinie mit $n+1$ Elementen durch

$$i = a_0 + a_1 u + \sum_{i=1}^{n} b_i |u - U_i|, \quad U_1 < U_2 \ldots < U_n \tag{8.7/37}$$

$$a_1 = \frac{1}{2}(m_0 + m_n), \quad b_i = \frac{1}{2}(m_i - m_{i-1}) \quad a_0 = i(0) - \sum_{i=1}^{n} b_i |U_i|$$

(m_0 Steigung des ersten Elementes (von links), m_i Steigung des $(j+1)$ten Elementes) approximiert werden.

In Bild R 8.7/8 wurde eine bereichsweise fallende Kennlinie aus drei Elementen zusammengesetzt. Ihre Gleichungen lauten:

$$\begin{aligned} &\text{Bereich a:} && G_a = G_0, \\ &\text{Bereich b:} && G_b = G_0 + G_1, \\ &\text{Bereich c:} && G_c = G_0 + G_1 + G_2 \end{aligned} \tag{8.7/38}$$

mit $i_0 = G_0 u$, $i_1 = \frac{G_1}{2}(|u - U_1| + (u - U_1))$, $i_2 = \frac{G_2}{2}(|u - U_2| + (u - U_2))$. Damit folgt

$$i = i_0 + i_1 + i_2 = a_0 + a_1 u + b_1 |u - U_1| + b_2 |u - U_2|.$$

Da bei dieser Form negative Wirkwiderstände erforderlich wären, werden bereichsweise fallende Kennlinicn besser durch Operationsverstärker-Schaltungen realisiert.

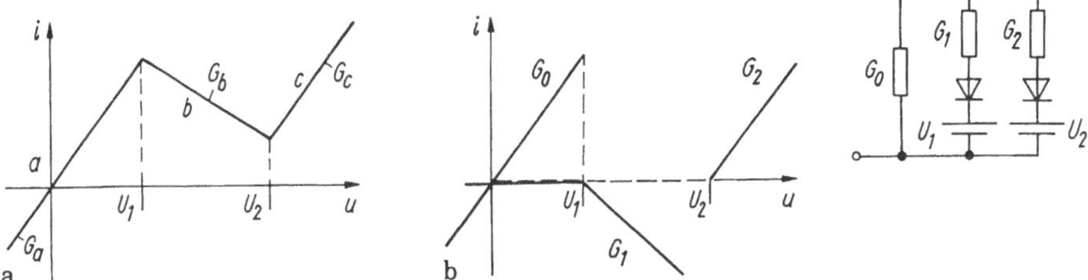

Bild R 8.7/8 Stückweise lineare Kennlinie
a) Kennlinie mit fallendem Bereich, b) Zusammensetzung aus Einzelelementen

8.7.2 Nichtlineare Netzwerke

Ein nichtlineares Netzwerk enthält wenigstens ein nichtlineares Netzwerkelement (NWE). Zur Analyse sind verfügbar: die Kirchhoffschen Gleichungen, Maschenstrom- und Knotenspannungsanalyse (uneingeschränkt), dagegen gelten *nicht* die auf dem Überlagerungsprinzip aufbauenden Verfahren.

Einteilung. Mit den Kirchhoffschen Gleichungen und den u-, i-Relationen der NWE kann die erforderliche Zahl von Gleichungen für die gesuchten Zweigströme/-spannungen aufgestellt werden. Das Ergebnis ist die Netzwerk-Differentialgleichung oder gleichwertig ein System von n DGln. erster Ordnung

$$\frac{\mathrm{d}y_\nu}{\mathrm{d}t} = f_\nu(y_1 \ldots y_n, x_1 \ldots x_n, a_1 \ldots a_{n1}) \quad \nu = 1, 2 \ldots n. \tag{8.7/39}$$

Dabei sind y_ν die gesuchten Netzwerkvariablen, $x_1 \dots x_i$ Erregungen und a_i die Netzwerkparameter (NWE). Die f_ν beschreiben die Abhängigkeiten von Variablen und Parametern.

Nach Art der Funktionen f_ν und Parameter a_ν läßt sich weiter unterteilen in:

- *Linear zeitinvariante* Netzwerke:
  $$\frac{\mathrm{d}y_\nu}{\mathrm{d}t} = a_{\nu 1} y_1 + \dots + a_{\nu n} y_n \tag{8.7/40a}$$
  (Parameter a_i sind Konstante und unabhängig von y_i, die Funktionen f_ν sind linear in den Variablen).
- *Nichtlineare* Netzwerke
  $$\frac{\mathrm{d}y_\nu}{\mathrm{d}t} = f_\nu(y_1 \dots y_n, a_1(y_1), a_2(y_2) \dots) \tag{8.7/40b}$$
  mit aussteuerabhängigen Parametern $a_i(y_i)$, die von einer oder mehreren Variablen abhängen.
- *Parametrische* oder *linear zeitvariable* Netzwerke
  $$\frac{\mathrm{d}y_\nu}{\mathrm{d}t} = a_{\nu 1}(t) y_1 + \dots + a_{\nu n}(t) y_n. \tag{8.7/40c}$$
  Die Parameter $a_i = a_i(t)$ sind zeitabhängig (Kennlinie der Elemente linear) und die Funktion f_i linear mit zeitabhängigen Koeffizienten.
- Nichtlinear parameterische oder nichtlinear zeitvariante Netzwerke
  $$\frac{\mathrm{d}y_\nu}{\mathrm{d}t} = f_\nu(y_1 \dots y_n, a_1(y_1; t), a_2(y_2, t) \dots). \tag{8.7/40d}$$
  Jetzt hängen die Netzwerkparameter von der Zeit- und Aussteuerung ab.

Nach dem *Zeitverhalten* der Lösung $y(t)$ werden Netzwerke unterteilt in:

- *Gleichstromnetzwerke* mit zeitlich konstanten Lösungen y_i mit $\mathrm{d}y_i/\mathrm{d}t = 0$ für $i = 0 \dots n$. Dann geht die Netzwerkgleichung in ein nichtlineares (oder lineares algebraisches) Gleichungssystem über
  $$f_i(y_1 \dots y_n, a_1 \dots a_n) = 0 \tag{8.7/41}$$
- *Dynamische Netzwerke* ($\mathrm{d}y_i/\mathrm{d}t \neq 0$, allgemein) mit dem Sonderfall der *Wechselstromnetzwerke* bei harmonisch zeitabhängigen Netzwerkerregungen. Zu letzteren gehören auch die linearen (und nichtlinearen) zeitvarianten Netzwerke, denn die Steuerung von NWE-Parametern erfolgt immer periodisch.

Lösungsverfahren. Zur Lösung der Netzwerkgleichungen werden typischerweise verwendet:

- *Graphische Verfahren* mit dem Vorteil der Anschaulichkeit, (→ qualitatives Verhalten), Nachteil: begrenzte Genauigkeit, selten allgemeine Aussagen möglich, nur bei kleineren Netzwerken üblich.
- *Analytische Verfahren*, ggf. mit Approximation der Nichtlinearitäten durch analytische Ausdrücke und Versuch einer geschlossenen oder nichtgeschlossenen Lösung. Der Einfluß von Parameteränderungen ist meist gut zu erkennen, die Lösung der nichtlinearen Gleichungen erfordert häufig numerische Verfahren.

- *Iterative Methoden.* Dazu zählen alle computergestützten Methoden, die von sinnvollen Annahmen (Startwerten) einer vermutlichen Lösung ausgehend das Ergebnis schrittweise zu verbessern suchen (Newton-, Fixpunktverfahren, andere Iterationsmethoden).

Zielstellungen der Netzwerkanalyse. Netzwerke dienen in der Regel dazu, eine *Information* = Spannungs-/Strom*änderung* von einer Quelle zum Empfänger zu übertragen, also eine *Wirkung* $y(t)$ (Ausgangsgröße, Antwort) als Funktion der *Ursache* $x(t)$ (Eingangsgröße, Erregung) zu beschreiben. Dabei ist es zweckmäßig, die allgemeinen zeitveränderlichen Größen $y(t)$, $x(t)$

$$y(t) = y_0 + \Delta y(t); \quad x(t) = x_0 + \Delta x(t) \tag{8.7/42}$$

aufzutrennen in einen *Gleichanteil* (y_0, x_0) oder *Arbeitspunkt* und den zeitabhängigen Änderungen $\Delta y(t)$, $\Delta x(t)$, mit der eigentlichen Information. Sind die Änderungen hinreichend klein, so verhält sich das Netzwerk hierfür näherungsweise linear. Die Linearisierung im Arbeitspunkt heißt *Kleinsignalbetrachtung* (oft Wechselstromanalyse). Bei großen Änderungen $\Delta y(t)$, $\Delta x(t)$ gilt diese Kleinsignallösung nicht mehr; dann muß das nichtlineare dynamische oder sog. *Großsignalverhalten* betrachtet werden. Deshalb fallen durchweg drei typische Netzwerkaufgaben an:

- Die *Arbeitspunktbestimmung.* Sie umfaßt die Lösung des nichtlinearen oder linearen algebraischen Gleichungssystems (8.7/41) des resistiven Netzwerkes ($\mathrm{d}y_i/\mathrm{d}t = 0$, damit Energiespeicher unwirksam) z.B. in der Knotenspannungsform

$$\boldsymbol{F}(\boldsymbol{u}) = 0 \tag{8.7/43}$$

  mit dem Vektor $\boldsymbol{u}$ der Knotenspannungen. Die Lösung ist der *Arbeitspunktvektor* $\boldsymbol{y}_0$ (hier $\boldsymbol{u}_0$).
- Die Linearisierung oder *Kleinsignalbetrachtung*

$$\boldsymbol{F}(\boldsymbol{y}_0 + \Delta \boldsymbol{y}) = \boldsymbol{F}(\boldsymbol{y}_0) + \frac{\partial \boldsymbol{F}(\boldsymbol{y}_0)}{\partial \boldsymbol{y}}(\boldsymbol{y} - \boldsymbol{y}_0) \tag{8.7/44}$$

  ergibt als Lösung den Vektor $\Delta \boldsymbol{y}$. $\frac{\partial F(y_0)}{\partial y}$ ist die *Jacobi-Matrix.*
- Die allgemeine *Großsignallösung*

$$\boldsymbol{F}(\boldsymbol{y}, \dot{\boldsymbol{y}}, t) = 0 \quad \text{(implizit)}. \tag{8.7/45}$$

Der Lösungsaufwand steigt i.a. in der angegebenen Reihenfolge.

8.7.2.1 Gleichstromlösung. Arbeitspunktberechnung

Zur Gleichstromanalyse des nichtlinearen Netzwerkes werden alle Kondensatorzweige aufgetrennt ($i_\mathrm{C} = 0$) und alle Induktivitäten kurzgeschlossen ($u_\mathrm{L} = 0$). Dann verbleiben nur resistive Zweipol- und Mehrpolelemente, unabhängige und gesteuerte Quellen (durch elektronische Bauelemente, Verstärker, Operationsverstärker) im Netzwerk.

Zur weiteren Vereinfachung werden Netzwerkteile aus nur linearen Elementen zu Ersatznetzwerken zusammengefaßt. Für die u.U. mögliche Zusammenfassung nichtlinearer NWE gelten folgende Richtlinien:

Nichtlineare Zweipolersatzelemente. Zwei (oder mehrere) nichtlineare (zeitinvariante) resistive Zweipolelemente werden zusammengeschaltet:

Reihen- und Parallelschaltung. Zwei stromgesteuerte Widerstände mit den Kennlinien

$$u_1 = f_{\mathrm{R1}}(i_1), \quad u_2 = f_{\mathrm{R2}}(i_2)$$

führen auf die *Reihenschaltung* ($i_1 = i_2 = i$)

$$u = f_{\mathrm{R}}(i) = u_1 + u_2 = f_{\mathrm{R1}}(i) + f_{\mathrm{R2}}(i) \tag{8.7/46}$$

eines stromgesteuerten Gesamtwiderstandes (Bild R 8.7/9a). Ist dabei ein Element spannungsgesteuert (z.B. $i_2 = g_{\mathrm{R}}(u_2)$), so trägt man entweder $i_2(u_2)$ auf und addiert die Spannungen u_1, u_2 bei gleichen Strömen $i_1 = i_2 = i$ graphisch oder versucht, die Umkehrfunktion $u_2 = g_{\mathrm{R}}^{-1}(i_2)$ zu bilden. Das gelingt, wenn die Kennlinie g_{R} monoton steigt oder fällt.

Beispiel: Reihenschaltung zweier Dioden mit $u_{1/2} = U_{\mathrm{T}} \ln(I/I_{\mathrm{S1/2}} + 1)$ führt im Flußgebiet auf

$$u = U_{\mathrm{T}}\left(\ln\left(1 + \frac{I}{I_{\mathrm{S1}}}\right) + \ln\left(1 + \frac{I}{I_{\mathrm{S2}}}\right)\right) \approx U_{\mathrm{T}} \ln \frac{I}{I_{\mathrm{S1}} I_{\mathrm{S2}}} = 2U_{\mathrm{T}} \ln \frac{I}{\sqrt{I_{\mathrm{S1}} I_{\mathrm{S2}}}}.$$

Bei der *Parallelschaltung* zweier spannungsgesteuerter Elemente mit $i_1 = g_{\mathrm{R1}}(u_1)$, $i_2 = g_{\mathrm{R2}}(u_2)$ sind mit $u = u_1 = u_2$ und

$$i = g_{\mathrm{R}}(u) = i_1 + i_2 = g_{\mathrm{R1}}(u) + g_{\mathrm{R2}}(u)\,, \tag{8.7/47}$$

sinngemäß die Ströme zu addieren (Bild R 8.7/9b).

Reihen-Parallelschaltung mehrerer Elemente. Liegt z.B. eine Reihen-Parallelschaltung dreier nichtlinearer Widerstände vor mit $u_1 = f_{\mathrm{R1}}(i_1)$, $i_2 = g_{\mathrm{R2}}(u_2)$, $i_3 = g_{\mathrm{R3}}(u_3)$ mit $u_2 = u_3$ und $i_1 = i_2 + i_3 = i$ (Bild R 8.7/9c), so werden die beiden spannungsgesteuerten Elemente zusammgefaßt

$$i = g_{\mathrm{R}}(u_2) = g_{\mathrm{R2}}(u_2) + g_{\mathrm{R3}}(u_3), \tag{8.7/48a}$$

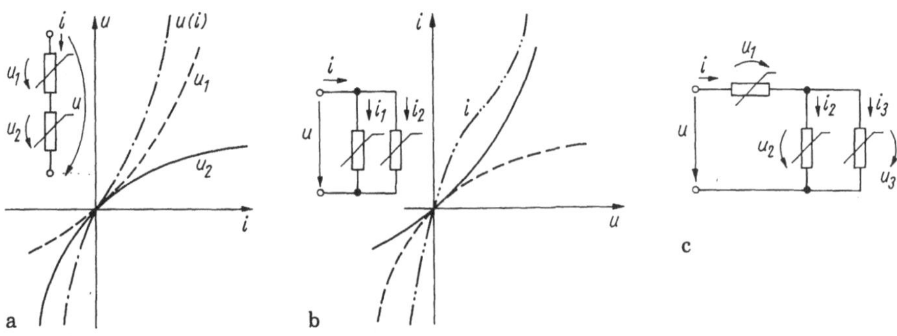

Bild R 8.7/9 Zusammenschaltungen resistiver nichtlinearer Zweipolelemente
a) Reihenschaltung, b) Parallelschaltung, c) Gemischtschaltungen

die Umkehrfunktion $u_2 = f_R(i)$ (falls existent) gebildet und das Ergebnis zum ersten Spannungsabfall addiert

$$u = f_{R1}(i) + f_R(i). \tag{8.7/48b}$$

Ganz entsprechend lassen sich auch andere Formen der Parallel-Reihenschaltung analysieren.

Quellenspannung mit nichtlinearem Widerstand (nichtlinearer aktiver Zweipol). Enthält ein aktiver Zweipol (Quellenspannung u_q) einen nichtlinearen stromgesteuerten Widerstand $u_1 = f_R(i_1)$, so gilt (Tafel R 8.1/1, Bild R 8.7/10a) mit $i_1 = -i$

$$u_{AB}(i) = u_q + u_1(i_1) = u_q - f_R(i) \tag{8.7/49}$$

(Darstellung der Kennlinie $u_1(i_1)$, Vorzeichenumkehr ($i_1 = -i$) Abzug vom Festwert u_q, Bild R 8.7/10b).

Umgekehrt läßt sich ein nichtlinearer Widerstand mit einer Kennlinie nicht durch den Ursprung als Reihenschaltung eines nichtlinearen stromgesteuerten Widerstandes (Kennlinie durch Nullpunkt) und einer Quellenspannung u_q (Schnittpunkt der u-(i-)Kennlinie mit der Ordinate) darstellen.

Eine analoge Auslegung gilt für eine Stromquelle i_q mit parallelem nichtlinearen spannungsgesteuerten Leitwert.

Die Umwandlung der (nichtlinearen) Spannungsquellenersatzschaltung Gl.(8.7/49) in eine gleichwertige Stromersatzschaltung ist durch Bildung der Umkehrfunktion $g_R = f_R^{-1}$ formal möglich (s. Tafel R 8.1/1):

$$i = f_R^{-1}(u_q - u_{AB}) \tag{8.7/50}$$

mit dem Kurzschlußstrom $i_q|_{u_{AB}=0} = f_R^{-1}(u_q)$. Im Einzelfall bestimmt die Form von f_R^{-1}, ob eine additive Zerlegung in Quellenstrom i_q und spannungsabhängigen Teil ($\rightarrow u$) sinnvoll ist.

Enthält ein Netzwerk außer Quellen und linearen Widerständen nur einen nichtlinearen Widerstand, so wird letzterer zweckmäßig herausgezogen und das Restnetzwerk als (linearer) aktiver Zweipol betrachtet. Das Gesamtverhalten liegt dann durch das Zusammenspiel von nichtlinearem passivem und aktivem Zweipol fest.

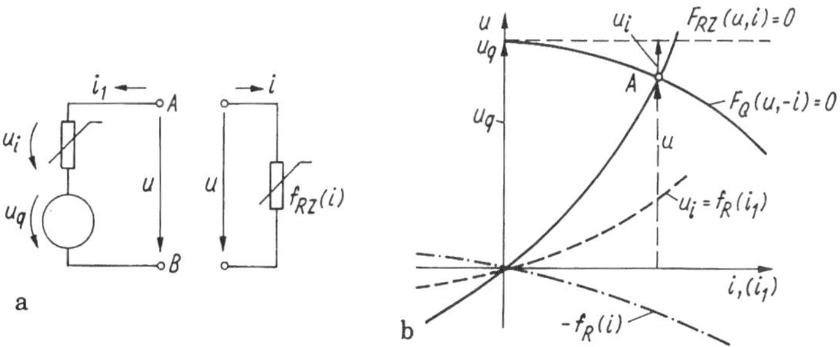

Bild R 8.7/10 Aktiver-passiver nichtlinearer Zweipol
a) Einzelelemente, b) Kennlinien der Einzelelemente mit Arbeitspunkt A

Aktiver, passiver Zweipol. Arbeitspunkt. Die Zusammenschaltung eines passiven nichtlinearen (zeitinvarianten) Widerstandes mit der impliziten Gleichung $F_{R2}(u,i) = 0$ mit einem aktiven Zweipol (implizite Form $F_Q(u_1,i_1) = 0$, Bild R 8.7/10b) ergibt mit der Schaltungsbedingung $i = -i_1$, $u_1 = u$ die beiden Gleichungen

$$F_{R2}(u,i) = 0, \quad F_Q(u,-i) = 0 \tag{8.7/51}$$

mit der Lösung u, i als *Arbeitspunkt*. In expliziter Form (mit stromgesteuertem nichtlinearem Element) folgt aus Bild R 8.7/10a mit

$$u_1 = u_q + u_i = u_q + f_{R1}(i_1) \quad \text{und } u = f_{R2}(i)$$

schließlich

$$u_q + f_{R1}(-i) - f_{R2}(i) = 0 \equiv F(i) = 0 \tag{8.7/52}$$

als nach i zu lösender Gleichung. Der Kennlinienschnittpunkt ist die graphische Lösung.

Gibt es keine analytische Lösung, so ist eine Näherungslösung durch stückweise lineare Approximation, Kleinsignallösung, u.U. Reihenentwicklung oder Iteration anzustreben (Iterationsverfahren s. II/Abschn. 5.3.6.3).

Nichtlineare Zweitore. Arbeitspunkt. Wird ein nichtlinearer (zeitinvarianter) resistiver Zweipol mit den Verknüpfungsbeziehungen

$$F_{R1}(u_1,i_1,u_2,i_2) = 0 \tag{8.7/53a}$$

$$F_{R2}(u_1,i_1,u_2,i_2) = 0 \tag{8.7/53b}$$

durch zwei zeitinvariante Lastzweipole mit den impliziten Gleichungen

$$F_{L1}(u_{L1},i_{L1}) = 0 \tag{8.7/54a}$$

$$F_{L2}(u_{L2},i_{L2}) = 0 \tag{8.7/54b}$$

belastet, so ergeben sich mit den Verknüpfungsbeziehungen

$$u_1 = u_{L1}, \quad u_2 = u_{L2}, \quad i_1 = -i_{L1}, \quad i_2 = -i_{L2}$$

die (impliziten) Gleichungen zur Bestimmung der Variablen u_1, i_1, u_2, i_2 (Arbeitspunkt).

Zur *graphischen Lösung* werden auf der Eingangsseite zunächst die Variablen u_2 oder i_2 (Gl.(8.7/53a)) durch Gl.(8.7/54b) eliminiert, so daß eine Beziehung

$$F_1(u_1,i_1,a) = 0$$

mit $a = u_2$ oder i_2 verbleibt (Bild R 8.7/11a) und analog auf der Ausgangsseite die Variablen u_1 oder i_2 (Gl.(8.7/53b)) durch Gl.(8.7/54a) entfernt. Es entsteht

$$F_2(u_2,i_2,b) = 0$$

mit $b = u_1$ oder i_1 (Bild R 8.7/11b). Besonders einfach wird das Verfahren, wenn ideale Spannungs- oder Stromquellen als Lastzweipole wirken $\rightarrow$ Bedingung für Kennlinienaufnahme.

Dann trägt man in das Eingangskennlinienfeld $i_1(u_1)$ ($\leftrightarrow F_1$) mit a als Parameter die Kennlinie E_1 des Eingangszweipols Gl.(8.7/54a) und analog in das Ausgangskennlinienfeld (Parameter b) die Kennlinie F_{L2} des Ausgangszweipoles Gl.(8.7/54b) ein. Es entsteht die Kennlinie A_1.

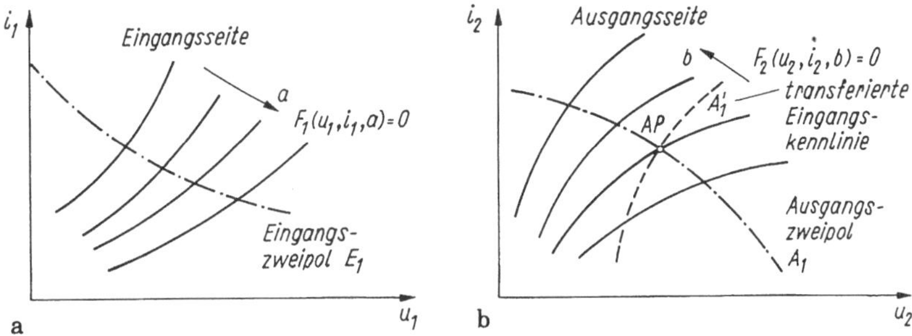

Bild R 8.7/11 Arbeitspunkteinstellung am nichtlinearen Vierpol
a) Vierpoleingangskennlinie, Ausgangsgröße a (u_2 oder i_2) als Parameter mit Kennlinie des Eingangszweipols, b) Vierpolausgangskennlinie, Eingangsgröße b (u_1 oder i_1) als Parameter mit Kennlinie des Ausgangszweipols und transferierter Eingangskennlinie

Im Eingangsfeld gehört zu jedem Schnittpunkt des Kennlinienfeldes mit der Zweipolkurve E_1 ein Wertetrippel (u_1, i_1, u_2 (oder i_2)). Es wird in das Ausgangskennlinienfeld übertragen. So entsteht aus mehreren Punkten die Kurve A_1' als übertragene Eingangsbelastungskennlinie. Der Schnittpunkt von A' mit A_1 liefert den Arbeitspunkt AP.

Das Verfahren dient verbreitet zur Arbeitspunktsuche von Transistorschaltungen.

Die *analytische Lösung* setzt Gleichungsformulierung aller Netzwerkelemente voraus, z.B. durch Wahl eines Modells des nichtlinearen Vierpols sowie ein angepaßtes Lösungsverfahren. Typische Modellbeispiele sind die Kennliniengleichungen von Transistoren und Verstärkern.

Oft wird das nichtlineare Zweitor durch stückweise lineare Kennlinien angenähert.

8.7.2.2 Kleinsignallösung

Bei der Kleinsignallösung wird das Netzwerk um den Arbeitspunkt (der auch der Kennliniennullpunkt sein kann) so schwach ausgesteuert, daß es für die Aussteuerung als näherungsweise lineares Netzwerk wirkt.

Die *Arbeitspunktanalyse* ist daher *Voraussetzung der Kleinsignallösung.* Letztere kann erfolgen

- durch Ersatz aller nichtlinearen Netzwerkelemente durch das jeweilige Kleinsignalelement und Anwendung eines linearen Analyseverfahrens
- direkt aus der impliziten oder expliziten Netzwerkgleichung und Entwicklung in eine Taylorreihe um den Arbeitspunkt.

Für die Zusammenschaltung eines aktiven und passiven *Zweipols* (Bild R 8.7/12a) mit den *impliziten* Gleichungen

$$F_{\mathrm{R}}(u,i)=0, \quad F_{\mathrm{Ri}}(u_{\mathrm{q}}-u,i)=0 \tag{8.7/55}$$

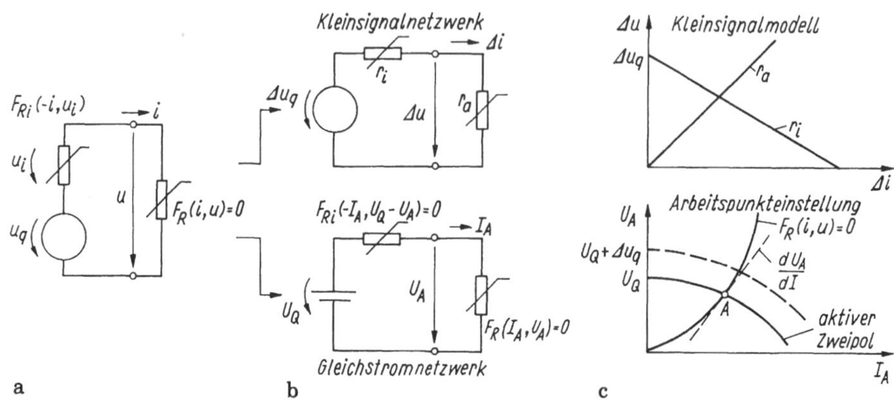

Bild R 8.7/12 Nichtlinearer aktiver und passiver Zweipol, Kleinsignalbetrieb a) Ersatzschaltung, b) Aufteilung in Gleichstrom- und Kleinsignalmodell, c) Kennlinien zu b)

und der Quellenspannung $u_{\mathrm{q}}(t) = U_{\mathrm{q}} + \Delta u_{\mathrm{q}}(t)$ stellen sich die Klemmenwerte im Arbeitspunkt

$$i(t) = I_{\mathrm{A}} + \Delta i, \quad u(t) = U_{\mathrm{A}} + \Delta u$$

ein. Die Taylorreihen lauten für das *Lastelement*

$$F_{\mathrm{R}}(U_{\mathrm{A}} + \Delta u, I_{\mathrm{A}} + \Delta i) = 0 \tag{8.7/56}$$

und für den *aktiven Zweipol*

$$F_{\mathrm{Ri}}(U_{\mathrm{Q}} + \Delta u_{\mathrm{q}} - U_{\mathrm{A}} - \Delta u(t), I_{\mathrm{A}} + \Delta i(t)) = 0$$

bei Abbruch nach dem zweiten Glied

$$\underbrace{F_{\mathrm{R}}(U_{\mathrm{A}}, I_{\mathrm{A}})}_{0} + \left.\frac{\partial F_{\mathrm{R}}}{\partial i}\right|_{A} \Delta i + \left.\frac{\partial F_{\mathrm{R}}}{\partial u}\right|_{A} \Delta u = 0 \tag{8.7/57}$$

sowie

$$\underbrace{F_{\mathrm{Ri}}(U_{\mathrm{Q}} - U_{\mathrm{A}}, I_{\mathrm{A}})}_{0} + \left.\frac{\partial F_{\mathrm{Ri}}}{\partial i}\right|_{A} \Delta i + \left.\frac{\partial F_{\mathrm{Ri}}}{\partial (u_{\mathrm{q}} - u)}\right|_{A} (\Delta u_{\mathrm{q}} - \Delta u) = 0. \tag{8.7/58}$$

Der Index A bedeutet Bildung der Ableitungen im Arbeitspunkt. Die ersten, verschwindenden Terme sind die Arbeitspunktlösungen.

Das verbleibende Gleichungssystem ist die Kleinsignallösung. Umgeschrieben mit dem Kleinsignalwiderstand des passiven Zweipols

$$r_{\mathrm{a}} = -\left.\frac{\frac{\partial F_{\mathrm{R}}}{\partial i}}{\frac{\partial F_{\mathrm{R}}}{\partial u}}\right|_{A} \tag{8.7/59a}$$

und dem des aktiven Zweipols

$$r_{\mathrm{i}} = -\left.\frac{\frac{\partial F_{\mathrm{Ri}}}{\partial i}}{\frac{\partial F_{\mathrm{Ri}}}{\partial (u_{\mathrm{q}} - u)}}\right|_{A} \tag{8.7/59b}$$

lautet sie vereinfacht

$$u = r_a \Delta i, \quad \Delta u_q = \Delta u + r_i i \tag{8.7/60}$$

mit der Lösung (Bild R 8.7/12b, c)

$$\Delta u = \Delta u_q r_a/(r_i + r_a), \quad \Delta i = \Delta u_q/(r_i + r_a).$$

Sie entspricht völlig der Lösung im linearen Fall ($\Delta u \to U$, $r_i \to R_i$ usw.).

Liegen die Zweipolgleichungen *explizit* vor, z.B. durch

$$u_q - f_{Ri}(i) = u \quad \text{und } u = f_R(i),$$

lauten die Kleinsignalansätze des aktiven Zweipols

$$\begin{aligned} &U_q + \Delta u_q - f_{Ri}(I + \Delta i) = U + \Delta u \\ &\underline{U_q} + \Delta u_q - \underline{f_{Ri}(I)} - \left.\frac{\partial f_{Ri}}{\partial i}\right|_A \Delta i = \underline{U} + \Delta u \end{aligned} \tag{8.7/61}$$

und passiven Zweipols

$$\underline{U} + \Delta u = \underline{f_R(I)} + \frac{\partial f_R}{\partial i}\Delta i. \tag{8.7/62}$$

Die unterstrichenen Terme sind der Arbeitspunkt A, der verbleibende Kleinsignalanteil

$$\begin{aligned} &\Delta u_q - r_i \Delta i = \Delta u, \quad && r_i = \left.\frac{\partial f_{Ri}}{\partial i}\right|_A \\ &\Delta u = r_a \Delta i && r_a = \left.\frac{\partial f_R}{\partial i}\right|_A \end{aligned} \tag{8.7/63}$$

bildet die gesuchte Lösung (Bild R 8.7/12b).

Die explizite Kleinsignallösung ist bei expliziter Netzwerkelementbeschreibung i.a. übersichtlicher und vorzuziehen. Geometrisch stellt sie eine Tangentennäherung im Arbeitspunkt dar.

Kleinsignalbetrieb eines (nichtlinearen) Netzwerkes umfaßt stets:

- die *Arbeitspunktanalyse* (→ i.a. nichtlineares Problem)
- *Kleinsignalanalyse* im *Arbeitspunkt* (→ lineares Netzwerkproblem)
- Die Kleinsignalparameter hängen i.a. vom Arbeitspunkt ab.

Nichtlineares Vierpolnetzwerk. In den meisten technischen Anwendungen ist ein nichtlinearer zeitinvariant resistiver Vierpol - z. B Transistor - eingebettet zwischen einer nichtlinearen Signalquelle (Gleichgröße → AP, Signalgröße Δu_q, Δi_q) und einem nichtlinearen (aktiven) Lastelement. Letztere enthält gewöhnlich zur Arbeitspunkteinstellung eine Gleichquelle, aber keine Signalquelle (Bild R 8.7/13). Der Arbeitspunkt wird nach Abschnitt 8.7.2.1 bestimmt. Statt wie eben das (gesamte) implizite Gleichungssystem der Taylor-Entwicklung zu unterwerfen, werden zweckmäßig die Abschlußzweipole durch ihre Kleinsignalersatzschaltungen ersetzt und die Vierpolgleichungen explizit formuliert, z.B. durch

$$i_1 = g_{R1}(u_1, u_2), \quad i_2 = g_{R2}(u_1, u_2).$$

Die Taylor-Entwicklung um den Arbeitspunkt ($i_1 = I_1 + \Delta i_1$, $u_1 = U_1 + \Delta u_1$, Seite 2 analog) führt auf

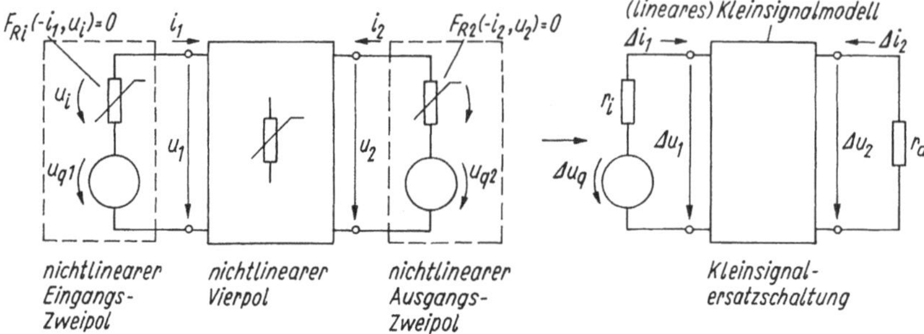

Bild R 8.7/13 Nichtlinearer resistiver Vierpol abgeschlossen mit zwei nichtlinearen aktiven Zweipolen (Arbeitspunkteinstellung, Signalquelle, Lastelement) und Kleinsignalersatzschaltung

$$\begin{aligned} i_1 &= g_{\mathrm{R1}}(u_1,u_2) \approx g_{\mathrm{R1}}(U_1,U_2) + \Delta i_1 \\ &= I_1 + \left.\frac{\partial g_{\mathrm{R1}}}{\partial u_1}\right|_A \Delta u_1 + \left.\frac{\partial g_{\mathrm{R1}}}{\partial u_2}\right|_A \Delta u_2 \\ i_2 &= g_{\mathrm{R2}}(u_1,u_2) \approx g_{\mathrm{R2}}(U_1,U_2) + \Delta i_2 \\ &= I_2 + \left.\frac{\partial g_{\mathrm{R2}}}{\partial u_1}\right|_A \Delta u_1 + \left.\frac{\partial g_{\mathrm{R2}}}{\partial u_2}\right|_A \Delta u_2 \end{aligned} \tag{8.7/64}$$

oder in Matrixschreibweise zusammengefaßt

$$\begin{pmatrix} i_1 \\ i_2 \end{pmatrix} = \underbrace{\begin{pmatrix} I_1 \\ I_2 \end{pmatrix}}_{\mathrm{AP}} + \begin{pmatrix} \dfrac{\partial g_{\mathrm{R1}}}{\partial u_1} & \dfrac{\partial g_{\mathrm{R1}}}{\partial u_2} \\ \dfrac{\partial g_{\mathrm{R2}}}{\partial u_1} & \dfrac{\partial g_{\mathrm{R2}}}{\partial u_2} \end{pmatrix}_A \cdot \begin{pmatrix} \Delta u_1 \\ \Delta u_2 \end{pmatrix} \tag{8.7/65a}$$

bzw. in Vektorform

$$\boldsymbol{i} = \boldsymbol{I} + \Delta \boldsymbol{i} = \boldsymbol{I} + \frac{\partial \boldsymbol{g}_{\mathrm{R}}(\boldsymbol{u})}{\partial \boldsymbol{u}} \Delta \boldsymbol{u}. \tag{8.7/65b}$$

Verallgemeinerte Kleinsignalbeschreibung eines Vierpols

Der Term $\partial \boldsymbol{g}_{\mathrm{R}}(\boldsymbol{u})/\partial \boldsymbol{u}$ ist die *Jacobi-Matrix* der partiellen Ableitungen. Ihre Elemente heißen Kleinsignalparameter des nichtlinearen Vierpols (hier in Leitwertform, II/Abschn. 7.3.3).

Die Kleinsignalparameter eines Vierpols hängen vom Arbeitspunkt und der Form der Nichtlinearität g_{R} ab. Anschaulich stellen die einzelnen Koeffizienten Tangenten an die jeweiligen Kennlinien unter definierten Nebenbedingungen dar.

Die Kleinsignalparameter eines Vierpols können aus dem jeweiligen Modell berechnet oder experimentell am Vierpol (unter definierten Nebenbedingungen) gemessen werden.

Zu beachten ist, daß stückweise linear approximierte Vierpolgleichungen zu Sprüngen der Kleinsignalparameter an den Kennlinienknickpunkten führen und das so gewonnene Kleinsignalmodell i.a. nicht verwendbar ist (→ Problem mancher Transistormodelle).

Implizite Darstellung. Die Kleinsignalnäherung kann auch auf die implizite Darstellungsform

$$\boldsymbol{F}(\boldsymbol{u},\boldsymbol{i}) = \boldsymbol{F}(\boldsymbol{U}+\Delta\boldsymbol{u},\boldsymbol{I}+\Delta\boldsymbol{i}) = \underbrace{\boldsymbol{F}(\boldsymbol{U},\boldsymbol{I})}_{\mathrm{AP}=0} + \Delta\boldsymbol{F}(\Delta\boldsymbol{u},\Delta\boldsymbol{i}) = 0 \qquad (8.7/66)$$

des resistiven Vierpols angewendet werden. Da die AP-Beziehung identisch Null erfüllt ist, gilt

$$\Delta\boldsymbol{F}(\Delta\boldsymbol{u},\Delta\boldsymbol{i}) = \boldsymbol{M}\Delta\boldsymbol{u} + \boldsymbol{N}\Delta\boldsymbol{i} = 0 \qquad (8.7/67)$$

mit den Matrizen

$$\boldsymbol{M} = \begin{pmatrix} \dfrac{\partial F_1}{\partial u_1} & \dfrac{\partial F_1}{\partial u_2} \\ \dfrac{\partial F_2}{\partial u_1} & \dfrac{\partial F_2}{\partial u_2} \end{pmatrix}, \quad \boldsymbol{N} = \begin{pmatrix} \dfrac{\partial F_1}{\partial i_1} & \dfrac{\partial F_1}{\partial i_2} \\ \dfrac{\partial F_2}{\partial i_1} & \dfrac{\partial F_2}{\partial i_2} \end{pmatrix}.$$

Die implizite Darstellung läßt sich leicht in die explizite Form überführen und so die Beziehung zu Gl.(8.7/65) herstellen.

Hinweis: Die hier betrachtete Leitwertform eines resistiven Vierpoles steht stellvertretend für die anderen Beschreibungsformen, die sinngemäß entwickelt werden können.

Kleinsignalmodelle sind eine wichtige Beschreibungsform von Verstärkerelementen und zählen insbesondere in der Elektronik, aber auch der Regelungstechnik zu den fundamentalen Netzwerk- und Systemmethoden.

8.7.3 Allgemeine Analyseverfahren nichtlinearer Netzwerke

Grundsätzlich können die Analyseverfahren nach Abschnitt 8.4 für lineare Netzwerke auf nichtlineare Netzwerke erweitert werden. Besonderheiten treten nur durch die Steuerart der Nichtlinearitäten hinzu.

Das *Maschenstromverfahren* bereitet bei stromgesteuerten (zeitinvarianten) Widerständen und Widerstandsnetzwerken nach Einführung der Maschenströme in jeder unabhängigen Masche prinzipiell keine Probleme beim Ansatz. Anstelle der sonst linear mit dem Maschenstrom verbundenen Spannungsabfälle stehen nichtlineare Abhängigkeiten. Für m unabhängige Maschen gibt es m Maschenströme.

Treten *spannungsgesteuerte* Widerstände auf, so werden in den betreffenden Maschen die Klemmenspannungen als neue Unbekannte eingeführt und als zusätzliche Gleichungen die Kennlinienbeziehungen mit den neu vereinbarten Spannungen. Sie bestimmen den Maschenstrom durch das betreffende Element. Dann stimmt die Zahl der Gleichungen mit der Zahl der Unbekannten überein.

Bei gesteuerten Quellen und idealen Übertragern wird wie für lineare Netzwerke verfahren. Das so entstehende nichtlineare Gleichungssystem muß iterativ gelöst werden.

Knotenspannungsverfahren. Bei spannungsgesteuerten Widerständen und Widerstandsnetzwerken werden die Knotenspannungen wie in linearen Netzwerken eingeführt und die Strombilanzen der jeweiligen $k-1$ Knoten aufgestellt. Treten stromgesteuerte Nichtlinearitäten auf, so vereinbart man als weitere Unbekannte ihre Ströme an den Klemmenpaaren, die nicht durch die Spannung eindeutig auszudrücken sind. Als zusätzliche Gleichungen dienen die Zusammenhänge zwischen den zusätzlich eingeführten Variablen und den Knotenspannungen. So entstehen ausreichend viele Gleichungen.

Gesteuerte Quellen und ideale Übertrager werden wie bei linearen Netzwerken berücksichtigt.

Das Knotenspannungsverfahren hat bei nichtlinearen Elementen größere Bedeutung, weil viele Bauelemente-Charakteristiken in spannungsgesteuerter Form vorliegen (z.B. Dioden-, Transistorkennlinien).

8.7.4 Nichtlineare Netzwerke erster Ordnung

Dynamische Netzwerke erster Ordnung enthalten einen linearen oder nichtlinearen Energiespeicher und einen nichtlinearen oder linearen aktiven oder passiven Zweipol (auf den ein kompliziertes Netzwerk reduziert werden kann).

Für den *linearen Fall* läßt sich stets eine Netzwerkgleichung der Form

$$\frac{\mathrm{d}z}{\mathrm{d}t} = Az(t) + Bx(t) \tag{8.7/68}$$

für die Zustandsgröße z (Kondensatorspannung u_{C} resp. Spulenstrom i_{L}) aufstellen ($x(t)$: Netzwerkerregung, u_{q} resp. i_{q}). A, B sind Netzwerkparameter. Der Anfangswert $z(t_0) = z_0$ der Zustandsgröße zur Zeit t_0 sei gegeben.

Bei *konstanter Erregung* (Gleichspannung U_{Q}, Gleichstrom I_{Q}) zur Zeit t_0 hat Gl.(8.7/68) die Lösung

$$z(t) = z(\infty) + (z_0 - z(\infty)) \exp -(t - t_0)/\tau \tag{8.7/69}$$

mit dem *Gleichgewichts-* oder *stationären* Zustand $z(\infty)$.

Bei *positiver* Zeitkonstante ($\tau > 0$) stellt sich ein exponentiell abklingender Verlauf ein mit den Merkmalen (s. Abschn. 4.3.3)

- nach der Zeitdauer τ hat sich $z(t)$ um 63% gegenüber dem Startwert $(z(0) - z(\infty))$ geändert
- die Tangente im Punkt t_0 schneidet den Punkt $(t_0 + \tau, z(\infty))$
- nach 5 Zeitkonstanten τ hat $z(t)$ etwa den Gleichgewichtswert erreicht.

Liegt hingegen eine *negative* Zeitkonstante τ ($\tau < 0$) vor, so wächst die Lösung - abhängig von z_0 in Bezug auf z_∞ - über alle Grenzen: *instabiler Fall.* (Dieser Fall läßt sich z.B. mit einem negativen Widerstand oder Spannungsfolger – OP mit Rückkopplung zwischen Ausgang und P-Klemme realisieren.)

Dynamischer Pfad, dynamische Kennlinie. Während des Übergangsverhaltens wandert der Arbeitspunkt auf der u-, i-Kennlinie des Belastungszweipols (aktiv, passiv) von einem *Anfangszustand* (für t_0) zu einem *Endzustand* (für $t \to \infty$). Dieser Weg heißt *dynamischer Arbeitspunkt, dynami-*

scher Pfad oder *dynamische Kennlinie*. Er ist zur Erklärung von Übergangsvorgängen hilfreich.

Der Endzustand ist erreicht, wenn der Kondensatorstrom (bzw. die Spannung über der Induktivität) verschwindet und so die Energiespeicher in der Schaltung unwirksam werden.

8.7.4.1 Grundnetzwerke

Im *nichtlinearen* Fall läßt sich die Netzwerkgleichung (8.7/68) bei *zeitunabhängiger* Erregung (sog. *autonomer* Fall) auf eine Form

$$\frac{\mathrm{d}z}{\mathrm{d}t} = f(z) \tag{8.7/70}$$

(mit dem Anfangswert $z_0 = z(t_0)$) für den Zeitbereich $t \geq t_0$ zurückführen. Kennt man den Verlauf $f(z)$ - das ist meist der Fall-, so lautet die Lösung (durch Variablentrennung)

$$t - t_0 = \int_{z_0}^{z} \frac{\mathrm{d}\eta}{f(\eta)}. \tag{8.7/71}$$

Damit ist $z(t)$ implizit als Funktion der Zeit bestimmt. Im Bild R 8.7/14a wurde der Verlauf dargestellt: die Fläche unter der Kurve entspricht der Zeitspanne $t - t_0$. Dabei wächst bei positiver Funktion $f(z)$ (> 0) z monoton und fällt umgekehrt monoton bei negativer Funktion.

Wir betrachten einige typische Fälle.

Stromgesteuerte Induktivität.

- Für die Schaltung Bild R 8.7/14b mit der Induktivität $L(i)$ lautet die Differentialgleichung

$$\frac{\mathrm{d}i}{\mathrm{d}t} = \frac{U_Q - Ri}{L(i)} = f(i). \tag{8.7/72a}$$

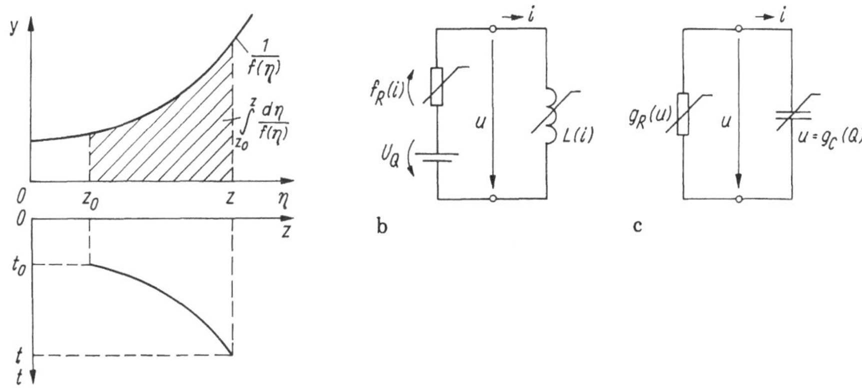

Bild R 8.7/14 Zustandsdarstellung von Grundnetzwerken
a) Veranschaulichung von Gl.(8.7/71), b) Nichtlineares Netzwerk mit nichtlinearer Induktivität, c) Nichtlineares Netzwerk mit nichtlinearer Kapazität

Sie hat die implizite Lösung

$$t - t_0 = \int_{i_0}^{i} \frac{L(\eta)}{U_Q - R\eta}\,\mathrm{d}\eta. \tag{8.7/72b}$$

Bei gegebener Funktion $L(i)$ läßt sich das rechte Integral weiter bearbeiten.

- Wäre die Induktivität *flußgesteuert* mit dem Zusammenhang $i = g_L(\Psi)$ und $u_L = \mathrm{d}\Psi/\mathrm{d}t$, so folgte die Differentialgleichung

$$\frac{\mathrm{d}\Psi}{\mathrm{d}t} = U_Q - Ri = U_Q - Rg_L(\Psi).$$

Sie ist vom gleichen Typ wie Gl.(8.7/72).

- Hat der aktive Zweipol eine allgemeine (auch nichtlineare) Strom-Spannungsbeziehung $u = f_R(i)$ (Erzeugerpfeilrichtung!), so gilt statt Gl.(8.7/72) $\mathrm{d}i/\mathrm{d}t = f_R(i)/L(i)$ mit der impliziten Lösung

$$t - t_0 = \int_{i_0}^{i} \frac{L(\eta)}{f_R(\eta)}\,\mathrm{d}\eta. \tag{8.7/73}$$

Auf diese Weise kann ein stromgesteuerter nichtlinearer Widerstand R einbezogen werden.

Spannungsgesteuerte Kapazität. Ist eine spannungsabhängige Kapazität $C(u)$ gegeben (mit $i = C(u)\mathrm{d}u/\mathrm{d}t$) und hat der aktive (nichtlineare) Zweipol eine $i-$, u-Beziehung $i = g_R(u)$, so lautet die Netzwerk-Differentialgleichung (Bild R 8.7/14c)

$$C(u)\frac{\mathrm{d}u}{\mathrm{d}t} = g_R(u) \tag{8.7/74a}$$

oder umgestellt

$$t - t_0 = \int_{u_0}^{u} \frac{C(\eta)}{g_R(\eta)}\,\mathrm{d}\eta \tag{8.7/74b}$$

als implizite Lösung. Bei *ladungsgesteuerter* Kapazität (wobei jeder Ladung Q eindeutig eine Spannung u mittels $u = g_C(Q)$ zugeordnet werden kann) und aktivem Zweipol mit $i = g_R(u)$ (EPZ) folgt aus den Gleichungen $i(t) = \mathrm{d}Q/\mathrm{d}t$ und $i = g_R(u) = g_R(g_C(Q))$ schließlich

$$t - t_0 = \int_{Q_0}^{Q} \frac{\mathrm{d}\eta}{g_R(g_c(\eta))}. \tag{8.7/75}$$

Größere resistive Netzwerkteile lassen sich durch Zusammenfassen i.a. auf vorgenannte Modelle zurückführen.

8.7.4.2 Zweipole mit stückweise linearer Kennlinie

Oft kann der aktive Zweipol (und damit die rechte Seite von Gl.(8.7/70)) durch eine stückweise lineare Kennlinie angenähert werden. Dann ist die Integration der allgemeinen Lösung Gl.(8.7/71) abschnittsweise (zwischen den Knickpunkten) möglich. In jedem Abschnitt liegt ein linearer aktiver Zweipol (mit jeweils angepaßten Ersatzgrößen) vor und die DGL läßt sich mit bekannten Verfahren der Analysis lösen.

Die Anfangsbedingung für das jeweils folgende Intervall ergibt sich aus den Stetigkeitsbedingungen.

Gegeben sei ein geladener Kondensator (Spannung U_0), der zum Zeitpunkt t_0 über einen nichtlinearen Widerstand mit stückweise linearer Kennlinie entladen werden soll (Bild R 8.7/15a). Gesucht ist zunächst der dynamische Pfad, also

- der Startpunkt für t_0 ($\rightarrow P_0$)
- der Weg von P_0 aus (Richtung!)
- der u-,i-Verlauf in jedem Bereich.

Vom Startpunkt P_0 aus ändert sich die Spannung gemäß $\mathrm{d}u_C/\mathrm{d}t = i_C/C$, m.a.W. muß für $\mathrm{d}u_C/\mathrm{d}t < 0$ auch i_C (bis P_1) sinken. Wir erhalten als Kennliniengleichungen (mit den jeweils bereichsweise eingetragenen Hilfskennlinien):

1. $P_0 \dots P_1$: $u = U_{Q1} + \left(\frac{U_1 - U_0}{I_1 - I_0}\right) i = U_{Q1} + R_1 i$
2. $P_1 \dots P_2$: $u = U_{Q2} + \left(\frac{U_2 - U_1}{I_2 - I_1}\right) i = U_{Q2} + R_2 i$
3. $P_2 \dots P_3$: $u = \frac{U_2}{I_2} i = R_3 i$.

Im Bereich 1 gelten $u_C(t_0)$ und $u_C(\infty) = U_{Q1}$ sowie R_1 (> 0, $\tau_1 = R_1 C$) mit der Lösung ($t' = t - t_0$)

$$u_C(t) = u_C(\infty) + (u_C(t_0) - u_C(\infty)) \exp \frac{-t'}{\tau_1} = U_{Q1} + (U_0 - U_{Q1}) \exp \frac{-t'}{\tau_1} \quad (8.7/76a)$$

($t_0 \leq t \leq t_1$). Zur Zeit t_1 ist der Spannungswert $u_C(t_1) = U_1$ erreicht:

$$\frac{t_1 - t_0}{\tau_1} = -\ln\left(\frac{u_C(t_1) - U_{Q1}}{U_0 - U_{Q1}}\right) = -\ln\left(\frac{U_1 - U_{Q1}}{U_0 - U_{Q1}}\right). \quad (8.7/76b)$$

Von P_1 aus gilt im Bereich 2 das Ersatzschaltbild U_{Q2}, R_2 (hier ist $R_2 < 0$, $\tau_2 < 0$ instabil):

$$u_C = u_C(\infty) + (u_C(t_1) - u_C(\infty)) \exp -(t - t_1)/\tau_2 \qquad t_1 \leq t \leq t_2 \quad (8.7/76c)$$

mit $u_C(t_1) = U_1$, $u_C(\infty) = U_{Q2}$. Zur Zeit t_2 ist Punkt P_2 erreicht mit $u_C(t_2) = U_2$

$$-\left(\frac{t_2 - t_1}{\tau_2}\right) = \ln \frac{u_C(t_2) - u_C(\infty)}{u_C(t_1) - u_C(\infty)} = \ln \frac{U_2 - U_{Q1}}{U_1 - U_{Q2}}. \quad (8.7/76d)$$

Im Bereich 3 ändert sich die Ersatzschaltung wieder ($\tau_3 = R_3 C$), und wir erhalten (mit $u_C(t_2) = U_2$)

$$u_C(t) = u_C(t_2) \exp -(t - t_2)/\tau_3 \quad t_2 \leq t \quad (8.7/76e)$$

mit dem Endzustand P_3, für $t \rightarrow \infty$.

Bei stückweise linearer Kennlinie des aktiven Zweipols bewegt sich der Arbeitspunkt längs eines dynamischen Pfades mit abschnittsweise verändertem aktiven Zweipol, vorausgesetzt, daß die stückweise lineare Kennlinie

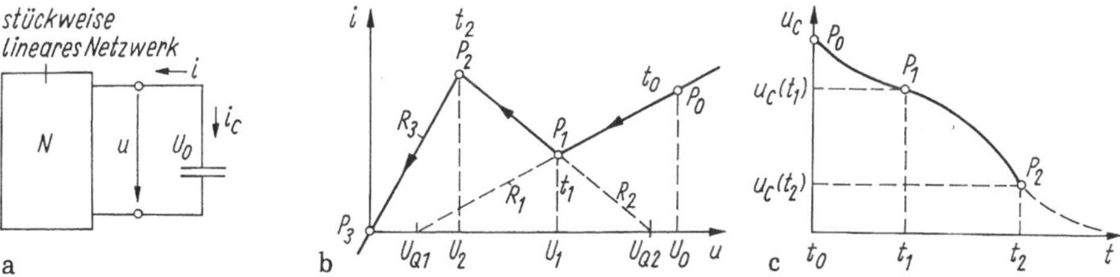

Bild R 8.7/15 Kondensatorentladung auf stückweise linearem Widerstand
a) Schaltung, b) stückweise lineare Kennlinie, c) Zeitverlauf der Kondensatorspannung

- spannungsgesteuert bei kapazitiver Last und
- stromgesteuert bei induktiver Last ist.

Der dynamische Pfad endet bei stabilem RC-(RL-)Netzwerk stets mit $i_C = 0$ (auf der u-Achse) resp. $u_L = 0$ (auf der i-Achse).

8.7.4.3 Sprungverhalten

Gegeben sei ein aktiver Zweipol mit bereichsweise fallender Kennlinie, wobei der

- stromgesteuerte (nichtlineare) Widerstand mit einer Kapazität bzw.
- spannungsgesteuerte (nichtlineare) Widerstand mit einer Induktivität zusammenwirken möge.

Untersucht werden die Bewegung des Arbeitspunktes Bild R 8.7/16a (Kondensator geladen) mit vier verschiedenen Anfangspunkten $P_1 \dots P_4$. Wegen $\dot{u}_C = -i(t)/C$ muß sich der dynamische Arbeitspunkt in der oberen Hälfte stets nach links (ausgehend von P_4, P_3) und in der unteren (ausgehend von P_1, P_2) stets nach rechts bewegen. Die so angelaufenen Punkte Q_A, Q_B sind *keine* Gleichgewichtspunkte, sondern sog. *Totpunkte*. Gleichgewichtspunkte wären es, wenn sie erst für $t \to \infty$ angestrebt würden. Ein

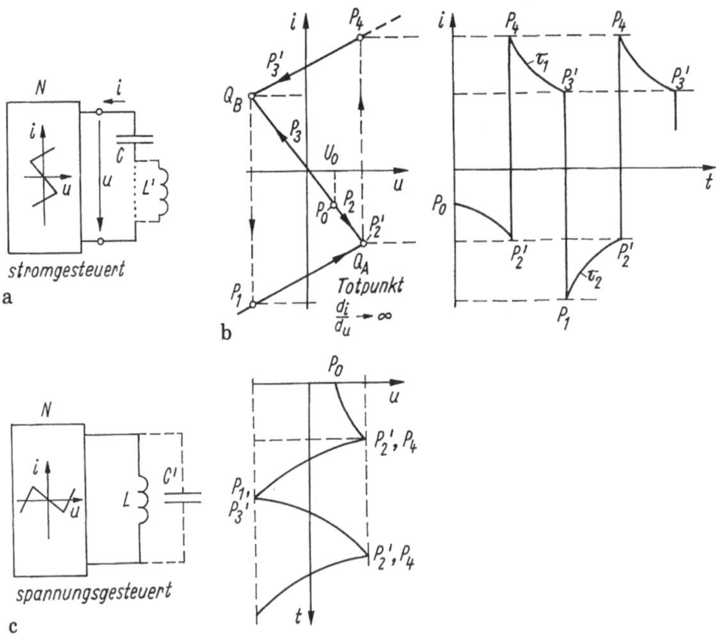

Bild R 8.7/16 Sprungphänomen
a) Nichtlineares Netzwerk mit Kondensator (Anfangsspannung U_0), b) Stückweise lineare Kennlinie, Sprungphänomen und zugehörige Strom-Spannungsverläufe, c) Nichtlineares Netzwerk mit Induktivität

Totpunkt erfordert dazu nur eine endliche Zeit. Da das Netzwerk nicht im Totpunkt verharren kann, muß die *Modellierung verbessert* werden, nämlich durch

- Reihenschaltung einer Induktivität L' (mit dem Grenzfall $L' \to 0$) in Reihe zu C
- bzw. Parallelschaltung einer Kapazität C' (mit dem Grenzfall $C' \to 0$) parallel zu L'.

Zwangsläufig setzt sich der dynamische Pfad im Grenzfall $L' \to 0$ ($C' \to 0$) durch Sprung auf einen anderen Kennlinienast fort; dabei sind u_C resp. i_L stetig (durch Grenzwertbetrachtung am Ort nachweisbar).

Im Bild R 8.7/16a erfolgt deshalb ein Sprung vom toten Punkt Q_A nach P_4 (mit Stetigkeitsforderung $u(P_2) = u(P_4)$) und von Q_B nach P_1.

Insgesamt entsteht ein periodischer Verlauf von i und u, der stark von der Sinusform abweicht (astabiler Multivibrator, sog. Relaxations-Oszillator). Die gleiche Situation ergibt sich für die Induktitvität mit spannungsgesteuerter Zweipolkennlinie (Bild R 8.7/16b).

Sprungregel: Aus einem Totpunkt einer RC-(RL-)Schaltung ersten Grades mit stromgesteuerter (spannungsgesteuerter) resistiver nichtlinearer Last kann der dynamische Pfad durch Sprung zu einem Betriebspunkt P auf der Kennlinie unter Beibehaltung der Stetigkeitsbedingung $u_C(t_-) = u_C(t_+)$ resp. $i_L(t_-) = i_L(t_+)$ fortsetzen. Analoge Verhältnisse gelten für das Zusammenwirken einer Induktivität mit einer spannungsgesteuerten, bereichsweise fallenden Kennlinie (Bild R 8.7/16c).

In grober Näherung entspricht eine Glimmlampe (stromgesteuerte Kennlinie) mit Vorwiderstand und Gleichspannung bei paralleler Kapazität dem Bild R 8.7/16a (Schwingungserzeugung mit RC-Glimmlampenschaltung).

8.7.5 Nichtlineare Netzwerke zweiter Ordnung. Nichtlinearer Oszillator

Eine zentrale Aufgabe der Elektrotechnik ist die Erzeugung stationärer Schwingungen mit dem sog. *Oszillatormodell.*

Ein Oszillator ist ein selbstschwingendes System (zweiter Ordnung), dessen natürliche Dämpfung durch periodische Energiezufuhr (über einen bereichsweise negativen Wirkwiderstand) im zeitlichen Mittel aufgehoben wird. Dabei entsteht bei schwacher Dämpfung eine annähernd sinusförmige Schwingung.

Im Grenzfall eines Systems erster Ordnung folgt daraus der sog. *Relaxationsoszillator* (oder astabile Multivibrator), dessen Schwingung stark von der Sinusform abweicht.

Der bereichsweise negative Wirkwiderstand kann durch natürliche Bauelemente oder Rückkopplung im Netzwerk mit gesteuerter Quelle realisiert werden.

Ausgang ist der lineare, verlustlose Schwingkreis mit den Zustandsgleichungen

$$\frac{du_C}{dt} = -\frac{i_L}{C}, \quad \frac{di_L}{dt} = \frac{u_C}{L}$$

und den zugehörigen Lösungen

$$u_C(t) = U_0 \cos \omega_0 t; \quad i_L(t) = \omega_0 C U_0 \sin \omega_0 t$$

in der u-, i-Phasenebene (Durchlauf im Uhrzeigersinn, Bild R 8.7/17a). Die Größe U_0 liegt durch die eingeprägte Anfangsenergie fest: $W = W_L + W_C = CU_0^2/2$. Während eines Umlaufes $T_0 = 2\pi\sqrt{LC}$ findet ständig Energieaustausch statt, auf einer Trajektorie ist W konstant.

Beim *verlustbehafteten* Schwingkreis (C, L, R Reihenschaltung) klingt die Schwingung asymptotisch mit $t \to \infty$ ab, m.a.W. nähert sich die Trajektorie dem Ursprung als stabilem Gleichgewichtspunkt.

Wird dem Schwingkreis ein Wirkwiderstand mit bereichsweise (im Ursprung) fallender Kennlinie zugeschaltet, und zwar (Bild R 8.7/17b-d) beim Reihenkreis als stromgesteuertes (Parallelkreis als spannungsgesteuertes) Element mit der Charakteristik $u = f_R(i)$ $(i = g_G(u))$, so

- stellt sich im Ursprung (durch Energiezufuhr $p = ui < 0$) ein instabiler Arbeitspunkt (divergierende Trajektorie) ein: der Wirkwiderstand liefert Energie an den Schwingkreis: Entdämpfung und Anfachung der Schwingung
- erfolgt Dämpfung in Gebieten, in denen die Widerstandskennlinie nur im 1. und 3. Quadranten verläuft. Trajektorien streben in diesen Bereichen tendenziell zum Nullpunkt: Energieabgabe aus dem Schwingkreis an das passive Element.

Im stationären Gleichgewicht entsteht eine stabile Grenzkurve und im Mittel erfolgt kein Nettoenergieaustausch zwischen Schwingkreis und negativem Widerstand: Entstehung einer stationären Schwingung, Oszillatorbetrieb. (Die Grenzkurve hat keinen stabilen Arbeitspunkt.)

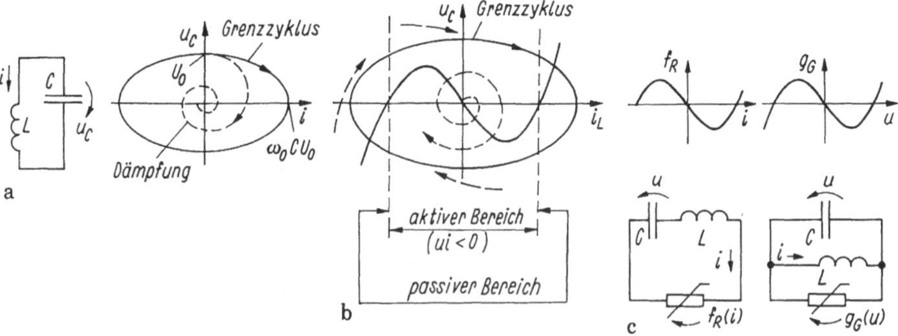

Bild R 8.7/17 Nichtlinearer Oszillator
a) Linearer Schwingkreis mit dynamischer Kennlinie (Zustandsgrößendarstellung), b) Physikalisches Prinzip des Oszillators, c) Nichtlineare LC-Oszillatoren mit nichtlinearem Zweipol mit fallender Kennlinie

Im Oszillator laufen die Zustandsgrößen (ausgehend von einem Anfangszustand) stets in einen stabilen Grenzzyklus (geschlossene Trajektorie) mit stationärer periodischer Schwingung der Zustandsgrößen ein. Dem Grenzzyklus können sich andere Trajektorien von außen oder innen her asymptotisch nähern.

Voraussetzung zur Bildung des stabilen Grenzzyklus ist ein nichtlinearer negativer Wirkwiderstand.

Zustandsgleichungen. Im Zustandsraum gelten für die beiden Grundschaltungen Bild R 8.7/17a-d die Gleichungen der Zustandsgröße Spulenstrom und Kondensatorspannung

$$C\frac{\mathrm{d}u}{\mathrm{d}t} = -i \qquad L\frac{\mathrm{d}i}{\mathrm{d}t} = u - f_\mathrm{R}(i) \tag{8.7/77a}$$

$$L\frac{\mathrm{d}i}{\mathrm{d}t} = -u \qquad C\frac{\mathrm{d}u}{\mathrm{d}t} = i - g_\mathrm{G}(u) \tag{8.7/77b}$$

oder mit normierten Zustandsvariablen z_1, z_2:

Normierung $U_0 > 0$	Normierung $I_0 > 0$
$z_1 = i/I_0;\ z_2 = u/U_0$	$z_1 = u/U_0;\ z_2 = i/I_0$
$\varepsilon = U_0/I_0\sqrt{C/L}$	$\varepsilon = I_0/U_0\sqrt{L/C}$
$m(z_1) = f_\mathrm{R}(z_1 I_0)/U_0$	$m(z_1) = g_\mathrm{G}(z_1 U_0)/I_0$
$\tau = t/\sqrt{LC}$	$\tau = t/\sqrt{LC}$.

Beide Netzwerke haben die gleiche Zustandsform, z.B. nach Eliminieren von z_2:

$$\frac{\mathrm{d}^2 z_1}{\mathrm{d}\tau^2} + \varepsilon\frac{\mathrm{d}m(z_1)}{\mathrm{d}z_1}\frac{\mathrm{d}z_1}{\mathrm{d}\tau} + z_1 = 0. \tag{8.7/78}$$

Eine Widerstandskennlinie (nach Typ Bild R 8.7/18) wird allgemein durch die kubische Parabel

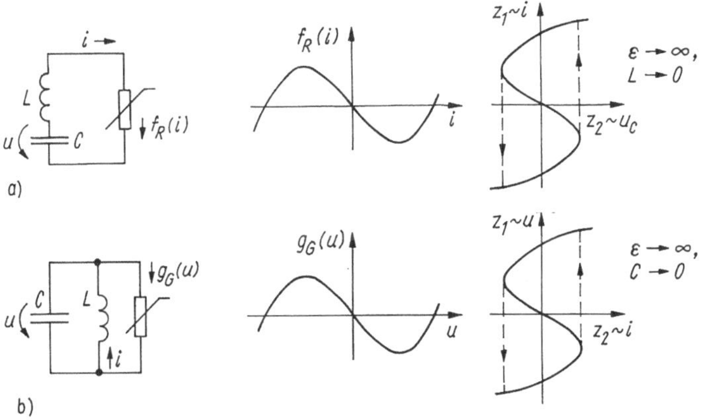

Bild R 8.7/18 Nichtlinearer Oszillator, Phasenporträt
a), b) mit Reihen- und Parallelschwingkreis. Im Grenzfall $L \to$ bzw. $C \to 0$ treten Sprungerscheinungen im Phasenporträt auf.

$$m(z_1) = -z_1 + \frac{z_1^3}{3}, \quad \frac{\mathrm{d}m(z_1)}{\mathrm{d}z_1} = z_1^2 - 1 \tag{8.7/79}$$

angenähert. Sie läßt sich technisch folgendermaßen realisieren:

- *stromgesteuert:* Antireihenschaltung zweier Thyristoren, Transistor- und OP-Schaltung und
- *spannungsgesteuert:* Antiparallelschaltung zweier Tunneldioden, zweier λ-Dioden, Transistor- und OP-Schaltung u.a.

Sie führt mit Gl.(8.7/78) auf die sog. *van der Pol-Gleichung*

$$\frac{\mathrm{d}^2 z_1}{\mathrm{d}\tau^2} + \varepsilon(z_1^2 - 1)\frac{\mathrm{d}z_1}{\mathrm{d}\tau} + z_1 = 0 \tag{8.7/80a}$$

und für $\varepsilon \to 0$ auf die DGL des *verlustlosen Schwingkreises.*

Gleichwertig zu Gl.(8.7/80a) ist die Zustandsschreibweise

$$\frac{\mathrm{d}z_2}{\mathrm{d}\tau} = -\frac{z_1}{\varepsilon}, \quad \frac{\mathrm{d}z_1}{\mathrm{d}\tau} = \varepsilon(z_2 - m(z_1)). \tag{8.7/80b}$$

Mit wachsendem ε weicht die Schwingung immer mehr von der Sinusform ab, und es kommt schließlich für $\varepsilon \to \infty$ zu den bereits erwähnten Sprungerscheinungen (Bild R 8.7/18).

Zu Gl.(8.7/80) gehört die *Jacobi-Matrix* (im Ursprung)

$$\boldsymbol{A} = \begin{pmatrix} -\varepsilon m(0) & \varepsilon \\ -1/\varepsilon & 0 \end{pmatrix} \tag{8.7/81}$$

mit dem charakteristischen Polynom

$$p^2 + \varepsilon m(0)p + 1 = 0. \tag{8.7/82}$$

Wegen $m(0) < 0$ stellt sich stets ein instabiler Zustand im Ursprung $z_1 = 0 = z_2$ ein (s.o.).

Bild R 8.7/19 zeigt das Phasenporträt mit ε als Parameter. Deutlich werden zwei Grenzfälle:

- Im Falle $\varepsilon \ll 1$ ($\varepsilon \to 0$) liegt ein *quasilinearer* Oszillator mit fast harmonischer Schwingungsform vor. Seine Amplitude wird durch Nichtlinearität und Schwingkreisdämpfung bestimmt, die Frequenz praktisch allein durch die Energiespeicher. Die Trajektorie ist kreis- oder ellipsenförmig.

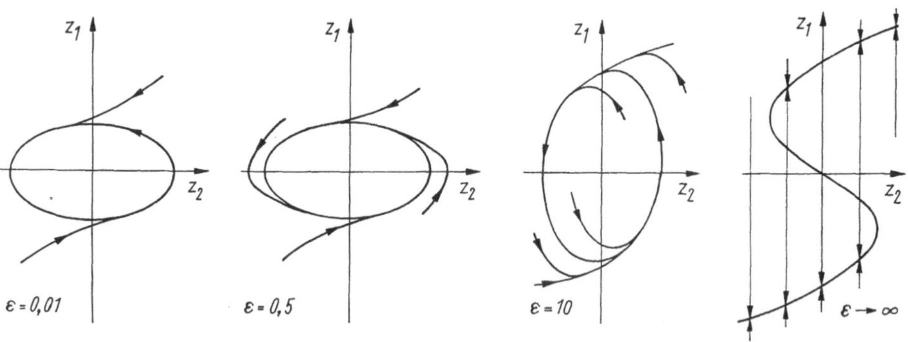

Bild R 8.7/19 Phasenporträt der Zustandsgleichungen eines nichtlinearen Oszillators (van der Pol-Kennlinie) mit unterschiedlichen ε-Werten

- Im Falle $\varepsilon \gg 1$ liegt der *Relaxationsoszillator* vor, für $\varepsilon \to \infty$ verschwindet jeweils einer der beiden Energiespeicher. Amplitude und Frequenz der Schwingung hängen stark von der Nichtlinearität ab, die Trajektorie ist annähernd trapezförmig mit Sprungstellen bei $\varepsilon \to \infty$.

Zur Erklärung der Sprungerscheinungen entnormieren wir die Zustandsgleichungen (8.7/80), (8.7/77)

$$\begin{aligned}\frac{\mathrm{d}u}{\mathrm{d}t} &= -\frac{i}{C} \\ \frac{\mathrm{d}i}{\mathrm{d}t} &= \frac{u - f_{\mathrm{R}}(i)}{L}\end{aligned} \quad (8.7/83a) \qquad \begin{aligned}\frac{\mathrm{d}i}{\mathrm{d}t} &= -\frac{u}{L} \\ \frac{\mathrm{d}u}{\mathrm{d}t} &= \frac{i - g_{\mathrm{G}}(u)}{C}\end{aligned} . \quad (8.7/83b)$$

Der Grenzübergang $\varepsilon \to \infty$ wird im ersten Fall durch $L \to 0$, d.h.

$$\begin{aligned}&\frac{\mathrm{d}u}{\mathrm{d}t} \to 0 \text{ oder } u_{\mathrm{C}} = \text{const.} \\ &\frac{\mathrm{d}i}{\mathrm{d}t} \to \infty \text{ oder } i \text{ vertikaler Sprung}\end{aligned} \quad (8.7/83c)$$

gebildet. Dann verbleiben die Zustandsbeziehungen

$$C\frac{\mathrm{d}u}{\mathrm{d}t} = -i; \quad u = f_{\mathrm{R}}(i) \quad (8.7/83d)$$

als Gleichungen des Relaxationsoszillators (s. Bild R 8.7/18a).

Im zweiten Fall ist $\varepsilon \to \infty$ identisch mit $C \to 0$. Damit entsteht aus Gl.(8.7/83b):

$$\begin{aligned}&\frac{\mathrm{d}i}{\mathrm{d}t} \to 0 \quad \text{oder } i_{\mathrm{L}} = \text{const.} \\ &\frac{\mathrm{d}u}{\mathrm{d}t} \to \infty \quad \text{oder } u \text{ springt vertikal}\end{aligned} \quad (8.7/83e)$$

und die Gleichungen des Relaxationsoszillators lauten (Bild R 8.7/18b)

$$L\frac{\mathrm{d}u}{\mathrm{d}t} = -u, \quad i = g_{\mathrm{G}}(u). \quad (8.7/83f)$$

Damit entstehen die Sprungerscheinungen nach Abschn. 8.7.4 als Grenzfall des allgemeinen Oszillators!

In praktischen Relaxationsoszillatoren werden die Grenzfälle $L \to 0$ resp. $C \to 0$ durch stets vorhandene parasitäre Elemente "gemildert", so daß Oszillatoren mit sehr großem ε-Wert vorliegen.

Erzeugung eines negativen Wirkwiderstandes durch Rückkopplung. Der Wirkwiderstand mit bereichsweise fallender Kennlinie Bild R 8.7/18 in der Oszillatorschaltung läßt sich z.B. durch Rückkopplung einer gesteuerten Quelle erzeugen. In Bild R 8.7/20a wird dazu die Ausgangsspannung u_2 einer spannungsgesteuerten Spannungsquelle $u_2 = f(u_1)$ (mit stets vorhandener Begrenzung) über einen RC-Spannungsteiler (sog. Wien-Oszillator) auf den Eingang rückgekoppelt. Die Netzwerkgleichungen lauten:

$$Gu_1 + C\frac{\mathrm{d}u_1}{\mathrm{d}t} = i, \quad iR + \frac{1}{C}\int i\,\mathrm{d}t = u_2 - u_1 = f(u_1) - u_1$$

oder zusammengefaßt

$$\frac{\mathrm{d}^2 u_1}{\mathrm{d}t^2} + \frac{1}{RC}\frac{\mathrm{d}}{\mathrm{d}t}(3u_1 - f(u_1)) + \frac{u_1}{(RC)^2} = 0.$$

Der Term $F(u_1) = 3u_1 - f(u_1)$ hat genau die geforderte Widerstandscharakteristik mit einem fallenden Gebiet und zwei positiven Ästen überwiegend im 1. und 3.

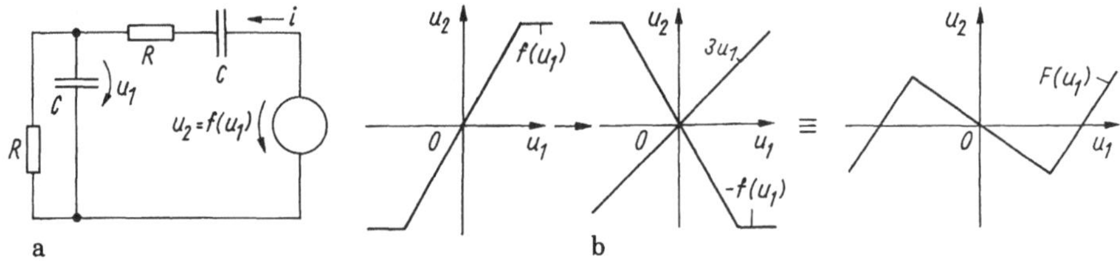

Bild R 8.7/20 Nichtlinearer Wien-Oszillator
a) Schaltung und Kennlinie der gesteuerten Spannungsquelle, b) Bildung des Dämpfungsterms $3u_1 - f(u_1)$

Quadranten (Bild R 8.7/20b). Wird $f(u_1)$ durch eine Knickkennlinie genähert, so liegt eine stückweise lineare Widerstandskennlinie vor. Eine kubische Näherungskennlinie würde direkt die van-der Pol-Gleichung (8.7/80a) ergeben.

8.7.6 Zustandsgleichungen

Ein nichtlineares, zeitinvariantes Netzwerk mit zwei Energiespeichern läßt sich stets in der Form

$$\frac{\mathrm{d}z_1}{\mathrm{d}t} = f_1(z_1, z_2, x, t), \quad \frac{\mathrm{d}z_2}{\mathrm{d}t} = f_2(z_1, z_2, x, t) \tag{8.7/84a}$$

bzw. in Vektorform angegeben:

$$\frac{\mathrm{d}\boldsymbol{z}}{\mathrm{d}t} = \boldsymbol{f}(\boldsymbol{z}, \boldsymbol{x}, t). \tag{8.7/84b}$$

Dabei stellen $\boldsymbol{f}(\boldsymbol{z})$, $\boldsymbol{z}(t) = (z_1(t), z_2(t))^{\mathrm{T}}$, $\boldsymbol{x}(t) = (x_1(t), x_2(t))^{\mathrm{T}}$ die Spaltenvektoren dar, z_1, z_2 sind Zustandsgrößen und $\boldsymbol{x}$ der Erregungsvektor. Ist das Netzwerk zeitvariant, so tritt die Zeit rechts explizit auf. Dazu kommen die Anfangswerte $z_1(t_0)$, $z_2(t_0)$. Über die Substitution $z_1 = y$, $z_2 = \dot{y}$ kann Gl.(8.7/84a) immer in eine Form

$$\frac{\mathrm{d}^2y}{\mathrm{d}t^2} + f\left(y, \frac{\mathrm{d}y}{\mathrm{d}t}, x, t\right) = 0 \tag{8.7/85}$$

als Modellgleichung des nichtlinearen Netzwerkes zweiter Ordnung überführt werden.

Autonome Zustandsgleichung. Einen wichtigen Sonderfall bilden Netzwerke nur mit Gleichquellen. Dann tritt in der Zustandsgleichung (8.7/84) die Zeit nicht explizit auf; allgemein bein n Zustandsvariablen

$$\begin{aligned} \dot{z}_1 &= f_1(z_1 \dots z_n) \\ &\vdots \\ \dot{z}_n &= f_n(z_1 \dots z_n) \end{aligned} \tag{8.7/86}$$

resp. zusammengefaßt $\dot{\boldsymbol{z}} = \boldsymbol{f}(\boldsymbol{z})$ als *autonome Zustandsgleichung.*

Aufstellung der Zustandsgleichungen. Nach Abschnitt 8.5 wird das Netzwerk aufgeteilt in die beiden nichtlinearen Energiespeicher und das nichtlineare resistive Restnetzwerk N (Bild R 8.7/21). Zustandsvariable sind

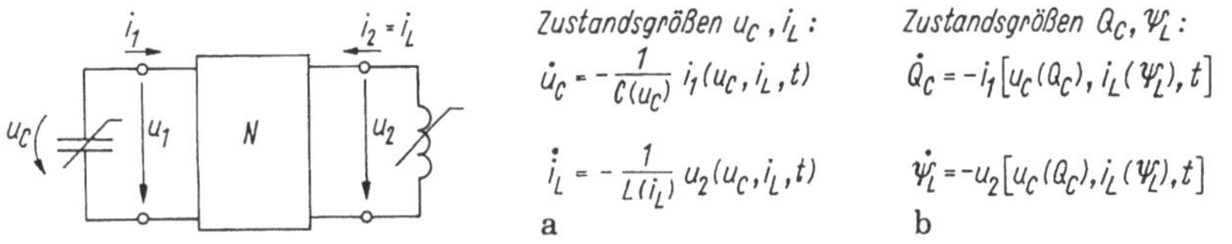

Bild R 8.7/21 Zustandsgrößen eines Netzwerkes zweiter Ordnung

a) Zustandsgrößen u_C, i_L:
$\dot{u}_C = -\frac{1}{C(u_C)} i_1(u_C, i_L, t)$
$i_L = -\frac{1}{L(i_L)} u_2(u_C, i_L, t)$

b) Zustandsgrößen Q_C, Ψ_L:
$\dot{Q}_C = -i_1[u_C(Q_C), i_L(\Psi_L), t]$
$i_L = -u_2[u_C(Q_C), i_L(\Psi_L), t]$

- bei spannungsgesteuerten Kondensatoren die Spannung $u_\text{C} = u_\text{C}(Q_\text{C})$, sonst ihre Ladung $Q_\text{C} = Q_\text{C}(u_\text{C})$
- bei stromgesteuerten Induktivitäten der Strom $i_\text{L} = i_\text{L}(\Psi_\text{L})$, sonst der Fluß $\Psi_\text{L} = \Psi_\text{L}(i_\text{L})$.

Das resistive Netzwerk wird durch

$$i_1 = g_1(u_\text{C}, i_2), \quad u_2 = g_2(u_\text{C}, i_2)$$

beschrieben. Im letzten Schritt sind i_1, u_2 durch die eingeführten Zustandsvariablen auszudrücken, also $\dot{Q}_\text{C} = -i_1$ und $\dot{\Psi}_\text{L} = -u_2$.

Qualitatives Verhalten. Wie im linearen Fall veranschaulicht die Phasenebene (Abschn. 8.5.6) als zweidimensionaler Sonderfall des Zustandsraumes das Eigen- und Übergangsverhalten:
Von verschiedenen Anfangswerten (z_{10}, z_{20}) ausgehend, stellt die *Phasenebene* eine Kurvenschar - das *Phasenporträt* - dar. Aus ihm läßt sich der Lösungsverlauf $y(t)$ ermitteln.

Das Phasenporträt erlaubt eine qualitative Beschreibung wesentlicher Systemmerkmale, auch des Stabilitätsverhaltens.

Gleichgewichtszustand. Der Gleichgewichtszustand (Arbeitspunkt) eines autonomen Netzwerkes (d.h. zeitlich konstant erregt) tritt ein, wenn die zeitlichen Änderungen der Zustandsvariablen verschwinden: $\dot{z}_1 = 0$, $\dot{z}_2 = 0$. Dann bilden die Lösungen z_1, z_2 des Gleichungssystems

$$f_1(z_1, z_2) = 0, \quad f_2(z_1, z_2) = 0 \qquad (8.7/87)$$

(resp. bis zum Grade n) den Gleichgewichtspunkt in der z_1-, z_2-Ebene (Zustandsraum).

Stellt man die Funktionen Gl.(8.7/87) in der z_1-, z_2-Ebene als Kurven dar, so sind ihre Schnittpunkt die Gleichgewichtszustände.

- Ein nichtlineares Netzwerk kann mehrere Gleichgewichtspunkte $(1 \ldots 3)$ besitzen
- Ein lineares (zeitinvariantes) Netzwerk mit zeitunabhängiger Erregung hat nur einen Gleichgewichtszustand. Dabei gehen die beiden Gln. in (8.7/87) in zwei gekoppelte lineare algebraische Gleichungen über

- Die Lösung des Gleichungssystems (8.7/87) entspricht der Lösung eines nichtlinearen resistiven Netzwerkes (Lösung graphisch, numerisch, analytisch in Sonderfällen).
- Zeitlich konstante Zustandsgrößen ($\dot{z}_1$, $\dot{z}_2 = 0$) bedeuten für die Netzwerkelemente C, L: $\mathrm{d}u_\mathrm{C}/\mathrm{d}t = 0 \to i_\mathrm{C} = 0$, $\mathrm{d}i_\mathrm{L}/\mathrm{d}t = 0 \to u_\mathrm{L} = 0$, m.a.W. ist der Kondensator durch Leerlauf und die Spule durch Kurzschluß zu ersetzen. Deshalb bedeutet Bestimmung des Gleichgewichtszustandes *immer* Lösung eines nichtlinearen resistiven Netzwerkes.

Linearisierung der nichtlinearen Zustandsgleichung. Die Linearisierung der Zustandsgleichungen (8.7/84) um den Gleichgewichtspunkt z_{10}, z_{20} erlaubt näheren Rückschluß auf den Charakter des Phasenporträts in Umgebung des Gleichgewichtspunktes. Wir führen die Abweichung $\boldsymbol{z}^*$, $\boldsymbol{x}^*$ der Vektoren $\boldsymbol{z}$, $\boldsymbol{x}$ um ihre Ruhelagen $\boldsymbol{z}_0$, $\boldsymbol{x}_0$ ein ($\boldsymbol{x}$ Erregungsvektor) und erhalten aus der Vektordifferentialgleichung (8.7/84) durch Linearisierung (mit $\boldsymbol{f}(\boldsymbol{z}_0, \boldsymbol{x}_0) = 0$)

$$\frac{\mathrm{d}\boldsymbol{z}^*}{\mathrm{d}t} = \boldsymbol{A}\boldsymbol{z}^* + \boldsymbol{B}\boldsymbol{x}^*(t). \tag{8.7/88}$$

Dabei sind $\boldsymbol{A}$ und $\boldsymbol{B}$ *Jacobi-Matrizen* mit den partiellen Ableitungen von $\boldsymbol{f}(\boldsymbol{z})$ resp. $\boldsymbol{f}(\boldsymbol{x})$ bei n Zustandsgrößen, m Erregungsgrößen

$$\boldsymbol{A} = \begin{pmatrix} \frac{\partial f_1}{\partial z_1} & \cdot & \frac{\partial f_1}{\partial z_n} \\ \cdot & \cdot & \cdot \\ \frac{\partial f_n}{\partial z_1} & \cdot & \frac{\partial f_n}{\partial z_n} \end{pmatrix}_{z_0, x_0} \qquad \boldsymbol{B} = \begin{pmatrix} \frac{\partial f_1}{\partial x_1} & \cdot & \frac{\partial f_1}{\partial x_m} \\ \cdot & \cdot & \cdot \\ \frac{\partial f_n}{\partial x_1} & \cdot & \frac{\partial f_n}{\partial x_m} \end{pmatrix}_{z_0, x_0} \tag{8.7/89}$$

im Gleichgewichtspunkt $\boldsymbol{z}_0$, $\boldsymbol{x}_0$.

Die lineare DGL (8.7/88) beschreibt das Zustandsverhalten des linearisierten Netzwerkes.

Im autonomen Fall ($\boldsymbol{B} = 0$) und $n = 2$ sind die Eigenwerte λ_1, λ_2 der Matrix $\boldsymbol{A}$ aus $\det(\lambda \boldsymbol{E} - \boldsymbol{A}) = 0$ zu bestimmen. Sie führen auf

$$\lambda^2 + p\lambda + q = 0 \tag{8.7/90}$$

mit $\lambda_{1/2} = 1/2(-p \pm \sqrt{\Delta})$, $\Delta = p^2 - 4q$. Die Lösung der Gl.(8.7/88) mit den Eigenwerten λ_1, λ_2 (beide als verschieden angenommen) lautet

$$\boldsymbol{z}^* = \boldsymbol{k}_1 \exp \lambda_1 t + \boldsymbol{k}_2 \exp \lambda_2 t. \tag{8.7/91}$$

$\boldsymbol{k}_1$, $\boldsymbol{k}_2$ heißen Eigenvektoren von $\boldsymbol{A}$ zu λ_1, λ_2 (s. Gl.(8.5/26)). Sie sind so zu bestimmen, daß die Anfangswerte $\boldsymbol{z}_0$ für t_0 erfüllt werden.

Abhängig von p, q ergeben sich dann (vgl. Abschn. 8.5.8)

- *Knotenpunkte* $\Delta \geq 0$, $q > 0$ (λ reell, gleiche Vorzeichen)
- *Sattelpunkte* $\Delta > 0$, $q < 0$ (λ reell, verschiedene Vorzeichen)
- *Wirbelpunkte* $\Delta < 0$ (λ konjugiert komplex)
- *Zentrumspunkt* $\Delta < 0$, $p = 0$ (λ konjugiert komplex, rein imaginär).

Die Kurve $\Delta = 0$ ist die Grenzkurve zwischen Knoten- und Wirbelpunkten.

Das nichtlineare Netzwerk verhält sich in Umgebung des Gleichgewichtspunktes qualitativ genau so wie ein lineares Netzwerk mit gleicher Systemmatrix, wenn die Realteile aller Eigenwerte der Jacobi-Matrix verschieden von Null sind.

Konstruktion des Phasenporträts. Für ein nichtlineares Netzwerk mit zwei Energiespeichern läßt sich das Phasenporträt qualitativ wie folgt gewinnen:

- Bestimmen der Gleichgewichtspunkte
- Eigenvektoren bestimmen und eintragen, vor allem bei Sattel- und Knotenpunkten
- Verlauf des Phasenporträts in Umgebung der Gleichgewichtspunkte skizzieren
- *Isoklinen* eintragen, und zwar Gl.(8.5/31 resp. 8.5/8)
  für $m \to \infty$ aus den Nullstellen $f_1(z_1, z_2) = 0$
  für $m \to 0$ aus den Nullstellen $f_2(z_1, z_2) = 0$
- einige zusätzliche Trajektorien aus der Anschauung einzeichnen.

8.8 Systeme

Oft ist es zweckmäßig, vom Netzwerkbegriff und dem Ursache-Wirkungs- Zusammenhang physikalischer Größen (Strom, Spannung) zu abstrahieren und das Zusammenwirken eines oder mehrerer Eingangs- $x(t)$ und Ausgangssignale $y(t)$ durch den *Systembegriff* zu verallgemeinern.

System: Mathematisch eindeutige Zuordnung eines Ausgangssignals $y(t)$ zu einem beliebigen Eingangssignal $x(t)$

$$y(t) = \mathrm{Tr}\{x(t)\}. \tag{8.8/1}$$

Eine solche funktionelle Zuordnung heißt *Transformationsgleichung* Tr ohne näheren Bezug auf die innere (physikalische) Systemstruktur.

Das System ist so *Objekt* im Wirkungszug vom Eingangssignal $x(t)$ zum Ausgangssignal $y(t)$.

Das Systemsymbol (Bild R 8.8/1) enthält

- im Rechteck (Black-Box) die *Systemeigenschaft* oder *Systemcharakteristik* Gl.(8.8/1)
- in den Pfeilen die *Wirkungsrichtung*
- in den Eingangs-/Ausgangssignalen die Zeitfunktion, transformierte Zeitfunktionen (Fourier-, Laplace-, Z-Transformierte, komplexe Wechselstromrechnung) oder auch stochastische Größen (hier nicht betrachtet).

Ein System kann aus mehreren gekoppelten Teilsystemen bestehen. Dadurch erhält es eine bestimmte *Struktur*, die seine typischen Eigenschaften bestimmt (z.B. anders als seine Teilsysteme!).

Die Zusammenschaltung von Teilsystemen zum Gesamtsystem heißt *Blockschaltbild.* Dazu gleichwertig ist das *Signalflußbild* (s. Abschn. 8.8.3)

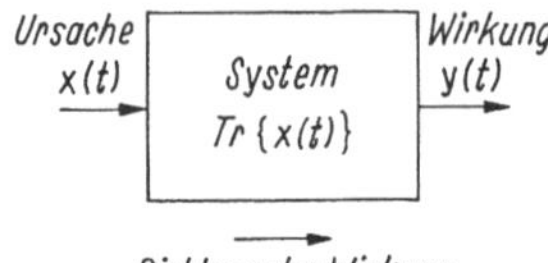

Bild R 8.8/1 System mit Ein- und Ausgang

Dem Systembegriff Gl.(8.8/1) unterliegt ein an der Wirklichkeit orientiertes *mathematisches Modell.* Von ihm wird gefordert, daß es mit dem physikalischen System (Netzwerk, sonstige Anordnung) in *mindestens* einer charakteristischen Eigenschaft übereinstimmt (→ Modellbildung). Immer bessere Annäherungen an das physikalische System führen zu einer *Modellhierarchie.* Modelle können *empirisch* (z.B. durch experimentelle Erfahrung) oder *axiomatisch* (durch gedanklich entwickelte mathematische Gleichungen) gewonnen werden.

Die methodische Grundlage der Systembetrachtung heißt *Systemtheorie.* Ihre Grundaufgabe ist die gesetzmäßige Verknüpfung von Ursache, Systemeigenschaften und Wirkung. Sie umfaßt so die Grundgebiete

- Signalbeschreibung
- Systembeschreibung (Kennwerte und Verhalten)
- Verfahren zur Berechnung und Beurteilung der Verhaltenseigenschaften von Systemen.

Die Bedeutung der Systemtheorie liegt vor allem darin, daß ihre Gesetze allgemeingültig sind und auf völlig unterschiedliche physikalische und technische Gebilde übertragen werden können.

Tafel R 8.8/1 gibt eine Zusammenstellung der Bestandteile und Aufgabenfelder der Systemtheorie und die Zuordnung elektrotechnischer Teilgebiete. Gleichzeitig wird auf die Bedeutung der Fourier-, Laplace- und Z-Transformation vorverwiesen (Abschn. 10.3, 11, 12).

8.8.1 Signale

Ein Signal ist eine physikalische - hier elektrische Größe - mit einer *Zeitfunktion* (in Sonderfällen auch Ortsfunktion, → Bildsignal), die über einen ihrer Parameter (Amplitude, Frequenz, Phase, Impulsdauer und -lage, Intensität) eine Information enthält.

Signale werden vorrangig durch ihre Zeitfunktion, weniger den physikalischen Inhalt unterschieden. Sie können nach verschiedenen Gesichtspunkten unterteilt werden; typische Merkmale sind

- Definitions- und Wertebereich
- Zeitverlauf, Symmetrie
- Energie und Leistung.

Diskrete und kontinuierliche Signale. Ein Signal kann sowohl nach Wertebereich als auch Definitionsbereich auf der Zeitachse *kontinuierlich* (nicht abzählbar) oder *diskret* (abzählbar) sein. Daher gibt es (Bild R 8.8/2):

Tafel R 8.8/1 Wichtige Teilaspekte der Systemtheorie (für determinierte Signale)
Hinweis: VT (MT): Vierpol-, Mehrpoltheorie
NT: Netzwerktheorie
FT, LT, ZT: Fourier-, Laplace-, Z-Transformation

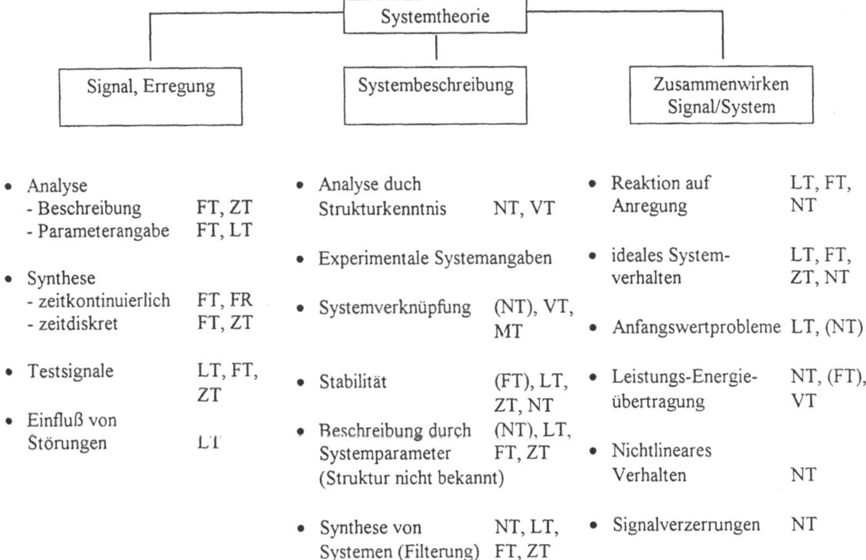

Wertkontinuierliche Signale: der Informationsparameter nimmt einen beliebigen Wert an (analog) und ist zu beliebigem Zeitpunkt vorhanden (kontinuierlich). Dieser Fall wird als *Analogsignal* bezeichnet.

Wertdiskrete Signale: der Informationsparameter hat nur abzählbar viele Werte. Der Sonderfall mit nur zwei Werten heißt zweiwertiges oder *binäres* Signal.

Zeitkontinuierliche oder zeitdiskrete Signale: Im ersten Fall sind die Werte des Informationsparameters immer vorhanden, im letzteren nur zu bestimmten Zeitpunkten. (In den Zwischenzeiten ist das Signal nicht definiert, hat auch nicht den Wert Null!) Ein zeitdiskretes wertkontinuierliches Signal ist stets mit einer *Zahlenfolge* identisch.

Die *Wandlung* zwischen verschiedenen Signalarten erfolgt durch (Bild R 8.8/2):

Abtastung: Umwandlung eines zeit- oder frequenzkontinuierlichen Signals in ein zeit- oder frequenzdiskretes Signal zu äquidistanten Zeit- oder Frequenzpunkten, im Zeitbereich z.B. durch eine Abtastschaltung. Der Umkehrvorgang (Gewinnung eines zeit- und wertkontinuierlichen Signals aus einer Folge) heißt *Interpolation*. Sie kann fehlerfrei erfolgen, wenn das *Abtasttheorem* (s. Abschn. 10.3.2) erfüllt ist.

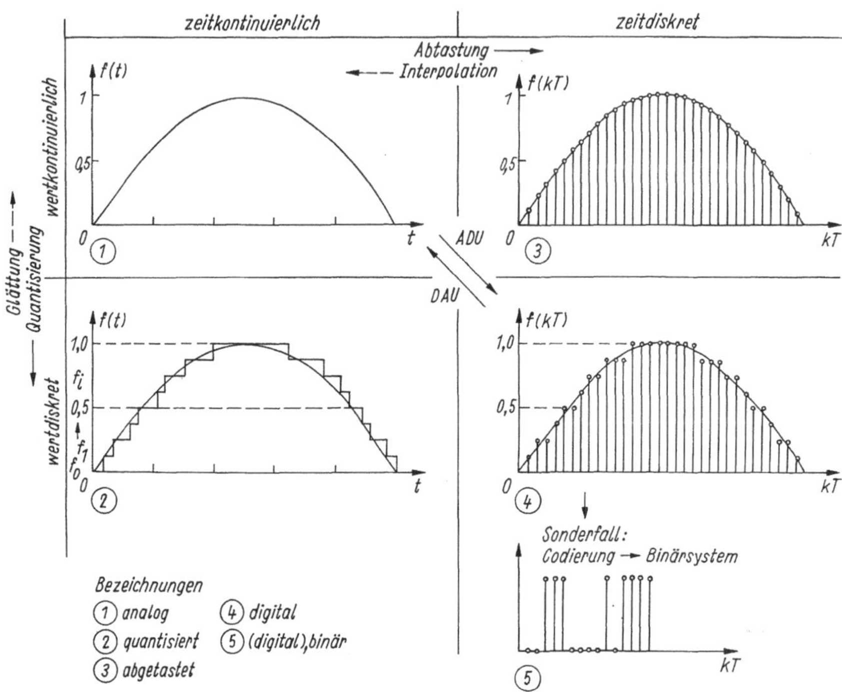

Bild R 8.8/2 Einteilung der Signale

Quantisierung: Umwandlung eines zeit- und wertkontinuierlichen in ein wertdiskretes zeitkontinuierliches Signal. Dazu werden Werteschwellen f_i eingeführt sowie ein diskreter Funktionswert z.B. nach der Vorschrift

$$\overline{f} = \frac{1}{2}(f_i + f_{i+1}) \quad \text{mit } f_i < \overline{f(t)} < f_{i+1}.$$

Der Umkehrvorgang (Rückgewinnung des wertkontinuierlichen Signals) heißt *Glättung*. Nach einer Wandlungsfolge "Quantisierung, Glättung" hat das wiedergewonnene wertkontinuierliche Signal gegenüber dem Original stets einen Fehler, bezeichnet als sog. *Quantisierungsrauschen*.

Ein zeit- und wertdiskretes Signal - kurz als *Digitalsignal* bezeichnet - entsteht stets durch Abtastung und Quantisierung (Reihenfolge vertauschbar); der Vorgang heißt insgesamt *Analog-Digital-Umsetzung* (ADU), der Umkehrvorgang *Digital-Analog-Umsetzung* (DAU). Im Bild R 8.8/2 wurden die Operationen eingetragen.

Die Anzahl m der möglichen diskreten Funktionswerte von Digitalsignalen ist endlich. Man bezeichnet $m = 2$ binär, $m = 3$ ternär, $m = 4$ quaternär usw. Bei binären Digitalsignalen drücken sich die beiden möglichen Funktionswerte (unabhängig von der tatsächlichen Größe) durch die Stufen 0 und 1 aus (genannt 1 Bit).

Codierung: Umwandlung eines wert- und zeitdiskreten Signals in ein anderes digitales Signal (meist zweiwertig) nach einer *Zuordnungsvorschrift* (stellenwertiger Code). Beispielsweise lassen sich $256 = 2^8$ Wertestufen eines wertdiskreten Signals durch ein 8-Bit-Binärsignal darstellen.

Normalerweise besorgt ein (technischer) Analog-Digitalwandler die Abtastung, Quantisierung und stellenwertige Zuordnung (Codierung) auf ein Binärsignal, wählt z.B. aus dem Analogsignal 256 Funktionswerte aus und liefert ein 8-Bit-Signal.

Während üblicherweise der Begriff "Analogsignal" ein zeit- und wertkontinuierliches (beliebiges) Signal umfaßt, wird als "Digitalsignal" sowohl die Abbildung eines endlichen Zeichenvorrates auf einen stellenwertigen Code als auch das beliebige zeit- und wertdiskrete Signal verstanden.

Zeitverlauf, Symmetrie. Zur Signaleinteilung dient meist die *Verlaufsform des Informationsparameters.*

Determiniertes Signal: Determiniert ist ein Signal, wenn sein Informationsparameter durch einen analytischen Ausdruck (z.B. als Funktion der Zeit) oder einen Algorithmus beschreibbar ist. Gleichwertig: Augenblickswerte sind *vorhersagbar.* Dazu zählen:

- Signale *endlicher* oder *unendlicher* Dauer, erstere heißen auch *zeitbegrenzt.* Signale quasiunendlicher Dauer können rechtsseitig (null für $t < t_0$, $t_0 \neq 0$) und linksseitig sein (null für $t > t_0$). Signale unendlicher Ausdehnung heißen ($-\infty < t < \infty$) *zweiseitig.* Signale, die für $t < 0$ verschwinden, sind *kausal* (antikausal, wenn null für $t > 0$).
- *Periodische Signale* mit der Eigenschaft $f(t) = f(t+T_0)$. Besondere Bedeutung haben harmonische Funktionen als Aufbauelemente (vorwiegend für analoge Signale), aber auch ein Signal, das durch fortwährende äquidistante Wiederholung eines transienten Vorganges entsteht (z.B. Taktsignal).
- *Transiente oder aperiodische Signale:* Signale von endlicher Dauer und endlichem Höchstbetrag (Verlauf von Anfang bis Ende registrierbar). Beispiele sind Sprung-, Impuls- und Diracfunktion als Aufbauelemente für digitale Signale.

Bestimmte Signale (Rampe, Sinus-, Impuls-, Sprung-, Exponentialfunktion, Impulsfolge) haben wegen ihrer leichten Reproduzierbarkeit, einfachen Behandlung und typischer Systemantworten als *Testsignale* (Abschnitt 8.2) große Bedeutung.

Testsignale sind Idealisierungen technisch bedeutsamer Signale. Sie dienen als Aufbauelemente für kompliziertere Signale und zur Beschreibung typischer Systemeigenschaften (z.B. Gewichtsfunktion, Übergangsfunktion).

Einige Testsignale (Diracstoß $\delta(t)$, Exponential- $\exp t/\tau$, Signumfunktion sgn (t/τ)) sind nur mathematisch definiert und werden physiksalisch angenähert.

Zufällige oder stochastische (oder nichtdeterminierte) Signale: Stochastisch heißt ein Signal, das durch einen Zufallsprozeß entsteht und daher nicht vorhersagbar ist. Dazu zählen z.B. Rauschvorgänge, aber auch Signale mit z.B. aufgeprägter Sprache.

Hinweis: Gleichgrößen spielen im Rahmen der Systembetrachtungen (→ dynamische Vorgänge) nur eine untergeordnete Rolle, z.B. zur Arbeitspunkteinstellung.

Symmetriebeziehungen. Bezüglich der Symmetrie werden Signale eingeteilt in (Tafel R 8.8/2):

- *Gerade* Symmetrie (sog. Spiegelsymmetrie bezüglich der vertikalen Achse). Die Fläche unter der Kurve $f(t)$ ist gleich der doppelten der Kurvenfläche beiderseits des Ursprungs. Gerade Symmetrie bei periodischem Signal bedeutet Symmetrie um $T/2$. Sie ist invariant gegenüber Zeitverschiebung.
- *Ungerade* Symmetrie (Symmetrie bezüglich des Ursprungs, auch Antisymmetrie genannt). Es verschwindet das Integral zwischen symmetrischen Grenzen (Kurve durch Nullpunkt) und bei periodischem Signal herrscht ungerade Symmetrie auch um $T/2$. Ungerade Signale sind gegen Zeitverschiebung nicht invariant.
- *Halbwellensymmetrie* (nur für periodische Signale definiert): zwei Halbwellen pro Periode, wobei jedes die umgekehrte Form der anderen ist. Der Mittelwert verschwindet stets.
- Jedes unsymmetrische Signal kann in geraden und ungeraden Teil zerlegt werden (Tafel R 8.8/2).

Energie-, Leistungssignal. Zur Signalbewertung unterscheidet man ferner: *Energiesignale* mit der Eigenschaft

$$W = \lim_{T\to\infty} \int_{-T}^{T} |f(t)|^2 \, dt = M < \infty \qquad \text{Energiesignal Definition} \qquad (8.8/2)$$

Tafel R 8.8/2 Symmetrieeigenschaften von Signalen

Symmetrietyp	Definition	Merkmal
gerade	$f(t) = f_g(-t)$	$\int_{-a}^{a} f_g(t)dt = 2\int_{0}^{a} f_g(t)dt$ falls periodisch: $f_p(t) = f_p(T-t)$
ungerade	$f_u(t) = -f_u(-t)$	$\int_{-a}^{a} f_u(t) = 0;\ f_u(0) = 0$ falls periodisch: $f_p(t) = -f_p(T-t)$
Halbwelle	$f_p(t) = -f_p(t \pm T/2)$	$\int_{T} f_p(t)dt = 0$ Nur für periodische Signale definiert
keine	$f(t) = f_g(t) + f_u(t)$	$f_g(t) = \frac{1}{2}[f(t) + f(-t)];\ f_u = \frac{1}{2}[f(t) - f(-t)]$

endlicher (ev. normierter) *Energie* (hervorgegangen aus der am Widerstand während der Zeitspanne $t_1 \dots t_2$ ($\to \infty$) umgesetzten Energie). Trifft Gl. (8.8/2) zu, so verschwindet die mittlere Leistung P (s.u.).

Energiesignale haben verschwindende (normierte) Leistung P, da eine endliche Energie über unendliche Zeit gemittelt wird.

Hinweis:

- Die Definition Gl.(8.8/2) heißt oft mathematische Energie, weil die physikalische Dimension von $f(t)$ nicht festliegt. Ist $f(t)$ eine Spannung, so hat W die Dimension Spannungsquadrat mal Zeit
- Das Energiesignal ist eine quadratintegrierbare Funktion.

Beispiel: Impulsfunktion (Rechteck), zeitbegrenzte Sinusfunktion, Exponentialfunktion.

Viele wichtige Signale (z.B. periodische, Sprungfunktion, zeitlich nicht begrenzte Zufallssignale) sind keine Energiesignale. Dafür wird das Leistungssignal definiert.

Leistungssignale, deren mittlere Leistung (mittlere Energie pro Zeitintervall)

$$P = \lim_{T\to\infty} \frac{1}{2T} \int_{-T}^{T} f^2(t)\,\mathrm{d}t = M < \infty \quad \text{(nichtperiodische Form)} \quad (8.8/3)$$

Leistungssignal, Definition

$$P = \frac{1}{T} \int_{-T}^{T} f^2(t)\,\mathrm{d}t = M < \infty \quad \text{(periodische Form)}$$

endlich bleibt.

Hinweis: Leistungssignale haben unendliche Energie, d.h. ein Leistungssignal ist kein Energiesignal (dort gilt $W \to \infty$) und ein Energiesignal kein Leistungssignal (dafür gilt $P = 0$), beide Signale schließen sich gegenseitig aus.

Beispiele für Leistungssignale

- Alle periodische Funktionen (Grenzwert entfällt, Zeitbasis Periodendauer), aber nicht alle Leistungssignale sind periodisch
- Gleichsignale
- Sprungfunktion (mit unendlicher Ausdehnung)
- Zeitlich nicht begrenzte Zufallssignale.

Tafel R 8.8/3 enthält eine Zusammenstellung gängiger Signale und ihrer wichtigsten Merkmale einschließlich der Energie- oder Leistungszuordnung.

Analoge-digitale Signale. Die (oft diskutierte) Frage, ob der analogen oder digitalen Signal- und Systembetrachtung größere Bedeutung beizumessen ist, läßt sich eindeutig mit "sowohl als auch" beantworten:

Die von der Natur angebotenen physikalischen deterministischen Größen sind stets *analog*. Sie werden mit einem Sensor in elektrische Signale umgesetzt, vorverarbeitet, in digitale Signale gewandelt, weiterverarbeitet und entweder direkt (z.B. als Ziffern) oder nach erneuter Umsetzung in Analogsignale (z.B. Helligkeit) vom Menschen interpretiert (oder steuern einen Aktor). In den letzten Jahren zeichnet sich ein immer deutlicherer Trend zur *gemischten* analogen und digitalen Signalverarbeitung ab.

Tafel R 8.8/3 Merkmale typischer Signale (Angabe in normierten Größen)

Signal		Symmetrie	Form, Dauer	$\int f(t)dt$	Energie/ Leistungssignal (W, P)
Sprung	s (t)	keine	kausal	∞	$P = 1/2$
Impuls	δ (t)	gerade	0	1	weder noch
Signum	sgn (t)	ungerade	zweiseitig	∞	$P = 1$
Anstieg	r(t)	keine	kausal	∞	weder noch
Rechteck	rect(t)	gerade	zeitbegrenzt	1	$W = 1$
Dreieck	tri(t)	gerade	zeitbegrenzt	1	$W = 2/3$
Exponential	exp− ts(t)	keine	kausal	1	$W = 1/2$
gedämpft	t exp− ts(t)	keine	kausal	1	$W = 1/4$
cos	cos ωt	gerade	periodisch	∞	$P = 1/2$
sin	sin ωt	ungerade	periodisch	∞	$P = 1/2$

	Kriterien	Folge
Energiesignal	$W < \infty$	$P = 0$
Leistungssignal	$P < \infty$	$W \to \infty$

Deshalb sind Kenntnisse analoger und digitaler Signale und Systeme gleichrangig erforderlich. Abschnitt 12 enthält die wichtigsten Grundlagen zeitdiskreter Signale und Systeme.

Zeit-, Frequenzbereich, Transformation. Von grundsätzlicher und technischer Bedeutung ist die Signaldarstellung:

- im *Zeit-* oder *Originalbereich* (→ Oszillogramm mit der Zeit als Abszisse und dem Augenblickswert als Ordinate) sowie gleichwertig
- im *Frequenz-* oder *Bildbereich* (Amplituden-, Phasenspektrum).

Die Beziehung zwischen beiden wird durch eine *Transformation* Γ (oder Abbildung)

$$F = \Gamma(f) \quad \text{resp. } f = \Gamma^{-1}(F) \tag{8.8/4}$$

(F Transformierte von f bzw. inverse Transformierte) oder kurz mit *Korrespondenzzeichen* f ○—● F (Originalfunktion kleine Buchstaben, Kreis, Bildfunktion große Buchstaben, Vollkreis) vermittelt. Die Transformation ist eine *lineare Integraltransformation*:

$$F(y) = \int_a^b c(x, y) f(x)\, \mathrm{d}x \tag{8.8/5}$$

(Zusatzbedingung: Linearität).

Die wichtigsten Transformationen der Systemtheorie sind *Fourier-* und *Laplace-Transformation* (Abschn. 10.3 und 11). Nimmt in Gl.(8.8/5) x nur ganzzahlige Werte an, so liegt eine *Zeitfolge* vor und das Integral geht in eine Summe über (Beispiel: Z-, diskrete Fourier-Transformation, Abschn. 10.3, 11 und 12).

Fourier-, Laplace- und Z-Transformation sind daher für Signal- und Systembetrachtungen von grundlegender Bedeutung.

8.8.2 Systeme

Systemeigenschaften. Üblicherweise werden – analog zu Netzwerken (vgl. Abschn. 8.3) – folgende Systemmerkmale definiert:

1. *Stabilität.* Ein System ist stabil, wenn ein Antwortsignal bei endlichem Eingangssignal nicht über alle Grenzen wächst (s. Gl.(8.6/2) ff.):

   $$|x(t)| \leq M \quad \text{bedingt } |y(t)| \leq N \quad \text{für alle } t \tag{8.8/6}$$

   (M, N endlich).
2. *Linearität.* Ein System ist linear, wenn das Ausgangssignal dem Eingangssignal proportional folgt, m.a.W. das *Überlagerungsprinzip* gilt:

   $$T(x_1(t) + x_2(t)) = T(x_1) + T(x_2). \tag{8.8/7}$$

3. *Zeitinvarianz.* Ein zeitinvariantes System reagiert auf Eingangssignale immer gleich unabhängig vom Zeitpunkt des Einwirkens:

   $$T(x_1(t - t_0)) = y(t - t_0), \quad t_0 \text{ beliebig.} \tag{8.8/8}$$

   Typische *zeitvariante* Systeme sind Modulatoren (können aber von der Schaltungsausführung auch nichtlinear sein).
4. *Kausalität.* Ein kausales System erzeugt keine Systemantwort *vor* der Systemerregung:

   $$x(t) = 0 \text{ für } t < t_0 \text{ bewirkt } y(t) = 0 \text{ für } t < t_0. \tag{8.8/9}$$

   Kausalität ist bei physikalisch realen System stets erfüllt.

5. *LTI-System.* Ein System mit den Eigenschaften 1...4 heißt *linear zeitinvariant* (linear time invariant). LTI-Systeme bilden eine besonders wichtige Gruppe. Dazu gehören viele technische Systeme (Netzwerke). Nichtlineare Systeme zählen im Kleinsignalbetrieb oft zu dieser Gruppe.
6. *Nichtlineare Systeme* sind jene, bei denen die Ausgangsgröße nichtlinear von der Eingangsgröße abhängt. Gleichwertig entsteht in einem nichtlinearen System bei Anlegen eines harmonischen Signals ein nichtharmonisches Ausgangssignal. Praktisch realisierte Systeme sind aus technischen Gründen (natürliche Begrenzung der Aussteuerung, Erwärmung) immer mehr oder weniger nichtlinear. Linearisierung ist durch Begrenzung der Aussteuerung (→ *Kleinsignalmodell*) möglich (s. Abschn. 8.7).

Da Systeme neben solchen aus konzentrierten Parametern (z.B. Netzwerke) auch solche mit verteilten Parametern (z.B. Leitungen) umfassen,

Tafel R 8.8/4 Einteilung der Systeme mit konzentrierten Parametern

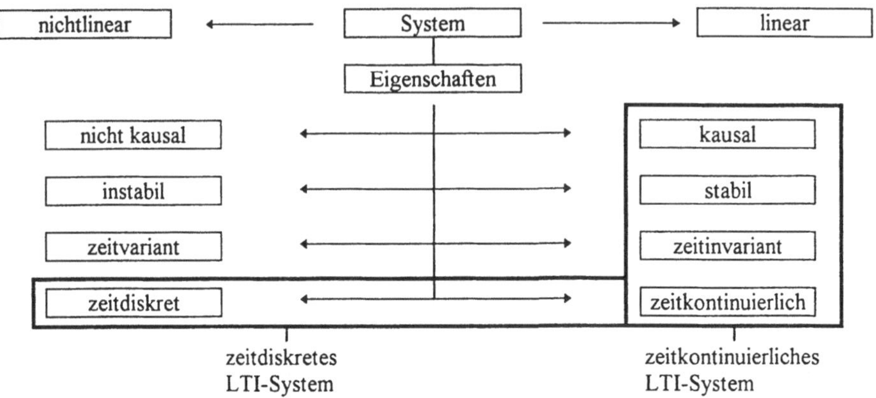

läßt sich eine Einteilung nach Tafel R 8.8/4 vollziehen. Besondere technische Bedeutung haben

- LTI-Systeme (zeitkontinuierlich und zeitdiskret, s. Abschn. 12.2)
- nichtlineare Systeme (Abschn. 8.7, zeitkontinuierlich und zeitdiskret, s. Abschn. 12)
- instabile Systeme in Form von Oszillatoren (s. Abschn. 8.7.5).

Schließlich gibt es neben sog. *Eingrößensystemen* (mit je einem Ein- und Ausgang) auch *Mehrgrößensysteme* (m Eingänge, r Ausgänge). Beispiele für erstere sind typische Netzwerkprobleme, die letztgenannten treten in der Regelungs- und Digitaltechnik auf.

8.8.2.1 Übersicht der Systemkennwerte

Als Zusammenfassung und Vorschau stellen wir die *gleichberechtigen* Systemkennwerte (kontinuierlicher) LTI-Systeme gegenüber (ineinander überführbar). Dabei wird zweckmäßig zwischen *Eingrößen-* und *Mehrgrößensystem* unterschieden (Bild R 8.8/3).

1. Beschreibende Differentialgleichung n-ter Ordnung ($\rightarrow$ Netzwerk-Differentialgleichung) als direkte Form des mathematischen Systemmodells für das Eingrößenmodell (mit gegebenen Konstanten)

$$\frac{\mathrm{d}^n y(t)}{\mathrm{d}t^n} + \sum_{i=0}^{n-1} a_i \frac{\mathrm{d}^i y}{\mathrm{d}t^i} = \sum_{i=0}^{m} b_i \frac{\mathrm{d}^i x}{\mathrm{d}t^i} \quad m \leq n \tag{8.8/10}$$

(und setzen zunächst $b_1 = 1, b_2 \dots b_m = 0$). Sie liefert grundsätzlich eine *freie Lösung* (oder den Eigenvorgang, keine Erregung am Systemeingang) und die *erzwungene Lösung* (verschwindende Zustandsgröße zum Erregungszeitpunkt).

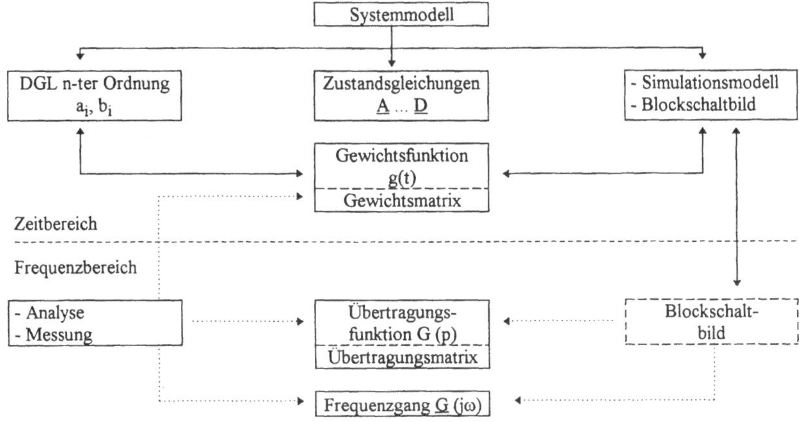

Bild R 8.8/3 Unterschiedliche Beschreibungen des Systemmodells

2. Das Eingrößensystem wird im Zeitbereich gleichwertig durch die *Gewichtsfunktion* $g(t)$ (Impulsantwort, System ohne Anfangswerte) gekennzeichnet:

$$y(t) = \int_0^t g(t-\tau)x(\tau)\,\mathrm{d}\tau, \quad \text{symbolisch } y(t) = g(t) * x(t). \tag{8.8/11}$$

Ein (anfangswertfreies) LTI-System erzeugt das Ausgangssignal $y(t)$ stets durch Faltung des Eingangssignals $x(t)$ mit seiner Gewichtsfunktion $g(t)$.

Die Gewichtsfunktion $g(t)$ wird bestimmt

- durch Differentiation der *Sprungantwort* $h(t)$
- durch Messung des Ausgangssignals bei anliegendem Eingangssignal (Zeitbereich, Originalbereich)
- durch Laplace-Transformation der *Übertragungsfunktion* $G(p)$: $g(t) = \mathrm{LT}^{-1}\{G(p)\}$
- aus der Lösung der Zustandsgleichungen (s.u.)

$$g(t) = \boldsymbol{c}^{\mathrm{T}}\boldsymbol{\Phi}(t)\boldsymbol{b} + d\delta(t). \tag{8.8/12}$$

3. Zur Gewichtsfunktion $g(t)$ gehört die *Übertragungsfunktion* $G(p)$ im Bildbereich

$$G(p) = \mathrm{LT}\{g(t)\} \quad \text{entspr. } Y(p) = G(p)X(p). \tag{8.8/13}$$

Sie wird erhalten:

- durch LT der Gewichtsfunktion $g(t)$ oder Übergangsfunktion $h(t)$: $G(p) = \mathrm{LT}\{g(t)\} = p\mathrm{LT}\{h(t)\}$
- aus der Laplace-Transformierten DGL (bei verschwindenden Anfangswerten)

$$G(p) = \frac{Y(p)}{X(p)} = \frac{\sum_{i=0}^{m} b_i p^i}{\sum_{i=0}^{n} a_i p^i} \quad m \le n \tag{8.8/14}$$

- aus dem Frequenzgang $G(\mathrm{j}\omega)$, $0 < \omega < \infty$ für $p = \mathrm{j}\omega$ (Wechselstromrechnung).

- durch Messung $\underline{Y}(\mathrm{j}\omega)/\underline{X}(\mathrm{j}\omega)$ nach Betrag und Phase, Kurvenapproximation und Ersatz von $\mathrm{j}\omega$ durch p
- aus dem Pol-Nullstellenplan, dem Bode-Diagramm oder der Ortskurve
- aus den Zustandsgleichungen (8.8/12) nach LT
$$G(p) = \boldsymbol{c}^{\mathrm{T}}(p\boldsymbol{E} - \boldsymbol{A})^{-1}\boldsymbol{b} + d. \tag{8.8/15}$$
- Für Mehrgrößensysteme ist statt $G(p)$ die *Übergangsmatrix* $\boldsymbol{G}(p)$ der inversen LT zu unterwerfen
$$\boldsymbol{g}(t) = LT^{-1}\{\boldsymbol{G}(p)\} \tag{8.8/16}$$
und das Element $g_{11}(t)$ auszuwählen (s.u.).

4. Das *Zustandsmodell* ist besonders für *Mehrgrößensysteme* geeignet (Bild R 8.8/4). Es wird aufgestellt entweder für die (natürlichen) Systemzustandsgrößen (z.B. Kondensatorspannungen, Spulenströme) oder aus der Netzwerk-Differentialgleichung durch Substitution der Zustandsvariablen

$$z_1 = y, \quad z_2 = \dot{y}_1 \ldots z_n = \frac{\mathrm{d}^{(n-1)}y}{\mathrm{d}t^{(n-1)}}. \tag{8.8/17}$$

Im Ergebnis entstehen aus der Netzwerk-Differentialgleichung (8.8/10) die *Zustands-* und *Ausgabegleichung* (s. Abschn. 8.5.2 und Bild R 8.8/4)

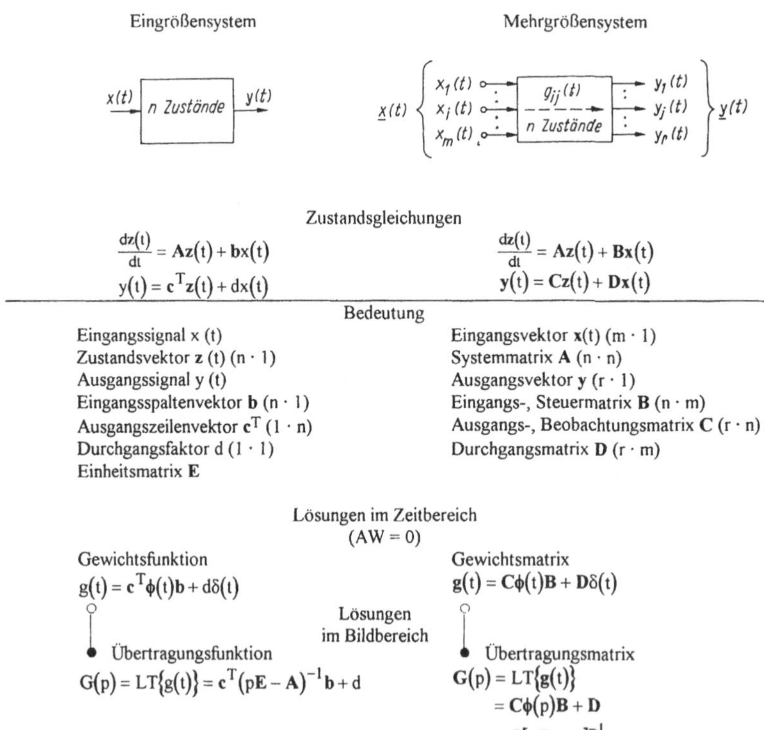

Bild R 8.8/4 Beschreibung eines LTI-Systems durch Zustandsgleichungen (Vektoren: unterstrichene Symbole)

$$\begin{aligned} \dot{\boldsymbol{z}}(t) &= \boldsymbol{A}\boldsymbol{z}(t) + \boldsymbol{b}x(t) \\ y(t) &= \boldsymbol{c}^{\mathrm{T}}\boldsymbol{z}(t) + dx(t) \end{aligned} \qquad (8.8/18)$$

des *Eingrößensystems* n-ter Ordnung mit dem Zustandsvektor $\boldsymbol{z} = (z_1..z_n)^{\mathrm{T}}$, den Vektoren

$$\boldsymbol{c}^{\mathrm{T}} = (b_0\, b_1 \ldots b_{n-1})^{\mathrm{T}}, \quad \boldsymbol{b} = (0 \ldots 0, 1)^{\mathrm{T}}$$

und dem *Durchgangskoeffizienten d*. Die $(n \times n)$ *System-* oder *Zustandsmatrix* $\boldsymbol{A}$ - (in dieser Form als *Frobenius-Matrix* $\boldsymbol{F}$ bezeichnet)- lautet

$$\boldsymbol{A} = \begin{pmatrix} 0 & 1 & 0 & \ldots & 0 \\ 0 & 0 & 1 & \ldots & 0 \\ \vdots & & & & \vdots \\ 0 & 0 & 0 & \ldots & 1 \\ -a_0 & -a_1 & -a_2 & \ldots & -a_{n-1} \end{pmatrix}. \qquad (8.8/19)$$

Für ein *Mehrgrößensystem* (m Eingänge x_i, r Ausgänge y_i) gilt sinngemäß zu Gl.(8.8/18)

$$\begin{aligned} \dot{\boldsymbol{z}}(t) &= \boldsymbol{A}\boldsymbol{z}(t) + \boldsymbol{B}\boldsymbol{x}(t) = \boldsymbol{f}(\boldsymbol{z}, \boldsymbol{x}) \\ \boldsymbol{y}(t) &= \boldsymbol{c}^{\mathrm{T}}\boldsymbol{z}(t) + \boldsymbol{D}\boldsymbol{x}(t) = \boldsymbol{g}(\boldsymbol{z}, \boldsymbol{x}). \end{aligned} \qquad (8.8/20)$$

Die allgemeine Lösung der Zustandsgleichungen (8.8/20), linker Teil lautet im Zeitbereich

$$\begin{aligned} \boldsymbol{z}(t) &= \underbrace{\boldsymbol{\Phi}(t)\boldsymbol{z}(0)}_{\text{Nulleingang}} + \int_0^t \underbrace{\boldsymbol{\Phi}(t-\tau)\boldsymbol{B}\boldsymbol{x}(\tau)}_{\text{Nullzustand}}\, \mathrm{d}\tau = \boldsymbol{z}_{\mathrm{fr}}(t) + \boldsymbol{z}_{\mathrm{erz}}(t) \\ \boldsymbol{y}(t) &= \underbrace{\boldsymbol{C}\boldsymbol{\Phi}\boldsymbol{z}(0)}_{\text{Nulleingang}} + \int_0^t \underbrace{\boldsymbol{C}\boldsymbol{\Phi}(t-\tau)\boldsymbol{B}\boldsymbol{x}(\tau)\, \mathrm{d}\tau + \boldsymbol{D}\boldsymbol{x}(t)}_{\text{Nullzustand}} \end{aligned} \qquad (8.8/21)$$

mit der *Übergangs-* oder *Fundamentalmatrix* (s.u.)

$$\boldsymbol{\Phi}(t) \mathrel{\widehat{=}} \exp(\boldsymbol{A}t) = \boldsymbol{E} + \boldsymbol{A}t + \boldsymbol{A}^2\frac{t^2}{2} + \ldots = \sum_{i=0}^{\infty} \frac{\boldsymbol{A}^i t^i}{i!}. \qquad (8.8/22)$$

Die Lösung besteht aus einem *erzwungenen Teil* (Anfangswerte $\boldsymbol{z}(0) = 0 \rightarrow \boldsymbol{z}_{\mathrm{erz}}(t)$) mit der Lösung

$$\boldsymbol{y}_{\mathrm{erz}} = \int_0^t \boldsymbol{C}\boldsymbol{\Phi}(t-\tau)\boldsymbol{B}\boldsymbol{x}(\tau)\, \mathrm{d}\tau + \boldsymbol{D}\boldsymbol{x}(t) = \int_0^t \boldsymbol{g}(t-\tau)\boldsymbol{x}(\tau)\, \mathrm{d}\tau \qquad (8.8/23a)$$

und der *Gewichtsmatrix*

$$\boldsymbol{g}(t) = \boldsymbol{C}\boldsymbol{\Phi}(t)\boldsymbol{B} + \boldsymbol{D}\delta(t) = \begin{pmatrix} g_{11}(t) & \ldots & g_{1m}(t) \\ \vdots & & \vdots \\ g_{r1}(t) & \ldots & g_{rm}(t) \end{pmatrix} \qquad (8.8/23b)$$

(im Zeitbereich). Ihre Elemente g_{ij} sind die Gewichtsfunktionen am Ausgang i bei Impulserregung am Eingang j (restliche Eingänge nicht erregt). Die Berechnung von $\boldsymbol{g}(t)$ erfolgt besser durch Laplace-Transformation als über Gl.(8.8/23).

Die *freie Lösung* $\boldsymbol{z}_{\mathrm{fr}}(t)$ in Gl.(8.8/21) hängt nur von der Fundamentalmatrix $\boldsymbol{\Phi}(t)$ ab.

Hinweis: Zur Entkopplung der Zustandsgrößen sind *Normalformen* (s. Abschn. 8.5.6) zweckmäßig:

$$\begin{aligned} \frac{\mathrm{d}\hat{\boldsymbol{z}}}{\mathrm{d}t} &= \hat{\boldsymbol{A}}\hat{\boldsymbol{z}} + \hat{\boldsymbol{B}}\boldsymbol{x}(t) \\ \boldsymbol{y}(t) &= \hat{\boldsymbol{C}}\hat{\boldsymbol{z}}(t) + \hat{\boldsymbol{D}}\boldsymbol{x}(t) \end{aligned} \qquad (8.8/24)$$

mit $\hat{\boldsymbol{A}} = \mathrm{diag}(\lambda_i)$. Das ist eine von den Eigenwerten λ_i (bei einfachen Eigenwerten) gebildete $(n \times n)$-Diagonalmatrix. Lösung:

$$\hat{\boldsymbol{z}}(t) = \hat{\boldsymbol{\Phi}}(t)\hat{\boldsymbol{z}}(0) + \int_0^t \hat{\boldsymbol{\Phi}}(t-\tau)\hat{\boldsymbol{B}}\boldsymbol{x}(\tau)\,\mathrm{d}\tau \text{ mit } \hat{\boldsymbol{\Phi}} = \mathrm{diag}\exp\lambda_i t. \qquad (8.8/25)$$

Zur *Berechnung* der Fundamentalmatrix existieren mehrere Verfahren (s. Abschn. 8.5.4): Reihenentwicklung (für einfache Fälle), Anwendung der Sylvesterfunktion und vor allem Anwendung der Laplace-Transformation auf die Zustandsgleichung (8.8/21) für den anfangswertfreien Fall ($\boldsymbol{z}(0) = 0$))

$$\mathrm{LT}\{\boldsymbol{\Phi}(t)\} = \boldsymbol{\Phi}(p) = (p\boldsymbol{E} - \boldsymbol{A})^{-1} = \boldsymbol{M}(p)m(p)^{-1}.$$

Die Berechnung erfolgt gliedweise und erlaubt einfache Rücktransformation. Schließlich sind rechnergestützte Verfahren üblich.

Zusammengefaßt wird das Zustandsmodell gleichwertig beschrieben durch

- die Zustandsmatrizen $\boldsymbol{A} \dots \boldsymbol{D}$
- die Fundamentalmatrix $\boldsymbol{\Phi}(t)$
- die Gewichtsmatrix $\boldsymbol{g}(t) = \mathrm{LT}^{-1}\{\boldsymbol{G}(p)\}$ Gl.(8.8/23) resp. ihre Elemente
- die Übertragungsmatrix $\boldsymbol{G}(p)$ durch Laplace-Transformation aus den Systemgleichungen

$$\boldsymbol{G}(p) = \boldsymbol{C}(p\boldsymbol{E} - \boldsymbol{A})^{-1}\boldsymbol{B} + \boldsymbol{D}. \qquad (8.8/26)$$

- eine weitere Größe ist die Übergangsfunktion $\boldsymbol{h}(t)$, die durch Integration mit $\boldsymbol{g}(t)$ zusammenhängt (bzw. die entsprechenden Operationen im Bildbereich, s. auch Gl.(8.2/16c)).

Zusätzliche Beschreibungsmöglichkeiten bieten das *Simulationsmodell* aus Integrierern, Multiplizierern und Addierern sowie die *Blockschaltbildmethode* und der *Signalflußgraph*. Eine übersichtsartige Zusammenfassung - auch im Vergleich mit zeitdiskreten Systemen - und Bewertung erfolgt später in Tafeln R 12.6/1 und 12.7/2.

8.8.2.2 Simulation

Zu jeder Systembeschreibung (Zustandsgleichung, Netzwerk-Differentialgleichung, Übertragungsmatrix) existieren mit den drei Grundelementen *Addierer*, *Multiplizierer* und *Integrator* (Bild R 8.8/5) ein oder mehrere *Simulationsmodelle*.

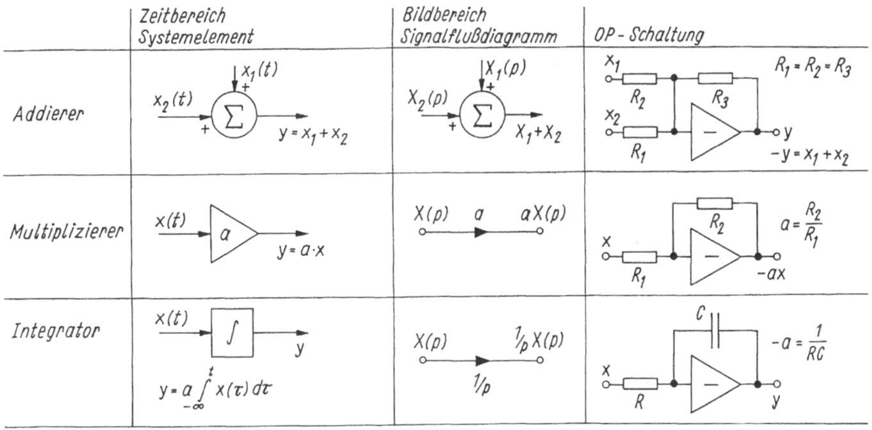

Bild R 8.8/5 Elemente der Systemsimulation, zugehörige Signalflußdiagramme und OP-Realisierungen

Bei der Simulation eines zeitinvarianten analogen (kontinuierlichen) Systems mit konzentrierten Elementen werden alle auftretenden Rechenoperationen auf zusammengekoppelte Addierer, Konstantenmultiplizierer und Integratoren zurückgeführt.

Hinweis:

- Addierer, Konstantenmultiplizierer und Integratoren lassen sich sehr gut mit Operationsverstärker-Schaltungen realisieren (Bild R 8.8/5)
- Beim Aufbau der Simulationsschaltung wird zweckmäßig vom Zustandsgleichungssystem ausgegangen und dieses Schritt für Schritt zusammengefaßt: Auflösen nach der höchstvorkommenden Ableitung, Integration (= Größe am Integratorausgang) und Zusammenfügen der zeitlich nächsttieferen Elemente usw., bis alle Ableitungen ersetzt wurden.

Beispiele: Die DGL erster Ordnung

$$\frac{\mathrm{d}y}{\mathrm{d}t} + ay = b_1\frac{\mathrm{d}x}{\mathrm{d}t} + b_0 x$$

wird nach Bild R 8.8/6a verschaltet, die allgemeine DGL n-ter Ordnung (Gl. (8.8/10)) nach Bild R 8.8/6b.

Mehrgrößensysteme. Auch Mehrgrößensysteme lassen sich simulieren; ein zu Gl. (8.8/20) gehörendes Simulationsmodell zeigt Bild R 8.8/6c (s. auch Bild R 8.5/5).

Simulationsmodelle können unter Einbezug nichtlinearer Grundmodelle (Multiplikation, Begrenzer, Potenzierer, Sättigung, Hysterese, Betragsbildung u.a.) auch für nichtlineare Zustandsgleichungen entwickelt werden.

8.8.2.3 Signalflußpläne

Zur Veranschaulichung des Systemverhaltens dienen *Signalflußpläne*:

Der Signalflußplan ist die graphische Darstellung des Übertragungsverhaltens eines Systems, das die Gesamtheit aller Teilsysteme (oder beschreibenden mathematischen Modelle (Gleichungen)) zwischen Eingangs- und Ausgangssignalen umfaßt.

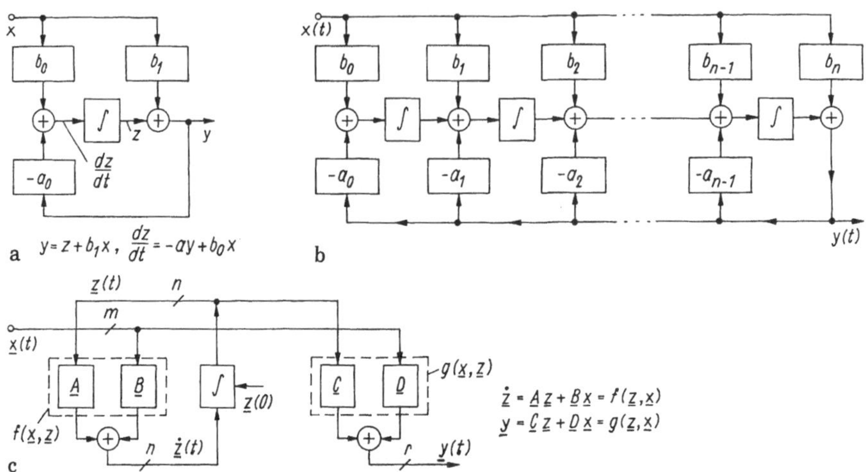

Bild R 8.8/6 Blockschaltbilder der Zustandsbeschreibung linearer Systeme
a) System erster Ordnung, b) Nachbildung der allgemeinen DGL n-ter Ordnung c) Mehrgrößensystem

Zwei Formen sind verbreitet: *Blockschaltbildmethode* und *Signalflußgraph* mit einer Darstellung jeweils im Zeit- oder Frequenzbereich (Bild R 8.8/7).

Zusammenschaltung von Systemen: Blockschaltbildmethode. Ein System läßt sich i.a. aus mehreren Teilsystemen, Übertragungsgliedern oder *Blöcken rückwirkungsfrei* (Voraussetzung!) aufbauen.

- Rückwirkungsfrei ist die Zusammenschaltung von Gliedern dann, wenn das Betriebsverhalten eines Gliedes (resp. sein Aus- oder Eingang) *nicht* vom angekoppelten Glied abhängt.
- Ein *Übertragungsglied* oder *Block* ist ein Teilsystem, das die Systemerregung $x(t)$ nur durch seine Systemeigenschaften unabhängig vom Ausgangssignal $y(t)$ beeinflußt.

Im *Blockschaltbild* (Übersichtsplan, Blockdiagramm) werden die Teilsysteme durch Blöcke und die Signale durch *Signalflußlinien* (mit Richtungspfeil) dargestellt.

Die *Struktur* eines Systems umfaßt seine Beschreibung durch mehrere Übertragungsglieder und deren Verkopplungen. Sie wird durch das Strukturbild graphisch ausgedrückt.

Grundglieder. Alle im LTI-System auftretenden Operatoren lassen sich mit den Grundelementen *Addition*, *Multiplikation* mit einer skalaren Größe und *Integration* durchführen (Bild R 8.8/5).

Zusammenschaltungen. Beim Zusammenschalten von Blöcken gibt es *Signalverknüpfungen* und *-verzweigungen* (Bild R 8.8/7, Darstellung im Bildbereich):

	Blockdarstellung	Signalflußgraph
Zeitbereich	$x(t)$ → $g(t)$ → $y(t)$	$x(t) * g(t)$; $y(t) = x(t) * g(t)$
Bildbereich	$X(p)$ → $G(p)$ → $Y(p)$	$X(p)$ $G(p)$; $Y(p) = G(p)X(p)$
Signal Verzweigung	X ; X_1 ; X_2 ; $X = X_1 = X_2$	X ; G_1 ; G_2 ; $X_1 = G_1X$; $X_2 = G_2X$
Verknüpfung	X_1 ; X_2 ; $(-)$; X ; $X = X_1 \pm X_2$	X_1 ; X_2 ; G_1 ; G_2 ; $X = G_1X_1(\pm)\, G_2X_2$

Bild R 8.8/7 Blockdarstellung und Signalflußpläne für Verknüpfung und Verzweigung

- An einer *Verzweigungsstelle* (dargestellt als Knoten) sind alle zu- und abfließenden Signale gleich (→ Unterschied zum Stromknoten!) $X = X_1 = X_2$. Durch Verzweigungen können Wirkungslinien aufgespalten oder zusammengeführt werden.
- Eine *Verknüpfung* (Mischstelle, Addition, Subtraktion) wird durch einen nicht ausgefüllten Kreis mit Funktionssymbol dargestellt. Dabei tritt ein Minuszeichen auf, wenn der Wert eines zufließenden Signals negativ ist: $X = X_1 \pm X_2$.

Verzweigungs- und Mischstellen lassen sich verschieben (Bild R 8.8/8). Dabei gelten:

- Bei der Verschiebung eines Knotenpunktes resp. einer Mischstelle längs einer Wirkungslinie sind formal Glieder so einzufügen, daß zwischen zwei herausgegriffenen Systempunkten das Übertragungsverhalten (in Signalrichtung) nicht verändert wird.
- Knotenpunkte können über Knotenpunkte und Summierstellen über Summierstellen verschoben werden. Die Verschiebung von Knoten über Mischstellen (und umgekehrt) erfordert Signalkorrektur.

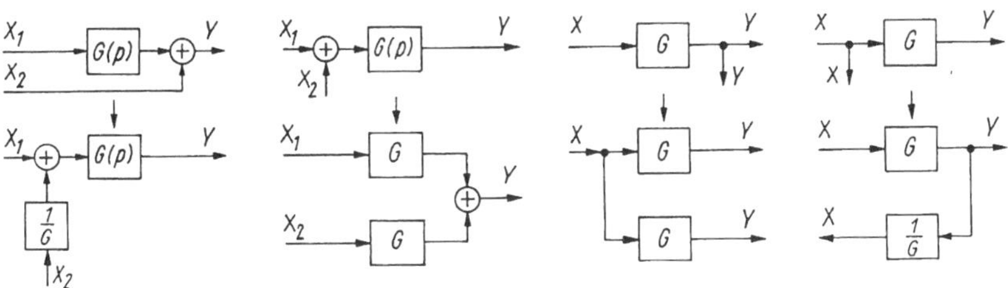

Bild R 8.8/8 Verlagerung von Summations- und Verzweigungsstellen

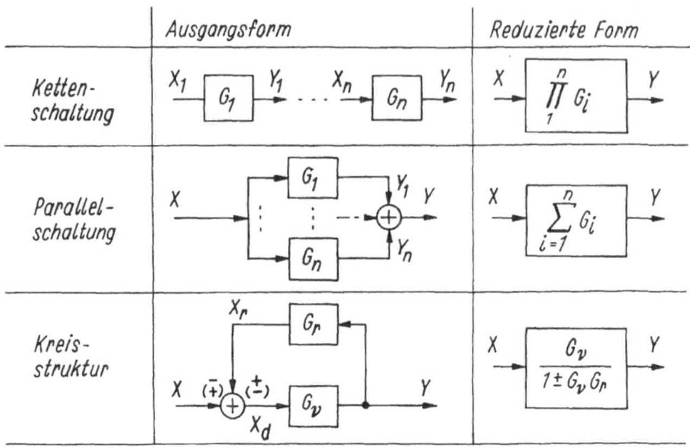

Bild R 8.8/9 Zusammenschaltungen von Blöcken und Ersatzbilder

Zusammenfassen von Teilblöcken. Teilsysteme lassen sich in drei typischen Formen zusammenfassen (Bild R 8.8/9): *Ketten-*, *Parallel-* und *Kreisschaltung* (Rückkopplungsschaltung). Für die Zusammenfassung wird zweckmäßig die Darstellung im Frequenzbereich gewählt.

Kettenschaltung. Bei zwei (oder mehreren) kettengeschalteten Blöcken ist der Gesamtübertragungsfaktor gleich dem Produkt der Einzelübertragungsfaktoren (im Zeitbereich Faltung der einzelnen Gewichtsfunktionen!).

Voraussetzung: Rückwirkungsfreiheit der Einzelblöcke.

Parallelschaltung. Zwei (oder mehrere) parallelgeschaltete Blöcke verhalten sich wie ein System, dessen Gesamtübertragungsfaktor gleich der Summe der Einzelfaktoren ist.

Kreisstruktur, Rückkopplungsschaltung. Durch Einführung von Hilfsgrößen X_d, X_r läßt sich leicht herleiten (s. Abschn. 8.6.4)

$$Y(p) = \frac{G_\mathrm{v}(p)}{1 \pm G_\mathrm{r}(p)G_\mathrm{v}(p)} X(p) = G_\mathrm{ers}(p)X(p). \qquad (8.8/27)$$

Die Rückführ-, Rückkopplungs- oder Regelstruktur hat die gleiche Wirkung wie ein Ersatzglied mit der Übertragungsfunktion G_ers.

Die Größe $G_\mathrm{r}(p)G_\mathrm{v}(p)$ heißt Übertragungsfunktion der *offenen Schleife* oder *Schleifenverstärkung.* In der Schaltung wird die Ausgangsgröße $Y(p)$ (→ Regelwirkung) über G_r mit dem Eingangssignal gemischt. Dabei gibt es *positive* Rückkopplung (Mitkopplung, positive Zuschaltung von X_r zu X_q) und *negative* Rückkopplung (Gegenkopplung, bei negativer Aufschaltung).

Komplizierte Systeme lassen sich aus diesen Grundelementen (unter Einführung von Hilfsgrößen und Eliminierung) entwickeln.

Die Rückkopplungsstruktur hat grundlegende Bedeutung für viele Bereiche von Technik und Naturwissenschaften. Dabei neigen mitgekoppelte Systeme zur Instabilität, gegengekoppelte zur Stabilität.

Hinweis:

- Die Blockschaltbildmethode erlaubt eine sehr übersichtliche Systembeschreibung mit angegebenem Signalfluß.
- Sie setzt rückwirkungsfreie Teilsysteme voraus. Gilt dies *nicht*, so muß das Gesamtverhalten über entsprechende Netzwerkbetrachtungen gewonnen werden (Beispiel: Kettenschaltung zweier rückwirkungsfreier Spannungsteiler mit zwischengeschaltetem Trennverstärker, sonst Multiplikation der zugehörigen Kettenmatrix oder triviale Spannungsteilerbetrachtungen).
- Rückwirkungsfreiheit läßt sich in Netzwerken stets durch eingeschaltete Trennverstärker erreichen.
- Die Blockschaltbildmethode ist auf nichtlineare Systeme erweiterbar.
- Die Zusammenschaltung von Teilsystemen im Zeitbereich ist deutlich aufwendiger zu beschreiben, da Faltungen durchgeführt werden müssen.

Mehrgrößenglieder. Die Blockschaltbildmethode ist für Mehrgrößensysteme erweiterbar (z.B. Bilder R 8.5/3, 5). Ein Teilsystem wird zweckmäßig durch eine Matrixgleichung (im Bildbereich) beschrieben:

$$\boldsymbol{Y}(p) = \boldsymbol{G}(p)\boldsymbol{X}(p).$$

Bei Mehrgrößengliedern mit r Ausgangs- und m Eingangsgrößen gibt es $r \times m$ Übertragungsfunktionen und die Übertragungsmatrix $\boldsymbol{G}(p)$ hat die Dimension $r \times m$.

Bild R 8.5/7 zeigte ein Modell mit 2 Eingangs- und Ausgangsgrößen ($m = r = 2$) der Form

$$\begin{pmatrix} Y_1 \\ Y_2 \end{pmatrix} = \begin{pmatrix} G_{11} & G_{12} \\ G_{21} & G_{22} \end{pmatrix} \cdot \begin{pmatrix} X_1 \\ X_2 \end{pmatrix}.$$

(Beispielsweise können die Signale X_1, X_2, Y_1, Y_2 die Ströme und Spannungen eines Vierpols sein.)

Die Zusammenfassung von Mehrgrößensystemen ist sowohl im Bildbereich (zweckmäßig) wie auch Zeitbereich (aufwendiger) möglich.

Kettenschaltung. Haben die Einzelblöcke die Übertragungsmatrizen $\boldsymbol{G}_1(p)$ und $\boldsymbol{G}_2(p)$ (Bild R 8.8/10a), so lautet das Gesamtsystem

$$\boldsymbol{Y}(p) = \boldsymbol{G}_1\boldsymbol{G}_2\boldsymbol{X}(p). \tag{8.8/28}$$

Vorausgesetzt wird dabei, daß die Zahl der Ausgangsgrößen des ersten Systems mit der Zahl der Eingangsgrößen des zweiten übereinstimmt.

Haben beide Systeme im Zeitbereich die Zustandsdarstellungen

$$\begin{aligned} \dot{\boldsymbol{z}}_{1/2} &= \boldsymbol{A}_{1/2}\boldsymbol{z}_{1/2} + \boldsymbol{B}_{1/2}\boldsymbol{x}_{1/2} \\ \boldsymbol{y}_{1/2} &= \boldsymbol{C}_{1/2}\boldsymbol{z}_{1/2} + \boldsymbol{D}_{1/2}\boldsymbol{x}_{1/2}, \end{aligned}$$

so folgt mit $\boldsymbol{y}_1 = \boldsymbol{x}_2$ und dem neuen Zustandsvektor $\boldsymbol{z} = (z_1\, z_2)^{\mathrm{T}}$ zusammengefaßt:

$$\begin{aligned} \dot{\boldsymbol{z}} &= \begin{pmatrix} \boldsymbol{A}_1 & 0 \\ \boldsymbol{B}_2\boldsymbol{C}_1 & \boldsymbol{A}_2 \end{pmatrix}\boldsymbol{z} + \begin{pmatrix} \boldsymbol{B}_1 \\ \boldsymbol{B}_2\boldsymbol{D}_1 \end{pmatrix}\boldsymbol{x} \\ \boldsymbol{y} &= \begin{pmatrix} \boldsymbol{D}_2\boldsymbol{C}_1 & \boldsymbol{C}_2 \end{pmatrix}\boldsymbol{z} + \boldsymbol{D}_2\boldsymbol{D}_1\boldsymbol{x}. \end{aligned} \tag{8.8/29}$$

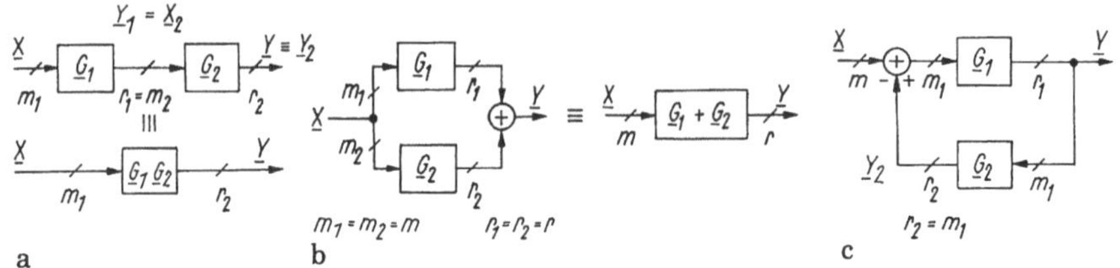

Bild R 8.8/10 Zusammenschaltungen von Mehrgrößenstrukturen
a) Kettenschaltung, b) Parallelschaltung, c) Rückkopplungsschaltung (Gegen- −, Mitkopplung +)

Parallelschaltung. Unter Voraussetzung gleichvieler Eingangs- und Ausgangsgrößen beider Systeme gilt (Bild R 8.8/10b)

$$\boldsymbol{G}(p) = \boldsymbol{G}_1 + \boldsymbol{G}_2, \tag{8.8/30}$$

für die Zustandsdarstellung läßt sich herleiten:

$$\begin{aligned} \dot{\boldsymbol{z}} &= \begin{pmatrix} \boldsymbol{A}_1 & 0 \\ 0 & \boldsymbol{A}_2 \end{pmatrix} \boldsymbol{z} + \begin{pmatrix} \boldsymbol{B}_1 \\ \boldsymbol{B}_2 \end{pmatrix} \boldsymbol{x} \\ \boldsymbol{y} &= \begin{pmatrix} \boldsymbol{C}_1 & \boldsymbol{C}_2 \end{pmatrix} \boldsymbol{z} + (\boldsymbol{D}_2 + \boldsymbol{D}_1)\boldsymbol{x}. \end{aligned} \tag{8.8/31}$$

Die Rückkopplungsstruktur (Bild R 8.8/10c) führt mit

$$\boldsymbol{X}_1(p) = \boldsymbol{X}(p) - \boldsymbol{Y}_2(p) = \boldsymbol{X}(p) - \boldsymbol{G}_2(p)\boldsymbol{Y}(p)$$

auf

$$\boldsymbol{Y}(p) = \boldsymbol{G}_1(p)\boldsymbol{X}_1 = \boldsymbol{G}_1\boldsymbol{X} - \boldsymbol{G}_1\boldsymbol{G}_2\boldsymbol{Y}(p)$$

oder aufgelöst nach $\boldsymbol{Y}(p)$ (falls die inverse Matrix $(\boldsymbol{E} + \boldsymbol{G}_1\boldsymbol{G}_2)^{-1}$ existiert)

$$\boldsymbol{Y}(p) = (\boldsymbol{E} + \boldsymbol{G}_1\boldsymbol{G}_2)^{-1}\boldsymbol{G}_1\boldsymbol{X}(p) \tag{8.8/32a}$$

mit der Übertragungsfunktion

$$\boldsymbol{G}(p) = (\boldsymbol{E} + \boldsymbol{G}_1\boldsymbol{G}_2)^{-1}\boldsymbol{G}_1. \tag{8.8/32b}$$

Für $m = r = 1$ gehen die Übertragungsmatrizen in die Übertragungsfunktion über und es folgt Gl.(8.8/27). Auf die Darstellung im Zeitbereich wird verzichtet.

Hinweis: Am Beispiel der Rückwirkung wird deutlich, wie einfach Rückführungen in der Netzwerkdarstellung, z.B. durch Parallelschaltung von Netzwerkteilen erfolgen kann.

Signalflußgraph. Neben der Blockschaltbildmethode wird die (auch für rückwirkungsbehaftete Systeme anwendbare!) *Signalflußmethode* verwendet.

Der Signalflußgraph ist ein gerichteter Graph mit gerichteten Zweigen (Kanten, Bögen) und Knoten. Signale werden durch Knoten, Übertragungsglieder (Signaltransformation) durch gerichtete Zweige symbolisiert (s. Bild R 8.8/7).

Jedes Signal kann in Abhängigkeit der Signale bestimmt werden, deren Pfeile auf das betreffende Signal zeigen. Die Wirkung eines Pfeiles ist das Produkt des Kantengewichtes und des Signalwertes, von dem die Kante beginnt. So repräsentiert jeder Knoten eine Variable (u, i) und jeder Zweig einen Übertragungsfaktor mit festliegender Signalrichtung.

Grundlage des Signalfußgraphen ist die geometrische Interpretation eines linearen Gleichungssystems, z.B.

$$A_{11}Y_1 + A_{12}Y_2 + X_1 = Y_1$$

$$A_{21}Y_1 + A_{22}Y_2 + X_2 = Y_2$$

(Ausgangsvariable Y_1, Y_2). Dazu gehört der Signalflußgraph Bild R 8.8/11a. Zur Zustandsgleichung Gl.(8.8/20) eines Systems (2×2 Ein-/Ausgänge) zweiter Ordnung gehört der Signalflußgraph Bild R 8.8/11b (im Zeitbereich). Die Integrationsvorschrift steht am jeweiligen Graphen. Würde das System auf die kanonische Normalform gebracht, so entfielen (neben Koeffizienten und Variablentransformation) die Kopplungen a_{12}, a_{21}.

Zur *Anwendung*

- ist das Signalflußdiagramm für das gegebene System schrittweise aufzustellen und
- ggf. ein vorhandenes Signalflußdiagramm zu vereinfachen durch
  - Eliminierung von Serien- und Parallelzweigen u.a. (s. Bild R 8.8/8)
  - Schaffung gemeinsamer Verzweigungspunkte und Summierpunkte für verkoppelte Schleifen
  - Reduktion aller Schleifen zu Schlingen.

Tafel R 8.8/5 gibt einen Vergleich der verschiedenen Größen der Systemdarstellung.

8.8.3 Ideale Systeme

Ideale Systeme sind Modelle zur Beschreibung grundsätzlicher Systemeigenschaften, die sich der physikalischen Realität nur bedingt annähern.

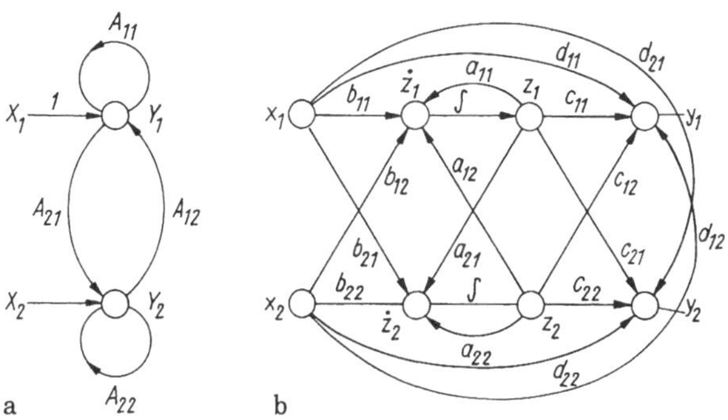

Bild R 8.8/11 Signalflußgraph
a) Grundprinzip, b) Graphen eines Netzwerkes zweiter Ordnung in Zustandsbeschreibungen

Tafel R 8.8/5 Darstellung von Systemeigenschaften und -größen

Eigenschaft	Systemdarstellung: analytisch	Signalflußbild: Blockschaltbild	Signalflußbild: Signalflußgraph
Zeitverhalten	- Gleichungssystem - math. Modelle	Blockdiagramm	- Graphennetzwerk - Signalflußgraph
Teilglieder, Grundelemente	- Operatoren - Relationen - Übertragungsfunktion	Einzelblock Grundstrukturen	(einzelner) Graph
phys. Größe	Veränderliche	Signalflußlinien	Knoten für jedes Signal
Wirkungsrichtung	- Vorzeichen - gerichtete Größe	gerichtete Zweige	Richtung des Graphen

Hinweis: Ideale Systeme verletzen oft die Kausalitätsbedingung durch ihre einfache mathematische Beschreibung. Durch nachträgliche Einführung einer hinlänglich großen Verzögerungszeit läßt sich jedoch Kausalverhalten praktisch erreichen.

Prinzipiell interessante Systemeigenschaften sind *Impuls-* und *Sprungantwort* und der *Übertragungsfaktor* im Frequenzbereich.

1. Verzerrungsfreies System. Ein verzerrungsfreies System überträgt ein Signal ohne Formänderung (bei möglicher Amplitudenänderung und Zeitverschiebung):

$$y(t) = kx(t - t_0) \tag{8.8/33a}$$

($k \leq 1$ Dämpfungsfaktor, t_0 Signallaufzeit). Dazu gehört die Übertragungsfunktion

$$\frac{Y(\mathrm{j}\omega)}{X(\mathrm{j}\omega)} = G(\mathrm{j}\omega) = k \exp -\mathrm{j}\omega t_0 \tag{8.8/33b}$$

mit konstantem Amplitudengang und frequenzlinearer (negativer) Phase $\varphi(\omega) = -\omega t_0$. Es betragen:

Dämpfung $a(\omega) = -20 \log |G(\omega)|\,\mathrm{dB} = \text{const.}$

Phasenmaß $b(\omega) = -\varphi(\omega) = t_0\omega$

Gruppenlaufzeit $\tau_\mathrm{g} = \mathrm{d}b(\omega)/\mathrm{d}\omega = t_0$.

Phasenlaufzeit $\tau_\mathrm{p} = b(\omega)/\omega = t_0$

Das verzerrungsfreie System hat konstante Dämpfung (Allpaßverhalten), konstante Phasen- und Gruppenlaufzeit.

Verletzt ein System diese Eigenschaften, so entstehen (lineare) Dämpfungs- bzw. Laufzeitverzerrungen.

Von nichtlinearen Verzerrungen wird dagegen gesprochen, wenn sich neue Frequenzen bilden.

2. Idealer Tiefpaß. Ein idealer Tiefpaß überträgt im Durchlaßbereich (Grenzfrequenz ω_g) das Signal mit frequenzunabhängiger Dämpfung und un-

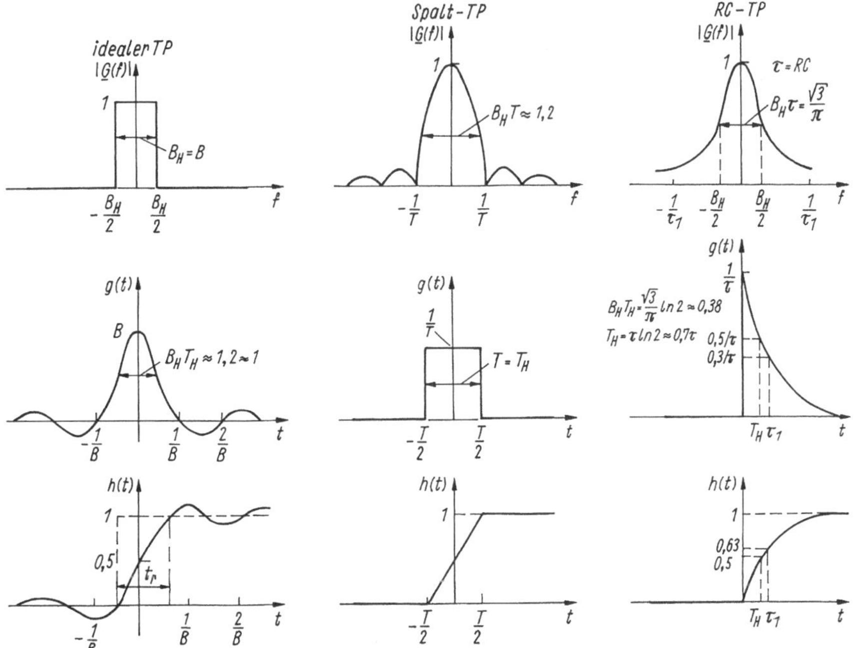

Bild R 8.8/12 Systemcharakteristiken von idealem Tiefpaß, Spalttiefpaß und *RC*-Tiefpaß (Halbwertsbandbreite in allen Fällen gleich, B = Bandbreite allgemein)

terdrückt es völlig im Sperrbereich. Er hat die Übertragungsfunktion (Bild R 8.8/12)

$$G(\mathrm{j}\omega) = \begin{cases} k(0)\exp -\mathrm{j}\omega t_0 & |\omega| < \omega_{\mathrm{g}} \quad t_0 \text{ Gruppenlaufzeit} \\ 0 & |\omega| \geq \omega_{\mathrm{g}} \quad k(0) \text{ Dämpfungsfaktor} \end{cases} \qquad (8.8/34)$$

Dazu gehören die

- *Impulsantwort* (Gewichtsfunktion)

$$g(t) = k(0)\frac{\omega_{\mathrm{g}}}{\pi}\mathrm{si}\,(\omega_{\mathrm{g}}(t-t_0)), \quad \mathrm{si}\,x = \frac{\sin x}{x} \quad \text{Spaltfunktion} \qquad (8.8/35a)$$

- *Sprungantwort* (Sprungerregung)

$$h(t) = k(0)\left(\frac{1}{2} + \frac{1}{\pi}\mathrm{Si}\,\omega_{\mathrm{g}}(t-t_0)\right) \quad \mathrm{Si}\,x = \int_0^x \mathrm{si}\,\xi\,\mathrm{d}\xi. \qquad (8.8/35b)$$

Integralsinus

Kennwerte sind:

$t_{\mathrm{i}} = t_{\mathrm{r}} = \frac{\pi}{\omega_{\mathrm{g}}}$	Anstiegszeit (Einschwingzeit) der Sprung-
$= \frac{k(0)}{g(t_0)} \approx 1/B_{\mathrm{H}}$	antwort = Fußbreite des flächengleichen
	Rechtecks der Stoßantwort
$t_{\mathrm{r}} \approx 0,4 f_g^{-1}$	Anstiegszeit bei Definition zwischen $0,1 \ldots 0,9k(0)$
B_{H}	Halbwertbreite der Übertragungsfunktion
T_{H}	Halbwertbreite der Gewichtsfunktion.

Hinweis:

- Der ideale Tiefpaß ist ein nichtkausales System und (formal) nicht stabil (Stabilitätsforderung $\int_{-\infty}^{\infty} |g(t)|\,dt < \infty$ nicht erfüllt, Antwort setzt bereits vor Eingangssignal ein)
- Es erfolgt ein Überschwingen der Sprungantwort von rd. 9 % unabhängig von der Bandbreite (Gibbssches Phänomen)
- Bei zeitdiskreter Signalverarbeitung tritt der Tiefpaß bei Frequenzbegrenzung des Spektrums (Grenzfrequenz) automatisch in Erscheinung
- Sonderformen des Tiefpasses ergeben sich durch Vorgabe anderer Frequenzgänge der Übertragungsfaktoren, z.B. Gauß-Tiefpaß, $\cos^2$-Tiefpaß u.a.
- Ideale Verstärker werden häufig mit einem idealen Tiefpaß modelliert.

Kurzintegrator. Spalttiefpaß. Wird eine zeitbegrenzte Gewichtsfunktion $g(t) = 1/T$ der Breite $T = T_{\mathrm{H}}$ im Intervall $-T/2 < t < T/2$ vorgegeben (sonst Null), so gehört dazu der Übertragungsfaktor

$$G(\mathrm{j}\omega) = k\mathrm{si}\,(\pi T f). \tag{8.8/36}$$

Beim Spalttiefpaß sind bei der Gewichts- und Übertragungsfunktion Frequenz und Zeit vertauscht. Die 6 dB-Grenzfrequenz beträgt $f_{\mathrm{g}} \approx 0,6T$ (relativ unscharfer Tiefpaß)

- Eine Zeitfensterfunktion liegt vor, wenn z.B. von einer Spannung $u(t)$ der Mittelwert mit zeitverschobenem Fenster zu bilden ist

$$\overline{u} = \frac{1}{T}\int_{t-T/2}^{t+T/2} u(\tau)\,\mathrm{d}\tau = \frac{1}{T}\int_{t-T/2}^{t+T/2} u(t-\tau)\,\mathrm{d}\tau \tag{8.8/37}$$

  und das Integral rechts als Faltung mit der Gewichtsfunktion $g(t) = 1/T(s(t+T/2) - s(t-T/2))$ interpretiert wird
- Kurzzeitintegration tritt bei der Abtast-Haltetechnik auf (Integration der Impulsstoßfolge zu einer Treppenkurve)
- Ein RC-Tiefpaß mit $g(t) = 2\pi f_{\mathrm{g}} \exp -2\pi f_{\mathrm{g}} t s(t)$ erreicht nur eine näherungsweise Kurzzeitintegration.

Grundsätzlich werden bei allen Tiefpaßformen schmale Impulse verbreitert und steile Flanken verschliffen. Das folgt aus dem

Bandbreite-Zeitprodukt. Definiert man eine Impulsbreite Δt_{p} (→ Rechteckbreite) über

$$\Delta t_{\mathrm{p}} = \frac{1}{g}\bigg|_{\max} \int_{-\infty}^{\infty} g(t)\,\mathrm{d}t,$$

so folgt für den idealen Tiefpaß

$$\Delta t_{\mathrm{p}} f_{\mathrm{g}} = \frac{1}{2} \tag{8.8/38}$$

oder verallgemeinert mit der Impulsbreite $\Delta T = \sqrt{\int_{-\infty}^{\infty} t^2 |g(t)|^2\,\mathrm{d}t}$ und Bandbreite $B = \sqrt{\int_{-\infty}^{\infty} \omega^2 |G(\omega)|^2\,\mathrm{d}\omega}$ schließlich (mit $\int_{-\infty}^{\infty} |g(t)|^2 = 1$)

$$B\Delta T \geq \sqrt{\frac{\pi}{2}}. \tag{8.8/39}$$

Das Produkt von Bandbreite und Impulsweite der Impulsantwort ist für jede Art von Tiefpaß konstant (am kleinsten beim sog. Gauß-Tiefpaß).

3. Idealer Bandpaß Der ideale Bandpaß erlaubt unverzerrten Signaldurchtritt im Durchlaßbereich Δf, er sperrt im Sperrbereich.

Seine Übertragungsfunktion lautet (Bild R 8.8/13)

$$G(\omega) = \begin{cases} k \exp -\mathrm{j}\omega t_0 & \text{für } |\omega - \omega_0| \leq \Delta\omega/2 \\ 0 & \text{sonst} \end{cases} \qquad (8.8/40)$$

ω_0 Bandmittenfrequenz, $\Delta\omega$ Bandbreite.

Sie wird gebildet

- durch Frequenztransformation Tiefpaß → Bandpaß
- durch Differenzbildung zweier Tiefpaß-Übertragungsfaktoren mit verschiedenen Grenzfrequenzen f_{g1}, f_{g2}
- durch Kettenschaltung von Tiefpaß und Hochpaß.

Die *Impulsantwort* lautet

$$g(t) = k\Delta f \operatorname{si}(\pi f(t - t_0) 2\cos(2\pi f_0(t - t_0)). \qquad (8.8/41)$$

$g(t)$ ist eine mit der Gewichtsfunktion eines Bezugs-Tiefpasses modulierte cos-Schwingung (→ Anwendung zur Spektralanalyse nach Betrag und Phase). Der ideale Bandpaß ist *nichtkausal*.

4. Idealer Integrator Der ideale Integrator (mit idealer Gewichtsfunktion und Sprungfunktion, Bild R 8.8/14) unterscheidet sich vom RC-Integrator - abhängig von der Zeitkonstanten - sowohl im Zeit- wie Frequenzverhalten.

Der reale Integrator wird am ehesten erfüllt für eine Integrationsdauer Δt

$$\Delta t \ll \tau = RC, \qquad (8.8/42)$$

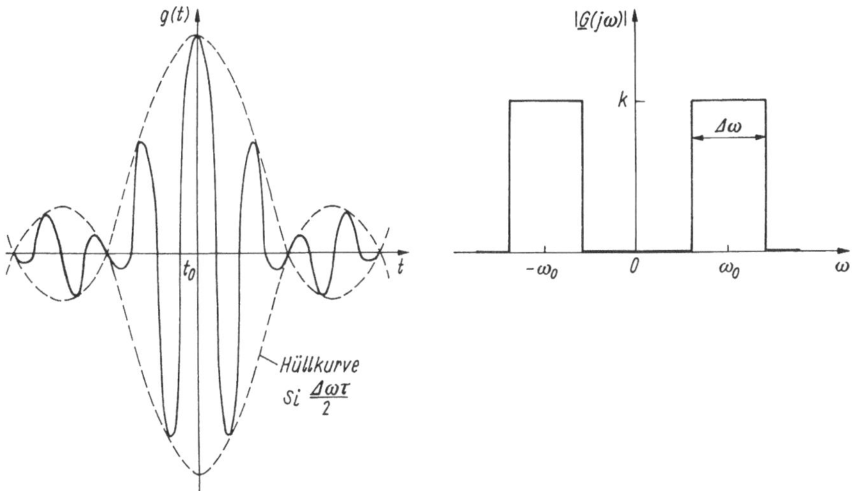

Bild R 8.8/13 Idealer Bandpaß, Impulsantwort und Übertragungsfunktion

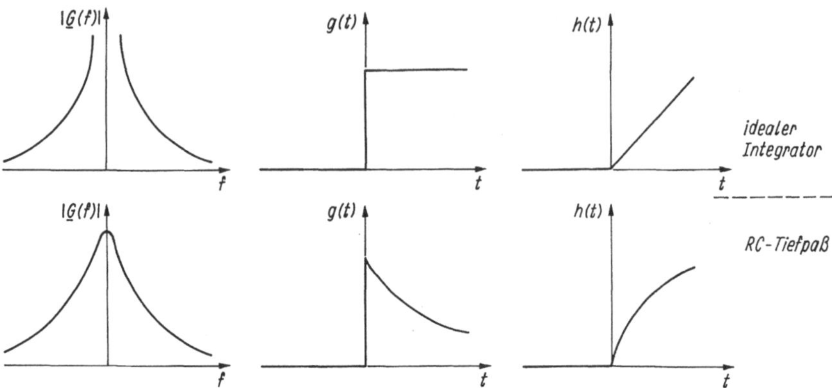

Bild R 8.8/14 Systemcharakteristiken eines idealen Integrators im Vergleich zum RC-Tiefpaß

d.h. eine entsprechend hohe Integrationszeitkonstante $\tau = RC$ ($\rightarrow$ niedrige Grenzfrequenz des Integrators).

5. Resultierende Bandbreite Werden mehrere Teilsysteme (Tiefpaß) mit der Übertragungsfunktion $A_i(\omega) = A(0)\exp -\mathrm{j}\omega/\omega_{\mathrm{g}i}$ in Kette geschaltet, so folgt für die Gesamtübertragung (Leistungsübertragung)

$$|A(\omega)|^2 = \prod_i^n A_i^2(0)\exp -\mathrm{j}n(\omega/\omega_0)2 = |A_{\mathrm{ges}}|^2 \exp -(\omega/\omega_{\mathrm{g}})2$$

schließlich $1/\omega_{\mathrm{g}} = \sqrt{\sum_{i=1}^{n} 1/\omega_{\mathrm{g}i}^2}$, oder im Zeitbereich

$$t_{\mathrm{r}} = \sqrt{t_{\mathrm{r}1}^2 + t_{\mathrm{r}2}^2 + \ldots t_{\mathrm{r}n}^2}. \qquad (8.8/43)$$

Anstiegszeiten addieren sich bei kettengeschalteten Systemen geometrisch.

9. Mehrphasen-, Drehstromsystem

Mehrphasensystem. Ein Mehrphasensystem (Grad m) enthält m Grundstromkreise mit je einer sinusförmigen Quellenspannung $\underline{U}_{q\nu}$ bestimmter Amplitude und Phasenverschiebung φ_ν und gleicher Frequenz (Ursache der Quellenspannungen: Ständerwicklungen eines Drehstromgenerators, Transformator, in der Elektronik synchronisierte Mehrphasenoszillatorschaltung).

Typischerweise sind die Grundstromkreise verkettet (elektrisch verbunden) entweder in *Stern-* oder *Polygonschaltung* (Bild R 9.1/1a,b):

- *Stern:* Verbindung aller Anfangs- (Endpunkte) der Einzelsysteme (spannungserzeugende Wicklungen) in einem Neutralpunkt N oder M (der zugängig sein kann). Bei zugängigem Neutralpunkt N gilt

$$\sum_{i=1}^{m} \underline{I}_i = -\underline{I}_{\mathrm{N}}, \tag{9.1/1a}$$

  ohne Neutralleiter verschwindet $\underline{I}_{\mathrm{N}}$.
- *Polygon:* Reihenschaltung der Einzelsysteme (spannungsführende Wicklungen), Sonderfall: *Dreieckschaltung*, $m = 3$. Zwangsläufig gilt

$$\sum_{i=1}^{m} \underline{U}_{ii} = 0. \tag{9.1/1b}$$

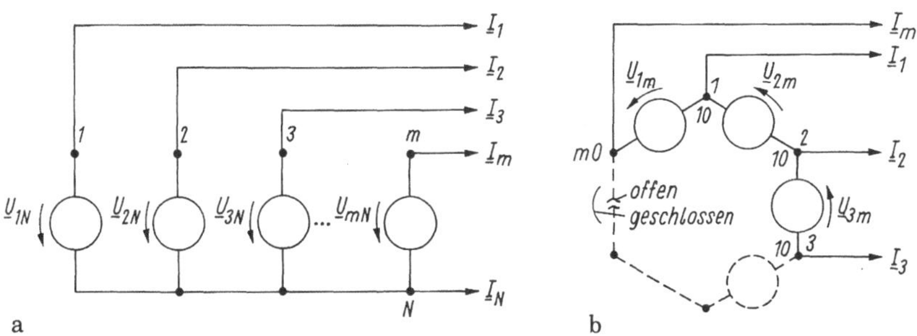

Bild R 9.1/1 m-Phasensystem
a) Sternschaltung (mit oder ohne Sternpunkt), b) Polygonschaltung (offen, geschlossen)

Diese Anordnung darf nur angewendet werden, wenn Gl (9.1/1b) auch bei offenem Stromkreis gilt (sonst Kurzschlußstrom).

Als *Vorteil* des verketteten Mehrphasensystems lassen sich die m Einzelsysteme durch weniger als $2m$ Leitungen mit dem Verbraucher verbinden! (→ Leitungseinsparung). Weitere Vorzüge sind

- gleichmäßiger Energiefluß Erzeuger → Verbraucher
- Erzeugung magnetischer Drehfelder in Elektromotoren (einfaches Motorprinzip)
- geringe Welligkeit bei Wandlung in Gleichspannung
- für spezielle Anwendungen wird mit höheren Phasenzahlen (m = 6, 12, 36) gearbeitet.

Technisch bedeutsam sind das *Zwei-*, vor allem aber *Dreiphasensystem* (größere Phasenzahlen werden in der Leistungselektronik durchaus verwendet).

Begriffe:

Strang: Allgemein ein Zweig (oder eine Gesamtheit von Zweigen) des Mehrphasensystems, in dem Ströme gleicher Phase fließen (Wicklung des Generators, Zweige des Verbrauchers), kurz: Strang: Zweipol *in einer* Strombahn.

Außenleiter: Die nach außen führenden Anschlußpunkte der Spannungsquellen, auch als *Hauptleiter* bezeichnet.

Außenleiterspannung $\underline{U}_{\nu\mu}$*:* Spannung zwischen den Außenleitern L_ν und L_μ mit zusätzlich aufeinanderfolgenden Phasen, auch als *Leiterspannung* ($\underline{U}$), *verkettete Spannung* ($\underline{U}_\nu$), *Dreieckspannung* ($\underline{U}_\Delta$) bezeichnet (z.B. $\underline{U}_{12}$, $\underline{U}_{23}$, $\underline{U}_{\mathrm{RS}}$, $\underline{U}_{\mathrm{TS}}$).

Sternspannung $\underline{U}_{\nu\mathrm{N}}$*:* Spannung zwischen Außenleiter L_ν und Neutralpunkt N, auch als *Phasenspannung* bezeichnet (allgemein $\underline{U}_{\mathrm{St}}$, $\underline{U}_{\mathrm{Ph}}$, z.B. $\underline{U}_{1\mathrm{N}}$, $\underline{U}_{2\mathrm{N}}$, $\underline{U}_{\mathrm{RO}}$, $\underline{U}_{\mathrm{SO}}$).

Strangspannung: Spannung zwischen beiden Enden eines Stranges (Einzelspannungsquelle) unabhängig davon, wie die Stränge zusammengeschaltet sind. Allgemein mit $\underline{U}_{\mathrm{Str}}$ bezeichnet (z. $\underline{U}_{11'}$, $\underline{U}_{\mathrm{WZ}}$, $\underline{U}_{\mathrm{VY}}$, $\underline{U}_{\mathrm{AO}}$).

Außenleiterstrom $\underline{I}_\nu$*:* Strom im Außenleiter, auch als *Leiterstrom* bezeichnet (z.B. $\underline{I}_1$, $\underline{I}_2$, $\underline{I}_\mathrm{R}$, $\underline{I}_\mathrm{S}$),

Neutralleiterstrom $\underline{I}_\mathrm{N}$ *oder* $\underline{I}_\mathrm{M}$*:* Strom im Neutralleiter,

Strangstrom: Strom in den Wicklungssträngen unabhängig von der Zusammenschaltung (= Sternstrom bei Sternschaltung, Dreieckstrom bei Dreieckschaltung), allgemein Strangstrom $\underline{I}_{\mathrm{Str}}$, z.B. $\underline{I}_{12}$, $\underline{I}_{23}$.

Symmetrie: Das System der m Wechselgrößen (Spannungen) $\underline{V}_\lambda = V_\lambda \exp \mathrm{j}\varphi_\lambda$ ($\lambda = 1 \dots m$) heißt *symmetrisch*, wenn alle Spannungen zwischen den Außenleitern gleichen Betrag besitzen und sich aufeinanderfolgende um den Winkel $2\pi/m$ unterscheiden:

$$U_1 = U_2 = U_3, \quad U_\lambda = U_m$$

$$\varphi_1 - \varphi_2 = \varphi_2 - \varphi_3 \dots = 2\pi/m \qquad \text{Symmetriebedingung.} \qquad (9.1/2)$$

Im symmetrischen System bilden die Einzelspannungen einen symmetrischen Stern.

Unsymmetrie herrscht, wenn eine der beiden Bedingungen Gl. (9.1/2) nicht erfüllt ist. Es gibt symmetrische/unsymmetrische *Generator-* und *Verbrauchersysteme.*

(Symmetrisches) Dreiphasensystem (Drehstromsystem): Besonders wichtiges Mehrphasensystem mit $m = 3$ Phasen. Die Anschlußpunkte der Spannungsquellen werden gleichwertig bezeichnet mit

1	L_1	A	R	U	
2	L_2	B	S	V	M, N Mittelpunkte.
3	L_3	C	T	W	

9.1 Grundkomponenten des Drehstromsystems

9.1.1 Generator

Drehstromgenerator, symmetrisch. Die drei Spannungsquellen

$$\begin{aligned} u_1 &= \hat{U}\cos\omega t, \\ u_2 &= \hat{U}\cos(\omega t - 2\pi/3), \\ u_3 &= \hat{U}\cos(\omega t - 4\pi/3) = \hat{U}\cos(\omega t + 2\pi/3) \end{aligned} \tag{9.1/3a}$$

des symmetrischen Drehstromgenerators oder im Frequenzbereich

$$\begin{aligned} \underline{U}_1 &= \underline{U}, \quad \underline{U}_2 = \underline{U}_1 \exp -\mathrm{j}2\pi/3 = \underline{U}_1\underline{a}^*, \\ \underline{U}_3 &= \underline{U}_2 \exp -\mathrm{j}2\pi/3 = \underline{U}_2\underline{a}^* = \underline{U}_1(\underline{a}^*)^2 = \underline{U}_1\underline{a} \end{aligned} \tag{9.1/3b}$$

können als *Linien-* oder *Zeigerdiagramm* dargestellt werden (Bild R 9.1/2a, b). Der sog. *Drehoperator*

$$\underline{a} = \exp\mathrm{j}\frac{2\pi}{3} = -\frac{1}{2} + \mathrm{j}\frac{\sqrt{3}}{2} \tag{9.1/4a}$$

(des symmetrischen Dreiphasensystems) erweist sich dabei als nützlich; es gelten die Beziehungen (Bild R 9.1/2c)

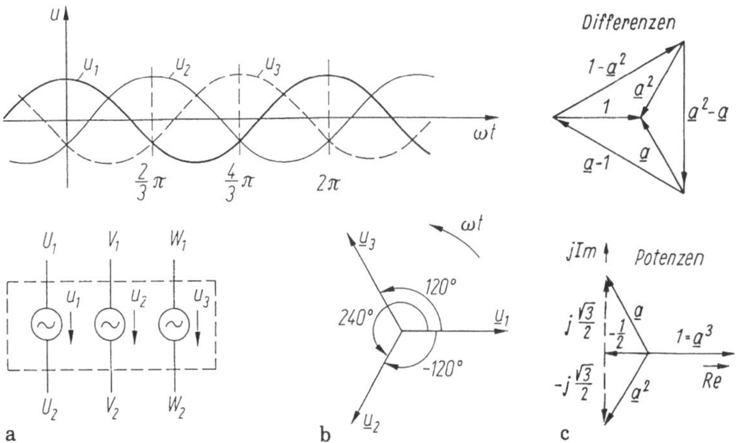

Bild R 9.1/2 Drehstrom
a) Liniendiagramm dreier Wechselspannungen (je um 120^0 verschoben, b) Zeigerdiagramm, c) Drehoperator $\underline{a}$, Potenz- und Differenzbildung

$$\underline{a}^2 = -\frac{1}{2} - \mathrm{j}\frac{\sqrt{3}}{2} = \underline{a}^*, \ \underline{a}^3 = 1, \ \underline{a}^4 = \underline{a}, \ \underline{a} - \underline{a}^2 = \mathrm{j}\sqrt{3}$$

sowie

$$\begin{aligned} &1 + \underline{a} + \underline{a}^2 = 0, \ 1 + \underline{a} = \exp \mathrm{j}\pi/3, \ 1 + \underline{a}^2 = \exp -\mathrm{j}\pi/3, \\ &1 - \underline{a} = \mathrm{j}\sqrt{3}\underline{a}^2 = \sqrt{3}\exp -\mathrm{j}\pi/6, \ 1 - \underline{a}^2 = \sqrt{3}\exp \mathrm{j}\pi/6. \end{aligned} \qquad (9.1/4b)$$

Die drei Spannungsquellen (des Drehstromgenerators) können stern- oder dreieckförmig zusammengeschaltet sein; stets gilt (im symmetrischen Drehstromsystem) Gl.(9.1/1b) auch für die Sternschaltung.

Sternschaltung. Bei dieser (üblicherweise) verwendeten Schaltung sind die Generatoren im Sternpunkt M = N zusammengeschaltet (Bild R 9.1/1a).

Merkmale:

- Leiterstrom = Strangstrom
- Summe der drei Ströme $i_1 \ldots i_3$ zu jedem Zeitpunkt Null
- Außenleiterspannung = Strangspannung$\cdot\sqrt{3}$ = (Leiter-Mittelpunktspannung)$\cdot\sqrt{3}$.

Phasenfolge. Die drei Spannungsquellen $\underline{U}_{1\mathrm{N}} \ldots \underline{U}_{3\mathrm{N}}$ können bezüglich der Phasenfolge zusammengeschaltet werden (Bild R 9.1/3):

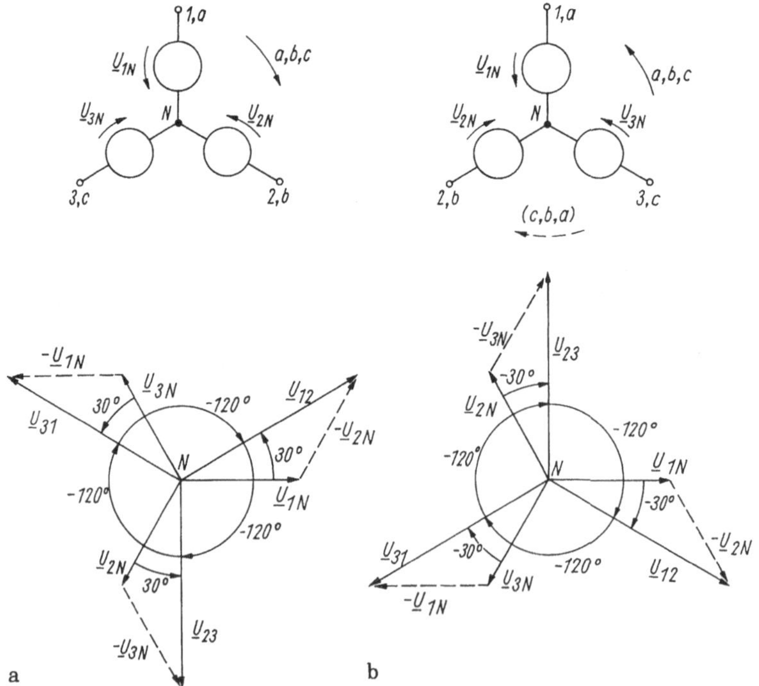

Bild R 9.1/3 Phasenfolge
a) rechtsdrehend (positive Folge), b) linksdrehend (negative Folge)

- In *positiver Folge* (Rechtsdrehsinn, normalerweise verwendet). Die Zeiger durchlaufen in der Folge 1, 2, 3 bei positiv definierter *Links*drehung die Phasenbezugsachse

$$\underline{U}_{1N} = U\angle\varphi, \quad \underline{U}_{2N} = \underline{U}_{1N}\underline{a}^*, \quad \underline{U}_{3N} = \underline{U}_{2N}\underline{a}^* = \underline{U}_{1N}\underline{a}^{*2}. \qquad (9.1/5a)$$

Dann lauten die *Außenleiterspannungen*

$$\begin{aligned} \underline{U}_{12} &= \underline{U}_{1N} - \underline{U}_{2N} = \underline{U}_{1N}(1 - (1\angle - 120^0)) = \underline{U}_{1N}(1 - \underline{a}^*) \\ &= \underline{U}_{1N}(3/2 + \mathrm{j}\sqrt{3}/2) = \sqrt{3}\underline{U}_{1N}\angle 30^0 \\ \underline{U}_{23} &= \sqrt{3}\underline{U}_{2N}\angle 30^0, \quad \underline{U}_{31} = \sqrt{3}\underline{U}_{3N}\angle 30^0. \end{aligned} \qquad (9.1/5b)$$

Bei positiver Folge eilen die Außenleiterspannungen der zugehörigen Mittelpunktspannung jeweils um 30^0 voraus (Bild R 9.1/3a).

- In *negativer Folge* (Folge 1, 3, 2, auch 3, 2, 1, Bild R 9.1/3b). Es gelten (durch Vertauschen der Leitungen 2 und 3 mit gleicher Bezugsphase $\underline{U}_{1N} = U\angle\varphi$)

$$\underline{U}_{1N} = U\angle\varphi, \quad \underline{U}_{2N} = \underline{U}_{1N}\underline{a}, \quad \underline{U}_{3N} = \underline{U}_{2N}\underline{a} = \underline{U}_{1N}\underline{a}^2 \qquad (9.1/6a)$$

und für die Außenleiterspannungen

$$\begin{aligned} \underline{U}_{12} &= \underline{U}_{2N} - \underline{U}_{1N} = (\underline{a} - 1)\underline{U}_{1N} = \sqrt{3}\underline{U}_{1N}\angle - 30^0 \\ \underline{U}_{23} &= \sqrt{3}\underline{U}_{2N}\angle - 30^0, \\ \underline{U}_{31} &= \sqrt{3}\underline{U}_{3N}\angle - 30^0. \end{aligned} \qquad (9.1/6b)$$

Auch bei negativer Phasenfolge gilt: Außenleiterspannung = $\sqrt{3}\cdot$ Strangspannung, doch eilt die Phase der korrespondierenden Mittelpunktspannung um 30^0 nach.

Die Phasenfolge ist für die Anwendung wichtig: Drehrichtungsumkehr des Drehstrommotors bei Verpolung zweier Leitungen.

Dreieckschaltung. Bei Dreieckschaltung des Generators gilt (Bild R 9.1/1b)

- Außenleiterspannung = Strangspannung, $U_L = U_\Delta$
- Leiterstrom = Strangstrom$\cdot\sqrt{3}$
- Summe aller Spannungen zu jedem Zeitpunkt Null.

Technisch bedeutungsvoll: Drehstromsystem mit $U_{1N} = U_{2N} = U_{3N} = 220\,\mathrm{V}$, $U_L = U_{1N}\sqrt{3} = 381\,\mathrm{V} \approx 380\,\mathrm{V}$ (technische Bezeichnung $3\times380/220\,\mathrm{V}$), seltener verwendet 220/127 V, 660/380 V.

9.1.2 Verbraucher

Dreiphasenverbraucher. Ebenso wie Dreiphasengeneratoren können auch Dreiphasenverbraucher in Stern und Dreieck geschaltet werden. Damit gibt es vier Grundtypen des Zusammenwirkens von Dreiphasengenerator und -verbraucher:

$$\mathrm{Y}-\mathrm{Y}, \quad \mathrm{Y}-\Delta, \quad \Delta-\mathrm{Y}, \quad \Delta-\Delta.$$

Im ersten Fall kann eine Mittelpunktverbindung vorhanden sein oder nicht. Sind Generator *und* Verbraucher symmetrisch, so liegt ein *symmetrisches* System vor.

Verbraucher in Sternschaltung (Bild R 9.1/4a). Bei (symmetrischen) Impedanzen $\underline{Z}_{\mathrm{LN}}$ zwischen Außenleitern und Mittelpunkt betragen die Spannungen (bei positiver Phasenfolge, s. Bild R 9.1/3a)

$$\begin{aligned}
\underline{U}_{1\mathrm{N}} &= \underline{U}_{\mathrm{LN}}\angle\varphi = 1/\sqrt{3}\,\underline{U}_{12}\angle-30^0 \\
\underline{U}_{2\mathrm{N}} &= \underline{U}_{\mathrm{LN}}\angle(\varphi-120^0) = 1/\sqrt{3}\,\underline{U}_{23}\angle-30^0 \\
\underline{U}_{3\mathrm{N}} &= \underline{U}_{\mathrm{LN}}\angle(\varphi-240^0) = 1/\sqrt{3}\,\underline{U}_{31}\angle-30^0.
\end{aligned} \tag{9.1/7}$$

Mit der Impedanz $\underline{Z}_{\mathrm{LN}} = Z_{\mathrm{LN}}\angle\varphi_{\mathrm{z}}$ fließen die Ströme

$$\begin{aligned}
\underline{I}_1 &= \underline{U}_{1\mathrm{N}}/\underline{Z}_{\mathrm{LN}} = I_{\mathrm{L}}\angle(\varphi-\varphi_{\mathrm{z}}) \\
\underline{I}_2 &= \underline{U}_{2\mathrm{N}}/\underline{Z}_{\mathrm{LN}} = \underline{I}_1\underline{a}^* = I_{\mathrm{L}}\angle(\varphi-\varphi_{\mathrm{z}}-120^0) \\
\underline{I}_3 &= \underline{U}_{3\mathrm{N}}/\underline{Z}_{\mathrm{LN}} = \underline{I}_2\underline{a}^* = I_{\mathrm{L}}\angle(\varphi-\varphi_{\mathrm{z}}-240^0).
\end{aligned} \tag{9.1/8}$$

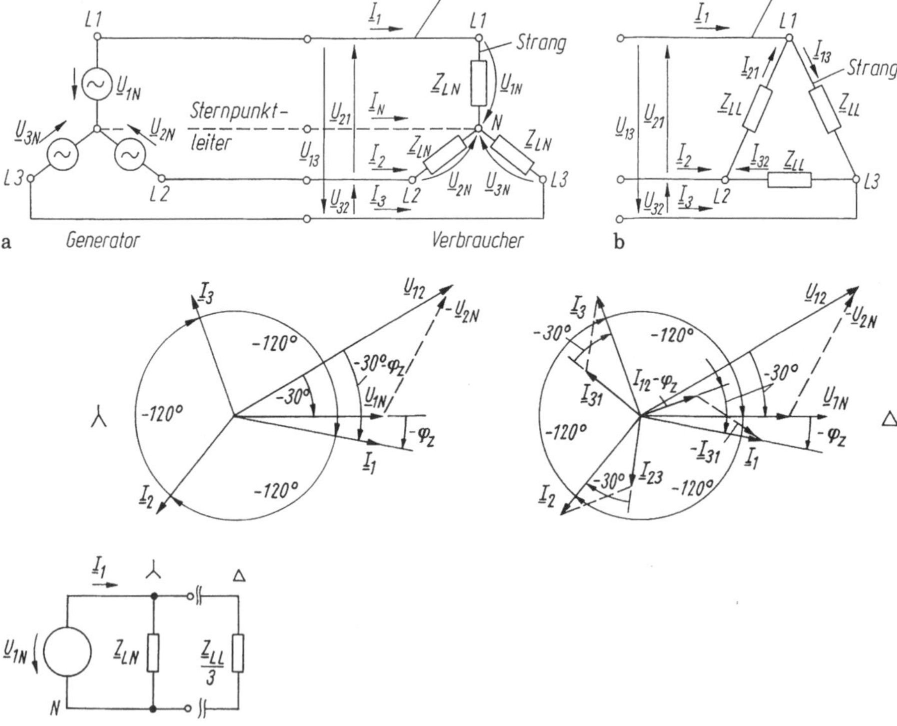

Bild R 9.1/4 Symmetrisches Drehstromsystem
a) bei Sternlast, b) bei Dreiecklast, c) Einphasenersatzschaltung

Bild R 9.1/4a zeigt die Zeigerdarstellung für $\varphi = 0$ und $\varphi_z > 0$. Durch symmetrische Last

$$\underline{I}_1 + \underline{I}_2 + \underline{I}_3 + \underline{I}_N = 0 = \frac{1}{\underline{Z}_{LN}} \underbrace{(\underline{U}_{1N} + \underline{U}_{2N} + \underline{U}_{3N})}_{0} + \underline{I}_N$$

bleibt der *Neutralleiter stets stromlos.*

Leistung. Vom symmetrischen Sternverbraucher wird die komplexe Leistung

$$\underline{S} = \underline{S}_1 + \underline{S}_2 + \underline{S}_3 = 3\,\underline{S}_1 \qquad (9.1/9a)$$

aufgenommen, jede Phase trägt mit gleicher Leistung bei. Dabei gilt

$$\boxed{\underline{S} = 3\,\underline{U}_{1N}\underline{I}^*_{1N} = 3\,\underline{U}_{LN}\underline{I}_{LN}\angle\varphi_z = \sqrt{3}\,U_L I_L \angle\varphi_z.} \qquad (9.1/9b)$$

Weil dabei wohl der Strangstrom, meist aber nicht die Sternspannung U_{LN} direkt meßbar ist, verwendet man die Außenleiterspannung $U_L = \sqrt{3}\,U_{LN}$ und erhält gleichwertig Gl.(9.1/9c). Ausgedrückt über die Impedanz $\underline{Z}_{LN}$ gilt

$$\underline{S} = 3\,\underline{U}_{1N}\underline{I}^*_{1N} = 3\underline{U}_{1N}\left(\frac{\underline{U}_{1N}}{\underline{Z}_{LN}}\right)^* = 3\frac{U^2_{LN}}{\underline{Z}^*_{LN}} = \frac{U^2_L}{\underline{Z}^*_{LN}} \qquad (9.1/9c)$$

mit $I_L = |\underline{I}_{1N}| = I_{LN}$.

Verbraucher in Dreieckschaltung. Liegt ein Verbraucher in symmetrischer Dreieckschaltung vor (Bild R 9.1/4b), so gelten mit Definition des Strangstromes $I_{LL} = |\underline{I}_{12}|$ bei positiver Phasenfolge für die *Strangströme*

$$\begin{aligned}
\underline{I}_{12} &= \frac{\underline{U}_{12}}{\underline{Z}_{LL}} = I_{LL}\angle(\varphi + 30^0 - \varphi_z) \\
\underline{I}_{23} &= \frac{\underline{U}_{23}}{\underline{Z}_{LL}} = \underline{I}_{12}(1\angle - 120^0) = I_{LL}\angle(\varphi + 30^0 - \varphi_z - 120^0) \qquad (9.1/10) \\
\underline{I}_{31} &= \frac{\underline{U}_{31}}{\underline{Z}_{LL}} = \underline{I}_{12}(1\angle - 240^0) = I_{LL}\angle(\varphi + 30^0 - \varphi_z - 240^0).
\end{aligned}$$

Verbraucherströme direkt durch Leiterspannungen und Impedanzen bestimmt!

Die Außenleiterströme werden jeweils aus zwei Verbraucherströmen gebildet:

$$\begin{aligned}
\underline{I}_1 &= \underline{I}_{12} - \underline{I}_{31} = \sqrt{3}\,\underline{I}_{12}\angle - 30^0 \\
\underline{I}_2 &= \underline{I}_{23} - \underline{I}_{12} = \sqrt{3}\,\underline{I}_{23}\angle - 30^0 \qquad (9.1/11) \\
\underline{I}_3 &= \underline{I}_{31} - \underline{I}_{23} = \sqrt{3}\,\underline{I}_{31}\angle - 30^0.
\end{aligned}$$

Bei positiver Phasenfolge eilen die Außenleiterströme den Strangströmen stets um 30^0 nach und sind um einen Faktor $\sqrt{3}$ größer.

Leistung. Die komplexe Leistung $\underline{S}$ beträgt (wegen der Schaltungssymmetrie)

$$\begin{aligned}
\underline{S} &= 3\underline{S}_1 = 3\underline{U}_{12}\underline{I}^*_{12} = 3\underline{U}_{12}(\angle 30^0)\underline{I}^*_1/\sqrt{3} \qquad (9.1/12a) \\
&= 3U_L\angle(\varphi + 30^0)(I_L/\sqrt{3}\angle(\varphi + 30^0 - \varphi_z))^* = \sqrt{3}U_L I_L \angle\varphi_z.
\end{aligned}$$

Sie stimmt mit der der Sternschaltung überein (bei gleichen Außenleiterwerten). Gleichwertig gilt

$$\underline{S} = 3\underline{U}_{12}\left(\frac{\underline{U}_{12}}{\underline{Z}_{LL}}\right)^* = 3\frac{U_L^2}{\underline{Z}_{LL}^*} \tag{9.1/12b}$$

und damit bei Verbrauchersymmetrie

$$\underline{Z}_{LN} = \frac{\underline{Z}_{LL}}{3} \tag{9.1/13}$$

als Umrechnung zwischen Δ- und Y-Verbraucherwiderständen.

Zusammengefaßt: Unabhängig von der Verkettungsart gilt für die Gesamtleistung im symmetrisch belasteten Drehstromsystem:

$$\begin{array}{ll} \text{Gesamtleistung} & = \text{Summe der drei Strangleistungen} \\ \text{Scheinleistung} & S = \sqrt{3}UI \\ \text{Wirkleistung} & P = \sqrt{3}UI\cos\varphi_z \\ \text{Blindleistung} & Q = \sqrt{3}UI\sin\varphi_z. \\ \text{Dreieckschaltung} & U = U_L, \quad I = \sqrt{3}I_L \\ \text{Sternschaltung:} & U = \sqrt{3}U_L, \quad I = I_L \end{array} \tag{9.1/14}$$

9.2 Generator-Verbraucherzusammenschaltungen

Die Analyse des Zusammenspiels hängt davon ab, ob ein symmetrisches oder unsymmetrisches Drehstromsystem vorliegt.

Symmetrisches Drehstromsystem: Generator-Verbrauchersystem, bei dem beide Partner symmetrisch sind. Verbreitet wird dabei der Generator in *Stern-* und die Last in *Stern-* oder *Dreieck*schaltung betrieben.

Gegeben sind die Generator-Stern- und Dreieckspannungen, vom Verbraucher sind meist die Impedanzen bzw. Leistung und Leistungsfaktor bekannt. Zur Analyse wird der Verbraucher aus der Dreieck- in eine Sternschaltung gewandelt. Da die Sternpunkte des Generators und Verbrauchers auf gleichem Potential liegen (Verbindung durch Leiter möglich) kann für jeden Strang als vereinfachte Schaltung die sog. *Phasenschaltung* (→ Entkopplung der Einzelsysteme) angegeben werden (Bild 9.1/4c). Dabei gelten

- bei *Sternlast*

$$\underline{I}_{1N} = \underline{I}_1 = \frac{\underline{U}_{1N}}{\underline{Z}_{LN}} = \frac{\underline{U}_{12}}{\sqrt{3}\underline{Z}_{LN}}\angle - 30^0. \tag{9.2/1}$$

Die Leiterströme können direkt aus Sternspannung und Impedanz bestimmt werden.

- für die *Dreiecklast* als *Strangstrom* (Bild R 9.2/1a, b)

$$\underline{I}_{12} = \underline{U}_{12}\underline{Y}_{LL} = \frac{\underline{U}_{12}}{\underline{Z}_{LL}} = \underline{U}_1(1 - \underline{a}^2)\underline{Y}_{LL} \tag{9.2/2}$$

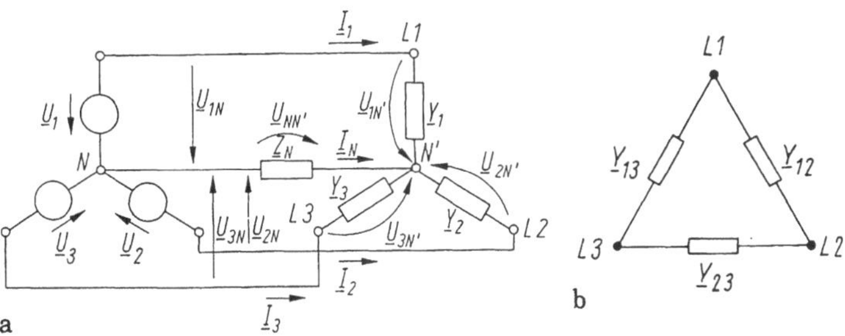

Bild R 9.2/1 Unsymmetrischer Verbraucher
a) Sternschaltung mit Nullpunktwiderstand, b) Dreieckschaltung

- und die *Außenleiterströme*

$$\underline{I}_1 = \underline{I}_{12} - \underline{I}_{31} = (\underline{U}_{12} - \underline{U}_{31})\underline{Y}_{\mathrm{LL}} = (1-\underline{a})\underline{I}_{12} = \sqrt{3}\frac{\underline{U}_{12}}{\underline{Z}_{\mathrm{LL}}}\angle -30^0 . \quad (9.2/3)$$

Durch jeden Verbraucher $\underline{Z}_{\mathrm{LL}}$ fließt der Strom $\underline{U}_{\mathrm{LL}}/\underline{Z}_{\mathrm{LL}}$, und der Außenleiterstrom hat den Betrag $I_{\mathrm{L}} = \sqrt{3}U_{\mathrm{LL}}/Z_{\mathrm{LL}}$. Damit gelingt die Berechnung des Strangstromes aus $\underline{U}_1$, $\underline{a}$ und der jeweiligen Impedanz $\underline{Z}_{\mathrm{LL}}$.

Bezüglich der *Außenleiterberechnung* gilt zusammengefaßt:

- bei Y- und Δ-Last ist der Außenleiterstrom gegenüber der korrespondierenden Außenleiterspannung um den Winkel $(-30^0 - \varphi_{\mathrm{z}})$ (φ_{z} Lastimpedanz) verschoben
- bei der Y-Last (Δ-Last) fließt der Außenleiterstrom

$$\underline{I}_1 = \frac{1}{\underline{Z}_{\mathrm{LN}}}\frac{\underline{U}_{12}}{\sqrt{3}}\angle - 30^0 = \frac{1}{\underline{Z}_{\mathrm{LL}}}\sqrt{3}\underline{U}_{12}\angle - 30^0.$$

- die komplexe Leistung $\underline{S}$ beträgt bei Sternschaltung $\underline{S} = U_{\mathrm{L}}^2/\underline{Z}_{\mathrm{LN}}^*$, Dreieckschaltung $\underline{S} = 3U_{\mathrm{L}}^2/\underline{Z}_{\mathrm{LL}}^*$, ferner gilt $\underline{Z}_{\mathrm{LN}} = \underline{Z}_{\mathrm{LL}}/\sqrt{3}$.

Unsymmetrischer Verbraucher. Bei Verbraucherunsymmetrie (aber Generatorsymmetrie) fließen verschiedene Außenleiterströme, auch können sich die Außenleiterspannungen (durch Generatorinnenwiderstände) unterscheiden. Typische Lastfälle sind die *Sternlast* (mit Mittelpunktleiter) und die *Dreiecklast* (Bild R 9.2/1).

Sternlast. Bei gegebenen Generatorspannungen $\underline{U}_{1\mathrm{N}} \ldots \underline{U}_{3\mathrm{N}}$ entsteht zwischen beiden Sternpunkten N, N' die sog. *Verlagerungsspannung*

$$-\underline{U}_{\mathrm{N'N}} = \frac{\underline{U}_{1\mathrm{N}}\underline{Y}_1 + \underline{U}_{2\mathrm{N}}\underline{Y}_2 + \underline{U}_{3\mathrm{N}}\underline{Y}_3}{\underline{Y}_1 + \underline{Y}_2 + \underline{Y}_3} \quad (9.2/4)$$

(Berechnung durch Wandlung der Spannungsquellenersatzschaltung in die Stromquellenform). Sie verschwindet bei symmetrischer Last ($\underline{Y}_1 = \underline{Y}_2 = \underline{Y}_3$), aber in Sonderfällen auch bei allgemeiner Last. Mit $\underline{U}_{\mathrm{NN'}}$ sind berechenbar

- die *Strangspannungen* am Verbraucher

$$\underline{U}_{1N'} = \underline{U}_{1N} + \underline{U}_{NN'} \quad \text{usw.} \tag{9.2/5a}$$

- die *Außenleiterströme*

$$\begin{aligned} \underline{I}_1 &= \underline{Y}_1(\underline{U}_{1N} + \underline{U}_{NN'}), \\ \underline{I}_2 &= \underline{Y}_2(\underline{U}_{2N} + \underline{U}_{NN'}) \\ \underline{I}_3 &= \underline{Y}_3(\underline{U}_{3N} + \underline{U}_{NN'}) \end{aligned} \tag{9.2/5b}$$

- der *Sternpunktstrom*

$$-\underline{I}_N = \underline{I}_1 + \underline{I}_2 + \underline{I}_3 = -\underline{U}_{NN'}\underline{Y}_N. \tag{9.2/5c}$$

Für verschwindenden Neutralleiter gilt $\underline{Y}_N = 0$, für Kurzschluß $\underline{U}_{NN'} = 0$. Durch die Verlagerungsspannung ist eine direkte Strombestimmung nicht mehr möglich. Lösungsmöglichkeiten durch Überlagerungssatz (jeweils zwei Spannungsquellen kurzschließen und zyklische Vertauschung), Umformung in Stromquellenersatzschaltung oder Stern-Dreieck-Transformation.

Ohne Nulleiter fließen die Außenleiterströme

$$\begin{aligned} \underline{I}_1 &= \underline{Y}_1\underline{U}_{1N} = \frac{\underline{Y}_2\underline{U}_{12} - \underline{Y}_3\underline{U}_{31}}{\underline{Y}_1 + \underline{Y}_2 + \underline{Y}_3}\underline{Y}_1, \\ \underline{I}_2 &= \underline{Y}_2\underline{U}_{2N} = \frac{\underline{Y}_3\underline{U}_{23} - \underline{Y}_1\underline{U}_{12}}{\underline{Y}_1 + \underline{Y}_2 + \underline{Y}_3}\underline{Y}_2, \\ \underline{I}_3 &= \underline{Y}_3\underline{U}_{3N} = \frac{\underline{Y}_1\underline{U}_{31} - \underline{Y}_2\underline{U}_{23}}{\underline{Y}_1 + \underline{Y}_2 + \underline{Y}_3}\underline{Y}_3. \end{aligned} \tag{9.2/6}$$

Dreieckschaltung. Ausgang sind die Außenleiterspannungen, weil der Neutralleiter entfällt. Damit werden die Strangströme im Verbraucher bestimmt

$$\underline{I}_{12} = \underline{Y}_{12}\underline{U}_{12}, \quad \underline{I}_{23} = \underline{Y}_{23}\underline{U}_{23}, \quad \underline{I}_{31} = \underline{Y}_{31}\underline{U}_{31} \tag{9.2/7}$$

und so aus den jeweiligen Knotenpunkten die *Außenleiterströme*

$$\begin{aligned} \underline{I}_1 &= \underline{I}_{12} - \underline{I}_{31} = \underline{U}_{12}\underline{Y}_{12} - \underline{U}_{31}\underline{Y}_{31} \\ \underline{I}_2 &= \underline{I}_{23} - \underline{I}_{12} = \underline{U}_{23}\underline{Y}_{23} - \underline{U}_{12}\underline{Y}_{12} \\ \underline{I}_3 &= \underline{I}_{31} - \underline{I}_{23} = \underline{U}_{31}\underline{Y}_{31} - \underline{U}_{23}\underline{Y}_{23}. \end{aligned} \tag{9.2/8}$$

Hinweis:

- Bei *symmetrischer* Last ($\underline{Y}_{12} = \underline{Y}_{23} = \underline{Y}_{31}$) werden die Außenleiterströme symmetrisch, doch gibt es auch Fälle asymmetrischer Zweiglasten, die zu symmetrischer Gesamtlast führen. (Dabei treten verschiedene Ströme auf.)
- *Last mit Gegeninduktivität.* Enthält eine Last Gegeninduktivitäten, so werden diese in äquivalente Anordnungen ohne Gegeninduktivitäten umgewandelt oder über stromgesteuerte Spannungsquellen bei Anwendung des Maschenstromverfahrens berücksichtigt.
- *Gemischte Last:* Liegen Stern- und Dreieckschaltungen mehrerer Verbraucher parallel, so wandelt man zweckmäßig Y → Δ, faßt alle parallelen Dreieckelemente zusammen und arbeitet mit der Δ-Schaltung weiter.

9.3 Analyse mit symmetrischen Komponenten

Symmetrische Komponenten. Aus der Reihe der Analyseverfahren hat sich für unsymmetrische Dreiphasennetzwerke die sog. *Zerlegung in symmetrische Komponenten* bewährt: Ersatz des unsymmetrischen Dreiphasensystems durch drei symmetrische (die leicht zu berechnen sind) und Überlagerung der Lösungen zum Gesamtsystem. Die symmetrischen Komponenten heißen *Null-* (Index 0), *Mit-* (Index m) und *Gegensystem* (Index g). Beispielsweise lassen sich die unsymmetrischen Sternspannungen $\underline{U}_{1N} \dots \underline{U}_{3N}$ durch die symmetrischen Komponenten $\underline{U}_o$, $\underline{U}_m$, $\underline{U}_g$ ausdrücken (Bild R 9.3/1a):

$$\begin{pmatrix} \underline{U}_o \\ \underline{U}_m \\ \underline{U}_g \end{pmatrix} = \underline{\boldsymbol{S}} \begin{pmatrix} \underline{U}_{1N} \\ \underline{U}_{2N} \\ \underline{U}_{3N} \end{pmatrix} \quad \text{mit } \underline{\boldsymbol{S}} = \frac{1}{3} \begin{pmatrix} 1 & 1 & 1 \\ 1 & \underline{a} & \underline{a}^2 \\ 1 & \underline{a}^2 & \underline{a} \end{pmatrix}, \tag{9.3/1a}$$

d.h.

$$\begin{aligned} \underline{U}_o &= 1/3(\underline{U}_{1N} + \underline{U}_{2N} + \underline{U}_{3N}) \\ \underline{U}_m &= 1/3(\underline{U}_{1N} + \underline{a}\underline{U}_{2N} + \underline{a}^2\underline{U}_{3N}) \\ \underline{U}_g &= 1/3(\underline{U}_{1N} + \underline{a}^2\underline{U}_{2N} + \underline{a}\underline{U}_{3N}). \end{aligned} \tag{9.3/1b}$$

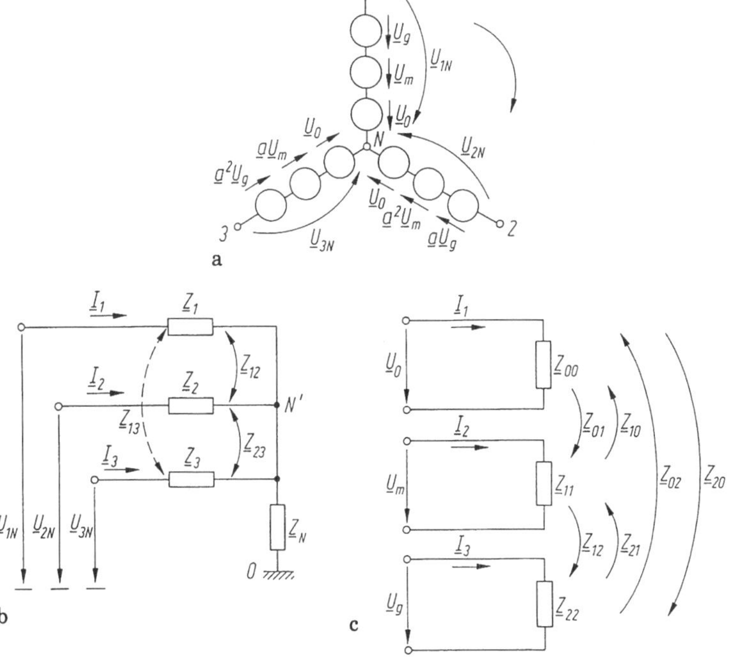

Bild R 9.3/1 Drehstromsystem zerlegt in Null-, Mit- und Gegensystem
a) Spannungsaufteilung, b) Verbraucher in Sternschaltung, c) Ersatzschaltung

$\underline{\boldsymbol{S}}$ heißt *Symmetriematrix.* Dabei umfassen das

- *Nullsystem:* drei gleichphasige Spannungen $\underline{U}_\text{o}$
- *Mitsystem:* das symmetrische System mit Normalphase (rechtsdrehend) $\underline{U}_\text{m}$, $\underline{a}^2\underline{U}_\text{m}$, $\underline{a}\underline{U}_\text{m}$ (Gl.(9.1/5a))
- *Gegensystem:* das symmetrische System mit Gegenphase (linksdrehend) $\underline{U}_\text{g}$, $\underline{a}\underline{U}_\text{g}$, $\underline{a}^2\underline{U}_\text{g}$ (Gl.(9.1/6a)).

Umgekehrt folgt aus den symmetrischen Komponenten das *natürliche System*

$$\begin{pmatrix} \underline{U}_\text{1N} \\ \underline{U}_\text{2N} \\ \underline{U}_\text{3N} \end{pmatrix} = \underline{\boldsymbol{T}} \begin{pmatrix} \underline{U}_\text{o} \\ \underline{U}_\text{m} \\ \underline{U}_\text{g} \end{pmatrix} \quad \text{mit } \underline{\boldsymbol{T}} = \begin{pmatrix} 1 & 1 & 1 \\ 1 & \underline{a}^2 & \underline{a} \\ 1 & \underline{a} & \underline{a}^2 \end{pmatrix} = \underline{\boldsymbol{S}}^{-1} \qquad (9.3/2\text{a})$$

oder in Komponentenform (Bild R 9.3/1a)

$$\begin{aligned} \underline{U}_\text{1N} &= \underline{U}_\text{o} + \underline{U}_\text{m} + \underline{U}_\text{g} \\ \underline{U}_\text{2N} &= \underline{U}_\text{o} + \underline{a}^2\underline{U}_\text{m} + \underline{a}\underline{U}_\text{g} \\ \underline{U}_\text{3N} &= \underline{U}_\text{o} + \underline{a}\underline{U}_\text{m} + \underline{a}^2\underline{U}_\text{g}. \end{aligned} \qquad (9.3/2\text{b})$$

Dabei ist $\underline{\boldsymbol{T}}$ die *Transformationsmatrix.* Daraus folgt:

Beim symmetrischen System der Spannungen $\underline{U}_\text{1N} \ldots \underline{U}_\text{3N}$ verschwinden Null- und Gegensystem ($\underline{U}_\text{o}$, $\underline{U}_\text{g}$), es verbleibt nur das Mitsystem $\underline{U}_\text{m} = \underline{U}_\text{1N}$.

Grundsätzlich läßt sich das System symmetrischer Komponenten auch auf Ströme beziehen.

Anwendung. Bei unsymmetrischer Last führt man zweckmäßig analog zur Matrixform des Netzwerkes

$$\underline{\boldsymbol{U}} = \underline{\boldsymbol{Z}}\,\underline{\boldsymbol{I}} \qquad (9.3/3)$$

für die Belastung eine symmetrische Beschreibung ein (Bild R 9.3/1b,c)

$$\underline{\boldsymbol{U}}_\text{S} = \underline{\boldsymbol{Z}}_\text{S}\,\underline{\boldsymbol{I}}_\text{S} \qquad (9.3/4\text{a})$$

mit der *(symmetrischen) Impedanzmatrix*[1]

$$\underline{\boldsymbol{Z}}_\text{S} = \begin{pmatrix} \underline{Z}_{00} & \underline{Z}_{01} & \underline{Z}_{02} \\ \underline{Z}_{10} & \underline{Z}_{11} & \underline{Z}_{12} \\ \underline{Z}_{20} & \underline{Z}_{21} & \underline{Z}_{22} \end{pmatrix} = \underline{\boldsymbol{S}}\,\underline{\boldsymbol{Z}}\,\underline{\boldsymbol{T}}. \qquad (9.3/4\text{b})$$

Die Impedanzmatrix $\underline{\boldsymbol{Z}}$ des natürlichen Systems läßt sich z.B. mittels des Maschenstromverfahrens oder der Kirchhoffschen Gleichungen gewinnen.

Durch die symmetrische Impedanzmatrix $\underline{\boldsymbol{Z}}_\text{S}$ wird das dreiphasige verkettete Netzwerk auf einfache Netzwerke reduziert, deren Zweige untereinander verkoppelt sind. Die Kopplungen zwischen den symmetrischen Strömen hängen von der Stromrichtung ab ($\underline{Z}_{01} \neq \underline{Z}_{10}$!).

Für die Sternschaltung $\underline{Z}_1 \ldots \underline{Z}_3$ mit Nullpunktimpedanz $\underline{Z}_\text{N}$ lauten die symmetrischen Impedanzen

[1] Bezeichnung bezieht sich auf symmetrische Komponenten, nicht die Eigenschaft der Matrix.

$$\begin{aligned} \underline{Z}_{00} &= 1/3(\underline{Z}_1 + \underline{Z}_2 + \underline{Z}_3) + 3\underline{Z}_\mathrm{N} && \text{Nullselbstimpedanz} \\ \underline{Z}_{01} = \underline{Z}_{12} = \underline{Z}_{20} &= 1/3(\underline{Z}_1 + \underline{a}^2\underline{Z}_2 + \underline{a}\underline{Z}_3) && \text{Koppelimpedanz} \\ \underline{Z}_{10} = \underline{Z}_{21} = \underline{Z}_{02} &= 1/3(\underline{Z}_1 + \underline{a}\underline{Z}_2 + \underline{a}^2\underline{Z}_3) && \text{Koppelimpedanz} \\ \underline{Z}_{11} = \underline{Z}_{22} &= 1/3(\underline{Z}_1 + \underline{Z}_2 + \underline{Z}_3) && \text{Mit-/Gegenimpedanz.} \end{aligned} \qquad (9.3/5)$$

Bei *symmetrischer Last* ($\underline{Z}_1 \dots \underline{Z}_3 = \underline{Z}$) verschwinden alle Koppelimpedanzen und es verbleiben

$$\begin{aligned} \underline{Z}_{00} &= \underline{Z}_1 + 3\underline{Z}_\mathrm{N} && \text{Nullselbstimpedanz} \\ \underline{Z}_{11} &= \underline{Z}_{22} = \underline{Z} && \text{Mit-/Gegenimpedanz.} \end{aligned} \qquad (9.3/6)$$

Dann gelten schließlich:

$$\begin{aligned} \underline{U}_\mathrm{o} &= \underline{Z}_{00}\underline{I}_\mathrm{o} \\ \underline{U}_\mathrm{m} &= \underline{Z}_{11}\underline{I}_\mathrm{m} \\ \underline{U}_\mathrm{g} &= \underline{Z}_{22}\underline{I}_\mathrm{g}. \end{aligned} \quad \text{Gleichungssystem der symmetrischen Komponenten bei symmetrischer Last} \qquad (9.3/7)$$

Sind im allgemeinen Fall die natürlichen Belastungen $\underline{\boldsymbol{Z}}$ und Spannungen $\underline{\boldsymbol{U}}$ nach Gl.(9.3/3) gegeben, so folgen als *symmetrische Komponenten der Leiterströme*

$$\underline{\boldsymbol{I}}_\mathrm{S} = \underline{\boldsymbol{S}}\,\underline{\boldsymbol{Z}}^{-1}\underline{\boldsymbol{U}}. \qquad (9.3/8)$$

Fehlt der Neutralleiter, so bedeutet dies wegen $\underline{I}_{\mathrm{L}1} + \underline{I}_{\mathrm{L}2} + \underline{I}_{\mathrm{L}3} = 0$ Verschwinden der Nullkomponenten. Dann genügen zwei Ströme zur Systembeschreibung, etwa $\underline{I}_{\mathrm{L}1}$, $\underline{I}_{\mathrm{L}3}$:

$$\begin{pmatrix} \underline{I}_1 \\ \underline{I}_2 \end{pmatrix} = \underline{\boldsymbol{T}} \begin{pmatrix} \underline{I}_\mathrm{m} \\ \underline{I}_\mathrm{g} \end{pmatrix} \quad \text{mit } \underline{\boldsymbol{T}} = \begin{pmatrix} 1 & 1 \\ \underline{a} & \underline{a}^2 \end{pmatrix}. \qquad (9.3/9)$$

Aus den gegebenen Spannungen $\underline{\boldsymbol{U}}$ und der Last $\underline{\boldsymbol{Z}}$ folgen die symmetrischen Komponenten der Leiterströme

$$\begin{pmatrix} \underline{I}_\mathrm{m} \\ \underline{I}_\mathrm{g} \end{pmatrix} = \underline{\boldsymbol{T}}^{-1}\underline{\boldsymbol{Z}}^{-1}\underline{\boldsymbol{U}} \quad \text{mit } \underline{\boldsymbol{T}}^{-1} = \underline{\boldsymbol{S}} = \frac{\mathrm{j}}{\sqrt{3}} \begin{pmatrix} \underline{a}^2 & -1 \\ -\underline{a} & 1 \end{pmatrix}. \qquad (9.3/10)$$

Die Impedanzmatrix $\underline{\boldsymbol{Z}}$ folgt über

$$\begin{pmatrix} \underline{U}_{12} \\ \underline{U}_{32} \end{pmatrix} = \underline{\boldsymbol{Z}} \begin{pmatrix} \underline{I}_1 \\ \underline{I}_3 \end{pmatrix} = \begin{pmatrix} \underline{Z}_1 + \underline{Z}_2 & \underline{Z}_2 \\ \underline{Z}_2 & \underline{Z}_2 + \underline{Z}_3 \end{pmatrix} \cdot \begin{pmatrix} \underline{I}_1 \\ \underline{I}_3 \end{pmatrix}. \qquad (9.3/11)$$

Bei symmetrischer Leiterspannung gilt zudem noch $\underline{U}_{32} = -\underline{a}^2\underline{U}_{12}$.

Lösungsmethodik zur Berechnung unsymmetrischer Schaltungen mit *symmetrischen* Komponenten:

1. Aufstellung der Maschengleichungen im natürlichen System (z.B. Maschenstromanalyse)

$$\begin{pmatrix} \underline{U}_{1\mathrm{N}} \\ \underline{U}_{2\mathrm{N}} \\ \underline{U}_{3\mathrm{N}} \end{pmatrix} = \underline{\boldsymbol{Z}} \begin{pmatrix} \underline{I}_1 \\ \underline{I}_2 \\ \underline{I}_3 \end{pmatrix}$$

2. Transformation in symmetrische Komponenten (Symmetrierung) mit

$$\underline{\boldsymbol{U}}_{\mathrm{S}} = \underline{\boldsymbol{S}}\,\underline{\boldsymbol{U}}, \quad \underline{\boldsymbol{Z}}_{\mathrm{S}} = \underline{\boldsymbol{S}}\,\underline{\boldsymbol{Z}}\,\underline{\boldsymbol{T}}$$

3. Berechnung der symmetrischen Komponenten der gesuchten Größe, z.B. der Ströme

$$\begin{pmatrix} \underline{I}_{\mathrm{o}} \\ \underline{I}_{\mathrm{m}} \\ \underline{I}_{\mathrm{g}} \end{pmatrix} = \underline{\boldsymbol{Z}}_{\mathrm{S}}^{-1} \begin{pmatrix} \underline{U}_{\mathrm{o}} \\ \underline{U}_{\mathrm{m}} \\ \underline{U}_{\mathrm{g}} \end{pmatrix}$$

4. Berechnung der gesuchten Größen im natürlichen System (Rückführung)

$$\begin{pmatrix} \underline{I}_1 \\ \underline{I}_2 \\ \underline{I}_3 \end{pmatrix} = \underline{\boldsymbol{T}} \begin{pmatrix} \underline{I}_{\mathrm{o}} \\ \underline{I}_{\mathrm{m}} \\ \underline{I}_{\mathrm{g}} \end{pmatrix}; \qquad \underline{I}_{\mathrm{N}} = -\underline{I}_{\mathrm{o}}.$$

9.4 Leistung

Im (allgemeinen) Dreiphasensystem (Ströme $i_1 \ldots i_3$, Spannungen $u_1 \ldots u_3$) ist die momentan umgesetzte Leistung $p(t)$ gleich der Summe der Leistungen der einzelnen Stränge

$$p(t) = p_1 + p_2 + p_3.$$

Gesamtleistung eines Mehrphasensystems = Summe der Leistungen der einzelnen Stränge.

Bei Symmetrie der Ströme und Spannungen ist das System für $m > 2$ balanciert, d.h. $p(t)$ unabhängig von der Zeit. Daraus lassen sich die Wirk-, Blind- und Scheinleistungen definieren:

Wirkleistung (Zweipol: $P = UI\cos\varphi$)

$$P_{\mathrm{Y}} = U_{1\mathrm{N}} I_{1\mathrm{N}} \cos\varphi_{1\mathrm{N}} + U_{2\mathrm{N}} I_{2\mathrm{N}} \cos\varphi_{2\mathrm{N}} + U_{3\mathrm{N}} I_{3\mathrm{N}} \cos\varphi_{3\mathrm{N}} \qquad (9.4/1)$$

($\varphi_{i\mathrm{N}} = \varphi_{\mathrm{u}i\mathrm{N}} - \varphi_{\mathrm{i}i\mathrm{N}}$) bzw. bei Dreieckschaltung

$$P_{\Delta} = U_{12} I_{12} \cos\varphi_{12} + U_{23} I_{23} \cos\varphi_{23} + U_{31} I_{31} \cos\varphi_{31}$$

($\varphi_{12} = \varphi_{\mathrm{u}12} - \varphi_{\mathrm{i}12}$ usw.)

Blindleistung (Zweipol: $Q = UI\sin\varphi$)

$$\begin{aligned} Q_{\mathrm{Y}} &= U_{1\mathrm{N}} I_{1\mathrm{N}} \sin\varphi_{1\mathrm{N}} + U_{2\mathrm{N}} I_{2\mathrm{N}} \sin\varphi_{2\mathrm{N}} + U_{3\mathrm{N}} I_{3\mathrm{N}} \sin\varphi_{3\mathrm{N}} \\ Q_{\Delta} &= U_{12} I_{12} \sin\varphi_{12} + U_{23} I_{23} \sin\varphi_{23} + U_{31} I_{31} \sin\varphi_{31}. \end{aligned} \qquad (9.4/2)$$

Scheinleistung: (Zweipol: $S = UI$)

$$S_{\mathrm{Y}} = \sum_{i=1}^{3} U_{i\mathrm{N}} I_{i\mathrm{N}}, \qquad S_{\Delta} = U_{12} I_{12} + U_{23} I_{23} + U_{31} I_{31}. \qquad (9.4/3)$$

Darstellung in komplexer Form mit $\underline{S} = P + \mathrm{j}Q$:

$$\underline{S} = \sum_{\nu=1}^{3} \underline{S}_{\nu} = \sum_{\nu=1}^{3} \underline{U}_{\nu} \underline{I}_{\nu}. \qquad (9.4/4)$$

Bei symmetrischer Last folgt Gl.(9.1/14).

Ergebnisse:

- Wirk-, Blind- und Scheinleistung betragen bei symmetrischen Schaltungen unabhängig von Stern- oder Dreieckfall das 3-fache der Phasenleistung
- Die Momentanleistung hängt (im Gegensatz zu Einphasensystemen!) *nicht* von der Zeit ab
- Wirkleistung und Leistungsfaktor lassen sich (allgemein!) mit zwei Wattmetern messen (im Vierleitersystem durch drei, s.u.)
- Die Verbraucherleistung verdreifacht sich bei Umschaltung von Stern- auf Dreieckschaltung.

Darstellung der Leistung für symmetrische Komponenten. Die Leistung

$$\underline{S} = \sum_{\nu=1}^{3} \underline{U}_\nu \underline{I}_\nu^* = 3(\underline{U}_\mathrm{o}\underline{I}_\mathrm{o}^* + \underline{U}_\mathrm{m}\underline{I}_\mathrm{m}^* + \underline{U}_\mathrm{g}\underline{I}_\mathrm{g}^*) = P + \mathrm{j}Q \tag{9.4/5}$$

läßt sich durch symmetrische Komponenten darstellen, z.B. die Wirkleistung

$$P = 3(U_\mathrm{o}I_\mathrm{o}\cos\varphi_\mathrm{o} + U_\mathrm{m}I_\mathrm{m}\cos\varphi_\mathrm{m} + U_\mathrm{g}I_\mathrm{g}\cos\varphi_\mathrm{g}) \tag{9.4/6}$$

(Q analog).

Die *Leistungsmessung* im beliebig belasteten Vierleiter-, Dreiphasensystem erfordert drei Leistungsmesser, im Dreileiternetzwerk nur zwei, deren Leistungen zu summieren sind (sog. Aronschaltung). Bei symmetrischem Verbraucher reicht ein Leistungsmesser (Ergebnis verdreifachen).

Für die Dreileiteranordnung gilt als gesamte Wirkleistung (Bild R 9.4/1)

$$P = P_1 + P_3 = 3\mathrm{Re}\,(\underline{U}_{1\mathrm{N}}\underline{I}_{1\mathrm{N}}^*) = \sqrt{3}U_\mathrm{L}I_\mathrm{L}\cos\varphi_\mathrm{z} \tag{9.4/7a}$$

mit

$$\begin{aligned} P_1 &= I_1U_{12}\cos\varphi_{\underline{I}_1,\underline{U}_{12}} \\ P_3 &= I_3U_{32}\cos\varphi_{\underline{I}_3,\underline{U}_{32}} \end{aligned} \quad \text{unsymmetrische Last} \tag{9.4/7b}$$

$$\begin{aligned} P_1 &= \mathrm{Re}\,(\underline{U}_{1\mathrm{N}}\sqrt{3}\angle 30^0\,\underline{I}_{1\mathrm{N}}^*) \\ P_3 &= \mathrm{Re}\,(\underline{U}_{1\mathrm{N}}\sqrt{3}\angle -30^0\,\underline{I}_{1\mathrm{N}}^*) \end{aligned} \quad \text{symmetrische Last.} \tag{9.4/7c}$$

Werden die Spannungen $\underline{U}_\mathrm{LN}$ und Außenleiterströme $\underline{I}_\mathrm{L}$ eingeführt, so gilt bei symmetrischer Last

$$P_1 = U_{1\mathrm{N}}I_1\cos(30^0 + \varphi_\mathrm{z}); \quad P_3 = U_{3\mathrm{N}}I_3\cos(\varphi_\mathrm{z} - 30^0). \tag{9.4/8}$$

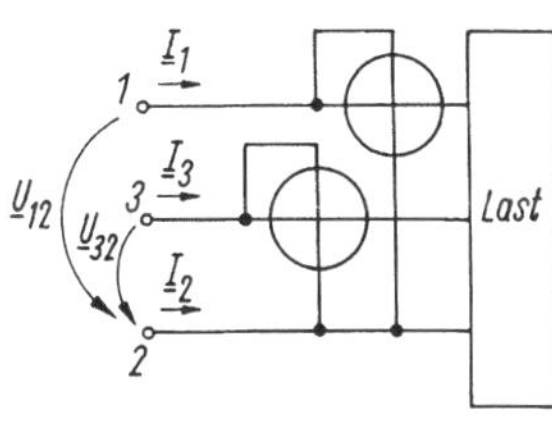

a

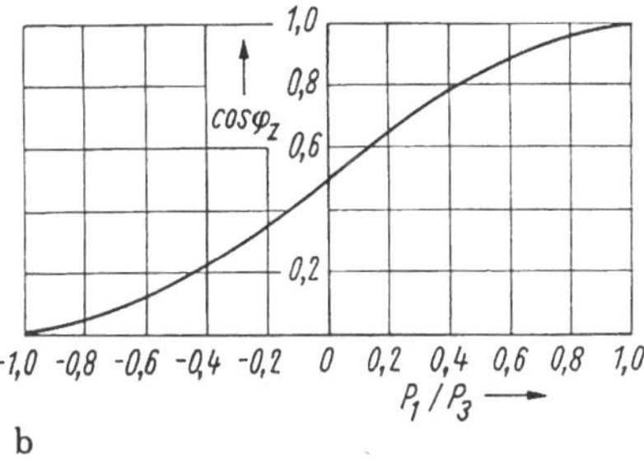

b

Bild R 9.4/1 Leistungsmessung mittels zweier Leistungsmesser
a) Schaltung, b) $\cos\varphi_z$ über Leistungsverhältnis

Daraus folgt (Bild R 9.4/1') für symmetrische Last und Rechtsfolge 1, 2, 3

$$\tan \varphi_z = \sqrt{3}\frac{P_3 - P_1}{P_3 + P_1} = \sqrt{3}\frac{P_2 - P_3}{P_2 + P_3} = \sqrt{3}\frac{P_1 - P_2}{P_1 + P_2} \tag{9.4/9}$$

(für die Folge 1, 3, 2 ist $\tan \varphi_z$ im Vorzeichen zu kehren).

Der Ausschlag bei symmetrischer Belastung zeigt folgende Besonderheiten bezüglich φ_z:

- ohmsche Last ($\varphi_z = 0$), beide gemessenen Wirkleistungen gleich ($P_1 = P_3$)
- für $\varphi_z < 60^0$ (Leistungsfaktor $\cos \varphi_z < 0,5$) beide Ausschläge positiv ($P_1 > 0$, $P_3 > 0$)
- $\varphi_z = 60^0$, P_1 verschwindet
- $\varphi_z > 60^0$: P_1 wird negativ (negativer Instrumentenausschlag), zum positiven Ausschlag muß die Strom- oder Spannungsspule des Leistungsmessers vertauscht werden.

Der zugehörige Leistungsfaktor $\cos \varphi_z = \cos \varphi$ wurde in Bild R 9.4/1b aufgetragen.

10. Fourierreihe, Fourier-Transformation

10.1 Fouriersynthese

Jede periodische Funktion $f(t) = f(t+T)$, die die *Dirichletschen Bedingungen*

- $f(t)$ hat - falls diskontinuierlich - eine endliche Zahl von Diskontinuitäten innerhalb der Periodendauer T
- $f(t)$ hat einen endlichen Mittelwert über die Periode T $\left(\int_T |f(t)|\,\mathrm{d}t = M < \infty\right)$
- die Zahl der Maxima und Minima in einer Periode ist endlich

erfüllt (in der Elektrotechnik durchweg gegeben), kann in eine Fourierreihe entwickelt werden (Fouriersynthese). Der umgekehrte Vorgang, zu einer periodischen Zeitfunktion die einzelnen Teilschwingungen zu finden, heißt *Fourier-* oder *harmonische Analyse.*

Die Fourier-Technik (Fourierreihe, Fourier-Transformation) ist von fundamentaler Bedeutung für Physik und Technik, da sie viele Problemlösungen (ein-, zweidimensional) übersichtlich und mit direktem meßtechnischen und numerisch auswertbarem Bezug erlaubt.

Darstellungsformen. Trigonometrische Form (erste reelle Form). Die Funktion $f(t)$ kann durch die *trigonometrische Form* der Fourierreihe (FR, II/Abschn. 9.1)

$$f(t) = a_0 + \sum_{m=1}^{\infty} a_m \cos m\omega t + b_m \sin m\omega t \qquad \text{reelle Normalform der FR} \qquad (10.1/1)$$

angenähert werden. Darin sind

$$\begin{aligned} a_0 &= \frac{1}{T}\int_{t_0}^{t_0+T} f(t)\,\mathrm{d}t && \text{Gleichglied} \\ a_m &= \frac{2}{T}\int_{t_0}^{t_0+T} f(t)\cos(m\omega t)\,\mathrm{d}t && m = 1, 2 \ldots \\ b_m &= \frac{2}{T}\int_{t_0}^{t_0+T} f(t)\sin(m\omega t)\,\mathrm{d}t && \text{Amplituden der Teilschwingungen.} \end{aligned} \qquad (10.1/2)$$

Die einzelnen Teilschwingungen werden als *m-te Harmonische* bezeichnet; $m = 1$ heißt *Grundschwingung*, der Rest *Oberschwingungen.* a_0 $(m = 0)$ bildet den *Gleichanteil.*

Zur Integration beachten wir noch einige Ergänzungen:

1. Die Koeffizienten sind über eine volle Periode zu ermitteln (Integration bei frei wählbarem Anfangswert und Ursprung, so daß einzelne Glieder verschwinden können).
2. Jede reelle Funktion $f(t)$ läßt sich in geraden und ungeraden Anteil aufspalten

$$\begin{aligned} f(t) &= f_g(t) + f_u(t); \\ f_g(t) &= \frac{f(t)+f(-t)}{2}, \quad f_u(t) = \frac{f(t)-f(-t)}{2}. \end{aligned} \tag{10.1/3}$$

3. *Symmetriebeziehungen:*
   - Ist $f(t)$ eine Wechselgröße (s. Gl.(7.1/1)), so folgt $a_0 = 0$ (gleiche positive und negative Funktions-Zeitflächen innerhalb der Periodendauer)
   - Gerade Funktionen $f(t) = f_g(t)$ enthalten keine Sinusanteile ($b_k = 0$) (→ symmetrischer Verlauf bezüglich der Ordinate, Tafel R 10.1/1)
   - Ungerade Funktionen $f(t) = f_u(t)$ enthalten keine cos-Glieder ($a_k = 0$, Schiefsymmetrie)
   - Alternierende Funktionen $f(t) = -f(t+T/2)$ (Halbwellensymmetrie, $f(t)$ nach $T/2$ als negative Wiederholung) enthalten nur ungeradzahlige Harmonische mit den Frequenzen ω, 3ω, 5ω ...
   - Funktionen mit Vollwellensymmetrie $f(t) = f(t+T/2)$ ($f(t)$ nach $T/2$ als positive Wiederholung) enthalten nur geradzahlige Frequenzen 2ω , 4ω ...
4. Oft wird anstelle von Gl.(10.1/1) gleichwertig

$$f(t) = \sum_{m=0}^{\infty} a_m \cos m\omega t + b_m \sin m\omega t \tag{10.1/4}$$

verwendet mit separat definiertem a_0.

Tafel R 10.1/2 enthält einige technisch wichtige Fourierreihen (Rechteck, Dreieck, Sägezahn u.a.). Zwei Merkmale sind zu erkennen:

- Funktionen mit Sprungstellen (Rechteck, Sägezahn) haben Amplitudenglieder, die mit $1/m$ fallen
- Funktionen mit "Ecken" (z.B. Dreieckfunktionen) haben Amplitudenglieder, die mit $1/m^2$ fallen.

Tafel R 10.1/1 Symmetriebeziehungen der Fourierreihe

Bedingung	a_m	b_m	$\underline{c}_m$	Bemerkungen
gerade Funktion $f(-t) = f(t)$	$\frac{4}{T}\int_0^{T/2} f(t)\cos m\omega t\,dt$	0	$\frac{2}{T}\int_0^{T/2} f(t)\cos m\omega t\,dt$	cos-Reihe, $\underline{c}_m$ reell
ungerade Funktion $f(-t) = -f(t)$	$0,\ a_0 = 0$	$\frac{4}{T}\int_0^{T/2} f(t)\sin m\omega t\,dt$	$\frac{-2j}{T}\int_0^{T/2} f(t)\sin m\omega t\,dt$	sin-Reihe $\underline{c}_m$ imaginär
Halbwellenantimetrie $f(t+T/2) = -f(t)$	$\frac{4}{T}\int_0^{T/2} f(t)\cos m\omega t\,dt$	$\frac{4}{T}\int_0^{T/2} f(t)\sin m\omega t\,dt$	$\frac{2j}{T}\int_0^{T/2} f(t)e^{-jm\omega t}dt$	nur ungeradzahlige Harmonische $\underline{c}_m = 0$ für gerade m
Vollwellensymmetrie $f(x+T/2) = f(t)$	"	"	"	nur gerade Harmonische

Tafel R 10.1/2 Fourierreihen wichtiger Zeitfunktionen

Bezeichnung	FR-Koeffizienten
Symmetrischer Rechteckimpuls $\tau = \frac{T}{2}$	$c_m = \begin{cases} \frac{2A}{\lvert m\rvert\pi} & m = \pm1, \pm5, \pm9 \\ \frac{-2A}{\lvert m\rvert\pi} & m = \pm3, \pm7, \pm11 \\ 0 & m \text{ gerade} \end{cases}$ $(b_m = 0)$
Rechteckimpuls, Tastgrad τ/T $A_0 = \frac{A\tau}{T}$ $\quad A_m = \frac{2A\tau}{T}\,\mathrm{si}\,\frac{m\pi\tau}{T}$	$c_m = \frac{A\tau}{T}\,\mathrm{si}\,\frac{m\omega\tau}{2}$
Dreieckverlauf, symmetrisch	$c_m = \begin{cases} \frac{4A}{\pi^2 m^2} & m \text{ ungerade} \\ 0 & m \text{ gerade} \end{cases}$
Dreieckverlauf	$a_m = \frac{A\tau}{T}\,\mathrm{si}^2\,\frac{m\tau}{2T}$ $b_m = 0$
Halbsinusimpulse	$a_m = \frac{A\tau}{T}\left\{\mathrm{si}\left[\frac{1}{2}\left(\frac{2m\tau}{T} - 1\right)\right] + \mathrm{si}\left[\frac{1}{2}\left(\frac{2m\tau}{T} + 1\right)\right]\right\}$ $b_m = 0$ Einweggleichrichtung $\left(\tau = T/2\right)$ $A_0 = \frac{A}{\pi}, A_1 = \frac{A}{2}; \quad c_m = \frac{2A}{\pi}\frac{(-1)^m}{m^2 - 1}$
Sägezahnverlauf	$A_0 = \frac{\tau}{T}A; \quad \beta = 2\pi m\, \tau/T$ $A_m = \frac{2\tau A}{T\beta^2}\left[\sin^2\beta + \beta(\beta - \sin 2\beta)\right]$ für $\tau = T/2$ $a_m = 0, b_m = -\frac{A}{m\pi}; \ m = 1,2$
Impulszug	$f(t) = A\left[\frac{1}{T} + \sum_{m=1}^{\infty}\frac{2}{T}\cos\frac{2\pi mt}{T}\right]$

Durch Differentiation (stückweise), Integration, Zeitverschiebung und Überlagerung lassen sich aus diesen Grundfunktionen weitere Formen gewinnen.

Bei Berechnung der Integrale in Gl.(10.1/2) werden beachtet:

- Der Mittelwert der Sinus-Cosinusfunktion über eine Periode verschwindet
- Sinus- und Cosinusfunktionen sind orthogonal zueinander, für $n \neq m$ gelten

$$\int_0^T \sin m\omega t \sin n\omega t \, dt = 0, \quad \int_0^T \cos m\omega t \cos n\omega t \, dt = 0,$$

$$\int_0^T \sin m\omega t \cos n\omega t \, dt = 0,$$

- Für Integrale von Produkten der Sinus- bzw. Cosinusfunktion gleicher Frequenz gilt

$$\int_0^T \sin^2 m\omega t \, dt = \int_0^T \cos^2 m\omega t \, dt = \frac{T}{2}.$$

Spektraldarstellung, Amplituden- und Phasenspektrum (zweite reelle Form). Durch Zusammenfassung der gleichfrequenten Sinus- und Cosinusglieder in Gl.(10.1/1) folgt die Spektraldarstellung (Bild R 10.1/1)

$$f(t) = A_0 + \sum_{m=1}^{\infty} A_m \cos(m\omega t + \varphi_m) \qquad \text{Amplituden-Phasenform der FR} \qquad (10.1/5)$$

mit Tafel R 10.1/3

Amplitude Nullphasenwinkel

$$A_m = \sqrt{a_m^2 + b_m^2} \qquad \varphi_m = \arctan\left(\frac{b_m}{a_m}\right) \text{ für } m = 1, 2...$$

der m-ten Harmonischen.

Hinweis: Während das Amplitudenspektrum nicht von der Wahl des Anfangszeitpunktes abhängt, gilt dies nicht für das Phasenspektrum (s.u.).

Exponentialform (komplexe Form). Mit

$$\cos m\omega t = \frac{1}{2}\left(e^{jm\omega t} + e^{-jm\omega t}\right); \quad \sin m\omega t = \frac{j}{2}\left(e^{-jm\omega t} - e^{jm\omega t}\right)$$

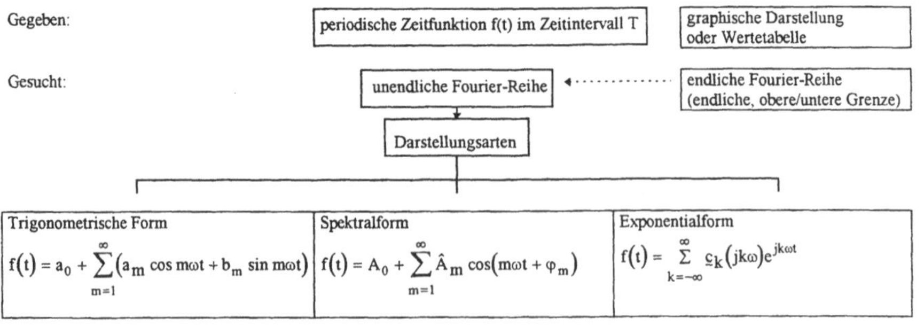

Bild R 10.1/1 Fourierreihe

kann die Funktion $f(t)$ auch als lineare Kombination von Exponentialfunktionen über die Periode t_0, $t_0 + T$ ausgedrückt werden:

$$f(t) = \sum_{m=-\infty}^{\infty} \underline{c}_m \exp \mathrm{j} m\omega t \quad m = 0, 1, 2 \qquad \text{komplexe Form der FR} \qquad (10.1/6a)$$

mit

$$\underline{c}_m = \frac{1}{T} \int_{t_0}^{t_0+T} f(t) \mathrm{e}^{-\mathrm{j}m\omega t} \, \mathrm{d}t, \qquad \underline{c}_0 = \frac{a_0}{2}.$$

Für reale Signale gelten die Symmetrieeigenschaften

$$\underline{c}_m = \underline{c}^*_{-m}; \quad |\underline{c}_m| = |\underline{c}_{-m}|, \quad \angle \underline{c}_m = -\angle \underline{c}_{-m} \qquad (10.1/6b)$$

Die Gesamtheit der Koeffizienten $\underline{c}_m$ bilden das *komplexe Spektrum* (zweiseitiges Spektrum, da formal positive und negative Frequenzen auftreten).

Vorteile bietet die Spektraldarstellung bei der Differentiation und Integration (kompakte Darstellung); nachteilig ist, daß sich für gerade und ungerade Funktionen keine Vereinfachungen ergeben.

Hinweis:

- Der Koeffizient $\underline{c}_0$ ist das Gleichglied.
- Eine Harmonische hat den spektralen Anteil $\underline{c}_m \exp \mathrm{j}m\omega t + \underline{c}_{-m} \exp -\mathrm{j}m\omega t$.
- Die Koeffizienten $\underline{c}_m$ und $\underline{c}_{-m}$ sind konjugiert komplex zueinander und können als gegeneinander laufendes Zeigerpaar interpretiert werden (Bild R 10.1/2, s. auch II/Abschn. 6.2.1.2).
- Die komplexen Fourier-Koeffizienten haben den halben Betrag der entsprechenden Amplitudenfaktoren A_m der Amplituden-Phasenform: $|\underline{c}_m| = A_m/2$ (s. Tafel R 10.1/3).
- Eine Zeitverschiebung $f(t - \tau)$ (um τ) verursacht mit $\underline{c}_m \exp -\mathrm{j}m\omega\tau$ eine Änderung des Phasenspektrums, wenn $f(t)$ den Koeffizienten $\underline{c}_m$ besitzt.
- Bei Benutzung der $\underline{c}_m$ ist nur ein Integral zu berechnen.
- $|\underline{c}_m|$ hat unmittelbar Beziehung zum Effektivwertquadrat. s. Gl.(10.1/11)
- Oft läßt sich $\underline{c}_m$ vorteilhaft durch die Fourier-Transformierte der Funktion $f(t)$ (über eine Periode) bestimmen (s. Gl.(10.3/6b)).

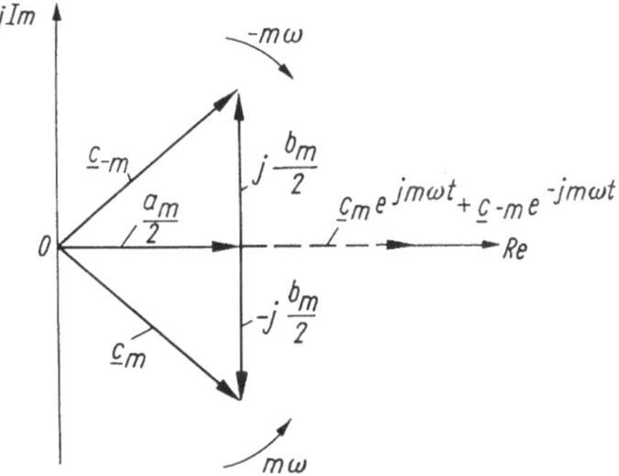

Bild R 10.1/2 Konjugiert komplexes Zeigerpaar $\underline{c}_m$, $\underline{c}_{-m}$

Tafel R 10.1/3 Koeffizientenumrechnung der Fourierreihe

	Fourierkoeffizient	Spektralkoeffizient	Komplexer Fourierkoeffizient
a_m b_m	a_m b_m	$A_m \cos \varphi_m$ $A_m \sin \varphi_m$	$\underline{c}_m + \underline{c}_m^* = 2\,\mathrm{Re}(\underline{c}_m)$ $j(\underline{c}_m - \underline{c}_m^*) = 2\,\mathrm{Im}(\underline{c}_m)$
A_m φ_m	$\sqrt{a_m^2 + b_m^2}$ $\arctan \frac{b_m}{a_m}$	A_m φ_m	$2\lvert\underline{c}_m\rvert$ $-\arg(\underline{c}_m)$
$\underline{c}_m$	$\frac{a_0}{2}$ $m = 0$ $\frac{a_m - jb_m}{2}$ $m > 0$ $\frac{a_m + jb_m}{2}$ $m < 0$	$\frac{A_m}{2} e^{-j\varphi_m}$	$\underline{c}_m$ $(\underline{c}_m^* = \underline{c}_{-m})$

Symmetrieeigenschaften. Aus den Symmetrieeigenschaften folgt:

Die Spektralkoeffizienten $\underline{c}_m$ gerader (ungerader) Zeitfunktionen sind stets reell (rein imaginär).

Zeitfunktion und Spektrum. Die periodische Funktion $f(t)$ kann entweder als *Zeitfunktion* (Liniendiagramm, Oszillograph) oder *Spektrum* dargestellt werden:

Die Zeitfunktion ist stets mit einem Linienspektrum im Frequenzbereich verknüpft. Zwischen $f(t)$ und $\underline{c}_m$ gelten folgende *Korrespondenzen* (Gl. (10.1/6))

$$\underbrace{f(t) = \sum_{m=-\infty}^{\infty} \underline{c}_m e^{jm\omega t}}_{\text{Zeitbereich}} \quad \circ\!\!-\!\!\bullet \quad \underline{c}_m = \frac{1}{T}\int_{t_0}^{t_0+T} \underbrace{f(t)e^{-jm\omega t}\,dt}_{\text{Frequenzbereich}} \qquad (10.1/7)$$

Transformation Zeit-Frequenzbereich der Fourierreihe.

Diese Korrespondenzen bilden den Übergang zur *Fourier-Transformation* (Abschn. 10.3.2).

Die Darstellung der Komponenten $\underline{c}_m$ über m oder ω resp. f heißt *Frequenzspektrum* oder kurz *Spektrum*, bestehend aus *Amplituden-* und *Phasenspektrum*. Es kann dargestellt werden

- *zweiseitig* mit Darstellung von $|\underline{c}_m|$ und $\angle \underline{c}_m$ über m für $m = 0, \pm 1, \pm 2 \ldots$
- *einseitig* mit Darstellung von $A_0 = c_0$, $A_m = 2|\underline{c}_m|$ und $\angle \underline{c}_m$ über m für $m = 0, 1, 2 \ldots$

Bild R 10.1/3a,b zeigt Liniendiagramm und Spektrum einer Impulsspannung als Beispiel. Die einfache Sinusschwingung hat im zweiseitigen Spektrum

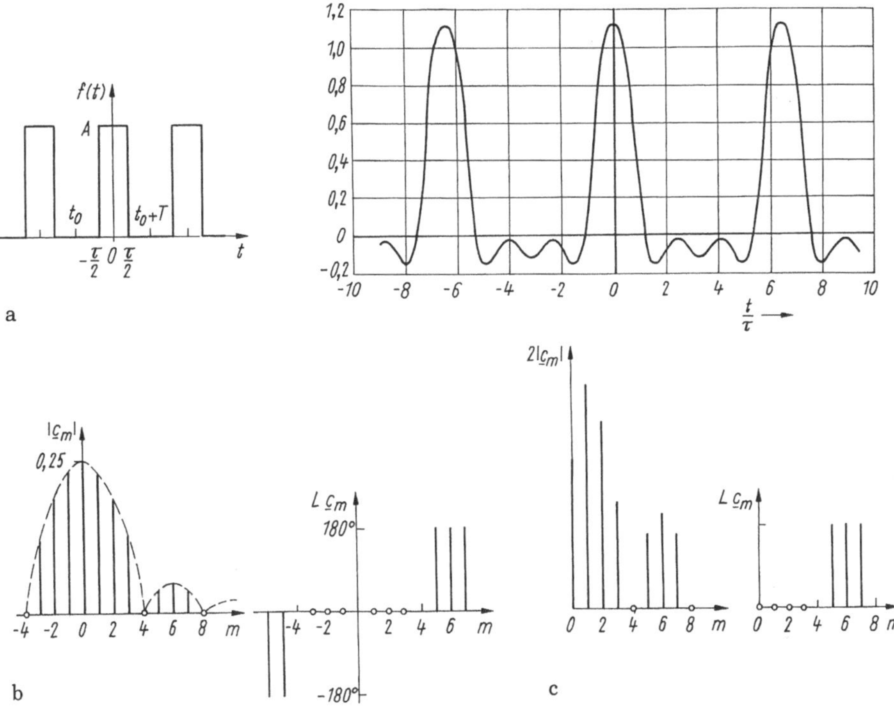

Bild R 10.1/3 Fourierentwicklung
a) Fourieranalyse, b) zweiseitiges Amplituden-Phasenspektrum,
c) einseitiges Amplituden-Phasenspektrum

nur zwei Spektrallinien. Das einseitige Spektrum (Bild R 10.1/3c) ist direkt der Messung zugängig.

Transformationsbeziehungen der Fourierreihe. Für die Korrespondenzen Gl.(10.1/7) gelten einige wichtige Eigenschaften:

- *Verschiebungssatz.* Auswirkung einer zeitlichen bzw. spektralen Verschiebung auf die Funktion $f(t)$ bzw. das Linienspektrum:
  - Verschiebung t_0 im *Zeitbereich* bewirkt Phasenverschiebung im Frequenzbereich:
    $$f(t-t_0) \circ\!\!-\!\!\bullet\ \underline{c}_m \exp -\mathrm{j}m\omega t_0 \tag{10.1/8a}$$
  - Verschiebung im *Frequenzbereich* um Δf bewirkt Zeitverschiebung
    $$f(t) \exp \mathrm{j}\Delta\omega t \circ\!\!-\!\!\bullet\ \underline{c}_{m-\Delta\omega/\omega} \tag{10.1/8b}$$
- *Differentiationssatz*
  $$\frac{\mathrm{d}f(t)}{\mathrm{d}t} \circ\!\!-\!\!\bullet\ \mathrm{j}\omega m \underline{c}_m \tag{10.1/9}$$
- *Integrationssatz*
  $$\int_0^t f(t')\,\mathrm{d}t' \circ\!\!-\!\!\bullet\ \frac{\underline{c}_m}{\mathrm{j}m\omega} \quad (\text{für } \underline{c}_0 = 0). \tag{10.1/10}$$

Diese Eigenschaften kehren bei der Fourier-Transformation wieder.

Die drei Darstellungsformen der Fourierreihe sind gleichberechtigt und ineinander überführbar (Bild R 10.1/1, Tafel R 10.1/3). Besondere Bedeutung haben

- die komplexe Form, als eine der symbolischen Wechselstromrechnung direkt angepaßte Darstellung, auch Grundlage der Fourier-Transformation
- die Amplituden-Phasenform für die Meßtechnik und Leistungsbetrachtungen.

Endliche Fourierreihe. Liegt z.B. eine Funktion $f(t)$ graphisch (oder als Wertetabelle) vor, so ist die Gliederzahl der Fourierreihe Gl.(10.1/1) auf n *begrenzt*:

$$f(t) = a_0 + \sum_{m=1}^{n} a_m \cos m\omega t + \sum_{m=1}^{n-1} b_m \sin m\omega t.$$

Zur numerischen Berechnung der $2n$ Unbekannten a_0, a_m, b_m

- wird das Intervall T in $2n$ gleiche Teile unterteilt
- sind die Funktionswerte $f(t)$ in den Stützstellen zu bestimmen und in die $2n$ gliedrige Fourierreihe einzusetzen ($\rightarrow 2n$ Gleichungen für $2n$ Unbekannte)
- ist das verbleibende Gleichungssystem zu lösen, z.B. über Matrixmanipulationen.

Kenngrößen nichtsinusförmiger periodischer Zeitfunktionen. Nichtsinusförmige periodische Zeitfunktionen haben unter Nutzung der Fourierreihe folgende typischen Kenngrößen und Eigenschaften:

Effektivwert (s. Gl.(7.1/9)):

$$\begin{aligned}\tilde{f}^2 &= \frac{1}{T}\int_0^T f^2(t)\,\mathrm{d}t = a_o^2 + \sum_{m=1}^{\infty} \frac{a_m^2}{2} + \sum_{m=1}^{\infty} \frac{b_m^2}{2} \\ &= a_o^2 + \sum_{m=1}^{\infty} \frac{A_m^2}{2} = \sum_{m=-\infty}^{\infty} |\underline{c}_m^2|. \end{aligned} \quad (10.1/11)$$

Parseval-Beziehung

Der Effektivwert einer Summe von Schwingungen verschiedener Frequenzen ist gleich der geometrischen Summe der Effektivwerte der Einzelschwingungen unabhängig von den Nullphasenwinkeln (sog. Parseval-Beziehung).

Damit gibt das diskrete Frequenzspektrum Information über die Leistungsbeiträge der Einzelkomponenten.

Kenngrößen zur Beschreibung der Abweichung mehrwelliger Größen von der Sinusform sind Klirrfaktor, Oberschwingungsgehalt und Klirrkoeffizient (Tafel R 10.1/4).

Leistungen. Die Leistungsdefinitionen für mehrwellige Größen beruhen auf den entsprechenden Vereinbarungen für allgemeine zeitveränderliche Größen (Gl.(7.5/1)ff.):

Tafel R 10.1/4 Kenngrößen mehrwelliger Vorgänge

Bezeichnung	Definition
Klirrfaktor (Oberschwingungs-gehalt) einer Wechselgröße	$k = \sqrt{\dfrac{\sum_{k=2}^{n} U_k^2}{\sum_{k=1}^{n} U_k^2}} = \dfrac{\text{Effektivwert der Oberschwingung}}{\text{Effektivwert der Wechselgröße}}$
Klirrkoeffizient der k-ten Harmonischen	$k_k = \dfrac{U_k}{\sqrt{\sum_{k=1}^{n} U_k^2}} = \dfrac{U_k}{U_\sim} = \dfrac{\text{Effektivwert der } k-\text{ten Harmonischen}}{\text{Effektivwert der Wechselgröße}}$
Grundschwingungs-gehalt (einer Wechselgröße)	$g = \dfrac{U_1}{\sqrt{\sum_{k=1}^{n} U_k^2}} = \dfrac{U_k}{U_\sim} = \dfrac{\text{Effektivwert der Grundschwingung}}{\text{Effektivwert der Wechselgröße}}$ Es gelten: $k^2 + g^2 = 1,\ k^2 = \sum_{k=2}^{n} k_k^2$
Welligkeit einer Mischgröße	$w = \dfrac{U_\sim}{U_0} = \dfrac{\text{Effektivwert der Wechselgröße}}{\text{Gleichwert}}$
Schwingungsgehalt einer Mischgröße	$s = \dfrac{U_\sim}{U} = \dfrac{\text{Effektivwert der Wechselgröße}}{\text{Effektivwert der Mischgröße}}$

Wirkleistung:

$$P = \sum_{m=0}^{\infty} P_m = U_0 I_0 + \sum_{m=1}^{\infty} U_m I_m \cos(\varphi_{um} - \varphi_{im}) . \qquad (10.1/12)$$

Wirkleistung

Die in einem Zweipol bei mehrwelliger Erregung umgesetzte Wirkleistung ist gleich der Summe der Wirkleistungen, die vom Gleichglied und den einzelnen Harmonischen herrühren.

Beachte:

- Strom-Spannungskomponenten verschiedener Frequenzen ergeben keine Wirkleistung!
- In linearen, zeitunabhängigen Energiespeicherelementen findet grundsätzlich kein Wirkleistungsumsatz statt.

Scheinleistung. Die Scheinleistung S ergibt sich bei mehrwelligen Größen aus dem Produkt der jeweiligen Effektivwerte

$$S = UI \qquad \text{mit } U = \sqrt{\sum_{m=0}^{\infty} U_m^2}, \quad I = \sqrt{\sum_{m=0}^{\infty} I_m^2}. \qquad (10.1/13)$$

Scheinleistung

Da Effektivwerte einen Gleichanteil enthalten können, bilden auch Mischgrößen eine Scheinleistung (keine physikalische Interpretation möglich!).

Blindleistung. Sie ist definiert wie für sinusförmige Größen

$$Q = \sqrt{S^2 - P^2}, \qquad \text{Blindleistung} \qquad (10.1/14)$$

kann aber nicht weiter z.B. auf einen Phasenwinkel zurückgeführt werden.

Anwendungen der Fouriertechnik. Fourieranalyse und -synthese haben für die Elektrotechnik/Elektronik grundlegende Bedeutung:

- Darstellung einer periodischen Zeitfunktion durch eine Summe von Generatoren mit harmonisch gestaffelten Frequenzen und verschiedenen Amplituden und ihre Anwendung zur Netzwerkanalyse
- Größen der Fourierreihe (Amplituden-, Phasenspektrum) sind frequenzselektiv meßbar
- Erweiterung der Netzwerkanalyse (Transformation in den Frequenzbereich) für nichtsinusförmige, aber periodische Signale möglich
- Beschreibung der Filterwirkung von Netzwerken auf periodische Zeitfunktionen
- Untersuchung des Einflusses nichtlinearer Netzwerkelemente auf den Zeitverlauf periodischer Funktionen (Nichtlinearität als Ursache der Verzerrung, Entstehung neuer Frequenzen)
- Grundlage der Netzwerkanalyse mit nichtperiodischen Zeitfunktionen
- Grundlage der Fourier- und Laplace-Transformation.

Anwendung der Fourierreihe auf lineare Netzwerke. Liegt an einem LTI-Netzwerk eine periodische Erregung $x(t)$ stationär an und ist die Wirkung $y(t)$ (z.B. Zweiggröße) gesucht, so wird folgendermaßen verfahren (II/Abschn. 9.3.1, Bild R 10.1/4):

1. Überführung der Erregerfunktion $x(t)$ in die zugehörige Fourierreihe (Fourieranalyse mit Tafeln, Berechnung, numerische Analyse (→ Reihenschaltung von Spannungsquellen/ Parallelschaltung von Stromquellen, deren Amplitude und Nullphase durch die Fourierreihe festliegt))
2. Transformation der Fourierreihe in den Frequenzbereich (bzw. Verwendung der komplexen Fourierreihe in 1.)
3. Netzwerkanalyse, Berechnung der Wirkung für jede Spektralfrequenz. Dabei übt der Frequenzgang $\underline{G}(\mathrm{j}\omega m)$ "Filterfunktion" aus, Überlagerung des Ergebnisses für alle Frequenzkomponenten
4. Fouriersynthese: Rücktransformation jeder Spektralkomponente $\underline{Y}(\mathrm{j}\omega)$ und Überlagerung im Zeitbereich.

Je nach Genauigkeitsanforderungen sind dabei nur endlich viele Spektralkomponenten der Erregung zu beachten.

Liegt beispielsweise die Eingangserregung als komplexe Fourierreihe Gl. (10.1/6a) vor und besitzt das Netzwerk den Übertragungsfaktor $\underline{G}(\mathrm{j}\omega) = |\underline{G}| \exp \mathrm{j}\varphi_G$, so lautet die Lösung

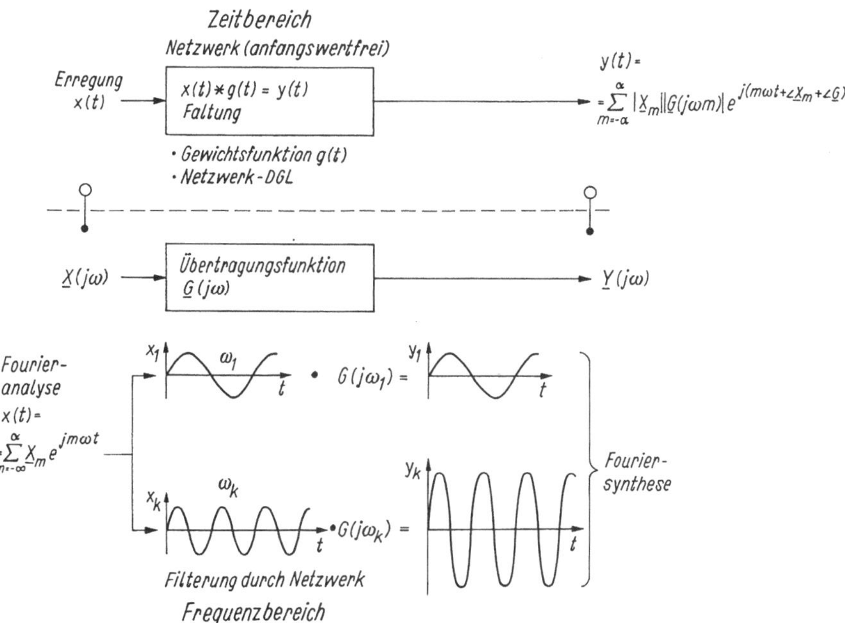

Bild R 10.1/4 Lösung der Übertragungsaufgabe im Zeit- und Frequenzbereich

$$y(t) = X_0(G(0)) + \sum_{m=1}^{\infty} 2|\underline{X}_m| G(m\omega_0) \cos(m\omega_0 t + \varphi_m + \varphi_G(m\omega_0)) \quad (10.1/15)$$

mit $\underline{X}_m = |\underline{X}_m| \exp j\varphi_m$, der jeweiligen Komponente der komplexen Fourierreihe.

Im Bild R 10.1/5 wurde das Verfahren für einen Zweipol skizziert, an dem eine Spannung bestehend aus n Harmonischen anliegt. Der Strom $i(t)$ ergibt sich durch Überlagerung, wobei jede Komponente über den Frequenzbereich zu bestimmen ist.

Nichtlineare Bauelemente oder Netzwerkgleichung. Ist die Ursache-Wirkungsfunktion eines Bauelementes oder (resistiven) Netzwerkes nichtli-

$i(t) = I_0 + \sum_{n=1}^{\infty} i_n(t)$

Zweipol

$u(t) = U_0 + \sum_{n=1}^{\infty} u_n(t)$

Zeitbereich

$\underline{I}(n\omega_0) = \underline{U}(n\omega_0)/\underline{Z}(n\omega_0)$;

$\underline{Z}(n\omega)$

$\underline{U}(n\omega_0)$

$I_0 = U_0 / Z(0)$

$\underline{U}_n = U_n e^{j\varphi_n} = \underline{U}(n\omega_0)$

$i(t) = \frac{U_0}{Z(0)} + \sum_{n=1}^{\infty} \sqrt{2} \frac{U_n}{Z(n\omega_0)} \cos(n\omega_0 t + \varphi_{Un} + \varphi_{Zn})$

Frequenzbereich, Komponente $n\omega_0$

Bild R 10.1/5 Strom durch einen Zweipol als Funktion einer Erregung bestehend aus unendlich vielen Spektralkomponenten

near, z.B. von der Form $y = f(x(t))$, so wird $f(x(t))$ der Fourieranalyse unterworfen. Auf diese Weise entstehen (auch bei sinusförmiger Erregung) Oberwellen. Die Problemlösung kann analytisch (z.B. über Gl.(10.1/1)) oder graphisch (durch sog. Spiegelung an der Kennlinie, II/Bild 9.11) gewonnen werden.

10.2 Fourier-Transformation

Die Fourierreihe gilt *nicht* für aperiodische Signale, die z.B. zu einem Zeitpunkt t_0 beginnen. Um dennoch ein Zeitsignal $f(t)$ in ein Signal $F(\omega)$ im Frequenzbereich abbilden zu können (umkehrbar und eindeutig), wurde die *Fourier-Transformation* entwickelt.

Grundlage des Übergangs von der Fourierreihe zur Fourier-Transformation (und ihre Erweiterung auf zeitdiskrete Signale (Abschn. 12)) sind

- die Einteilung der *Signalfunktionen* in periodische (Index p) und aperiodische sowie zeitkontinuierliche und zeitdiskrete (Index d, Bild R 10.2/1) und die duale Zuordnung im Frequenzbereich (Bezeichnungen links unten, in Klammern)
- der Eintrag der *Transformation* in diese Einteilung (später auch für die Erweiterung der Fourier-, Laplace- und Z-Transformation).

Definition. Der (nichtperiodischen) Zeitfunktion $f(t)$ ist die Fourier-Transformierte $\mathrm{FT}\{f(t)\}$ zugeordnet:

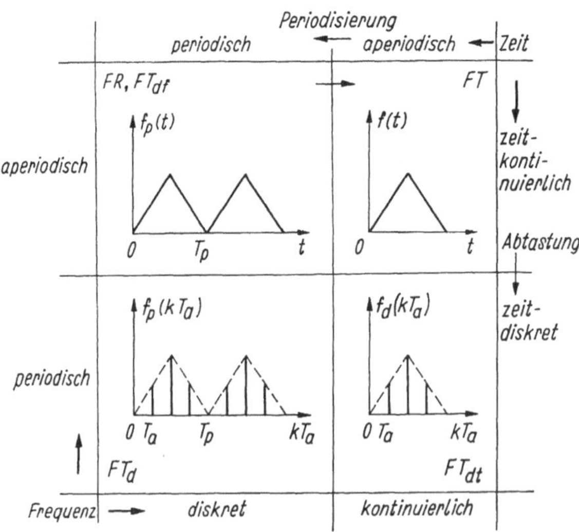

Bild R 10.2/1 Einteilung der Signale im Zeit- und Frequenzbereich

$$\mathrm{FT}\{f(t)\} = \int_{-\infty}^{\infty} f(t')\mathrm{e}^{-\mathrm{j}\omega t'}\,\mathrm{d}t' = \underline{F}(\omega) \qquad (10.2/1a)$$

Fourier-Transformation

Fourier-Analysegleichung, Fourier-Integral, spektrale Amplitudendichte, Fouriertransformierte von $f(t)$

$$\mathrm{FT}^{-1}\{\underline{F}(\omega)\} = \frac{1}{2\pi}\int_{-\infty}^{\infty} \underline{F}(\omega)\mathrm{e}^{\mathrm{j}\omega t}\,\mathrm{d}\omega = f(t) \qquad (10.2/1b)$$

Fourier-Rücktransformation

Fourier-Synthesegleichung, inverses Fourier-Integral, inverse Fourier-Transformierte von $\underline{F}(\omega)$.

Korrespondenzschreibweise

$$f(t) = \mathrm{FT}^{-1}\{\underline{F}(\mathrm{j}\omega)\} \circ\!\!-\!\!\bullet\, \underline{F}(\mathrm{j}\omega) = \mathrm{FT}\{f(t)\} \qquad (10.2/1c)$$

Fourier-Transformationspaar, ω-Form

gleichwertige Frequenz-(f) Form

$$f(t) = \int_{-\infty}^{\infty} \underline{F}(f)\mathrm{e}^{\mathrm{j}2\pi f t}\,\mathrm{d}f \circ\!\!-\!\!\bullet\, \underline{F}(f) = \int_{-\infty}^{\infty} f(t)\mathrm{e}^{-\mathrm{j}2\pi f t}\,\mathrm{d}t \qquad (10.2/2)$$

Fourier-Transformationspaar, f-Form.

Die umgekehrte Operation Gl.(10.2/1b) heißt *Fourier-Rücktransformation.*

Die Schreibweise $\underline{F}(\omega)$, $\underline{F}(\mathrm{j}\omega)$, $F(\omega)$, $F(\mathrm{j}\omega)$ wurde gleichzeitig verwendet; wir heben mit $\underline{F}(\mathrm{j}\omega)$ den komplexwertigen Charakter der Fourier-Transformierten hervor.

Ein Fourierpaar besteht stets aus der Fourier-Analysegleichung (Transformation vom Zeit- in den Frequenzbereich) und der Fourier-Synthesegleichung (Rücktransformation aus dem Frequenz- in den Zeitbereich).

Der Zusammenhang Gl.(10.2/1) wird durch das Korrespondenzsymbol $\circ\!\!-\!\!\bullet$ (beidseitig lesbar) ausgedrückt (Bild R 10.2/2a). Der schwarze Punkt weist stets auf den *Frequenz-*, *Spektral-* oder *Bildbereich.*

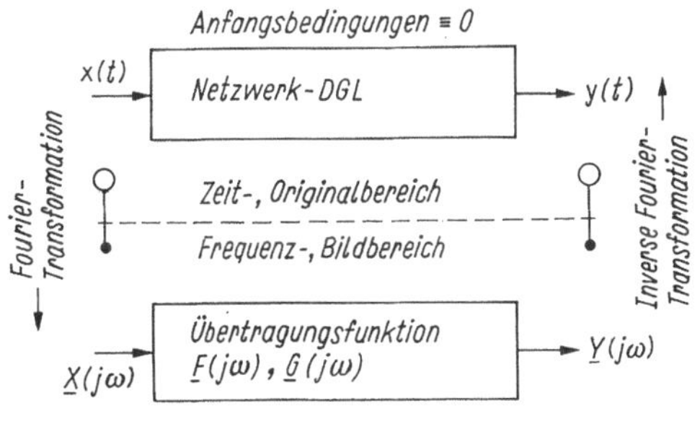

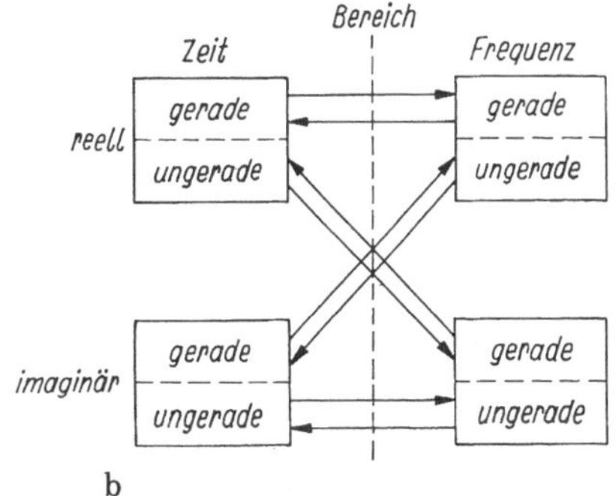

Bild R 10.2/2 Fourier-Transformation
a) Zuordnungen, b) Symmetrieeigenschaften

Hinweis:

1. Anstelle Gl.(10.2/1) wird auch die reelle trigonometrische Form der Fourier-Transformation verwendet:
$$A(\omega) = \int_{-\infty}^{\infty} f(t)\cos\omega t\,\mathrm{d}t, \quad B(\omega) = \int_{-\infty}^{\infty} f(t)\sin\omega t\,\mathrm{d}t, \tag{10.2/3}$$
$$f(t) = \frac{1}{\pi}\int_0^{\infty} A(\omega)\cos\omega t\,\mathrm{d}\omega + \frac{1}{\pi}\int_0^{\infty} B(\omega)\sin\omega t\,\mathrm{d}\omega.$$
2. Notwendige Bedingung für die Existenz der FT sind die *Dirichletschen Bedingungen* (wie für die Fourierreihe, s. Abschn. 10.1), m.a.W. existieren Fourier-Transformierte nur für *Energiesignale* (Funktionen endlicher Dauer, z.B. Einzel-, Dreieckimpuls) (s. Gl.(8.8/2, 3). Für *Leistungssignale* (Funktionen unendlicher Dauer, periodische Signale, Beispiel Einheitssprung) wird die Fourier-Transformation durch *Annäherung* unter Hinzunahme der δ-Funktion bestimmt.
3. Die Fourier-Integrale treten sowohl mit der Frequenz f (Faktor 2π im Exponenten) als auch Kreisfrequenz (Faktor 2π vor Synthese-Integral (10.2/1b)) auf. Eine dritte Form $1/\sqrt{2\pi}$ vor beiden Integralen hat sich nicht durchgesetzt. Im ersten Fall entfallen Vorfaktoren ($\rightarrow$ hohe Darstellungssymmetrie), der zweite ergibt sich, wenn die FT als Sonderfall der Laplace-Transformierten betrachtet wird. Zwischen beiden Formen gilt:
$$\underline{F}(f) = \underline{F}_{\omega}(2\pi f), \quad \text{d.h. } f = \omega/2\pi$$
und zusätzlich bei δ-Funktionen
$$2\pi\delta(\omega)\widehat{=}\delta(f).$$
4. Oft wird neben der Schreibweise $\underline{F}(\omega)$ die Form $\underline{F}(\mathrm{j}\omega)$ gewählt, besonders im Zusammenhang mit der Laplace-Transformation. Wir verwenden sie, wenn die Komplexwertigkeit von $\underline{F}(\omega)$ besonders hervorgehoben werden soll.
5. Hat $f(t)$ die Dimension "Amplitude", so besitzt $\underline{F}(\omega)$ die Dimension "Amplitude · Zeit" (Amplitude/Frequenz) und heißt deshalb *Amplitudenspektrum*. Sowohl $f(t)$ als auch $\underline{F}(\omega)$ sind *meßbar* (letztere am einfachsten in der Betrags-Phasenform (II/Abschn. 9.4.6)).
6. Fourier- und Laplace-Transformation (Abschn. 11) sind eng verwandt. In vielen Fällen kann ein Problem einfacher mit der LT gelöst werden, es gibt aber Fälle (z.B. mit Zeitfunktionen, die für $t < 0$ nicht verschwinden), die nur über die Fourier-Transformation lösbar sind.
7. Die Fourier-Transformation läßt sich aus der FR ($\underline{F}(\omega) = T\underline{c}_m$) durch Grenzübergang $T \rightarrow \infty$ entwickeln (s. Bild R 10.2/3). Deutlich tritt dabei die Dualität zwischen Zeit- und Frequenzverhalten zutage (FR: periodisch, zeitkontinuierlich, Spektrum aperiodisch, frequenzdiskret; FT: aperiodisch, zeitkontinuierlich, Spektrum aperiodisch, frequenzkontinuierlich).
8. Die Fourier-Transformation ist im klassischen Sinn nur für absolut integrable Funktionen durchführbar, sie kann aber für periodische Funktionen erweitert werden.
9. Die Fourier-Transformation ist weniger einfach anzuwenden als die Laplace-Transformation, doch ist sie fundamental zur Darstellung *stationärer* Vorgänge. Darauf basiert ihre universelle Anwendung in der Signal- und Systemanalyse.

Zeitfunktion und Spektrum. Eigenschaften der Fourier-Transformation. Die Fourier-Transformierte $\underline{F}(f) = \underline{F}(\mathrm{j}f)$
$$\begin{aligned}\underline{F}(\mathrm{j}f) &= |\underline{F}(\mathrm{j}f)|\mathrm{e}^{\mathrm{j}\varphi(f)}\\ &= \mathrm{Re}\,(\underline{F}(\mathrm{j}f)) + \mathrm{j}\,\mathrm{Im}\,(\underline{F}(\mathrm{j}f)) = R(f) + \mathrm{j}X(f)\end{aligned} \tag{10.2/4a}$$

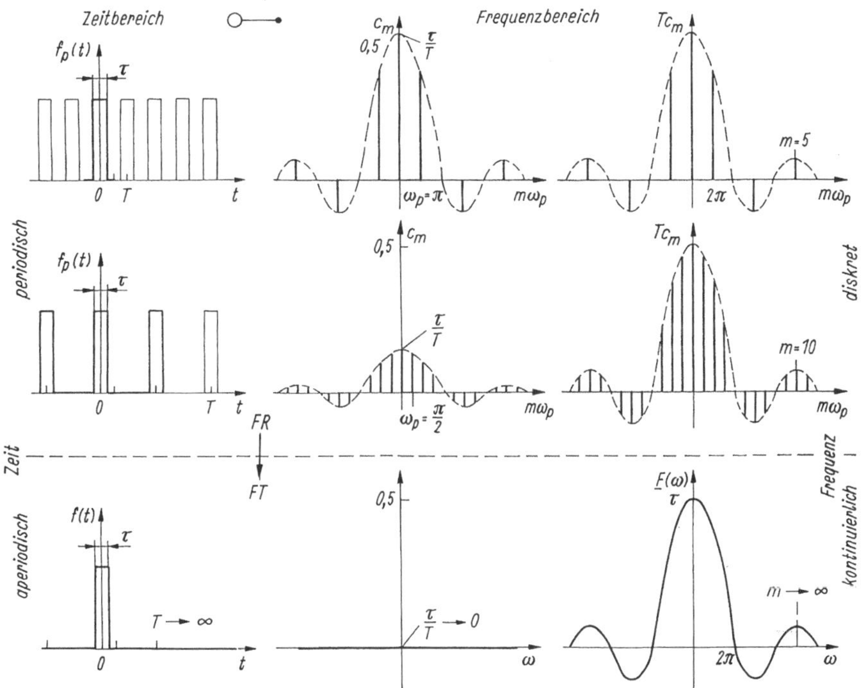

Bild R 10.2/3 Übergang Fourierreihe-Fourier-Transformation. Es ist $T \equiv T_\mathrm{p}$, $\omega_0 \equiv \omega_\mathrm{p} = 2\pi/T_\mathrm{p}$.

oder das *Spektrum* des Signals $f(t)$ mit

$$|\underline{F}(\mathrm{j}f)| = \sqrt{R^2(f) + X^2(f)} \qquad \varphi(f) = \arctan\frac{X(f)}{R(f)} \tag{10.2/4b}$$

Amplitudenspektrum — Phasenspektrum

ist eine *komplexwertige Funktion* (unterschiedlich darstellbar durch Real-/Imaginärteil, Betrag/Phase oder Ortskurve, (s. II/Bild 9.15)). Für *reellwertige Zeitfunktionen* $f(t)$ gelten

$$\begin{aligned} \mathrm{Re}\,(\underline{F}(\mathrm{j}f)) &= \int_{-\infty}^{\infty} f(t)\cos 2\pi f t\,\mathrm{d}t, \\ \mathrm{Im}\,(\underline{F}(\mathrm{j}f)) &= \int_{-\infty}^{\infty} f(t)\sin 2\pi f t\,\mathrm{d}t, \end{aligned} \tag{10.2/5a}$$

$$R(f) = R(-f), \quad X(f) = -X(-f). \tag{10.2/5b}$$

- Der Realteil ist stets eine gerade, der Imaginärteil eine ungerade Funktion.
- Der Betrag der Fourier-Transformierten ist stets eine gerade Funktion.

Die *Symmetrieeigenschaften* lauten:

- Die Fourier-Transformierte gerader Zeitfunktionen ist reell, d.h. für $f(t) = f(-t) \rightarrow \underline{F}(\mathrm{j}f) = R(f) = R(-f)$
- die Fourier-Transformierte ungerader Zeitfunktionen ist imaginär, d.h. $f(t) = -f(-t) \rightarrow \underline{F}(\mathrm{j}f) = \mathrm{j}X(f) = -\mathrm{j}X(-f)$
- Reelle Zeitfunktionen haben Fourier-Transformierte mit geradem Real- und ungeradem Imaginärteil.

Zeitfunktion und Fourier-Transformierte lassen sich jeweils in Real- und Imaginärteil und diese wieder in gerade und ungerade Anteile zerlegen. Dabei gilt (Bild R 10.2/2b):

- der *Symmetrietyp* bleibt erhalten ("gerade" $\circ\!\!-\!\!\bullet$ "gerade")
- bei Transformation ungerader Funktionen erfolgt eine Real-/Imaginärwandlung.

Eigenschaften, Theoreme. In Tafel R 10.2/1 wurden Eigenschaften und Theoreme der Fourier-Transformation zusammengestellt. Herauszuheben sind:

- *Verschiebung* im *Zeitbereich* um t_0 führt zu einer frequenzproportionalen Phasenverschiebung im Frequenzbereich
- Verschiebung des *Spektrums* um f_0 ergibt eine Multiplikation der Zeitfunktion mit einer Exponentialfunktion $\exp \mathrm{j}\omega t_0$
- *Ähnlichkeitssatz* beschreibt die Skalierung (Skalendehnung); Maßstabsänderung um a im Zeitbereich entspricht einer reziproken Maßstabsänderung im Frequenzbereich: Schrumpft eine der einander zugeordneten Funktionen, so dehnt sich die andere aus.
- *Differentiation* (Integration). Es gelten grundsätzlich die Regeln wie bei der Differentiation/Integration komplexer Zeitfunktionen
- *Vertauschungssatz* von Zeit und Frequenz. Es entsteht ein neues Fourier-Paar, dabei sind gegenüber dem Ursprungspaar entweder bei der Zeit- oder Frequenzvariablen das Vorzeichen zu tauschen.
- *Faltungssatz:* Unter der Faltung zweier Zeitfunktionen f_1, f_2 wird das Integral

$$\int_{-\infty}^{\infty} f_1(t-t')f_2(t')\,\mathrm{d}t' \circ\!\!-\!\!\bullet \underline{F}_1(f)\underline{F}_2(f) \tag{10.2/6a}$$

(mit vertauschbarer Reihenfolge) verstanden.
- Faltung im Zeitbereich $\circ\!\!-\!\!\bullet$ Multiplikation im Frequenzbereich und Multiplikation im Zeitbereich $\circ\!\!-\!\!\bullet$ Faltung im Frequenzbereich

$$f_1(t) * f_2(t) \circ\!\!-\!\!\bullet \underline{F}_1(\omega)\underline{F}_2(\omega). \tag{10.2/6b}$$

Bezüglich Zeit- und Frequenzbereich sind Multiplikation und Faltung zueinander duale Funktionen.

Tafel R 10.2/1 Theoreme zur Fourier-Transformation
Hinweis: Durch die Substitution $\underline{F}(j2\pi f) = \underline{F}(jf)$ und Ersatz von $\delta(j\omega)$ durch $\frac{\delta(jf)}{2\pi}$ kann im Bildbereich die Variable $f = \frac{\omega}{2\pi}$ verwendet werden.

	f (t)	$\underline{F}$ (jω)
1. *Linearität*	$a_1 f_1(t) + a_2 f_2(f)$	$a_1 \underline{F}_1(j\omega) + a_2 \underline{F}_2(j\omega)$
2. *Verschiebung* a) Zeitbereich b) Frequenzbereich (Modulation)	 $f(t - t_0)$ $e^{j\omega_0 t} f(t)$	 $e^{-j\omega t_0} \underline{F}(j\omega)$ $\underline{F}(j\omega - j\omega_0)$
3. *Ähnlichkeitssatz;* Skalierung	$f(at)$	$\frac{1}{\lvert a \rvert} \underline{F}(j\omega / a)$
4. *Dämpfungssatz*	$f(t) \cdot e^{-at}$	$\underline{F}(j\omega + a)$
5. *Differentiation* a) Zeitbereich b) Frequenzbereich	 $\frac{d^n f(t)}{dt^n}$ $(-jt)^n f(t)$	 $(j\omega)^n \underline{F}(j\omega)$ $\frac{d^n \underline{F}(j\omega)}{d\omega^n}$
6. *Integration* a) Zeitbereich b) Frequenzbereich	 $\int_{-\infty}^{t} f(\tau) d\tau$ $\frac{f(t)}{-jt} + \pi f(0)\delta(t)$	 $\frac{\underline{F}(j\omega)}{j\omega} + \pi F(0)\delta(\omega)$ $\int_{-\infty}^{\omega} f(j\omega') d\omega'$
7. *Faltung* a) Zeitbereich b) Frequenzbereich	 $f_1(t) * f_2(t)$ $f_1(t) \cdot f_2(t)$	 $\underline{F}_1(j\omega) \cdot \underline{F}_2(j\omega)$ $\frac{1}{2\pi} \underline{F}_1(j\omega) * \underline{F}_2(j\omega)$
8. *Vertauschungssatz*	$f(t)$ $F(jt)$	$\underline{F}(j\omega)$ $2\pi f(-\omega)$
9. *Parsevalbeziehung*	$W = \int_{-\infty}^{\infty} f(t)^2 dt$	$W = \frac{1}{2\pi} \int_{-\infty}^{\infty} \lvert \underline{F}(j\omega) \rvert^2 d\omega$
10. *Symmetrie*	f (t) reell f(t) gerade f(t) ungerade	$\mathrm{Re}\{\underline{F}(j\omega)\}$ gerade $\mathrm{Im}\{\underline{F}(j\omega)\}$ ungerade $\lvert \underline{F}(j\omega) \rvert$ gerade $\varphi_F(j\omega)$ ungerade $\mathrm{Re}\{\underline{F}(j\omega)\}$ $\mathrm{Im}\{\underline{F}(j\omega)\}$

Fourier-Transformation wichtiger Signale. Dirac-Stoß. Die Fourier-Transformation des Dirac-Stoßes (Tafel R 10.2/2) ist eine Konstante gleicher Impulsstärke, d.h. alle Frequenzen sind mit gleicher Amplitude enthalten. Umgekehrt führt ein zeitkonstantes Signal (Gleichgröße) zu einem Dirac-Stoß im Spektrum

$$c\delta(t) \circ\!\!-\!\!\bullet\, c \text{ und } c \circ\!\!-\!\!\bullet\, c\delta(f) = c \cdot 2\pi\delta(\omega)$$

oder für beliebige $u(t)$, $U(f)$

$$u(t)\delta(t) = u(0)\delta(t)$$
$$U(f)\delta(f) = U(0)\delta(f). \qquad (10.2/7)$$

Das Signal $\delta(t)$ hat die Dimension "Zeit^{-1}", c die Dimension "Amplitude · Zeit".

Deutlich zeigen Zeit- und Frequenzfunktion "reziprokes Verhalten":

- Besitzt eine der beiden zugeordneten Funktionen eine Unstetigkeit, so dehnt sich die andere in Richtung der Zeit- oder Frequenzachse stark aus.
- Schrumpft umgekehrt eine der zugeordneten Funktionen, so dehnt sich die andere aus.

Das Testsignal Dirac-Stoß ist die Grundlage für die Anwendung zeitkontinuierlicher Beschreibungsverfahren auch für zeit- und frequenzdiskrete Signale.

Sprungfunktion. Da sie im Zeitbereich einen Gleichanteil hat, drückt er sich auch im Spektrum aus:

$$f(t) \circ\!\!-\!\!\bullet\, \frac{1}{\mathrm{j}2\pi f} + \frac{\delta(f)}{2}. \qquad (10.2/8)$$

Rechteckimpuls. Das Spektrum wird durch die Spaltfunktion bestimmt. Es gilt

$$A\,\mathrm{rect}(t/\tau) \circ\!\!-\!\!\bullet\, A\tau\mathrm{si}(\pi f\tau) = A\sin(\pi f\tau)/\pi f. \qquad (10.2/9)$$

Dreieckimpuls. Dieser Impuls (Höhe 1) entsteht durch Faltung des Rechteckimpulses mit sich selbst:

$$\mathrm{dr}(t/\tau) = \mathrm{rect}(t/\tau) * \mathrm{rect}(t/\tau)$$

($\rightarrow$ Multiplikation im Frequenzbereich)

$$\mathrm{dr}(t/\tau) \circ\!\!-\!\!\bullet\, \tau^2\mathrm{si}^2(\pi f\tau). \qquad (10.2/10)$$

Harmonische Zeitfunktionen. Die komplexwertige harmonische Zeitfunktion $\exp \mathrm{j}\omega_0 t$ besitzt einen um f_0 verschobenen Diracimpuls als Spektrum

$$\exp \mathrm{j}\omega_0 t \circ\!\!-\!\!\bullet\, 2\pi\delta(\omega - \omega_0). \qquad (10.2/11)$$

Die reellen harmonischen Zeitfunktionen Sinus und Cosinus führen dann entsprechend der Zusammensetzung aus je zwei periodischen Zeitfunktionen auf ein Paar von Dirac-Impulsen. Ein solches Paar im Spektrum ist umgekehrt stets Hinweis auf eine periodische Signalkomponente!

Tafel R 10.2/2 Tafel wichtiger Fourier-Paare

Hinweis: Durch Ersatz von $\underline{F}(\mathrm{j}\omega) = \underline{F}(\mathrm{j}f)$ und Beachtung $\pi\delta(\mathrm{j}\omega) \rightarrow \frac{1}{2}\delta(\mathrm{j}f)$ kann im Bildbereich auch $f = \frac{\omega}{2\pi}$ als Variable gewählt werden.

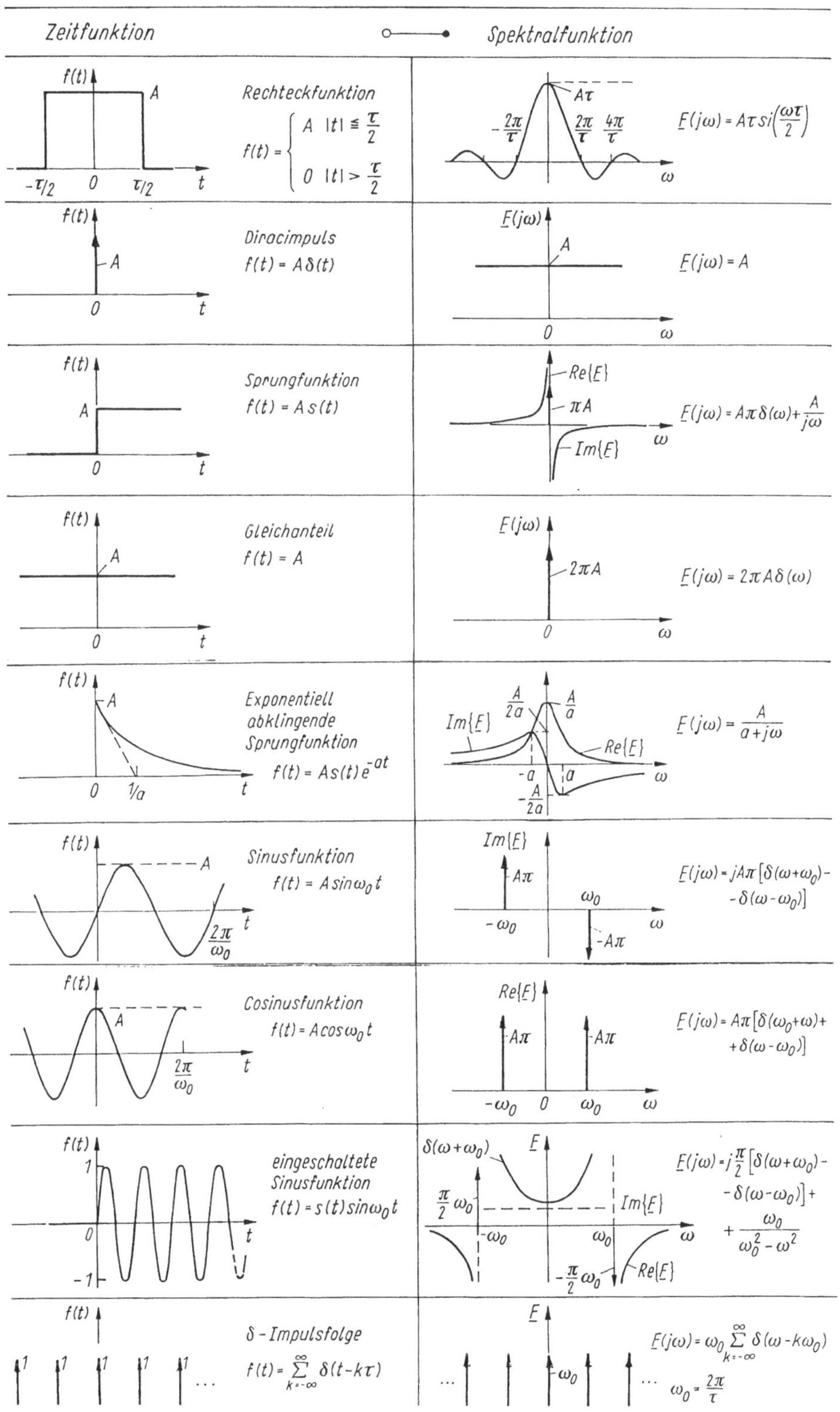

Zeitfunktion		○——● Spektralfunktion
Rechteckfunktion	$f(t) = \begin{cases} A & \lvert t\rvert \leqq \frac{\tau}{2} \\ 0 & \lvert t\rvert > \frac{\tau}{2} \end{cases}$	$\underline{F}(j\omega) = A\tau\, si\left(\frac{\omega\tau}{2}\right)$
Diracimpuls	$f(t) = A\delta(t)$	$\underline{F}(j\omega) = A$
Sprungfunktion	$f(t) = A\,s(t)$	$\underline{F}(j\omega) = A\pi\delta(\omega) + \frac{A}{j\omega}$
Gleichanteil	$f(t) = A$	$\underline{F}(j\omega) = 2\pi A\delta(\omega)$
Exponentiell abklingende Sprungfunktion	$f(t) = A s(t) e^{-at}$	$\underline{F}(j\omega) = \frac{A}{a + j\omega}$
Sinusfunktion	$f(t) = A \sin\omega_0 t$	$\underline{F}(j\omega) = jA\pi[\delta(\omega+\omega_0) - \delta(\omega-\omega_0)]$
Cosinusfunktion	$f(t) = A\cos\omega_0 t$	$\underline{F}(j\omega) = A\pi[\delta(\omega_0+\omega) + \delta(\omega-\omega_0)]$
eingeschaltete Sinusfunktion	$f(t) = s(t)\sin\omega_0 t$	$\underline{F}(j\omega) = j\frac{\pi}{2}[\delta(\omega+\omega_0) - \delta(\omega-\omega_0)] + \frac{\omega_0}{\omega_0^2 - \omega^2}$
δ-Impulsfolge	$f(t) = \sum_{k=-\infty}^{\infty} \delta(t - k\tau)$	$\underline{F}(j\omega) = \omega_0 \sum_{k=-\infty}^{\infty} \delta(\omega - k\omega_0)$, $\omega_0 = \frac{2\pi}{\tau}$

Operationen mit Dirac- und Sprungfunktion. Durch Anwendung der Fourier-Transformation auf Dirac- und Sprungfunktion folgen nützliche Zusammenhänge zur übersichtlichen Signalbeschreibungen (s. Abschn. 10.3):

1. Die Verschiebung einer Zeitfunktion $f(t)$ um t_0 ist durch Faltung mit einem zeitverschobenen Dirac-Impuls darstellbar

$$f(t-t_0) = f(t) * \delta(t-t_0) \qquad (10.2/12)$$

(Begründung entweder über Faltungsintegral und Verschiebungssatz oder die sog. *Ausblendeigenschaft* $f(t)\delta(t-t_0) = f(t_0)\delta(t-t_0)$).

2. Das Integral einer Zeitfunktion $f(t)$ kann gleichwertig durch *Faltung* von $f(t)$ mit dem Einheitssprung $s(t)$ dargestellt werden

$$\int_{-\infty}^{t} f(\tau)\,\mathrm{d}\tau = f(t) * s(t). \qquad (10.2/13)$$

Mit dem Vertauschungssatz gelten die Beziehungen auch im Frequenzbereich.
Die Transformationspaare

$$\begin{array}{rcl} \delta(t-t_0) & \circ\!\!-\!\!\bullet & \exp -\mathrm{j}\omega t_0 \\ \frac{1}{2\pi}\exp \mathrm{j}\omega_0 t & \circ\!\!-\!\!\bullet & \delta(\omega-\omega_0) \end{array} \qquad (10.2/14)$$

(Zeit- bzw. Frequenzverschiebung eines δ-Impulses) sind von grundlegender Bedeutung für die Fourier-Transformation, denn

- sie erlauben die Interpretation beliebiger Signale als Überlagerung mit einer unendlichen Impulsfolge im Zeit- oder Frequenzbereich
- und bilden die analytische Verbindung zwischen Funktionen mit kontinuierlicher bzw. diskreter Variabler.

Frequenzspektrum und Energieinhalt. Die (absolut integrable) Funktion $f(t)$ mit der FT $\underline{F}(\omega)$ liefert z.B. als Spannung an einem Zweipol die Gesamtenergie (s. Gl.(8.8/2)) (c zur Einheitenanpassung)

$$\begin{aligned} W &= c\int_{-\infty}^{\infty} |f(t)|^2\,\mathrm{d}t = \frac{c}{2\pi}\int_{-\infty}^{\infty} \underline{F}^*(\omega)\underline{F}(\omega)\,\mathrm{d}\omega \\ &= \frac{c}{2\pi}\int_{-\infty}^{\infty} |\underline{F}(\omega)|^2\,\mathrm{d}\omega = \frac{c}{\pi}\int_{0}^{\infty} |\underline{F}(\omega)|^2\,\mathrm{d}\omega. \end{aligned} \qquad (10.2/15)$$

Parseval-Beziehung

Das Ergebnis ist das Gegenstück von Gl.(10.1/11) für *aperiodische* Funktionen und heißt ebenso Parseval-Beziehung. Die letzte Form gilt für reelle $f(t)$. Die Größe $|\underline{F}(\omega)|^2/\pi$ wird oft als *Energiespektraldichte* bezeichnet.

Vergleich Fourierreihe und Fourier-Transformation. In Tafel R 10.2/3 wurden Fourierreihe (einer zeitkontinuierlichen, periodischen Funktion) und Fourier-Transformierte einer zeitkontinuierlichen, aperiodischen Funktion ge-

Tafel R 10.2/3 Beziehungen zwischen Fourierreihe und Fourier-Transformierter für zeitkontinuierliche Signale

Form	Signal f(t): periodisch $f(t)=f(t+T)$, $\omega_p = 2\pi/T$	Signal f(t): aperiodisch
Fourierreihe (Frequenzspektrum diskret)	$\underline{c}_k = \frac{1}{T}\int_0^T f(t) e^{-jk\omega_p t} dt$ $f(t) = \sum_{k=-\infty}^{\infty} \underline{c}_k e^{jk\omega_p t}$ FR	$\underline{F}(k\omega_p) = T\underline{c}_k$ $T \to \infty$
Fourier-Transformation (Frequenzspektrum kontinuierlich)	$\underline{F}(\omega) = \sum_{k=-\infty}^{\infty} 2\pi \underline{c}_k \delta(\omega - k\omega_p)$	$\underline{F}(\omega) = \int_{-\infty}^{\infty} f(t) e^{-j\omega t} d\omega$ $f(t) = \frac{1}{2\pi}\int_{-\infty}^{\infty} \underline{F}(\omega) e^{j\omega t} d\omega$ FT
	Leistungssignal, falls f(t) begrenzt $\frac{1}{T}\int_0^T \lvert f(t)\rvert^2 dt = \sum_{k=-\infty}^{\infty} \lvert \underline{c}_k \rvert^2$	Energiesignal, falls f(t) begrenzt $\int_{-\infty}^{\infty} \lvert f(t)\rvert^2 dt = \frac{1}{2\pi}\int_{-\infty}^{\infty} \lvert \underline{F}(\omega)\rvert^2 d\omega$

genübergestellt. Im ersten Fall ergibt sich ein diskretes, nichtperiodisches Frequenzspektrum, im letzten Fall ein kontinuierliches, nichtperiodisches Spektrum.

Durch Grenzübergang $T \to \infty$ ist der Schritt zur Fourier-Transformierten möglich, umgekehrt läßt sich die Fourier-Transformation durch Periodisierung auch auf periodische Signale erweitern (Abschn. 10.3).

Anwendung der Fourier-Transformation. Die Anwendung der FT zur Lösung eines Übertragungsproblems entspricht sinngemäß dem Vorgehen der Fourierreihe (Bild R 10.1/4 → Bild R 10.2/4).

Lösungsmethodik.

1. Bestimmung der Fourier-Transformierten $\underline{X}(\mathrm{j}\omega)$ der Erregerfunktion $x(t)$ (→ Fourier-Analyse, z.B. mit Tafel)
2. Bestimmung der Netzwerkübertragungsfunktion $\underline{G}(\mathrm{j}\omega)$ (z.B. über Wechselstromrechnung, Messung)
3. Fourier-Synthese, Fourier-Rücktransformation der Wirkung $\underline{Y}(\mathrm{j}\omega) = \underline{G}(\mathrm{j}\omega)\underline{X}(\mathrm{j}\omega)$, $\mathrm{FT}^{-1}\{\underline{Y}(\mathrm{j}\omega)\} = y(t)$ (z.B. Tafel, Berechnung).

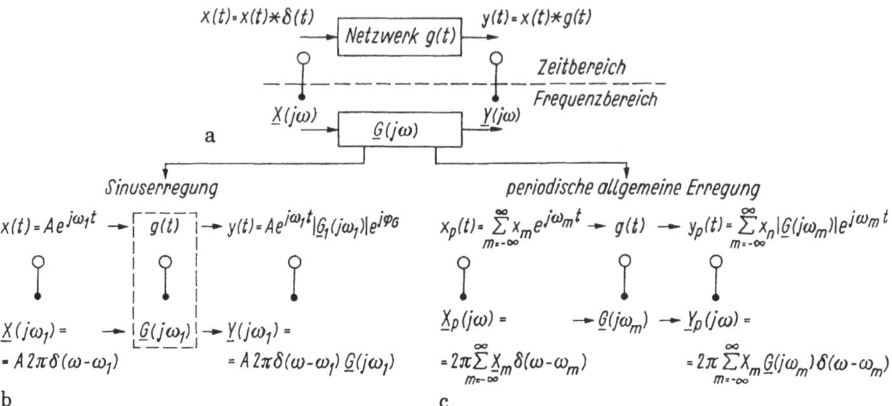

Bild R 10.2/4 Anwendung der Fourier-Transformation zur Lösung der Übertragungsaufgabe
a) allgemeiner Ansatz, b) Beispiel Sinuserregung, c) allgemeine periodische Erregung

Der Vorteil besteht - wie beim Wechselstromverhalten - in der Nutzung algebraischer Beziehungen über den Frequenz- oder Bildbereich mit Korrespondenztafeln statt der Lösung über den Zeitbereich (Lösung von Differentialgleichungen, Faltung mit Gewichtsfunktion $g(t)$).

Im Bildteil b) und c) wurde das Verfahren für die einfache harmonische Funktion (in Exponentschreibweise) und die allgemeine periodische Funktion ausgedrückt durch ihre Fourierreihe notiert.

Übertragungsfunktion $\underline{G}(\mathrm{j}\omega)$. Die FT läßt sich zur Gewinnung der Übertragungsfunktion $\underline{G}(\mathrm{j}\omega)$ auf verschiedenen Wegen anwenden

- Fourier-Transformation der Netzwerk-Differentialgleichung und Herstellung der Eingangs-Ausgangsbeziehung
- Fourier-Transformation der Gewichtsfunktion $g(t)$, es gilt

$$\underline{G}(\mathrm{j}\omega) = \int_{-\infty}^{\infty} g(t) \exp -\mathrm{j}\omega t \, \mathrm{d}t. \qquad (10.2/16)$$

10.3 Fourier-Transformation periodisierter und abgetasteter Signale

Durch Hinzunahme einer periodischen Diracfolge für fouriertransformierbare Signale kann die Fourier-Transformation auf periodische Signale erweitert werden: → einheitliche Darstellung periodischer und aperiodischer *zeitkontinuierlicher* und *zeitdiskreter Signale* (Bild R 10.2/1). Damit ist gleichzeitig der einheitliche Rahmen verschiedener Fourier-Transformationen gegeben (Bild R 10.3/1):

	periodisch	aperiodisch ←	Zeit
aperiodisch	Frequenzdiskrete Fourier-Transformation (DFFT) (Fourierreihe) FT_{df}	Fourier-Transformation FT	↓ zeit-kontinuierlich
↑ periodisch	Diskrete Fourier-Transformation (DFT) FT_d	Zeitdiskrete Fourier-Transformation (DTFT) FT_{dt}	zeitdiskret
Frequenz	→ diskret	kontinuierlich	

Bild R 10.3/1 Einteilung der unterschiedlichen Fourier-Transformationen (s. auch Bild R 10.2/1)

- *zeitdiskrete Fourier-Transformation* (DTFT)
- *frequenzdiskrete Fourier-Transformation* (DFFT, Abschn. 10.3.2), meist als Fourierreihe bezeichnet
- *diskrete Fourier-Transformation* (DFT, Abschn. 10.3.4).

Die Betrachtung geht zweckmäßig von der Abtastung einer zeitkontinuierlichen Funktion aus. Nach FT werden die "Abtastproben" durch "diskrete Proben" ersetzt und so eine konsistente Beschreibung (unter Nutzung der Zeit-Frequenz-Dualität der Transformation) erreicht.

Ausgang ist die periodische Dirac-Impulsfolge mit der Periodendauer T_{p}.

10.3.1 Periodisierung

Periodische Dirac-Impulsfolge. Durch Mehrfachanwendung des Verschiebungssatzes (Gl.(10.2/14)) auf einen Dirac-Impuls $\delta(t)$ ($\rightarrow$ Zeitverschiebung um T_{p}) und Deutung der Frequenzfunktion als Fourierreihe (II/ Gl.(9.41)ff.) hat die Folge von δ-Impulsen mit dem Gewicht A im Abstand T_{p} die Zeitfunktion

$$f_{\mathrm{p}\delta}(t) = \sum_{k=-\infty}^{\infty} A\delta(t-kT_{\mathrm{p}}) \circ\!\!-\!\!\bullet\, \omega_o \sum_{k=-\infty}^{\infty} A\delta(\omega-k\omega_{\mathrm{p}}) = \underline{F}_{\mathrm{p}\delta}(\mathrm{j}\omega). \quad (10.3/1\mathrm{a})$$

$$\omega_{\mathrm{p}}T_{\mathrm{p}} = 2\pi, \text{ periodische Stoßfolge}$$

Eine periodische Diracfolge im Zeitbereich geht durch Fourier-Transformation wieder in eine periodische Diracfolge im Frequenzbereich über (Bild R 10.3/2, Diracfolge als selbstreziproke Funktion). Die Diracfolge $f_{\mathrm{p}\delta}(t)$ heißt auch *Kammfunktion*, *Kammfilter* oder *Abtastfunktion*.

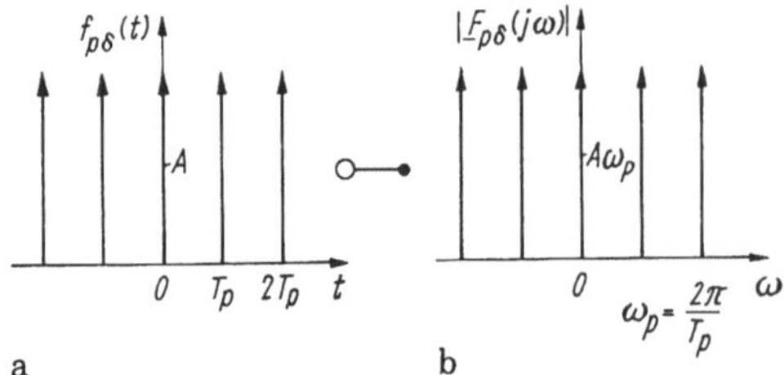

Bild R 10.3/2 Fourier-Transformierte einer periodischen Dirac-Folge
a) Zeitfunktion, b) Fourier-Transformierte

- Die periodische Diracfolge Gl.(10.3/1a) hat grundlegende Bedeutung zur Beschreibung periodisch wiederholter (aperiodischer) Signale $f(t)$ von Linienspektren, von Abtastsystemen, zur numerischen Fourier-Transformation u.a.m.
- Sie nimmt darüber hinaus (unter Nutzung der Ausblendeigenschaft der δ-Funktion bei der Abtastung und Periodisierung) eine Schlüsselstellung zur Behandlung auch zeitdiskreter Vorgänge ein (Abschn. 12).

Hinweis:

1. Jede Seite von Gl.(10.3/1a) kann von zwei Standpunkten aus betrachtet werden: entweder als periodische oder als diskrete Funktion. Dadurch hängen Periodisierung und Abtastung eng zusammen. Wir beschreiben die Impulsfolge Gl.(10.3/1a) entweder durch FT (→ Transformation einzelner zeitverschobener δ-Impulse) oder gleichwertig als Fourierreihe.
2. Mit der Fourier-Transformation $\delta(t-kT_\mathrm{p}) \circ\!\!-\!\!\bullet \exp -\mathrm{j}kT_\mathrm{p}$ des Einzelimpulses lautet die periodische Impulsfunktion (Gewicht $A=1$)
$$f_{\mathrm{p}\delta}(t) = \sum_{k=-\infty}^{\infty} \delta(t-kT_\mathrm{p}) \circ\!\!-\!\!\bullet \sum_{k=-\infty}^{\infty} \exp -\mathrm{j}\omega kT_\mathrm{p}.$$
Als Fourierreihe dargestellt gilt für $f_{\mathrm{p}\delta}(t)$ (II/Bild 9.21) gleichwertig
$$f_{\mathrm{p}\delta} = \sum_{m=-\infty}^{\infty} \underline{c}_m \exp \mathrm{j}m\omega_\mathrm{p} t \tag{10.3/1b}$$
mit
$$\begin{aligned}\underline{c}_m &= \frac{1}{T_\mathrm{p}} \int_{-T_\mathrm{p}/2}^{T_\mathrm{p}/2} \sum_{k=-\infty}^{\infty} \delta(t-kT_\mathrm{p}) \exp -\mathrm{j}m\omega_\mathrm{p} t \,\mathrm{d}t \\ &= \frac{1}{T_\mathrm{p}} \int_{-T_\mathrm{p}/2}^{T_\mathrm{p}/2} \delta(t) \exp -\mathrm{j}m\omega_\mathrm{p} t \,\mathrm{d}t = \frac{1}{T_\mathrm{p}}.\end{aligned}$$
Bei der FT gibt jede Exponentialfunktion einen Impuls im Frequenzbereich (Stärke 2π) und so entsteht schließlich Gl.(10.3/1).
3. Die gleiche doppelte Interpretation ist auch für $\underline{F}_{\mathrm{p}\delta}(\mathrm{j}\omega)$ möglich unter Nutzung einer "Frequenzbereich-Fourierreihe"
$$\underline{F}_{\mathrm{p}\delta}(\omega) = \sum_{n=-\infty}^{\infty} \underline{c}_n \exp \mathrm{j}\omega_\mathrm{p} n T_\mathrm{p}$$

mit

$$\underline{c}_n = \frac{1}{\omega_p}\int_{-\omega_p/2}^{\omega_p/2} \underline{F}_{p\delta}(\omega)\exp -j\omega n T_p \, d\omega$$
$$= \frac{1}{\omega_p}\int_{-\omega_p/2}^{\omega_p/2} \omega_p \sum_{k=-\infty}^{\infty} \delta(\omega - k\omega_p)\exp -j\omega n T_p \, d\omega = 1. \qquad (10.3/1c)$$

Damit ergibt sich folgende symmetrische Zuordnung

$$f_{p\delta}(t) = \sum_{k=-\infty}^{\infty} \delta(t - kT_p) \quad \circ\!\!-\!\!\bullet \quad \underline{F}_{p\delta}(\omega) = \sum_{n=-\infty}^{\infty} \exp -j\omega n T_p$$

$\downarrow$ FR, Zeitbereich $\qquad\qquad$ $\uparrow$ FR, Frequenzbereich

$$\underline{c}_k = 1/T_p \qquad\qquad \underline{c}_n = 1$$

$$f_{p\delta}(t) = \frac{1}{T_p}\sum_{k=-\infty}^{\infty} \exp jk\omega_p T \quad \circ\!\!-\!\!\bullet \quad \underline{F}_{p\delta}(\omega) = \omega_p \sum_{k=-\infty}^{\infty} \delta(\omega - k\omega_p) \qquad (10.3/1d)$$

4. Die Diracfolge Gl.(10.3/1a) ist ein mathematisches Modell: zur praktischen Abtastung wird ein Impulszug aus Rechteckimpulsen gewählt.

Fourier-Transformation periodischer Funktionen. Periodisierung im Zeitbereich. Abtastung im Frequenzbereich.

Jede periodische (zeitkontinuierliche) Funktion $f_p(t)$ läßt sich gleichwertig darstellen als Fourierreihe oder als Summe periodisch verschobener (aperiodischer) Funktionen $f(t)$ (Bild R 10.2/1, mit $f(t) \neq 0$ für $0 \leq t \leq T_p$, sonst Null) und die Zeitverschiebung als Faltung mit einer periodischen Diracfolge $f_{p\delta}(t)$ interpretieren (Gl.(10.2/12) und II/Gl.(9.45)).

Periodisierung

$$\underbrace{P\{f(t)\}}_{\text{Periodisierung}} = f_p(t) \quad \circ\!\!-\!\!\bullet \quad \underbrace{A\{\underline{F}(f)\}}_{\text{Abtastung}} = \underline{F}_p(f) \qquad (10.3/2)$$

$$= \underbrace{\sum_{k=-\infty}^{\infty} f(t - kT_p)}_{\text{Überlagerung zeitverschobener Funktionen}}$$

$$= \underbrace{f(t) * \sum_{k=-\infty}^{\infty} \delta(t - kT_p)}_{\text{Ausblendeigenschaft}} \quad \circ\!\!-\!\!\bullet \quad = \underline{F}(f)\cdot\underline{F}_{p\delta}(f) \qquad (10.3/3)$$

$$= f(t) * \underbrace{f_{p\delta}(t)}_{\text{Kammfilter}} \quad \circ\!\!-\!\!\bullet \quad = \sum_{l=-\infty}^{\infty} f_p F(lf_p)\delta(f - lf_p).$$

Der Operator $P\{f(t)\}$ heißt *Periodisierung* der Funktion $f(t)$ (Bild R 10.3/3).

Durch Fourier-Transformation der periodischen Funktion folgt (mit $\underline{F}(f)$ FT von $f(t)$, $\underline{F}_{p\delta} \rightarrow$ FT der periodischen Diracfolge (Gewicht $A = 1$, Gl.(10.3/1a))

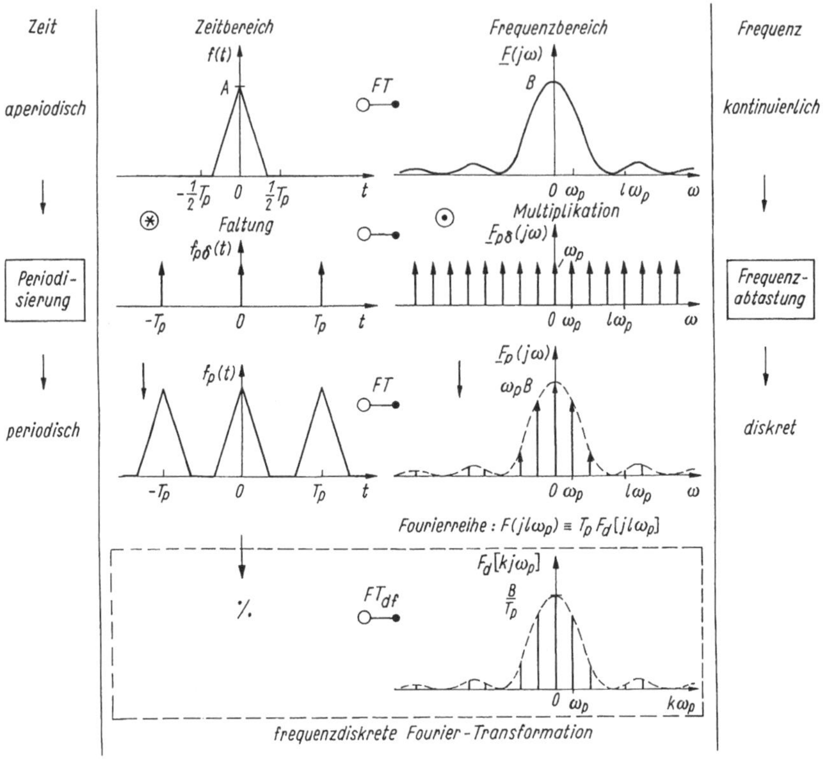

Bild R 10.3/3 Periodisierung einer aperiodischen Funktion $f(t)$ ($\rightarrow$ Frequenzabtastung einer frequenzkontinuierlichen Funktion). Definition der frequenzdiskreten Fourier-Transformation

gliedweise das Ergebnis Gl.(10.3/2). Der Faltung im Zeitbereich entspricht die Multiplikation im Frequenzbereich.

Die Fourier-Transformierte $\underline{F}_{\mathrm{p}}(f)$ einer periodischen Zeitfunktion $f_{\mathrm{p}}(t)$ ist eine äquidistante Dirac-Stoßfolge im Abstand f_{p} bewertet mit dem Gewichtsfaktor $F(lf_{\mathrm{p}})$, also ein *Linienspektrum* (Bild R 10.3/3).

Der Operator $A\{\underline{F}(f)\}$ heißt *Abtastung* (Abgetastete von $\underline{F}(f)$, Frequenzabtastung von $\underline{F}(f)$ mit einer Diracstoßfolge im Frequenzabstand $f_{\mathrm{p}} = 1/T_{\mathrm{p}}$).

Hinweis: Das Ergebnis Gl.(10.3/3) im Frequenzbereich kann *gleichwertig* interpretiert werden:

- als Dirac-Impulsfolge mit unterschiedlichem Gewicht (Impulsfläche) $f_{\mathrm{p}}\underline{F}(lf_{\mathrm{p}})$, letzteres hängt vom Einzelvorgang ab
- als frequenzkontinuierliche Funktion $\underline{F}(f)$ (des Einzelvorganges), die an Frequenzpunkten lf_{p} abgetastet wird ($\rightarrow$ Linienspektrum)
- als Produkt der Fourier-Transformierten $\underline{F}(f)$ (= kontinuierliches Frequenzspektrum) und der FT der Dirac-Impulsfolge $\rightarrow$ "Amplitudenmodulation" der Diracfolge mit $\underline{F}(f)$
- als Linienspektrum der Fourierreihe $f_{\mathrm{p}}(t)$.

Zusammengefaßt:

1. *Periodisierung* einer aperiodischen Funktion $f(t)$ entspricht
   - im Zeitbereich einer Faltung mit dem periodischen Impulszug $f_{\mathrm{p}\delta}(t)$
   - im Frequenzbereich einer (periodischen) Frequenzabtastung der Fouriertransformierten $\underline{F}(f)$ = Multiplikation von $\underline{F}(f)$ mit der Frequenzabtastfunktion $\underline{F}_{\mathrm{p}\delta}(f)$

   $$P\{f(t)\} \circ\!\!-\!\!\bullet A\{\underline{F}(f)\}, \qquad T_{\mathrm{p}} = 1/f_{\mathrm{p}}. \tag{10.3/4}$$

   Es entsteht ein Linienspektrum (Linienabstand $f_{\mathrm{p}} = 1/T_{\mathrm{p}}$, vgl. Bild R 10.1/3).
2. Periodisierung und Abtastung lassen sich bezüglich der Reihenfolge vertauschen (s.u.).
3. Abtastung und Periodisierung gehen durch Fourier-Transformation ineinander über.
4. Zum aperiodischen Vorgang $f(t)$ gehört ein kontinuierliches Frequenzspektrum (Bild R 10.3/3). Beim periodischen Vorgang werden die Spektrallinien mit wachsender Periodendauer T_{p} dichter, im Grenzfall $T_{\mathrm{p}} \to \infty$ folgt die FT einer aperiodischen Funktion.
5. Die Beschreibung periodischer Vorgänge durch eine Fourierreihe bildet den Ansatz zur *diskreten Fourier-Transformation.*

Bezug zur Fourierreihe, frequenzdiskrete Gleichwertigkeit. Die Fourierreihen-Darstellung der periodischen Diracfolge $\underline{F}_{\mathrm{p}}(f)$ Gl.(10.3/3) im Frequenzbereich lautet

$$\begin{aligned} f_{\mathrm{p}}(t) &= \int_{-\infty}^{\infty} \underline{F}_{\mathrm{p}}(f) \exp \mathrm{j}2\pi f t \,\mathrm{d}f \\ &= \int_{-\infty}^{\infty} \left(\sum_{m=-\infty}^{\infty} \underline{F}(mf_{\mathrm{p}}) \delta(f - mf_{\mathrm{p}}) \right) \exp \mathrm{j}2\pi f t \,\mathrm{d}f \\ &= \sum_{m=-\infty}^{\infty} \underline{F}(mf_{\mathrm{p}}) \exp \mathrm{j}2\pi m f_{\mathrm{p}} t. \end{aligned} \tag{10.3/5}$$

Durch die Ausblendeigenschaft des Diracstoßes steht rechts eine Fourierreihe, deren Koeffizienten $\underline{c}_m$ gleich den Frequenzabtastwerten $\underline{F}(mf_{\mathrm{p}})$ sind: Ist $f(t) = f_{\mathrm{p}}(t)$ periodisch mit der Grundfrequenz ω_{p} (Bereich $-\infty \ldots +\infty$) mit der Fourierreihe nach Gl.(10.1/6), so gehört dazu die Fourier-Transformierte

$$\mathrm{FT}\,\{f_{\mathrm{p}}(t)\} = \underline{F}_{\mathrm{p}}(\omega) = \sum_{m=-\infty}^{\infty} 2\pi \underline{c}_m \delta(\omega - m\omega_{\mathrm{p}}).$$

Durch Vergleich (Gl.(10.3/3)) folgt (bei Übergang $f \to \omega$)

$$2\pi \underline{c}_m = \omega_{\mathrm{p}} \underline{F}(m\omega_{\mathrm{p}}) \quad \text{resp. } \underline{c}_m = 1/T_{\mathrm{p}} \underline{F}(m\omega_{\mathrm{p}}). \tag{10.3/6a}$$

Die Frequenzabtastwerte $\underline{F}(m\omega_{\mathrm{p}})$ sind bis auf den Faktor $1/T_{\mathrm{p}}$ identisch mit dem Fourier-Koeffizienten $\underline{c}_m$. Deshalb kann jeder Frequenzabtastimpuls als gleichwertiger *diskreter Frequenzimpuls* der Amplitude

$$F_\mathrm{d}[m\omega_\mathrm{p}] = 1/T_\mathrm{p}\underline{F}(m\omega_\mathrm{p}) = \underline{c}_m \qquad (10.3/6b)$$

betrachtet werden (Klammer [ ] deutet auf diskreten Wert (→ Folge!) hin), also gleichwertig eine *frequenzdiskrete Beschreibung* des zeitkontinuierlichen, periodischen Signals $f_\mathrm{p}(t)$ erfolgen (Bild R 10.3/3). Es gilt entsprechend Gl.(10.3/2, 3)

$$f_\mathrm{p}(t) = \frac{1}{T_\mathrm{p}} \sum_{l=-\infty}^{\infty} F(l\omega_\mathrm{p}) \quad \underset{\mathrm{FT}}{\circ\!\!-\!\!\bullet} \quad F_\mathrm{p}(\omega) = \frac{2\pi}{T_\mathrm{p}} \sum_{l=-\infty}^{\infty} F(l\omega_\mathrm{p})\delta(\omega - l\omega_\mathrm{p})$$

zeitkontinuierliche Form

$$\Updownarrow \qquad F_\mathrm{d}[l\omega_\mathrm{p}] = \frac{1}{T_\mathrm{p}} F(l\omega_\mathrm{p}) \qquad \Updownarrow$$

$$f_\mathrm{p}(t) = \sum_{l=-\infty}^{\infty} F_\mathrm{d}[l\omega_\mathrm{p}]\mathrm{e}^{\mathrm{j}l\omega_\mathrm{p}t} \quad \underset{\mathrm{FT_{df}}}{\circ\!\!-\!\!\bullet} \quad F_\mathrm{p}[l\omega_\mathrm{p}] = 2\pi \sum_{l=-\infty}^{\infty} F_\mathrm{p}[l\omega_\mathrm{p}]\delta(\omega - l\omega_\mathrm{p})$$

frequenzkontinuierliche Form

(10.3/7a)

Der gleichwertige Term im Zeitbereich kann deshalb auch als *inverse frequenzdiskrete Fouriertransformierte* (IDFFT) der Funktion $F_\mathrm{d}[k\omega_\mathrm{p}]$ aufgefaßt werden!

$$f_\mathrm{p}(t) = \sum_{k=-\infty}^{\infty} F_\mathrm{d}[k\omega_\mathrm{p}]\mathrm{e}^{\mathrm{j}k\omega_\mathrm{p}t} \qquad \text{frequenzdiskrete FT, Synthesegleichung} \qquad (10.3/7b)$$

oder mit der Zuordnung $\mathrm{FT_{df}}$ für

$$f_\mathrm{p}(t) = \mathrm{FT}_\mathrm{df}^{-1}\{F_\mathrm{d}[k\omega_\mathrm{p}]\}$$

symbolisch:

$$f_\mathrm{p}(t) \underset{\mathrm{FT_{df}}}{\circ\!\!-\!\!\bullet} F_\mathrm{d}[k\omega_\mathrm{p}]. \qquad (10.3/7c)$$

Durch die Gleichwertigkeit $F_\mathrm{d}[k\omega_\mathrm{p}] = \underline{c}_k$ (s. Gl.(10.3/6b)) entspricht aber Gl.(10.3/7b) voll der Synthesegleichung (10.1/7) der Fourierreihe!

Vorwärtstransformation. Die frequenzdiskrete Fourier-Transformierte einer periodischen Funktion $f_\mathrm{p}(t)$ folgt aus der Definition der FT

$$\begin{aligned} F(\omega) &= \mathrm{FT}\{f(t)\} = \int_{-T_\mathrm{p}/2}^{T_\mathrm{p}/2} f_\mathrm{p}(t)\mathrm{e}^{-\mathrm{j}\omega t}\,\mathrm{d}t = F(k\omega_\mathrm{p}) \\ &= \int_0^{T_\mathrm{p}} f_\mathrm{p}(t)\mathrm{e}^{-\mathrm{j}k\omega_\mathrm{p}t}\,\mathrm{d}t \end{aligned}$$

(weil das Intervall auf T_p beschränkt ist und das Integral nur an den Abtastwerten Beiträge liefert). Mit der frequenzdiskreten Zuordnung (10.3/6b) wird dann

$$F_\mathrm{d}[k\omega_\mathrm{p}] = \frac{1}{T_\mathrm{p}} \int_0^{T_\mathrm{p}} f_\mathrm{p}(t)\mathrm{e}^{-\mathrm{j}k\omega_\mathrm{p}t}\,\mathrm{d}t \qquad \text{frequenzdiskrete FT, Analysegleichung.} \qquad (10.3/7d)$$

Damit bilden Gln.(10.3/6, 7c,d) das Paar der *frequenzdiskreten Fourier-Transformierten.* Sie verbindet die frequenzdiskreten Werte $F_d[k\omega_p]$ mit der zeitkontinuierlichen, periodischen Funktion $f_p(t)$. Der Vergleich zu Gl.(10.1/7) zeigt die Identität von frequenzdiskreter Fourier-Transformation und Fourierreihe.

In Tafel R 10.2/3 wurden Fourierreihe und Fourier-Transformation für periodische und nichtperiodische Funktionen gegenübergestellt. Einen Überblick über alle Formen der Fourier-Transformationen gibt später Tafel R 10.3/3.

10.3.2 Abtastung im Zeitbereich, Periodisierung im Frequenzbereich

Mehr als die Periodisierung (→ Abtastung im Frequenzbereich) hat *die Abtastung im Zeitbereich* grundlegende Bedeutung in der modernen Signalverarbeitung, denn sie erzeugt *zeitdiskrete Signale.*

Zeitdiskretes Signal. Ein zeitdiskretes Signal

$$f(t_k) = \{f(t_1), f(t_2), f(t_3) \ldots\} \quad \text{mit } k = 1, 2 \ldots$$

wird durch eine unendliche *Wertefolge* definiert. Die Abtastung erfolgt meist zu äquidistanten Zeitpunkten t_k mit konstanter *Abtastzeit* T_a (auch Taktzeit) oder *Abtastfrequenz* $f_a = 1/T_a$ (auch Abtastrate)

$$f(kT_a) = \{f(0), f(T_a), f(2T_a) \ldots f(kT_a)\} \quad \text{resp. } f(t)|_{kT_a} = f(kT_a) = f[k]$$

mit $-\infty < k < \infty$.

Diskrete Signale sind nur für die Abtastzeitpunkte definiert, im Zwischengebiet *nicht.*

$f(kT)$ kann dargestellt werden entweder über der *Zeitachse* oder dimensionslos auf einer *k-Achse* als $f[k]$.

Ist $f(kT_a)$ periodisch mit der Periode N, so gilt

$$f(kT_a) = f([k+N]T_a) \qquad (N > 0, \text{Grundperiode}). \tag{10.3/8}$$

Ein Signal, das Gl.(10.3/8) für ganze k *nicht* erfüllt, heißt *aperiodisch.*

Beispiel: Im Bild R 10.3/4 wurden die Folge $f[k] = 1$ (zweiseitige Folge) (Bild a) dargestellt, die Impulsfolge $\delta[k] = \begin{cases} 0 & k \neq 0 \\ 1 & k = 0 \end{cases}$ (Bild b) und die Einheitsstufenfolge $s[k] = \begin{cases} 1 & k \geq 0 \\ 0 & k < 0 \end{cases}$ resp. $s[k-i] = \begin{cases} 1 & k \geq i \\ 0 & k < i \end{cases}$ (Bild c).

Für die Sinusfunktion $f(t) = \sin \omega_0 t$ (Bild R 10.3/4d, e) ergibt sich

$$f[k] = f(kT_a) = \sin \omega_0 k T_a \qquad k = 0, \pm 1, \pm 2 \ldots$$

mit der Periodizitätsbedingung

$$f[k] = f[k+N] = f[k+nN].$$

Aus $\sin(\omega_0 kT_a) = \sin(\omega_0 kT_a + \omega_0 NT_a)$ folgt $\omega_0 NT_a = 2\pi n$, d.h. für ganze n muß gelten $N = 2n\pi/\omega_0 T_a$. Beispielsweise führt $\sin 0,1\pi k$ mit $T_a = 1$ für $n = 1$ auf $N_1 = 2n\pi/\omega_0 T_a = 2n\pi/(0,1\pi) = 20$, d.h. eine Folge mit der Periode 20; nach 20 Abtastpunkten wiederholt sich der Vorgang. Für die Funktion $\sin 0,3\pi k$ folgt mit $T_a = 1$ als kleinstem n: $N_2 = 2n\pi/\omega_0 T_a = 2n/0,3$, d.h. $n = 3$. Damit ist $\sin 0,3\pi k$ mit der Periode 20 periodisch. Obwohl beide Verläufe die gleiche Grundfrequenz haben, ist die Änderung im letzten Fall dreimal größer.

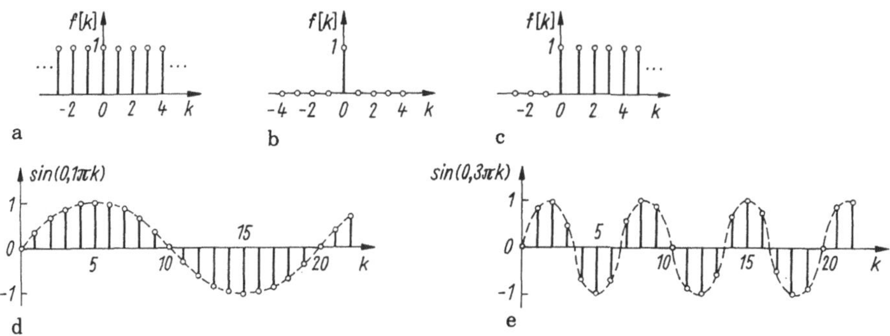

Bild R 10.3/4 Folgen, zeitdiskrete Signalfunktionen
a) konstante Folge, b) Impulsstoß (Impulssequenz), c) Einheitssprungfolge, d), e) zwei periodische Folgen mit gleicher Grundperiode

Für harmonische Funktionen gilt:

- Im Gegensatz zum zeitkontinuierlichen Fall mit stets periodischer Sinusfunktion, ist die sinusförmige Folge $\sin \omega_0 T_a k$ nur periodisch, wenn gilt $\omega_0 T_a = 2\pi r$ (r rationale Zahl):

  $$r = n/N = \omega_0 T_a/(2\pi) = f_0 T_a = T_a/T_p n\text{: kleinstmögliche Zahl, } N\text{: ganz.}$$

  Dann stehen Abtastabstand T_a und Periodendauer T_p im rationalen Verhältnis.
- Zwei Sinusfolgen $\sin \omega_1 T_a k$ und $\sin \omega_2 T_a k$ haben die gleiche Folge, wenn sich ω_1 und ω_2 um $2\pi/T_a$ (oder ganze Vielfache davon) unterscheiden (im zeitkontinuierlichen Fall gehören dazu unterschiedliche Verläufe!)
- Der eindeutige Frequenzbereich der Sinusfolge $\sin \omega_0 T_a k$ beträgt

  $$[-1/2T_a \ldots 1/2T_a]$$

  und wird allein durch die Abtastzeit T_a bestimmt. Die höchste Kreisfrequenz ist π/T_a (im zeitkontinuierlichen Fall ist sie unbegrenzt). Die periodische Abtastung eines zeitkontinuierlichen Signals entspricht deshalb einer Abbildung des zugehörigen unendlichen Frequenzbereiches (von ω) in einem begrenzten Frequenzbereich des Abtastsignals (Bild R 10.3/5).

Abtastung. Ein (aperiodisches) Signal $f(t)$ (mit $f(t) = 0, t < 0$ und $t > T_a$) werde mit einer (periodischen) Dirac-Impulsfolge (Abtastzeit T_a), der *Abtast-* oder *Schaltfunktion* (Bild R 10.3/6)

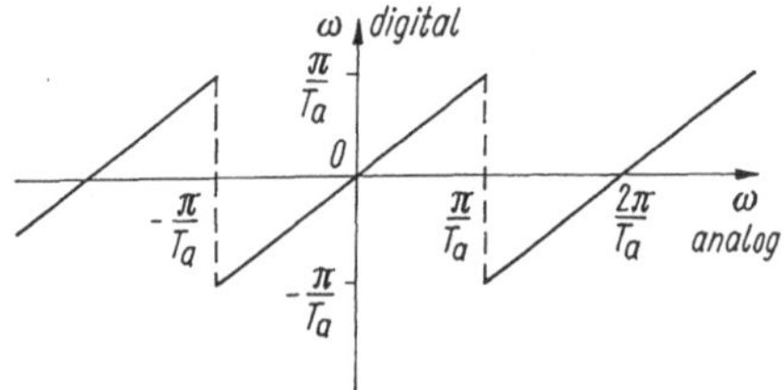

Bild R 10.3/5 Beziehung zwischen zeitkontinuierlicher und zeitdiskreter Frequenzvariable bei periodischer Abtastung

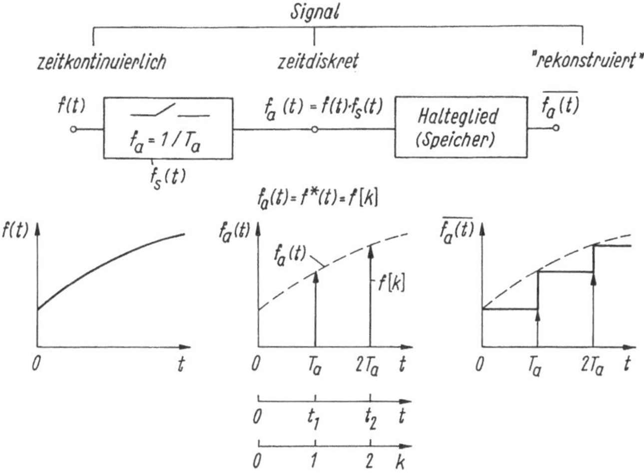

Bild R 10.3/6 Periodische Abtastung eines zeitkontinuierlichen Signals. Rechts ist eine Haltefunktion beigefügt

$$f_s(t) = \sum_{k=-\infty}^{\infty} \delta(t - kT_a) \tag{10.3/9a}$$

zu Zeitpunkten $t_k = kT_a$ multipliziert:

Der Vorgang heißt *Abtastung* = Multiplikation von $f(t)$ mit der periodischen Stoßfolge $f_s(t)$, ausgedrückt durch das Operatorsymbol $A\{f(t)\}$ (Abgetastete von $f(t)$). Es entsteht das *abgetastete* oder *zeitdiskrete* Signal $f_a(t)$

$$f_a(t) = A\{f(t)\} = f(t)f_s(t)$$ Abtastung, Modulation des Signals $f(t)$ mit dem "Träger" $f_s(t)$. (10.3/9b)

Es kann unmittelbar weiterverarbeitet werden (wie hier) oder z.B. als Kondensatorladung bis zum Eintreffen des nächsten Abtastwertes "anhalten" (*Haltefunktion*, s. Abschn. 12.5.2). Das abgetastete Signal wird gleichwertig beschrieben entweder

- durch die *Wertefolge* $f[k]$ oder
- die *Impulsfolge* $f_a(t)$

$$\begin{aligned} f_a(t) &= f(t)f_s(t) = \sum_{k=-\infty}^{\infty} f[k]\delta(t - kT_a) \\ &= \sum_{k=-\infty}^{\infty} f(kT_a)\delta(t - kT_a) = \sum_{k=-\infty}^{\infty} f(t)\delta(t - kT_a) \\ &= f(t) \sum_{k=-\infty}^{\infty} \delta(t - kT_a). \end{aligned} \tag{10.3/10a}$$

Bild R 10.3/7 Zur Beschreibung des Abtastvorganges

Die *Impulsfolge* $f_a(t)$ - üblicherweise bezeichnet als *abgetastetes* oder *zeitdiskretes* Signal - kann gleichwertig verstanden werden (Bild R 10.3/7) als

- *Modulation* (Produktbildung) des zeitkontinuierlichen Signals $f(t)$ mit der Abtastfunktion $f_s(t)$ (Term 1, Bild R 10.3/6)
- *Abtastfunktion* $f_s(t)$ mit den Gewichtsfaktoren $f(kT_a)$ in den Abtastpunkten (Term 2, Bild R 10.3/6, hervorgehend aus dem Abtastprinzip)
- Ausgangsfunktion $f(t)$, die zu allen Zeitpunkten (außer zu den Abtastwerten) *ausgeblendet* wird (Term 3). Dabei hängt $f(t)$ nicht von k ab
- spezielle *Fourierreihe* der (periodischen) Schaltfunktion $f_s(t)$
- Wertefolge $f[k] = f(kT_a)$ (Bild R 10.3/7).

Mathematisches Hilfsmittel für den Umgang mit der Abtastmodellfunktion $f_a(t)$ sind *Fourier*- und *Laplace*-Transformation, für die Folge $f[k]$ hingegen die *Z-Transformation* (Abschn. 12).

Spektrum des abgetasteten (aperiodischen) Signals. Das Spektrum $\underline{F}_a(f)$ des zeitgetasteten Signals $f_a(t)$ Gl.(10.3/10a) ist die Fouriertransformierte von $f_a(t)$ [1]

Nach dem Faltungssatz geht das Produkt $f(t)f_s(t)$ über in die Faltung der Fourier-Transformierten im Frequenzbereich, ferner gelten die Korrespondenzen $\underline{F}(f) \bullet\!\!-\!\!\circ f(t)$, $\underline{F}_s = \underline{F}_{p\delta} \bullet\!\!-\!\!\circ f_s(t)$:

$$\begin{aligned} \underline{F}_a(f) &= \underline{F}(f) * \sum_{m=-\infty}^{\infty} f_a \delta(f - mf_a) = \sum_{m=-\infty}^{\infty} f_a \underline{F}(f) * \delta(f - mf_a) \\ &= \sum_{m=-\infty}^{\infty} f_a \underline{F}(f - mf_a) = P\{\underline{F}(f)\}. \end{aligned} \tag{10.3/11a}$$

Dabei gilt

$$\underline{F}_a(f - f_a) = \sum_{m=-\infty}^{\infty} f_a \underline{F}(f - (m+1)f_a) = \underline{F}_a(f).$$

Das erzeugte Spektrum $\underline{F}_a(f)$ ist periodisch in f_a (Bild R 10.3/8).

---

[1] Die Bezeichnungen $\underline{F}_d(f)$, $\underline{F}_a(f)$, $\underline{F}^*(f)$ werden in der Literatur (ebenso wie $f_d(t)$, $f_a(t)$, $f^*(t)$ für Abtastgrößen) verwendet.

Ein zeitabgetastes Signal erzeugt ein frequenzkontinuierliches, periodisches Frequenzspektrum $\underline{F}_{\mathrm{a}}(f)$ (Wiederholperiode $T_{\mathrm{a}} = 1/f_{\mathrm{a}}$) bestehend aus Amplituden- und Phasenspektrum.

Die Periodizität im Frequenzbereich wird durch den *Periodisierungsoperator* $P\{\underline{F}(f)\}$ angewandt auf den Frequenzgang des Einzelspektrums $\underline{F}(f)$ ausgedrückt (Gl.(10.3/11a) rechts).

Hinweis: Wegen der Periodisierung im Frequenzbereich läßt sich für $\underline{F}_{\mathrm{a}}(f)$ auch eine Fourierreihe angeben (s. u.).

Gegenübergestellt lauten die Abtastung im Zeitbereich und Periodisierung im Frequenzbereich somit (Gln.(10.3/10, 11)):

$$
\begin{aligned}
A\{f(t)\} &= f_{\mathrm{a}}(t) && \circ\!\!-\!\!\bullet \quad P\{\underline{F}(f)\} = \underline{F}_{\mathrm{a}}(f) \\
&= f(t) f_s(t) && \circ\!\!-\!\!\bullet \quad = \underline{F}(f) * \underline{F}_{\mathrm{s}}(f) \\
&= f(t) \sum_{k=-\infty}^{\infty} \delta(t - kT_{\mathrm{a}}) && \circ\!\!-\!\!\bullet \quad = \underline{F}(f) * \sum_{m=-\infty}^{\infty} f_{\mathrm{a}} \delta(f - m f_{\mathrm{a}}) \\
&\sum_{k=-\infty}^{\infty} f(kT_{\mathrm{a}}) \delta(t - kT_{\mathrm{a}}) && \circ\!\!-\!\!\bullet \quad = f_{\mathrm{a}} \sum_{m=-\infty}^{\infty} F(f - m f_{\mathrm{a}}).
\end{aligned}
$$

(10.3/10b) (10.3/11b)

Wechselkorrespondenzen. Abtastung - Periodisierung. Abtastsatz. Die Vorgänge "Periodisierung" und "Abtastung" Gln.(10.3/3, 4, 10, 11) bilden den *Abtastsatz*:

$$
\begin{aligned}
P\{f(t)\} \quad &\circ\!\!-\!\!\bullet \quad A\{\underline{F}(f)\} \qquad f_{\mathrm{a}} = 1/T_{\mathrm{p}} \\
A\{f(t)\} \quad &\circ\!\!-\!\!\bullet \quad P\{\underline{F}(f)\} \qquad f_{\mathrm{p}} = 1/T_{\mathrm{a}} \qquad \text{Abtastsatz.} \qquad (10.3/12)
\end{aligned}
$$

- Abtastung und Periodisierung gehen durch Fourier-Transformation ineinander über: Abtastung im Zeitbereich (Frequenzbereich) korrespondiert mit Periodisierung im Frequenzbereich (Zeitbereich) und umgekehrt oder gleichwertig (vgl. Bild R 10.2/1):
- Aperiodische, zeitdiskrete Funktionen korrespondieren zu periodischen (kontinuierlichen) Frequenzfunktionen und periodische, zeitkontinuierliche Funktionen zu diskreten (aperiodischen) Frequenzfunktionen (Bilder R 10.3/2, 5). Periodisierung im Frequenzbereich heißt *Faltung* der Fourier-Transformierten $\underline{F}(f)$ des Ausgangssignals mit der FT der Schaltfunktion $\underline{F}_{\mathrm{s}}(f)$
- Grundlage dieser Wechselbeziehung ist die periodische Stoßfolge Gl. (10.3/9) und damit das Abtastprinzip sowohl im Zeit- wie Frequenzbereich
- Durch Einbezug der periodischen Stoßfolge kann die Fourier-Transformation auf periodische Funktionen erweitert werden. Dabei liegt für zeitdiskrete Signale die Einführung der zeitdiskreten Fourier-Transformation nahe (s. Bild R 10.3/1).

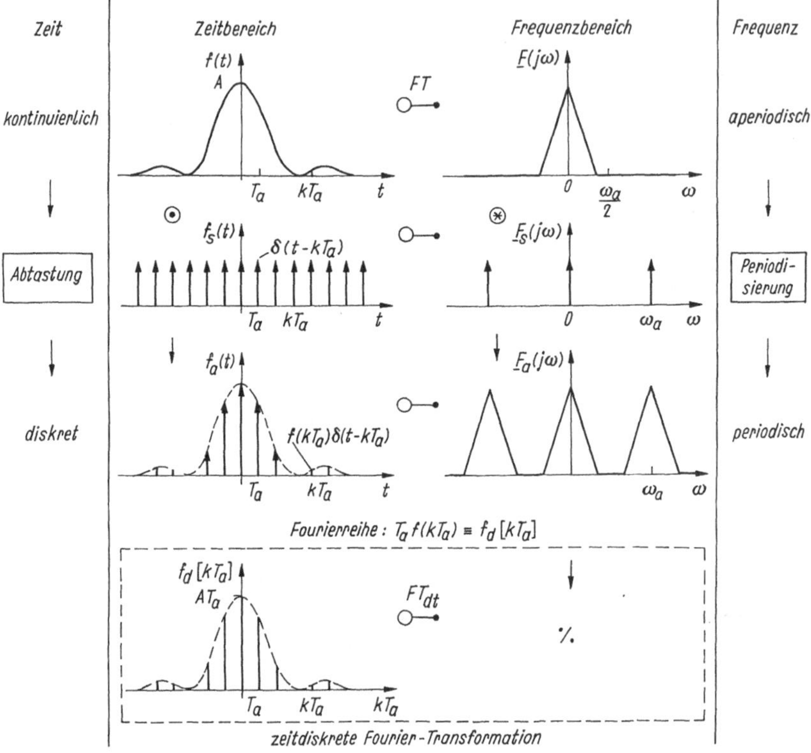

Bild R 10.3/8 Abtastung einer aperiodischen Funktion $f(t)$ (→ Frequenzperiodisierung einer frequenzkontinuierlichen Funktion). Definition der zeitdiskreten Fourier-Transformation

Zeitdiskrete Fourier-Transformation. Das Fourierspektrum $\underline{F}_a(f)$ des zeitdiskreten Signals (Bild R 10.3/8) kann gleichwertig gewonnen werden

- durch Fourier-Transformation der Zeitfunktion $f_a(t)$ (Gl.(10.3/9)) über Faltung oder
- direkt über das *Fourierintegral*:

$$\begin{aligned} \underline{F}_a(f) &= \int_{-\infty}^{\infty} \sum_{k=-\infty}^{\infty} f(kT_a)\delta(t-kT_a)e^{-j2\pi ft}\,dt \\ &= \sum_{k=-\infty}^{\infty} f(kT_a)e^{-j2\pi kT_a f} \end{aligned} \qquad (10.3/13)$$

unter Beachtung der Ausblendeigenschaft des Dirac-Impulses.

Das periodische Spektrum $\underline{F}_a(f)$ Gl.(10.3/13) hängt nur noch von den Abtastwerten $f(kT_a)$ ab und läßt sich deshalb formal dem *zeitdiskreten Signal*

$f(kT_a) = f_d[kT_a]$ zuordnen (Bild 10.3/8, unterer Teil). $f(kT_a)$ existiert nur in den Abtastpunkten, sonst nirgends. So kann $\underline{F}_a(f)$ auch als Spektrum des zeitdiskreten Signals $f_d[kT_a]$ definiert werden:

$$\mathrm{FT}_{\mathrm{dt}}\{f(kT_a)\} = \underline{F}_a(f) = \sum_{k=-\infty}^{\infty} f_d[kT_a]e^{-j2\pi kT_a f} \circ\!\!-\!\!\bullet$$

Analysegleichung

(10.3/14a)

$$f_d[kT_a] = \frac{1}{f_a}\int_{-f_a/2}^{f_a/2} \underline{F}_a(f)e^{j2\pi kT_a f}\,df = \mathrm{FT}_{\mathrm{dt}}^{-1}\{\underline{F}_a(f)\}$$

Synthesegleichung (10.3/14b)

zeitdiskrete Fourier-Transformation

oder in *Korrespondenzform*

$$\mathrm{FT}_{\mathrm{dt}}^{-1}\{\underline{F}_a(f)\} = f_d[kT_a] \circ\!\!-\!\!\bullet \underline{F}_a(f) = \mathrm{FT}_{\mathrm{dt}}\{f_d[kT_a]\}.$$

Gl.(10.3/14a) definiert die zeitdiskrete Fourier-Transformierte des zeitdiskreten Signals $f(kT_a)$ (Operationssymbol $\mathrm{FT}_{\mathrm{dt}}$, Index dt: zeitdiskret).

Die Bedingungen für die Definition der Transformation lassen sich sinngemäß auf die Existenzbedingungen der Fourier-Transformation überführen.

Der inverse Vorgang zu Gl.(10.3/14a) folgt aus der Tatsache, daß $\underline{F}_a(f)$ ein zeitdiskretes Signal periodisch in f_a ist und daher durch eine Exponential-Fourierreihe beschrieben wird:

$$\underline{F}_a(f) = \sum_{k=-\infty}^{\infty} \underline{c}_k e^{-j2\pi kf/f_a}$$

mit

$$\underline{c}_k = \frac{1}{f_a}\int_{-f_a/2}^{f_a/2} \underline{F}_a(f)e^{j2\pi kT_a f}\,df = f_d[kT_a].$$

Dann folgt die inverse Fourier-Transformierte nach Gl.(10.3/14b) oder kurzgefaßt in Korrespondenzform wie angegeben.

Die gleichwertige ω-Form ergibt sich zu

$$\underline{F}_a(\omega) = \sum_{k=-\infty}^{\infty} f_d[kT_a]e^{-jk\omega T_a} = \mathrm{FT}_{\mathrm{dt}}\{f_d[kT_a]\}$$

$$f_d[kT_a] = 1/2\pi \int_0^{2\pi} \underline{F}_a(\omega)e^{jk\omega T_a}\,d\omega T_a = \mathrm{FT}_{\mathrm{dt}}^{-1}\{\underline{F}_a(\omega)\} \qquad (10.3/15)$$

zeitdiskrete Fourier-Transformation

Die durch Gl.(10.3/14, 15) definierte Fourier-Transformation zeitdiskreter Signale (= zeitdiskrete FT, nicht zu verwechseln mit diskreter FT) ist die Spezialisierung der FT für zeitdiskrete Signale. Sie hat für diese die gleiche Bedeutung wie die Fourier-Transformation für zeitkontinuierliche Signale.

Nicht jede Folge besitzt eine zeitdiskrete Fourier-Transformierte. Eine hinreichende Bedingung, daß $f_d[kT_a]$ absolut integrabel ist, lautet

$$\sum_{-\infty}^{\infty} |f_\mathrm{d}[kT_\mathrm{a}]| < M < \infty.$$

Ansonsten gelten die Theoreme der Fourier-Transformation entsprechend.

Aus der Definition Gl.(10.3/14) ergibt sich insbesondere

$$\mathrm{FT}_\mathrm{dt}\{f_\mathrm{d}[kT_\mathrm{a}]\} = \mathrm{FT}\{f_\mathrm{a}(t)\},$$

die zeitdiskrete Fourier-Transformierte der Folge $f_\mathrm{d}[kT_\mathrm{a}]$ entspricht der (gewöhnlichen) Fourier-Transformierten des abgetasteten Zeitsignals $f_\mathrm{a}(t) = \sum_{k=-\infty}^{\infty} f(kT_\mathrm{a})\delta(t - kT_\mathrm{a})$!

Für die zeitdiskrete Fourier-Transformation existieren Theoreme und Korrespondenztafeln, auf die aber nicht weiter eingegangen werden soll. Ihre wichtigsten Merkmale sind in Verbindung mit der Z-Transformation zu sehen (Abschn. 12.1).

Hinweis: Bei der Fourierreihe ergab eine periodische (zeitkontinuierliche) Zeitfunktion ein frequenzdiskretes, aperiodisches Spektrum (als Fourier-Koeffizienten, Bild R 10.2/1). Bei der diskreten Fourier-Transformation hingegen führt ein periodisches, frequenzkontinuierliches Spektrum zu einer aperiodischen, zeitdiskreten Zeitfunktion (→ zeitliche Abtastwerte). Deshalb werden Fourierreihen und zeitdiskrete Fourier-Transformation oft als zueinander dual angesehen.

Tafel R 10.3/1 faßt die Transformationsbeziehungen für zeitdiskrete Signale - die zeitdiskrete Fourier-Transformation (DFT, s. Abschn. 10.3.3) - zusammen.

Tafel R 10.3/1 Beziehungen zwischen diskreter und zeitdiskreter Fouriertransformation

	Signal f(t)	
Form	periodisch $f[n] = f[n+N];\ \omega_p T_a = \frac{2\pi}{N}$	aperiodisch Folge $f[kT_a]$
Diskrete Fourier-transformation (Frequenz-spektrum diskret)	$\underline{c}_k = \frac{1}{N}\sum_{n=0}^{N-1} f[n]e^{-j\omega_p Tkn} = \underline{c}_{k+N}$ $f[n] = \sum_{k=0}^{N-1} \underline{c}_k e^{j\omega_p Tkn}$ DFT	$\underline{F}(k\omega_p) = N\underline{c}_k$ $N \to \infty$
zeitdiskrete Fouriertrans-formation (Frequenz-spektrum kontinuierlich)	$\underline{F}(\omega) = \sum_{n=0}^{N-1} 2\pi\underline{c}_n\delta(\omega - n\omega_p)$ $\underline{F}(\omega) = \underline{F}(\omega + \omega_p)$	$\underline{F}(\omega) = \sum_{k=-\infty}^{\infty} f_d[kT_a]e^{-j\omega kT_a}$ $f_d[kT_a] = \frac{1}{2\pi}\int_0^{2\pi} \underline{F}(\omega)e^{j\omega kT_a}\,d\omega T_a$ FT_{dt}
	mittlere Leistung $\frac{1}{N}\sum_0^N f_d[kT_a]f_d^*[kT_a] = \sum_{k=0}^{N-1} \underline{c}_k\underline{c}_k^*$	Gesamtenergie $\sum_{-\infty}^{\infty} f_d[kT_a]f_d^*[kT_a] = \frac{1}{2\pi}\int_0^{2\pi} \lvert\underline{F}(\omega)\rvert^2 d\omega$

Tafel R 10.3/2 gibt eine Zusammenstellung der vier Formen der Fourier-Transformation aufbauend auf der Signaleinteilung Bild R 10.2/1. Dabei wurde für die diskreten Variablen k und n gewählt, um die Unterschiede deutlicher zu machen. Es treten die Dualitäten bei den diskreten Formen hervor ebenso wie die formalen Gleichwertigkeiten bei der zeitkontinuierli-

Tafel R 10.3/2 Signaleinteilung und zugehörige Fouriertransformationen

- Es bedeuten: FT Fourier-Transformation, $\mathrm{FT_{df}}$ frequenzdiskrete FT, $\mathrm{FT_{dt}}$ zeitdiskrete FT, $\mathrm{FT_d}$ diskrete FT
- Index p (periodisch), d (diskret)
- Üblicherweise wird $\omega_\mathrm{p} = \omega_0$, $T_\mathrm{a} = T$ verwendet; $\omega_\mathrm{a} T_\mathrm{a} = 2\pi$
- Die Faktoren $\frac{1}{T_\mathrm{a}}$ bzw. T_a ergeben sich aus Symmetriegründen bei der Herleitung; üblicherweise wird $T_\mathrm{a} \cdot F_\mathrm{pd}$ als diskrete Fouriertransformierte von f_pd benutzt.
- Die Vorfaktoren der $\mathrm{FT_d}$ und $\mathrm{FT_{dt}}$ der Tafel unterscheiden sich z.T.von denen in den jeweiligen Gleichspannungsangaben. Letzte beziehen sich auf die gängige Definitionen, die Vorfaktoren der Tafel ergeben sich aus den Symmetriebeziehungen.

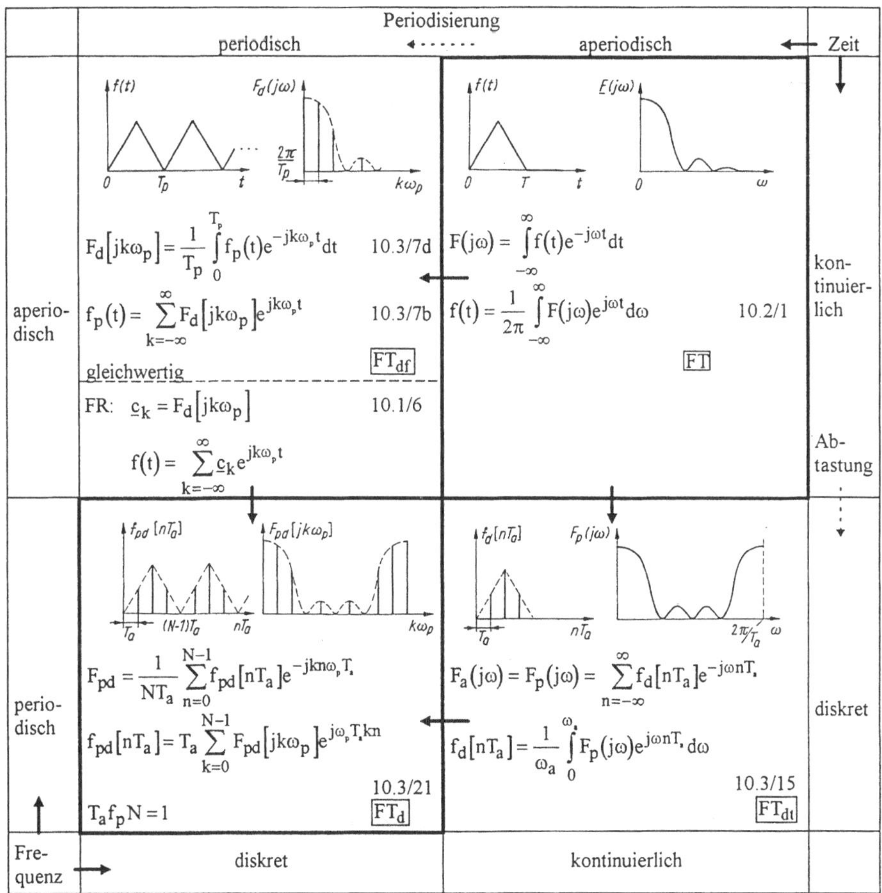

chen Transformation. Im diskreten Fall wird die Zeitvariable t gegen nT_a ausgetauscht und in der linken Hälfte die kontinuierliche Variable ω gegen $\omega_p k$. Im (noch offenen) zeit- und frequenzdiskreten Fall der diskreten Fourier-Transformation (DFT) werden beide Variablen ausgetauscht.

Jede Variablenänderung geht mit einer Integralvereinfachung einher. Im geänderten Bereich wird das Integral durch eine Summe ersetzt, im alternativen Bereich das Integrations- oder Summenintervall von ∞ auf eine Periode reduziert.

In Tafel R 10.3/3 wurden die Spektren und Operationen der bisherigen Fourier-Transformationen zusammengestellt, um die Symmetrie und Dualitäten darzustellen. In der rechten Hälfte dient Abtastung zur Erzeugung einer zeitdiskreten Funktion.

Periodisierung (obere Hälfte) bedeutet "Frequenzabtastung" oder Faltung mit der Zeitabtastung. Die erneute Periodisierung eines bereits zeitabgetasteten Signals (oder Frequenzabtastung eines zeitperiodisierten Signals) ergibt die diskrete Fourier-Transformation (Abschn. 10.3.3).

Abtasttheorem. Eine zeitabgetastete (aperiodische) Funktion $f(t)$ kann aus ihrem Frequenzspektrum *rückgewonnen* werden, wenn das *Abtasttheorem* (Probensatz, Sampling-Theorem) erfüllt ist.

Abtastung (im Zeitbereich) der Funktion $f(t)$ führte im Frequenzbereich zur Periodisierung des Spektrums mit $f_p = f_a = 1/T_a$. Zur *Rückerkennung* muß eine Periode des periodisierten Signals mit der Originalfunktion übereinstimmen, also

- das Originalspektrum $\underline{F}(f)$ frequenzbegrenzt und
- die Frequenzperiode $f_p = f_a$ hinreichend groß sein (Bild R 10.3/9).

Signalrekonstruktion erfordert "Ausfiltern" ($\rightarrow$ idealer TP, Grenzfrequenz f_g) des Originalsignals, also

$$\underline{F}(f) = 0 \quad \text{für } |f| \geq f_g \quad \text{und } f_p = f_a \geq 2f_g.$$

Es gilt: Eine kontinuierliche Zeitfunktion $f(t)$, deren Spektrum $\underline{F}(f)$ für $|f| \geq f_g$ verschwindet ($\rightarrow$ mit f_g, bandbegrenzte Zeitfunktion), wird dann durch ihre Abtastwerte $f(kT_a)$ vollständig beschrieben, wenn

$$T_a = \frac{1}{f_a} \leq \frac{1}{2f_g} \qquad \text{Abtasttheorem im Zeitbereich} \qquad (10.3/16)$$

gilt, d.h. die Abtastfrequenz f_a mindestens gleich der doppelten (höchsten) Signal- oder Grenzfrequenz f_g ist.

Der Fall $f_a = 2f_g$ heißt *Abtastung mit der Nyquistrate*, der Fall $f_a = 1/T_a > 2f_g$ *Überabtastung* und $f_a = 1/T_a < 2f_g$ *Unterabtastung* ($\rightarrow$ Überlappung der periodisch wiederholten Signalspektren, keine fehlerfreie Signalrückgewinnung möglich, $\rightarrow$ nichtlineare Verzerrung, sog. Aliasing).

Das Abtasttheorem schreibt die Mindestabtastrate für ein zeitkontinuierliches Signal zur fehlerfreien Rückerkennung vor.

Tafel R 10.3/3 Formen der Fourier-Transformation und ihre wechselseitigen Zuordnungen
$\odot$, $(*)$ bedeutet Multiplikation (Faltung) T_{p}, T_{a} beziehen sich jeweils auf Periodisierung bzw. Abtastung

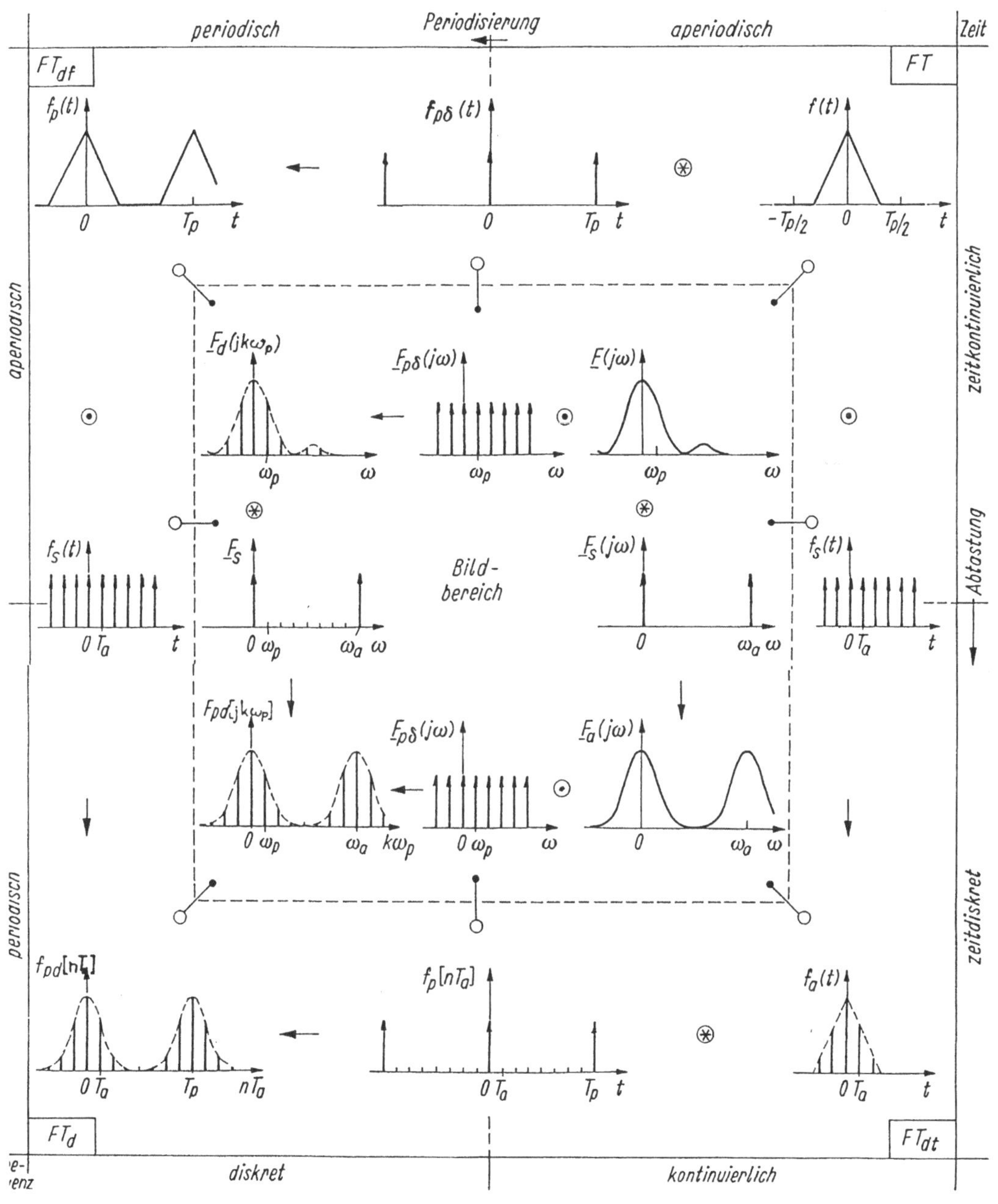

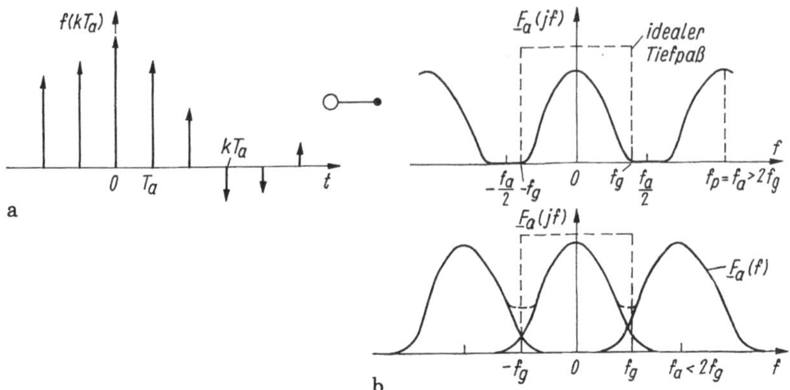

Bild R 10.3/9 Abtastung
a) Ausgangssignal des idealen Abtasters und Fourier-Spektrums. Rückgewinnung mit idealem Tiefpaß der Grenzfrequenz f_g, b) Spektrum bei Unterabtastung $f_a < 2f_g$. Überlappung der periodisch wiederkehrenden Anteile $\underline{F}_a(jf)$

Zur Rückerkennung wird das Frequenzspektrum $\underline{F}(f)$ einem idealen Tiefpaß (Grenzfrequenz f_g, Betrag des Übertragungsfaktors const. für $|f| < f_g$) zugeleitet. Hat der (reale) Tiefpaß die Charakteristik $\underline{G}(j\omega)$, so lautet die ausgefilterte Frequenzfunktion

$$\underline{F}_f(f) = \underline{G}(f)P\{F(f)\}. \qquad (10.3/17a)$$

Dazu gehört im Zeitbereich das rückerkannte Signal

$$f_r(t) = g(t) * A\{f(t)\}. \qquad (10.3/17b)$$

Dabei ist $g(t)$ die Gewichtsfunktion des Filters (idealer TP: $G(f) = 1$ für $f < f_g$).

Abtastung im Frequenzbereich. Durch Vertauschen von Zeit- und Frequenzbereich (Symmetrie der Fourier-Transformation) gibt es auch ein *Abtasttheorem im Frequenzbereich*:

Ein kontinuierliches Frequenzspektrum $\underline{F}(f)$, dessen zugehörige Zeitfunktion $f(t)$ auf den Bereich $|t| < T_0/2$ *zeitbegrenzt* ist (durch ein Zeittor), kann aus ihren *Abtastwerten* $\underline{F}(kf_a)$ rekonstruiert werden, falls $f_a \leq 1/T_0$ gilt.

Bei Einhaltung des Abtasttheorems können somit

- bandbegrenzte nichtperiodische Zeitfunktionen $f(t)$
- zeitbegrenzte nichtperiodische Amplitudendichtefunktion $\underline{F}(f)$

durch die zugehörige *periodische* Korrespondenzfunktion $\underline{F}_p(f)$ resp. $f_p(t)$ eindeutig beschrieben und umgekehrt aus den Korrespondenzen durch Filtern (Frequenz, Zeit) rückerkannt werden.

Das Abtasttheorem hat weitreichende Bedeutung für die Informationstechnik:

- Gewinnung kontinuierlicher Funktionen aus Abtastwerten
- Auslegung von Übertragungskanälen

- Analog-Digital-Signalwandlung (AD-Wandlung, auch Ausnutzung der Überabtastung)
- Einsatz digitaler Meßgeräte.

Die größere technische Bedeutung liegt bei der Abtastung bandbegrenzter Zeitfunktionen (z.B. Pulscodemodulation, Abtastoszillograph, Vektorvoltmeter, Boxcarintegrator, Schalterkondensatorfilter u.a.).

Rekonstruktion. Rekonstruktion heißt Überführung der zeitdiskreten Ausgangsignalfolge $y[k]$ in ein zeitkontinuierliches Ausgangssignal $y(t)$. Dazu wird das abgetastete Ausgangssignal

$$y(kT_a) = y(t) \sum_{k=-\infty}^{\infty} \delta(t - kT_a) = \sum_{k=-\infty}^{\infty} y(kT_a)\delta(t - kT_a)$$

einem *Rekonstruktionsfilter* mit der Gewichtsfunktion $g(t)$ zugeführt. Am Ausgang erscheint

$$\begin{aligned} y(t) &= \int_{-\infty}^{\infty} \sum_{k=-\infty}^{\infty} y(kT_a)\,\delta(\lambda - kT_a)\,g(t-\lambda)\,\mathrm{d}\lambda \\ &= \sum_{k=-\infty}^{\infty} y(kT_a) \int_{-\infty}^{\infty} \delta(\lambda - kT_a)\,g(t-\lambda)\,\mathrm{d}\lambda \end{aligned}$$

oder (mit dem Verschiebungssatz)

$$y(t) = \sum_{k=-\infty}^{\infty} y(kT_a)g(t - kT_a). \qquad (10.3/18)$$

Der Filterausgang reagiert auf den Signaleingang als gewichtete Summe von Impulsfunktionen mit einer gewichteten Summe des Impulsverhaltens.

Im Bild R 10.3/6 rechts wurde das rekonstruierte Ausgangssignal $y(t) = \bar{f}_a(t)$ angedeutet. Als Rekonstruktionsfilter dienen ideale und reale Tiefpässe sowie das Abtast-Halteprinzip ($\rightarrow$ Integratorfunktion im Zeitbereich).

10.3.3 Diskrete Fourier-Transformation (DFT)

Nach Abschnitt 10.3.2 führt zeitliche Abtastung eines kontinuierlichen aperiodischen Signals (Abtastzeitintervall T_a resp. Abtastfrequenz $f_a = 1/T_a$) auf ein periodisches kontinuierliches Frequenzspektrum $A\{f(t)\} \circ\!\!-\!\!\bullet P\{\underline{F}(f)\}$ und ein periodisches Zeitsignal (Frequenzperiode f_p resp. $T_p = 1/f_p$) auf ein frequenzabgetastetes aperiodisches Frequenzspektrum $P\{f(t)\} \circ\!\!-\!\!\bullet A\{\underline{F}(f)\}$ (Bild R 10.3/10.)

Wird ein *zeitabgetastetes Signal periodisiert*, so ist wegen

$$P\{A\{f(t)\}\} \circ\!\!-\!\!\bullet A\{P\{\underline{F}(f)\}\}$$

ein *frequenzabgetastetes periodisches Frequenzspektrum* zu erwarten (Tafel R 10.3/3). Im technisch wichtigen Fall

$$T_p = NT_a \qquad \text{entspr. } f_a = Nf_p \qquad (10.3/19)$$

(N Zahl der Abtastwerte pro Periode (natürliche Zahl))

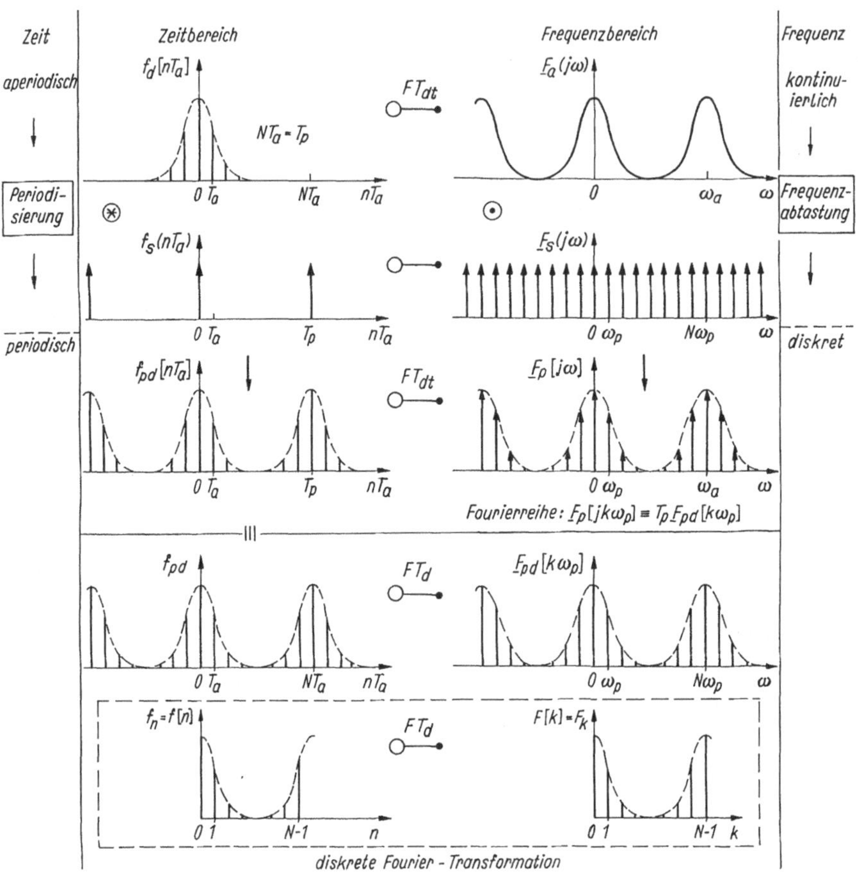

Bild R 10.3/10 Diskrete Fourier-Transformation (Inverse Transformation gewonnen aus der zeitdiskreten Fourier-Transformation)

überlagern sich die Spektralkomponenten der Frequenzfunktion (durch Periodisierung) sowie durch Abtastung der periodischen Funktion, und es entsteht eine *Stoßfolge* gleicher Periode T_p, m.a.W.

Abtastung und Periodisierung miteinander vertauschbar:

$$A\{P\{f(t)\}\} = P\{A\{f(t)\}\}$$
$$A\{P\{\underline{F}(f)\}\} = P\{A\{\underline{F}(f)\}\}. \tag{10.3/20}$$

Durch Abtastung und Periodisierung einer aperiodischen Zeit- resp. Spektralfunktion, insbesondere unter der Bedingung Gl.(10.3/19) entsteht eine periodische diskrete Zeit- und Frequenzfunktion, verknüpft durch die FT, m.a.W. eine *periodische Stoßfolge*. Sie ist durch je eine Periode N im Zeit- und Frequenzbereich, also $2N$ Abtastwerte vollständig bestimmt. Insgesamt reduziert sich die FT auf die *Abbildung zweier Zahlenfolgen* zu je N Elementen: ein *finites Signal*.

So, wie für *zeitabgetastete* Signale die FT als *zeitdiskrete* FT (DTFT → $\mathrm{FT}_{\mathrm{df}}$) und für frequenzabgetastete als *frequenzdiskrete* FT (DFFT → $\mathrm{FT}_{\mathrm{df}}$) spezialisiert wurde, wird für das zeitabgetastete und periodisierte Signal die *diskrete Fourier-Transformation* (DTF → FT_{d}) aus der FT spezialisiert (Bild R 10.3/10).

Die zeitperiodische, zeitdiskrete Funktion $f_{\mathrm{d}}(t)$ kann gewonnen werden aus (Tafel R 10.3/3)

- der Funktion $f_{\mathrm{p}}(t)$ durch Abtastung (→ Multiplikation mit $f_{\mathrm{s}}(t)$)
- der aperiodischen, zeitdiskreten Funktion $f_{\mathrm{dt}}(t)$ durch *Periodisierung* (→ Faltung mit $f_{\mathrm{s}}(nT\omega)$, Bild R 10.3/10).

Entsprechend wird das Spektrum $\underline{F}_{\mathrm{d}}(f)$ aus den Teilspektren gebildet. So entstehen die Koeffizienten f_k der zeitlichen Dirac-Impulsfolge resp. des abgetasteten Spektrums F_k

$$\begin{aligned} f_{\mathrm{pd}}[nT_{\mathrm{a}}] &= f_n = T_{\mathrm{a}} \sum_{k=-\infty}^{\infty} F[kf_{\mathrm{p}}]\mathrm{e}^{\mathrm{j}\frac{2\pi}{N}nk} \\ &= T_{\mathrm{a}} \sum_{k=0}^{N-1} F_k \mathrm{e}^{\mathrm{j}\frac{2\pi}{N}nk} \\ F_{\mathrm{pd}}[k\omega_{\mathrm{p}}] &= F_k = f_{\mathrm{p}} \sum_{n=-\infty}^{\infty} f[nT_a]\mathrm{e}^{-\mathrm{j}\frac{2\pi}{N}nk} \\ &= f_{\mathrm{p}} \sum_{n=0}^{N-1} f_n \mathrm{e}^{-\mathrm{j}\frac{2\pi}{N}nk}. \end{aligned} \qquad (10.3/21)$$

Dabei ist Zeit- *und* Frequenzbegrenzung vorausgesetzt (s.u.):

Zeitbegrenzung:	$f(t) = 0$	für $t < 0, t > T_{\mathrm{p}}$ und	(10.3/22)
Frequenzbegrenzung:	$\lvert\underline{F}(\mathrm{j}\omega)\rvert = 0$	für $\lvert\omega\rvert > \omega_a/2$.	

Aus praktischen Gründen werden weiter eingeführt die Verknüpfung $Nf_{\mathrm{p}}T_{\mathrm{a}} = 1$ Gl. (10.3/19), üblicherweise $T_{\mathrm{a}} = 1\,\mathrm{s}$ gesetzt und der in Gl. (10.3/21) bei F_k auftretende Faktor $1/N$ zu f_n transferiert. Dann bilden die Zusammenhänge

$$\underbrace{\mathrm{FT}_{\mathrm{d}}^{-1}\{F[k]\} = f_{\mathrm{pd}}[nT_{\mathrm{a}}] = f_n = \frac{1}{N}\sum_{k=0}^{N-1} F_k e^{j\frac{2\pi}{N}nk}}_{\text{IDFT, Synthesegleichung}} \circ\!\!-\!\!\bullet$$

$$\underbrace{F_k = \sum_{n=0}^{N-1} f_n \mathrm{e}^{-\mathrm{j}\frac{2\pi}{N}nk} = \mathrm{FT}_{\mathrm{d}}\{f[n]\}}_{\text{DFT, Analysegleichung}} \qquad (10.3/23)$$

Diskrete Fourier-Transformation

das Paar der diskreten Fourier-Transformierten (DFT) in üblichen Angaben.

Die DFT verknüpft äquidistante Abtastpunkte im Zeit- und Frequenzbereich einer abgetasteten und periodifizierten aperiodischen Funktion, deren Periode ein ganzzahliges Vielfaches der Abtastzeit ist.

Hinweis:

1. Die DFT kann als FT eines zeitdiskreten periodisierten Signals im Sonderfall der Parameterbedingung $NT_\mathrm{a}f_\mathrm{p} = 1$ (Gl.(10.3/19)) aufgefaßt werden. Charakteristische Größen sind Abtastzeit $T_\mathrm{a} = 1/f_\mathrm{a}$, Periodisierungsfrequenz $f_\mathrm{p} = 1/T_\mathrm{p}$ und die Zahl N der Abtastpunkte $f_\mathrm{a} = 1/T_\mathrm{a} = Nf_\mathrm{p} = N/T_\mathrm{p}$, d.h. $N = T_\mathrm{p}/T_\mathrm{a} = f_\mathrm{a}/f_\mathrm{p}$ (natürliche Zahlen).
2. Die DFT bildet eine endliche Summe von je N äquidistanten Probewerten einer Originalfunktion (z.B. Zeitbereich) auf N Probewerte einer Bildfunktion (Amplitudenspektrum) ab.
   Dabei sind: k diskreter Frequenzparameter (Bezugsgröße Linienabstand f_p, Bild R 10.3/10) und n diskreter Zeitparameter (Bezug: Abtastperiode T_a, Bild R 10.3/8).
3. Die Elemente F_k und f_n sind zyklisch in Modulo N, Grundintervall $n, k = 0 \dots N-1$.
4. Die DFT kann gleichwertig aus der zeitdiskreten FT Gl.(10.3/15) hergeleitet werden, wenn dort der Zeitfaktor $\exp -\mathrm{j}n\omega T_\mathrm{a}$ durch diskrete Werte $\exp -\mathrm{j}2\pi/Nnk$ ersetzt (→ Abtastung im Frequenzbereich $\underline{F}_k$) und die Summation auf das Intervall $n = 0 \dots N-1$ beschränkt wird (→ Ersatz der Integration in eine Summation in f). Auch die Herleitung aus der frequenzdiskreten FT ist möglich.
5. Die DFT ist unter den einander widersprüchlichen (!) Bedingungen Zeit- *und* Frequenzbegrenzung Gl.(10.3/22) begründet.
   Da die Signaleigenschaften im Zeit- und Frequenzbereich zueinander reziprok sind, ist ein zeit- und bandbegrenztes Signal meist nur eine Näherung eines tatsächlichen Signals. Bei Verletzung der Forderung nach Frequenz- *und* Zeitbegrenzung treten Fehler auf (praktisch jedoch vertretbar).
6. Um die Umsatzfehler (durch Verletzung der Bedingung von zeit- und frequenzbegrenztem Signal, Grenzen t, B) klein zu halten, sollte gewählt werden:

   ▪ $N = 1/T_\mathrm{a}f_\mathrm{p} > 2Bt|_\mathrm{Signal}$.
7. Wächst bei fester Abtastzahl N die Abtastzeit T_a, so wachsen Periodendauer T_p und die Frequenzauflösung f_p sinkt.
   Bei fester Periodendauer T_p und abnehmender Abtastzeit T_a (N wächst) bleibt die Frequenzauflösung f_p erhalten und die Genauigkeit der F_k wächst.

Andere Darstellungsformen. Neben der Darstellung Gl.(10.3/23) sind noch üblich (s. auch Gl. (10.3/21)):

$$\begin{aligned} F'_k &= \frac{1}{\sqrt{N}} \sum_{n=0}^{N-1} f'_n \exp -\mathrm{j}\frac{2\pi}{N}nk; \\ F''_k &= \frac{1}{N} \sum_{k=0}^{N-1} f_n \exp -\mathrm{j}\frac{2\pi}{N}nk; \\ f'_n &= \frac{1}{\sqrt{N}} \sum_{n=0}^{N-1} F'_n \exp \mathrm{j}\frac{2\pi}{N}nk \\ f''_n &= \sum_{n=0}^{N-1} F_k \exp \mathrm{j}\frac{2\pi}{N}nk. \end{aligned} \qquad (10.3/24)$$

Gl.(10.3/23) ist die verbreitetste Form, wir verwenden sie.

Eigenschaften. Der Bezug der DFT zur FT findet u.a. Ausdruck in verschiedenen Theoremen der DFT (die auf entsprechenden Theoremen der FT basieren, Tafel R 10.3/4).

- Die *Symmetriebeziehungen* der FT bleiben voll erhalten,
- die *Dualität* kann z.B. zur Berechnung der IDFT benutzt werden
- *Zeitverschiebung* beeinflußt die Amplitude der DFT nicht, sondern bringt nur eine lineare Phasenverschiebung
- die *periodische Faltung* liefert ein Signal bestehend aus zwei diskreten Signalen $f(k)$ und $g(k)$ (gleiche Dauer N) durch direkte Auswertung der Produktglieder. Es ist hilfreich zur numerischen Berechnung des Faltungsproduktes nichtperiodischer zeitbegrenzter Signale.

Dabei werden - der Konvention folgend - die Ausgansfunktionen mit $f_n = f[n]$ bezeichnet, die zugehörige diskrete Fourier-Transformierte mit $F_k = F_d[k]$.

Tafel R 10.3/4 Theoreme der diskreten Fourier-Transformation
$f[n]$ Ausgangsfolge
$F_d[k]$ zugehörige diskrete Fourier-Transformierte

	$f_n = f[n]$	$F_k = F_d[k]$
Linearität	$af_a[n] + bg[n]$	$aF_d[k] + bG_d[k]$
Zeitverschiebung	$f[k-l]$	$F_d[k] \cdot e^{-j\frac{2\pi}{N}kl}$
Frequenzverschiebung	$f[n]e^{j\frac{2\pi}{N}nl}$	$F_d[k-l]$
Symmetrie	$\frac{1}{N}F[n]$	$f[-k]$
Periodische Faltung	$\sum_{m=0}^{N-1} f[m]g[n-m]$	$F_d[k]G_d[k]$
Multiplikation	$f[n]g[n]$	$\frac{1}{N}\sum_{m=0}^{N-1} F_d[m]G_d[k-m]$
Parseval-Theorem	$\sum_{n=0}^{N-1} \lvert f[n]\rvert^2$	$\frac{1}{N}\sum_{k=0}^{N-1} \lvert F_d[k]\rvert^2$

Leistung, Amplitude und Phasenspektrum. Ist $f[k]$ z.B. eine Strom- oder Spannungsfunktion, so liefert das *Parseval-Theorem*

$$\sum_{n=0}^{N-1} f^2[n] = \frac{1}{N} \sum_{k=0}^{N-1} \left|F^2[k]\right|. \qquad \text{Parseval-Theorem} \qquad (10.3/25)$$

Die Größe $|F[k]|^2$ wird oft als *DFT-Leistungsspektrum* bezeichnet.

Das Amplitudenspektrum $A(k)$ ergibt sich aus dem Leistungsspektrum, es lautet

$$A(k) = |F(k)|.$$

In Analogie zum klassischen Amplitudenspektrum läßt sich auch ein Phasenspektrum $\Phi[k]$ der Folge f_k angeben:

$$\Phi[k| = \arctan \frac{\mathrm{Im}\,(F[k])}{\mathrm{Re}\,(F[k])}.$$

Matrixschreibweise. Da die DFT ein finites Signal beschreibt, können die Variablen f_n und F_k als Spaltenvektoren mit je N Elementen aufgefaßt werden, die über lineare Gleichungen miteinander verknüpft sind:

$$\boldsymbol{f} = \begin{pmatrix} f_0 \\ f_1 \\ \vdots \\ f_{N-1} \end{pmatrix}; \qquad \boldsymbol{F} = \begin{pmatrix} F_0 \\ F_1 \\ \vdots \\ F_{N-1} \end{pmatrix}. \qquad (10.3/26)$$

Dann gilt statt Gl.(10.3/22) die Matrixschreibweise

$$\boldsymbol{F} = \boldsymbol{F}_\mathrm{F} \cdot \boldsymbol{f}, \qquad \boldsymbol{f} = \boldsymbol{F}_\mathrm{F}^{-1} \cdot \boldsymbol{F} \qquad (10.3/27a)$$

mit der *symmetrischen Fourier-Matrix* $\boldsymbol{F}_\mathrm{F}$ ($\varepsilon = \mathrm{e}^{\mathrm{j}2\pi/N}$)

$$\boldsymbol{F}_\mathrm{F} = [\varepsilon^{-ik}] = \begin{pmatrix} 1 & 1 & 1 & \dots & 1 \\ 1 & \varepsilon^{-1} & \varepsilon^{-2} & \dots & \varepsilon^{-(N-1)} \\ 1 & \varepsilon^{-2} & \varepsilon^{-4} & \dots & \varepsilon^{-2(N-1)} \\ \vdots & & & & \vdots \\ 1 & \varepsilon^{-(N-1)} & \varepsilon^{-2(N-1)} & \dots & \varepsilon^{-(N-1)^2} \end{pmatrix} \qquad (10.3/27b)$$

und ihrer Inversion (Vertauschung aller Vorzeichen im Exponenten)

$$\boldsymbol{F}_\mathrm{F}^{-1} = [\varepsilon^{nk}]/N \qquad \text{und } \boldsymbol{F}_\mathrm{F}\boldsymbol{F}_\mathrm{F}^{-1} = \boldsymbol{E} \qquad \boldsymbol{E} \text{ Einheitsmatrix.} \quad (10.3/27c)$$

Die Berechnung von $\boldsymbol{f}$ aus $\boldsymbol{F}$ resp. umgekehrt erfordert N^2 Einzelmultiplikationen. Mit Anwendung eines besonderen Algorithmus (FFT, Fast FT) läßt sich die Zahl auf $2N\,\mathrm{ld}N$ reduzieren.

Durch Übergang zur finiten Signaldarstellung (→ DFT) und Ausführung der Operation (Fourier-Transformation, Faltung) durch Matrixmultiplikation eignet sich die DFT besonders zur numerischen FT und Signalauswertung.

DFT als numerische Näherung der FT. Die DFT kann als Algorithmus zur numerischen Berechnung der FT angesehen werden. Wird die Ausgangsfunktion $f(t)$ durch eine Treppenkurve $\tilde{f}(t)$ (Schrittbreite T_a) angenähert

(Bild R 10.3/6), so gilt für die FT (kleine T_a)

$$\begin{aligned} F(\mathrm{j}\omega) &\approx \int_0^{NT_\mathrm{a}} \tilde{f}(t)\mathrm{e}^{-\mathrm{j}\omega t}\,\mathrm{d}t = \sum_{k=0}^{N-1} f(kT_\mathrm{a}) \int_{kT_\mathrm{a}}^{(k+1)T_\mathrm{a}} \mathrm{e}^{-\mathrm{j}\omega t}\,\mathrm{d}t \\ &\approx T_\mathrm{a} \sum_{k=0}^{N-1} f(kT_\mathrm{a})\mathrm{e}^{-\mathrm{j}\omega kT_\mathrm{a}} \to F(\mathrm{j}\omega) \approx T_\mathrm{a} F_F[k]. \end{aligned} \tag{10.3/28}$$

Die Multiplikation der DFT mit der Abtastzeit ergibt näherungsweise die FT.

Anwendungen. Die DFT ist - wie die FT - ein grundlegendes mathematisches Hilfsmittel der digitalen Signalverarbeitung (z.B. Digitalfilter, Sprachverarbeitung, Signalerkennung, spektrale Schätzung, Akustik, Optik, Meßtechnik u.v.m.).

Zur Durchführung der Spektralanalyse z.B. einer aperiodischen Funktion $f(t)$ wird sie

1. auf ein Intervall $T = T_\mathrm{p}$ zeitbegrenzt
2. das Intervall in N äquidistante Abtastpunkte $N = T_\mathrm{p}/T_\mathrm{a}$ eingeteilt ($\to f[n]$)
3. anschließend erfolgt die DFT $f[n] \circ\!\!-\!\!\bullet F[k]$ und
4. eine Zuordnung der Spektraldichte $F[k]$ zur Ausgangsfunktion.

Sinngemäß ist bei periodischer Funktion $f_\mathrm{p}(t)$ zu verfahren, nur wird hier das Intervall T_p gleich der Periodendauer gewählt.

11. Ausgleichsvorgänge, Laplace-Transformation

Ausgleichsvorgänge sind fundamentale Folgen unterschiedlichster Änderungen. Ihr mathematisches Hilfsmittel in linearen Systemen - die Laplace-Transformation - bietet gegenüber der Fourier-Transformation überzeugende Vorteile (größerer Funktionsbereich erfaßbar, besser ausgebaute Ergebnisdarstellung (Pole, Nullstellen), einfachere Darstellung der Gleichungen durch Einführung der komplexen Frequenz p, Einbezug von Anfangswerten möglich).

Im strengen Sinn ist die Laplace-Transformation auf zeitkontinuierliche, aperiodische Funktionen - wie die Fourier-Transformation - beschränkt, doch erlaubt das Abtastprinzip eine Erweiterung auf zeitdiskrete Signale.

11.1 Ausgleichsvorgänge im Zeitbereich

Ein Ausgleichsvorgang ist der zeitliche Übergang von einem eingeschwungenen (oder stationären) Zustand in einen neuen als Folge einer Änderung (Erregeramplitude, Frequenz, Phase, Netzwerkparameter oder Netzwerktopologie) im Netzwerk oder System.

Seine häufigste Ursache sind *Schaltvorgänge* (Öffnen, Schließen von Schaltern) oder die entsprechende Modellierung der Erregerfunktion (Sprung- oder Impulsfunktion). Dabei wird die Schalterstellung im Netzwerk stets *vor* Beginn des Ausgleichsvorganges gezeichnet (für $t < 0$, wenn das Umschalten zum Zeitpunkt $t = 0$ erfolgt).

Der *ideale Schalter* hat die Strom-Spannungs-Eigenschaften:
Schalter geschlossen: $u = 0$, Schalter offen: $i = 0$,
Übergang verzögerungsfrei (Bild R 11.1/1).

Realisierung durch Schalter, elektronische Bauelemente, Dioden, Transistoren, letztere als gesteuerte Schalter.

Mathematisch wird der ideale Schalter durch die *Sprungfunktion* zusammen mit einer Quelle modelliert (s. Abschn. 8.2.1).

Physikalische Ursache eines Ausgleichsvorganges ist die in einem Energiespeicherelement gespeicherte Energie, die sich *nicht* sprunghaft ändern kann ($\rightarrow$ Stetigkeit der Zustandsgröße) und den *Anfangswert* der Zustandsgröße und die *Stetigkeitsbedingung* bestimmt.

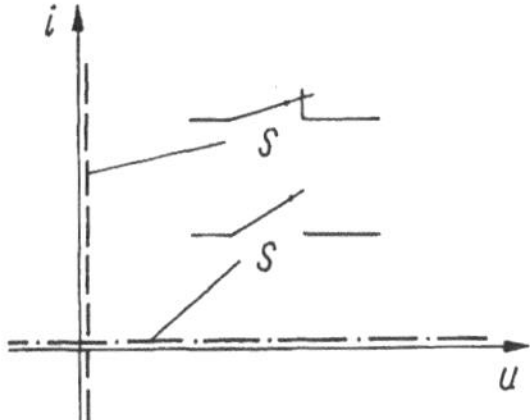

Bild R 11.1/1 Strom-Spannungskennlinie des idealen Schalters

Zur *Analyse* des Übergangsverhaltens wird das Netzwerk entweder als *zeitvariant* über den gesamten Zeitraum oder als zeit*in*variant *vor* und *nach* dem Schaltermoment betrachtet. Dabei sind beide Zustände durch die Stetigkeitsbedingungen der Kondensatorladungen und Spulenflüsse verknüpft (übliche Betrachtungsmethode).
Analysiert wird das Übergangsverhalten

1. durch direkte Lösung der Netzwerkgleichung im Zeitbereich (Beachtung der Stetigkeitsbedingungen (Abschn. 11.1))
2. mit *Testsignalen* (Impuls-, Sprungerregung) und der zugehörigen Antwortfunktion (*Impuls-* und *Sprungantwort*). Die so gewonnene *Gewichts-* und *Übergangsfunktion* erlaubt durch *Faltung* die Analyse anderer Anregungen (Abschn. 8.2)
3. auf 1. baut das Verfahren der *Zustandsvariablen* auf, vor allem für größere (und nichtlineare) Netzwerke und Systeme (Abschn. 8.5, 8.7)
4. Anwendung von *Transformationsverfahren* (Zeit- $\leftrightarrow$ Frequenzbereich, Abschn. 11.2, FT, besonders aber LT) als zweckmäßige Methode (anwendungsbeschränkt auf LTI-Netzwerke). Mit der *Übertragungsfunktion* gibt es direkten Bezug zum stationären Netzwerkverhalten (Abschn, 11.3, $\rightarrow$ Wechselstromverhalten, Abschn. 7.4.1).

11.1.1 Verhalten der Grundelemente

Während am resistiven Zweipol ein Spannungssprung stets einen Stromsprung (und umgekehrt) bewirkt, würde ein

- *Spannungssprung* am (linearen, zeitunabhängigen) Kondensator einen unendlich hohen Stromimpuls ($\rightarrow$ Diracstoß)
- *Stromsprung* an der (linearen zeitunabhängigen) Spule einen unendlich hohen Spannungsimpuls (Bild R 11.1/2) erzwingen.

Aus Stetigkeitsgründen ändern sich jedoch Spannung und Ladung am Kondensator sowie Strom und magnetischer Fluß in der Spule als *Zustandsgröße* nicht sprunghaft:

$$\begin{aligned} u_C(-0) &= u_C(+0) \quad \text{resp.} \quad Q_C(-0) = Q_C(+0) \\ i_L(-0) &= i_L(+0) \quad \text{resp.} \quad \Psi_L(-0) = \Psi_L(+0). \end{aligned} \qquad (11.1/1)$$

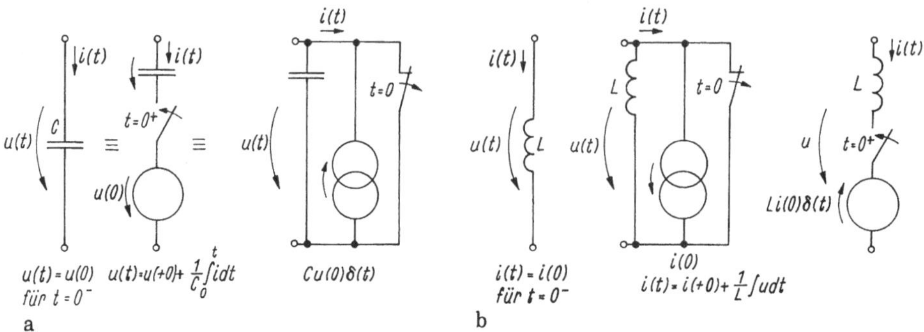

Bild R 11.1/2 Netzwerkelemente bei nicht energielosem Anfangszustand
a) Kondensator (Kapazität C) mit Anfangsspannung, Ersatz durch ungeladenen Kondensator und zusätzliche Anfangserregung, b) Spule (Induktivität L) mit Anfangsstrom

(Die rechts stehenden Beziehungen gelten für nichtlineares Energiespeicherverhalten.)

Grundlage der Schaltgesetze (→ Stetigkeitsbedingung der Zustandsgröße) ist die Stetigkeit der im elektrischen bzw. magnetischen Feld gespeicherten Energie.

Der Kondensator mit Anfangsspannung $u_\mathrm{C}(0)$ wird wegen

$$\begin{aligned} u_\mathrm{C} &= \frac{1}{C}\int_{-\infty}^{t} i\,\mathrm{d}t' = \frac{1}{C}\int_{-\infty}^{0} i\,\mathrm{d}t' + \frac{1}{C}\int_{0}^{t} i\,\mathrm{d}t' \\ &= \underbrace{u_\mathrm{C}(0)s(t)}_{\substack{\text{Anfangswert zur}\\ \text{Zeit } t=0}} + \underbrace{\frac{1}{C}\int_{0}^{t} i\,\mathrm{d}t}_{\text{ungeladener Kondensator}} \end{aligned} \tag{11.1/2a}$$

(zum Schaltzeitpunkt $t = 0$) modelliert durch (Bild R 11.1/2a) einen *ladungslosen* Kondensator

- in Reihe zum Anfangswert der Spannung (eingeschaltet als Quellenspannung) oder
- mit parallelgeschalteter Impulsstromquelle

$$i_\mathrm{k} = -i = C\frac{\mathrm{d}}{\mathrm{d}t}(u_\mathrm{C}(0)s(t)) = \underbrace{Cu_\mathrm{C}(0)}_{\text{Anfangsladung}}\ \delta(t) \tag{11.1/2b}$$

(letztere hat das "Gewicht" $Cu_\mathrm{C}(0)$ = Anfangsladung).

Analog wird die Spule mit dem Anfangsstrom $i_\mathrm{L}(0)$ wegen

$$\begin{aligned} i_\mathrm{L} &= \frac{1}{L}\int_{-\infty}^{t} u\,\mathrm{d}t' = \frac{1}{L}\int_{-\infty}^{0} u\,\mathrm{d}t' + \frac{1}{L}\int_{0}^{t} u\,\mathrm{d}t' \\ &= \underbrace{i_\mathrm{L}(0)s(t)}_{\substack{\text{Anfangsstrom}\\ \text{zur Zeit } t=0}} + \underbrace{\frac{1}{L}\int_{0}^{t} u\,\mathrm{d}t'}_{\text{stromfreie Spule}} \end{aligned} \tag{11.1/3}$$

zum Schaltzeitpunkt $t = 0$ modelliert durch eine stromfreie Spule mit

- paralleler Sprungstromquelle $i_C(0)s(t)$ oder
- reihengeschalteter Impulsspannungsquelle $Li_L(0)\delta(t)$ (letzte hat das Gewicht $Li_L(0)$ = Anfangsfluß).

Hinweis:

- Mit den Testsignalen $s(t)$, $\delta(t)$ läßt sich die u-, i-Relation formal auch für den physikalisch *nicht* realen Fall des Spannungs- bzw. Stromsprunges modellieren.
- Aus physikalischen Gründen ist am Kondensator *immer* ein Stromsprung, nie ein Spannungssprung möglich. Stets vorhandene Zuleitungswiderstände verhindern letzteres. Für die Spule gelten analoge Überlegungen.
- Durch zu einfache Modellierung (z.B. Zusammenschaltung eines geladenen Kondensators mit einem ungeladenen) können Situationen auftreten, bei denen die aus den Schaltgesetzen ermittelten rechtsseitigen Anfangswerte ($f(+0)$) den Kirchhoffschen Gleichungen widersprechen. Solche Widersprüche lassen sich durch Einfügen kleiner Elemente (z.B. Widerstand) beseitigen. Unkorrekte Anfangsbedingungen gibt es z.B., wenn nach dem Schaltvorgang Maschen nur aus Kapazitäten oder Schnitte nur aus Induktivitätszweigen entstehen.

11.1.2 Klassisches Analyseverfahren. Aufstellen der Netzwerk-Differentialgleichung in linearen Netzwerken

Die klassische Analyse von Übergangsvorgängen geht von der Netzwerk-Differentialgleichung für die gesuchten Größen (Zweigstrom, -spannung) aus. Sie verläuft für ein Netzwerk mit n unabhängigen Energiespeichern nach folgender **Lösungsmethodik**:

1. Aufstellen der Differentialgleichung n-ter Ordnung (bzw. eines Systems von n Differentialgleichungen erster Ordnung) mit den Kirchhoffschen Gleichungen, Knoten- oder Maschenverfahren und u-, i-Beziehungen der Netzwerkelemente.
2. Vorgabe der n Anfangswerte der Energiespeicher (bzw. Ermittlung der Anfangswerte abhängiger Größen) aus der Netzwerk-Differentialgleichung (Stetigkeit von u_C, i_L beachten).
3. Lösung der Differentialgleichung bzw. des Systems. Bestimmung der dabei auftretenden Integrationskonstanten aus den Anfangswerten.
4. Diskussion der Lösung. Die Lösung des Systems der n Differentialgleichungen erster Ordnung ist als Methode der *Zustandsvariablen* bekannt und hat große Verbreitung in der Informations-, Regelungstechnik und Schwingungsdynamik gefunden (Abschn. 8.5).

Die Lösung der Netzwerk-Differentialgleichung kann erfolgen:

- allgemein (geschlossen) entweder mit Exponentialansatz (Methode des flüchtigen und stationären Anteils) oder durch die Methode des *Nullzustandes* und *Nulleinganges*
- für spezielle *Testsignale* (Sprung, Impuls, Stoß und Anstiegserregung) mit entsprechenden "Antwortfunktionen". Durch Faltung ergibt sich die

Lösung für beliebige Erregerfunktion. Dabei werden verschwindende Anfangswerte vorausgesetzt
- numerisch (Computereinsatz) oder mittels vorliegender Programme (→ Simulationslösung, schlechthin durch Netzwerksimulation, z.B. mit den Programmen SPICE und Derivaten).

Für das grundsätzliche Verständnis beschränken wir aus auf Netzwerke *erster* und *zweiter Ordnung.*

Netzwerk-Differentialgleichung. Die gesuchte Größe $y(t)$ eines linearen Netzwerkes mit zeitinvarianten konzentrierten Parametern als Funktion einer Erregung $x(t)$ mit n unabhängigen Energiespeichern gehorcht der Netzwerk-Differentialgleichung (für $t \geq 0$) n-ter Ordnung

$$\sum_{i=0}^{n} a_i \frac{\mathrm{d}^i y(t)}{\mathrm{d}t^i} = \sum_{j=0}^{m} b_j \frac{\mathrm{d}^j x(t)}{\mathrm{d}t^j} \quad \text{mit } n \geq m \text{ (Realisierbarkeitsbedingung).} \tag{11.1/4}$$

Die Lösung der Netzwerk-Differentialgleichung unter gegebenen Anfangswerten der Größen $y(0) \ldots y^{(n-1)}(0)$ und Erregergröße $x(t)$ liefert das Übergangsverhalten $y(t)$. Die Parameter a_i, b_j hängen nur von den Netzwerkelementen ab.

Dabei gilt für physikalische Systeme: Durch Trägheit des Netzwerkes ist das Ausgangssignal $y(t)$ bis zu einer höheren Ordnung differenzierbar als das Eingangssignal ($n \geq m$).

Die Lösung

$$y(t) = y_{\mathrm{fr}}(t) + y_{\mathrm{erz}}(t) \tag{11.1/5}$$

umfaßt drei Arbeitsschritte:

- Bestimmung des *Eigenvorganges* oder der sog. *freien Lösung* $y_{\mathrm{fr}}(t)$
- Bestimmung des *erzwungenen Vorganges* $y_{\mathrm{erz}}(t)$
- Anpassung der Gesamtlösung an die Anfangswerte.

a) Die *freie Lösung* $y_{\mathrm{fr}}(t)$ ergibt sich aus der homogenen Differentialgleichung (11.1/4) mit dem Ansatz

$$y_{\mathrm{fr}}(t) = \sum_{i=1}^{n} C_i \mathrm{e}^{p_i t} \quad \text{(bei Einfachwurzeln).} \tag{11.1/6}$$

Die C_i sind zu bestimmende Integrationskonstanten und p_i die n Wurzeln der charakteristischen Gleichung (reell, komplex, einfach, mehrfach) $\sum_{i=0}^{n} a_i p^i = a_0(p - p_{i_1})(p - p_{i_2}) \ldots (p - p_{i_n}) = 0$. Sie haben bei stabilen Netzwerken sämtlich negative Realteile.

In stabilen Netzwerken klingt der Eigenvorgang für $t \to \infty$ stets asymptotisch ab. Die Lösung y_{fr} heißt auch *Nulleingangslösung* (→ keine Netzwerkerregung).

Der eigentliche Ausgleichsvorgang (Übergang von einem Anfangs- in den stationären Zustand) kommt in der Lösung $y_{\mathrm{fr}}(t)$ zum Ausdruck (in der Regelungstechnik oft als Eigenvorgang bezeichnet).

b) Die *erzwungene Lösung* $y_{\mathrm{erz}}(t)$ (→ partikuläre Lösung) hängt von der Erregerfunktion, den Netzwerkeigenschaften, aber nicht den Anfangsbedingungen ab (auch als *Nullzustandslösung* bezeichnet). Sie wird mit einem *Lösungsansatz* (oder Variation der Konstanten) gewonnen. Zweckmäßige Ansätze enthält Tafel R 11.1/1. Die Konstanten A_k sind nach Einsetzen in die DGL als Funktion der Netzwerkparameter zu bestimmen.
Hat die erzwungene Lösung $y_{\mathrm{erz}}(t)$ im Grenzfall $t \to \infty$ einen verbleibenden Rest, so heißt er *eingeschwungene* oder *stationäre* Lösung $y_{\mathrm{e}}(t)$

$$y_{\mathrm{e}}(t) = \lim_{t\to\infty} y_{\mathrm{erz}}(t). \tag{11.1/7a}$$

Der übrige, zeitlich abklingende Teil (der Gesamtlösung $y(t)$!) heißt *flüchtiger* Anteil $y_{\mathrm{fl}}(t)$.

$$y(t) = y_{\mathrm{e}}(t) + y_{\mathrm{fl}}(t) \tag{11.1/7b}$$

c) Im letzten Schritt werden die in der vollständigen Lösung $y = y_{\mathrm{fr}} + y_{\mathrm{erz}}$ noch enthaltenen Integrationskonstanten C_i über die Anfangswerte $y(0) \dots y^{(n-1)}(0)$ bestimmt (sog. Methode der unbestimmten Koeffizienten). Das führt auf die Bedingungen

$$\begin{aligned} y(0) &= \sum_{i=1}^{n} C_i + y_p(0) \quad \ddot{y}(0) = \sum_{i=1}^{n} p_i^2 C_i + \ddot{y}_p(0) \\ \dot{y}(0) &= \sum_{i=1}^{n} p_i C_i + \dot{y}_p(0). \quad \vdots \end{aligned} \tag{11.1/8}$$

Tafel R 11.1/1 Partikuläre Lösungsansätze $y_{\mathrm{p}}(t)$ für typische Erregungen und Netzwerktypen. Die Koeffizientenangaben beziehen sich auf Gl. (11.1/4).

Erregung x(t)	Koeffizienten $a_0 \dots a_n \neq 0$ $b_0 \neq 0,\ b_1 \dots m = 0$ (PT_n-Fall)	 $a_1 \dots a_n \neq 0$ $b_0 \neq 0,\ b_1 \dots b_m = 0$ (IT_n-Fall)	 $a_0 \dots a_n \neq 0$ $b_1 \neq 0$ sonst $b_i = 0$ (DT_n-Fall)
$x(t) = X_0 s(t)$ Einschaltsprung	$Y_0 s(t)$	$Y_0 t$	0
Anstieg $x(t) = X_0 t$	$Y_0 + Y_1 t$	$Y_{0t} + Y_1 t^2$	$Y_0 s(t)$
$x(t) = X_0 \sin \omega t$ bzw. $X_0 \cos \omega t$	$Y_1 \sin \omega t + Y_2 \cos \omega t$		
abklingende harmonische Schwingung $x(t) = e^{\lambda t}[X_0 \sin \omega t + X_1 \cos \omega t]$	$e^{\lambda t}[Y_1 \sin \omega t + Y_2 \cos \omega t]$		

Zusammengefaßte Lösungsmethodik "Netzwerk-Differentialgleichung".

1. Lösung der homogenen DGL mit Ansatz $y(t) = K \exp pt \rightarrow$ homogene oder freie Lösung $y_{\mathrm{fr}}(t)$ (Ermittlung des Eigenvorganges).
2. Ermittlung einer partikulären Lösung $y_{\mathrm{erz}}(t)$ der inhomogenen Differentialgleichung. Die partikuläre Lösung für $t \rightarrow \infty$ ist der eingeschwungene oder stationäre Zustand.
3. Überlagerung beider Lösungen $y(t) = y_{\mathrm{fr}}(t) + y_{\mathrm{erz}}(t)$.
4. Bestimmung der Integrationskonstanten durch Einsetzen der Anfangswerte ($\rightarrow$ Anpassung der *vollständigen* Lösung an die Anfangswerte).

Netzwerke erster Ordnung. Die Netzwerkgleichung

$$a_1 \frac{\mathrm{d}y}{\mathrm{d}t} + a_0 y = b_0 x(t) \qquad (11.1/9)$$

(mit dem Anfangswert $y(0)$ zur Zeit $t = 0$) läßt sich lösen

- durch Überlegung von *Nulleingangs-* (y_{fr}) und *Nullzustandsanteil* (y_{erz}) oder gleichwertig
- durch Überlagerung von flüchtigem und stationärem Anteil (y_{fl} und y_{e}).

a) *Nulleingangs-, Nullzustandsverhalten.* Die Lösung $y(t)$ besteht aus
   - dem nur vom Anfangswert abhängigen *Nulleingangsverhalten* $y_{\mathrm{fr}}(t)$ ($\rightarrow$ Lösung der homogenen Differentialgleichung ohne äußere Erregung)
   - der Wirkung der Erregung $x(t)$ auf das energiefrei angenommene Netzwerk (Nullzustandsverhalten) ($a = -a_0/a_1$, $b = b_0/a_1$)

$$y(t) = y_{\mathrm{fr}}(t) + y_{\mathrm{erz}}(t) = \underbrace{y(0)\mathrm{e}^{at}}_{\text{Nulleingang}} + \underbrace{\int_0^t \mathrm{e}^{a(t-\tau)} b x(\tau)\,\mathrm{d}\tau}_{\text{Nullzustand}}. \qquad (11.1/10)$$

b) *Flüchtiger* und *stationärer Zustand.* Besteht die Erregung $x(t)$ aus einer Gleichgröße oder einer Funktion, die für $t \rightarrow \infty$ nicht verschwindet (z.B. Sinusgröße), so empfiehlt sich ein Ansatz

$$y(t) = y_{\mathrm{fl}}(t) + y_{\mathrm{e}}(t)$$

bestehend aus dem flüchtigen Anteil $y_{\mathrm{fl}}(t)$, der für $t \rightarrow \infty$ verschwindet ($\rightarrow$ Lösung der homogenen Differentialgleichung) und dem eingeschwungenen Zustand $y_{\mathrm{e}}(t) = y_{\mathrm{erz}}(t \rightarrow \infty)$. Letzterer läßt sich mit üblichen Netzwerkmethoden (ohne Lösung der DGL!) bestimmen.
Wird für $y_{\mathrm{fl}}(t)$ ein Ansatz nach Gl.(11.1/6) verwendet, so ist bei Bestimmung der Integrationskonstante C_i Gl.(11.1/8) für $y_{\mathrm{p}}(0)$ die Lösung des eingeschwungenen Zustandes $y_{\mathrm{e}}(0)$ zum Schaltzeitpunkt anzusetzen. Der eingeschwungene Zustand ($\rightarrow$ stationäre Lösung) lautet

$$y_{\mathrm{e}}(t) = \lim_{t\rightarrow\infty} \mathrm{e}^{at} \int_0^t b x(\tau) \mathrm{e}^{-a\tau}\,\mathrm{d}\tau.$$

Mit $C = y(0) - y_e(0)$ wird die Lösung

$$y(t) = \underbrace{y(0) - y_e(0)\,e^{at}}_{y_{fl}(t)} + y_e(t) \tag{11.1/11}$$

$$= \underbrace{y(0)e^{at}}_{\text{Nulleingang } y_{fr}(t)} + \underbrace{\int_0^t e^{a(t-\tau)}bx(\tau)\,d\tau}_{\text{Nullzustand } y_{erz}(t)}.$$

Lösungsmethodik "Flüchtiger und stationärer Zustand".

1. Ermittlung der freien Lösung $y_{fr}(t)$ aus der homogenen DGL (mit einbezogenen Anfangswerten)
2. Bestimmung der stationären Lösung $y_e(t)$ durch stationäre Netzwerkanalyse
3. Bestimmung des Wertes $y_e(0)$
4. Zusammensetzung von $y_{fr}(t)$ und y_e nach Gl.(11.1/11).

Hinweis: Für gleichstromerregte Netzwerke kann das Verfahren folgendermaßen durchgeführt werden:

- Berechnung von $y(0)$ (dabei geladene Kondensatoren durch Gleichspannungsquellen, stromdurchlossene Spulen durch Stromquellen, ungeladene Kondensatoren durch Kurzschluß und anfangsstromfreie Spulen durch Leerlauf ersetzen)
- Berechnung von $y(\infty)$ (dabei L durch Kurzschluß, C durch Leerlauf ersetzen)
- "Ablesen" der Zeitkonstante aus der Netzwerk-DGL.

Das Verfahren ist auf Wechselstromkreise übertragbar.

Tafel R 11.1/2 enthält einige Beispiele. Maßgebend ist die Zeitkonstante $\tau = a_1/a_0$ für die Schnelligkeit des Ausgleichsvorganges (Bild R 11.1/3):

- Nach $t = \tau$ hat sich $y(t) - y(\infty)$ etwa um 63% gegenüber dem Ausgangswert $y(0) - y(\infty)$ verändert
- nach $t = 5\tau$ ($e^{-5} = 0,007$) ist der Ausgleichsvorgang praktisch abgeschlossen.

System zweiter Ordnung. Ein Netzwerk mit zwei unabhängigen Energiespeichern führt auf

- eine Differentialgleichung zweiter Ordnung für die gesuchte Größe

$$a_2\frac{d^2y}{dt^2} + a_1\frac{dy}{dt} + a_0y = b_0x \tag{11.1/12}$$

- oder zwei Differentialgleichungen erster Ordnung für zwei Zustandsgrößen (z.B. Kondensatorspannung und Spulenstrom).

Der Zustand eines Systems ist die Minimalzahl von Variablen z_ν, die - falls bei $t = t_0$ bekannt - durch Angabe der Netzwerkerregung für $t \geq t_0$ eindeutig bestimmt sind (s. Abschn. 8.5).

Tafel R 11.1/2 Ausgleichsvorgänge (Beispiele) in Grundstromkreisen

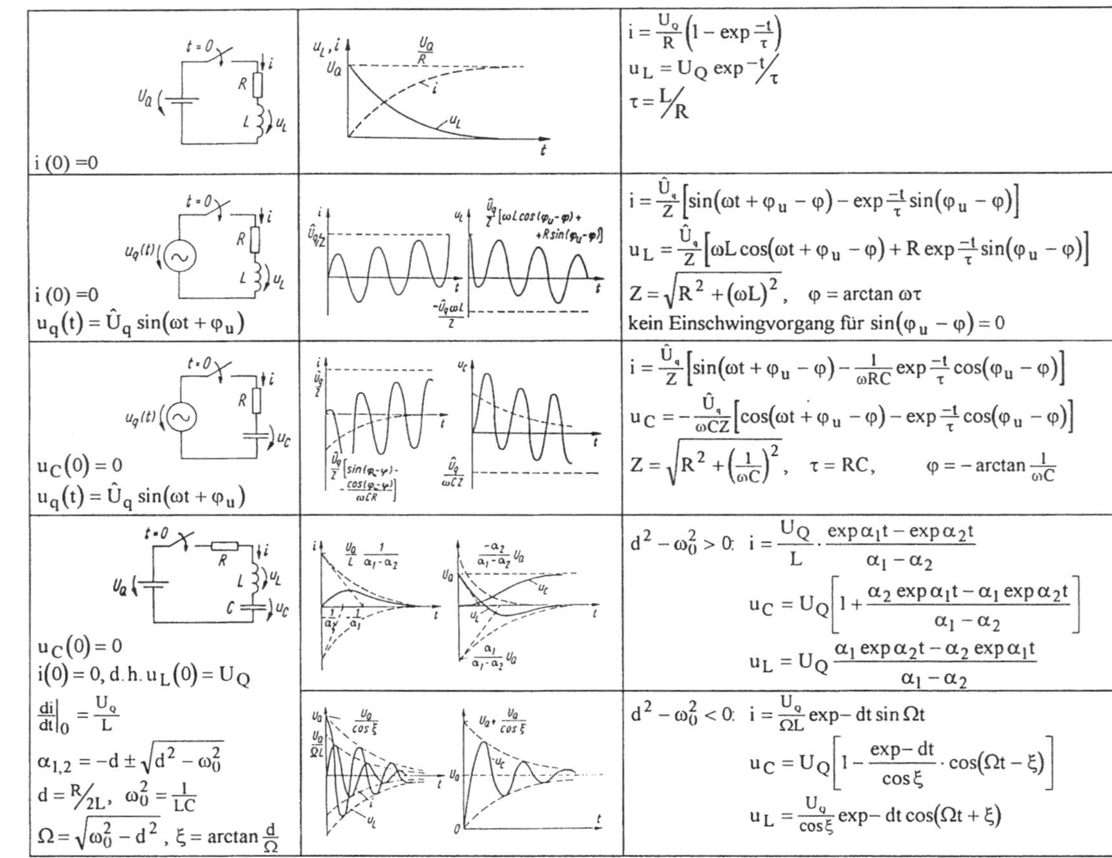

Anfangsbedingungen	Schaltung / Verlauf	Lösung
$i(0)=0$		$i=\frac{U_Q}{R}\left(1-\exp\frac{-t}{\tau}\right)$ $u_L=U_Q\exp{-t/\tau}$ $\tau=L/R$
$i(0)=0$ $u_q(t)=\hat{U}_q\sin(\omega t+\varphi_u)$		$i=\frac{\hat{U}_q}{Z}\left[\sin(\omega t+\varphi_u-\varphi)-\exp\frac{-t}{\tau}\sin(\varphi_u-\varphi)\right]$ $u_L=\frac{\hat{U}_q}{Z}\left[\omega L\cos(\omega t+\varphi_u-\varphi)+R\exp\frac{-t}{\tau}\sin(\varphi_u-\varphi)\right]$ $Z=\sqrt{R^2+(\omega L)^2},\quad \varphi=\arctan\omega\tau$ kein Einschwingvorgang für $\sin(\varphi_u-\varphi)=0$
$u_C(0)=0$ $u_q(t)=\hat{U}_q\sin(\omega t+\varphi_u)$		$i=\frac{\hat{U}_q}{Z}\left[\sin(\omega t+\varphi_u-\varphi)-\frac{1}{\omega RC}\exp\frac{-t}{\tau}\cos(\varphi_u-\varphi)\right]$ $u_C=-\frac{\hat{U}_q}{\omega CZ}\left[\cos(\omega t+\varphi_u-\varphi)-\exp\frac{-t}{\tau}\cos(\varphi_u-\varphi)\right]$ $Z=\sqrt{R^2+\left(\frac{1}{\omega C}\right)^2},\quad \tau=RC,\quad \varphi=-\arctan\frac{1}{\omega C}$
$u_C(0)=0$ $i(0)=0$, d.h. $u_L(0)=U_Q$ $\left.\frac{di}{dt}\right\|_0=\frac{U_Q}{L}$ $\alpha_{1,2}=-d\pm\sqrt{d^2-\omega_0^2}$ $d=R/2L,\quad \omega_0^2=\frac{1}{LC}$ $\Omega=\sqrt{\omega_0^2-d^2},\ \xi=\arctan\frac{d}{\Omega}$		$d^2-\omega_0^2>0$: $i=\frac{U_Q}{L}\cdot\frac{\exp\alpha_1 t-\exp\alpha_2 t}{\alpha_1-\alpha_2}$ $u_C=U_Q\left[1+\frac{\alpha_2\exp\alpha_1 t-\alpha_1\exp\alpha_2 t}{\alpha_1-\alpha_2}\right]$ $u_L=U_Q\frac{\alpha_1\exp\alpha_2 t-\alpha_2\exp\alpha_1 t}{\alpha_1-\alpha_2}$
		$d^2-\omega_0^2<0$: $i=\frac{U_Q}{\Omega L}\exp{-dt}\sin\Omega t$ $u_C=U_Q\left[1-\frac{\exp{-dt}}{\cos\xi}\cdot\cos(\Omega t-\xi)\right]$ $u_L=\frac{U_Q}{\cos\xi}\exp{-dt}\cos(\Omega t+\xi)$

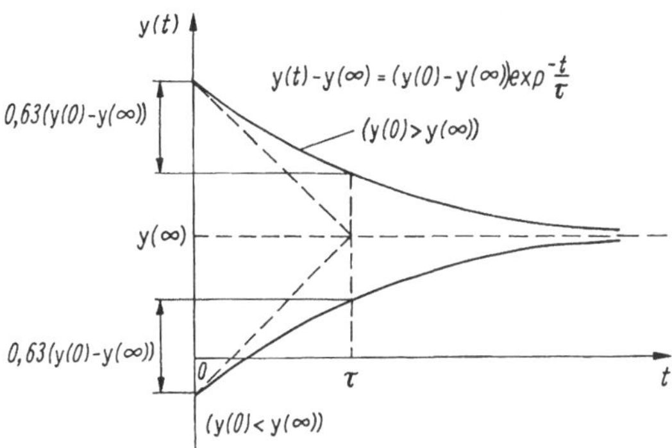

Bild R 11.1/3 Ausgleichsvorgang (Eigenvorgang) in einem linearen, zeitkonstanten Netzwerk erster Ordnung

Die Lösung $y(t)$ ergibt sich bei gegebenen Anfangswerten $y(0)$, $y'(0)$ entweder nach Nullzustands- und Nulleingangsverfahren oder der Methode der flüchtigen und stationären Lösung.

Homogene Differentialgleichung. Zur DGL (11.1/12) gehört (mit dem Lösungsansatz $y(t) = K \exp pt$) die *charakteristische* Gleichung

$$p^2 + \frac{a_1}{a_2}p + \frac{a_0}{a_2} = 0 \qquad \text{resp. } p^2 + 2\alpha p + \omega_0^2 = 0 \tag{11.1/13}$$

mit den *Eigen-* oder *natürlichen Frequenzen*

$$p_{1/2} = -\alpha \pm \sqrt{\alpha^2 - \omega_0^2}$$

Abklingkonstante $\alpha = \frac{a_1}{2a_2}$, Resonanzfrequenz $\omega_0 = \sqrt{\frac{a_0}{a_2}}$.

Abhängig von der Dämpfung $d = \alpha/\omega_0$ gibt es vier typische Fälle:

1. *Aperiodischer Fall* $\alpha^2 > \omega_0^2$ (zwei reelle, ungleiche p_1, p_2)

$$y_{\text{fr}}(t) = K_1 e^{p_1 t} + K_2 e^{p_2 t} \tag{11.1/14a}$$

$$K_1 = \frac{y(0)' - y(0)p_2}{p_1 - p_2}, \quad K_2 = \frac{y(0)' - y(0)p_1}{p_2 - p_1}$$

2. *Aperiodischer Grenzfall* $\alpha^2 = \omega_0^2$ (zwei gleiche reelle Wurzeln)

$$y_{\text{fr}}(t) = (K_1 t + K_2)\, e^{-\alpha t} \qquad K_1 = y(0)' + \alpha y(0), \quad K_2 = y(0) \tag{11.1/14b}$$

3. *Abklingende harmonische Schwingung* $\alpha^2 < \omega_0^2$ (zwei konjugierte komplexe Wurzeln), $\omega_d^2 = \omega_0^2 - \alpha^2$

$$y_{\text{fr}}(t) = K e^{-\alpha t} \cos(\omega_d t + \Theta), \quad \Theta = \arctan -\frac{1}{\omega_d}\left[\alpha + \frac{y(0)'}{y(0)}\right]^2, \tag{11.1/14c}$$

$$K = y(0)\sqrt{1 + \frac{1}{\omega_d^2}\left[\alpha + \frac{y(0)'}{y(0)}\right]^2}$$

4. *Harmonische Schwingung* $\alpha = 0$, rein imaginäre Eigenwerte p_1, p_2

$$y_{\text{fr}}(t) = K \cos(\omega_0 t + \Theta) \qquad \text{wie c)}, \ \alpha = 0. \tag{11.1/14d}$$

Eigenschwingungen treten nur im Fall 3 und 4 (→ zwei unterschiedliche Energiespeicher, Energiependeln!) auf.

In allen Fällen hängt die freie Lösung $y_{\mathrm{fr}}(t)$ (= Nulleingangslösung) nur von den Anfangswerten ab.

Gesamtlösung. Liegt eine Netzwerkerregung an, so ergibt sich die Nullzustandslösung durch Aufsuchen einer partikulären Lösung und sinngemäßes Vorgehen wie oben.

Das Verfahren des flüchtigen (y_{fl}) und eingeschwungenen Zustandes ($y_{\mathrm{e}}(t)$) basiert auf folgendem Ansatz

$$y(t) = \underbrace{y_e(t)}_{\text{eingeschwungener Anteil}} + \underbrace{K_1'\mathrm{e}^{p_1 t} + K_2'\mathrm{e}^{p_2 t}}_{\text{flüchtiger Anteil } y_{\mathrm{fl}}(t)} . \tag{11.1/15}$$

Die Konstanten K_1', K_2' werden bestimmt aus $y(t)|_{t=0}$ und

$$\left.\frac{\mathrm{d}y}{\mathrm{d}t}\right|_{t=0} = p_1 K_1' + p_2 K_2'. \tag{11.1/16}$$

Man erhält die Lösung Gl.(11.1/14a) mit $K_1 \to K_2'$ usw., dabei ist in $K_1 \to K_1'$ (und analog K_2) jeweils $y(0)$ und $y'(0)$ durch $y(0) - y_{\mathrm{e}}(0)$ resp. $\dot{y}(0) - \dot{y}_{\mathrm{e}}(0)$ zu ersetzen.

Während $y_{\mathrm{e}}(t)$ bei Einschalten einer Sinusspannung über die Wechselstromrechnung rasch zu ermitteln ist (und damit auch $y_{\mathrm{e}}(0)$, $\dot{y}_{\mathrm{e}}(0)$), wird die Auswertung der Gesamtlösung unübersichtlich.

Systeme höherer Ordnung. Systeme mit der Ordnung $n > 2$ werden vorteilhaft nach der Methode der *Zustandsvariablen* auf ein System von n Differentialgleichungen erster Ordnung überführt (s. Abschn. 8.5). Dabei tritt die Lösung vom Typ Gl.(11.1/10) für n Variable auf (s. Gl.(8.5/5) ff.).

Stationäres Verhalten bei periodischer Erregung. Das Verhalten eines periodisch erregten Netzwerkes im stationären Zustand kann ermittelt werden

- durch Darstellung der Erregergröße als *Fourierreihe* und Bestimmung der stationären Komponente (sehr rechenaufwendig)
- durch Verwendung der *Dirac-Funktion* zur Darstellung der Lösung (davon wird bei Lösung mit der Laplace-Transformation Gebrauch gemacht, s. Abschn. 11.2)
- durch Lösung der DGL für einzelne Zeitbereiche, Anpassung der Lösungen unter den Periodizitätsforderungen. Besonders einfach ist dieses Verfahren bei Rechteckimpulserregung (Bild R 11.1/4).

Für ein Netzwerk erster Ordnung nach Gl.(11.1/9), $b_0 = 1$ sei die Lösung $y(t)$ lange nach Einsetzen der Erregung ($t \to \infty$) gesucht. Im Bereich $0 \le t \le t_1$ lautet $y(t)$ (mit $\tau = a_1/a_0$)

$$y(t) = A + B_1\mathrm{e}^{-t/\tau} = \frac{X_1}{a_0} + B_1(-2 + \mathrm{e}^{-t/\tau}),$$

im Bereich $t_1 \le t \le t_2$ hingegen

$$y(t) = C + B_2\mathrm{e}^{-(t-t_1)/\tau} = \frac{X_2}{a_0} - 2B_2\mathrm{e}^{-(t-t_1)/\tau}.$$

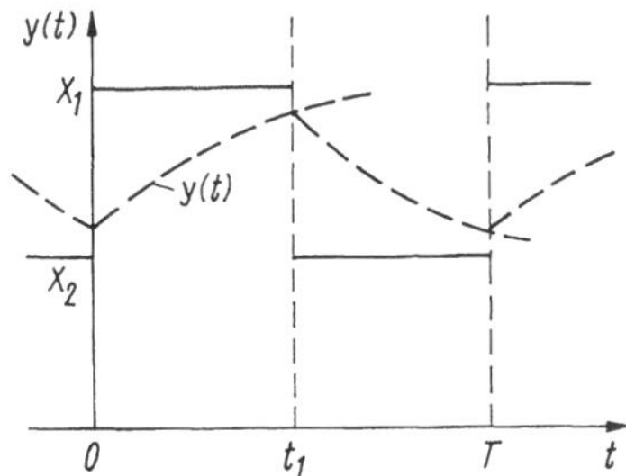

Bild R 11.1/4 Zeitverlauf $y(t)$ eines periodisch geschalteten Netzwerkes erster Ordnung im stationären Zustand

Die Konstanten A, C ergeben sich durch Anpassung der Lösung an die Anfangswerte X_1, X_2. Die Konstanten B_1, B_2 werden für den stationären Fall aus der *Periodizitätsforderung* und *Stetigkeit* im Umschaltpunkt bestimmt: $y(0) = y(T)$ sowie $y(-t_1) = y(+t_1)$. Dadurch entstehen die Bedingungen

$$\frac{X_1}{a_0} - B_1 = \frac{X_2}{a_0} - 2B_2 e^{-(T-t_1)/\tau}; \quad \frac{X_1}{a_0} + B_1(-2e^{-t_1/\tau}) = \frac{X_2}{a_0} - 2B_2$$

mit den Lösungen ($c_1 = \exp -t_1/\tau$, $c_2 = \exp -(T - t_1)/\tau$)

$$B_1 = \frac{a_0}{2}\frac{(X_1 - X_2)(1 - c_2)}{1 - c_1 c_2}; \; B_2 = \frac{a_0}{2}\frac{(X_1 - X_2)(c_1 - 1)}{1 - c_1 c_2}.$$

Der Verlauf wurde in Bild R 11.1/4 angedeutet.

11.1.3 Netzwerke bei beliebiger Erregung. Impuls- und Sprungerregung. Faltung.

Der bisherige, durch einen *Schalter* ausgelöste Übergangsvorgang kann auch durch spezielle (aperiodische) Testsignale, insbesondere *Sprung-* und *Impulserregung* erfolgen. Dabei sei das Netzwerk anfangswertfrei.

Sprungerregung, Sprungantwort. Das Einschalten einer Gleichgröße X_Q zur Zeit $t = 0$ wird durch die *Sprungerregung* $x_s(t) = X_0 s(t)$ modelliert. Die zugehörige Ausgangsgröße $y(t)$ des (linearen!) Netzwerkes heißt *Sprungantwort* $h(t)$ (s. Gl.(8.2/16)) oder *Übergangsfunktion* als reine Netzwerkeigenschaft

$$f_s(t) = h(t) = \left.\frac{y_s(t)}{X_Q}\right|_{s(t)}. \tag{11.1/17}$$

- Die Berechnung erfolgt z.B. nach Abschn.11.1.2 bei Sprungerregung entsprechend Gl.(11.1/17).
- Die Definition Gl.(11.1/17) hat den Vorteil, daß sie den Einschaltvorgang direkt ausdrückt.
- Tafel R 11.1/3 enthält typische Netzwerk-Differentialgleichungen und die zugehörige Sprungantwort. Durch Spezialisierung gehen daraus einfachere Fälle hervor.

Tafel R 11.1/3 Differentialgleichung, Übergangsfunktion und Übertragungsfunktion typischer Systeme erster und zweiter Ordnung

Übertragungs-element	Systemdifferentialgleichung	Sprungantwort Übergangsfunktion h(t)	Übertragungsfunktion G(p)	Verlauf h(t)
P	$y(t) = Kx(t)$	$h(t) = s(t)$	K	
P-T_1	$T\frac{dy(t)}{dt} + y(t) = Kx(t)$	$h(t) = K\left(1 - e^{-t/T}\right)s(t)$	$\frac{K}{1+Tp}$	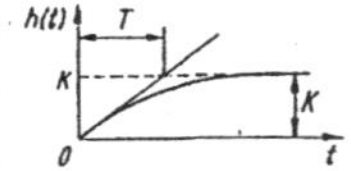
P-T_2	$T^2\frac{d^2y(t)}{dt^2} + 2dT\frac{dy(t)}{dt} + y(t) = Kx(t)$	$h(t) = K\left(1 - \frac{e^{-\frac{d}{T}t}}{\sqrt{1-d^2}}\right)\sin\left(\frac{\sqrt{1-d^2}}{T}t + \varphi\right)$ $\varphi = \arctan\frac{\sqrt{1-d^2}}{d} \quad 0 < d < 1$	$\frac{K \cdot \omega_0^2}{p^2 + 2d\omega_0 p + \omega_0^2}$	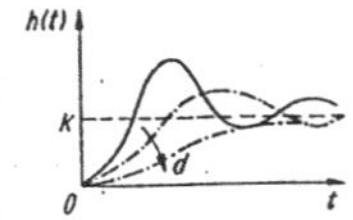
	$T_1T_2\frac{d^2y(t)}{dt^2} + (T_1+T_2)\frac{dy(t)}{dt} + y(t) = Kx(t)$ $\alpha_{1/2} = -d\omega_0 \pm \omega_0\sqrt{d^2-1}$ $\alpha_1 = -1/T_1 \quad \alpha_2 = -1/T_2$	a. Falls $T_1 \neq T_2$ $h(t) = K\left(1 - \frac{1}{(T_1-T_2)}\left(T_{1c}^{-t/T_1} - T_2e^{-t/T_2}\right)\right)s(t)$ b. Falls $T_1=T_2=T$ $h(t) = K\left(1 - \left(1+\frac{1}{T}\right)e^{-t/T}\right)s(t)$	$\frac{K}{(1+pT_1)(1+pT_2)}$ $\omega_0 = \frac{1}{\sqrt{T_1T_2}}; \quad d = \frac{T_1+T_2}{2\sqrt{T_1T_2}} > 1$ $\frac{K}{(1+pT)^2}, \quad \omega_0 = \frac{1}{T}, \quad d = 1$	
I	$y(t) = K\int_0^t x(\tau)d\tau$	$h(t) = Kts(t)$	$\frac{K}{p}$	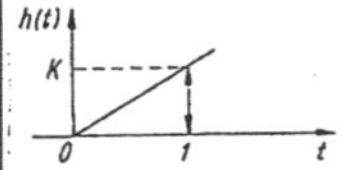
I-T_1	$T\frac{dy(t)}{dt} + y(t) = K\int_0^t x(\tau)d\tau$	$h(t) = KT\left(e^{-t/T} + \frac{t}{T} - 1\right)s(t)$	$\frac{K}{p(1+Tp)}$	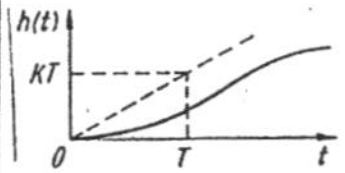
D	$y(t) = K\frac{dx(t)}{dt}$	$h(t) = K\delta(t)$	Kp	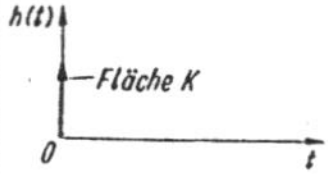 Fläche K

D-T_1	$T\frac{dy(t)}{dt}+y(t)=K\frac{dx(t)}{dt}$	$h(t)=\frac{K}{T}e^{-t/T}s(t)$	$\frac{Kp}{1+pT}$	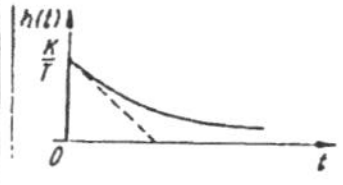
D-T_2	$T_1T_2\frac{d^2y(t)}{dt^2}+(T_1+T_2)\frac{dy(t)}{dt}+y(t)=K\frac{dx(t)}{dt}$	$h(t)=\frac{K}{(T_1-T_2)}\left(e^{-t/T_1}-e^{-t/T_2}\right)s(t)$	$\frac{Kp}{(1+pT_1)(1+pT_2)}$	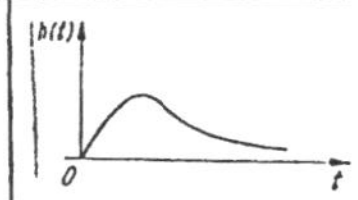
PI	$y(t)=K\left(x(t)+\frac{1}{T}\int_0^t x(\tau)d\tau\right)$	$h(t)=K(s(t)+t/Ts(t))$	$K\left(1+\frac{1}{Tp}\right)$	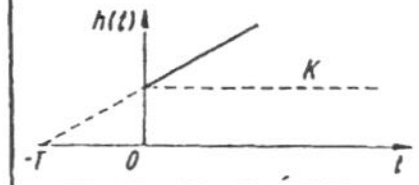
PI-T_1	$T_1\frac{dy(t)}{dt}+y(t)=K\left(x(t)+\frac{1}{T}\int_0^t x(\tau)d\tau\right)$	$h(t)=\frac{K}{T}\left(t+(T-T_1)\left(1-e^{-t/T_1}\right)\right)s(t)$	$K\frac{1+\frac{1}{Tp}}{1+T_1p}$	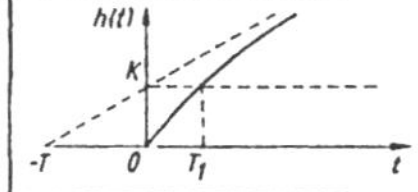
PD	$y(t)=K\left(x(t)+T_v\frac{dx(t)}{dt}\right)$	$h(t)=K(s(t)+T_v\delta(t))$	$K(1+T_vp)$	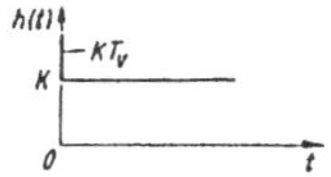
PD-T_1	$T_1\frac{dy(t)}{dt}+y(t)=K\left(x(t)+T\frac{dx(t)}{dt}\right)$	$h(t)=K\left(1+\frac{(T-T_1)}{T_1}e^{-t/T_1}\right)s(t)$	$K\frac{1+Tp}{1+T_1p}$	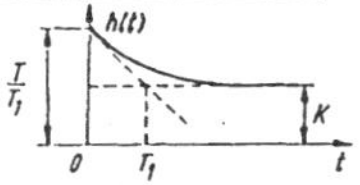
PID	$y(t)=K\left(x(t)+\frac{1}{T_n}\int_0^t x(\tau)d\tau+T_v\frac{dx(t)}{dt}\right)$	$h(t)=K(s(t)+t/T_ns(t)+T_v\delta(t))$	$K\left(1+\frac{1}{T_np}+T_vp\right)$	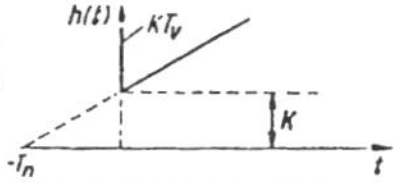
PID-T_1	$T_1\frac{dy(t)}{dt}+y(t)=$ $K\left(x(t)+\frac{1}{T_n}\cdot\int_0^t x(\tau)d\tau+T_v\frac{dx(t)}{dt}\right)$	$h(t)=$ $\frac{K}{T_v}\left(t+T_n-T_1-\left(T_n-T_1-\frac{(T_nT_v)}{T_1}\right)e^{-t/T_1}\right)$	$K\frac{1+\frac{1}{T_np}+Tp}{1+T_1p}$	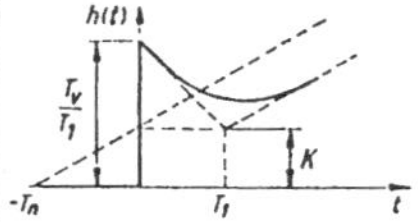
T_t-Glied	$y(t)=x(t-T_t)$	$h(t)=s(t-T_t)$	e^{-pT_t}	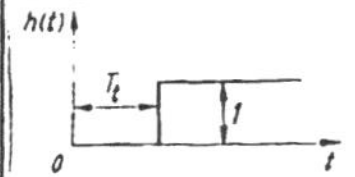

Bemerkung:

- Ändert sich zur Zeit $t = 0$ das Eingangssignal sprungartig, so bleibt $y(t)$ bei einem sog.

$$\left.\begin{array}{l}\mathrm{PT}_n\\ \mathrm{IT}_n\\ \mathrm{DT}_n\end{array}\right\}\text{-System bis zur}\begin{array}{ll}(n-1) & \text{-ten}\\ n & \text{-ten}\\ (n-2) & \text{-ten}\end{array}\quad\text{Ableitung}$$

  stetig.
- Bei einem System erster Ordnung (PT_1-Glied) hat sich $y(t)$ dem stationären Wert $y(\infty)$ für $t \approx 3\tau$ auf 5 % genähert (s. Bild R 11.1/3)
- Beim System zweiter Ordnung nach Gl.(11.1/13) ergibt sich
  - für Dämpfung $d > 1$ und die Eigenwerte $p_2 < p_1 < 0$, daß der Vorgang mit p_1 den Übergangsvorgang bestimmt. Die Wurzel p mit dem größten[1] Realteil heißt *Dominantwurzel.* Sie bestimmt den "Abschluß" des Übergangsvorganges mit etwa $T_{5\%} = |3/p_{\mathrm{Dom}}|$ resp. $|3/\mathrm{Re}\,(p_{\mathrm{Dom}})|$.
  - Für $0 < d < 1$ gilt mit der ungedämpften Kreisfrequenz $\omega_0 = \frac{1}{T} = \sqrt{\frac{a_0}{a_2}}$, der gedämpften Kreisfrequenz ω_{d} und $K = b_0/a_0$

$$h(t) = K\left[1 - \frac{1}{\sqrt{1-d^2}}\mathrm{e}^{-\delta t}\sin(\omega_{\mathrm{d}}t + \varphi)\right] \qquad (11.1/18)$$

  mit $\varphi = \arcsin\omega_{\mathrm{d}}/\omega_0$ und $\delta = d/T$, $\omega_{\mathrm{d}} = 1/T\sqrt{1-d^2}$.

Charakteristische Größen sind (Bild R 11.1/5):

- die Ausgleichs- oder Anschwingzeit T_{g} (Wert bis $0.9y(\infty)$ heißt Anstiegszeit)
- die maximalen Überschwingweite e_{m} (bei $T_{\max}$, erste Schwingung)
- die Einschwingzeit (Ausregelzeit) T_{ep}

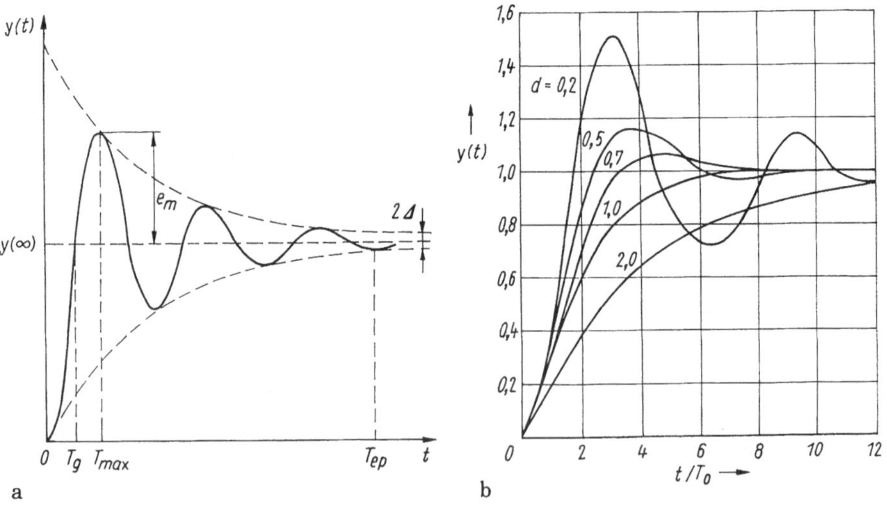

Bild R 11.1/5 Einschwingverhalten eines Systems zweiter Ordnung
a) Sprungantwort, b) Einfluß der Dämpfung d auf das Übergangsverhalten

[1] betragskleinsten!

$$T_\mathrm{g} = \frac{\pi - \alpha}{\omega_\mathrm{d}}, \qquad \omega_\mathrm{d} = \omega_0\sqrt{1-d^2}, \qquad \alpha = \arctan\frac{\sqrt{1-d^2}}{d}$$

$$e_\mathrm{m} = \exp\frac{-\pi d}{\sqrt{1-d^2}}, \quad T_\mathrm{max} = \frac{\pi}{\omega_\mathrm{d}}, \quad T_\mathrm{ep} \approx \frac{4}{d\omega} \qquad \text{für } \Delta = 2\%. \tag{11.1/19}$$

- Der zeitliche Anfangsbereich wird durch die höchste Ableitung bestimmt. Angenähert gilt für

  $$a_n \frac{\mathrm{d}^n y}{\mathrm{d}t^n} \approx K \to y(t) \approx \frac{K}{a_n}\frac{t^n}{n!} \quad (t \gtrsim 0)$$

  Je höher die Ordnung der Netzwerk-Differentialgleichung, desto langsamer beginnt der Anschwingvorgang.

Impulserregung. Impulsantwort. Wird das Netzwerk (anfangswertfrei) mit einem *Dirac-Impuls* $x_\uparrow(t) = A\delta(t)$ (vom Gewicht A) erregt, so heißt die Wirkung $y_\uparrow(t)$ (s. Gl.(8.2/15)) die *Impuls-* oder *Stoßantwort*

$$f_\uparrow(t) = g(t) = \left.\frac{y_\uparrow(t)}{A}\right|_{x_\uparrow(t)}. \tag{11.1/20}$$

Die *Gewichtsfunktion* $g(t)$ ist die Impulsantwort bezogen auf den Eingangsimpuls mit der Impulsfläche A.

Bestimmung von $g(t)$. Während die Übergangsfunktion $h(t)$ i. a. einfach aus der Netzwerk-Differentialgleichung hervorgeht, ist die entsprechende Bestimmung von $g(t)$ mühevoller. Die Impulsantwort $g(t)$ wird erhalten

- durch Messung des Ausgangssignals bei Eingangsimpulssignal bezogen auf die Impulsfläche. (Praktische Grenzen: begrenzte Aussteuerbarkeit durch Impulshöhe, Ersatz von $\delta(t)$ durch Rechteckimpulsantwort)
- durch *Differentiation* der Sprungantwort (s. Tafel R 11.1/3)

  $$y_\uparrow(t) = \frac{\mathrm{d}y_\mathrm{s}(t)}{\mathrm{d}t} \to g(t) = \frac{\mathrm{d}h}{\mathrm{d}t} = \frac{\mathrm{d}h_0(t)}{\mathrm{d}t} + h(+0)\delta(t) \tag{11.1/21}$$

  (h_0: sprungfreier Anteil für $t > 0$)
- aus der *Übertragungsfunktion* $G(p)$ durch Laplace-Umkehrtransformation (s. Abschn. 11.2.1.1)

  $$g(t) = \mathrm{LT}^{-1}\{G(p)\} \tag{11.1/22}$$

- dto. über die Fourier-Transformation bei aperiodischer δ-Erregung (s. Abschn. 10.2)

  $$g(t) = \mathrm{FT}^{-1}\{G(\mathrm{j}\omega)\} \tag{11.1/23}$$

  und damit den *Frequenzgang* $\underline{G}(\mathrm{j}\omega)$
- aus den Zustandsgleichungen (s. Gl.(8.5/20) bzw. (8.5/21))

  $$g(t) = \boldsymbol{c}^\mathrm{T}\boldsymbol{\Phi}(t)\boldsymbol{b} + d\delta(t). \tag{11.1/24}$$

Verallgemeinerung. Faltung. Kennt man die Gewichtsfunktion $g(t)$ einer Netzwerk-Differentialgleichung als Lösung $y(t)$ für Impulserregung $x_\uparrow(t)$, so ist die Lösung $y(t)$ bei *allgemeiner* Erregung $x(t)$ gegeben durch (s. Gl.(8.2/20)ff)

$$y(t) = \int_0^t g(t-\tau)x(\tau)\,\mathrm{d}\tau = \int_0^t g(\tau)x(t-\tau)\,\mathrm{d}\tau = g(t) * x(t). \quad (11.1/25)$$

Das Integral heißt *Faltungsintegral* (Faltungsoperation) über die Zeitfunktionen $g(t)$ und $x(t)$ (Bild R 11.1/6). Dabei gilt wegen $x(t) = 0$ für $t < 0$ $g{*}x = 0$ für alle $t < 0$ oder

Nullzustandsverhalten = Gewichtsfunktion * Eingangserregung

(sprich: $*$ gefaltet mit).

Das Faltungsintegral ist (neben der skalaren Netzwerk-Differentialgleichung und Zustandsgleichung) eine weitere Beschreibungsgrundlage der Signal-System-Beziehung.

Sonderfälle: Faltung mit dem Dirac-Stoß

$$x(t) * \delta(t) = x(t), \quad x(t) * \delta(t - t_0) = x(t - t_0).$$

Zur Durchführung der Faltung wird (Bild R 11.1/7)

- $g(t)$ zunächst an der Ordinate gespiegelt ($\rightarrow g(-\tau)$)
- um t nach rechts verschoben ($g(t-\tau)$)
- die Multiplikation durchgeführt (im Bereich $0 \ldots t$)
- das Ergebnis gemittelt.

Die Faltung im Zeitbereich ist (bei bekannter Gewichtsfunktion) möglich

- analytisch (wird bei komplexer Zeitfunktion rasch aufwendig)
- graphisch (nur zur Veranschaulichung)
- numerisch, wenn z.B. $x(t)$ in Tabellenform vorliegt.

Die Faltungsoperation hat große Bedeutung

- bei der Rücktransformation (Produktbildung $\rightarrow$ Faltung) der Fourier- und Laplace-Transformation
- zur Berechnung der Netzwerkausgangsgröße bei komplizierter Erregung ohne erneute Lösung der Netzwerk-Differentialgleichung
- im Bildbereich (Laplace-, Fourier-, Z-Transformation).

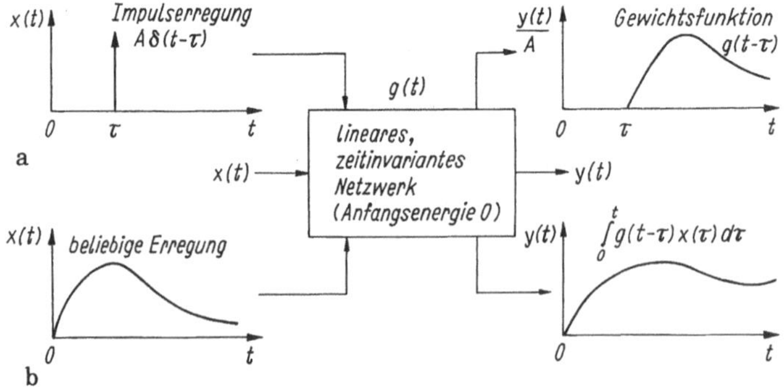

Bild R 11.1/6 Ausgang eines Netzwerkes erregt
a) mit Impulssignal, b) beliebigem Signal

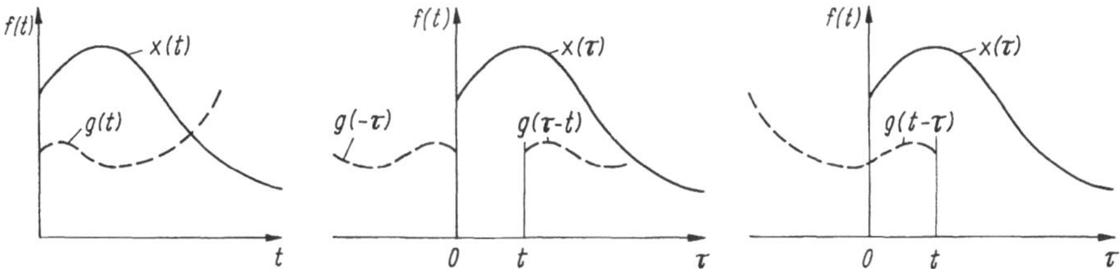

Bild R 11.1/7 Durchführung der Faltung

11.2 Laplace-Transformation und Anwendung

- Die (zweiseitige) Fourier-Transformation hat hauptsächlich Bedeutung für die *Signalanalyse*, denn sie vermittelt Zusammenhänge zwischen Zeitfunktion und (meßbarem) Spektrum.
- Für Zeitfunktionen, die für $t < 0$ identisch verschwinden (kausale Signale = Einschaltvorgänge, z.B. Sprungfunktion → Bedingung der absoluten Integrierbarkeit $\int_{-\infty}^{\infty} |f(t)|\, \mathrm{d}t < \infty$ nicht erfüllt), sind die (einseitige) *Laplace-* und *Z-Transformation* für zeitkontinuierliche bzw. zeitdiskrete Vorgänge zweckmäßiger.

Die Laplace-Transformation transformiert eine DGL mit konstanten Koeffizienten (einschließlich der Anfangswerte), u.a. in eine algebraische Gleichung, deren Lösung einfach in den Zeitbereich rücktransformierbar ist (Bild R 11.2/1a).

11.2.1 Laplace-Transformation

Definition. Die Laplace-Transformation (LT) ist eine *Integraltransformation*, die einer *Originalfunktion* $f(t)$ (im Zeitbereich), eine *Bildfunktion* $F(p)$ (im Bildbereich) umkehrbar und eindeutig durch[2]

- das *Laplace-Integral* von $f(t)$

$$F(p) = \int_0^{\infty} f(t)\mathrm{e}^{-pt}\, \mathrm{d}t = \mathrm{LT}\{f(t)\} \qquad \text{Laplace-Analyse} \qquad (11.2/1a)$$

- sowie das *Umkehrintegral* (inverse LT, Gewinnung der Original- aus Bildfunktion)

$$f(t) = \frac{1}{2\pi \mathrm{j}} \int_{\sigma-\mathrm{j}\infty}^{\sigma+\mathrm{j}\infty} F(p)\mathrm{e}^{pt}\, \mathrm{d}t = \mathrm{LT}^{-1}\{F(p)\} \qquad (11.2/1b)$$

$\sigma < \sigma_0$ Konvergenzabszisse Laplace-Synthese
mit der komplexen Variablen (komplexe Frequenz) $p = \sigma + \mathrm{j}\omega$ zuordnet.

[2] $F(p)$ ist eine komplexwertige Funktion. Der Konvention folgend sehen wir von Symbolunterstreichung ($\underline{F}(p)$) ab.

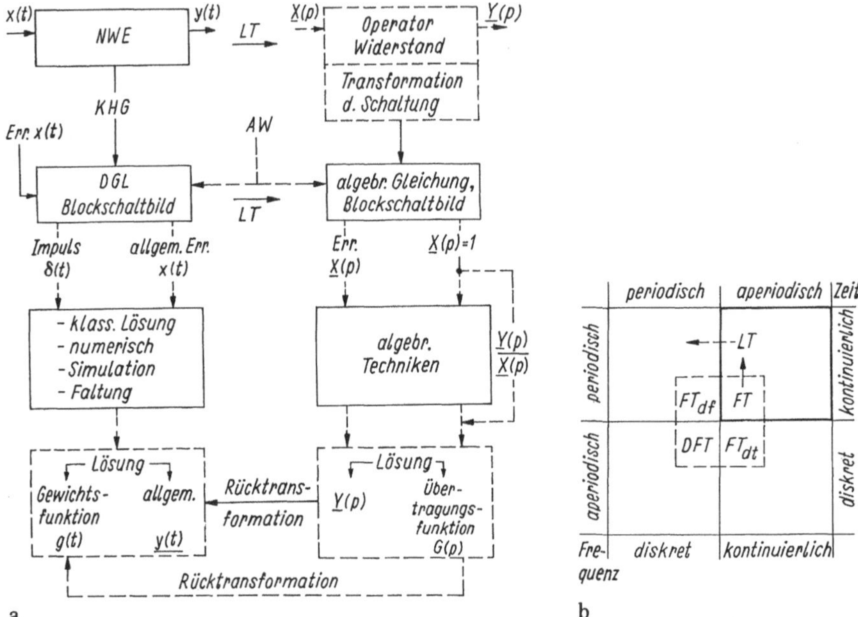

Bild R 11.2/1 Netzwerkanalyse mit Laplace-Transformation
a) Ablaufschema, b) Beziehungen zwischen Laplace- und Fourier-Transformation

Voraussetzung für die Anwendbarkeit der LT sind

- $f(t) = 0$ für $t < 0$ (kausales Signal resp. System)
- Konvergenz des Integrals Gl.(11.2/1), beides wird von physikalischen Systemen (Netzwerken) erfüllt
- $f(t)$ ist stückweise stetig.

Nach Gl.(11.2/1a) kann die LT - abgesehen von der unteren Grenze 0 - als FT der veränderten Funktion $f(t) \exp -pt$ verstanden werden, die den Fall $\sigma = 0$ einschließt (Konvergenz des Fourierintegrals vorausgesetzt):

$$F(\mathrm{j}\omega) = F(p)|_{p=\mathrm{j}\omega} .$$

Deshalb darf eine Funktion, für die keine Fourier-Transformierte existiert, durchaus eine Laplace-Transformierte besitzen.

In der Signalzuordnung (Bild R 11.2/1b) ist die Laplace-Transformation zunächst auf aperiodische zeitkontinuierliche Vorgänge begrenzt, sie läßt sich aber auf periodische erweitern.

Eigenschaften. Tafel R 11.2/1 enthält grundsätzliche Eigenschaften der LT. Sie entsprechen weitgehend der Fourier-Transformation (Tafel R 10.2/1)

- die *Linearität* (→ Überlagerungssatz), hilfreich bei der LT von Summenausdrücken
- die *Differentiation* (→ Übergang zur Multiplikation mit p im Bildbereich, wichtig für die Anwendung der LT auf DGL). Ferner tritt in der Korre-

Tafel R 11.2/1 Eigenschaften der Laplace-Transformation

Operation (Zeitbereich, f (t))	$\underline{F}(p) = L^{-1}(f(t))$	Bemerkungen
Linearitätssatz $a_1 f_1(t) + a_2 f_2(t) + \ldots$	$a_1 \underline{F}_1(p) + a_2 \underline{F}_2(p) + \ldots$	lineare Funktionaltransformation
Differentiationssatz $\frac{d^n f(t)}{dt^n}$	$p^n \underline{F}(p) - p^{n-1} f(+0) - p^{n-2} \times f'(+0) \ldots f^{n-1}(+0)$	Überführung der Differentiation in algebraische Funktion
df / dt $d^2 f / dt^2$	$p\underline{F}(p) - f(+0)$ $p^2 \underline{F}(p) - pf(+0) - f'(+0)$	Anfangswerte $f(+0), f'(+0) \ldots$ der Differentialgleichung sind enthalten
Integrationssatz $\int_0^t f(\tau) d\tau$	$\frac{1}{p} \underline{F}(p) + \frac{f(-0)}{p}$	Überführung der Integration in eine Division im Bildbereich (falls f (-0) nicht verschwindet)
Ähnlichkeitssätze $f(at)$ $\frac{1}{a} f\left(\frac{t}{a}\right)$	$\frac{1}{a} \underline{F}\left(\frac{p}{a}\right)$ a > 0 reell $\underline{F}(ap)$	Maßstabsänderung: Komprimierung (Dehnung) einer Zeitfunktion
Verschiebung im Zeitbereich $f(t - t_0)(t_0 > 0)$	$\underline{F}(p) e^{-pt_0}$	Verschiebung im Zeitbereich entspricht einer Multiplikation mit e^{-pt_0}
Dämpfungssatz (Verschiebung im Bildbereich) $e^{p_0 t} f(t)$	$\underline{F}(p - p_0)$	Verschiebung im Bildbereich entspricht einer Multiplikation mit $e^{p_0 t}$
Faltungssatz $f_1(t) * f_2(t) = \int_{-0}^{t} f_1(\tau) f_2(t - \tau) d\tau$	$\underline{F}_1(p) \underline{F}_2(p)$	Der Multiplikation der Bildfunktion entspricht im Zeitbereich das Faltungsintegral
Grenzwertsätze Anfangswert Endwert	$f(+0) = \lim_{t \to t_0} f(t) = \lim_{p \to \infty} p\underline{F}(p)$, falls f(+0) existiert, $f(\infty) = \lim_{t \to \infty} f(t) = \lim_{p \to 0} p\underline{F}(p)$, falls $\lim_{t \to \infty} f(t)$ existiert	Beachte den gegenläufigen Charakter von t und p

spondenz der linksseitige Anfangswert $f(0-)$ der Zeitfunktion explizit auf. Für höhere Ableitungen ist entsprechend zu verfahren

- die *Integration* geht über in eine Division mit p im Bildbereich
- der *Anfangswertsatz* $f(0+)$ ist der rechtsseitige Grenzwert von $f(t)$ für $t \to 0_+$
- der *Endwertsatz* $f(\infty)$ erlaubt die Berechnung von $f(t)$ für $t \to \infty$ aus $F(p)$ (dabei muß $f(t)$ beschränkt sein).

Tafel R 11.2/2 Korrespondenzen typischer Erregungsfunktionen (für t > 0)

Erregung	x(t)	X(p)
x(t) 1 0 t	$\delta(t)$	1
x(t) 1 0 t	$s(t)$	$\frac{1}{p}$
x(t) 0 t	t	$\frac{1}{p^2}$
x(t) 1 0 t	e^{-at}	$\frac{1}{p+a}$
x(t) 0 t	te^{-at}	$\frac{1}{(p+a)^2}$
x(t) 1 0 t	$1-e^{-at}$	$\frac{a}{p(p+a)}$
x(t) 0 t	$\frac{1}{(b-a)}\left(e^{-at}-e^{-bt}\right)$	$\frac{1}{(p+a)(p+b)}$
x(t) 1 0 t	$\sin\omega t$	$\frac{\omega}{(p^2+\omega^2)}$
x(t) 1 0 t	$\cos\omega t$	$\frac{p}{(p^2+\omega^2)}$
x(t) 0 t	$e^{-at}\sin\omega t$	$\frac{\omega}{(p+a)^2+\omega^2}$
x(t) 0 t	$e^{-at}\cos\omega t$	$\frac{p+a}{(p+a)^2+\omega^2}$

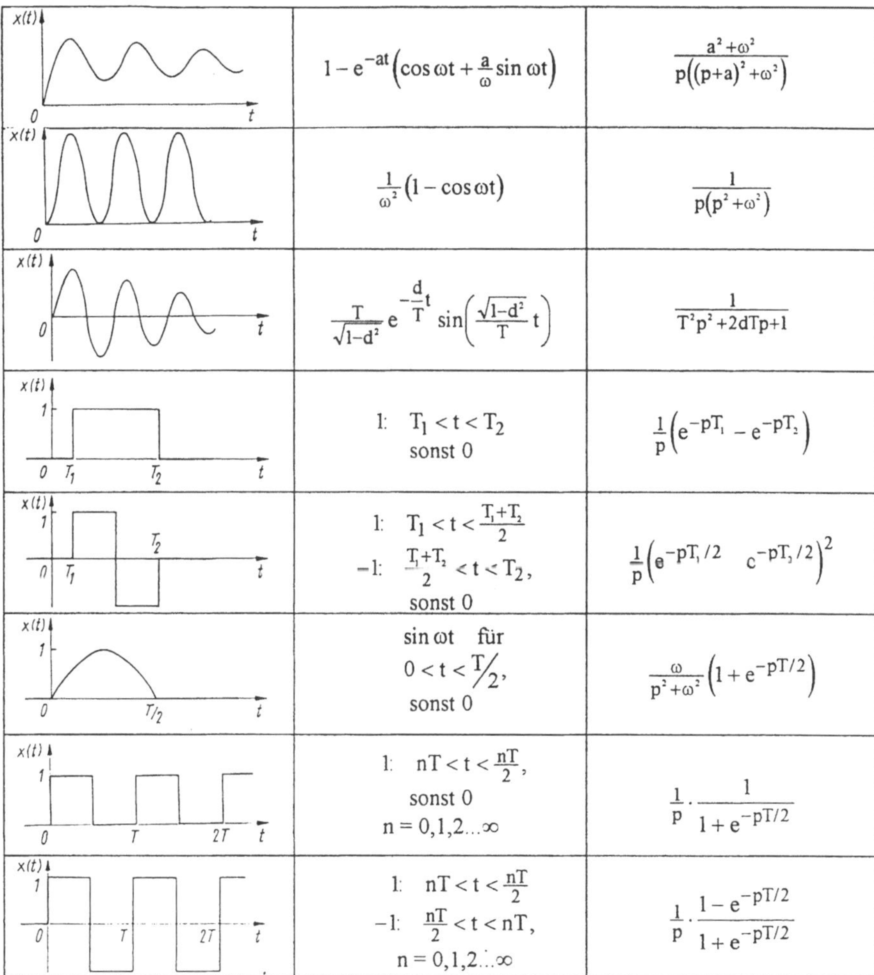

$1-e^{-at}\left(\cos\omega t+\frac{a}{\omega}\sin\omega t\right)$	$\frac{a^2+\omega^2}{p\left((p+a)^2+\omega^2\right)}$
$\frac{1}{\omega^2}(1-\cos\omega t)$	$\frac{1}{p(p^2+\omega^2)}$
$\frac{T}{\sqrt{1-d^2}}e^{-\frac{d}{T}t}\sin\left(\frac{\sqrt{1-d^2}}{T}t\right)$	$\frac{1}{T^2p^2+2dTp+1}$
1: $T_1 < t < T_2$ sonst 0	$\frac{1}{p}\left(e^{-pT_1}-e^{-pT_2}\right)$
1: $T_1 < t < \frac{T_1+T_2}{2}$ −1: $\frac{T_1+T_2}{2} < t < T_2$, sonst 0	$\frac{1}{p}\left(e^{-pT_1/2} - e^{-pT_2/2}\right)^2$
$\sin\omega t$ für $0 < t < T/2$, sonst 0	$\frac{\omega}{p^2+\omega^2}\left(1+e^{-pT/2}\right)$
1: $nT < t < \frac{nT}{2}$, sonst 0 $n = 0,1,2\ldots\infty$	$\frac{1}{p}\cdot\frac{1}{1+e^{-pT/2}}$
1: $nT < t < \frac{nT}{2}$ −1: $\frac{nT}{2} < t < nT$, $n = 0,1,2\ldots\infty$	$\frac{1}{p}\cdot\frac{1-e^{-pT/2}}{1+e^{-pT/2}}$

Beachte: Hat $F(p)$ (außer einem einfachen Pol im Ursprung $p = 0$) Pole auf der imaginären Achse oder der rechten p-Halbebene, so darf der Endwertsatz nicht angewendet werden.

- *Zeit-, Frequenzverschiebung.* Zeitverschiebung führt zu einer Skalierung im Bildbereich und umgekehrt.

Faltung. Der Faltung zweier Zeitfunktionen $f_1(t)$ und $f_2(t)$ im Zeitbereich entspricht im Bildbereich die Multiplikation ihrer Laplace-Transformierten $F_1(p)$ und $F_2(p)$. (Wichtiger Vorteil für die Anwendung der LT.)

Korrespondenzen. Rücktransformation. Tafel 11.2/2 enthält wichtige Korrespondenzen von Erregerfunktionen und Tafel R 12.1/1 von allgemeinen Korrespondenzen. Die Rücktransformation erfolgt (außer durch Tafel) mit

- Umwandlung, Zerlegung der Bildfunktion z.B. durch Regelanwendung (Partialbruchzerlegung, Entwicklungssatz von Heaviside, Reihenentwicklung) so, daß Korrespondenztafeln einsetzbar sind
- dem Umkehrintegral (nur in seltenen Fällen erforderlich) numerisch.

Ist eine Funktion $F(p)$ in der Tafel nicht enthalten, so muß sie in Partialbrüche zerlegt und als Summe einfacherer Funktionen dargestellt werden, die direkt rücktransformierbar sind.

Für Netzwerkprobleme (DGL!) liegt $F(p)$ im Regelfall als *gebrochen rationale* Funktion (Grundlage DGL (11.1/4a))

$$F(p) = \frac{Z(p)}{N(p)} = \frac{b_m p^m + \ldots + b_0}{a_n p^n + \ldots + a_0} \qquad m \leq n \tag{11.2/2a}$$

mit Zähler- ($Z(p)$) und Nennerpolynom ($N(p)$) vor. Ist $m > n$, so wird $Z(p)$ durch $N(p)$ dividiert. Es entsteht ein Polynom in p und eine gebrochen rationale Funktion als Rest. Diese läßt sich in *Partialbrüche* zerlegen, wenn das Nennerpolynom faktorisiert wird. Nach Art der Polstellen (Nennernullstellen) werden unterschieden:

a) Nur *einfache* Pole. Es gilt die Partialbruchzerlegung

$$F(p) = \frac{Z(p)}{(p-p_1)\ldots(p-p_n)} = \frac{A_1}{p-p_1} + \frac{A_2}{p-p_2} + \ldots \frac{A_n}{p-p_n} \tag{11.2/2b}$$

mit dem Entwicklungskoeffizient oder *Residuum*

$$A_i = [F(p)(p-p_i)]_{p=p_i} \qquad i = 1 \ldots n$$

(zuerst $F(p)$ mit $(p-p_i)$ multiplizieren, dann $p = p_i$ setzen). Die Lösung der DGL (11.1/4a) lautet (Rücktransformation mit Tabelle)

$$y(t) = [A_1 \exp p_1 t + \ldots + A_n \exp p_n t] s(t) \tag{11.2/3}$$

(mit $\mathrm{Re}\,(p_i) < 0$ und $f(t) \to 0$ für $t \to \infty$).

Hat $F(p)$ (nach Abspalten der gebrochen rationalen Funktion) noch einen konstanten Term, so addiert sich zur Lösung $f(t)$ ein Beitrag $\sim \delta(t)$.

b) *Mehrfachpole:* Bei einem *Mehrfachpol* p_1 mit der Vielfachheit r (restliche Pole alle verschieden) lautet das Nennerpolynom

$$N(p) = (p-p_1)^r (p-p_{r+1}) \ldots (p-p_n).$$

Nach der Partialbruchzerlegung folgt

$$\begin{aligned} F(p) = \frac{Z(p)}{N(p)} &= \frac{A_{1,r}}{(p-p_1)^r} + \frac{A_{1,r-1}}{(p-p_1)^{r-1}} + \\ &+ \ldots \frac{A_{1,1}}{p-p_1} + \frac{A_{r+1}}{p-p_{r+1}} + \ldots \frac{A_n}{p-p_n} \end{aligned} \tag{11.2/4}$$

mit

$$\begin{aligned} A_{1,r} &= \left((p-p_1)^r F(p)\right)\big|_{p=p_1} \\ A_{1,r-i} &= \frac{1}{i!} \left(\frac{\mathrm{d}^{(i)}}{\mathrm{d}p^{(i)}} \left((p-p_1)^r F(p)\right) \right) \bigg|_{p=p_1} \end{aligned}$$

$$A_{1,1} = \frac{1}{(r-1)!}\left(\frac{\mathrm{d}^{(r-1)}}{\mathrm{d}p^{(r-1)}}(p-p_1)^r F(p)\right)\Bigg|_{p=p_1}.$$

Damit ist Rücktransformation möglich.

c) Falls $f(t)$ der Bedingung $\int\limits_0^\infty |f(t)|\,\mathrm{d}t < \infty$ genügt, geht aus $F(p)$ mit $p \to \mathrm{j}\omega \to F(\mathrm{j}\omega) = \mathrm{FT}\{f(t)\}$ hervor und kann meßtechnisch interpretiert werden (Beziehung zwischen Laplace- und Fourier-Transformation).

11.2.2 Anwendung der Laplace-Transformation auf Netzwerke und Systeme

Hauptanwendungsfeld der LT ist die Analyse/Synthese linearer, insbesondere *zeitkontinuierlicher* Netzwerke und Systeme mit konzentrierten Parametern mit oder ohne Anfangswerte.

11.2.2.1 Transformation der Netzwerk-Differentialgleichung

Lösungsmethodik. Zur Lösung der Netzwerk-Differentialgleichung (z.B. in der Form Gl.(11.1/4)) mittels Laplace-Transformation sind durchzuführen:

1. Transformation der DGL aus dem Zeit- in den Bildbereich (Hintransformation, LT) (Aufstellen der DGL, Ersatz der Original- durch die Bildfunktion (Erregung)), Anwendung des Differentiations- und ggf. Integrationssatzes (dabei gehen die Anfangswerte der gesuchten Lösung mit ein)
2. Lösung der algebraischen Gleichung im Bildbereich (Bildfunktion der Erregung ansetzen, die Anfangswerte sind ggf. aus dem physikalischen Problem zu ermitteln)
3. Ermittlung der Lösung im Zeitbereich durch Rücktransformation (inverse LT).

Werden die Laplace-Transformierten der Erreger- und Ausgangsgrößen mit $X(p) = \mathrm{LT}\{x(t)\}$ und $Y(p) = \mathrm{LT}\{y(t)\}$ bezeichnet, so ergibt sich nach Schritt 2 die *Übertragungsfunktion* (Anfangswerte der Energiespeicher zunächst Null gesetzt, zugehörige DGL (11.1/4))[3]

$$G(p) = \left.\frac{Y(p)}{X(p)}\right|_{AW=0} = \frac{\mathrm{LT}\{y(t)\}}{\mathrm{LT}\{x(t)\}} = \frac{b_m p^m + \ldots b_1 p + b_0}{a_n p^n + \ldots a_1 p + a_0}. \qquad (11.2/5)$$

Übertragungsfunktion im Bildbereich, Definition

[3]Wir verwenden für die Übertragungsfunktion im Abschnitt 11 das Symbol $G(p)$ statt wie bisher $F(p)$, $F(\mathrm{j}\omega)$, um Verwechslungen mit der Laplace-Transformierten $F(p)$ Gl.(11.2/1a) auszuschließen.

Die Systemreaktion $Y(p)$ eines anfangswertfreien Netzwerkes hängt ab von der Erregergröße $X(p)$ und der Übertragungsfunktion $G(p)$ (reine Netzwerkeigenschaft).

Mit Anfangswerten lautet die Systemreaktion

$$Y(p) = \underbrace{G(p)}_{\text{anfangswertfrei}} X(p) + \underbrace{R(p)}_{\text{nur abhängig von Anfangswerten}}. \qquad (11.2/6a)$$

Der "Restterm" $R(p)$ enthält nur die Anfangswerte und ergibt sich direkt aus der DGL bei der Transformation, wenn die Terme $f(+0)$ usw. belassen werden.

Hinweis: *Lösungskontrolle.* Um Fehler auszuschließen, sollten nach der Transformation einige Prüfungen erfolgen:

- Dimensionskontrolle aller Terme z.B. in der Übertragungsfunktion
- Anwendung des Anfangswert-Theorems (Tafel R 11.2/1). Berechnung von $pG(p)$ für $p \to \infty$
- Anwendung des Endwert-Theorems (analog)
- Verhalten der Lösung bei extremen Frequenzen ($p \to 0$, $p \to \infty$), Kondensator durch Leerlauf resp. Kurzschluß ersetzen, mit Spule sinngemäß verfahren.

Bei Anwendung der LT auf die Netzwerk-Differentialgleichung entsteht im Bildbereich eine algebraische Gleichung, die die Anfangswerte enthält (!). Mit Korrespondenztafeln (Hin- Rücktransformation) läßt sich die LT daher vorteilhaft zur Netzwerkanalyse einsetzen.

Als *Nachteil* verbleibt noch die Aufstellung der Netzwerk-Differentialgleichung selbst. Sie läßt sich - wie im Wechselstromkreis Abschnitt 6.7.3.2 - durch *LT des gesamten Netzwerkes* vermeiden (s.u.).

Anfangswerte. Sind $y(0) \ldots y^{(n-1)}(0)$ die Anfangswerte der Lösung $y(t)$ der DGL (11.1/4), so lautet ihre linke Seite nach LT:

$$\mathrm{LT}\left\{\sum_{i=0}^{n} a_i \frac{\mathrm{d}^i y}{\mathrm{d}t^i}\right\} = N(p)Y(p) + E(p)$$

mit

$$E(p) = -a_n \sum_{i=0}^{n-1} p^{n-1-i} y^{(i)}(0) - a_{n-1} \sum_{i=0}^{n-2} p^{n-2-i} y^{(i)}(0) - \ldots - a_1 y(0)$$

(Polynom vom Grade $n-1$ abhängig von den Anfangswerten $y(0) \ldots y^{(n-1)}(0)$). Ebenso ergibt die rechte Seite der DGL (11.1/4) nach LT

$$\mathrm{LT}\left\{\sum_{i=0}^{m} b_i \frac{\mathrm{d}^i x}{\mathrm{d}t^i}\right\} = Z(p)X(p) + D(p)$$

mit

$$D(p) = -b_m \sum_{i=0}^{m-1} p^{m-1-i} x^{(i)}(0) - b_{m-1} \sum_{i=0}^{m-2} p^{m-2-i} x^{(i)}(0) - \ldots - b_1 x(0)$$

(Polynom von Gerade $m-1$ abhängig von den "Anfangseingangswerten" $x^{(i)}(0)$).

Die laplacetransformierte Ausgangsgröße $Y(p)$ lautet (mit $G(p) = Z(p)/N(p)$ s. Gl.(11.2.6a))

$$Y(p) = \underbrace{\frac{Z(p)}{N(p)}X(p)}_{\text{erzwungenes Verhalten}} + \underbrace{\frac{D(p)-E(p)}{N(p)}}_{\text{gespeichertes Anfangswertverhalten}}. \tag{11.2/6b}$$

Die Rücktransformation liefert (mit $G(p) \bullet\!\!-\!\!\circ\, g(t)$)

$$y(t) = \int_0^t \underbrace{g(t-\tau)x(\tau)\,\mathrm{d}\tau}_{\text{erzwungenes Verhalten, Nullzustandsverhalten}} + \mathrm{LT}^{-1} \underbrace{\left\{\frac{D(p)-E(p)}{N(p)}\right\}}_{\text{Anfangswerte, Speicherverhalten}}. \tag{11.2/7}$$

Gl.(11.2/6b) wird zweckmäßig unterteilt in

$$Y(p) = \overbrace{\underbrace{G_1(p)}_{\text{partikuläres Verhalten}} + G_2(p)}^{\text{erzwungenes Verhalten}} + \overbrace{G_3(p)}^{\text{Speicherverhalten}} \tag{11.2/8}$$

wobei $G_2(p) + G_3(p)$: Komplementärverhalten

mit

$G_1(p)$ Teil des Partialbruches, der die Pole von $X(p)$ enthält

$G_2(p)$ Teil des Partialbruches, der die Pole von $G(p)$ enthält

$G_3(p)$ Teil des Partialbruches der Anfangswerte (die Pole von G_2 und G_3 stimmen überein).

Mit Gl.(11.2/6b) resp. (11.2/7) ergibt sich eine klare Trennung in Nulleingangs- und Nullzustandsverhalten; die Auftrennung nach $G_1 \dots G_3$ liefert das stationäre und flüchtige Verhalten (s. Abschn. 11.1).

Beispiel: Für die Schaltung (Bild R 11.2/2) mit

$$\tau_2 \frac{\mathrm{d}u_\mathrm{a}}{\mathrm{d}t} + u_\mathrm{a} = \tau_1 \frac{\mathrm{d}u_\mathrm{q}}{\mathrm{d}t} + u_\mathrm{q} \tag{11.2/9}$$

($\tau_1 = R_2C$, $\tau_2 = (R_1+R_2)C$, Anfangswert $u_\mathrm{C}(0)$) folgt bei Sprungerregung $u_\mathrm{q} = U_\mathrm{q}s(t)$ nach Transformation

$$U_\mathrm{a}(p) = \frac{p\tau_1+1}{p\tau_2+1}U_\mathrm{Q}(p) + \frac{\tau_2 u_\mathrm{a}(-0) - \tau_1 u_\mathrm{q}(0)}{1+p\tau_2}. \tag{1}$$

Da nur $u_\mathrm{C}(0)$ gegeben ist, muß $u_\mathrm{a}(0)$ bestimmt werden (z.B. aus der Knotengleichung K)

$$u_\mathrm{a}(0) = \frac{R_1 u_C(0) + R_2 u_\mathrm{q}(0)}{R_1+R_2}.$$

Daraus folgt

$$U_\mathrm{a}(p) = \underbrace{\frac{R_2}{R_1+R_2}\left(\frac{p+\tau_1^{-1}}{p+\tau_2^{-1}}\right)\frac{U_\mathrm{Q}}{p}}_{\text{erzwungene Erregung, Nullzustandsverhalten}} + \underbrace{\frac{R_1}{R_1+R_2}\frac{u_\mathrm{C}(0)}{p+\tau_2^{-1}}}_{\text{Speicherverhalten, Nulleingangsverhalten}}$$

$$= \underbrace{\frac{U_\mathrm{Q}}{p}}_{\text{Partikulärverhalten, stationäre Lösung}} + \underbrace{\frac{-R_1}{R_1+R_2}\frac{U_\mathrm{Q}}{p+\tau_2^{-1}} + \frac{R_1}{R_1+R_2}\frac{u_\mathrm{C}(0)}{p+\tau_2^{-1}}}_{\text{Komplementärverhalten, flüchtige Lösung}}. \tag{2}$$

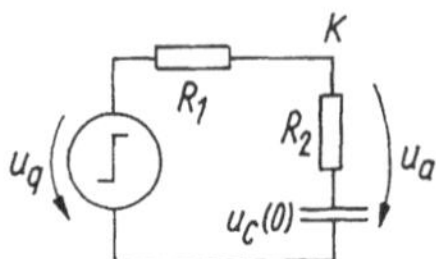

Bild R 11.2/2 Beispielschaltung

Die Rücktransformation von Gl.(2) ergibt

$$\begin{aligned} u_a(t) &= \underbrace{\left(1 - \frac{R_1}{R_1+R_2}\mathrm{e}^{-t/\tau_1}\right) U_Q s(t)}_{\text{Nullzustandsverhalten}} + \underbrace{\frac{u_C(0)R_1}{R_1+R_2}\mathrm{e}^{-t/\tau_2}s(t)}_{\text{Nulleingangsverhalten}} \\ &= \underbrace{U_Q s(t)}_{\text{eingeschwungener Zustand}} + \underbrace{\frac{(u_C(0) - U_Q)\,R_1}{R_1+R_2}}_{\text{flüchtiger Anteil}} \mathrm{e}^{-t/\tau_2} s(t) \end{aligned} \quad (3)$$

mit $u_a(\infty) = U_Q$.

Beispiel: Einschalten einer Sinusspannung zur Zeit $t = 0$. Wird auf ein Netzwerk (mit der Übertragungseigenschaft $Y(p) = G(p)X(p)$) eine Sinuserregung $x(t) = X_Q\cos(\omega t + \varphi) = X_Q[\cos\omega t\cos\varphi - \sin\omega t\sin\varphi]$ geschaltet, so lautet die Ausgangsgröße im Bildbereich

$$\begin{aligned} Y(p) &= G(p)\left(\frac{p\cos\varphi - \omega\sin\varphi}{(p-j\omega)(p+j\omega)}\right) X_Q \\ &= \underbrace{\frac{\underline{k}}{p-\mathrm{j}\omega} + \frac{\underline{k}^*}{p+\mathrm{j}\omega}}_{\text{erzwungene Pole}} + \underbrace{\frac{k_1}{p-p_1} + \ldots + \frac{k_n}{p-p_n}}_{\text{natürliche Pole}}. \end{aligned} \quad (1)$$

Das konjugiert komplexe Polpaar wird durch die Erregung erzwungen, die restlichen stammen von der Übertragungsfunktion. Die Lösung lautet nach Rücktransformation

$$y(t) = \underbrace{\underline{k}\mathrm{e}^{\mathrm{j}\omega t} + \underline{k}^*\mathrm{e}^{-\mathrm{j}\omega t}}_{\text{erzwungenes Verhalten}} + \underbrace{k_1\mathrm{e}^{p_1 t} + \ldots k_n\mathrm{e}^{p_n t}}_{\text{natürliches Verhalten}}. \quad (2)$$

Zur Bestimmung von Amplitude und Phase von $y(t)$ (stationärer Anteil) muß das Residuum von $\underline{k}$ bestimmt werden

$$\begin{aligned} \underline{k} &= (p-\mathrm{j}\omega)X_Q\left(\frac{p\cos\varphi - \omega\sin\varphi}{(p-j\omega)(p+j\omega)}\right) G(p)\Big|_{p=\mathrm{j}\omega} \\ &= X_Q\left(\frac{\cos\varphi + j\sin\varphi}{2}\right) G(\mathrm{j}\omega) = \frac{X_Q}{2}\,|\underline{G}(\mathrm{j}\omega)|\,\mathrm{e}^{\mathrm{j}(\varphi+\varphi_G)}. \end{aligned} \quad (3)$$

Für ein konjugiert komplexes Polpaar lautet die Lösung

$$y(t) = 2|\underline{k}|\cos(\omega t + \angle\underline{k}) = X_Q|\underline{G}(\mathrm{j}\omega)|\cos(\omega t + \varphi + \varphi_G)$$

oder

Ausgangsamplitude	=	Eingangsamplitude × Betrag von $G(\mathrm{j}\omega)$
Ausgangsphase	=	Eingangsphase + Phase von $G(\mathrm{j}\omega)$.

Der abklingende Teil kann analog bestimmt werden.

Die Beispiele zeigen die Transparenz der Behandlung von Übergangsvorgängen in Netzwerken mit Laplace-Transformation im Vergleich zum aufwendigen Verfahren z.B. bei Einschalten einer Wechselspannung (Tafel R 11.1/2).

System ersten Grades. Für die DGL (11.1/4) erster Ordnung lautet das Ablaufschema zur Gewinnung der Lösung bei Impulserregung $x(t)_{\uparrow} = x(t) = \delta(t)$:

$$a_1 y'(t) + a_0 y(t) = b_1 x'(t) + b_0 x(t) \overset{\text{LT}}{\circ\!\!-\!\!\bullet} (a_1 p + a_0) Y(p) = (b_1 p + b_0) X(p).$$

Lösung für

$$x(t) = \delta(t) \begin{cases} \overset{\text{LT}}{\circ\!\!-\!\!\bullet} \; G(p) = \frac{X(p)}{X(p)} = \frac{c_1 p + c_o}{p - p_1} \\ \overset{\text{FT}}{\circ\!\!-\!\!\bullet} \; G(\mathrm{j}\omega) = \frac{c_1 \mathrm{j}\omega + c_o}{\mathrm{j}\omega - p_1} \end{cases} \qquad (11.2/10)$$

$g(t) = c_1(p_1 - z_1)\mathrm{e}^{p_1 t} s(t) + c_1 \delta(t)$ mit $p_1 = -a_0/a_1$, $z_1 = -b_0/b_1 = -c_0/c_1$; $c_1 = b_1/a_1$, $c_0 = b_0/a_1$.

Das Verhalten der Lösung hängt entscheidend von der Pol- und Nullstelle ab (s. Abschn. 11.3).

Im Blockdiagramm (Bild R 11.2/3a) wird die Erregung $x_{\text{err}} = b_1 x'(t) + b_0 x(t)$ als Zwischengröße aus $x(t)$ gebildet, dann x_{err} in y umgeformt: *Direktform*. Austausch der Reihenfolge erspart ein Differenzierglied (Bild R 11.2/2b, zweite Direktform). In beiden Fällen lautet die Gewichtsfunktion

$$g(t) = g_{\mathrm{b}}(t) * g_{\mathrm{a}}(t) = g_{\mathrm{a}}(t) * g_{\mathrm{b}}(t)$$

und die Übertragungsfunktion

$$G(p) = G_{\mathrm{a}}(p) G_{\mathrm{b}}(p) = G_{\mathrm{b}}(p) G_{\mathrm{a}}(p). \qquad (11.2/11a)$$

G_{a} und G_{p} können dem Zähler- und Nennerpolynom zugeordnet werden:

$$G_{\mathrm{a}} = \frac{1}{a_1 p + a_0}; \quad G_{\mathrm{b}} = b_1 p + b_0. \qquad (11.2/11b)$$

Der Ersatz $p \to \mathrm{j}\omega$ führt zum Frequenzgang $\underline{G}(\mathrm{j}\omega)$. Die Rücktransformation über LT (oder FT mit dem Frequenzgang) ergibt $y(t)$ über die Gewichtsfunktion $g(t)$ Gl. (11.2/9) (Bild R 11.2/3c).

Für die Schaltung Bild R 11.2/2 wurde in Bild R 11.2/3c das Blockschaltbild mit der Gewichtsfunktion Gl.(11.2/9)

$$g(t) = \left(\frac{1}{\tau_2} - \frac{1}{\tau_1}\right) \mathrm{e}^{-t/\tau_2} s(t) + \frac{\tau_1}{\tau_2} \delta(t)$$

und der Frequenzgang dargestellt.

Tafel R 11.2/3 enthält eine Anwendungszusammenstellung von Systemen ersten Grades mit Übertragungs- und Gewichtsfunktion basierend auf der Systemgleichung (11.1/4).

System zweiten Grades. Die transformierte Differentialgleichung

$$(a_2 p^2 + a_1 p + a_0) Y(p) = (b_2 p^2 + b_1 p + b_0) X(p) = X_{\text{err}}$$

ergibt die *Übertragungsfunktion*

$$G(p) = \frac{Y(p)}{X(p)} = \frac{b_2 p^2 + b_1 p + b_0}{a_2 p^2 + a_1 p + a_0} = G_{\mathrm{a}}(p) G_{\mathrm{b}}(p) \qquad (11.2/12)$$

mit $G_{\mathrm{a}}(p) = \frac{W(p)}{X(p)} = \frac{1}{a_2 p^2 + a_1 p + a_0}$, $G_{\mathrm{b}}(p) = \frac{Y(p)}{W(p)} = b_2 p^2 + b_1 p + b_0$.

Bild R 11.2/4 zeigt die Blockschaltbilder.

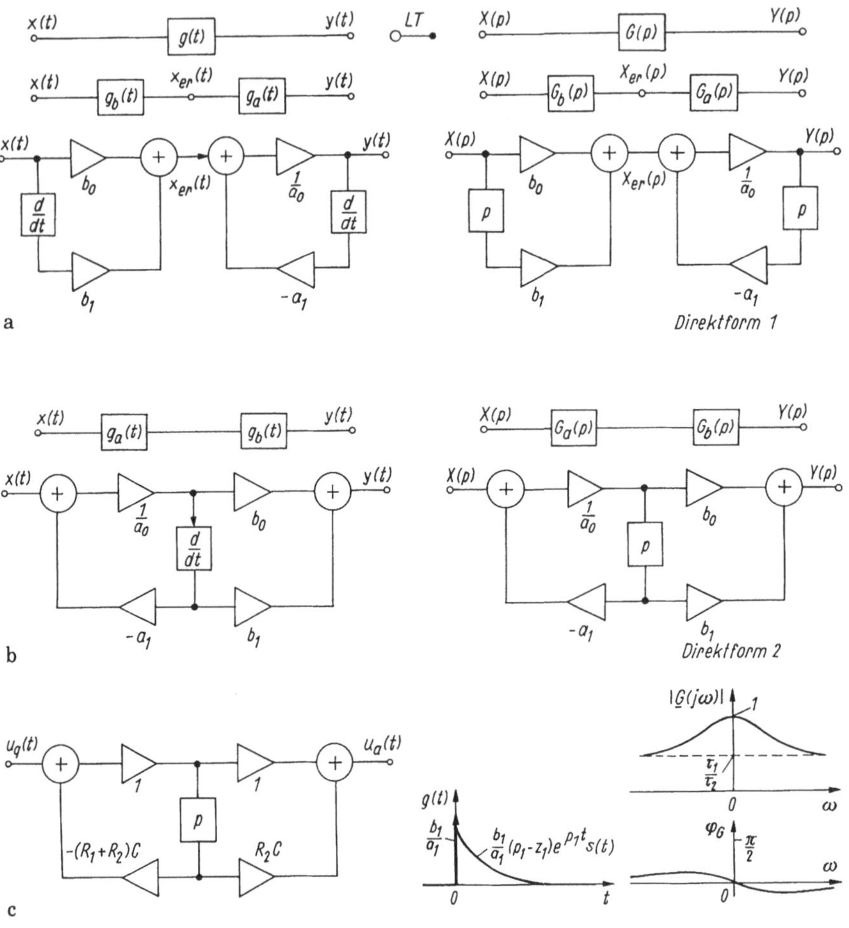

Bild R 11.2/3 Allgemeines System erster Ordnung
a) Blockschaltbild, Direktform 1, b) Blockschaltbild, Direktform 2), c) Anordnung für Beispiel Bild R 11.2/2

Das Systemverhalten wird entscheidend von den Pol- und Nullstellen der Übertragungsfunktion bestimmt (Diskussion Abschn. 11.3)

Tafel R 11.2/4 gibt eine Zusammenstellung typischer Anwendungen von Systemen zweiten Grades.

Gleichwertigkeit von Differential- und Integralbeschreibung.

- Durch beiderseitige einfache oder doppelte Integration der Differentialgleichung zweiter Ordnung (als Beispiel) entsteht eine Integro-Differential- bzw. reine Integralform (Bild R 11.2/5) (Bildbereich: Division durch p bzw. p^2)
- Die Übertragungsfunktionen sind identisch ($G_\mathrm{d}(p) = G(p) = G_\mathrm{i}(p)$)

Tafel R 11.2/3 Übertragungs- und Gewichtsfunktion eines Systems erster Ordnung

Bezeichnung	Übertragungsfunktion G (p)	Gewichtsfunktion g (t)
Differenzierglied	$\frac{b_1}{a_0} \cdot p$	$\frac{b_1}{a_0} \frac{d\delta}{dt}$
verlustbehaftet	$\frac{b_1 p + b_0}{a_1}$	$\frac{b_0 \delta(t)}{a_1} + \frac{b_1}{a_1} \frac{d\delta}{dt}$
Integrator	$\frac{b_0}{a_1} \cdot \frac{1}{p}$	$\frac{b_0}{a_1} s(t)$
Integrator „verlust-behaftet", Tiefpaß	$\frac{b_0}{a_1 p + a_0}$	$\frac{b_0}{a_1} e^{-\frac{a_0}{a_1} t} \cdot s(t)$
Hochpaß	$\frac{b_1 p}{a_1 p + a_0}$	$\frac{b_1}{a_1} \delta(t) - \frac{b_1 a_0}{a_1^2} e^{\frac{-a_0}{a_1} t} \cdot s(t)$
Allpaß	$\frac{b_1 p - (a_0 / a_1)}{a_1 p + (a_0 / a_1)}$	$\frac{b_1}{a_1} \left[\delta(t) - 2 \frac{a_0}{a_1} e^{-\frac{a_0}{a_1} t} s(t) \right]$

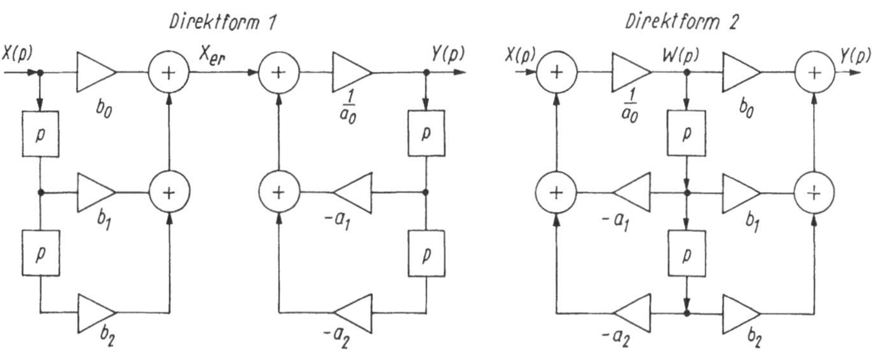

Bild R 11.2/4 Blockschaltbild des allgemeinen Systems zweiter Ordnung

- Für analytische Untersuchungen wird oft die Differentialform bevorzugt, für Hardware-Implementierung die Integralform (→ Integratorrealisierung mit Operationsverstärker).

Systeme n-ter Ordnung. Die Ergebnisse Bilder R 11.2/4, 5 sind auf Systeme n-ter Ordnung übertragbar (Bild R 11.2/6a).

Tafel R 11.2/4 Übertragungs- und Gewichtsfunktion eines Systems zweiter Ordnung $N = p^2 + 2d\omega_0 p + \omega_0^2$, $2d\omega_0 = \frac{a_1}{a_2}$, $\omega_0^2 = \frac{a_0}{a_2}$

Bezeichnung	Übertragungsfunktion G (p)	Impulsfunktion g (t)
Tiefpaß	$\frac{b_0}{a_2} \cdot \frac{1}{N}$	$\frac{b_0}{a_2} \cdot \frac{e^{-d\omega_0 t}}{\sqrt{1-d^2}\,\omega_0} \cdot \sin\left(\sqrt{1-d^2}\,\omega_0 t\right) \cdot s(t)$
Hochpaß $\left(\theta = \arctan \frac{d}{\sqrt{1-d^2}}\right)$	$\frac{b_2 p^2}{a_2 N}$	$\frac{b_2}{a_2}\left[\delta(t) - \frac{\omega_0 e^{-d\omega_0 t}}{\sqrt{1-d^2}} \sin\left(\sqrt{1-d^2}\,\omega_0 t + 2\theta\right) \cdot s(t)\right]$
Bandpaß (θ s.o.)	$\frac{b_1 p}{a_2 N}$	$\frac{b_1}{a_2} \cdot \frac{e^{-d\omega_0 t}}{\sqrt{1-d^2}} \cos\left(\sqrt{1-d^2}\,\omega_0 t + \theta\right) s(t)$
Bandsperre	$\frac{b_2\left(p^2 + \omega'^2\right)}{a_2 N}$	$g(t)\vert_{HP} + \frac{b_2 \omega'^2}{b_0} g(t)\vert_{TP}$
Allpaß	$\frac{b_2}{a_2} \frac{\left(p^2 - 2d\omega_0 p + \omega_0^2\right)}{N}$	$\frac{b_2}{a_2}\left[\delta(t) - \frac{4d\omega_0 e^{-d\omega_0 t}}{\sqrt{1-d^2}} \cos\left(\sqrt{1-d^2}\,\omega_0 t + \theta\right) \cdot s(t)\right]$
Oszillator	$\frac{b_0}{a_2} \cdot \frac{1}{p^2 + \omega_0^2}$ für $x = 0 \rightarrow$	$\frac{b_0}{a_2} \sin \omega_0 t \cdot s(t)$ $y = y(0) \cos \omega_0 t + \frac{y'(0)}{\omega_0} \sin \omega_0 t$

- Ein DGL-System n-ter Ordnung läßt sich stets als Blockschaltbild mit Differenzierern, Multiplizierern und Addierern in Direktform 1 oder 2 realisieren. Grundlage: DGL bzw. Übertragungsfunktion G(p) Gl.(11.2/2a)

$$G(p) = \frac{\sum_{i=0}^{n} b_i p^i}{\sum_{i=0}^{n} a_i p^i} \qquad (11.2/13a)$$

- Bei Übergang zur Integralgleichung lautet die Übertragungsfunktion

$$G(p) = \frac{\sum_{i=0}^{n} b_i p^{-(n-i)}}{\sum_{i=0}^{n} a_i p^{-(n-i)}}. \qquad (11.2/13b)$$

Es sind gleichwertige Formen mit Integratoren möglich (Bild R 11.2/6b).

11.2.2.2 Transformation der Schaltung. Netzwerkanalyse mit Operatorschaltung

Aus den Kirchhoffschen Gleichungen und u-, i-Relationen der Grundelemente lassen sich (mit Linearitäts- und Differentialsatz!) die zeitabhängigen

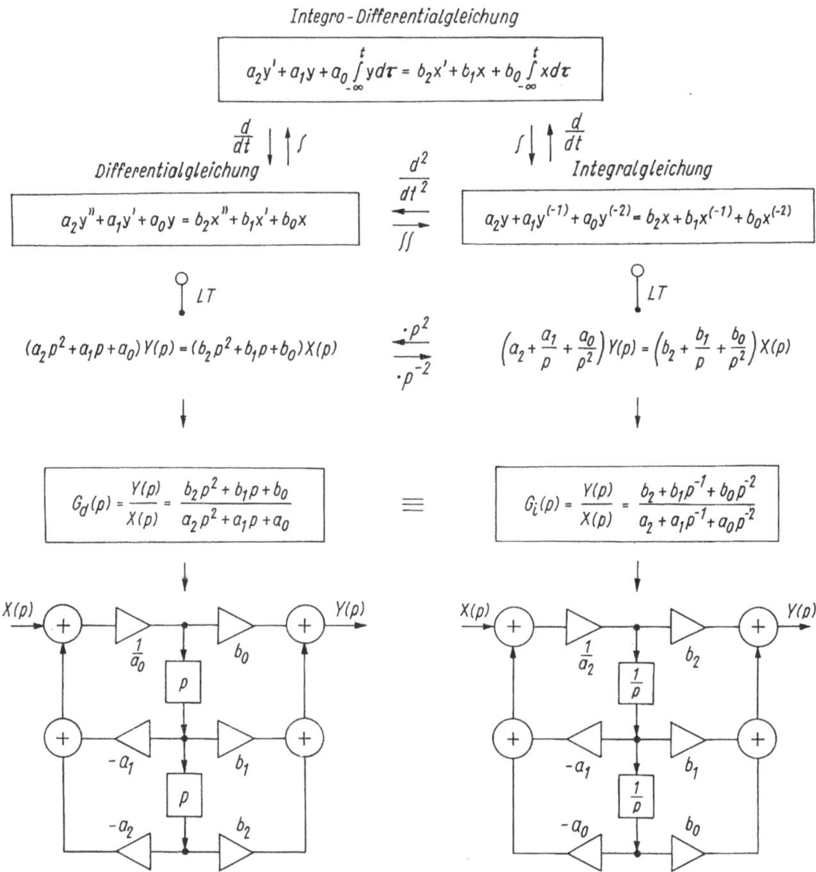

Bild R 11.2/5 System zweiten Grades in gleichwertigen Darstellungen der Systemgleichung

Ströme, Spannungen, Kirchhoffschen Gleichungen und u-, i-Relationen der Netzwerke in den Bildbereich transformieren (s. Abschn. 7.3.2)

$$\begin{array}{lll} \sum_\nu \underline{I}(p) = 0, & \sum_\mu \underline{U}(p) = 0, & \underline{U}_\mathrm{q}, \underline{I}_\mathrm{q} \\ \underline{U} = R\underline{I}, & \underline{I} = pC\underline{U} - Cu(+0), & \underline{U} = pL\underline{I} - Li(+0). \end{array} \qquad (11.2/14)$$

Die Bildfunktion der Kondensatorspannung (resp. des Spulenstromes) kann wegen der Maschengleichung als Reihenschaltung eines zur Zeit $t = +0$ ungeladenen Kondensators (mit $\underline{U} = \underline{ZI}$, $\underline{Z} = 1/pC$) und einer eingeschalteten ($\rightarrow 1/p$) Konstantspannungsquelle $u(+0)$ mit dem Anfangswert $u(+0)$ aufgefaßt werden (Bild R 11.2/7). (Analog Strom durch Parallelschaltung einer zur Zeit $t = +0$ stromlosen Induktivität ($\underline{Z} = pL$) und einer eingeschalteten Konstantstromquelle $i(+0)/p$).

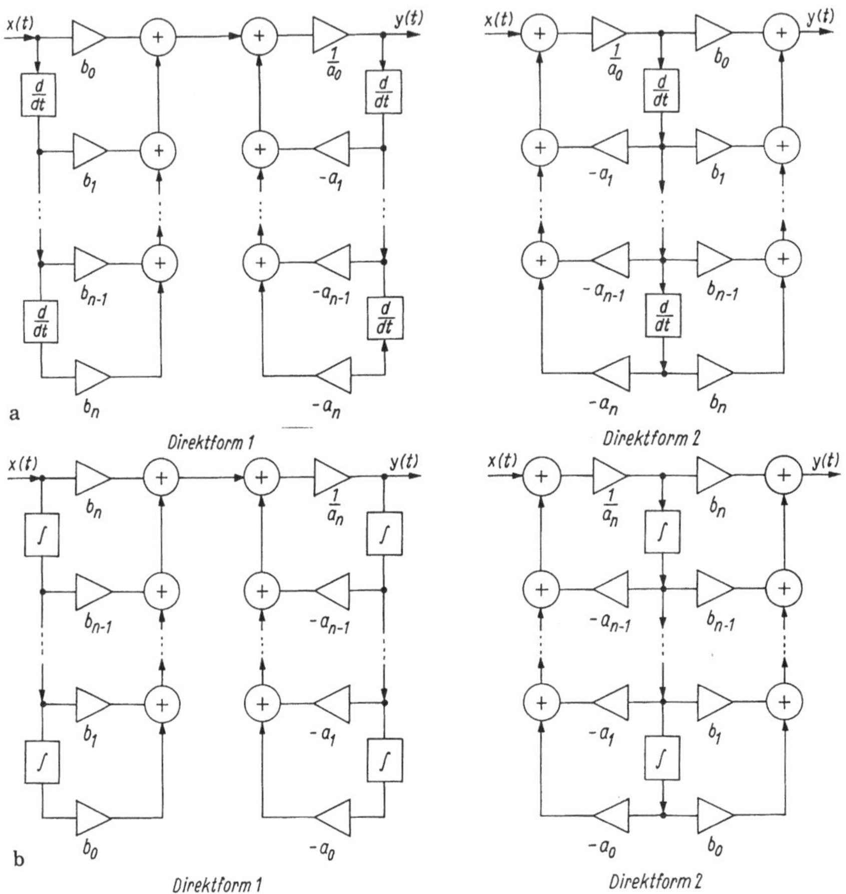

Bild R 11.2/6 Allgemeine Blockstruktur eines Systems n-ter Ordnung
a) aufgebaut mit Differenziergliedern, b) aufgebaut mit Integriergliedern

Die *Transformation der Schaltung in den Bildbereich* umfaßt dann:

1. Zeichne die laplacetransformierte Schaltung (Kondensatoren, Spulen und Gegeninduktivitäten durch ihre Modelle mit Quellen für die Anfangswerte ersetzen, Spulen zweckmäßig Stromquelle, Kondensatoren zweckmäßig Spannungsquelle).
2. Berechne die gesuchte laplacetransformierte Ausgangsvariable mit einem üblichen (stationären) Netzwerkverfahren (z.B. Zweipoltheorie, Knotenspannungs, Maschenstromverfahren u.a.).
3. Rücktransformation der Ausgangsgröße in den Zeitbereich.

Die Schritte entsprechen im Ablauf der Netzwerktransformation der Wechselstromtechnik, nur mit dem Unterschied, daß hier Anfangswerte bei den Energiespeichern auftreten, die wie unabhängige Quellen zu behandeln sind.

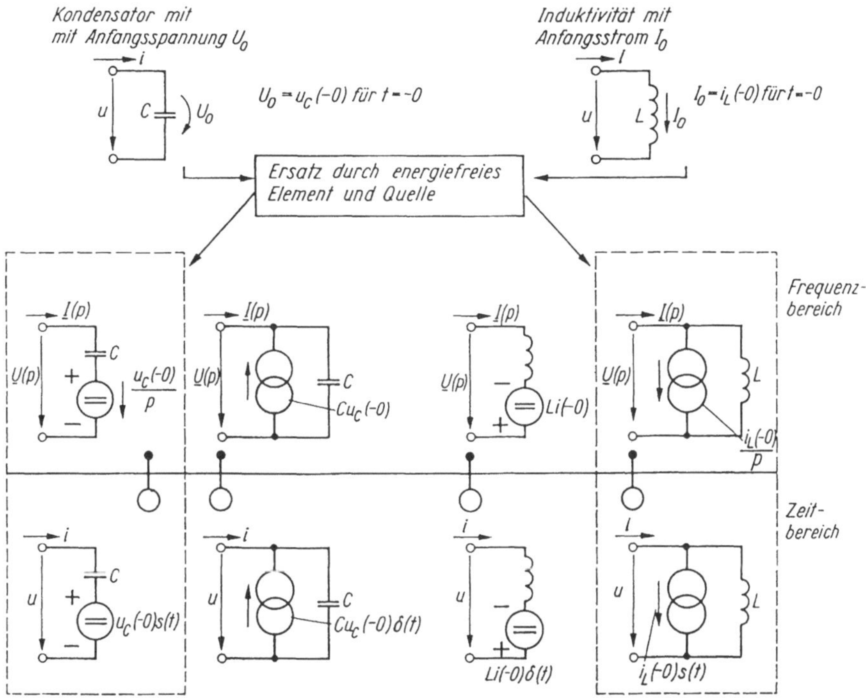

Bild R 11.2/7 Ersatzschaltungen von Energiespeichern mit Anfangsenergie im Bild- und Zeitbereich. Nur die eingerahmten Fälle sind realisierbar.

Beispielsweise läßt sich beim *Knotenspannungsverfahren* aus der laplacetransformierten Schaltung das Gleichungssystem (Matrixform)

$$\underline{\boldsymbol{Y}}(p)\underline{\boldsymbol{U}}(p) = \underline{\boldsymbol{I}}(p) = \underline{\boldsymbol{I}}_{\mathrm{Q}}(p) + \underline{\boldsymbol{I}}_{\mathrm{AW}} \qquad (11.2/15)$$

aufstellen oder aufgelöst

$$\underline{\boldsymbol{U}}(p) = \underline{\boldsymbol{Y}}(p)^{-1}\underline{\boldsymbol{I}}_{\mathrm{Q}}(p) + \underline{\boldsymbol{Y}}(p)^{-1}\underline{\boldsymbol{I}}_{\mathrm{AW}}. \qquad (11.2/16)$$

Dabei tritt neben dem (unabhängigen) Erregungsvektor $\underline{\boldsymbol{I}}_{\mathrm{Q}}(p)$ an den Knoten noch der Vektor $\underline{\boldsymbol{I}}_{\mathrm{AW}}$ mit den Anfangswerten der Energiespeicher hinzu: $\rightarrow$ Nulleingangs- und Nullzustandsanteile.

Die Komponenten des Vektors $\underline{\boldsymbol{U}}(p)$ ergeben sich aus Gl.(11.2/16) mit der Cramerschen Regel jeweils als Quotient zweier Determinanten. Anschließend erfolgt die Rücktransformation in den Zeitbereich.

Hinweis: Treten Anfangswerte in Form von "Spannungsquellen" auf, so sind die diesbezüglichen Verfahren wie bei der Knotenspannungsanalyse zu benutzen (z.B. Wandlung in Stromquelle, Wahl des Referenzknotens so, daß er mit einem Knoten der Anfangswertspannungsquellen zusammenfällt oder eines Superknotens).

Als Vorteil der Operatorschaltung ($\rightarrow$ vgl. Netzwerktransformation in den Frequenzbereich, s. Abschn. 7.3.2) kann auf

- die Netzwerk-Differentialgleichung verzichtet werden

- die für lineare Netzwerke gültigen algebraischen Verfahren (Maschenstrom-, Knotenspannungsanalyse, Zweipoltheorie u.a.) im Bildbereich zurückgegriffen werden.

Beispiele:

1. Das Einschalten eines Reihenschwingkreises zur Zeit $t = 0$ an eine Gleichspannung U_Q (Bild R 11.2/8a) führt auf die laplacetransformierte Schaltung mit dem Bildstrom

$$\underline{I}(p) = \frac{\underline{U}(p) - u_C(0)/p + Li(0)}{Z(p)}; \quad Z(p) = R + pL + \frac{1}{pC}; \quad \underline{U}_Q = \frac{U_Q}{p} \quad (1)$$

und z.B. der Bildspannung $\underline{U}_L$ über L:

$$\underline{U}_L = pL\underline{I} - Li(0) \quad (2)$$

Die Rücktransformation in den Zeitbereich sei hier weggelassen.

2. Für die Schaltung mit Operationsverstärker (Bild R 11.2/8b) ergibt sich am Knoten K

$$G_1(p)\underline{U}_Q(p) + pC\left(\underline{U}_a(p) - \frac{u_C(0)}{p}\right) + \underline{U}_a(p)G_2 = 0 \quad (1)$$

mit $\underline{U}_Q(p) = U_Q/p$, $\tau = 1/R_2C$

$$\underline{U}_a(p) = \frac{u_C(0)}{p+\tau} - \frac{U_Q}{pR_1C(p+\tau)}. \quad (2)$$

Periodische Funktion. Ist $f(t)$ eine bei $t = 0$ beginnende periodische Funktion $f_p(t)$ und hat $f(t)$ im Intervall $0 \leq t \leq T_0$ die $\mathrm{LT}\{f(t)\} = F_0$, so gilt

$$\mathrm{LT}\{f_p(t)\} = \frac{F_0(p)}{1 - e^{-pT_0}} \quad \text{mit } F_0(p) = \int_0^{T_0} f(t)e^{-pt}\,dt. \quad (11.2/17)$$

Zustandsgleichungen. Auch das System der Zustandsgleichungen kann mit LT sehr übersichtlich gelöst werden (Abschn. 8.5/4).

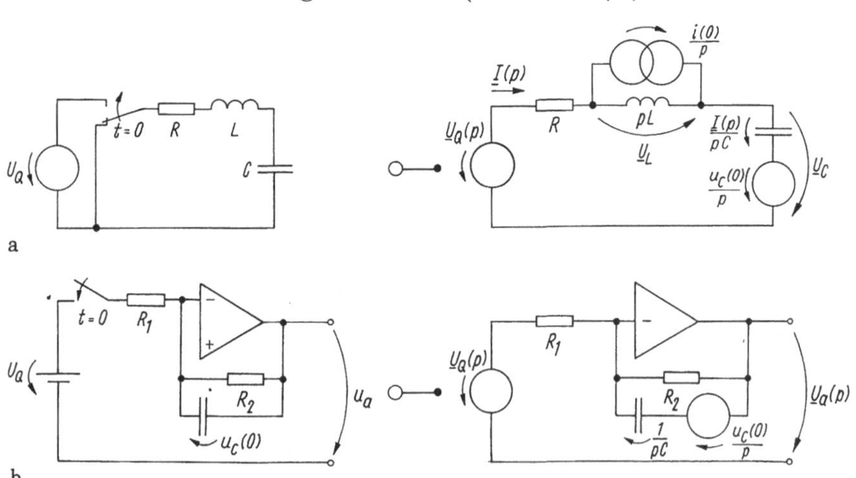

Bild R 11.2/8 Schaltungen im Zeit- und Frequenzbereich

11.3 Übertragungsfunktion $G(p)$

Die Definition der *Übertragungsfunktion* $G(p)$ lautet (s. Gl.(11.2/5))

$$G(p) = \left.\frac{\text{Laplacetransformierte der Wirkung } y(t)}{\text{Laplacetransformierte der Ursache } x(t)}\right|_{\text{AW}=0} = \left.\frac{\text{LT}\{y(t)\}}{\text{LT}\{x(t)\}}\right|_{\text{AW}=0} = \frac{Y(p)}{X(p)} \qquad (11.3/1)$$

oder gleichwertig

$$G(p) = \text{LT}\{g(t)\}$$

als Laplace-Transformierte der Gewichtsfunktion $g(t)$.

Für ein lineares, anfangswertfreies zeitinvariantes Netzwerk mit konzentrierten Parametern (Netzwerk-Differentialgleichung 11.1/4a) wird daraus

$$G(p) = \frac{b_m p^m + \ldots b_1 p + b_0}{a_n p^n + a_{n-1}p^{n-1} \ldots a_1 p + a_0} = \frac{Z(p)}{N(p)} \qquad m \leq n. \qquad (11.3/2a)$$

Die Übertragungsfunktion (rational gebrochene Funktion von p) - bestehend aus Zählerpolynom $Z(p)$ (Grad m) und Nennerpolynom $N(p)$ (Grad n) - beschreibt das dynamische Übertragungsverhalten des Systems gleichwertig zur Netzwerk-Differentialgleichung im Bildbereich (jedoch ohne Anfangswerte).

Die Koeffizienten a_ν, b_ν sind reell ($\rightarrow G(p)$ reellwertige Funktion für reelles p) und werden durch die Systemparameter bestimmt.

Die m Nullstellen z_k ($k = 1, 2 \ldots m$, reell, konjugiert komplex) heißen *Nullstellen der Übertragungsfunktion*, die n Nullstellen p_i ($i = 1, 2 \ldots n$) des Nennerpolynoms $N(p)$ die *Pole der Übertragungsfunktion* (reell, konjugiert komplex, einfach, mehrfach).

Für unterschiedliche Problemstellungen sind weitere Darstellungsformen nützlich (Bild R 11.2/5):

$$G(p) = K\frac{\bar{b}_m p^m + \ldots \bar{b}_1 p + 1}{\bar{a}_n p^n + \ldots \bar{a}_1 p + 1}, \qquad K = \frac{b_0}{a_0} \qquad (11.3/2b)$$

$$= \underbrace{K\frac{(p - p_{01})..(p - p_{0m})}{(p - p_{x1})..(p - p_{xn})}}_{(\text{Pole } p_{xi},\ \text{Nullstellen } p_{0j})} = \underbrace{K\frac{\left(p + \frac{1}{T_{\text{D}1}}\right)..\left(p + \frac{1}{T_{\text{D}m}}\right)}{\left(p + \frac{1}{T_{x1}}\right)..\left(p + \frac{1}{T_{xm}}\right)}}_{\substack{\text{Pol-Nullstellenform} \\ \text{(Differentialgleichung)}}} \qquad (11.3/2c)$$

$$= \frac{b_m + b_{m-1}p^{-1} + \ldots b_0 p^{-m}}{a_n + a_{n-1}p^{-1} + \ldots a_0 p^{-n}} \quad \begin{matrix}\text{Pol-Nullstellenform} \\ \text{(Integralgleichung)}\end{matrix} \qquad (11.3/2d)$$

$$= K'_{\text{S}}\frac{p^s(1 + pT_{\text{D}\mu}) \ldots (1 + pT_{\text{D}m})}{(1 + pT_{\text{x}\nu}) \ldots (t + pT_{\text{x}n})} \quad \text{Zeitkonstantenform} \qquad (11.3/2e)$$

$s > 0 (< 0)$ Vielfachheit der Nullstelle (Polstelle) bei $p = 0$, $\mu = s + 1$, $\nu = 1$ für $s \geq 0$, $\mu = 1$, $\nu = |s| + 1$ für $s < 0$.

$T_{Dj} = -1/p_{0j}$ Vorhaltezeitkonstante; $T_{xi} = -1/p_i$ Trägheitszeitkonstante sowie $K'_S = \frac{KT_{x1}...T_{xn}}{T_{D1}...T_{Dm}}$.

Für Syntheseprobleme ist noch die sog. *Cauerform* der Übertragungsfunktion üblich.

Hinweis: Die Zeitkonstantenform erlaubt zusammen mit den Grenzwertsätzen der Laplace-Transformation eine Klassifizierung nach dem stationären Verhalten. Für $t \to \infty$ resp. $p \to 0$ hat $G(p)$ drei typische Formen:

- Proportionalglied $G(p) = K'_p$
- Differentialglied $G(p) = K'_p p$ (11.3/3)
- Integralglied $G(p) = K'_p/p$.

Eine Verfeinerung ist durch Einbezug des Resttermes in Gl.(11.3/2e) möglich, z.B. Trägheitsglied, Schwingungsglied, Vorhalteglied u.a.

Beziehungen der Übertragungsfunktion $G(p)$ zu anderen Systemcharakteristika. Die Übertragungsfunktion $G(p)$ wird erhalten

- definitionsgemäß durch die Laplace-Transformation der Gewichtsfunktion $g(t)$ oder der Impulsantwort
- durch LT der Netzwerk-Differentialgleichung bei verschwindenden Anfangswerten
- aus der *Übergangsfunktion* $h(t)$ ($\to$ Sprunganregung) mit

$$G(p) = p\mathrm{LT}\{h(t)\} \tag{11.3/4}$$

- durch LT der Systemgleichung in Zustandsform (s. Abschn. 8.5.3)

$$G(p) = \boldsymbol{c}^{\mathrm{T}}(p\boldsymbol{E} - \boldsymbol{A})^{-1}\boldsymbol{b} + d \tag{11.3/5}$$

- aus dem *Frequenzgang* $\underline{G}(\mathrm{j}\omega)$ ($0 < \omega < \infty$) durch Messung, analytische Annäherung und Ersetzung $\mathrm{j}\omega \to p$
- aus dem *PN-Plan*, der *Ortskurve* oder dem *Bode-Diagramm*.

PN-Diagramm. Das Pol-Nullstellen-Diagramm (PN-Plan) einer Übertragungsfunktion ist die graphische Darstellung ihrer Pole p_{xi} und Nullstellen p_{0j} in der Ebene der komplexen Frequenz $p = \sigma + \mathrm{j}\omega$ (Pole erhalten x, Nullstellen 0 Zeichen). Es erlaubt generelle Aussagen über typische Netzwerkeigenschaften (Bild R 11.3/1a, b).

Die Nullstellen und Pole einer Übertragungsfunktion sind bei endlicher Frequenz entweder reell oder paarweise konjugiert komplex.

- In einem stabilen Netzwerk liegen alle (endlichen) Pole von G in der linken p-Halbebene oder im Grenzfall auf der $\mathrm{j}\omega$-Achse ($\to$ Nennerpolynom von G hat nur Wurzeln mit $\mathrm{Re}\,(p_x) \leq 0$). Nullstellen können auch in der rechten Halbebene liegen.

  Bei realisierbaren Netzwerken gibt es stets mehr Pole als Nullstellen (wenn gilt $\lim_{\omega\to\infty} |\underline{G}(j\omega)| \to 0$, erfordert in der Übertragungsfunktion $m < n$).
- Ein Pol wirkt immer verzögernd, eine Nullstelle beschleunigend.
- Der der imaginären Achse am nächsten liegende Pol heißt *Dominantpol* (oder Polpaar). Er bestimmt den langsamsten Übergangsvorgang.

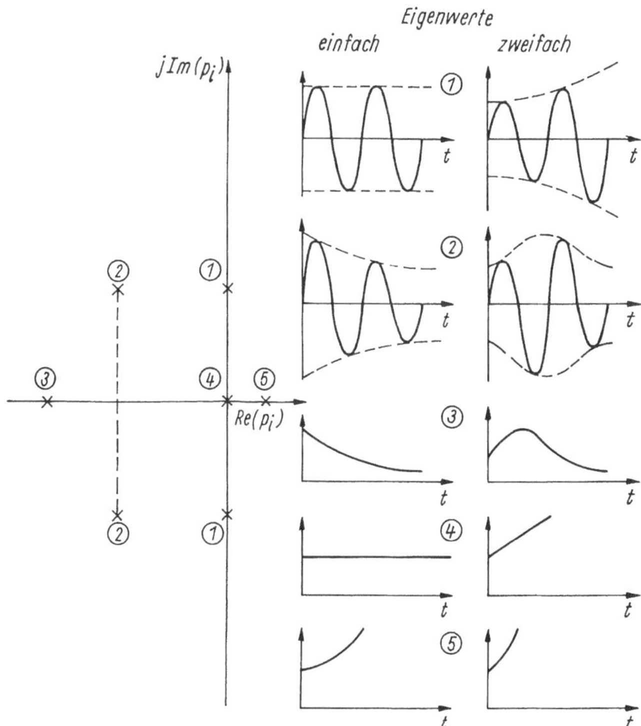

Bild R 11.3/1 PN-Plan und Verläufe des Ausgangssignals zu einzelnen Polen (Eigenwerten)

- Komplexe Pole in der linken Halbebene bedeuten *abklingende Schwingungen.* Gilt in $p = \sigma + \mathrm{j}\omega$ zudem $|\sigma| \leq \omega$ für den Dominantpol, so besteht *Resonanztendenz* (→ starkes Überschwingen, Verschlechterung des dynamischen Verhaltens).
- Ist $G(p)$ eine Zweipolfunktion (Leitwert, Widerstand, ohne gesteuerte Quellen), so liegen ihre Pole und Nullstellen in der linken p-Halbebene oder auf der $\mathrm{j}\omega$-Achse. Letztere sind einfach und wechseln einander ab (Netzwerke mit verlustbehafteten L, C besitzen keine Pole auf der $\mathrm{j}\omega$-Achse).
- Hat ein Netzwerk keine Nullstellen in der rechten p-Halbebene, so ist $G(p)$ *allpaßfrei* (phasenminimales System). Gehören umgekehrt zu Polen Nullstellen spiegelbildlich zur $\mathrm{j}\omega$-Achse, so ist $G(p)$ ein *Allpaß.*
- Bei Mehrfachpolen treten im Ausgangssignal Anteile mit $t^j \exp p_i t$ auf, wenn der Pol p_i r_i-fach ist. j ist höchstens gleich $r_i - 1$ (Bild 11.3/1b).
- Eine einfache (reelle) Polstelle kann durch einen Tiefpaß erster Ordnung realisiert werden.
- Eine Nullstelle ist für sich allein als Übertragungsfunktion nicht realisierbar, sondern nur als PN-Paar (→ Hochpaß, PD-Regler in der RT).

- Ein konjugiert komplexes Polpaar läßt sich z.B. durch einen verlustbehafteten Parallelschwingkreis erzeugen, ein konjugiert komplexes Nullstellenpaar (allein) nicht (nur als PN-Paar).

Tafel R 11.3/1 zeigt charakteristische Übertragungsfunktionen, die zugehörigen Zeitfunktionen und PN-Pläne. (Ortskurven, Bodediagramme und PN-Pläne wichtiger Systeme s. auch Tafel R 7.4/2).

Pol-Nullstellenkompensation (überdeckende Pole und Nullstellen). Es liegt nahe anzunehmen, daß sich überdeckende Pole und Nullstellen aus der

Tafel R 11.3/1 Gewichtsfunktion $g(t)$, Übertragungsfunktion $G(p)$ und PN-Verteilung typischer Zeitverläufe

$f(t) = g(t)$	$F(p) = G(p)$	PN-Plan
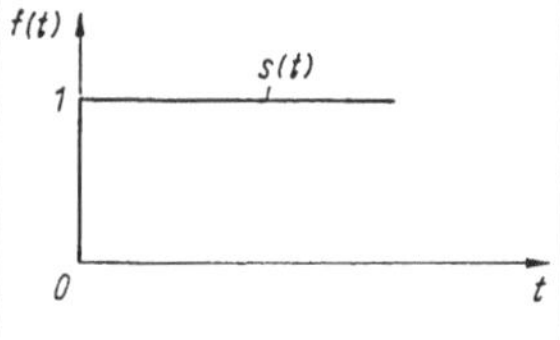 $f(t)$; $s(t)$; 1; 0; t	$\frac{1}{p}$	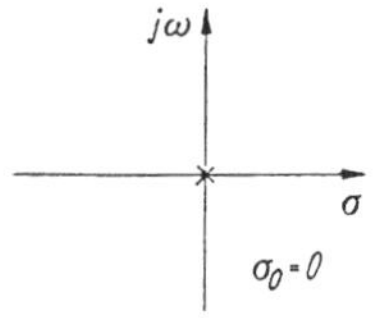 $j\omega$; σ; $\sigma_0 = 0$
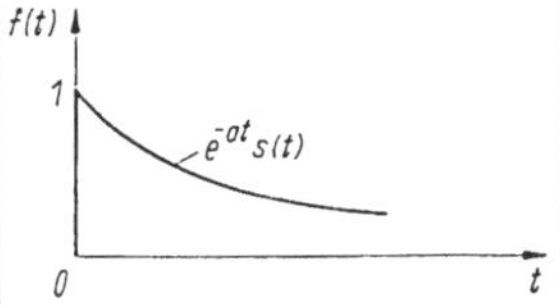 $f(t)$; 1; $e^{-at}s(t)$; 0; t	$\frac{1}{p+a}$	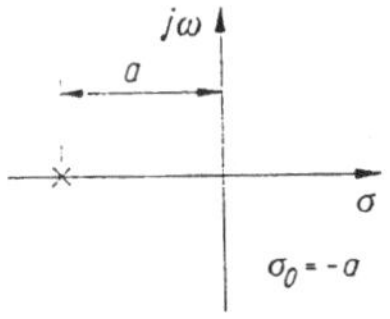 $j\omega$; a; σ; $\sigma_0 = -a$
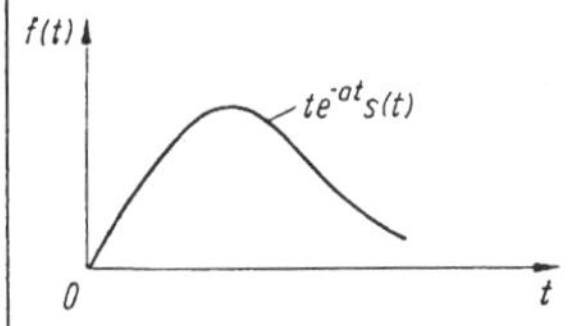 $f(t)$; $te^{-at}s(t)$; 0; t	$\frac{1}{(p+a)^2}$	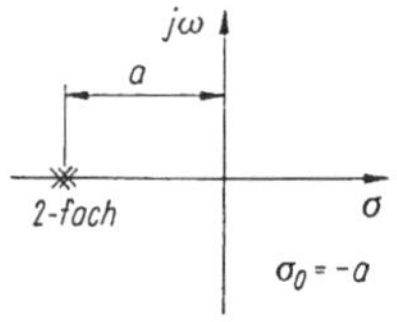 $j\omega$; a; 2-fach; σ; $\sigma_0 = -a$
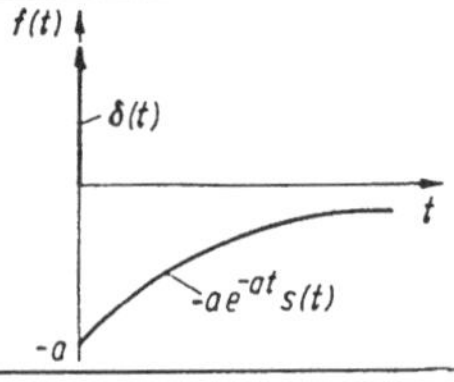 $f(t)$; $\delta(t)$; t; $-ae^{-at}s(t)$; $-a$	$\frac{p}{p+a}$	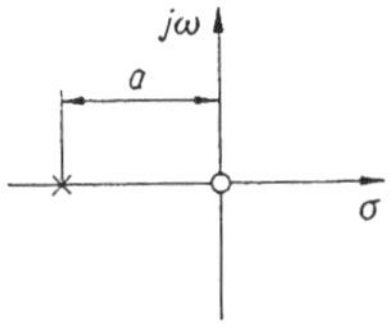 $j\omega$; a; σ
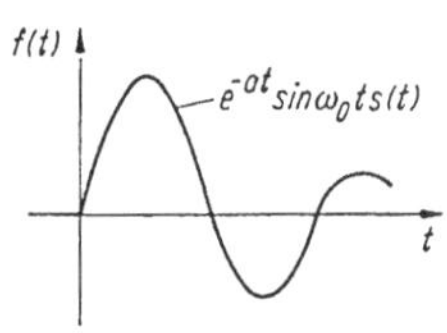 $f(t)$; $e^{-at}\sin\omega_0 t\, s(t)$; t	$\frac{\omega_0}{(p+a)^2+\omega_0^2}$	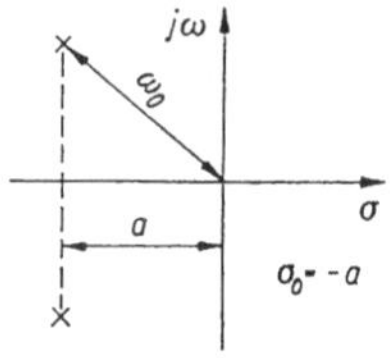 $j\omega$; ω_0; a; σ; $\sigma_0 = -a$

Übertragungsfunktion herausheben (dem entspricht i.a. eine Reduktion der Ordnung der Netzwerk-Differentialgleichung).

PN-Kompensation ist nur möglich

- bei verschwindenden Anfangswerten des Eingangs- und Ausgangssignals
- bei Berechnung der stationären Lösung.

Für Systeme mit Anfangswerten führt die PN-Kompensation i.a. zu fehlerhaften Ergebnissen.

Hinweis: Durch Nullstellen können ev. vorhandene rechtsseitige Pole nicht kompensiert werden (→ Instabilität)!

System erster Ordnung. Für das System erster Ordnung mit der Übertragungsfunktion $G(p)$ Gl.(11.2/5) (Bild R 11.2/3a) (ein Pol, eine Nullstelle)

$$G(p) = \frac{c_1(p - z_1)}{p - p_1} \tag{11.3/6}$$

enthält Bild R 11.3/2 den Nullstellen- und Poleinfluß auf die Gewichtsfunktion $g(t)$. Bewegt sich die Nullstelle auf den Pol zu, sinkt $G(0)$. Für $p_1 = \pm z_1$ liegt Allpaßverhalten vor.

Der Fall $b_1 \to 0$ ($\to z_1 \to \infty$) läßt sich als Nullstelle im Unendlichen interpretieren (Bild R 11.3/2b).

System zweiter Ordnung. Die Übertragungsfunktion Gl. (11.2/12) lautet hier

$$G(p) = \frac{c_2p^2 + c_1p^2 + c_0}{p^2 + \frac{a_1}{a_2}p + \frac{a_0}{a_2}} = \frac{c_2p^2 + c_1p + c_0}{(p - p_1)(p - p_2)} \tag{11.3/7}$$

mit

$$p_1, p_2 = -\frac{a_1}{2a_2} \pm \sqrt{\frac{a_1^2}{4a_2^2} - \frac{a_0}{a_2}}.$$

Es gibt

- zwei reelle Pole $p_1 = p_2 = -a_1/2a_2$ für $4a_0a_2 = a_1^2$
- zwei verschiedene reelle Pole ($4a_0a_2 < a_1^2$)
- zwei konjugiert komplexe Pole ($4a_0a_2 > a_1^2$)

$$p_{1/2} = \sigma_1 \pm \mathrm{j}\omega_1; \quad \sigma = -\frac{a_1}{2a_2}; \quad \omega_1 = \frac{1}{2a_2}\sqrt{4a_0a_2 - a_1^2} \tag{11.3/8}$$

mit

$$G(p) = \frac{c_2p^2 + c_1p + c_0}{(p - \sigma_1)^2 + \omega_1^2} = \frac{c_2p^2 + c_1p + c_0}{p^2 + \frac{\omega_0}{Q}p + \omega_0^2} \tag{11.3/9}$$

und Resonanzfrequenz $\omega_0^2 = \sigma_1^2 + \omega_1^2$, $\omega_0/Q = -2\sigma_1$, Q Güte. Bild R 11.3/3 enthält die unterschiedlichen Fälle.

Typisches Verhalten. Während die Pole das Eigenverhalten des Systems bestimmen, legen die Zählerkoeffizienten c_i in Gl.(11.3/7) das Reaktionsver-

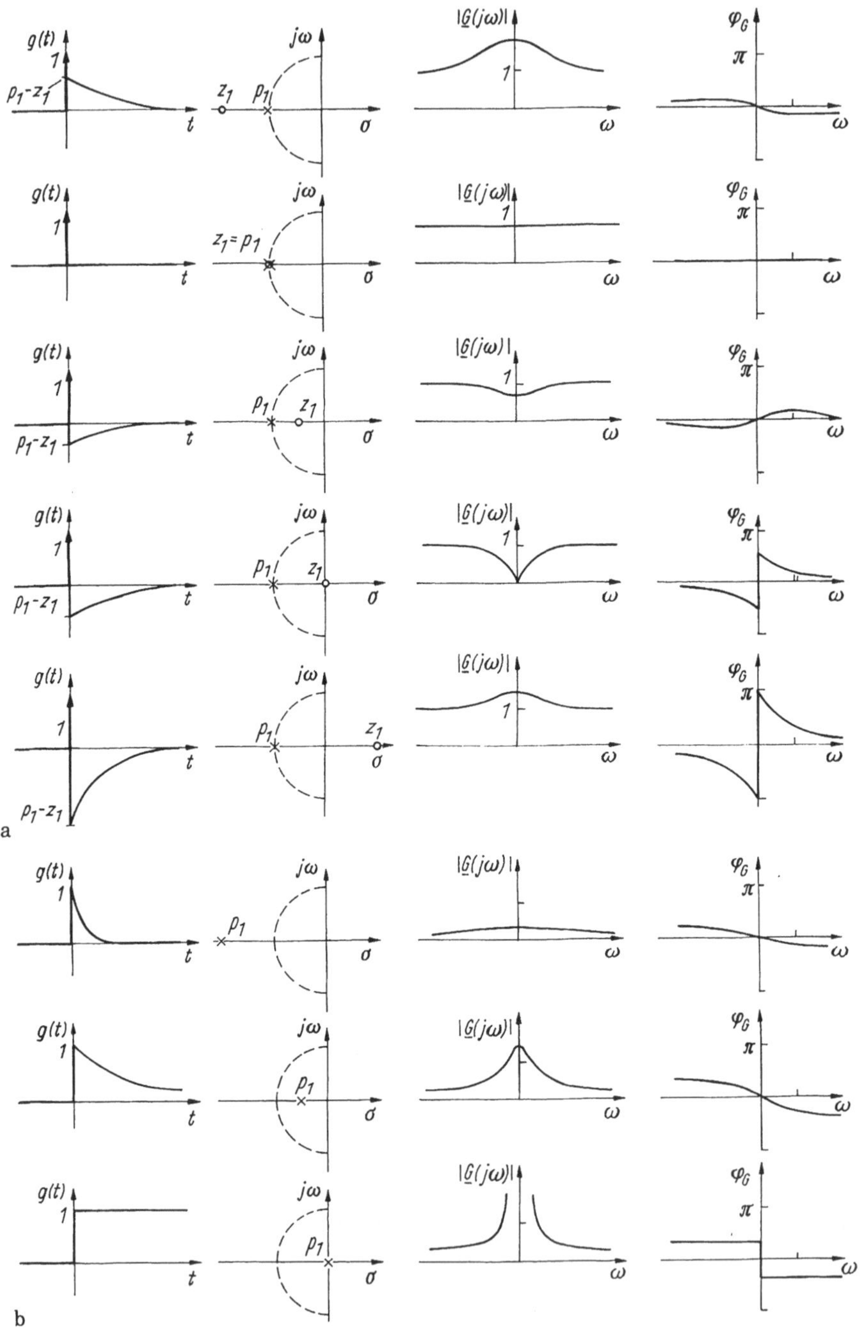

Bild R 11.3/2 System erster Ordnung Gewichtsfunktion $g(t)$, PN-Plan, Frequenzgang
a) Einfluß der Nullstelle z_1 bei festem Pol p_1, b) Einfluß der Polstelle p_1 bei Nullstelle im Unendlichen

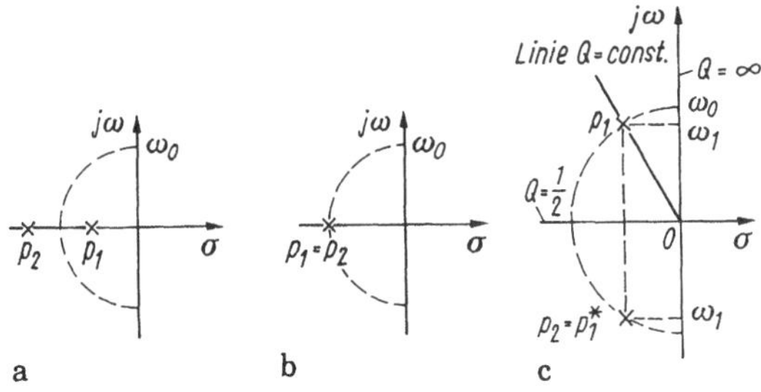

Bild R 11.3/3 Einfluß der Pollage auf ein schwingungsfähiges System
a) überdämpft, $4a_0a_2 < a_1^2$, b) kritisch gedämpft $4a_0a_2 = a_1^2$, c) unterkritisch gedämpft $4a_0a_2 > a_1^2$

halten (Filtertyp) fest. Es wird unterteilt in (s. Abschn. 7.4.2.3, Schwingkreisverhalten und Tafel R 11.2/4)

- Tiefpaßverhalten ($c_0 \neq 0$, $c_1 = c_2 = 0$)
- Bandpaßverhalten ($c_0 = c_2 = 0$, $c_1 \neq 0$)
- Hochpaßverhalten ($c_2 \neq 0$, $c_0 = c_1 = 0$)
- Nullfilterverhalten ($c_1 = 0$, $c_0 = c_2 = 0$).

Am Beispiel des Tiefpaßverhaltens (Bild R 11.3/4) läßt sich der Poleinfluß auf $g(t)$ leicht nachvollziehen.

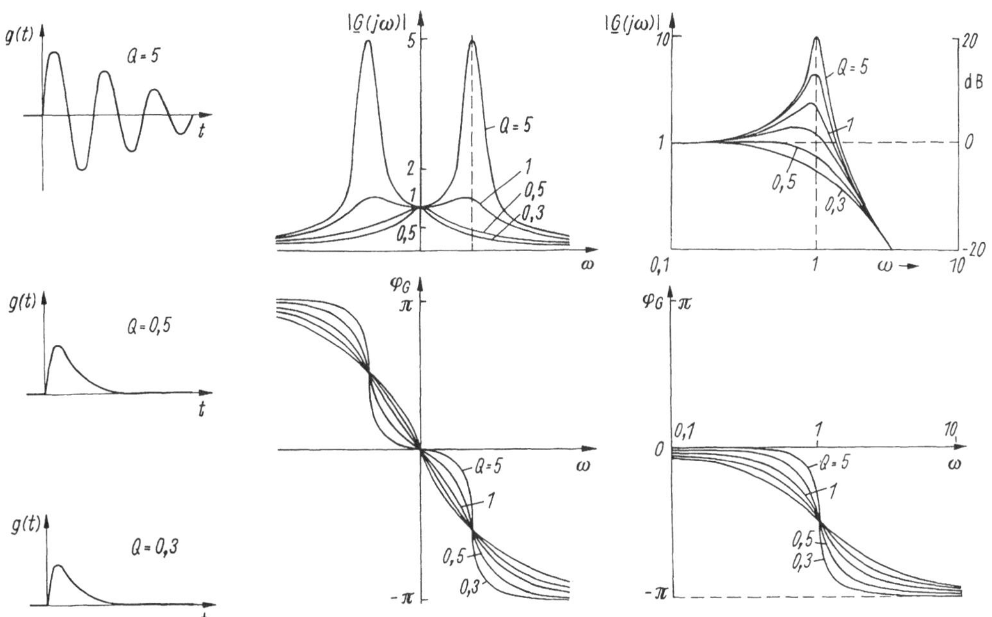

Bild R 11.3/4 Einfluß der Güte Q auf ein System zweiter Ordnung

Auswertung des PN-Planes. Aus dem PN-Plan lassen sich entwickeln:

1. die *System-Zeitcharakteristik* (besonders, wenn $G(p)$ nur einfache, voneinander verschiedene Pole hat, Auswerten der Residuen) und
2. die *System-Frequenzcharakteristik* durch Auswerten des PN-Planes für den Sonderfall $p = \mathrm{j}\omega$. Im Linearfaktor $p - p_\nu = r_\nu \mathrm{e}^{\mathrm{j}\varphi_\nu}$ $(p = \mathrm{j}\omega)$ können r_ν und ω_ν dem PN-Plan entnommen werden (Bild R 11.3/5). Gleichwertig zu Gl.(11.3/2) gilt

$$G(p)|_{p=\mathrm{j}\omega} = \frac{k r_{01} r_{02} .. r_{0zn}}{r_{x1} r_{x2} ... r_{xn}} \mathrm{e}^{\mathrm{j}[(\varphi_{01} + ... \varphi_{0m}) - (\varphi_{x1} ... \varphi_{xn})]}. \tag{11.3/10}$$

$$\begin{aligned} 20 \log |G(p)| &= 20 \log k + \sum_{\nu=1}^{m} \log |p - p_{0\nu}| - \sum_{\nu=1}^{n} \log |p - p_{0\nu}| \\ &= 20 \log k + \sum_{\nu=1}^{m} \log r_{0\nu} - \sum_{\nu=1}^{n} \log r_{x\nu} \end{aligned} \tag{11.3/11}$$

$$\arg G(p) = \arg k + \sum_{\nu=1}^{m} \arg r_{0\nu} - \sum_{\nu=1}^{n} \arg r_{x\nu}. \tag{11.3/12}$$

Die Einzelsummanden lassen sich als Charakteristiken von Einzelsystemen erklären.

Die Betragscharakteristik $|G|$ kann verstanden werden als Konstante multipliziert mit dem Produkt aller Nullstellenabstände zu $\mathrm{j}\omega$ und dividiert durch das Produkt aller Polabstände zu $\mathrm{j}\omega$.

Darstellungen der Übertragungsfunktion. Die bisher an unterschiedlichen Stellen erwähnte Übertragungsfunktion umfaßt einerseits verschiedene Ursache-Wirkungszusammenhänge, zum anderen trägt sie verschiedene Begriffe (z.B. Frequenzgang, Frequenzcharakteristik, Systemfunktion, Systemcharakteristik u.a.). Man unterscheidet:

a) nach dem *Ursache-Wirkungszusammenhang*
   - *Zweipolverhalten* (Widerstand, Leitwert)
   - *Transfergröße* (Vierpolverhalten, Transfergröße kann eine Spannungs- oder Stromübersetzung bzw. Transferimpedanz oder -admittanz) sein.

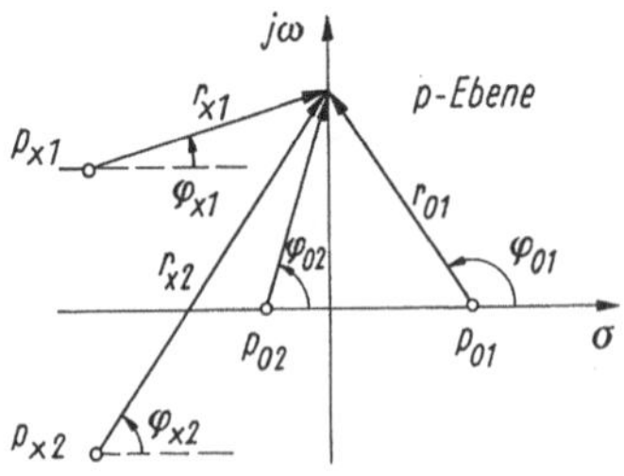

Bild R 11.3/5 Bestimmung des Frequenzganges aus dem PN-Plan

b) nach den *Darstellungsarten* (an die sich oft bestimmte Begriffe anlehnen):

- die *Übertragungsfunktion* $G(p)$ mit der komplexen Frequenz $p = \sigma + \mathrm{j}\omega$ als Variable
- den *PN-Plan* (Bild R 11.3/6a) mit Markierung der Pole und Nullstellen in der p-Ebene. Er ist - basierend auf der Übertragungsfunktion als Quotient zweier Polynome - ausschließlich auf LTI-Systeme mit konzentrierten Parametern beschränkt (gültig für zeitkontinuierliche Signale)
- den PN-Plan in der komplexen *z-Ebene* (Bild R 11.3/6b) zugeschnitten auf (lineare, zeitunabhängige) *zeitdiskrete* Systeme (Abtastsysteme, z.B. Digitalfilter). Durch die Beziehung $z = \exp pT$ (T Systemtaktzeit) gibt es die Verbindung zum zeitkontinuierlichen Fall.
- das "Potentialgebirge" (Bild R 11.3/7) mit der Darstellung von Linien konstanter Dämpfung und Phase (s. Gl.(11.3/7)). Linien konstanter Dämpfung sind Kreise um einen Pol, Linien konstanter Phase orthogonale Trajektorien. Die Form ist sehr anschaulich.
- den *Frequenzgang*: Schnitt der Übertragungsfunktion $G(p)|_{p=\mathrm{j}\omega}$ längs der imaginären Achse dargestellt als
- sog. *Fourier-Form* $\underline{G}(\omega) = G(\omega) \exp \mathrm{j}\varphi_{\mathrm{G}}(\omega)$ in linearen kartesischen Koordinaten mit Einbezug negativer Frequenzen (Bild R 11.3/6c)
- *Ortskurve* (Bild R 11.3/6d) (auch Nyquist-Ortskurve) in der Komponentenform $\underline{G}(\mathrm{j}\omega) = \mathrm{Re}\,(\underline{G}) + \mathrm{j}\,\mathrm{Im}\,(\underline{G})$ mit der Frequenz im Bereich

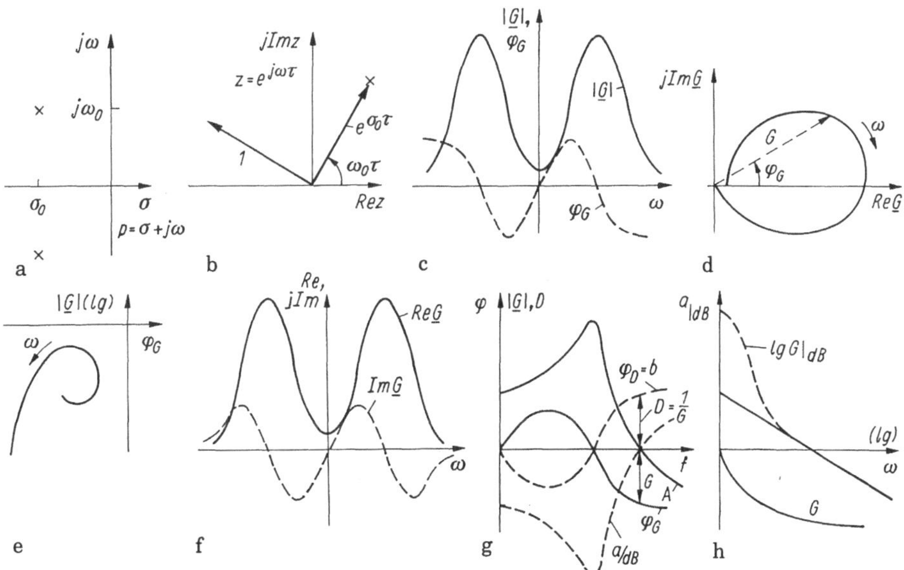

Bild R 11.3/6 Verschiedene Darstellungen der Übertragungsfunktion
a) PN-Plan, p-Ebene, b) PN-Plan, z-Ebene, c) Fourier-Form, d) Ortskurve, e) Nichols-Diagramm, f) Real-Imaginärteilform, g) Amplitudengang, h) Bode-Diagramm

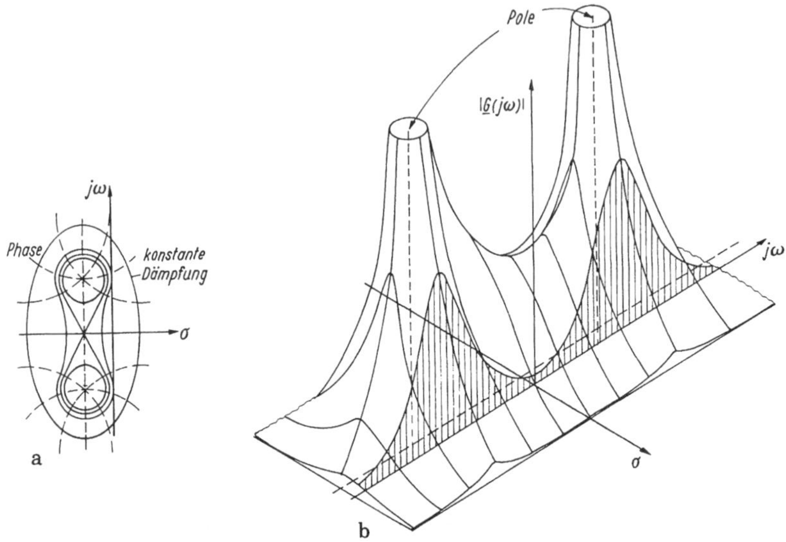

Bild R 11.3/7 PN-Plan
a) Linie konstanter Dämpfung und Phase, b) räumliche Darstellung zu a)

$0 < \omega < \infty$. Zweckmäßig ist die Form vor allem bei Stabilitätsbetrachtungen. Es entsteht ein Kreis (Halbkreis), wenn $\underline{G}(j\omega)$ von einem Netzwerk mit einem Pol und höchstens einer Nullstelle stammt.

- *Nichols-Ortskurve* (Bild R 11.3/6e) mit dem Zusammenhang $|\underline{G}(j\omega)| = f(\varphi_G)$, Frequenz als Parameter. Zweckmäßig für Stabilitätsbewertungen (Regelungstechnik)
- getrennte *Real-Imaginärteildarstellung* über ω (Bild R 11.3/6f), zweckmäßig für Grundsatzuntersuchungen
- *Amplitudengang* (Bild R 11.3/6g) gebildet durch den positiven resp. negativen Logarithmus der Übertragungsfunktion über der linearen Frequenzachse.
- Folgende Bezeichnungen sind üblich:

Dämpfung	$\underline{D} = 1/\underline{G}(\omega) = \exp \underline{g}(\omega)$
komplexes Dämpfungsmaß	$\underline{g}(\omega) = a(\omega) + jb(\omega) = \ln \underline{D}(\omega)$
Dämpfungsmaß, Übertragungsdämpfung	$a(\omega) = \log |\underline{D}(\omega)|$ entweder a_{dB} oder a_{Np}, z.B. $a_{dB} = 20 \log |\underline{D}(\omega)|$
Dämpfungsphase	$b(\omega) = \angle \underline{D}(\omega)$
Übertragungsmaß (dB)	$A_{dB}(\omega) = 20 \log |\underline{G}(\omega)|$ (sinngemäß A_{Np})
Übertragungsphase	$\varphi_G(\omega) = \angle \underline{G}(\omega)$.

Es gelten:
$a_{dB}(\omega) = -a_{dB}(\omega) \approx 8,86 A_{Np}(\omega)$; $\varphi_G(\omega) = -\varphi_D(\omega)$.

- *Bode-Diagramm* mit Übertragungsmaß und Übertragungsphase über der logarithmierten (positiven) Frequenzachse (Bild R 11.3/6h). Diese

Form ist für $G(p)$ mit Zähler und Nenner in Polynomform besonders zweckmäßig, denn sie erlaubt (nach Feststellung der Eckfrequenzen aus den Polen und Nullstellen) eine näherungsweise Darstellung des Übertragungsmaßes A durch Knickgeraden (Pole fallend, Nullstellen steigend) und des Übertragungszusammenhanges durch "Rampenverläufe" (Nullstelle: Rampenzuwachs um $\pi/2$, Pol um $-\pi/2$). Darauf beruht die Verbreitung des Bode-Diagrammes.

11.4 Rückblick. Zeitkontinuierliche Signale, Netzwerke und Systeme

Die Übertragungsaufgabe hing nach Abschnitt 8.8 ab vom Signal, den Netzwerk-/Systemeigenschaften und der Wechselwirkung zwischen beiden.

Für *zeitkontinuierliche* Signale und LTI-Systeme kann die Aufgabe durchgeführt werden

- im Zeitbereich durch *Faltung* mit der Gewichtsfunktion (resp. Gewichtsmatrix $\boldsymbol{G}$ bei Zustandsgrößen) oder generell mit der Netzwerk-Differentialgleichung
- durch (lineare) Transformation (Fourier, Laplace) mittels einer *Filterung* und der *Übertragungsfunktion* G, resp. *Übertragungsmatrix* $\boldsymbol{G}$.
- In Tafel R 11.4/1 wurden die wichtigsten Bestandteile, Lösungsmethoden und Operationen für Signale und Netzwerke/Systeme zusammengestellt und auf typische Einsatzfelder hingewiesen.
  Im Zeitbereich sind vor allem Netzwerk-Differentialgleichung, Zustandsgleichung und Gewichtsfunktion die verbreitetsten Systemcharakteristiken.
- Tafel R 11.4/2 gibt eine Übersicht der wechselseitigen Beschreibungsmöglichkeiten
- Tafel R 11.4/3 legt dar, wie die Lösung $y(t)$ bei unterschiedlich vorgegebenen Erregerfunktionen (analytisch, numerisch) zweckmäßig gewonnen wird.
- Die Verfahren im *Frequenzbereich* (Wechselstromrechnung, FT, LT, ZT) basieren alle auf einer *linearen Transformation* und sind deswegen auf lineare Probleme beschränkt
- Die Zusammenhänge zwischen den wichtigsten Systemcharakteristiken enthält Tafel R 11.4/4.

Im *Frequenzbereich* ist vor allem die Übertragungsfunktionen maßgebend mit dem Vorteil, algebraische Methoden für die Analyse einsetzen zu können. (Anwendungsfeld der Fourier- und Laplace-Transformation für zeitkontinuierliche Systeme.) Tafel R 11.4/5 stellt Vor- und Nachteile zusammen.

Hinweis:

- Die LT unterscheidet sich von der FT formal durch die komplexe Frequenz p, die untere Integrationsgrenze und die "einseitige" Zeitfunktion, die nur für $t \geq 0$ existiert.

Tafel R 11.4/1 Wichtige Bestandteile der Analyse von Netzwerken und Systemen

1) Zeitbereich
2) Frequenzbereich
3) auch für nichtlineare Probleme geeignet

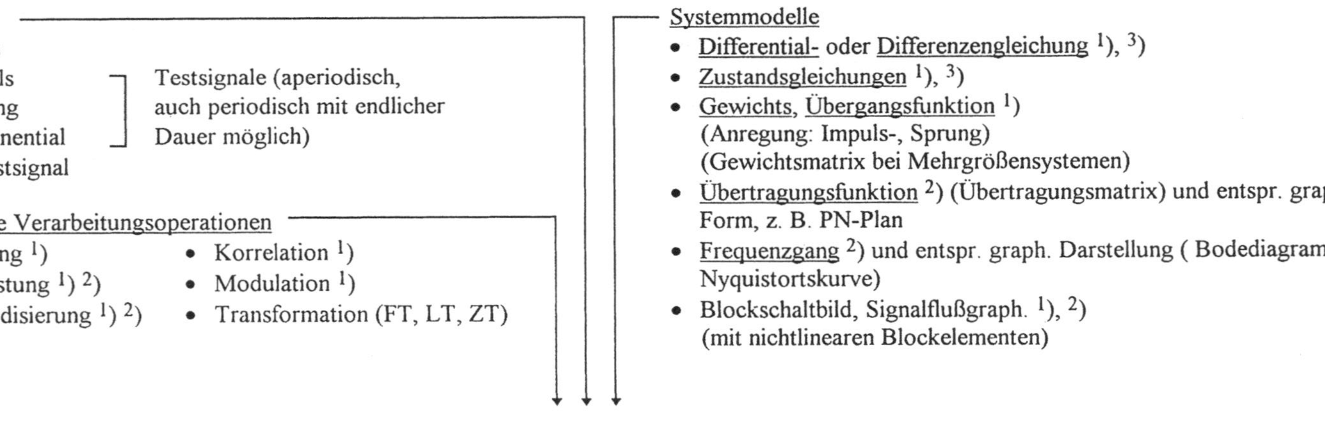

Signale
- Sinus
- Impuls
- Sprung
- Exponential
- Abtastsignal

(Impuls, Sprung, Exponential: Testsignale (aperiodisch, auch periodisch mit endlicher Dauer möglich))

Typische Verarbeitungsoperationen
- Faltung [1]
- Abtastung [1] [2]
- Periodisierung [1] [2]
- Korrelation [1]
- Modulation [1]
- Transformation (FT, LT, ZT)

Systemmodelle
- Differential- oder Differenzengleichung [1], [3]
- Zustandsgleichungen [1], [3]
- Gewichts, Übergangsfunktion [1]
(Anregung: Impuls-, Sprung)
(Gewichtsmatrix bei Mehrgrößensystemen)
- Übertragungsfunktion [2] (Übertragungsmatrix) und entspr. graph. Form, z. B. PN-Plan
- Frequenzgang [2] und entspr. graph. Darstellung (Bodediagramm, Nyquistortskurve)
- Blockschaltbild, Signalflußgraph. [1], [2]
(mit nichtlinearen Blockelementen)

Lösungsverfahren
- Klassische Lösung der DGL oder Differenzengleichung [1] [3]
- Symbolische Wechselstromrechnung [2]
- Transformation über komplexe Frequenzebene (Laplace-, Z-Transf.) [1] [2]
- Frequenztransformation [1] [2]
(Fourier)

Tafel R 11.4/2 Wechselseitige Zusammenhänge der Systembeschreibungen (s. auch Tafel T.R 11.4/4)

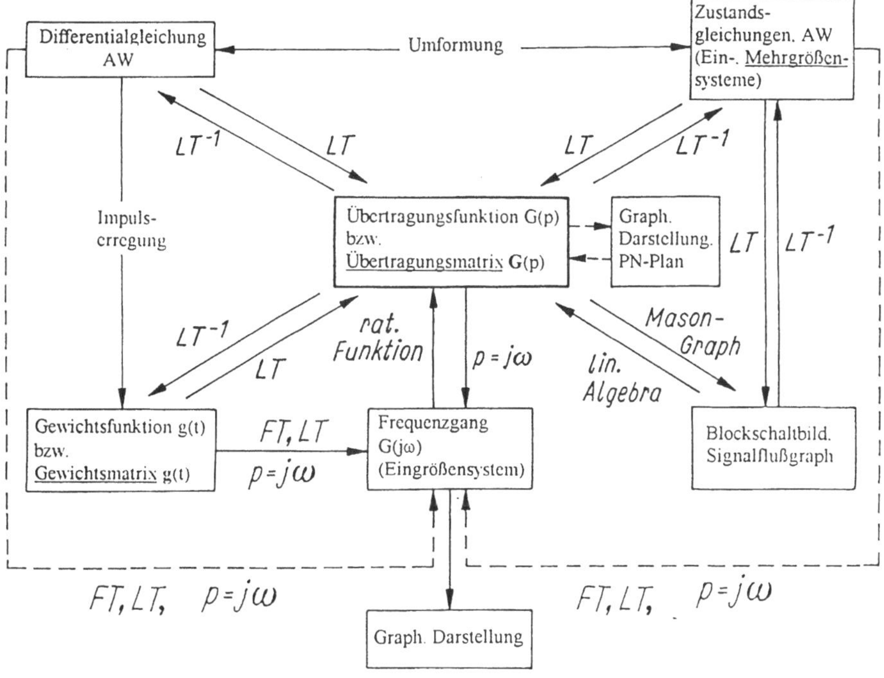

Tafel R 11.4/3 Übersicht der Lösungsvarianten bei gegebener Systembeschreibung

Erregung x(t)	Systembeschreibung	Lösung y(t)	Ergebnis, Bemerkungen
analytisch	Differential-Gl.	klass. Lösung, Zeitbereich	analytisch
"	"	LT	Gesamtlösung als Überlagung von Nulleingangs- und Nullzustandslösung oder freier und erzwungener Lösung
"	Übertragungsfunktion G (p)	LT	Anfangswerte üblicherweise Null gesetzt, Lösung im Bildbereich, Rücktransformation erforderlich
"	Gewichtsfunktion g (t)	Faltung analytisch	erzwungene Lösung, analytisch
Tabelle (numerisch)	Gewichtsfunktion als Tabelle	Faltung numerisch	als Tabelle
Sinusfunktion	Differential-Gleichung	Sinusfunktion, stationärer Lösungsansatz	stationäre erzwungene Lösung
	Frequenzgang G (jω)	Frequenzbereich (komplexe Rechnung)	Rücktransformation erforderlich
allgemeine Funktion x(t) (stationär)		Fourierreihe, Fourier-Transformation	aufwendige Analyse

Tafel R 11.4/4 Wechselbeziehungen zwischen den Systemmodellen

Gesucht	Gegeben	Lösungsweg
Gewichtsfunktion g(t)	• DGL	1) Lösung im Zeitbereich bei Impulsanregung 2) Aus Übertragungsfunktion $LT^{-1}\{G(p)\}$
	• Blockschaltbild	Berechne G(p) und anschließend $g(t) = LT^{-1}\{G(p)\}$
	• Übertragungsfunktion G(p)	$LT^{-1}\{G(p)\}$
	• Frequenzgang G(jω)	Darstellung in Polynomform, dann $j\omega \to p$ und daraus g(t)
	• Sprungantwort h(t)	Differentiation
	• Zustandsgleichungen	Je nach Ein- oder Mehrgrößensystem direkt aus den Systemgleichungen (resp. über Gewichtsmatrix)
Übertragungsfunktion G(p)	• DGL	LT, Anfangswerte zu Null gesetzt
	• Blockschaltbild	- über DGL - über Mason-Graph
	• Gewichtsfunktion g(t)	$G(p) = LT\{g(t)\}$
	• Frequenzgang G(jω)	Überführung in Polynomform, dann G(p) direkt entnehmen
	• Übergangsfunktion h(t)	$G(p) = pLT\{h(t)\}$
	• Zustandsgleichungen	durch LT
DGL	• Blockschaltbild	Ablesen
	• g(t)	$LT^{-1}\{G(p)\} = \frac{Y(p)}{X(p)}$
	• G(p)	Ablesen, falls rational $p^n \sim \frac{d^n}{dt^n}$
	• G(jω)	dto, $(j\omega)^n \sim \frac{d^n}{dt^n}$
Blockschaltbild	• DGL	Auflösung nach y(t) und schrittweise Nachbildung aus Blockschaltgrundelementen
	• g(t)	Berechne G(p) und anschließend Zerlegung in Faktoren
	• G(p)	"
	• G(jω)	G(jω) in rationale Form bringen und anschließend schrittweise Nachbildung durch Integratoren und andere Elemente
Frequenzgang	• DGL	Ablesen
	• Blockschaltbild	über DGL oder Mason-Graph
	• g(t)	DGL oder über $G(p)\|_{p=j\omega}$
	• G(p)	$G(p)\|_{p=j\omega}$

Tafel R 11.4/5 Vergleich Fourier- und Laplace-Transformation

Fourier-Transformation (zeitkontinuierlich und -diskret)	**Laplace-Transformation** (zeitkontinuierlich und -diskret)
Vorteile • Analyse technisch relevanter Signale (determiniert, stochastisch, periodisch, transient, mehrdimensional) möglich • Experimentelle Bestimmung von Systemparametern i.a. einfacher als im Zeitbereich • Analyse von Rauschvorgängen möglich; stochastische Vorgänge bequem in Systemtheorie integrierbar • anschaulich auf Wechselstromkonzept aufbauend • Spektren nach Betrag und Phase meßbar • enge Beziehung der DFT zur numerischen Berechnung von Fourierintegralen • zahlreiche numerische Algorithmen (FFT, DFT) vorhanden • technisch als „Fourieranalyse" gut annäherbar • anschauliche Darstellung von Zeitfunktion und Spektrum • sehr gut zur stationären Signal- und Systembeschreibung geeignet *Nachteile* • Signalbeschreibung mathematisch streng begrenzt (technisch meist ohne Belang) • Auswertung aufwendig, auch bei Tabellennutzung • meist nur zur Signalauswertung benutzt	*Vorteile* • einfache Darstellung aperiodischer Signal- und Systemreaktionen • direktes Ergebnis im Zeitbereich • praktisch nutzbar ohne tiefgreifende Kenntnis der mathematischen Begründung • anwendungsnah ausgereiftes Verfahren • Anfangswerte werden automatisch berücksichtigt • vorteilhaft zur Analyse von Schaltvorgängen • breite Anwendung von Korrespondenztafeln möglich • unterscheidet sich durch Konvergenzfaktor e^{-pt} von der Fouriertransformation • bequem auf Abtastsysteme erweiterbar *Nachteile* • Signalbeschreibung beschränkt auf deterministische aperiodische Vorgänge • nicht geeignet zur stationären Signal- und Systembeschreibung

- Die LT ist als FT eine mit e^{-st} "gedämpften" kausalen Zeitfunktion interpretierbar. Dadurch werden Konvergenzschwierigkeiten vermieden.
- $G(p)$ ist eine Rechengröße, nicht physikalisch meßbar.
- Die LT eignet sich für Systemuntersuchungen ohne und mit Anfangswerten. Für Systeme ohne Anfangswerte kann die mit der komplexen Rechnung ermittelte Netzwerkfunktion durch $j\omega \rightarrow p$ übernommen werden.
- Die Übertragungsfunktion ist durch den PN-Plan interpretierbar.
- Die wesentlichen Vereinfachungen durch Anwendung der LT und FT liegen in den Transformationsregeln der Differentiation, Integration und Faltung.

12. Z-Transformation, Zeitdiskrete Signale und Systeme

Deterministische physikalische Größen (z.B. Sensorsignale, Ströme oder Spannungen in Netzwerken u.a.) sind stets zeit- und wertkontinuierlich und werden in zeitkontinuierlichen Systemen verarbeitet; global spricht man von *analoger Signalverarbeitung* (Bild R 12.1/1a). Aus verschiedenen Gründen (Genauigkeit, Auflösung, leichtere Verarbeitung u.a.) hat sich heute die *digitale* Verarbeitung analoger Signale durchgesetzt (z.B. Telefon- und Datenübertragung, Stereorundfunk, Musiksynthese, Kompakt-Disk, Übertastungs-AD-Wandler, digitale Regler, digitales Fernsehen u.a.). Bild R 12.1/1b zeigt die typischen Schritte einer solchen Verarbeitung:

1. *Begrenzung* des Analogsignals durch einen Tiefpaß (Vorfilterung, Antialiasing-TP, Bandbreite $f_{\max} = 1/2T$ (Abtasttheorem, spätere Signalrekonstruktion))
2. *Abtastung* des Signals (Abtaster, ggf. mit einer Haltefunktion (Speicher) kombiniert); es entsteht das *zeitdiskrete* Signal $x(kT)$
3. *Quantisierung* des Signals; es entsteht das *zeit-* und *wertdiskrete Signal* $x_{\mathrm{d}}(kT)$ oder die Folge $x_{\mathrm{d}}[k]$. Die Schritte 2 und 3 oder nur 3 werden oft - je nach Ausführung - zu einem ADU (Analog-Digital-Wandler) zusammengefaßt
4. "Umrechnung" der Zahlenfolge $x_{\mathrm{d}}[k]$ durch einen "Rechner" $\hat{=}$ *Digitalfilter* ($\rightarrow$ Digitales System) in die Ausgangszahlenfolge $y_{\mathrm{d}}[k]$
5. Wandlung der Ausgangsfolge in ein *wertdiskretes*, *zeitkontinuierliches* Signal (mit DAU, Digital-Analog-Wandler) $y(kT)$, dabei ist oft eine Haltefunktion eingeschlossen
6. Glättung (Interpolation) durch einen TP zur Zeitfunktion $y(t) \approx \overline{y(kT)}$.

Für die Betrachtungen hier ist es unerheblich, daß das zeit- und wertdiskrete Signal aus dem ADU praktisch durch Codierung immer in *stellenkodierter Binärform* geliefert, mit einem Mikroprozessor verarbeitet und in Binärform dem DAU zugeführt wird, der eine *Dekodierung* enthält.

Der aus Bild R 12.1/1b resultierende (technische) Unterschied zwischen zeitdiskretem System und Digitalsystem sollen hier nicht weiter vertieft werden.

Das zeitdiskrete System kann auch nur als sog. *Abtastsystem* (z.B. Abtastfilter, SC-Filter, Bild R 12.1/1c) ausgebildet sein bestehend aus Abtaster, Digitalprozessor/-filter (Algorithmus) und nachfolgendem Speicher. Speicherung und Algorithmus lassen sich bei der mathematischen Formulierung vertauschen, weil die Signale nur zu den Abtastpunkten verarbeitet werden.

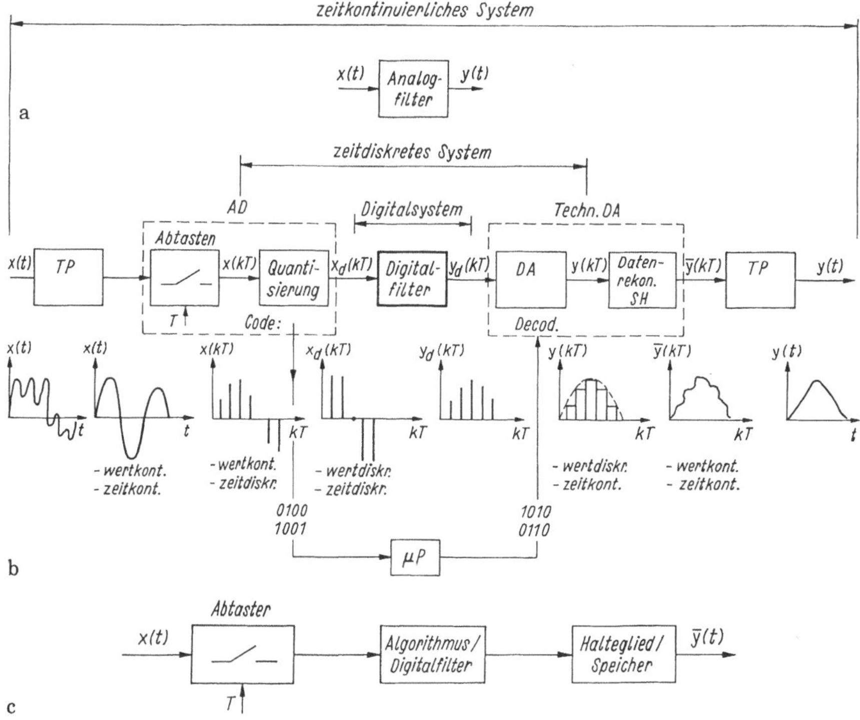

Bild R 12.1/1 Systemaufbau
a) zeitkontinuierliches System ("Analogfilter"), b) Zerlegung eines zeitkontinuierlichen Systems in Komponenten mit dem Digitalsystem als Kern (Digitalfilter), c) Abtastsystem (Abtastfilter)

Grundlage zeitdiskreter Systeme und Signale ist die Abtastung und ihre Wirkung auf zeitkontinuierliche Signale; dabei wird die Beschreibung durch Einführung der Z-Transformation stark vereinfacht (wie bei zeitkontinuierlichen Vorgängen mit der Laplace-Transformation).

12.1 Z-Transformation

Die (äquidistante) Abtastung eines zeitkontinuierlichen Signals $f(t)$ zu Zeitpunkten $t = kT$ wurde gleichwertig beschrieben (s. Gl.(10.3/9), Bild R 10.3/6)

- durch die Zahlenfolge $f[k] = \{f(kT_\mathrm{a})\} = \{f[k]\}$ oder
- die Impulsfolge

$$f_\mathrm{a}(t) = \sum_{k=-\infty}^{\infty} f(kT_\mathrm{a})\delta(t - kT_\mathrm{a}).$$

Wir beschränken uns auf den Bereich $k \geq 0$, setzen als Abtastzeit $T_a = T$ und erhalten nach Laplace-Transformation der Impulsfolge $f_a(t)$

$$F_a(p) = \sum_{k=0}^{\infty} f(kT) \exp -kTp = \sum_{k=0}^{\infty} f(kT) z^{-k} = F_z(z)$$

mit der (komplexen) Variablen

$$z = \exp pT \quad \text{resp. } p = 1/T \ln z$$

(Substitution zweckmäßig, da p stets in Verbindung mit $\exp Tp$ auftritt).

Bei Abbildung der p- und z-Ebene (Bild R 12.1/2a, b) mit

$$z = \exp pT = \exp(\sigma + \mathrm{j}\omega)T,$$

$$|z| = r = \exp \sigma T, \quad \theta = \arg z = \omega T + 2\pi k, \quad k = 0, \pm 1, \pm 2 \ldots$$

wird die linke p-Halbebene ins Innere des Einheitskreises sowie die positive imaginäre Achse in seinem Umfang abgebildet und letztere im positiven Umlaufsinn unendlich oft durchlaufen. Für Punkte innerhalb des sog. Primärstreifens (begrenzt durch $\pm\omega_a/2 = \pi/T$) ist die Abbildung eindeutig (in der Richtung $p \rightarrow z$). Parallelen zur imaginären Achse werden in konzentrischen Kreisen (Radius < 1), Parallelen zur reellen Achse $p = \mathrm{j}\omega$ als Geraden durch den Ursprung abgebildet. Linien konstanter Dämpfung ergeben logarithmische Spiralen (Bild R 12.1/2c).

Der Primärstreifen fällt ins Innere des Einheitskreises.

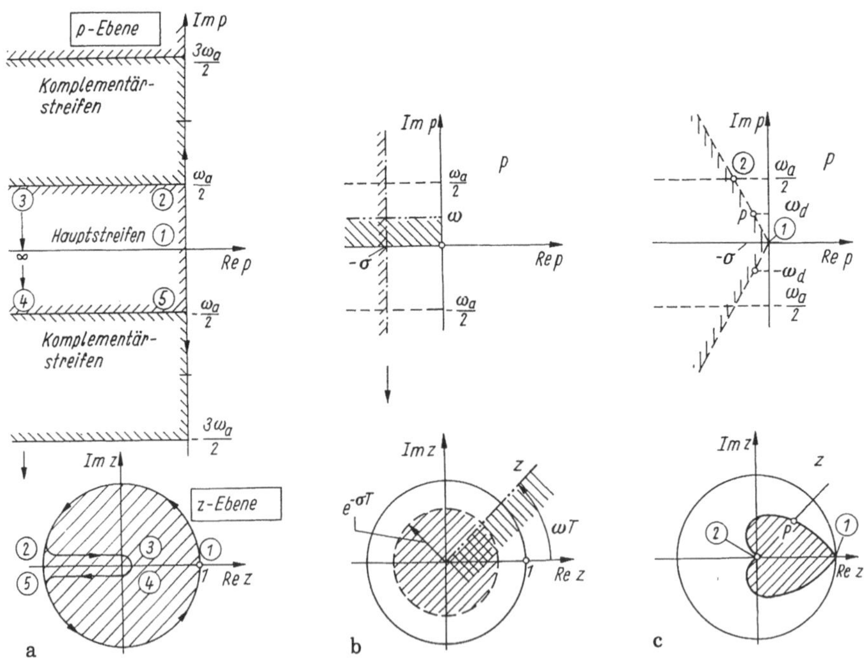

Bild R 12.1/2 Abbildung der p- in die z-Ebene
a) Abbildung der linken p-Halbebene ins Innere des Einheitskreises, b) Abbildung der Linien σ = const. und ω = const. als Kreise bzw. Strahlen aus dem Ursprung der z-Ebene, c) Abbildung von Linien konstanter Dämpfung ($\rightarrow$ log. Spiralen)

Sowohl Radius r als auch Winkel θ hängen von der Abtastrate T ab. Ist eine zeitkontinuierliche Funktion $f(t)$ gegeben (Bild R 12.1/3, Pole p_1 bzw. p_1^*) und wird sie abgetastet, so wiederholen sich die Pole bei wachsender Abtastzeit T mit der Periode $\omega_a = 2\pi/T$ (Bildteil b, c): r und θ vermitteln die Abbildung. Je höher die Abtastfrequenz, um so mehr nähern sich die Pole dem Punkt $z = 1$. Umgekehrt wandern alle Pole mit $T \to 0$ in den Punkt $z = 1$.

Definition der (einseitigen) Z-Transformation (ZT):

$$\mathrm{ZT}\{f[k]\} = F_z(z) = \sum_{k=0}^{\infty} f[k] z^{-k} \qquad (12.1/1a)$$

Z-Transformierte, Hintransformation

$$\mathrm{ZT}^{-1}\{F_z(z)\} = f[k] \equiv \frac{1}{2\pi \mathrm{j}} \oint F_z(z) z^{k-1}\, \mathrm{d}z \quad \text{für } k \geq 0 \qquad (12.1/1b)$$

inverse Z-Transformation, Definition

Kurzform: $f[k] \circ\!\!-\!\!\bullet F_z(z)$

ZT heißt Operator der Z-Transformation oder Z-Transformierte der Wertefolge $f[k]$ oder gleichwertig Z-Transformierte der Impulsfolgefunktion f_a von t.

Die Z-Transformation liefert die zu einer Impulsfolgefunktion oder Wertefolge gehörige Z-Transformierte.

Die *Umkehrung* von Gl.(12.1/1a) heißt *inverse Z-Transformation*:

Die inverse Z-Transformation von $F_z(z)$ liefert die Zahlenwerte $f[k]$ der Folge, d.h. die diskreten Werte der zugehörigen Zeitfunktion $f(t)|_{t=kT}$ zu den Abtastpunkten $t = kT$.

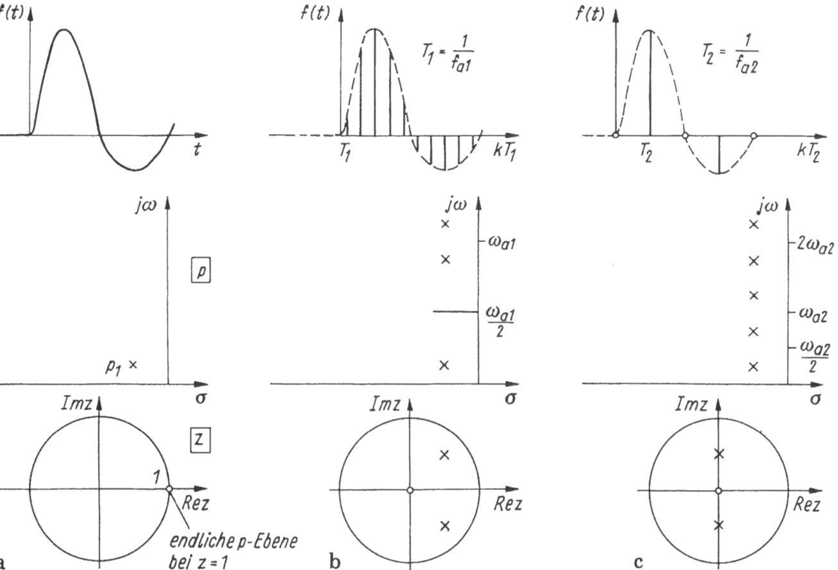

Bild R 12.1/3 Einfluß der Abtastfrequenz auf die Darstellung in der z-Ebene (Es wurde jeweils nur die obere p-Halbebene dargestellt.)

Hinweis:

- Die inverse Transformation von $F_z(z)$ ergibt ein eindeutiges $f(kT)$, aber kein eindeutiges $f(t)$.
- Als Voraussetzung für Gl.(12.1/1a) muß $f[k]$ kausal sein.
- Die Z-Transformation ist wie die Fourier- und Laplace-Transformation linear.
- Der Index z an F_z unterscheidet sie von der Laplace-Transformierten $F(p)$ von $f(t)$.
- Der Wertesatz von z, für den die Summe Gl.(12.1/1a) oder $F_z(z)$ existiert, heißt *Konvergenzbereich* r_0 (Konvergenzabszisse).
- Neben der sog. *einseitigen* Z-Transformation gibt es auch die zweiseitige oder bilaterale Z-Transformation. Sie konvergiert in einem ringförmigen Gebiet und ist anwendbar auf fouriertransformierbare Signale (auch nichtkausale)

$$\mathrm{ZT}\{f[k]\} = F_z(z) = \sum_{k=-\infty}^{\infty} f[k] z^{-k}. \tag{12.1/2}$$

- Gl.(12.1/1a) ist eine (spezielle) Laurent-Reihe mit nur negativen Potenzen von z. Sie konvergiert für $|z| > r_0$, falls für die Folge $f[k]$ gilt $|f[k]| < kr_0^k$ $(k, r_0 > 0)$. Technische Probleme erfüllen diese Bedingung durchweg.
- Abgetastete Signale werden in der Literatur (z.B. Regelungstechnik) oft mit Stern bezeichnet (z.B. $f^*(t)$).
- Sieht man zunächst von der Zeitbeschränkung (ein-, zweiseitig) ab, so ist gemäß der Signaleinteilung (s. Bild R 11.2/1b) zu erwarten (Bild R 12.1/4)
  - eine zu zeitdiskreten, aperiodischen Signalen gehörende *zeitdiskrete Laplace-Transformierte* $\mathrm{LT_{dt}} = \mathrm{LT}^*$, sog. gesternte Laplace-Transformation, korrespondierend mit der abgetasteten Zeitfunktion $f^*(t)$
  - die ihr zugeordnete zeitdiskrete Fourier-Transformation $\mathrm{FT_{dt}}$ (s. Abschn. 10.3.2, Bild R 10.3/1) so, wie Laplace- und Fourier-Transformation aperiodischer Signale miteinander korrespondieren
  - die Beziehung zwischen der zeitdiskreten Laplace- und der Z-Transformation
  - der Zusammenhang zwischen einer Z-Transformierten und einer zugeordneten diskreten Fourier-Transformierten.

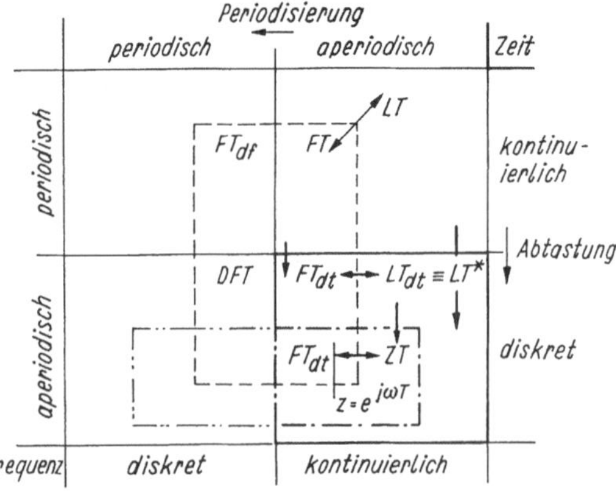

Bild R 12.1/4 Einordnung der Laplace-, zeitdiskreten Laplace- und Z-Transformation

Z-Transformation einer zeitkontinuierlichen Funktion. Eine Zeitfunktion $f(t)$ kann der Z-Transformation *nur* unterzogen werden, wenn sie vorher (durch Abtastung) entweder in

- eine Wertefolge $f[k]$

$$f(t) \to f[k] = f(t)|_{kT} \circ\!\!-\!\!\bullet\ F_z(z) = \sum_{k=0}^{\infty} f[k] z^{-k}$$

- oder eine Impulsfolge $f^*(t)$ überführt wurde

$$f(t) \quad \to \quad f^*(t) = f(t) s_a(t) \circ\!\!-\!\!\bullet$$

$$F_z(z) = F^*(p)|_{z=\exp pT} = \sum_{k=0}^{\infty} f(kT) z^{-k} \qquad (12.1/3)$$

Beziehung zwischen Z-Transformation und Laplace-Transformation. Die Z-Transformation wird nach Gl.(12.1/1) definitionsgemäß auf die Wertefolge $\{f[k]\}$ angewendet; sie kann gleichwertig auch als Laplace – Transformation der Impulsfolge $f_a(t) = f(t)|_{kT}$ mit $p = \ln z/T$ interpretiert werden:

$$\mathrm{ZT}\{f[k]\} = \mathrm{LT}\{f_a(t)\}|_{p=\ln z/T} = F_z(z) \qquad (12.1/4)$$

mit $z = \exp pT$ und $f_a(t) = \sum_{k=0}^{\infty} f[k]\delta(t - kT)$.

Die Z-Transformierte $F_z(z)$ der Wertefolge $\{f[k]\}$ ist gleich der Laplace-Transformierten der Impulsfolge $f_a(t) = f^*(t)$ mit $p = \ln z/T$. Deshalb wird auch der Begriff "(zeit)diskrete" Laplace-Transformation $\mathrm{LT}_{\mathrm{dt}} = \mathrm{LT}^*$ in der Literatur verwendet (Bild R 12.1/4 und 5).

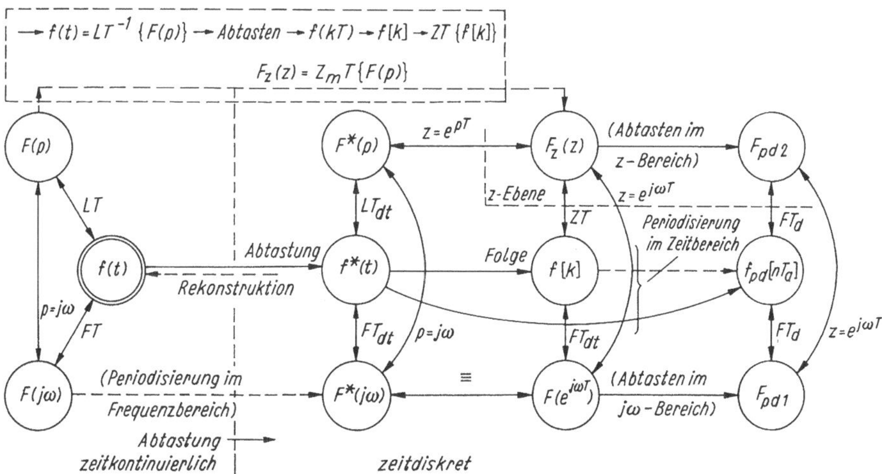

Bild R 12.1/5 Anwendung der wichtigsten Transformationen auf zeitkontinuierliche und diskrete Signale (Systeme). Es gilt $F_{\mathrm{pd1}} \equiv F_{\mathrm{pd}}[jk\omega_{\mathrm{p}}]$, $F_{\mathrm{pd2}} \equiv F_{\mathrm{pd}}(\exp(jk\omega_{\mathrm{p}}T))$

Mit Bezug auf Bild R 12.1/4 korrespondieren:

- die Impulsfolge $f_a(t) = f^*(t) = f(t)s_a(t)$ aufgefaßt als zeitkontinuierliches Signal mit einer zugehörigen Laplace-Transformierten

$$Tf(kT)\delta(t-kT) \quad \overset{\text{LT}}{\circ\!\!-\!\!\bullet} \quad Tf(kT)\exp -pkT \tag{12.1/5a}$$

$$\underline{f_d(kT) = Tf(kT)}$$

$$f_d(kT)\delta(nT-kT) \quad \overset{\text{LT}_{dt}}{\circ\!\!-\!\!\bullet} \quad f_d(kT)\exp -pkT. \tag{12.1/5b}$$

Wird jeder Impuls der Folge $f^*(t) = f_a(t)$ durch einen entsprechenden Abtastimpuls $f_d(kT)\delta(nT-kT)$ der zeitdiskreten Darstellung mit dem Bildäquivalent $f_d(kT)\exp -pkT$ ersetzt und die Gleichwertigkeit der Impulsstärke (unterstrichen) beachtet, so ergibt sich bei Ausdehnung auf alle Impulse

$$f_d(nT) = \sum_{k=-\infty}^{\infty} f_d(kT)\delta(nT-kT) \overset{\text{LT}_{dt}}{\circ\!\!-\!\!\bullet}$$

$$F^*(p) = \sum_{k=-\infty}^{\infty} f_d(kT)\exp -pkT \tag{12.1/6}$$

oder mit Wechsel der Summationsvariablen rechts als *zeitdiskrete Laplace-Transformierte* (Bild R 12.1/5)

$$F_a(p) = F^*(p) = \text{LT}_{dt}\{f_a(t)\} = \sum_{n=-\infty}^{\infty} f_a(nT)\exp -pnT$$

$$f_a(nT) = \frac{T}{2\pi j}\int_{\sigma-j\omega_a/2}^{\sigma+j\omega_a/2} F_a(p)\exp pnT\,dp \tag{12.1/7}$$

Kurzform:

$$f_a(nT) \quad \overset{\text{LT}_{dt}=\text{LT}^*}{\circ\!\!-\!\!\bullet} \quad F_a(p) \qquad \text{zeitdiskrete Laplace-Transformierte.}$$

- Die Umkehrbeziehung läßt sich entsprechend herleiten.
- Die Laplace-Transformierte $F_a(p)$ ist kontinuierlich in p, ihr Imaginärteil hängt periodisch von der Abtastfrequenz $\omega_s = \omega_a$ ab.
- Das Umkehrintegral entspricht formal dem Laplace-Umkehrintegral und der Umkehrung der zeitdiskreten Fourier-Transformation Gl.(10.3/15).
- Weil die zeitdiskrete Laplace-Transformation nach Gl.(12.1/7) eine spezielle Form der LT für zeitdiskrete Signale darstellt, bildet sie eine Brücke zur Z-Transformation: es ist nur noch die Variable p gegen $z = \ln p/T$ zu tauschen.
- Die Begründung der zeitdiskreten Laplace-Transformation entspricht dem gleichen Vorgehen der zeitdiskreten Fourier-Transformation (Gl.(10.3/9ff.), (10.3/14), Bild R 10.3/8).

Soll die Z-Transformierte einer Funktion $F(p)$ eines zeitkontinuierlichen Signals $f(t)$ berechnet werden, so geschieht dies (Bild R 12.1/5)

- durch Bestimmung von $f(t)$ aus $F(p)$ über LT^{-1}, Überführung von $f(t)$ in eine Werte- oder Impulsfolge $f^*(t)$ durch Abtastung und Anwendung der Z-Transformation

- oder Zerlegung von $F(p)$ in Partialbrüche, Einzelrücktransformation sowie Ersatz von $t \to kT$ und $\exp pT$ durch z. Weitere Verknüpfungen zwischen Z-Transformation und Laplace-Transformation sowie die Transformierten typischer Funktionen enthält die Korrespondenztafel (Tafel R 12.1/1). Dabei gilt stets $f(t) = 0$ für $t < 0$ mit $\{f[k]\} = 0$ für $k < 0$ (einseitige ZT).

Transformationspaare. Hin- und Rücktransformationen erfolgen zweckmäßig mittels Tafel R 12.1/1. Man berechnet mit Gl.(12.1/1) nur nichttabellierte Funktionen. Dabei wird zweckmäßig von der Wertefolge ausgegangen. Bild R 12.1/6 enthält als Beispiel einige Testfunktionen.

Sprungfunktion $f(t) = s(t)$. Aus der Folge $\{f[k]\} = (1, 1, 1 \ldots)$ der Abtastwerte folgt (geometrische Reihe)

$$F_z(z) = 1 + z^{-1} + z^{-2} \ldots = \frac{z}{z-1} \qquad (12.1/8a)$$

(mit Konvergenz für $|z^{-1}| < 1$).

Exponentialfunktion $f(t) = \exp \alpha t$. Mit der Folge $\{f[k]\} = \exp \alpha kT$ wird aus Gl.(12.1/1a)

$$F_z(z) = \sum_{k=0}^{\infty} \exp \alpha kT z^{-k} = \sum_{k=0}^{\infty} (\exp \alpha T z^{-1})^k = \frac{z}{z - \exp \alpha T} \qquad (12.1/8b)$$

(geometrische Reihe mit Anfangswert 1 und Quotient $\exp \alpha T z^{-1}$, konvergent für $|\exp \alpha T z^{-1}| < 1$, für $\alpha = 0 \to$ Sprungfunktion).

Anstiegsfunktion $f(t) = t$. Die Folge lautet $\{f[k]\} = (0, T, 2T, 3T \ldots)$ und mit Gl.(12.1/1a)

$$\begin{aligned} F_z(z) &= T(z^{-1} + 2z^{-2} + 3z^{-3} + \ldots) = Tz^{-1}(1 + 2z^{-1} + 3z^{-2}..) \\ &= T\frac{z}{(z-1)^2} \qquad (12.1/8c) \end{aligned}$$

(durch gliedweises Ausmultiplizieren identisch mit $(1 + z^{-1} + z^{-2} + \ldots)^2$).

Einzelimpuls zur Zeit $t = mT$ ($m > 0$, ganz). Da der Einzelimpuls nicht durch Abtastung einer kontinuierlichen Zeitfunktion herleitbar ist, wird von $f_a(t) = \delta(t - mT)$ ausgegangen mit

$$F_a(p) = \exp -mpT = z^{-m} \to F_z(z) = z^{-m}. \qquad (12.1/8d)$$

Geschlossene Formen. Für häufig auftretende Reihen sind folgende Identitäten nützlich ($r \neq 1$):

$$\sum_{m=0}^{N} r^m = \frac{1 - r^{N+1}}{1 - r} \qquad (12.1/9a)$$

$$\sum_{m=0}^{N} m r^m = \frac{r}{(1-r)^2}(1 - r^N - Nr^N + Nr^{N+1}) \qquad (12.1/9b)$$

$$\sum_{m=0}^{N} m^2 r^m = \frac{r}{(1-r)^3}((1+r)(1-r^N) - 2(1-r)Nr^N - (1-r)^2 N^2 r^N). \qquad (12.1/9c)$$

Grundgesetze und Eigenschaften. Zur Anwendung der ZT sind verschiedene Grundgesetze zu beachten, die im wesentlichen denen der LT entsprechen (Tafel R

Tafel R 12.1/1 Korrespondenztafel der Laplace- und Z-Transformation (einseitig)

L-Transformation $F(p) = LT\{f(t)\}$	Zeitfunktion $f(t)$	Zeitfunktion $f(kT) = f[k]_{T=1}$	Z-Transformation $F_z(z) = ZT\{f(kT)\}$ für $f(kT) = f(t)\|_{kT}$
1	δ-Impuls $\delta(t)$	$\delta(kT)$	1
e^{-pT_d}	verzögerter δ-Impuls $\delta(t-T_d)$	$\delta((k-n)T)$	z^{-n}
$\frac{1}{p}$	Einheitssprung $s(t)$	$s(kT)$	$\frac{1}{1-z^{-1}}$
$\frac{1}{p^2}$	Anstiegsfunktion $r(t) = t$	$r(kT) = kT$	$\frac{Tz^{-1}}{(1-z^{-1})^2}$
$\frac{1}{p+a}$	Exponentialfunktion e^{-at}	e^{-akT}	$\frac{1}{1-e^{-aT}z^{-1}}$
-	-	Potenzimpuls a^k	$\frac{1}{1-az^{-1}}$
-	-	ka^{k-1}	$\frac{z^{-1}}{(1-az^{-1})^2}$
-	-	k^2a^{k-1}	$\frac{z^{-1}(1+az^{-1})}{(1-az^{-1})^3}$
-	-	k^3a^{k-1}	$\frac{z^{-1}(1+4az^{-1}+a^2z^{-2})}{(1-az^{-1})^4}$
-	-	$a^k\cos k\pi$	$\frac{1}{1+az^{-1}}$
$\frac{n!}{(p-a)^{n+1}}$	Potenzimpuls, $t^n e^{at}$	$(kT)^n e^{akT}$	$\frac{\partial^n}{\partial a^n}\left(\frac{1}{1-e^{-aT}z^{-1}}\right)$
$\frac{p}{p^2+\pi^2/T^2}$	$\cos\frac{\pi}{T}t$	Einheit wechselnd $(-1)^k$	$\frac{1}{1+z^{-1}}$
	Sinus		
$\frac{\omega}{p^2+\omega^2}$	$\sin\omega t$	$\sin\omega kT$	$\frac{z^{-1}\sin\omega T}{1-2z^{-1}\cos\omega T+z^{-2}}$
$\frac{p}{p^2+\omega^2}$	$\cos\omega t$	$\cos\omega kT$	$\frac{1-z^{-1}\cos\omega T}{1-2z^{-1}\cos\omega T+z^{-2}}$
	Sinus abklingend		
$\frac{\omega}{(p+a)^2+\omega^2}$	$e^{-at}\sin\omega t$	$e^{-akT}\sin\omega Tk$	$\frac{e^{-aT}z^{-1}\sin\omega T}{1-2e^{-aT}z^{-1}\cos\omega T+e^{-2aT}z^{-2}}$
$\frac{p+a}{(p+a)^2+\omega^2}$	$e^{-at}\cos\omega t$	$e^{-akT}\cos\omega Tk$	$\frac{1-e^{-aT}z^{-1}\cos\omega T}{1-2e^{-aT}z^{-1}\cos\omega T+e^{-2aT}z^{-2}}$
$\frac{a}{p(p+a)}$	$1-e^{-at}$	$1-e^{-akT}$	$\frac{(1-e^{-aT})z^{-1}}{(1-z^{-1})(1-e^{-aT}z^{-1})}$
$\frac{b-a}{(p+a)(p+b)}$	$e^{-at}-e^{-bt}$	$e^{-akT}-e^{-bkT}$	$\frac{(e^{-aT}-e^{-bT})z^{-1}}{(1-e^{-aT}z^{-1})(1-e^{-bT}z^{-1})}$
$\frac{1}{(p+a)^2}$	te^{-at}	kTe^{-akT}	$\frac{Te^{-aT}z^{-1}}{(1-e^{-aT}z^{-1})^2}$
$\frac{p}{(p+a)^2}$	$(1-at)e^{-at}$	$(1-akT)e^{-akT}$	$\frac{1-(1+aT)e^{-aT}z^{-1}}{(1-e^{-aT}z^{-1})^2}$

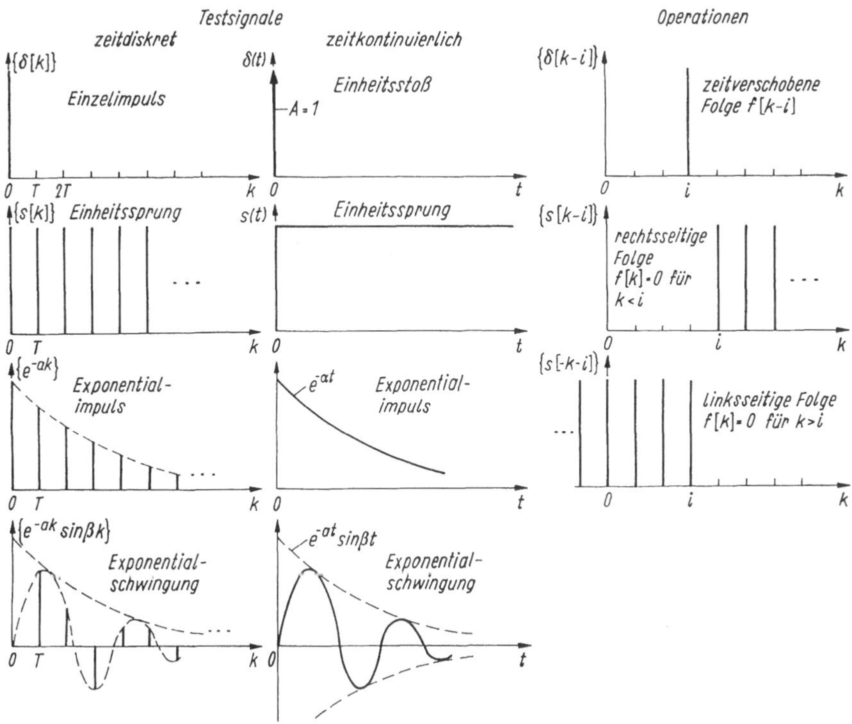

Bild R 12.1/6 Zeitdiskrete und zeitkontinuierliche Testsignale und Operationen

12.1/2). Sie müssen nur der diskreten Variablen und der Periodizität der zeitdiskreten LT angepaßt werden. Insbesondere gelten:

- das *Überlagerungsprinzip* (→ lineare Transformation)
- der *Ähnlichkeitssatz* (Übergang von $a^k f[k]$ auf $F_z(z/a)$), auch als Multiplikation mit a^k, (Modulation, Dämpfungssatz oder Exponentialfaktorsatz) bezeichnet. Die Modulation bewirkt im Bildbereich eine Ähnlichkeitstransformation. Für reelle a wird die Originalfolge gedämpft ($|a| < 1$) oder angefacht ($|a| > 1$), für $a < 0$ treten alternierende Vorzeichen auf.
- *Multiplikation* mit k, auch als *Differentiation* der Bildfunktion bezeichnet (Gewinnung neuer Funktionen)
- *Verschiebungssatz* beschreibt die Rechtsverschiebung der kausalen Folge, bei der Linksverschiebung muß die verschobene Folge kausal bleiben (Anfangsglieder unterschiedlich). Man bezeichnet z^{-1} deshalb auch als *Verschiebungsoperator*. Verschiebungen entsprechen der Integration und Differentiation bei zeitkontinuierlichen Vorgängen.
- *Differenzbildung* der Originalfunktion entspricht dem Differentiationssatz der LT. Sie kann durchgeführt werden
  - als *Vorwärtsdifferenz*
    $$\Delta f(kT) = f[(k+1)T] - f(kT) \qquad (12.1/10a)$$
  - und *Rückwärtsdifferenz*
    $$\Delta f(kT) = f(kT) - f[(k-1)T]. \qquad (12.1/10b)$$

Tafel R 12.1/2 Eigenschaften und Theoreme der Z-Transformation

Eigenschaften	f[k]	$F_z(z) = ZT\{f[k]\}$	
Linearität	$af_1[k] + bf_2[k]$	$aF_{z1}(z) + bF_{z2}(z)$	
Verschiebung		$z^{-N}F_z(z) + \sum_{n=0}^{N} f[-n]z^{-N+n}$	zweiseitige Tr.
Links- verschiebung (Zeitvoreilung)	$f[k+1]$ $f[k+N]$	$zF_z(z) - zf(0)$ $z^N F_z(z) - z^N f[0] - z^{N-1}f[1] \ldots - zf[N-1]$ $= z^N \left[F_z(z) - \sum_{n=0}^{N-1} f[n]z^{-n} \right]$	einseitige Tr.
Rechts- verschiebung (Verzögerung)	$f[k-1]$ $f[k-N]$	$z^{-1}F_z(z) + f[-1]$ $z^{-N}F_z(z) + z^{-(N-1)}f[-1] \ldots + f[-N]$ $= z^{-N}F_z(z) + \sum_{n=1}^{N} f[-n]z^{-N+n}$ für kausales Signal $-z^N F_z(z)$	einseitige Tr. zweiseitige Tr., kausales Signal
Reflexion	$f[-k]$ $f[-k]s[-k-1]$	$F_z(1/z)$ $F_z(1/z) - f[0]$ mit $f[k]s[k] \leftrightarrow F_z(z)$	
Multiplikation (Skalierung) Multiplikation mit k (Differentiation der Bild- funktion)	$a^k f[k]$ $kf[k]$ $k^2 f[k]$ $ka^k f[k]$	$F_z(z/a)$ $-z\frac{dF_z(z)}{dz}$ $-z\frac{d}{dz}\left(-z\frac{dF_z(z)}{dz}\right)$ $-z\frac{d}{dz}F_z(z/a)$	
Faltung	$f[k] * y[k]$ $\equiv \sum_{i=0}^{k} f[k-i]y[i]$	$F_z(z) \cdot Y_z(z)$	ein- und zwei- seitige Tr.
Differenz (Differentiation der Original- funktion)	$f[k+1] - f[k]$ $f[k] - f[k-1]$	$(z-1)F_z(z) - zf(0)$ $(1 - z^{-1})F_z(z)$	
Summe	$\sum_{k=-\infty}^{\infty} f[k]$	$\frac{zF_z(z)}{z-1}$	ein-, zweiseitige Tr.
Periodisches Schalten	$f_p[k] \cdot s[k]$	$\frac{1}{1-z^{-N}} F_1(z)$ $f_1[k]$ erste Periode von $f_p[k]$	
Anfangswert- theorem Endwerttheorem	$f[0]$ $\lim_{k\to\infty} f[k]$	$\lim_{z\to\infty} F_z(z)$, falls existiert $\lim_{z\to 1} (z-1)F_z(z)$ falls alle Pole von $(z-1)F_z(z)$ innerhalb des Einheitskreises liegen	nur für einseitige Transformation

Durch die Rückwärtsdifferenz läßt sich näherungsweise die ZT der Ableitung der Zeitfunktion darstellen

$$\frac{\mathrm{d}f_k}{\mathrm{d}t} \approx \frac{1}{T}(f_k - f_{k-1}) = \frac{\Delta f_k}{T}. \tag{12.1/10c}$$

- *Summierung* entspricht dem Integrationssatz der Laplace-Transformation (ergibt als Näherungsverfahren die Integration mit der Rechteckregel). Sie eignet sich zur Gewinnung der Teilsummen von Folgen.
- *Faltung.* Die Summe im Originalbereich stellt die *diskrete* Faltung zweier kausaler Folgen dar. Sie entspricht der periodischen Faltung der DFT (s. Tafel R 10.3/3). Der Faltungssatz erlaubt später die Definition einer Z-Übertragungsfunktion eines abgetasteten Systems. Ausgang ist dafür die Gewichtsfolge des Systems (entsprechend der Gewichtsfunktion im zeitkontinuierlichen Fall).
- *Anfangs-* und *Endwertsätze* gelten nur für die einseitige Z-Transformation. Aus dem Endwertsatz lassen sich folgern:
  - es gilt $f[\infty] = 0$, falls alle Pole von $F_z(z)$ innerhalb des Einheitskreises liegen
  - $f[\infty]$ ist konstant, falls ein Einfachpol auf dem Einheitskreis liegt
  - $f[\infty]$ ist unbestimmt, falls konjugiert komplexe Pole auf dem Einheitskreis liegen.
- *Periodische Funktionen.* Eine zeitkontinuierliche periodische Funktion $f_p(t)$ ($\rightarrow$ Laplace-Transformierte des Intervalls $0 \leq t \leq T_p \rightarrow F(p)$) hat nach Gl.(11.2/17) die Laplace-Transformierte

$$F_p(p) = \frac{F(p)}{1 - \exp -pT_p}; \quad T_p \doteq T \tag{12.1/11}$$

(erhalten durch Faltung von $f(t)$ mit der Abtastfunktion $\delta(kT_p)$, (Bild R 12.1/7a). In entsprechender Weise läßt sich für eine periodische zeitdiskrete Funktion $f_{ap}(kT)$ herleiten (Bild R 12.1/7b)

$$f_{ap}(kT) \overset{\text{LT dt}}{\circ\!\!-\!\!\bullet} F_{ap}(p) = \frac{F_a(p)}{1 - \exp -pNT} = \frac{F_z(z)}{1 - z^{-N}} \tag{12.1/12}$$

mit $F_a(p) = F_z(z)$, der Transformierten der Grundperiode .

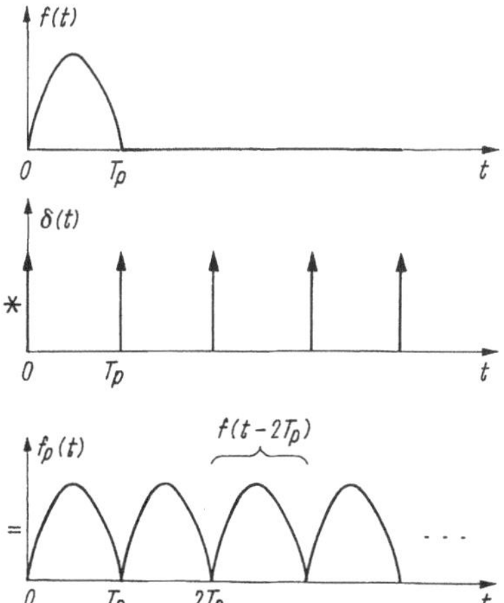

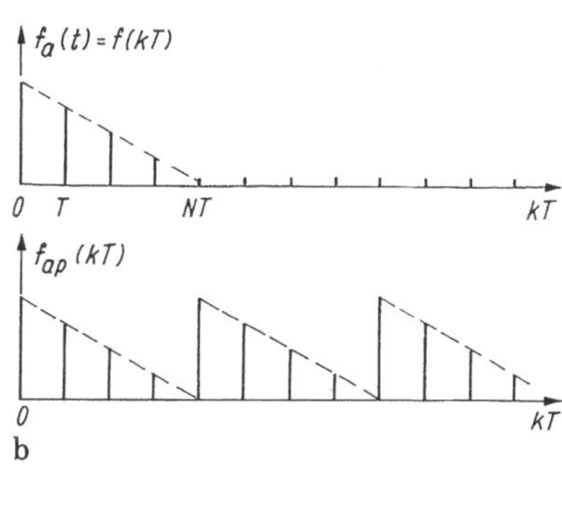

Bild R 12.1/7 Erzeugung periodischer Funktionen durch Faltung mit der Abtastfunktion

a) zeitkonstant periodisch, b) zeitdiskret periodisch

In beiden Fällen ist die Ausdehnung der (einseitigen!) Laplace- bzw. Z-Transformation auf periodische Funktionen möglich.

Rücktransformation. Sie kann erfolgen mit

- Korrespondenztafeln (meist ausreichend)
- dem Umkehrintegral (12.1/1b), auch als Koeffizientenformel der Laurent-Reihe bezeichnet

$$f[k] = \frac{1}{2\pi \mathrm{j}} \int_c F_z(z) z^{k-1} \, \mathrm{d}z \quad (k = 0, 1 \ldots). \tag{12.1/13}$$

Der Integrationsweg c schließt alle Singularitäten von $F_z(z)$ innerhalb des Integrationskreises $r > r_0$ ein (Auswertung des Integrals zweckmäßig mittels Residuensatz). Das Umkehrintegral ist meist bei Grundsatzproblem anzuwenden, für praktische Netzwerkprobleme genügen Tafeln

- durch *Potenzreihenentwicklung* (Taylor-Reihe)

$$f[k] = \frac{1}{k!} \left. \frac{\mathrm{d}^k F_z(z^{-1})}{\mathrm{d}z^k} \right|_{z=0} \quad (k = 0, 1 \ldots), \tag{12.1/14}$$

denn $F_z^{(z-1)}$ ist eine Potenzreihe mit aufsteigender Potenz. Dazu wird $F_z(z)$ in eine Potenzreihe nach z^{-1} entwickelt

$$F_z(z) = \sum_{k=0}^{\infty} f[k] z^{-k} = f(0) + f(1)z^{-1} + f(2)z^{-2} + \ldots + f(n)z^{-n}. \tag{12.1/15}$$

Die Werte $f[k]$ ergeben sich als Koeffizienten der Reihenentwicklung direkt. Ist $F_z(z)$ eine gebrochen rationale Funktion, so erhält man die Reihenentwicklung auch durch fortwährende Division von Zähler und Nenner (s.u.). Das Verfahren bietet sich an, wenn nur einige Werte von $f(kT)$ benötigt werden oder eine geschlossene Form $f(kT)$ zu aufwendig wird.

- Die *Partialbruchentwicklung.* Dabei wird $F_z(z)$ in Partialbrüche zerlegt (siehe LT) und die Terme mittels Tafel einzeln rücktransformiert. Es gelten grundsätzlich die gleichen Beziehungen wie bei der LT, man ersetzt lediglich die Variable p durch z. Ist $F_z(z) = Z(z)/N(z)$ echt rational gebrochen, so gilt wegen $F_z(\infty) = f_0$ bei einfachen Polen (s. auch Gl.(12.1/15))

$$f[k] = \sum_{i=1}^{r} \frac{Z(z_i)}{N(z_i)} z_i^{k-1}; \tag{12.1/16}$$

bei mehrfachen Polen mit der Nennerproduktform

$$N(z) = k(z - z_1)^{m_1}(z - z_2)^{m_2} \ldots (z - z_r)^{m_r}$$

$$f[k] = \sum_{i=1}^{r} \overbrace{\mathrm{Res}\, s_i}^{(k)} \quad \text{mit} \tag{12.1/17}$$

$$\overbrace{\mathrm{Res}\, s_i}^{(k)} = \frac{1}{(m_i - 1)!} \left. \left\{ \frac{\mathrm{d}^{m_i - 1}}{\mathrm{d}z^{m_i - 1}} \left((z - z_i)^{m_i} F_z(z) z^{k-1} \right) \right\} \right|_{z=z_i}$$

Sind die Nennernullstellen für die Partialbruchentwicklung nicht bekannt, so läßt sich $f[k]$ durch Division von Z durch N für beliebig viele k leicht finden (sog. lange Division). Voraussetzung für die Partialbruchentwicklung ist die Kenntnis der Nullstellen von $N(z_i)$.

- durch *Rekursion.* Aus der Z-Transformierten wird die zugehörige Differenzengleichung angegeben und rekursiv (rechnergestützt) gelöst.

Hinweis: Für die Rücktransformation der entstehenden Partialbrüche sind folgende Korrespondenzen nützlich:

$$\frac{1}{z^i} \bullet\!\!-\!\!\circ\, \delta[k-1], \quad i = 0, 1, 2 \dots$$

$$\frac{1}{z - z_\infty} \bullet\!\!-\!\!\circ\, s[k-1] z_\infty^{k-1} = \begin{cases} 0 & k < 1 \\ z_\infty^{k-1} & k \geq 1 \end{cases}$$

$$\frac{1}{(z - z_\infty)^i} \bullet\!\!-\!\!\circ\, s[k-i] \begin{pmatrix} k-1 \\ i-1 \end{pmatrix} z_\infty^{k-1} = \begin{cases} 0 & k < 1 \\ \begin{pmatrix} k-1 \\ i-1 \end{pmatrix} z_\infty^{k-1} & k \geq i \end{cases}$$

mit $\begin{pmatrix} m \\ k \end{pmatrix} = \frac{m!}{k!(m-k)!}$.

Beziehungen zwischen Z-Transformation und zeitdiskreter Fourier-Transformation (FT$_{\text{dt}}$). Ausgehend von der Darstellung (Gl.(12.1/7, 6))

$$F_{\text{a}}(p)|_{z=\exp pT} = \sum_{k=-\infty}^{\infty} f(kT) \exp -pTk \,\hat{=}\, F_{\text{z}}(z) \qquad (12.1/18)$$

und der Abbildung $z = \exp pT$ der komplexen p- in die z-Ebene (s. Bild R 12.1/2) folgt bei Beschränkung auf die jω-Achse der p-Ebene $F_{\text{a}}(p) \rightarrow F_{\text{a}}(\text{j}\omega)$ als Fourier-Transformierte der Abtastfunktion $f_{\text{a}}(t)$. Dann wird aus Gl.(12.1/18)

$$F_{\text{a}}(\text{j}\omega) = \sum_{k=-\infty}^{\infty} f(kT) \exp -\text{j}k\omega T = F_{\text{z}}(z)|_{z=\exp \text{j}\omega T}. \qquad (12.1/19)$$

Dabei ist $F_{\text{a}}(\text{j}\omega)$ periodisch in $2\pi/T$, m.a.W. wird z bei der Darstellung $F_{\text{z}}(z)$ auf den Einheitskreis beschränkt.

Für $z = \exp \text{j}\omega T$ ist die Z-Transformierte $F_{\text{z}}(z)$ des zeitdiskreten Signals f[kT] (Gl.(12.1/1a)) identisch mit der zeitdiskreten Fourier-Transformierten $F_{\text{a}}(\text{j}\omega)$ (Gl.(10.3/15)) ($T = T_{\text{a}}$).

Die (zeitdiskrete) Fourier-Transformierte eines zeitdiskreten Signals korrespondiert mit der zugehörigen Z-Transformierten auf dem Einheitskreis der z-Ebene (Bild R 12.1/8a,b). Dort wurde $F_{\text{z}}(z)$ auf dem Einheitskreis reell angenommen, ferner Konvergenz von $F_{\text{z}}(z)$ vorausgesetzt (sonst Zuordnung nicht möglich). Deshalb ergeben sich die Korrespondenzen der zeitdiskreten Fourier-Transformation aus denen der Z-Transformation für $z = \exp \text{j}\omega T$!

Beziehung zwischen Z- und diskreter Fourier-Transformation (FT$_{\text{d}}$). Besteht ein Signal aus einer begrenzten Folge $f[0] \dots f[N-1]$ (N-Punkte),

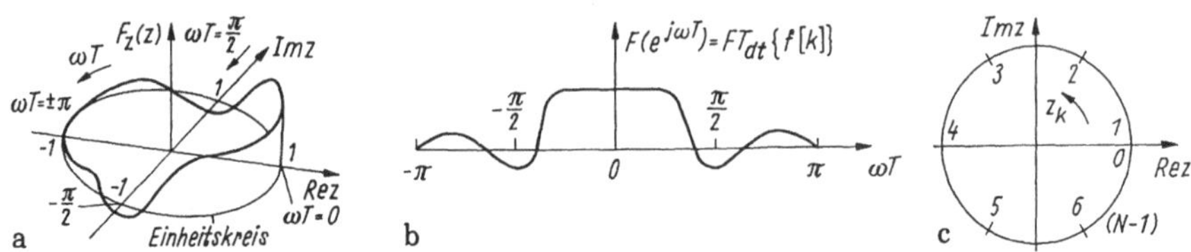

Bild R 12.1/8 Beziehung zwischen Z- und zeitdiskreter Fourier-Transformation (ZT, $\mathrm{FT_{dt}}$)
a) Darstellung der Z-Transformation $F_z(z) = F_a(p)|_{z=\exp(j\omega T)}$ auf dem Einheitskreis der z-Ebene ($z = \exp j\omega T$), b) Darstellung der zugehörigen zeitdiskreten Fourier-Transformierten, c) bei der zeitdiskreten Fourier-Transformation treten auf dem z-Einheitskreis N Frequenzabtastpunkte z_k ($k = 0 \ldots N-1$) in Erscheinung und das Spektrum $F(\exp(j\omega T))$ Bild b) geht in N Spektrallinien (im Bereich $-\pi < \omega T < \pi$) über

so lautet die Z-Transformierte

$$F_z(z) = \sum_{n=0}^{N-1} f[n] z^{-n} = \sum_{n=0}^{N-1} f[n] \exp -jkn2\pi/N \qquad (12.1/20)$$

und der Umlauf auf dem Einheitskreis (Bild R 12.1/8) geht zwangsläufig in N äquidistante Punkte über:

$$z_k = \exp j2\pi k/N \quad (k = 0, 1 \ldots N-1). \qquad (12.1/21)$$

Rechts in Gl.(12.1/20) steht dann die Definitionsgleichung der diskreten Fourier-Transformation Gl.(10.3/23):

Die DFT der periodischen Funktion $f_p[kT]$ ergibt sich somit durch Auswerten der Z-Transformierten $F_z(z)$ von $f[kT]$ längs des Einheitskreises der z-Ebene in den N "Frequenzabtastpunkten" (Bild R 12.1/8c), dabei gilt $N = f_a/f_p$ (natürliche Zahl).

12.2 Zeitdiskrete Signale und Systeme

Ein zeitdiskretes Netzwerk oder System ist eine Anordnung, die eine reelle (zeitdiskrete) Ursache oder Ursachenfolge $\{x[k]\}$ in eine reelle Wirkungsfolge $\{y[k]\}$ transformiert

$$\{y[k]\} = \mathrm{Tr}\{x[k]\}. \qquad (12.2/1)$$

Eine solche Anordnung darf auch mehrere Eingänge und Ausgänge haben (Bild R 12.2/1) und entspricht damit prinzipiell dem zeitkontinuierlichen System (s. Bild R 8.8/1). In einem zeitdiskreten System (z.B. Digitalrechner) ändern sich die Variablen nur zu bestimmten Zeitpunkten.

Das zeitdiskrete Eingangssignal $x[k]$ kann aus einem zeitkontinuierlichen Signal $x(t)$ (begrenzt durch Antialiasing-Tiefpaß mit Bandbreite $f_{\max}$ zur späteren Signalrekonstruktion) stammen und nach Abtastung

- als *wertkontinuierliches zeitdiskretes* Signal $x(kT)$ wirken (Beispiel: Abtastfilter, SC-Filter)

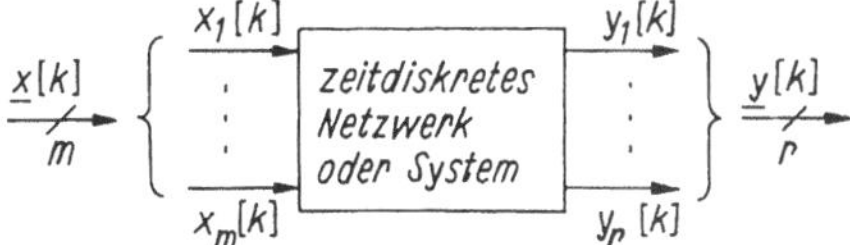

Bild R 12.2/1 Zeitdiskretes System (Ein- oder mehrere Ein-/Ausgänge)

- oder als *wert-* und *zeitdiskretes* Signal auftreten (nach AD-Wandlung, Beispiel: Digitalfilter). Dadurch wird das wertkontinuierliche Signal in die Folge $x[k] = x_{\mathrm{d}}(kT)$ überführt (s. Bild R 12.1/1).

Das zeitdiskrete Netzwerk arbeitet so als Analog- (wertkontinuierliches Signal) oder Digitalrechner (wertdiskretes Signal) mit der Transformationsvorschrift Gl.(12.2/1) entweder

- nach einem Algorithmus (Softwarelösung)
- als konkretes physikalisches System (Hardwarelösung)
- oder einer Mischung aus beiden.

Die berechneten "Ausgangsfolgen $y[k]$" werden durch DA-Wandlung in Ausgangssignalwerte $y(kT)$ gewandelt und durch Tiefpaßfilterung zu einem wert- und zeitkontinuierlichen Signal rekonstruiert.

Hinweis:

1. Weil die Transformation Gl.(12.2/1) eine *gesetzmäßige* Zuordnung von Wertepaaren $x[k] \to y[k]$ darstellt, ist sie grundsätzlich programmierbar.
2. Grundlage der Systembeschreibung Bild R 12.2/1 sind Differenzengleichungen (s.u.) anstelle von DGLn bei zeitkontinuierlichen Systemen.

   Dadurch entstehen im Zeitbereich einfache, rekursive Beziehungen, die mit dem Rechner bearbeitet werden können.

   Beim zeitkontinuierlichen System ist direkte Nachbildung nur mit dem Analogrechner möglich oder nach Diskretisierung der DGL ($\to$ Differenzengleichung) mit dem Digitalrechner.
3. Wie beim kontinuierlichen System umfaßt die Gesamtanordnung
   - das *zeitdiskrete*, (*kausale*) *Signal* als endliche oder unendliche Folge $\{f(kT)\}$ nach Maßgabe der Taktzeit T. Sonderfälle sind kausale Folgen $\{f[k]\}$ mit $0 \leq k \leq \infty$ ($\to$ aperiodische Signale) und zyklische Folgen $\{f[k]\}$ mit $k(\mathrm{mod} N) = 0, 1 \ldots N-1$ ($\to$ periodisches Signal)
   - das Netzwerk bzw. System (mit angenommen LTI-Eigenschaften).
4. Das abgetastete Signal wird (wie bisher) mit $f_{\mathrm{a}}(t) = f(t)|_{t=kT_{\mathrm{a}}}$ ($T_{\mathrm{a}} = T$ Abtastintervall) bezeichnet, $1/T_{\mathrm{a}}$ heißt Abtastrate oder Abtastfrequenz (Zahl der Abtastungen pro Sekunde). Für $T_{\mathrm{a}} = 1\,\mathrm{s}$ geht das zeitdiskrete Signal in $f[k]$ über (Normierung auf das Abtastintervall).

12.2.1 Zeitdiskrete Signale

Darstellung. Zeitdiskrete Signale[1]werden im Zeit- oder Folgebereich dargestellt entweder als Folge $\{f(kT)\}$ oder gleichwertig durch die Impulsfolge

[1]Es wird stets äquidistante Abtastung angenommen.

Gl.(10.3/9)

$$f^*(t) = \sum_{k=-\infty}^{\infty} f[k]\delta(t-kT) = f(t)\sum_{k=-\infty}^{\infty}\delta(t-kT) \qquad (12.2/2)$$

mit direktem Übergang zwischen zeitkontinuierlicher Darstellung und Folgenform.

Die Angabe der Glieder (Folgeglieder) eines zeitdiskreten Signals kann erfolgen

- durch eine mathematische Bildungsvorschrift (ggf. mit Angabe der Gliederzahl bei endlicher Folge)
- als Tabelle
- graphisch als Bild.

Wie für zeitkontinuierliche Systeme (Abschn. 8.2.1) haben auch hier die zeitdiskreten *Testsignale Dirac-Impuls*, $\delta[k]$, *Einschaltsprung* $s[k]$, *Exponentialanregung* $\exp -\alpha[k]$ und die *Harmonische Funktion* $\cos\beta[k]$ besondere Bedeutung (s. Bild R 12.1/6).

Für zeitdiskrete Signale gelten die *Rechenregeln*

- Addition $\{f_1[k] + f_2[k]\}$
- Multiplikation (mit Konstante c) $c\{f[k]\}$
- Multiplikation zweier Folgen $\{f_1[k] \cdot f_2[k]\}$,

wobei die betreffenden Operationen jeweils für *jedes Element* durchzuführen sind. Spezielle Operationen (Verschiebung, links-, rechtsseitige Folge) erläutert Bild R 12.1/6.

Im *Bildbereich* werden zeitdiskrete Signale üblicherweise dargestellt durch (s. Bild R 12.1/5)

- die Fourier-Transformierte bei allgemeinem Signal $f^*(t)$

$$\begin{aligned} \mathrm{FT}\,[f^*(t)] &= F_\mathrm{a}(\omega) = \sum_{k=0}^{\infty} \underbrace{f[k]\exp -\mathrm{j}\omega kT}_{\text{Exponentialform}} \\ &= \underbrace{\frac{1}{T}\sum_{n=-\infty}^{\infty} F(\omega - n\omega_\mathrm{a}) + \frac{f(+0)}{2}}_{\text{Überlagerungsform}}; \quad \omega_\mathrm{a} = \frac{2\pi}{T_\mathrm{a}} \end{aligned} \qquad (12.2/3)$$

- die Laplace-Transformierte bei zeitkausalem $f^*(t)$

$$\begin{aligned} \mathrm{LT}\,\{f^*(t)\} &= \underbrace{F_\mathrm{a}(p) = \sum_{k=0}^{\infty} f[k]\exp -pkT}_{\text{Exponentialform}} \\ &= \underbrace{\frac{1}{T}\sum_{n=-\infty}^{\infty} F(p - \mathrm{j}n\omega_\mathrm{a}) + \frac{f(+0)}{2}}_{\text{Überlagerungsform}} \end{aligned} \qquad (12.2/4)$$

wegen $\sum_{k=0}^{\infty}\delta(t-kT) = 1/T\sum_{n=-\infty}^{\infty}\exp \mathrm{j}n\omega_\mathrm{a}t$

- die Z-Transformierte bei kausalem $f[k]$

$$\mathrm{ZT}[f[k])] = F_z(z) = \underbrace{\sum_{k=0}^{\infty} f[k] z^{-k}}_{\text{Reihenform}} \quad \text{mit } F_z(z) = F(\exp \mathrm{j}\omega T). \qquad (12.2/5)$$

Dabei gilt

- die zeitdiskreten Funktionen $f^*(t)$, $f[k]$ korrespondieren mit *kontinuierlichen Funktionen* im p-, ω- oder z-Bereich (s. Bilder R 12.1/4 und R 10.2/1)
- $F_a(p)$, $F_a(\omega)$ und $F_z(z)$ sind stets *periodisch*! ($\omega_a = 2\pi/T_a$, Bild R 12.1/2). Deshalb ist *Frequenzbandbegrenzung* (mit $F(\omega) = 0$ für $|\omega| \geq \omega_a/2 = \pi/T$) zur Signalrekonstruktion erforderlich (→ Abtasttheorem, Abschn. 10.3.2).

Zusammengefaßt erlaubt die Z-Transformation eine zweckmäßige Darstellung zeitdiskreter Signale im Zeit- und Bildbereich.

Signaleigenschaften. Wie im zeitkontinuierlichen Fall (Abschn. 8.8.2) lassen sich zeitdiskrete Signale näher nach Zeitverlauf, Symmetrie sowie Energie- und Leistungseigenschaften unterteilen. In Tafel R 12.2/1 wurden die Ergebnisse dem zeitkontinuierlichen Fall gegenübergestellt.

Signalverlauf. Nach dem Zeitverlauf können Signale links- und rechtsverschoben werden, ein- oder zweiseitig sowie kausal oder nichtkausal (Bild R 12.1/6) sein.

Periodizität. Ein periodisches, zeitdiskretes Signal wiederholt sich nach N Abtastpunkten (N ganz):

$$f[k] = f[k \pm nN] \quad (n = 0, 1, 2, 3 \ldots)$$

Die Grundfrequenz von $f(kT)$ ist $f_p = f_0 = 1/(NT)$.

Symmetrie. Gerade oder ungerade zeitdiskrete Signale werden definiert durch

$$f_g[k] = f[-k], \quad f_u[k] = -f[-k]$$

mit $f_u[0] = 0$ für das ungerade Signal. Die diskrete Summe über eine ungerade Funktion (mit symmetrischen Grenzen) verschwindet:

$$\sum_{k=-N}^{N} f_u[k] = 0.$$

Symmetrische, periodische Signale sind bezüglich $k = N/2$ symmetrisch:

$$f_p[k] = f_p[N-k] \text{ gerade} \qquad \text{resp. } f_p[k] = -f_p[N-k] \text{ ungerade.}$$

Halbwellensymmetrie gibt es nur für periodische, zeitdiskrete Signale mit

$$f_{hw}[k] = -f_{hw}[k \pm N/2].$$

Gerader und ungerader Signalteil werden wie folgt gewonnen:

$$f_g[k] = \frac{1}{2}(f[k] + f[-k]), \quad f_u[k] = \frac{1}{2}(f[k] - f[-k]).$$

Energie-, Leistungssignal. Die Übertragung der Definitionen Gl.(8.8/2, 3) für zeitkontinuierliche Signale auf zeitdiskrete ergibt:

Tafel R 12.2/1 Eigenschaften zeitkontinuierlicher und -diskreter Signale

	zeitkontinuierlich	zeitdiskret
Amplitude	• Analogsignal: zeitkontinuierliche Amplitude • Quantisiertes Signal: wertdiskret, beschränkt auf endliche Zahl von Amplitudenwert	zeitdiskret (Abtastsignal): kontinuierliche Amplitudenwerte, diskrete Zeitwerte Digitalsignal: diskrete Zeitwerte; quantisiert → diskrete Amplitudenwerte
Signalverhalten	• kausal: Null für $t < 0$ • rechtsverschoben: Null für $t < t_0$ • linksverschoben: Null für $t > t_0$ • zweiseitig: Fortsetzung beiderseitig zu $t = 0$	• $(k < 0)$ • Null für $k < k_0$ • Null für $k > k_0$ • beiderseitig zu $k = 0$
Periodizität	Periodisches Signal $f(t) = f(t \pm nT)$ (n ganz) Periode T Kennzeichen: Mittelwert, Effektivwert $\overline{f(t)} = \frac{1}{T}\int_T f(t)dt;\ \tilde{f}^2(t) = \frac{1}{T}\int_T f^2(t)dt;$ stets gilt $\overline{f(t)} \le \tilde{f}(t)$	$f[k] = f[k \pm nN]$ für ganze n und Periode N; Periode N resp NT Mittelwert, Effektivwert $\frac{1}{N}\sum_0^{N-1} f[k],\ \frac{1}{N}\sum_0^{N-1} \lvert f[k]\rvert^2$
Symmetrie	• gerade: $f(t) = f(-t)$; $\int_{-\infty}^{\infty} f(t)dt = 2\int_0^{\infty} f(t)dt$ • ungerade $f(t) = -f(-t)$ $\int_{-\infty}^{\infty} f(t)dt = 0;\quad f(0) = 0$ • Halbwellen (periodisch) $f(t) = -f\left(t \pm \frac{T}{2}\right);\quad \overline{f(t)} = 0$	$f[k] = f[-k]$ $f[k] = -f[-k]$ $\sum_{-k}^{k} f[k] = 0$ und $f[0] = 0$ $f[k] = -f\left[k \pm \frac{N}{2}\right];\ \overline{f[k]} = 0$
Zerlegung	• $f_g(t) = \frac{1}{2}(f(t) + f(-t))$ $f_u(t) = \frac{1}{2}(f(t) - f(-t))$	$f_g[k] = \frac{1}{2}(f[k] + f[-k])$ $f_u[k] = \frac{1}{2}(f[k] - f[-k])$
Fläche	• absolut integrables Signal $\int \lvert f(t)\rvert dt < \infty$ (finites Flächensignal) • quadratisch integrables Signal $\int \lvert f(t)\rvert^2 dt < \infty$	• absolut summierbares Signal $\sum \lvert f[k]\rvert < \infty$ (finites Flächensignal) • quadratisch summierbares Signal $\sum \lvert f[k]\rvert^2 < \infty$
Energie	• für nichtperiodisches Signal mit endlicher Energie: $W = \int \lvert f(t)\rvert^2 dt$ z.B. expon. gedämpfte Signale, zeitbegrenzte Signale endlicher Amplitude; die meisten finiten Flächen-Signale	• für nichtperiodische Signale mit finiter Energie $W = \sum \lvert f[k]\rvert^2$
Leistung	• Periodisches Signal ist stets Leistungssignal mit $P \sim \tilde{f}^2$ • für geschaltetes periodisches Signal mit $f'(t) = f_p(t)s(t - t_0) \rightarrow$ $P' = \frac{1}{2}P$ • nichtperiodisches Leistungssignal f(t) $P = \lim_{T\to\infty} \frac{1}{T}\int_T \lvert f(t)\rvert^2 dt$	• Periodische Signale sind Leistungssignale $P = \frac{1}{N}\sum_0^{N-1} \lvert f[k]\rvert^2$ • für nichtperiodische Leistungssignale $P = \lim_{N\to\infty} \frac{1}{2N+1}\sum_{-N}^{N} \lvert f[k]\rvert^2$

Die Signalenergie W_d (diskret) eines zeitdiskreten Signals $f[k]$ ist definiert durch

$$W_\mathrm{d} = \sum_{k=-\infty}^{\infty} f^2[k]; \text{ kontinuierlich:} W = \int_{-\infty}^{\infty} f^2(t)\,\mathrm{d}t \approx TW_\mathrm{d}; \quad (12.2/6a)$$

mit

$$0 < W_\mathrm{d} < \infty. \qquad \text{zeitdiskretes Energiesignal, Definition} \quad (12.2/6b)$$

Hinweis:

- Die Dimensionen der so definierten Energie für zeitdiskretes und zeitkontinuierliches Signal sind unterschiedlich.
- Wird ein zeitkontinuierliches Signal mit T getastet und seine Energie W_d berechnet, so ergibt sich nach Multiplikation mit T annähernd der Wert W des zeitkontinuierlichen Signals.
- Während der "zeitkontinuierliche" δ-Impuls ein Leistungssignal ist, stellt der zeitdiskrete Impuls mit $\{\delta[k]\} = 1$ bei $k = 0$ ein zeitdiskretes Energiesignal dar.

Das *Leistungssignal* ist definiert durch

$$P_\mathrm{d} = \lim_{N\to\infty} \frac{1}{2N+1} \sum_{k=-N}^{N} f^2[k] \approx P, \quad (12.2/7a)$$

mit

$$0 < P_\mathrm{d} < \infty. \qquad \text{zeitdiskretes Leistungssignal, Definition}$$

Für *periodische* Signale muß $f^2[k]$ über eine Periode gemittelt werden:

$$P_d = \frac{1}{N} \sum_{k=0}^{N-1} f^2[k]. \quad (12.2/7b)$$

Periodische Signale sind stets Leistungssignale.

Hinweis:

- Für Abtastsignale hebt sich der Faktor T bei der Summation für Leistung und Mittelwertbildung heraus.
- Dem Energie- und Leistungssignal liegt der Ersatz des Zeitintegrals durch eine Summe zugrunde

$$y(t) = \int_0^t f(\tau)\,\mathrm{d}\tau \to y[kT] = \sum_{n=0}^{k} f(nT)T \quad (12.2/7c)$$

(Summierung von Rechteckstreifennäherungen).

Testsignale. Die charakteristischen Testsignale Sprung-, Impuls-, Sinus- und Exponentialfunktion verhalten sich vielfach ähnlich zu entsprechenden zeitkontinuierlichen Signalen, doch gibt es einige Abweichungen (Tafel R 12.2/2 und Bild R 12.1/6).

Bei der *Sprungfunktion* Gl.(12.1/8a) ist der Wert $f[0] = 1$ wohl definiert (im Gegensatz zum zeitkontinuierlichen Fall). Deshalb enthält ein Rechteck-

Tafel R 12.2/2 Definition und Eigenschaften von zeitkontinuierlichen und zeitdiskreten Testsignalen

Testsignal	zeitkontinuierlich	zeitdiskret f[k]
• Sprung; Wert im Ursprung	$s(t)$, $s(0)$ nicht definiert (meist $s(0) = 1/2$ gewählt)	$s[k]$ $s[0] = 1$
Impuls	$\delta(t)$	$\delta[k]$
• Impulsfläche $\int_{-\infty}^{\infty} f(\tau)d\tau$	1	1 (bei Signal $\delta[kT]$ $\rightarrow \int f(\tau)d\tau \equiv T$
• Wert im Ursprung	$\delta(0) \rightarrow \infty$ oder nicht definiert	$\delta[0] = 1$
• Produkt (Ausblendung)	$f(t)\delta(t-t_0) = f(t_0)\delta(t-t_0)$	$f[k]\,\delta[k-n] = f[n]\,\delta[k-n]$
• Verschiebung	$\int f(t)\delta(t-t_0)d\tau = f(t_0)$	$\sum f[k]\,\delta[k-n] = f[n]$
• f (t) als Impulssumme	$f(t) = \int f(\tau)\delta(t-\tau)d\tau$	$f[k] = \sum f[n]\,\delta[k-n]$
Skalierung	$\delta(at) = \frac{1}{\lvert a \rvert}\delta(t)$	$\delta[ak] = \delta[k]$
Exponentialsignal	$e^{-\alpha t}s(t)$ für $t \geq 0$ $\left(e^{-\alpha} \rightarrow a\right)$	$a^{-k}s[k]$; $a > 0$ (Verzögerung: $a < 1$ Anwachsen: $a > 1$) Für $a < 0$ ergibt $a < -1$ $(a > -1)$ Anwachsen (Abfall) mit wechselnden Vorzeichen
Harmonisches Signal Cosinus	$\cos(\omega_0 t + \varphi)$	$\cos(\omega_0 k \cdot T_a + \varphi)$
Periode	$T_0 = \frac{2\pi}{\omega_0}$ $\left(f(t) = f(t + nT)\right)$ periodisch für beliebige ω_0	N $f[k] = f[k \pm nN]$ periodisch nur für rationale $\frac{f_0}{f_a} = \frac{T_a}{T_0} \equiv$

impuls $f[k] = s[k] - s[k-N]$ nur insgesamt N (und nicht $N+1$) Proben im Bereich $k = 0 \ldots N-1$.

Der *Dirac-Impuls*, definiert durch

$$\delta[k] = \begin{cases} 0 & k \neq 0 \\ 1 & k = 0 \end{cases},$$

hat die gleichen Wirkungen (Ausblenden, Verschieben, Bildung einer Impulsfolge) wie im zeitkontinuierlichen Fall.

Die (einseitige) *Exponentialfunktion* Gl.(12.1/8a) wird in diskreter Form oft als

$$f[k] = a^k s[k]$$

geschrieben (mit $\exp -\alpha \rightarrow a$ durch Vergleich mit $\exp(-\alpha t)s(t)$). Ist a reell und positiv, so stellt sich für $a > 1$ $(a < 1)$ exponentielles Anwachsen (Abklingen) ein, für negative a gilt: $a < -1$ $(a > -1)$ Anwachsen (Abfallen) mit alternierenden Vorzeichen der Werte.

Harmonische Funktion. Dazu gehören ($T = T_a$)

$$f[k] = \cos(\omega T_a k) = \cos(\omega T_a[k + nN]), \quad f[k] = \exp j\omega T_a k$$

(ω analoge Kreisfrequenz, $f_a = 1/T_a$ Abtastfrequenz).

Die *Periodizitätsforderung* folgt aus (s. Gl.(10.3/8ff.))

$$f[k] = \cos(2\pi f/f_a k) = f[k + N] = \cos(2\pi(f/f_a)(k + N)),$$

sie lautet

$$N\frac{f}{f_a} = n \quad (n \text{ kleinste ganze Zahl, } N \text{ ganz}). \qquad (12.2/8)$$

Eine abgetastete Sinusfunktion ist nur periodisch, wenn die Bedingung (12.2/8) gilt, sonst nicht.

- Im Gegensatz zur zeitkontinuierlichen Sinusfunktion, die für *jede* Frequenz periodisch ist, *kann* die zeitdiskretisierte Sinusfunktion periodisch sein oder nicht. (Trotzdem hat der Gesamtverlauf stets eine periodische Einhüllende, vgl. Bild R 12.2/2.)
- Zwei zeitdiskrete Sinusfunktionen, deren Kreisfrequenzen ω sich um ganze Vielfache von $2\pi/T_a$ unterscheiden, sind *nicht* unterscheidbar. (M.a.W. können gleiche Abtastwerte zu unterschiedlichen Ausgangsfunktionen gehören!) Deshalb ist eine zeitdiskrete Sinusfunktion nur im Bereich $0 \ldots 2\pi$ (Hauptbereich) oder gleichwertig

$$-\pi \leq \omega T_a < +\pi \quad \text{bzw.} -\frac{1}{2} \leq \frac{f}{f_a} < \frac{1}{2} \qquad \text{(Hauptbereich)} \quad (12.2/9)$$

(vgl. Bild R 10.3/5) eindeutig.

12.2.2 Zeitdiskrete Systeme

Systemcharakteristika. So, wie zeitkontinuierliche Netzwerke gleichwertig z.B. durch Differential-, Zustandsgleichung, Gewichts- und Übertragungsfunktion sowie Blockschaltbilder beschrieben werden konnten, gibt es entsprechende Formen auch für zeitdiskrete Netzwerke. Tafel R 12.2/3 enthält eine zusammenfassende Gegenüberstellung (auch für noch zu behandelnde Systemeigenschaften).

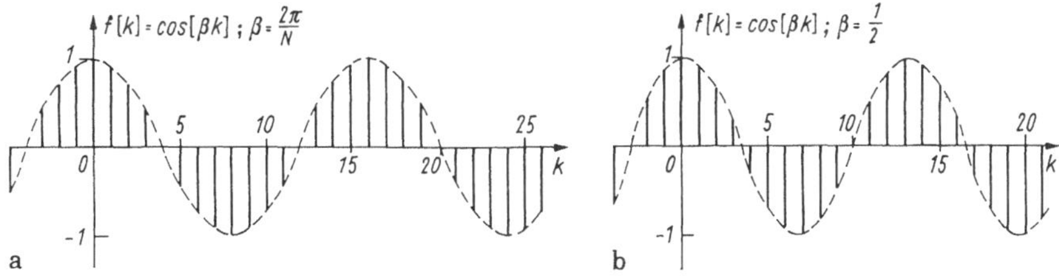

Bild R 12.2/2 Harmonische zeitdiskrete Funktion
a) periodisch, $N = 16$, b) nichtperiodisch

Tafel R 12.2/3 Zusammenstellung von linearen Systemcharakteristiken

	System					
	zeitkontinuierlich		zeitdiskret (SISO, MIMO)			
Zustandsgleichung	Zeitbereich	Bildbereich	Zeitbereich	Bildbereich	Voraussetzungen	Bemerkungen
Zustandsmatrix	$\mathbf{A}\ldots\mathbf{D}$	dto	$\mathbf{A}_d\ldots\mathbf{D}_d$	dto	• wenige Voraussetzungen • bei linearen Systemen Matrixformulierung zweckmäßig	auch für nichtlineare Systemgleichung
Fundamentalmatrix	$\phi(t) = e^{\mathbf{A}t}$	$\phi(p) = (p\mathbf{E} - \mathbf{A})^{-1} \underset{LT}{\leftrightarrow} e^{\mathbf{A}t}$	$\phi[k] = \mathbf{A}^k$	$\phi[z] = \mathbf{C}(z\mathbf{E} - \mathbf{A})^{-1}\mathbf{B} + \mathbf{D}$	nur für LTI-Systeme ohne Anfangsenergie	• zweckmäßig bei komplexen Systemen und für Mehrfachein-/ausgänge • ausgebaute numerische Verfahren vorhanden
Gewichtsmatrix	$\mathbf{g}(t) = \mathbf{C}\phi(t)\mathbf{B} + \mathbf{D}\delta(t)$	Übertragungsmatrix $\mathbf{G}(p) = \mathbf{C}\phi(p)\mathbf{B} + \mathbf{D}$	$\mathbf{g}[k] = \mathbf{C}_d\mathbf{A}_d^{k-1}\mathbf{B} + \mathbf{D}\delta[k]$	$\mathbf{G}[k] = \mathbf{C}_d\phi[k-1]\mathbf{B}_d + \mathbf{D}_d\delta[k]$	nur für LTI-Systeme ohne Anfangsenergie	
Impulsantwort (Eingrößensystem)	$g(t) = \mathbf{c}^T e^{\mathbf{A}t}\mathbf{b} + d\delta(t)$	Übertragungsfunktion $G(p) = \mathbf{c}[p\mathbf{E} - \mathbf{A}]^{-1}\mathbf{b} + d$	$g[k] = \begin{cases} d & k = 0 \\ \mathbf{c}\mathbf{A}^{k-1}\mathbf{b} & k > 0 \end{cases}$ SISO	$G_z[z] = \mathbf{c}[z\mathbf{E} - \mathbf{A}]^{-1}\mathbf{b} + d$	"	• Faltung in einfachen Fällen zweckmäßig • zweckmäßig für numerische Lösungen • Verbindung zwischen Zeit- und Frequenzbereich
Differentialoperator (Differentialgleichung), (Simulationsmodell)	$D_y^n = \sum_{\nu=0}^{n} a_\nu \frac{d^\nu}{dt^\nu}; D_x^m$	algebr. Gleichung $\sum_{\nu=0}^{n} \alpha_\nu p^\nu$	$D_y^n = \sum_{i=1}^{n} \alpha_i T^i; D_x^m$	algebr. Gleichung	sehr wenige, bestimmte Lösungsannahmen	zweckmäßig nur für niedere Ordnung
Blockschaltbild	aus Integratoren, Multiplizierern, Addierern,		aus Verzögerungselementen, Addierern, Multiplizierern			
Signaldiagramm		Signalflußgraph	dto			

Der Übergang vom zeitkontinuierlichen zum zeitdiskreten System erfolgt durch Annäherung der Differentiation und Integration durch Differenzen bzw. diskrete Algorithmen (→ Diskretisierung, s. später Abschn. 12.5.3.1)).

Bei Überführung des Differentials in einen Differenzenquotienten ($y = dx/dt \to y(kT) = \Delta x(kT)/\Delta t$ mit $\Delta t = T$) kann der *Differentialalgorithmus* (abhängig von der Ordnung) benachbarte Folgewerte in zwei Varianten einschließen (Tafel R 12.2/4)

Rückwärtsdifferenz $y_k = \frac{x[k]-x[k-1]}{T}$ *Vorwärtsdifferenz* $y_k = \frac{x[k+1]-x[k]}{T}$.

Der letztere Algorithmus liefert die Differenz stets um eine Abtastzeit T verzögert, weil $x[k+1]$ zum Zeitpunkt kT noch nicht vorliegt.

Bei Annäherung durch *zentrale Differenzbildung* werden die Werte f_{k+1} und f_{k-1} verwendet. Höhere Ableitungen ergeben sich sinngemäß. Unter Anwendung des Verschiebeoperators z^{-1} (Verzögerung um einen Zeitschritt T) sind die in der Tafel angegebenen gleichwertigen Ausdrücke sofort verständlich.

Die Rückwärtsdifferenzbildung wird üblicherweise eingesetzt, doch es gibt noch weitere Diskretisierungsverfahren. Die so aus der Differentialgleichung entstehende Differenzengleichung kann bei der numerischen Lösung instabil sein. Darauf ist bei Wahl der Differenzenform u.U. zu achten.

Differenzengleichung. Ein lineares zeitdiskretes System (üblicherweise als Digitalfilter bezeichnet) mit konstanten Koeffizienten wird durch eine lineare Differenzengleichung n-ter Ordnung mit konstanten Koeffizienten beschrieben oder gleichwertig durch n Differenzengleichungen erster Ordnung.

Die Differenzengleichung n-ter Ordnung lautet (abhängig von der gewählten Differenzenform, Tafel R 12.2/4)

$$\sum_{i=0}^{n} \alpha_i y[k+i] = \sum_{j=0}^{m} \beta_j x[k+j] \quad m \le n \quad \textit{Vorwärtsform} \qquad (12.2/10a)$$

oder gleichwertig

$$\sum_{i=0}^{n} \alpha_i y[k-i] = \sum_{j=0}^{m} \beta_j x[k-j] \quad m \le n, \quad \text{oft mit } \alpha_0 = 1\,. \qquad (12.2/10b)$$

Rückwärtsform (rekursive Form)

Die Lösung ist eine Folge von Funktionswerten $y(0), y(1), \ldots$ Die zweite Form folgt durch Ersetzen $k \to k+i \to k$ und läßt sich praktisch gut realisieren.

Tafel R 12.2/4 Differenzenalgorithmen

	Vorwärts		Rückwärts	
1. Ordnung	$\Delta f[k] = f[k+1] - f[k]$ $= f_{k+1} - f_k$	$(z-1)\{f[k]\}$	$f[k] - f[k-1]$ $f_k - f_{k-1}$	$(1-z^{-1})\{f[k]\}$
2. Ordnung	$\Delta^2 f[k] = \Delta f_{k+1} - \Delta f_k$ $= f_{k+2} - 2f_{k+1} + f_k$	$(z-1)^2\{f[k]\}$	$\Delta f_k - \Delta f_{k-1}$ $= f_k - 2f_{k-1} + f_{k-2}$	$(1-z^{-1})^2\{f[k]\}$
nte. Ordnung	$\Delta^n f_k = \Delta^{n-1} f_{k+1} - \Delta^{n-1} f_k$ $= \sum_{i=0}^{n} (-1)^i \binom{n}{i} f_{k+n-i}$	$(z-1)^n\{f[k]\}$	$\Delta^{n-1} f_k - \Delta^{n-1} f_{k-1}$ $= \sum_{i=0}^{n} (-1)^i \binom{n}{i} f_{k-n+i}$	$(1-z^{-1})^n\{f[k]\}$

Zentrale Differenz

erste Ordnung $\Delta f_k = \frac{f_{k+1} - f_{k-1}}{2}$ usw.

Man unterscheidet nach dem *Typ* der Differenzengleichung

- *rekursive Systeme* (IIR-Systeme, infinite impuls systems) mit $\alpha_i \neq 0$ für wenigstens ein i, (Gl.(12.2/10b)). Dann ist *Rückführung vorhanden* und das Ausgangssignal hängt von der Erregung und vorhergehenden Werten $y[k-i]$ ab
- *nichtrekursive Systeme* (FIR-Systeme, finite impuls systems), keine Rückführung, alle α_i außer α_0 gleich Null, Ausgang *nicht* abhängig von vorherigen Werten mit

$$y[k] = \sum_{j=0}^{m} \beta_j x[k-j]. \qquad (12.2/10c)$$

(Das Ausgangssignal kann als gewichtete Summe (sog. bewegter Mittelwert) der gegenwärtigen und vergangenen Erregerwerte verstanden werden.)

Die Ordnung der Differenzengleichung ist gleich der Zahl der Verzögerungsschritte n der Ausgangsfolge; die Größe $n+1$ heißt auch "Filterlänge".

Die Differenzengleichung Gl.(12.2/10) wird gelöst

- rekursiv durch sukzessives Einsetzen, beginnt mit einem Anfangswert (sog. rekursive Lösung)
- mit direktem Lösungsansatz (wie bei DGln) und Berechnung der homogenen und partikulären Lösungen oder des Nulleingangs- und Nullzustandsverhaltens
- durch Z-Transformation und Lösung einer algebraischen Gleichung.

Wie bei gewöhnlichen Differentialgleichungen gibt es Anfangswerte, eine charakteristische Gleichung und Eigenwerte.

Rekursive Lösung. Durch Umstellen von Gl.(12.2/10b) mit $\alpha_0 = 1$

$$y[k] = \sum_{j=0}^{m} \beta_j x[k-j] - \sum_{i=0}^{n} \alpha_i x[k-i] \qquad (12.2/11)$$

ergibt sich $y[k]$ rekursiv durch nur drei Rechenoperationen: Addition, Multiplikation und Verzögerung (Speicherung) um die Taktzeit T. Dabei ist der Parameter k schrittweise bei $k=0$ beginnend, um jeweils 1 zu erhöhen.

Vorteil: leichte Ausführbarkeit, direkte rechentechnische Umsetzung möglich, Nachteil: keine geschlossene Lösung (in Sonderfällen durch Zusammenfassung über Reihendarstellungen auch analytische Lösung möglich), keine direkte Aussage über dynamisches Verhalten und Systemstabilität möglich.

Formale Lösung. Analog zur Lösung einer Differentialgleichung wird die Differenzengleichung gelöst durch Lösung der *homogenen Differenzengleichung* ($\rightarrow y_{\mathrm{h}}[k]$), Gewinnung der *Partikulärlösung* der inhomogenen Gleichung ($\rightarrow y_{\mathrm{p}}[k]$), Überlagerung ($y[k] = y_{\mathrm{h}}[k] + y_{\mathrm{p}}[k]$) und Anpassung der Lösung an die Anfangswerte.

Gleichwertig kann auch das *Nullzustands-* und *Nulleingangsverfahren* angewendet werden. Die charakteristische Gleichung der rekursiven Differenzengleichung (12.2/10b) folgt mit dem Ansatz $y[k]$ für die homogene Gleichung

$$y[k] + \sum_{i=1}^{n} \alpha_i y[k-i] = 0$$

zu:

$$C_z^k(1 + \alpha_1 z^{-1} + \alpha_2 z^{-2} + \ldots + \alpha_n z^{-n}) = 0. \qquad (12.2/12)$$

Die charakteristische Gleichung (verschwindende Klammer) hat in faktorisierter Form (Einfachwurzeln)

$$(1 - r_1 z^{-1})(1 - r_2 z^{-1}) \ldots (1 - r_n z^{-1}) = 0$$

n *charakteristische Wurzeln* $z_1 = r_1$, $z_2 = r_2$, ..., $z_n = r_n$. Sind die Anfangswerte $y[-1]$, $y[-2]$ ... $y[-n]$ gegeben, so folgt daraus schließlich

$$y_{\mathrm{AW}}^{(k)} = C_1(r_1)^k + C_2(r_2)^k + \ldots C_n(r_n)^k = \sum_{i=1}^{n} C_i(r_i)^k \qquad (12.2/13)$$

(bei Mehrfachwurzeln entsprechende Abwandlung).

Die Lösung der vollständigen Differenzengleichung für gegebene Eingangserregung und Anfangswerte kann entweder iterativ Gl.(12.2/11) oder in Sonderfällen auch analytisch erfolgen.

Beispielsweise hat die Differenzengleichung erster Ordnung

$$y[k] + \alpha_1 y[k-1] = \beta_0 x[k]$$

mit dem Anfangswert $y[-1] = 0$ bei Sprungerregung $x[k] = X$ $(k \geq 0)$ folgende Iterationslösungen:

$$\begin{aligned}
y[0] &= \beta_0 X, \quad y[1] = \beta_0 X - \alpha_1 \beta_0 X = \beta_0 X[1 - \alpha_1] \\
y[2] &= \beta_0 X[1 - \alpha_1 + \alpha_1^2] \ldots \\
&\vdots \\
y[l] &= \beta_0 X(1 - \alpha_1 + \alpha_1^2 + \ldots(-\alpha_1)^l) = \beta_0 X \sum_{i=0}^{l} (-\alpha_1)^i.
\end{aligned}$$

Die rechte Summe ist geschlossen darstellbar

$$\sum_{i=0}^{l} (-\alpha_1)^i = \frac{1 - (-\alpha_1)^{l+1}}{1 + \alpha_1} \qquad \alpha_1 \neq -1$$

und ergibt als Lösung

$$y[k] = \beta_0 X \frac{1 - (-\alpha_1)^{k+1}}{1 + \alpha_1}. \qquad (12.2/14)$$

Ist beispielsweise die Differenzengleichung

$$\alpha_3 y(kT - 3T) + \alpha_2 y(kT - 2T) + \alpha_1 y(kT - T) + \alpha_0 y(kT) = x_{\mathrm{err}}(kT) \quad (12.2/15)$$

dritter Ordnung mit der Erregung $x_{\mathrm{err}}(kT)$ gegeben, so lautet die Rekursivform

$$y(kT) = \frac{1}{\alpha_0}(x_{\mathrm{err}}(kT) - \alpha_3 y(kT - 3T) - \ldots \alpha_1 y(kT - T)). \qquad (12.2/16)$$

Zur Berechnung sind jeweils die N letzten Anfangswerte erforderlich und damit auch die Anfangswerte

$$y(-T) = y_1 \quad y(-2T) = y_2 \ldots y(-NT) = y_N.$$

Im Gegensatz zu Differentialgleichungen (wo neben $y(t)$ auch die $N - 1$ ersten Ableitungen eingehen), gehen hier die N Anfangswerte y_n ein.

Für praktische Fälle erfolgt die Lösung der Differenzengleichung oft besser

- durch *Testsignale* (Dirac-Impuls und Sprung) und Nutzung der *Gewichtsfolge* $\{g[k]\}$ oder *Sprungfolge* $\{h[k]\}$ für die allgemeine Lösung und/oder
- durch Verwendung der Z-Transformation (Lösung über Bildbereich).

Gewichtsfolge, Übergangsfolge. So wie bei zeitkontinuierlichen Systemen die *Gewichtsfunktion* $g(t)$ das System dynamisch charakterisiert (s. Abschn. 8.2.2), übernimmt dies im zeitdiskreten Fall die *Gewichtsfolge* $g[k]$ (Systemanfangswerte $= 0$ vorausgesetzt).

Die Gewichtsfolge $g[k]$ ist die Systemantwort $y[k]$ auf den diskreten Impuls $x[k] = \delta[k]$ (Bild R 12.2/3).

Rekursiv ergibt sich damit aus Gl.(12.2/11) der Reihe nach

$$g[0] = \beta_0, \quad g[1] = \beta_1 - \alpha_1\beta_0$$
$$g[2] = \beta_2 - \alpha_1(\beta_1 - \alpha_1\beta_0) - \alpha_2\beta_0 \quad \text{usw.}$$

oder verallgemeinert

$$g[k] = \beta_k - \sum_{i=1}^{n} \alpha_i g[k-i] \qquad \text{Gewichtsfolge zur Differenzengleichung (12.2/10).} \qquad (12.2/17)$$

Für Differenzengleichungen erster und zweiter Ordnung wurden die Gewichtsfolgen in Tafel R 12.2/5 und R 12.2/6 angegeben (im Abschnitt 12.3.1 näher diskutiert). In beiden Beispielen führen die Vorwärts- und Rückwärtsdifferenzdarstellungen Gl.(12.2/10) auf die gleiche Übertragungsfunktion (unterschiedliche Koeffizientenzuordnungen beachten!).

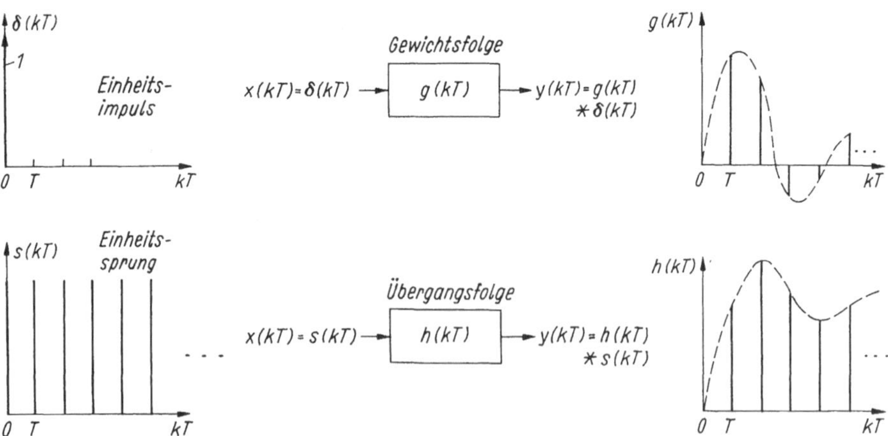

Bild R 12.2/3 Testsignale und Systemausgänge

Tafel R 12.2/5 Grundeigenschaften eines rekursiven Systems erster Ordnung

Differenzengleichung		Zustandsgleichung
Vorwärtsform $a_1 y(kT+T) + a_0 y(kT) = b_1 x(kT+T) + b_0 x(kT)$	Rückwärtsform $\alpha_1 y(kT-T) + \alpha_0 y(kT) = \beta_1 x(kT-T) + \beta_0 x(kT)$ Zuordnung $a_1 = \alpha_0 \quad b_1 = \beta_0$ $a_0 = \alpha_1 \quad b_0 = \beta_1$	$z(kT+T) = az(kT) + bx(kT)$ $y(kT) = cz(kT) + dx(kT)$ Zuordnung $a_1 = -\alpha_1 \quad c = 1$ oder $c = \beta_1 - \beta_0\alpha_1$ $d = \beta_0 \quad b = \beta_1 - \beta_0\alpha_1 \quad b = 1$
Gewichtsfolge $g(kT) = \frac{\beta_1}{\alpha_1}\delta(kT) + \left(\frac{\beta_0}{\alpha_0} - \frac{\beta_1}{\alpha_1}\right)\left(-\frac{\alpha_1}{\alpha_0}\right)^k s(kT)$		
Übertragungsfunktion $G_z(z) = \frac{b_1 z + b_0}{z + a_0} = \frac{\beta_1 z^{-1} + \beta_0}{\alpha_1 z^{-1} + \alpha_0} = \frac{\beta_0}{\alpha_0}\frac{z - z_{01}}{z - z_{p1}};\ z_{p1} = -\frac{\alpha_1}{\alpha_0};\ z_{01} = -\frac{\beta_1}{\alpha_0}$		
mit Anfangswert y(-T) (und x(-T)=0) $Y_z(z) = \frac{-\alpha_1 y(-T)}{\alpha_0 + \alpha_1 z^{-1}} + \frac{\beta_0 + \beta_1 z^{-1}}{\alpha_0 + \alpha_1 z^{-1}} X_z(z),$ stabil für $\lvert\alpha_1\rvert < 1$		
Block-Realisierungen 1. Kanonische Form 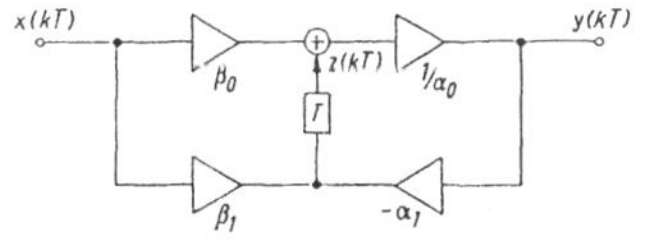		2. Kanonische Form 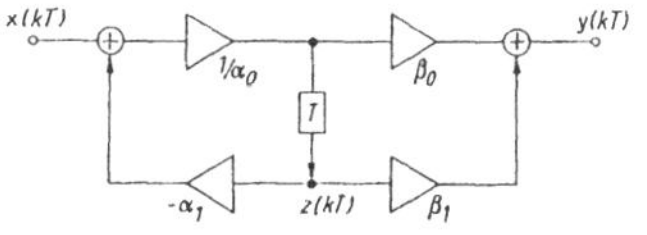

In die Tafel wurden ferner eingetragen

- der Einfluß von Anfangswerten (s.u.)
- Struktursersatzschaltungen mit Verzögerungs-, Addier- und Multipliziergliedern. Es ergeben sich äquivalente Formen zu zeitkontinuierlichen Systemen (s. Bilder R 11.2/3-6 und R 8.8/6). Da es zu jedem System mehrere gleichwertige Blockschaltbilder gibt, wurden in Tafel R 12.2/5, 6 kanonische Formen mit möglichst wenigen Verzögerungsgliedern ausgewählt.

Hinweis: Die Gewichtsfolge läßt sich einfacher mittels Z-Transformation berechnen, so wie die Gewichtsfunktion $g(t)$ durch LT der Übertragungsfunktion hervorgeht.

Die *Übergangsfolge* $h[k]$ entspricht der *Übergangsfunktion* $h(t)$ (Reaktion auf Sprungerregung) des zeitkontinuierlichen Systems, s. Abschn. 8.2.2.

Die Systemreaktion $y[k]$ auf die Eingangssprungfolge $x[k] = s[k]$ heißt *Sprung-*, *Übergangsantwort* oder *-folge* $h[k]$ (Bild R 12.2/3). Gewichts- und Übergangsfolge sind folgendermaßen verknüpft:

$$g[k] = h[k] - h[k-1], \quad h[k] = \sum_{\nu=-\infty}^{k} g[\nu] \qquad (12.2/18)$$

(nichtkausal, kausal ist von $\nu = 0$ an zu summieren).

So kann die Impulsantwort aus der Sprungantwort bestimmt werden; nach Gl.(12.2/17) auch rekursiv

Tafel R 12.2/6 Eigenschaften eines rekursiven Systems zweiter Ordnung

Differenzengleichung

Vorwärtsform

$$a_2 y(kT+2T) + a_1 y(kT+T) + a_0 y(kT) = b_2 x(kT+2T) + b_1 x(kT+T) + b_0 x(kT)$$

Rückwärtsform

$$\alpha_2 y(kT-2T) + \alpha_1 y(kT-T) + \alpha_0 y(kT) = \beta_2 x(kT-2T) + \beta_1 x(kT-T) + \beta_0 x(kT)$$

Zuordnungen

$a_2 = \alpha_0$ $a_1 = \alpha_1$ $a_0 = \alpha_2$ $b_2 = \beta_0$ $b_1 = \beta_1$ $b_0 = \beta_2$

Zustandsform

$$\mathbf{z}(kT+T) = \mathbf{A}\mathbf{z}(kT) + \mathbf{b}x(kT)$$
$$y(kT) = \mathbf{c}\mathbf{z}(kT) + dx(kT)$$

Zuordnungen

$$\mathbf{A} = \begin{pmatrix} -\alpha_1 & 1 \\ -\alpha_2 & 0 \end{pmatrix};\ \mathbf{b} = \begin{pmatrix} \beta_1 & -\alpha_1\beta_0 \\ \beta_2 & -\alpha_2\beta_0 \end{pmatrix} \quad \text{oder} \quad \mathbf{A} = \begin{pmatrix} -\alpha_1 & -\alpha_2 \\ 1 & 0 \end{pmatrix};\ \mathbf{b} = \begin{pmatrix} 1 \\ 0 \end{pmatrix}$$

$\mathbf{c}^T = (1,0);\ d = \beta_0$ $\mathbf{c}^T = (\beta_1 - \alpha_1\beta_0; \beta_2 - \alpha_2\beta_0);\ d = \beta_0$

Gewichtsfolge $(\alpha_2 \neq 0)$

- reelle Pole $\left(\alpha_1^2 > 4\alpha_0\alpha_2\right)$: $g(kT) = \frac{\beta_0}{\alpha_0} \cdot \frac{1}{z_{p_1} - z_{p_2}} \left(z_{p_1}^{k+1} - z_{p_2}^{k+1}\right) s(kT)$; $z_{p_1} = e^{p_1 T}$, $z_{p_2} = e^{p_2 T}$

  Pole: $z_{p1}, z_{p2} = -\frac{\alpha_1}{2\alpha_0} \pm \sqrt{(\ )^2 - \frac{\alpha_2}{\alpha_0}}$

- reeller Doppelpol $\left(\alpha_1^2 = 4\alpha_0\alpha_2\right)$: $g(kT) = \frac{\beta_0}{\alpha_0} \cdot (k+1) z_{p_1}^k s(kT)$ mit $z_{p_1} = z_{p_2} = -\frac{\alpha_1}{2\alpha_2}$
- konjungiert komplexe Pole $\left(\alpha_1^2 < 4\alpha_0\alpha_2\right)$

$$g(kT) = \frac{\beta_0 r_1^k}{\alpha_0 \sin\omega_1 T} \sin[\omega_1(k+1)T] s(kT) \text{ mit } z_{p1} = r_1 e^{j\omega_1 T};\ z_{p2} = z_{p1}^* = r_2 e^{-j\omega_2 T}$$

Übertragungsfunktion. Lösung im Bildbereich

$$Y_z(z) = G_z(z) \cdot X_z(z) + \frac{AW}{N_z(z)} = \frac{\beta_2 z^{-2} + \beta_1 z^{-1} + \beta_0}{\alpha_2 z^{-2} + \alpha_1 z^{-1} + \alpha_0} X_z(z) + \frac{[-\alpha_1 y(-T) - \alpha_2 y(-2T)] - \alpha_2 y(-T) z^{-1}}{\alpha_2 z^{-2} + \alpha_1 z^{-1} + \alpha_0}$$

Übertragungsfunktion (Anfangswerte null)

$$G_z(z) = \frac{\beta_0}{\alpha_0} \frac{(z - z_{01})(z - z_{02})}{(z - z_{p1})(z - z_{p2})}$$

Nullstellen: $z_{01}, z_{02} = -\frac{\beta_1}{2\beta_0} \pm \sqrt{(\ )^2 - \frac{\beta_2}{\beta_0}}$

stabil bei $\alpha_2 < 1;\ |\alpha_1| < 1 + \alpha_2$

Realisierung: 1. kanonische Form

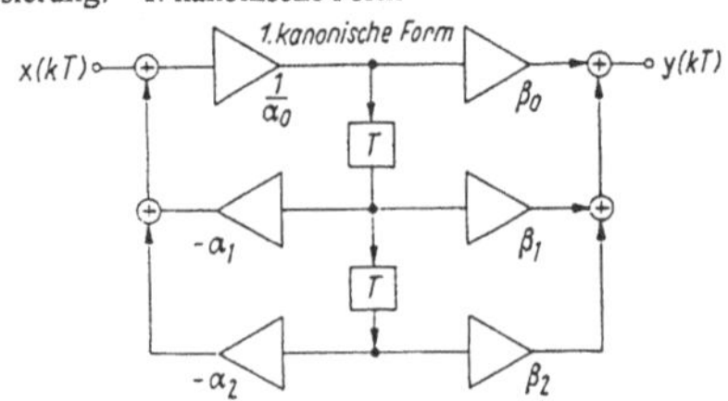

2. kanonische Form

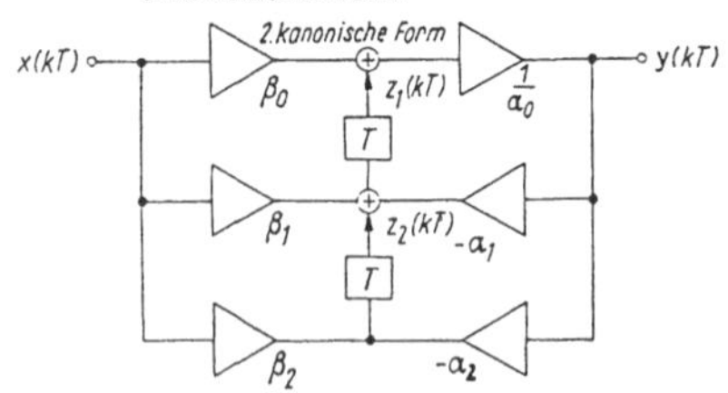

$$h[k] = \sum_{\mu=0}^{k} \beta_\mu - \sum_{i=1}^{n} \alpha_i h[k-1] \qquad (12.2/19)$$

mit $g[m] = h[m] = 0$ für $m < 0$.

Hinweis: Die Übertragung der "Gewichtsfolge" auf Mehrgrößensysteme führt zur "Gewichts(folge)matrix", s. Abschn. 12.6).

Diskrete Faltung. Mit der Impulsantwort (→ Gewichtsfolge) folgt als Systemreaktion bei beliebiger Erregung $x[k]$ (wie im zeitkontinuierlichen Fall) durch Faltung

$$\begin{aligned} y[k] &= x[k] * g[k] = g[k] * x[k] = \sum_{\nu=-\infty}^{\infty} x[k]g[k-\nu] \\ &= \sum_{\nu=-\infty}^{\infty} g[\nu]x[k-\nu] \qquad \text{Diskrete Faltung} \qquad (12.2/20) \end{aligned}$$

(Sprich: $x[k]$ gefaltet mit $g[k]$), entspricht dem Faltungsintegral für zeitkontinuierliche Systeme). Die Summe heißt *Faltungssumme.* (Bei kausalen Systemen reduziert sich die untere Summengrenze auf $\nu = 0$.)

Die diskrete Faltung Gl.(12.2/20) stellt die grundlegende Übertragungsgleichung zeitdiskreter Systeme im Zeitbereich dar.

Hinweis: Die Faltung Gl.(12.2/20) ist kommutativ, distributiv $x[k] * (g_1[k] + g_2[k]) = x[k] * g_1[k] + x[k] * g_2[k]$ und assoziativ $(x[k] * g_1[k]) * g_2[k] = x[k] * (g_1[k] * g_2[k])$.

Die Faltungssumme Gl.(12.2/20) wird gewonnen

- numerisch, wenn die Variablen als Folgen vorliegen (leicht programmierbar)
- graphisch
- analytisch, bei analytischer Angabe der Folgen.

Die Faltungssumme (12.2/20) ist eine algebraische Gleichung und einfach zu berechnen

$$\begin{aligned} y[0] &= g[0]x[0] \\ y[1] &= g[1]x[0] + g[0]x[1] \\ y[2] &= g[2]x[0] + g[1]x[1] + g[0]x[2] \end{aligned}$$

oder in Matrixschreibweise

$$\begin{pmatrix} y[0]) \\ y[1] \\ y[2] \\ . \end{pmatrix} = \begin{pmatrix} g[0] & 0 & 0 & 0 & . & . \\ g[1] & g[0] & 0 & 0 & . & . \\ g[2] & g[1] & g[0] & 0 & . & . \\ . & . & . & . & . & . \end{pmatrix} \cdot \begin{pmatrix} x[0] \\ x[1] \\ x[2] \\ . \end{pmatrix} \qquad (12.2/21)$$

(untere Dreiecksmatrix).

Hinweis: Gl.(12.2/21) erlaubt, zu gegebenen Eingangs-, Ausgangssignalen die zugehörige Gewichtsfunktion zu finden (Syntheseproblem)

$$g[0] = \frac{y[0]}{x[0]} \quad g[k] = \frac{1}{x[0]}\left[y[k] - \sum_{\nu=0}^{k-1} x[k-\nu]g[\nu]\right] \quad \text{bei } k \geq 1. \qquad (12.2/22)$$

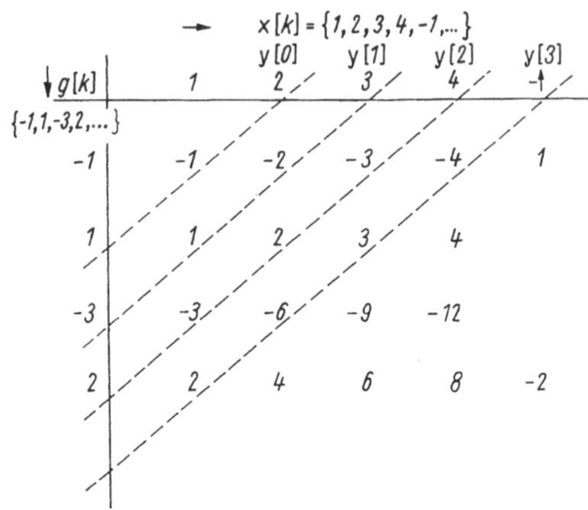

Bild R 12.2/4 Bildung der Faltungssumme durch Einzelproduktbildung

Die Faltung kann außer nach Gl.(12.2/21) auch mit Bild R 12.2/4 erfolgen. $x[k]$ und $g[k]$ werden in die obere Reihe und linke Zeile des Schemas gelegt. Die Produkte sind die Tabelleneinträge und die Einträge längs der punktierten Linie bilden die Lösungen:

$$y[0] = -1, \quad y[1] = -2 + 1 = -1, \quad y[2] = -3 + 2 - 3 = -4.$$

12.3 Beschreibung im Bildbereich

Die Z-Transformation eignet sich - wie die Laplace-Transformation für zeitkontinuierliche Systeme - insbesondere zur Lösung linearer, zeitinvarianter Differenzengleichungen über den Bildbereich. Dazu wird

- die Differenzengleichung unter Nutzung der Verschiebeeigenschaften (und einbezogener Anfangswerte) in den Z-Bereich transformiert, die Lösung algebraisch gewonnen und
- durch Rücktransformation (mittels Partialbruchmethode) die Lösung im Zeitbereich gesucht. Sie kann in Nullzustands-, Nulleingangs- oder erzwungene und natürliche Komponenten aufgeteilt werden.

Für anfangswertfreie Systeme folgt daraus die Methode der Übertragungsfunktion.

12.3.1 Übertragungsfunktion

Übertragungsfunktion $G_z(z)$. So, wie für lineare zeitkontinuierliche Systeme die Übertragungsfunktion $G(p) = \text{LT}\{y(t)\}/\text{LT}\{x(t)\}$ im Bildbereich definiert war (s. Gl.(11.3/1)), läßt sich die *Z-Übertragungsfunktion* $G_z(z)$ als Verhältnis der Z-transformierten Ausgangs- und Eingangsfolge allgemein de-

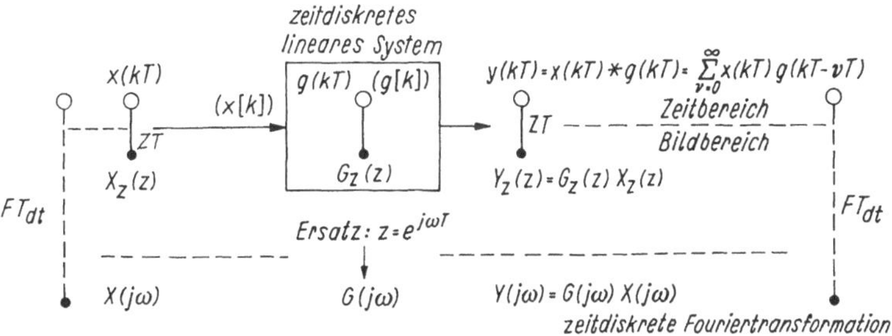

Bild R 12.3/1 Berechnung der Systemreaktion eines zeitdiskreten Systems im Zeit- und Bildbereich

finieren und speziell bei Impulserregung (im energielosen Fall bei $t = 0$) (Bilder R 12.2/3 und R 12.3/1):

$$G_z(z) = \left.\frac{Y_z(z)}{X_z(z)}\right\|_{\mathrm{AW}=0} = \frac{\mathrm{ZT}\,\{y[k]\}}{\mathrm{ZT}\,\{x[k]\}}.$$	Z-Übertragungsfunktion, Definition	(12.3/1)

Sie ergibt sich gleichwertig

1. durch Z-Transformation der Gewichtsfolge $g[k]$ Gl.(12.2/17)

$$G_z(z) = \mathrm{ZT}\,\{g[k]\} = \sum_{k=0}^{\infty} g[k] z^{-k}. \tag{12.3/2}$$

Die Z-Übertragungsfunktion (des zeitdiskreten LTI-Systems) ist die Z-Transformierte *Gewichtsfolge.*

$G_z(z)$ ist gebrochen rational und kann mit Gl.(12.2/17) auch als Summe einer unendlichen Potenzreihe von z^{-1} dargestellt werden mit den jeweiligen Gewichtsfunktionen als Koeffizienten

2. aus der Differenzengleichung n-ter Ordnung (mittels der Rekursionsdarstellung Gl.(12.2/10b))

$$G_z(z) = \frac{Y(z)}{X(z)} = \frac{\sum_{\mu=0}^{m} \beta_\mu z^{-\mu}}{1 + \sum_{\nu=1}^{n} \alpha_\nu z^{-\nu}}. \tag{12.3/3a}$$

Weitere gleichwertige Darstellungen der Z-Übertragungsfunktion sind

- die *Produktform*

$$G_z(z) = \beta_0 z^{n-m} \frac{\prod_{\mu=1}^{m}(z - z_{0\mu})}{\prod_{\nu=1}^{n}(z - z_{p\nu})} \tag{12.3/3b}$$

Pole $z_{p\nu}$ aus $z^n + \alpha_1 z^{n-1} + \ldots \alpha_{n-1} z + \alpha_n = 0$, Nullstellen $z_{0\mu}$ aus $\beta_0 z^m + \beta_1 z^{m-1} + \ldots \beta_{m-1} z + \beta_m = 0$ ermittelt.

Zufolge der reellen Koeffizienten treten nur reelle oder paarweise konjugiert-komplexe Null- und Polstellen auf.

- die *Partialbruchform* (einfache Pole)

$$G_z(z) = c_o + \sum_{\nu=1}^{n} \frac{A_\nu}{z - z_{p\nu}}. \tag{12.3/3c}$$

Dabei gilt: Zeitdiskrete Systeme aus endlich vielen Elementen (Addierer, Multiplizierer, Verzögerungsglieder) haben stets eine rationale Z-Übertragungsfunktion $G_z(z)$.

3. Weitere Möglichkeiten zur Gewinnung der Übertragungsfunktion G_z sind (s. auch Tafel R 12.2/3):
   - der Frequenzgang $G_z(j\Omega)$ abhängig von der Form, durch Ersatz $j\Omega = j\omega T \to \ln z$ (nicht eindeutig)
   - das *Blockschaltbild* (über Differenzengleichung oder Mason-Zustandsgraph)
   - die *Gewichtsmatrix* (s. Abschn. 12.6).

   Hinweis: Hat die Differenzengleichung (12.2/10) Anfangswerte AW, so lautet die Ausgangsgröße im Z-Bereich

$$Y_z(z) = G_z(z)X_z(z) + \frac{\mathrm{AW}}{N_z(z)} = \frac{Z_z(z)}{N_z(z)}X_z(z) + \frac{\mathrm{AW}}{N_z(z)}. \tag{12.3/4}$$

   Dabei sind $Z_z(z)$, $N_z(z)$ Zähler bzw. Nenner der Z-Übertragungsfunktion nach Gl.(12.3/3). Für zeitdiskrete Systeme erster und zweiter Ordnung wurden die Anfangswerte in den Tafeln R 12.2/5, 6 mit berücksichtigt, sie können ebenso direkt in die Lösung der Differenzengleichung im Zeitbereich eingearbeitet werden.

   Zur Berechnung der Systemreaktion $Y_z(z)$ wird zunächst die Z-Transformierte $X_z(z)$ des Eingangssignals bestimmt (→ Tabelle), mit $G_z(z)$ multipliziert und das so gewonnene Ausgangssignal $Y_z(z)$ rücktransformiert (bei rationaler Funktion in Partialbrüche entwickeln und dann rücktransformieren).

Die *Rücktransformation* von $G_z(z)$ kann erfolgen

- durch Partialbruchentwicklung und Tabellennutzung für die gewonnene Exponentialfunktion (vor allem bei einfachen Polen)
- durch Reihenentwicklung nach Potenzen von z^{-1}
- rekursiv durch Bestimmung einzelner $g[k]$ durch Ausdividieren (s. o.).

Dynamisches Verhalten. Liegt ein Abtastsystem mit der Z-Übertragungsfunktion Gl.(12.3/3a) vor, so folgt nach Partialbruchzerlegung gleichwertig die Darstellung

$$\begin{aligned} G_z(z) &= \beta_0 + \underbrace{\sum_\nu \frac{zc_\nu}{z - z_\nu}}_{(1)} + \underbrace{\sum_i \frac{z\beta_i \exp(-\alpha_i T)\sin\omega_i T}{z^2 - 2z\exp(-\alpha_i T)\cos\omega_i T + \exp(-2\alpha_i T)}}_{(2)} \\ &+ \underbrace{\sum_j \frac{\gamma_j z(z - \exp(-\alpha_j T)\cos\omega_j T)}{z^2 - 2z\exp(-\alpha_j T)\cos\omega_j T + \exp(-2\alpha_j T)}}_{(3)}. \end{aligned} \tag{12.3/5}$$

In der zugehörigen Abtastgewichtsfunktion (Einschalten eines Impulses) treten drei typische Eigenformen (wie im zeitkontinuierlichen Fall) auf:

- einfache Pole z_ν: $\frac{z}{z-z_\nu} = \mathrm{ZT}\left[z_\nu^k\right]$ (Term 1, Bild R 12.3/2a), zu denen exponentielles Abklingen gehört (Fall 1), (Anklingen bei Instabilität, Fall 3). Es entstehen - abhängig von der Pollage - positive und negative Einzelimpulse (Fälle 4, 5)

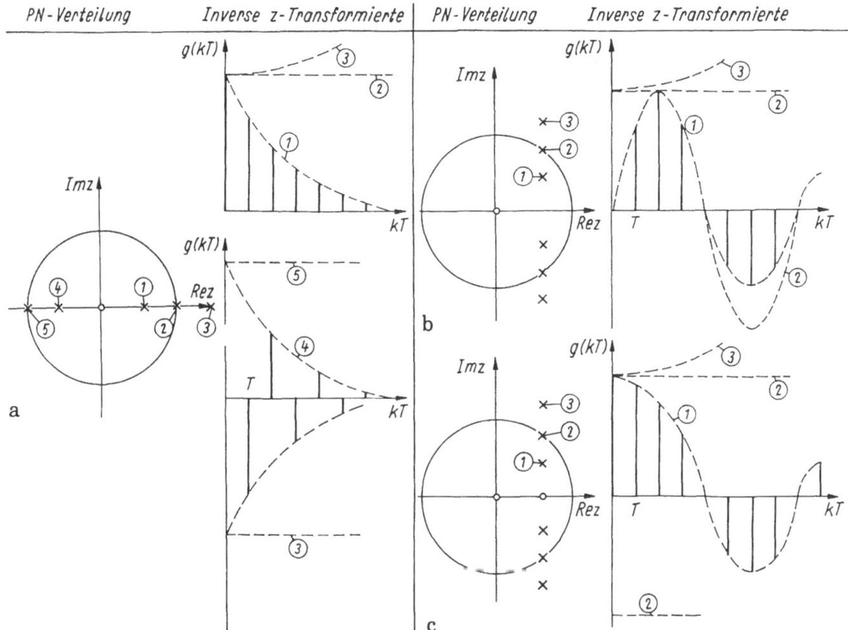

Bild R 12.3/2 Einfluß der Pole auf das Zeitverhalten der Impulsfunktion
a) einfache Pole, abhängig von ihrer Lage gibt es ab- oder anklingende Folgen, deren Einzelimpulse auch alternierend sein können, b) konjugiert komplexes Polpaar (gedämpfte Sinusfunktion) c) wie b), jedoch durch weitere Nullstellen gedämpfte Cosinus-Funktion

- zeitdiskrete Sinus- (Term 2, Bild R 12.3/2b)) und Cosinusschwingungen (Term 3, Bild R 12.3/2c), die je nach Pollage abklingend, konstant oder anklingend sein können.

Für die dynamische Spezifikation (Anstiegszeit, Überschwingen usw.) gelten die Verhältnisse zeitkontinuierlicher Anordnungen (Abschn. 11.1.3).

12.3.2 Pol-Nullstellenplan

Als Darstellungshilfe für $G_z(z)$ eignet sich das Pol-Nullstellenschema in der (komplexen) z-Ebene. Es beschreibt $G_z(z)$ bis auf eine Konstante (Pol-Kreuz, Nullstelle-Kreis). Der Konvergenzbereich von $G_z(z)$ liegt außerhalb desjenigen Kreises, der den am weitesten vom Ursprung liegenden Pol noch tangiert. Liegen alle Pole im Einheitskreis $|z| < 1$, so ist das System absolut stabil und $g[k]$ klingt asymptotisch ab mit $g[k] \to 0$ für $k \to \infty$.

Ein Pol im Bereich $|z| > 1$ bedeutet Instabilität ($|g[k]| \to \infty$ für $k \to \infty$). Die Bilder R 12.3/2 und 3 zeigen die PN-Pläne einiger typischer zeitdiskreter Systeme im Vergleich zu zeitkontinuierlichen.

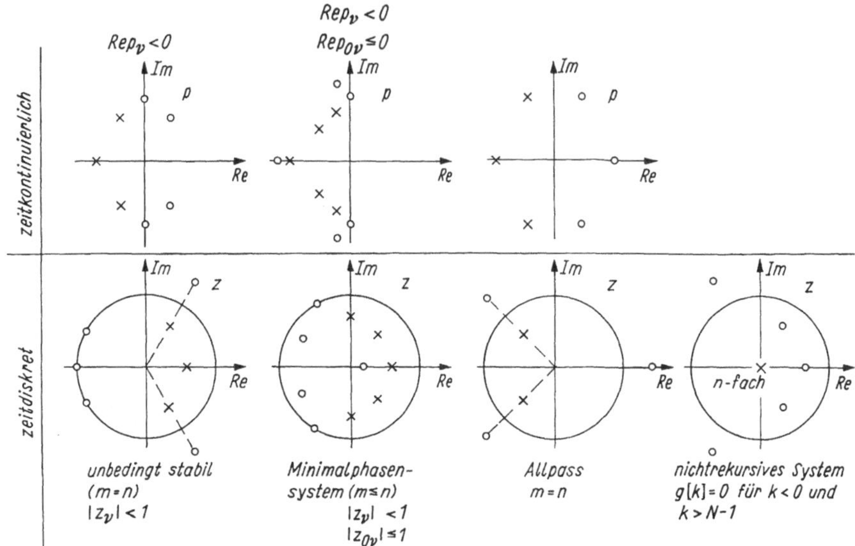

Bild R 12.3/3 Typische Pol-Nullstellenverteilungen stabiler linearer zeitkontinuierlicher und zeitdiskreter Systeme

Ein lineares zeitdiskretes System n-ter Ordnung mit der Z-Übertragungsfunktion $G_z(z)$ ist kausal und stabil, wenn

- alle Pole von $G_z(z)$ im Einheitskreis liegen
- und der Zählergrad m gleich/kleiner als der Nennergrad n ist ($m \leq n$).

Bezüglich der Lage der Pole und Nullstellen eines stabilen zeitdiskreten Systems gilt:

- Pole und Nullstellen sind entweder reell oder bilden konjugiert komplexe Paare (Pol-Null-Darstellung stets symmetrisch zur reellen Achse)
- Nullstellen können beliebig liegen (ohne Einfluß auf die Stabilität auch außerhalb des Einheitskreises)
- ein System, das nur Pole hat (außer einer Nullstelle im Ursprung) heißt *Allpolsystem*
- ein System mit nur Nullstellen (außer einem Pol im Ursprung) heißt *nichtrekursiv* (FIR)
- ein System, dessen Nullstellen alle innerhalb oder auf dem Einheitskreis liegen, heißt *Minimalphasensystem*
- ein System, dessen Nullstellen alle außerhalb des Einheitskreises liegen und jeweils gespiegelte symmetrische Pole innerhalb des Einheitskreises hat, heißt *Allpaß*
- Der Einfluß eines Poles oder Nullstelle auf den Frequenzgang wird um so stärker, je näher er am Einheitskreis liegt. Eine einfache Nullstelle auf dem Einheitskreis führt zu einem Phasensprung von π bei der betreffenden Frequenz.

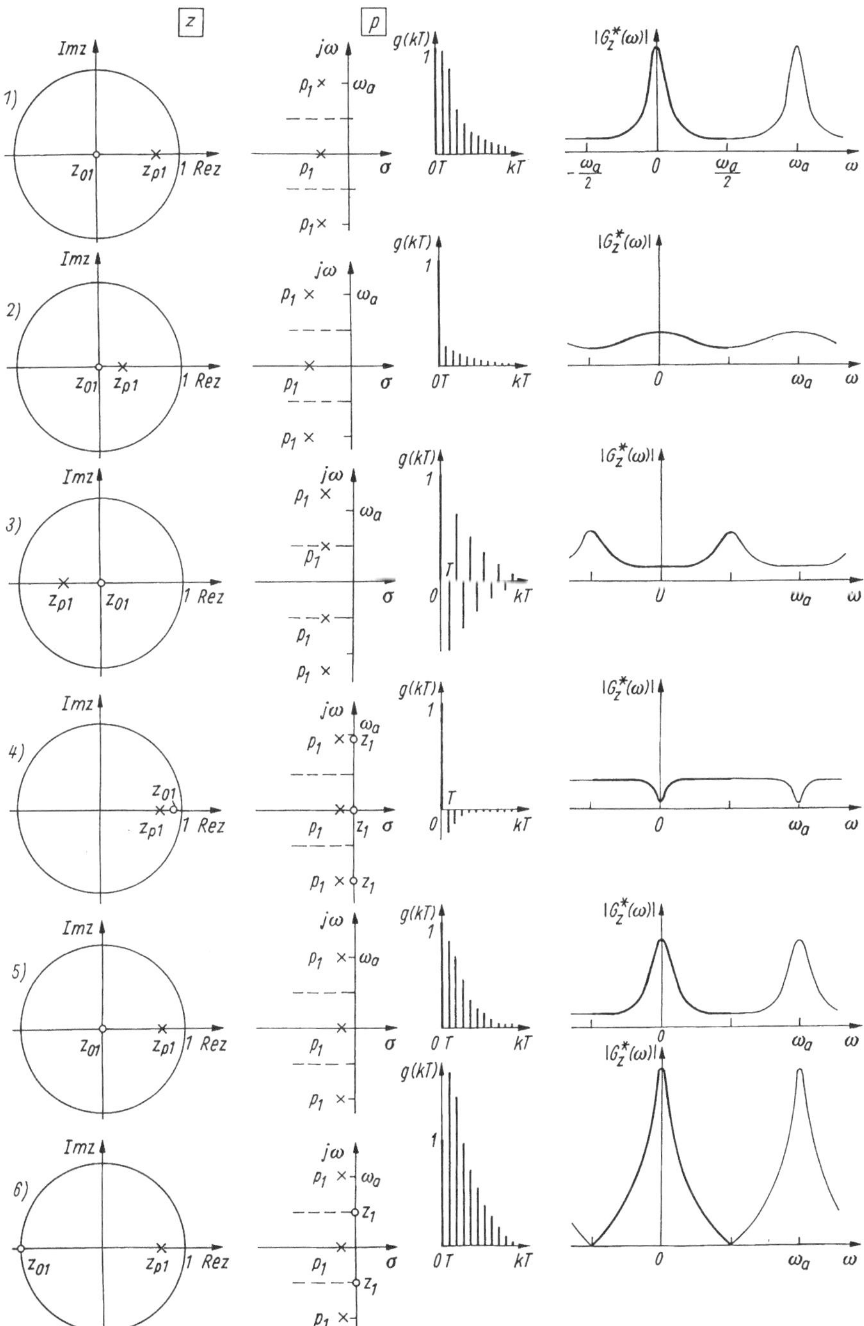

Bild R 12.3/4 Einfluß der Lage des Poles und Nullstellen auf das Übertragungsverhalten eines zeitdiskreten Systems erster Ordnung
a)...3) Pol p_1 variabel, Nullstelle z_1 fest im Ursprung (der z-Ebene) 4)...6) Pol p_1 fest, Nullstelle z_1 variabel. Dargestellt sind die z- und p-Ebene, das Impulsverhalten $g(kT)$ sowie der Betrag $|G_z^*(j\omega)|$ des Frequenzganges.

Für Systeme erster und zweiter Ordnung wurden die Übertragungsfunktionen in den Tafel R 12.2/5 und 6 aufgenommen.

Wird im (stabilen) System erster Ordnung der Pol variiert (Nullstelle im Ursprung, Bild R 12.3/4, Fälle 1-3), so entsteht in der periodischen p-Ebene "Polvervielfachung" (s.u.) und das Impulsverhalten $g(kT)$ ändert sich.

Ein Pol nahe am Einheitskreis (→ nahe imaginärer Achse, Fall 1) macht den Vorgang langsamer, nahe dem Nullpunkt (Fall 2) klingt das Impulsverhalten rascher ab (→ Frequenzebene, Dämpfung). Polverschiebung auf die negative z-Achse macht die Impulse alternierend (Fall 3).

Wird der Pol festgehalten und die Nullstelle variiert (Fälle 4-6), so ändert sich die Gewichtsfunktion (und der zugeordnete Frequenzgang), bis schließlich bei "Durchgang der Nullstelle durch den Pol" (Fall 4) das Vorzeichen des abklingenden Terms wechselt (entsprechendes Verhalten zeigt auch das zeitkontinuierliche System, s. Bild R 11.3/2). Hat ein System zweiter Ordnung (Bild R 12.3/5, Fälle 1 und 2) zwei reelle Pole, so wird die Gewichtsfunktion als Einhüllende zweier Exponentialfunktionen gebildet. Bei konjugiert komplexen Polen (Fall 3) entsteht eine abgetastete gedämpfte Sinusschwingung (s. zeitkontinuierliches System, Bild R 11.3/3, 4).

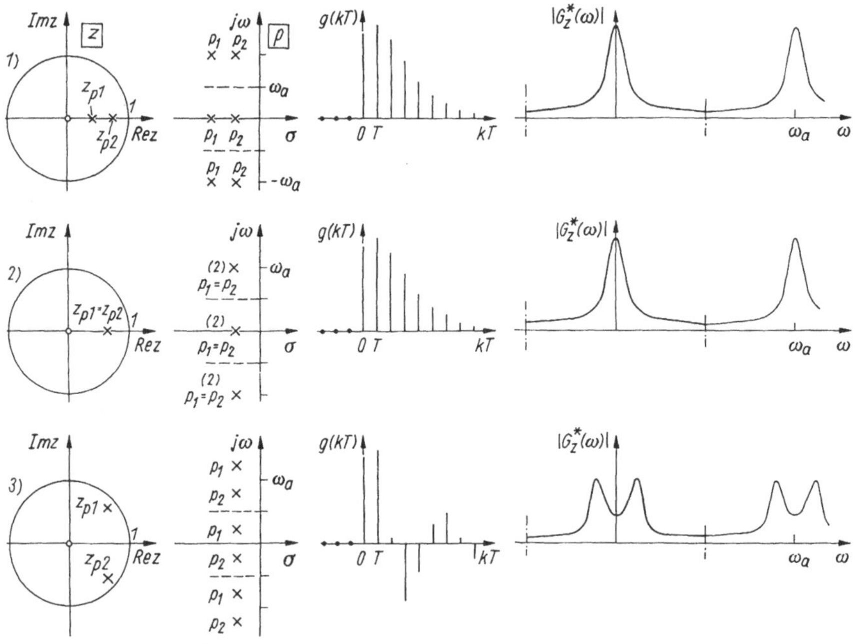

Bild R 12.3/5 Einfluß der Polstellen auf das Übertragungsverhalten eines zeitdiskreten Systems zweiter Ordnung 1) zwei reelle Pole, 2) Doppelpol $z_{p1} = z_{p2}$, 3) konjugiert komplexes Polpaar. Die Nullstelle im Ursprung (z-Ebene) ist zweifach.

12.3.3 Frequenzgang

So, wie für das zeitkontinuierliche System aus der Übertragungsfunktion $G(p)$ der Frequenzgang $G(\mathrm{j}\omega)|_{p=\mathrm{j}\omega}$ hervorging, gibt es einen entsprechenden Frequenzgang $G_z^*(\mathrm{j}\omega)$ des zeitdiskreten Systems. Dazu liegt am Systemeingang eine harmonische zeitgetaktete Quelle (Taktfrequenz f_a, Signalkreisfrequenz ω)

$$x[k] = A\cos(k\theta + \varphi) f_s(t) \qquad (12.3/6a)$$

mit $\theta = \omega T$. Mit dem Systemübertragungsfaktor G_z lautet das (stationäre) Ausgangssignal $y[k]$

$$y(kT) = A|G_z(z)|\cos(k\theta + \varphi + \angle G_z(z)), \qquad (12.3/6b)$$

dabei gelten

$$z = \exp j\theta = \exp j\omega T \qquad (12.3/7a)$$

und die *Frequenzfunktion des zeitdiskreten Systems*

$$G_z^*(j\omega) = G_z(z)|_{z=\exp j\theta} = |G_z(z)| \exp j\angle G_z(z). \qquad (12.3/7b)$$

Frequenzgang zeitdiskretes System

Das System reagiert auf ein zeitdiskretisiertes harmonisches Eingangssignal mit zeitdiskretem Ausgangssignal unterschiedlicher Amplitude und Phase und der zugehörige (diskrete) Frequenzgang Gl.(12.3/7b) folgt aus der Übertragungsfunktion $G_z(z)$ durch die Ersetzung $z = \exp j\omega T$ $(T = 1/f_a)$

Wichtige Grenzfälle sind:

$$f = 0: \quad \exp 0 = 1 \rightarrow G^*(0) = G_z(1),$$
$$f = f_a/2: \quad \exp j\pi = -1 \rightarrow G^*(f_a/2) = G_z(-1).$$

Hinweis: Bei zeitkontinuierlichen Systemen wird $G(j\omega)$ bestimmt für Werte p auf der $j\omega$-Achse, bei zeitdiskreten wird $G_z(z)$ für Werte z auf dem Einheitskreis der z-Ebene berechnet (vgl Bild R 12.1/2)! Das begründet die Periodizität.

Darstellungen. Es sind die gleichen Frequenzgangdarstellungen wie für zeitdiskrete Systeme möglich (Betrag, Phase, Bode-Diagramm, Polarform).

Eigenschaften. *Periodizität.* Mit der Polynomform von $G_z(z)$ Gl.(12.3/3a) folgt

$$G_z(z)|_{z=\exp j\theta} = \frac{\sum_{\mu=0}^{m} \beta_\mu z^{-\mu}}{1 + \sum_{\nu=1}^{n} \alpha_\nu z^{-\nu}} = \alpha_0 z^{j(n-m)\omega T} \frac{\prod_{\mu=1}^{m} (\exp j\omega T - z_{0\mu})}{\prod_{\nu=1}^{n} (\exp j\omega T - z_{p\nu})}$$

oder:

Amplitude und Phase des Frequenzganges sind periodisch in ωT (Periode 2π). Die Werte $z = \exp j\omega T$ liegen auf einem Kreis vom Radius 1 mit entsprechendem Winkel φ.

Das ist ein fundamentaler Unterschied zu zeitkontinuierlichen Systemen.

Das entsprechende Verhalten der Systeme erster und zweiter Ordnung zeigen die Bilder R 12.3/4, 5. Es bilden sich Pole und Nullstellen der z-Ebene periodisch in die p-Ebene ab.

Symmetrie. Gilt $G_z^*(\exp j\theta) = a + jb$, so wird $G_z^*(\exp -j\theta) = a - jb$ und der Betrag von G_z^* eine gerade, die Phase eine ungerade Funktion. Gleichwertig ist der Realteil eine gerade, der Imaginärteil eine ungerade Funktion der Frequenz.

Beziehung zur zeitdiskreten Fourier-Transformation. Der Frequenzgang $G_z(\exp j\theta)$ heißt (gleichwertig) auch *zeitdiskrete Fourier-Transformierte*

(FT_{dt}) des Einheitsimpulsverhaltens $g[k]$. Es gilt nämlich mit Transformation der FT_{dt} (s. Gl.(10.3/15))

$$X(\exp j\theta) = \sum_{m=-\infty}^{\infty} x[m] \exp -jm\theta, \quad Y(\exp j\theta) = \sum_{m=-\infty}^{\infty} y[m] \exp -jm\theta,$$

wobei $X(\exp j\theta)$ und $Y(\exp j\theta)$ die FT_{dt}'s der Folgen $x[k]$ und $y[k]$ sind.

Der Frequenzgang $G_z(\exp j\theta)$ ist über die zeitdiskrete Fourier-Transformation mit der Impulsantwort $g[k]$ des zeitdiskreten Systems verknüpft

$$\begin{array}{ccc} x(kT) = x(kT) * \delta(kT) & \xrightarrow{g(kT)} & y(kT) = x(kT) * g(kT) \\ \circ\!\!-\!\!\bullet \; FT_{dt} & \circ\!\!-\!\!\bullet \; FT_{dt} & \circ\!\!-\!\!\bullet \; FT_{dt} \\ X(\exp j\theta) = X \exp j\theta \cdot 1 & \xrightarrow{G_z(\exp j\theta)} & Y(\exp j\theta) = X(\exp j\theta) G_z(\exp j\theta). \end{array} \qquad (12.3/8)$$

Bild R 12.3/6 zeigt diese Zuordnung, die bereits im Bild R 12.3/1 angedeutet wurde.

Hinweis: Beim zeitkontinuierlichen System war der Frequenzgang $G(j\omega)$ mit der Fourier-Transformierten der Impulsantwort $g(t)$ verknüpft $g(t) \circ\!\!-\!\!\bullet G(j\omega)$!

Beispiel: Zur Differenzengleichung $y(kT) = ax(kT) + \alpha y(kT - T)$ gehört die Z-Transformierte

$$Y_z(z) - \alpha z^{-1} Y_z(z) = aX_z(z) \quad \text{mit } G_z(z) = \frac{a}{1 - \alpha z^{-1}}.$$

Der zugehörige Frequenzgang ($z = \exp j\omega T$) lautet mit $\omega/\omega_a = \omega T$ (ω_a Abtastkreisfrequenz)

$$G_z(\exp j\omega T) = \frac{a}{1 - \alpha \cos \omega T + j\alpha \sin \omega T} \qquad (12.3/9)$$

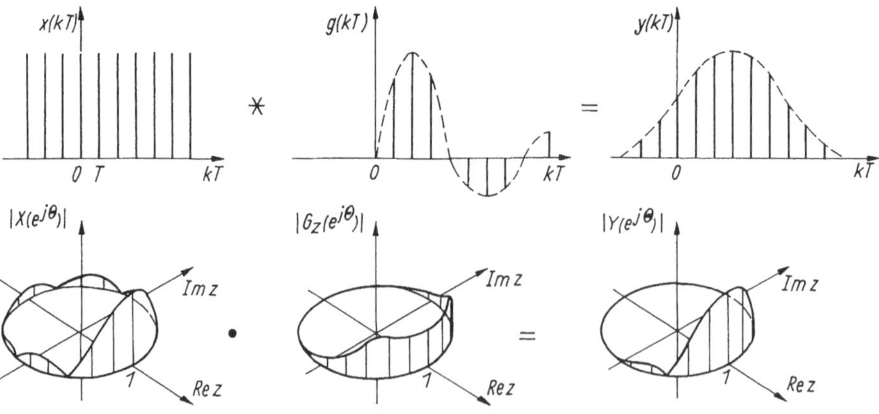

Bild R 12.3/6 Darstellung des Zeit- und Frequenzverhaltens eines zeitdiskreten Systems

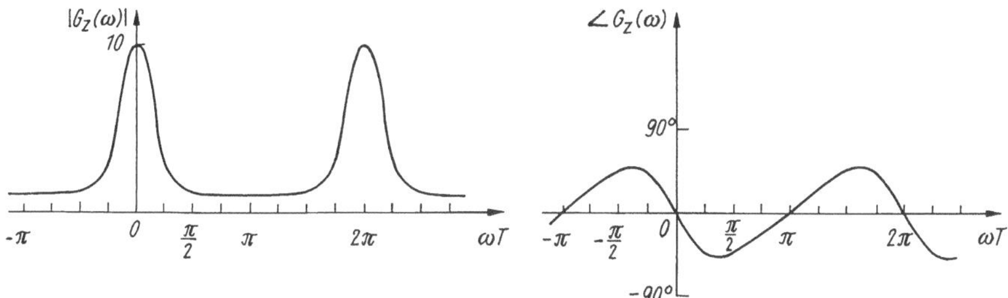

Bild R 12.3/7 Frequenzgang eines zeitdiskreten Systems erster Ordnung ($a = 1$, $a = 0,9$)

mit

$$|G_z(\omega)| = \frac{a}{\sqrt{1+\alpha^2 - 2\alpha\cos\omega T}}, \quad \angle G_z(\omega) = -\arctan\frac{\alpha\sin\omega T}{1-\alpha\cos\omega T}.$$

Bild R 12.3/7 zeigt den Verlauf. Die Periodizität beider Größen ist augenfällig.

12.3.4 Systemzusammenschaltungen

Durch Definition der Z-Übertragungsfunktion $G_z(z)$ kann ein zeitdiskretes System formal so behandelt werden wie ein zeitkontinuierliches; demgemäß gelten auch die diesbezüglichen Regeln für Zusammenschaltungen (Kettenschaltung, Parallelschaltung, Kreisschaltung, vgl. Bild R 8.8/9).

Voraussetzung ist dabei, daß zwischen jedem Systemblock ein Abtaster liegt und alle synchron (sowie verzögerungsfrei) schalten.

Werden allerdings Blöcke ohne Zwischenschaltung von Schaltern ($\rightarrow$ zeitdiskretes Signal am Ein- und Ausgang) zusammengeführt, so sind Besonderheiten zu beachten, da Systemüberführungen zeitkontinuierlich $\leftrightarrow$ zeitdiskret auftreten (s. Abschn. 12.5.2).

12.4 Stabilität

Zeitdiskrete Systeme neigen aus verschiedenen Gründen mehr zur Instabilität als zeitkontinuierliche, deshalb ist diesem Problem besondere Aufmerksamkeit zu widmen. Die Stabiltitätsbedingungen lassen sich im Zeit- und Frequenzbereich formulieren.

Zeitbereich. Ein zeitdiskretes System mit Übertragungsmodell $\{y[k]\} = \mathrm{Tr}\{x[k]\}$ (Bild R 12.2/1) ist asymptotisch stabil, wenn es auf beliebig beschränkte Eingangssignale $x[k]$ mit beschränktem Ausgangssignal $y[k]$ reagiert (vgl. Abschn. 8.6, zeitkontinuierliches System).

Gleichwertig muß die Gewichtsfolge $g[k]$ Gl.(12.2/17)

$$\sum_{k=0}^{\infty} |g[k]| < \infty \tag{12.4/1}$$

bei Stabilität absolut konvergieren (Entsprechendes gilt bei zeitdiskreten Mehrgrößensystemen für die Gewichtsfolge der Matrix $\boldsymbol{G}[k]$).

Frequenzbereich. Da zur Gewichtsfolge $g[k]$ die diskrete Übertragungsfunktion $G_z(z) = Z_z(z)/N_z(z)$ Gl.(12.3/2) resp. Gl.(12.3/3) mit dem Nennerpolynom

$$N_z(z) = \alpha_0 + \alpha_1 z + \alpha_2 z^2 + \ldots + \alpha_n z^n = \alpha_n(z - z_1)\ldots(z - z_n) \quad (12.4/2)$$

gehört

- erfordert asymptotische Stabilität, daß alle Nullstellen von $N_z(z)$ innerhalb des Einheitskreises der z-Ebene liegen.
- Die Stabilitätsgrenze ist erreicht, wenn ein einfacher Pol bei $z = 1$ resp. -1 oder ein komplexes Polpaar auf dem Einheitskreis liegen.

Nullstellen des Zählerpolynoms von $G_z(z)$ haben - wie beim zeitkontinuierlichen System - keinen Einfluß auf die Stabilität.

Das Ergebnis entspricht wegen $z = \exp pT$ $(p = \sigma + \mathrm{j}\omega)$ voll dem Ergebnis im zeitkontinuierlichen Fall: alle Pole der Übertragungsfunktion müssen in der linken p-Halbebene liegen (imaginäre Achse $\rightarrow$ Kreisdurchmesser, s. Bild R 12.1/2).

Zur praktischen Stabilitätsprüfung wurden verschiedene algebraische und graphische Kriterien entwickelt.

Algebraische Verfahren. Ausgehend vom charakteristischen Polynom (Gl. (12.4/2)) im Nenner der diskreten Übertragungsfunktion folgt als Stabilitätsbedingung, daß die Wurzeln z_n im Innern des Einheitskreises der z-Ebene liegen

$$N_z(1) > 0, \quad (-1)^n N_z(-1) > 0, \quad \alpha_n > |\alpha_0|. \quad (12.4/3)$$

Diese Bedingung ist für Polynome bis zum Grad 2 hinreichend, für höhere wird sie rechenaufwendig. Dafür wurden angepaßte Verfahren (Schur/Cohn, Jury) entworfen.

Notwendig und hinreichend sind mit N_z nach Gl.(12.4/2):
Grad $n = 2$:

$$N_z(1) = \alpha_2 + \alpha_1 + \alpha_0 > 0; \quad N_z(-1) = \alpha_2 - \alpha_1 + \alpha_0 > 0, \quad \alpha_2 > |\alpha_0|$$

Grad $n = 3$:

$$\begin{aligned} N_z(1) &= \alpha_3 + \alpha_2 + \alpha_1 + \alpha_0 > 0, \\ N_z(-1) &= -\alpha_3 + \alpha_2 - \alpha_1 + \alpha_0 < 0, \alpha_3 > |\alpha_0|, \\ & \alpha_1\alpha_3 - \alpha_0\alpha_2 < \alpha_3^2 - \alpha_0^2. \end{aligned}$$

Jury-Kriterium. Nach Wahl des Vorzeichens $\alpha_n > 0$ wird das Schema gemäß Tafel R 12.4/1 aufgestellt und aus je zwei Reihen berechnet:

$$\beta_k = \begin{vmatrix} \alpha_0 & \alpha_{n-k} \\ \alpha_n & \alpha_k \end{vmatrix}; \; c_k = \begin{vmatrix} \beta_0 & \beta_{n-k-1} \\ \beta_{n-1} & \beta_k \end{vmatrix}; \; d_k \ldots$$

$$s_o = \begin{vmatrix} r_0 & r_3 \\ r_3 & r_0 \end{vmatrix}; \; s_1 = \begin{vmatrix} r_0 & r_2 \\ r_3 & r_1 \end{vmatrix}; \; s_2 = \begin{vmatrix} r_0 & r_1 \\ r_3 & r_2 \end{vmatrix}. \quad (12.4/4)$$

Tafel R 12.4/1 Zur Stabilitätsprüfung

	z^0	z^1	z^2		z^{n-2}	z^{n-1}	z^n
1	α_0	α_1	α_2		α_{n-2}	α_{n-1}	α_n
2	α_n	α_{n-1}	α_{n-2}		α_2	α_1	α_0
3	β_0	β_1	β_2		β_{n-2}	β_{n-1}	
4	β_{n-1}	β_{n-2}	β_{n-3}		β_1	β_0	
5	c_0	c_1	c_2		c_{n-2}		
2n-5	r_0	r_1	r_2	r_3			
2n-4	r_3	r_2	r_1	r_0			
2n-3	s_0	s_1	s_2				

Asymptotische Stabilität herrscht (notwendig und hinreichend) für Gl. (12.4/3) sowie die $(n-1)$ Bedingungen

$$|\alpha_0| < |\alpha_n|, |\beta_0| > |\beta_{n-1}|, |c_0| > |c_{n-2}|, \ldots |s_0| > |s_2|.$$

Gilt eine der Bedingungen nicht, so liegt Instabilität vor, z.B. auch, wenn bei Berechnung von Gl.(12.4/3) die Ungleichung nicht erfüllt ist.

Transformation des charakteristischen Polynoms. Wird das Innere des Einheitskreises der z-Ebene durch die bilineare Transformation

$$w = \frac{z-1}{z+1} \quad \text{resp. } z = \frac{1+w}{1-w} \tag{12.4/5}$$

auf die linke Hälfte der w-Ebene abgebildet, so gilt:

Das zeitdiskrete System ist stabil, wenn alle so abgebildeten Pole der diskreten Übertragungsfunktion $G_z(z)$ in der linken w-Halbebene liegen.

Nach der Transformation Gl.(12.4/5) kann auch das Hurwitz-Kriterium (Abschn. 8.6.2) angewendet werden. Dazu untersucht man die charakteristische Gleichung

$$N_z(w) = N_z(z)|_{z=\frac{1+w}{1-w}} = 0 \tag{12.4/6}$$

im w-Bereich nach den Hurwitz-Bedingungen.

Graphische Stabilitätskriterien. Der Vorteil graphischer Verfahren, neben der Stabilitätsaussage noch Information über Gütewerte zu liefern, spielt beim Abtastsystem nur eine untergeordnete Rolle. Hinzu kommt, daß die abtastbedingte Periodizität des Frequenzganges (resp. der nichtlineare Zusammenhang $z = \exp pT$) die Aussagen erschwert.

Benutzt werden das

- *Wurzelortskurvenverfahren.* Man bestimmt alle Wurzeln der charakteristischen Gleichungen ($\rightarrow$ Nullstellen von $N_z(z)$, abhängig von typischen Parametern) und trägt sie in der z-Ebene auf. Schneidet die Ortskurve den Einheitskreis, so liegt Instabilität vor. Bei mehreren Schnittpunkten ist der kritischere (mit der tiefsten Frequenz) zu betrachten.

- *Ortskurvenverfahren.* Nach Transformation der z- in die w-Ebene können dort übliche Ortskurvenkriterien angewendet werden (insbesondere Umlaufkriterien nach Nyquist für die rückgekoppelte Struktur) oder das Phasenrandkriterium (Abschn. 8.6.4). Dabei wird für die Frequenzzuordnung bei niedrigen Frequenzen die Vergleichbarkeit von w und p benutzt.

12.5 Zeitdiskrete Systeme

12.5.1 Systemstruktur

Ebenso wie zeitkontinuierliche Systeme lassen sich auch zeitdiskrete Systeme grundsätzlich mit drei Elementen realisieren:

- Addierer
- (Takt-)Verzögerungselement (Speicherglied) statt des Integrators
- Konstantenmultiplizierer.

Tafel R 12.5/1 gibt eine Zusammenstellung mit Signalflußdiagramm und entsprechenden zeitkontinuierlichen Elementen.

Tafel R 12.5/1 Grundelemente und Signalflußbilder im Zeit- und Bildbereich

zeitkontinuierlich	zeitdiskret	Signalflußdiagramm	
$f_1(t)$, $f_2(t)$ → ⊕ → Σ	$f_1[k]$, $f_2[k]$ → ⊕ → Σ	F_2, 1; F_1, 1; $F = \sum_\nu F_\nu$	Addierer
$f(t)$ → a → $af(t)$	$f[k]$ → a → $af[k]$	F —a→ aF	Konstantenmultiplizierer
$f(t)$ → $\int$ → $\int_0^t f(\tau)d\tau$ Integrator $I\{f(t)\} = \int_0^t f(\tau)d\tau$	$f[k]$ → D → $f[k-1]$ Verzögerer $D\{f[k]\} = f[k-1]$	$F(p)$ —$\frac{1}{p}$→ $\frac{F(p)}{p}$ $F(z)$ —$\frac{1}{z}$→ $\frac{F(z)}{z}$	Verzögerer [speichert jeden Eingangsimpuls für die Dauer eines Taktes] Integrator
F → H^{-1} → $\frac{F}{H}$		$H(p) = p$ $H(p) = e^{pT} = z$	einheitliche Beschreibung

Strukturaufbau. Aus den Grundelementen lassen sich zur jeweiligen Differenzengleichung (resp. der z-Übertragungsfunktion) die entsprechenden Blockschaltbilder und Signalflußdiagramme angeben.

Die allgemeine rekursive Lösungsform Gl. (12.2/11) der Differenzengleichung entspricht dem Blockschaltbild R 12.5/1a mit $m+n$ Speicherelementen (nichtkanonische Direktform[2]). Als Zwischengröße tritt nach Gl.(12.2/11) die Erregung $x_{\text{err}}[k] = \sum_{j=0}^{m} \beta_j x[k-j]$ auf, ebenso lassen sich Anfangswerte gut einarbeiten. Die Form Bild R 12.5/1b ergibt sich dual aus der ersten.

Größere Bedeutung haben *kanonische Formen* (mit einer Minimalzahl von Verzögerungselementen):

- *erste kanonische Form* (sog. erste Direktform) mit der Aufbauregel: Teilsignale erst multiplizieren, dann speichern (Bild R 12.5/1c)
- *zweite kanonische Form* (zweite Direktform), Regel: Teilsignale zuerst speichern, dann multiplizieren (Bild R 12.5/1d).

Beide Formen sind dual zueinander. Sie basieren auf der z-Übertragungsfunktion Gl.(12.3/3a) und werden direkt vom Ausgang her schrittweise aufgebaut.

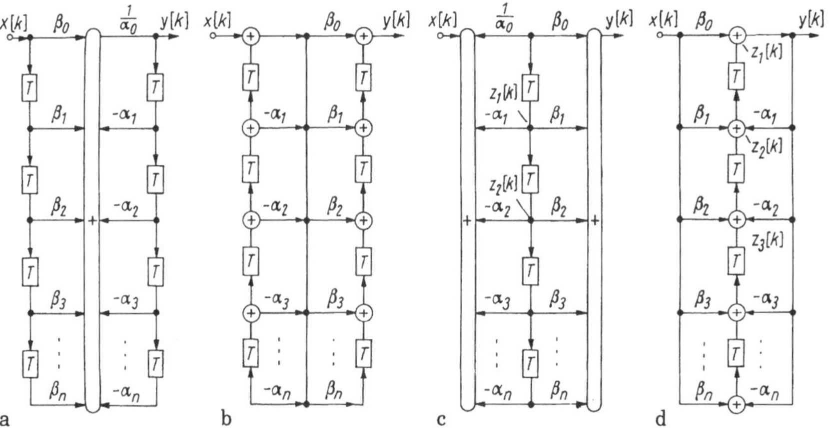

Bild R 12.5/1 Direktstrukturen
a) dritte Direktform (nichtkanonisch, $2n$-Version), b) vierte Direktform (nichtkanonisch, $2n$-Variante), c) erste Direktform (kanonisch, $a_0 = 1$), d) zweite Direktform (kanonisch $a_0 = 1$),

	1d	2d	3d	4d
Verzögerer	n	n	$2n$	$2n$
Multiplizierer	$2n+1$	...	...	...
Addierer	n	$n+1$	1	$2n$.

[2]Direktstrukturen sind Strukturen, bei denen die Koeffizienten α_i, β_j durch Multiplizierer realisiert werden. Weil dies bei allen Strukturen der Bilder R 12.5/1 gilt, bezeichnet man die nichtkanonische Form oft auch als dritte und vierte Direktform.

Weil i.a. die Koeffizientengenauigkeitsforderungen zeitdiskreter Systeme hoch sind, bleiben vorgenannte Strukturen auf Systeme erster und zweiter Ordnung beschränkt (s. Tafel R 12.2/5, 6). Höhere Ordnungen werden durch *Ketten-* und *Parallelschaltung* solcher Teilstrukturen realisiert.

Kettenform, dritte kanonische Form basierend auf Produktzerlegung der Übertragungsfunktion (Kaskadenschaltung)

$$G_z(z) = \prod_{i=1}^{l} G_i(z) = \frac{\prod_{i=1}^{m}(1+\bar{\beta}_i z^{-1})}{\prod_{i=1}^{n}(1+\bar{\alpha}_i z^{-1})}. \tag{12.5/1}$$

Für zwei Produkte wird daraus bespielsweise bei konjugiert komplexen Polen:

$$G_1(z) = \frac{Q(z)}{X(z)} = \frac{1}{1+\sum_{i=1}^{n}\alpha_i z^{-i}};\ G_2(z) = \frac{Y(z)}{Q(z)} = \frac{\sum_{i=0}^{m}\beta_i z^{-i}}{1}, \ldots$$

oder zusammengefaßt

$$G_i(z) = \frac{\beta_{i0}+\beta_{i1}z^{-1}+\beta_{i2}z^{-2}}{1+\alpha_{i3}z^{-1}+\alpha_{i4}z^{-2}} \tag{12.5/2}$$

mit der Realisierung nach Bild R 12.5/2 bzw. einer dualen Ausführung.

Parallelform, vierte kanonische Form. Prinzip: Addition der Übertragungsfunktionen (bei einfachen Polen) basierend auf der Partialbruchzerlegung. Die Pole sind jedem Teilsystem fest zugeordnet (Bild 12.5/3)

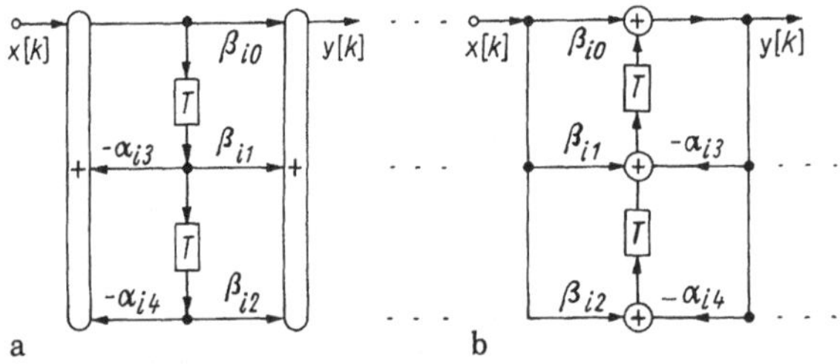

Bild R 12.5/2 Kaskadenstruktur
a) erste Direktform, b) zweite Direktform

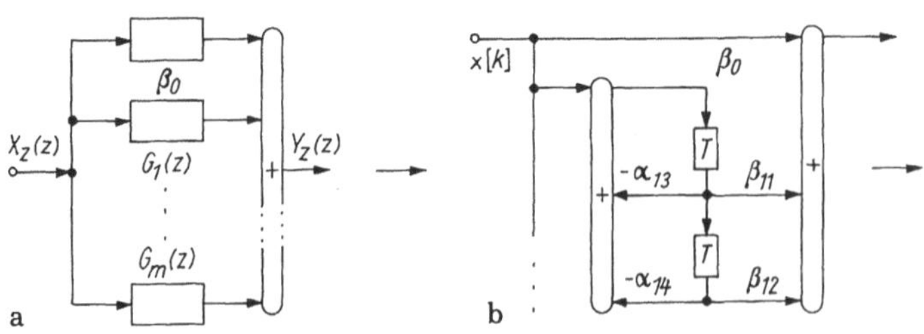

Bild R 12.5/3 Parallelstruktur
a) Anordnung, b) Aufbau aus Modulen zweiter Ordnung

$$G_z(z) = \beta_0 + \sum_{i=1}^{m} G_i(z), \qquad G_i(z) = \frac{\beta_{i1} z^{-1} + \beta_{i2} z^{-2}}{1 + \alpha_{i3} z^{-1} + \alpha_{i4} z^{-2}}. \tag{12.5/3}$$

Mit den Grundformen sind Mischformen möglich.

Bei *nichtrekursiven* Systemen mit $y[k] = \sum_{i=0}^{m} \beta_i x[k-i]$ hängt das Ausgangssignal nur vom Eingang ab und die Direktform wird kanonisch. Da ein solches System nur Nullstellen hat, gibt es keine Parallelanordnung.

Für nichtrekursive Systeme wird zum Strukturaufbau - im Gegensatz zu den rekursiven - zweckmäßig von der Faltungsbeziehung Gl.(12.2/20)

$$y[k] = \sum_{\nu=0}^{k} x[k-\nu]\, g[\nu] = \sum_{\nu=0}^{k} x[\nu]\, g[k-\nu] \tag{12.5/4}$$

ausgegangen (Bild R 12.5/4).

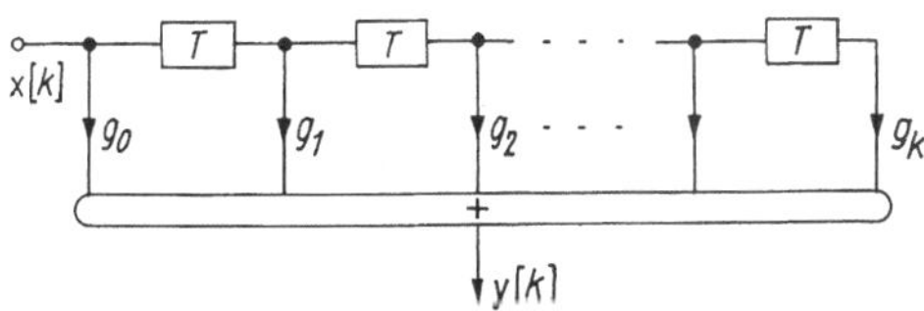

Bild R 12.5/4 Strukturaufbau eines nichtrekursiven zeitdiskreten Systems

Systeme erster und zweiter Ordnung. Die Tafeln R 12.2/5 und 6 enthalten die Systemcharakteristiken von zeitdiskreten Systemen erster und zweiter Ordnung.

Aus der Differenzengleichung ergeben sich sofort die Gewichts- und Übertragungsfunktion sowie die leicht nachvollziehbaren Realisierungsformen. Das System ist für $|\alpha_1| < 1$ stabil. Für das System zweiter Ordnung enthält Tafel R 12.2/6 die entsprechenden Angaben. Erwähnt sei, daß es neben den hier erwähnten Grundstrukturen noch weitere gibt, auf die nicht näher eingegangen wird.

12.5.2 Systemzusammenschaltungen

Auch zeitdiskrete (rückwirkungsfreie) Systeme lassen sich - wie zeitkontinuierliche - grundsätzlich in drei Formen zusammenschalten (Bild R 8.8/9):

- Kaskadenstruktur (Produktform im Bildbereich)
- Parallelstruktur (Summenform im Bildbereich)
- Kreis- oder Regelstruktur.

Waren im zeitkontinuierlichen Fall (außer Stabilität) keine weiteren Voraussetzungen zu treffen, setzt die Übernahme der Ergebnisse auf zeitdiskrete Strukturen voraus, daß jeder Block zeitdiskretes Eingangssignal erhält, die Blöcke also durch "Abtaster" getrennt sind.

Oft werden aber zeitkontinuierlich und zeitdiskret arbeitende Glieder zusammengeschaltet (z.B. in sog. Abtastschaltungen, Abtastregelungen, bei zwischengeschalteten AD-DA-Wandlern u.a.). Dann sind zu beachten

- der Übergang zeitdiskreter Signale in zeitkontinuierliche mit dem sog. *Abtast-* und *Halteglied*
- die Z-Übertragungsfunktion zeitkontinuierlicher Systeme.

Abtast- und Halteglied. Ein Halteglied (s. Bild R 12.5/5) tastet eine zeitkontinuierliche Funktion $f(t)$ zum Zeitpunkt $t = kT$ ab ($\to \{f(kT)\}$, Abtasten) und speichert ($\to$ Halten) die Wertefolge jeweils für die Dauer einer Abtastzeit

$$\overline{f(t)} = f(kT) = f_k \quad \text{für } kT \leq t \leq (k+1)T.$$

So entsteht eine Treppenfunktion $\overline{f(t)}$, die als Impulsfolge der Dauer T und Amplitude f_k aufgefaßt werden kann. Ein Halteglied mit dieser Eigenschaft hat die *Ordnung null.*

Das Halteglied (nullter Ordnung) wirkt als (einfachstes) Filter, das aus dem zeitdiskreten Signal $f(kT)$ näherungsweise das Ausgangssignal $\overline{f(t)} \approx f(t)$ rekonstruiert.

Durch die Haltefunktion $f(kT+\tau) = f(kT)$, $0 \leq \tau \leq T$ entsteht aus dem δ-Signal ein Rechteck der Breite T und Höhe 1 beschrieben durch

$$f(t) = \sum_{k=0}^{\infty} f(kT)(s(t-kT) - s(t-(k+1)T)).$$

Laplacetransformiert folgt daraus

$$\begin{aligned} F(p) &= \mathrm{LT}\{f(t)\} = \sum_{k=0}^{\infty} f(kT)\frac{\exp -kTp - \exp -(k+1)Tp}{p} \\ &= \frac{1-\exp -Tp}{p}\sum_{k=0}^{\infty} f(kT)\exp -kTp = G_{\mathrm{H}}(p)F^*(p). \end{aligned} \qquad (12.5/5)$$

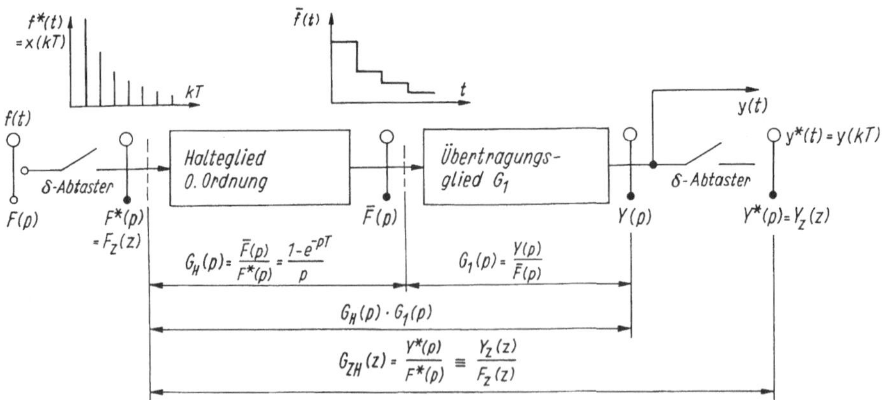

Bild R 12.5/5 Definition der z-Übertragungsfunktion eines zeitkontinuierlichen Systems unter Einschluß eines Haltegliedes und eines Übertragungsgliedes

Da der Term $F^*(p)$ die Laplace-Transformierte des Abtasters $f^*(t)$ darstellt, gilt:

Die Übertragungsfunktion des Haltegliedes nullter Ordnung lautet

$$G_{\mathrm{H}}(p) = \frac{1 - \exp -pT}{p}. \qquad (12.5/6)$$

Neben dem Halteglied nullter Ordnung sind auch andere Halteglieder möglich, die einen anderen Signalverlauf $\overline{f(t)}$ im Abtastintervall erzeugen (z.B. zeitlinear durch ein Halteglied erster Ordnung).

Z-Transformation einer Laplace-Transformierten. Es werde zu einem zeitkontinuierlichen System mit der Übertragungsfunktion $G(p)$ die Übertragungsfunktion für zeitdiskretes Signal gesucht. Da die Z-Transformation stets nur auf eine Werte- oder Impulsfolge anwendbar ist, gibt es zwei Lösungswege:

1. Es wird $G(p)$ zunächst in den Zeitbereich rücktransformiert ($\rightarrow g(t) = \mathrm{LT}^{-1}(G(p))$), daraus die Werte- oder Impulsfolge gebildet (durch Abtastung $g(kT) = g[k] = g(t)|_{kT}$) und anschließend die Z-Transformation durchgeführt: $\mathrm{ZT}\{g[k]\}$. Die so erhaltene Z-Transformierte lautet

$$\begin{aligned} G^*(z) &= G_z(z) = \mathrm{Z_mT}\{G(p)\} = \mathrm{ZT}\{g[k]\} = \mathrm{ZT}\{g(t)|_{kT}\} \\ &= \mathrm{ZT}\{\mathrm{LT}^{-1}(G(p))|_{kT}\}. \qquad (12.5/7) \end{aligned}$$

Z-Übertragungsfunktion eines zeitkontinuierlichen Elementes mit der Übertragungsfunktion $G(p)$.

Das Symbol $\mathrm{Z_mT}\{\}$ umfaßt die dreifache Operation $\mathrm{ZT}\{\mathrm{LT}^{-1}\{\}|_{t=kT}\}$ (Abtastung und Transformation Z-Bereich, Rücktransformation Zeitbereich) und ist deshalb *nicht* die Z-Transformierte der Übertragungsfunktion $G(p)$, sondern die Z-Transformierte der abgetasteten Impulsfolge $g(t)$, die zu $G(p)$ gehört!

Die $\mathrm{Z_mT}$-Transformation stellt somit eine Funktionaltransformation dar, die einer Funktion $G(p)$ (Laplace-Transformierte von $g(t)$, $g(t) = 0$ für $t < 0$) die Funktion

$$G_z(z) = \mathrm{Z_mT}\{G(p)\} = \frac{g(0)}{2} + \frac{z}{2\pi \mathrm{j}} \int_{c-\mathrm{j}\infty}^{c+\mathrm{j}\infty} \frac{G(p)}{z - \exp pT}\, \mathrm{d}p \qquad (12.5/8)$$

mit der komplexen Variablen z zuordnet (Integration über eine Parallele zur imaginären Achse mit $\sigma < c < \mathrm{Re}(p)$). Sie wird oft als *modifizierte Z-Transformation*[3] bezeichnet. Im Bild R 12.1/5 sind die zugehörigen Transformationsschritte eingetragen. Dabei ist zu beachten, daß die Bildung einer Zeitfunktion aus einer Folge (Umkehr der Abtastung) nicht möglich (nicht eindeutig) ist.

[3] Im erweiterten Sinn kann die modifizierte Z-Transformation auch eine Schalterschließzeit und Laufzeit erfassen.

Bei Anwendung der modifizierten Z-Transformation auf zwei Glieder mit den Übertragungsfunktionen $G_1(p)$ und $G_2(p)$ sind folgende *Regeln* wichtig

$$\begin{aligned} \mathrm{Z_mT}\{G_1(p)+G_2(p)\} &= \mathrm{Z_mT}\{G_1(p)\}+\mathrm{Z_mT}\{G_2(p)\} \\ \mathrm{Z_mT}\{G_1(p)G_2(p)\} &\neq \mathrm{Z_mT}\{G_1(p)\}\cdot\mathrm{Z_mT}\{G_2(p)\}. \end{aligned} \qquad (12.5/9)$$

2. Es wird $G(p)$ in Partialbrüche zerlegt, einzeln rücktransformiert und Terme der Form $\exp pT$ durch z ersetzt.

Zusammenschaltung Halteglied - kontinuierliches System. In einem technischen System wird ein zeitkontinuierliches Signal nach AD-Wandlung zeitdiskret verarbeitet, z.B. durch ein Digitalfilter, mit einem DA-Wandler wieder in ein "quasizeitkontinuierliches" Signal $\overline{y}(t)$ rückgeführt und z.B. in einem Nachsystem (Übertragungsfunktion $G_1(p)$ weiterverarbeitet (Bild R 12.5/6). Am Digitalfilterausgang steht das Signal

$$Y_\mathrm{z}(z)=G_\mathrm{z}(z)X_\mathrm{z}(z)\rightarrow z=\exp pT\rightarrow Y^*(p)=G_\mathrm{z}^*(p)X^*(p)$$

zur Verfügung. Der DA-Wandler enthält gewöhnlich ein Halteglied nullter Ordnung (Ausgangsregister). Dadurch formt er das Eingangssignal $y(kT)$ in $\overline{y}(t)$ um mit der Laplace-Transformierten (s. Gl.(12.5/6))

$$\overline{Y}(p)=\frac{1-\exp -pT}{p}Y^*(p).$$

Am Ausgang der Gesamtanordnung liegt das Bildsignal

$$Y_\mathrm{a}(p)=G_1(p)\overline{Y}(p)=G_1(p)\left(\frac{1-\exp -pT}{p}\right)G_\mathrm{z}(z)|_{z=\exp pT}X^*(p).$$

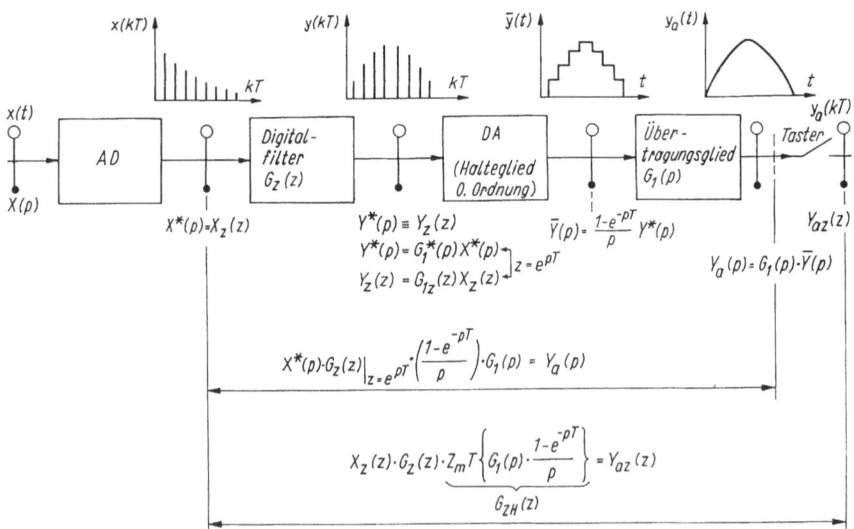

Bild R 12.5/6 Modell eines Digitalsystems mit DA-Wandler und nachfolgendem Übertragungsglied $G_1(p)$

Wäre dem Ausgang ein weiterer Abtaster nachgeschaltet ($\rightarrow Y_{az}(z) = Y_a^*(p)$), so müßte das exakte *zeitdiskrete Äquivalent* betragen

$$Y_a(z) = \mathrm{Z_m T}\left\{G_1(p)\frac{1-\exp -pT}{p}\right\} G_z(z)X(z) \qquad (12.5/10)$$

oder:

die Kombination von idealem Abtaster, Digitalfilter und Halteglied nullter Ordnung modelliert exakt die Kombination von (idealen) AD-Wandler, Digitalfilter und DA-Wandler.

Real tritt ein Halteglied nie allein, sondern nur in Verbindung mit einem Folgeübertragungsglied (Übertragungsfunktion $G_1(p)$) auf. Wirkt am Halteeingang ein zeitdiskretes Signal $x(kT) \circ\!\!-\!\!\bullet X_z(z)$ (herrührend aus einem Abtaster), so entsteht am Ausgang (nach erneuter Abtastung) das Z-transformierte Signal

$$Y_z(z) = G_{ZH}(z)X_z(z) \qquad \text{mit}$$

$$G_{ZH}(z) = \mathrm{Z_m T}\{G_H(p)G_1(p)\} = (1-z^{-1})\mathrm{Z_m T}\left\{\frac{G_1(p)}{p}\right\}. \qquad (12.5/11)$$

Übertragungsfunktion des Übertragungselementes $G_1(p)$ mit Halteglied

Es gilt nämlich (Gl.(12.5/6))

$$\begin{aligned} G_{ZH} &= \mathrm{Z_m T}\left\{\mathrm{LT}^{-1}\left\{\frac{G(p)}{p} - \frac{G(p)}{p}\exp -pT\right\}_{t=kT}\right\} \\ &= \mathrm{Z_m T}\left\{h(kT) - h(kT-T)\right\}, \quad \text{verallgemeinert} \end{aligned}$$

$$\mathrm{Z_m T}\left\{(1-\exp -pT)\frac{G(p)}{p}\right\} = (1-z^{-1})\mathrm{Z_m T}\left\{\frac{G(p)}{p}\right\} \qquad (12.5/12)$$

(mit der Übergangsfunktion $h(t) = \mathrm{LT}^{-1}\left\{\frac{G(p)}{p}\right\}$, der Folge $h[kT] = h(t)|_{kT}$ und dem Verschiebungssatz der Z-Transformation zu zeigen).

Die Z-Übertragungsfunktion der Reihenschaltung eines Haltegliedes (nullter Ordnung) und eines zeitkontinuierlichen Systems ($\rightarrow G(p)$) ist gleich der Z-Transformierten seiner Sprungantwort multipliziert mit $(1 - z^{-1})$.

Generell stellt Gl.(12.5/11) die diskrete Beschreibung (im Bildbereich) eines zeitkontinuierlichen Systems mit der Übertragungsfunktion $G_1(p)$ (sowie Halteglied nullter Ordnung und nachgeschaltetem Abtaster (Bild R 12.5/5) dar. Weil Abtaster und Halteglied häufig eine Einheit bilden, wird in die Korrespondenztabelle das Halteglied nullter Ordnung oft mit eingeschlossen. Tafel R 12.5/2 zeigt einige Beispiele (s. auch Tafel R 12.1/2). Dabei bezeichnet man die (gewöhnlichen) Korrespondenzen mitunter als *impulsäquivalent*, die mit Halteglied als *halteäquivalent.*

Zusammenschaltung von Systemen. Tafel R 12.5/3 enthält typische Zusammenschaltungen von zeitdiskreten und zeitkontinuierlichen Systemen. Zu beachten sind vor allem die Abtastschalterwirkungen bei Ketten- und Kreis-

Tafel R 12.5/2 Ausgewählte Beispiele zur Demonstration des Haltegliedeinflusses

$F(p)$	$f(t)$ $t \ge 0$	$f(kT)$ $k \ge 0$	Impulsäquivalent $F_z(z) = ZT\{f(kT)\}$ $= Z_mT\{F(p)\}$	Haltegliedäquivalent $G_{ZH}(z) = (1-z^{-1})Z_mT\left\{\frac{F(p)}{p}\right\}$
$\frac{1}{p}$	1	1	$\frac{1}{1-z^{-1}}$	$\frac{Tz^{-1}}{1-z^{-1}}$
$\frac{1}{p^2}$	t	kT	$\frac{Tz^{-1}}{(1-z^{-1})^2}$	$\frac{T^2}{2}\frac{(1+z^{-1})z^{-2}}{(1-z^{-1})^2}$
$\frac{1}{p+a}$	e^{-at}	e^{-akT}	$\frac{1}{1-e^{aT}z^{-1}}$	$\frac{1}{a}\frac{(1-e^{-aT})z^{-1}}{1-e^{-aT}z^{-1}}$
$\frac{\omega}{s^2+\omega^2}$	$\sin \omega t$	$\sin k\omega T$	$\frac{z^{-1}\sin\omega T}{1-2z^{-1}\cos\omega T+z^{-1}}$	$\frac{(1-\cos\omega T)}{\omega}\cdot\frac{z^{-1}+z^{-2}}{1-2z^{-1}\cos\omega T+z^{-2}}$

strukturen. Ausgang ist die Grundstruktur (Fall 1). Sind zwei Systeme durch einen Abtaster getrennt (Fall 2), so gilt (mit getastetem zweiten Eingang)

$$G_z(z) = G_{1z}(z)G_{2z}(z) = G_1^*(p)G_2^*(p).$$

Das ist die Kettenschaltung zweier zeitdiskreter Systeme, von denen jedes mit zeitdiskretem Signal beaufschlagt wird.

Werden beide Systeme nicht durch einen Abtaster getrennt (Fall 3), so müssen beide Systeme gemeinsam der (modifizierten) Z-Transformation unterworfen werden. Es gilt

$$Y_z(z) = X_z(z)G_z(z) \quad \text{mit}$$

mit $G_z(z) = \mathrm{Z_mT}\{G_1(p)G_2(p)\} = [G_1(p)G_2(p)]^* = [G_1G_2]^*(p)$. (Man beachte Gl.(12.5/9).)

Werden zwei zeitkontinuierliche Glieder durch einen Abtaster getrennt (und Taster am Ausgang, Fall 4), so gilt für den Abtasteingang $X_1'(p) = G_1(p)X_1(p)$ und am Ausgang

$$Y_z(z) = X_z(z)G_{2z}(z) = G_{2z}(z)\mathrm{Z_mT}\{G_1(p)X(p)\}.$$

Eine Kreisstruktur (Fall 6) mit abgetasteter Eingangsdifferenz führt auf die Übertragungsfunktion des Ausgangssignals

$$Y_z(z) = \frac{G_{1z}(z)X_z(z)}{1+\mathrm{Z_mT}\{G_1(p)G_2(p)\}}.$$

Werden dagegen die Differenz und das Ausgangssignal getastet (Fall 7), so gilt

$$Y_z(z) = \frac{X_z(z)G_{1z}(z)}{1+G_{1z}G_{2z}}.$$

Ist schließlich nur das Ausgangssignal getastet (Fall 8), so folgt

$$Y_z(z) = \frac{\mathrm{Z_mT}\{G_1(p)X(p)\}}{1+\mathrm{Z_mT}\{G_1(p)G_2(p)\}}.$$

In den Fällen 4 und 8 muß das Eingangssignal $X(p)$ gegeben sein, um die Z-Transformation des Ausgangs bilden zu können.

Tafel R 12.5/3 Grundstrukturen von Abtastsystemen und ihre gleichwertige zeitdiskrete Beschreibungsform
(Es gilt $G_{1z} = Z_m T\{G_1(p)\}$; $Y^*(z) \hat{=} Y_z(z)$; $G_1(p)$ zeitkontinuierliches Element)

Fall	System	Ausgangsgröße $Y_z(z)=$
1	$G_z(z)$; $X(p)$, $G(p)$, $Y(p)$, $Y_z(z)$, $X_z(z) \hat{=} X^*(p)$	$G_z(z)X_z(z) = Z_m T\{G(p)\} \cdot X_z(z)$
2	$G_{1z}(z)$, $G_{2z}(z)$; $X(p)$, $G_1(p)$, $Y_1(p)$, $G_2(p)$, $Y_2(p)$, $Y_z(z)$, $X_z(z) = X^*(p)$, $Y_{1z}(z)$	$G_{1z} \cdot G_{2z} \cdot X_z(z) =$ $Z_m T\{G_1(p)\} \cdot Z_m T\{G_2(p)\} \cdot X_z(z)$
3	$G_z(z)$; $X(p)$, $G_1(p)$, $G_2(p)$, $Y_z(z)$, $X_z(z)$, $Y_1(p)$, $Y_2(p)$	$Z_m T\{G_1(p)G_2(p)\} \cdot X_z(z) =$ $G_z(z) \cdot X_z(z)$
4	$G_{2z}(z)$; $X(p)$, $G_1(p)$, $G_2(p)$, $Y_z(z)$, $G_1(p)X(p)$, $\{G_1(p)X(p)\}^*$	$G_{2z}(z) \cdot Z_m T\{G_1(p)X(p)\}$
5	$X(p)$, $G_1(p)$, $Y_1(p)$, $Y_{1z}(z)$, $G_{1z}(z)$, $Y_z(z)$, $G_2(p)$, $Y_2(p)$, $Y_{2z}(z)$, $X^*(p) = X_z(z)$	$(G_{1z} + G_{2z}) \cdot X_z(z)$
6	$X(p)$, $E_z(z)$, $G_1(p)$, $Y(p)$, $Y_z(z)$, $G_2(p)$	$\dfrac{G_{1z} \cdot X_z(z)}{1 + Z_m T\{G_1(p)G_2(p)\}} \equiv G_z(z) \cdot X_z(z)$ $E_z(z) = X_z(z) - Z_m T\{G_1(p)G_2(p)\}E_z(z)$
7	$X(p)$, $E_z(z)$, G_1, $Y(p)$, $Y_z(z)$, G_2	$\dfrac{G_{1z}X_z(z)}{1 + G_{1z}G_{2z}} \equiv G_z(z) \cdot X_z$
8	$X(p)$, $G_1(p)$, $Y(p)$, $Y_z(z)$, $G_2(p)$	$\dfrac{Z_m T\{G_1(p)X(p)\}}{1 + Z_m T\{G_1(p)G_2(p)\}}$

Bei derartigen Umwandlungen werden verbreitet "gesternte laplacetransformierte Größen" verwendet. Ein Stern an einer Laplace-Transformierten einer (zeitkontinuierlichen) Funktion besagt, daß sie in den Zeitbereich rücktransformiert, anschließend abgetastet und diese Größe wieder laplacetransformiert wird. Das ist aber genau die Transformierte der jeweiligen Zeitfunktion bzw. die modifizierte Z-Transformierte einer Übertragungsfunktion.

Für das "Sternen" gelten folgende Regeln:

1. Durchläuft ein Signal einen periodisch geschalteten Schalter, so erscheint es ausgangsseitig Z-transformiert:

$$\left.\begin{matrix} x(t) \\ X(p) \end{matrix}\right\} \to \quad \begin{matrix} x^*(t) \\ X^*(p)|_{p=1/T \ln z} = X_z(z) \end{matrix} \; .$$

2. Ein bereits abgetastetes Signal, das nochmals abgetastet wird, ändert sich nicht

$$X_z(z) \to X_z^*(z) = X_z(z) \quad \text{resp. ZT}\,\{X_z(z)\} = X_z(z).$$

3. Wirkt auf ein Übertragungsglied (mit $G(p)$) ein abgetastetes Signal $X^*(p)$ ($\leftrightarrow x^*(t)$), so erscheint ausgangsseitig

$$Y^*(p) = [G(p)X^*(p)]^* = [G^*(p)]X^*(p) = Y_z(z) = G_z(z)X_z(z) \quad (12.5/13)$$

Das "Sternen" eines Produktes aus ungesternter und gesternter Laplace-Transformierter ist gleich dem Produkt der beiden gesternten Funktionen.

Oder: An den Ausgang eines Übertragungsgliedes, das mit zeitdiskretem Eingangssignal nach Gl.(12.5/12) betrieben wird, kann fiktiv ein zweiter Abtaster gesetzt werden (s. Tafel R 12.5/3, Fall 1).

4. Das "Sternen" eines Produktes zweier ungesternter Laplace-Transformierter ist gleich dem gesternten Produkt beider Funktionen

$$[G(p)X(p)]^* = (GX)^*(p) \neq G^*(p)X^*(p).(!) \quad (12.5/14)$$

Zur Durchführung wird nach der modifizierten Z-Transformation Gl. (12.5/7) verfahren und Gl.(12.5/9) beachtet.

5. Die Z-Transformation kann als gesternte Laplace-Transformation aufgefaßt werden mit Ersatz von $\exp pT$ durch z (s. Bild 12.1/5), verschiedene Abbildungsbereiche beachten!

12.5.3 Ersatz zeitkontinuierlicher durch zeitdiskrete Systeme

Oft ist ein zeitkontinierliches System - z.B. als Netzwerk-Differentialgleichung oder Gewichtsfunktion - gegeben und eine *Nachbildung* durch ein zeitdiskretes System gesucht

- um es mit digitalen Verfahren zu simulieren
- oder ein diskretes System auf Grundlage der ausgefeilten Entwurfsverfahren von "Analogfiltern" zu entwickeln.

Die Annäherung kann dabei im Zeit- oder Frequenzbereich nach unterschiedlichen Aspekten erfolgen:

- Durch Bestimmung der Impulsübertragungsfunktion $G_z(z)$ aus der zeitkontinuierlichen Übertragungsfunktion $G(p)$ nach Gl.(12.5/7). Das Verfahren wird bei Übertragungsfunktionen höherer Ordnung aufwendig, vor allem, wenn der Nenner der Übertragungsfunktion als Polynom vorliegt.

Zur näherungsweisen Berechnung von $G_z(z)$ sind *numerische Näherungen* entwickelt worden.

- Bei der *Simulation* wird die Netzwerk-Differentialgleichung durch Diskretisierung in eine Differenzengleichung überführt und numerisch gelöst (Bild R 12.5/7). Dabei gibt es verschiedene Diskretisierungsverfahren (s.u.). Die Methode kann gleichwertig auf die Gewichts- oder die Übertragungsfunktion übertragen werden.
  Bei der Simulation entsteht zwischen simuliertem Ergebnis und der Originallösung im Zeitbereich stets eine Abweichung, der Simulationsfehler.
- *Systemantwortinvariante Transformation*; dabei wird erwartet, daß die Antwort des zeitdiskreten Übertragungssystems in den Abtastpunkten die gleichen Werte wie die zeitkontinuierliche Antwort hat, bestimmte Testsignale (Sprung, Impuls) vorausgesetzt.
- Approximation im Frequenzbereich mit Ersatz des Frequenzparameters p durch eine geeignete Näherung von z (sog. Mapping oder Abbildung).

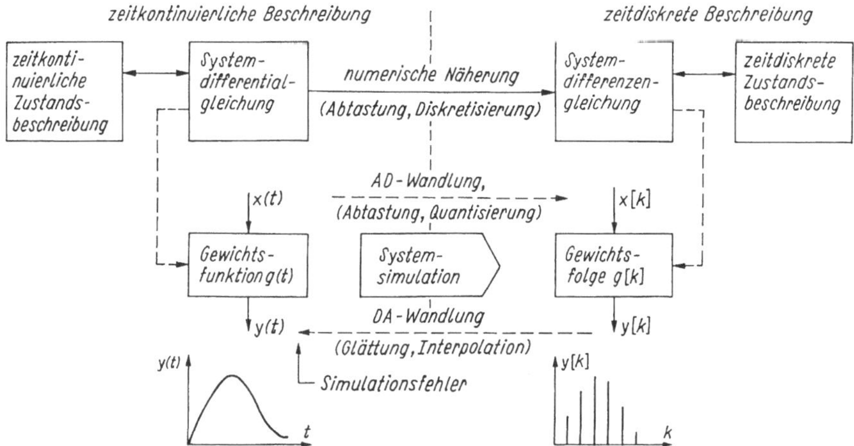

Bild R 12.5/7 Grundsätzliche Schritte der Systemsimulation

12.5.3.1 Simulationsverfahren

Bei der Simulation wird die Netzwerk-Differentialgleichung durch Diskretisierung in eine Differenzengleichung überführt und numerisch gelöst. Das bedeutet Ersatz der Integrations- bzw. Differentiationsoperation durch Differenznäherung.

Da die Netzwerk-Differentialgleichung auch als Integralgleichung darstellbar ist (Bild R 12.5/8), haben Integratoren die größere Bedeutung.

Die Integration

$$g(t) = \int_0^t f(\tau)\,\mathrm{d}\tau \leftrightarrow G(p) = \frac{1}{p}F(p)|_{\mathrm{AW}=0}$$

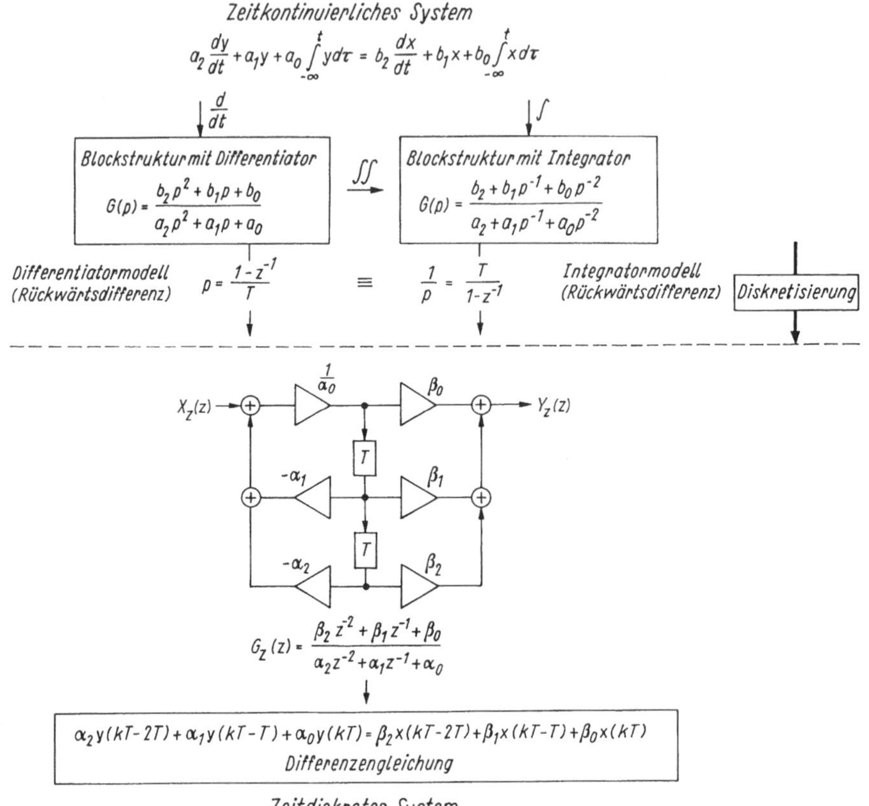

Bild R 12.5/8 Simulation der zeitkontinuierlichen Netzwerk-Differentialgleichung (Rückwärtsdifferenzdiskretisierung). Koeffizientenbeziehungen: $\alpha_0 = a_2 + a_1T + a_oT^2$, $\alpha_1 = -(2a_2 + a_1T)$, $\alpha_2 = a_2$
$\beta_0 = b_2 + b_1T + b_oT^2$, $\beta_1 = -(2b_2 + b_1T)$, $\beta_2 = b_2$

kann nach unterschiedlichen Algorithmen (Diskretisierungsnäherungen) erfolgen (Bild R 12.5/9a). Ausgehend vom Integralwert $g(kT - T)$ an der unteren Grenze ergibt sich der Zuwachs beim:

- *Vorwärtsdifferenzverfahren* durch Recktecknäherung mit der Höhe $f(kT - T)$ an der linken Intervallgrenze (Bild R 12.5/9b)
- *Rückwärtsdifferenzverfahren* durch Rechtecknäherung mit der Höhe $f(kT)$ an der rechten Intervallgrenze (Bild R 12.5/9c)
- *Trapezverfahren* mit linearer Annäherung zwischen beiden Intervallgrenzen (Bild R 12.5/9d).

Wird schrittweise die Z-Transformation durchgeführt und das Ergebnis mit $G(p) = 1/p$ (Integration) verglichen, so folgen die Zuordnungen Bild R 12.5/9. Die entsprechende Differentiationsnäherung ergibt sich aus $p \hat{=} f(z)$.

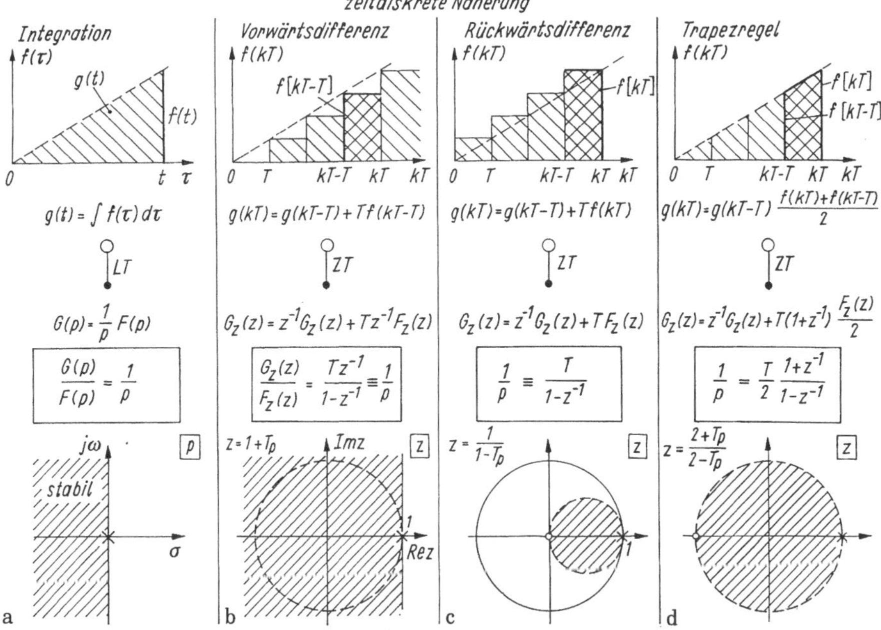

Bild R 12.5/9 Ersatz der Integration durch verschiedene Näherungsverfahren

Besondere Bedeutung hat die *Trapeznäherung* (auch als bilineare Transformation oder *Tustin*-Abbildung bezeichnet). Aus $z = \exp pT \rightarrow \ln z = pT$ folgt durch Reihenentwicklung für kleine Abtastzeiten

$$p = \frac{1}{T} \ln z \approx \frac{2}{T} \frac{z-1}{z+1} \tag{12.5/15}$$

als Abbildungsvorschrift.

Bei der Bilineartransformation wird die linke p-Halbebene ins Innere des Einheitskreises der z-Ebene abgebildet. Dann bleibt ein stabiles zeitinvariantes System auch zeitdiskret stabil. (Im Falle c hingegen ist die Stabilität des diskreten Systems geringer!)

Hinweis:

- Der Tustin-Algorithmus ist effizient entwickelt.
- Da der Transformation die Beschränkung $|pT| \ll 1$ unterliegt, entsteht ein Nachbildungsfehler.
- Außer den genannten Integrationsalgorithmen sind auch andere üblich, z.B. nach Adams, Simpson u.a.

Daß die Differential- und die Integralgleichung eines Systems im Zeitbereich gleichwertig ist und z.B. beide auf die Rückwärtsdifferenzform abgebildet werden können, wurde im Bild R 12.5/8 für ein System zweiter Ordnung dargestellt (Einsetzen von $p = f(z)$ in $G(p) \rightarrow G(z)$). Die Diskretisierung drückt sich hier in der gewählten Integrationsnäherung $1/p = T/(1 + z^{-1})$ aus.

Bezüglich der Stabilität verhalten sich die Näherungen verschieden.

Bei *Vorwärtsdifferenzverfahren* wird der stabile Bereich ($\mathrm{Re}\,(p) < 0$) nicht ausschließlich in den stabilen z-Bereich (Inneres des Einheitskreises) abgebildet ($\rightarrow$ mögliche Instabilität des zeitdiskreten Modells).

In den beiden anderen Fällen ist die Wandlung in den z-Bereich stets stabil.

Die Transformation Gl.(12.5/15, linker Teil) hat zwei Nachteile:

- durch die transzendente Natur geht eine rationale Transferfunktion $G(p)$ u.U. nicht in eine ebensolche $G_z(z)$ über
- für Frequenzen $> \omega_a/2$ (ω_a Abtastfrequenz) fehlt die direkte eindeutige Frequenzzuordnung ($\rightarrow$ nur für bandbegrenzte Signale einsetzbar).

Deshalb erfolgt die Transformation praktisch durch

- Näherung von $p = 1/T \ln z$, am meisten mit bilinearer Transformation
- Anwendung numerischer Integrationsalgorithmen
- Differenzoperatoren
- Antwortinvariante Verfahren
- Pol-Nullstellenabbildung.

12.5.3.2 Weitere Verfahren

Nachbildung der Pole und Nullstellen. Durch Z-Transformation wird zunächst die Übertragungsfunktion $G_z(z)$ des zeitdiskreten Systems bestimmt und anschließend in Zähler- und Nennerpolynom faktorisiert. Danach legt man Nullstellen und Pole nach Vorgaben der Übertragungsfunktion fest (Pol: $P = -a \rightarrow z = \exp -aT$; Nullstelle: $p = -b \rightarrow z = \exp -bT$), bildet Nullstellen von $G(p)$ im Unendlichen auf $z = -1$ ab und paßt die Proportionalkonstante an die Ausgangsfunktion an.

Z-Transformation der Übertragungsfunktion (sog. systemantwortinvariante Transformation). Hier wird die Systemzeitfunktion $y(t)$ für bestimmte Erregungen $x(t)$ (z.B. Gewichtsfunktion, Sprungfunktion) zunächst zeitdiskret in den Tastpunkten genähert (z.B. $g(t) \rightarrow g(kT)$) und diese Folge in den Z-Bereich transformiert ($\rightarrow Y_z(z)$). Anschließend tastet man $x(t)$ ab ($\rightarrow X_z(z)$) und entwickelt den Quotient $G_z(z) = Y_z(z)/X_z(z)$.

Allgemein gilt bei *Systemantwortinvarianz*

$$G_z(z) = \frac{1}{X(z)} \mathrm{Z_m T} \left\{ G(p) X(p) \right\} . \tag{12.5/16}$$

Bei *Impulsinvarianz* folgt daraus

$$G_z(z) = \mathrm{Z_m T} \left\{ G(p) \right\} = \mathrm{ZT} \left\{ g(kT) \right\} , \tag{12.5/17}$$

d.h. es ist die Z-Transformierte der Gewichtsfunktion maßgebend.

Bei der *Sprunginvarianz* stimmen die Antwortfolgen in den Abtastpunkten mit den Werten der kontinuierlichen Funktion überein

$$G_z(z) = \frac{1}{X_z(z)} \mathrm{Z_m T} \left\{ G(p) \frac{1}{p} \right\} = \frac{z-1}{z} \mathrm{Z_m T} \left\{ G(p) \frac{1}{p} \right\} . \tag{12.5/18}$$

Rechts steht ein zeitkontinuierliches Glied $G(p)$ mit Haltefunktion.

Bei den systemantwortinvarianten Verfahren
- stimmt das Ausgangssignal nur für die gewählte Erregerfunktion mit dem zeitkontinuierlichen Fall überein
- geht die Abtastfrequenz ein, deshalb sind sie nur für bandbegrenzte Signale zweckmäßig.

Tafel R 12.5/4 gibt eine Übersicht dieser prinzipiellen Verfahren, wobei denen es noch weitere gibt.

Tafel R 12.5/4 Vergleich der Transformationsverfahren von $G(p)$ und $G_z(z)$

Bezeichnung	Transformation	Vorteil	Nachteil, Bemerkungen
Vorwärts-Rechteck	$p = \frac{z-1}{p}$	einfach anwendbar	• stabiles zeitkontinuierliches System kann instabil werden (nicht empfehlenswert) • linke p-Halbebene wird nicht in den Einheitskreis der z-Ebene abgebildet
Rückwärts-Rechteck	$p = \frac{z-1}{zT}$	stabiles zeitkontinuierliches System führt auf stabiles zeitdiskretes System	Lage der Pole und Dämpfung eingeschränkt (nur bedingt empfehlenswert)
bilineare Transformation (Trapeznäherung)	$p = c\frac{z-1}{z+1}$ $\left(\text{oft } c = \frac{2}{T}\right)$	• leicht anwendbar • kein Aliasing, nicht auf bandbegrenzte Funktionen beschränkt • Stabilität des kontinuierlichen Systems bleibt erhalten	• nicht impulsinvariant
angepaßte Z-Transformation	• heuristische Verfahren • Ersatz der Pole und Nullstellen • Abbildung der Nullstelle bei $p \to \infty$ in $z = -1$	• Stabilität bleibt erhalten • übereinstimmende kritische Frequenzen im kontinuierlichen und diskreten System	• Aliasing möglich • nicht impulsinvariat • nicht geeignet für All-Pol-Filter • nicht so flexibel wie bilinear • nichtlinearer Zusammenhang zwischen Analog- und Digitalfrequenz
impulsinvariantes Verfahren	Abtasten des Analogimpulsverhaltens	• impulsinvariat • gleiche kritische Frequenzen in zeitkontinuierlichen und diskreten Systemen • Stabilität bleibt erhalten • relativ leicht anwendbar • Analog- und Digitalfrequenz hängen linear zusammen	• Aliasing möglich, auf bandbegrenzte Signale begrenzt

12.6 Zustandsraumdarstellung zeitdiskreter Systeme

Die Zustandsraumdarstellung zeitkontinuierlicher Systeme (Abschn. 8.5) läßt sich voll auf zeitdiskrete Systeme übertragen. Dazu werden die Systemgleichungen durch Diskretisierung des Erregervektors $\boldsymbol{x}(t)$, des Ausgangsvektors $\boldsymbol{y}(t)$ und des Zustandsvektors $\boldsymbol{z}(t)$ nach der Zeit und Ersatz des Differentialquotienten $\dot{\boldsymbol{z}}(t)$ durch den Differenzenquotient erster Ordnung (bei äquidistanter Abtastung)

$$\frac{z[k+1]-z[k]}{T} \qquad k=0,1,2\ldots \tag{12.6/1}$$

ersetzt. Mit

$$\boldsymbol{x}[k]=\begin{pmatrix} x_1[k] \\ \cdot \\ x_m[k] \end{pmatrix} \quad \boldsymbol{y}[k]=\begin{pmatrix} y_1[k] \\ \cdot \\ y_r[k] \end{pmatrix} \quad \boldsymbol{z}[k]=\begin{pmatrix} z_1[k] \\ \cdot \\ z_n[k] \end{pmatrix} . \tag{12.6/2}$$

und Dim $(\boldsymbol{x}) = m \times 1$, Dim $(\boldsymbol{y}) = r \times 1$, Dim $(\boldsymbol{z}) = n \times 1$ folgt

$\boldsymbol{z}[k+1]=\boldsymbol{A}_\mathrm{d}\boldsymbol{z}[k]+\boldsymbol{B}_\mathrm{d}\boldsymbol{x}[k], \ \boldsymbol{z}[0]=\boldsymbol{z}_\mathrm{b}$	Zustandsgleichung, Vektordifferenzengleichung	(12.6/3a)
$\boldsymbol{y}[k]=\boldsymbol{C}_\mathrm{d}\boldsymbol{z}[k]+\boldsymbol{D}_\mathrm{d}\boldsymbol{x}[k]$	Ausgabegleichung.	(12.6/3b)

Die Systemmatrix $\boldsymbol{A}_\mathrm{d}$ (Dimension $n \times n$), Steuermatrix $\boldsymbol{B}_\mathrm{d}$ (Dimension $n \times m$), Beobachtungsmatrix $\boldsymbol{C}_\mathrm{d}$ (Dimension $r \times n$) und Durchgangsmatrix $\boldsymbol{D}_\mathrm{d}$ (Dimension $m \times r$) haben die gleiche Bedeutung wie für zeitkontinuierliche Systeme (Koeffizienten aber z.T. verschieden!).

Bild R 12.6/1 zeigt das Blockschaltbild eines *Mehreingangs-/ Mehrausgangssystems* (MIMO-System). Das Verzögerungszeitglied ist dabei durch die Taktzeit T gegeben. Es stimmt formell mit dem Blockschaltbild des zeitkontinuierlichen Systems (Bild R 8.5/5) überein, auch gibt es in Gleichungen und Lösungen große Parallelitäten zu entsprechenden zeitkontinuierlichen Systemen (Tafel R 12.6/1).

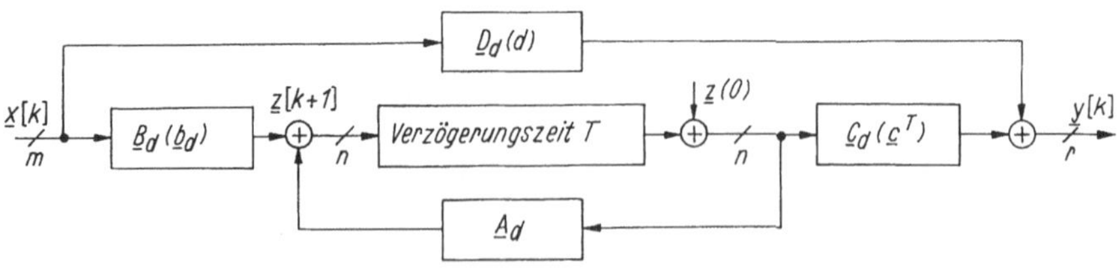

Bild R 12.6/1 Strukturschaltbild eines linearen, zeitinvarianten zeitdiskreten Mehrgrößensystems (Elemente des Eingrößensystems in Klammern)

Tafel R 12.6/1 Zustandsbeschreibung von Ein- und Mehrgrößensystemen

Eingrößenein-Ausgangsystem

zeitkontinuierlich	zeitdiskret
$\mathbf{z}^{\bullet} = \mathbf{A}\mathbf{z} + \mathbf{b}x$ $y = \mathbf{c}\mathbf{z} + dx$	$\mathbf{z}[k+1] = \mathbf{A}_d\mathbf{z}[k] + \mathbf{b}_d x[k]$ $y[k] = \mathbf{c}_d\mathbf{z}[k] + d_d x[k]$
Lösung: $\mathbf{z} = e^{\mathbf{A}t}\mathbf{z}(0) + \int_0^t e^{\mathbf{A}(t-\tau)}\mathbf{b}x(\tau)d\tau$	Lösung: $\mathbf{z}[k] = \mathbf{A}_d^k\mathbf{z}(0) + \sum_{j=0}^{k-1}\mathbf{A}_d^{k-j-1}\mathbf{b}_d x[j]$
Übergangsfunktion $G(s) = \mathbf{c}(p\mathbf{E} - \mathbf{A})^{-1}\mathbf{b} + d$	Übergangsfunktion $G_z(z) = \mathbf{c}_d(z\mathbf{E} - \mathbf{A}_d)^{-1}\mathbf{b}_d + d$
Gewichtsfunktion $g(t) = \mathbf{c}e^{\mathbf{A}t}\mathbf{b} + d\delta(t)$	Gewichtsfunktion $g[k] = \begin{cases} d & k=0 \\ \mathbf{c}_d\mathbf{A}_d^{k-1}\mathbf{b}_d & k>0 \end{cases}$
Sprungfunktion $h(t) = \int_0^t g(\tau)d\tau$	Sprungfunktion $h[k] = \sum_{i=0}^{k-1} g[k-1]$ (bei $d = 0$)
Transformationsbeziehung: Wenn $\bar{\mathbf{z}}(t) = \mathbf{T}\mathbf{z}(t)$ (analog $\bar{\mathbf{z}}[k] = \mathbf{T}\mathbf{z}[k]$), so $\bar{\mathbf{A}} = \mathbf{T}\mathbf{A}\mathbf{T}^{-1}$; $\bar{\mathbf{B}} = \mathbf{T}\mathbf{B}$, $\bar{\mathbf{C}} = \mathbf{C}\mathbf{T}^{-1}$, $\bar{\mathbf{D}} = \mathbf{D}$	

Mehrgrößenein-Ausgangsystem

zeitkontinuierlich	zeitdiskret
$\mathbf{z}^{\bullet} = \mathbf{A}\mathbf{z} + \mathbf{B}\mathbf{x}$ $\mathbf{y} = \mathbf{C}\mathbf{z} + \mathbf{D}\mathbf{x}$	$\mathbf{z}[k+1] = \mathbf{A}_d\mathbf{z}[k] + \mathbf{B}_d \cdot \mathbf{x}[k]$ $\mathbf{y}[k] = \mathbf{C}_d\mathbf{z}[k] + \mathbf{D}_d \cdot \mathbf{x}[k]$
Lösung: $\mathbf{z}(t) = \mathbf{r}(t-t_0)\mathbf{z}(t_0) + \int_{t_0}^t \mathbf{r}(t-\tau)\mathbf{B}\mathbf{x}(\tau)d\tau$ $\mathbf{y}(t) = \mathbf{C}\mathbf{r}(t-t_0)\mathbf{z}(t_0) + \int_{t_0}^t \mathbf{C}\mathbf{r}(t-\tau)\mathbf{B}\mathbf{x}(\tau)d\tau + \mathbf{D}\mathbf{x}(t)$ $\phi(t-t_0) = \mathbf{r}(t-t_0) = e^{(t-t_0)\mathbf{A}}$; $t \geq t_0$	Lösung: $\mathbf{z}[k] = \mathbf{r}[k-k_0]\mathbf{z}[k_0] + \sum_{i=k_0-1}^{k-1}\mathbf{r}[k-1-i]\mathbf{B}_d\mathbf{x}[i]$ $k \geq k_0$ $\mathbf{y}[k] = \mathbf{C}_d\mathbf{r}[k-k_0]\mathbf{z}[k_0] + \sum_{i=k_0-1}^{k-1}\mathbf{C}_d\mathbf{r}[k-1-i]\mathbf{B}_d\mathbf{x}[i] + \mathbf{D}_d\mathbf{x}[k]$ $\mathbf{r}[k-k_0] = \mathbf{A}_d$
Übergangsmatrix $\mathbf{G}(p) = \mathbf{C}(p\mathbf{E} - \mathbf{A})^{-1}\mathbf{B} + \mathbf{D}$	Übergangsmatrix $\mathbf{G}_z(z) = \mathbf{C}_d[z\mathbf{E} - \mathbf{A}_d]^{-1}\mathbf{B}_d + \mathbf{D}_d$
Gewichtsmatrix $\mathbf{g}(t) = \mathbf{C}e^{\mathbf{A}t}\mathbf{B}s(t) + \mathbf{D}\delta(t)$ $\quad t \geq 0$	Gewichtsmatrix $\mathbf{g}[k] = s[k-1]\cdot \mathbf{C}_d\mathbf{r}[k-1]\mathbf{B}_d + \delta[k]\mathbf{D}_d$
$\mathbf{y}(t) = \mathbf{g}(t) * \mathbf{x}(t)$	$\mathbf{y}[k] = \sum_{i=-\infty}^{\infty}\mathbf{g}[k-i]\cdot\mathbf{x}[i] \equiv \mathbf{g}[k] * \mathbf{x}[k]$ Es gilt: $\mathbf{A}_d = e^{\mathbf{A}T}$; $\mathbf{B}_d = \left(e^{\mathbf{A}T} - \mathbf{E}\right)^{-1}\mathbf{A}^{-1}\mathbf{B}$ $\mathbf{C}_d = \mathbf{C}$; $\mathbf{D}_d = \mathbf{D}$

Im Sonderfall des *Einfacheingangs-/Einfachausgangssystems* (SISO) wird daraus (mit $r = 1$, $m = 1$) bei n Zustandsgrößen das n-dimensionale SISO-System. Dann gehen $\boldsymbol{B}$ in eine $n \times 1$ Matrix, oft als Vektor $\boldsymbol{b}$ bezeichnet, $\boldsymbol{C}$ in eine $1 \times n$ Matrix (Bezeichnung $\boldsymbol{c}^{\mathrm{T}}$) und $\boldsymbol{D}$ in die Form 1×1 (Bezeichnung d, skalar) über, gleichbedeutend mit der rekursiven Differenzengleichung (12.2/11)

$$y[k] = \sum_{j=0}^{m} \beta_j x[k-j] - \sum_{i=1}^{n} \alpha_i y[k-i].$$

Für Eingrößensysteme lassen sich - analog zum zeitkontinuierlichen Fall - verschiedene Normalformen angeben, abhängig von der Festlegung der Zustandsgrößen (Abschn. 8.5.6) z.B.

- die phasenkanonische, steuerbare oder erste kanonische Form (Regelungsnormalform)
- die Beobachtungsform
- die Diagonal- und Jordansche Normalform.

Die Lösung der Zustandsgleichung (12.6/3a) heißt *Bewegungsgleichung.* Sie kann gefunden werden durch Rekursion (s. Gl.(12.2/11)) direkt (im Zeitbereich, klassisch) oder über die Z-Transformation:

Rekursion im Zeitbereich. Ausgehend vom bekannten Anfangswertvektor $\boldsymbol{z}[0]$ und dem Eingangsvektor $\boldsymbol{x}[0]$ wird die Zustandsgleichung für $k = 1, 2\ldots$ notiert

$$\begin{aligned}
\boldsymbol{z}[1] &= \boldsymbol{A}_\mathrm{d}\boldsymbol{z}[0] + \boldsymbol{B}_\mathrm{d}\boldsymbol{x}[0] \\
\boldsymbol{z}[2] &= \boldsymbol{A}_\mathrm{d}\boldsymbol{z}[1] + \boldsymbol{B}_\mathrm{d}\boldsymbol{x}[1] = \boldsymbol{A}_\mathrm{d}^2\boldsymbol{z}[0] + \boldsymbol{A}_\mathrm{d}\boldsymbol{B}_\mathrm{d}\boldsymbol{x}[0] + \boldsymbol{B}_\mathrm{d}\boldsymbol{x}[1]. \\
&\;\;\vdots
\end{aligned}$$

Durch fortgesetzte Wiederholung folgt schließlich als Lösung der Zustandsgleichung

$$\begin{aligned}
\boldsymbol{z}[k] &= \boldsymbol{A}_\mathrm{d}^k\boldsymbol{z}[0] + \sum_{j=0}^{k-1} \boldsymbol{A}_\mathrm{d}^{k-j-1}\boldsymbol{B}_\mathrm{d}\boldsymbol{x}[j] \quad k \geq 1 \\
&= \boldsymbol{\Phi}[k]\boldsymbol{z}[0] + \sum_{j=0}^{k-1} \boldsymbol{\Phi}[k-j-1]\boldsymbol{B}_\mathrm{d}\boldsymbol{x}[j] = \boldsymbol{z}_\mathrm{fr}[k] + \boldsymbol{z}_\mathrm{erz}[k] \quad (12.6/4)
\end{aligned}$$

Wie im zeitkontinuierlichen Fall enthält die Gesamtlösung einen homogenen Teil $\boldsymbol{z}_\mathrm{fr}[k]$ (nur anfangswertabhängig) und die partikulare Lösung $\boldsymbol{z}_\mathrm{erz}[k]$ (Erregerreaktion).

Die k-te Potenz $\boldsymbol{A}_\mathrm{d}^k$ der Matrix $\boldsymbol{A}_\mathrm{d}$

$$\boldsymbol{\Phi}[k] = \boldsymbol{A}_\mathrm{d}^k \qquad \text{zeitdiskrete Transitionsmatrix} \qquad (12.6/5)$$

heißt *Fundamental-* oder *Übergangsmatrix* oder *zeitdiskrete Transitionsmatrix.* Gleichwertig gilt die Rekursivform

$$\boldsymbol{\Phi}[k+1] = \boldsymbol{A}_\mathrm{d}\boldsymbol{\Phi}[k] \quad \text{mit } \boldsymbol{\Phi}[0] = \boldsymbol{E}. \qquad (12.6/6)$$

Hinweis:

- Die Fundamentalmatrix ist selbst eine Lösung der homogenen Differenzengleichung (→ Eigenwerte).
- Die Fundamentalmatrix - definiert als endliches Matrizenprodukt - ist bei Abtastsystemen stets regulär.
- Sie kann für das Abtastsystem wegen

  $$\boldsymbol{\Phi}(kT) = \boldsymbol{\Phi}[k] \equiv \boldsymbol{A}_\mathrm{d}^k$$

  aus $\boldsymbol{\Phi}(t)$ des zeitkontinuierlichen Falls Gl.(8.5/9b) erhalten werden durch Ersatz von t durch kT (s. Abschn. 8.5.4).

Die *Ausgabegleichung* ist die gesuchte Systemantwort im Zeitbereich

$$\begin{aligned}
\boldsymbol{y}[k] &= \boldsymbol{C}_\mathrm{d}\boldsymbol{\Phi}[k]\boldsymbol{z}[0] + \boldsymbol{C}_\mathrm{d}\sum_{j=0}^{k-1}\boldsymbol{\Phi}[k-j-1]\boldsymbol{B}_\mathrm{d}\boldsymbol{x}[j] + \boldsymbol{D}_\mathrm{d}\boldsymbol{x}[k] \quad k \geq 1 \\
&= \boldsymbol{C}_\mathrm{d}\boldsymbol{\Phi}[k]\boldsymbol{z}[0] + \sum_{j=0}^{k}(\boldsymbol{C}_\mathrm{d}\boldsymbol{\Phi}[k-j-1]\boldsymbol{B}_\mathrm{d}\boldsymbol{x}[k-j-1] \\
&\quad +\delta[k-j]\boldsymbol{D}_\mathrm{d})\,\boldsymbol{x}[j] \quad k \geq 0 \\
&= \underbrace{\boldsymbol{C}_\mathrm{d}\boldsymbol{\Phi}[k]\boldsymbol{z}[0]}_{\text{Nulleingangsverhalten}} + \underbrace{\sum_{j=0}^{k}\boldsymbol{g}[k-j]\boldsymbol{x}[j]}_{\text{Nullzustandsverhalten}} \qquad (12.6/7)
\end{aligned}$$

mit der *Gewichtsmatrix* (oder Impulsmatrixfolge)

$$g[k] = \begin{cases} \boldsymbol{C}_\mathrm{d}\boldsymbol{A}_\mathrm{d}^{k-1}\boldsymbol{B}_\mathrm{d} & k \geq 1 \quad \text{Gewichtsfolgematrix,} \\ \boldsymbol{D}_\mathrm{d} & k = 0 \quad \text{Markov-Parameter.} \end{cases} \qquad (12.6/8)$$

Die noch offene Fundamentalmatrix Gl.(12.6/5) wird (für zeitinvariante Systeme) zweckmäßig durch Z-Transformation über den Bildbereich ermittelt (Bild R 12.6/2a).

Auch für zeitdiskrete (LTI-)Systeme treten - wie im zeitkontinuierlichen Fall (Gl.(8.5/11)) - Nulleingangs- und Nullzustandsverhalten auf.

Faltung und Impulsantwort. Beim (anfangswertfreien) SISO-System geht der erzwungene Anteil in Gl.(12.6/7) über in

$$y_\mathrm{erz}[k] = \sum_{j=0}^{k} g[k-j]x[j] = g[k] * x[k] \qquad (12.6/9)$$

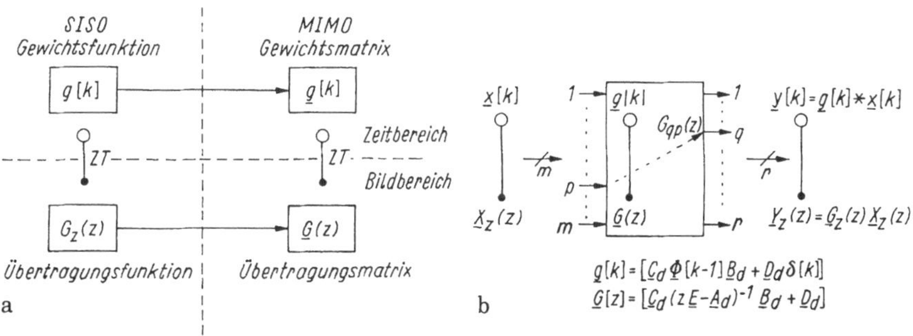

Bild R 12.6/2 Signalübertragung im Zeit- und Bildbereich beim zeitdiskreten System

a), b) Zusammenhang der Gewichts- und Übertragungsgrößen bei Eingrößen- und Mehrgrößensystemen

mit

$$g[k] = c^{\mathrm{T}} A_{\mathrm{d}}^{k-1} b_{\mathrm{d}} \quad (k \geq 0)$$
$$g[k] = d \quad (k = 0).$$

Sie entspricht formal der Gewichtsfunktion Gl.(8.5/12) des zeitkontinuierlichen Falls.

Beim *Mehrgrößensystem* lautet die Gewichtsmatrix

$$\boldsymbol{g}[k] = \boldsymbol{C}_{\mathrm{d}} \boldsymbol{A}_{\mathrm{d}}^{k-1} \boldsymbol{B}_{\mathrm{d}} s[k-1] + \boldsymbol{D}_{\mathrm{d}} \delta[k] \tag{12.6/10}$$

mit der *diskreten Faltung* (bei beliebigem Eingang $\boldsymbol{x}[k]$ mit $\boldsymbol{x}[j] = 0$ für $j < 0$

$$\boldsymbol{y}[k] = \boldsymbol{g}[k] * \boldsymbol{x}[k] = \sum_{j=-\infty}^{\infty} \boldsymbol{g}[k-j] \boldsymbol{x}[j]. \tag{12.6/11}$$

Dabei ist die Impulsantwort $\boldsymbol{g}[k]$ eine Matrix von skalaren Impulsantworten, die die Verknüpfung zwischen den verschiedenen Systemeingängen und -ausgängen beschreibt. Sie wird eindeutig aus den Matrizen $\boldsymbol{A}_{\mathrm{d}} \ldots \boldsymbol{D}_{\mathrm{d}}$ der Zustandsdarstellung ermittelt.

Die in Gl.(12.6/11) auftretende diskrete Faltung kann bequem (rechts) als Produkt zweier Matrizen durchgeführt werden.

Die Elemente der Gewichtsmatrix ergeben sich, wenn ein Impuls am Eingang p anliegt und die Reaktion am Ausgang q gemessen wird (Bild R 12.6/2b)

$$y_q[k] = \sum_{i=0}^{k-1} g_{qp}[k-i]\, x_p[i].$$

Lösung mit Z-Transformation. Die Lösung des Differenzengleichungssystems (12.6/3) direkt im Zeitbereich führt ebenfalls auf die Lösungen (12.6/4) und (12.6/7), so daß sie hier nicht weiter verfolgt werden.

Bei der Lösung von Gl.(12.6/3) durch Z-Transformation wird gliedweise Z-transformiert und der zweite Verschiebungssatz (Linksverschiebung) angewendet mit

$$\boldsymbol{Z}(z) = \mathrm{ZT}\{\boldsymbol{z}[k]\}, \quad \boldsymbol{X}(z) = \mathrm{ZT}\{\boldsymbol{x}[k]\}$$

$$z\boldsymbol{Z}(z) - z\boldsymbol{z}[0] = \boldsymbol{A}_{\mathrm{d}} \boldsymbol{Z}(z) + \boldsymbol{B}_{\mathrm{d}} \boldsymbol{X}(z)$$

oder

$$\boldsymbol{Z}(z) = (z\boldsymbol{E} - \boldsymbol{A}_{\mathrm{d}})^{-1} z\boldsymbol{z}[0] + (z\boldsymbol{E} - \boldsymbol{A}_{\mathrm{d}})^{-1} \boldsymbol{B}_{\mathrm{d}} \boldsymbol{X}(z). \tag{12.6/12}$$

Mit der Abkürzung $\boldsymbol{\Phi}[z] = z(z\boldsymbol{E} - \boldsymbol{A}_{\mathrm{d}})^{-1}$ folgt als Zustandsgleichung im Bildbereich

$$\boldsymbol{Z}(z) = \boldsymbol{\Phi}(z)\boldsymbol{z}(0) + \boldsymbol{B}_{\mathrm{d}} \boldsymbol{X}(z) \boldsymbol{\Phi}(z)/z = \boldsymbol{Z}_{\mathrm{fr}}(z) + \boldsymbol{Z}_{\mathrm{erz}}(z) \tag{12.6/13}$$

und als Ausgabegleichung (mit $\boldsymbol{z}(0) = 0$)

$$\boldsymbol{Y}(z) = [\boldsymbol{C}_{\mathrm{d}}(z\boldsymbol{E} - \boldsymbol{A}_{\mathrm{d}})^{-1} \boldsymbol{B}_{\mathrm{d}} + \boldsymbol{D}_{\mathrm{d}}] \boldsymbol{X}(z) = \boldsymbol{G}(z) \boldsymbol{X}(z). \tag{12.6/14}$$

Die Rücktransformation von Gl.(12.6/13) liefert die Lösung

$$\boldsymbol{z}[k] = \mathrm{ZT}^{-1}\{\boldsymbol{\Phi}(z)\boldsymbol{z}(0)\} + \mathrm{ZT}^{-1}\{\boldsymbol{\Phi}(z)/z \boldsymbol{B}_{\mathrm{d}} \boldsymbol{X}(z)\} \tag{12.6/15}$$

oder ausgewertet

$$\begin{aligned} \boldsymbol{z}[k] &= \boldsymbol{\Phi}[k]\boldsymbol{z}(0) + \sum_{j=1}^{k} \boldsymbol{\Phi}[k-j]\boldsymbol{B}_{\mathrm{d}}\boldsymbol{x}[j-1] \\ &= \boldsymbol{\Phi}[k]\boldsymbol{z}(0) + \sum_{j=0}^{k-1} \boldsymbol{\Phi}[k-j-1]\boldsymbol{B}_{\mathrm{d}}\boldsymbol{x}[j]. \end{aligned} \qquad (12.6/16)$$

Dabei stellen in der *Fundamentalmatrix*

$$\boldsymbol{\Phi}[k] = \boldsymbol{A}_{\mathrm{d}}^{k} = \mathrm{ZT}^{-1}\{\boldsymbol{\Phi}(z)\} = \mathrm{ZT}^{-1}\{z(z\boldsymbol{E} - \boldsymbol{A}_{\mathrm{d}})^{-1}\} \qquad (12.6/17)$$

die ij-ten Elemente von $\boldsymbol{\Phi}[k]$ die inverse Z-Transformierte der ij-ten Elemente von $\boldsymbol{\Phi}(z)$ dar. Der zweite Term in Gl.(12.6/16) wird als sog. *Matrix-Faltungssumme* bezeichnet.

Aus Gl.(12.6/14) folgt durch Vergleich die *Übertragungsmatrix* (s.u.)

$$\boldsymbol{G}(z) = \boldsymbol{C}_{\mathrm{d}}(z\boldsymbol{E} - \boldsymbol{A}_{\mathrm{d}})^{-1}\boldsymbol{B}_{\mathrm{d}} + \boldsymbol{D}_{\mathrm{d}}. \qquad (12.6/18)$$

zeitdiskrete Übertragungsfunktion, Bildbereich

Berechnung der Übergangsmatrix $\boldsymbol{\Phi}[k]$. Zur Berechnung der Übergangsmatrix $\boldsymbol{\Phi}[k]$ mit Z-Transformation sind durchzuführen:

1. Berechnung $(z\boldsymbol{E} - \boldsymbol{A}_{\mathrm{d}})$
2. Bildung von $(z\boldsymbol{E} - \boldsymbol{A}_{\mathrm{d}})^{-1} = z^{-1}\boldsymbol{\Phi}(z)$ durch Bildung der inversen Matrix von $(z\boldsymbol{E} - \boldsymbol{A}_{\mathrm{d}})$
3. Berechnung von $\boldsymbol{\Phi}[k]$ durch inverse ZT eines jeden Elementes von $\boldsymbol{\Phi}(z) = z(z\boldsymbol{E} - \boldsymbol{A}_{\mathrm{d}})^{-1}$.

Übertragungsmatrix, Übertragungsfunktion. Die Übertragungsmatrix $\boldsymbol{G}(z)$ eines zeitdiskreten Mehrgrößen-Systems nach Gl.(12.6/18) ist für m Eingangs- und r Ausgangsgrößen eine $m \times r$-Matrix. Sie verknüpft (Bild R 12.6/2a) den Z-transformierten Eingangsvektor $\boldsymbol{X}(z) = [X_1(z) \ldots X_m(z)]^{\mathrm{T}}$ mit dem Z-transformierten Ausgangsvektor $\boldsymbol{Y}(z) = [Y_1(z) \ldots Y_r(z)]^{\mathrm{T}}$ und hat die Elemente

$$\boldsymbol{G}(z) = \begin{pmatrix} G_{11}(z) & \ldots & G_{1m}(z) \\ \vdots & & \vdots \\ G_{r1}(z) & \ldots & G_{rm}(z) \end{pmatrix}. \qquad (12.6/19)$$

So verbindet das Element $G_{qp}(z)$ den Ausgang q mit dem Eingang p. Es gibt insgesamt $r \cdot m$ Transferfunktionselemente.

Die inverse Z-Transformierte von $\boldsymbol{G}$ ist die *Gewichtsmatrix* Gl.(12.6/8)

$$\boldsymbol{g}[k] = \mathrm{ZT}^{-1}\{\boldsymbol{G}(z)\} \qquad (12.6/20)$$

Zusammenhang Impuls-Gewichtsmatrix beim Mehrgrößensystem.

Für *einen* Eingang (SIMO) geht die Übertragungsmatrix in einen *Spaltenvektor* über.

Charakteristische Gleichungen und Eigenwerte. Beim Differenzengleichungssystem n-ter Ordnung hat die Matrix $(z\boldsymbol{E} - \boldsymbol{A}_\mathrm{d})$ folgende Form

$$(z\boldsymbol{E} - \boldsymbol{A}_\mathrm{d}) = \begin{pmatrix} z - a_{11} & -a_{12} & \dots & -a_{1n} \\ -a_{21} & z - a_{22} & \dots & -a_{2n} \\ \vdots & & & \vdots \\ -a_{n1} & -a_{n2} & \dots & z - a_{nn} \end{pmatrix}. \qquad (12.6/21)$$

Bei Berechnung der Inversen

$$(z\boldsymbol{E} - \boldsymbol{A}_\mathrm{d})^{-1} = \frac{\mathrm{adj}(z\boldsymbol{E} - \boldsymbol{A}_\mathrm{d})}{|(z\boldsymbol{E} - \boldsymbol{A}_\mathrm{d})|} \qquad (12.6/22)$$

ergibt die Nennerdeterminante, daß in den Hauptdiagonalelementen

$$(z-a_{11})\dots(z-a_{nn}) = z^n - c_{n-1}z^{n-1}\dots c_0 \to z^n + \alpha_{n-1}z^{n-1}\dots\alpha_n \qquad (12.6/23)$$

keine Glieder größer als Grad n auftreten. Die rechte Gleichung ist das für die Systemdynamik entscheidende charakteristische Polynom der Matrix $\boldsymbol{A}_\mathrm{d}$. Durch Nullsetzen ergibt sich die *charakteristische Gleichung*. Sie liefert in faktorisierter Form

$$(z - r_1)\dots(z - r_n) = 0$$

die *Systemeigenwerte* r_i $(i = 1\dots n)$.

Die Eigenwerte (Wurzeln) der charakteristischen Gleichung $|(z\boldsymbol{E} - \boldsymbol{A}_\mathrm{d})| = 0$ bestimmt die Systemdynamik und vor allem die Systemstabilität.

Für asymptotische Stabilität muß für alle Eigenwerte $|r_i| < 1$ gelten. Diese Bedingung wurde bereits beim Einfachsystem erkannt.

Die Berechnung von Gl.(12.6/22) kann analytisch oder rechnergestützt erfolgen. Ausgehend von der Darstellung Gl.(12.6/23) läßt sich zeigen

$$|(z\boldsymbol{E} - \boldsymbol{A}_\mathrm{d})| = \boldsymbol{E}z^{n-1} + \boldsymbol{B}_1 z^{n-2} + \boldsymbol{B}_2 z^{n-3} + \dots \boldsymbol{B}_{n-1}$$

mit

$$\begin{aligned} \boldsymbol{B}_1 &= \boldsymbol{A} + \alpha_1\boldsymbol{E}, \quad \boldsymbol{B}_2 = \boldsymbol{A}\boldsymbol{B}_1 + \alpha_2\boldsymbol{E}\dots \\ \boldsymbol{B}_{n-1} &= \boldsymbol{A}\boldsymbol{B}_{n-2} + \alpha_{n-1}\boldsymbol{E}, \quad \boldsymbol{B}_n = \boldsymbol{A}\boldsymbol{B}_{n-1} + \alpha_n\boldsymbol{E} = 0. \end{aligned}$$

Da die Koeffizienten α_i bekannt sind, folgt mit der Spur sp (Summe der Matrixdiagonalelemente)

$$\alpha_1 = -\mathrm{sp}\boldsymbol{A}, \quad \alpha_2 = -\frac{1}{2}\mathrm{sp}\boldsymbol{A}\boldsymbol{B}_1\dots\alpha_n = -\frac{1}{n}\mathrm{sp}\boldsymbol{A}\boldsymbol{B}_{n-1}.$$

Durch Rückeinsetzen ergibt sich Gl.(12.6/22).

Frequenzgangmatrix. So wie sich für das zeitdiskrete System der Frequenzgang durch die Substitution $z = \exp \mathrm{j}\omega T$ ergibt, läßt sich dieses Modell auch auf die Übergangsmatrix $\boldsymbol{G}$ übertragen. Es gilt dann als *Frequenzgangmatrix* mit $\theta = \omega T$

$$\boldsymbol{G}(\exp \mathrm{j}\theta) = \boldsymbol{C}_\mathrm{d} \exp -\mathrm{j}\theta\boldsymbol{\Phi}(\exp \mathrm{j}\theta)\boldsymbol{B}_\mathrm{d} + \boldsymbol{D}_\mathrm{d} \qquad (12.6/24)$$

Frequenzgangmatrix.

Die praktische Auswertung beschränkt sich allerdings meist auf das Verhalten zwischen zwei Ein-/Ausgängen (entsprechende Komponentendarstellung).

Diskontinuierliche und kontinuierliche Zustandsraumdarstellung. Häufig muß eine zeitkontinuierliche Zustandsdarstellung in eine zeitdiskrete Form überführt werden. Das ist durch Einfügen von (fiktiven) Abtast- und Haltegliedern in das zeitkontinuierliche Eingrößensystem möglich (s. Abschn. 12.5/2). Dieses Verfahren läßt sich auf Mehrgrößensysteme übertragen. Dazu wird das Systemverhalten zwischen zwei Abtastpunkten betrachtet. In Abtast-/ Haltesystemen bleibt das Abtastsignal nach jedem Abtastvorgang erhalten. Für diesen Zeitraum verhält sich das System zeitkontinuierlich mit gestuftem Eingangssignal $\overline{x}(t)$ und die Lösung der Zustandsgleichung vom Zeitpunkt t_0 an lautet:

$$\boldsymbol{z}(t) = \exp \boldsymbol{A}(t-t_0)\boldsymbol{z}(t_0) + \int_{t_0}^{t} \exp(\boldsymbol{A}(t-\tau))\boldsymbol{B}\boldsymbol{x}(\tau)\,\mathrm{d}\tau \quad t > t_0. \tag{12.6/25}$$

Ist $t_0 = kT$ der Anfangswert, so lautet der Wert zur Zeit $t = (k+1)T$ (mit der Substitution $\theta = t - kT$)

$$\boldsymbol{z}((k+1)T) = \exp \boldsymbol{A}T\,\boldsymbol{z}(kT) + \int_{t_0}^{t} \exp -\boldsymbol{A}\theta\,\boldsymbol{B}\boldsymbol{x}(kT+\theta)\,\mathrm{d}\theta. \tag{12.6/26}$$

Bleibt $x(t)$ während des Zeitraums $kT < t < (k+1)T$ konstant (d.h. $x(kT+\theta) = x(kT)$), so folgt nach Auswertung des Integrals

$$\begin{aligned} \boldsymbol{z}[k+1] &= \exp \boldsymbol{A}T\,\boldsymbol{z}[k] + (\exp \boldsymbol{A}T - \boldsymbol{E})\boldsymbol{A}^{-1}\boldsymbol{B}\boldsymbol{x}[k] \\ &= \boldsymbol{A}_\mathrm{d}\boldsymbol{z}[k] + \boldsymbol{B}_\mathrm{d}\boldsymbol{x}[k]. \end{aligned} \tag{12.6/27}$$

Das so arbeitende zeitkontinuierliche System (mit Haltefunktion) stimmt mit dem Originalsystem Gl.(12.6/3) überein, wenn folgende Zuordnungen gelten:

$$\begin{aligned} \boldsymbol{A}_\mathrm{d} &= \boldsymbol{A}_\mathrm{d}(T) = \exp \boldsymbol{A}T = \boldsymbol{\Phi}(T) \\ \boldsymbol{B}_\mathrm{d} &= \boldsymbol{B}_\mathrm{d}(T) = (\exp \boldsymbol{A}T - \boldsymbol{E})\boldsymbol{A}^{-1}\boldsymbol{B} = \int_0^T \boldsymbol{\Phi}(T-\tau)\boldsymbol{B}\,\mathrm{d}\tau \\ \boldsymbol{C}_\mathrm{d} &= \boldsymbol{C}; \quad \boldsymbol{D}_\mathrm{d} = \boldsymbol{D} \end{aligned} \tag{12.6/28}$$

Zusammenhang zwischen Matrizen des zeitkontinuierlichen und zeitdiskreten Mehrgrößensystems.

Während sich Beobachtungs- ($\boldsymbol{C}_\mathrm{d}$) und Durchgangsmatrizen ($\boldsymbol{D}_\mathrm{d}$) im zeitkontinuierlichen und zeitdiskreten System nicht unterscheiden, geht in die Systemmatrix ($\boldsymbol{A}_\mathrm{d}$) und Steuermatrix ($\boldsymbol{B}_\mathrm{d}$) im zeitdiskreten Fall die Abtastzeit T ein.

Hinweis:

- Für kurze Abtastzeiten ($T \ll t$) wird $\boldsymbol{A}_\mathrm{d}(T) \approx \boldsymbol{A}_\mathrm{d}(0) = \boldsymbol{E}$ und die Systemmatrix tendiert zur Einheitsmatrix.

- Allgemein schließt die Diskretisierung eines zeitkontinuierlichen Systems Näherungen ein, doch arbeitet es völlig gleichwertig, wenn Gl.(12.6/28) erfüllt ist und das Eingangssignal zwischen zwei Abtastpunkten zeitlich konstant bleibt.
- Ist das Eingangssignal zwischen zwei Abtastpunkten zeitlich konstant, so ergibt sich das zeitdiskrete Modell aus dem zeitkontinuierlichen durch Integration über eine Abtastzeit. Deshalb heißt die zeitdiskrete Darstellung Gl.(12.6/3) auch die "Haltegliedgleichwertigkeit" nullter Ordnung des zeitkontinuierlichen Systems.

Die Matrixberechnung $\boldsymbol{A}_{\mathrm{d}}$, $\boldsymbol{B}_{\mathrm{d}}$ erfolgt zweckmäßig durch Reihenentwicklung

$$\begin{aligned}\boldsymbol{A}_{\mathrm{d}} &= \boldsymbol{E}+\boldsymbol{A}T+\boldsymbol{A}^2\frac{T^2}{2}+\ldots=\sum_{\nu=0}^{\infty}\boldsymbol{A}^{\nu}\frac{T^{\nu}}{\nu!}\\ &= \boldsymbol{E}+\boldsymbol{S}\boldsymbol{A} \quad \text{mit } \boldsymbol{S}=T\left(\boldsymbol{E}+\boldsymbol{A}\frac{T}{2!}+\boldsymbol{A}^2\frac{T^2}{3!}+\ldots\right). \end{aligned} \qquad (12.6/29)$$

Die Berechnung von $\boldsymbol{S}$ erspart eine Matrixinversion

$$\boldsymbol{A}_{\mathrm{d}}=\boldsymbol{E}+\boldsymbol{S}\boldsymbol{A} \qquad \boldsymbol{B}_{\mathrm{d}}=\boldsymbol{S}\boldsymbol{B}. \qquad (12.6/30)$$

Dabei wird $\boldsymbol{S}$ nach endlicher Zahl abgebrochen.

Zustandstransformationen. Bereits im Abschnitt 8.5.6 wurde erwähnt, daß es für lineare zeitinvariante Zustandsdarstellungen gleichwertige Beschreibungen gibt, die mittels einer regulären zeitinvarianten Transformationsmatrix $\boldsymbol{T}$ gefunden werden können (s. Gl.(8.5/27)). Die entsprechenden Matrixtransformationen Gl.(8.5/27) gelten auch für zeitdiskrete Systeme. Dabei

- bleibt die Übertragungsmatrix $\boldsymbol{G}(p)$ invariant gegenüber der Zustandstransformation (bleiben also die Eigenwerte erhalten)
- lassen sich unendlich viele gleichwertige mathematische Zustandsbeschreibungen finden, weil es unendlich viele reguläre Transformationsmatrizen $\boldsymbol{T}$ gibt. Besondere Bedeutung haben dabei die schon erwähnten Normalformen (Abschn. 8.5.6).

12.7 Rückblick. Zeitkontinuierliche und zeitdiskrete Netzwerke und Systeme

Nach Darstellung der Netzwerk- und insbesondere Systemeigenschaften (zeitkontinuierlich, zeitdiskret) in den Abschnitten 8 und 12 sowie Laplace-, Fourier- und Z-Transformation bietet sich ein Rückblick an.

Laplace-, Fourier- und Z-Transformation hängen im Zeit - wie Frequenzbereich eng miteinander zusammen (Tafel R 12.7/1 und Bild R 12.1/5). Ordnungsgesichtspunkte können dabei die Signaleinteilung (Bild R 12.1/4) oder die jeweilige Frequenzzuordnung ($p=\mathrm{j}\omega$, $z=\exp pT$, $z=\exp \mathrm{j}\omega T$) sein.

Ausgehend von der zweiseitigen Laplace-Transformation (aus Symmetriegründen, untere Grenze $t\to-\infty$) folgen zunächst mit $p=\mathrm{j}\omega$ die einzelnen Fourier-Transformationen als Gruppen (s. auch Tafel R 10.3/2). Innerhalb

Tafel R 12.7/1 Transformation und Signaleinteilung 2) Abtastzeit T_a; $\omega_a T_a = 2$
1) zweiseitig, einseitig untere Grenze $\to 0$
2) bilaterale Transformation LT, ZT vorausgesetzt

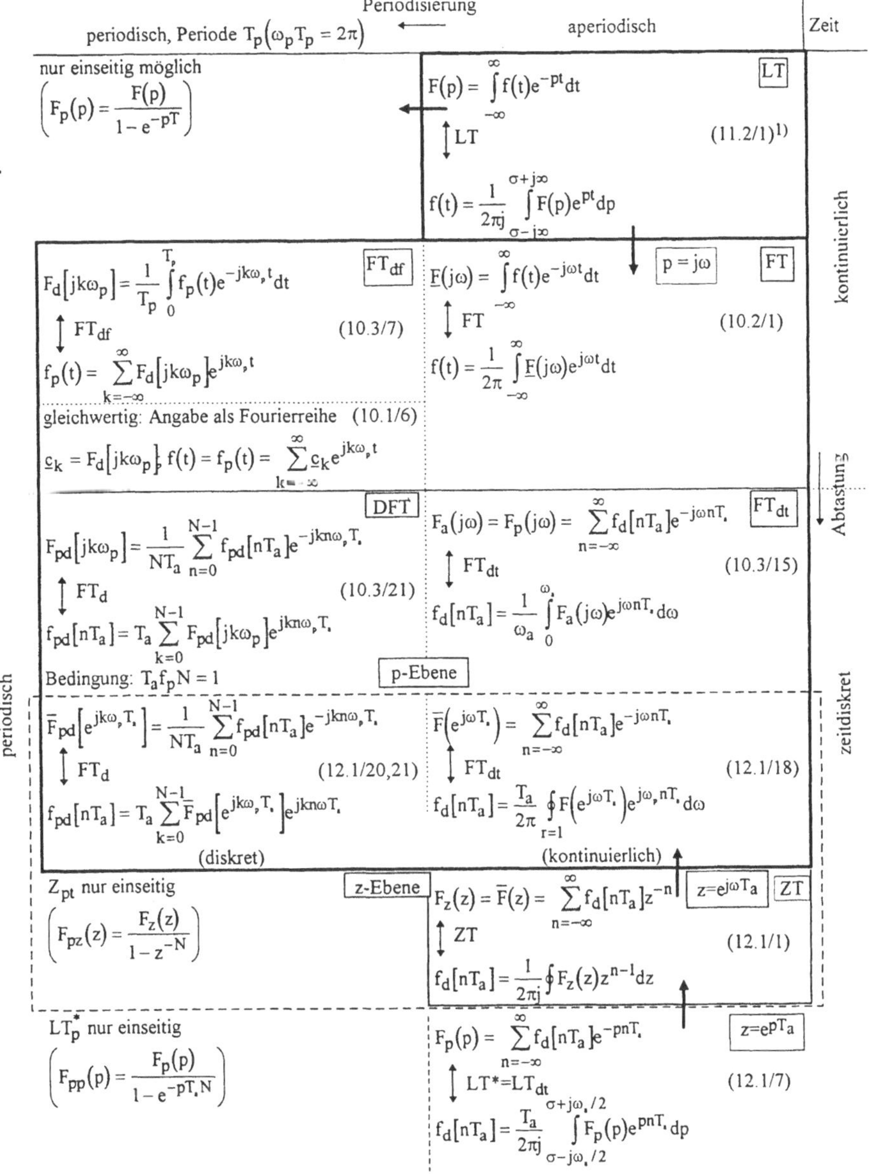

dieser Gruppen herrscht volle Symmetrie bezüglich Zeit- und Frequenzdiskretisierung.

Aus der Fourier-Transformation gehen hervor:

- Durch Periodisierung die *Fourierreihe* (oder frequenzdiskrete Fourier-Transformation FT_{df})

- Durch Abtastung die *zeitdiskrete Fourier-Transformation* $\mathrm{FT}_{\mathrm{dt}}$ (mit dem großen Anwendungsbereich zur Beschreibung abgetasteter Signale). Sie kann als Fourier-Transformierte einer gewichteten Impulsfolge interpretiert werden. Außerdem ist sie gleichwertig zur zweiseitigen Z-Transformierten auf dem Einheitskreis (Konvergenz vorausgesetzt). Ihr Hauptanwendungsgebiete sind abgetastete Signale und Systeme.
- Die diskrete Fourier-Transformation FT_{d} (üblicherweise als DFT bezeichnet) als Verknüpfung von N zeit- und frequenzdiskreten Abtastwerten. Sie ergibt sich aus der Fourier-Transformation durch
  - Abtastung und Periodisierung (über die Fourierreihe = frequenzdiskrete FT)
  - oder Periodisierung und Abtastung (über die zeitdiskrete FT).

  Zugehörige Zeit- und Spektralverläufe siehe Tafel R 10.3/3. Hauptanwendungsgebiet der DFT ist die Verarbeitung digitaler Signale.

Die Anwendung der Laplace-Transformation auf ein zeitdiskretes Signal (→ zeitdiskrete Laplace-Transformation) führt durch die Abtastung (→ periodisches Frequenzspektrum) zu einer periodischen Redundanz. Sie wird durch die Zuordnung $z = \exp pT$ (Abbildung der p- in die z-Ebene, Bild R 12.1/2) beschränkt. Dies begründet die Z-Transformation. Erfolgt sie auf dem Einheitskreis ($z = \exp \mathrm{j}\omega T$) entsprechend der imaginären Achse der p-Ebene, so resultiert die zeitdiskrete Fourier-Transformierte (veränderte Schreibweise beachten). Durch diesen Vergleich wird Gl.(12.1/18) ff. bestätigt

$$\mathrm{FT}_{\mathrm{dt}}\{f[k]\} = \mathrm{ZT}\,\{f[k]\}|_{z=\exp \mathrm{j}\omega T}.$$

Deshalb ist die Korrespondenztafel der $\mathrm{FT}_{\mathrm{dt}}$ mit der ZT-Korrespondenztafel für $z = \exp \mathrm{j}\omega T_{\mathrm{a}}$ identisch.

Volle Symmetriebeziehungen wie bei der FT sind für Laplace- und Z-Transformation bei periodischen Zeitfunktionen nicht möglich. (Transformationen in diesem Fall nur einseitig definiert, ferner sind p und z komplex.) Deshalb wurden in den entsprechenden Feldern nur die Zusammenhänge im Bildbereich eingetragen und die zur Zeit korrespondierenden Frequenzbegriffe (s. Bild R 10.2/1) in transformierter Form angegeben.

Die Abbildungsbereiche Tafel R 12.7/1 wurden in Bild R 12.7/1 (einschließlich der Konvergenzgebiete) zusammengefaßt und zwar mit Angabe der Zeitachsen- und Frequenzebene und des von der jeweils zugehörigen FT abgebildeten Bereiches. Die LT ist rechts der Konvergenzachse a definiert (für Werte $\mathrm{Re}\,(s) < a$ nicht). Die Fourier-Transformierte wird auf der imaginären Achse abgebildet, falls $a < 0$ und die FT so überhaupt existiert.

Durch Periodisierung geht die FT in die Fourierreihe über (→ Punktfolge auf der imaginären Achse) und die zugehörige (einseitige!) Laplace-Transformierte entartet in parallele Streifen.

Bei Zeitdiskretisierung zerfällt die p-Ebene in periodisch wiederkehrende Streifen (s. Bild R 12.1/2), die zeitdiskrete Fourier-Transformierte ist wieder auf die imaginäre Achse begrenzt (auf den Hauptbereich $-\pi/T_{\mathrm{a}} \ldots + \pi/T_{\mathrm{a}}$). Dazu gehört der entsprechende Abbildungsbereich der zeitdiskreten LT.

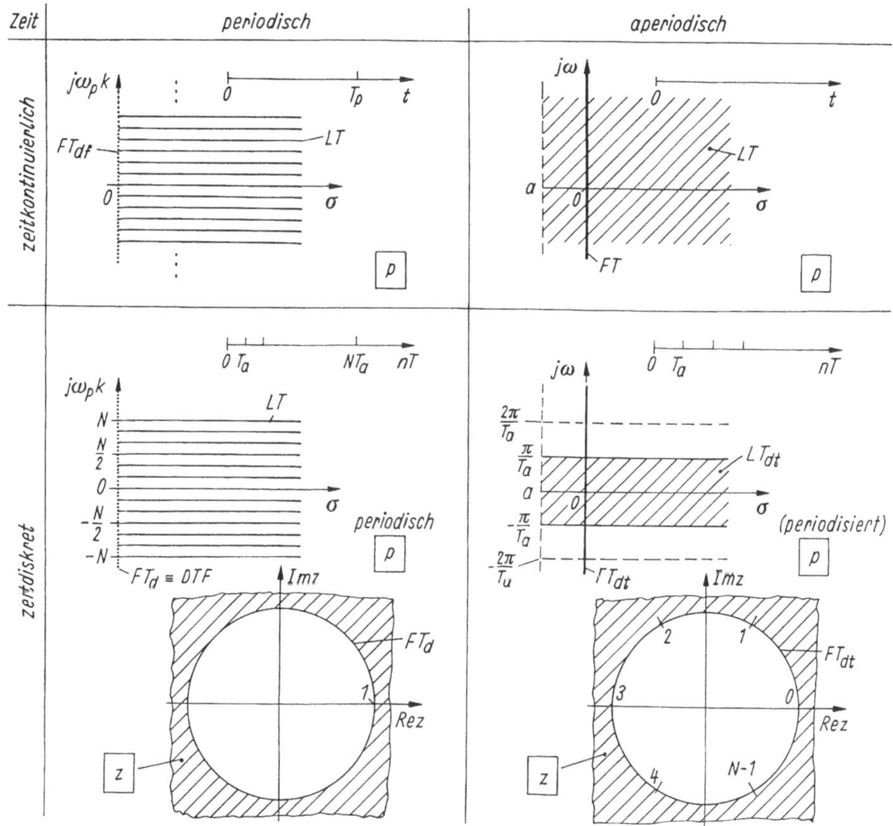

Bild R 12.7/1 Zuordnung der Fourier-Transformationen zur p- und z-Ebene Bei der z-Ebene sind die Konvergenzradien nicht eingetragen.

Die periodische Abbildungsredundanz der p-Ebene wird durch Übergang zur z-Ebene vermieden. Damit bildet sich die diskrete FT auf dem Einheitskreis ab.

Wiederholt man einen abgetasteten Bereich nach N Abtastpunkten ($T_\text{p} = NT_\text{a}$), so geht die imaginäre Achse der p-Ebene in eine Punktfolge über (→ zugehörige LT in Streifen, → diskrete FT) und in der z-Ebene treten auf dem Umfang des Einheitskreises nur noch N Abtastpunkte auf (s. auch Bild R 12.1/8).

Für kontinuierliche und diskrete Fourier-Transformation sowie Z-Transformation wurden die prinzipiellen Zeit- und Frequenzverläufe einer Funktion $f(t)$ in Bild R 12.7/2 gegenübergestellt (s. auch Tafel R 10.3/3).

Die allgemeinen Signaleigenschaften zeitkontinuierlicher und zeitdiskreter Signale sind in Tafel R 12.2/1 zusammengefaßt, die Eigenschaften von Testsignalen in Tafel R 12.2/2. Dabei gibt es zwischen kontinuierlichen und diskreten Signalen viele Gemeinsamkeiten. Dies trifft auch auf die Systemcha-

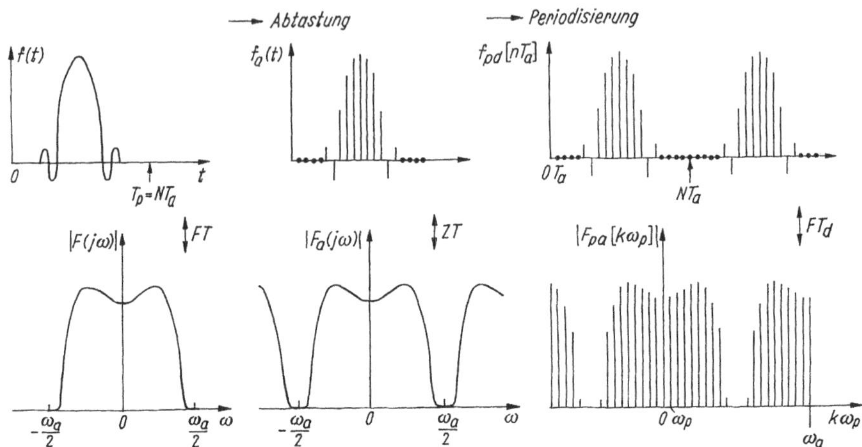

Bild R 12.7/2 Beziehungen zwischen Fourier-, Z- und diskreter Fourier-Transformation

rakteristiken zu (Tafel R 12.2/3). In beiden Fällen lassen sich Systeme durch Differential-/Differenzengleichungen, Zustandsbeschreibung (mit ihren Matrixelementen oder der Fundamentalmatrix, Gewichtsfunktion/-matrix, s. Tafel R 12.6/1) sowie Blockschaltbild und Signalflußdiagramm kennzeichnen. Die Blockschaltbilder haben gleiche Struktur (s. z.B. Bilder R 11.2/5 und R 12.5/8).

Die Wechselbeziehungen zwischen den Systemmodellen enthalten die Tafeln R 12.7/2 und 12.7/3. Im Vergleich mit den Systemcharakteristiken zeitkontinuierlicher Systeme (Tafel R 11.4/4) sind auch hier viele Gemeinsamkeiten erkennbar.

Tafel R 12.7/2 Wechselseitige Zusammenhänge der Systembeschreibungen zeitdiskreter Systeme (s. auch Tafel Tafel R 11.4/2)

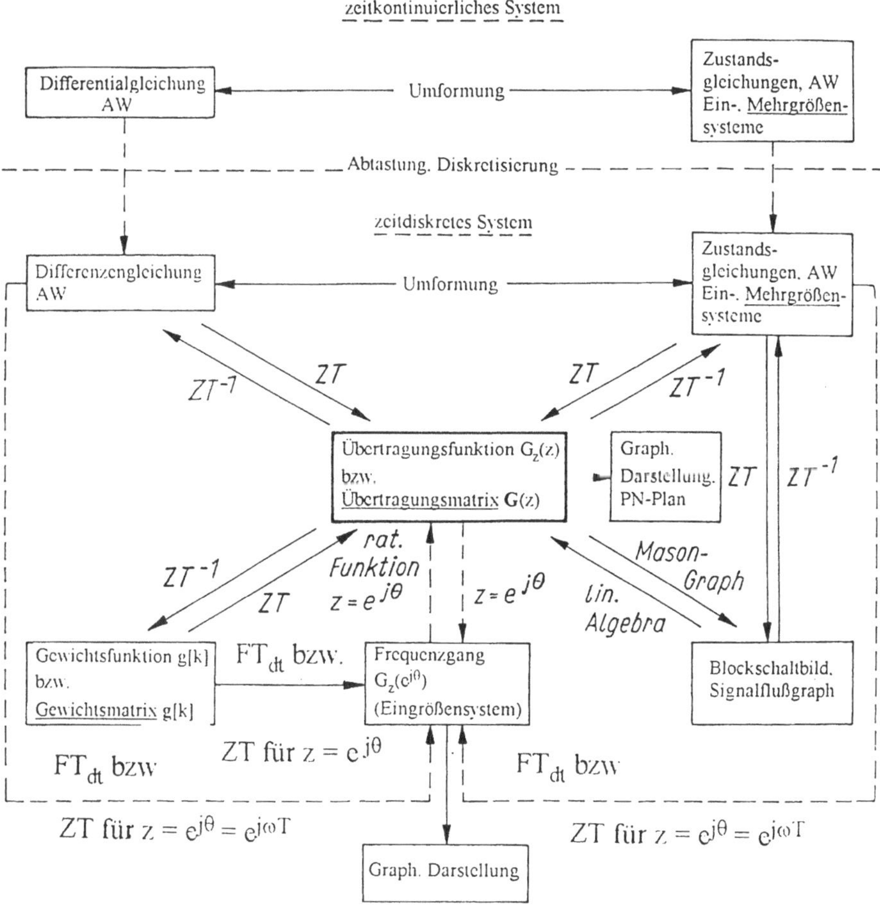

Tafel R 12.7/3 Wechselbeziehungen zwischen zeitdiskreten Systemmodellen

gesucht	gegeben	Weg
Gewichtsfunktion g [k]	• Differenzengleichung	• Lösung im Folgebereich bei Impulsanregung (klassische Lösung) • aus Übertragungsfunktion $ZT^{-1}\{G_Z(z)\}$ • rekursive Berechnung der Lösung für Impulsanregung
	• Blockschaltbild	• Berechnung $G_Z(z)$ und anschließend g [k] • direkte Ableitung aus Strukturdiagramm
	• Frequenzgang $G_Z\left(e^{j\omega T}\right)$	Subst. $z = e^{j\omega T}$ und Rücktransformation $ZT^{-1}\{G_Z(z)\}$
	• Sprungantwort h [k]	Differentiation (Differenzbildung)
	• Zustandsgleichungen	je nach Ein- oder Mehrgröße direkt aus den Systemgleichungen (resp. über Gewichtsmatrix)
Übertragungsfunktion $G_Z(z)$	• Differenzengleichung	ZT, Anfangswerte zu Null gesetzt
	• Blockschaltbild	aus Anschauung: • über Differenzengleichung • über Mason-Graph.
	• Gewichtsfunktion g [k]	$G_Z[z] = ZT\{g[k]\}$
	• Frequenzgang $G_Z\left(e^{j\omega T}\right)$	Überführung in Polymonform, dann $G_Z(z)$ direkt entnehmen und $z = e^{j\omega T}$ setzen
	• Zustandsgleichungen	ZT, Lösung im Bildbereich
Differenzengleichung	• Blockschaltbild	Ablesen
	• g [k]	$ZT^{-1}\left\{G_Z(z) = \dfrac{Y_Z(z)}{X_Z(z)}\right\}$
	• $G_Z(z)$	Ablesen, falls rational
	• $G_Z\left(e^{j\omega T}\right)$	dto
Blockschaltbild	• Differenzengleichung	Auflösung nach y [k] und schrittweise Nachbildung aus Blockschaltgrundelementen
	• g [k]	Berechnung von $G_Z(z)$ und anschließende Zerlegung in Faktoren $\left(G_1(z) \cdot G_2(z)\right)$
	• $G_Z(z)$	vgl. g [k]
	• $G_Z\left(e^{j\omega T}\right)$	In rationale Form bringen und anschließend durch Verzögerer und andere Elemente nachbilden.
Frequenzgang	• Differenzengleichung	Ablesen
	• Blockschaltbild	über Differenzengleichung oder Mason-Graph
	• g [k]	Differenzengleichung oder über $G_Z(z)\big\|_{z=e^{j\omega T}}$
	• $G_Z(z)$	$G_Z(z)\big\|_{z=e^{j\omega T}}$

Literaturverzeichnis

AEG-Hilfsbuch 1: Grundlagen der Elektrotechnik. 3. Aufl., Heidelberg: Hüthig, 1981.

Dorf, R.: The Electrical Enigineering Handbook. CRC Press, Boca Raton, 1993.

Handbuch der Informationstechnik u. Elektronik. (Hrg. bisher C. Rint, neu herausgg. von Lacroix, A.; Motz, T.; Paul, R.; Reuber, C.), Band 1: Mathematik. Heidelberg, Hüthig 1988.

Philippow, E.: Taschenbuch Elektrotechnik. Bd.1: Allgemeine Grundlagen, 3. Aufl., München, Hanser 1986.

Kailath, T.: Linear Systems. Englewood Cliffs, Prentice Hall 1980.

Kuo, B.C.: Digital control Systems. New York, Holt, 1992.

Mathis, W.: Theorie nichtlinearer Netzwerke. Berlin, Springer, 1987.

Paul[4], R.: Elektrotechnik Bd. 1: Elektrische Erscheinungen und Felder, 3. Aufl., Berlin, Springer 1993.

Paul, R.: Elektrotechnik Bd.2: Elektrische Netzwerke, 3. Aufl., Berlin, Springer 1994.

Rupprecht, W. Signale und Übertragungssysteme, Berlin, Springer, 1993.

Schüßler, H.-W.: Netzwerke, Signale und Systeme 1, 3. Aufl., Berlin, Springer 1991.

Schüßler, H.-W.: Netzwerke, Signale und Systeme 2, 3. Aufl., Berlin, Springer 1992.

[4] Im Text als I bzw. II referenziert.

Sachverzeichnis

Abtaster 599
Abtastfrequenz 491, 563
Abtastfunktion 485, 494
Abtastglied 606
Abtastsatz 495
Abtastsystem 560, 611
Abtasttheorem 423, 500
Abtastung 423, 487, 488, 491, 493, 560
Abtastzeit 627
Addierer 434, 602
Ähnlichkeitssatz 79, 478, 569
Ähnlichkeitstransformation 343
Allpaß 219, 246, 547, 594
Allpolsystem 594
Amperesches Gesetz 180
Amplitude 508
Amplitude, komplexe 204
Amplitudengang 554
Amplitudenrand 368
Amplitudenreserve 370
Amplitudenspektrum 466, 477
Analog-Digital-Umsetzung 424
Analogbeziehungen 97
Analogie 122
Analogie, elektrostatisches Feld 95
Analyse von Netzwerken 556
Anfangsbedingung 259, 337
Anfangssätze 529, 571
Anfangswert 101, 512, 534
Anstiegsantwort 277
Anstiegsfunktion 567
Äquipotentialflächendarstellung 31
Äquivalent, zeitdiskretes 609
Arbeitspunktbestimmung 399
Ausblendeigenschaft 273, 482
Ausgabegleichung 333, 423
Ausgangsleitwert 300
Ausgangsmatrix 334
Ausgangsvektoren 331
Ausgleichsvorgänge 518
Außenleiterspannung 448
Außenleiterstrom 448
Bandbreite 226
Bandbreite-Zeitprodukt 444
Bandpaß 219, 226
Bandpaß, idealer 445
Barkhausensche Schwingungsbedingung 358
Bauelement 45
Bauelement, nichtlineares 473
Begrenzung 560
Bemessungsgleichung 44
Beobachtungsnormalform 342
Betriebsgrößen 318
Bewegungsgleichung 620
Bewegungsinduktion 136, 139
Bildbereich 475
Bilineartransformation 615
Biot-Savartsches Gesetz 111
Blindleistung 250, 460, 472
Blindleistungskompensation 253
Blindspannung 251
Blindwiderstand 195
Blockschaltbild 331, 421, 537, 592
Blockschaltbildmethode 436
Bode-Diagramm 230, 240, 370, 546, 554

Bode-Diagramm, Konstruktion 240
Brechungsgesetz im elektr. Feld 90
Brechungssatz im Strömungsfeld 42
Codierung 425
Coulombsches Gesetz 170
Curie-Temperatur 89
Dämpfung 224
Dämpfungsschaltung 219
Dauermagnetkreis 125
Differentialoperator 23
Differentiation 478, 528
Differentiationssatz 469
Differenzbildung 569
Differenzenalgorithmen 583
Differenzengleichung 583
Diffusionsstrom 39
Digital-Analog-Umsetzung 424
Dirac-Impuls 273, 480, 525, 580
Direktstrukturen 603
Dirichletsche Bedingungen 463, 476
Divergenz 85, 156
Dominantpol 546
Drehmoment 174, 180
Drehstromgenerator 449
Drehstromsystem, symmetrisches 449, 454
Dreieckimpuls 480
Dreiecklast 454
Dreieckschaltung 451
Dreipol, nichtlinearer resistiver 387
Drifttransport 39
Dualübersetzer 313
Durchflutungsgesetz 22, 109, 153
Durchgangsmatrix 334
Durchtrittsphasenwinkel 368
Ebene, komplexe 232
Effektivwert 193, 205, 470
Effektivwert, komplexer 205
Eigenfrequenz 224
Eigenfunktion 276
Eingangsleitwert 300
Eingangsmatrix 333
Eingangsvektor 331
Eingrößensysteme 331, 430
Einstein-Beziehung 40
Einteilung von Kennlinien 379
Einzelimpuls 567
Einzustandsgrößennetzwerke 332
Elektrostatik 157
Endwertsatz 529, 571
Energie 13, 101, 162
Energieänderung 174
Energiedichte 162, 168, 175
Energiedichte, elektromagnetische 163
Energiefluß 164
Energiesignal 426, 476, 577
Energiesignal, zeitdiskretes 579
Energiespeicher 543
Energiespektraldichte 482
Energiestromdichte 165
Energieströmung 164
Erregung, periodische 520
Ersatzschaltbild technischer Spulen 130
Ersatzschaltungen 268, 543
Erzeugerpfeilsystem 13
Exponentialerregung 274
Exponentialform 466
Faltung , diskrete 589, 622
Faltung , periodische 507
Faltung 278, 526, 531, 571, 621
Faltungssatz 478
Faltungsintegral 278
Feld 16
Feld, elektrisches Feld 24
Feld, elektrostatisches 10, 23, 82, 168
Feld, magnetisches 117, 175
Feldarten 19
Feldbeschreibung 17
Felddarstellung 29
Feld, elektromagnetisches 157
Felder, quasistationäre 159
Felder, stationäre 159
Felder, veränderliche 159
Feldgröße, globale 21
Feldgröße, skalare 17

Feldgröße, vektorielle 17
Feldintegrale 21
Feldkonstante, magnetische 106
Feldstärke 27, 36, 108
Feldstärke, bewegungsbedingte induzierte 137
Feldstärke, eingeprägte 41
Feldstärke, elektrische 2, 23, 25, 82
Feldstärke, induzierte 133
Feldstärke, innere 59
Feldüberlagerung 26, 83
Ferroelektrika 89
Filterwirkung 219
Flächenkraftdichte 171, 182
Flächenladung 87
Flächenladungsdichte 90, 169
Fluß, magnetischer 116
Fluß, verketteter 118
Fluß-Strombeziehungen 267
Flußröhre 118
Form, erste kanonische 603
Formfaktor 194
Form, zweite kanonische 603
Fourier-Matrix 508
Fourier-Paare 481
Fourier-Transformation 474, 479, 485, 500, 559
Fourier-Transformation, diskrete 485, 503, 505, 573, 628
Fourier-Transformation, frequenzdiskrete 485, 490, 491
Fourier-Transformation, zeitdiskrete 485, 496, 497, 573, 597, 628
Fourier-Transformationspaar 475
Fourier-Transformierte 483
Fourierentwicklung 469
Fourierintegral 496
Fourierreihe 464, 465, 483, 520, 627
Fouriersynthese 463
Fourierreihe, endliche 470
Frequenz 190
Frequenzbereich 201, 428, 555
Frequenzbereich, Analyse 207
Frequenzen, natürliche 349
Frequenzgang 217, 546, 553, 596
Frequenzgangkompensation 377
Frequenzgangmatrix 624
Frequenzgangprüfung 363
Frequenznormierung 215
Fundamentalmatrix 335, 433, 623
Funktion, harmonische 581
Funktion, periodische 544
Gaußscher Satz 84
Gegenimpedanz 459
Gegeninduktivität 130, 131, 146
Gegensystem 457
Gesetz, Coulombsches 2, 23
Gewichtsfolge 586, 591, 599
Gewichtsfolgematrix 621
Gewichtsfunktion 276, 431, 539, 605
Gewichtsmatrix 336, 340, 433, 592, 621
Glättung 424
Gleichgrößen 188
Gleichrichtwert 193
Gleichung, charakteristische 624
Gleichwert 192
Globaldarstellung 157
Globalgröße 11
Grenzfläche 89
Grenzflächen 114
Grenzflächenbedingung 41
Grenzfrequenz 219
Grenzzyklen 346
Größen, gesternte laplacetransformierte 611
Größen, komplexe 203
Großsignallösung 399
Grundglieder 436
Grundschwingung 463
Grundschwingungsgehalt 471
Grundstromkreis 65, 78
Grundstrukturen 611
Grundzweipole 255
Gütemaß 224
Gyrator 313

Halbleiter 39
halteäquivalent 609
Halteglied 606
Hochpaß 219, 220
Hochpaßverhalten 218, 226
Hurwitz-Kriterium 360, 601
Hurwitzpolynom 218
Hybridform 291
Hysteresekurve 113
Impedanzniveau 214
Impuls-Gewichtsmatrix 623
Impulsantwort 271, 276, 443, 445, 525, 621, 336
impulsäquivalent 609
Impulserregung 270, 525
Impulsfläche 272
Impulsfolge 494, 561, 565
Impulsstärke 270
Induktion 107
Induktion, magnetische 2
Induktionsgesetz 22, 133, 153
Induktionsgesetz, vollständige Form 137
Induktionsvorgang, Netzwerkmodell 142
Induktivität, flußgesteuerte 384
Induktivität, stromgesteuerte 384, 409
Induktivitätsfaktor 127
Induktivitätskoeffizient 177
Induktivitätskoeffizienten, differentielle 267, 391
Integrationssatz 469
Integrator 434
Integrator, idealer 445
Inversion 230, 231
Inversionskreis 230
Inversionsregeln 232
Jacobi-Matrix 391, 393, 406, 416, 420
Kammfunktion 485
kanonisch 340
Kanonische Diagonalform 342
Kapazität 33, 92
Kapazität, ladungsgesteuerte 382
Kapazität, nichtlineare 101
Kapazität, spannungsgesteuerte 382, 410
Kapazität, zeitgesteuerte 260
Kapazität, Zusammenschaltungen 93
Kapazitätsberechnung 93
Kapazitätskoeffizient, differentieller 93
Kaskadenstruktur 605
Kausalität 280, 429
Kenngrößen, aktiver Zweipol 77
Kennlinie, dynamische 195, 251, 260, 380
Kennlinie, stückweise lineare 410
Kennlinienapproximation 395
Kennlinienfelder 266, 388
Kennliniennäherung 394
Kennliniennäherung, stückweise lineare 394
Kettenbezugsrichtung 290
Kettengleichungen 323, 604
Kettenmatrix 310
Kettenschaltung 290, 438, 439, 610
Kirchhoffsches Gesetz, erstes 7
Kirchhoffsches Gesetz, zweites 12
Kirchhoffsches Gleichungssystem, reduziertes 68
Kirchhoffsches Gleichungssystem, vollständiges 68
Kleinsignalaussteuerung 259, 399, 403
Klemmenanzahl 254
Klirrfaktor 471
Klirrkoeffizient 471
Knickkennliniendarstellung 395
Knoten 8, 52, 67
Knotengleichung, unabhängige 280
Knotenleitwerte 321
Knotenleitwertmatrix 74
Knotenpunkt 346
Knotensatz 7, 68, 102

Knotensatz, magnetischer 118
Knotenspannung 74
Knotenspannungsanalyse , modifizierte 287
Knotenspannungsanalyse 69, 73, 280, 285
Knotenspannungsanalyse, Lösungsmethodik 74
Knotenspannungsmatrix 329
Knotenspannungsmatrix, unbestimmte 300
Knotenspannungsverfahren 76, 407, 543
Knotentransformationsmatrix 288
Knotenunterdrückung 324
Knotenverbindungen 324
Koerzitivfeldstärke 113
Komponenten, symmetrische 457
Kondensator 101
Kondensator, aufladen 104
Kondensator, entladen 104
Kondensator, Speichereigenschaft 100
Kondensator, u-i-Relation 100
Kondensatorenergie 169
Konstantenmultiplizierer 602
Konstantspannungsquelle 58, 61
Konstantstromquelle 62
Kontinuität 7
Kontraktion 324
Konvektionsstrom 99
Konvektionsstromdichte 22, 35, 102
Konvergenzbereich 564
Konvergenzradien 629
Konvergenztest 355
Koppelleitwert 285, 321
Kopplungsfaktor 132, 267
Korrespondenzen 530, 531
Korrespondenztafel 568
Kraftdichte, magnetisches Feld 179
Kraftdichte 177, 179
Kraftdichte, elektr. Feld 170
Kraftgesetz , elektrodynamisches 179
Kraftwirkung 1, 82, 174
Kraftwirkung elektr. Ladungen 106
Kreis, elektrischer 122
Kreis, magnetischer 122
Kreis, nichtlinearer magnetischer 124
Kreisschaltung 438, 605, 610
Kurzintegrator 444
Kurzschlußstromverstärkung 264
Ladung 1
Ladung, Anfangs- 9
Ladung, Flächen- 3
Ladung, gebundene 2
Ladung, Linien- 3
Ladung, Raum- 3
Ladungserhaltung 103
Ladungsverteilung 3, 26
Laplace Gleichung 31, 33
Laplace-Transformation 339, 527, 529, 559
Laplace-Transformation, gesternte 564
Laplace-Transformation, zeitdiskrete 565
Leerlaufspannungsverstärkung 262
Leistung 44
Leistung, elektrische 12, 15
Leistung, komplexe 252
Leistungsanpassung 65
Leistungsbilanz 165, 253
Leistungsdichte 167
Leistungsmessung 453, 460, 470, 461
Leistungssignal 274, 426, 427, 476, 577
Leistungssignal, zeitdiskretes 579
Leistungsübertragung 303
Leistungsverstärkung 303, 318
Leistungsverstärkung, verfügbare 304
Leiter 86
Leiter, linienhafter 44
Leiter, Merkmale 37
Leitergeometrien 48

Leitwertdarstellung, spannungsgesteuerte 381
Leitwertform 291, 322
Leitwertmatrix, unbestimmte 320
Leitwertoperator 209
Lenzsche Regel 142
Leonhard-Verfahren 363
Linearität 280, 429
Liniendiagramm 190
Linienspektrum 488
Ljapunow 353
Löcher 2
Lorentz-Kraft 137, 179
Lösung, erzwungene 515
Lösung, freie 514
LTI-Netzwerke 282
LTI-System 429, 432, 355
Magnetfeld, Brechungsgesetz 115
Magnetisierung 112
Magnetisierungskurve 112
Magnetostatik 157
Masche 53, 67
Maschen, unabhängige 69
Maschenanalyse 69
Maschengleichung, unabhängige 280
Maschensatz 11, 34, 68
Maschensatz, magnetischer 119
Maschenstrom 71, 283
Maschenstromanalyse 73, 280, 283, 407
Maschenstromanalyse, Lösungsmethodik 71
Maschenwiderstandsmatrix 72, 283
Materialbeziehungen 22
Maxwell-Gleichungen 21, 85, 110, 153
Mehreingangssystem 618
Mehrfachnetzwerke 270
Mehrfachpole 532
Mehrfachsysteme 270
Mehrgrößensystem 331, 335, 430, 622
Mehrphasensystem 447
Mehrpol 14, 290, 320, 326
Mehrtorformen 322
Minimalphasensystem 594
Mischfunktion 193
Mitimpedanz 459
Mitsystem 457
Mittelwert 192
Mittelwert, arithmetischer 192
Mode 276
Modulation 494
Momentanleistung 249
Momentanwert 205
Momentanwert, komplexer 205
Multiplizierer 434
Nabla-Operator 30
Negativdualübersetzer 313
Negativgyrator 313
Negativübersetzer 313
Netzwerk erster Ordnung 220
Netzwerk zweiter Ordnung 222
Netzwerk, elektrisches 254
Netzwerk, planares 53
Netzwerk-Differentialgleichung 199, 514, 533
Netzwerk-Differentialgleichung, Lösungsmethodik 200
Netzwerkanalyse 54, 67
Netzwerkanalyseverfahren 211, 289
Netzwerkbeschreibung 50
Netzwerke, nichtlineare 397
Netzwerkelement 14, 45, 67, 195
Netzwerkelemente, nichtlineare 285, 286, 287, 380
Netzwerkerregung 187, 269
Netzwerkfunktion 269
Netzwerkgleichung 67
Netzwerkstruktur 51
Netzwerktheoreme 75
Netzwerktopologie 254
Neutralleiter 453
Newton-Potential-Funktion 34
Nichols-Diagramm 230, 240, 554
Nichtleiter 86, 87, 96
Norator 261, 329
Normalform 340, 343

Normierung 212
Nullator 584
Nullor 266, 313
Nullphasenwinkel 190
Nullselbstimpedanz 459
Nullsystem 457, 545
Nullzustand 433, 513
Nullzustandsverfahren 584
Nyquist-Kriterium 363, 367
Nyquist-Ortskurve 230, 231
Nyquist-Test, erweiterter 366
Nyquistrate 500
Oberflächenladungsdichte 86
Oberschwingungen 463
Ohmsches Gesetz 44
Ohmsches Gesetz des Strömungsfeldes 37
Ohmsches Gesetz, räumliches 22
Operationsverstärker 286, 309, 311, 327, 539
Operationsverstärker, idealer 266, 328
Ortskurve 231, 546, 553
Ortskurven-Umlaufkriterium 363
Ortskurveninversion, Lösungsmethodik 232
Ortskurvenverfahren 602
Oszillator, nichtlinearer 413
Parallelform 604
Parallelschaltung 55, 438
Parallelstruktur 605
Parseval-Beziehung 482, 508
Partialbruchentwicklung 572
Passivität 389
Passivitätsbedingung 359
Periodendauer 189
Periodisierung 485, 487, 491
Periodizität 577, 597
Periodizitätsforderung 581
Permittivitätszahl 88
Pfad, dynamischer 408
Phasenabsenkung 377
Phasenanhebung 377
Phasenebene 344, 348
Phasenfolge 450
Phasenminimum-Anordnung 227
Phasenporträt 350, 421
Phasenrand 368, 369
Phasenspektrum 466, 477, 508
Phasenverschiebung 247
PN-Plan 546, 548, 552, 553
PN-Verteilung 548
Poissonsche Gleichung 22, 33, 85
Pol-Nullstellenkompensation 378, 548
Pol-Nullstellenplan 593, 616
Polarisation 88
Pol 545
Pole, einfache 532
Polygon 447
Polynom, charakteristisches 601
Positivdualübersetzer 313
Positivübersetzer 313
Potential 9, 27, 28, 36, 82
Potential, magnetisches 119
Potentialfeld 26, 29, 49
Potentialfeld, Berechnung 31
Potentialgebirge 553
Potentialkoeffizient 169
Potentialüberlagung 29
Potentielle Instabilität 359
Poyntingscher Vektor 161
Poyntingscher Satz 164
Proportionalübersetzer 313
Punktladung 26, 170
Quantisierung 424, 560
Quellen 255
Quellen, gesteuerte 262, 264, 282, 284, 286
Quellen, reale 256
Quellen, reale, gesteuerte 265
Quellenfeld 19, 26, 157
Quellenfreiheit 49, 108
Quellenspannung 58, 401
Quellenteilung 79
Quellenversetzung 79
Rampenerregung 274
Randbedingung 31

Randbedingung, elektrostatisches Feld 91
Randwerte, Dirichletsche 33
Randwerte, Neumannsche 33
Raumladungsdichte 16
Raumladungsdichte 169
Real-Imaginärteildarstellung 554
Rechteckfunktion 271
Rechteckimpuls 480
Regelstruktur 605
Regelungsnormalform 341
Reihenschaltung 55
Reihenschwingkreis 224
Rekonstruktion 503
rekursives System erster Ordnung 587
rekursives System zweiter Ordnung 588
Relaxationszeitkonstante, dielektrische 95
Remanenzinduktion 113
Resonanzerscheinung 223
Reziprozitätsbedingung 80
Richtungsableitung 29
Richtungssinn 11
Ringspannung, induzierte 133
Ringwiderstände 284
Rotation 110, 156
Routh-Kriterium 361
Rückkopplungsstruktur 365
Rücktransformation 572
Rückwärtsdifferenz 571, 583, 614
rückwirkungsfreier Verstärker 310
Ruheinduktion 134, 138
Sattelpunkte 346
Schalter 511
Schaltgesetze 512
Schaltplan 51
Schaltvorgänge 510
Schaltzeichen 51, 53
Scheinleistung 251, 460, 471
Scheinleistungsanpassung 252
Scheinwiderstand 197, 198, 209
Scheitelfaktor 194
Scheitelwert 190
Schleife 52
Schleifenverstärkung 365, 371, 438
Schnittfrequenz 368
Schwingkreis 247
Schwingung, erzwungene 223
Schwingung, freie 223
Sekantenwiderstand 257
Selbsterregung 358
Selbstinduktivität 126, 131, 146
Selbstinduktivität, u-i-Relation 127
Signal 422, 428
Signal, ideales 255
Signal, periodisches 425
Signal, transientes oder aperiodisches 425
Signal, unabhängiges 286
Signal, zeitdiskretes 491,574, 575, 578
Signalbild 421, 602
Signaleigenschaften 577
Signaleinteilung 627
Signalfluß
Signalgraph 440
Signalpläne 435
Signalvektor 342
Signalwerte 350
Simulation 434, 613
Sinusantwort 277
Sinusfunktion, Eigenschaften 191
Sinusgröße 205
SISO 619, 621
Skalarfeld 18
Skalierung 212
Spannung 28, 34, 38
Spannung, elektrische 11
Spannung, magnetische 119
Spannungsabfall, induktiver 144
Spannungsabfall, magnetischer 116
Spannungsquelle 76
Spannungsquelle, reale 63,
Spannungsquelle, technische 60
Spannungsquelle, unabhängige 58
Spannungsteilerregel 57

Spannungsübersetzung 150, 302
Speicher, Kondensators 383
Speicher, Spule 385
Speicherenergie
Spektrum 476, 494
Sprungantwort 277, 443, 521
Sprungfolge 586
Sprungfunktion 273, 480, 510, 521, 567, 579
Sprungregel 413
Sprungverhalten 412
Spule, magnetisch gekoppelte 132
Spulen, gekoppelte 267, 282
Spulenenergie 176
Stabilität 282, 320, 353, 429, 599
Stabilität, absolute 358
Stabilität, bedingte 307, 320
Stabilität, unbedingte 297
Stabilitätsbedingung 354
Stabilitätsdefinition 353
Stabilitätsfaktor 306, 319, 358
Stabilitätsgüte 369
Stabilitätskriterien 303, 305, 376
Stabilitätsreserven 362
Stabilitätsverbesserung 377
Stern 447
Stern-Dreieckumformung 56
Sternbaum 69
Sternlast 454
Sternschaltung 450
Sternspannung 448
Stetigkeit der Kondensatorladung 383
Stetigkeitsbedingung 116, 510
Stoßfunktion 272
Strahlungsdichte 161
Strang 448
Strangspannung 448
Strangstrom 448
Streumatrix 316
Streuparameter 317
Streuparameterbeschreibungen 314
Strom 43
Strom, Diffusions- 6
Strom, elektrischer 5
Strom, Haupteigenschaft 7
Strom, Konvektions- 6
Strom, Verschiebungs- 6
Strom-Spannungsrelation 132
Stromarten 6
Strombegriff 6
Stromdichte 16, 35
Stromflußmechanismen 38
Stromkontinuität 99
Stromquelle 63, 73, 284
Stromquelle, ideale 255
Stromquelle, unabhängige 62
Stromrichtung 5
Stromstoß 9
Stromteilerregel 57, 95
Stromübersetzung 150, 302
Strömungsfeld 14, 23, 50, 167, 257
Strömungsfeld, Berechnung 45
Strömungslinien 31
Stromwirkungen 6
Strudelpunkte 346
Streuinduktivität 151
Supermasche 73
Supermaschenkonzept 284
Suszeptibilität 112
Symmetrie 448, 577, 597
Symmetriebedingung 380
Symmetriebeziehungen 426, 464, 507
Symmetrieeigenschaften 478
Symmetriematrix 458
System, FIR- 584
System, ideales 441
System, nichtrekursives 584
System, rekursives 584
System, zeitdiskretes 581
System, zeitdiskretes erster Ordnung 595
System,IIR- 584
Systembeschreibungen 557
Systembeschreibungen zeitdiskreter Systeme 631
Systemeigenschaften 442

Systemeigenwerte 624
Systemmatrix 333, 343, 433
Systemmodelle 558
Systemmodelle, zeitdiskrete 632
Systemstruktur 602
Systemtheorie 423
Teilungssatz 79, 255
Tellegenscher Satz 80, 253
Temperaturkoeffizient 45
Testsignal 270, 511, 513, 579, 586
Testsignal, zeitdiskretes 569, 580
Testsignal, zeitkontinuierliches 580
Theoreme 479, 570
Tiefpaß 219, 220, 226
Tiefpaß, idealer 442
Trajektorie 334
Transadmittanz 303
Transfergrößen 291
Transferleitwert 264
Transferwiderstand 264
Transformation 428, 474, 533, 601, 627
Transformation, Netzwerk 210
Transformation, systemantwortinvariante 613, 616
Transformationsbeziehungen 469
Transformationsgleichung 421
Transformationsmatrix 458
Transformationsverfahren 617
Transformator 308
Transformator, idealer 150
Transformatorgleichungen 149, 268
Transimpedanz 302
Transitionsmatrix 335
Transitionsmatrix, zeitdiskrete 620
Transmissionsmatrix 316
Trapeznäherung 615
u-i-Beziehung 146
Überabtastung 500
Übergangsantwort 587
Übergangsfolge 586, 587
Übergangsfunktion 522, 546
Übergangsmatrix 337, 620
Überlagerungssatz 54
Überlagerungssatz, Lösungsmethodik 78
Übersetzervierpole 312, 314
Übertrager 282, 284, 286
Übertragungsaufgabe 473
Übertragungsfaktor 215, 230
Übertragungsfunktion 278, 356, 431, 484, 522, 533, 539, 545, 552, 553, 555
Übertragungsfunktion, zeitdiskrete 623
Übertragungsgewinn 303
Übertragungsglied 235
Übertragungsgrößen 301
Übertragungsleitwerte 321
Übertragungsmatrix 339, 555, 623
Umkehrbarkeit 389
Umkehrbarkeitsbedingung 296
Umkehrintegral 572
Umlaufspannung 134
Unterabtastung 500
van-der Pol-Gleichung 416
Vektorbild 18
Verbraucher in Sternschaltung 452
Verbraucher, unsymmetrischer 455
Verbraucherpfeilsystem 12
Verhalten, proportionales 218
Verlagerungsspannung 455
Verlustfaktor 130
Verlustleistungsdichte 163
Verschiebung 478
Verschiebungsfluß 33, 91, 98
Verschiebungsflußdichte 82, 83, 98
Verschiebungssatz 469, 569
Verschiebungsstrom 99
Verschiebungsstromdichte 22, 99, 102
Versetzungssätze 255
Verstärker, idealer 311
Verstärkervierpole 308
Verstärkung, unilaterale 305
Vertauschungssatz 478
Verzögerungselement 602
Verzweigungsstelle 437

Vierpol, nichtlinearer induktiver 390
Vierpol, nichtlinearer kapazitiver 392
Vierpol, nichtlinearer resistiver 387
Vierpol-Grundelemente 263
Vierpolbeschreibungen 290, 292
Vierpolbetriebsgrößen 300
Vierpoldrehung 299
Vierpole 262, 290
Vierpole mit unabhängigen Quellen 390
Vierpole, umkehrbare 295, 296
Vierpoleigenschaften 295
Vierpolelemente 282, 387
Vierpolersatzschaltungen 297
Vierpolgleichungen 262, 295
Vierpolnetzwerk, nichtlineares 405
Vierpolparameter 293
Vierpoltheorie 262, 290
Vierpoltransformation 298
Vierpolzusammenschaltungen 297, 390
Vorgänge, nichtperiodische 188
Vorwärtsdifferenz 583, 614
Wechselgröße 189
Wechselgröße, harmonische 189
Wechselgröße, periodische 189
Wechselgröße, sinusförmige 189
Wechselstrombrücke 244
Wechselstromparadoxon 247
Wechselstromrechnung, symbolische 201
Wechselstromwiderstand 197
Wellen, elektromagnetische 160
Wellenausbreitung 159
Wellengröße 315
Wellenparameterbeschreibung 307
Wellenwiderstand 307
Welligkeit 471
Wertefolge 565
Wicklungswiderstand 130, 151
Widerstand 43, 55
Widerstand, differentieller 259
Widerstand, komplexer 201
Widerstand, magnetischer 120
Widerstand, negativer 17
Widerstand, nichtlinearer 401
Widerstand, spannungsgesteuerter 257
Widerstand, stromgesteuerter 57
Widerstandsdarstellung, stromgesteuerte 381
Widerstandsform 291
Widerstandsnormierung 214
Widerstandsoperator 208, 230
Widerstandstransformation 150, 247
Widerstandszusammenschaltung 55
Wirbeldichte 110
Wirbelfeld 20, 133, 157
Wirbelfeld, elektrisches 20
Wirbelfeld, magnetisches 21
Wirbelfreiheit 49
Wirbelpunkt 346
Wirbelstärke 20, 110
Wirkleistung 249, 460, 471
Wirkleistungsanpassung 252
Wirkspannung 251
Wirkungsgrad 66
Wirkwiderstand 195
Wurzelortskurven 375, 601
z-Ebene 562
Z-Transformation 561, 563, 568, 570, 573
Z-Transformation, modifizierte 607
Zahl, komplexe 202
Zählpfeilsystem 12
Zeiger, rotierender 204
Zeiger, ruhender 204
Zeigerdarstellung 228
Zeigerdiagramm 228
Zeigertransformation 201
Zeitbereich 184, 428
Zeitfunktion 476
Zeitinvarianz 282, 429
Zirkulation 110
Zusammenschalten 326

Zusammenschaltung Halteglied 608
Zusammenschaltung, Systeme 609
Zustandsanalyse 69
Zustandsform 546, 616
Zustandsgleichung 329, 333, 415, 418, 432, 544, 618
Zustandsgleichung, autonome 418
Zustandsgröße 511
Zustandskurve 334, 345
Zustandsmatrix 335
Zustandsraumdarstellung 618
Zustandsstabilität 353
Zustandstransformationen 626
Zustandsvektor 331, 333
Zweigspannung 74
Zweigstromanalyse 69, 282
Zweigstromanalyse, Lösungsmethodik 70
Zweipol 14, 52
Zweipol, aktiver 53
Zweipol, entarteter 261
Zweipol, induktiver 260, 384
Zweipol, kapazitiver 259, 382
Zweipol, Lösungsmethodik 78
Zweipol, passiver 53
Zweipol, resistiver 54, 257, 381
Zweipol-Grundelemente 258
Zweipole, nichtlineare resistive 57
Zweipolersatzelement, nichtlineares 400
Zweipoltheorie 76
Zweitor 54
Zweitor, nichtlineares 257, 402
ω-Form 475